国外计算机科学教材系列

模式识别

（第四版）（修订版）

Pattern Recognition, Fourth Edition

[希] Sergios Theodoridis
Konstantinos Koutroumbas 著

李晶皎 王爱侠 王 骄 等译

電子工業出版社
Publishing House of Electronics Industry
北京 · BEIJING

内 容 简 介

模式识别是信息科学和人工智能的重要组成部分，主要应用领域包括图像分析、光学字符识别、信道均衡、语言识别和语音分类等。本书全面介绍了模式识别的基础理论、最新方法及各种应用，讨论了贝叶斯分类、贝叶斯网络、线性和非线性分类器设计、上下文相关分类、特征生成、特征选择技术、学习理论的基本概念及聚类的概念与算法，新增了与大数据集和高维数据相关的算法，详细论述了非线性降维、非负矩阵因子分解、关联性反馈、鲁棒回归、半监督学习、频谱聚类和组合集聚技术。书中的各章提供习题与练习，并在配套网站上提供习题解答。

本书可作为高等院校计算机、大数据、人工智能、自动化、电子和通信等专业硕士研究生和高年级本科生的教材，也可作为计算机信息处理、自动控制等相关领域的工程技术人员的参考用书。

Pattern Recognition, Fourth Edition
Sergios Theodoridis, Konstantinos Koutroumbas.
ISBN：978-1-59749-272-0

ISBN：978-981-272-336-9

图书在版编目（CIP）数据

模式识别：第四版：修订版/（希）西格尔斯·西奥多里蒂斯，（希）康斯坦提诺斯·库特龙巴斯著；李晶皎等译. —北京：电子工业出版社，2021.7

书名原文：Pattern Recognition, Fourth Edition

ISBN 978-7-121-41517-3

I. ①模… II. ①西… ②康… ③李… III. ①模式识别－研究 Ⅳ. ①TP391.4

中国版本图书馆 CIP 数据核字（2021）第 132390 号

责任编辑：谭海平（tan02@phei.com.cn）
印　　刷：三河市鑫金马印装有限公司
装　　订：三河市鑫金马印装有限公司
出版发行：电子工业出版社
　　　　　北京市海淀区万寿路 173 信箱　　邮编：100036
开　　本：787×1092　1/16　印张：40.75　字数：1095 千字
版　　次：2016 年 11 月第 1 版（原著第 4 版）
　　　　　2021 年 7 月第 2 版
印　　次：2024 年 1 月第 2 次印刷
定　　价：98.00 元

凡所购买电子工业出版社图书有缺损问题，请向购买书店调换。若书店售缺，请与本社发行部联系，联系及邮购电话：（010）88254888，88258888。

质量投诉请发邮件至 zlts@phei.com.cn，盗版侵权举报请发邮件至 dbqq@phei.com.cn。

本书咨询联系方式：（010）88254552，tan02@phei.com.cn。

译 者 序

模式识别诞生于 20 世纪 20 年代。随着 20 世纪 40 年代计算机的出现及 50 年代人工智能的兴起，模式识别于 20 世纪 60 年代初迅速发展为一门学科，其理论和方法在很多领域得到了成功应用，如光学字符识别（OCR）、生物身份认证、DNA 序列分析、化学气味识别、药物分子识别、图像理解、人脸辨识、表情识别、手势识别、语音识别、说话人识别、信息检索、数据挖掘和信号处理等。

尽管如此，与生物认知系统相比，模式识别系统的识别能力和鲁棒性仍然不能让人满意，还有很多基础理论和基本方法有待解决，同时新问题也层出不穷。为此，相关人员非常需要一本关于这一领域的高水平著作，它既要有基础知识的介绍，又要有研究现状和未来发展展望的介绍。本书正是这样的一本经典著作。

本书的第四版由模式识别领域的两位顶级专家合著，他们是希腊雅典大学信息通信系的 Sergios Theodoridis 教授和希腊雅典国家天文台应用与遥感研究所的 Konstantinos Koutroumbas 博士。第四版的特点是，大部分章节都新增了 MATLAB 编程和练习，纳入了一些最新的研究成果，如非线性降维、非负矩阵因子分解、关联性反馈、鲁棒回归、半监督学习、频谱集聚和集聚组合技术。

为方便人工智能、大数据、电气工程、计算机工程、计算机科学、自动控制等专业的硕士研究生和高年级本科生学习，本书的内容安排既全面，又相对独立。4 个附录中简要介绍了各章中用到的一些数学工具，如概率、统计和约束优化等。本书面向高年级本科生和硕士研究生，可作为一个或两个学期课程的教材或自学教材，还可供研究人员和工程技术人员参考。

负责本书初译的人员包括东北大学信息学院的王骄、闫爱云、张瑶、王亮、李亮、薛长江、李鹏飞、宋光杰。负责本书译校的人员包括东北大学信息学院的王爱侠、李贞妮。全书最后由东北大学李晶皎教授完成译校。

在翻译过程中，我们力求忠实、准确地把握原著，同时保留原著的风格。由于译者水平有限，书中难免有错误和不妥之处，恳请广大读者批评指正。

前　　言

本书是我们根据多年来为研究生和高年级本科生讲授模式识别课程的经验编写的。模式识别课程面向的专业众多，包括电气工程、计算机工程、计算机科学和自动控制等。这些经验帮助我们将本书的内容编写得既全面，又相对独立，且适用于不同知识背景的读者。阅读本书时，读者需要具备的数学知识包括微积分学基础、初等线性代数和概率论基础。本书的 4 个附录中简要介绍了各章中用到的一些数学工具，如概率、统计和约束优化等。本书面向高年级本科生和硕士研究生，可作为一个或两个学期的教材，也可供研究人员和工程技术人员参考。需要注意的是，我们编写本书的目的是使其适用于所有从事模式识别相关研究的人员。

范围和方法

本书采用统一的方式来介绍各种模式识别方法。模式识别是图像分析、语音和声音识别、生物统计学、生物信息学、数据挖掘、信息检索等应用领域的核心。尽管这些领域存在很多不同点，但也有共同之处，因此对它们的研究也有统一的方法，如数据分类、隐藏模式等。本书重点介绍一些常用的方法。

书中的每一章都采用循序渐进的方式进行讲解，即从基础开始过渡到比较高深的主题，最后评述最新的技术。讲解时，我们尽量在数学描述和直接叙述之间保持平衡。模式识别中最终采用的合适技术和算法，很大程度上依赖于所要求解的问题。

新增内容

第四版的新增内容如下：大部分章末新增了 MATLAB 代码和上机实验；新增了大量实例和图形；新增了当前的热门主题，如非线性降维、非负矩阵分解、关联性反馈、鲁棒回归、半监督学习、频谱集聚、集聚组合技术等；重写了部分章节；新增了更多关于应用方面的内容。

补充内容

本书中的 MATLAB 文档、图形文件、习题及其解答、相关问题的详细证明和课件等资源，可从本书的配套网站 www.elsevierdirect.com/9781597492720 下载。配套网站上会定期增加和更新 MATLAB 示例。配套网站上的内容尽管经过了反复检查，但不可避免地会存在错误，欢迎读者批评指正。

致谢

本书的出版是广大师生多年来支持与帮助的结果。这里要特别感谢 Kostas Berberidis, Velissaris Gezerlis, Xaris Georgion, Kristina Georgoulakis, Leyteris Kofidis, Thanassis Liavas, Michalis Mavroforakis, Aggelos Pikrakis, Thanassis Rontogiannis, Margaritis Sdralis, Kostas Slavakis 和 Theodoros Yiannakoponlos。

Yannis Kopsinis 和 Kostas Thernelis 为本书的再版提供了支持和帮助。Alexandros Bölnn, Dionissis Cavouras, Vassilis Digalakis, Vassilis Drakopoulos, Nikos Galatsanos, George Glentis, Spiros Hatzispyros, Evagelos Karkaletsis, Elias Koutsoupias, Aristides Likas, Gerassimos Mileounis, George Monstakides, George Paliouras, Stavros Perantonis, Takis Stamatoponlos, Nikos Vassilas, Manolis Zervakis 和 Vassilis Zissimopoulos 仔细审阅了本书并提出了建议。

如下人员提出了批评与建议：Tulay Adali, University of Maryland；Mehniet Celenk, Ohio University；Rama Chellappa, University of Maryland；Mark Clements, Georgia Institute of Technology；Robert Duin, Delft University of Technology；Miguel Figneroa, Villanueva University of Puerto Rico；Dimitris Gunopoulos, University of Athens；Mathias Kolsch, Naval Postgraduate School；Adam Krzyzak, Concordia University；Baoxiu Li, Arizona State University；David Miller, Pennsylvania State University；Bernhard Schölkopf, Max Planck Institute；Hari Sundaram, Arizona State University；Harry Wechsler, George Mason University 和 Alexander Zien, Max Planck Institute。

感谢这些人员给予的批评和建议，同时感谢 N. Kalouptsidis 教授与我们长期以来的合作。

最后，K. Koutroumbas 要感谢 Sophia, Dimitris-Marios 和 Valentini-Theodora 的耐心与支持；S. Theodoridis 要感谢 Despina, Eva 和 Eleni，她们是快乐和动力的源泉。

目　　录

第1章　导　　论

1.1　模式识别的重要性

模式识别是以应用为基础的学科，其目的是对目标进行分类。这些目标与应用领域有关，既可以是图像、信号波形等目标，又可以是任何可度量的目标。我们可用术语“模式”来称呼这些目标。模式识别历史悠久。20世纪60年代之前，模式识别主要还是统计学领域的理论研究成果。与其他事物一样，计算机的出现提升了人们对模式识别实际应用的需求，这反过来又对理论发展提出了更高的要求。就像我们的社会从工业化阶段发展到后工业化阶段一样，工业生产对自动化及信息处理和检索的需求变得越来越重要，这种趋势将模式识别推向了今天的工程应用和研究的高级阶段。模式识别是大多数进行决策的机器智能系统的主要组成部分。

在机器视觉中，模式识别非常重要。机器视觉系统首先通过照相机获取图像，然后通过分析，生成图像的描述信息。典型的机器视觉系统主要用于制造业的自动视觉检测或自动装配线。例如，在自动视觉检测应用中，产品通过传送带移至检测站，检测站的照相机则确定产品是否合格。因此，模式识别系统必须首先在线分析图像，将产品分类为“合格”和“不合格”两种，然后根据分类结果采取相应的动作，例如丢弃不合格的产品等。在装配线上，必须首先对不同的目标进行定位与识别，即把目标分类到某个已知的类别中，如螺丝刀类、德国钥匙类及任何工具制造单元，然后用机器手将这些目标放到正确的位置。

字符（字母或数字）识别是模式识别应用的另一个重要领域，主要用于自动化和信息处理。光学字符识别（Optical Character Recognition，OCR）系统已开始商用，我们或多或少对其有所了解。OCR系统是一个由光源、扫描镜头、文档传送机和光敏检测器组成的前端设备。在光敏检测器的输出端，光强的变化首先被转换成数字信号并形成图像阵列，然后用一系列图像处理技术分割线条和字符。模式识别软件完成字符识别的任务，即把每个符号分类到相应的“字符、数字、标点符号”类别中。与存储扫描图像相比，存储识别后的文档的优点是更易进行文字处理，且存储ASCII码字符要比存储文档图像的效率高。除印刷体字符识别系统外，今天更多的研究集中于手写体识别。这种系统的典型商业应用是银行支票的机器识别，机器必须能够识别阿拉伯数字的个数和具体的数字，并进行匹配。哪怕只有一半的支票识别正确，这样的机器也能将人从枯燥的工作中解放出来。另一个应用是在邮局中识别邮政编码的自动分拣系统。在线手写体识别系统是商业价值巨大的另一个应用领域，这种系统用于笔输入计算机，此时数据不是通过键盘而是通过手写输入的，因此顺应了开发具有类人接口的机器这一发展趋势。

计算机辅助诊断是模式识别的另一个重要应用，其目的是辅助医生进行诊断，但最终的诊断决定由医生做出。计算机辅助诊断在实际工作中的应用主要是研究各种医学数据，如X射线图、计算机断层图、超声波图、心电图（ECG）和脑电图（EEG）。人们需要计算机辅助诊断系统的原因是，医学数据较难解释，并且解释结果多依赖于医生的经验。例如，尽管乳腺X射线成像技术是检测乳腺癌的最好方法，但10%～30%的女性患者在乳腺X射线成像技术中可能得到相反的乳腺X射线照片。在这种情况下，大约2/3的放射线医师无法检测出癌变，很明显这是错误的。这可能是由图像质量不佳、放射线医师眼睛疲劳或病情等原因造成的。让另一名放射线医师再次查看照片可以提高正确分类的百分比。因此，可以发明一种模式识别系统通过提出第二种观点来帮助放射线医师进行诊断。基于乳腺X射线照片日益准确的诊断反过来会减少乳腺癌疑似病例的数量，使这些人免于承受外科胸部活组织检查的痛苦。

语音识别是模式识别的另一个研究领域，人们已对这个领域进行了大量研究。语音是人类最自然的沟通和交换信息的方式。因此，长期以来，建立能够识别语音信息的智能机器一直是科学家和科幻小说家的目标。这种机器的潜在应用非常广泛。例如，可以用来有效改善制造业的环境，可以远程控制危险环境中的机器，还可以通过对话控制机器来帮助残障人士。经过努力，另外一个取得一定成功的重要应用是用麦克风向计算机输入语音，语音识别系统的软件能够识别语音，将它翻译成ASCII码，并显示在显示器上及存储在存储器中。计算机语音输入的速度是熟练打字员键盘输入的速度的2倍，而且有助于增强我们与听力残障人士的交流。

数据库中的数据挖掘和知识发现是模式识别的另一个重要应用领域。数据挖掘广泛应用于医学和生物学、市场和财务分析、企业管理、科学探索、图像和音乐检索。它之所以受到欢迎，是因为信息时代和知识社会中不断增强的信息检索及将其转化为知识的需求。由于信息存在于各种形式的海量数据中，如文字、图像、音频和视频，因此信息存储在全球的不同地方。在数据库中，查找信息的传统方法基于模型描述，而目标检索则基于关键词描述和部分字匹配。然而，这种搜索的前提是，存储的信息已进行了人工标注；这是一项很费时的工作，尽管在存储的信息量有限时这是有可能完成的，但是当可用信息量变大时，这是不可能完成的。此外，当存储信息广为分布并且由不同类型的站点和用户共享时，人工标注就会成为问题。今天，基于内容的检索系统越来越受欢迎，这种系统是根据提交给系统的目标与全球各个网站上的目标间的“相似性”来查询信息的。在基于内容的图像检索系统中，传送到输入设备（如扫描仪）中的是图像。系统基于可度量的“标注”返回“相似的”图像，其中的“标注”是可编码的，如与颜色、纹理和形状相关的信息。在基于内容的音乐检索系统中，用麦克风输入一段音乐时，系统会返回“相似的”音乐作品。在这种情况下，相似性取决于描述音乐作品的某些可度量特征，如音乐韵律、音乐节奏和某些重复模式的位置。

自20世纪90年代中期以来，生物医学和DNA数据分析挖掘出现了爆炸性增长。所有的DNA序列都包含有4个基本要素，即腺嘌呤（A）核苷酸、胞嘧啶（C）核苷酸、鸟嘌呤（G）核苷酸和胸腺嘧啶（T）核苷酸，就像字母表中的字母和乐谱中的7个音符一样，这4种核苷酸结合形成S形的扭曲梯形序列。通常情况下，基因由成百上千的核苷酸以特定的顺序排列而成。特定的基因序列模型与特殊的疾病有关，因此在医学方面发挥着重要的作用。因此，模式识别是一个关键的领域，它为相似性搜索和DNA序列的对比提供了大量的开发工具。在医学领域，识别健康组织和病变组织之间的差异是非常重要的。

前面提到的应用只是众多可能的应用中的5个例子，我们通常称它们为*指纹识别*、*签名认证*、*文本检索*、*表情识别*和*手势识别*。目前的应用研究吸引了很多研究人员，研究的目的都是使人机交互更为简单，以及增强计算机在办公自动化等环境中的作用。为了激发想象力，值得一提的是MPEG-7标准，它包含了对数字图书馆中录像带的视频信息检索，例如在数字图书馆中查找所有显示某人“X”微笑的视频场景。当然，要在所有这些应用中实现终极目标，模式识别还依赖于其他一些学科的发展，如语言学、计算机图形学和计算机视觉等。

下面简要介绍模式识别的基本结构和方法，其中包括已开发的各种模式识别方法。

1.2　特征、特征向量和分类器

我们首先模拟医学图像分类任务中的一个简单“模仿”情形。图1.1 中给出了两幅图像，每幅图像中都有一块突出的区域，但这两个区域存在明显的不同之处。我们可以认为图 1.1(a)所示的图像是良性的，属于类别 A；图 1.1(b)所示的图像是恶性的（癌），属于类别 B。进一步假设有效样本（图像）不止这些，我们还可访问存储了一系列样本的图像数据库，数据库中的一些样本属于类别 A，另外一些样本属于类别 B。

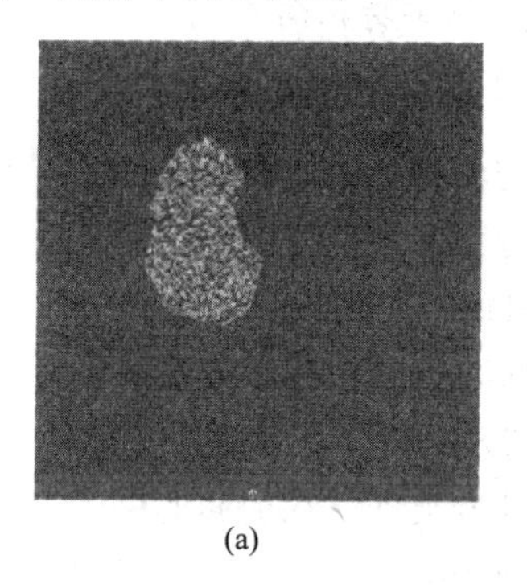
(a)

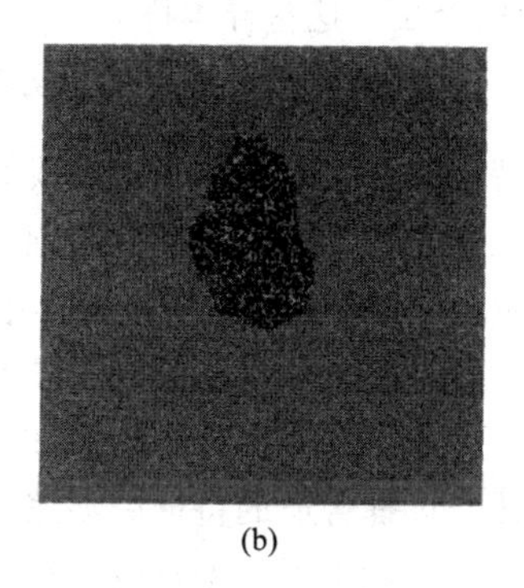
(b)

图 1.1　对应于(a)类别 A 和(b)类别 B 的图像区域示例

第一步是确定用来区分两个图像区域的可度量值。图 1.2 中显示了每个区域的灰度均值与其标准差的关系。每一点都对应于已知数据库中的一幅不同的图像，这表明类别 A 的样本和类别 B 的样本分布在不同的区域，中间的直线正好将这两个类别分开。假设现在有一幅新图像，我们不知道它属于哪个类别，于是我们计算感兴趣区域的灰度均值和标准差，并在图 1.2 中用“*”号画出相应的点。我们可以判定，未知类型的样本更接近于类别 A。

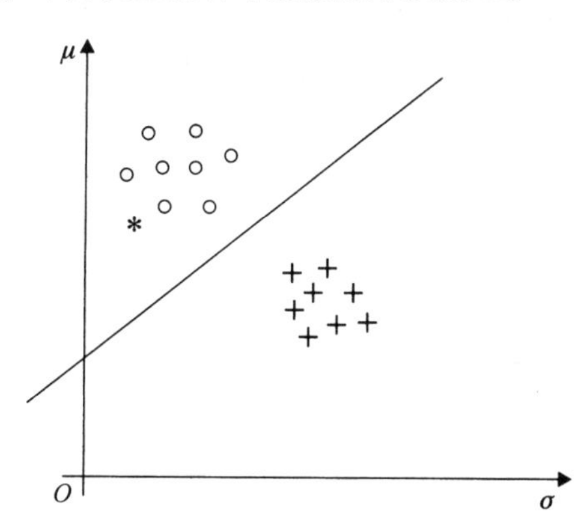

图 1.2　图像中来自类别 A（○）和类别 B（+）的许多灰度均值与标准差的关系。此时用一条直线隔开了两个类别

前述的人工分类任务大致说明了大部分模式识别问题的基本原理。在这个例子中，用于分类的度量值——均值和标准差称为特征值。在更一般的情况下，我们使用 l 个特征 $x_i, i=1,2,\cdots,l$，它们组成特征向量

$$\boldsymbol{x}=[x_1,x_2,\cdots,x_l]^{\mathrm{T}}$$

式中，T 表示矩阵转置。每个特征向量表示一个样本（目标）。在本书中，由于来自不同样本的测量值都是随机数据，因此我们将特征和特征向量分别视为随机变量和向量，一是因为测量仪器存在测量噪声，二是因为每种模式都有截然不同的特点。例如，不同个体之间的生理特征不同时，个体的 X 射线成像会有很大的不同，这也是图 1.1 中每个类别的特征点分散的原因。

图 1.2 中的直线称为决策线，由它组成的分类器将特征空间划分为不同的类别空间。若对应于一个未知类别的样本特征向量 $\boldsymbol{x}$ 落在类别 A 的区域，则将其划分为类别 A，否则将其划为类别 B。然而，这并不意味着决策是正确的。决策不正确时，会出现分类错误。为了在图 1.2 中画出这条直线，我们需要知道图中每个点的标注（类别 A 或类别 B），即要知道用来设计分类器的模式（特征向量）所属的类别，这些样本称为训练模式（训练特征向量）。

上面给出了定义和基本原理，下面给出分类任务中的基本问题。

- 怎样得到特征？在前面的例子中，我们用均值和标准差作为特征，因为我们知道应该从图像中提取这些特征。但在实际问题中，特征并不是显而易见的。这是分类系统设计的特征提取阶段的任务，它实现已知样本的识别。
- 特征数 l 为多少最好？这也是一个很重要的问题，它在分类系统设计的特征选择阶段完成。在实际问题中，总会产生大量的特征供人们选择，因此要选择其中最好的特征。
- 为给定的任务选择合适的特征后，怎样设计分类器？在前面的例子中，我们只是为了观察方便而根据经验画了一条直线。在实际问题中不可能这样，必须按照最优准则将线画在最优的位置。性能可接受的线性分类器（直线或 l 维空间的超平面）可能没有判别准则。一般来说，不同类别的区域划分是非线性的。在 l 维特征空间中，采用什么样的非线性分类器及采用什么样的优化准则等问题，要在分类器设计阶段解决。
- 分类器设计完毕后，如何评估分类器的性能？也就是说，分类错误率是多少？这是系统评估阶段的任务。

图 1.3 中给出了分类系统设计的各个阶段，由图中的反馈箭头可以看出，每一步都不是独立的。相反，它们是相互关联、相互依赖的。为了提高整体性能，每个阶段都有可能返回到前一阶段重新设计。而且有些阶段可以合并，例如，特征选择和分类器设计阶段处于同一优化任务中。

虽然上面已向读者描述了分类系统设计核心的一些基本问题，但还有一些必须提到的问题。

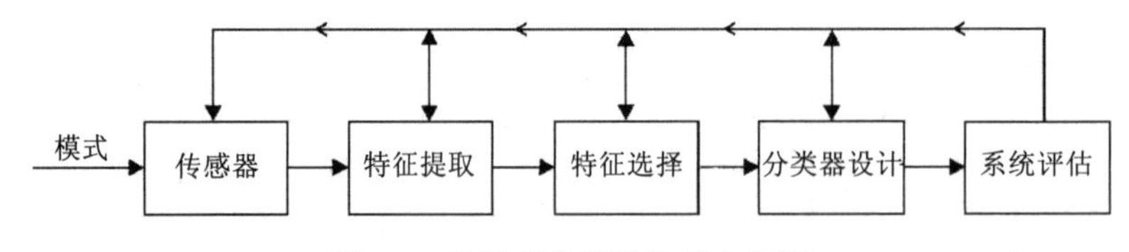

图 1.3　分类系统设计的基本步骤

1.3　监督、无监督和半监督学习

在图 1.1 所示的例子中，我们假设已知一个训练数据集，并且用这个已知的先验信息来设计分类器，这称为监督模式识别。然而，情况并非总是如此，还有一种模式识别，它没有可用的已知类别标注的训练数据。在这类情况下，我们给定一组特征向量 $\boldsymbol{x}$，目标是揭示潜在的相似性并对相似的特征向量分组，这就是无监督模式识别、无监督学习或聚类。在社会科学和工程领域会出现这种情况，例如遥感、图像分割、图像和语音编码等。下面来看两个这样的问题。

在多光谱遥感中，人造卫星、航天飞机或太空站上搭载的灵敏扫描器测量从地表发射的电磁能量，目的是探测地表的情况，其中电磁能量可能是反射的太阳能（被动），也可能是介质发射的部分能量。扫描器对电磁辐射的部分波段敏感，地表的特征不同，对波段反射的能量也不同。例如，在可见光与红外波段，矿物质、潮湿的土壤、水体和植被都是反射能量的主要贡献者，热红外波段主要反映地表和地表下方的热容量与热特性。每个波段测量的是地表上同一区域的不同特性，根据不同波段的反射能量分布就可以生成地表的图像。研究这些信息的目的是识别各种地物，如公路、农田、森林、火烧地、水体和患病农作物等。最后，生成地表上每个单元的特征向量 $\boldsymbol{x}$，该向量中的元素 $x_i, i=1,2,\cdots,l$ 对应于各个光谱波段中的像素的灰度。实际上，光谱波段的数量是变化的。

我们可以使用聚类算法对 l 维特征向量进行分组。我们将对应于相同地物的点（如水体）聚类为一组。这样分组后，分析人员就可将每组中的样本点和地面数据的参考信息（地图或观测结果）联系起来识别地物，图 1.4 中说明了这个过程。

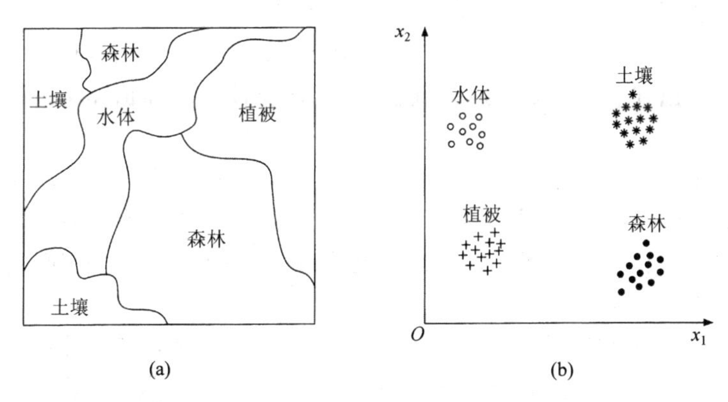

图 1.4 (a) 各种地物图示；(b) 两波段多光谱图像聚类的各种特征

聚类还被广泛应用于社会科学中，如进行研究、调查、统计及得到一些有用的结论来进行决策。再来看一个简单的例子。假设我们既要研究一个国家的国民生产总值和人的文盲水平是否有关，又要研究国民生产总值和儿童的死亡率是否有关。在这个例子中，每个国家都用一个三维特征向量来表示，特征向量的坐标是测量感兴趣量的索引。聚类算法将揭示低国民生产总值、高文盲水平和高儿童死亡率（以人口百分比表示）的那些国家的聚类相似性。

在无监督模式识别中，一个重要的问题是定义两个特征向量之间的“相似度”并为它选择一个合适的度量。另一个重要的问题是选择一个算法，以便根据选定的相似度对向量进行聚类（分组）。通常，不同的算法会产生不同的结果，而这一点要由专家解释。

设计分类系统的半监督学习/模式识别与监督模式识别有着相同的目标，但在这种情况下，设计者已得出一系列原始未知类别的模式和已知类别的训练模式。通常我们称前者为*标注的数据*，而称后者为*未标注的数据*。当系统设计者得到的是数量有限的标注的数据时，半监督模式识别就很重要。在这种情况下，由（与现有数据的通用结构相关的）未标注样本恢复额外信息有助于改进系统设计。半监督学习也要找到方法来完成聚类任务。在这种情况下，标注的数据的约束是“必链”和“勿链”。也就是说，聚类任务被限制在同一个聚类中分配或不分配某些点。从这个角度看，半监督学习提供了聚类算法所需的先验知识。

1.4 MATLAB 程序

每章的末尾提供了一些 MATLAB 程序和上机练习。书中给出的代码不用来形成软件包，而纯粹用于教学目的。大部分代码是为想深入学习的学生提供的，这也是大部分情况下所用的数据都是高斯分布的模拟数据的原因。提供的代码与书中介绍的技术和算法对应。任何时候，所需代码在 MATLAB 工具箱中都是可用的，我们选择使用相关的 MATLAB 函数，并解释如何使用参数。毫无疑问，每位教师都有其自己的参数设置、经验和独特的教学方法。我们提供的程序基本上可以运行在其他数据集上。

1.5 本书的章节安排

第 2 章至第 10 章讲解监督模式识别，第 11 章至第 16 章讲解无监督模式识别。每章的安排都从基础定义和方法开始，逐渐过渡到较深的知识和最新的技术。在模式识别课程中怎样利用本书中的内容，将取决于课程的侧重点、学生及教师的具体情况。

第 2 章主要讲述用于估计未知概率密度函数的贝叶斯分类技术，并简单介绍贝叶斯网络。在模式识别课程中，可以省略关于贝叶斯决策理论、最大熵和最大期望值算法的内容，而只需重点讲授贝叶斯分类、最小距离（欧氏距离和马氏距离）、最近邻分类器、朴素贝叶斯分类器。

第 3 章主要讲述线性分类器的设计。具体讨论均方理论的概率估计性质，并简单介绍偏差困境。深层次的知识需要用到数学工具（见附录 C），大多数学生可能不熟悉这些理论；此外，本章还将重点讲述线性可分性、感知器算法、均方理论和最小二乘理论，因为它们的应用非常广泛。此外，本章还将简要介绍支持向量机。

第 4 章讲述非线性分类器的设计。在一学期的课程中，可以省略关于精确分类的知识。反向传播算法的证明对大多数学生来说是枯燥的，为此我们省略细节，只给出基本原理的描述，学生可以使用 MATLAB 进行实验。同时，我们还将省略与代价函数有关的部分，只着重讨论普遍性问题，同时重点介绍 Cover 定理和径向基函数（RBF）网络。最后通过讨论相关的基本原理，简单介绍非线性支持向量机、决策树和组合分类器。

第 5 章讲述特征选择。在一学期的课程中，可将重点放在 t 检验上，因为假设检验既应用广泛，又便于学生在计算机上实现。时间充裕时，还可以介绍发散、Bhattacharrya 距离和混淆矩阵，以便为后面的理论学习奠定基础。教学重点是两个类别情形下的费舍尔线性判别方法（LDA）。

第 6 章讲述如何利用正交变换提取特征。首先介绍 KL 变换和奇异值分解，然后定义 DFT、DCT、DST、哈达玛变换和哈尔变换。本章后半部分详细讲解离散小波变换，目的是让初学者掌握小波变换并编写相应的软件，例如在滤波器组的基础上开发软件来提取特征。在一学期的课程安排中，也可以省略本章的内容。

第 7 章讲述图像和声音分类的特征生成。在一学期的课程中，可以不讲授关于局部线性变换、矩、参数模型和分形的内容，只需重点介绍一阶和二阶统计特征及行程长度方法。此外，本章还将介绍描述形状的链码。本章将给出提取这些特征的练习，以便使用这些特征进行分类。

第 8 章讲述模板匹配。首先介绍动态规划和 Viterbi 算法及它们在语音识别中的应用，在两学期的课程中，应将重点放在动态规划和 Viterbi 算法上，然后讲述相关匹配和可变形模板匹配的基本原理。

第 9 章讲述上下文相关分类。主要介绍隐马尔可夫模型及其在通信和语音识别中的应用。在一学期的课程中，这一章的内容可以不讲。

第 10 章讲述系统评估和半监督学习。主要讨论各种错误率评估技术并举例说明。留一法和重替代法是第二学期的重点，学生可在计算机上做练习。在一学期的课程中，半监督学习的内容可以不讲。

第 11 章讲述聚类的基本概念。主要介绍聚类的定义和聚类各阶段的任务，回顾在聚类应用中遇到的各种数据，并且介绍通用的近邻度量方法。在一学期的课程中，可以只讲使用得最广泛的近邻度量方法（如 l_p 范数、内积、汉明距离）。

第 12 章讲述顺序聚类算法。包括一些最简单的聚类算法，这些基础知识非常适合于在一学期的课程中向学生介绍，并让学生在计算机上实践。关于聚类数的估计和神经网络实现的内容可以略去不讲。

第 13 章讲述层次聚类算法。在一学期的课程中，可以只考虑典型的聚类方法，将重点放在基于矩阵理论的单链和全链算法方面。基于图论的聚类算法和分裂算法可以省略。

第 14 章采用微分工具来讲述基于代价函数最优的聚类算法。根据各种不同的代表，包括点代表、超平面代表、壳代表，介绍硬聚类、模糊聚类和概率算法。在一学期的课程中，这些算法都可以省略，只需重点讲授 Isodata 算法。

第 15 章重点讲述无法归入上述各章中的一些聚类算法，如竞争学习、分支定界、模拟退火和遗传算法等。在一学期的课程中，这些内容可以省略。

第 16 章讨论聚类过程的聚类有效性。在一学期的课程中，可以省略这些新内容，只需将重点放在每种情况的内部、外部、相关标准和随机假设的定义方面。此外，本章还将讲述内部和外部准则采用的指标，并提供应用实例。

本书中不讨论句法模式识别方法。句法模式识别方法理论上和本书中讨论的方法不同，并且适用于不同的问题。在句法模式识别中，模式的结构极为重要，要实现句法模式识别，需要有初始样本集、语法规则集和自动识别器。本书只简单介绍句法模式识别。

第 2 章　基于贝叶斯决策理论的分类器

2.1　引言

有关模式识别系统中分类器设计的内容共三章，本章是其中的第一章。下面介绍的方法基于特征值的统计概率，原因是模式存在统计变化、测量传感器存在噪声。设计分类器的目的是将未知的模式分类到最可能的类别中。现在的任务是定义什么是“最可能的”。

给定一个分类任务，其中有 M 个类别（$\omega_1,\omega_2,\cdots,\omega_M$）和一个表示未知模式的特征向量 $\boldsymbol{x}$，我们生成 M 个条件概率 $P(\omega_i \mid \boldsymbol{x}), i=1,2,\cdots,M$。有时，我们称这些条件概率为后验概率。换句话说，当对应的特征向量取值 $\boldsymbol{x}$ 时，每个条件概率都代表未知模式属于某个特定类别 ω_i 的概率。用这些条件概率来量化“最可能的”是否明智？实际上，本章中讨论的分类器要么求 M 个值中的最大值，要么等效地求由它们定义的函数的最大值。然后，将未知模式赋给对应这个最大值的类别。

我们面临的首要任务是计算条件概率。贝叶斯准则对于计算条件概率是非常有用的。下面主要基于可用的实验证据（即与训练集模式对应的特征向量）来介绍估计概率密度函数（Probability Density Function，PDF）的技术。

2.2　贝叶斯决策理论

首先讨论有两个类别的情况。设 ω_1 和 ω_2 是样本所属的类别，设先验概率 $P(\omega_1)$ 和 $P(\omega_2)$ 已知。这个假设是合理的，因为先验概率未知时，它可通过训练特征向量估算出来。若 N 是训练样本的总数，其中有 N_1 和 N_2 个样本分别属于 ω_1 和 ω_2，则相应的先验概率为 $P(\omega_1)\approx N_1/N$ 和 $P(\omega_2)\approx N_2/N$。

另外，假设用来描述每个类别中特征向量的分布情况的类条件概率密度函数 $p(\boldsymbol{x}\mid\omega_i), i=1,2$ 是已知参数。若类条件概率密度函数是未知的，则可由已知的训练数据估算出来，详见后述章节中的介绍。概率密度函数 $p(\boldsymbol{x}\mid\omega_i)$ 有时指关于 $\boldsymbol{x}$ 的 ω_i 的似然函数。这里有一个隐含的假设，即特征向量可以是 l 维空间中的任何值。在这种情况下，特征向量可以取某个离散值，密度函数 $p(\boldsymbol{x}\mid\omega_i)$ 变成概率，记为 $P(\boldsymbol{x}\mid\omega_i)$。

现已具备导论中提到的计算条件概率的所有条件。概率论课程中的贝叶斯准则（见附录 A）是

$$P(\omega_i|\boldsymbol{x}) = \frac{p(\boldsymbol{x}|\omega_i)P(\omega_i)}{p(\boldsymbol{x})} \tag{2.1}$$

式中，$p(\boldsymbol{x})$是 $\boldsymbol{x}$ 的概率密度函数（见附录 A），

$$p(\boldsymbol{x}) = \sum_{i=1}^{2} p(\boldsymbol{x}|\omega_i)P(\omega_i) \tag{2.2}$$

贝叶斯分类准则现在可描述为

$$\begin{aligned} &\text{若 } P(\omega_1|\boldsymbol{x}) > P(\omega_2|\boldsymbol{x}),\ \text{则 } \boldsymbol{x} \text{ 属于 } \omega_1 \\ &\text{若 } P(\omega_1|\boldsymbol{x}) < P(\omega_2|\boldsymbol{x}),\ \text{则 } \boldsymbol{x} \text{ 属于 } \omega_2 \end{aligned} \tag{2.3}$$

相等的情况最糟，因为样本可归为任何一个类别。根据式(2.1)，这个决策可以等价地表示为

$$p(\boldsymbol{x}|\omega_1)P(\omega_1) \gtrless p(\boldsymbol{x}|\omega_2)P(\omega_2) \tag{2.4}$$

式中未考虑 $p(\boldsymbol{x})$，因为 $p(\boldsymbol{x})$对所有类别都是相同的，它不影响决策。此外，若先验概率相等，即 $P(\omega_1) = P(\omega_2) = 1/2$，则式(2.4)可以表示为

$$p(\boldsymbol{x}|\omega_1) \gtrless p(\boldsymbol{x}|\omega_2) \tag{2.5}$$

于是，最大值取决于在 $\boldsymbol{x}$ 处估计的条件概率密度函数的值。图 2.1 中给出了两个等概率类别的一个例子，还给出了最简情况下 $\boldsymbol{x}$（$l=1$）的函数 $p(\boldsymbol{x}\mid\omega_i), i=1,2$ 的变化情况。x_0 处的虚线将特征空间分为两个区域，即 R_1 和 R_2。根据贝叶斯决策准则，分类器判定 R_1 内的所有 x 值属于 ω_1，判定 R_2 内的所有 x 值属于 ω_2。然而，由图可以看出判定出错不可避免。事实上，R_2 内某些属于 ω_1 的 x 值被错判为属于 ω_2，某些属于 ω_2 的 x 值被错判为属于 ω_1。错误概率 P_e 的计算公式为

$$2P_e = \int_{-\infty}^{x_0} p(x|\omega_2)\,\mathrm{d}x + \int_{x_0}^{+\infty} p(x|\omega_1)\,\mathrm{d}x \tag{2.6}$$

它等于图 2.1 中曲线下方阴影部分的面积。于是，我们得出一个重要结论：最初对“最大可能”一词的解释和贝叶斯分类准则都是经验性的。现在可以看出，虽然分类检验公式很简单，但具有很深的数学含义。

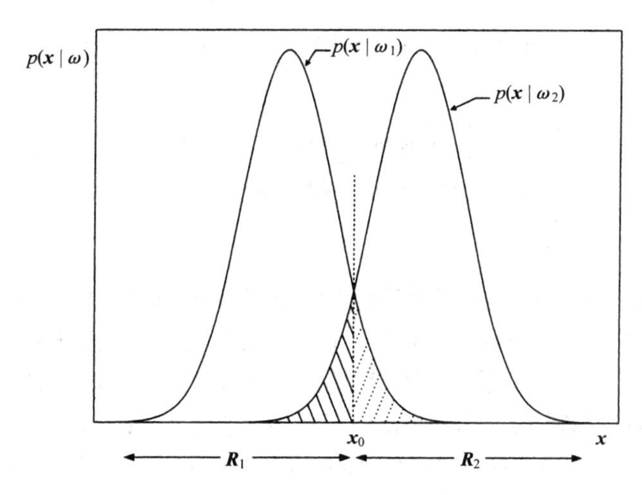

图 2.1　在两个等概率类别情形下，由贝叶斯分类器形成的两个区域 R_1 和 R_2 的例子

最小化分类错误概率

下面证明贝叶斯分类器在最小化分类错误概率方面是最优的。实际上，作为练习，读者很容易证明，在图 2.1 中让阈值远离 x_0，都会增大曲线下方阴影部分的面积。下面给出正式的证明。

证明： 假设 R_1 是 ω_1 的特征空间，R_2 是 ω_2 的特征空间。当 $\boldsymbol{x}\in R_1$ 但属于 ω_2，或当 $\boldsymbol{x}\in R_2$ 但属于 ω_1 时，就会产生错误，即

$$P_e = P(\boldsymbol{x}\in R_2, \omega_1) + P(\boldsymbol{x}\in R_1, \omega_2) \tag{2.7}$$

式中，$P(.,.)$是两个事件的联合概率。回顾概率论基础知识（见附录 A）可知，上式变成

$$
\begin{aligned}
P_e &= P(\boldsymbol{x} \in R_2|\omega_1)P(\omega_1) + P(\boldsymbol{x} \in R_1|\omega_2)P(\omega_2) \\
&= P(\omega_1)\int_{R_2} p(\boldsymbol{x}|\omega_1)\,\mathrm{d}\boldsymbol{x} + P(\omega_2)\int_{R_1} p(\boldsymbol{x}|\omega_2)\,\mathrm{d}\boldsymbol{x}
\end{aligned}
\tag{2.8}
$$

或者，由贝叶斯准则有

$$
P_e = \int_{R_2} P(\omega_1|\boldsymbol{x})p(\boldsymbol{x})\,\mathrm{d}\boldsymbol{x} + \int_{R_1} P(\omega_2|\boldsymbol{x})p(\boldsymbol{x})\,\mathrm{d}\boldsymbol{x} \tag{2.9}
$$

容易看出，若按照下式选择特征空间的分割区域 R_1 和 R_2，则错误概率最小：

$$
\begin{aligned}
R_1&: P(\omega_1|\boldsymbol{x}) > P(\omega_2|\boldsymbol{x}) \\
R_2&: P(\omega_2|\boldsymbol{x}) > P(\omega_1|\boldsymbol{x})
\end{aligned}
\tag{2.10}
$$

实际上，R_1 和 R_2 覆盖整个空间，由概率密度函数的定义可得

$$
\int_{R_1} P(\omega_1|\boldsymbol{x})p(\boldsymbol{x})\,\mathrm{d}\boldsymbol{x} + \int_{R_2} P(\omega_1|\boldsymbol{x})p(\boldsymbol{x})\,\mathrm{d}\boldsymbol{x} = P(\omega_1) \tag{2.11}
$$

联立式(2.9)和式(2.11)得

$$
P_e = P(\omega_1) - \int_{R_1} (P(\omega_1|\boldsymbol{x}) - P(\omega_2|\boldsymbol{x}))\,p(\boldsymbol{x})\,\mathrm{d}\boldsymbol{x} \tag{2.12}
$$

可以看出，当 R_1 满足 $P(\omega_1 \mid \boldsymbol{x}) > P(\omega_2 \mid \boldsymbol{x})$ 时，错误概率最小；R_2 在相反的情况下错误概率最小。

前面介绍的两个类别的简单情况可推广到多个类别。在有 M 个类别的分类任务中，$\omega_1, \omega_2, \cdots, \omega_M$ 是由特征向量 $\boldsymbol{x}$ 表示的未知样本，若

$$
P(\omega_i|\boldsymbol{x}) > P(\omega_j|\boldsymbol{x}) \quad \forall j \neq i \tag{2.13}
$$

则 x 属于 ω_i。习题 2.1 证明了这种选择可使分类错误概率最小。

最小化平均风险

最小化分类错误概率并不总是最好的标准，因为它赋给所有错误的重要性相同。但在有些情况下，有些错误可能会产生更严重的后果。例如，对医生来说，将恶性肿瘤诊断为良性肿瘤的错误决定，要比相反情形下的后果严重。将良性肿瘤诊断为恶性肿瘤后，临床检查会诊断出这一错误，但将恶性肿瘤诊断为良性肿瘤则是致命的。因此，这时用“惩罚”来衡量每个错误更为合适。我们用 ω_1 表示恶性肿瘤类别，用 ω_2 表示良性肿瘤类别，用 R_1 和 R_2 分别表示支持 ω_1 和 ω_2 特征空间的区域。错误概率 P_e 由式(2.8)给出。这里不选择 R_1 和 R_2 来最小化 P_e，而试着对其做最小的修改，即

$$
r = \lambda_{12}P(\omega_1)\int_{R_2} p(\boldsymbol{x}|\omega_1)\,\mathrm{d}\boldsymbol{x} + \lambda_{21}P(\omega_2)\int_{R_1} p(\boldsymbol{x}|\omega_2)\mathrm{d}\boldsymbol{x} \tag{2.14}
$$

式中有两项，根据它们重要性进行加权，反映了对总错误概率的贡献程度。这时，让 $\lambda_{12} > \lambda_{21}$ 是最合适的。因此，将属于 ω_1 的样本错分到 ω_2 中产生的错误对代价函数的影响更大，即式(2.14)中第一项的影响比第二项的影响更大。

考虑一个 M 分类问题，设 $R_j, j = 1,2,\cdots,M$ 是 ω_j 对应的特征空间。现在有一个属于 ω_k 的特征向量 $\boldsymbol{x}$ 位于 $R_i, i \neq k$ 处。这个向量被错误地分到 ω_i 中，出现了错误。由与错误判定关联的惩罚系数 λ_{ki}（也称损失）组成的矩阵 $\boldsymbol{L}$ 称为损失矩阵[①]。可以看出，与式(2.14)的原理相反，现在我们为

① 该术语源于基本的决策理论。

损失矩阵的对角元素（λ_{kk}）赋予了权重，这些权重对应于正确的判定。在实际应用中，为考虑普遍情况，通常将这些值设为 0。与 ω_k 相关的风险或损失定义为

$$r_k = \sum_{i=1}^{M} \lambda_{ki} \int_{R_i} p(\boldsymbol{x}|\omega_k)\,\mathrm{d}\boldsymbol{x} \tag{2.15}$$

可以看出，积分针对的是所有属于 ω_k 的特征向量归类为 ω_i 的概率，λ_{ki} 是这个概率的权重。现在的目标是选择分割区域 R_j，使得平均风险

$$\begin{aligned} r &= \sum_{k=1}^{M} r_k P(\omega_k) \\ &= \sum_{i=1}^{M} \int_{R_i} \left(\sum_{k=1}^{M} \lambda_{ki}\, p(\boldsymbol{x}|\omega_k) P(\omega_k) \right) \mathrm{d}\boldsymbol{x} \end{aligned} \tag{2.16}$$

最小。要得到这个结果，就要使得每部分的积分都最小。因此，应按照如下方式选择分割区域：

$$\boldsymbol{x} \in R_i \text{ 若 } l_i \equiv \sum_{k=1}^{M} \lambda_{ki}\, p(\boldsymbol{x}|\omega_k) P(\omega_k) < l_j \equiv \sum_{k=1}^{M} \lambda_{kj}\, p(\boldsymbol{x}|\omega_k) P(\omega_k) \quad \forall j \neq i \tag{2.17}$$

显然，若 $\lambda_{ki} = 1 - \delta_{ki}$，其中 δ_{ki} 是 Kronecker 增量（$k \neq i$ 时为 0，$k = i$ 时为 1），则最小化平均风险等价于最小化分类错误概率。

对于二分类，有

$$\begin{aligned} l_1 &= \lambda_{11}\, p(\boldsymbol{x}|\omega_1) P(\omega_1) + \lambda_{21}\, p(\boldsymbol{x}|\omega_2) P(\omega_2) \\ l_2 &= \lambda_{12}\, p(\boldsymbol{x}|\omega_1) P(\omega_1) + \lambda_{22}\, p(\boldsymbol{x}|\omega_2) P(\omega_2) \end{aligned} \tag{2.18}$$

若 $l_1 < l_2$，则 $\boldsymbol{x}$ 属于 ω_1，即

$$(\lambda_{21} - \lambda_{22}) p(\boldsymbol{x}|\omega_2) P(\omega_2) < (\lambda_{12} - \lambda_{11}) p(\boldsymbol{x}|\omega_1) P(\omega_1) \tag{2.19}$$

自然地，我们假设 $\lambda_{ij} > \lambda_{ii}$（正确判定受到的惩罚要比错误判定受到的惩罚小）。采用这个假设，对于二分类，判定准则(2.17)现在变成

$$\boldsymbol{x} \in \omega_1(\omega_2) \text{ 若 } l_{12} \equiv \frac{p(\boldsymbol{x}|\omega_1)}{p(\boldsymbol{x}|\omega_2)} > (<) \frac{P(\omega_2)}{P(\omega_1)} \frac{\lambda_{21} - \lambda_{22}}{\lambda_{12} - \lambda_{11}} \tag{2.20}$$

比率 l_{12} 称为似然比，前面描述的检验称为似然比检验。下面详细研究式(2.20)，并考虑图 2.1 所示的情形。假设损失矩阵为

$$\boldsymbol{L} = \begin{bmatrix} 0 & \lambda_{12} \\ \lambda_{21} & 0 \end{bmatrix}$$

若认为 ω_2 中的样本错误分类会产生更严重的后果，则必须选择 $\lambda_{21} > \lambda_{12}$。因此，若

$$p(\boldsymbol{x}|\omega_2) > p(\boldsymbol{x}|\omega_1) \frac{\lambda_{12}}{\lambda_{21}}$$

则判定样本属于 ω_2，其中假设 $P(\omega_1) = P(\omega_2) = 1/2$，即 $p(\boldsymbol{x}|\omega_1)$ 与一个小于 1 的系数相乘，目的是将图 2.1 中的阈值移向 x_0 的左侧，增大区域 R_2，减小区域 R_1。$\lambda_{21} < \lambda_{12}$ 时，情形正好相反。

有时我们使用奈曼–皮尔逊准则（Neyman-Pearson criterion）来求解二分类问题。一个类别的错误用固定值表示，它等于所选的值（见习题 2.6）。例如，在雷达探测问题中使用了这个判定准则，目的是在噪声情况下探测目标。一类错误是虚警，即把噪声错误地判定为信号（目标）。另一类错误是漏检，即遗漏了信号并将信号判定为噪声。在许多情况下，虚警的错误概率被设为一

个预定的阈值。

例 2.1 在二分类问题中，单个特征变量 x 的概率密度函数是高斯函数，两个类别的方差都是 $\sigma^2=1/2$，均值分别是 0 和 1，即

$$p(x|\omega_1)=\frac{1}{\sqrt{\pi}}\exp(-x^2)$$

$$p(x|\omega_2)=\frac{1}{\sqrt{\pi}}\exp(-(x-1)^2)$$

若 $P(\omega_1)=P(\omega_2)=1/2$，计算(a)最小错误概率情形下的阈值 x_0；若损失矩阵为

$$L=\begin{bmatrix}0 & 0.5\\ 1.0 & 0\end{bmatrix}$$

计算(b)最小风险情形下的阈值 x_0。考虑高斯函数图形（见附录 A）的形状，最小概率情形下的阈值是

$$x_0:\exp(-x^2)=\exp(-(x-1)^2)$$

两边取对数得 $x_0=1/2$。在最小风险情形下，得到

$$x_0:\exp(-x^2)=2\exp(-(x-1)^2)$$

或 $x_0=(1-\ln 2)/2<1/2$，即阈值左移了 1/2。若这两个类别不是等概率的，则很容易证明：若 $P(\omega_1)>(<)=P(\omega_2)$，则阈值右移（左移）。也就是说，扩展最大可能的类别的区域，对最大可能的类别来说会产生更少的错误。

2.3 判别函数和决策面

由前述讨论可知，对于 M 分类任务，最小化风险或错误概率或奈曼-皮尔逊准则等价于将特征空间分割为 M 个区域。若区域 R_i 和 R_j 正好相邻，则它们由多维特征空间中的决策面分割。对于最小错误概率的情形，这可描述为

$$P(\omega_i|\boldsymbol{x})-P(\omega_j|\boldsymbol{x})=0 \tag{2.21}$$

在决策面的一侧，这个差值是正的，在决策面的另一侧，这个差值是负的。有时，用数学中的等价函数来代替概率（或风险函数）可能更方便，如 $g_i(\boldsymbol{x})\equiv f(P(\omega_i\,|\,\boldsymbol{x}))$，其中 $f(\cdot)$ 是一个单调递增函数，$g_i(\boldsymbol{x})$称为判别函数。决策检验公式(2.13)现在变为

$$\text{若 } g_i(\boldsymbol{x})>g_j(\boldsymbol{x})\quad \forall j\neq i\text{，将 }\boldsymbol{x}\text{ 分类到 }\omega_i \tag{2.22}$$

分割相邻区域的决策面描述为

$$g_{ij}(\boldsymbol{x})\equiv g_i(\boldsymbol{x})-g_j(\boldsymbol{x})=0,\quad i,j=1,2,\cdots,M,\quad i\neq j \tag{2.23}$$

到此为止，我们已用贝叶斯概率讨论了分类问题，目的是使分类错误概率或风险概率最小。但是，如我们看到的那样，这些方法并不能求解所有问题。例如，在很多情况下，涉及的概率密度函数非常复杂，且它们的估计并不容易。在这种情况下，直接借助于“选择代价”来计算决策面可能更合适，详见第 3 章和第 4 章中的讨论。采用这些方法计算的判别函数和决策面与贝叶斯分类无关，并且一般情况下的性能要次于贝叶斯分类器的性能。

下面主要讨论在高斯密度函数的情况下，与贝叶斯分类决策面有关的情况。

2.4　正态分布的贝叶斯分类

2.4.1　高斯概率密度函数

在实际工作中，最常遇到的概率密度函数是高斯密度函数或正态密度函数。常用这些函数的原因是其容易计算，并且足以为大量情形建模。中心极限定理是统计学中最著名的定理之一，它指出，若一个随机变量是若干独立随机变量之和，则当被加数的个数趋于无穷时，其概率密度函数近似为高斯函数（见附录 A）。实际上，求和项足够时，通常假设随机变量之和服从高斯概率密度函数分布。

一维高斯函数或单变量高斯函数定义为

$$p(x)=\frac{1}{\sqrt{2\pi}\sigma}\exp\left(-\frac{(x-\mu)^2}{2\sigma^2}\right) \tag{2.24}$$

参数μ和σ^2有特定的含义，随机变量 x 的均值等于μ，即

$$\mu=E[x]\equiv\int_{-\infty}^{+\infty}xp(x)\mathrm{d}x \tag{2.25}$$

式中，$E[\cdot]$ 表示随机变量的均值（期望值）。参数σ^2等于 x 的方差，即

$$\sigma^2=E[(x-\mu)^2]\equiv\int_{-\infty}^{+\infty}(x-\mu)^2p(x)\mathrm{d}x \tag{2.26}$$

图 2.2(a)中显示了$\mu=0$ 和$\sigma^2=1$ 时的高斯函数曲线，图 2.2(b)中显示了$\mu=1$ 和$\sigma^2=0.2$ 时的高斯函数曲线。方差越大，曲线越宽，且曲线始终以μ为中心对称（更多的性质见附录 A）。

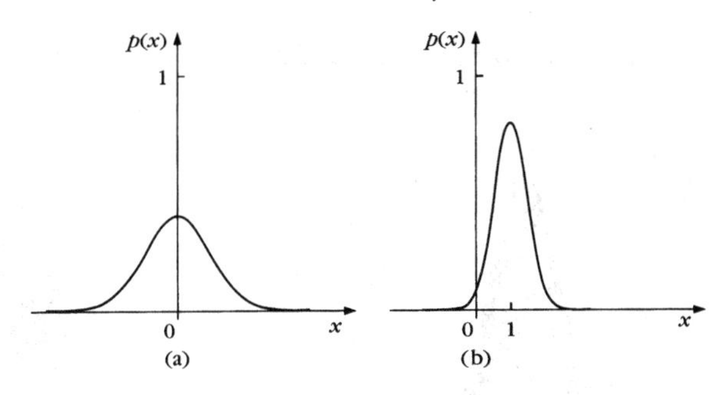

图 2.2　一维高斯概率密度函数的曲线：(a) $\mu=0,\ \sigma^2=1$；(b) $\mu=1$, $\sigma^2=0.2$。方差越大，曲线越宽。曲线以各自的均值为中心对称

在 l 维特征空间中，多变量高斯概率密度函数定义为

$$p(\boldsymbol{x})=\frac{1}{(2\pi)^{l/2}|\Sigma|^{1/2}}\exp\left(-\frac{1}{2}(\boldsymbol{x}-\boldsymbol{\mu})^{\mathrm{T}}\Sigma^{-1}(\boldsymbol{x}-\boldsymbol{\mu})\right) \tag{2.27}$$

式中，$\boldsymbol{\mu}=E[\boldsymbol{x}]$是均值，$\Sigma$是 $l\times l$ 协方差矩阵（见附录 A），它定义为

$$\Sigma=E[(\boldsymbol{x}-\boldsymbol{\mu})(\boldsymbol{x}-\boldsymbol{\mu})^{\mathrm{T}}] \tag{2.28}$$

式中，$|\Sigma|$是Σ 的行列式。显然，$l=1$ 时多变量高斯概率密度函数和单变量高斯概率密度函数一致。有时用符号$\mathcal{N}(\boldsymbol{\mu},\Sigma)$表示均值为$\boldsymbol{\mu}$、协方差为$\Sigma$的高斯概率密度函数。

为了更好地理解什么是多变量高斯概率密度函数，下面考虑二维空间的一些情况。此时，有

$$\Sigma = E\left[\begin{bmatrix} x_1 - \mu_1 \\ x_2 - \mu_2 \end{bmatrix}\begin{bmatrix} x_1 - \mu_1, & x_2 - \mu_2 \end{bmatrix}\right] \tag{2.29}$$

$$= \begin{bmatrix} \sigma_1^2 & \sigma_{12} \\ \sigma_{12} & \sigma_2^2 \end{bmatrix} \tag{2.30}$$

式中，$E[x_i] = \mu_i$，$i = 1, 2$，定义 $\sigma_{12} = E[(x_1 - \mu_1)(x_2 - \mu_2)]$ 得到随机变量 x_1 和 x_2 的协方差，以便度量它们之间的统计相关性。若各个变量统计独立，则其协方差为 0（见附录 A）。显然，Σ的对角元素是随机向量中的各个元素的方差。

图 2.3 至图 2.6 中给出了 4 个二维高斯概率密度函数的例子。图 2.3(a)对应的高斯概率密度函数的对角协方差矩阵为

$$\Sigma = \begin{bmatrix} 3 & 0 \\ 0 & 3 \end{bmatrix}$$

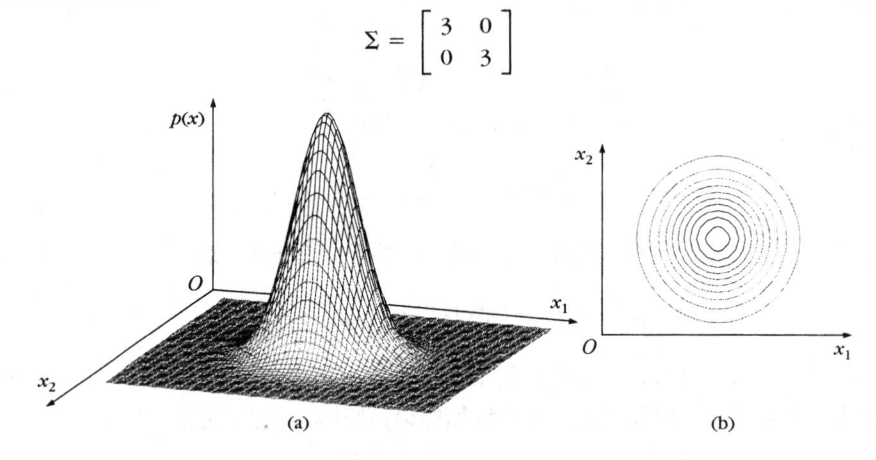

图 2.3　(a) 二维高斯概率密度函数曲线；(b) $\sigma_1^2 = \sigma_2^2$ 时对角协方差矩阵Σ对应的等值线。图形在各个方向是球形对称的

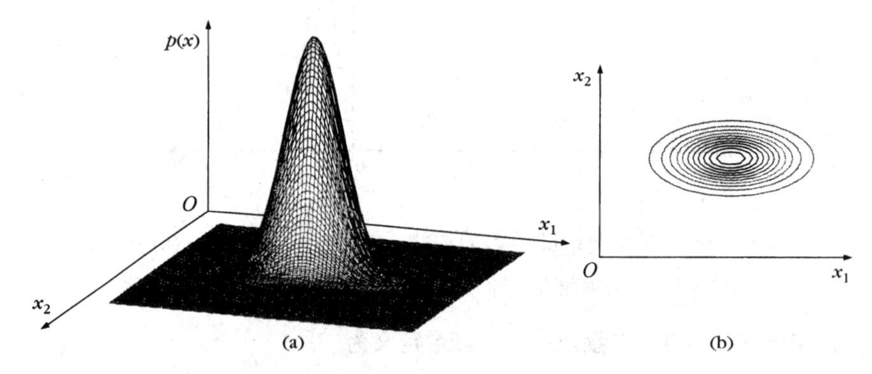

图 2.4　(a) 二维高斯概率密度函数曲线；(b) $\sigma_1^2 >> \sigma_2^2$ 时对角协方差矩阵Σ 对应的等值线，曲线沿 x_1 方向拉伸

即两个特征值 x_1、x_2 的方差为 3、协方差为 0。高斯曲线是对称的。在这种情况下，等值线（即密度概率值相等的线）是圆（在 l 维空间中通常是超球面），如图 2.3(b)所示。图 2.4(a)中所示的情形对应于协方差矩阵

$$\Sigma = \begin{bmatrix} \sigma_1^2 & 0 \\ 0 & \sigma_2^2 \end{bmatrix}$$

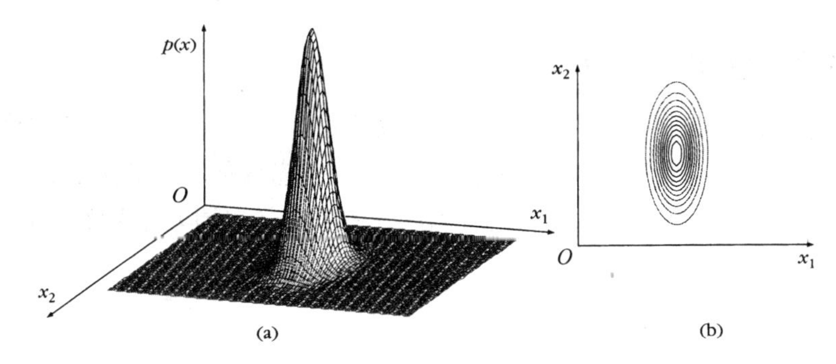

图 2.5　(a) 二维高斯概率密度函数曲线；(b) $\sigma_1^2 \ll \sigma_2^2$ 时对角协方差矩阵Σ对应的等值线，曲线沿 x_2 方向拉伸

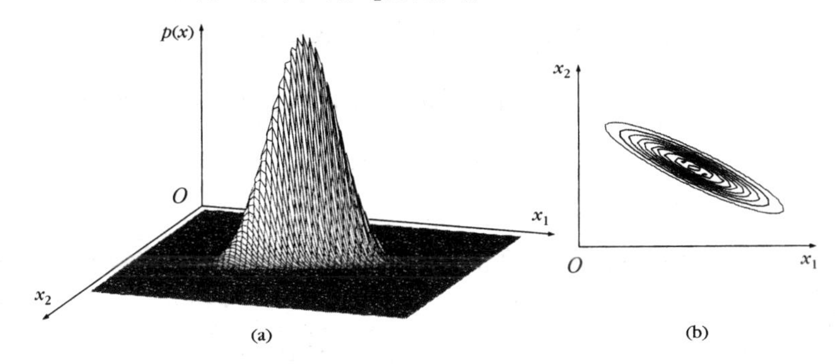

图 2.6　(a) 二维高斯概率密度函数曲线；(b) 非对角协方差矩阵Σ情形对应的等值线，Σ中的不同元素值决定不同的形状和方向

式中，$\sigma_1^2 = 15 \gg \sigma_2^2 = 3$。高斯曲线沿 x_1 轴方向拉伸，x_1 轴方向是较大变量的方向。图 2.4(b)中的等值线变为椭圆。图 2.5(a)和图 2.5(b)所示是 $\sigma_1^2 = 3 \ll \sigma_2^2 = 15$ 时的情形。图 2.6(a)和图 2.6(b)对应更普通的情形，即

$$\Sigma = \begin{bmatrix} \sigma_1^2 & \sigma_{12} \\ \sigma_{12} & \sigma_2^2 \end{bmatrix}$$

式中，$\sigma_1^2 = 15, \sigma_2^2 = 3, \sigma_{12} = 6$。改变 σ_1^2、σ_2^2 和 σ_{12} 的值可以得到不同的形状和方向。

等值线是具有不同方向且长短轴之比不同的椭圆。下面考虑一个零均值向量与一个对角协方差矩阵的例子。此时，计算等值线相当于计算指数为常量的曲线，即

$$x^{\mathrm{T}}\Sigma^{-1}x = [x_1, x_2]\begin{bmatrix} \frac{1}{\sigma_1^2} & 0 \\ 0 & \frac{1}{\sigma_2^2} \end{bmatrix}\begin{bmatrix} x_1 \\ x_2 \end{bmatrix} = C \tag{2.31}$$

或对常量 C 有

$$\frac{x_1^2}{\sigma_1^2} + \frac{x_2^2}{\sigma_2^2} = C \tag{2.32}$$

这是一个椭圆方程，椭圆的长短轴由相关特征值的方差决定。如我们看到的那样，椭圆主轴由协方差矩阵的特征向量/特征值控制。由线性代数知识可知，本例中的对角矩阵的特征值等于对角线上各元素的值。

2.4.2 正态分布的贝叶斯分类器

本节的目的是研究最优贝叶斯分类器，这时描述每个类别中的数据分布的概率密度函数 $p(\boldsymbol{x}\mid\omega_i), i=1,2,\cdots,M$（$\omega_i$ 关于 $\boldsymbol{x}$ 的似然函数）都是多元正态分布，即$\mathcal{N}(\boldsymbol{\mu}_i, \Sigma_i)$, $i = 1, 2,\cdots, M$。因为相关的密度是指数形式的，所以如下判别函数更易计算，（单调）对数函数 ln(·)表示为

$$g_i(\boldsymbol{x}) = \ln(p(\boldsymbol{x}|\omega_i)P(\omega_i)) = \ln p(\boldsymbol{x}|\omega_i) + \ln P(\omega_i) \tag{2.33}$$

或

$$g_i(\boldsymbol{x}) = -\frac{1}{2}(\boldsymbol{x}-\boldsymbol{\mu}_i)^{\mathrm{T}}\Sigma_i^{-1}(\boldsymbol{x}-\boldsymbol{\mu}_i) + \ln P(\omega_i) + c_i \tag{2.34}$$

式中，c_i是一个常量，它等于$-(l/2)\ln 2\pi-(1/2)\ln|\Sigma_i|$。展开得

$$g_i(\boldsymbol{x}) = -\frac{1}{2}\boldsymbol{x}^{\mathrm{T}}\Sigma_i^{-1}\boldsymbol{x} + \frac{1}{2}\boldsymbol{x}^{\mathrm{T}}\Sigma_i^{-1}\boldsymbol{\mu}_i - \frac{1}{2}\boldsymbol{\mu}_i^{\mathrm{T}}\Sigma_i^{-1}\boldsymbol{\mu}_i + \frac{1}{2}\boldsymbol{\mu}_i^{\mathrm{T}}\Sigma_i^{-1}\boldsymbol{x} + \ln P(\omega_i) + c_i \tag{2.35}$$

一般来说，这是一个非线性二次型。例如，$l=2$ 时，假设

$$\Sigma_i = \begin{bmatrix}\sigma_i^2 & 0\\ 0 & \sigma_i^2\end{bmatrix}$$

则式(2.35)变为

$$g_i(\boldsymbol{x}) = -\frac{1}{2\sigma_i^2}(x_1^2+x_2^2) + \frac{1}{\sigma_i^2}(\mu_{i1}x_1+\mu_{i2}x_2) - \frac{1}{2\sigma_i^2}(\mu_{i1}^2+\mu_{i2}^2) + \ln P(\omega_i) + c_i \tag{2.36}$$

可以看出决策曲线 $g_i(\boldsymbol{x})-g_j(\boldsymbol{x})=0$ 是二次曲线（如椭圆、抛物线、双曲线、直线对）。也就是说，在这种情况下，贝叶斯分类器是二次曲线分类器；从这个意义上说，特征空间由二次决策面分割。$l>2$ 时，决策面是超二次曲面。图 2.7(a)和图 2.7(b)是对应于 $\boldsymbol{P}(\omega_1)=\boldsymbol{P}(\omega_2)$, $\boldsymbol{\mu}_1=[0,0]^{\mathrm{T}}$ 和 $\boldsymbol{\mu}_2=[4,0]^{\mathrm{T}}$ 的决策面。两个类别的协方差矩阵分别是

$$\Sigma_1 = \begin{bmatrix}0.3 & 0.0\\ 0.0 & 0.35\end{bmatrix} \quad \Sigma_2 = \begin{bmatrix}1.2 & 0.0\\ 0.0 & 1.85\end{bmatrix}$$

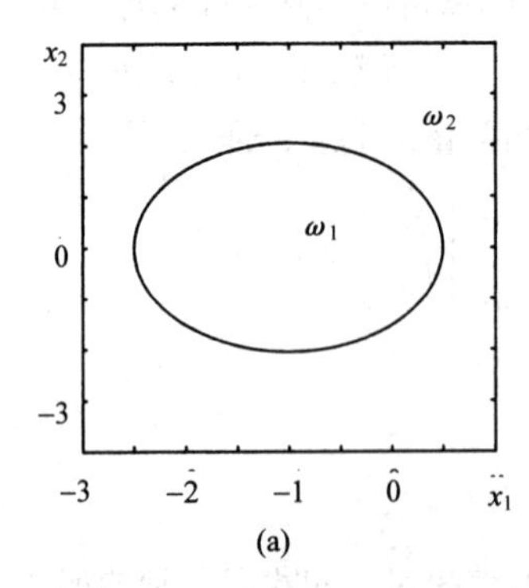

(a)

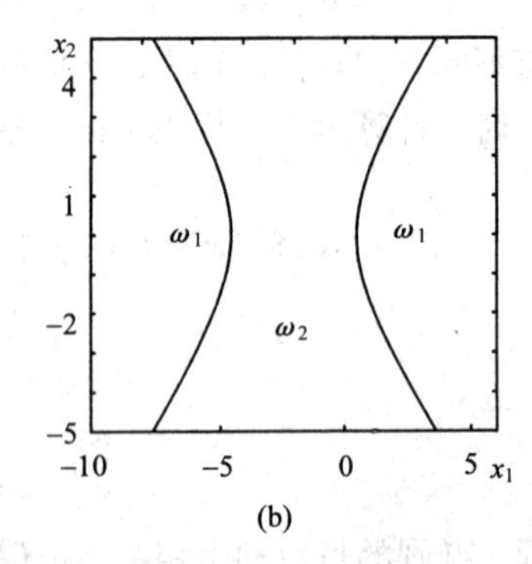

(b)

图 2.7 二次决策曲线的例子。改变高斯函数的协方差矩阵可以得到不同的决策曲线，如椭圆、抛物线、双曲线和直线对

对于图 2.7(b)，两个类别在 $\boldsymbol{\mu}_1=[0,0]^{\mathrm{T}}$ 和 $\boldsymbol{\mu}_2=[3.2,0]^{\mathrm{T}}$ 时是等概率的，此时协方差矩阵为

$$\Sigma_1 = \begin{bmatrix} 0.1 & 0.0 \\ 0.0 & 0.75 \end{bmatrix}, \quad \Sigma_2 = \begin{bmatrix} 0.75 & 0.0 \\ 0.0 & 0.1 \end{bmatrix}$$

图 2.8 中显示了图 2.7(a)所示情形的两个概率密度函数。深色表示 ω_1，指出了 $p(\boldsymbol{x}|\omega_1) > p(\boldsymbol{x}|\omega_2)$ 的点。浅色表示 ω_2。由图 2.7(a)很容易看出决策曲线是椭圆。图 2.9 中显示了对应于图 2.7(b)的设置。此时，决策曲线是双曲线。

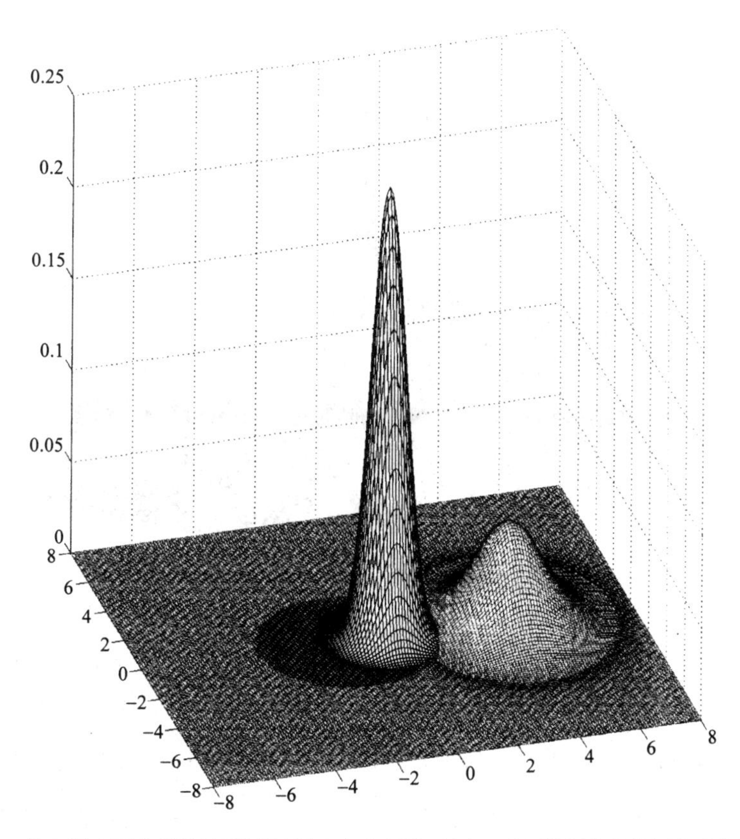

图 2.8　二维空间中两个等概率类别的概率密度函数示例。两个类别中的特征向量都是正态分布的，有着不同的协方差矩阵。此时，决策曲线是一个椭圆，如图 2.7(a)所示。左侧的图形表示概率密度函数值较大的区域

决策超平面

式(2.35)中唯一的二次贡献源于 $\boldsymbol{x}^{\mathrm{T}}\Sigma_i^{-1}\boldsymbol{x}$ 项。若假设所有类别的协方差矩阵相同，即 $\Sigma_i = \Sigma$，则二次项在所有判别函数中都相同。因此，在计算最大值时它不参与比较，可在决策面方程中将其删除，常量 c_i 也可删除。于是，$g_i(\boldsymbol{x})$可以重新定义为

$$g_i(\boldsymbol{x}) = \boldsymbol{w}_i^{\mathrm{T}}\boldsymbol{x} + w_{i0} \tag{2.37}$$

式中，

$$\boldsymbol{w}_i = \Sigma^{-1}\boldsymbol{\mu}_i \tag{2.38}$$

$$w_{i0} = \ln P(\omega_i) - \frac{1}{2}\boldsymbol{\mu}_i^{\mathrm{T}}\Sigma^{-1}\boldsymbol{\mu}_i \tag{2.39}$$

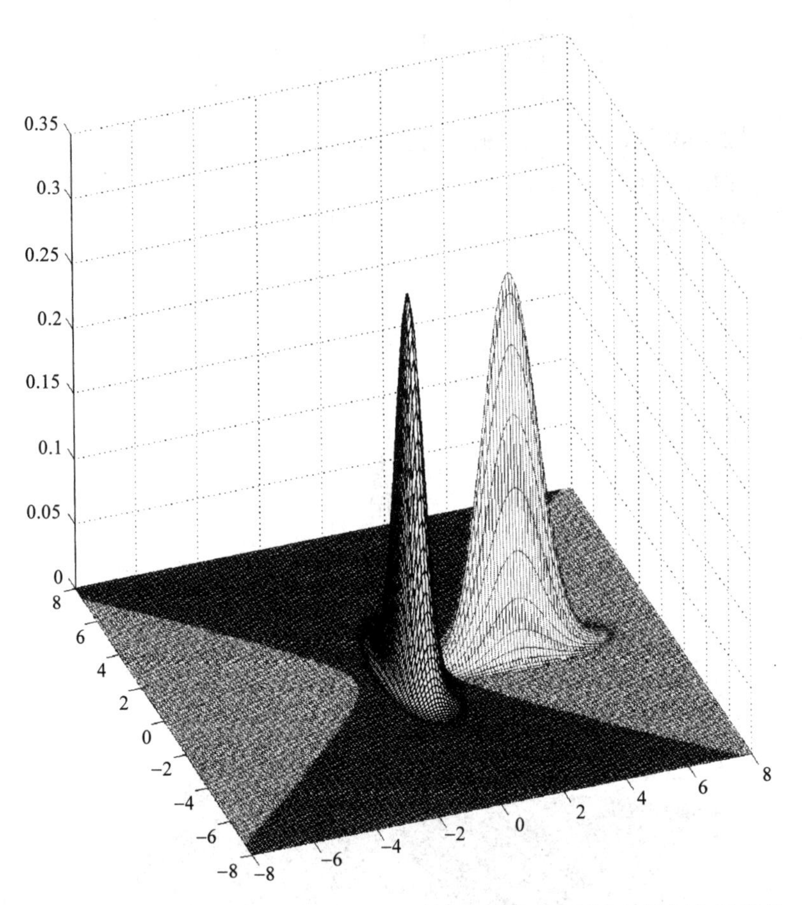

图 2.9　二维空间中两个等概率类别的概率密度函数示例。两个类别中的特征向量都是正态分布的，具有不同的协方差矩阵。此时，决策曲线是双曲线，如图 2.7(b)所示

因此，$g_i(\boldsymbol{x})$是 $\boldsymbol{x}$ 的线性函数，各自的决策面都是超平面。下面进行深入研究。

- 具有相同元素的对角协方差矩阵：假设组成特征向量的各个特征值互不相关，且具有相同的方差（ $E[(x_i-\mu_i)(x_j-\mu_j)]=\sigma^2\delta_{ij}$ ）。如附录 A 中讨论的那样，$\Sigma=\sigma^2\boldsymbol{I}$ ，其中 $\boldsymbol{I}$ 是 l 维单位矩阵，式(2.37)变成

$$g_i(\boldsymbol{x}) = \frac{1}{\sigma^2}\boldsymbol{\mu}_i^{\mathrm{T}}\boldsymbol{x} + w_{i0} \tag{2.40}$$

因此，对应的决策超平面可写为（可以证明）

$$g_{ij}(\boldsymbol{x}) \equiv g_i(\boldsymbol{x}) - g_j(\boldsymbol{x}) = \boldsymbol{w}^{\mathrm{T}}(\boldsymbol{x} - \boldsymbol{x}_0) = 0 \tag{2.41}$$

式中，

$$\boldsymbol{w} = \boldsymbol{\mu}_i - \boldsymbol{\mu}_j \tag{2.42}$$

$$\boldsymbol{x}_0 = \frac{1}{2}(\boldsymbol{\mu}_i + \boldsymbol{\mu}_j) - \sigma^2 \ln\left(\frac{P(\omega_i)}{P(\omega_j)}\right)\frac{\boldsymbol{\mu}_i - \boldsymbol{\mu}_j}{\|\boldsymbol{\mu}_i - \boldsymbol{\mu}_j\|^2} \tag{2.43}$$

式中，$\|\boldsymbol{x}\|=\sqrt{x_1^2+x_2^2+\cdots+x_l^2}$ 是 $\boldsymbol{x}$ 的欧几里得（后面简称欧氏）范数。因此，决策面是一个过点 $\boldsymbol{x}_0$ 的超平面。显然，若 $P(\omega_i)=P(\omega_j)$ ，则 $\boldsymbol{x}_0=\frac{1}{2}(\boldsymbol{\mu}_i+\boldsymbol{\mu}_j)$ ，且超平面过均值点

$\boldsymbol{\mu}_i$和$\boldsymbol{\mu}_j$，即连接均值的线段的中点。另一方面，若 $P(\omega_j) > P(\omega_i)(P(\omega_i) > (P(\omega_j))$，则超平面更接近 $\boldsymbol{\mu}_i(\boldsymbol{\mu}_j)$。换句话说，两个类别中高概率区域的面积增大了。

图 2.10 中说明了两个类别的二维图形，即 $P(\omega_j) = P(\omega_i)$（黑线）和 $P(\omega_j) > P(\omega_i)$（灰线）。可以看到，两种情形下的决策超平面（直线）都与 $\boldsymbol{\mu}_i - \boldsymbol{\mu}_j$ 正交。实际上，对于决策超平面上的任意一点 $\boldsymbol{x}$，向量 $\boldsymbol{x} - \boldsymbol{x}_0$ 总在超平面上，且有

$$g_{ij}(\boldsymbol{x}) = 0 \Rightarrow \boldsymbol{w}^{\mathrm{T}}(\boldsymbol{x} - \boldsymbol{x}_0) = (\boldsymbol{\mu}_i - \boldsymbol{\mu}_j)^{\mathrm{T}}(\boldsymbol{x} - \boldsymbol{x}_0) = 0$$

也就是说，$\boldsymbol{\mu}_i - \boldsymbol{\mu}_j$ 正交于决策超平面。此外，若 σ^2 相对于 $\|\boldsymbol{\mu}_i - \boldsymbol{\mu}_j\|$ 来说很小，则超平面的位置与 $P(\omega_i)$、$P(\omega_j)$ 的值的关系不大。这是意料之中的，因为小方差表示随机向量聚集在均值附近的小范围内，所以决策超平面的小幅度平移对结果影响很小。

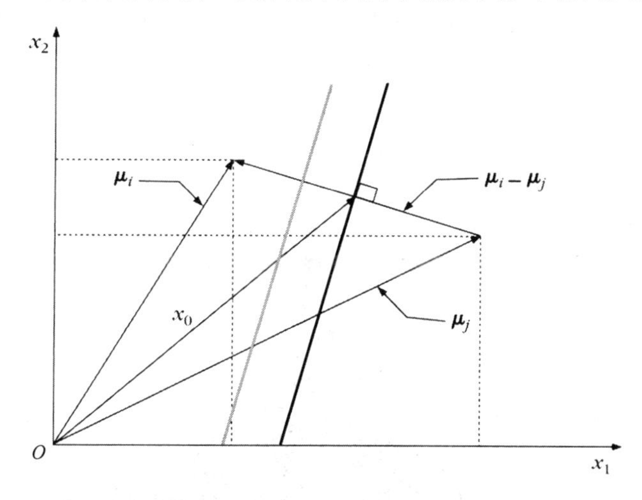

图 2.10　$\Sigma = \sigma^2 \boldsymbol{I}$ 时正态分布向量的决策线。黑线对应于 $P(\omega_j) = P(\omega_i)$ 的情形，它过两个类别的均值的连线的中点。灰线对应于 $P(\omega_j) > P(\omega_i)$ 的情形，它更靠近 $\boldsymbol{\mu}_i$，即到两个类别中概率大的类别的距离更大。若设 $P(\omega_j) < P(\omega_i)$，则决策线靠近 $\boldsymbol{\mu}_j$

图 2.11 中说明了这种情况。对于每个类别，围绕均值的圆圈表示样本的高概率（如 98%）区域。图 2.11(a)对应于小方差，图 2.11(b)对应于大方差。无疑，图 2.11(b)中决策超平面的位置比图 2.11(a)中的更重要。

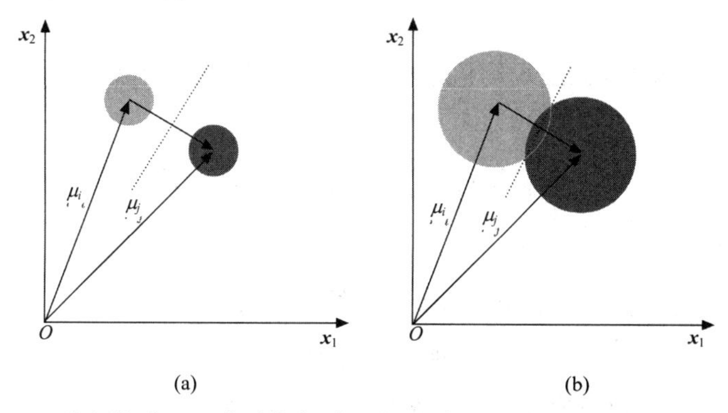

图 2.11　决策线：(a) 致密类别；(b) 非致密类别。对于围绕在均值周围的致密类别，超平面的位置对 $P(\omega_1)$ 和 $P(\omega_2)$ 值不敏感。非致密类别的情况不同，超平面左移或右移都有重要影响

● 非对角协方差矩阵：下面的代数讨论和前面的相似，最后的超平面为

$$g_{ij}(\boldsymbol{x}) = \boldsymbol{w}^{\mathrm{T}}(\boldsymbol{x} - \boldsymbol{x}_0) = 0 \tag{2.44}$$

式中，

$$\boldsymbol{w} = \Sigma^{-1}(\boldsymbol{\mu}_i - \boldsymbol{\mu}_j) \tag{2.45}$$

$$\boldsymbol{x}_0 = \frac{1}{2}(\boldsymbol{\mu}_i + \boldsymbol{\mu}_j) - \ln\left(\frac{P(\omega_i)}{P(\omega_j)}\right)\frac{\boldsymbol{\mu}_i - \boldsymbol{\mu}_j}{\|\boldsymbol{\mu}_i - \boldsymbol{\mu}_j\|_{\Sigma^{-1}}^2} \tag{2.46}$$

式中，$\|\boldsymbol{x}\|_{\Sigma^{-1}} \equiv (\boldsymbol{x}^{\mathrm{T}}\Sigma^{-1}\boldsymbol{x})^{1/2}$ 是 $\boldsymbol{x}$ 的Σ^{-1}范数。前面关于对角协方差矩阵情况的说明依然有效，但有一个例外，即决策超平面不再与向量 $\boldsymbol{\mu}_i - \boldsymbol{\mu}_j$ 正交，但与其线性变换 $\Sigma^{-1}(\boldsymbol{\mu}_i - \boldsymbol{\mu}_j)$ 正交。

图 2.12 中显示了协方差矩阵相等的两个高斯概率密度函数，描述了两个等概率类别的数据分布。在两个类别中，数据基本上按相同的方式分布在它们的均值附近，最优决策曲线是一条直线。

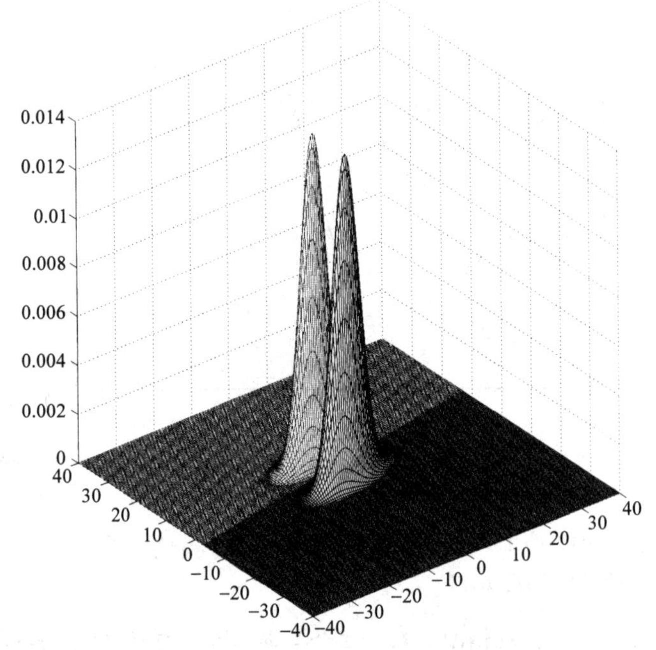

图 2.12　二维空间中具有相同协方差矩阵的两个高斯概率密度函数示例。每个高斯概率密度函数都与两个等概率类别之一相关联。此时最优决策曲线是一条直线

最小距离分类器

现在换个角度来看这个问题。设等概率类别具有相同的协方差矩阵，于是式(2.34)中的 $g_i(\boldsymbol{x})$ 简化为

$$g_i(\boldsymbol{x}) = -\frac{1}{2}(\boldsymbol{x} - \boldsymbol{\mu}_i)^{\mathrm{T}}\Sigma^{-1}(\boldsymbol{x} - \boldsymbol{\mu}_i) \tag{2.47}$$

其中的常量已忽略不计。

● $\Sigma = \sigma^2 \boldsymbol{I}$：此时，$g_i(\boldsymbol{x})$的最大值蕴含着下式的最小化：

$$\text{欧氏距离：} d_\epsilon = \|\boldsymbol{x} - \boldsymbol{\mu}_i\| \tag{2.48}$$

因此，特征向量可以根据它们与均值点之间的欧氏距离来赋给各个类别。可以像前面讨论的那样，用超平面几何证明这个结论吗？

图 2.13(a)中显示了与每个类别中的均值点有着相同欧氏距离 $d_{\in}=c$ 的曲线，它们明显是半径为 c 的圆（一般情况下是一个超球面）。

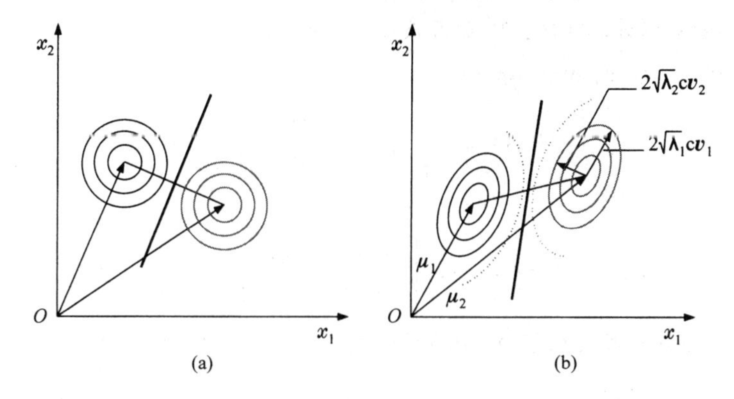

图 2.13　(a) 与每个类别中的均值点有着相同欧氏距离的曲线；(b) 与每个类别中的均值点有着相同马氏（Mahalanobis）距离的曲线。在二维空间中，对欧氏距离它们是圆，对马氏距离它们是椭圆。观察图(b)发现，决策线不与两个均值点的连线正交，而随椭圆的形状旋转

- 非对角Σ：这时，$g_i(\boldsymbol{x})$的最大值等同于最小的Σ^{-1}范数，即

$$\text{马氏距离：}\quad d_m=\left((\boldsymbol{x}-\boldsymbol{\mu}_i)^{\mathrm{T}}\Sigma^{-1}(\boldsymbol{x}-\boldsymbol{\mu}_i)\right)^{1/2} \tag{2.49}$$

在这种情况下，常量距离 $d_m=c$ 的曲线是椭圆（超椭圆）。实际上，如附录 B 所述，协方差矩阵是对称的，并且可以通过以下酉变换对角化：

$$\Sigma=\boldsymbol{\Phi}\Lambda\boldsymbol{\Phi}^{\mathrm{T}} \tag{2.50}$$

式中，$\boldsymbol{\Phi}^{\mathrm{T}}=\boldsymbol{\Phi}^{-1}$，Λ是对角矩阵，其元素是Σ的特征值。$\boldsymbol{\Phi}$ 的列对应于Σ 的（标准正交）特征向量，

$$\boldsymbol{\Phi}=[\boldsymbol{v}_1,\boldsymbol{v}_2,\cdots,\boldsymbol{v}_l] \tag{2.51}$$

联立式(2.49)和式(2.50)得

$$(\boldsymbol{x}-\boldsymbol{\mu}_i)^{\mathrm{T}}\boldsymbol{\Phi}\Lambda^{-1}\boldsymbol{\Phi}^{\mathrm{T}}(\boldsymbol{x}-\boldsymbol{\mu}_i)=c^2 \tag{2.52}$$

定义 $\boldsymbol{x}'=\boldsymbol{\Phi}^{\mathrm{T}}\boldsymbol{x}$。$\boldsymbol{x}'$的坐标等于 $\boldsymbol{v}_k^{\mathrm{T}}\boldsymbol{x},k=1,2,\cdots,l$，即 $\boldsymbol{x}$ 在特征向量上的投影。换言之，它们是关于一个新坐标系的 $\boldsymbol{x}$ 的坐标。在新坐标系中，坐标轴由 $\boldsymbol{v}_k,k=1,2,\cdots,l$ 决定。式(2.52)现在可写为

$$\frac{(x_1'-\mu_{i1}')^2}{\lambda_1}+\cdots+\frac{(x_l'-\mu_{il}')^2}{\lambda_l}=c^2 \tag{2.53}$$

这是新坐标系中超椭圆体的公式。图 2.13(b)中显示了 $l=2$ 的情况。椭圆的质心位于 $\boldsymbol{\mu}_i$，主轴与对应的特征向量一致，长度为 $2\sqrt{\lambda_k c}$ 。因此，与某个特定点有着相同马氏距离的所有点都在一个椭圆上。

例 2.2　在二分类任务中，特征向量由共享如下相同协方差矩阵的两个正态分布生成：

$$\Sigma=\begin{bmatrix}1.1 & 0.3\\ 0.3 & 1.9\end{bmatrix}$$

均值向量分别是 $\boldsymbol{\mu}_1=[0,0]^{\mathrm{T}}$ 和 $\boldsymbol{\mu}_2=[3,3]^{\mathrm{T}}$。

(a) 根据贝叶斯分类器对向量$[1.0, 2.2]^{\mathrm{T}}$分类。

由两个均值向量足以计算$[1.0, 2.2]^{\mathrm{T}}$的马氏距离。因此有

$$d_m^2(\boldsymbol{\mu}_1,\boldsymbol{x})=(\boldsymbol{x}-\boldsymbol{\mu}_1)^{\mathrm{T}}\Sigma^{-1}(\boldsymbol{x}-\boldsymbol{\mu}_1)$$

$$=[1.0,2.2]\begin{bmatrix}0.95 & -0.15\\ -0.15 & 0.55\end{bmatrix}\begin{bmatrix}1.0\\ 2.2\end{bmatrix}=2.952$$

类似地，有

$$d_m^2(\boldsymbol{\mu}_2,\boldsymbol{x})=[-2.0,-0.8]\begin{bmatrix}0.95 & -0.15\\ -0.15 & 0.55\end{bmatrix}\begin{bmatrix}-2.0\\ -0.8\end{bmatrix}=3.672 \tag{2.54}$$

因此，将这个向量赋给具有均值向量$[0, 0]^{\mathrm{T}}$的类别。注意，相对于欧氏距离，给定向量$[1.0, 2.2]^{\mathrm{T}}$更接近$[3, 3]^{\mathrm{T}}$。

(b) 计算以$[0, 0]^{\mathrm{T}}$为中心的椭圆主轴，椭圆上的点到中心的马氏距离为 $d_m=\sqrt{2.952}$。

首先计算Σ的特征值。

$$\det\left(\begin{bmatrix}1.1-\lambda & 0.3\\ 0.3 & 1.9-\lambda\end{bmatrix}\right)=\lambda^2-3\lambda+2=0$$

或者 $\lambda_1=1$ 和 $\lambda_2=2$。要计算这个特征向量，可将数值代入公式

$$(\Sigma-\lambda I)\boldsymbol{v}=0$$

得到单位范数特征向量为

$$\boldsymbol{v}_1=\begin{bmatrix}\frac{3}{\sqrt{10}}\\ -\frac{1}{\sqrt{10}}\end{bmatrix}\quad \boldsymbol{v}_2=\begin{bmatrix}\frac{1}{\sqrt{10}}\\ \frac{3}{\sqrt{10}}\end{bmatrix}$$

显然，它们是相互正交的。椭圆的主轴平行于 $\boldsymbol{v}_1$ 和 $\boldsymbol{v}_2$，长度分别为 3.436 和 4.859。

注释

- 在实际应用中，普遍使用高斯分布来描述每个类别中的数据。因此，贝叶斯分类器要么是线性的，要么是二次的，具体取决于关于协方差矩阵的假设。也就是说，要判断它们是否是完全相等的或者是否是不同的。在统计学中，这种分类方法称为线性判别分析（Linear Discriminant Analysis, LDA）或二次判别分析（Quadratic Discriminant Analysis, QDA）。常用最大似然法来估计未知参数的均值和协方差矩阵（见 2.5 节和习题 2.19）。
- LDA 和 QDA 的主要问题是，须在高维空间中估计大量的未知参数。例如，每个均值向量中都有 l 个参数，每个（对称）协方差矩阵中约有 $l^2/2$ 个参数。要很好地估计大量参数，除了需要大量的计算，还需要大量的训练点 N。这也是设计其他类型分类器的主要问题，详见第 5 章中的讨论。为了减少待估计参数的数量，近年来人们提出了多种类似的技术，详见文献[Kimu 87, Hoff 96, Frie 89, Liu 04]。5.8 节将从不同角度讨论线性判别方法。
- LDA 和 QDA 在不同的应用中表现出了良好的性能，并且跻身于最受欢迎分类器的行列。毫无疑问，在各种情况下，高斯假设不可能为所有统计数据提供合适的模型。成功的秘密是，从分类的角度看，线性和二次决策面对空间进行了合理的分割。文献[Hast 01]中指出，与其他技术相比，与高斯模型相关的估计具有一些很好的统计特性（即偏差-方差困境，见 3.5.3 节）。

2.5　未知概率密度函数的估计

迄今为止，我们一直假设概率密度函数是已知的，但这不是最普遍的情况。在很多问题中，基本的概率密度函数必须由可用数据估计。求解这一问题的方法有多种。在有些情况下，我们可能知道概率密度函数的类型（高斯、瑞利等），但不知道具体的参数，如均值或方差；在另外一些情况下，我们可能不知道概率密度函数的类型，但知道一些统计参数，如均值和方差。因此，要根据不同的已知信息采用不同的求解方法，详见下一节中的讨论。

2.5.1　最大似然参数估计

考虑一个 M 分类问题，特征向量服从分布 $p(\boldsymbol{x}\mid\omega_i), i=1,2,\cdots,M$。假设似然函数以参数的形式给出，对应的参数构成未知向量 $\boldsymbol{\theta}_i$。为了显示对 $\boldsymbol{\theta}_i$ 的依赖性，我们将其写为 $p(\boldsymbol{x}\mid\omega_i;\boldsymbol{\theta}_i)$。我们的目的是用每个类别中的已知特征向量集合来估计未知参数。如果进一步假设每个类别中的数据不影响其他类别的参数估计，那么我们可以独立于类别来表述这个问题，并简化符号。最后，必须单独为每个类别求解一个这样的问题。

设 $\boldsymbol{x}_1,\boldsymbol{x}_2,\cdots,\boldsymbol{x}_N$ 是从概率密度函数 $p(x;\boldsymbol{\theta})$ 中随机抽取的样本，得到联合概率密度函数 $p(X;\boldsymbol{\theta})$，其中 $X=\{\boldsymbol{x}_1,\cdots,\boldsymbol{x}_N\}$ 是样本集。假设不同样本之间是统计独立的，则有

$$p(X;\boldsymbol{\theta}) \equiv p(\boldsymbol{x}_1,\boldsymbol{x}_2,\cdots,\boldsymbol{x}_N;\boldsymbol{\theta}) = \prod_{k=1}^{N} p(\boldsymbol{x}_k;\boldsymbol{\theta}) \tag{2.55}$$

这是关于 $\boldsymbol{\theta}$ 的函数，也称 $\boldsymbol{\theta}$ 关于 X 的似然函数。用最大似然（Maximum Likelihood, ML）估计 $\boldsymbol{\theta}$ 计算似然函数的最大值，即

$$\hat{\boldsymbol{\theta}}_{\text{ML}} = \arg\max_{\boldsymbol{\theta}} \prod_{k=1}^{N} p(\boldsymbol{x}_k;\boldsymbol{\theta}) \tag{2.56}$$

要得到最大值，$\hat{\boldsymbol{\theta}}_{\text{ML}}$ 必须满足的必要条件是，似然函数关于 $\boldsymbol{\theta}$ 的梯度为零，即

$$\frac{\partial \prod_{k=1}^{N} p(\boldsymbol{x}_k;\boldsymbol{\theta})}{\partial \boldsymbol{\theta}} = 0 \tag{2.57}$$

由于对数函数的单调性，我们定义对数似然函数为

$$L(\boldsymbol{\theta}) \equiv \ln \prod_{k=1}^{N} p(\boldsymbol{x}_k;\boldsymbol{\theta}) \tag{2.58}$$

式(2.57)等价于

$$\frac{\partial L(\boldsymbol{\theta})}{\partial \boldsymbol{\theta}} = \sum_{k=1}^{N} \frac{\partial \ln p(\boldsymbol{x}_k;\boldsymbol{\theta})}{\partial \boldsymbol{\theta}} = \sum_{k=1}^{N} \frac{1}{p(\boldsymbol{x}_k;\boldsymbol{\theta})} \frac{\partial p(\boldsymbol{x}_k;\boldsymbol{\theta})}{\partial \boldsymbol{\theta}} = 0 \tag{2.59}$$

图 2.14 中说明了针对一个未知参数的估计方法。ML 估计值对应于（对数）似然函数的峰值。

最大似然估计具有一些期望的性质。若 $\boldsymbol{\theta}_0$ 是 $p(\boldsymbol{x};\boldsymbol{\theta})$ 中未知参数的准确值，则可以证明，在一般的有效条件下，以下过程是正确的[Papo 91]。

- 最大似然估计是渐近无偏的，均值定义为

$$\lim_{N\to\infty} E[\hat{\boldsymbol{\theta}}_{\text{ML}}] = \boldsymbol{\theta}_0 \tag{2.60}$$

也可以说估计值的均值收敛于真值。也就是说，估计值 $\hat{\boldsymbol{\theta}}_{\text{ML}}$ 本身是一个随机向量，因为对

于不同的样本集 X 会得到不同的结果。若均值等于未知参数的真值，则称其是无偏估计的。在最大似然法中，只在渐近情况（$N\to\infty$）下这才为真。

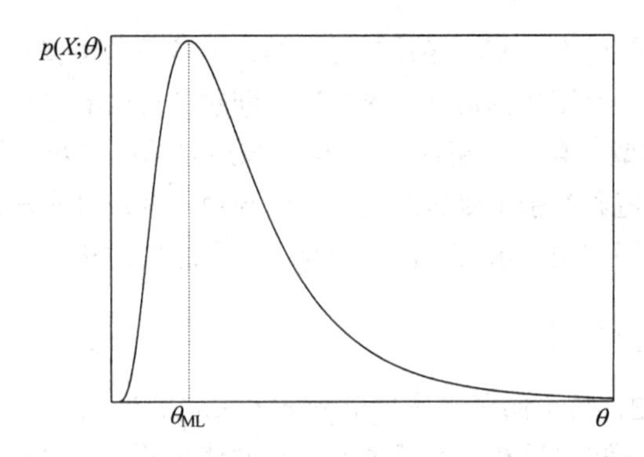

图 2.14 最大似然估计值 θ_{ML} 对应于 $p(X;\theta)$ 的峰值

- 最大似然估计是渐近一致的，即它满足

$$\lim_{N\to\infty}\mathrm{prob}\{\|\hat{\boldsymbol{\theta}}_{\mathrm{ML}}-\boldsymbol{\theta}_0\|\leqslant\epsilon\}=1 \tag{2.61}$$

式中，ϵ 任意小。也可以说估计依概率收敛。换句话说，当 N 足够大时，估计结果可以任意接近真值。它也满足一致性条件：

$$\lim_{N\to\infty}E[\|\hat{\boldsymbol{\theta}}_{\mathrm{ML}}-\boldsymbol{\theta}_0\|^2]=0 \tag{2.62}$$

在这种情况下，我们说估计值依均方收敛。总之，对于足够大的 N，最大似然估计的方差趋于零。

对于估计值来说，一致性非常重要，因为它可以是无偏的，但会导致估计值出现大的方差。在这种情况下，对来自单个集合 X 的结果不能保证其准确性。

- 最大似然估计是渐近有效的，即它达到了 Cramer Rao 下限（见附录 A）。这是所有估计能够达到的最小方差值。
- 当 $N\to\infty$ 时，最大似然估计的概率密度函数接近均值为 $\boldsymbol{\theta}_0$ 的高斯分布[Cram 46]。该性质是中心极限定理（见附录 A）及最大似然估计与随机变量之和相关的结果，即 $\partial\ln(p(\boldsymbol{x}_k;\boldsymbol{\theta}))/\partial\boldsymbol{\theta}$（见习题 2.16）。

总之，最大似然估计值是无偏的、正态分布的，且具有最小方差。然而，所有这些优点只在 N 足够大时才成立。

例 2.3 假设由均值为 μ、方差未知的一维高斯概率密度函数生成了 N 个点 $x_1,x_2,\cdots,x_N$，求方差的最大似然估计。这种情形下的对数似然函数定义为

$$L(\sigma^2)=\ln\prod_{k=1}^{N}p(x_k;\sigma^2)=\ln\prod_{k=1}^{N}\frac{1}{\sqrt{2\pi}\sqrt{\sigma^2}}\exp\left(-\frac{(x_k-\mu)^2}{2\sigma^2}\right)$$

或

$$L(\sigma^2)=-\frac{N}{2}\ln(2\pi\sigma^2)-\frac{1}{2\sigma^2}\sum_{k=1}^{N}(x_k-\mu)^2$$

上式对 σ^2 求导并设导数为 0，可得

$$-\frac{N}{2\sigma^2}+\frac{1}{2\sigma^4}\sum_{k=1}^{N}(x_k-\mu)^2=0$$

最后，σ^2 的最大似然估计值是上式的解：

$$\hat{\sigma}_{\mathrm{ML}}^2=\frac{1}{N}\sum_{k=1}^{N}(x_k-\mu)^2 \tag{2.63}$$

观察发现，对于有限的 N，式(2.63)中的 $\hat{\sigma}_{\mathrm{ML}}^2$ 是方差的有偏估计，实际上，

$$E[\hat{\sigma}_{\mathrm{ML}}^2]=\frac{1}{N}\sum_{k=1}^{N}E[(x_k-\mu)^2]=\frac{N-1}{N}\sigma^2$$

式中，σ^2 是高斯概率密度函数的真实方差。然而，若 N 值很大，则有

$$E[\hat{\sigma}_{\mathrm{ML}}^2]=(1-\frac{1}{N})\sigma^2\approx\sigma^2$$

这与最大似然估计值的渐近一致性的理论值一致。

例 2.4　设 $\boldsymbol{x}_1,\boldsymbol{x}_2,\cdots,\boldsymbol{x}_N$ 是来自协方差矩阵已知但均值未知的一个正态分布的向量，即

$$p(\boldsymbol{x}_k;\boldsymbol{\mu})=\frac{1}{(2\pi)^{l/2}|\Sigma|^{1/2}}\exp\left(-\frac{1}{2}(\boldsymbol{x}_k-\boldsymbol{\mu})^{\mathrm{T}}\Sigma^{-1}(\boldsymbol{x}_k-\boldsymbol{\mu})\right)$$

求这个未知均值向量的最大似然估计。对于 N 个已知样本，有

$$L(\boldsymbol{\mu})\equiv\ln\prod_{k=1}^{N}p(\boldsymbol{x}_k;\boldsymbol{\mu})=-\frac{N}{2}\ln((2\pi)^l|\Sigma|)-\frac{1}{2}\sum_{k=1}^{N}(\boldsymbol{x}_k-\boldsymbol{\mu})^{\mathrm{T}}\Sigma^{-1}(\boldsymbol{x}_k-\boldsymbol{\mu}) \tag{2.64}$$

对 $\boldsymbol{\mu}$ 计算梯度，得

$$\frac{\partial L(\boldsymbol{\mu})}{\partial\boldsymbol{\mu}}\equiv\begin{bmatrix}\frac{\partial L}{\partial\mu_1}\\ \frac{\partial L}{\partial\mu_2}\\ \vdots\\ \frac{\partial L}{\partial\mu_l}\end{bmatrix}=\sum_{k=1}^{N}\Sigma^{-1}(\boldsymbol{x}_k-\boldsymbol{\mu})=0 \tag{2.65}$$

或

$$\hat{\boldsymbol{\mu}}_{\mathrm{ML}}=\frac{1}{N}\sum_{k=1}^{N}\boldsymbol{x}_k \tag{2.66}$$

也就是说，对于高斯密度函数，均值的最大似然估计值是样本均值。然而，对于非高斯密度函数，这个“自然的近似值”不一定正确。

2.5.2　最大后验概率估计

推导最大似然估计时，我们认为 $\boldsymbol{\theta}$ 是未知参数。在本节的讨论中，我们认为它是一个随机向量，并在样本 $\boldsymbol{x}_1,\cdots,\boldsymbol{x}_N$ 存在的条件下估计它的值。设 $X=\{\boldsymbol{x}_1,\cdots,\boldsymbol{x}_N\}$，我们从 $p(\boldsymbol{\theta}|X)$ 开始。由贝叶斯定理有

$$p(\boldsymbol{\theta})p(X|\boldsymbol{\theta})=p(X)p(\boldsymbol{\theta}|X) \tag{2.67}$$

或

$$p(\boldsymbol{\theta}|X)=\frac{p(\boldsymbol{\theta})p(X|\boldsymbol{\theta})}{p(X)} \tag{2.68}$$

最大后验概率（Maximum a Posteriori Probability, MAP）估计值$\hat{\boldsymbol{\theta}}_{\mathrm{MAP}}$定义为$p(\boldsymbol{\theta}|X)$取最大值时的那个点，

$$\hat{\boldsymbol{\theta}}_{\mathrm{MAP}}: \frac{\partial}{\partial \boldsymbol{\theta}} p(\boldsymbol{\theta}|X)=0 , \quad \frac{\partial}{\partial \boldsymbol{\theta}}(p(\boldsymbol{\theta}) p(X|\boldsymbol{\theta}))=0 \tag{2.69}$$

注意，式中未包含$p(X)$，因为它独立于$\boldsymbol{\theta}$。最大似然估计和最大后验概率估计的不同是后者包含$p(\boldsymbol{\theta})$。假设服从均匀分布，即对所有$\boldsymbol{\theta}$它是一个常量，那么这两个估计得到相同的结果。$p(\boldsymbol{\theta})$的方差较小时，这也基本正确。然而，在普通情形下，这两个估计会得到不同的结果。图 2.15(a)和图 2.15(b)中说明了这两种情形。

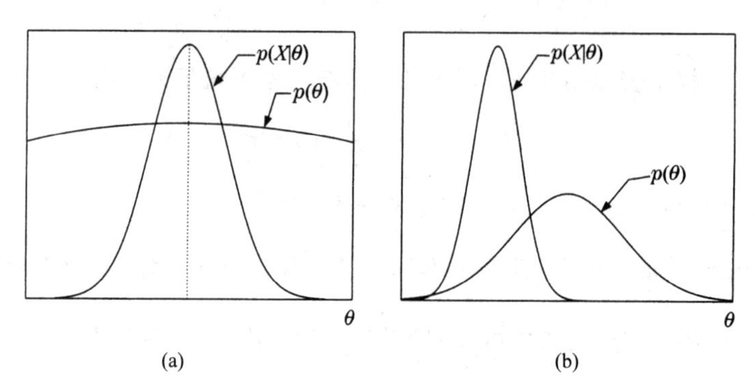

图 2.15 θ的最大似然估计和最大后验概率估计在(a)中基本相同，但在(b)中不同

例 2.5 假设例 2.4 中的未知均值向量$\boldsymbol{\mu}$现在服从正态分布，即

$$p(\boldsymbol{\mu})=\frac{1}{(2\pi)^{l/2}\sigma_\mu^l}\exp\left(-\frac{1}{2}\frac{\|\boldsymbol{\mu}-\boldsymbol{\mu}_0\|^2}{\sigma_\mu^2}\right)$$

求解下式得到最大后验概率估计：

$$\frac{\partial}{\partial \boldsymbol{\mu}}\ln\left(\prod_{k=1}^{N} p(\boldsymbol{x}_k|\boldsymbol{\mu})p(\boldsymbol{\mu})\right)=0$$

或者，对于$\Sigma=\sigma^2 I$有

$$\sum_{k=1}^{N}\frac{1}{\sigma^2}(\boldsymbol{x}_k-\hat{\boldsymbol{\mu}})-\frac{1}{\sigma_\mu^2}(\hat{\boldsymbol{\mu}}-\boldsymbol{\mu}_0)=0 \Rightarrow$$

$$\hat{\boldsymbol{\mu}}_{\mathrm{MAP}}=\frac{\boldsymbol{\mu}_0+\frac{\sigma_\mu^2}{\sigma^2}\sum_{k=1}^{N}\boldsymbol{x}_k}{1+\frac{\sigma_\mu^2}{\sigma^2}N}$$

观察发现，若$\frac{\sigma_\mu^2}{\sigma^2}\gg 1$，即方差$\sigma_\mu^2$非常大，则对应的高斯分布很宽，且在感兴趣范围内的变化很小，于是有

$$\hat{\boldsymbol{\mu}}_{\mathrm{MAP}} \approx \hat{\boldsymbol{\mu}}_{\mathrm{ML}}=\frac{1}{N}\sum_{k=1}^{N}\boldsymbol{x}_k$$

此外，观察发现，不考虑方差的值时，这也是$N\to\infty$的情形。因此，最大后验概率估计渐近于最大似然估计。这个结论具有普遍意义。对于较大的N值，似然项$\prod_{k=1}^{N}p(\boldsymbol{x}_k|\boldsymbol{\mu})$在未知参数的真值附近形成一个陡峰，且基本上决定了最大值出现的位置。结合最大似然估计的性质，这一点更易理解。

2.5.3 贝叶斯推论

前面介绍的两种方法都计算未知参数向量 $\boldsymbol{\theta}$ 的特定估计值。下面介绍一种不同的方法。给定 N 个训练向量的集合 X 及关于概率密度函数 $p(\boldsymbol{\theta})$ 的先验信息，计算条件概率密度函数 $p(\boldsymbol{x}|X)$，因为这是我们实际需要知道的内容。根据统计学基础知识，可知

$$p(\boldsymbol{x}|X) = \int p(\boldsymbol{x}|\boldsymbol{\theta})p(\boldsymbol{\theta}|X)\,\mathrm{d}\boldsymbol{\theta} \tag{2.70}$$

式中，

$$p(\boldsymbol{\theta}|X) = \frac{p(X|\boldsymbol{\theta})p(\boldsymbol{\theta})}{p(X)} = \frac{p(X|\boldsymbol{\theta})p(\boldsymbol{\theta})}{\int p(X|\boldsymbol{\theta})p(\boldsymbol{\theta})\,\mathrm{d}\boldsymbol{\theta}} \tag{2.71}$$

$$p(X|\boldsymbol{\theta}) = \prod_{k=1}^{N} p(\boldsymbol{x}_k|\boldsymbol{\theta}) \tag{2.72}$$

条件密度 $p(\boldsymbol{\theta}|X)$ 也称后验概率密度函数估计，它是观察数据集 X 得到的有关 $\boldsymbol{\theta}$ 的统计特性的最新“知识”。式(2.72)再次说明了训练样本之间的统计独立性。

一般来说，计算 $p(\boldsymbol{x}|X)$ 时，要对式(2.70)的右侧进行积分。然而，解析解仅适用于特殊形式的函数。在多数情形下，式(2.70)及式(2.71)中分母都不存在解析解，必须采用数值逼近法求解。为实现这一目的，人们开发了数值计算统计量的有效技术。详细介绍这些数值逼近法超出了本书的范围，下面只介绍与前述问题有关的主要技术。

仔细观察式(2.70)，并且假设 $p(\boldsymbol{\theta}|X)$ 是已知的，则 $p(\boldsymbol{x}|X)$ 只是 $p(\boldsymbol{x}|\boldsymbol{\theta})$ 关于 $\boldsymbol{\theta}$ 的均值，即

$$p(\boldsymbol{x}|X) = E_{\boldsymbol{\theta}}\left[p(\boldsymbol{x}|\boldsymbol{\theta})\right]$$

如果假设随机向量 $\boldsymbol{\theta}$ 的样本数 $\boldsymbol{\theta}_i$ 足够多，$i=1,2,\cdots,L$，就可计算对应的值 $p(\boldsymbol{x}|\boldsymbol{\theta}_i)$，并将期望值近似为均值：

$$p(\boldsymbol{x}|X) \approx \frac{1}{L}\sum_{i=1}^{L} p(\boldsymbol{x}|\boldsymbol{\theta}_i)$$

现在的问题是如何生成样本集 $\boldsymbol{\theta}_i, i=1,2,\cdots,L$。例如，若 $p(\boldsymbol{\theta}|X)$ 是高斯概率密度函数，则我们可以用高斯伪随机生成器来生成 L 个样本。一般来说，$p(\boldsymbol{\theta}|X)$ 的确切形式是未知的，且其计算是以式(2.71)中分母的归一化常量的数值积分为前提的。使用马尔可夫链蒙特卡罗（Markov Chain Monte Carlo, MCMC）技术的许多方法可以规避这个问题。这些技术的主要原理是，我们可在不知道归一化因子的条件下，根据分布 $p(\boldsymbol{\theta}|X)$ 由式(2.71)生成样本。吉布斯采样器和 Metropolis-Hastings 算法是两种最常用的方法。关于这些技术的详细信息，感兴趣的读者可以查阅文献[Bish 06]。

为深入了解贝叶斯方法，下面重点研究一维高斯情况。

例2.6 设 $p(x|\mu)$ 是一个均值未知的单变量高斯分布 $\mathcal{N}(\mu,\sigma^2)$，且均值也服从高斯分布 $\mathcal{N}(\mu_0,\sigma_0^2)$。

由已知理论得

$$p(\mu|X) = \frac{p(X|\mu)p(\mu)}{p(X)} = \frac{1}{\alpha}\prod_{k=1}^{N} p(x_k|\mu)p(\mu)$$

式中，$p(X)$ 对给定的训练数据集 X 来说是一个常量，用 α 表示，或

$$p(\mu|X) = \frac{1}{\alpha}\prod_{k=1}^{N}\frac{1}{\sqrt{2\pi}\sigma}\exp\left(-\frac{(x_k-\mu)^2}{\sigma^2}\right)\frac{1}{\sqrt{2\pi}\sigma_0}\exp\left(-\frac{(\mu-\mu_0)^2}{2\sigma_0^2}\right)$$

给定许多样本N，可以证明（见习题 2.25）$p(\mu|X)$也服从高斯分布，即

$$p(\mu|X) = \frac{1}{\sqrt{2\pi}\sigma_N}\exp\left(-\frac{(\mu-\mu_N)^2}{2\sigma_N^2}\right) \tag{2.73}$$

其均值为

$$\mu_N = \frac{N\sigma_0^2\bar{x}_N + \sigma^2\mu_0}{N\sigma_0^2 + \sigma^2} \tag{2.74}$$

方差为

$$\sigma_N^2 = \frac{\sigma^2\sigma_0^2}{N\sigma_0^2 + \sigma^2} \tag{2.75}$$

式中，$\bar{x}_N = \frac{1}{N}\sum_{k=1}^{N} x_k$。设$N$从 1 到∞变化，我们得到一系列高斯分布$\mathcal{N}(\mu_N, \sigma_N^2)$，它们的均值都远离$\mu_0$并趋于样本均值，最终近似地等于真实均值。此外，当$N$较大时，方差依比率$\sigma^2/N$减小。因此，$N$足够大时，$p(\mu|X)$在样本均值附近形成尖峰。回顾可知，后者是均值的最大似然估计。

算出$p(\mu|X)$后，将式(2.73)代入式(2.70)（见习题 2.25），就可得均值为μ_N、方差为$\sigma^2+\sigma_N^2$的高斯概率密度函数，即

$$p(x|X) = \frac{1}{\sqrt{2\pi(\sigma^2+\sigma_N^2)}}\exp\left(-\frac{1}{2}\frac{(x-\mu_N)^2}{\sigma^2+\sigma_N^2}\right)$$

观察发现，当N趋于无穷时，均值未知的高斯函数趋于最大似然估计值$\bar{\boldsymbol{x}}_N$（且渐近为真实均值），方差趋于真值σ^2。N为有限值时，由于均值μ未知，无法确定$\boldsymbol{x}$的值，导致方差大于σ^2。图 2.16 中显示了根据不同大小的训练数据集得到的后验概率密度函数估计$p(\mu|X)$。数据是用服从均值为$\mu=2$、方差为$\sigma^2=4$的高斯概率密度函数的伪随机数生成器生成的。假设均值未知，$\mu_0=0$和$\sigma_0^2=8$的高斯函数采用先验概率密度函数。可以看出，N增大时，$p(\mu|X)$变窄［见式(2.75)］。各个均值估计［见式(2.74)］取决于N和$\bar{\boldsymbol{x}}_N$。N的值较小时，均值的最大似然估计$\bar{\boldsymbol{x}}_N$变化很大，直接影响围绕高斯分布的中心的移动。然而，随着N的增大，方差逐渐减小，$\bar{x}_N$趋近于均值的真值（$\mu=2$）。

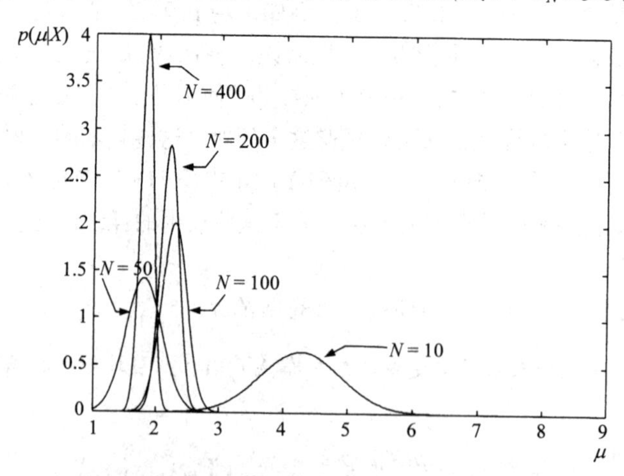

图 2.16 例 2.6 中的一系列后验概率密度函数估计［见式(2.73)］。训练点数增多时，后验概率密度函数变得更尖（歧义减少），中心移向数据的真实均值

可以证明，例中的结果可以推广到多元高斯情形（见习题 2.27）。确切地说，式(2.74)和式(2.75)可以推广为

$$p(\boldsymbol{\mu}|X) \sim \mathcal{N}(\boldsymbol{\mu}_N, \Sigma_N) \tag{2.76}$$

式中，

$$\boldsymbol{\mu}_N = N\Sigma_0[N\Sigma_0 + \Sigma]^{-1}\bar{\boldsymbol{x}}_N + \Sigma[N\Sigma_0 + \Sigma]^{-1}\boldsymbol{\mu}_0 \tag{2.77}$$

$$\Sigma_N = \Sigma_0[N\Sigma_0 + \Sigma]^{-1}\Sigma \tag{2.78}$$

$$p(\boldsymbol{x}|X) \sim \mathcal{N}(\boldsymbol{\mu}_N, \Sigma + \Sigma_N) \tag{2.79}$$

注释

- 如果式(2.71)中的 $p(\boldsymbol{\theta}\,|\,X)$ 在某点 $\hat{\boldsymbol{\theta}}$ 形成尖峰，那么我们将其当作增量函数处理，式(2.70)变成 $p(\boldsymbol{x}\,|\,X) \approx p(\boldsymbol{x}\,|\,\hat{\boldsymbol{\theta}})$；也就是说，参数估计近似等于最大后验概率估计。例如，当 $p(X\,|\,\boldsymbol{\theta})$ 集中在一个尖峰附近且 $p(\boldsymbol{\theta})$ 在峰值附近足够宽时，估计结果就近似等于最大似然估计。后者也可通过前面的例子得到验证。这是实际应用中更具一般性的概率密度函数，因为当 N 趋于 $+\infty$ 时，参数向量未知的后验概率 $p(\boldsymbol{\theta}\,|\,X)$ 趋于一个增量函数。因此，前面介绍的三种方法都渐近于同一个估计值。然而，在训练样本数 N 较小时，三种估计结果是不同的。
- 一个明显的问题是先验概率 $p(\boldsymbol{\theta})$ 的选择。实际上，先验概率的选择取决于似然函数 $p(\boldsymbol{x}\,|\,\boldsymbol{\theta})$ 的形式，因此后验概率密度函数 $p(\boldsymbol{\theta}\,|\,\boldsymbol{x})$ 就成为容易处理的形式。采用模型 $p(\boldsymbol{x}\,|\,\boldsymbol{\theta})$ 的一系列先验概率分布与后验概率分布 $p(\boldsymbol{\theta}\,|\,X)$ 的函数形式相同，这种现象称为相对于模型的共轭。关于一些常用形式的先验共轭的讨论，见文献[Bern 94]。
- 对于有限长的数据集，最大似然估计值和最大后验概率估计值的使用更简单，可以得到未知参数向量的单个估计值，这是最大化程序的结果。另一方面，贝叶斯方法需要使用更多的信息，但信息要可靠。这些技术虽然计算上很复杂，但能得到更好的结果。近年来，由于计算机技术的发展，贝叶斯方法得到了普及。

2.5.4　最大熵估计

熵的概念源于香农信息论。它是关于事件的不确定性的度量，或是系统输出信息（这里是特征向量）的随机性度量。若 $p(\boldsymbol{x})$是一个概率密度函数，则相关的熵 H 定义为

$$H = -\int_{\boldsymbol{x}} p(\boldsymbol{x}) \ln p(\boldsymbol{x})\,\mathrm{d}\boldsymbol{x} \tag{2.80}$$

现在假设 $p(\boldsymbol{x})$未知，但已知一些相关的约束（均值、方差等）。未知概率密度函数的最大熵估计是给定约束下的最大熵。根据 Jaynes 陈述的最大熵原理[Jayn 82]，在约束下，这样的估计对应于具有最大可能随机性的分布。

例 2.7　随机变量 x 在 $x_1 \leqslant x \leqslant x_2$ 时非零，在其他情况下为 0。计算其概率密度函数的最大熵估计。

我们需要在如下约束下最大化式(2.80):

$$\int_{x_1}^{x_2} p(x)\mathrm{d}x = 1 \tag{2.81}$$

使用拉格朗日乘子（见附录 C），这相当于最大化

$$H_L = -\int_{x_1}^{x_2} p(x)(\ln p(x) - \lambda)\,\mathrm{d}x \tag{2.82}$$

对 $p(x)$取导数得

$$\frac{\partial H_L}{\partial p(x)} = -\int_{x_1}^{x_2} \left\{\left(\ln p(x) - \lambda\right) + 1\right\} \mathrm{d}x \tag{2.83}$$

设式(2.83)等于零得

$$\hat{p}(x) = \exp(\lambda - 1) \tag{2.84}$$

要计算λ，我们将上式代入式(2.81)，得到 $\exp(\lambda-1)=\frac{1}{x_2-x_1}$。因此有

$$\hat{p}(x) = \begin{cases} \frac{1}{x_2-x_1}, & x_1 \leqslant x \leqslant x_2 \\ 0, & \text{其他} \end{cases} \tag{2.85}$$

也就是说，未知概率密度函数的最大熵估计服从均匀分布。这是最大熵的精髓。由于除明确要求的约束外，我们并未强加其他的约束，因此估计结果是具有最大随机性的估计，且所有点都是等概率的。这也证明，若将均值和方差作为第二个和第三个约束，那么在$-\infty < x < +\infty$时，概率密度函数的最大熵估计是高斯分布的（见习题 2.30）。

2.5.5 混合模型

另一种方法是通过密度函数的线性组合来得到未知 $p(\boldsymbol{x})$的模型，形式如下：

$$p(\boldsymbol{x}) = \sum_{j=1}^{J} p(\boldsymbol{x}|j)P_j \tag{2.86}$$

式中，

$$\sum_{j=1}^{J} P_j = 1 \quad \int_{\boldsymbol{x}} p(\boldsymbol{x}|j)\,\mathrm{d}\boldsymbol{x} = 1 \tag{2.87}$$

换句话说，假设 J 个分布对 $p(\boldsymbol{x})$的形成有贡献。于是，这个模型隐式地假设每个点 $\boldsymbol{x}$ 都能从概率为 $P_j, j = 1, 2,\cdots, J$ 的 J 个模型之一中“抽取”。可以证明，这个模型能够任意接近任何连续密度函数，前提是混合了足够数量的 J 和适当的模型参数。这个过程的第一步是以参数形式选择密度成分 $p(\boldsymbol{x}\,|\,j)$，即 $p(\boldsymbol{x}\,|\,j;\boldsymbol{\theta})$，然后根据已知的训练样本 $\boldsymbol{x}_k$ 来计算未知参数 $\boldsymbol{\theta}$ 和 $P_j, j = 1, 2,\cdots, J$。完成这一计算的方法有多种。首选典型的最大似然法，这种方法最大化 $\boldsymbol{\theta}$ 和 $\boldsymbol{P}_j$ 的似然函数 $\prod_k p(\boldsymbol{x}_k;\boldsymbol{\theta},P_1,P_2,\cdots,P_J)$。然而，未知参数以非线性方式出现在最大化任务中会导致计算困难，因此要采用非线性优化迭代技术（见附录 C）。相关技术见文献[Redn 84]。复杂的原因是缺少关于已知训练样本的类别标注信息，即每个样本贡献的特定混合。这就使得当前的任务与 2.5.1 节中的最大似然估计不同。在最大似然估计中，已知类别标注，问题成为每个类别的独立最大似然估计。同理，若混合标注已知，则可由相同的混合收集所有数据，并执行 J 个独立的最大似然估计任务。没有标注信息会使得当前的任务成为一个具有不完整数据集的典型任务。

下面重点讨论期望值最大（Expectation Maximization, EM）算法，该算法在过去几年里备受关注，并且广泛用于具有不完整数据集的任务。

期望值最大算法

这个算法非常适合数据集不完整的情况。下面首先用普通的术语陈述问题，然后将其应用于我们讨论的特殊任务。设 $\boldsymbol{y}$ 是完整数据样本，且 $\boldsymbol{y} \in Y \subseteq \mathcal{R}^m$，相应的概率密度函数为 $p_y(\boldsymbol{y};\boldsymbol{\theta})$，其中 $\boldsymbol{\theta}$ 是未知的参数向量。然而，我们不能直接观察样本 $\boldsymbol{y}$，而要观察样本 $\boldsymbol{x} = \boldsymbol{g}(\boldsymbol{y}) \in X_{\text{ob}} \subseteq \mathcal{R}^l, l < m$。相应的概率密度函数表示为 $p_x(\boldsymbol{x};\boldsymbol{\theta})$，这是一个多对一映射。设 $Y(\boldsymbol{x}) \subseteq Y$ 是所有对应于特定 $\boldsymbol{x}$ 的 $\boldsymbol{y}$ 的子集。不完整数据的概率密度函数表示为

$$p_{\boldsymbol{x}}(\boldsymbol{x};\boldsymbol{\theta}) = \int_{Y(\boldsymbol{x})} p_{\boldsymbol{y}}(\boldsymbol{y};\boldsymbol{\theta})\,\mathrm{d}\boldsymbol{y} \tag{2.88}$$

如前所述，$\boldsymbol{\theta}$ 的最大似然估计为

$$\hat{\boldsymbol{\theta}}_{\text{ML}}: \sum_k \frac{\partial \ln(p_{\boldsymbol{y}}(\boldsymbol{y}_k;\boldsymbol{\theta}))}{\partial \boldsymbol{\theta}} = 0 \tag{2.89}$$

然而 $\boldsymbol{y}$ 不是已知的，所以期望值最大算法在观测样本和 $\boldsymbol{\theta}$ 的当前迭代估计条件下，最大化对数似然函数的期望值。算法分为两步：

- E 步：在迭代的 $t+1$ 步，$\boldsymbol{\theta}(t)$ 已知，计算期望值

$$Q(\boldsymbol{\theta};\boldsymbol{\theta}(t)) \equiv E\left[\sum_k \ln(p_{\boldsymbol{y}}(\boldsymbol{y}_k;\boldsymbol{\theta}|X;\boldsymbol{\theta}(t))\right] \tag{2.90}$$

  这是算法的期望值计算步骤。

- M 步：通过最大化 $Q(\boldsymbol{\theta};\boldsymbol{\theta}(t))$，计算 $\boldsymbol{\theta}$ 的下一个第 $t+1$ 步估计，即

$$\boldsymbol{\theta}(t+1): \frac{\partial Q(\boldsymbol{\theta};\boldsymbol{\theta}(t))}{\partial \boldsymbol{\theta}} = 0 \tag{2.91}$$

  这是最大化步骤，其中明显假设了可微性。

为了应用期望值最大算法，我们从初始估计 $\boldsymbol{\theta}(0)$ 开始，对于合适选择的向量范数和 ϵ，满足条件 $\|\boldsymbol{\theta}(t+1)-\boldsymbol{\theta}(t)\| \leqslant \epsilon$ 时，迭代结束。

注释

- 可以看出，连续估计 $\boldsymbol{\theta}(t)$ 不会减小似然函数。似然函数持续增大，直到遇到一个（局部或全局）极大值，期望值最大算法收敛。收敛的证明见原创性论文[Demp 77]，进一步的讨论见文献[Wu 83, Boyl 83]。理论和实践经验都证明，期望值最大算法的收敛速度慢于类牛顿搜索算法（见附录 C），但在最优点可能会加速收敛。这个算法最大的优点是收敛平稳，而且计算上要比类牛顿算法有吸引力，因为在类牛顿算法中需要用到 Hessian 矩阵。有兴趣的读者可从文献[McLa 88, Titt 85, Moon 96]中获得关于期望值最大算法的更多信息及一些应用。

混合建模问题的应用

在这种情况下，完整数据集由联合事件 $(\boldsymbol{x}_k, j_k), k = 1, 2, \cdots, N$ 组成，其中 j_k 是区间[1, J]内的整数值，表示 $\boldsymbol{x}_k$ 来自哪个混合。应用我们熟悉的准则，有

$$p(\boldsymbol{x}_k, j_k;\boldsymbol{\theta}) = p(\boldsymbol{x}_k|j_k;\boldsymbol{\theta})P_{j_k} \tag{2.92}$$

假设数据集中的样本相互独立，则对数似然函数为

$$L(\boldsymbol{\theta}) = \sum_{k=1}^{N} \ln\left(p(\boldsymbol{x}_k|j_k;\boldsymbol{\theta})P_{j_k}\right) \tag{2.93}$$

设 $\boldsymbol{P}=[P_1,P_2,\cdots,P_J]^{\mathrm{T}}$。现在，未知参数向量是$\boldsymbol{\Theta}^{\mathrm{T}}=[\boldsymbol{\theta}^{\mathrm{T}},\boldsymbol{P}^{\mathrm{T}}]^{\mathrm{T}}$。以训练样本和未知参数的估计值$\boldsymbol{\Theta}(t)$为条件，由非观测数据计算期望值，得

$$\text{E-step: } Q(\boldsymbol{\Theta};\boldsymbol{\Theta}(t)) = E\left[\sum_{k=1}^{N}\ln(p(\boldsymbol{x}_k|j_k;\boldsymbol{\theta})P_{j_k})\right] \tag{2.94}$$

$$= \sum_{k=1}^{N} E[\ln(p(\boldsymbol{x}_k|j_k;\boldsymbol{\theta})P_{j_k})]$$

$$= \sum_{k=1}^{N}\sum_{j_k=1}^{J} P(j_k|\boldsymbol{x}_k;\boldsymbol{\Theta}(t))\ln(p(\boldsymbol{x}_k|j_k;\boldsymbol{\theta})P_{j_k}) \tag{2.95}$$

去掉 j_k 中的序号 k 可以简化这一表示。因为对于每个 k，所有可能的 J 个 j_k 值的累加和相等，对所有 k 同样如此。下面给出具有对角协方差矩阵$\Sigma_j=\sigma_j^2\boldsymbol{I}$ 的高斯混合情形的算法，即

$$p(\boldsymbol{x}_k|j;\boldsymbol{\theta}) = \frac{1}{\left(2\pi\sigma_j^2\right)^{l/2}}\exp\left(-\frac{\|\boldsymbol{x}_k-\boldsymbol{\mu}_j\|^2}{2\sigma_j^2}\right) \tag{2.96}$$

假设不考虑先验概率$\boldsymbol{P}_j$，高斯分布的均值$\boldsymbol{\mu}_j$ 和方差σ_j^2，$j=1,2,\cdots,J$ 未知。因此，$\boldsymbol{\theta}$ 是一个 $J(l+1)$ 维向量。合并式(2.95)和式(2.96)并省略常数，得

E 步：

$$Q(\boldsymbol{\Theta};\boldsymbol{\Theta}(t)) = \sum_{k=1}^{N}\sum_{j=1}^{J}P(j|\boldsymbol{x}_k;\boldsymbol{\Theta}(t))\left(-\frac{l}{2}\ln\sigma_j^2-\frac{1}{2\sigma_j^2}\|\boldsymbol{x}_k-\boldsymbol{\mu}_j\|^2+\ln P_j\right) \tag{2.97}$$

M 步：关于$\boldsymbol{\mu}_j$、σ_j^2 和 P_j 最大化上式，得（见习题 2.31）

$$\boldsymbol{\mu}_j(t+1) = \frac{\sum_{k=1}^{N}P(j|\boldsymbol{x}_k;\boldsymbol{\Theta}(t))\boldsymbol{x}_k}{\sum_{k=1}^{N}P(j|\boldsymbol{x}_k;\boldsymbol{\Theta}(t))} \tag{2.98}$$

$$\sigma_j^2(t+1) = \frac{\sum_{k=1}^{N}P(j|\boldsymbol{x}_k;\boldsymbol{\Theta}(t))\|\boldsymbol{x}_k-\boldsymbol{\mu}_j(t+1)\|^2}{l\sum_{k=1}^{N}P(j|\boldsymbol{x}_k;\boldsymbol{\Theta}(t))} \tag{2.99}$$

$$P_j(t+1) = \frac{1}{N}\sum_{k=1}^{N}P(j|\boldsymbol{x}_k;\boldsymbol{\Theta}(t)) \tag{2.100}$$

要完成迭代，只需由下式计算 $P(j\,|\,\boldsymbol{x}_k;\boldsymbol{\Theta}(t))$：

$$P(j|\boldsymbol{x}_k;\boldsymbol{\Theta}(t)) = \frac{p(\boldsymbol{x}_k|j;\boldsymbol{\theta}(t))P_j(t)}{p(\boldsymbol{x}_k;\boldsymbol{\Theta}(t))} \tag{2.101}$$

$$p(\boldsymbol{x}_k;\boldsymbol{\Theta}(t)) = \sum_{j=1}^{J}p(\boldsymbol{x}_k|j;\boldsymbol{\theta}(t))P_j(t) \tag{2.102}$$

式(2.98)至式(2.102)构成对高斯混合分布［见式(2.86)］的未知参数进行估计的期望值最大算法。

注释

- 通过混合高斯分布成分和期望值最大算法建模未知概率密度函数，已广泛用在许多应用中。除与期望值最大算法相关的一些收敛问题外，如前所述，判定成分的准确数量 J 很可能成为另外一个难点。在监督学习的上下文中，可以使用不同的值并选择具有最优错误

概率的模型。最优错误概率可采用误差估计技术来计算（见第 10 章）。

例 2.8　图 2.17(a)中显示了二维空间中的 $N = 100$ 个样本点，它们由一个多模态分布生成。样本是用两个高斯随机生成器 $\mathcal{N}(\boldsymbol{\mu}_1,\Sigma_1)$ 和 $\mathcal{N}(\boldsymbol{\mu}_2,\Sigma_2)$ 生成的，其中

$$\boldsymbol{\mu}_1 = \begin{bmatrix} 1.0 \\ 1.0 \end{bmatrix} \quad \boldsymbol{\mu}_2 = \begin{bmatrix} 2.0 \\ 2.0 \end{bmatrix}$$

协方差矩阵分别为

$$\Sigma_1 = \Sigma_2 = \begin{bmatrix} 0.1 & 0.0 \\ 0.0 & 0.1 \end{bmatrix}$$

每个样本 $\boldsymbol{x}_k, k = 1,2,\cdots,N$ 通过掷硬币的方式生成。正面朝上和反面朝上的概率分别是 $P(H) \equiv P = 0.8, P(T) = 1-P = 0.2$ 。硬币正面朝上，由 $\mathcal{N}(\mu_1,\Sigma_1)$ 生成样本 $\boldsymbol{x}_k$，否则由 $\mathcal{N}(\boldsymbol{\mu}_2,\Sigma_2)$ 生成样本。这就是图 2.17(a)中点$[1.0, 1.0]^{\mathrm{T}}$周围的样本点更加密集的原因。数据集的概率密度函数明显可以写为

$$p(\boldsymbol{x}) = g(\boldsymbol{x};\boldsymbol{\mu}_1,\sigma_1^2)P + g(\boldsymbol{x};\boldsymbol{\mu}_2,\sigma_2^2)(1-P) \tag{2.103}$$

式中，$g(\cdot;\boldsymbol{\mu},\sigma^2)$ 表示均值为$\boldsymbol{\mu}$、对角协方差矩阵为 $\Sigma = \mathrm{diag}\{\sigma^2\}$（对角线上的元素是$\sigma^2$，其余元素都是 0）的高斯概率密度函数。式(2.103)是式(2.86)的一种特殊情况，目的是用 $N = 100$ 个样本点计算未知参数向量

$$\boldsymbol{\Theta}^{\mathrm{T}} = [P,\boldsymbol{\mu}_1^{\mathrm{T}},\sigma_1^2,\boldsymbol{\mu}_2^{\mathrm{T}},\sigma_2^2]$$

的最大似然估计。全部训练数据集组成样本对 $(\boldsymbol{x}_k, j_k), k = 1,2,\cdots,N$ ，其中 $j_k \in \{1,2\}$ ，它给出每个观测样本的出处。我们只关心样本 $\boldsymbol{x}_k$，因为它的“标注”信息未知。为了更好地理解这个问题及 EM 方法的原理，采用不同的方法得到式(2.95)是有用的。每个随机向量 $\boldsymbol{x}_k$ 都可视为其他两个随机向量的线性组合，即

$$\boldsymbol{x}_k = \alpha_k \boldsymbol{x}_k^1 + (1-\alpha_k)\boldsymbol{x}_k^2$$

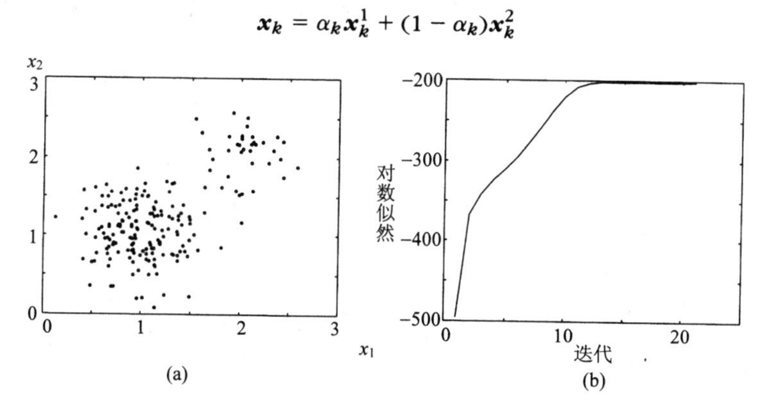

图 2.17　(a) 例 2.8 的数据集；(b) 迭代次数与对数似然函数的关系

式中，$\boldsymbol{x}_k^1$ 由 $\mathcal{N}(\boldsymbol{\mu}_1,\Sigma_1)$ 生成，$\boldsymbol{x}_k^2$ 由 $\mathcal{N}(\boldsymbol{\mu}_2,\Sigma_2)$ 生成。二元系数 $\alpha_k \in \{0,1\}$ 通过概率 $P(1) = P = 0.8$ 和 $P(0) = 0.2$ 随机选取。已知 $\alpha_k, k = 1,2,\cdots,N$ ，则式(2.93)定义的对数似然函数可写为

$$L(\boldsymbol{\Theta};\alpha) = \sum_{k=1}^{N}\alpha_k \ln\{g(\boldsymbol{x}_k;\boldsymbol{\mu}_1,\sigma_1^2)P\} + \sum_{k=1}^{N}(1-\alpha_k)\ln\{g(\boldsymbol{x}_k;\boldsymbol{\mu}_2,\sigma_2^2)(1-P)\} \tag{2.104}$$

我们可将上式拆为两部分，具体取决于每个样本 $\boldsymbol{x}_k$ 的出处。然而，由于 $\boldsymbol{x}_k$ 未知，所以这只是

一个假设。根据 EM 算法，我们将均值 $E[\alpha_k \mid \boldsymbol{x}_k;\hat{\boldsymbol{\Theta}}]$ 代入式(2.104)，得到未知参数向量的估计 $\hat{\boldsymbol{\Theta}}$。根据我们给出的例子的需要，有

$$E[\alpha_k|\boldsymbol{x}_k;\hat{\boldsymbol{\Theta}}] = 1 \times P(1|\boldsymbol{x}_k;\hat{\boldsymbol{\Theta}}) + 0 \times (1 - P(1|\boldsymbol{x}_k;\hat{\boldsymbol{\Theta}})) = P(1|\boldsymbol{x}_k;\hat{\boldsymbol{\Theta}}) \tag{2.105}$$

将式(2.105)代入式(2.104)，可以推出 $J=2$ 时的式(2.95)。

下面对例子使用 EM 算法［见式(2.98)至式(2.102)］。首先选择初始值

$$\boldsymbol{\mu}_1(0) = [1.37,\ 1.20]^{\mathrm{T}}, \quad \boldsymbol{\mu}_2(0) = [1.81,\ 1.62]^{\mathrm{T}}, \quad \sigma_1^2 = \sigma_2^2 = 0.44, \quad P = 0.5$$

图 2.17(b)中给出了迭代次数与对数似然函数的关系。收敛后，得到未知参数的估计值：

$$\boldsymbol{\mu}_1 = [1.05,\ 1.03]^{\mathrm{T}},\ \boldsymbol{\mu}_2 = [1.90,\ 2.08]^{\mathrm{T}},\ \sigma_1^2 = 0.10,\ \sigma_2^2 = 0.06,\ P = 0.844 \tag{2.106}$$

2.5.6　非参数估计

到目前为止，我们在讨论概率密度函数参数模型时，都假设其总体分布是已知的，而且相关的未知参数是可以估计的。下面讨论非参数法，它们都是由未知概率密度函数的直方图近似的基本变体。首先来看简单的一维情况。图 2.18 中给出了一个概率密度函数及其直方图法近似的两个例子。也就是说，x 轴（一维空间）首先被分成长度为 h 的多个区间，样本 x 落在某个区间的概率是由这个区间估计的。若样本总数为 N，落在某个区间的点数为 k_N，则对应的概率近似为频数比

$$P \approx k_N/N \tag{2.107}$$

当 $N\to\infty$时，近似值收敛于真值 P（见习题 2.32）。对应的概率密度函数在整个区间内被认为是常量，且近似等于

$$\hat{p}(x) \equiv \hat{p}(\hat{x}) \approx \frac{1}{h}\frac{k_N}{N}, \quad |x - \hat{x}| \leqslant \frac{h}{2} \tag{2.108}$$

式中，$\hat{x}$ 是区间的中点，它决定了区间上方直方图曲线的幅度。对于连续的 $p(x)$，这是合理的近似值，并且只要 h 足够小，就可在同一区间内假设 $p(x)$是常量。可以证明，当 $N\to\infty$时，估计值 $\hat{p}(x)$ 收敛于真值 $p(x)$：

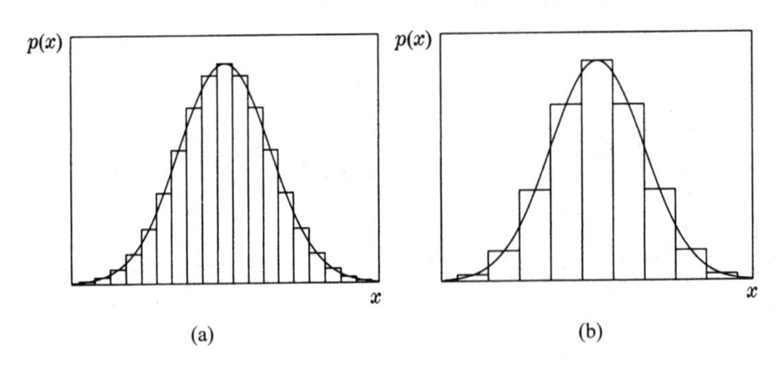

图 2.18　由直方图法近似概率密度函数：(a) 划分为小区间；(b) 划分为大区间

- $h_N \to 0$
- $k_N \to \infty$
- $k_N / N \to 0$

其中，h_N用来表示对 N 的依赖性。这些条件可简单地加以说明，而不必关注数学细节。第一个条件已讨论过，其余两个条件必须保证 k_N收敛。实际上，对所有满足 $p(x) \neq 0$ 的点，无论固定长度

h_N多么小，落在区间内的点的概率 P 都是有限的。因此，$k_N \approx PN$，且当 N 为无穷大时，k_N趋于无穷大。另一方面，随着 h_N趋于零，相应的概率也趋于零，这就证明了最后一个条件。实际上，数据点 N 的数量是有限的。前面的条件指出必须选择变量参数。N 必须足够大，h_N必须足够小，而且落在每个区间的点数足够多。究竟多大或多小，取决于概率密度函数的类型和我们对近似值的满意程度。在实际工作中，常用下述两种方法。

Parzen 窗法

在多维情形下，不再使用长度为 h 的区间，而将 l 维空间划分为超立方体，超立方体的边长为 h，体积为 h^l。设 $\boldsymbol{x}_i, i=1,2,\cdots,N$ 是已知特征向量，定义函数 $\phi(\boldsymbol{x})$ 为

$$\phi(\boldsymbol{x}_i) = \begin{cases} 1, & |x_{ij}| \leqslant 1/2 \\ 0, & \text{其他} \end{cases} \tag{2.109}$$

式中 $x_{ij}, j=1,\cdots,l$ 是 $\boldsymbol{x}_i$ 的元素。也就是说，对于以原点为中心的单位超立方体内的所有点，函数的值为 1，对其余点，函数的值为 0，如图 2.19(a)所示。于是，式(2.108)可改写为

$$\hat{p}(\boldsymbol{x}) = \frac{1}{h^l}\left(\frac{1}{N}\sum_{i=1}^{N}\phi\left(\frac{\boldsymbol{x}_i - \boldsymbol{x}}{h}\right)\right) \tag{2.110}$$

对此的解释很简单。考虑边长为 h、中心为 $\boldsymbol{x}$ 的超立方体上的点的概率密度函数。图 2.19(b)是二维空间情形下的图示说明。落在超立方体内的总点数为 k_N,。于是，概率密度函数的估计结果是 k_N除以 N 及各个超立方体的体积 h^l。然而，从不同的角度观察式(2.110)发现，展开不连续函数 $\phi(\cdot)$ 可以得到一个近似的连续函数 $p(\boldsymbol{x})$。因此，估计结果必定受到这个“原罪”的影响。Parzen 使用平滑函数代替 $\phi(\cdot)$ 生成了式(2.110)[Parz 62]。可以证明，若

$$\phi(\boldsymbol{x}) \geqslant 0 \tag{2.111}$$

$$\int_{\boldsymbol{x}} \phi(\boldsymbol{x})\,\mathrm{d}\boldsymbol{x} = 1 \tag{2.112}$$

则估计结果是一个合理的概率密度函数，这样的平滑函数被称为核、势能函数或 Parzen 窗（口）。典型的例子是高斯分布 $\mathcal{N}(\boldsymbol{0}, I)$ 、核函数。对于这样的选择，未知的 $p(\boldsymbol{x})$ 可以近似地展开为

$$\hat{p}(\boldsymbol{x}) = \frac{1}{N}\sum_{i=1}^{N}\frac{1}{(2\pi)^{\frac{l}{2}}h^l}\exp-\left(\frac{(\boldsymbol{x}-\boldsymbol{x}_i)^{\mathrm{T}}(\boldsymbol{x}-\boldsymbol{x}_i)}{2h^2}\right)$$

换言之，未知概率密度函数逼近 N 个高斯函数的平均值，每个高斯函数都以训练集中的一个不同的点为中心。回顾可知，当参数 h 变小时，高斯分布的形状变窄、变尖（见附录 A），每个独立高斯分布的影响更加靠近均值区域附近的特征空间。另一方面，h 值变大时，高斯分布的形状变宽，对空间的影响变大。2.5.5 节中也用到了高斯和的概率密度函数的展开。然而，这里的高斯分布的数量与点的数量恰好一致，未知参数 h 的值由用户给定。根据 EM 算法，高斯分布的数量与训练点数无关，采用最优化处理就可以计算有关参数。

接下来考虑近似值的极限特征。取式(2.110)的均值有

$$\begin{aligned} E[\hat{p}(\boldsymbol{x})] &= \frac{1}{h^l}\left(\frac{1}{N}\sum_{i=1}^{N}E\left[\phi\left(\frac{\boldsymbol{x}_i-\boldsymbol{x}}{h}\right)\right]\right) \\ &\equiv \int_{\boldsymbol{x}'}\frac{1}{h^l}\phi\left(\frac{\boldsymbol{x}'-\boldsymbol{x}}{h}\right)p(\boldsymbol{x}')\,\mathrm{d}\boldsymbol{x}' \end{aligned} \tag{2.113}$$

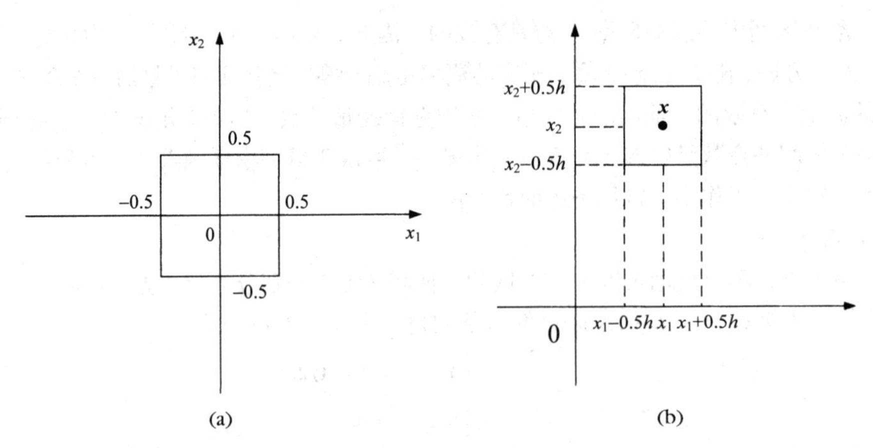

图 2.19 (a) 在二维空间中，对以坐标原点为中心、边长为 1 的正方形中的所有点 $\boldsymbol{x}_i$，函数 $\phi(\boldsymbol{x}_i)$ 等于 1，而对正方形外的所有点，函数 $\phi(\boldsymbol{x}_i)$ 等于 0；(b) 对以 $\boldsymbol{x}$ 为中心、边长为 h 的正方形中的所有点 $\boldsymbol{x}_i$，函数 $\phi(\frac{x_i-x}{h})$ 等于 1，对其他点，函数 $\phi(\frac{x_i-x}{h})$ 等于 0

因此，均值是真概率密度函数 $p(\boldsymbol{x})$的平滑形式。然而，当 $h\to 0$ 时，函数 $\frac{1}{h^l}\phi(\frac{x'-x}{h})$ 趋于增量函数 $\delta(\boldsymbol{x}'-\boldsymbol{x})$。实际上，它的振幅趋于无限大，宽度趋于零，由式(2.112)得到的积分仍等于 1。因此，在这种极限情形下，对于表现良好的连续概率密度函数，$\hat{p}(\boldsymbol{x})$ 是 $p(\boldsymbol{x})$的无偏估计。注意，这与数据集的大小 N 无关。下面的注释对估计方差成立（见习题 2.38）：

- N 固定时，h 越小，方差越大，这可由估计概率密码函数的噪声表现看出，如图 2.20(a)、图 2.21(a)、图 2.22(c)和图 2.22(d)所示。原因是 $p(\boldsymbol{x})$的值是用以训练样本点为中心的 δ 类尖峰函数的有限和近似的。因此，当 $\boldsymbol{x}$ 在空间中移动时，$\hat{p}(\boldsymbol{x})$ 非常靠近训练点；而当 $\boldsymbol{x}$ 移远时，$p(\boldsymbol{x})$迅速减小，出现类噪声现象。h 值较大时，可以平滑密度上的局部变化。
- 对于 h 固定的情况，当样本点数量 N 增大时，方差减小，如图 2.20(a)、图 2.20(b)、图 2.22(b)和图 2.22(c)所示。因为空间内的点变密，尖峰函数的位置非常靠近。此外，对于样本数量足够大的情况，h 越小，估计结果越准确，如图 2.20(b)和图 2.21(b)所示。
- 可以证明，例如文献[Parz 62, Fuku 90]，对适用于多数密度函数的 $\phi(\cdot)$ 应用合适的条件时，若 h 趋于 0 或 $hN\to\infty$ 趋于无穷，则估计结果是无偏且渐近一致的。

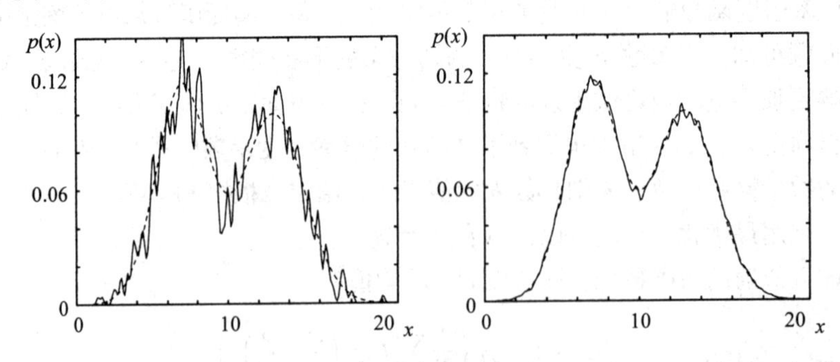

图 2.20 采用 Parzen 窗法计算概率密度函数（虚线）的近似值（实线）：(a) 使用 $h=0.1$、训练样本数为 1000 的高斯核；(b) 使用 $h = 0.1$、训练样本数为 20000 的高斯核。观察样本数对估计结果的平滑性的影响

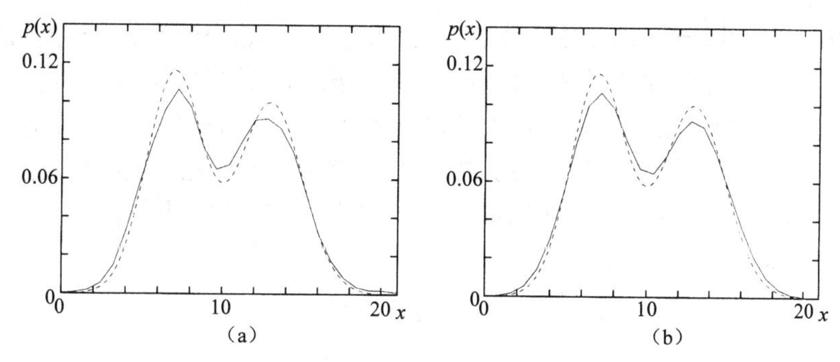

图 2.21 采用 Parzen 窗法计算概率密度函数（虚线）的近似值（实线）：(a) 使用 $h = 0.8$、训练样本数为 1000 的高斯分布；(b) 使用 $h = 0.8$、训练样本数为 20000 的高斯分布。此时，观察发现样本数的增加对估计结果的平滑性和精度几乎无影响

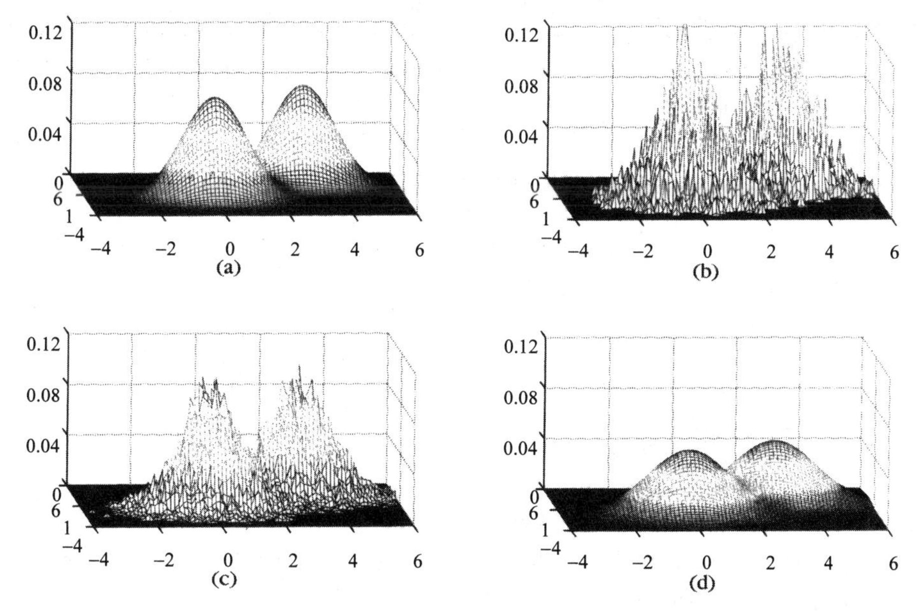

图 2.22 (a) 使用 Parzen 窗法时的二维概率密度函数近似值；(b) 使用 $h = 0.05$、训练样本数 $N = 1000$ 的二维高斯核时的二维概率密度函数近似值；(c) 使用 $h = 0.05$、$N = 20000$ 的二维高斯核时的二维概率密度函数近似值；(d) 使用 $h = 0.8$、$N = 20000$ 的二维高斯核时的二维概率密度函数近似值。对比(a)和(d)发现，较大的 h 值会平滑估计值，但会降低精度（估计值偏高）。较小的 h 值会使得估计值受噪声的影响较大，样本数越大，估计值越平滑，如(b)和(c)所示。h 越小且 N 越大，精度越高

注释

- 在实践中，样本数量不是无限的，因此要对 h 和 N 进行折中。h 的选择至关重要，有些著作中提到了几种选择方法，如文献[Wand 95]。一种简单的选择方法是从 h 的初始估计值开始，然后迭代地修改它，使得错误概率最小。后者可通过对训练集进行适当的处理来进行估计。例如，训练集可分为两个子集，其中的一个用于训练，另一个用于测试。详见第 10 章中的说明。

● 一般情况下，要得到可以接受的结果，N 必须足够大。这个数值随着维数 l 的增加呈指数增长。若一维空间需要 N 个等距的点，则同等条件下二维空间则要 N^2 个点，三维空间需要 N^3 个点，以此类推。这种情况通常称为维数灾难。据我们所知，Bellman 在控制理论中首次使用了这一术语[Bell 61]。为了更好地了解维数灾难问题，假设有一个 l 维单位超立方体，我们随机地从正态分布中抽取 N 个点并填入这个超立方体，可以证明，一点与其最近邻点之间的平均欧氏距离定义为[Frie 89]

$$d(l,N)=2\left(\frac{l\Gamma(l/2)}{2\pi^{\frac{l}{2}}N}\right)^{\frac{1}{l}}$$

式中，$\Gamma(\cdot)$ 是 γ 函数（见附录 A）。换句话说，当 l 固定时，最近邻点到一点的平均距离缩小为 $N^{-1/l}$。为加深理解，我们将 N 的值取为 $N=10^{10}$；于是，当 $l=2, 10, 20, 40$ 时，$d(l,N)$ 分别为 10^{-5}, 0.18, 0.76, 1.83。图 2.23(a)中给出了一维空间中单位线段上的 50 个点，这些点都是由均匀分布随机生成的。图 2.23(b)中给出了分布在单位面积内的同样数量的点，在二维空间中，这些点也由均匀分布随机生成。容易看出，一维空间中线段上的点比二维空间中正方形内的点分布得更密集。

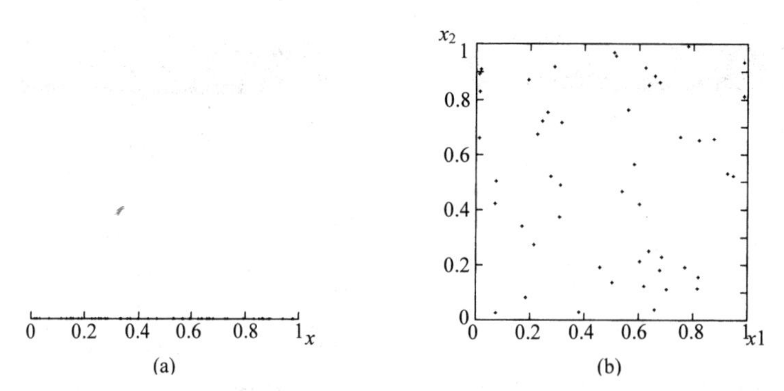

图 2.23 (a) 由均匀分布生成的 50 个样本落在一维空间内单位长度的线段上；(b) 由均匀分布生成的 50个样本落在单位长度的正方形内。同样数量的样本在二维空间中的分布要比在一维空间中的分布分散

充分覆盖高维特征空间需要大量的数据点，这无疑增大了复杂度，因为我们必须考虑以每个点为中心的高斯分布。为此，人们提出了一些减少核函数数量来估计未知概率密度函数的方法，如文献[Babi 96]。

与高维空间有关的另一个困难是，在实际应用中由于训练数据不足，特征空间中的某些区域在数据集中会表现得非常稀疏。为了处理这种情况，有些作者将 h 设为一个变量，在数据稀疏的区域使用较大的 h 值，而在数据密集的区域使用较小的 h 值。为此，人们提出了很多调整 h 值的方法，见文献[Brei 77, Krzy 83, Terr 92, Jone 96]。

分类应用 将特征向量 $\boldsymbol{x}$ 代入式(2.20)表示的似然检验，得

$$\text{若}\, l_{12}\approx\left(\frac{\frac{1}{N_1h^l}\sum_{i=1}^{N_1}\phi\left(\frac{\boldsymbol{x}_i-\boldsymbol{x}}{h}\right)}{\frac{1}{N_2h^l}\sum_{i=1}^{N_2}\phi\left(\frac{\boldsymbol{x}_i-\boldsymbol{x}}{h}\right)}\right)>(<)\frac{P(\omega_2)}{P(\omega_1)}\frac{\lambda_{21}-\lambda_{22}}{\lambda_{12}-\lambda_{11}}\text{，则}\,\boldsymbol{x}\,\text{属于}\,\omega_1(\omega_2) \tag{2.114}$$

式中，N_1、N_2 分别是 ω_1、ω_2 中的训练向量。使用贝叶斯最小错误率分类器时，可以忽略风险相

关项。对于较大的 N_1 和 N_2，该计算的处理时间和内存需求都非常大。

k 最近邻密度估计

采用 Parzen 窗法估计式(2.110)的概率密度函数时，我们认为点 $\boldsymbol{x}$ 周围的体积是固定的（h^l），落入体积内的点 k_N 的数量会随机变化。现在将条件变化一下。设点数 $k_N = k$ 不变，为了包含 k 个点，每次都对 $\boldsymbol{x}$ 周围的体积进行调整。因此，低密度区域的体积较大，高密度区域的体积较小。除超立方体外，我们还可考虑更一般的区域。估计器现在可以表示为

$$\hat{p}(\boldsymbol{x}) = \frac{k}{NV(\boldsymbol{x})} \tag{2.115}$$

式中，体积 $V(\boldsymbol{x})$明显依赖于 $\boldsymbol{x}$。同样可以证明[Fuku 90]，这个估计值是真实概率密度函数的渐近无偏估计（$\lim k = +\infty$，$\lim N=+\infty$，$\lim(k / N) = 0$），且满足一致性。这种估计方法被称为 k 最近邻密度估计［k Nearest Neighbor (kNN) density estimate］。对 k 和 N 有限的情况，也推导出了结果，详见文献[Fuku 90, Butu 93]。关于最近邻分类技术的论文，请参阅文献[Dasa 91]。

从实践的角度看，估计未知特征向量 $\boldsymbol{x}$ 时，我们将计算它到各个类别如 ω_1 和 ω_2 的所有训练向量的距离 d，如欧氏距离。设 r_1 是包含 ω_1 内 k 个点的超球体的半径，超球体的中心为 $\boldsymbol{x}$，r_2 是包含 ω_2 内 k 个点的超球体的半径（k 在所有类别中不必相同）。若用 V_1 和 V_2 分别表示超球体的体积，则似然比检验为

$$\begin{aligned} l_{12} \approx \frac{kN_2V_2}{kN_1V_1} &> (<) \frac{P(\omega_2)}{P(\omega_1)} \frac{\lambda_{21} - \lambda_{22}}{\lambda_{12} - \lambda_{11}} \\ \frac{V_2}{V_1} &> (<) \frac{N_1}{N_2} \frac{P(\omega_2)}{P(\omega_1)} \frac{\lambda_{21} - \lambda_{22}}{\lambda_{12} - \lambda_{11}} \end{aligned} \tag{2.116}$$

采用马氏距离时，我们得到的是超椭球体而非超球体。

对应于马氏距离 r，超椭球体的体积为[Fuku 90]

$$V = V_0|\Sigma|^{\frac{1}{2}} r^l \tag{2.117}$$

式中，V_0是半径为 1 的超球体的体积，它定义为

$$V_0 = \begin{cases} \pi^{\frac{l}{2}}/(l/2)!, & l \text{ 为偶数} \\ 2^l \pi^{\frac{l-1}{2}} (\frac{l-1}{2})!/l!, & l \text{ 为奇数} \end{cases} \tag{2.118}$$

对于三维空间中半径为 r 的球体体积，可以证明式(2.117)等于 $4\pi r^3/3$。

注释

- 本节讨论的非参数概率密度函数估计技术目前仍然在实际中使用。注意，在高维空间中，尽管由于缺乏足够的数据导致诸如密度估计等方法的性能降低，但分类器的性能可能很好。毕竟，缺乏足够的训练样本多少会影响到所有的方法。

最近，人们利用神经网络结构的内在并行机制，提出了可以有效计算分类器［见式(2.114)］的概率神经网络，详见第 4 章中的讨论。

例 2.9　图 2.24 中的点属于两个等概率类别中的一个类别。浅色点属于 ω_1，深色点属于 ω_2。根据本例的需要，我们假设所有点都位于网格节点上。我们用星号表示坐标点(0.7, 0.6)，并将该点归入其中的一个类别。这里采用贝叶斯（最小错误概率）分类器和 $k = 5$ 的 k 最近邻密度估计法。

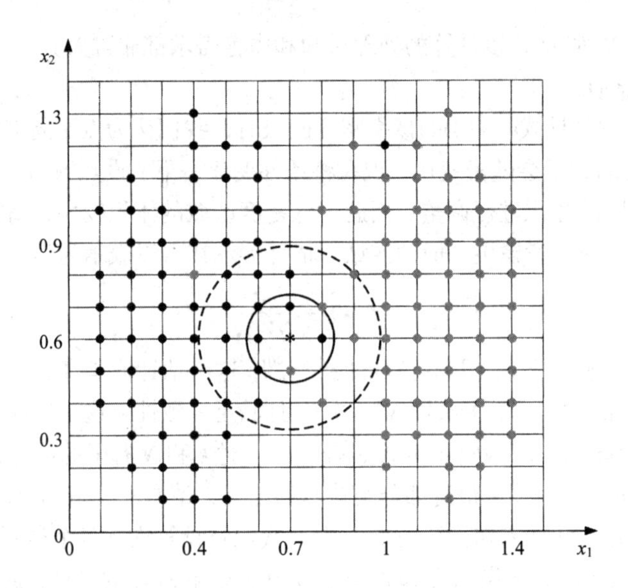

图 2.24 例 2.9 中的设置。星号表示的点属于 ω_2， ω_2 中的点是深色的。ω_2 中的 5 个最近邻点构成的圆的面积，小于 ω_1 中 $k=5$ 个最近邻点构成的圆的面积

采用欧氏距离时，我们发现与未知点(0.7, 0.6)最近邻的 5 个点都属于 ω_2，它们分别是(0.8, 0.6), (0.7, 0.7), (0.6, 0.5), (0.6, 0.6), (0.6, 0.7)。将这 5 个最近邻点包含在一个圆中，圆的半径等于到点(0.7, 0.6)最远的点的距离，即 $\rho=\sqrt{0.1^2+0.1^2}=0.1\sqrt{2}$。然后，对 ω_1 中的点重复以上步骤。最近邻点是(0.7, 0.5), (0.8, 0.4), (0.8, 0.7), (0.9, 0.6), (0.9, 0.8)。虚线圆包含这 5 个点，圆的半径是 $\sqrt{0.2^2+0.2^2}=0.2\sqrt{2}=2\rho$。

ω_1 中有 $N_1=59$ 个点，ω_2 中有 $N_2=61$ 个点。对于两个类别，两个圆的面积（体积）分别是 $V_1=4\pi\rho^2$ 和 $V_2=\pi\rho^2$。因此，忽略风险相关项，由式(2.116)得

$$\frac{V_2}{V_1}=\frac{\pi\rho^2}{4\pi\rho^2}=0.25$$

因为 0.25 小于 59/61，且两个类别是等概率的，所以点(0.7, 0.6)属于 ω_2。

2.5.7 朴素贝叶斯分类器

在本节中，我们的目的是基于已知训练集 X 和贝叶斯分类准则，采用各种方法估计概率密度函数 $p(\boldsymbol{x}\mid\omega_i)i=1,2,\cdots,M$。前面提过，为了保证概率密度函数估计的准确性，训练样本的数量 N 一定要足够大，而这会使得样本数量随特征空间维数 l 的增加而呈指数增长。粗略地讲，若在一维空间中需要 N 个训练样本来准确地估计概率密度函数，则在 l 维空间需要 N^l 个训练样本。因此，当 l 值很大时，准确估计概率密度函数非常困难，原因是实际中很难得到足够多的数据。宽泛地说，我们可将数据视为金钱，再多也不算多。接受这一现实后，我们就要降低概率密度函数估计要求的准确度。现在广泛采用的方法是，假设每个特征值 $x_j, j=1,2,\cdots,l$，是统计独立的。在这种假设下，我们可以得到

$$p(\boldsymbol{x}|\omega_i)=\prod_{j=1}^{l}p(x_j|\omega_i),\quad i=1,2,\cdots,M$$

现在的情形已不相同。为了估计 l 个一维概率密度函数，对每个类别，使用 lN 个样本代替 N^l 个样本

可以得到较好的估计。这就引出了朴素贝叶斯分类器，它将未知样本 $\boldsymbol{x}=[x_1,x_2,\cdots,x_l]^{\mathrm{T}}$ 分类到

$$\omega_m = \arg\max_{\omega_i} \prod_{j=1}^{l} p(x_j|\omega_i),\ \ i = 1,2,\cdots,M$$

可以证明，虽然朴素贝叶斯分类器违反了独立性假设，但具有很好的鲁棒性。如报道的那样，它在处理真实数据时性能良好，详见文献[Domi 97]。

例 2.10　离散特征情形。2.2 节中指出，在离散特征值情形下，贝叶斯分类准则中唯一需要更改的是用概率代替概率密度函数。在本例中，我们将了解与朴素贝叶斯分类器有关的特征统计独立性假设是如何简化贝叶斯分类准则的。

考虑二元特征向量 $\boldsymbol{x}=[x_1,x_2,\cdots,x_l]^{\mathrm{T}}$，即 $\boldsymbol{x}_i\in\{0,1\},i=1,2,\cdots,l$。设各自的类别条件概率为 $P(x_i=1|\omega_1)=p_i$ 和 $P(x_i=1|\omega_2)=q_i$。根据贝叶斯准则，给定 $\boldsymbol{x}$ 值的类别由似然率值决定:

$$\frac{P(\omega_1)P(\boldsymbol{x}|\omega_1)}{P(\omega_2)P(\boldsymbol{x}|\omega_2)} > (<) 1 \tag{2.119}$$

其中使用了最小误差概率准则（也使用了最小风险准则）。

对 x_i 的所有组合，$\boldsymbol{x}$ 可取 2^l 个值。不采用独立性假设时，要得到每个值的概率估计，就要有足够多的训练样本（概率之和为 1，需要 2^l-1 个估计值）。然而，采用特征统计独立性假设时，有

$$P(\boldsymbol{x}|\omega_1) = \prod_{i=1}^{l} p_i^{x_i}(1-p_i)^{1-x_i}$$

和

$$P(\boldsymbol{x}|\omega_2) = \prod_{i=1}^{l} q_i^{x_i}(1-q_i)^{1-x_i}$$

因此，所需的概率估计的数量是 $2l$，即 p_i 项和 q_i 项。注意，对式(2.119)的两边取对数，可得到类似于 2.4 节中介绍的超平面分类器的线性判别函数，即

$$g(\boldsymbol{x}) = \sum_{i=1}^{l}\left(x_i \ln\frac{p_i}{q_i} + (1-x_i)\ln\frac{1-p_i}{1-q_i}\right) + \ln\frac{P(\omega_1)}{P(\omega_2)} \tag{2.120}$$

上式很容易简化为

$$g(\boldsymbol{x}) = \boldsymbol{w}^{\mathrm{T}}\boldsymbol{x} + w_0 \tag{2.121}$$

式中，

$$\boldsymbol{w} = \left[\ln\frac{p_1(1-q_1)}{q_1(1-p_1)},\cdots,\ln\frac{p_l(1-q_l)}{q_l(1-p_l)}\right]^{\mathrm{T}}$$

$$w_0 = \sum_{i=1}^{l}\ln\frac{1-p_i}{1-q_i} + \ln\frac{P(\omega_1)}{P(\omega_2)}$$

在需要根据某些属性是否出现来做出判定的许多应用中，使用了二元特征。例如，在医疗诊断方面，可用 1 代表医疗测试的正常值，用 0 代表非正常值。

2.6　最近邻准则

k 最近邻密度估计技术的一种变体导致了一个次优但却常用的非线性分类器。它不属于贝叶斯框架，但非常适用。在某种程度上，我们可将本节视为通往第 4 章的桥梁。下面介绍最近邻准

则算法。已知一个未知特征向量 $\boldsymbol{x}$ 和一个距离度量，我们有：

- 在 N 个训练向量之外，不考虑类别标注来识别 k 个最近邻点。对于二分类问题，将 k 选为奇数，且一般不是类别数量 M 的倍数。
- 在 k 个样本之外，识别属于 $\omega_i, i=1,2,\cdots,M$ 的向量数 k_i，显然 $\sum_i k_i = k$。
- 将 $\boldsymbol{x}$ 赋给具有最大样本数 k_i 的类别 ω_i。

图 2.25 中显示了 $k=11$ 时的 k 最近邻准则。可以使用包括欧氏距离和马氏距离在内的各种距离度量。

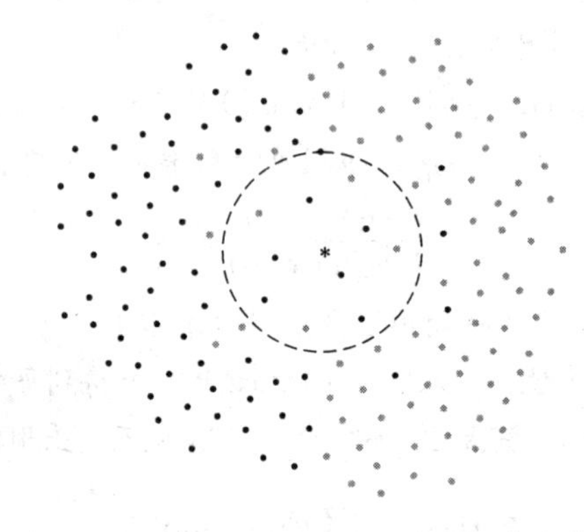

图 2.25 使用 11 最近邻准则，将星号表示的点归类到深色点代表的类别。11 个最近邻点中有 7 个是深色点，4 个是浅色点。圆表示 11 个最近邻点所在的区域

$k=1$ 时该算法最简单，称为最近邻（Nearest Neighbor, NN）准则。换句话说，特征向量 $\boldsymbol{x}$ 被归类为其最近邻的类别。当训练样本数量足够多时，这个简单准则的性能良好。理论也证明了这一点。可以证明[Duda 73, Devr 96]，当 $N\to\infty$ 时，NN 准则的分类错误概率 P_{NN} 受限于

$$P_B \leqslant P_{\text{NN}} \leqslant P_B\left(2 - \frac{M}{M-1}P_B\right) \leqslant 2P_B \tag{2.122}$$

式中，P_B 是最优贝叶斯错误概率。因此，NN 分类器的最大错误概率是最优分类器的 2 倍。kNN 的渐近性能优于 NN，且推导出了许多有趣的约束。例如，对于二分类情形，可以证明[Devr 96]

$$P_B \leqslant P_{k\text{NN}} \leqslant P_B + \frac{1}{\sqrt{ke}}, \quad P_B \leqslant P_{k\text{NN}} \leqslant P_B + \sqrt{\frac{2P_{\text{NN}}}{k}} \tag{2.123}$$

上式表明，当 $k\to\infty$ 时，kNN 的性能接近最优。此外，对于较小的贝叶斯错误概率，下面的近似是成立的[Devr 96]：

$$P_{\text{NN}} \approx 2P_B \tag{2.124}$$

$$P_{3\text{NN}} \approx P_B + 3(P_B)^2 \tag{2.125}$$

因此，对于大 N 和小贝叶斯错误概率，我们期望 3NN 分类器的性能几乎等同于贝叶斯分类器的性能。例如，设贝叶斯分类器的错误概率为 1%，则 3NN 分类器的错误概率为 1.03%。k 值越大，近似性能越好。这个算法的优点是不需要太多的数学运算。N 足够大时，以 $\boldsymbol{x}$ 为中心且包含 k 个点的超球体的半径（欧氏距离）趋于零[Devr 96]。这很自然，因为对于非常大的 N，我们期望空间被样本致密地填充。因此，$\boldsymbol{x}$ 的 k 个最近邻（N 中非常少的一部分）到它的距离非常小，且 $\boldsymbol{x}$ 周围的超球体内的所有点的条件概率近似等于 $P(\omega_i\,|\,\boldsymbol{x})$（假设连续）。此外，当 k 足够大时，该区域内的大多数点都属于最大条件概率对应的类别。因此，kNN 准则趋近于贝叶斯分类器。当然，所

有这些都是渐近于真实值的。样本数有限时，可能会出现反例（见习题 2.34），即 kNN 的错误概率要比 NN 的错误概率高。总之，在一些应用中使用最近邻技术作为分类器时，要注意使用条件。本章和其他章中介绍的各种统计分类器的对比研究，请参阅文献[Aebe 94]。

注释

- kNN 技术的缺点是在 N 个已知训练样本中搜索最近邻非常复杂。蛮力搜索次数与 $kN(O(kN))$①成正比。在高维特征空间中，这个问题尤其严重。为了减少计算量，人们提出了几种有效的搜索方法，见文献[Fuku 75, Dasa 91, Brod 90, Djou 97, Nene 97, Hatt 00, Kris 00, Same 08]。文献[Vida 94, Mico 94]中建议在预处理阶段，计算从训练特征向量集中分离出来的一些基本原型。文献[McNa 01]中给出并比较了一些有效的搜索技术。
- 当数据集（相对于特征空间的维数）较大时，由于其渐近的概率错误，kNN 准则得到了较好的结果；当 N 相对较小时，分类器的性能明显退化[Devr 96]。实际上，由于计算机资源的限制，我们不得不减少训练样本数。因此，人们提出了称为*原型编辑*或*冷凝*的技术，其思想是在一定程度上减少训练样本数，使得与错误性能相关的代价最优，见文献[Yan 93, Huan 02, Pare 06a]和其他参考文献。除减少计算量外，降低分类器对异常值的敏感度、减少有限样本集的数量，也可为改进性能提供有利条件。文献[Wils 72]中提出了一种使得潜在改进的原因透明的简单方法。编辑过程使用 kNN 准则测试样本，若样本被错误地分类，则删除这些样本。然后，使用编辑后的数据集对未知样本进行 NN 分类。

  应对小数值 N 导致的性能退化的一种方法是，采用已知训练集上最优的距离度量。目标是根据使用代价，找到一种导致最优性能的数据自适应距离度量。这样的训练度量可以是全局的（在每个点处都相同）、类相关的（由同一类别的所有点共享）或局部相关的（度量随特征空间中位置的变化而变化），见文献[Hast 96, Dome 05, Pare 06]和其他参考文献。文献[Frie 94]中详细讨论了这个主题。
- 使用 $k=1$ 最近邻准则时，训练特征向量 $\boldsymbol{x}_i, i=1,2,\cdots,N$ 将 l 维空间划分为 N 个区域 R_i。每个区域定义为

$$R_i = \{\boldsymbol{x}: d(\boldsymbol{x}, \boldsymbol{x}_i) < d(\boldsymbol{x}, \boldsymbol{x}_j), i \neq j\} \tag{2.126}$$

  也就是说，关于距离 d，R_i 包含空间内比训练集中其他点更靠近 $\boldsymbol{x}_i$ 的所有点。这种划分特征向量的方法称为 Voronoi 镶嵌。图 2.26 中给出了 $l=2$ 及采用欧氏距离时的 Voronoi 镶嵌示例。

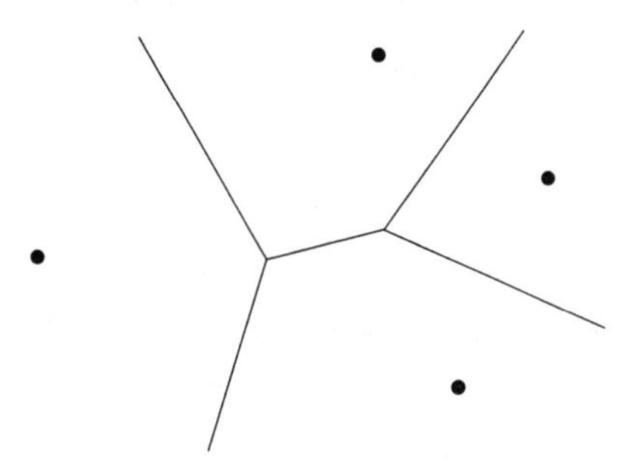

图 2.26 二维空间中采用欧氏距离的 Voronoi 镶嵌示例

① $O(n)$表示 n 次计算的阶数。

2.7 贝叶斯网络

2.5.7 节中介绍的朴素贝叶斯分类器可以应对维数灾难问题，并且可以有效地利用训练数据集。然而，采用朴素贝叶斯分类器时，我们会从一种极端（完全依赖特征）情形进入另一种极端（特征相互独立）情形。下面介绍介于这两种极端情形之间的估计方法。

下面介绍支持特征值 $x_i, i=1,2,\cdots,l$ 独立的建模方法。回顾可知，概率链准则为[Papo 91, Page192]

$$p(x_1,x_2,\cdots,x_l)=p(x_l|x_{l-1},\cdots,x_1)p(x_{l-1}|x_{l-2},\cdots,x_1)\cdots,p(x_2|x_1)p(x_1) \tag{2.127}$$

这个准则适用于任何情况，且与特征向量的排列顺序无关。这个准则称，联合概率密度函数可以写成条件概率密度函数与边际量（$p(x_1)$）之积的形式①。这个重要准则是求解假设问题的关键。每个特征 x_i 的条件依赖都被限定到乘积中每项内出现的特征子集上。此时，式(2.127)可以写为

$$p(\boldsymbol{x})=p(x_1)\prod_{i=2}^{l}p(x_i|A_i) \tag{2.128}$$

式中，

$$A_i\subseteq\{x_{i-1},x_{i-2},\cdots,x_1\} \tag{2.129}$$

例如，设 $l=6$，且

$$p(x_6|x_5,\cdots,x_1)=p(x_6|x_5,x_4) \tag{2.130}$$

$$p(x_5|x_4,\cdots,x_1)=p(x_5|x_4) \tag{2.131}$$

$$p(x_4|x_3,x_2,x_1)=p(x_4|x_2,x_1) \tag{2.132}$$

$$p(x_3|x_2,x_1)=p(x_3|x_2) \tag{2.133}$$

$$p(x_2|x_1)=p(x_2) \tag{2.134}$$

则有

$$A_6=\{x_5,x_4\},\ A_5=\{x_4\},\ A_4=\{x_2,x_1\},\ A_3=\{x_2\},A_2=\emptyset$$

式中，$\emptyset$ 表示空集。图 2.27 以图形方式表示了这些假设，图中的点对应于特征。特征 x_i 的父特征是那些直接链接 x_i 的特征，且是集合 A_i 的成员。换言之，若给定 x_i 的父特征，则 x_i 与其非后代特征是条件独立的。存在一个条件的微妙点。例如，取 $p(x_3|x_2,x_1)=p(x_3|x_2)$，这并不意味着 x_1 和 x_3 独立。当 x_2 未知时，它们可能不是独立的，但在已知 x_2 时，它们就是独立的。

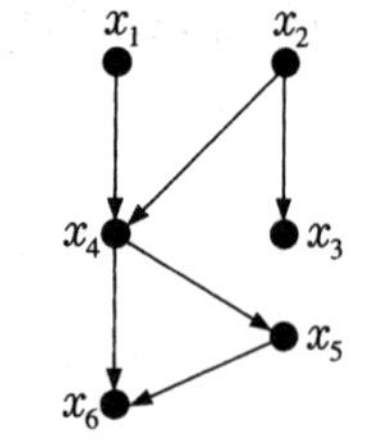

图 2.27　条件独立的图形模型

在前面的假设下，估计联合概率密度函数的问题就转化为多个简单项的乘积问题。一般来说，每个乘积项中的特征数量要比原来的特征数量少得多。例如，在式(2.130)至式(2.134)中，每个乘积项中包含的特征数量都小于 3。因此，可在低维空间中估计表达式中的每个概率密度函数，使得维数灾问题更易处理。独立假设能够减少计算量，对图 2.27 中的图形模型编码后，假设变量 $x_i, i=1,2,\cdots,6$ 是二元的，则式(2.127)至式(2.134)中的概率密度函数就会变成概率。要计算

① 研究几个随机变量时，每个变量的统计量称为边际量。

$P(x_1,\cdots,x_6)$，就要估计 $63(2^l-1)$ 个概率值。这里是 63 而不是 64 的原因是，存在概率相加的限制，如式(2.127)右侧的表达式所示，此时所需概率值的个数是 $2^{l-1}+2^{l-2}+\cdots+1=2^l-1$。相比之下，式(2.130)至式(2.134)中的假设将所需概率值的个数减少为 13。l 值较大时，所需概率值数量的减少意义重大。

朴素贝叶斯分类器是 $A_i=\emptyset, i=2,\cdots,l$ 时的特例，此时式(2.128)中的积变成边际概率密度函数的积。例如，文献[Frie 97, Webb 05, Roos 05]中给出了这种条件独立的分类器的例子，它们的特征子集是已知的。

虽然我们最初的目的是寻找联合概率密度函数的近似估计方法，但在采用这种假设（图 2.27 就是很好的图形表示实例）后发现了许多有趣的结果。为便于本节后面内容的介绍，也为便于简化计算，假设特征只从离散集合中取值。此时，概率代替了概率密度函数。

定义：贝叶斯网络是有向无环图（Directed Acyclic Graph, DAG），图中的每个节点对应一个随机变量（特征）。每个节点都与条件概率 $P(x_i\,|\,A_i)$ 集合相关，其中 x_i 是与指定节点相关的变量，A_i 是图中该节点的父节点的集合。

无环意味着图中没有环。例如，图 2.27 是一个无环图，若从节点 x_1 到节点 x_6 画一条有向弧线，则它将停止。贝叶斯网络要求以下两个条件是已知的：(a) 根节点（无父节点的节点）的边际概率；(b) 对所有可能的组合值，父节点已知时，非根节点的条件概率。将根节点的先验概率乘以所有条件概率，得到变量的联合概率。这时需要对随机变量进行拓扑排序，也就是说，最后的顺序要保证每个变量排在其子孙节点的前面。

很多应用中使用了贝叶斯网络。图 2.28 中的网络是贝叶斯网络在医学诊断领域应用的一个例子，医学诊断领域常用贝叶斯网络。图中，S 代表吸烟者，C 代表肺癌，H 代表心脏病。H1 和 H2 代表心脏病药物测试，C1 和 C2 代表癌症药物测试。根节点表中显示了吸烟者（True）和不吸烟者（False）的人口百分比（概率）。树节点表中显示了各自的条件概率，如 P(C: Ture|S: Ture) = 0.20 表示吸烟者发展成癌症患者的概率（图 2.28 中用到的概率值不对应于统计研究的真值）。

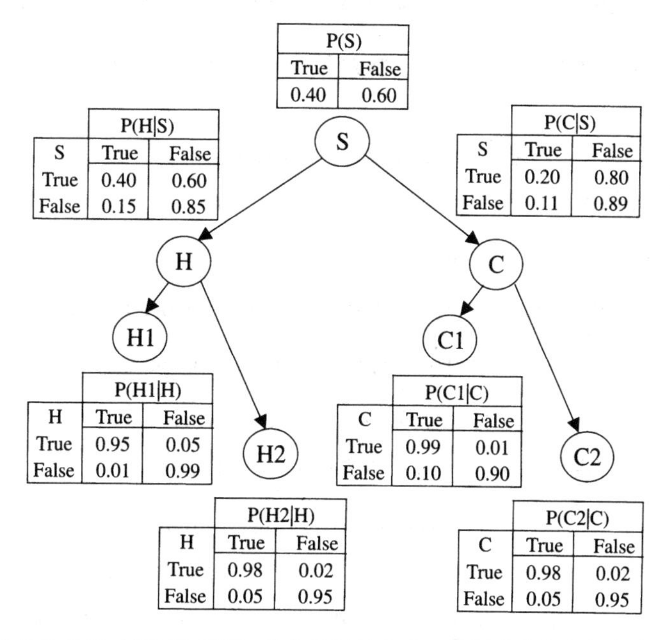

图 2.28　模拟条件依赖的贝叶斯网络示例，其中吸烟者（S）、发展成癌症患者（C）和心脏病患者（H）是条件依赖的，(H1, H2)对应于心脏病药物测试，(C1, C2)对应于癌症药物测试

构建 DAG 后，若观察发现其他节点的值是已知的，则可使用贝叶斯网络计算图中任何节点的条件概率。这种问题也出现在与模式识别密切相关的人工智能领域。计算效率取决于图中编码的已有概率关系。关于这个主题的详细讨论超出了本书的范围，感兴趣的读者可以参考相关的文献，如文献[Neap 04]。本节剩余的部分介绍相关的理论。

概率推理：这是贝叶斯网络帮助我们有效求解的常见问题。已知一些变量的值（称为证据），目标是根据这些证据计算图中其他变量的一些（或所有）条件概率。

例 2.11 考虑图 2.29 中的简单贝叶斯网络。为简化符号表示，这里不使用下标，而只用 x, y, z, w 定义变量。假设每个变量都是二元的，用 $x1$ 表示 $x=1$，用 $x0$ 表示 $x=0$，其他变量的表示方法类似。这个贝叶斯网络完全由图 2.29 中根节点的边际概率和条件概率规定。注意，只需规定图形上方的值，图形下方的值可以推导出来。例如，对节点 y 有

$$P(y1) = P(y1|x1)P(x1) + P(y1|x0)P(x0) = (0.4)(0.6) + (0.3)(0.4) = 0.36$$

$$P(y0) = 1 - P(y1) = 0.64$$

和

$$P(y0|x1) = 1 - P(y1|x1)$$

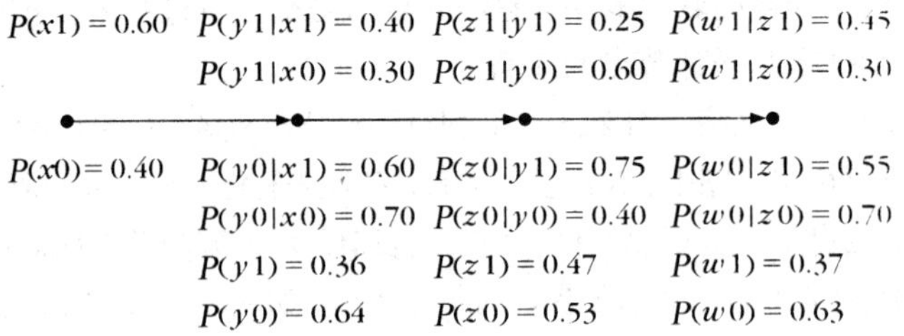

$P(x1)=0.60$ $P(y1|x1)=0.40$ $P(z1|y1)=0.25$ $P(w1|z1)=0.45$
$P(y1|x0)=0.30$ $P(z1|y0)=0.60$ $P(w1|z0)=0.30$

$P(x0)=0.40$ $P(y0|x1)=0.60$ $P(z0|y1)=0.75$ $P(w0|z1)=0.55$
$P(y0|x0)=0.70$ $P(z0|y0)=0.40$ $P(w0|z0)=0.70$
$P(y1)=0.36$ $P(z1)=0.47$ $P(w1)=0.37$
$P(y0)=0.64$ $P(z0)=0.53$ $P(w0)=0.63$

图 2.29 一个简单的贝叶斯网络，其中条件依赖只限于单个变量

其他概率可以类似地推导出来。注意，在执行概率推理之前，所有参数都应是已知的。现在假设

(a) 测量 x 并设其值为 $x1$（证据）。计算 $P(z1|x1)$ 和 $P(w0|x1)$。
(b) 测量 w 并设其值为 $w1$。计算 $P(x0|w1)$ 和 $P(z1|w1)$。

要回答(a)，我们依次进行如下计算：

$$\begin{aligned} P(z1|x1) &= P(z1|y1, x1)P(y1|x1) + P(z1|y0, x1)P(y0|x1) \\ &= P(z1|y1)P(y1|x1) + P(z1|y0)P(y0|x1) \\ &= (0.25)(0.4) + (0.6)(0.6) = 0.46 \end{aligned} \tag{2.135}$$

虽然未明确要求，但我们很快意识到必须算出 $P(z0|x1)$，

$$P(z0|x1) = 1 - P(z1|x1) = 0.54 \tag{2.136}$$

类似地，可得

$$\begin{aligned} P(w0|x1) &= P(w0|z1, x1)P(z1|x1) + P(w0|z0, x1)P(z0|x1) \\ &= P(w0|z1)P(z1|x1) + P(w0|z0)P(z0|x1) \\ &= (0.55)(0.46) + (0.7)(0.54) = 0.63 \end{aligned} \tag{2.137}$$

我们可将该算法视为从一个节点向下一个节点传递消息（即概率）的过程。前两个计算［见式(2.135)和式(2.136)］“按节点 z 执行”，然后“传递”给最后一个节点［见式(2.137)］。

要回答(b)，我们发现消息的传播是反向的，因为证据现在由节点 w 提供，且所需的信息 $P(w0\,|\,y1)$，$P(z1\,|\,w1)$ 分别与节点 x 和 z 相关。

$$P(z1|w1) = \frac{P(w1|z1)P(z1)}{P(w1)} = \frac{(0.45)(0.47)}{0.37} = 0.57$$

然后，这一活动被传递给节点 y，在节点 y 处执行如下计算：

$$P(y1|w1) = \frac{P(w1|y1)P(y1)}{P(w1)}$$

式中，未知量 $P(w1\,|\,y1)$ 将在讨论向下传递消息时计算，即

$$\begin{aligned}P(w1|y1) &= P(w1|z1, y1)P(z1|y1) + P(w1|z0, y1)P(z0|y1)\\ &= P(w1|z1)P(z1|y1) + P(w1|z0)P(z0|y1)\\ &= (0.45)(0.25) + (0.3)(0.75) = 0.34\end{aligned}$$

同理，算出 $P(w1\,|\,y0) = 0.39$。然后将这些值传递给节点 x，请读者给出 $P(x0\,|\,w1) = 0.4$ 的过程。这种方法适用于图 2.29 中给出的任意大小的网络。

对树状结构的贝叶斯网络来说，概率推理可由沿树向上和向下传播的计算组合得到。许多算法都是针对这种基于“消息传递”理论的贝叶斯网络提出的，如文献[Pear 88, Laur 96]。在单连通图中，算法复杂度随节点数量的增加而线性增大。单连通图是指在任意两个节点间只有一条路径的图。例如，图 2.27 就不是单连通图，因为在节点 x_1 和 x_6 之间有两条路径。文献[Li 94]中给出了另一种推导概率推理的有效算法，该算法采用的是 DAG 结构。尽管算法的细节超出了这里的讨论范围，但指出算法的基本思想是有意义的。

下面以图 2.30 所示的 DAG 为例加以说明。图中的节点对应于变量 s, u, v, x, y, w, z，联合概率为 $P(s, u, v, x, y, w, z)$。如前所述，它可由网络中定义的所有条件概率的乘积得到。例如，假设已知证据 $z = z_0$，我们计算条件概率 $P(s\,|\,z = z_0)$。根据贝叶斯准则，有

$$P(s|z = z_0) = \frac{P(s, z = z_0)}{P(z = z_0)} = \frac{P(s, z = z_0)}{\sum_s P(s, z = z_0)} \tag{2.138}$$

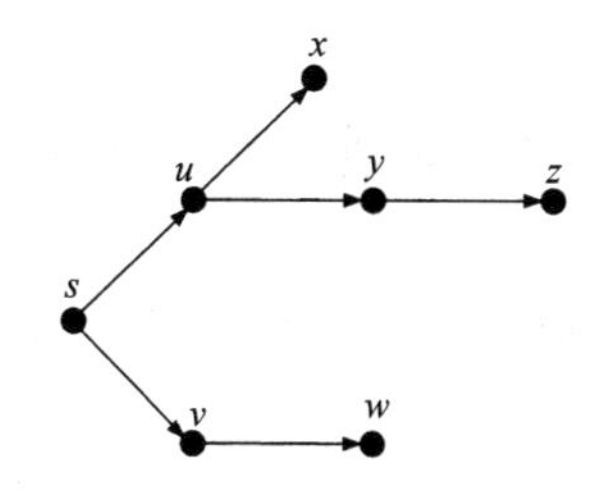

图 2.30　树状结构的贝叶斯网络

要计算 $P(s, z = z_0)$，就要用到 u, v, x, y, w 的所有可能值的联合概率（见附录 A），即

$$P(s, z = z_0) = \sum_{u,v,x,y,w} P(s, u, v, x, y, w, z = z_0) \tag{2.139}$$

为简便起见，假设每个离散变量可取 L 个值，则前面介绍的计算量为 L^5 次运算。变量越多，取值

数量 L 越多，计算量越大。为减少计算量，下面来看贝叶斯网络的结构。根据图 2.30 中各个节点的拓扑关系和式(2.128)中的贝叶斯链准则，可得

$$\sum_{u,v,x,y,w} P(s,u,v,x,y,w,z=z_0) = \sum_{u,v,x,y,w} P(s)P(u|s)P(v|s)P(w|v)P(x|u)P(y|u)P(z=z_0|y) = \underbrace{P(s)\sum_{u,v} P(u|s)P(v|s)\underbrace{\sum_{w} P(w|v)}_{v}\underbrace{\sum_{x} P(x|u)}_{u}\underbrace{\sum_{y} P(y|u)P(z=z_0|y)}_{u}}_{s} \tag{2.140}$$

或

$$\sum_{u,v,x,y,w} P(s,u,v,x,y,w,z=z_0) = P(s)\sum_{u,v} P(u|s)P(v|s)\phi_1(v)\phi_2(u)\phi_3(u) \tag{2.141}$$

式中，很容易通过观察得出 $\phi_i(\cdot), i=1,2,3$ 的定义。大括号下的字母表示每个累加和依赖于哪个变量。要计算变量 u 的每个值对应的 $\phi_3(u)$，需要进行 L 次运算（乘法和加法）。因此，要计算 u 的所有取值对应的 $\phi_3(u)$，共需要进行 L^2 次运算。对 $\phi_2(u)$ 和 $\phi_1(v)$ 来说，同样如此。因此，因式分解后，计算式(2.141)需要 L^2 次运算，而不是计算式(2.139)所需的 L^5 次运算。这个过程可视为将“全局”之和分解为“局部”和之积，以便使得计算更加容易。每个求和运算都可视为消除一个变量并输出一个函数的阶段。文献[Li 94]中说明该算法的本质是，寻找运算次数最少的因式分解。对于单连通网络，该算法的复杂度随节点数量的增加而线性增大。对于多连通网络而言，概率推理问题是 NP 困难的[Coop 90]。考虑到这个结果，我们需要寻找近似解，见文献[Dagu 93]。

训练：贝叶斯网络的训练由两部分组成。第一部分是了解网络拓扑。拓扑要么由了解依赖性的专家给出，要么由优化训练集的技术给出。得到拓扑后，就可由已知训练集算出未知参数（即条件概率和边际概率）。例如，可以用事件发生的次数占实验总次数的比例（频数）来近似表示概率。在贝叶斯网络中，经常遇到其他改进技术。文献[Heck 95]中回顾了学习步骤。希望深入研究贝叶斯网络的读者，可以参阅文献[Pear 88, Neap 04, Jens 01]。

习题

2.1 证明在多个类别的分类任务中，贝叶斯决策准则使得错误概率最小。
提示：使用正确决策的概率更简单。

2.2 在一维二分类问题中，两个类别的概率密度函数分别是高斯分布 $\mathcal{N}(0,\sigma^2)$ 和 $\mathcal{N}(1,\sigma^2)$。证明使得平均风险最小的阈值 x_0 是

$$x_0 = 1/2 - \sigma^2 \ln \frac{\lambda_{21}P(\omega_2)}{\lambda_{12}P(\omega_1)}$$

式中，假设 $\lambda_{11}=\lambda_{22}=0$。

2.3 考虑一个等概率的二分类问题，损失矩阵为 $\boldsymbol{L}$。证明：若 ϵ_1 是对应于来自 ω_1 的特征向量的错误概率，ϵ_2 是对应于来自 ω_2 的特征向量的错误概率，则平均风险 r 为

$$r = P(\omega_1)\lambda_{11} + P(\omega_2)\lambda_{22} + P(\omega_1)(\lambda_{12}-\lambda_{11})\epsilon_1 + P(\omega_2)(\lambda_{21}-\lambda_{22})\epsilon_2$$

2.4 证明在 M 分类问题中，最优分类器的分类错误概率受限于

$$P_e \leqslant \frac{M-1}{M}$$

提示：首先证明对于每个 $\boldsymbol{x}$，$P(\omega_i \mid \boldsymbol{x}), i=1,2,\cdots,M$ 的最大值大于等于 $1/M$。所有 $P(\omega_i \mid \boldsymbol{x})$ 相等时上式中的等号成立。

2.5 考虑一个两类别（等概率）一维问题，每个类别中的样本分布均满足瑞利概率密度函数，即

$$p(x|\omega_i) = \begin{cases} \dfrac{x}{\sigma_i^2}\exp\left(\dfrac{-x^2}{2\sigma_i^2}\right), & x \geqslant 0 \\ 0, & x < 0 \end{cases}$$

计算决策边界点 $g(x)=0$ 。

2.6 在二分类任务中，一个类别的错误概率是固定的，即 $\epsilon_1=\epsilon$。证明最小化另一个类别的错误概率会使得似然检验为

$$若 \frac{P(\omega_1|\boldsymbol{x})}{P(\omega_2|\boldsymbol{x})} > \theta，则 \boldsymbol{x} 属于 \omega_1$$

式中，θ 的选择满足约束。这称为奈曼–皮尔逊（Neyman-Pearson）检验，它与贝叶斯最小风险准则类似。提示：使用拉格朗日乘子证明该问题等价于使得量 $q=\theta(\epsilon_1-\epsilon)+\epsilon_2$ 最小。

2.7 在三类别二维问题中，每个类别中的特征向量都是正态分布的，协方差矩阵为

$$\Sigma = \begin{bmatrix} 1.2 & 0.4 \\ 0.4 & 1.8 \end{bmatrix}$$

每个类别中的均值向量分别为 $[0.1, 0.1]^{\mathrm{T}}, [2.1, 1.9]^{\mathrm{T}}, [-1.5, 2.0]^{\mathrm{T}}$。假设这些类别是等概率的，(a) 根据贝叶斯最小错误概率分类器来分类特征向量 $[1.6, 1.5]^{\mathrm{T}}$；(b) 画出到 $[2.1, 1.9]^{\mathrm{T}}$ 的等马氏距离曲线。

2.8 在两类别三维分类问题中，每个类别中的特征向量都是正态分布的，协方差矩阵为

$$\Sigma = \begin{bmatrix} 0.3 & 0.1 & 0.1 \\ 0.1 & 0.3 & -0.1 \\ 0.1 & -0.1 & 0.3 \end{bmatrix}$$

均值向量分别为 $[0, 0, 0]^{\mathrm{T}}$ 和 $[0.5, 0.5, 0.5]^{\mathrm{T}}$。写出相应的线性判别函数和决策面方程。

2.9 在等概率的二分类问题中，每个类别中的特征向量都是正态分布的，协方差矩阵为 Σ，对应的均值向量为 $\boldsymbol{\mu}_1$ 和 $\boldsymbol{\mu}_2$。证明对于贝叶斯最小误差分类器，错误概率为

$$P_B = \int_{(1/2)d_m}^{+\infty} \frac{1}{\sqrt{2\pi}} \exp(-z^2/2)\,\mathrm{d}z$$

式中，d_m 是均值向量间的马氏距离。观察发现，上式是 d_m 的递减函数。提示：计算对数似然比 $u=\ln p(\boldsymbol{x}\mid\omega_1)-\ln p(\boldsymbol{x}\mid\omega_2)$。注意，$u$ 也是服从如下正态分布的一个随机变量：$\boldsymbol{x}\in\omega_1$ 时，$\mathcal{N}((1/2)d_m^2, d_m^2)$；$\boldsymbol{x}\in\omega_2$ 时，$\mathcal{N}(-(1/2)d_m^2, d_m^2)$。使用这一信息计算错误概率。

2.10 证明：特征向量服从高斯分布概率密度函数时，式(2.20)中的似然比检验

$$若\ l_{12} \equiv \frac{p(\boldsymbol{x}|\omega_1)}{p(\boldsymbol{x}|\omega_2)} > (<)\theta，则\ \boldsymbol{x} \in \omega_1(\omega_2)$$

等价于

$$d_m^2(\boldsymbol{\mu}_1, \boldsymbol{x}|\Sigma_1) - d_m^2(\boldsymbol{\mu}_2, \boldsymbol{x}|\Sigma_2) + \ln\frac{|\Sigma_1|}{|\Sigma_2|} < (>) -2\ln\theta$$

式中，$d_m(\boldsymbol{\mu}_i,\boldsymbol{x}|\Sigma_i)$ 是 $\boldsymbol{\mu}_i$ 和 $\boldsymbol{x}$ 之间关于 $\sum_i^{-1}$ 范数的马氏距离。

2.11 若 $\Sigma_1=\Sigma_2=\Sigma$，证明上题中的准则变成

$$(\boldsymbol{\mu}_1-\boldsymbol{\mu}_2)^{\mathrm{T}}\Sigma^{-1}\boldsymbol{x}>(<)\Theta$$

式中，

$$\Theta=\ln\theta+1/2(\|\boldsymbol{\mu}_1\|_{\Sigma^{-1}}-\|\boldsymbol{\mu}_2\|_{\Sigma^{-1}})$$

2.12 在二分类任务中，ω_1 和 ω_2 的特征向量分别服从如下条件分布：

$$p(\boldsymbol{x}|\omega_1)=\frac{1}{\left(\sqrt{2\pi\sigma_1^2}\right)^2}\exp\left(-\frac{1}{2\sigma_1^2}(\boldsymbol{x}-\boldsymbol{\mu}_1)^{\mathrm{T}}(\boldsymbol{x}-\boldsymbol{\mu}_1)\right)$$

$$p(\boldsymbol{x}|\omega_2)=\frac{1}{\left(\sqrt{2\pi\sigma_2^2}\right)^2}\exp\left(-\frac{1}{2\sigma_2^2}(\boldsymbol{x}-\boldsymbol{\mu}_2)^{\mathrm{T}}(\boldsymbol{x}-\boldsymbol{\mu}_2)\right)$$

式中，

$$\boldsymbol{\mu}_1=[1,1]^{\mathrm{T}}\quad\boldsymbol{\mu}_2=[1.5,1.5]^{\mathrm{T}}\quad\sigma_1^2=\sigma_2^2=0.2$$

假设 $P(\omega_1)=P(\omega_2)$，按如下条件设计贝叶斯分类器：(a) 使错误概率最小。(b) 使平均风险最小，损失矩阵为

$$\Lambda=\begin{bmatrix}0 & 1\\ 0.5 & 0\end{bmatrix}$$

使用伪随机数生成器，根据前述概率密度函数，由每个类别生成 100 个特征向量。使用设计的分类器对生成的向量分类。每种情形下的百分比误差是多少？对于 $\boldsymbol{\mu}_2=[3.0,3.0]^{\mathrm{T}}$，重复该过程。

2.13 特征向量满足如下条件分布函数，重做上题：

$$p(\boldsymbol{x}|\omega_i)=\frac{1}{2\pi|\Sigma|^{1/2}}\exp\left(-\frac{1}{2}(\boldsymbol{x}-\boldsymbol{\mu}_i)^{\mathrm{T}}\Sigma^{-1}(\boldsymbol{x}-\boldsymbol{\mu}_i)\right)$$

式中，

$$\Sigma=\begin{bmatrix}1.01 & 0.2\\ 0.2 & 1.01\end{bmatrix}$$

且 $\boldsymbol{\mu}_1=[1,1]^{\mathrm{T}}$，$\boldsymbol{\mu}_2=[1.5,1.5]^{\mathrm{T}}$。提示：为生成向量，请复习文献[Papo 91, p.144]中的内容，即高斯随机向量的线性变换仍然是高斯向量。注意

$$\begin{bmatrix}1.01 & 0.2\\ 0.2 & 1.01\end{bmatrix}=\begin{bmatrix}1 & 0.1\\ 0.1 & 1\end{bmatrix}\begin{bmatrix}1 & 0.1\\ 0.1 & 1\end{bmatrix}$$

2.14 考虑一个二分类问题，两个类别都正态分布的，且有着相同的协方差矩阵Σ。证明点 $\boldsymbol{x}_0$ 处的决策超平面［即式(2.46)］正切于等马氏距离超椭球体。提示：(a) 计算马氏距离关于 $\boldsymbol{x}$ 的梯度；(b) 回顾向量分析可知 $\frac{\partial f(x)}{\partial x}$ 是平面“$f(\boldsymbol{x})=$ 常数”的切线的法线。

2.15 考虑一个二分类问题，$p(x|\omega_1)$ 服从分布 $\mathcal{N}(\mu,\sigma^2)$，$p(x|\omega_2)$ 服从 a 和 b 之间的均匀分布。证明贝叶斯最小错误概率受限于 $G(\frac{b-\mu}{\sigma})-G(\frac{a-\mu}{\sigma})$，其中 $G(x)\equiv\boldsymbol{P}(y\leqslant x)$，且 y 服从分布 $\mathcal{N}(0,1)$。

2.16 证明随机向量 $\frac{\partial\ln(p(x;\boldsymbol{\theta}))}{\partial\boldsymbol{\theta}}$ 的均值为零。

2.17 在投掷硬币的实验中，正面（1）出现的概率是 q，反面（0）出现的概率是 $1-q$。设 x_i, $i=1,2,\cdots,N$ 是实验结果，$x_i\in\{0,1\}$。证明 q 的 ML 估计为

$$q_{\mathrm{ML}} = \frac{1}{N}\sum_{i=1}^{N} x_i$$

提示：似然函数为

$$P(X:q) = \prod_{i=1}^{N} q^{x_i}(1-q)^{(1-x_i)}$$

然后由如下方程的解即可证明 ML 结果：

$$q^{\sum_i x_i}(1-q)^{(N-\sum_i x_i)}\left(\frac{\sum_i x_i}{q} - \frac{N-\sum_i x_i}{1-q}\right) = 0$$

2.18 随机变量 x 服从正态分布 $\mathcal{N}(\mu,\sigma^2)$，其中 μ 未知。已知变量的 N 个测量值，计算 Cramer-Rao 下限 $-E\left[\frac{\partial^2 L(\mu)}{\partial^2 \mu}\right]$（见附录 A）。将这个下限与 μ 的 ML 估计结果的方差进行比较。若未知参数是方差 σ^2，重复上述过程并评论结果。

2.19 若似然函数服从高斯分布，均值 $\boldsymbol{\mu}$ 和协方差矩阵 Σ 未知，证明 ML 估计结果为

$$\hat{\boldsymbol{\mu}} = \frac{1}{N}\sum_{k=1}^{N} \boldsymbol{x}_k$$

$$\hat{\Sigma} = \frac{1}{N}\sum_{k=1}^{N}(\boldsymbol{x}_k - \hat{\boldsymbol{\mu}})(\boldsymbol{x}_k - \hat{\boldsymbol{\mu}})^{\mathrm{T}}$$

2.20 证明协方差估计

$$\hat{\Sigma} = \frac{1}{N-1}\sum_{k=1}^{N}(\boldsymbol{x}_k - \hat{\boldsymbol{\mu}})(\boldsymbol{x}_k - \hat{\boldsymbol{\mu}})^{\mathrm{T}}$$

是无偏的，其中 $\hat{\boldsymbol{\mu}} = \frac{1}{N}\sum_{k=1}^{N} \boldsymbol{x}_k$。

2.21 证明均值和协方差矩阵的 ML 估计（见习题 2.19）可递归计算，即

$$\hat{\boldsymbol{\mu}}_{N+1} = \hat{\boldsymbol{\mu}}_N + \frac{1}{N+1}(\boldsymbol{x}_{N+1} - \hat{\boldsymbol{\mu}}_N)$$

和

$$\hat{\Sigma}_{N+1} = \frac{N}{N+1}\hat{\Sigma}_N + \frac{N}{(N+1)^2}(\boldsymbol{x}_{N+1} - \hat{\boldsymbol{\mu}}_N)(\boldsymbol{x}_{N+1} - \hat{\boldsymbol{\mu}}_N)^{\mathrm{T}}$$

式中，估计 $\hat{\boldsymbol{\mu}}_N$ 和 $\hat{\Sigma}_N$ 的下标表示计算所用的样本数。

2.22 随机变量 x 服从 Erlang 概率密度函数

$$p(x;\theta) = \theta^2 x \exp(-\theta x) u(x)$$

式中，$u(x)$ 是单位阶跃函数，

$$u(x) = \begin{cases} 1, & x > 0 \\ 0, & x < 0 \end{cases}$$

已知 x 的 N 个测量值 $x_1,\cdots,x_N$，证明 θ 的最大似然估计为

$$\hat{\theta}_{\mathrm{ML}} = \frac{2N}{\sum_{k=1}^{N} x_k}$$

2.23 在 ML 估计中，计算得到对数概率密度函数的导数为零。使用多变量高斯概率密度函数证

明这是最大值而非最小值。

2.24 证明两个独立随机变量 x 和 y 的和 $z=x+y$ [其中 $x\sim\mathcal{N}(\mu_x,\sigma_x^2)$, $y\sim\mathcal{N}(\mu_y,\sigma_y^2)$]也是均值与方差分别为 $\mu_x+\mu_y$ 和 $\sigma_x^2+\sigma_y^2$ 的高斯分布。

2.25 证明式(2.74)和式(2.75)的关系，证明 $p(x\,|\,X)$ 也与均值 μ_N 、方差 $\sigma^2+\sigma_N^2$ 正交，评论结果。

2.26 证明对于独立变量，贝叶斯推理任务中的后验概率密度函数可递归计算，即

$$p(\boldsymbol{\theta}|\boldsymbol{x}_1,\cdots,\boldsymbol{x}_N)=\frac{p(\boldsymbol{x}_N|\boldsymbol{\theta})p(\boldsymbol{\theta}|\boldsymbol{x}_1,\cdots,\boldsymbol{x}_{N-1})}{p(\boldsymbol{x}_N|\boldsymbol{x}_1,\cdots,\boldsymbol{x}_{N-1})}$$

2.27 证明式(2.76)至式(2.79)。

2.28 随机变量 x 服从正态分布 $\mathcal{N}(\mu,\sigma^2)$，其中$\mu$是未知参数，并用瑞利概率密度函数表示：

$$p(\mu)=\frac{\mu\exp(-\mu^2/2\sigma_\mu^2)}{\sigma_\mu^2}$$

证明μ的后验概率估计最大值为

$$\hat{\mu}_{\mathrm{MAP}}=\frac{Z}{2R}\left(1+\sqrt{1+\frac{4R}{Z^2}}\right)$$

式中，

$$Z=\frac{1}{\sigma^2}\sum_{k=1}^{N}x_k\quad R=\frac{N}{\sigma^2}+\frac{1}{\sigma_\mu^2}$$

2.29 对于对数正态分布，证明

$$p(x)=\frac{1}{\sigma x\sqrt{2\pi}}\exp\left(-\frac{(\ln x-\theta)^2}{2\sigma^2}\right),\quad x>0$$

ML 估计为

$$\hat{\theta}_{\mathrm{ML}}=\frac{1}{N}\sum_{k=1}^{N}\ln x_k$$

2.30 若随机变量的均值和方差都未知，即

$$\mu=\int_{-\infty}^{+\infty}xp(x)\,\mathrm{d}x,\quad \sigma^2=\int_{-\infty}^{+\infty}(x-\mu)^2p(x)\,\mathrm{d}x$$

证明概率密度函数的最大熵估计是高斯分布 $\mathcal{N}(\mu,\sigma^2)$。

2.31 证明式(2.98)、式(2.99)和式(2.100)。提示：对于后者，注意概率要相加，因此必须使用拉格朗日乘子。

2.32 设 P 是随机点 x 位于某区间 h 的概率。已知有 N 个这样的点，区间 h 上有 k 个这样的点的概率以二项式分布表示：

$$\mathrm{prob}\{k\}=\frac{N!}{k!(N-k)!}P^k(1-P)^{N-k}$$

证明 $E[k/N]=P$，且方差和均值的关系为 $\sigma^2=E[(k/N-P^2]=P(1-P)/N$。也就是说，概率估计值 $P=k/N$ 是无偏且渐近一致的。

2.33 考虑三个高斯分布概率密度函数 $\mathcal{N}(1.0,0.1)$, $\mathcal{N}(3.0,0.1)$, $\mathcal{N}(2.0,0.2)$。根据下述准则生成 500 个样本。前两个样本由第二个高斯分布生成，第三个样本由第一个高斯分布生成，第四个

样本由最后一个高斯分布生成。重复应用这个准则直到生成 500 个样本。随机样本的概率密度函数为混合模型

$$\sum_{i=1}^{3} \mathcal{N}(\mu_i, \sigma_i^2) P_i$$

利用 EM 算法和生成的样本估计未知参数 μ_i, σ_i^2, P_i。

2.34 考虑二维空间中的两个类别 ω_1 和 ω_2。ω_1 的数据均匀分布在一个半径为 r 的圆中，ω_2 的数据均匀分布在另一个半径为 r 的圆中，两个圆的圆心之间的距离大于 $4r$。设 N 是已知训练样本的数量。证明当 $k \geqslant 3$ 时，NN 分类器的错误概率比 kNN 的错误概率小。

2.35 对习题 2.12 中的两个类别分别生成 50 个特征向量作为训练点。然后由每个类别生成 100 个向量，并根据 NN 分类器准则和 3NN 分类器准则对它们进行分类，计算分类错误百分比。

2.36 随机变量的概率密度函数为

$$p(x) = \begin{cases} \frac{1}{2}, & 0 < x < 2 \\ 0, & \text{其他} \end{cases}$$

使用 Parzen 窗法估计以它为核函数的高斯分布 $\mathcal{N}(0,1)$。选择平滑参数为 (a) $h = 0.05$，(b) $h = 0.2$。对于每个 h 值，根据 $p(x)$ 由伪随机数生成器生成的 N = 32, 256, 5000 个点，分别计算近似值。

2.37 重做上题，生成 $N = 5000$ 个点，对 k = 32, 64, 256，用 k 最近邻法完成上题。

2.38 证明式(2.110)中给出的概率密度函数估计的方差 $\sigma_N^2(\boldsymbol{x})$ 的上限为

$$\sigma_N^2(\boldsymbol{x}) \leqslant \frac{\sup(\phi) E[\hat{p}(\boldsymbol{x})]}{N h^l}$$

式中，$\sup(\cdot)$ 是相关函数的上界。观察可知，h 值大时方差小。另一方面，N 趋于无穷大且 Nh^l 趋无穷大时，会使得 h 值小时方差小。

2.39 回顾式(2.128)，即

$$p(\boldsymbol{x}) = p(x_1) \prod_{i=2}^{l} p(x_i | A_i)$$

假设 $l = 6$，且

$$p(x_6 | x_5, \cdots, x_1) = p(x_6 | x_5, x_1) \tag{2.142}$$

$$p(x_5 | x_4, \cdots, x_1) = p(x_5 | x_4, x_3) \tag{2.143}$$

$$p(x_4 | x_3, x_2, x_1) = p(x_4 | x_3, x_2, x_1) \tag{2.144}$$

$$p(x_3 | x_2, x_1) = p(x_3) \tag{2.145}$$

$$p(x_2 | x_1) = p(x_2) \tag{2.146}$$

求每个集合 $\boldsymbol{A}_i, i = 1, 2, \cdots, 6$，并构建相应的 DAG。

2.40 在图 2.29 定义的 DAG 中，假设变量 z 等于 $z0$。计算 $\boldsymbol{P}(x1 | z0)$ 和 $\boldsymbol{P}(w0 | z0)$。

2.41 在图 2.28 所示树形结构 DAG 的例子中，假设患者经历药物测试 H_1，结果为阳性（吸烟者）。基于该测试，计算患者得癌症的概率，即计算条件概率 $P(\mathrm{C} = \mathrm{True} | \mathrm{H}_1 = \mathrm{True})$。

MATLAB 编程和练习

上机练习

MATLAB 中提供了很多函数，它们可帮助读者验证本章中讨论的重要问题。当然，这些函数还可实现其他功能。代码中自带了一些注释。此外，这里分别用 m 和 S 表示平均向量（作为列向量）和协方差矩阵，以代替正文中所用的符号μ和Σ。在以下内容中，除非另有说明，每个类别都用$\{1,\cdots,c\}$内的整数表示，其中 c 是类别的数量。

2.1 高斯生成器。采用 MATLAB 函数 mvnrnd，由均值为 m、协方差矩阵为 S 的高斯分布生成 N 个 l 维向量。

解： 只需输入

```
mvnrnd(m, S, N)
```

2.2 高斯函数估计。编写一个计算高斯分布 $\mathcal{N}(m,S)$ 的值的 MATLAB 函数，已知向量 $\boldsymbol{x}$。

解：

```
function z = comp_gauss_dens_val(m,S,x)
  [l,q] = size(m);  % l = 维数
  z = (1/((2*pi)^(1/2)*det(S)^0.5)) … *exp(-0.5*(x - m)'*inv(S)*(x-m));
```

2.3 由高斯类别生成数据集。编写一个 MATLAB 函数，生成 N 个 l 维向量数据集，它们都由 c 个不同的高斯分布 $\mathcal{N}(m_i,S_i)$ 生成，对应的先验概率为 $P_i, i=1,\cdots,c$ 。

解： 结果如下。

- $\boldsymbol{m}$ 是$l\times c$矩阵，第 i 列是第 i 个类别分布的平均向量。
- $\boldsymbol{S}$ 是$l\times l\times c$（三维）矩阵，第 i 个二维$l\times l$ 分量是第 i 个类别分布的协方差。在 MATLAB 中，$S(:,:,i)$ 表示 $\boldsymbol{S}$ 的第 i 个 $l\times l$ 二维矩阵。
- $\boldsymbol{P}$ 是 c 维向量，它由类别的先验概率组成。输入为 m_i,S_i,P_i 和 c。

如下函数返回：

- （估计）N 个列向量的矩阵 $\boldsymbol{X}$，矩阵中的每列都是一个 l 维数据向量。
- 行向量 $\boldsymbol{y}$ 的第 i 项表示第 i 个数据向量所属的类别。

```
function[X, y] = generate_gauss_classes(m,S,P,N)
  [l,c] = size(m);
  x = [];
  y = [];
  for j = 1:c
  %由每个分布生成[p(j)*N]向量
    t = mvnrnd(m(:,j),S(:,:,j), fix(P(j)*N));
    %由于固定操作，样本总数可能略小于 N
    X=[X t];
    y=[y ones(1,fix(p(j)*N))*j];
end
```

2.4 数据画图。编写一个 MATLAB 函数，其输入为：(a) 矩阵 $\boldsymbol{X}$ 和向量 $\boldsymbol{y}$，后者的类义与前一个函数的定义相同；(b) c 个类别分布的平均向量。画出：(a) 用不同颜色表示每个类别的 $\boldsymbol{X}$ 的数据向量；(b) 类别分布的平均向量。假设数据位于二维空间中。

解:

```
%注意：本函数可以处理多达 6 个不同的类别
function plot_data(X, y, m)
  [l,N] = size(X); % N = 数据向量的编号, l = 维数
  [l,c] = size(m); % c = 类别的编号
  if(l~ = 2)
     fprintf('NO PLOT CAN BE GENERATED \ n')
     return
  else
     pale = ['r.'; 'g.'; 'b.'; 'y.'; 'm.'; 'c.'];
     figure(1)
     %绘制数据向量
     hold on
     for i = 1: N
        plot(X(1, i), X(2, i), pale(y(i), :))
     end
     %绘制类别均值
     for j = 1 : c
     plot(m(1, j), m(2, j),'k + ')
     end
end
```

2.5（针对高斯处理的）贝叶斯分类器。编写一个 MATLAB 函数，其输入为：(a) 均值向量；(b) c 个类别问题的类分布协方差矩阵；(c) c 个类别的先验概率；(d) 包含由上述类别生成的列向量的矩阵 $\boldsymbol{X}$。根据贝叶斯分类准则，输出是一个 N 维向量，它的第 i 个分量包含一个类别，这个类别的相应向量是根据贝叶斯分类准则分配的。

解： 注意，输入以下函数时，不要输入标注(A)、(B)和(C)，因为它们只起参考作用。

```
(A) function z = bayes_classifier(m, S, P, X)
  [l, c] = size(m); % l = 维数, c = 类别编号
  [l, N]=size(X); % N = 向量编号
  for i = 1:N
    for j = 1:c
     (B) t(j) = P(j) * comp_gauss_dens_val(m(:, j), ...
          S(:, :, j), X(:, i));
    end
    %求最大值 Pi * p(x|wi)
     (C) [num, z(i)] = max(t);
end
```

2.6 欧氏距离分类器。编写一个 MATLAB 函数，其输入为：(a) 均值向量；(b) 包含由上述类别生成的列向量的矩阵 $\boldsymbol{X}$。输出是一个 N 维向量，它的第 i 个分量包含一个类别，这个类别的相应向量是根据最小欧氏距离分配的。

解： 所需函数可由贝叶斯分类函数得到，但要用如下三个函数分别取代(A)、(B)和(C)。

- `function z = euclidean_classifier(m, X)`
- `t(j) = sqrt((X(:, i) - m(:, j))' * ( X(:, i) - m(:, j))); %计算所有类别的欧氏距离`
- `[num, z(i)] = min(t);  %求最接近的类别均值`

2.7 马氏距离分类器。编写一个 MATLAB 函数，其输入为：(a) 均值向量；(b) c 个类别问题的类别分布的协方差矩阵；(c) 包含由上述类别生成的列向量的矩阵 $\boldsymbol{X}$。输出是一个 N 维向量，它的第 i 个分量包含一个类别，这个类别的相应向量是根据最小马氏距离分配的。

解： 所需函数可由贝叶斯分类函数得到，但要用如下三个函数分别取代(A)、(B)和(C)。

- `function z = mahalanobis_classifier(m, S, X)`

● `t(j) = sqrt((X(:, i) - m(:, j))' * inv(S(:, :, j)) * ...( X(:, i) - m(:, j)));`

`%计算所有类别的马氏距离`

● `[num, z(i)] = min(t);  %求最接近的类别均值`

2.8 k 最近邻分类器。编写一个 MATLAB 函数，其输入为：(a) 作为矩阵 $\boldsymbol{Z}$ 的各列的一组 N_1 个向量；(b) 一个 N_1 维向量，它包含矩阵 $\boldsymbol{Z}$ 中每个向量所属的类别；(c) 分类器参数 k 的值；(d) 作为矩阵 $\boldsymbol{X}$ 的列向量的一组 N 个向量。函数返回一个 N 维向量，它的第 i 个分是包含一个类别，这个类蚰对应 $\boldsymbol{X}$ 的向量是根据 k 最近邻分类分配的。

解：

```
function z = k_nn_classifier(Z, v, k, X)
  [l, N1] = size(Z);
  [l, N] = size(X);
  c = max(v); % 类别数
  % 计算一点到每个参考向量的欧氏距离（平方）
  for i= 1:N
    dist = sum((X(:, i) * ones(1, N1) - Z). ^ 2);
    % 升序排列计算得到的距离
    [sorted, nearest] = sort(dist);
    % 计算在 k 个最近邻参考向量 Z(:, i)中出现的类别的数量
    refe = zeros(1, c);  % 计算每个类别的参考向量
    for q = 1 : k
      class = v(nearest(q));
      refe(class) = refe(class) + 1;
    end
     [val, z(i)] = max(refe);
end
```

2.9 分类误差估计。编写一个 MATLAB 函数，其输入为：(a) 一个 N 维向量，该向量的每个分量都包含对应数据向量所属的类别；(b) 一个类似的 N 维向量，该向量的每个分量都包含一个类别，类别对应的数据向量由某个分类器分配。输出是两个向量属于不同类别的百分比（即分类器的分类误差）。

解：

```
function clas_error = compute_error(y, y_est)
  [q, N] = size(y); % N = 向量序号
  c= max(y); % 确定类别的数量
  class_error = 0; % 计算错误分类的向量
  for i = 1:N
    if(y(i)~ = y_est(i))
      clas_error = clas_error + 1;
    end
end
% 计算分类错误
clas_error = clas_error / N;
```

上机实验

注意：在生成数据集之前，建议使用命令

```
randn('seed', 0)
```

将高斯随机数生成器初始化为 0（或任意给定的数值），这对结果的可重复性很重要。

2.1 a. 先由均值向量 $\boldsymbol{m}_1=[1,1]^{\mathrm{T}}, \boldsymbol{m}_2=[7,7]^{\mathrm{T}}, \boldsymbol{m}_3=[15,1]^{\mathrm{T}}$，协方差矩阵 $\boldsymbol{S}_1=\begin{bmatrix}12 & 0\\ 0 & 1\end{bmatrix}$，$\boldsymbol{S}_2=\begin{bmatrix}8 & 3\\ 3 & 2\end{bmatrix}$，$\boldsymbol{S}_3=\begin{bmatrix}2 & 0\\ 0 & 2\end{bmatrix}$的正态分布生成三个等概率的类别，再根据这三个类别生成并绘制 $N=1000$ 的二维向量的数据集。

b. 当类别的先验概率定义为向量 $\boldsymbol{P}=[0.6, 0.3, 0.1]^{\mathrm{T}}$ 时，重做 a 问。

解：图 2.31(a)和(b)中给出了每个类别的向量。注意由每个类别向量形成的聚类"形状"，相应的协方差矩阵直接影响聚类的形状。在前一种情况下，每个类别的向量数大致相同；在后一种情况下，最左边和最右边的类别分别比前一种情况更"密集"和"稀疏"。

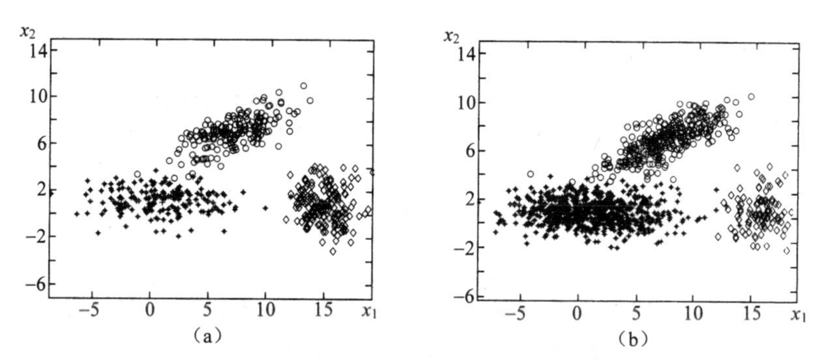

图 2.31　(a) 等概率类别情形；(b) 先验概率不同的情形

2.2 a. 正态分布的均值向量为 $\boldsymbol{m}_1=[1,1]^{\mathrm{T}}, \boldsymbol{m}_2=[12,8]^{\mathrm{T}}, \boldsymbol{m}_3=[16,1]^{\mathrm{T}}$，方差矩阵为 $\boldsymbol{S}_1=\boldsymbol{S}_2=\boldsymbol{S}_3=4\boldsymbol{I}$，其中 $\boldsymbol{I}$ 是 2×2 单位矩阵，首先由该正态分布生成三个等概率的类别，然后根据这三个类别生成并绘制 $N=1000$ 的二维向量样本数据集 X_1。

b. 对 X_1 应用贝叶斯分类、欧氏距离和马氏距离。

c. 计算每种分类器的分类误差。

2.3 a. 正态分布的均值向量为 $\boldsymbol{m}_1=[1,1]^{\mathrm{T}}, \boldsymbol{m}_2=[14,7]^{\mathrm{T}}, \boldsymbol{m}_3=[16,1]^{\mathrm{T}}$，方差矩阵为 $\boldsymbol{S}_1=\boldsymbol{S}_2=\boldsymbol{S}_3=\begin{bmatrix}5 & 3\\ 3 & 4\end{bmatrix}$，首先由该正态分布形成三个等概率的类别，然后基于这三个类别生成并绘制 $N=1000$ 的二维向量的数据集 X_2。

b ~ c. 对 X_2 重做上机实验 2.2 中的 b 问和 c 问。

2.4 a. 正态分布的均值向量为 $\boldsymbol{m}_1=[1,1]^{\mathrm{T}}, \boldsymbol{m}_2=[8,6]^{\mathrm{T}}, \boldsymbol{m}_3=[13,1]^{\mathrm{T}}$，协方差矩阵为 $\boldsymbol{S}_1=\boldsymbol{S}_2=\boldsymbol{S}_3=6\boldsymbol{I}$，其中 $\boldsymbol{I}$ 是 2×2 单位矩阵，首先由该正态分布生成三个等概率的类别，然后基于这三个类别生成并绘制 $N=1000$ 的二维向量的数据集 X_3。

b ~ c. 对 X_3 重做上机实验 2.2 中的 b 问和 c 问。

2.5 a. 正态分布的均值向量为 $\boldsymbol{m}_1=[1,1]^{\mathrm{T}}, \boldsymbol{m}_2=[10,5]^{\mathrm{T}}, \boldsymbol{m}_3=[11,1]^{\mathrm{T}}$，协方差矩阵为 $\boldsymbol{S}_1=\boldsymbol{S}_2=\boldsymbol{S}_3=\begin{bmatrix}7 & 4\\ 4 & 5\end{bmatrix}$，首先由该正态分布生成三个等概率的类别，然后基于这三个类别生成并绘制 $N=1000$ 的二维向量的数据集 X_4。

b ~ c. 对 X_4 重做上机实验 2.2 中的 b 问和 c 问。

2.6 仔细研究上机实验 2.2 ~ 2.5 的结果，给出结论。

2.7 a. 正态分布的均值向量为 $\boldsymbol{m}_1=[1,1]^{\mathrm{T}}, \boldsymbol{m}_2=[4,4], \boldsymbol{m}_3=[8,1]^{\mathrm{T}}$，协方差矩阵为 $\boldsymbol{S}_1=\boldsymbol{S}_2=\boldsymbol{S}_3=2\boldsymbol{I}$。

首先由该正态分布生成三个类别，然后基于这三个类别生成 $N = 1000$ 个二维向量的两个数据集 X_5 和 X'_5。生成 X_5 时，假设各个类别是等概率的。生成 X'_5 时，假设这些类别的先验概率是向量 $\boldsymbol{P} = [0.8, 0.1, 0.1]^{\mathrm{T}}$。

b. 对 X_5 和 X'_5 应用贝叶斯分类器和欧氏分类器。

c. 对两个数据集，计算每个分类器的分类误差，并给出结论。

2.8 考虑由上机实验 2.4 得到的数据集 X_3。使用相同的设置生成一个数据集 Z，其中的类别数据向量是已知的。对 X_3 应用 k 最近邻分类器，当 $k = 1$ 和 $k = 11$ 时使用 Z 作为训练集，并给出结论。

参考文献

[Aebe 94] Aeberhard S., Coomans D., Devel O. "Comparative analysis of statistical pattern recognition methods in high dimensional setting," *Pattern Recognition*, Vol. 27(8), pp. 1065-1077, 1994.

[Babi 96] Babich G.A., Camps O.I. "Weighted Parzen windows for pattern classification," *IEEE Transactions on Pattern Analysis and Machine Intelligence*, Vol. 18(5), pp. 567-570, 1996.

[Bell 61] Bellman R. *Adaptive Control Processes: A Guided Tour*, Princeton University Press, 1961.

[Bern 94] Bernardo J.M., Smith A.F.M *Bayesian Theory*, John Wiley, 1994.

[Bish 06] Bishop C.M. *Pattern Recognition and Machine Learning*, Springer, 2006.

[Boyl 83] Boyles R.A. "On the convergence of the EM algorithm," *J. Royal Statistical Society B*, Vol. 45(1), pp. 47-55, 1983.

[Brei 77] Breiman L., Meisel W., Purcell E. "Variable kernel estimates of multivariate densities," *Technometrics*, Vol. 19(2), pp. 135-144, 1977.

[Brod 90] Broder A. "Strategies for efficient incremental nearest neighbor search," *Pattern Recognition*, Vol. 23, pp. 171-178, 1990.

[Butu 93] Buturovic L.J. "Improving *k*-nearest neighbor density and error estimates," *Pattern Recognition*, Vol. 26(4), pp. 611-616, 1993.

[Coop 90] Cooper G.F. "The computational complexity of probabilistic inference using Bayesian belief networks," *Artifical Intelligence*, Vol. 42, pp. 393-405, 1990.

[Cram 46] Cramer H. *Mathematical Methods of Statistics*, Princeton University Press, 1941.

[Dagu 93] Dagum P., Chavez R.M. "Approximating probabilistic inference in Bayesian belief networks," *IEEE Transactions on Pattern Analysis and Machine Intelligence*, Vol. 15(3), pp. 246-255, 1993.

[Dasa 91] Dasarasthy B. *Nearest Neighbor Pattern Classification Techniques*, IEEE Computer Society Press, 1991.

[Demp 77] Dempster A.P., Laird N.M., Rubin D.B. "Maximum likelihood from incomplete data via the EM algorithm," *J. Royal Statistical Society*, Vol. 39(1), pp. 1-38, 1977.

[Devr 96] Devroye L., Gyorfi L., Lugosi G. *A Probabilistic Theory of Pattern Recognition*, Springer-Verlag, 1996.

[Djou 97] Djouadi A., Bouktache E. "A fast algorithm for the nearest neighbor classifier," *IEEE Transactions on Pattern Analysis and Machine Intelligence*, Vol. 19(3), pp. 277-282, 1997.

[Dome 05] Domeniconi C., Gunopoulos D., Peng J. "Large margin nearest neighbor classifiers," *IEEE Transactions on Neural Networks*, Vol. 16(4), pp. 899-909, 2005.

[Domi 97] Domingos P., Pazzani M. "Beyond independence: Conditions for the optimality of the simple Bayesian classifier," *Machine Learning*, Vol. 29, pp. 103-130, 1997.

[Duda 73] Duda R., Hart P.E. *Pattern Classification and Scene Analysis*, John Wiley & Sons, 1973.

[Frie 94] Friedman J.H. "Flexible metric nearest neighbor classification," *Technical Report, Department of Statistics, Stanford University*, 1994.

[Frie 89] Friedman J.H. "Regularized discriminant analysis," *Journal of American Statistical Association*, Vol. 84(405), pp. 165-175, 1989.

[Frie 97] Friedman N., Geiger D., Goldszmidt M. "Bayesian network classifiers," *Machine Learning*, Vol. 29, pp. 131-163, 1997.

[Fuku 75] Fukunaga F., Narendra P.M. "A branch and bound algorithm for computing *k*-nearest neighbors," *IEEE Transactions on Computers*, Vol. 24, pp. 750-753, 1975.

[Fuku 90] Fukunaga F. *Introduction to Statistical Pattern Recognition*, 2nd ed., Academic Press, 1990.

[Hast 96] Hastie T., Tibshirani R. "Discriminant adaptive nearest neighbor classification," *IEEE Transactions on Pattern Analysis and Machine Intelligence*, Vol. 18(6), pp. 607-616, 1996.

[Hast 01] Hastie T., Tibshirani R., Friedman J. *The Elements of Statistical Learning: Data Mining, Inference and Prediction*, Springer, 2001.

[Hatt 00] Hattori K., Takahashi M. "A new edited *k*-nearest neighbor rule in the pattern classification problem," *Pattern Recognition*, Vol. 33, pp. 521-528, 2000.

[Heck 95] Heckerman D. "A tutorial on learning Bayesian networks," *Technical Report #MSR-TR-95-06*, Microsoft Research, Redmond, Washington, 1995.

[Hoff 96] Hoffbeck J.P., Landgrebe D.A. "Covariance matrix estimation and classification with limited training data," *IEEE Transactions on Pattern Analysis and Machine Intelligence*, Vol. 18(7), pp. 763-767, 1996.

[Huan 02] Huang Y.S., Chiang C.C., Shieh J.W., Grimson E. "Prototype optimization for nearest-neighbor classification," *Pattern Recognition*, Vol. 35, pp. 1237-1245, 2002.

[Jayn 82] Jaynes E.T. "On the rationale of the maximum entropy methods," *Proceedings of the IEEE*, Vol. 70(9), pp. 939-952, 1982.

[Jens 01] Jensen F.V. *Bayesian Networks and Decision Graphs*, Springer, 2001.

[Jone 96] Jones M.C., Marron J.S., Seather S.J. "A brief survey of bandwidth selection for density estimation," *Journal of the American Statistical Association*, Vol. 91, pp. 401-407, 1996.

[Kimu 87] Kimura F., Takashina K., Tsuruoka S., Miyake Y. "Modified quadratic discriminant functions and the application to Chinese character recognition," *IEEE Transactions on Pattern Analysis and Machine Intelligence*, Vol. 9(1), pp. 149-153, 1987.

[Kris 00] Krishna K., Thathachar M.A.L., Ramakrishnan K.R. "Voronoi networks and their probability of misclassification," *IEEE Transactions on Neural Networks*, Vol. 11(6), pp. 1361-1372, 2000.

[Krzy 83] Krzyzak A. "Classification procedures using multivariate variable kernel density estimate," *Pattern Recognition Letters*, Vol. 1, pp. 293-298, 1983.

[Laur 96] Lauritzen S.L. *Graphical Models*, Oxford University Press, 1996.

[Li 94] Li Z., D'Abrosio B. "Efficient inference in Bayes' networks as a combinatorial optimization problem," *International Journal of Approximate Inference*, Vol. 11, 1994.

[Liu 04] Liu C.-L., Sako H., Fusisawa H. "Discriminative learning quadratic discriminant function for handwriting recognition," *IEEE Transactions on Neural Networks*, Vol. 15(2), pp. 430-444, 2004.

[McLa 88] McLachlan G.J., Basford K.A. *Mixture Models: Inference and Applications to Clustering*, Marcel Dekker, 1988.

[McNa 01] McNames J. "A Fast nearest neighbor algorithm based on principal axis search tree," *IEEE Transactions on Pattern Analysis and Machine Intelligence*, Vol. 23(9), pp. 964-976, 2001.

[Mico 94] Mico M.L., Oncina J., Vidal E. "A new version of the nearest neighbor approximating and eliminating search algorithm (AESA) with linear preprocessing time and memory requirements," *Pattern Recognition Letters*, Vol. 15, pp. 9-17, 1994.

[Moon 96] Moon T. "The expectation maximization algorithm," *Signal Processing Magazine*, Vol. 13(6), pp. 47-60, 1996.

[Neap 04] Neapolitan R.D. *Learning Bayesian Networks*, Prentice Hall, 2004.

[Nene 97] Nene S.A., Nayar S.K. "A simple algorithm for nearest neighbor search in high dimensions," *IEEE Transactions on Pattern Analysis and Machine Intelligence*, Vol. 19(9), pp. 989-1003, 1997.

[Papo 91] Papoulis A. *Probability Random Variables and Stochastic Processes*, 3rd ed., McGraw-Hill 1991.

[Pare 06] Paredes R., Vidal E. "Learning weighted metrics to minimize nearest neighbor classification error," *IEEE Transactions on Pattern Analysis and Machine Intelligence*, Vol. 28(7), pp. 1100-1111, 2006.

[Pare 06a] Paredes R., Vidal E. "Learning prototypes and distances: A prototype reduction technique based on nearest neighbor error minimization," *Pattern Recognition*, Vol. 39, pp. 180-188, 2006.

[Parz 62] Parzen E. "On the estimation of a probability density function and mode," *Ann. Math. Stat.* Vol. 33, pp. 1065-1076, 1962.

[Pear 88] Pearl J. *Probabilistic Reasoning in Intelligent Systems*, Morgan Kaufmann, 1988.

[Redn 84] Redner R.A., Walker H.F. "Mixture densities, maximum likelihood and the EM algorithm," *SIAM Review*, Vol. 26(2), pp. 195-239, 1984.

[Roos 05] Roos T., Wettig H., Grunwald P., Myllymaki P., Tirri H. "On discriminative Bayesian network classifiers and logistic regression," *Machine Learning*, Vol. 59, pp. 267-296, 2005.

[Same 08] Samet H. "*k*-Nearest neighbor finding using MaxNearestDist," *IEEE Transactions on Pattern Analysis and Machine Intelligence*, Vol. 30(2), pp. 243-252, 2008.

[Terr 92] Terrell G.R., Scott D.W. "Variable kernel density estimation," *Annals of Statistics*, Vol. 20(3), pp. 1236-1265, 1992.

[Titt 85] Titterington D.M., Smith A.F.M., Makov U.A. *Statistical Analysis of Finite Mixture Distributions*, John Wiley & Sons, 1985.

[Vida 94] Vidal E. "New formulation and improvements of the nearest neighbor approximating and eliminating search algorithm (AESA)," *Pattern Recognition Letters*, Vol. 15, pp. 1-7, 1994.

[Wand 95] Wand M., Jones M. *Kernel Smoothing*, Chapman & Hall, London, 1995.

[Webb 05] Webb G.I., Boughton J.R., Wang Z. "Not so naive Bayes: Aggregating one dependence estimators," *Machine Learning*, Vol. 58, pp. 5-24, 2005.

[Wils 72] Wilson D.L. "Asymptotic properties of NN rules using edited data," *IEEE Transactions on Systems, Man, and Cybernetics*, Vol. 2, pp. 408-421, 1972.

[Wu 83] Wu C. "On the convergence properties of the EM algorithm," *Annals of Statistics*, Vol. 11(1), pp. 95-103, 1983.

[Yan 93] Yan H. "Prototype optimization for nearest neighbor classifiers using a two layer perceptron," *Pattern Recognition*, Vol. 26(2), pp. 317-324, 1993.

第 3 章 线性分类器

3.1 引言

第 2 章中主要讨论了如何基于概率密度和概率函数来设计分类器。在有些情况下，分类器等同于一组线性判别函数。线性分类器的主要优点是其简单性和可计算性。本章主要讨论线性分类器的设计，但不考虑描述训练数据的基本分布。本章首先假设已知类别中的所有特征向量都可使用线性分类器来正确地分类，并给出计算对应线性函数的方法；然后重点讨论一个更一般的问题，即对不能正确分类所有向量的一个线性分类器，我们将采用相应的优化准则来找到设计最优线性分类器的方法。

3.2 线性判别函数和决策超平面

再次考虑二分类情况下的线性判别函数。在 l 维特征空间中，决策超曲面是一个超平面，即

$$g(\boldsymbol{x}) = \boldsymbol{w}^{\mathrm{T}}\boldsymbol{x} + w_0 = 0 \tag{3.1}$$

式中，$\boldsymbol{w} = [w_1, w_2, \cdots, w_l]^{\mathrm{T}}$ 是权重向量，w_0 是阈值。若 $\boldsymbol{x}_1, \boldsymbol{x}_2$ 是决策超平面上的两个点，则有

$$\begin{aligned} 0 = \boldsymbol{w}^{\mathrm{T}}\boldsymbol{x}_1 + w_0 = \boldsymbol{w}^{\mathrm{T}}\boldsymbol{x}_2 + w_0 \quad \Rightarrow \\ \boldsymbol{w}^{\mathrm{T}}(\boldsymbol{x}_1 - \boldsymbol{x}_2) = 0 \end{aligned} \tag{3.2}$$

由于差向量 $\boldsymbol{x}_1 - \boldsymbol{x}_2$ 明显位于决策超平面上（对任意 $\boldsymbol{x}_1, \boldsymbol{x}_2$ ），所以由式(3.2)可以明显看出向量 $\boldsymbol{w}$ 正交于决策超平面。

图 3.1 中显示了对应的几何图形（对于 $w_1 > 0, w_2 > 0, w_0 < 0$ ）。回顾中学数学的相关内容可知，图中的各个量定义如下：

$$d = \frac{|w_0|}{\sqrt{w_1^2 + w_2^2}} \tag{3.3}$$

和

$$z = \frac{|g(\boldsymbol{x})|}{\sqrt{w_1^2 + w_2^2}} \tag{3.4}$$

换言之，$|g(\boldsymbol{x})|$ 是从点 $\boldsymbol{x}$ 到决策超平面的欧氏距离。$g(\boldsymbol{x})$ 在平面的一侧时取正，在平面的另一侧时取负。在 $w_0 = 0$ 的特殊情况下，超平面过原点。

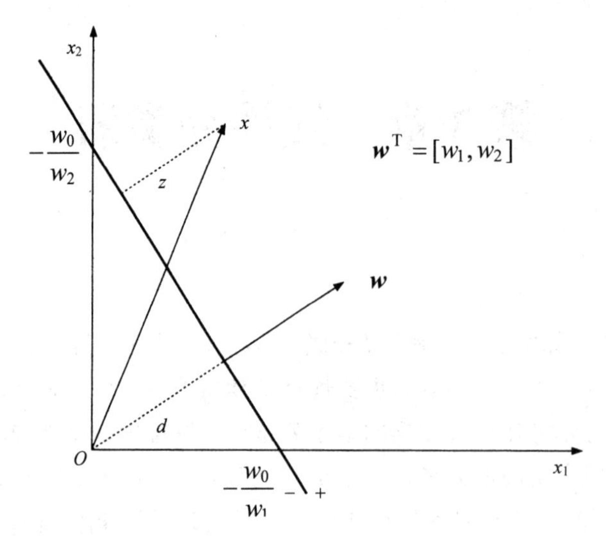

图 3.1　决策线的几何图形。线的一侧满足 $g(\boldsymbol{x})>0(+)$，线的另一侧满足 $g(\boldsymbol{x})<0(-)$

3.3　感知器算法

下面计算定义决策超平面的未知参数 $w_i, i=0,\cdots,l$。本节假设 ω_1,ω_2 是线性可分的。换言之，假设存在一个由 $\boldsymbol{w}^{*\mathrm{T}}\boldsymbol{x}=0$ 定义的超平面，满足

$$\begin{aligned}\boldsymbol{w}^{*\mathrm{T}}\boldsymbol{x}>0 \quad \forall \boldsymbol{x}\in\omega_1 \\ \boldsymbol{w}^{*\mathrm{T}}\boldsymbol{x}<0 \quad \forall \boldsymbol{x}\in\omega_2\end{aligned} \tag{3.5}$$

上式包括超平面不过原点的情形，即 $\boldsymbol{w}^{*\mathrm{T}}\boldsymbol{x}+w_0^*=0$，因为可以定义扩展的 $l+1$ 维向量 $\boldsymbol{x}'\equiv[\boldsymbol{x}^{\mathrm{T}},1]^{\mathrm{T}}, \boldsymbol{w}'\equiv[\boldsymbol{w}^{*\mathrm{T}},w_0^*]^{\mathrm{T}}$ 得到前面的公式。于是，我们有 $\boldsymbol{w}^{*\mathrm{T}}\boldsymbol{x}+w_0^*=\boldsymbol{w}'^{\mathrm{T}}\boldsymbol{x}'$。

下面将这个问题当作一个典型的优化问题来处理（见附录 C）。于是，我们需要使用(a)一个合适的代价函数和(b)一个算法来优化它。为此，我们将感知器代价定义为

$$J(\boldsymbol{w})=\sum_{\boldsymbol{x}\in Y}(\delta_x\boldsymbol{w}^{\mathrm{T}}\boldsymbol{x}) \tag{3.6}$$

式中，Y 是训练向量的子集，其中训练向量已被由权重向量 $\boldsymbol{w}$ 定义的超平面错误地分类。变量 δ_x 的定义如下：当 $\boldsymbol{x}\in\omega_1$ 时，$\delta_x=-1$；当 $\boldsymbol{x}\in\omega_2$ 时，$\delta_x=+1$。显然，式(3.6)中的和总为正。当 Y 是一个空集时，即未错误地分类向量 $\boldsymbol{x}$ 时，式(3.6)为零。实际上，若 $\boldsymbol{x}\in\omega_1$ 且未被错误地分类，则有 $\boldsymbol{w}^{\mathrm{T}}\boldsymbol{x}<0$ 和 $\delta_x<0$，且乘积为正。对于 ω_2 中的向量，可以得到相同的结果。当代价函数取最小值 0 时，可以得到一个解，因为所有的训练向量都被正确地分类。

式(3.6)中的感知器代价函数是一个连续分段线性函数。实际上，若平滑地改变权重向量，则代价函数 $J(\boldsymbol{w})$ 会线性地变化，直到误分类向量的个数发生变化（见习题 3.1）。在这些点，梯度无定义，且梯度函数不连续。

为了推导代价函数的迭代最小化算法，下面根据梯度下降法（见附录 C）设计迭代方案，即

$$\boldsymbol{w}(t+1)=\boldsymbol{w}(t)-\rho_t\left.\frac{\partial J(\boldsymbol{w})}{\partial\boldsymbol{w}}\right|_{\boldsymbol{w}=\boldsymbol{w}(t)} \tag{3.7}$$

式中，$\boldsymbol{w}(t)$ 是第 t 次迭代的权重向量估计，ρ_t 是一系列正实数。注意，在不连续点处，上面的定义不成立。由式(3.6)中的定义，在上式成立的点有

$$\frac{\partial J(\boldsymbol{w})}{\partial \boldsymbol{w}} = \sum_{\boldsymbol{x}\in Y} \delta_x \boldsymbol{x} \tag{3.8}$$

将式(3.8)代入式(3.7)得

$$\boldsymbol{w}(t+1) = \boldsymbol{w}(t) - \rho_t \sum_{\boldsymbol{x}\in Y} \delta_x \boldsymbol{x} \tag{3.9}$$

这个算法被称为*感知器算法*，其结构十分简单。注意，式(3.9)定义在所有点处。该算法由一个任意权重向量 $\boldsymbol{w}(0)$ 初始化，并使用错误分类的特征形成修正向量 $\sum_{\boldsymbol{x}\in Y} \delta_x \boldsymbol{x}$ 。根据上述规则，修正权重向量。重复这一过程，直到算法收敛到一个解，即所有的特征向量都被正确地分类。感知器算法的伪代码如下。

感知器算法

- 随机选择 $\boldsymbol{w}(0)$
- 选择 ρ_0
- $t=0$
- 重复：
  - $Y=\varnothing$
  - For $i=1$ to N
    - If $\delta_{x_i} \boldsymbol{w}(t)^{\mathrm{T}} \boldsymbol{x}_i \geqslant 0$ then $Y = Y \cup \{\boldsymbol{x}_i\}$
  - End {For}
  - $\boldsymbol{w}(t+1) = \boldsymbol{w}(t) - \rho_t \sum_{\boldsymbol{x}\in Y} \delta_x \boldsymbol{x}$
  - 调整 ρ_t
  - $t=t+1$
- 直到 $Y=\varnothing$

图 3.2 中给出了该算法的几何解释，其中假设第 t 次迭代只有一个被错误分类的样本 $\boldsymbol{x}$，且 $\rho_t=1$。感知器算法修正 $\boldsymbol{x}$ 方向的权重向量，作用是旋转对应的超平面，使得 $\boldsymbol{x}$ 能被正确地分类到 ω_1 中。

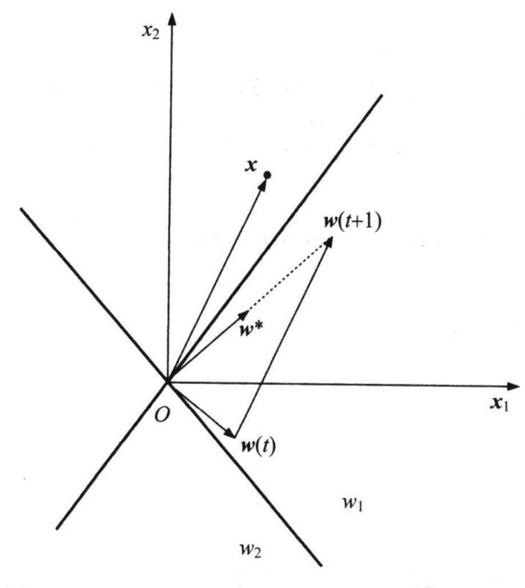

图 3.2　感知器算法的几何解释。为了旋转决策超平面，将 $\boldsymbol{x}$ 分类到正确的类别，更新了 $\boldsymbol{x}$ 方向的权重向量

注意，为了达到这个目的，可能要进行多次迭代，具体取决于 ρ_t 的值。无疑，该序列应是收敛的。下面证明感知器算法迭代有限次后收敛于一个解，假设选定了合适的 ρ_t。因为分隔两个线性可分类别的超平面有多个，所以解不唯一。收敛性证明是必要的，因为该算法既不是一个真正的梯度下降算法，又不能为梯度下降算法的收敛性使用一般的工具。

感知器算法收敛性的证明

设 α 是一个正实数，$\boldsymbol{w}^*$ 是一个解。由式(3.9)得

$$\boldsymbol{w}(t+1)-\alpha\boldsymbol{w}^* = \boldsymbol{w}(t)-\alpha\boldsymbol{w}^* - \rho_t\sum_{\boldsymbol{x}\in Y}\delta_x\boldsymbol{x} \tag{3.10}$$

等号两边取欧氏范数的平方，得

$$\begin{aligned}\|\boldsymbol{w}(t+1)-\alpha\boldsymbol{w}^*\|^2 = \|\boldsymbol{w}(t)-\alpha\boldsymbol{w}^*\|^2 + \rho_t^2\|\sum_{\boldsymbol{x}\in Y}\delta_x\boldsymbol{x}\|^2 - \\ 2\rho_t\sum_{\boldsymbol{x}\in Y}\delta_x(\boldsymbol{w}(t)-\alpha\boldsymbol{w}^*)^{\mathrm{T}}\boldsymbol{x}\end{aligned} \tag{3.11}$$

由于 $-\sum_{\boldsymbol{x}\in Y}\delta_x\boldsymbol{w}^{\mathrm{T}}(t)\boldsymbol{x}<0$，所以有

$$\begin{aligned}\|\boldsymbol{w}(t+1)-\alpha\boldsymbol{w}^*\|^2 \leqslant \|\boldsymbol{w}(t)-\alpha\boldsymbol{w}^*\|^2 + \rho_t^2\|\sum_{\boldsymbol{x}\in Y}\delta_x\boldsymbol{x}\|^2 + \\ 2\rho_t\alpha\sum_{\boldsymbol{x}\in Y}\delta_x\boldsymbol{w}^{*\mathrm{T}}\boldsymbol{x}\end{aligned} \tag{3.12}$$

定义

$$\beta^2 = \max_{\tilde{Y}\subseteq\omega_1\cup\omega_2}\|\sum_{\boldsymbol{x}\in\tilde{Y}}\delta_x\boldsymbol{x}\|^2 \tag{3.13}$$

即 β^2 是考虑已知训练特征向量的所有可能（非空）子集时，向量范数的最大值。类似地，设

$$\gamma = \max_{\tilde{Y}\subseteq\omega_1\cup\omega_2}\sum_{\boldsymbol{x}\in\tilde{Y}}\delta_x\boldsymbol{w}^{*\mathrm{T}}\boldsymbol{x} \tag{3.14}$$

回顾可知该方程的和是负数，所以在 $\boldsymbol{x}$ 的所有可能子集上，其最大值也是负数。因此，式(3.12)可以写为

$$\|\boldsymbol{w}(t+1)-\alpha\boldsymbol{w}^*\|^2 \leqslant \|\boldsymbol{w}(t)-\alpha\boldsymbol{w}^*\|^2 + \rho_t^2\beta^2 - 2\rho_t\alpha|\gamma| \tag{3.15}$$

选择 $\alpha=\beta^2/2|\gamma|$，并对步骤 $t,t-1,\cdots,0$ 连续应用式(3.15)。此时，有

$$\|\boldsymbol{w}(t+1)-\alpha\boldsymbol{w}^*\|^2 \leqslant \|\boldsymbol{w}(0)-\alpha\boldsymbol{w}^*\|^2 + \beta^2\left(\sum_{k=0}^{t}\rho_k^2 - \sum_{k=0}^{t}\rho_k\right) \tag{3.16}$$

如果选择的序列 ρ_t 满足如下两个条件：

$$\lim_{t\to\infty}\sum_{k=0}^{t}\rho_k = \infty \tag{3.17}$$

$$\lim_{t\to\infty}\sum_{k=0}^{t}\rho_k^2 < \infty \tag{3.18}$$

那么存在一个常量 t_0 使得式(3.16)的右边非负。因此，有

$$0 \leqslant \|\boldsymbol{w}(t_0+1)-\alpha\boldsymbol{w}^*\| \leqslant 0 \tag{3.19}$$

或

$$w(t_0 + 1) = \alpha w^* \tag{3.20}$$

也就是说，有限次迭代后，算法收敛到一个解。满足式(3.17)和式(3.18)的一个序列是 $\rho_t = c/t$，其中 c 是一个常量。换言之，修正值逐渐减小。这些条件基本上是说，当 $t \to \infty$ 时，ρ_t 应趋于零［见式(3.18)］，但不会很快变为零［见式(3.17)］。类似于前面的推导，可以证明，对于常量 $\rho_t = \rho$，算法也是收敛的，其中 ρ 是正确有界的（见习题3.2）。实际上，序列 ρ_t 的正确选择对算法的收敛速度至关重要。

例 3.1　图 3.3 中的虚线

$$x_1 + x_2 - 0.5 = 0$$

对应于感知器算法(3.9)最后一次迭代算出的权重向量 $[1,1,-0.5]^{\mathrm{T}}$，$\rho_t = \rho = 0.7$。除 $[0.4,0.05]^{\mathrm{T}}$ 和 $[-0.20,0.75]^{\mathrm{T}}$ 外，所有向量都被线性分类器正确分类。根据该算法，下一个权重向量是

$$w(t+1) = \begin{bmatrix} 1 \\ 1 \\ -0.5 \end{bmatrix} - 0.7(-1)\begin{bmatrix} 0.4 \\ 0.05 \\ 1 \end{bmatrix} - 0.7(+1)\begin{bmatrix} -0.2 \\ 0.75 \\ 1 \end{bmatrix}$$

或

$$w(t+1) = \begin{bmatrix} 1.42 \\ 0.51 \\ -0.5 \end{bmatrix}$$

得到的新（实）线是 $1.42x_1 + 0.51x_2 - 0.5 = 0$ 正确地分类了所有向量，算法结束。

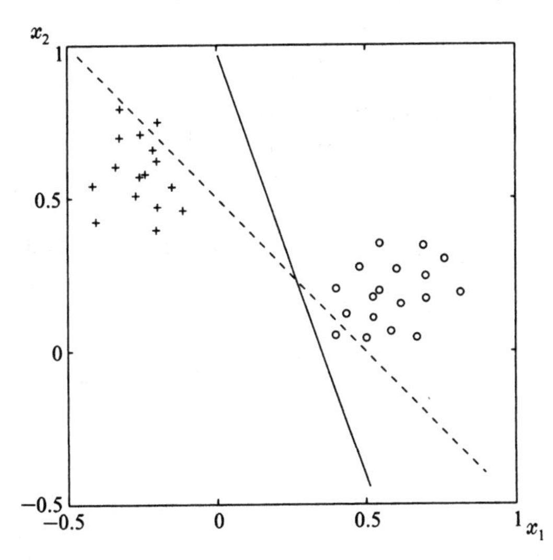

图 3.3　感知器算法示例。更新权重向量后，超平面从初始位置（虚线）旋转到了新位置（实线），且正确地分类了所有的点

感知器算法的变体

前面介绍的算法是在类别线性可分情形下训练线性分类器的感知器算法之一。下面介绍一种更简单、更通用的算法。将 N 个训练向量依次输入算法，若算法在所有样本出现一次后不收敛，

则重复该过程，直到算法收敛——也就是说，直到所有训练样本都被正确地分类。设 $\boldsymbol{w}(t)$ 是第 t 次迭代后的权重向量估计，$\boldsymbol{x}_{(t)}$ 是对应的特征向量。算法说明如下：

$$\boldsymbol{w}(t+1)=\boldsymbol{w}(t)+\rho\boldsymbol{x}_{(t)}\text{，若 }\boldsymbol{x}_{(t)}\in\omega_1\text{ 且 }\boldsymbol{w}^{\mathrm{T}}(t)\boldsymbol{x}_{(t)}=0 \tag{3.21}$$

$$\boldsymbol{w}(t+1)=\boldsymbol{w}(t)-\rho\boldsymbol{x}_{(t)}\text{，若 }\boldsymbol{x}_{(t)}\in\omega_2\text{ 且 }\boldsymbol{w}^{\mathrm{T}}(t)\boldsymbol{x}_{(t)}\geqslant 0 \tag{3.22}$$

$$\boldsymbol{w}(t+1)=\boldsymbol{w}(t)\text{，其他} \tag{3.23}$$

换句话说，若当前的训练样本被正确地分类，则不采取任何操作；否则，若样本被错误地分类，则将权重向量加（减）一个与 $\boldsymbol{x}_{(t)}$ 成比例的量来修正权重向量。该算法属于一个更通用的算法家族——奖励和惩罚方案。若当前向量被正确地分类，则奖励是不采取操作；若当前向量被错误地分类，则惩罚是一个修正代价。可以证明，感知器算法经过有限次迭代后仍能收敛（见习题 3.3）。

感知器算法最初由 Rosenblatt 于 20 世纪 50 年代后期为训练感知器提出，其中感知器是用来模拟大脑神经元的基本单元。感知器算法是开发强大机器学习模型的基础[Rose 58, Min 88]。

例 3.2 图 3.4 中显示了二维空间中的 4 个点。点(−1, 0)和点(0, 1)属于 ω_1，点(0, −1)和点(1,0)属于 ω_2。本例的目的是设计一个使用奖励和惩罚形式感知器算法的线性分类器。参数 ρ 设为 1，在扩展的三维空间中选择初始权重向量 $\boldsymbol{w}(0)=[0,0,0]^{\mathrm{T}}$。根据式(3.21)至式(3.23)，计算步骤如下。

第 1 步：$\boldsymbol{w}^{\mathrm{T}}(0)\begin{bmatrix}-1\\0\\1\end{bmatrix}=0,\ \boldsymbol{w}(1)=\boldsymbol{w}(0)+\begin{bmatrix}-1\\0\\1\end{bmatrix}=\begin{bmatrix}-1\\0\\1\end{bmatrix}$

第 2 步：$\boldsymbol{w}^{\mathrm{T}}(1)\begin{bmatrix}0\\1\\1\end{bmatrix}=1>0,\ \boldsymbol{w}(2)=\boldsymbol{w}(1)$

第 3 步：$\boldsymbol{w}^{\mathrm{T}}(2)\begin{bmatrix}0\\-1\\1\end{bmatrix}=1>0,\ \boldsymbol{w}(3)=\boldsymbol{w}(2)-\begin{bmatrix}0\\-1\\1\end{bmatrix}=\begin{bmatrix}-1\\1\\0\end{bmatrix}$

第 4 步：$\boldsymbol{w}^{\mathrm{T}}(3)\begin{bmatrix}1\\0\\1\end{bmatrix}=-1<0,\ \boldsymbol{w}(4)=\boldsymbol{w}(3)$

第 5 步：$\boldsymbol{w}^{\mathrm{T}}(4)\begin{bmatrix}-1\\0\\1\end{bmatrix}=1>0,\ \boldsymbol{w}(5)=\boldsymbol{w}(4)$

第 6 步：$\boldsymbol{w}^{\mathrm{T}}(5)\begin{bmatrix}0\\1\\1\end{bmatrix}=1>0,\ \boldsymbol{w}(6)=\boldsymbol{w}(5)$

第 7 步：$\boldsymbol{w}^{\mathrm{T}}(6)\begin{bmatrix}0\\-1\\1\end{bmatrix}=-1<0,\ \boldsymbol{w}(7)=\boldsymbol{w}(6)$

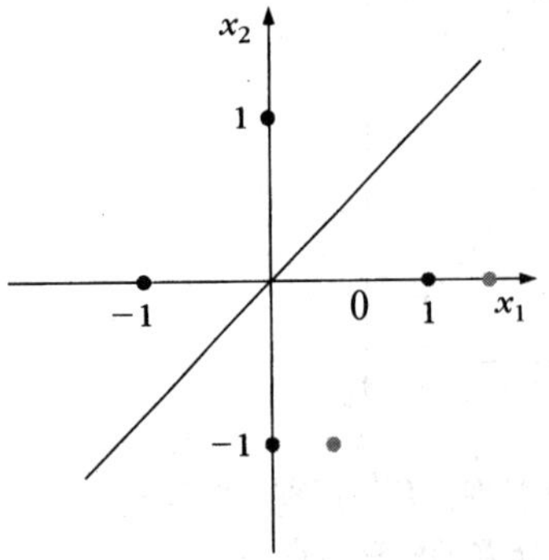

图 3.4 例 3.2 的设置。直线 $x_1=x_2$ 即为所求的解

由于在连续的 4 步中权重向量不需要修正，所以所有的点都被正确地分类且算法停止。解为 $\boldsymbol{w}=[-1,1,0]^{\mathrm{T}}$。也就是说，得到的线性分类器是 $-x_1+x_2=0$，即图 3.4 中过原点的直线。

感知器

感知器算法收敛到权重向量 $\boldsymbol{w}$ 和阈值 w_0 后，就要将未知特征向量赋给两个类别之一。这时，可由下面的简单准则进行分类：

$$
\begin{aligned}
&\text{若 } \boldsymbol{w}^{\mathrm{T}}\boldsymbol{x} + w_0 > 0 \text{ ，则 } \boldsymbol{x} \text{ 属于 } \omega_1 \\
&\text{若 } \boldsymbol{w}^{\mathrm{T}}\boldsymbol{x} + w_0 < 0 \text{ ，则 } \boldsymbol{x} \text{ 属于 } \omega_2
\end{aligned}
\tag{3.24}
$$

图 3.5(a)显示了实现这一操作的基本单元。

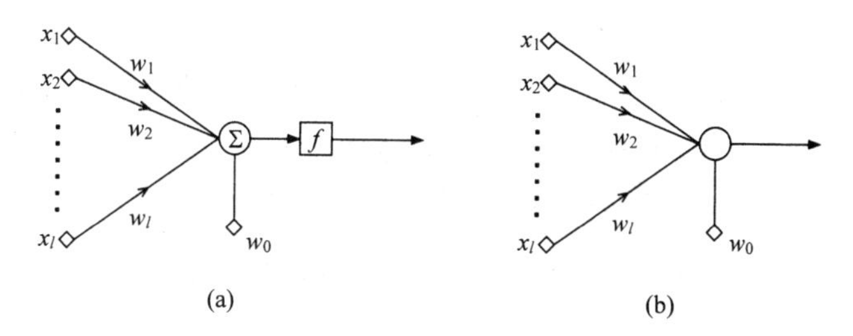

图 3.5　基本的感知器模型：(a) 线性组合器后跟激活函数；(b) 组合器和激活函数被合并在一起

然后，将特征向量元素 $x_1, x_2, \cdots, x_l$ 应用到网络的各个输入节点，并且每个元素与对应的权重 $w_i, i = 1, 2, \cdots, l$ 相乘。这些权重被称为*突触权值*或简单*突触*。乘积相加后与阈值 w_0 相加，然后结果通过一个非线性器件，实现所谓的激活函数。非线性器件通常选为硬限幅器；也就是说，$f(\cdot)$ 是一个阶跃函数：$x < 0$ 时 $f(x) = -1$；$x > 0$ 时 $f(x) = 1$ 。根据输出的符号，对应的特征向量被赋给两个类别中的一个。除了+1 和–1，硬限幅器也可以取其他值（类别标注）。另一种常用的选择是取阶跃函数的两个电平值，即 1 和 0。这个基本网络被称为*感知器*或*神经元*。感知器是学习机的简单例子，其中学习机是根据一组训练数据“学习”某个特定的任务，使用学习算法（如感知器算法）更新自由参数的一种结构。稍后将用感知器作为基本构建元素来组成更复杂的学习网络。图 3.5(b)是神经元的简化图，为简化起见，其中的累加器和非线性器件已合并。带有硬限幅设备的神经元有时被称为 McCulloch-Pitts 神经元。第 4 章中将介绍其他类型的神经元。

口袋算法

感知器算法收敛的基本条件之一是类别的线性可分性。这个条件不满足（实践情形通常如此），感知器算法就不会收敛。文献[Gal 90]中提出了另一种感知器算法，即使不满足类别的线性可分性，该算法也收敛到一个理想的解。这个算法被称为*口袋算法*，它由两步组成：

- 随机地初始化权重向量 $\boldsymbol{w}(0)$ ，定义一个存储向量 $\boldsymbol{w}_s$（放在口袋中）。为 $\boldsymbol{w}_s$ 设置一个历史计数器 h_s ，其初始值为 0。
- 在第 t 次迭代中，根据感知器准则计算更新值 $\boldsymbol{w}(t+1)$ 。使用更新后的权重向量检测被正确分类的训练向量的个数 h。$h > h_s$ 时使用 $\boldsymbol{w}(t+1)$ 代替 $\boldsymbol{w}_s$ ，并使用 h 代替 h_s 。继续迭代。

可以证明该算法收敛到最优解的概率为 1，即其产生的错误分类数量最少[Gal 90, Muse 97]。在类别不是线性可分的情况下，其他相关算法，如热感知器算法[Frea 92]、损失最小算法[Hryc 92]和重心修正程序[Poul 95]也能得到较好的解。

Kesler 结构

到目前为止，我们处理的都是二分类问题，但我们可将二分类问题直接推广到 M 分类问题。

为每个类别定义线性判别函数 $w_i, i=1,2,\cdots,M$ 。如果满足下面的条件，那么将（在 $l+1$ 维空间中计算阈值的）特征向量 $\boldsymbol{x}$ 赋给类别 ω_i：

$$\boldsymbol{w}_i^{\mathrm{T}}\boldsymbol{x} > \boldsymbol{w}_j^{\mathrm{T}}\boldsymbol{x}, \quad \forall j \neq i \tag{3.25}$$

这个条件导出了所谓的 Kesler 结构。对于类别 $\omega_i, i=1,2,\cdots,M$ 中的每个训练向量，我们构建 $M-1$ 个 $(l+1)M\times 1$ 维向量 $\boldsymbol{x}_{ij}=[0^{\mathrm{T}},0^{\mathrm{T}},\cdots\boldsymbol{x}^{\mathrm{T}},\cdots,-\boldsymbol{x}^{\mathrm{T}},\cdots,0^{\mathrm{T}}]^{\mathrm{T}}$ 。也就是说，它们是满足如下条件的块向量：当 $j\neq i$ 时，除第 i 个和第 j 个块位置的元素为 $\boldsymbol{x}$ 和 $-\boldsymbol{x}$ 外，其他位置的元素都为零。然后构建块向量 $\boldsymbol{w}=[\boldsymbol{w}_1^{\mathrm{T}},\cdots,\boldsymbol{w}_M^{\mathrm{T}}]^{\mathrm{T}}$ 。$\boldsymbol{x}\in w_i$，需要满足条件 $\boldsymbol{w}^{\mathrm{T}}\boldsymbol{x}_{ij}>0$ ，$\forall j=1,2,\cdots,M, j\neq i$ 。现在的任务是在扩展的 $(l+1)M$ 维空间中设计一个线性分类器，使得 $(M-1)N$ 个训练向量中的每个向量都位于线性分类器的正侧。感知器算法能够非常容易地求解这个问题，前提是存在这样的一个解，即能够使用线性判别函数正确地分类所有的训练向量。

例 3.3 考虑二维空间中的三分类问题。每个类别的训练向量如下：

$$\omega_1: [1,1]^{\mathrm{T}}, [2,2]^{\mathrm{T}}, [2,1]^{\mathrm{T}}$$

$$\omega_2: [1,-1]^{\mathrm{T}}, [1,-2]^{\mathrm{T}}, [2,-2]^{\mathrm{T}}$$

$$\omega_3: [-1,1]^{\mathrm{T}}, [-1,2]^{\mathrm{T}}, [-2,1]^{\mathrm{T}}$$

因为不同类别的向量位于不同的象限，所以这明显是一个线性可分问题。

为了计算线性判别函数，我们首先将这些向量扩展到三维空间，然后使用 Kesler 结构。例如，

对$[1, 1]^{\mathrm{T}}$，得到$[1, 1, 1, -1, -1, -1, 0, 0, 0]^{\mathrm{T}}$和$[1, 1, 1, 0, 0, 0, -1, -1, -1]^{\mathrm{T}}$

对$[1, -2]^{\mathrm{T}}$，得到$[-1, 2, -1, 1, -2, 1, 0, 0, 0]^{\mathrm{T}}$和$[0, 0, 0, 1, -2, 1, -1, 2, -1]^{\mathrm{T}}$

对$[-2, 1]^{\mathrm{T}}$，得到$[2, -1, -1, 0, 0, 0, -2, 1, 1]^{\mathrm{T}}$和$[0, 0, 0, 2, -1, -1, -2, 1, 1]^{\mathrm{T}}$

类似地，可以得到另外 12 个向量。为得到对应的权重向量

$$\boldsymbol{w}_1 = [w_{11}, w_{12}, w_{10}]^{\mathrm{T}}$$

$$\boldsymbol{w}_2 = [w_{21}, w_{22}, w_{20}]^{\mathrm{T}}$$

$$\boldsymbol{w}_3 = [w_{31}, w_{32}, w_{30}]^{\mathrm{T}}$$

我们运行感知器算法，对 18 个 9 维向量，都要求 $\boldsymbol{w}^{\mathrm{T}}\boldsymbol{x}>0, \boldsymbol{w}=[\boldsymbol{w}_1^{\mathrm{T}},\boldsymbol{w}_2^{\mathrm{T}},\boldsymbol{w}_3^{\mathrm{T}}]^{\mathrm{T}}$ 。也就是说，我们要求所有向量都位于决策超平面的同一侧。算法的初始向量 $\boldsymbol{w}(0)$ 由均匀伪随机序列生成器在区间 $[0,1]$ 上生成。学习序列 ρ_t 选择为常数 0.5。算法迭代 4 次后收敛，得到

$$\boldsymbol{w}_1 = [5.13, 3.60, 1.00]^{\mathrm{T}}$$

$$\boldsymbol{w}_2 = [-0.05, -3.16, -0.41]^{\mathrm{T}}$$

$$\boldsymbol{w}_3 = [-3.84, 1.28, 0.69]^{\mathrm{T}}$$

3.4 最小二乘法

前面指出，线性分类器的优点是其简单性。因此，在很多情况下，尽管我们知道类别不是线性可分的，且从错误概率的角度来看分类的结果是次优的，但还是希望采用线性分类器进行分类。现在的目的是在一个合适的优化准则下计算对应的权重向量。最小二乘法是大家熟悉的，大家在大学课程中都学过，现在用它来解决问题。

3.4.1 均方差估计

下面仍然考虑二分类问题。在前一节中，我们了解到感知器的输出是±1，具体取哪个值取决于 $\boldsymbol{x}$ 所属的类别。因为类别是线性可分的，这些输出对所有训练特征向量都是正的，且感知器算法是收敛的。本节尝试设计一个输出仍为±1 的线性分类器，输出具体取哪个值仍然取决于输入向量所属的类别。然而，这里存在一些错误，即真实输出并不总是等于期望输出。已知一个向量 $\boldsymbol{x}$ 时，这个分类器的输出将是 $\boldsymbol{w}^{\mathrm{T}}\boldsymbol{x}$（阈值可由向量扩展提供），期望输出表示为 $y(\boldsymbol{x}) \equiv y = \pm 1$。计算权重向量，使期望输出和真实输出之间的均方差（Mean Square Error, MSE）最小，即

$$J(\boldsymbol{w}) = E[|y - \boldsymbol{x}^{\mathrm{T}}\boldsymbol{w}|^2] \tag{3.26}$$

$$\hat{\boldsymbol{w}} = \arg\min_{\boldsymbol{w}} J(\boldsymbol{w}) \tag{3.27}$$

显然，$J(\boldsymbol{w})$ 等于

$$J(\boldsymbol{w}) = P(\omega_1)\int(1 - \boldsymbol{x}^{\mathrm{T}}\boldsymbol{w})^2 p(\boldsymbol{x}|\omega_1)\,\mathrm{d}\boldsymbol{x} + P(\omega_2)\int(1 + \boldsymbol{x}^{\mathrm{T}}\boldsymbol{w})^2 p(\boldsymbol{x}|\omega_2)\,\mathrm{d}\boldsymbol{x} \tag{3.28}$$

使式(3.27)最小化得

$$\frac{\partial J(\boldsymbol{w})}{\partial \boldsymbol{w}} = 2E[\boldsymbol{x}(y - \boldsymbol{x}^{\mathrm{T}}\boldsymbol{w})] = 0 \tag{3.29}$$

于是有

$$\hat{\boldsymbol{w}} = R_x^{-1}E[\boldsymbol{x}y] \tag{3.30}$$

式中，

$$R_x \equiv E[\boldsymbol{x}\boldsymbol{x}^{\mathrm{T}}] = \begin{bmatrix} E[x_1x_1] & \cdots & E[x_1x_l] \\ E[x_2x_1] & \cdots & E[x_2x_l] \\ \vdots & \vdots & \vdots \\ E[x_lx_1] & \cdots & E[x_lx_l] \end{bmatrix} \tag{3.31}$$

被称为相关矩阵或自相关矩阵，当各自的均值为零时，它等于第 2 章中介绍的协方差矩阵。向量

$$E[\boldsymbol{x}y] = E\left[\begin{bmatrix} x_1y \\ \vdots \\ x_ly \end{bmatrix}\right] \tag{3.32}$$

被称为期望输出和（输入）特征向量的互相关。因此，均方最优权重向量是线性方程组的解，前提是相关矩阵可以转置。

这个解的几何解释如下：随机变量可视为向量空间中的点。显然，两个随机变量之间的期望运算 $E[xy]$ 满足内积性质。事实上，$\boldsymbol{E}[x^2] \geqslant 0$，$\boldsymbol{E}[xy] = \boldsymbol{E}[yx]$，$\boldsymbol{E}[x(c_1y + c_2z)] = c_1\boldsymbol{E}[xy] + c_2\boldsymbol{E}[xz]$。在这样一个向量空间中，$\boldsymbol{w}^{\mathrm{T}}\boldsymbol{x} = w_1x_1 + \cdots + w_lx_l$ 是向量的线性组合，因此它位于 x_i 定义的子空间中。

图 3.6 中的示例说明了这一点。于是，若我们要用这个线性组合来近似 y，则误差是 $y - \boldsymbol{w}^{\mathrm{T}}\boldsymbol{x}$。式(3.29)表明，若误差与每个 x_i 正交，即与由 $x_i, i = 1,2,\cdots,l$ 形成的向量子空间正交，则得到最小均方差解。也就是说，若 y 由其在子空间上的正交投影近似，则得到最小均方差解（见图 3.6）。式(3.29)又称正交条件。

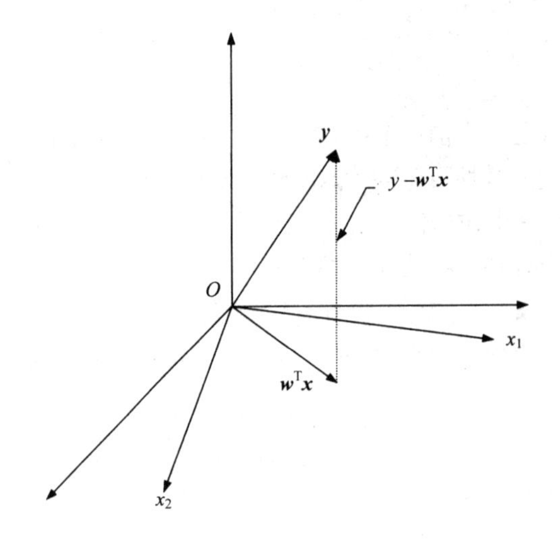

图 3.6　MSE 估计是输入向量元素子空间上的正交投影的解释

多类别推广

在多类别情形下，我们的任务是根据 MSE 准则设计 M 个线性判别函数 $g_i(\boldsymbol{x})=\boldsymbol{w}_i^{\mathrm{T}}\boldsymbol{x}$。选择的期望输出（即类别标注）如下：$\boldsymbol{x}\in\omega_i$ 时 $y_i=1$，其他情形下 $y_i=0$。这与两类别情形一致。事实上，对于这样的选择和 $M=2$，设计的决策超平面 $\boldsymbol{w}^{\mathrm{T}}\boldsymbol{x}\equiv(\boldsymbol{w}_1-\boldsymbol{w}_2)^{\mathrm{T}}\boldsymbol{x}$ 对应于期望的响应±1，具体取哪个值取决于特征向量所属的类别。

下面对已知向量 $\boldsymbol{x}$ 定义 $\boldsymbol{y}^{\mathrm{T}}=[y_1,\cdots,y_M]$ 和 $\boldsymbol{W}=[\boldsymbol{w}_1,\cdots,\boldsymbol{w}_M]$。也就是说，矩阵 $\boldsymbol{W}$ 的列元素是权重向量 $\boldsymbol{w}_i$。式(3.27)中的 MSE 准则现在可以泛化到最小化误差向量 $\boldsymbol{y}-\boldsymbol{W}^{\mathrm{T}}\boldsymbol{x}$ 的范数，即

$$\hat{W}=\arg\min_{W}E[\|\boldsymbol{y}-W^{\mathrm{T}}\boldsymbol{x}\|^2]=\arg\min_{W}E\left[\sum_{i=1}^{M}\left(y_i-\boldsymbol{w}_i^{\mathrm{T}}\boldsymbol{x}\right)^2\right] \tag{3.33}$$

这等同于式(3.27)中的 M 个带有标量期望响应的 MSE 独立最小化问题。换言之，设计 MSE 最优线性判别函数的充分条件如下：向量属于对应的类别时，每个函数的输出都为 1；向量属于其他类别时，每个函数的输出都为 0。

3.4.2　随机逼近和 LMS 算法

求解式(3.30)要求我们计算相关矩阵和互相关向量，这时要求已知基本分布，但这些基本分布通常是未知的。毕竟，已知基本分布时，我们就可使用贝叶斯分类器进行分类。于是，我们的主要目标是在这种统计信息未知时确定是否能够求解式(3.29)。Robbins 和 Monro[Robb 51]在随机逼近理论的更一般背景下给出了答案。考虑形如 $E[F(\boldsymbol{x}_k,\boldsymbol{w})]=0$ 的方程，其中 $\boldsymbol{x}_k, k=1,2,\cdots$ 是来自相同分布的一个随机向量序列，$F(\cdot,\cdot)$ 是一个函数，$\boldsymbol{w}$ 是未知参数的向量。于是，采用迭代方案：

$$\hat{\boldsymbol{w}}(k)=\hat{\boldsymbol{w}}(k-1)+\rho_k F(\boldsymbol{x}_k,\hat{\boldsymbol{w}}(k-1)) \tag{3.34}$$

换言之，（因缺少信息而无法计算的）均值的位置由实验得到的随机变量样本代替。可以证明，在适当的条件下，迭代方案可以概率收敛到原始方程的解 $\boldsymbol{w}$，假设 ρ_k 满足如下两个条件：

$$\sum_{k=1}^{\infty}\rho_k\rightarrow\infty \tag{3.35}$$

$$\sum_{k=1}^{\infty} \rho_k^2 < \infty \tag{3.36}$$

并且隐含有

$$\rho_k \to 0 \tag{3.37}$$

即

$$\lim_{k\to\infty} \text{prob}\{\hat{\boldsymbol{w}}(k) = \boldsymbol{w}\} = 1 \tag{3.38}$$

从均方角度来看，强收敛也成立：

$$\lim_{k\to\infty} E[\|\hat{\boldsymbol{w}}(k) - \boldsymbol{w}\|^2] = 0 \tag{3.39}$$

前面提到的条件(3.35)和(3.36)得到满足，可以保证在迭代过程中的修正估计值趋于零。因此，对于足够大的 k（理论上无穷大），迭代会停止，但不会太早发生（第一个条件），以便确保不会在远离解时停止迭代。第二个条件保证由变量随机性导致的累积噪声是有限的，且算法会处理这种累积噪声[Fuku 90]。证明过程超出了本书的范围，但我们会用一个例子来证明它的有效性。

考虑 $\boldsymbol{E}[x_k - w] = 0$ 这个简单的方程。对于 $\rho_k = 1/k$，迭代变成

$$\hat{w}(k) = \hat{w}(k-1) + \frac{1}{k}[x_k - \hat{w}(k-1)] = \frac{(k-1)}{k}\hat{w}(k-1) + \frac{1}{k}x_k$$

对于大的 k 值，容易看出

$$\hat{w}(k) = \frac{1}{k}\sum_{r=1}^{k} x_r$$

也就是说，解就是样本均值。

现在回到最初的问题，应用迭代法求解式(3.29)。此时，式(3.34)成为

$$\hat{\boldsymbol{w}}(k) = \hat{\boldsymbol{w}}(k-1) + \rho_k \boldsymbol{x}_k\left(y_k - \boldsymbol{x}_k^{\mathrm{T}}\hat{\boldsymbol{w}}(k-1)\right) \tag{3.40}$$

式中，算法中连续出现的 $(y_k, \boldsymbol{x}_k)$ 是期望输出（±1）——输入训练样本对。这个算法被称为最小均方（Least Mean Squares, LMS）算法或 Widrow-Hoff 算法，它由 Widrow-Hoff 于 20 世纪 60 年代早期提出[Widr 60, Widr 90]。该算法渐近收敛于 MSE 解。

人们提出并使用了 LMS 算法的许多变体，感兴趣的读者可查阅文献[Hayk 96, Kalou 93]。一个常用的变体使用常量 ρ 代替 ρ_k。然而，在这种情况下，算法并不收敛于 MSE 解。可以证明[Hayk 96]，若 $0 < \rho < 2/\text{tr}\{R_x\}$，则

$$E[\hat{\boldsymbol{w}}(k)] \to \boldsymbol{w}_{\text{MSE}} \quad 且 \quad E[\|\hat{\boldsymbol{w}}(k) - \boldsymbol{w}_{\text{MSE}}\|^2] \to 常量 \tag{3.41}$$

式中，$\boldsymbol{w}_{\text{MSE}}$ 表示 MSE 最优估计，$\text{tr}\{\cdot\}$ 表示矩阵的迹。也就是说，LMS 估计的均值等价于 MSE 解，且对应的方差仍是有限的。可以证明，ρ 越小，期望的 MSE 解的方差就越小。然而，ρ 越小，LMS 算法就收敛得越慢。使用常量 ρ 代替消失序列的目的是，在统计量缓慢变化时，即基本分布随时间变化时，让算法会“警惕”地跟踪这些变化。

注释

- 观察发现，在 LMS 的情形下，参数的更新迭代步骤 k 与当前输入样本 $\boldsymbol{x}_k$ 的索引一致。当 k 是时间索引时，LMS 就是一种时间自适应方案。
- 观察发现，式(3.40)可视为线性神经元（无非线性激活函数的神经元）的训练算法。Widrow

和 Hoff 使用了这类训练，它在训练期间忽略非线性，并在神经元的线性组合器部分的加法器后面应用期望的响应［见图 3.5(a)］。得到的神经元结构被称为学习机（自适应线性元素）。训练完毕且权值固定后，该模型就与图 3.5 中的模型相同，其中线性组合器后跟硬限幅器。换句话说，学习机是一个神经元，是用 LMS 算法代替感知器算法进行训练的神经元。

3.4.3 误差平方和估计

与 MSE 密切相关的准则是误差平方和准则，也称最小平方（LS）准则，它定义为

$$J(\boldsymbol{w}) = \sum_{i=1}^{N}\left(y_i - \boldsymbol{x}_i^{\mathrm{T}}\boldsymbol{w}\right)^2 \equiv \sum_{i=1}^{N} e_i^2 \tag{3.42}$$

换言之，对所有的已知训练特征向量，分类器的期望输出（二类别情形下是 ± 1）和实际输出之间的误差被累加，而不计算它们的均值。采用这种方法时，我们不需要关于基本概率密度函数的显式信息。将式(3.42)关于 $\boldsymbol{w}$ 最小化，得到

$$\sum_{i=1}^{N}\boldsymbol{x}_i\left(y_i - \boldsymbol{x}_i^{\mathrm{T}}\hat{\boldsymbol{w}}\right) = 0 \Rightarrow \left(\sum_{i=1}^{N}\boldsymbol{x}_i\boldsymbol{x}_i^{\mathrm{T}}\right)\hat{\boldsymbol{w}} = \sum_{i=1}^{N}(\boldsymbol{x}_i y_i) \tag{3.43}$$

为了求出数学公式，我们定义

$$X = \begin{bmatrix} \boldsymbol{x}_1^{\mathrm{T}} \\ \boldsymbol{x}_2^{\mathrm{T}} \\ \vdots \\ \boldsymbol{x}_N^{\mathrm{T}} \end{bmatrix} = \begin{bmatrix} x_{11} & x_{12} & \cdots & x_{1l} \\ x_{21} & x_{22} & \cdots & x_{2l} \\ \vdots & \vdots & \ddots & \vdots \\ x_{N1} & x_{N2} & \cdots & x_{Nl} \end{bmatrix}, \quad \boldsymbol{y} = \begin{bmatrix} y_1 \\ y_2 \\ \vdots \\ y_N \end{bmatrix} \tag{3.44}$$

也就是说，$\boldsymbol{X}$ 是一个 $N \times l$ 矩阵，矩阵的各行是已知的训练特征向量，$\boldsymbol{y}$ 是由对应的期望响应组成的向量。于是，我们有 $\sum_{i=1}^{N}\boldsymbol{x}_i\boldsymbol{x}_i^{\mathrm{T}} = \boldsymbol{X}^{\mathrm{T}}\boldsymbol{X}$，且 $\sum_{i=1}^{N}\boldsymbol{x}_i y_i = \boldsymbol{X}^{\mathrm{T}}\boldsymbol{y}$。因此，式(3.43)可以写为

$$(X^{\mathrm{T}}X)\hat{\boldsymbol{w}} = X^{\mathrm{T}}\boldsymbol{y} \Rightarrow \hat{\boldsymbol{w}} = (X^{\mathrm{T}}X)^{-1}X^{\mathrm{T}}\boldsymbol{y} \tag{3.45}$$

于是，最优权重向量再次成为线性方程组的解。矩阵 $\boldsymbol{X}^{\mathrm{T}}\boldsymbol{X}$ 被称为样本相关矩阵。矩阵 $\boldsymbol{X}^{+} \equiv (\boldsymbol{X}^{\mathrm{T}}\boldsymbol{X})^{-1}\boldsymbol{X}^{\mathrm{T}}$ 被称为 $\boldsymbol{X}$ 的伪逆矩阵，它只在 $\boldsymbol{X}^{\mathrm{T}}\boldsymbol{X}$ 可逆时才有意义，即 $\boldsymbol{X}$ 的秩是 l。$\boldsymbol{X}^{+}$ 是可逆方阵的逆的推广。事实上，若 $\boldsymbol{X}$ 是一个 $l \times l$ 的可逆方阵，则很容易看出 $\boldsymbol{X}^{+} = \boldsymbol{X}^{-1}$。在这种情况下，估计的权重向量是线性系统 $\boldsymbol{X}\hat{\boldsymbol{w}} = \boldsymbol{y}$ 的解。然而，若方程数多于未知数，即 $N > l$，则会出现模式识别中的常见情况——方程通常无解。通过伪逆运算得到的解是使得误差平方和最小的向量。容易证明，在适当的条件下，对于足够大的 N 值，误差平方和趋于 MSE 解（见习题 3.8）。

注释

- 到目前为止，我们都将期望输出值严格地限制为±1，但这不是必要的。我们实际需要的是如下结果：对于 ω_1，期望响应为正；对于 ω_2，期望响应为负。因此，在 $\boldsymbol{y}$ 向量中可用任何正（负）值来代替±1。显然，这对前面介绍的内容都是适用的。然而，这一推广的有趣一面是，为了得到更好的解，要以一种最优的方式来计算这些期望值。Ho-Kashyap 算法就是这样一种算法，它会求解最优的 $\boldsymbol{w}$ 和最优的期望值 y_i，感兴趣的读者可以查阅文献[Ho 65, Tou 74]。
- 推广到多个类别时，同样要使用介绍 MSE 代价时引入的相同概念。容易证明，整个问题

将简化为 M 个等价的标量期望响应问题，每个问题对应于一个判别函数（见习题 3.10）。

例 3.4　类别 ω_1 包含二维向量 $[0.2,0.7]^{\mathrm{T}},[0.3,0.3]^{\mathrm{T}},[0.4,0.5]^{\mathrm{T}},[0.6,0.5]^{\mathrm{T}},[0.1,0.4]^{\mathrm{T}}$，类别 ω_2 包含二维向量 $[0.4,0.6]^{\mathrm{T}},[0.6,0.2]^{\mathrm{T}},[0.7,0.4]^{\mathrm{T}},[0.8,0.6]^{\mathrm{T}},[0.7,0.5]^{\mathrm{T}}$。设计误差平方和最优线性分类器 $w_1x_1 + w_2x_2 + w_0 = 0$。

首先，用 **1** 作为第三个维度来扩展已知向量，形成 10×3 矩阵 $\boldsymbol{X}$，该矩阵的各行是这些向量的转置。得到的样本相关 3×3 矩阵 $\boldsymbol{X}^{\mathrm{T}}\boldsymbol{X}$ 为

$$\boldsymbol{X}^{\mathrm{T}}\boldsymbol{X} = \begin{bmatrix} 2.8 & 2.24 & 4.8 \\ 2.24 & 2.41 & 4.7 \\ 4.8 & 4.7 & 10 \end{bmatrix}$$

对应的 $\boldsymbol{y}$ 包含 5 个 1 和 5 个−1，且

$$\boldsymbol{X}^{\mathrm{T}}\boldsymbol{y} = \begin{bmatrix} -1.6 \\ 0.1 \\ 0.0 \end{bmatrix}$$

解对应的方程组得 $[w_1, w_2, w_0] = [-3.218, 0.241, 1.431]$。图 3.7 中显示了得到的几何图形。

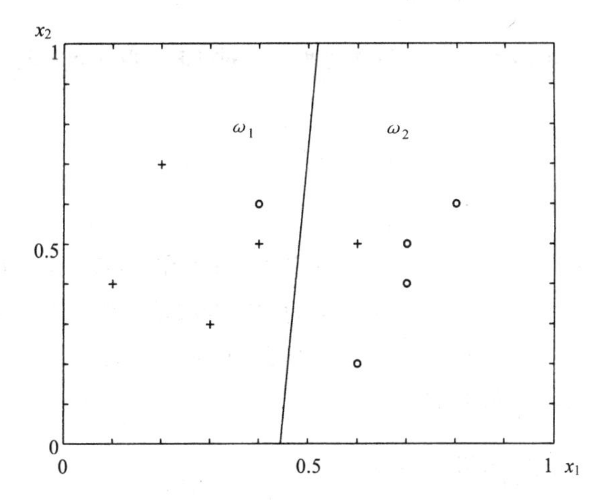

图 3.7　最小误差平方和线性分类器。任务不是线性可分的。虽然线性 LS 分类器错误分类了一些点，但得到的误差平方和是最小的

3.5　均方估计回顾

3.5.1　均方差回归

本节从不同的视角来研究 MSE 任务。设 $\boldsymbol{y}$, $\boldsymbol{x}$ 分别是 $M\times1$ 和 $l\times1$ 维随机向量，并且假设它们由联合概率密度函数 $p(\boldsymbol{y},\boldsymbol{x})$ 描述。我们的任务是由实验得到的 $\boldsymbol{x}$ 值来估计 $\boldsymbol{y}$ 值。毫无疑问，分类任务属于这种更一般的表述。例如，已知特征向量 $\boldsymbol{x}$ 时，我们的目的就是估计类别标注 $\boldsymbol{y}$，即二分类问题中的±1。在更一般的情形下，$\boldsymbol{y}$ 值不是离散的。例如，$y \in \mathcal{R}$ 由一个未知准则产生，即

$$y = f(\boldsymbol{x}) + \epsilon$$

式中，$f(\cdot)$ 是一个未知的函数，ϵ 是噪声源。现在的任务是在已知 $\boldsymbol{x}$ 的情况下，估计（预测）$\boldsymbol{y}$ 的值。要重申的是，也可将该问题视为由一组训练数据点 $(y_i, \boldsymbol{x}_i)$, $i = 1, 2, \cdots, N$ 设计一个函数 $\boldsymbol{g}(\boldsymbol{x})$，

使预测值

$$\hat{y} = g(\boldsymbol{x})$$

尽可能地接近真实值。这类问题被称为回归任务。均方差（MSE）是回归任务中最常用的优化准则。本节主要介绍 MSE 回归器并强调它的一些性质。

已知 $\boldsymbol{x}$ 值时，随机向量 $\boldsymbol{y}$ 的均方估计 $\hat{\boldsymbol{y}}$ 定义为

$$\hat{\boldsymbol{y}} = \arg\min_{\tilde{\boldsymbol{y}}} E[\|\boldsymbol{y} - \tilde{\boldsymbol{y}}\|^2] \tag{3.46}$$

注意，这个均值与条件概率密度函数 $p(\boldsymbol{y} \mid \boldsymbol{x})$ 相关。下面证明最优估计是 $\boldsymbol{y}$ 的均值，即

$$\hat{\boldsymbol{y}} = E[\boldsymbol{y}|\boldsymbol{x}] \equiv \int_{-\infty}^{\infty} \boldsymbol{y} p(\boldsymbol{y}|\boldsymbol{x}) \mathrm{d}\boldsymbol{y} \tag{3.47}$$

证明： 设 $\tilde{\boldsymbol{y}}$ 是另一个估计值。下面证明它会导致更大的均方差。实际上，

$$\begin{aligned} E[\|\boldsymbol{y} - \tilde{\boldsymbol{y}}\|^2] = E[\|\boldsymbol{y} - \hat{\boldsymbol{y}} + \hat{\boldsymbol{y}} - \tilde{\boldsymbol{y}}\|^2] = E[\|\boldsymbol{y} - \hat{\boldsymbol{y}}\|^2] + \\ E[\|\hat{\boldsymbol{y}} - \tilde{\boldsymbol{y}}\|^2] + 2E[(\boldsymbol{y} - \hat{\boldsymbol{y}})^{\mathrm{T}}(\hat{\boldsymbol{y}} - \tilde{\boldsymbol{y}})] \end{aligned} \tag{3.48}$$

式中，为表示方便，省略了对 $\boldsymbol{x}$ 的依赖性。注意，$\hat{\boldsymbol{y}} - \tilde{\boldsymbol{y}}$ 现在是一个常量。因此有

$$E[\|\boldsymbol{y} - \tilde{\boldsymbol{y}}\|^2] \geqslant E[\|\boldsymbol{y} - \hat{\boldsymbol{y}}\|^2] + 2E[(\boldsymbol{y} - \hat{\boldsymbol{y}})^{\mathrm{T}}](\hat{\boldsymbol{y}} - \tilde{\boldsymbol{y}}) \tag{3.49}$$

由 $\hat{\boldsymbol{y}} = E[\boldsymbol{y}]$ 的定义得

$$E[\|\boldsymbol{y} - \tilde{\boldsymbol{y}}\|^2] \geqslant E[\|\boldsymbol{y} - \hat{\boldsymbol{y}}\|^2] \tag{3.50}$$

注释

- 这是一个非常好的结果。已知 $\boldsymbol{x}$ 的测量值时，$\boldsymbol{y}$（在 MSE 意义下的）最好估计是函数 $\boldsymbol{y}(\boldsymbol{x}) \equiv E[\boldsymbol{y} \mid \boldsymbol{x}]$ 的解。一般来说，这是 $\boldsymbol{x}$ 的非线性向量函数（即 $g(\cdot) \equiv [g_1(\cdot), \cdots, g_M(\cdot)]^{\mathrm{T}}$），且被称为以 $\boldsymbol{x}$ 为条件的 $\boldsymbol{y}$ 的回归。可以证明（见习题 3.11），若 $(\boldsymbol{y}, \boldsymbol{x})$ 是联合高斯函数，则 MSE 最优回归器是一个线性函数。

3.5.2 MSE 估计后验类概率

本章前面说过要“摆脱”贝叶斯分类，但这里依然隐含了关于贝叶斯分类的痕迹，原因如下。

考虑多类别情况。已知 $\boldsymbol{x}$，估计其类别标注。设待设计的判别函数是 $g_i(\boldsymbol{x})$。式(3.33)中的代价函数现在变成

$$J = E\left[\sum_{i=1}^{M}(g_i(\boldsymbol{x}) - y_i)^2\right] \equiv E[\|\boldsymbol{g}(\boldsymbol{x}) - \boldsymbol{y}\|^2] \tag{3.51}$$

式中，向量 $\boldsymbol{y}$ 的元素在某个适当的位置是 1，在其余位置都是 0。注意，每个 $g_i(\boldsymbol{x})$ 都只依赖于 $\boldsymbol{x}$，而 y_i 依赖于 $\boldsymbol{x}$ 所属的类别。设 $p(\boldsymbol{x}, \omega_i)$ 是属于第 i 个类别的特征向量的联合概率密度，则式(3.51)可以写为

$$J = \int_{-\infty}^{+\infty} \sum_{j=1}^{M} \left\{ \sum_{i=1}^{M} (g_i(\boldsymbol{x}) - y_i)^2 \right\} p(\boldsymbol{x}, \omega_j) \, \mathrm{d}\boldsymbol{x} \tag{3.52}$$

考虑到 $p(\boldsymbol{x}, \omega_j) = P(\omega_j \mid \boldsymbol{x}) p(\boldsymbol{x})$，式(3.52)又可写成

$$
\begin{aligned}
J &= \int_{-\infty}^{\infty}\left\{\sum_{j=1}^{M}\sum_{i=1}^{M}\left(g_i(\boldsymbol{x})-y_i\right)^2 P(\omega_j|\boldsymbol{x})\right\}p(\boldsymbol{x})\,\mathrm{d}\boldsymbol{x} \\
&= E\left[\sum_{j=1}^{M}\sum_{i=1}^{M}\left(g_i(\boldsymbol{x})-y_i\right)^2 P(\omega_j|\boldsymbol{x})\right]
\end{aligned}
\tag{3.53}
$$

式中，所取的均值是关于 $\boldsymbol{x}$ 的。展开方程得

$$
J = E\left[\sum_{j=1}^{M}\sum_{i=1}^{M}\left(g_i^2(\boldsymbol{x})P(\omega_j|\boldsymbol{x}) - 2g_i(\boldsymbol{x})y_iP(\omega_j|\boldsymbol{x}) + y_i^2P(\omega_j|\boldsymbol{x})\right)\right] \tag{3.54}
$$

利用 $g_i(\boldsymbol{x})$只是 $\boldsymbol{x}$ 的函数且 $\sum_{j=1}^{M} P(\omega_j \mid \boldsymbol{x}) = 1$ 的事实，式(3.54)变成

$$
\begin{aligned}
J &= E\left[\sum_{i=1}^{M}\left(g_i^2(\boldsymbol{x}) - 2g_i(\boldsymbol{x})\sum_{j=1}^{M}y_iP(\omega_j|\boldsymbol{x}) + \sum_{j=1}^{M}y_i^2P(\omega_j|\boldsymbol{x})\right)\right] \\
&= E\left[\sum_{i=1}^{M}\left(g_i^2(\boldsymbol{x}) - 2g_i(\boldsymbol{x})E[y_i|\boldsymbol{x}] + E[y_i^2|\boldsymbol{x}]\right)\right]
\end{aligned}
\tag{3.55}
$$

式中，$E[y_i \mid \boldsymbol{x}]$ 和 $E[y_i^2 \mid \boldsymbol{x}]$ 分别是以 $\boldsymbol{x}$ 为条件的均值，加减 $E[y_i \mid \boldsymbol{x}]^2$ 后，式(3.55)变成

$$
J = E\left[\sum_{i=1}^{M}\left(g_i(\boldsymbol{x}) - E[y_i|\boldsymbol{x}]\right)^2\right] + E\left[\sum_{i=1}^{M}\left(E[y_i^2|\boldsymbol{x}] - (E[y_i|\boldsymbol{x}])^2\right)\right] \tag{3.56}
$$

式(3.56)中的第二项不依赖于函数 $g_i(\boldsymbol{x}), i=1,2,\cdots,M$ 。因此，J 关于 $g_i(\cdot)$（的参数）的最小值只受第一项的影响。下面进行详细的分析。M 个被加数都包含两项：未知的判别函数 $g_i(\cdot)$ 和对应于期望响应的条件均值。现在将 $g_i(\cdot)$ 写为 $g_i(\cdot;\boldsymbol{w}_1)$，以便显式地声明函数由一组参数定义，且这些参数需要在训练过程中优化地确定。关于 $\boldsymbol{w}_i, i=1,2,\cdots,M$ 最小化 J 来计算未知参数 $\hat{\boldsymbol{w}}_i$ 的均方估计，以便判别函数最优地逼近对应的条件均值——即以 $\boldsymbol{x}$ 为条件的 y_i 的回归。此外，对于 M 分类问题，由前述定义有

$$
E[y_i|\boldsymbol{x}] \equiv \sum_{j=1}^{M} y_iP(\omega_j|\boldsymbol{x}) \tag{3.57}
$$

然而，$\boldsymbol{x}\in\omega_i(\boldsymbol{x}\in\omega_j, j\neq i)$ 时 $y_i = 1(0)$，因此

$$
g_i(\boldsymbol{x}, \hat{\boldsymbol{w}}_i)\text{是 }P(\omega_i|\boldsymbol{x})\text{ 的 MSE 估计} \tag{3.58}
$$

这是一个重要的结论。通过在 MSE 意义下用期望输出 0 或 1 来训练判别函数 g_i，式(3.51)等同于不使用任何统计信息或概率密度模型来得到类后验概率的 MSE 估计。它充分说明，这些估计反过来可以用于贝叶斯分类。此时，一个重要的问题是评估得到的估计有多好，这完全取决于所用的函数 $g_i(\cdot;\boldsymbol{w}_i)$ 能够多好地模拟期望的非线性函数 $P(\omega_i \mid \boldsymbol{x})$。例如，若采用式(3.33)中的线性模型，而且 $P(\omega_i \mid \boldsymbol{x})$ 是高度非线性的，则得到的 MSE 最优逼近是不准确的。第 4 章中将重点讨论非线性函数的建模技术。

最后要强调的是，上述结论意味着代价函数本身而非所用的特殊模型函数。需要考虑逼近精度问题时，特殊模型函数才有用处。MSE 代价只是具有这一重要性质的代价之一，其他的代价函数也具有这一性质，详见文献[Rich 91, Bish 95, Pear 90, Cid 99]。此外，考虑到每个分类问题的特征，文献[Guer 04]中开发了一个程序来设计代价函数，以便更准确地估计概率值。

3.5.3 偏差–方差困境

前面讨论了关于最优分类器的输出的一些重要问题。此外，我们可将回归器或分类器视为许多学习机，这些学习机实现一个或一组函数 $g(\boldsymbol{x})$，然后用 $g(\boldsymbol{x})$ 估计对应的值或类别标注 y，并根据这些估计做出决策。实际上，函数 $g(\cdot)$ 是由一个有限的训练数据集 $\mathcal{D}=\{(y_i,\boldsymbol{x}_i),i=1,2,\cdots,N\}$ 和一种合适的方法（即均方差、误差平方和和 LMS）估计的。为了强调对 $\mathcal{D}$ 的显式依赖，我们将 $g(\boldsymbol{x})$ 写为 $g(\boldsymbol{x};\mathcal{D})$。下面主要讨论 $g(\boldsymbol{x};\mathcal{D})$ 逼近 MSE 最优回归器 $E[y\,|\,\boldsymbol{x}]$ 的能力以及这种能力是如何受训练数据集的有限尺寸 N 影响的。

这里的关键是近似值对 $\mathcal{D}$ 的依赖性。对于不同的训练数据集，近似值有好有坏。估计器的有效性可通过计算期望最优值的均方差来评估。这是在尺寸为 N 的所有集合 $\mathcal{D}$ 上求平均实现的，即

$$E_{\mathcal{D}}\left[\left(g(\boldsymbol{x};\mathcal{D})-E[y|\boldsymbol{x}]\right)^2\right] \tag{3.59}$$

加减 $E_{\mathcal{D}}[g(\boldsymbol{x};\mathcal{D})]$ 并采用类似于证明式(3.47)的步骤，可得

$$\begin{aligned}E_{\mathcal{D}}\left[\left(g(\boldsymbol{x};\mathcal{D})-E[y|\boldsymbol{x}]\right)^2\right] &= (E_{\mathcal{D}}[g(\boldsymbol{x};\mathcal{D})]-E[y|\boldsymbol{x}])^2+\\ &\quad E_{\mathcal{D}}\left[(g(\boldsymbol{x};\mathcal{D})-E_{\mathcal{D}}[g(\boldsymbol{x};\mathcal{D})])^2\right]\end{aligned} \tag{3.60}$$

第一项是偏差的贡献，第二项是方差的贡献。换言之，即使估计器是无偏的，大方差项也会导致大均方差。对于一个有限的数据集，可以证明这两项之间存在折中。偏差增大，方差减少，反之亦然。这被称为偏差–方差困境，它是合理的。现在，手边的问题类似于通过已知数据集的曲线拟合问题。例如，若所用模型关于数字 N 是复杂的（包含很多参数），则该模型就会拟合这个特定数据集的特性。因此，对于不同的数据集，它会导致小偏差和大方差。现在的主要问题是找到使得偏差和方差同时都较小的方法。可以证明，当 N 渐近于无穷时，是存在这种方法的。此外，N 必须以这种方式增加，以便拟合（减少偏差）更加复杂的模型 g，同时保证方差较小。然而，实际中 N 是有限的，因此目标是最好的折中。另一方面，已知某些先验知识时，这些适应就要以分类器/回归器必须满足的约束形式来采用。与更通用的分类器/回归器相比，这会导致小偏差和小方差。因为利用了已知信息来帮助优化过程，所以这是很自然的。

下面用两个简化的“极端”例子来帮助我们更好地理解偏差–方差困境。假设我们的数据由如下机制生成：

$$y=f(x)+\epsilon$$

式中，$f(\cdot)$ 是一个未知函数，ϵ 是一个均值为 0、方差为 σ_ϵ^2 的噪声源。显然，对任意 $\boldsymbol{x}$，最优 MSE 回归器是 $E[y\,|\,\boldsymbol{x}]=f(\boldsymbol{x})$。为便于理解，进一步假设各个 $\boldsymbol{x}_i$ 固定时，不同训练集 $\mathcal{D}$ 中的随机性源于 $\boldsymbol{y}_i$（其值受噪声影响）。然而，这个假设并不合理。因为目标是获得 $f(\cdot)$ 的估计，因此等间隔地划分 $\boldsymbol{x}$ 所在的区间 $[x_1,x_2]$ 是有意义的。例如，可以选择 $x_i=x_1+\frac{x_2-x_1}{N-1}(i-1),i=1,2,\cdots,N$。

- **情况 1**：选择 $f(\boldsymbol{x})$ 的估计 $g(\boldsymbol{x};\mathcal{D})$ 独立于 $\mathcal{D}$，例如，

$$g(x)=w_1x+w_0$$

式中，w_1 和 w_0 为固定值。图 3.8 中的曲线 $g(\boldsymbol{x})$ 及 $f(\boldsymbol{x})$ 周围的 $N=11$ 个训练样本 (y_i,x_i) 说明了上述设置，其中 $x\in[0,1]$。因为 $g(\boldsymbol{x})$ 固定不变，故 $E_{\mathcal{D}}[g(\boldsymbol{x};\mathcal{D})]=g(\boldsymbol{x};\mathcal{D})\equiv g(\boldsymbol{x})$，且式(3.60)中的方差项为 0。另一方面，由于 $g(\boldsymbol{x})$ 是任意选择的，所以我们希望偏差项较大。

- **情况 2**：与 $g(\boldsymbol{x})$ 相比，图 3.8 中的函数 $g_1(\boldsymbol{x})$ 对应一个带有大量自由参数的高阶多项式。

因此，对于不同的训练集 $\mathcal{D}$ ，$g_1(x)$ 过训练点 $(y_i, x_i), i = 1, 2, \cdots, 11$。这时，因为噪声源的均值为零，对任意 $x = x_i$ 有 $E_{\mathcal{D}}[g_1(x; \mathcal{D})] = f(x) = E[y \mid x]$。也就是说，在训练点处，偏差为 0。由于 $f(x)$ 和 $g_1(x)$ 的连续性，我们希望训练点 x_i 附近的点也有相同的性质。因此，若 N 足够大，则可期望区间[0, 1]内所有点的偏差都较小。然而，现在方差增大了。事实上，此时有

$$
\begin{aligned}
E_{\mathcal{D}}\left[\left(g_1(x;\mathcal{D}) - E_{\mathcal{D}}[g_1(x;\mathcal{D})]\right)^2\right] &= E_{\mathcal{D}}\left[\left(f(x) + \epsilon - f(x)\right)^2\right] \\
&= \sigma_\epsilon^2, \quad x = x_i,\ i = 1, 2, \cdots, N
\end{aligned}
$$

换句话说，偏差变为 0（或接近 0），但方差现在等于噪声源的方差。

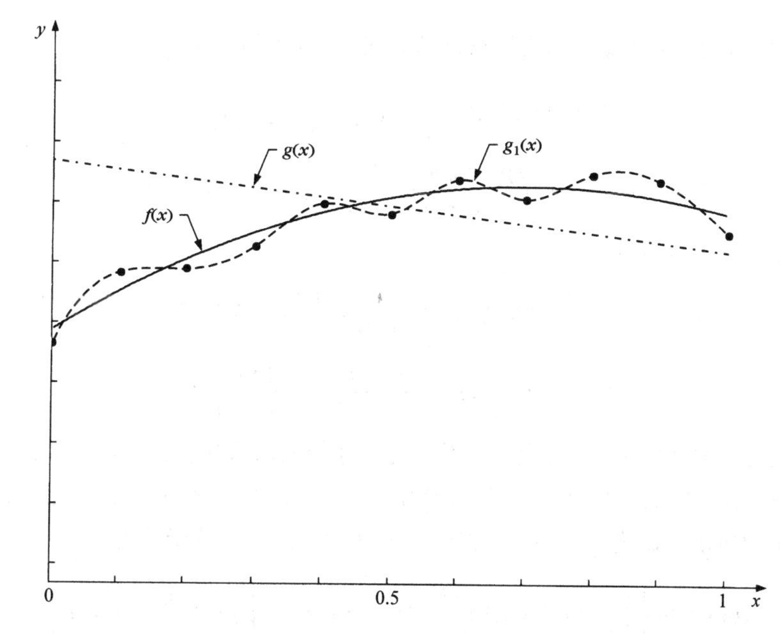

图 3.8　数据点分布在曲线 $f(x)$ 附近。直线 $g(x) = 0$ 的方差为 0，但偏差很大。高阶多项式曲线 $g_1(x) = 0$ 总过训练点，其偏差很小（训练点处的偏差为 0），但方差很大

前面的所有讨论适用于回归任务和分类问题。由于均方差不是检验分类器性能的最好标准，因此只对回归任务进行了讨论。毕竟，我们可以设计一个均方差高但误差性能非常好的分类器。例如，分类器 $g(x)$会导致很大的均方差，但对大多数 x 都能预测正确的类别标注 y。也就是说，尽管对不同训练集存在不同，且偏离期望值±1，但对大多数来自类别 $\omega_1(\omega_2)$ 的点来说，分类器都能正确地进行分类。从分类的角度看，这种分类器应是完全可以接受的。就前面的理论而言，为了得到更有意义的结果，对于分类任务，我们需要根据错误概率来修正先前的理论。然而，现在要涉及更多的代数运算，且为了简化代数运算，需要做进一步的假设（如高斯数据）。随着更多优秀理论的出现，我们不再需要进行深入研究，且对于广义框架（见第 5 章）下的有限数据集，这些研究在模型复杂度与分类器精度之间进行了折中。

文献[Gema 92]中给出了处理偏差–方差困境任务的一种简单方法。本书将从不同的视角讨论有限数据集问题及其应用。

3.6 逻辑斯蒂判别

在逻辑斯蒂判别中，似然比的对数［见式(2.20)］由线性函数建模，即

$$\ln \frac{P(\omega_i|\boldsymbol{x})}{P(\omega_M|\boldsymbol{x})} = w_{i,0} + \boldsymbol{w}_i^{\mathrm{T}}\boldsymbol{x},\ i = 1,2,\cdots,M-1 \tag{3.61}$$

分母中可以使用除 ω_M 外的任何类别。选择未知参数 $w_{i,0}$ 和 $\boldsymbol{w}_i$，$i=1,2,\cdots,M-1$ 时，必须确保概率之和为 1，即

$$\sum_{i=1}^{M} P(\omega_i|\boldsymbol{x}) = 1 \tag{3.62}$$

联立式(3.61)和式(3.62)，可以看出这类线性模型等同于后验概率的指数模型：

$$P(\omega_M|\boldsymbol{x}) = \frac{1}{1+\sum_{i=1}^{M-1}\exp\left(w_{i,0}+\boldsymbol{w}_i^{\mathrm{T}}\boldsymbol{x}\right)} \tag{3.63}$$

$$P(\omega_i|\boldsymbol{x}) = \frac{\exp\left(w_{i,0}+\boldsymbol{w}_i^{\mathrm{T}}\boldsymbol{x}\right)}{1+\sum_{i=1}^{M-1}\exp\left(w_{i,0}+\boldsymbol{w}_i^{\mathrm{T}}\boldsymbol{x}\right)},\ i = 1,2,\cdots,M-1 \tag{3.64}$$

对于二分类问题，上式简化为

$$P(\omega_2|\boldsymbol{x}) = \frac{1}{1+\exp(w_0+\boldsymbol{w}^{\mathrm{T}}\boldsymbol{x})} \tag{3.65}$$

$$P(\omega_1|\boldsymbol{x}) = \frac{\exp(w_0+\boldsymbol{w}^{\mathrm{T}}\boldsymbol{x})}{1+\exp(w_0+\boldsymbol{w}^{\mathrm{T}}\boldsymbol{x})} \tag{3.66}$$

估计未知参数集时，通常使用最大似然法。优化是关于所有参数执行的，这些参数可视为参数向量 $\boldsymbol{\theta}$ 的元素。令 $\boldsymbol{x}_k, k=1,2,\cdots,N$ 是已知类别标注的训练特征向量。令 $\boldsymbol{x}_k^{(m)}, k=1,2,\cdots,N_m$ 是源自类别 $m=1,2,\cdots,M$ 的向量。显然，$\sum_m N_m = N$。待被优化的对数似然函数为

$$L(\boldsymbol{\theta}) = \ln\left\{\prod_{k=1}^{N_1} p(\boldsymbol{x}_k^{(1)}|\omega_1;\boldsymbol{\theta})\prod_{k=1}^{N_2} p(\boldsymbol{x}_k^{(2)}|\omega_2;\boldsymbol{\theta})\cdots\prod_{k=1}^{N_M} p(\boldsymbol{x}_k^{(M)}|\omega_M;\boldsymbol{\theta})\right\} \tag{3.67}$$

考虑到

$$p(\boldsymbol{x}_k^{(m)}|\omega_m;\boldsymbol{\theta}) = \frac{p(\boldsymbol{x}_k^{(m)})P(\omega_m|\boldsymbol{x}_k^{(m)};\boldsymbol{\theta})}{P(\omega_m)} \tag{3.68}$$

式(3.67)变成

$$L(\boldsymbol{\theta}) = \sum_{k=1}^{N_1}\ln P(\omega_1|\boldsymbol{x}_k^{(1)}) + \sum_{k=1}^{N_2}\ln P(\omega_2|\boldsymbol{x}_k^{(2)}) + \cdots + \sum_{k=1}^{N_M}\ln P(\omega_M|\boldsymbol{x}_k^{(M)}) + C \tag{3.69}$$

为了简化符号，这里去掉了显式依赖 $\boldsymbol{\theta}$ 的量，且 C 是与 $\boldsymbol{\theta}$ 无关的参数，

$$C = \ln\frac{\prod_{k=1}^{N} p(\boldsymbol{x}_k)}{\prod_{m=1}^{M} P(\omega_m)^{N_m}} \tag{3.70}$$

将式(3.63)和式(3.64)代入式(3.69)，就可用最优算法求出所需的最大值（见附录 C）。文献[Ande 82, McLa 92]中给出了关于优化任务及其解的性质的详细信息。

如第 2 章所述，逻辑斯蒂判别方法与 LDA 方法密切相关。在高斯假设下，对于任意类别的等协方差矩阵，很容易发现下式成立：

$$\ln\frac{P(\omega_1|\boldsymbol{x})}{P(\omega_2|\boldsymbol{x})}=\frac{1}{2}(\boldsymbol{\mu}_2^{\mathrm{T}}\Sigma^{-1}\boldsymbol{\mu}_2-\boldsymbol{\mu}_1\Sigma^{-1}\boldsymbol{\mu}_1)+(\boldsymbol{\mu}_1-\boldsymbol{\mu}_2)^{\mathrm{T}}\Sigma^{-1}\boldsymbol{x}$$
$$\equiv w_0+\boldsymbol{w}^{\mathrm{T}}\boldsymbol{x}$$

这里，等概率二分类情况比较简单。然而，LDA 方法和逻辑斯蒂判别方法的不同在于估计未知参数的方式。在 LDA 方法中，类概率密度被假设为高斯概率密度，未知参数基本上通过最大化式(3.67)来直接估计。在这个最大化中，边缘概率密度（ $p(\boldsymbol{x}_k)$ ）自引入后就一直发挥作用。然而，在逻辑斯蒂判别情况下，边缘密度影响 C，但不影响问题的解。因此，若高斯假设合理，则 LDA 就是一种简单的方法，因为它使用了所有的已知信息。另一方面，若高斯假设不合理，则逻辑斯蒂判别就是较好的方法，因为它基本上不依赖于假设。然而，在实践中[Hast 01]，报道声称这两种方法的结果基本相同。文献[Yee 96, Hast 01]中给出了逻辑斯蒂判别的推广，其中包含非线性模型。

3.7　支持向量机

3.7.1　可分类别

本节采用另一种原理来设计线性分类器。首先从二类线性可分任务开始，然后扩展到数据不可分的一般情形。

设 $\boldsymbol{x}_i, i=1,2,\cdots,N$ 是训练集 X 的特征向量，它们要么属于类别 ω_1，要么属于类别 ω_2，并且是线性可分的。我们的目的是设计一个超平面，以便正确地对所有训练向量进行分类：

$$g(\boldsymbol{x})=\boldsymbol{w}^{\mathrm{T}}\boldsymbol{x}+w_0=0 \tag{3.71}$$

如 3.3 节所述，这样的超平面不是唯一的。感知器算法可以收敛到任何一个可能的解。根据已有的经验，此时的要求更加苛刻。图 3.9 中给出了带有两个可能的超平面解的分类任务。两个超平面都适用于训练集，选择哪个超平面作为分类器更适用于训练集之外的数据呢？答案是图中实线表示的分类器。原因是它为两侧留出了更多的“边缘”，使得两个类别中的数据能够更自由地移动，出现错误的概率更小。因此，当我们面对未知数据的挑战时，这种超平面更可信。这里，我们遇到了分类器设计阶段的一个重要问题——分类器的通用性能，也称分类器的容量，它由训练数据设计，用于正确地分类训练数据集之外的数据。后面我们会多次遇到这个问题。

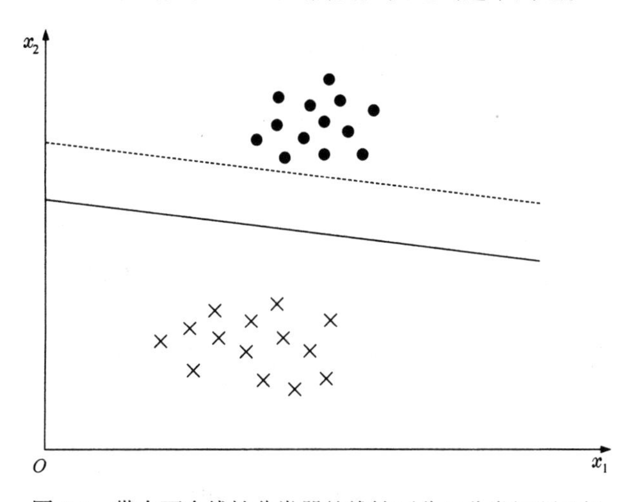

图 3.9　带有两个线性分类器的线性可分二分类问题示例

根据上述讨论，我们的明智选择是与两个类别都保持一定距离的超平面分类器，它由 Vapnik 和 Chervonenkis 提供的数学公式演化而来。第 5 章中将给出这样选择的具体理由。

下面分析超平面留给每个类别的“边缘”。每个超平面都可由其方向（由 $\boldsymbol{w}$ 决定）及其在空间中的准确位置（由 w_0 决定）表征。由于不能偏袒任何一个类别，因此按如下方式来选择超平面：超平面在每个方向都与类别 ω_1、类别 ω_2 中的最近点的距离相同。图 3.10 中说明了这种情况。黑线表示的超平面是从所有方向的无限个超平面集合中选取的。方向 1 的“边缘”是 $2z_1$，方向 2 的“边缘”是 $2z_2$。我们的目的是找到一个方向使得“边缘”尽可能大。然而，每个超平面都由一个比例系数决定。为了摆脱这个系数的限制，我们对所有候选超平面采用合适的比例系数。回顾 3.2 节可知，一个点到一个平面的距离为

$$z=\frac{|g(\boldsymbol{x})|}{\|\boldsymbol{w}\|}$$

下面缩放 $\boldsymbol{w}$ 和 w_0，使得类别 ω_1 和类别 ω_2 中最近点处的（图 3.10 中加圈的点）$g(\boldsymbol{x})$ 对 ω_1 等于 1，对 ω_2 等于−1，具体如下。

1. 得到一个满足 $\frac{1}{\|w\|}+\frac{1}{\|w\|}=\frac{2}{\|w\|}$ 的“边缘”。

2. 要求

$$\boldsymbol{w}^{\mathrm{T}}\boldsymbol{x}+w_0\geqslant 1,\quad \forall\boldsymbol{x}\in\omega_1$$
$$\boldsymbol{w}^{\mathrm{T}}\boldsymbol{x}+w_0\leqslant -1,\quad \forall\boldsymbol{x}\in\omega_2$$

下面用数学方式来表述问题。对于每个 $\boldsymbol{x}_i$，我们用 y_i（对 ω_1 为+1，对 ω_2 为−1）表示对应的类别标签。现在的任务是计算超平面的参数 $\boldsymbol{w}$ 和 w_0，使得

$$\text{最小化}\ J(\boldsymbol{w},w_0)\equiv\frac{1}{2}\|\boldsymbol{w}\|^2 \tag{3.72}$$

$$\text{约束}\ y_i(\boldsymbol{w}^{\mathrm{T}}\boldsymbol{x}_i+w_0)\geqslant 1,\quad i=1,2,\cdots,N \tag{3.73}$$

显然，最小化范数可使得“边缘”最大。这是一个满足一组线性不等式条件的非线性（二次）优化任务。根据 Karush-Kuhn-Tucker（KKT）条件（见附录 C），要使式(3.72)和式(3.73)最小化，就要满足以下条件：

$$\frac{\partial}{\partial\boldsymbol{w}}\mathcal{L}(\boldsymbol{w},w_0,\boldsymbol{\lambda})=\boldsymbol{0} \tag{3.74}$$

$$\frac{\partial}{\partial w_0}\mathcal{L}(\boldsymbol{w},w_0,\boldsymbol{\lambda})=0 \tag{3.75}$$

$$\lambda_i\geqslant 0,\quad i=1,2,\cdots,N \tag{3.76}$$

$$\lambda_i[y_i(\boldsymbol{w}^{\mathrm{T}}\boldsymbol{x}_i+w_0)-1]=0,\quad i=1,2,\cdots,N \tag{3.77}$$

式中，$\boldsymbol{\lambda}$ 是由拉格朗日乘子 λ_i 组成的向量，$\mathcal{L}(\boldsymbol{\omega},\omega_0,\lambda)$ 是拉格朗日函数，它定义为

$$\mathcal{L}(\boldsymbol{w},w_0,\boldsymbol{\lambda})=\frac{1}{2}\boldsymbol{w}^{\mathrm{T}}\boldsymbol{w}-\sum_{i=1}^{N}\lambda_i[y_i(\boldsymbol{w}^{\mathrm{T}}\boldsymbol{x}_i+w_0)-1] \tag{3.78}$$

联立式(3.74)、式(3.75)和式(3.78)，得

$$\boldsymbol{w}=\sum_{i=1}^{N}\lambda_i y_i\boldsymbol{x}_i \tag{3.79}$$

$$\sum_{i=1}^{N} \lambda_i y_i = 0 \tag{3.80}$$

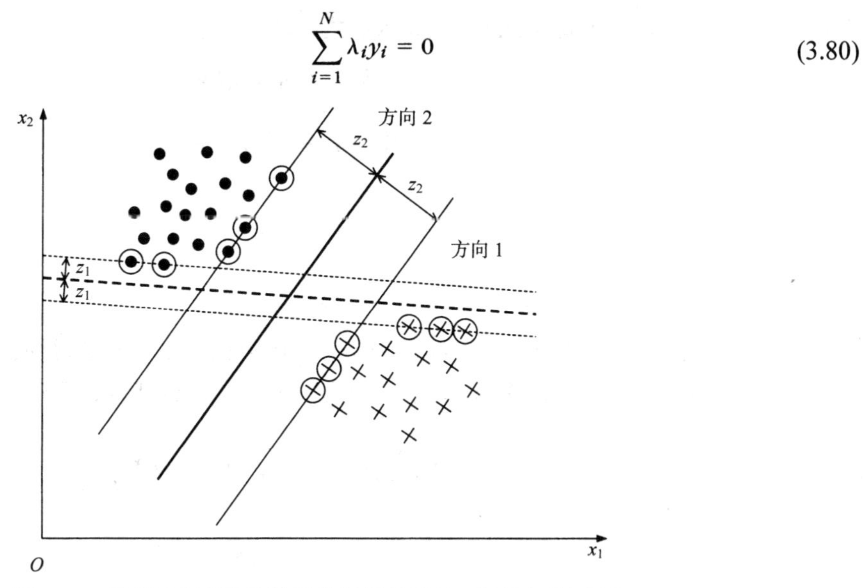

图 3.10　带有两个可能的线性分类器的线性可分类问题示例

注释

- 拉格朗日乘子要么为零，要么为正数（见附录 C）。因此，最优解的向量参数 $\boldsymbol{\omega}$ 是 $N_s \leqslant N$ 个特征向量的线性组合，其中 $\lambda_i \neq 0$，即

$$\boldsymbol{w} = \sum_{i=1}^{N_s} \lambda_i y_i \boldsymbol{x}_i \tag{3.81}$$

它们被称为支持向量，最优超平面分类器则被称为支持向量机（Support Vector Machine, SVM）。如附录 C 中指出的那样，一个非零的拉格朗日乘子对应于一个主动约束。因此，当 $\lambda_i \neq 0$ 时，在式(3.77)给出的一组约束下，支持向量位于两个超平面的一侧，即

$$\boldsymbol{w}^{\mathrm{T}} \boldsymbol{x} + w_0 = \pm 1 \tag{3.82}$$

也就是说，它们是最靠近线性分类器的训练向量，并且构成训练集的临界元素。对应于 $\lambda_i = 0$ 的特征向量要么位于"类分隔带"之外，即式(3.82)给出的两个超平面之间的区域，要么位于两个超平面之一上（退化情形，见附录 C）。这些向量不在类分隔带内时，超平面分类器就对它们的位置和数量不敏感。

- 虽然 $\boldsymbol{w}$ 是已知的，但 w_0 可由条件(3.77)得到，且满足严格的互补性（即 $\lambda_i \neq 0$，见附录 C）。实际上，w_0 是使用所有这类条件计算得到的一个平均值。
- 式(3.72)中的代价函数是一个严格凸函数（见附录 C），它由对应的 Hessian 矩阵是正定矩阵这一事实保证[Flet 87]。此外，不等式约束由线性函数组成。如附录 C 中所述，这两个条件保证任何局部极小也是全局的和唯一的。于是，支持向量机的最优超平面分类器是唯一的。

了解支持向量机的最优超平面的这些重要性质后，下一步是计算涉及的参数。计算这些参数并不容易，但是可以采用已有的一些算法，如文献[Baza 79]。下面根据式(3.72)和式(3.73)给出的优化任务的特殊性质，给出一种计算方法。由于代价函数是凸函数，且约束是线性的，定义了一个凸集合，所以这个问题属于凸规划问题。如附录 C 所述，这类问题可由拉格朗日对偶性来求解。

我们现在可将问题等效为其 Wolfe 对偶表示形式，即

$$\text{最大化}\ \mathcal{L}(\boldsymbol{w}, w_0, \boldsymbol{\lambda}) \tag{3.83}$$

$$\text{约束}\ \boldsymbol{w} = \sum_{i=1}^{N} \lambda_i y_i \boldsymbol{x}_i \tag{3.84}$$

$$\sum_{i=1}^{N} \lambda_i y_i = 0 \tag{3.85}$$

$$\boldsymbol{\lambda} \geqslant 0 \tag{3.86}$$

这两个等式约束是拉格朗日关于 $\boldsymbol{w}$ 和 w_0 的梯度等于零的结果。训练特征向量通过等式约束而非不等式约束）进入问题。将式(3.84)、式(3.85)代入式(3.83)，经代数运算后，得到等效优化任务

$$\max_{\boldsymbol{\lambda}} \left(\sum_{i=1}^{N} \lambda_i - \frac{1}{2} \sum_{i,j} \lambda_i \lambda_j y_i y_j \boldsymbol{x}_i^{\mathrm{T}} \boldsymbol{x}_j \right) \tag{3.87}$$

$$\text{约束}\ \sum_{i=1}^{N} \lambda_i y_i = 0 \tag{3.88}$$

$$\boldsymbol{\lambda} \geqslant 0 \tag{3.89}$$

通过最大化式(3.87)算出最优拉格朗日乘子后，由式(3.84)可得最优超平面，由互补性松弛条件可以得到 w_0。

注释

- 除式(3.87)和式(3.88)给出的约束更有吸引力外，使得这个公式得到广泛应用还有另一个重要的原因。训练向量以内积形式成对地进入问题，这是最有趣的。代价函数并不显式地依赖于输入空间的维数。这个性质允许我们将结论有效地推广到非线性可分类别的情形。第 4 章末尾将探讨这个问题。
- 尽管得到的最优超平面是唯一的，但不能保证拉格朗日乘子 λ_i 是唯一的。换句话说，尽管最终结果是唯一的（见例 3.5），但是根据式(3.84)中的支持向量，$\boldsymbol{w}$ 的展开可能是不唯一的。

3.7.2 不可分类别

当类别不可分时，上述讨论不再成立。图 3.11 给出了两个类别不可分的情况。这时，我们不能像求解线性可分问题那样画出一个超平面，因为这样做无法使数据点位于“类分隔带”之外。回顾可知，“边缘”是平行超平面对之间的距离，即

$$\boldsymbol{w}^{\mathrm{T}} \boldsymbol{x} + w_0 = \pm 1$$

现在，训练特征向量属于下面的三个类别之一。

- 位于分隔带之外且被正确分类的向量。这些向量满足式(3.73)给出的约束。
- 位于分隔带内且被正确分类的向量。它们是图 3.11 中方框内的点，且满足不等式

$$0 \leqslant y_i(\boldsymbol{w}^{\mathrm{T}} \boldsymbol{x} + w_0) < 1$$

- 被错误分类的向量。它们是图 3.11 中加圈的点，且满足不等式

$$y_i(\boldsymbol{w}^{\mathrm{T}} \boldsymbol{x} + w_0) < 0$$

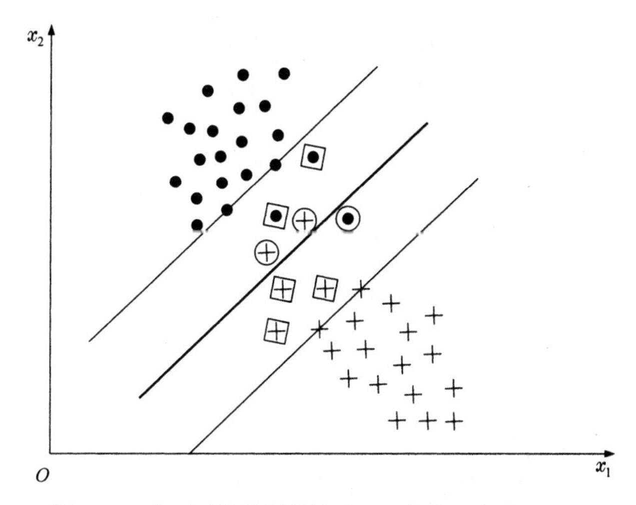

图 3.11 在不可分类别的情况下，点位于类分隔带内

在同类约束下可以处理上述三种情形，方法是引入一组变量，即

$$y_i[\boldsymbol{w}^{\mathrm{T}}\boldsymbol{x}+w_0]\geqslant 1-\xi_i \tag{3.90}$$

第一类数据对应于 $\xi_i=0$，第二类数据对应于 $0<\xi_i\leqslant 1$，第三类数据对应于 $\xi_i>0$。变量 ξ_i 被称为松弛变量。于是，现在优化任务的理论基础就与此前的相同，只是包含了更多的变量。现在的目的是使得分类间隔尽可能大，同时使得满足 $\xi>0$ 的点的数量尽可能少。这等同于最小化代价函数：

$$J(\boldsymbol{w},w_0,\boldsymbol{\xi})=\frac{1}{2}\|\boldsymbol{w}\|^2+C\sum_{i=1}^{N}I(\xi_i) \tag{3.91}$$

式中，$\boldsymbol{\xi}$ 是由参数 ξ_i 组成的向量，并且

$$I(\xi_i)=\begin{cases}1, & \xi_i>0\\ 0, & \xi_i=0\end{cases} \tag{3.92}$$

参数 C 是一个正常量，用来控制两个关联项的相对影响。然而，上面的优化很困难，因为式中含有一个不连续函数 $I(\cdot)$。在这种情况下，我们通常优化一个密切相关的代价函数，于是目标变成

$$\text{最小化}\quad J(\boldsymbol{w},w_0,\boldsymbol{\xi})=\frac{1}{2}\|\boldsymbol{w}\|^2+C\sum_{i=1}^{N}\xi_i \tag{3.93}$$

$$\text{约束}\quad y_i[\boldsymbol{w}^{\mathrm{T}}\boldsymbol{x}_i+w_0]\geqslant 1-\xi_i,\quad i=1,2,\cdots,N \tag{3.94}$$

$$\xi_i\geqslant 0,\quad i=1,2,\cdots,N \tag{3.95}$$

问题再次成为凸规划问题，对应的拉格朗日函数为

$$\begin{aligned}\mathcal{L}(\boldsymbol{w},w_0,\boldsymbol{\xi},\boldsymbol{\lambda},\boldsymbol{\mu})=&\frac{1}{2}\|\boldsymbol{w}\|^2+C\sum_{i=1}^{N}\xi_i-\sum_{i=1}^{N}\mu_i\xi_i-\\&\sum_{i=1}^{N}\lambda_i[y_i(\boldsymbol{w}^{\mathrm{T}}\boldsymbol{x}_i+w_0)-1+\xi_i]\end{aligned} \tag{3.96}$$

对应的 Karush-Kuhn-Tucker 条件为

$$\frac{\partial \mathcal{L}}{\partial \boldsymbol{w}} = 0 \text{ 或 } \boldsymbol{w} = \sum_{i=1}^{N} \lambda_i y_i \boldsymbol{x}_i \tag{3.97}$$

$$\frac{\partial \mathcal{L}}{\partial w_0} = 0 \text{ 或 } \sum_{i=1}^{N} \lambda_i y_i = 0 \tag{3.98}$$

$$\frac{\partial \mathcal{L}}{\partial \xi_i} = 0 \text{ 或 } C - \mu_i - \lambda_i = 0, \quad i = 1, 2, \cdots, N \tag{3.99}$$

$$\lambda_i [y_i(\boldsymbol{w}^{\mathrm{T}} \boldsymbol{x}_i + w_0) - 1 + \xi_i] = 0, \quad i = 1, 2, \cdots, N \tag{3.100}$$

$$\mu_i \xi_i = 0, \quad i = 1, 2, \cdots, N \tag{3.101}$$

$$\mu_i \geqslant 0, \quad \lambda_i \geqslant 0, \quad i = 1, 2, \cdots, N \tag{3.102}$$

关联的 Wolfe 对偶表达式现在变成

$$\text{最大化 } \mathcal{L}(\boldsymbol{w}, w_0, \boldsymbol{\lambda}, \boldsymbol{\xi}, \boldsymbol{\mu})$$

$$\text{约束 } \boldsymbol{w} = \sum_{i=1}^{N} \lambda_i y_i \boldsymbol{x}_i$$

$$\sum_{i=1}^{N} \lambda_i y_i = 0$$

$$C - \mu_i - \lambda_i = 0, \quad i = 1, 2, \cdots, N$$

$$\lambda_i \geqslant 0, \mu_i \geqslant 0, \quad i = 1, 2, \cdots, N$$

将上面的等式约束代入拉格朗日函数，得

$$\max_{\boldsymbol{\lambda}} \left(\sum_{i=1}^{N} \lambda_i - \frac{1}{2} \sum_{i,j} \lambda_i \lambda_j y_i y_j \boldsymbol{x}_i^{\mathrm{T}} \boldsymbol{x}_j \right) \tag{3.103}$$

$$\text{约束 } 0 \leqslant \lambda_i \leqslant C, \quad i = 1, 2, \cdots, N \tag{3.104}$$

$$\sum_{i=1}^{N} \lambda_i y_i = 0 \tag{3.105}$$

注意，对应于“边缘”内部或分类器错误一侧（$\xi_i > 0$）的拉格朗日乘子都等于最大允许值 C。实际上，在方程的解中，当 $\xi_i \neq 0$ 时，KKT 条件给出 $\mu_i = 0$，使得 $\lambda_i = C$。换句话说，这些点最大可能地“共存”于最终的解 $\boldsymbol{w}$ 中。

3.7.3　多类别问题

前面的讨论都是针对二分类任务的。对于 M 分类问题，简单的推广是将它视为一组 M 个二类问题（一对多）。对于每个类别，我们都设计一个最优判别函数 $g_i(\boldsymbol{x}), i = 1, 2, \cdots, M$，以便在 $\boldsymbol{x} \in \omega_i$ 时有 $g_i(\boldsymbol{x}) > g_j(\boldsymbol{x})$，$\forall j \neq i$。采用支持向量机方法，我们可以设计多个判别函数，使得 $g_i(\boldsymbol{x}) = 0$ 成为分隔类别 ω_i 和所有其他类别的最优平面。因此，每个分类器都按如下方式设计：$\boldsymbol{x} \in \omega_i$ 时 $g_i(\boldsymbol{x}) > 0$，$\boldsymbol{x} \notin \omega_i$ 时 $g_i(\boldsymbol{x}) < 0$。然后，根据如下规则完成分类：

$$\text{当 } i = \arg\max_{k} \{g_k(\boldsymbol{x})\} \text{ 时，将 } \boldsymbol{x} \text{ 赋给 } \omega_i$$

然而，这种方法可能会产生一些多个 $g_i(\boldsymbol{x})$ 均为正值的模糊区域（见习题 3.15）。这种方法的另一个缺点是，每个二元分类器都要处理一个非常不对称的问题，即要在负值远多于正值的情况下进行训练。当类别数量相对较大时，这个问题会变得更加严重。

另一种方法是一对一的。此时，要训练 $M(M-1)/2$ 个二元分类器，每个分类器分隔两个类别，决策根据多数票做出。这种方法的一个明显缺点是需要训练大量二元分类器。文献[Plat 00]中提出了加速训练过程的一种方法。

文献[Diet 95]中采用了一种不同但有趣的方法，即在纠错编码环境下处理多类别问题，它受到了通信中的编码方案的启发。对于 M 分类问题，我们假设使用了 L 个二元分类器，其中 L 是由设计人员选择的合适值。每个类别现在都由长为 L 的二进制码字表示。在训练过程中，对于第 i 个分类器，$i=1,2,\cdots,L$，每个类别的标注都选为+1 或−1。对于每个类别来说，不同分类器的期望标注可能是不同的。这等同于构建期望标注的一个 $M\times L$ 矩阵。例如，若 $M=4$ 且 $L=6$，则构建的矩阵为

$$\begin{bmatrix} -1 & -1 & -1 & +1 & -1 & +1 \\ +1 & -1 & +1 & +1 & -1 & -1 \\ +1 & +1 & -1 & -1 & -1 & +1 \\ -1 & -1 & +1 & -1 & +1 & +1 \end{bmatrix} \tag{3.106}$$

总之，在训练过程中，对于源自 $\omega_1,\omega_2,\omega_3,\omega_4$ 的样本，第一个分类器（对应于矩阵的第一列）的响应为(−1, +1, +1, −1)，第二个分类器的响应为(−1, −1, +1, −1)，以此类推。这个过程等同于将这些类别分成 L 个不同的对，并为每对类别训练一个二元分类器。在上例中，第一个二元分类器将 ω_1 和 ω_4 归为一对，将 ω_3 和 ω_2 归为一对。每行必须不同，并且对应一个类别。在上例中，如果不出现错误，那么对于 ω_1 中的样本，L 个分类器产生码字(−1, −1, −1, +1, −1, +1)，以此类推。出现一个未知样本时，记录每个二元分类器的输出，形成一个码字。接着，计算这个码字到 M 个码字的汉明距离（放在两个不同码字之间的数字），就可将样本划分到对应最小距离的类别中。

下面给出该方法的应用。设计码字使得每对类别之间的汉明距离 d 最小后，决策次数小于 $\lfloor (d-1)/2 \rfloor$ 时，决策是正确的，决策次数大于 L 时，决策是错误的，其中 $\lfloor \cdot \rfloor$ 表示下取整运算。对于式(3.106)中的矩阵，每对类别之间的最小汉明距离都是 3。文献[Diet 95]中对数字分类使用了这种方法，并且组合了 10 个类别。例如，一种组合依据的是带有水平线的数字（如 4 和 2）或带有竖线的数字（如 1 和 4）。文献[Allw 00]中提出了一种扩展方法，这种方法考虑了“边缘”的最终值（使用了 SVM 或其他边缘分类器，如第 4 章中介绍的增强分类器）。在文献[Zhou 08]中，各个二元问题及其数量（码字长度 L）的组合是数据自适应过程的结果，数据自适应过程在设计码字时将考虑训练数据的内在结构。

前面介绍的所有技术适用于所有分类器。针对 SVM 的另一种技术是，直接将二类 SVM 的数学公式扩展到多类别问题，见文献[Vapn 98, Liu 06]。文献[Rifk 04, Hsu 02, Fei 06]中比较了多个类别 SVM 分类的方法。

注释

- 线性可分与线性不可分情形之间的唯一不同是，线性不可分情形下拉格朗日乘子的上界为 C。线性可分情形对应于 $C\to\infty$，见式(3.104)和式(3.89)。松弛变量 ξ_i 及关联的拉格朗日乘子 μ_i 不会显式地进入问题，而通过 C 间接地反映。
- 支持向量机的主要限制是，在训练和测试阶段需要大量的计算。二次规划（QP）的朴素实现需要 $O(N^3)$次运算，内存需求的量级为 $O(N^2)$。对于训练数据相对较少的问题，我们可以使用通用的优化算法。然而，对于训练数据较多（几千个）的问题，朴素的 QP 实现

效果不好，需要进行特殊的训练。SVM 的训练通常是分批进行的。对于大任务，训练需要大量内存。为了解决这一问题，人们将优化问题分解为许多小问题，编制了许多程序[Bose 92, Osun 97, Chan 00]。这类算法的原理如下：首先，使用一个匹配计算机内存的任意数据子集（数据块、工作集）；然后，对这个数据子集应用一个通用优化器来进行优化。支持向量在保留工作集的同时，用当前工作集之外的、严重违反 KKT 条件的新向量代替其他向量。可以证明，这个迭代程序可以保证代价函数在每次迭代时是下降的。

文献[Plat 99, Matt 99]中提出了序列最小优化（Sequential Minimal Optimization, SMO）的算法，它采用了极致的分解思想——每个工作集中只包含两点。这种方法的最大优点是，优化可以解析地执行。在文献[Keer 01]中，使用了一套启发式算法来选择构成工作集的点对。为达到这一目的，文献中建议使用两个阈值来提高运算速度。文献[Plat 99, Platt 98]中认为，有效实现这种方案的经验训练时间复杂度的范围是 $O(N) \sim O(N^{2.3})$。

文献[Chen 06]及其参考文献中介绍了该算法的理论问题，如收敛性。文献[Cao 06]中考虑了该算法的并行实现。文献[Joac 98]中的工作集是在最陡方向上搜索的结果。文献[Dong 05]中通过使用并行优化步骤，给出了快速去除大部分非支持向量的方法，并且原始问题可拆分为许多能够有效求解的小问题。文献[Mavr 06]中采用 SVM（见 3.7.5 节）的几何解释，将优化任务视为凸集之间的最小距离点搜索。与 SMO 算法相比，报道声称该算法可以节省大量计算。文献[Navi 01]中提出了一种操作原始问题公式的顺序算法，该算法使用了迭代加权最小二乘法，且交替使用了权重优化和约束强制。后一种技术的优点是可以在线实现。另外一种趋势是，采用逼近问题的解的算法。文献[Fine 01]中使用一个低秩的近似代替了计算中所用的核矩阵。文献[Tsan 06, Hush 06]中同时考虑了近似的复杂度和精度。例如，文献[Hush 06]中推导了多项式时间算法，这种算法能以包含 SVM 分类器的 OP 问题的精度产生近似解。

对大部分问题而言，支持向量的数量很大时，测试阶段的计算量也很大。人们提出了加速计算的许多方法，如文献[Burg 97, Nguy 06]。

例 3.5 考虑由如下点组成的二分类问题:

$$\omega_1: [1, 1]^{\mathrm{T}}, [1, -1]^{\mathrm{T}}$$
$$\omega_2: [-1, 1]^{\mathrm{T}}, [-1, -1]$$

采用 SVM 方法，证明最优分隔超平面（线）是 $x_1 = 0$，且它可由不同类型的拉格朗日乘子得到。如图 3.12 所示，这些点位于矩形的 4 个角上。问题的简单几何形状允许我们直接计算 SVM 线性分类器。实际上，仔细观察图 3.12 就会发现最优分隔线

$$g(\boldsymbol{x}) = w_1 x_1 + w_2 x_2 + w_0 = 0$$

可在 $w_2 = w_0 = 0$ 和 $w_1 = 1$ 时得到，即

$$g(\boldsymbol{x}) = x_1 = 0$$

对于这种情形，4 个点都成为支持向量，分隔线到两个类别的“边缘”都等于 1。对于其他方向，即 $g_1(\boldsymbol{x}) = 0$，“边缘”更小。要指出的是，求解关联的 KKT 条件（见习题 3.16）可以得到相同的结果。

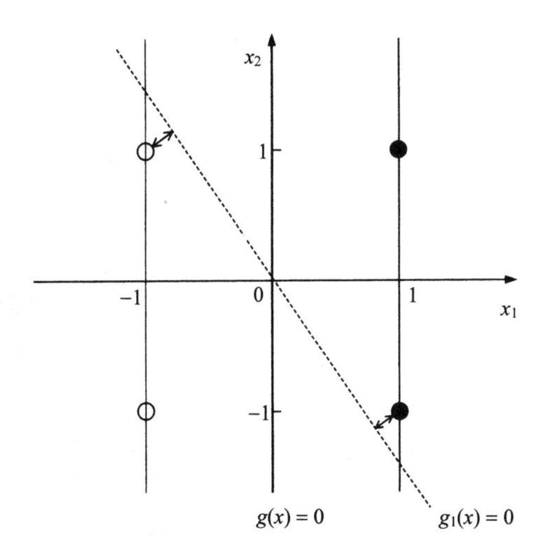

图 3.12　本例中的 4 个点都是支持向量。与 $g_1(\boldsymbol{x}) = 0$ 关联的边缘小于最优 $g(\boldsymbol{x}) = 0$ 定义的边缘

下面考虑这个问题的数学公式。线性不等式约束为

$$w_1 + w_2 + w_0 - 1 \geqslant 0$$
$$w_1 - w_2 + w_0 - 1 \geqslant 0$$
$$w_1 - w_2 - w_0 - 1 \geqslant 0$$
$$w_1 + w_2 - w_0 - 1 \geqslant 0$$

关联的拉格朗日函数变成

$$\begin{aligned}\mathcal{L}(w_2, w_1, w_0, \boldsymbol{\lambda}) = \frac{w_1^2 + w_2^2}{2} &- \lambda_1(w_1 + w_2 + w_0 - 1) - \\ &\lambda_2(w_1 - w_2 + w_0 - 1) - \\ &\lambda_3(w_1 - w_2 - w_0 - 1) - \\ &\lambda_4(w_1 + w_2 - w_0 - 1)\end{aligned}$$

KKT 条件为

$$\frac{\partial \mathcal{L}}{\partial w_1} = 0 \Rightarrow w_1 = \lambda_1 + \lambda_2 + \lambda_3 + \lambda_4 \tag{3.107}$$

$$\frac{\partial \mathcal{L}}{\partial w_2} = 0 \Rightarrow w_2 = \lambda_1 + \lambda_4 - \lambda_2 - \lambda_3 \tag{3.108}$$

$$\frac{\partial \mathcal{L}}{\partial w_0} = 0 \Rightarrow \lambda_1 + \lambda_2 - \lambda_3 - \lambda_4 = 0 \tag{3.109}$$

$$\lambda_1(w_1 + w_2 + w_0 - 1) = 0 \tag{3.110}$$

$$\lambda_2(w_1 - w_2 + w_0 - 1) = 0 \tag{3.111}$$

$$\lambda_3(w_1 - w_2 - w_0 - 1) = 0 \tag{3.112}$$

$$\lambda_4(w_1 + w_2 - w_0 - 1) = 0 \tag{3.113}$$

$$\lambda_1, \lambda_2, \lambda_3, \lambda_4 \geqslant 0 \tag{3.114}$$

由于 $\boldsymbol{w}$ 和 w_0 的解是唯一的，因此可将解 $w_1 = 1, w_2 = w_0 = 0$ 代入上面的等式，得到由 3 个方程组成的线性系统，其中的未知数有 4 个，即

$$\lambda_1 + \lambda_2 + \lambda_3 + \lambda_4 = 1 \tag{3.115}$$

$$\lambda_1 + \lambda_4 - \lambda_2 - \lambda_3 = 0 \tag{3.116}$$

$$\lambda_1 + \lambda_2 - \lambda_3 - \lambda_4 = 0 \tag{3.117}$$

显然，上式的解不止一个。然而，所有的解都会导致唯一的最优分隔线。

例 3.6 图 3.13 中显示了二维空间中的训练数据点，并且这些数据点已被划分为两个不可分的类别。图 3.13(a)中的实线是在 $C = 0.2$ 时使用 Platt 算法得到的超平面。对于满足 $\xi_i = 0$ 的这些点，虚线满足式(3.82)给出的条件，且定义了分隔两个类别的“边缘”。图 3.13(b)对应于 $C = 1000$ 时的情形，它是使用相同的算法和修正参数（如停止规则）得到的。

观察发现，对应于较大 C 值的分类器的“边缘”更小。因为在式(3.91)中，第二项对代价的影响更大，且优化过程试图通过减小边缘和 $\xi_i > 0$ 的点的数量来满足这一要求。换言之，边缘的宽度不完全依赖于数据分布，这类似于可分类别的情形，但它受 C 的选择的严重影响。这就是由式(3.91)定义的 SVM 分类器也称软边缘分类器的原因。

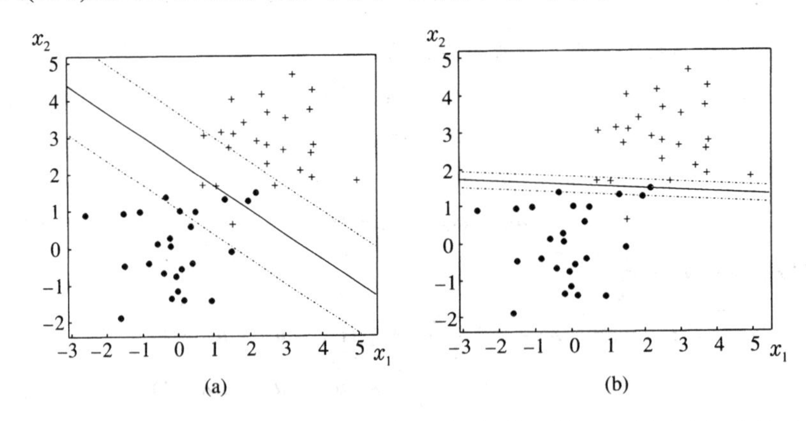

图 3.13 两个不可分类别的例子。(a) $C = 0.2$ 时关联边缘（虚线）的 SVM 线性分类器（实线）；(b) $C = 1000$ 时关联边缘（虚线）的 SVM 线性分类器（实线）。在图(b)中，为了在边缘内部包含最少的点，分类器的位置、方向及边缘宽度发生了变化

3.7.4 ν-SVM

例 3.6 表明，参数 C 及由优化过程得到的边缘宽度之间关系密切。然而，因为边缘是设计 SVM 时的一个重要实体（毕竟，SVM 方法的本质是最大化边缘），因此自然引出了一个问题：它为何不以更直接的方式出现在代价函数中，而以一个与边缘关系密切的参数（即 C）出现在代价函数中？针对这个问题，文献[Scho 00]中介绍了软边缘 SVM 的一种变体。边缘由超平面对来定义：

$$\boldsymbol{w}^{\mathrm{T}}\boldsymbol{x} + w_0 = \pm\ \rho \tag{3.118}$$

式中，$\rho \geqslant 0$ 是一个待优化的自由变量。此时，式(3.93)至式(3.95)中给出的原始问题变成

$$\text{最小化}\ J(\boldsymbol{w}, w_0, \boldsymbol{\xi}, \rho) = \frac{1}{2}\|\boldsymbol{w}\|^2 - \nu\rho + \frac{1}{N}\sum_{i=1}^{N}\xi_i \tag{3.119}$$

$$\text{约束}\ y_i[\boldsymbol{w}^{\mathrm{T}}\boldsymbol{x}_i + w_0] \geqslant \rho - \xi_i, \quad i = 1, 2, \cdots, N \tag{3.120}$$

$$\xi_i \geqslant 0, \quad i = 1, 2, \cdots, N \tag{3.121}$$

$$\rho \geqslant 0 \tag{3.122}$$

为了理解 ρ 的作用，我们发现 $\xi_i=0$ 时，式(3.120)中的约束声称分隔两个类别的边缘等于 $2\rho/\|w\|$。在上面称为 ν-SVM 的公式中，我们只计算 $\xi_i>0$ 时的点数并求其平均，此时点数由边缘变量 ρ 控制。对于特定方向 $\boldsymbol{w}$，ρ 越大，边缘越大，边缘内的点数越多。参数 ν 控制代价函数中第二项的影响，其值域为[0,1]（见稍后的讨论）。

与任务(3.119)至(3.122)相关联的拉格朗日函数为

$$\begin{aligned}\mathcal{L}(\boldsymbol{w},w_0,\boldsymbol{\lambda},\boldsymbol{\xi},\boldsymbol{\mu},\rho,\delta)=&\frac{1}{2}\|\boldsymbol{w}\|^2-\nu\rho+\frac{1}{N}\sum_{i=1}^{N}\xi_i-\sum_{i=1}^{N}\mu_i\xi_i-\\&\sum_{i=1}^{N}\lambda_i\left[y_i(\boldsymbol{w}^{\mathrm{T}}\boldsymbol{x}_i+w_0)-\rho+\xi_i\right]-\delta\rho\end{aligned}\tag{3.123}$$

采用 3.7.2 节中的类似步骤，得到如下 KT 条件：

$$\boldsymbol{w}=\sum_{i=1}^{N}\lambda_i y_i\boldsymbol{x}_i \tag{3.124}$$

$$\sum_{i=1}^{N}\lambda_i y_i=0 \tag{3.125}$$

$$\mu_i+\lambda_i=\frac{1}{N},\quad i=1,2,\cdots,N \tag{3.126}$$

$$\sum_{i=1}^{N}\lambda_i-\delta=\nu \tag{3.127}$$

$$\lambda_i\left[y_i(\boldsymbol{w}^{\mathrm{T}}\boldsymbol{x}_i+w_0)-\rho+\xi_i\right]=0,\quad i=1,2,\cdots,N \tag{3.128}$$

$$\mu_i\xi_i=0,\quad i=1,2,\cdots,N \tag{3.129}$$

$$\delta\rho=0 \tag{3.130}$$

$$\mu_i\geqslant 0,\quad \lambda_i\geqslant 0,\quad \delta\geqslant 0,\quad i=1,2,\cdots,N \tag{3.131}$$

容易证明，关联的 Wolfe 对偶表达式为

$$\text{最大化}\ \mathcal{L}(\boldsymbol{w},w_0,\boldsymbol{\lambda},\boldsymbol{\xi},\boldsymbol{\mu},\delta) \tag{3.132}$$

$$\text{约束}\ \boldsymbol{w}=\sum_{i=1}^{N}\lambda_i y_i\boldsymbol{x}_i \tag{3.133}$$

$$\sum_{i=1}^{N}\lambda_i y_i=0 \tag{3.134}$$

$$\mu_i+\lambda_i=\frac{1}{N},\quad i=1,2,\cdots,N \tag{3.135}$$

$$\sum_{i=1}^{N}\lambda_i-\delta=\nu \tag{3.136}$$

$$\lambda_i\geqslant 0,\ \mu_i\geqslant 0,\ \delta\geqslant 0,\quad i=1,2,\cdots,N \tag{3.137}$$

代入拉格朗日函数中的等式约束(3.133)至(3.136)，对偶问题就等价于（见习题 3.17）

$$\max_{\boldsymbol{\lambda}} \left(-\frac{1}{2} \sum_{i,j} \lambda_i \lambda_j y_i y_j \boldsymbol{x}_i^{\mathrm{T}} \boldsymbol{x}_j \right) \tag{3.138}$$

$$\text{约束}\ 0 \leqslant \lambda_i \leqslant \frac{1}{N}, \quad i = 1, 2, \cdots, N \tag{3.139}$$

$$\sum_{i=1}^{N} \lambda_i y_i = 0 \tag{3.140}$$

$$\sum_{i=1}^{N} \lambda_i \geqslant \nu \tag{3.141}$$

需要重申的是，只有拉格朗日乘子 λ 显式地进入了问题，而 ρ 和松弛变量 ξ_i 则在约束的边界中体现。对比式(3.103)发现，代价函数现在是二次同质的，未出现线性项 $\sum_{i=1}^{N} \lambda_i$。此外，新公式有一个额外的约束。

注释

- 文献[Chan 01]中证明，ν-SVM 和标准的 SVM 表达式［式(3.103)至式(3.105)，有时称为 C-SVM］，对合适的 C 和 ν 值有相同的解。此外，为了使优化问题容易求解，它还证明常量 ν 的值域为 $0 \leqslant \nu_{\min} \leqslant \nu \leqslant \nu_{\max} \leqslant 1$。
- 尽管两个 SVM 公式的解相同，但适当选择 ν 和 C 时 ν-SVM 可为设计者提供更多的便利。如下节所述，对不可分的类别，它给出 SVM 任务的几何解释。此外，由设计者控制的常量 ν 为其自身提供了两个重要的边界：(a) 错误率，(b) 所得支持向量的个数。在解中，位于边缘内部或外部但在分隔超平面的错误侧的那些点，对应于 $\xi_i > 0$ 和 $\mu_i = 0$ 的情况［式(3.129)］，此时强制各自的拉格朗日乘子为 $\lambda_i = 1/N$［式(3.126)］。此外，在 $\rho > 0, \delta = 0$ 的解［式(3.130)］中，可以证明 $\sum_{i=1}^{N} \lambda_i = \nu$［式(3.127)］。联立这些公式，并且考虑考虑位于 $\xi_i > 0$ 时的分类器的错误侧的所有点，可知错误总数最多为 $N\nu$。因此，训练集上的错误率 P_e 的上界为

$$P_e \leqslant \nu \tag{3.142}$$

此外，在解中，由约束(3.127)和(3.126)有

$$\nu = \sum_{i=1}^{N} \lambda_i = \sum_{i=1}^{N_s} \lambda_i \leqslant \sum_{i=1}^{N_s} \frac{1}{N} \tag{3.143}$$

或

$$N\nu \leqslant N_s \tag{3.144}$$

因此，通过控制 ν 的值，设计者就可以控制训练集的错误率及优化过程导致的支持向量数。对于实际分类器的性能，支持向量数 N_s 十分重要。首先，如前所述，对于未知样本的分类，它会直接影响计算开销，因为大 N_s 意味着需要计算大量的内积；其次，如 5.10 节末尾所述，输入训练集之外的数据时，大量的支持向量会限制 SVM 分类器的错误性能（也称分类器的推广性能）。关于 ν-SVM 的问题，感兴趣的读者可参阅文献[Scho 00, Chan 01, Chen 03]，这些文献中还讨论了实现问题。

3.7.5　支持向量机：几何视角

本节在更一般的意义上详细讨论 SVM 设计任务。图 3.14(a)中显示了两个可分数据类别及它们的凸包。我们用 conv{X}表示数据集 X 的凸包，凸包定义为所有包含 X 的凸集（见附录 C.4）的交集。可以证明（见文献[Luen 69]），conv{X}包含 X 的 N 个元素的所有凸组合，即

$$\operatorname{conv}\{X\} = \left\{\boldsymbol{y} : \boldsymbol{y} = \sum_{i=1}^{N} \lambda_i \boldsymbol{x}_i : \boldsymbol{x}_i \in X, \right.$$

$$\left. \sum_{i=1}^{N} \lambda_i = 1,\ 0 \leqslant \lambda_i \leqslant 1,\ i = 1,2,\cdots,N \right\} \tag{3.145}$$

业已证明，针对线性可分任务求解式(3.87)至式(3.89)中的对偶优化问题时，会得到一个超平面，它平分数据类别的凸包之间的两个最近点的连线［见图 3.14(b)］。换言之，寻找最大边缘超平面等价于寻找对应凸包之间的两个最近点。详细分析如下。

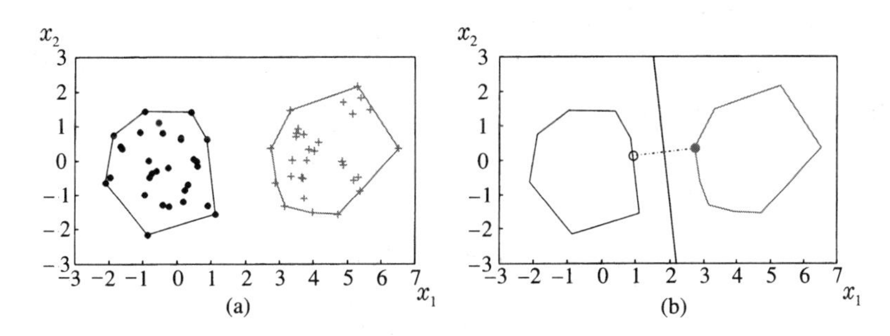

图 3.14　(a) 带有各自的凸包的两个可分类别的数据集；(b) SVM 最优超平面平分凸包之间的两个最近点的连线

我们用 conv{X^+} 表示类别 ω_1 中的向量的凸包，用 conv{X^-} 表示类别 ω_2 中的向量的凸包。根据我们熟悉的表示法，若 λ_i 满足式(3.142)中的凸性约束，则 conv{X^+} 中的任何一点（ω_1 中所有点的一个凸组合）都可写为 $\sum_{i:y_i=1} \lambda_i \boldsymbol{x}_i$，conv{$X^-$} 中的任何一点都可写为 $\sum_{i:y_i=-1} \lambda_i \boldsymbol{x}_i$。要寻找最近点，只需寻找满足如下条件的 $\lambda_i, i=1,2,\cdots,N$：

$$\min_{\boldsymbol{\lambda}} \left\| \sum_{i:y_i=1} \lambda_i \boldsymbol{x}_i - \sum_{i:y_i=-1} \lambda_i \boldsymbol{x}_i \right\|^2 \tag{3.146}$$

$$\text{约束}\ \sum_{i:y_i=1} \lambda_i = 1,\ \sum_{i:y_i=-1} \lambda_i = 1 \tag{3.147}$$

$$\lambda_i \geqslant 0, \quad i = 1,2,\cdots,N \tag{3.148}$$

展开式(3.146)中的范数，整理式(3.147)中的约束，得到如下等效公式：

$$\text{最小化} \sum_{i,j} y_i y_j \lambda_i \lambda_j \boldsymbol{x}_i^{\mathrm{T}} \boldsymbol{x}_j \tag{3.149}$$

$$\text{约束} \sum_{i=1}^{N} y_i \lambda_i = 0,\ \sum_{i=1}^{N} \lambda_i = 2 \tag{3.150}$$

$$\lambda_i \geqslant 0, \quad i = 1,2,\cdots,N \tag{3.151}$$

代数运算表明，式(3.87)至式(3.89)给出的优化任务的解，与式(3.149)至式(3.151)给出的任务的解相同（见文献[Keer 00]和习题 3.18）。给出 SVM 优化任务的几何解释后，寻找凸包之间最近点的任何算法（如文献[Gilb 66, Mitc 74, Fran 03]），现在都可用来计算最大边缘的线性分类器。

下面讨论更具挑战性的不可分类问题。回到 ν-SVM 的公式，我们可以重新参数化式(3.119)至式(3.122)中的原始问题，方法是将代价函数除以 $\nu^2/2$，并由 ν 来设置约束条件[Crisp 99]。显然，这对解无影响。优化任务现在变成

$$\text{最小化}\, J(\boldsymbol{w}, w_0, \boldsymbol{\xi}, \rho) = \|\boldsymbol{w}\|^2 - 2\rho + \mu\sum_{i=1}^{N}\xi_i \tag{3.152}$$

$$\text{约束}\quad y_i[\boldsymbol{w}^{\mathrm{T}}\boldsymbol{x}_i + w_0] \geqslant \rho - \xi_i,\quad i = 1, 2, \cdots, N \tag{3.153}$$

$$\xi_i \geqslant 0,\quad i = 1, 2, \cdots, N \tag{3.154}$$

$$\rho \geqslant 0 \tag{3.155}$$

式中，$\mu = 2/\nu N$，为简单起见，我们采用了相同的表示方法，但式(3.152)至式(3.155)中的参数是式(3.119)至式(3.122)中的参数的缩放版本。也就是说，$\boldsymbol{w} \to \boldsymbol{w}/\nu, w_0 \to w_0/\nu, \rho \to \rho/\nu, \xi_i \to \xi_i/\nu$。因此，由式(3.152)至式(3.155)得到的解，是由式(3.119)至式(3.122)得到的解的缩放版本。式(3.152)至式(3.155)中的原始问题的 Wolfe 对偶表示等价于

$$\text{最小化}\sum_{i,j} y_i y_j \lambda_i \lambda_j \boldsymbol{x}_i^{\mathrm{T}} \boldsymbol{x}_j \tag{3.156}$$

$$\text{约束}\sum_i y_i\lambda_i = 0,\ \sum_i \lambda_i = 2 \tag{3.157}$$

$$0 \leqslant \lambda_i \leqslant \mu,\ i = 1, 2, \cdots, N \tag{3.158}$$

这组关系式与可分类别情形下式(3.149)至式(3.151)中定义凸包之间最近点的那些关系式几乎相同，只有一个重要的小差别。拉格朗日乘子的边界受限于 μ，$\mu < 1$ 时，不允许拉格朗日乘子超过允许的范围（即[0,1]）。

3.7.6 约简凸包

下面用 $R(X,\mu)$ 表示（有限）向量集 X 的约简凸包（Reduced Convex Hull, RCH），它定义为

$$R(X,\mu) = \left\{\boldsymbol{y} : \boldsymbol{y} = \sum_{i=1}^{N}\lambda_i\boldsymbol{x}_i :\ \boldsymbol{x}_i \in X \right.$$
$$\left.\sum_{i=1}^{N}\lambda_i = 1,\ 0 \leqslant \lambda_i \leqslant \mu,\ i = 1, 2, \cdots, N\right\} \tag{3.159}$$

由这一定义明显可以看出 $R(X,1) \equiv \mathrm{conv}\{X\}$，且

$$R(X,\mu) \subseteq \mathrm{conv}\{X\} \tag{3.160}$$

图 3.15(a)中显示了两个相交数据类别的凸包。在图 3.15(b)中，对于 $\mu = 0.4$ 和 $\mu = 0.1$，实线表示凸包 $\mathrm{conv}\{X^+\}$和$\mathrm{conv}\{X^-\}$，虚线表示约简凸包 $R(X^+,\mu)$和$R(X^-,\mu)$。明显可以看出，μ 值越小，约简凸包的尺寸就越小。μ 值可以小到让 $R(X^+,\mu)$ 和 $R(X^-,\mu)$ 不相交。采用得到式(3.149)至式(3.151)的类似过程，可在 $R(X^+,\mu)$ 和 $R(X^-,\mu)$ 之间找到两个最近点，得到式(3.156)至式(3.158)中给出的 ν-SVM 对偶优化任务。观察发现，后者与式(3.149)至式(3.151)中定义的可分任务的唯一

不同是，拉格朗日乘子的允许范围。在可分类情形下，约束(3.150)和(3.151)表明 $0 \leqslant \lambda_i \leqslant 1$，在其几何解释中，这意味着搜索最近点时要用到所有的凸包。相反，在不可分类的情形下，对拉格朗日乘子强加了一个较小的上界（即 $\mu \leqslant 1$）。从几何观点来看，这意味着对最近点的搜索限制在各自的约简凸包内。

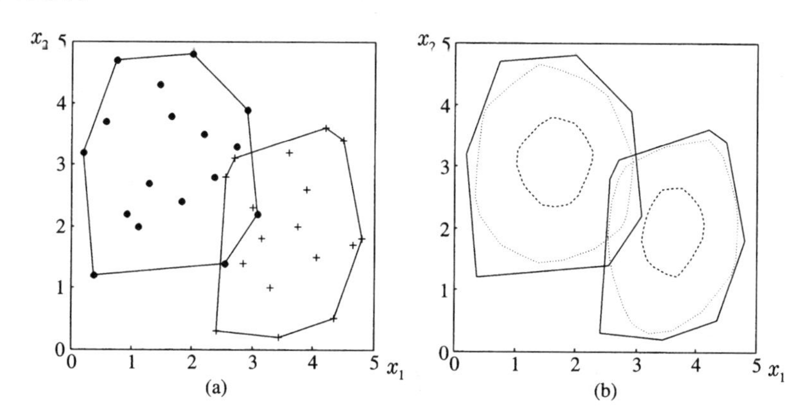

图 3.15 (a) 数据集示例，有两个相交类别，两个类别有各自的凸包；(b) 对应于 $\mu = 0.4$ 和 $\mu = 0.1$ 的每个类别的凸包（实线）及得到的约简凸包（虚线）。μ 值越小，RCH 的尺寸越小

建立 ν-SVM 对偶表示形式的几何解释后，下面从纯几何学参数角度画出分隔超平面。自然，我们选择的超平面将平分约简凸包之间的两个最近点的连线。令 $\boldsymbol{x}^+$ 和 $\boldsymbol{x}^-$ 是两个最近点，其中 $\boldsymbol{x}^+ \in R(X^+,\mu)$，$\boldsymbol{x}^- \in R(X^-,\mu)$。此外，令 $\lambda_i, i=1,2,\cdots,N$ 是由优化任务得到的最优乘子集合。于是，我们可由图 3.16 推出

$$\boldsymbol{w} = \boldsymbol{x}^+ - \boldsymbol{x}^- = \sum_{i:y_i=1} \lambda_i \boldsymbol{x}_i - \sum_{i:y_i=-1} \lambda_i \boldsymbol{x}_i \tag{3.161}$$

$$= \sum_{i=1}^{N} \lambda_i y_i \boldsymbol{x}_i \tag{3.162}$$

它与由 ν-SVM 任务［见式(3.124)］关联的 KKT 条件得到的 $\boldsymbol{w}$ 相同（带有缩放系数）。因此，两种方法都能得到指向同一方向的分隔超平面（回顾 3.2 节可知，$\boldsymbol{w}$ 定义超平面的方向）。然而，前面说过，两个解是完全相同的。平分最近点连线的超平面与连线的中点相交，即 $\boldsymbol{x}^* = \frac{1}{2}(\boldsymbol{x}^+ + \boldsymbol{x}^-)$。因此，我们有

$$\boldsymbol{w}^{\mathrm{T}} \boldsymbol{x}^* + w_0 = 0 \tag{3.163}$$

解得

$$w_0 = -\frac{1}{2}\boldsymbol{w}^{\mathrm{T}} \left(\sum_{i:y_i=1} \lambda_i \boldsymbol{x}_i + \sum_{i:y_i=-1} \lambda_i \boldsymbol{x}_i \right) \tag{3.164}$$

一般来说，这个 w_0 值与由式(3.128)中的 KKT 条件得到的值是不同的。总之，不可分类问题的几何方法只在两种方法得到指向同一方向的超平面时，才等同于 ν-SVM 公式。然而，详细推导发现，式(3.128)中的值可由式(3.164)中给出的值求得[Crisp 99]。

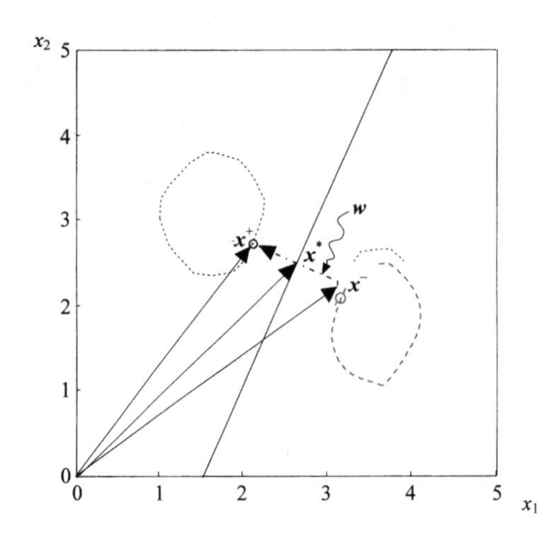

图 3.16 对图3.15中的数据集和 $\mu = 0.1$ 而言，最优线性分类器平分各个类别的约简凸包之间的最近点的连线

注释

- μ 的选择及随后的 $\nu = 2/\mu N$ 必须保证可行区域非空（即存在一个解，见附录 C），且这个解是非平凡解（即 $\boldsymbol{w} \neq 0$）。令 N^+ 是 X^+ 中的点数，N^- 是 X^- 中的点数，$N^+ + N^- = N$。令 $N_{\min} = \min\{N^+, N^-\}$。由关键约束 $0 \leqslant \lambda_i \leqslant \mu$ 及约简凸包定义中的 $\sum_i \lambda_i = 1$ 可知 $\mu \geqslant \mu_{\min} = 1/N_{\min}$。这说明 ν 的上界是

$$\nu \leqslant \nu_{\max} = 2\frac{N_{\min}}{N} \leqslant 1$$

此外，如果各个约简凸包相交，那么最近点间的距离为零，此时得到平凡解（见习题 3.19）。因此，$\mu \leqslant \mu_{\max} \leqslant 1$ 保证了不相交。此时，可以推出

$$\nu \geqslant \nu_{\min} = \frac{2}{\mu_{\max} N}$$

由前面的讨论很容易得出结论：可行区域非空的要求是

$$R(X^+, \mu_{\min}) \cap R(X^-, \mu_{\min}) = \emptyset$$

$N^+ = N^- = N/2$ 时，每个约简凸包收缩为一点，且它们是各自所属类别的质心（即 $\frac{2}{N}\sum_{i:y_i=1} \boldsymbol{x}_i$）。换言之，如果两个类别的质心不重合，那么解就是有效的。

- 业已证明，计算约简凸包之间最近点的算法，不是计算凸包之间最近点的算法的简单扩展，因为后者依赖于所涉及凸包的极值点。然而，此时的极值点与原数据集中的点一致，即 X^+ 和 X^-。约简凸包的情形并非如此，此时极值点是原数据集中的点的组合。μ 值越小，对各个约简凸包中的一个极值点有贡献的数据样本数就越多。文献[Mavr 05, Mavr 06, Mavr 07, Tao 04, Theo 07]中巧妙地给出了该问题的一个解。报道称，与文献[Plat 99, Keer 01]中给出的经典算法相比，开发的最近点算法可节省计算开销。

习题

3.1 为什么感知器代价函数是连续分段线性函数？

3.2 证明在感知器算法中，若 $\rho_k = \rho$，则算法迭代 $k_0 = \dfrac{\|w(0) - \alpha w^*\|}{\beta^2 \rho(2-\rho)}$ 步后收敛，$\alpha = \beta^2 / |\gamma|, \rho < 2$。

3.3 证明感知器算法的奖惩形式在有限次迭代后收敛。

3.4 已知 ω_1 由 $[0,0]^T$ 和 $[0,1]^T$ 组成，ω_2 由 $[1,0]^T$ 和 $[1,1]^T$ 组成。使用感知器算法中的奖惩形式（$\rho = 1, \boldsymbol{w}(0) = [0,0]^T$）设计这两个类别的线性分类函数。

3.5 考虑习题 2.12 中的二分类任务，已知

$$\boldsymbol{\mu}_1^T = [1,1], \quad \boldsymbol{\mu}_2^T = [0,0], \quad \sigma_1^2 = \sigma_2^2 = 0.2$$

由每个类别生成 50 个向量。为了保证类别的线性可分性，对类别 $[1,1]$ 不考虑 $x_1 + x_2 < 1$ 的向量，对类别 $[0,0]$ 不考虑 $x_1 + x_2 > 1$ 的向量。根据式(3.21)至式(3.23)给出的感知器算法，使用这些向量设计线性分类器。算法收敛后，画出对应的决策线。

3.6 考虑习题 2.12 中的分类任务，由每个类别生成 100 个样本。根据 LMS 算法，使用这些数据设计一个线性分类器。所有样本输入算法且算法收敛后，画出对应的超平面，已知 $\rho_k = \rho = 0.01$。

3.7 证明：使用 Kesler 结构，对于 $\boldsymbol{x}_{(t)} \in \omega_i$，感知器算法(3.21)至式(3.23)的奖惩形式的第 t 次迭代为

$$\boldsymbol{w}_i(t+1) = \boldsymbol{w}_i(t) + \rho \boldsymbol{x}_{(t)}, \text{若 } \boldsymbol{w}_i^T(t)\boldsymbol{x}_{(t)} \leqslant \boldsymbol{w}_j^T(t)\boldsymbol{x}_{(t)}, j \neq i$$

$$\boldsymbol{w}_j(t+1) = \boldsymbol{w}_j(t) - \rho \boldsymbol{x}_{(t)}, \text{若 } \boldsymbol{w}_i^T(t)\boldsymbol{x}_{(t)} \leqslant \boldsymbol{w}_j^T(t)\boldsymbol{x}_{(t)}, j \neq i$$

$$\boldsymbol{w}_k(t+1) = \boldsymbol{w}_k(t), \quad \forall k \neq j \text{ 且 } k \neq i$$

3.8 证明误差平方和最优权重向量渐近于 MSE 解。

3.9 使用误差平方和准则重做习题 3.6 并设计分类器。

3.10 证明：设计 M 分类线性误差平方和最优分类器，等价于设计 M 个有标量期望响应的分类器。

3.11 证明：若 x 和 y 是联合高斯分布的，则 y 关于 x 的回归是

$$E[y|x] = \frac{\alpha\sigma_y x}{\sigma_x} + \mu_y - \frac{\alpha\sigma_y \mu_x}{\sigma_x}, \quad \text{其中 } \Sigma = \begin{bmatrix} \sigma_x^2 & \alpha\sigma_x\sigma_y \\ \alpha\sigma_x\sigma_y & \sigma_y^2 \end{bmatrix} \tag{3.165}$$

3.12 设一个 M 类分类器由参数函数 $g(\boldsymbol{x};\boldsymbol{w}_k)$ 给出。我们的目的是估计参数 $\boldsymbol{w}_k$，使得分类器根据 $\boldsymbol{x}$ 所属的类别输出期望的响应值。假设 $\boldsymbol{x}$ 在的类别之间随机变化，根据已知方差（该方差对所有输出是相同的）的高斯分布，分类器的输出会在对应的期望响应值周围变化。证明：这种情形下，误差平方和准则与 ML 估计导致的结果是相同的。

提示：取已知类别标注的 N 个训练样本，对每个样本写出 $y_i = g(\boldsymbol{x}_i;\boldsymbol{w}_k) - d_k^i$，其中 d_k^i 是第 i 个样本的第 k 个类别的期望响应。y_i 是均值为 0、方差为 σ^2 的正态分布。使用 y_i 表示似然函数。

3.13 在二分类问题中，贝叶斯最优决策面由 $g(\boldsymbol{x}) = P(\omega_1 | \boldsymbol{x}) - P(\omega_2 | \boldsymbol{x}) = 0$ 给出。证明：若用 MSE 训练决策面 $f(\boldsymbol{x};\boldsymbol{w})$，对两个类别分别输出 $+1$ 和 -1，则在 MSE 最优意义下，这等同于根据 $f(\cdot;\boldsymbol{w})$ 来逼近 $g(\cdot)$。

3.14 考虑二分类任务，已知特征向量服从联合高斯分布，且两个类别的方差Σ相同。设计线性 MSE 分类器，证明在这种情况下，贝叶斯分类器（见习题 2.11）和得到的 MSE 中，阈值是不同的。为简单起见，考虑等概率的类别。提示：要计算 MSE 超平面 $\boldsymbol{w}^T\boldsymbol{x} + w_0 = 0$，将 $\boldsymbol{x}$ 的维数增 1，并证明解为

$$\begin{bmatrix} R & E[\boldsymbol{x}] \\ E[\boldsymbol{x}]^T & 1 \end{bmatrix} \begin{bmatrix} \boldsymbol{w} \\ w_0 \end{bmatrix} = \begin{bmatrix} \frac{1}{2}(\boldsymbol{\mu}_1 - \boldsymbol{\mu}_2) \\ 0 \end{bmatrix}$$

然后将 $\boldsymbol{R}$ 和Σ关联起来，证明 MSE 分类器的形式为

$$(\boldsymbol{\mu}_1-\boldsymbol{\mu}_2)^{\mathrm{T}}\Sigma^{-1}\left(\boldsymbol{x}-\frac{1}{2}(\boldsymbol{\mu}_1+\boldsymbol{\mu}_2)\right)\geqslant 0$$

3.15 在 M 类分类任务中，类别是线性可分的。设计 M 个超平面，使得超平面 $g_i(\boldsymbol{x})=0$ 让 ω_i 位于正侧，而让其他类别位于负侧。使用例子说明，例如 $M=3$，由这个规则生成的空间分割将生成几个模糊区域（其中无训练数据），即不止一个 $g_i(\boldsymbol{x})$ 为正或所有 $g_i(\boldsymbol{x})$ 都为负。

3.16 使用 KKT 条件得到例 3.5 中的任务的最优分隔线。将对最优的搜索限制为过原点的直线。

3.17 证明：若将等式约束(3.133)至(3.136)代入拉格朗日函数(3.123)，则对偶问题可以由式(3.138)至式(3.141)中的关系集合描述。

3.18 证明：对于两个线性可分的类别，由 SVM 解得到的超平面，与平分类别的凸包之间的两个最近点的连线的超平面是相同的。

3.19 证明：若 ν-SVM 中的 ν 选择得比 $\nu_{\min}$ 小，则会得到平凡零解。

3.20 证明：若软边缘 SVM 的代价函数选为

$$\frac{1}{2}||\boldsymbol{w}||^2+\frac{C}{2}\sum_{i=1}^{N}\xi_i^2$$

则任务可以转换为可分类别问题[Frie 98]。

MATLAB 编程和练习

上机编程

3.1 感知器算法。为感知算法编写一个MATLAB函数，其输入如下：(a) 包含 N 个 l 维列向量的矩阵 $\boldsymbol{X}$; (b) N 维行向量 $\boldsymbol{y}$，它的第 i 个分量包含向量所属类别的输出（–1 或+1）; (c) 参数向量的初始值向量 w_ini。函数返回估计的参数向量。

解：

```
function w=perce(X,y,w_ini)
  [l,N]=size(X);
  max_iter=10000;  % Maximum allowable number of iterations
  rho=0.05;        % Learning rate
  w=w_ini;         % Initialization of the parameter vector
  iter=0;          % Iteration counter
  mis_clas=N;      % Number of misclassified vectors
  while (mis_clas>0) && (iter<max_iter)
    iter=iter+1;
    mis_clas=0;
    gradi=zeros(l,1);% Computation of the "gradient"
    % term
    for i=1:N
      if((X(:,i)'*w)*y(i)<0)
        mis_clas=mis_clas+1;
        gradi=gradi+rho*(-y(i)*X(:,i));
      end
    end
    w=w-rho*gradi; % Updating the parameter vector
  end
```

3.2 误差平方和分类器。编写一个 MATLAB 函数，实现两个类别的误差平方和分类器，函数的输入如下：(a) 包含 N 个 l 维列向量的矩阵 $\boldsymbol{X}$；(b) N 维行向量 $\boldsymbol{y}$，它的第 i 个分量包含向量所属类别的输出（−1 或+1）；(c) 参数向量的初始值向量 w_ini。函数返回估计的参数向量。

解：

```
function w=SSErr(X,y)
  w=inv(X*X')*(X*y');
```

3.3 LMS 算法。为 LMS 算法编写一个 MATLAB 函数，函数的输入如下：(a) 包含 N 个 l 维列向量的矩阵 $\boldsymbol{X}$；(b) N 维行向量 $\boldsymbol{y}$，它的第 i 个分量包含向量所属类别的输出（−1 或+1）；(c) 参数向量的初始值向量 w_ini。函数返回估计的参数向量。

解：

```
function w=LMSalg(X,y,w_ini)
  [l,N]=size(X);
  rho=0.1;     % Learning rate initialization
  w=w_ini;     % Initialization of the parameter vector
  for i=1:N
    w=w+(rho/i)*(y(i)-X(:,i)'*w)*X(:,i);
  end
```

上机实验

注意：在生成数据集之前，建议使用命令

```
randn('seed',0)
```

将高斯随机数生成器初始化为 0（或其他任意给定的数值），这对结果的复现性很重要。

3.1 **a**. 生成两个都含有 200 个二维向量的数据集 $\boldsymbol{X}_1$ 和 $\boldsymbol{X}'_1$。向量的前半部分来自 $\boldsymbol{m}_1=[-5,\ 0]^{\mathrm{T}}$ 和 $\boldsymbol{S}_1=\boldsymbol{I}$ 的正态分布，后半部分来自 $\boldsymbol{m}_1=[5,\ 0]^{\mathrm{T}}$ 和 $\boldsymbol{S}_1=\boldsymbol{I}$ 的正态分布，其中 $\boldsymbol{I}$ 是一个 2×2 的单位阵。通过插入一个等于 1 的附加坐标，扩充向量 $\boldsymbol{X}_1$ 和 $\boldsymbol{X}'_1$。

b. 为参数向量使用不同的初始值（必要时），对前面的数据集应用感知器算法、误差平方和分类器及 LMS 算法。

c. 评估上述每种方法对 $\boldsymbol{X}_1$ 和 $\boldsymbol{X}'_1$ 的分类性能。

d. 画出数据集 $\boldsymbol{X}_1$ 和 $\boldsymbol{X}'_1$，以及对应于参数向量 $\boldsymbol{w}$ 的直线。

3.2 重做上机实验 3.1，但所用的数据集为 $\boldsymbol{X}_2$ 和 $\boldsymbol{X}'_2$，它们的向量的前半部分来自 $\boldsymbol{m}_1=[-2,\ 0]^{\mathrm{T}}$ 和 $\boldsymbol{S}_1=\boldsymbol{I}$ 的正态分布，后半部分来自 $\boldsymbol{m}_1=[2,\ 0]^{\mathrm{T}}$ 和 $\boldsymbol{S}_1=\boldsymbol{I}$ 的正态分布。

3.3 重做上机实验 3.1，但所用的数据集为 $\boldsymbol{X}_3$ 和 $\boldsymbol{X}'_3$，它们的向量的前半部分来自 $\boldsymbol{m}_1=[-1,\ 0]^{\mathrm{T}}$ 的和 $\boldsymbol{S}_1=\boldsymbol{I}$ 的正态分布，后半部分来自 $\boldsymbol{m}_1=[1,\ 0]^{\mathrm{T}}$ 和 $\boldsymbol{S1}=\boldsymbol{I}$ 的正态分布。

3.4 讨论上述机实验得到的结果。

参考文献

[Allw 00] Allwein E.L., Schapire R.E., Singer Y. "Reducing multiclass to binary: aunifying approach for margin classifiers," *Journal of Machine Learning Research*, Vol. 1, pp. 113-141, 2000.

[Ande 82] Anderson J.A. "Logistic discrimination," in *Handbook of Statistics* (Krishnaiah R.P., Kanal L.N., eds.), North Holland, 1982.

[Baza 79] Bazaraa M.S., Shetty C.M. *Nonlinear Programming*, John Wiley & Sons, 1979.

[Bish 95] Bishop C. *Neural Networks for Pattern Recognition*, Oxford University Press, 1995.

[Bose 92] Bose B.E., Guyon I.M., Vapnik, V.N. "A training algorithm for optimal margin classifiers," *Proceedings of the 5th Annual Workshop on Computational Learning Theory*, pp. 144-152, Morgan Kaufman, 1992.

[Burg 97] Burges C.J.C., Schölkoff B. "Improving the accuracy and speed of support vectors learning machines," in *Advances in Neural Information Processing Systems 9* (Mozer M. Jordan M., Petsche T., eds.), pp. 375-381, MIT Press, 1997.

[Cao 06] Cao L.J., Keerthi S.S., Ong C.-J., Zhang J.Q., Periyathamby V., Fu X.J., Lee H.P. "Parallel sequential minimal optimization for the training of support vector machines," *IEEE Transactions on Neural Networks*, Vol. 17(4), pp. 1039-1049, 2006.

[Chan 00] Chang C.C., Hsu C.W., Lin C.J. "The analysis of decomposition methods for SVM," *IEEE Transactions on Neural Networks*, Vol. 11(4), pp. 1003-1008, 2000.

[Chan 01] Chang C.C., Lin C.J. "Training ν-support vector classifiers: Theory and algorithms," *Neural Computation* Vol. 13(9), pp. 2119-2147, 2001.

[Chen 06] Chen P.-H., Fan R.-E., Lin C.-J. "A study on SMO-type decomposition for support vector machines," *IEEE Transactions on Neural Networks*, Vol. 17(4), pp. 893-908, 2006.

[Chen 03] Chen P-H., Lin C.J., Schölkopf B. "A tutorial on ν-support vector machines," *Applied Stochastic Models in Business and Industry*, Vol. 21, pp. 111-136, 2005.

[Cid 99] Cid-Sueiro J., Arribas J.I., Urban-Munoz S., Figuieras-Vidal A.R. "Cost functions to estimate a-posteriori probabilities in multi-class problems," *IEEE Transactions on Neural Networks*, Vol. 10(3), pp. 645-656, 1999.

[Crisp 99] Crisp D.J., Burges C.J.C. "A geometric interpretation of ν-SVM classifiers," *Proceedings of Neural Information Processing*, Vol. 12, MIT Press, 1999.

[Diet 95] Dietterich T.G., Bakiri G. "Solving multi-class learning problems via error-correcting output codes," *Journal of Artificial Intelligence Research*, Vol. 2, pp. 263-286, 1995.

[Dong 05] Dong J.X., Krzyzak A., Suen C.Y. "Fast SVM training algorithm with decomposition on very large data sets," *IEEE Transactions on Pattern Analysis and Machine Intelligence*, Vol. 27(4), pp. 603-618, 2005.

[Fei 06] Fei B., Liu J. "Binary tree of SVM: A new fast multi-class training and classification algorithm," *IEEE Transactions on Neural Networks*, Vol. 17(3), pp. 696-704, 2006.

[Fine 01] Fine S., Scheinberg K. "Efficient SVM training using low rank kernel representations," *Journal of Machine Learning Research*, Vol. 2, pp. 243-264, 2001.

[Flet 87] Fletcher R. *Practical Methods of Optimization*, 2nd ed., John Wiley & Sons, 1987.

[Fran 03] Franc V., Hlaváč V. "An iterative algorithm learning the maximal margin classifier," *Pattern Recognition*, Vol. 36, pp. 1985-1996, 2003.

[Frea 92] Frean M. "A thermal perceptron learning rule," *Neural Computation*, Vol. 4, pp. 946-957, 1992.

[Frie 98] Friess T.T. "The kernel adatron with bias and soft margin," Technical Report, The University of Sheffield, Dept. of Automatic Control, England, 1998.

[Fuku 90] Fukunaga K. *Introduction to Statistical Pattern Recognition*, 2nd ed., Academic Press, 1990.

[Gal 90] Gallant S.I. "Perceptron based learning algorithms," *IEEE Transactions on Neural Networks*, Vol. 1(2), pp. 179-191, 1990.

[Gema 92] Geman S., Bienenstock E., Doursat R. "Neural networks and the bias/variance dilemma," *Neural Computation*, Vol. 4, pp. 1-58, 1992.

[Gilb 66] Gilbert E.G. "An iterative procedure for computing the minimum of a quadratic form on a convex set," *SIAM Journal on Control*, Vol. 4(1), pp. 61-79, 1966.

[Guer 04] Guerrero-Curieses A., Cid-Sueiro J., Alaiz-Rodriguez R., Figueiras-Vidal A.R. "Local estimation of posterior class probabilities to minimize classification errors," *IEEE Transactions on Neural Networks*, Vol. 15(2), pp. 309-317, 2004.

[Hast 01] Hastie T., Tibsharini R., Friedman J. *The Elements of Statistical Learning: Data Mining, Inference and Prediction*, Springer, 2001.

[Hayk 96] Haykin S. *Adaptive Filter Theory*, 3rd ed., Prentice Hall, 1996.

[Ho 65] Ho Y.H., Kashyap R.L. "An algorithm for linear inequalities and its applications," *IEEE Transactions on Electronic Computers*, Vol. 14(5), pp. 683-688, 1965.

[Hsu 02] Hsu C.W., Lin C.J. "A comparison of methods for multi-class SVM," *IEEE Transactions on Neural Networks*, Vol. 13, pp. 415-425, 2002.

[Hryc 92] Hrycej T., *Modular Learning in Neural Networks*, John Wiley & Sons, 1992.

[Hush 06] Hush D., Kelly P. Scovel C., Steinwart I. "QP algorithms with guaranteed accuracy and run time for support vector machines," *Journal of Machine Learning Research*, Vol. 7, pp. 733-769, 2006.

[Joac 98] Joachims T. "Making large scale support vector machines practical," in *Advances in Kernel Methods*, (Schölkoph B., Burges C.J.C., Smola A. eds.), MIT Press, 1998.

[Kalou 93] Kalouptsidis N., Theodoridis S. *Adaptive System Identification and Signal Processing Algorithms*, Prentice Hall, 1993.

[Keer 00] Keerthi S.S., Shevade S.K., Bhattacharyya C., Murthy K.R.K. "A fast iterative nearest point algorithm for support vector machine classifier design," *IEEE Transactions on Neural Networks*, Vol. 11(1), pp. 124-136, 2000.

[Keer 01] Keerthi S.S., Shevade S.K., Bhattacharyya C., Murth K.R.K. "Improvements to Platt's SMO algorithm for SVM classifier design," *Neural Computation*, Vol. 13, pp. 637-649, 2001.

[Liu 06] Liu Y., You Z., Cao L. "A novel and quick SVM-based multi-class classifier," *Pattern Recognition*, Vol. 39(11), pp. 2258-2264, 2006.

[Luen 69] Luenberger D.G. *Optimization by Vector Space Methods*, John Wiley & Sons, New York, 1969.

[McLa 92] McLachlan G. J. *Discriminant Analysis and Statistical Pattern Recognition*, John Wiley & Sons, 1992.

[Matt 99] Mattera D., Palmieri F., Haykin S. "An explicit algorithm for training support vector machines," *IEEE Signal Processing Letters*, Vol. 6(9), pp. 243-246, 1999.

[Mavr 07] Mavroforakis M., Sdralis M., Theodoridis S. "A geometric nearest point algorithm for the efficient solution of the SVM classification task," *IEEE Transactions on Neural Networks*, Vol. 18(5), pp. 1545-1550, 2007.

[Mavr 06] Mavroforakis M., Theodoridis S. "A geometric approach to Support Vector Machine (SVM) classification," *IEEE Transactions on Neural Networks*, Vol. 17(3), pp. 671-682, 2006.

[Mavr 05] Mavroforakis M., Theodoridis S. "Support Vector Machine classification through geometry," *Proceedings of the XII European Signal Processing Conference (EUSIPCO)*, Antalya, Turkey, 2005.

[Mitc 74] Mitchell B.F., Demyanov V.F., Malozemov V.N. "Finding the point of a polyhedron closest to the origin," *SIAM Journal on Control*, Vol. 12, pp. 19-26, 1974.

[Min 88] Minsky M. L., Papert S.A. *Perceptrons*, expanded edition, MIT Press, MA, 1988.

[Muse 97] Muselli M. "On convergence properties of pocket algorithm," *IEEE Transactions on Neural Networks*, Vol. 8(3), pp. 623-629, 1997.

[Navi 01] Navia-Vasquez A., Perez-Cuz F., Artes-Rodriguez A., Figueiras-Vidal A. "Weighted least squares training of support vector classifiers leading to compact and adaptive schemes," *IEEE Transactions on Neural Networks*, Vol. 12(5), pp. 1047-1059, 2001.

[Nguy 06] Nguyen D., Ho T. "A bottom-up method for simplifying support vector solutions," *IEEE Transactions on Neural Networks*, Vol. 17(39), pp. 792-796, 2006.

[Osun 97] Osuna E., Freund R., Girosi F., "An improved training algorithm for support vector machines," *Proceedings of IEEE Workshop on Neural Networks for Signal Processing*, pp. 276-285, Amelia Island, FL, 1997.

[Papo 91] Papoulis A. *Probability, Random Variables and Stochastic Processes*, 3rd ed., McGraw-Hill, 1991.

[Pear 90] Pearlmutter B., Hampshire J. "Equivalence proofs for multilayer perceptron classifiers and the Bayesian discriminant function," *Proceedings Connectionists Models Summer School*, Morgan Kauffman, 1990.

[Plat 00] Platt J.C., Cristianini N., Shawe-Taylor J. "Large margin DAGs for the multiclass classification," in *Advances in Neural Information Processing*, (Smola S.A., Leen T.K., Müller K.R., eds.), Vol. 12, pp. 547-553, MIT Press, 2000.

[Plat 99] Platt J. "Fast training of support vector machines using sequential minimal optimization," in *Advances in Kernel Methods: Support Vector Learning* (Scholkopf B., Burges C.J.C., Smola A. J., eds), pp. 185-208, MIT Press, 1999.

[Platt 98] Platt J. "Sequential minimal optimization: A fast algorithm for training support vector machines," *Technical Report, Microsoft Research*, MSR-TR-98-14, April 21, 1998.

[Poul 95] Poulard H., "Barycentric correction procedure: A fast method of learning threshold units," *Proc. WCNN '95*, Vol. 1, Washington, DC, pp. 710-713, July, 1995.

[Rich 91] Richard M.D., Lippmann R.P. "Neural network classifiers estimate Bayesian a posteriori probabilities," *Neural Computation*, Vol. 3, pp. 461-483, 1991.

[Rifk 04] Rifkiy R., Klautau A. "In defense of one-vs-all classification," *Journal of Machine Learning Research*, Vol. 5, pp. 101-141, 2004.

[Robb 51] Robbins H., Monro S. "A stochastic approximation method," *Annals of Mathematical Statistics*, Vol. 22, pp. 400-407, 1951.

[Rose 58] Rosenblatt F. "The perceptron: only A probabilistic model for information storage and organization in the brain," *Psychological Review*, Vol. 65, pp. 386-408, 1958.

[Scho 00] Schölkoph B., Smola A.J., Williamson R.C., Bartlett P.L. "New support vector algorithms," *Neural Computation*, Vol. 12, pp. 1207-1245, 2000.

[Tao 04] Tao Q., Wu G.-W., Wang J. "A generalized S-K algorithm for learning ν-SVM classifiers," *Pattern Recognition Letters*, Vol. 25(10), pp. 1165-1171, 2004.

[Theo 07] Theodoridis S., Mavroforakis M. "Reduced convex hulls: A geometric approach to support vector machines," *IEEE Signal Processing Magazine*, Vol. 24(3), pp. 119-122, 2007.

[Tou 74] Tou J., Gonzalez R.C. *Pattern Recognition Principles*, Addison-Wesley, 1974.

[Tsan 06] Tsang I.W.-H., Kwok J.T. -Y., Zurada J.M. "Generalized core vector machines," *IEEE Transactions on Neural Networks*, Vol. 17(5), pp. 1126-1140, 2006.

[Vapn 98] Vapnik V.N. *Statistical Learning Theory*, John Wiley & Sons, 1998.

[Widr 60] Widrow B., Hoff M.E., Jr. "Adaptive switching circuits," *IRE WESCON Convention Record*, pp. 96-104, 1960.

[Widr 90] Widrow B., Lehr M.A. "30 years of adaptive neural networks: Perceptron, madaline, and backpropagation," *Proceedings of the IEEE*, Vol. 78(9), pp. 1415-1442, 1990.

[Yee 96] Yee T., Wild C. "Vector generalized additive models," *Journal of the Royal Statistical Society, Series B*, Vol. 58, pp. 481-493, 1996.

[Zhou 08] Zhou J., Peng H., Suen C.Y. "Data-driven decomposition for multi-class classification," *Pattern Recognition*, Vol. 41, pp. 67-76, 2008.

第 4 章　非线性分类器

4.1　引言

前一章讨论了由线性判别函数（超平面）$g(\boldsymbol{x})$描述的线性分类器的设计。在简单的两个类别的情形下，只要两个类别是线性可分的，那么感知器算法就能计算线性函数 $g(\boldsymbol{x})$的权重。对于非线性可分类别，线性分类器的最优设计方法是使平方误差最小。本章介绍非线性可分问题，研究线性分类器设计即使是在最理想的情况下，也不能产生令人满意的性能的原因。下面介绍如何设计非线性分类器。

4.2　异或问题

研究非线性可分问题时，我们不需要考虑复杂情况。异或（Exclusive OR, XOR）布尔函数是这类问题的典型例子。事实上，取决于输入二进制数据 $\boldsymbol{x} = [x_1, x_2,\cdots, x_l]^{\mathrm{T}}$，输出要么为 0，要么为 1，并且 $\boldsymbol{x}$ 被赋给两个类别 $A(1)$或 $B(0)$之一。表 4.1 中给出了 XOR 运算的真值表。

表 4.1　XOR 运算的真值表

x_1	x_2	XOR	类　别
0	0	0	B
0	1	1	A
1	0	1	A
1	1	0	B

图 4.1 中给出了各个类别在空间中的位置。由图可以看出，单条直线不能分隔这两个类别。相比之下，另外两个布尔函数 AND 和 OR 是线性可分的。表 4.2 中列出了 AND 和 OR 运算的真值表，图 4.2(a)和图4.2(b)中描述了各个类别在二维空间中的位置。图 4.3 中显示了前一章中介绍的感知器，它通过计算突触权重来实现 OR 门（验证）。

表 4.2　AND 和 OR 运算的真值表

x_1	x_2	AND	类　别	OR	类　别
0	0	0	B	0	B
0	1	0	B	1	A
1	0	0	B	1	A
1	1	1	A	1	A

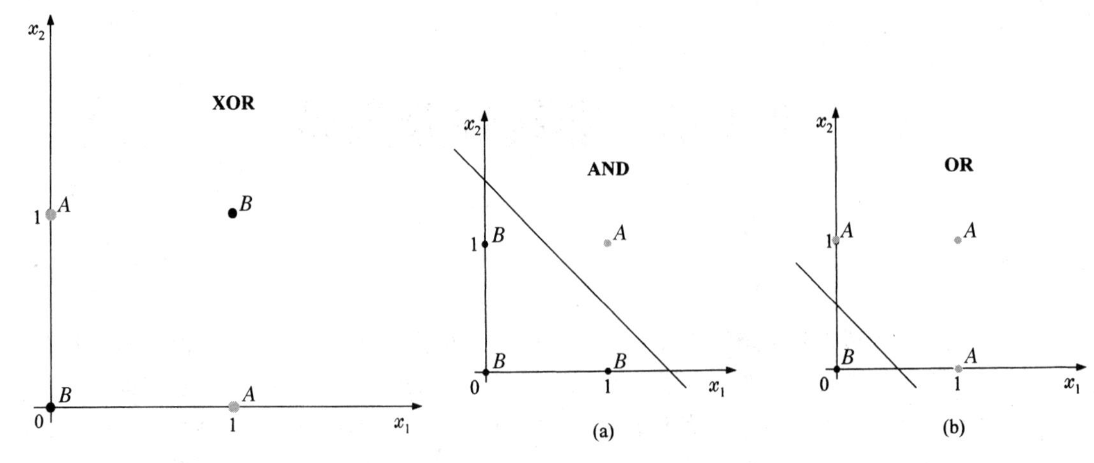

图 4.1　类别 A 和类别 B 的 XOR 问题

图 4.2　类别 A 和类别 B 的 AND 和 OR 问题

现在的任务是首先处理 XOR 问题，然后将该过程推广到非线性可分类别的一般情形。下面从几何结构开始。

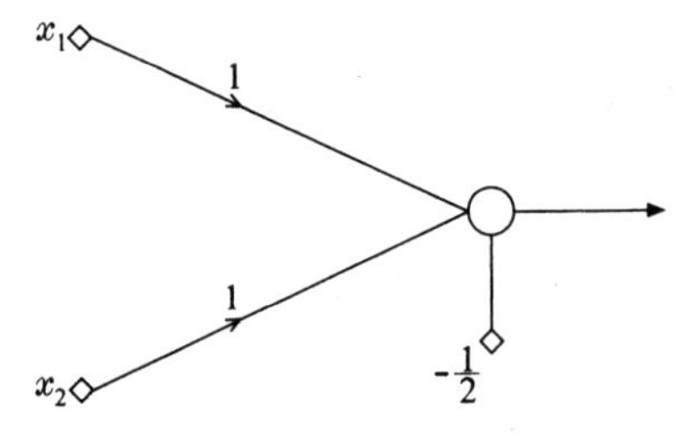

图 4.3　实现 OR 门的感知器

4.3　两层感知器

为了分隔图 4.1 中的两个类别 A 和 B，我们首先想到的是画两条而非一条直线。

图 4.4 中显示了两条可能的直线 $g_1(\boldsymbol{x}) = g_2(\boldsymbol{x}) = 0$，以及 $g_1(\boldsymbol{x}) \geqslant 0$ 和 $g_2(\boldsymbol{x}) \geqslant 0$ 之间的区域。现在我们可以分隔这两个类别。类别 A 位于 $g_1(\boldsymbol{x})$的右侧(+)和 $g_2(\boldsymbol{x})$的左侧(−)。类别 B 位于 $g_1(\boldsymbol{x})$的左侧和 $g_2(\boldsymbol{x})$的右侧。现在要做的是分两个阶段来处理问题。第一个阶段是计算特征向量 $\boldsymbol{x}$ 相对于每条决策线的位置；第二个阶段是结合前一阶段的结果，确定 $\boldsymbol{x}$ 相对于这两条线的位置，即 $\boldsymbol{x}$ 是在阴影区域之外还是在阴影区域之内。下面以不同的视角来看这个问题，以方便后面的推广。

在计算的第一个阶段，两条决策线 $g_1(\cdot)$和 $g_2(\cdot)$由两层感知器实现，感知器的输入为 x_1, x_2，且具有适当的突触权重。对应的输出是 $y_i = f(g_i(\boldsymbol{x})), i=1, 2$，其中激活函数 $f(\cdot)$是电平为 0 和 1 的阶跃函数。表 4.3 小结了不同输入组合的 y_i 值，即输入向量 $\boldsymbol{x}$ 与两条决策线的相对位置。换个角度来看，第一个阶段计算输入向量 $\boldsymbol{x}$ 到新向量 $\boldsymbol{y} = [y_1, y_2]^{\mathrm{T}}$ 的映射，第二阶段基于变换的数据做出决策；也就是说，现在的目标是将$[y_1, y_2] = [0, 0]$和$[y_1, y_2] = [1,1]$（对应于类别 B 的向量）与$[y_1, y_2] = [1, 0]$（对应于类别 A 的向量）分隔开来。由图 4.5 明显可以看出，画出第三条线 $g(\boldsymbol{y})$就可实现这一目标，这条线可以由第三个神经元来实现。换言之，第一个阶段的映射将非线性可分问题转换为线性可分问题。稍后将着重讲述这个问题。图 4.6 中给出了实现方法，三条线中的每条都由具有适当突触权重的神经元[①]实现。由此生成的多层结构可视为感知器的推广，称为*两层感知器*或*两层前馈神经网络*。第一层的两个神经元（节点）完成第一个阶段的计算，它们构成隐藏层。第二层的单个神经元执行最后阶段的计算，构成输出层。在图 4.6 中，输入层对应于输入数据的（未处理）节点。因此，输入层的节点数等于输入空间的维数。注意，在输入层节点不做处理。由图中的两

① 为了区别于其他的相关结构，保留输出到输入的反馈路径。

层感知器实现的决策线是

$$g_1(\boldsymbol{x}) = x_1 + x_2 - \frac{1}{2} = 0$$

$$g_2(\boldsymbol{x}) = x_1 + x_2 - \frac{3}{2} = 0$$

$$g(\boldsymbol{y}) = y_1 - y_2 - \frac{1}{2} = 0$$

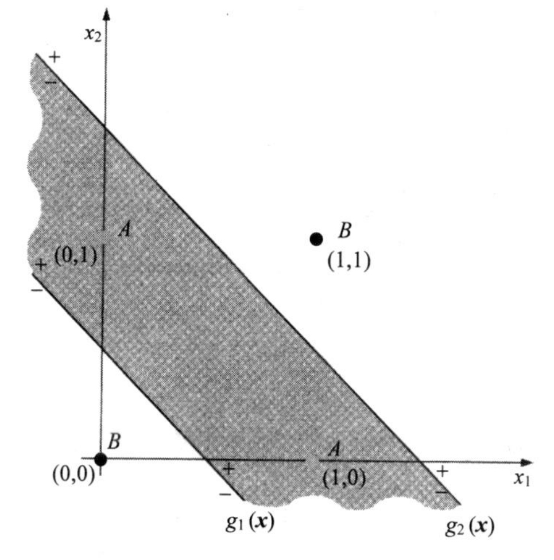

图 4.4　XOR 问题中两层感知器实现的决策线

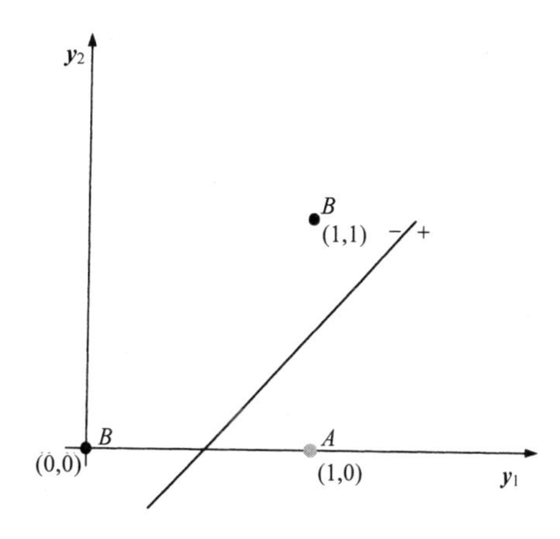

图 4.5　XOR 问题中第二层神经元形成的决策线

图 4.6 中的多层感知器结构可以推广到 l 维输入向量及隐藏（输出）层中有两个（一个）以上神经元的情形。为了实现更复杂的非线性分类任务，下面重点分析这种神经网络的类别判别能力。

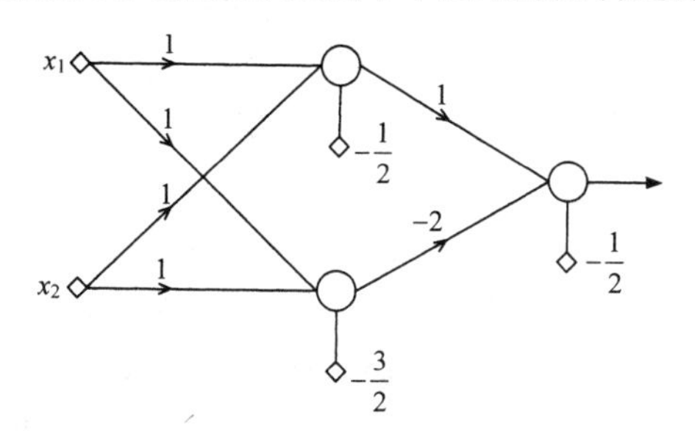

图 4.6　求解 XOR 问题的两层感知器

表 4.3　XOR 问题的两个计算阶段的真值表

第一个阶段				第二个阶段
x_1	x_2	y_1	y_2	
0	0	0(−)	0(−)	$B(0)$
0	1	1(+)	0(−)	$A(1)$
1	0	1(+)	0(−)	$A(1)$
1	1	1(+)	1(+)	$B(0)$

4.3.1　两层感知器的分类能力

仔细观察图 4.6 中的两层感知器就会发现，隐藏层的神经元的作用是将输入空间 $\boldsymbol{x}$ 映射到二维空间中单位边长正方形的顶点（见图 4.5）。

对于更一般的情况，我们考虑 l 维空间中的输入向量 $\boldsymbol{x}\in\mathcal{R}^l$ 及隐藏层中的 p 个神经元（见图 4.7）。我们暂时使用一个输出神经元，但推广到多个输出神经元的情形很容易。我们使用阶跃激活函数将输入空间映射到 p 维空间中单位边长的超立方体的顶点（由隐藏层执行），记为 $\boldsymbol{H}_p$：

$$H_p = \{[y_1,\cdots,y_p]^{\mathrm{T}} \in \mathcal{R}^p, y_i \in [0,1], 1 \leqslant i \leqslant p\}$$

超立方体的顶点是 $\boldsymbol{H}_p$ 的所有点$[y_1,\cdots,y_p]^{\mathrm{T}}$，其中 $y_i\in\{0,1\}$, $1\leqslant i\leqslant p$。

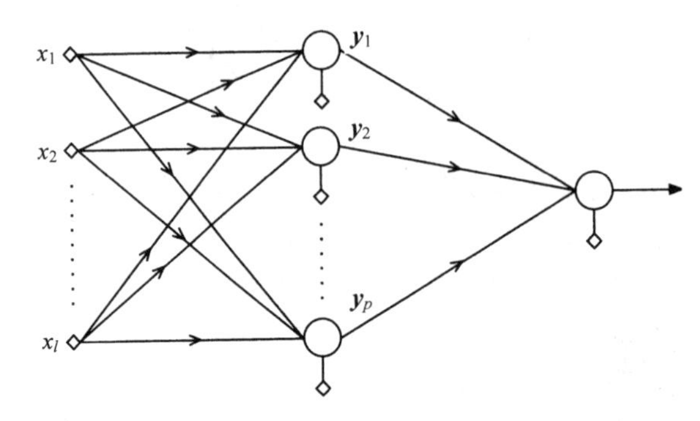

图 4.7 两层感知器

输入空间到超立方体顶点的映射是通过创建 p 个超平面实现的。每个超平面由隐藏层中的一个神经元实现，每个神经元的输出是 0 或 1，具体取决于输入向量相对于对应超平面的位置。图 4.8 是二维空间中三个相交超平面（三个神经元）的一个例子。由这些超平面的交集定义的每个区域都对应于单位长度三维超立方体的一个顶点，具体取决于它相对于每个超平面的位置。第 i 维顶点显示了该区域相对于 g_i 超平面的位置。例如，001 顶点对应的区域是 g_1 的(−)侧、g_2 的(−)侧和 g_3 的(+)侧。因此，我们得出如下结论：第一层神经元将输入 l 维空间拆分为多个多面体[①]，这些多面体由超平面的交集构成。位于这些多面体区域的是所有向量都被映射到单位 $\boldsymbol{H}_p$ 超立方体的特定顶点。输出神经元接着实现另一个超平面，这个超平面将超立方体拆分为两部分，使一部分顶点位于超平面的一侧，其余顶点位于超平面的另一侧。这个神经元提供的多层感知器具有将向量分为多个类别的能力，这些类别由多面体区域的并集构成。例如，类别 A 由映射到顶点 000, 001, 011 的区域的并集构成，类别 B 由其余区域构成（见图 4.8）。图 4.9 中显示了 H_3 单位（超）立方体和一个（超）平面，这个超平面将空间$\mathcal{R}^3$ 分为两个区域：一侧（类别 A）的顶点是 000, 001, 011，另一侧（类别 B）的顶点是 010, 100, 110, 111。这是$-y_1-y_2+y_3+0.5=0$ 平面，它由输出神经元实现。在这种结构中，类别 A 中的所有向量产生输出 1(+)，类别 B 中的所有向量产生输出 0(−)。另一方面，若类别 A 由 $000\cup111\cup110$ 构成而其余的是类别 B，则不可能构建能够分隔类别喝 A 和类别 B 的顶点的单个平面。因此，我们得出结论：两层感知器可以分隔由多面体区域的并集构成的类，但不能分隔这些区域的并集。它完全取决于 $\boldsymbol{H}_p$ 的顶点的相对位置（类别被映射到的位置），以及类别的线性可分性。在进一步寻找克服这些缺点的方法之前，应指出的是，立方体的顶点 101 不对应于多面体的任何一个区域，而对应于虚拟多面体，且它们不影响分类任务。

① 一个多面体或一组多面体是$\mathcal{R}^l$ 的闭半空间的有限交集，其中$\mathcal{R}^l$ 由一系列超平面构成。

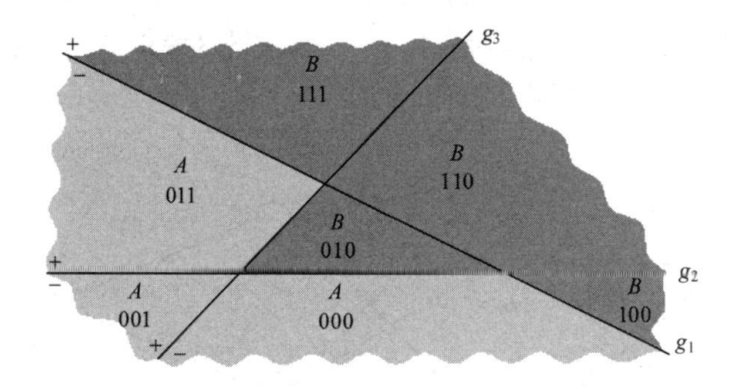

图 4.8 由多层感知器的第一个隐藏层的神经元形成的多面体

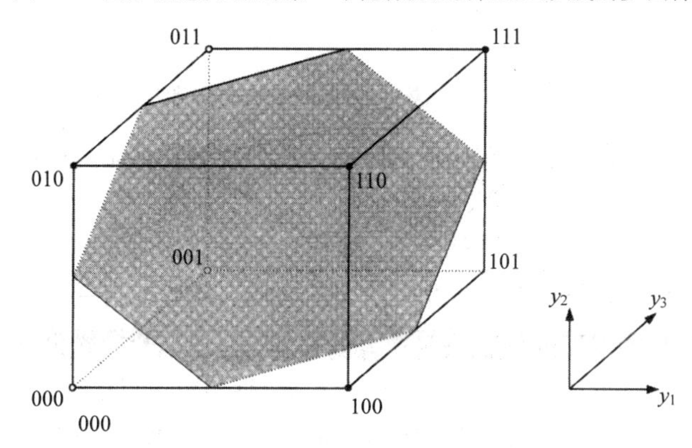

图 4.9 第一个隐藏层中的神经元将一个输入向量映射到单位（超）立方体的顶点。输出神经元生成一个（超）平面，它根据顶点的类别标注分隔顶点

4.4 三层感知器

两层感知器不能分隔由多面体区域的任何并集产生的类，因为输出神经元只能实现单个超平面。这种情况与处理 XOR 问题时遇到的基本感知器问题相同，解决办法是构建两条而非一条线。

图 4.10 中显示了一个三层感知器结构，它有两个隐藏层和一个输出层。我们将证明，这个结构能够对多面体区域的任何并集进行分类。假定所有的感兴趣区域都由 p 个超平面定义的 p 个 l 维半空间的交集构成。第一个隐藏层的 p 个神经元将输入空间映射到单位边长的 $\boldsymbol{H}_p$ 超立方体的顶点。假设类别 A 由生成的 K 个多面体的并集构成，类别 B 由其余空间构成。然后在第二个隐藏层中使用 K 个神经元，每个神经元实现 p 维空间中的一个超平面。对第二层神经元中的每个突触权重进行选择，使得实现的超平面只将 $\boldsymbol{H}_p$ 中的一个顶点放在超平面的一侧，而将其余的顶点放在超平面的另一侧。对于每个神经元，不同的顶点都是孤立点，即 K 个类别 A 的顶点中的一个。换言之，当类别 A 的输入向量进入神经网络时，第二层的 K 个神经元之一的输出是 1，余下的 $K-1$ 个神经元的输出都是 0。相反，对于类别 B 的向量，第二层的所有神经元的输出都是 0。现在，分类任务变得非常简单。选择输出层神经元实现 OR 门，使得针对类别 A 的输出是 1，针对类别 B 的输出是 0。证毕。

研究特定问题的几何结构，可以减少第二个隐藏层中的神经元数量。例如，使用一个超平面就可将 K 个顶点中的两个从其余顶点中分离出来。最后，我们可将多层结构推广到两个类别以上的情形。为实现这一目标，可以增加输出层神经元的数量，为每个类别实现一个 OR 门。因此，当各个类别中的一个向量进入神经网络时，其中一个神经元的输出是 1，其余神经元的输出都是 0。第二层神经元的数量也会受到影响（为什么？）。

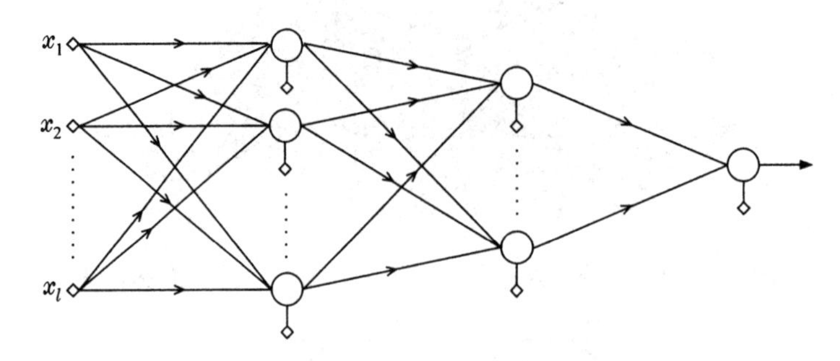

图 4.10 多层感知器结构，它有两个隐藏层和一个输出层

总之，我们可以说第一层的神经元构成超平面，第二层的神经元构成区域，输出层的神经元构成类别。

前面介绍的是三层感知器分隔多面体区域的并集的能力。在实际工作中，我们希望知道数据所在的区域，并且能够解析地计算各个超平面方程。然而，我们知道的只是这些区域中的点。有了感知器，就需要使用训练数据向量和学习算法得到突触权重。我们要重点解决两个问题：一是采用能够对所有已知训练数据进行正确分类的方式构建神经网络，使其成为一个连续的线性分类器；二是减少正确分类时的约束，计算突触权重，最小化预选的代价函数。

4.5 基于训练集准确分类的算法

这些技术的起点是一个小结构（通常不能求解手边的问题），这个结构会不断地扩张，直到正确地分类了训练集 X 中的所有 N 个特征向量。不同的算法会采用不同的方式扩张结构。有些算法通过增加层数来扩张结构[Meza 89, Frea 90]，有些算法则通过在一个或两个隐藏层中增加节点（神经元）来扩张结构[Kout 94, Bose 96]。此外，有些算法[Frea 90]允许连接非相邻层间的节点，有些算法允许连接同一层中的节点[Refe 91]。大多数此类算法的原理是相同的，即把问题分解为更小、更易于处理的问题。对于每个小问题，可以使用单个节点，其参数可由适当的迭代训练算法确定，如口袋算法或 LMS 算法（见第 3 章），也可以直接分析计算。从算法构建神经网络的方式看，这种技术称为构造技术。

拼贴算法[Meza 89]构造多层（通常超过三层）结构。下面描述两个类别（A 和 B）情况下的这个算法。该算法从第一层中的单个节点 $n(X)$开始，该节点称为该层的主单元。

使用口袋算法（见第 3 章）对该节点进行训练，训练完成后，将训练数据集 X 划分为两个子集 X^+和 X^-（见图4.11中的线①）。若 X^+（X^-）包含两个类别的特征向量，则引入另一个节点 $n(X^+)$（$n(X^-)$），该节点称为辅助单元。只用 X^+（X^-）（见图 4.11 中的线②）中的特征向量对该节点进行训练。若由神经元 $n(X^+)$（$n(X^-)$）产生的 X^{++}, X^{+-}（X^{-+}, X^{--}）中的任何一个都包含来自两个类别的向量，则增加辅助节点。经过有限步后，该过程停止，因为每增加一步，最近增加的（辅助）单元所能识别的向量数量会减少。因此，第一层通常由一个主单元和多个辅助单元构成。容易证明，在这种方式下，来自不同类别的任何两个向量都不能使第一层的输出相同。

设 $X_1 = \{\boldsymbol{y}{:}\boldsymbol{y} = f_1(\boldsymbol{x}), \boldsymbol{x} \in X\}$，其中 f_1 是由第一层实现的映射。应用上述过程设置变换后的 $\boldsymbol{y}$ 样

本的集合 X_1，构建该结构的第二层、第三层等。文献[Meza 89]中证明，正确选择两个相邻层间的权重，可以确保每个最新添加的主单元正确地分类所有向量，这些向量已由前一层的主单元正确地分类，并且至少增加一个向量。因此，拼贴算法产生的结构能在有限步内正确地分类 X 的所有样本。

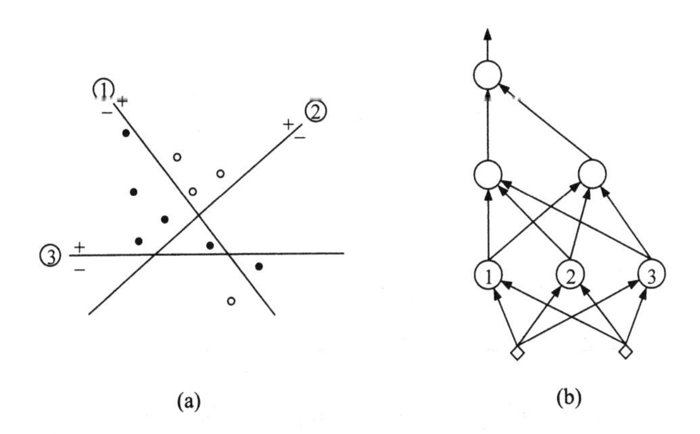

图 4.11　由拼贴算法得到的决策线和对应的结构。实心（空心）圆对应于类别 A（B）

可以看出，除第一层外，其余各层都能够处理二进制向量。这让我们想起了前一节提到的单位超立方体。使用之前的相同参数，可以证明该算法最多使用三层节点结构就能正确分类。

另一类构造算法的依据是第 2 章讨论的最近邻分类规则。第一层神经元生成的超平面，平分连接训练特征向量的线段[Murp 90]。第二层构成区域，方法是使用合适数量的神经元实现 AND 门，然后由最后一层的神经元形成类别，即实现 OR 门。这种技术的主要缺点是要用到大量的神经元。减少神经元数量的技术见文献[Kout 94, Bose 96]。

4.6　反向传播算法

设计多层感知器的另一种方法是，确定结构并计算其突触参数，使得输出的合适代价函数最小。迄今为止，这是最常用的方法，它不仅克服了前述方法产生较大神经网络的缺点，而且使得神经网络广泛应用于模式识别和其他领域。然而，这种方法很快就遇到了问题——阶跃（激活）函数不连续，不能对未知参数（突触权重）微分，且在代价函数最小化的过程中必须使用微分。下面介绍解决这些问题的方法。

前面介绍的多层感知器结构是围绕 McCulloch-Pitts 神经元开发的，它采用如下阶跃函数作为激活函数：

$$f(x)=\begin{cases}1, & x>0\\ 0, & x<0\end{cases}$$

近似阶跃函数的 S 形函数，是最常用的连续微分函数。一种典型形式是逻辑斯蒂函数

$$f(x)=\frac{1}{1+\exp(-ax)} \tag{4.1}$$

式中，a 是斜率参数。

图 4.12 显示了不同 a 值的 S 形函数和阶跃函数。有时，人们会采用另一种逻辑斯蒂函数，它与原型反对称，即 $f(-x)=-f(x)$：

$$f(x)=\frac{2}{1+\exp(-ax)}-1 \tag{4.2}$$

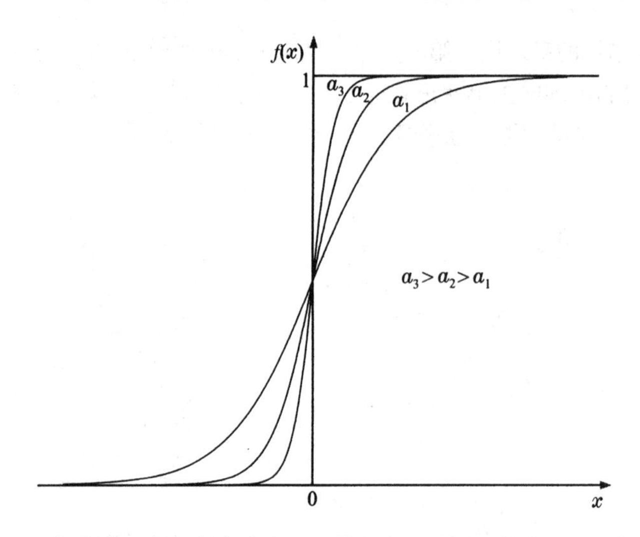

图 4.12 逻辑斯蒂函数。斜率参数 a 的值越大，阶跃函数实现的近似就越好

它在 1 和–1 之间变化，属于双曲正切函数，

$$f(x) = c\frac{1-\exp(-ax)}{1+\exp(-ax)} = c\tanh\left(\frac{ax}{2}\right) \tag{4.3}$$

所有这些函数也称挤压函数，因为它们的输出限定在有限范围内。我们将采用类似于图 4.10 所示的多层神经元结构，并且采用式(4.1)至式(4.3)给出的激活函数，目的是推导迭代训练算法，计算神经网络的突触权重，使选择的代价函数最小。在开始推导之前，首先要澄清的一个问题是，从远离阶跃函数起，我们以前关于将输入向量映射到单位超立方体顶点的内容不再有效。现在，我们使用代价函数来完成正确分类的任务。

为便于推广，我们假设神经网络由固定数量的 L 层神经元组成，输入层有 k_0 个节点，第 r 层有 k_r 个神经元，$r=1, 2,\cdots, L$。显然，k_0 等于 l。所有神经元都使用相同的 S 形激活函数。类似于 3.3 节中的情况，假设已知 N 个训练对$(\boldsymbol{y}(i), \boldsymbol{x}(i)), i=1,2,\cdots,N$ ①。因为已经假设有 k_L 个输出神经元，因此输出不再是一个标量，而是一个 k_L 维向量 $\boldsymbol{y}(i)=[y_1(i),\cdots,x_{k_L}(i)]^{\mathrm{T}}$。输入（特征）向量是 k_0 维向量 $\boldsymbol{x}(i)=[x_1(i),\cdots,x_{k_0}(i)]^{\mathrm{T}}$。在训练过程中，输入向量 $\boldsymbol{x}(i)$时，神经网络的输出是 $\hat{\boldsymbol{y}}(i)$，它与期望的值 $\boldsymbol{y}(i)$不同。计算突触权重，使得（每个问题的）合适代价函数 J 最小，其中代价函数依赖于 $\boldsymbol{y}(i)$和 $\hat{\boldsymbol{y}}(i)$ 的值，$i=1,2,\cdots,N$。显然，J 通过 $\hat{\boldsymbol{y}}(i)$ 依赖于权重，由于神经网络自身的特性，这种依赖是非线性的。采用迭代技术可以得到代价函数的最小值。本节采用应用广泛的梯度下降法（见附录 C）。设 $\boldsymbol{w}_j^r$ 是第 r 层中的第 j 个神经元的权重向量（包括阈值），它是一个 $k_{r-1}+1$ 维向量，定义为（见图 4.13）$\boldsymbol{w}_j^r=[w_{j0}^r, w_{j1}^r,\cdots,w_{jk_{r-1}}^r]^{\mathrm{T}}$。基本的迭代步骤为

$$\boldsymbol{w}_j^r(\text{new}) = \boldsymbol{w}_j^r(\text{old}) + \Delta\boldsymbol{w}_j^r$$

$$\Delta\boldsymbol{w}_j^r = -\mu\frac{\partial J}{\partial \boldsymbol{w}_j^r} \tag{4.4}$$

式中，$\boldsymbol{w}_j^r$(old)是未知权重的当前估计值，$\Delta\boldsymbol{w}_j^r$ 是获得下个估计值 $\boldsymbol{w}_j^r$(new)的修正量。

① 与其他章相比，在括号中使用 i，而不作为下标，不这样做会使得后面的注释非常麻烦。

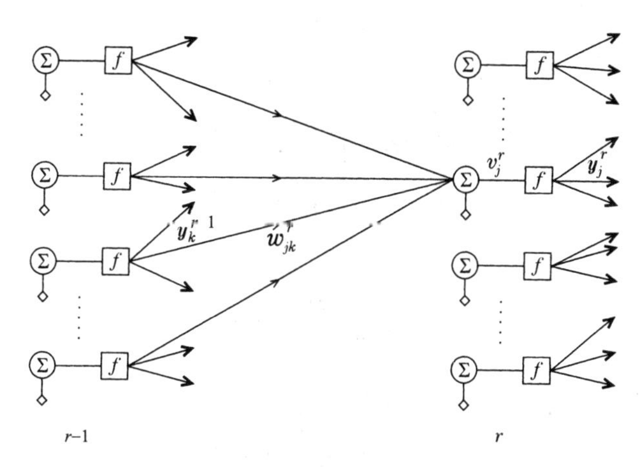

图 4.13　反向传播算法中的变量

在图 4.13 中，v_j^r 是输入第 r 层的第 j 个神经元的加权和，y_j^r 是激活函数后的对应输出。下面重点讨论代价函数

$$J=\sum_{i=1}^{N}\mathcal{E}(i) \tag{4.5}$$

式中，$\mathcal{E}$是依赖于 $\hat{\boldsymbol{y}}(i)$ 和 $\boldsymbol{y}(i), i=1,2,\cdots,N$ 的函数。换言之，J 是函数$\mathcal{E}$ 作用于每个训练对$(\boldsymbol{y}(i),\boldsymbol{x}(i))$的 N 个值之和。例如，我们可将$\mathcal{E}(i)$选为输出神经元中的误差平方和：

$$\mathcal{E}(i)=\frac{1}{2}\sum_{m=1}^{k_L}e_m^2(i)\equiv\frac{1}{2}\sum_{m=1}^{k_L}(y_m(i)-\hat{y}_m(i))^2,\quad i=1,2,\cdots,N \tag{4.6}$$

要计算式(4.4)中的修正项，就需要计算代价函数 J 相对于权重的梯度，即计算$\partial\mathcal{E}(i)/\partial\boldsymbol{w}_j^r$。

梯度计算

设 $y_k^{r-1}(i)$ 是第 $r-1$ 层的第 i 个训练对的第 k 个神经元的输出，$k=1,2,\cdots,k_{r-1}$，ω_{jk}^r 是当前估计值，它产生第 r 层中第 j 个神经元的对应权重，$j=1,2,\cdots,k_r$（见图 4.13）。因此，后一神经元的激活函数 $f(\cdot)$是

$$v_j^r(i)=\sum_{k=1}^{k_{r-1}}w_{jk}^r y_k^{r-1}(i)+w_{jo}^r\equiv\sum_{k=0}^{k_{r-1}}w_{jk}^r y_k^{r-1}(i) \tag{4.7}$$

式中，定义 $y_0^r(i)\equiv+1,\forall r,i$，以便包含权重中的阈值。对于输出层，神经网络的输出是 $r=L,\ y_k^r(i)=\hat{y}_k(i),k=1,2,\cdots,k_L$，而神经网络的输入是 $r=1, y_k^{r-1}(i)=x_k(i),k=1,2,\cdots,k_0$。

由式(4.7)可知，$\mathcal{E}(i)$对 $\boldsymbol{w}_j^r$ 的依赖性通过 $v_j^r(i)$ 传递。在微分中使用链式法则，有

$$\frac{\partial\mathcal{E}(i)}{\partial\boldsymbol{w}_j^r}=\frac{\partial\mathcal{E}(i)}{\partial v_j^r(i)}\frac{\partial v_j^r(i)}{\partial\boldsymbol{w}_j^r} \tag{4.8}$$

由式(4.7)有

$$\frac{\partial}{\partial\boldsymbol{w}_j^r}v_j^r(i)\equiv\begin{bmatrix}\frac{\partial}{\partial w_{j0}^r}v_j^r(i)\\ \vdots\\ \frac{\partial}{\partial w_{jk_{r-1}}^r}v_j^r(i)\end{bmatrix}=\boldsymbol{y}^{r-1}(i) \tag{4.9}$$

式中，

$$\boldsymbol{y}^{r-1}(i)=\begin{bmatrix}+1\\ y_1^{r-1}(i)\\ \vdots\\ y_{k_{r-1}}^{r-1}(i)\end{bmatrix} \tag{4.10}$$

定义

$$\frac{\partial \mathcal{E}(i)}{\partial v_j^r(i)} \equiv \delta_j^r(i) \tag{4.11}$$

则式(4.4)变为

$$\Delta \boldsymbol{w}_j^r=-\mu\sum_{i=1}^{N}\delta_j^r(i)\boldsymbol{y}^{r-1}(i) \tag{4.12}$$

式(4.12)是式(4.5)中可微代价函数的通用形式。下面计算 $\delta_j^r(i)$，它是最小二乘(4.6)的特例。这个过程类似于另一种代价函数选择。

为式(4.6)中的代价函数计算 $\delta_j^r(i)$

首先对 $r=L$ 进行计算，然后对 $r=L-1, L-2,\cdots,1$ 进行计算，即反向传播。这是称推导的算法为反向传播算法的原因。

1．$r=L$

$$\delta_j^L(i)=\frac{\partial \mathcal{E}(i)}{\partial v_j^L(i)} \tag{4.13}$$

$$\mathcal{E}(i)\equiv\frac{1}{2}\sum_{m=1}^{k_L}e_m^2(i)\equiv\frac{1}{2}\sum_{m=1}^{k_L}(f(v_m^L(i))-y_m(i))^2 \tag{4.14}$$

因此

$$\delta_j^L(i)=e_j(i)f'(v_j^L(i)) \tag{4.15}$$

式中，f' 是 $f(\cdot)$的导数。在最后一层中，$\mathcal{E}(i)$明显与 $v_j^L(i)$ 相关，导数计算非常简单。然而，对于隐藏层，导数计算要复杂一些。

2．$r<L$。由于各层之间的连续依赖性，$v_j^{r-1}(i)$ 的值影响下一层的所有 $v_k^r(i), k=1,2,\cdots,k_r$。一旦在微分中采用链式法则，就可得到

$$\frac{\partial \mathcal{E}(i)}{\partial v_j^{r-1}(i)}=\sum_{k=1}^{k_r}\frac{\partial \mathcal{E}(i)}{\partial v_k^r(i)}\frac{\partial v_k^r(i)}{\partial v_j^{r-1}(i)} \tag{4.16}$$

由式(4.11)有

$$\delta_j^{r-1}(i)=\sum_{k=1}^{k_r}\delta_k^r(i)\frac{\partial v_k^r(i)}{\partial v_j^{r-1}(i)} \tag{4.17}$$

但是

$$\frac{\partial v_k^r(i)}{\partial v_j^{r-1}(i)}=\frac{\partial\left[\sum_{m=0}^{k_{r-1}}w_{km}^r y_m^{r-1}(i)\right]}{\partial v_j^{r-1}(i)} \tag{4.18}$$

$$y_m^{r-1}(i) = f(\upsilon_m^{r-1}(i)) \tag{4.19}$$

因此

$$\frac{\partial \upsilon_k^r(i)}{\partial \upsilon_j^{r-1}(i)} = w_{kj}^r f'(\upsilon_j^{r-1}(i)) \tag{4.20}$$

由式(4.20)和式(4.17)得

$$\delta_j^{r-1}(i) = \left[\sum_{k=1}^{k_r} \delta_k^r(i) w_{kj}^r\right] f'(\upsilon_j^{r-1}(i)) \tag{4.21}$$

为了和式(4.15)一致，有

$$\delta_j^{r-1}(i) = e_j^{r-1}(i) f'(\upsilon_j^{r-1}(i)) \tag{4.22}$$

式中，

$$e_j^{r-1}(i) = \sum_{k=1}^{k_r} \delta_k^r(i) w_{kj}^r \tag{4.23}$$

关系式(4.15)、(4.22)和(4.23)构成计算 $\delta_j^r(i), r = 1,2,\cdots,L, j = 1,2,\cdots,k_r$ 的迭代公式，唯一未计算的量是 $f'(\cdot)$。对于式(4.1)中的函数，我们有

$$f'(x) = af(x)(1 - f(x))$$

至此，算法推导完毕。该算法最初以更通用的形式出现在文献[Werb 74]中。

反向传播算法

- *初始化*：使用伪随机序列生成器生成的小随机值初始化所有权重。
- *前向计算*：对每个训练特征向量 $\boldsymbol{x}(i), i = 1, 2, \cdots, N$，使用式(4.7)计算所有的 $\upsilon_j^r(i)$，$y_j^r(i) = f(\upsilon_j^r(i)), j = 1,2,\cdots,k_r, r = 1,2,\cdots,L$。使用式(4.5)和式(4.14)计算当前估计值的权重的代价函数。
- *后向计算*：对每个 $i = 1, 2,\cdots, N$ 和 $j = 1, 2,\cdots, k_L$，使用式(4.15)计算 $\delta_j^L(i)$，使用式(4.22)和式(4.23)计算 $\delta_j^{r-1}(i), r = L, L-1,\cdots,2, j = 1,2,\cdots,k_r$。
- *更新权重*：对 $r = 1, 2,\cdots, L$ 和 $j = 1, 2,\cdots, k_r$，有

$$\boldsymbol{w}_j^r(\text{new}) = \boldsymbol{w}_j^r(\text{old}) + \Delta\boldsymbol{w}_j^r$$

$$\Delta\boldsymbol{w}_j^r = -\mu \sum_{i=1}^{N} \delta_j^r(i) \boldsymbol{y}^{r-1}(i)$$

注释

- 为终止迭代，人们提出了大量准则。文献[Kram 89]中建议，当代价函数 J 小于某个阈值时或权重的梯度变小时，终止迭代。当然，后者会影响连续迭代步骤之间的权重变化率。
- 像源自梯度下降法的所有算法那样，反向传播算法的收敛速度依赖于训练常量 μ。μ 值必须小到能够保证收敛，但也不能太小，否则收敛速度会很慢。μ 的最优选择依赖于问题和权重空间中的代价函数形状等。宽极小 μ 值产生小梯度，大 μ 值加快收敛速度。另一方面，需要使用窄极小 μ 值避免溢出。后面我们会看到，合理地选取 μ 值是有可能的。
- 多层感知器的代价函数最小化是非线性最小化任务。因此，我们希望对应代价函数曲面

中存在局部极小值。因此，反向传播算法可能存在陷入局部极小值的风险。局部极小值足够小时，它可能仍然是一个好解。然而，在陷入局部极小值而得不到解的情况下，算法应使用不同的初始条件重新初始化。

- 所有训练对（输入-期望输出）在神经网络中出现后，使用本节描述的算法更新权重。这类操作模式称为*批模式*。这种方法的一个变体是，为每个训练对更新权重，这称为*样本模式*或*在线模式*。根据 Robbins-Monro 方法，这与 LMS 类似，计算的是梯度瞬时值而非平均值。在反向传播情形下，使用每个 $\delta_j^r(i)$ 代替所有 i 上 $\delta_j^r(i)$ 的和。样本模式下的算法为

$$\boldsymbol{w}_j^r(i+1) = \boldsymbol{w}_j^r(i) - \mu\delta_j^r(i)\boldsymbol{y}^{r-1}(i)$$

与样本模式相比，批模式是一个固有的平均过程，因此能够更好地估计梯度，进而有更好的收敛性。另一方面，在训练过程中，样本模式表现出更高的随机性，有助于避免算法陷入局部极小值。文献[Siet 91]中建议，在训练数据中添加（小）白噪声序列可增大训练的随机性。训练数据的另一种常用方法出现在神经网络中。在训练过程中，可以反复使用训练向量更新方程，直到算法收敛。所有 N 个训练对完整出现一次构成一代。连续应用多代时，从收敛的角度来看，最好随机化训练对出现的顺序。出现局部极小值时，随机化能够帮助样本模式算法跳出局部极小值区域。然而，是选择批模式运算还是选择样本模式运算，取决于具体的问题[Hert 91, p.119]。

- 神经网络训练完成后，就将已收敛的突触权重和阈值固定，并准备使用神经网络进行分类。分类要比训练容易。输入一个未知向量后，神经网络的输出会指出它应赋给哪个类别。神经元实现的计算是后跟非线性的乘-加运算，实现这一运算的硬件方法有多种，如从光学到 VLSI 芯片设计。此外，社经网络具有自然的内置并行性，即每层中的计算都是并行的。神经网络的这些特点使得人们开发了专用神经元计算机，详见文献[Koli 97]。

4.7 反向传播算法的变体

两种反向传播算法（批模式和样本模式）继承了梯度下降法的所有缺点：收敛到代价函数极小值的速度很慢。附录 C 中的讨论表明，对应 Hessian 矩阵的特征值范围较大时，这种特质变得更加突出。在这种情况下，两次连续迭代间的代价函数的梯度变化不是平滑的，而是振荡的，因此会使得收敛变慢。克服这个问题的方法之一是，使用动量项平滑振荡，加速收敛。带有动量项的反向传播算法形式是

$$\Delta\boldsymbol{w}_j^r(\text{new}) = \alpha\Delta\boldsymbol{w}_j^r(\text{old}) - \mu\sum_{i}^{N}\delta_j^r(i)\boldsymbol{y}^{r-1}(i) \tag{4.24}$$

$$\boldsymbol{w}_j^r(\text{new}) = \boldsymbol{w}_j^r(\text{old}) + \Delta\boldsymbol{w}_j^r(\text{new}) \tag{4.25}$$

与式(4.4)相比，可以看出修正向量 $\Delta\boldsymbol{w}_j^r$ 不仅与梯度相关，而且与它在前一次迭代中的值相关。常量 α *称为动量系数*，实践中其取值范围通常是[0.1, 0.8]。为了理解动量系数的作用，下面研究一系列连续迭代步骤中的修正项。在第 t 次迭代中，有

$$\Delta\boldsymbol{w}_j^r(t) = \alpha\Delta\boldsymbol{w}_j^r(t-1) - \mu\boldsymbol{g}(t) \tag{4.26}$$

式中，最后一项表示梯度。经过 T 次连续迭代后，我们得到

$$\Delta \boldsymbol{w}_j^r(T) = -\mu \sum_{t=0}^{T-1} \alpha^t \boldsymbol{g}(T-t) + \alpha^{\mathrm{T}} \Delta \boldsymbol{w}_j^r(0) \tag{4.27}$$

由于$\alpha < 1$，经过多次迭代后，最后一项接近零，动量项的平滑（平均）效果变得很明显。下面假设算法位于权重空间中代价函数曲面的低曲率点。于是，我们可以假设经过多次迭代后，梯度近似为常量。有了这些假设后，就可以写出

$$\Delta \boldsymbol{w}_j^r(T) \approx -\mu(1+\alpha+\alpha^2+\alpha^3+\cdots)\boldsymbol{g} = -\frac{\mu}{1-\alpha}\boldsymbol{g}$$

换言之，在这种情形下，动量项能够有效地增大训练常量。文献[Silv 90]中声称加入动量项后，收敛速度快了 2 倍以上。

该技术的一种启发式变体是，根据连续迭代步骤中的代价函数值，为学习因子μ使用一个自适应值。可能的步骤如下：设 $J(t)$是第 t 次迭代的代价值，若 $J(t) < J(t-1)$，则将学习率增大 r_i倍。另一方面，若代价的新值是旧值的 c 倍，则将学习率降低 r_d倍；否则，使用相同的值。概括如下：

$$\frac{J(t)}{J(t-1)} < 1, \quad \mu(t) = r_i \mu(t-1)$$

$$\frac{J(t)}{J(t-1)} > c, \quad \mu(t) = r_d \mu(t-1)$$

$$1 \leqslant \frac{J(t)}{J(t-1)} \leqslant c, \quad \mu(t) = \mu(t-1)$$

在实际工作中，这些参数的典型值是 $r_i = 1.05$, $r_d = 0.7$, $c = 1.04$。对于代价增大的所有迭代步骤来说，减小学习率及将动量项设为 0 都是有利的。然而，有人建议不要在这一步中更新权重。

下面介绍更新学习因子μ的另一种方法——delta-delta 规则及改进的 delta-bar-delta 规则[Jaco 88]，其基本思想是，对每个权重使用不同的学习因子，若代价函数关于对应权重的梯度在两次连续迭代中有相同的符号，则增大学习因子。反之，若具有不同的符号，则表明可能出现了振荡，应减小学习因子。人们提出了许多加速收敛的技术，详见文献[Cich 93]中关于它们的回顾。

加速收敛的另一种方法采用备择搜索法而非梯度下降法，但其复杂度较高。相关文献中出现了许多这样的算法技术。例如，文献[Kram 89, Barn 92, Joha 92]中给出了基于共轭梯度算法的方法，文献[Batt 92, Rico 88, Barn 92, Watr 88]中给出了基于牛顿法的方法，文献[Palm 91, Sing 89]中给出了基于卡尔曼滤波法的方法，文献[Bish 95]中给出了基于 Levenberg Marquardt 算法的方法。在许多此类算法中，需要计算 Hessian 矩阵的元素，即代价函数关于权重的二次导数：

$$\frac{\partial^2 J}{\partial w_{jk}^q \partial w_{nm}^r}$$

Hessian 矩阵的计算是用反向传播概念实现的（见习题 4.12 和 4.13），详见文献[Hayk 99, Zura 92]。

松散地基于牛顿法的一种常用算法是快速推进算法[Fahl 90]，它是一种准独立地处理权重的渐近方法。快速推进算法使用一个二次多项式来逼近误差曲面，其中后者是每个权重的函数。若在某个合理的值处它有极小值，则将后者作为迭代的新权重，否则使用许多启发式方法。对于不同层中的权重，该算法的通用形式是

$$\Delta w_{ij}(t) = \begin{cases} \alpha_{ij}(t)\Delta w_{ij}(t-1), & \Delta w_{ij}(t-1) \neq 0 \\ \mu \frac{\partial J}{\partial w_{ij}}, & \Delta w_{ij}(t-1) = 0 \end{cases} \tag{4.28}$$

式中，

$$\alpha_{ij}(t) = \min\left\{\frac{\frac{\partial J}{\partial w_{ij}}(t)}{\frac{\partial J}{\partial w_{ij}}(t-1) - \frac{\partial J}{\partial w_{ij}}(t)}, \alpha_{\max}\right\} \tag{4.29}$$

所涉变量的典型值是 $0.01 \leqslant \mu \leqslant 0.6$，$\alpha_{\max} \approx 1.75$[Cich 93]。文献[Ried 93]中给出的算法类似于快速推进算法，两种算法的速度相当，但前者达到稳定时所需的参数调整较少。

4.8　代价函数的选择

式(4.6)中给出的最小二乘代价函数不是用户的唯一选择。选择其他代价函数也能得到较好的结果，具体取决于特定的问题。下面仔细研究最小二乘代价函数。由于输出节点的所有误差先平方后求和，因此大误差值对学习过程的影响远大于小误差值。于是，若期望输出的动态范围不是同一级别的，则最小二乘准则得到的权重将是在不公平提供信息条件下"学习"的。此外，文献[Witt 00]中指出，对于分类问题，使用平方误差准则的梯度下降法会因陷入局部极小值而找不到解，即便（至少）有一个解存在。在当前的上下文中，假定分类器能够正确地分类所有的训练样本。相比之下，可以证明存在满足某个准则的另一类函数，这类函数可以保证梯度下降法收敛到存在的解。这类代价函数称为合式函数。下面给出这类适用于模式识别任务的代价函数。

对于每个输出节点 $k = 1, 2, \cdots, k_L$，多层神经网络将输入向量 $\boldsymbol{x}$ 非线性映射为输出值 $\hat{y}_k = \phi_k(\boldsymbol{x}; \boldsymbol{w})$，其中映射对权重的依赖性是显式给出的。第 3 章中说过，若采用最小二乘代价函数且期望的输出 y_k 是二元的（属于或不属于类别 ω_k），则对应神经网络输出 $\hat{y}_k$ 的最优权重 $\boldsymbol{w}^*$ 是后验概率 $P(\omega_k|\boldsymbol{x})$ 的最小二乘最优估计（这一估计的好坏对我们很重要）。这时，我们将根据真实输出 $\hat{y}_k$ 的概率来构建代价函数。假定期望的输出值 y_k 是独立的二元随机变量，$\hat{y}_k$ 是这些随机变量为 1 的后验概率[Hint 90, Baum 88]。于是，交叉熵代价函数定义为

$$J = -\sum_{i=1}^{N}\sum_{k=1}^{k_L}(y_k(i)\ln\hat{y}_k(i) + (1 - y_k(i))\ln(1 - \hat{y}_k(i))) \tag{4.30}$$

当 $y_k(i) = \hat{y}_k(i)$ 时，J 取极小值；对二元期望响应值来说，这个极小值是 0。这类代价函数存在多种解释[Hint 90, Baum 88, Gish 90, Rich 91]。例如，考虑输入为 $\boldsymbol{x}(i)$ 时的输出向量 $\boldsymbol{y}(i)$，这个向量在真正的类节点是 1，在其他节点是 0。若考虑第 k 个节点为 1（0）的概率 $\hat{y}_k(i)$（$1 - \hat{y}_k(i)$）和节点的独立性，则有

$$p(\boldsymbol{y}) = \prod_{k=1}^{k_L}(\hat{y}_k)^{y_k}(1 - \hat{y}_k)^{1-y_k} \tag{4.31}$$

为便于表示，这里未考虑对 i 的依赖性。于是，容易证明 J 是训练样本对的负对数似然。若 $y_k(i)$ 是区间(0, 1)内的真正概率，则从 J 中减去极小值后，式(4.30)变成

$$J = -\sum_{i=1}^{N}\sum_{k=1}^{k_L}\left(y_k(i)\ln\frac{\hat{y}_k(i)}{y_k(i)} + (1 - y_k(i))\ln\frac{1 - \hat{y}_k(i)}{1 - y_k(i)}\right) \tag{4.32}$$

若使用极限值 $0 \ln 0 = 0$，则上面的二元值 y_k 也有效。

不难证明（见习题 4.5），相对于最小二乘代价函数，交叉熵代价函数依赖于相对误差而非绝对误差，因此它对小值和大值给出相同的权重。此外，它满足合式函数[Adal 97]的条件。最后，可以证明，类似于最小二乘代价函数的情形，对期望的响应采用交叉熵代价函数和二元值时，对应于最优权重 $\boldsymbol{w}^*$ 的输出 $\hat{y}_k$ 实际上是 $P(\omega_k|\boldsymbol{x})$ 的估计[Hamp 90]。

交叉熵代价函数的主要优点是，当输出之一收敛到错误的极小值时，它会发散，因此梯度下降反应很快。另一方面，此时的平方误差代价函数近似为一个常量，且 LS 上的梯度下降不明显，即使误差可能不是很小。文献[Adal 97]在关于信道均衡的上下文中，说明了交叉熵代价函数的这一优点。

若用 $\hat{y}_k(i)$和 $y_k(i)$分别表示真实概率和期望概率，则它们的相似度由如下交叉熵函数（见附录 A）给出：

$$J=-\sum_{i=1}^{N}\sum_{k=1}^{k_L}y_k(i)\ln\frac{\hat{y}_k(i)}{y_k(i)} \tag{4.33}$$

它对二元目标值也有效（使用极限形式）。然而，尽管我们已将输出解释为概率，但不能保证这些概率的和为 1。对输出节点使用一个备择激活函数，可使概率之和为 1。文献[Brid 90]中给出了 softmax 激活函数：

$$\hat{y}_k=\frac{\exp(v_k^L)}{\sum_{k'}\exp(v_{k'}^L)} \tag{4.34}$$

它保证输出位于区间[0, 1]内，且和为 1［注意，与式(4.32)相反，输出概率不是独立的］。容易证明（见习题 4.7），在这种情况下，反向传播所要求的 δ_j^L等于 $\hat{y}_k-y_k$。

除式(4.33)中的交叉熵代价函数外，人们还提出了许多备择代价函数。例如，在文献[Kara 92]中，为了加速收敛，使用了推广的二次误差代价函数。另一种方法是最小化分类误差，这毕竟是模式识别的主要目标。围绕判别学习，人们提出了许多技术[Nede 93, Juan 92, Pado 95]。判别学习的基本优点是，它会移动决策面来减小分类误差。为实现这个目标，它更强调最大类后验概率估计。相比之下，平方误差代价函数则对所有的后验概率估计赋相同的重要性。换句话说，它试着学习比分类所需的更多知识，而这会限制固定大小网络的性能。大多数判别学习技术使用平滑的分类误差，以便能够应用与梯度下降法相关联的微分。当然，它也存在最小化过程中陷入局部极小值的风险。为避免局部极小值，文献[Mill 96]中采用确定性退火程序来训练网络（见第 15 章）。

代价函数的最终选择取决于具体的问题。然而，如文献[Rich 91]中指出的那样，在实际使用的备择代价函数中，最小二乘代价函数不一定会带来实质性的性能提升。

到目前为止，我们通过无约束最优路径（见附录 C）实现了多层感知器训练的目的。然而，越来越多的研究表明，使用约束优化将附加知识集成到学习规则中，可得到具有加速学习性质的有效学习算法公式。附加知识能够按照导致单目标或多目标优化规则的形式编码，但要求长期减小代价函数[Pera 00]。

在这种方法中，每代学习过程都提出一个优化问题。例如，部分对齐当前代和前一代权重向量更新（分别表示为$\Delta\boldsymbol{w}(t)$和$\Delta\boldsymbol{w}(t-1)$）［这基本上是在反向传播算法中使用动量项的原因］的要求，可以通过最大化量$\boldsymbol{\phi}=\Delta\boldsymbol{w}(t)^{\mathrm{T}}\Delta\boldsymbol{w}(t-1)$并减小代价函数的方法来加强。这会生成一个约束一阶算法。据报道，这个算法优于反向传播算法及不同学习任务中的一些改进算法[Pera 95]。

人们提出了关于 Hessian 矩阵方法的许多推广，并且成功地应用到了几个基本应用中[Ampa 02, Huan 04]。在某些条件下，每代提出的问题的解都被解析地给出，最后为权重更新规则得到一个闭合解[PERA 03]。

网络训练的贝叶斯框架

前面介绍的代价函数的目的是为神经网络的未知参数计算一组最优值。另一种方法是研究未知权重 $\boldsymbol{w}$ 在权重空间中的概率分布函数，其基本思想源于贝叶斯推理技术，贝叶斯推理技术用于估计未知参数的概率密度函数，详见第 2 章中的讨论。这类神经网络训练采用的基本步骤（称为贝叶斯学习）如下[Mack 92a]：

- 为权重的先验分布 $p(\boldsymbol{w})$ 假设一个很宽的模型，以便为大范围的值提供相同的机会。
- 设 $Y = \{\boldsymbol{y}(i), i = 1, 2, \cdots, N\}$ 是给定输入数据集 $X = \{\boldsymbol{x}(i), i = 1,2,\cdots, N\}$ 的期望输出训练向量。为似然函数 $p(Y|\boldsymbol{w})$ 假设一个模型，如高斯模型①，描述真实输出值与期望输出值之间的误差分布；同时，输入训练数据。
- 使用贝叶斯定理，得到

$$p(\boldsymbol{w}|Y) = \frac{p(Y|\boldsymbol{w})p(\boldsymbol{w})}{p(Y)} \tag{4.35}$$

  式中，$p(Y) = \int p(Y \mid \boldsymbol{w}) p(\boldsymbol{w}) \mathrm{d}\boldsymbol{w}$。生成的后验概率密度函数在 $\boldsymbol{w}_0$ 值附近急剧变化，因为它已根据已知训练数据进行了学习。
- 将神经网络的真实输出 $\hat{y}_k = \phi_k(\boldsymbol{x};\boldsymbol{w})$ 视为各个类别概率，其中后者由输入 $\boldsymbol{x}$ 和权重向量决定，条件类别概率在所有 $\boldsymbol{w}$ 上取平均得到[Mack 92b]：

$$P(\omega_k|\boldsymbol{x}; Y) = \int \phi_k(\boldsymbol{x}; \boldsymbol{w}) p(\boldsymbol{w}|Y)\, \mathrm{d}\boldsymbol{w} \tag{4.36}$$

与这种技术关联的主要计算代价是需要在多维空间中积分。这项任务并不容易，但文献中提出了许多实用的积分方法。该问题的深入探讨超出了本书的范围。文献[Bish 95]中详细地介绍了贝叶斯学习，并且讨论了相关的实际实现。

4.9 神经网络大小的选择

前几节中假设层数及每层的神经元数是已知的和固定的。事实上，那时我们对如何确定适当的层数和神经元数不感兴趣，但是现在我们需要解决这个问题。

求解该问题的方法之一是让选择的神经网络足够大，并通过训练来确定权重。稍加思考，我们就会发现这种方法不可取。除相关的计算复杂性问题外，使得神经网络尽可能小有一个重要原因，它由神经网络的推广能力决定。如 3.7 节中指出的那样，术语“推广”是指多层神经网络（和任何分类器）在正确分类训练阶段并不出现的特征向量的能力，即神经网络的能力是指其根据训练集学习后分类未知数据的能力。使用 N（通常很小）个训练对时，待估计自由参数（突触权重）的个数应满足如下条件：(a) 大到足以学习每个类别内的“类似”特征，同时区分不同的类别；(b) 相对于 N，小到足以学习同一类别数据的不同。自由参数的个数很多时，神经网络趋于适应特定训练数据集的细节。这称为过拟合，当用神经网络对未知的特征向量进行分类时，会导致很差的推广性能。总之，神经网络应尽可能小，以便对数据中的那些最大规则性调整权重，而忽略那些小的规则，因为小规则可能是由噪声导致的。第 5 章将在讨论 Vapnik-Chervonenkis 维数时，介绍分类器推广方面的理论，第 3 章中讨论的偏差-方差困境是相同问题的另一个方面。

使用自由参数来适应具体训练集的特性时，也可能出现过度训练（见文献[Chau 90]）。假设我们拥有大量的训练数据，并且可将它分为两个子集，一个子集用于训练，另一个子集用于测试。后者称为验证集或测试集。图 4.14 中显示了输出误差随迭代次数变化的两条曲线。一条曲线对应于训练集，我们观察到随着权重的收敛，误差不断减小；另一条曲线对应于验证集的误差。

① 严格地说，应写为 $P(Y|\boldsymbol{w}, X)$。然而，所有概率和概率密度函数都以 X 为条件，为表示方便这里将其忽略。

最初，误差减小，但在多次迭代后它开始增大。这是因为由训练集计算得到的权重适应了具体训练集的特性，进而影响了神经网络性能的推广。在实际应用中，我们可以使用这个性质来确定学习过程迭代的终止点，这个点是两条曲线开始分离的位置。然而，由于这种方法假设存在大量数据集，在实际应用中这通常是不可能的。

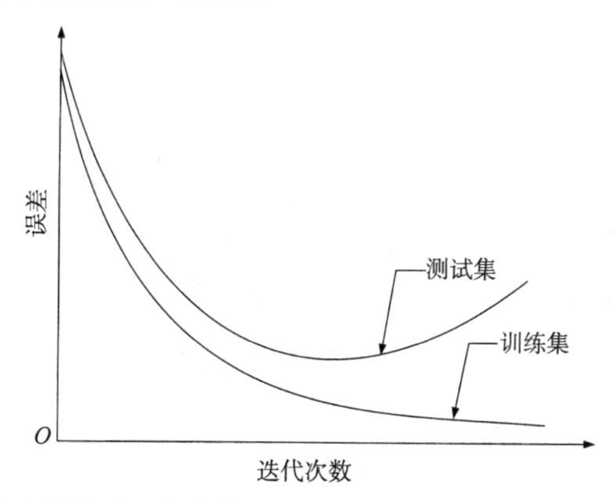

图 4.14　输出误差随迭代次数变化的曲线，用以说明训练集的过度训练

除推广外，其他性能因素也要求神经网络尽可能小。小神经网络更易计算，成本更低。此外，它们的性能更易理解，这在某些应用中非常重要。

本节主要讨论在某种规则下，为给定维数的输入向量空间选择合适数量的自由参数的方法。给定维数的输入向量空间很重要，因为数据维数与待用自由参数的数量相关，因此也会影响推广性。第 5 章中将讨论输入空间降维问题。

选择多层神经网络大小的常用方法如下：

- 分析方法：采用代数或统计技术来求自由参数的数量。
- 剪枝技术：首先为训练选择一个大网络，然后根据预选规则连续减少自由参数的数量。
- 构造技术：首先选择一个小网络，然后根据适当的学习规则连续添加神经元。

自由参数数量的代数估计

4.3.1 节讨论了带有一个隐藏层和 McCulloch-Pitts 型单元的多层感知器，它将输入 l 维空间分为多个多面体区域。这些区域是由神经元形成的超平面的交集。文献[Mirc 89]中指出，在 l 维空间中，带有 K 个神经元的单隐藏层多层感知器最多形成 M 个多面体区域，M 为

$$M=\sum_{m=0}^{l}\binom{K}{m},\quad \text{其中}\ \binom{K}{m}=0,\ \ K<m \tag{4.37}$$

$$\binom{K}{m}\equiv\frac{K!}{m!(K-m)!}$$

例如，若 $l=2$，$K=2$，则 $M=4$；因此，XOR 问题在 $M=3(<4)$时可由两个神经元求解。该方法的缺点是，它是静态的，未考虑所用的代价函数和训练过程。

剪枝技术

这种技术先首先训练一个足够大的神经网络，然后逐步删除那些对代价函数几乎没有影响的那些自由参数。它有两种主要方法。

基于参数灵敏度计算的方法：下面我们以文献[Lecu 90]中建议的技术为例加以说明。使用泰勒级数展开，代价函数因参数摄动而产生的变化是

$$\delta J = \sum_i g_i \delta w_i + \frac{1}{2}\sum_i h_{ii}\delta w_i^2 + \frac{1}{2}\sum_{\substack{i,j \\ i\neq j}} h_{ij}\delta w_i \delta w_j + \text{其他高阶项}$$

式中，

$$g_i = \frac{\partial J}{\partial w_i}, \quad h_{ij} = \frac{\partial^2 J}{\partial w_i \partial w_j}$$

其中 i 和 j 适用于所有权重。导数通过反向传播方法计算（见习题 4.13）。实际上，导数是在经过初期训练后计算的，因此可以采用如下假设：已到达最小值附近的一点，且一阶导数可设为零。为简化计算，我们假定Hessian 矩阵是对角阵。有了这些假设后，代价函数灵敏度就近似为

$$\delta J = \frac{1}{2}\sum_i h_{ii}\delta w_i^2 \tag{4.38}$$

每个参数的影响由显著值 s_i 决定，即

$$s_i = \frac{h_{ii} w_i^2}{2} \tag{4.39}$$

这里假设值 w_i 的权重变为零。根据如下步骤，我们采用迭代方法实现剪枝：

- 对大量迭代步骤使用反向传播算法训练神经网络，将代价函数约简为某个百分比。
- 对于当前的权重估计，计算各自的显著权重，删除较小的显著权重。
- 使用剩下的权重继续训练，重复该过程。满足所选的停止条件时，该过程停止。

在文献[Hass 93]中，剪枝过程使用了 Hessian 矩阵。要强调的是，尽管这种技术中出现了反向传播概念，但学习过程明显不同于 4.6 节中的反向传播训练算法。在4.6 节中，整个训练过程中的自由参数数量是固定的。相比之下，这里的情况正好相反。

基于代价函数正则化的方法：这种方法通过在代价函数中包含惩罚项来缩小最初的神经网络。代价函数现在变为

$$J = \sum_{i=1}^{N} \mathcal{E}(i) + \alpha \mathcal{E}_p(\boldsymbol{w}) \tag{4.40}$$

第一项是性能代价函数，它根据前面介绍的因素（即最小二乘、交叉熵）选择。第二项取决于权重向量，它被选择为所有的小权重。常量α 被称为*正则化参数*，用于控制这两项的相对重要性。惩罚项的通用形式是

$$\mathcal{E}_p(\boldsymbol{w}) = \sum_{k=1}^{K} h(w_k^2) \tag{4.41}$$

式中, K是网络中权重的总数, $h(\cdot)$是适当选择的微分函数。根据这一选择，对网络输出无重要贡献的权重，对代价函数中的第一项的影响不大。因此，惩罚项的作用就是使它们的值变小，进而实剪枝。实际上，阈值是预先选择的，经过一些迭代步骤后，将权重与阈值进行比较；删除比阈值小的权重，继续这一过程。这类剪枝被称为*权重消除*。函数 $h(\cdot)$可以取不同的形式。例如，文献[Wein 90]中所取的形式为

$$h(w_k^2) = \frac{w_k^2}{w_0^2 + w_k^2} \tag{4.42}$$

式中，w_0是预先选择的接近于 1 的参数。仔细观察惩罚项发现：当 $w_k < w_0$时，惩罚项很快趋于零，此时的权重变得不重要；相反，当 $\boldsymbol{w}_k > \boldsymbol{w}_0$时，处罚项趋于 1。

式(4.41)的一种变体是，在规则化代价函数中包含另一个支持小 y_k^r值即小神经元输出的惩罚项。这类方法将删除不重要的神经元和权重。文献[Refe 91, Russ 93]中归纳了各种剪枝技术。

保持小权重符合文献[Bart 98]中的理论结果。假设我们使用一个大多层感知器作为分类器，并且学习算法要根据训练样本找到了具有小权重和小平方误差的一个网络。于是，可以证明，推广性能将取决于权重大小而非权重数量。具体地说，对于带有 sigmoid 激活函数的双层感知器，若 A 是与每个神经元关联的权重的幅值之和的上限，那么关联的分类错误概率不超过（与输出平方误差相关的）某个误差估计加上 $A^3\sqrt{(\log l)/N}$ 。

事实上，这是一个非常有趣的结果。人们普遍接受的事实是，推广性能直接与训练点数和自由参数的个数相关。它还解释了使用相对较少的训练点数（相对于网络大小）进行训练后，多层感知器的推广误差性能有时很好的原因。第 5 章末尾将深入讨论分类器的推广性能和一些有趣的理论结果。

构造技术

在4.5 节中讨论了训练神经网络的技术。然而，激活函数是单位阶跃函数，重点是正确地分类所有输入训练数据，而不是最终网络的推广性质。文献[Fahl 90]中提出了训练神经网络的另一种构造技术（带有一个隐藏层和 sigmoid 激活函数），它被称为级联相关。神经网络最初的输入和输出都是1，逐个增加隐藏的神经元，并将它们连接到带有两个类别权重的网络。第一类权重将新单元连接到输入节点及此前添加的隐藏神经元的输出。网络中每加入一个新隐藏神经元，就训练这些权重，以便最大化新单元的输出和添加新单元之前网络输出中的残差信号之间的相关性。每添加一个神经元，就计算一次权重，并保持这些权重不变。第二类突触权重将新近添加的神经元连接到输出节点。为了使平方误差代价函数最小，每添加一个神经元，都不固定这些权重，而自适应地训练权重。当网络性能满足预先规定的目标时，停止该过程。文献[Pare 00]中重点讨论了模式识别领域的构造技术。

4.10　仿真实例

本节演示多层感知器对非线性可分类进行分类的能力。分类任务包含两个不同的类别，每个类别都是二维空间中 4 个区域的并集。每个区域都包含正态分布的随机向量，这些向量是统计独立的，方差为$\sigma^2 = 0.08$。不同区域的均值是不同的。需要说明的是，由符号“○”（见图4.15）表示的类别的各个区域的均值向量是

$$[0.4, 0.9]^{\mathrm{T}}, [2.0, 1.8]^{\mathrm{T}}, [2.3, 2.3]^{\mathrm{T}}, [2.6, 1.8]^{\mathrm{T}}$$

由“+”表示的类别的均值向量是

$$[1.5, 1.0]^{\mathrm{T}}, [1.9, 1.0]^{\mathrm{T}}, [1.5, 3.0]^{\mathrm{T}}, [3.3, 2.6]^{\mathrm{T}}$$

共生成了 400 个训练向量，每个分布 50 个向量。使用了一个多层感知器，感知器的第一个隐藏层中有 3 个神经元，第二个隐藏层中有 2 个神经元，多层感知器只有一个输出神经元。激活函数是 a=1 的逻辑斯蒂函数，其理想输出对两个类别分别是 1 和 0。训练时使用了两个不同的算法，即动量算法和自适应动量算法。经过多次实验后，动量算法采用的参数是$\mu = 0.05, \alpha = 0.85$，自适

应动量算法采用的参数是$\mu = 0.01, \alpha = 0.85, r_i = 1.05, c = 1.05, r_d = 0.7$。权重由 0 和 1 之间的一个均匀伪随机分布初始化。图 4.15(a)中显示了两个算法随代数变化的输出误差收敛曲线(每代包含 400 个训练特征向量)。两条曲线都是典型的，自适应动量算法收敛更快。两条曲线都对应于批操作模式。图 4.15(b)中显示了使用自适应动量训练估计的权重得到的决策面。估计出网络的权重后，就可很容易地画出决策面。至此，我们已在感兴趣区域上构建了一个二维网格，网格中的点按行输入网络。决策面由网络输出从 0 变化到 1 或从 1 变化到 0 的点构成。

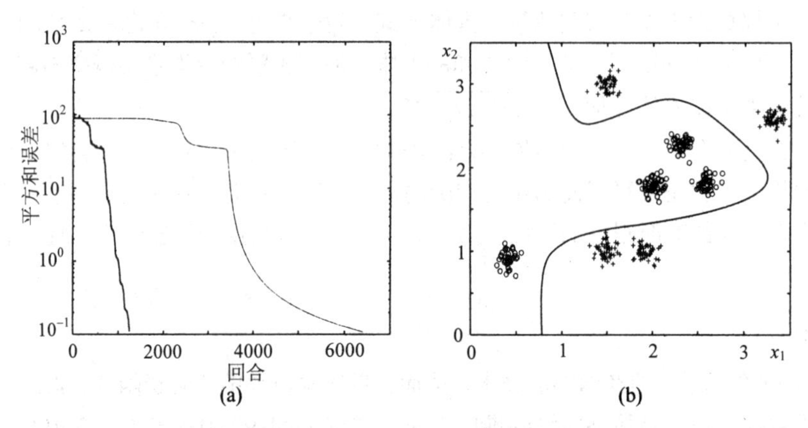

图 4.15 (a)自适应动量算法的误差收敛曲线（实线）和动量算法的误差收敛曲线。注意，自适应动量算法收敛更快；(b)由多层感知器形成的决策曲线

为了说明剪枝技术的效果，下面给出第二个实验。图 4.16 中显示了分隔两个类别的样本的决策面，其中两个类别的样本分别表示为“+”和“○”。图 4.16(a)对应于一个多层感知器（MLP），它有两个隐藏层，每个隐藏层中有 20个神经元，合计 480 个权重。训练由反向传播算法执行。观察发现，得到的曲线被过度拟合。图 4.16(b)对应于相同的 MLP，但训练使用的是剪枝算法，即使用了基于参数灵敏度的方法，每训练 100 代就测试显著权重，并删除低于所选阈值的小权重。最终，只留下 480 个权重中的 25 个，曲线被简化为一条直线。

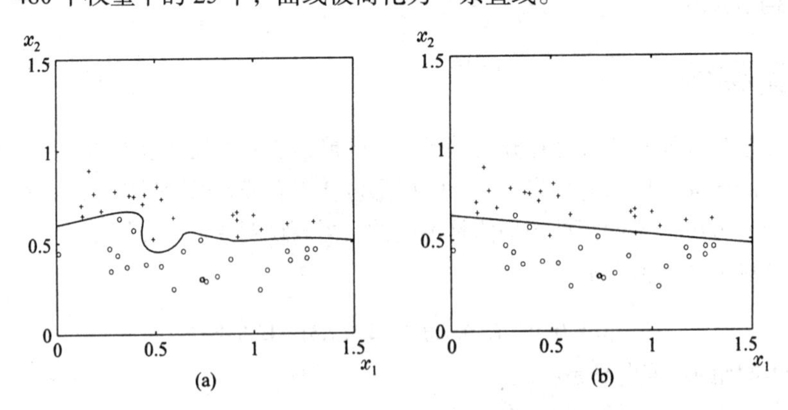

图 4.16 决策曲线：(a)剪枝前；(b)剪枝后

4.11 共享权重的网络

在许多模式识别应用中，遇到的一个重要问题是变换不变性，即模式识别系统应独立于对输入空间进行的变换（如平移、旋转和缩放）来正确地分类。例如，对光学字符识别（OCR）系

统而言，不管字符“5”的位置、方向和大小如何，它看起来都应是相同的。处理该问题的方法有多种。一种方法是选择合适的特征向量，这些向量经过此类变换后是不变的，详见第 7 章中的讨论。另一种方法是让分类器内置约束。权重共享就是这样一种约束，它会让网络中的某些连接具有相同的权重。

采用权重共享概念的一类网络被称为高阶网络，它们是用激活函数作用于输入参数的非线性而非线性组合来多层感知器。现在，神经元的输出为

$$f(v) = f\left(w_0 + \sum_i w_i x_i + \sum_{jk} w_{jk} x_j x_k\right)$$

它可被推广到包含高阶积。下面假设网络的输入来自一个二维网格（图像）。网格中的每点对应于 x_i，每对(x_i, x_j)对应于一条线段。只要由点(x_j, x_k)和(x_r, x_s)定义的线段的梯度相同，就可通过让权重 $w_{jk} = w_{rs}$ 来保证平移不变性。旋转不变性由对应等长线段的共享权重来保证。当然，所有这些都存在由网格分辨率粗糙导致的不精确问题。高阶网络可容纳更复杂的变换[Kana 92, Pera 92, Delo 94]。由于权重共享，优化所用的自由参数数量明显减少。然而，必须指出的是，到目前为止，实际中还未广泛使用这类网络。若

$$f(v) = f\left(w_0 + \sum_i w_i x_i + w_s \sum_i x_i^2\right)$$

则得到被称为循环反向传播模型的特殊网络。现在，参数的数量增加不多，并且文献[Ride 97]中声称，非线性项可在不影响推广能力的条件下，提高网络的表示能力。

除了高阶网络，权重共享也用来给某些应用的一阶网络施加不变性[Fuku 82, Rume 86, Fuku 92, Lecu 89]。例如，手写邮政编码识别系统是带有 3 个隐藏层的层次结构，其输入是灰度级图像像素。前两层中的节点构成称为特征映射的二维数组。给定映射中的每个节点，接收来自前一层的特定窗口区域［称为感受野（receptive field）］的输入。强制平移不变性的方式是，通过研究不同的感受野，使得相同映射中的对应节点共享权重。因此，若一个目标从一个输入感受野移向另一个输入感受野，则网络以同样的方式响应。

4.12　广义线性分类器

4.3 节在介绍非线性可分 XOR 问题时，隐藏层的神经元执行了一个将问题变换为了线性可分问题的映射。实际映射是

$$\boldsymbol{x} \rightarrow \boldsymbol{y}$$

其中，

$$\boldsymbol{y} = \begin{bmatrix} y_1 \\ y_2 \end{bmatrix} = \begin{bmatrix} f(g_1(\boldsymbol{x})) \\ f(g_2(\boldsymbol{x})) \end{bmatrix} \tag{4.43}$$

式中，$f(\cdot)$是激活函数，$g_i(\boldsymbol{x}), i=1,2$ 是由每个神经元执行的输入的线性组合。这是本节的切入点。

下面我们考虑 l 维空间$\mathcal{R}^l$中的特征向量，并且假设这些向量属于 A 类或 B 类，其中 A 类和 B 类是非线性可分的。设$f_1(\cdot), f_2(\cdot), \cdots, f_k(\cdot)$是非线性函数（一般情况下）：

$$f_i: \mathcal{R}^l \rightarrow \mathcal{R}, \quad i = 1, 2, \cdots, k$$

它定义映射 $\boldsymbol{x} \in \mathcal{R}^l \rightarrow \boldsymbol{y} \in \mathcal{R}^k$，

$$\boldsymbol{y} \equiv \begin{bmatrix} f_1(\boldsymbol{x}) \\ f_2(\boldsymbol{x}) \\ \vdots \\ f_k(\boldsymbol{x}) \end{bmatrix} \tag{4.44}$$

现在，我们的目的是找到合适的 k 和函数 f_i，以便类 A 和类 B 在特征向量 $\boldsymbol{y}$ 的 k 维向量空间中是线性可分的。换言之，我们研究是否可以在一个 k 维空间中构建一个超平面 $\boldsymbol{w} \in \mathcal{R}^k$，使得

$$w_0 + \boldsymbol{w}^{\mathrm{T}}\boldsymbol{y} > 0, \quad \boldsymbol{x} \in A \tag{4.45}$$

$$w_0 + \boldsymbol{w}^{\mathrm{T}}\boldsymbol{y} < 0, \quad \boldsymbol{x} \in B \tag{4.46}$$

假定在原空间中，两个类别由一个（非线性）超平面 $g(\boldsymbol{x})=0$ 分隔，式(4.45)和式(4.46)基本上等同于将非线性 $g(\boldsymbol{x})$近似为$f_i(\boldsymbol{x})$的线性组合，即

$$g(\boldsymbol{x}) = w_0 + \sum_{i=1}^{k} w_i f_i(\boldsymbol{x}) \tag{4.47}$$

从插值函数 $f_i(\cdot)$的预选类角度来说，这是一个典型的函数逼近问题。这是一个已在数值分析领域得到充分研究的问题，并且提出了许多不同的插值函数（指数、多项式和切比雪夫等）。下一节中将重点讨论在模式识别领域得到广泛应用的两个这样的分类函数。

选择函数 f_i后，问题就变成典型的线性分类器设计，即在 k 维空间中估计权重 w_i。这就证明了术语“广义线性分类”的正确性。图 4.17 中显示了对应的框图。第一层计算执行到 $\boldsymbol{y}$ 空间的映；第二层执行决策超平面的计算。换言之，式(4.47)对应一个两层网络，该网络中隐藏层的节点有不同的激活函数$f_i(\cdot), i=1, 2,\cdots,k$。对于一个 M类问题，我们需要设计 M个这样的权重向量 $\boldsymbol{w}_r, r=1, 2,\cdots, M$，每个类别一个，并根据最大输出 $\boldsymbol{w}_r^{\mathrm{T}}\boldsymbol{y}+w_{r0}$ 来选择第 r 个类别。

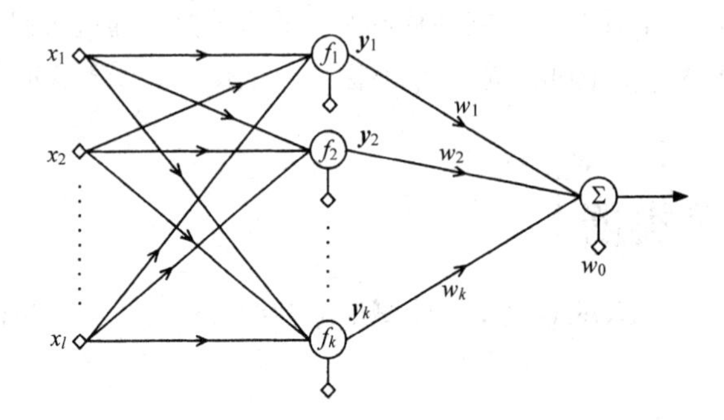

图 4.17 广义线性分类器

类似于式(4.47)，文献[Fried 81]中将 $g(\boldsymbol{x})$的展开式称为投影追踪，它定义为

$$g(\boldsymbol{x}) = \sum_{i=1}^{k} f_i(\boldsymbol{w}_i^{\mathrm{T}}\boldsymbol{x})$$

观察发现，每个函数 $f_i(\cdot)$中的变量不是特征向量$\boldsymbol{x}$，而是特征向量在各个 $\boldsymbol{w}_i$ 方向上的投影。相对于 f_i 和 $\boldsymbol{\omega}_i$, $i=1,2,\cdots,k$ 的优化，将得到最好的投影方向和插值函数。若 $f_i(\cdot)$都被预先选为 sigmoid 函数，则投影追踪方法等同于带有单个隐藏层的神经网络。投影追踪模型不属于广义线性模型家族，并且它们的优化是在两个阶段迭代执行的：第一个阶段时，已知函数 $f_i(\cdot)$，估计 $\boldsymbol{w}_i$；第二个阶段是，相对于 f_i 执行优化。关于这样的例子，请读者参阅文献[Fired 81]。尽管从理论观

点来说这很有趣，但在实际中投影追踪模型已被多层感知器取代。

接下来进入高维空间，将分类任务变换为线性分类任务，然后研究式(4.44)中函数 $f_i(\cdot)$的通用选择方法。

4.13　线性二分分类器中 l 维空间的容量

考虑 l 维空间中的 N 个点。若这些点在 $l-1$ 维超平面上没有 $l+1$ 个子集，则称这些点处于一般位置或良好分布的。这个定义排除了有害情形，如二维空间中 3 个点位于一条线上的情况（一维超平面）。文献[Cove 65]和习题 4.18 中给出了（分隔两个类别中的 N 个点的）$l-1$ 维超平面形成的组合数 $O(N, l)$：

$$O(N,l) = 2\sum_{i=0}^{l}\binom{N-1}{i} \tag{4.48}$$

式中，

$$\binom{N-1}{i} = \frac{(N-1)!}{(N-1-i)!i!} \tag{4.49}$$

这种两类组合也称（线性）二分分类器。由二项式系数的性质，可以证明：对于 $N \leqslant l+1$，$O(N,l)=2^N$。图 4.18 中给出了两个此类超平面的例子，它们分别是用 $O(4, 2)=14$ 和 $O(3, 2)=8$ 两类组合得到的。图 4.18(a)中的 7 条线形成以下组合：[(ABCD)], [A, (BCD)], [B, (ACD)], [C, (ABD)], [D, (ABC)], [(AB), (CD)], [(AC), (BD)]，每个组合对应于两种可能性。例如，(ABCD)要么属于类 $\boldsymbol{\omega}_1$，要么属于类 $\boldsymbol{\omega}_2$。因此，将二维空间中的 4 个点赋给两个线性可分类的组合总数是 14。这个数值明显小于将 N 个点赋给两个类别的组合数 2^N，因为后者还包含非线性可分组合。在给出的例子中，组合数是 16，它来自组合[(AD), (BC)]的两个额外的可能性。下面，我们为两个线性可分类写出在 l 维空间中组合 N 个点的概率（百分比）[Cove 65]，如下所示：

$$P_N^l = \frac{O(N,l)}{2^N} = \begin{cases} \frac{1}{2^{N-1}}\sum_{i=0}^{l}\binom{N-1}{i}, & N > l+1 \\ 1, & N \leqslant l+1 \end{cases} \tag{4.50}$$

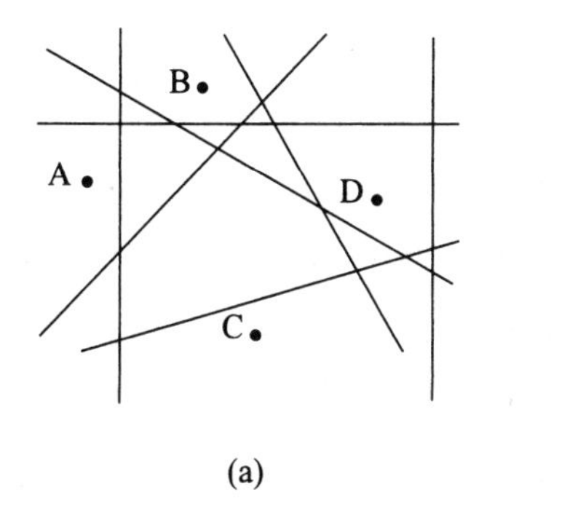

(a)

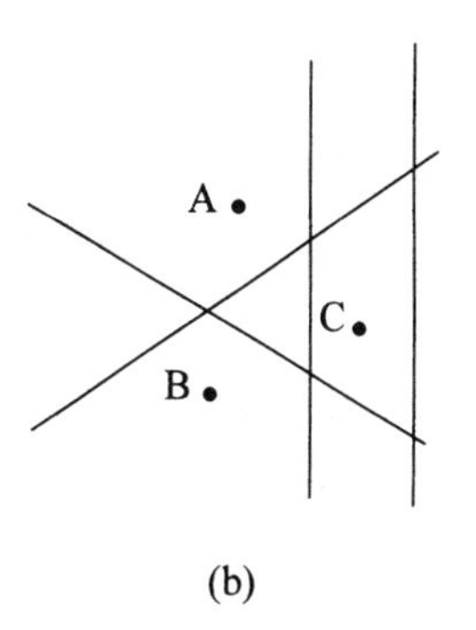

(b)

图 4.18　(a)4 点和(b)3 点的线性二分分类器数量

研究 P_N^l 对 N 和 l 的依赖性的实用方法是，假设 $N=r(l+1)$并研究 r 取各个值的概率。图 4.19 中显示了

各个 l 值具有线性可分类的概率。观察发现存在两个区域，一个在 $r=2$ 的左侧，即 $N=2(l+1)$，另一个在其右侧。此外，所有曲线都过点 $(P_N^l, r)=(1/2, 2)$，因为 $O(2l+2, l)=2^{2l+1}$（见习题 4.19）。当 $l\to\infty$ 时，从一个区域到另一个区域的过渡变得非常陡峭。于是，当 l 较大时，若 $N<2(l+1)$，则 N 个点的任意两个组合线性可分的概率接近 1；当 $N>2(l+1)$时，情况正好相反。在不能让 N 和 l 的值非常大的实际问题中，研究表明，若将 N 个已知点映射到高维空间中，则在线性可分两类组合中找到它们的概率增大。

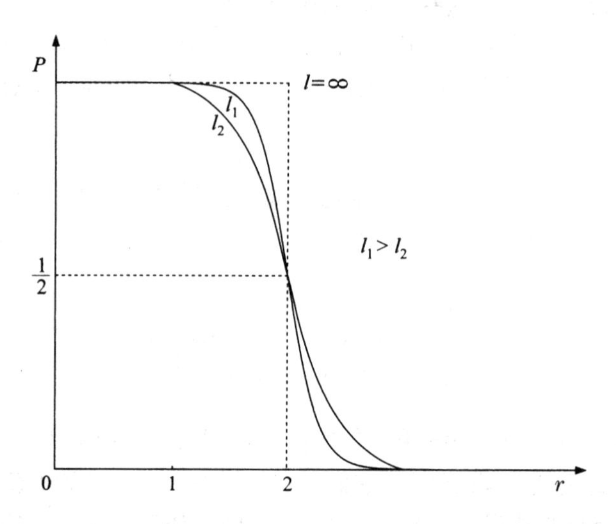

图 4.19　l 维空间中 $N=r(l+1)$个点的线性可分组合的概率

4.14　多项式分类器

本节重点讨论式(4.47)中最常用的几个插值函数 $f_i(\boldsymbol{x})$之一。当 r 较大时，函数 $g(\boldsymbol{x})$逼近 $\boldsymbol{x}$ 的 r 阶多项式。$r=2$ 时，有

$$g(\boldsymbol{x}) = w_0 + \sum_{i=1}^{l} w_i x_i + \sum_{i=1}^{l-1}\sum_{m=i+1}^{l} w_{im}x_i x_m + \sum_{i=1}^{l} w_{ii}x_i^2 \tag{4.51}$$

若 $\boldsymbol{x}=[x_1, x_2]^{\mathrm{T}}$，则 $\boldsymbol{y}$ 的一般形式是

$$\boldsymbol{y} = [x_1, x_2, x_1x_2, x_1^2, x_2^2]^{\mathrm{T}}$$

和

$$g(\boldsymbol{x}) = \boldsymbol{w}^{\mathrm{T}}\boldsymbol{y} + w_0$$
$$\boldsymbol{w}^{\mathrm{T}} = [w_1, w_2, w_{12}, w_{11}, w_{22}]$$

自由参数的数量决定新的维数k。式(4.51)的r阶多项式推广非常简单，它包含形如 $x_1^{p_1}x_2^{p_2}\cdots x_l^{p_l}$ 的乘积，其中 $p_1+p_2+\cdots+p_l\leqslant r$。对于 r 阶多项式和 l 维 $\boldsymbol{x}$，可以证明

$$\boldsymbol{k} = \frac{(l+r)!}{r!l!}$$

当 $l=10$ 和 $r=10$ 时，有 $k=184756$(!!)。也就是说，即使对中等大小的网络阶数和输入空间维数，自由参数的数量也非常多。

例如，下面考虑我们熟悉的非线性可分 XOR 问题。定义

$$\boldsymbol{y}=\begin{bmatrix}x_1\\x_2\\x_1x_2\end{bmatrix} \tag{4.52}$$

输入向量被映射到三维单位（超）立方体的顶点上，图 4.20(a)所示［(00)→(000), (11)→(111), (10)→(100), (01)→(010)］。这些顶点由如下平面分隔：

$$y_1+y_2-2y_3-\frac{1}{4}=0$$

在三维空间中，这个平面等同于原始二维空间中的决策函数

$$g(\boldsymbol{x})=-\frac{1}{4}+x_1+x_2-2x_1x_2 \begin{matrix}>0, & \boldsymbol{x}\in A\\<0, & \boldsymbol{x}\in B\end{matrix}$$

如图 4.20(b)所示。

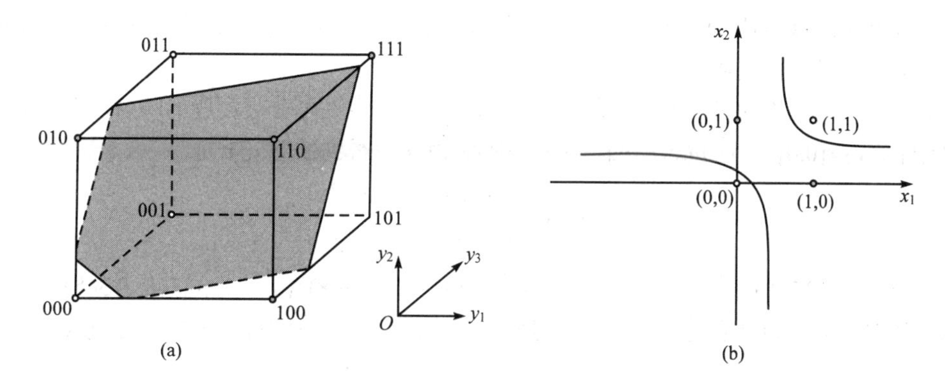

图 4.20　使用多项式广义线性分类器的 XOR分类任务：(a) 三维空间中的决策面；(b) 原始二维空间中的决策曲线

4.15　径向基函数网络

本节介绍插值函数（核），其的通用形式为

$$f(\|\boldsymbol{x}-\boldsymbol{c}_i\|)$$

也就是说，该函数的变量是输入向量 $\boldsymbol{x}$ 到中心 $\boldsymbol{c}_i$ 的欧氏距离，径向基函数（RBF）由此得名。函数 f 可取多种形式，例如

$$f(\boldsymbol{x})=\exp\left(-\frac{1}{2\sigma_i^2}\|\boldsymbol{x}-\boldsymbol{c}_i\|^2\right) \tag{4.53}$$

$$f(\boldsymbol{x})=\frac{\sigma^2}{\sigma^2+\|\boldsymbol{x}-\boldsymbol{c}_i\|^2} \tag{4.54}$$

其中高斯形式用得更广泛。k 值足够大时，可以证明函数 $g(\boldsymbol{x})$将被下式充分逼近[Broo 88, Mood 89]：

$$g(\boldsymbol{x})=w_0+\sum_{i=1}^{k}w_i\exp\left(-\frac{(\boldsymbol{x}-\boldsymbol{c}_i)^{\mathrm{T}}(\boldsymbol{x}-\boldsymbol{c}_i)}{2\sigma_i^2}\right) \tag{4.55}$$

也就是说，逼近可由 RBF 之和实现，其中每个 RBF 位于空间中的不同点。观察发现，这种方法与第 2 章中采用概率密度函数的 Parzen 逼近方法之间存在紧密联系。但要注意的是，所选择的核的

数量应等于训练点数，即 $k=N$。相反，式(4.55)中，$k \ll N$。除增大计算复杂性外，核的数量下降有利于提高逼近模型的推广能力。

回到图 4.17，我们可将式(4.55)解释为一个带有 RBF 激活函数［即式(4.53)和式(4.54)］的隐藏层和一个线性输出节点的网络输出。4.12 节中说过，M 类问题有 M 个线性输出节点，因此，强调 RBF 网络和多层感知器之间的基本区别很重要。在多层感知器中，第一个隐藏层的激活函数的输入是输入特征参数 $(\sum_j w_j x_j)$ 的线性组合。也就是说，对于所有 $\{\boldsymbol{x}: \sum_j w_j x_j = c\}$，每个神经元的输出都是相同的，其中 c 是常量。因此，对超平面上所有点，出是相同的。相反，在 RBF 网络中，对到中心 $\boldsymbol{c}_i$ 有着相同欧氏距离的所有点，每个 RBF 节点的输出 $f_i(\cdot)$ 是相同的，并随距离呈指数（高斯）下降。换言之，节点的激活响应在 RBF 中是局部性质，在多层感知器网络中是全局性质。这种本质区别对收敛速度和推广性能都有重要影响。总之，多层感知器的学习要比 RBF 慢。相比之下，多层感知器具有更好的推广性质，尤其是对训练集中未充分展示的那些区域[Lane 91]。文献[Hart 90]中的仿真结果表明，为了实现类似于多层感知器的性能，RBF 网络的阶数应该具高，原因是 RBF 激活函数的局部性要求我们使用更多的中心来填充由 $g(\boldsymbol{x})$ 定义的空间，并且中心的数量与输入空间的维数呈指数关系[Hart 90]。

下面回到我们的 XOR 问题，并采用 RBF 网络形成至线性可分类问题的映射。选择 $k=2$，中心 $\boldsymbol{c}_1=[1,1]^{\mathrm{T}}$，$\boldsymbol{c}_2=[0,0]^{\mathrm{T}}$，且 $f(\boldsymbol{x}) = \exp(-\|x-c_i\|^2)$。由映射得到的对应 $\boldsymbol{y}$ 是

$$\boldsymbol{y} = \boldsymbol{y}(\boldsymbol{x}) = \begin{bmatrix} \exp(-\|\boldsymbol{x}-\boldsymbol{c}_1\|^2) \\ \exp(-\|\boldsymbol{x}-\boldsymbol{c}_2\|^2) \end{bmatrix}$$

因此，(0, 0)→(0.135, 1), (1, 1)→(1, 0.135), (1, 0)→(0.368, 0.368), (0, 1)→(0.368, 0.368)。图 4.21(a)中显示了映射到 $\boldsymbol{y}$ 空间之后的类别位置。显然，现在两个类别是线性可分的，且直线

$$g(\boldsymbol{y}) = y_1 + y_2 - 1 = 0$$

是一个可能的解。图 4.21(b)中显示了输入向量空间中的等效决策曲线，

$$g(\boldsymbol{x}) = \exp(-\|\boldsymbol{x}-\boldsymbol{c}_1\|^2) + \exp(-\|\boldsymbol{x}-\boldsymbol{c}_2\|^2) - 1 = 0$$

在该例中，我们将中心 $\boldsymbol{c}_1$ 和 $\boldsymbol{c}_2$ 选为$[0, 0]^{\mathrm{T}}$和$[1, 1]^{\mathrm{T}}$。现在，问题变成了为什么要做这些特殊的规定？对于 RBF 网络，这是一个非常重要的问题。下面给出处理这个问题的一些基本方法。

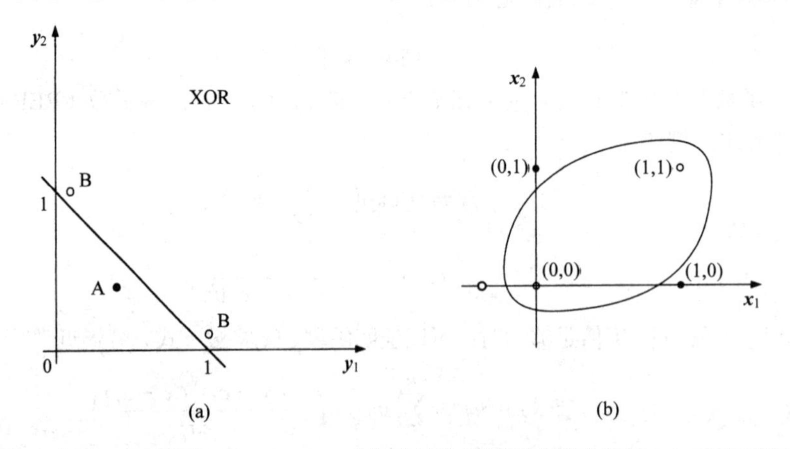

图 4.21　对于 XOR 问题，由一个 RBF 广义线性分类器形成的决策线：(a)变换后的空间中的决策线是线性的；(b)原始空间中的决策线是非线性的

固定中心

在许多情形下，尽管问题的性质要求选择特殊的中心[Theo 95]，但在通常情况下，这些中心可从训练集中随机地选取。只要训练集以代表性方式分布在整个特征向量空间中，这种选择中心的方式就是合理的。为 RBF 函数选择 k 个中心后，问题就变向量 $\boldsymbol{y}$ 的 k 维空间中的典型线性问题，

$$\boldsymbol{y} = \begin{bmatrix} \exp\left(\dfrac{-\|\boldsymbol{x}-\boldsymbol{c}_1\|^2}{2\sigma_1^2}\right) \\ \vdots \\ \exp\left(\dfrac{-\|\boldsymbol{x}-\boldsymbol{c}_k\|^2}{2\sigma_k^2}\right) \end{bmatrix}$$

式中，方差是已知的，并且

$$g(\boldsymbol{x}) = w_0 + \boldsymbol{w}^{\mathrm{T}}\boldsymbol{y}$$

现在，可以使用第 3 章中介绍的任何方法来估计 w_0 和 $\boldsymbol{w}$。

训练中心

未预先选择中心时，要在训练阶段与权重 w_i 和 σ_i^2 方差一起估算，假设后者也是未知的。设 N 是输入-理想输出训练对$(\boldsymbol{x}(j), y(j), j = 1,\cdots, N)$的数量。我们选择输出误差为

$$J = \sum_{j=1}^{N} \phi(e(j))$$

的一个合适代价函数，其中$\phi(\cdot)$是如下误差的可微函数（即变量的平方）：

$$e(j) = y(j) - g(\boldsymbol{x}(j))$$

于是，估计权重 w_i、中心 $\boldsymbol{c}_i$ 和方差 σ_i^2 就成为非线性优化过程的典型任务。例如，如果我们采用梯度下降法，那么可以得到如下算法：

$$w_i(t+1) = w_i(t) - \mu_1 \frac{\partial J}{\partial w_i}\bigg|_t, \quad i = 0, 1, \cdots, k \tag{4.56}$$

$$\boldsymbol{c}_i(t+1) = \boldsymbol{c}_i(t) - \mu_2 \frac{\partial J}{\partial \boldsymbol{c}_i}\bigg|_t, \quad i = 1, 2, \cdots, k \tag{4.57}$$

$$\sigma_i(t+1) = \sigma_i(t) - \mu_3 \frac{\partial J}{\partial \sigma_i}\bigg|_t, \quad i = 1, 2, \cdots, k \tag{4.58}$$

式中，t 是当前的迭代次数。这种方法的计算复杂度阻碍了其在大量实际中的应用。为克服这一缺点，人们提出了其他的技术。

一种方法是按数据在空间中的代表性分布方式来选择中心。找到数据的聚类属性并为每个聚类选择一个有代表性的中心，可以实现这种方法[Mood 89]。这是典型的无监督学习问题，此时可以采用本书后面相关章节中介绍的算法。然后，通过监督方案（如梯度下降算法）使输出误差最小，学习未知的权重 w_i。因此，这类方法是监督学习和无监督学习的组合。

文献[Chen 91]中介绍了另一种方法：先从训练向量集中选择大量候选中心，后用前向线性回归技术（如正交最小二乘）减少中心。该技术还提供估计模型阶数 k 的方法。文献[Gomm 00]中提出了一种可以降低计算开销的递归方法。

人们还提出了基于支持向量机的另一种方法，其基本思想如下：将 RBF 网络作为映射机，通过核函数映射到一个高维空间中；然后，使用最接近决策边界的向量设计一个超平面分类器。它

们是支持向量并且对应于输入空间的中心。训练包括一个二次规划问题，并且保证一个全局最优[Scho 97]。这种算法的优点是能够自动地计算所有未知参数，包括中心的数量。本章后面会继续讨论该算法。

文献[Plat 9l]中提出了一种类似于（多层感知器中的）构造技术，其基本思想是首先使用较少的节点（最初为 1 个节点）来训练 RBF 网络，然后根据顺序到达的特征向量中的“新颖性”，通过分配新的节点来扩张网络。每个训练输入-理想输出对之间的“新颖性”由两个条件决定：(a) 输入向量到所有的已知中心都非常远；(b)（使用 RBF 网络训练的）对应输出误差大于另一个预先确定的阈值。两个条件都满足时，将新输入向量设为新中心。两个条件不满足时，根据所用的训练算法（如梯度下降算法），使用输入-理想输出对来更新网络的参数。文献[Ying 98]中提出了该方法的一种变体，它允许删除先前分配的中心。这种方法基本上是构造方法和剪枝技术的组合。文献[Kara 97]中也给出了类似的处理方法，在这种方法中，分配新中心的依据的是使用聚类或学习向量量化技术的特征空间渐进分裂过程（见第 14 章）。然后，将代表性区域分配为 RBF 的中心。类似于此前提及的技术，递归地执行网络扩张和训练。文献[Yang 06]介绍了一个权重结构，它将权重和具体的概率密度函数绑定在一起，估计则由贝叶斯框架理论得到。

人们提出了多种技术。例如，文献[Hush 93]中给出了回顾。文献[Wett 92]中比较了语音识别领域中，具有不同中心选取策略的 RBF 网络与多层感知器。文献[Hayk 96, Mulg 96]中回顾了 RBF 网络及其相关应用。

4.16 通用逼近器

本节介绍本章所用非线性函数（sigmoid 函数、多项式和径向基函数）的基本逼近性质。给出的定理表明，是使用对应网络作为决策面逼近器还是使用概率函数逼近器，具体取决于如何选择分类器。

式(4.51)中的多项展开式用于逼近非线性函数 $g(\boldsymbol{x})$。Weierstrass 定理证明这样选择逼近函数是正确的。

定理 设 $g(\boldsymbol{x})$是定义在致密（闭合）子集 $S\subset\mathcal{R}^l$ 中的连续函数，且$\in>0$。那么存在整数一个 $r=r(\in)$ 和一个 r 阶多项式函数$\phi(\boldsymbol{x})$，使得

$$|g(\boldsymbol{x})-\phi(\boldsymbol{x})|<\epsilon,\quad \forall\boldsymbol{x}\in S$$

换言之，当 r 足够大时，函数 $g(\boldsymbol{x})$可以任意地逼近。与多项展开关联的一个重要问题是，较大的 r 值通常可以得到较好的近似。也就是说，收敛到 $g(\boldsymbol{x})$的速度较慢。文献[Barr 93]中证明，逼近误差按 $O\left(\frac{1}{r^{2/l}}\right)$ 规则减小，其中的 $O(\cdot)$表示数量级。因此，输入空间的维数 l 越大，误差减小的速度越慢，并且给定的逼近误差需要较大的 r 值。然而，除了（由大量自由参数导致的）计算复杂性和推广问题，较大的 r 值还会使得数值精度变差，因为它涉及大量的乘积运算。另一方面，可以为分段逼近使用多项式展开，此时可以采用较小的 r 值。

逼近误差相对于系统阶数和输入空间维数的慢速下降，适用于具有固定基函数 $f_i(\cdot)$的形如式(4.47)的所有展开式。类似于多层感知器，如果选择数据自适应函数，那么情形会变得不同。在多层感知器情形下，激活函数中的参量是 $f(\boldsymbol{w}^{\mathrm{T}}\boldsymbol{x})$，其中 $\boldsymbol{w}$ 是由已知数据以最优方式计算的。

下面考虑带有一个隐藏层的两层感知器，它有激活函数为 $f(\cdot)$的 k 个节点和线性激活的 1 个

输出节点。此时，网络的输出为

$$\phi(\boldsymbol{x}) = \sum_{j=1}^{k} w_j^o f(\boldsymbol{w}_j^{h\mathrm{T}} \boldsymbol{x}) + w_o^o \tag{4.59}$$

式中，h 被称为隐藏层的权重，包括阈值；o 被称为输出层的权重。当 $f(\cdot)$ 是一个挤压函数时，下述定理给出此类网络的通用逼近性质[Cybe 89, Funa 89, Horn 89, Ito 91, Kalo 97]。

定理　设 $g(\boldsymbol{x})$ 是一个定义在致密子集 $S\subset\mathcal{R}^l$ 中的连续函数，且 $\epsilon > 0$。那么，存在 $k = k(\varepsilon)$ 和一个两层感知器(4.59)，使得

$$|g(\boldsymbol{x}) - \phi(\boldsymbol{x})| < \epsilon, \quad \forall \boldsymbol{x} \in S$$

文献[Barr 93]中证明，与多项式展开相比，其逼近误差按规则 $O\left(\frac{1}{k}\right)$ 规则减小。换言之，输入空间维数不显式地进入场景，并且误差与系统阶数（即神经元的数量）成反比。显然，我们付出的代价是优化过程现在是非线性的，关联的缺点是收敛到局部极小值。现在的问题是多个隐藏层能得到多少好处，因为使用单个隐藏层就足以得到更有效的逼近；也就是说，在网络中使用较少的神经元可以得到同样的精度。

RBF 函数也存在通用的逼近性质。对于式(4.55)中足够大的 k 值，得到的展开可以逼近致密子集 S 中的任意连续函数[Park 91, Park 93]。

4.17　概率神经网络

在 2.5.6 节说过，使用高斯核时，未知概率密度函数的 Parzen 估计为

$$\hat{p}(\boldsymbol{x}|\omega_i) = \frac{1}{N_i}\sum_{i=1}^{N_i} \frac{1}{(2\pi)^{\frac{l}{2}} h^l} \exp\left(-\frac{(\boldsymbol{x}-\boldsymbol{x}_i)^{\mathrm{T}}(\boldsymbol{x}-\boldsymbol{x}_i)}{2h^2}\right) \tag{4.60}$$

式中显式地包含了类别依赖性，因为根据贝叶斯准则做出的决策依赖于 $P(\omega_i)\hat{p}(\boldsymbol{x}\mid\omega_i)$ 关于 ω_i 的最大值。显然，式(4.60)只包含类别 ω_i 中的训练样本 $\boldsymbol{x}_i$，$i = 1, 2,\cdots, N_i$。

本节的目的是开发实现式(4.60)的一个有效结构，其中式(4.60)由多层神经网络原理生成。涉及式(4.60)中的未知特征向量 $\boldsymbol{x}$ 的关键计算是内积范数：

$$(\boldsymbol{x}-\boldsymbol{x}_i)^{\mathrm{T}}(\boldsymbol{x}-\boldsymbol{x}_i) = ||\boldsymbol{x}||^2 + ||\boldsymbol{x}_i||^2 - 2\boldsymbol{x}_i^{\mathrm{T}}\boldsymbol{x} \tag{4.61}$$

下面将涉及的特征向量归一化到单位范数。将每个向量 $\boldsymbol{x}$ 除以其范数 $\|\boldsymbol{x}\| = \sqrt{\sum_{i=1}^{l} x_i^2}$，就可实现向量的归一化。归一化后，联立式(4.60)和式(4.61)，可知贝叶斯分类现在依赖于搜索如下判别函数的最大值：

$$g(\omega_i) = \frac{P(\omega_i)}{N_i}\sum_{i=1}^{N_i} \exp\left(\frac{\boldsymbol{x}_i^{\mathrm{T}}\boldsymbol{x} - 1}{h^2}\right) \tag{4.62}$$

式中，省略了常数乘法权重。存在并行处理资源时，图 4.22 中的网络能够有效地执行上述计算。输入由一些节点组成，这些节点的输入是未知特征向量 $\boldsymbol{x} = [x_1, x_2,\cdots, x_l]^{\mathrm{T}}$。隐藏层节点数量等于训练数据数量，即 $N = \sum_{i=1}^{M} N_i$，其中 M 是类别数量。图中，为简单起见，我们假设只有两个类别，但可以推广到多个类别的情形。指向第 k 个隐藏节点的突触权重由各个归一化的训练特征向量 $\boldsymbol{x}_k$ 的分量组成，即 $\boldsymbol{x}_{k,j}, j = 1,2,\cdots,l; k = 1,2,\cdots,N$。换句话说，这类网络的训练非常简单，它可以由训练点的值直接描述。因此，第 k 个隐藏层的激活函数的输入是

$$\text{input}_k = \sum_{j=1}^{l} x_{k,j}x_j = \boldsymbol{x}_k^{\mathrm{T}}\boldsymbol{x}$$

将高斯核作为每个节点的激活函数，第 k 个节点的输出为

$$y_k = \exp\left(\frac{\text{input}_k - 1}{b^2}\right)$$

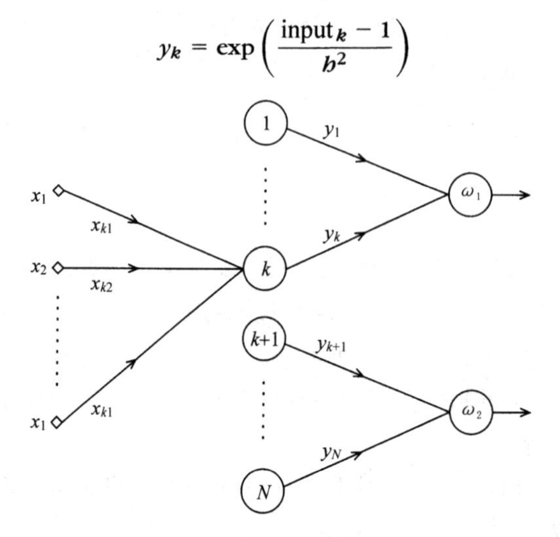

图 4.22　带有 N 个训练数据点的概率神经网络。每个节点对应一个训练点，并被相应地编号。图中只画出了第 k 个节点的突触权重。假设只有两个类别，且前 k 个点来自类 ω_1，剩余的点来自类 ω_2

共有 M 个输出节点，每个类别一个输出节点。输出节点是线性组合器。每个输出节点都连接到与各个类别关联的所有隐藏层节点。第 m 个输出节点的输出是

$$\text{output}_m = \frac{P(\omega_m)}{N_m}\sum_{i=1}^{N_m} y_i$$

式中，$m = 1, 2, \cdots, M$，N_m 是与第 m 个类别相关联的隐藏节点数（训练点数）。然后根据给出最大输出值的类别对未知向量分类。文献[Spec 90]中介绍了概率神经网络结构及其应用，详见文献[Rome 97, Stre 94, Rutk 04]。

4.18　支持向量机：非线性情形

第 3 章中讨论了支持向量机（SVM），当时它是线性分类器的最优设计方法。现在假设存在一个从输入特征空间到 k 维空间的映射

$$\boldsymbol{x} \in \mathcal{R}^l \rightarrow \boldsymbol{y} \in \mathcal{R}^k$$

这时，各个类别可由一个超平面正确地分隔。于是，在 4.12 节讨论的框架下，SVM 方法可用于设计新 k 维空间中的超平面分类器。然而，SVM 方法有一个用来开发通用方法的优良性质。于是在需要时，我们就可在无限维空间中进行（隐式）映射。

回顾第 3 章可知，在 Wolfe 对偶表示的计算中，特征向量通过内积运算的形式成对地参与。此外，算出最优超平面$(\boldsymbol{w}, w_0)$后，就可根据下式的符号是正还是负来进行分类：

$$g(\boldsymbol{x}) = \boldsymbol{w}^{\mathrm{T}}\boldsymbol{x} + w_0$$

$$= \sum_{i=1}^{N_s} \lambda_i y_i \boldsymbol{x}_i^{\mathrm{T}}\boldsymbol{x} + w_0$$

式中，N_s 是支持向量的数量。因此，参与运算的只有内积。如果该设计出现在新 k 维空间中，那么唯一的区别是涉及的向量将是原始输入特征向量的 k 维映射。研究发现，此时的复杂度更高，因为为了使得各个类别线性可分，k 通常要远大于输入空间的维数 l。然而，它也有一个优点。下面使用一个简单的例子进行说明。假设

$$\boldsymbol{x} \in \mathcal{R}^2 \longrightarrow \boldsymbol{y} = \begin{bmatrix} x_1^2 \\ \sqrt{2}x_1x_2 \\ x_2^2 \end{bmatrix}$$

那么经过简单的代数运算就可证明

$$\boldsymbol{y}_i^{\mathrm{T}}\boldsymbol{y}_j = (\boldsymbol{x}_i^{\mathrm{T}}\boldsymbol{x}_j)^2$$

总之，新（高维）空间中向量的内积已表示为原始特征空间中对应向量的内积的函数。

定理　Mercer 定理。设 $\boldsymbol{x} \in \mathcal{R}^l$ 和一个映射 $\boldsymbol{\phi}$

$$\boldsymbol{x} \mapsto \boldsymbol{\phi}(\boldsymbol{x}) \in H$$

式中，H 是希尔伯特空间①。于是，内积运算可以等效地表示为

$$\langle \boldsymbol{\phi}(\boldsymbol{x}), \boldsymbol{\phi}(\boldsymbol{z}) \rangle = K(\boldsymbol{x}, \boldsymbol{z}) \tag{4.63}$$

式中，$\langle \cdot, \cdot \rangle$ 表示 H 空间中的内积运算，$K(\boldsymbol{x}, z)$ 是一个对称的连续函数，满足条件

$$\int_C \int_C K(\boldsymbol{x}, \boldsymbol{z}) g(\boldsymbol{x}) g(\boldsymbol{z}) \,\mathrm{d}\boldsymbol{x}\,\mathrm{d}\boldsymbol{z} \geqslant 0 \tag{4.64}$$

对任意 $g(\boldsymbol{x})$，$\boldsymbol{x} \in \mathcal{C} \subset \mathcal{R}^l$，满足

$$\int_C g(\boldsymbol{x})^2 \,\mathrm{d}\boldsymbol{x} < +\infty \tag{4.65}$$

式中，$\mathcal{C}$ 是 $\mathcal{R}^l$ 的致密（有限）子集。反之，这一结论也成立；也就是说，对于满足式(4.64)和式(4.65)的任何对称连续函数 $K(\boldsymbol{x}, z)$，都存在用 $K(\boldsymbol{x}, z)$ 定义的内积空间。这样的函数也称核函数，空间 H 也称再生核函数希尔伯特空间（Reproducing Kernel Hilbert Space，RKHS），见文献[Shaw 04, Scho 02]。然而，Mercer 定理并未告诉我们如何找到这个空间。也就是说，在知道对应空间的内积后，没有通用的工具来构建映射 $\boldsymbol{\phi}(\cdot)$。此外，我们也不知道空间的维数，它可能是无限维的，如径向基（高斯）核函数就是无限维的[Burg 99]。关于这些问题的详细信息，爱好数学的读者可参阅文献[Cour 53]。

模式识别应用中所用的典型核函数如下所示。多项式

$$K(\boldsymbol{x}, \boldsymbol{z}) = (\boldsymbol{x}^{\mathrm{T}}\boldsymbol{z} + 1)^q, \quad q > 0 \tag{4.66}$$

径向基函数

$$K(\boldsymbol{x}, \boldsymbol{z}) = \exp\left(-\frac{\|\boldsymbol{x} - \boldsymbol{z}\|^2}{\sigma^2}\right) \tag{4.67}$$

双曲正切函数

① 希尔伯特空间是带有内积运算的完全线性空间，有限维希尔伯特空间是欧氏空间。

$$K(\boldsymbol{x}, \boldsymbol{z}) = \tanh\left(\beta \boldsymbol{x}^{\mathrm{T}} \boldsymbol{z} + \gamma\right) \tag{4.68}$$

式中，为满足 Mercer 的条件，β 和γ 要取合适的值。一种选择是$\beta = 2$，$\gamma = 1$。文献[Shaw 04]中全面地介绍了核函数，主要讨论了它们的数学性质，以及针对模式识别和回归分析开发的方法。

采用适当的核函数后，即隐式地定义一个到高维空间的映射（RKHS）后，Wolfe 对偶优化任务［见式(3.103)至式(3.105)］就变成

$$\max_{\boldsymbol{\lambda}} \left(\sum_i \lambda_i - \frac{1}{2}\sum_{i,j} \lambda_i \lambda_j y_i y_j K(\boldsymbol{x}_i, \boldsymbol{x}_j)\right) \tag{4.69}$$

$$\text{约束 } 0 \leqslant \lambda_i \leqslant C, \quad i = 1, 2, \cdots, N \tag{4.70}$$

$$\sum_i \lambda_i y_i = 0 \tag{4.71}$$

（在 RKHS 中）得到的线性分类器为

$$\text{若 } g(\boldsymbol{x}) = \sum_{i=1}^{N_s} \lambda_i y_i K(\boldsymbol{x}_i, \boldsymbol{x}) + w_0 > (<)\, 0\text{，则 } \boldsymbol{x} \text{ 属于 } \omega_1(\omega_2) \tag{4.72}$$

在原始$\mathcal{R}^l$空间中，由于核函数的非线性，得到的分类器也是非线性的。对于 ν-SVM 公式，也存在同样的结论。

图 4.23 中显示了对应的结构，它只是图 4.17 中的广义线性分类器的特殊情形。节点数由支持向量数 N_s决定。这些节点通过核函数运算，执行 $\boldsymbol{x}$ 的映射和高维空间中支持向量的对应映射之间的内积运算。

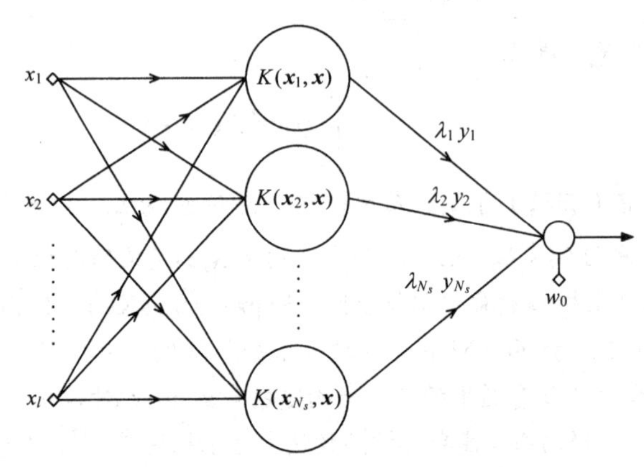

图 4.23 采用核函数的 SVM 结构

图 4.24 中显示了两个非线性可分类别的 SVM 分类器，其中使用了高斯径向基核函数（σ=1.75）。虚线表示边缘，加圈的点表示支持向量。

注释

- 注意，若核函数是 RBF，则结构与图 4.17 中的 RBF 网络结构相同。然而，这里采用的方法是不同的。在 4.15 节中，首先执行 k 维空间中的映射，然后估计 RBF 函数的中心。在 SVM 方法中，节点数和中心数是优化处理的结果。
- 双曲正切函数是一个 S 形函数。如果选择它作为核函数，那么得到的结构是两层感知器的特例。此外，节点数是优化处理的结果。这很重要。尽管 SVM 结构与两层感知器结构相同，但两种方法的训练过程完全不同。对于 RBF 网络，也存在相同的结论。

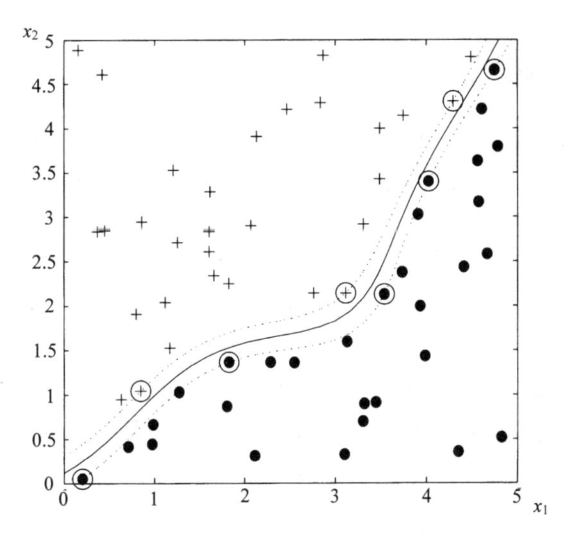

图 4.24　两个非线性可分类别的非线性 SVM 分类器示例。使用了高斯 RBF 核函数。虚线表示边缘，加圈的点表示支持向量

- 支持向量机的显著特点之一是，计算复杂度与输入空间映射到的核函数空间的维数无关，因此消除了维数灾难问题。换言之，高维空间中的设计不必采纳使用大量参数的显式模型，因为它由高维度空间决定。这也会影响推广性，事实上 SVM 存在较好的推广性。第 5 章末尾将再次讨论这个问题。
- 支持向量机的主要缺点是，到目前为止，还没有有效的实用方法来选取最好的核函数。这仍然是一个悬而未决的问题。选择一个核函数后，就要选择核函数参数（对高斯核函数，参数为σ）和代价函数中的平滑参数 C，使得分类器的误差性能达到最优。事实上，这些参数（也称*超参数*）对分类器的推广性能（即它在面对训练集外的数据时的误差性能）极其重要。

  为此，人们提出了许多容易计算（且与分类器的推广性能相关）的界限，并用它们来选择最佳的超参数。最常用的方法是对不同的超参数求解 SVM 任务，且最终选择 SVM 分类器来优化所用的界限，见文献[Bart 02, Lin 02, Duan 03, Angu 03, Lee 04]。文献[Chap 02]中采用极小极大理论处理了这个问题：最大化 $\boldsymbol{w}$ 上的边缘，最小化超参数上的边界。

  为了改进误差性能，调整数据自适应核函数的另一种方法是使用信息几何参量[Amar 99]。这种方法的基本思想是，为了增强边缘，使用选择的核函数，引入一个到黎曼几何的保形变换。文献[Burg 99]中指出，采用位于 l 维表面 S 上的核函数后，最初位于 l 维空间中的特征向量被映射到了高维空间。业已证明，在一般假设下，S 是一个黎曼流形，它带有可用核函数单独表示的度量。
- 支持向量机已在许多领域应用，如手写数字识别[Cort 95]、目标识别[Blan 96]、身份认证[Ben 99]、垃圾邮件分类[Druc 99]、信道均衡[Seba 00]和医学成像[ELNa 02, FLao 06]。这些应用表明，SVM 分类器具有较强的推广性，这就是支持向量机的优势。文献[Meye 03]中使用 21 个不同的数据集，研究了 SVM 相对于其他 16 个常用分类器的性能。结果表明 SVM 分类器的性能非常靠前，但在有些情形下，其他分类器的错误率更低。

4.19 其他 SVM 范式

如前节所述，支持向量机最有用的一个性质是，SVM 计算结构中允许使用核函数。有时，这也称核函数技巧。这个强大的工具使得我们在高维空间中设计线性分类器时无须考虑空间的维数。此外，由于所用核函数导致的隐式非线性映射，在原始空间中设计的分类器是非线性的。SVM 在实践中的成功运用，使得我们可将许多线性分类器扩展为非线性分类器，方法是在结构中嵌入核函数技巧。如果可将所有计算表示为内积运算，那么上述情况是可行的。下面以经典的欧氏距离分类器为例进行说明。

假设有两个类别 ω_1 和 ω_2，它们分别有 N_1 和 N_2 个训练对$(y_i, \boldsymbol{x}_i)$，其中第 i 个样本的类别标注是 $y_i = \pm 1$。设 $K(\cdot,\cdot)$是与隐式映射 $\boldsymbol{x} \mapsto \boldsymbol{\phi}(\boldsymbol{x})$相关联的核函数，其中 $\boldsymbol{x} \mapsto \boldsymbol{\phi}(\boldsymbol{x})$将原始$\mathcal{R}^l$空间映射到高维 RKHS。对于未知的 $\boldsymbol{x}$，如果

$$||\boldsymbol{\phi}(\boldsymbol{x}) - \boldsymbol{\mu}_1||^2 > ||\boldsymbol{\phi}(\boldsymbol{x}) - \boldsymbol{\mu}_2||^2 \tag{4.73}$$

或者如果

$$\langle \phi(\boldsymbol{x}), (\boldsymbol{\mu}_2 - \boldsymbol{\mu}_1) \rangle > \frac{1}{2}\left(||\boldsymbol{\mu}_2||^2 - ||\boldsymbol{\mu}_1||^2\right) \equiv \theta \tag{4.74}$$

那么 RKHS 中的欧氏分类器将它划分到类别 ω_2 中，其中 $\langle \cdot,\cdot \rangle$ 表示 RKHS 中的内积运算，并且

$$\boldsymbol{\mu}_1 = \frac{1}{N_1} \sum_{i:y_i=+1} \boldsymbol{\phi}(\boldsymbol{x}_i) \quad \text{和} \quad \boldsymbol{\mu}_2 = \frac{1}{N_2} \sum_{i:y_i=-1} \boldsymbol{\phi}(\boldsymbol{x}_i) \tag{4.75}$$

联立式(4.74)和式(4.75)，如果

$$\frac{1}{N_2} \sum_{i:y_i=-1} K(\boldsymbol{x}, \boldsymbol{x}_i) - \frac{1}{N_1} \sum_{i:y_i=+1} K(\boldsymbol{x}, \boldsymbol{x}_i) > \theta \tag{4.76}$$

那么将 $\boldsymbol{x}$ 划分到类别 ω_2 中，其中，

$$2\theta = \frac{1}{N_2^2} \sum_{i:y_i=-1} \sum_{j:y_j=-1} K(\boldsymbol{x}_i, \boldsymbol{x}_j) - \frac{1}{N_1^2} \sum_{i:y_i=+1} \sum_{j:y_j=+1} K(\boldsymbol{x}_i, \boldsymbol{x}_j)$$

式(4.76)的左侧让我们想起了 Parzen 概率密度函数估计。采用高斯核函数时，第一项可视为与类别 ω_2 关联的概率密度函数估计器，第二项可视为与类别 ω_1 关联的概率密度函数估计器。采用核函数技巧，除欧氏分类器外，包括费舍尔线性判别（见第 5 章）在内的其他经典分类器，都被扩展为非线性分类器，见文献[Mull 01, Shaw 04]。另一个“核化”版的线性分类器是核感知器算法。

3.3 节中介绍过感知器规则。如果两个类别是线性可分的，那么感知器算法将在有限步内收敛。这个缺点阻碍了感知器算法在实际中的运用。然而，将原始特征空间映射到高维（甚至无限维）空间后，使用 Cover 理论（见 4.13 节），我们就可期望分类任务在 RKHS 空间中是线性可分的，且具有高概率。因此，“核化”版的感知器规则超越了其历史、理论和教育意义，可用于在 RKHS 中求解线性可分的任务。下面研究由式(3.21)至式(3.23)给出的感知器算法的奖惩形式。

该方法的核心是更新式(3.21)和式(3.22)。这些递归发生在扩展的 RKHS 中（偏差项由维数增 1 导致），并且它们可以紧凑地写为

$$\begin{bmatrix} \boldsymbol{w}(t+1) \\ w_0(t+1) \end{bmatrix} = \begin{bmatrix} \boldsymbol{w}(t) \\ w_0(t) \end{bmatrix} + y_{(t)} \begin{bmatrix} \boldsymbol{\phi}(\boldsymbol{x}_{(t)}) \\ 1 \end{bmatrix}$$

每出现一次错误分类——也就是说，如果 $y_{(t)}(\langle \boldsymbol{w}(t), \boldsymbol{\phi}(\boldsymbol{x}_{(t)}) \rangle + w_0) \leqslant 0$，其中系数 ρ 等于 1，那么

就设α_i，$i=1,2,\cdots,N$ 是与每个训练数据点对应的计数器。每隔时间 $\boldsymbol{x}_{(t)}=\boldsymbol{x}_i$，计数器$\alpha_i$增 1，并且错误分类导致分类器更新。若从 0 初始向量开始，则在所有点都被正确分类后，解便可写为

$$\boldsymbol{w}=\sum_{i=1}^{N}\alpha_i y_i \boldsymbol{\phi}(\boldsymbol{x}_i),\ w_0=\sum_{i=1}^{N}\alpha_i y_i$$

在原始特征空间中，最终得到的非线性分类器为

$$g(\boldsymbol{x})\equiv\langle\boldsymbol{w},\boldsymbol{\phi}(\boldsymbol{x})\rangle+w_0=\sum_{i=1}^{N}\alpha_i y_i K(\boldsymbol{x},\boldsymbol{x}_i)+\sum_{i=1}^{N}\alpha_i y_i$$

核感知器算法的伪代码如下所示。

核感知器算法

- 设$\alpha_i=0, i=1,2,\cdots,N$
- 重复：
  - count_misclas = 0
  - For $i=1$ to N
    - 若 $y_i\left(\sum_{j=1}^{N}\alpha_j y_j K(\boldsymbol{x}_i,\boldsymbol{x}_j)+\sum_{j=1}^{N}\alpha_j y_j\right)\leqslant 0$，则
      - — $\alpha_i=\alpha_i+1$
      - — count_misclas = count_misclas + 1
  - End{For}
- Until count_misclas = 0

4.19.1　核函数展开和模型稀疏化

本节简要讨论类似于 SVM 的分类器，目的是在不同的方法间建立联系。4.18 节中对 SVM、RBF 和多层神经元网络做了类似的讨论。总之，这些方法是类似的。使用式(4.72)中的高斯核函数，可得

$$g(\boldsymbol{x})=\sum_{i=1}^{N_s}a_i\exp\left(-\frac{\|\boldsymbol{x}-\boldsymbol{x}_i\|^2}{2\sigma^2}\right)+w_0 \tag{4.77}$$

式中，$a_i=\lambda_i y_i$。式(4.77)类似于第 2 章讨论的概率密度函数的 Parzen 展开，两者的差别不大。与 Parzen 展开相比，式(4.77)中的 $g(\boldsymbol{x})$不是一个概率密度函数；也就是说，它的积分不为 1。此外，从实践角度看，最重要的区别是和式中包含的不同项数。在 Parzen 展开中，所有训练样本都会影响最终的解。相比之下，在由 SVM 公式得出的解中，只将支持向量（即位于边缘或分类器错误侧的点）才视为影响解的“重要”的点。在实践中，只将少部分训练点输入式(4.77)进行求和运算，即 $N_s\ll N$。事实上，如 5.10 节末尾讨论的那样，若支持向量的数量很大，则分类器的推广性能会下降。若 $N_s\ll N$，则我们称解是稀疏的。稀疏解仅对最相关的训练样本使用计算资源。除计算复杂度外，拥有稀疏解与我们避免过拟合的期望一致（见 4.9 节）。在真实的数据中，回归中出现的噪声、分类时出现的类别重叠和离群点，都表明模型需要避免过拟合具体的训练数集。

仔细研究 SVM 的基本原理发现，解中的稀疏源是代价函数中的边缘项。另一种方法是观察式(3.93)所示代价函数中的$\|\boldsymbol{w}\|^2$项，也就是说，

$$J(\boldsymbol{w},w_0,\boldsymbol{\xi})=\frac{1}{2}\|\boldsymbol{w}\|^2+C\sum_{i=1}^{N}I(\xi_i)$$

是一个正则化项，它可使解的范数尽可能小、尽可能简单，同时可使边缘错误数最少$\left(\sum_{i=1}^{N} I(\xi_i)\right)$。这就要求解中的大部分$\lambda_i$为 0，只保持最重要的样本——支持向量。在 4.9 节中，为了使神经网络尽可能小，也使用了正则化。关于正则化在回归/分类中的应用，见文献[Vapn 00]。

针对分类和回归任务，人们开发了许多实现稀疏化目标的技术。对合适选择的核函数，得到的分类器/回归器为

$$g(\boldsymbol{x}) = \sum_{j=1}^{N} a_j K(\boldsymbol{x}, \boldsymbol{x}_j) \tag{4.78}$$

上式中原本有一个偏差常数项，这里为简单起见删除了它。任务是估计展开式的未知权重$a_j, j=1,2,\cdots,N$。式(4.78)中的函数形式可由如下定理[Kime 71,Scho 02]证明。

表示定理

设$\mathcal{L}(\cdot,\cdot): \mathcal{R}^2 \mapsto [0,\infty)$是一个任意的非负代价函数，其作用是计算期望响应$y$与$g(\boldsymbol{x})$之间的偏差。此时，最小值$g(\cdot)\in H$，其中$H$是核函数$K(\cdot,\cdot)$定义的 RKHS。$g(\boldsymbol{x})$的正则化代价

$$\sum_{i=1}^{N} \mathcal{L}(g(\boldsymbol{x}_i), y_i) + \Omega(\|g\|) \tag{4.79}$$

采用式(4.78)中的表示形式。在式(4.79)中，$(y_i, \boldsymbol{x}_i), i=1,2,\cdots,N$是训练数据，$\Omega(\cdot):[0,\infty)\mapsto \mathcal{R}$是严格单调递增函数，$\|\cdot\|$是$H$中的范数运算。关于该结果的详细数学推导，见文献[Scho 02]。不熟悉函数分析和 RKHS 的读者，可回顾函数集$\mathcal{R}^l \mapsto \mathcal{R}$形成线性空间的过程。线性空间可通过内积运算变成希尔伯特空间。因此，通过严格限制$g(\cdot)\in H$，就可将式(4.79)的解限制为特定核函数定义的 RKHS（函数空间）中的点。

这个定理很重要，因为它说，即使工作在高维（甚至无限维）空间中，使得式(4.79)最小的最优解也可表示为N个放在训练点处的核函数的线性组合。因此，为了说明该定理在实际中是如何简化最优解的搜索的，下面给出一个例子。

例 4.1 核的最小二乘解。设$(y_i, \boldsymbol{x}_i), i=1,2,\dots,N$是训练点。本例的目的是设计一个位于 RKHS 空间的最优最小二乘线性分类器（回归器），它由核函数$K(\cdot,\cdot)$定义。

根据 3.4.3 节中的最小二乘代价的定义，对于$g\in H$，我们必须最小化代价

$$\sum_{i=1}^{N} \left(y_i - g(\boldsymbol{x}_i)\right)^2 \tag{4.80}$$

根据表示定理得

$$g(\boldsymbol{x}) = \sum_{j=1}^{N} a_j K(\boldsymbol{x}, \boldsymbol{x}_j) \tag{4.81}$$

将式(4.81)代入式(4.80)，得到关于有限个参数$a_i, i=1,2,\cdots,N$来最小化代价的等效任务：

$$J(\boldsymbol{a}) = \sum_{i=1}^{N} \left(y_i - \sum_{j=1}^{N} a_j K(\boldsymbol{x}_i, \boldsymbol{x}_j)\right)^2 \tag{4.82}$$

式(4.82)中的代价可根据$\mathcal{R}^N$空间中的欧氏范数写为

$$J(\boldsymbol{a}) = (\boldsymbol{y} - \mathcal{K}\boldsymbol{a})^{\mathrm{T}}(\boldsymbol{y} - \mathcal{K}\boldsymbol{a}) \tag{4.83}$$

式中，$\boldsymbol{y}=[y_1, y_2, \cdots, y_N]^{\mathrm{T}}$，$\mathcal{K}$是一个$N\times N$的矩阵（称为 Gram 矩阵），其定义为

$$\mathcal{K}(i,j) \equiv K(\boldsymbol{x}_i, \boldsymbol{x}_j) \tag{4.84}$$

展开式(4.83)并让其关于 $\boldsymbol{a}$ 的梯度为 0，得到

$$\boldsymbol{a} = \mathcal{K}^{-1}\boldsymbol{y} \tag{4.85}$$

其中假设 Gram 是一个可逆阵。回顾式(4.81)可知，核函数的最小二乘估计可写为

$$g(\boldsymbol{x}) = \boldsymbol{a}^{\mathrm{T}}\boldsymbol{p} = \boldsymbol{y}^{\mathrm{T}}\mathcal{K}^{-1}\boldsymbol{p} \tag{4.86}$$

式中，

$$\boldsymbol{p} \equiv [K(\boldsymbol{x}, \boldsymbol{x}_1), \cdots, K(\boldsymbol{x}, \boldsymbol{x}_N)]^{\mathrm{T}} \tag{4.87}$$

相关向量机（Relevance Vector Machine, RVM）方法中使用了表示定理[Tipp 01]。根据式(4.78)，已知 $\boldsymbol{a}$ 值时，为理想响应（标注）建立一个条件概率模型。未知权重是在贝叶斯框架理论基础上计算的（见第 2 章）。通过约束未知权重参数，并为每个未知权重参数强加一个显式先验概率分布，实现稀疏化。与 SVM 相比，更加复杂的 RVM 可得到稀疏解。所需的存储容量按平方增长，所需的计算资源与基函数的数量的立方成正比，因此不适用于大数据。相比之下，SVM 所需的存储容量是线性增长的，所需的计算次数介于训练集数量的一次和二次方之间[Plat 99]。

近期的趋势是以在线时间自适应方式得到形如式(4.78)的解。也就是说，每获得一个新训练对 $(y_i, \boldsymbol{x}_i)$，就更新一次解。当相关数据的统计值变化很慢时，这是非常重要的。为此，文献[Kivi 04]中推导了一个“核化”后的在线 LMS 型算法（见 3.4.2 节），它最小化代价函数

$$J(g_t) = \sum_{i=1}^{t} \mathcal{L}(g_t(\boldsymbol{x}_i), y_i) + \lambda \|g_t\|^2 \tag{4.88}$$

式中，g_t 的下标 t 显式地表示时间依赖性；$\mathcal{L}(\cdot,\cdot)$ 是一个代价函数，用于计算期望值 y_i 与真实值的偏差，真实值由未知函数的当前估计 $g_t(\cdot)$ 得到。累加和是截至时刻 t 所收到的全部样本上的错误总数。计算所求的解的范数的平方 $\|g_t\|^2$，正则化代价函数，进而实现稀疏化。

下面给出观察正则化项并深入理解它对稀疏化的影响的另一种方法。这里不进行如式(4.88)所示的最小化，而采用另一种优化任务表达，即

$$最小化 \sum_{i=1}^{t} \mathcal{L}(g_t(\boldsymbol{x}_i), y_i) \tag{4.89}$$

$$约束 \|g_t\|^2 \leqslant s \tag{4.90}$$

拉格朗日乘子的作用是最小化式(4.88)中的 $J(g_t)$。可以证明（见文献[Vapn 00]），适当选择参数 s 和 λ，就可使得这两种表述等价。然而，将优化任务表述为式(4.89)至式(4.90)，可将解限定为显式声明的大小。

在文献[Slav 08]中，式(4.78)的代价的一个自适应解是根据投影和凸集变量给出的。稀疏化是通过将解限制在 RKHS 中的一个超球体内实现的。可以证明，这样的约束等价于强加一个遗忘因子，使算法遗忘过去的数据而只关注最近的样本。这个算法的（由遗忘因子导致的）有效内存与数据量成正比。该算法具如下特征：提供许多知名算法的特例，如核化归一化 LMS（NLMS）算法[Saye 04]和核化仿射投影算法[Slav 08a]；在每次更新递归时，由于可以用代价函数的次微分代替非修正项的梯度，因此既适应可微代价函数，又适应非可微代价函数。

文献[Enge 04, Slav 08a]中给出了在线稀疏化的另一个根。基函数集词典是自适应形成的。对于每个收到的样本，测试其对已包含在词典中的样本的依赖性。若测得的依赖性低于阈值，则将

这个新样本包含到词典中，词典的基数增 1；否则，词典不变。业已证明，词典的大小不会无限增长，而会保持有限。解的展开方式是只使用与词典中的样本关联的基函数。这种技术的缺点是，其复杂性与词典的大小的平方成正比，而前面介绍的两种适应技术的复杂性则是线性增长的。

到目前为止，我们的讨论都假设使用代价函数。代价函数由用户选择。在分类任务中被人们频繁采用的一些典型代价函数如下。

- 软边缘代价函数

$$\mathcal{L}(g(\boldsymbol{x}),y)=\max(0,\rho-yg(\boldsymbol{x}))$$

式中，ρ 定义边缘参数。换句话说，若 $yg(\boldsymbol{x})$无法得到 ρ 值，就会导致一个边缘错误。对于较小的 $yg(\boldsymbol{x})$值，代价函数为正，并且随着 $yg(\boldsymbol{x})$减小到负值而线性增加。也就是说，它可度量估计值与边缘相距有多远。图 4.25 中显示了 $\rho=0$ 时的图形。

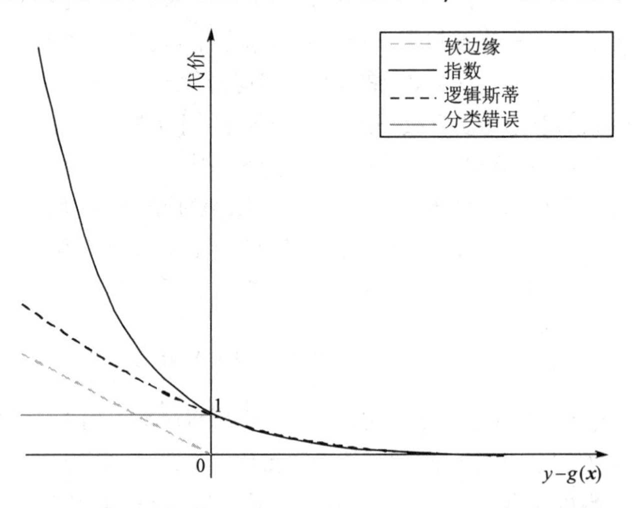

图 4.25　分类任务中使用的典型代价函数。软边缘代价函数的边缘参数ρ已设为 0。为了过点[1,0]并与不同的代价函数进行比较，逻辑斯蒂代价函数已被归一化。出现一个错误时，分类错误代价函数输出 1，否则输出 0

- 指数代价函数

$$\mathcal{L}(g(\boldsymbol{x}),y)=\exp\left(-yg(\boldsymbol{x})\right)$$

如图 4.25 所示，该代价函数严格处罚 $yg(\boldsymbol{x})$的非正值，因为非正值会导致错误的决策。4.22 节中将使用这个代价函数。

- 逻辑斯蒂代价函数

$$\mathcal{L}(g(\boldsymbol{x}),y)=\ln\left(1+\exp(-yg(\boldsymbol{x}))\right)$$

逻辑斯蒂代价函数基本上是运行在 RKHS 中的类逻辑斯蒂概率模型（见 3.6 节）的负对数似然。事实上，可将函数 $g(\boldsymbol{x})$视为 RKHS 空间中的一个线性函数，即 $g(\boldsymbol{x})=\left\langle \boldsymbol{w},\phi(\boldsymbol{x})\right\rangle+w_0$，并将类别标注的概率建模为

$$P(y|\boldsymbol{x})=\frac{1}{1+\exp\left(-y(w_0+\langle\boldsymbol{w},\boldsymbol{\phi}(\boldsymbol{x})\rangle)\right)}$$

于是逻辑斯蒂代价函数就是各自的负对数似然函数。这个代价函数也用在支持向量机中，详见文献[Keer 05]。

4.19.2　鲁棒统计回归

3.5.1 节介绍了回归任务。设$y\in\mathcal{R}$, $\boldsymbol{x}\in\mathcal{R}^l$是两个统计独立的随机实体。已知一组训练样本$(y_i,\boldsymbol{x}_i)$，目的是计算函数 $g(\boldsymbol{x})$，以便在测量 $\boldsymbol{x}$ 时，最优地估计 y 值。在许多情形下，均方或最小二乘代价函数都不是最合适的代价函数。例如，当数据的统计分布出现长尾时，使用最小二乘准则将使得解由少部分大值点（离群点）支配。对于未正确标记的数据，会出现类似的情形。例如，当单个训练点的目标值被一个大值错误地标注时，这个点会不合理地影响解（根据真实的统计数据）。使用其他代价函数可以更有效地处理这类情形。这些代价函数称为鲁棒统计代价函数。这类代价函数的典型例子如下。

- 线性ϵ不敏感代价函数

$$\mathcal{L}(g(\boldsymbol{x}),y)=|y-g(\boldsymbol{x})|_\epsilon\equiv\max(0,|y-g(\boldsymbol{x})|-\epsilon)$$

- 二次ϵ不敏感代价函数

$$\mathcal{L}(g(\boldsymbol{x}),y)=|y-g(\boldsymbol{x})|_\epsilon^2\equiv\max(0,|y-g(\boldsymbol{x})|^2-\epsilon)$$

- Huber 代价函数

$$\mathcal{L}(g(\boldsymbol{x}),y)=\begin{cases}c\,|y-g(\boldsymbol{x})|-\frac{c^2}{2}, & |y-g(\boldsymbol{x})|>c\\ \frac{1}{2}\left(y-g(\boldsymbol{x})\right)^2, & |y-g(\boldsymbol{x})|\leqslant c\end{cases}$$

式中，ϵ和 c 是用户定义的参数。对于绝对误差大于 c 的样本，Huber 代价函数从二次代价函数约简为线性代价函数。这样的选择可让优化任务对离群点不敏感。图 4.26 中给出了与前述代价函数关联的曲线。后面将重点介绍线性ϵ不敏感代价函数。

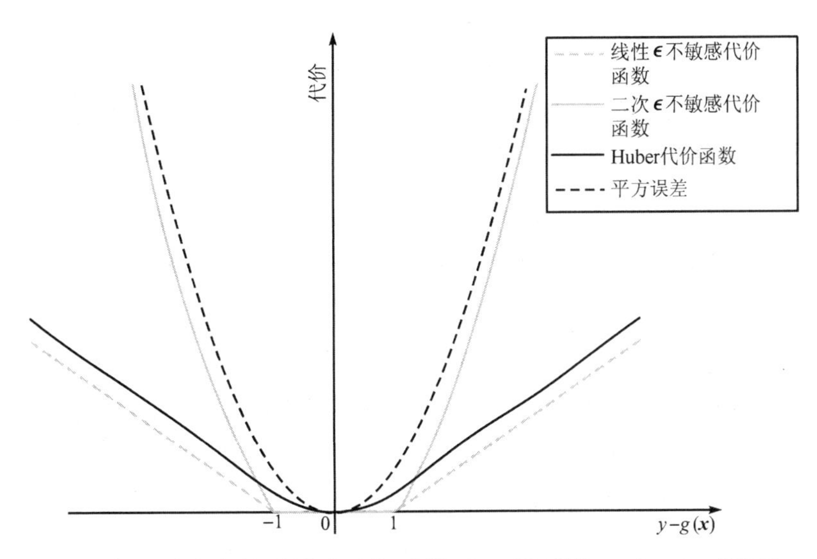

图 4.26　回归任务所用的代价函数。参数ϵ和 c 都被设为 1。在 Huber 代价函数中，观察到区间$[-c,+c]$外出现了二次到线性的变化

现在，我们已有足够的经验来求 $g(\boldsymbol{x})$非线性情形下的解，方法是将问题表示为 RKHS 中的线性问题。在线性ϵ不敏感情形下，对代价的贡献非零的样本的误差$|y-g(\boldsymbol{x})|$大于ϵ。这种设置可由两个松弛变量ξ和ξ^*来简洁地表示，优化任务现在变为

$$\text{最小化}\ J(\boldsymbol{w}, w_0, \boldsymbol{\xi}, \boldsymbol{\xi}^*) = \frac{1}{2}\|\boldsymbol{w}\|^2 + C\left(\sum_{i=1}^{N}\xi_i + \sum_{i=1}^{N}\xi_i^*\right) \tag{4.91}$$

$$\text{约束}\ y_i - \langle \boldsymbol{w}, \boldsymbol{\phi}(\boldsymbol{x}_i)\rangle - w_0 \leqslant \epsilon + \xi_i^*,\quad i = 1,2,\cdots,N \tag{4.92}$$

$$\langle \boldsymbol{w}, \boldsymbol{\phi}(\boldsymbol{x}_i)\rangle + w_0 - y_i \leqslant \epsilon + \xi_i,\quad i = 1,2,\cdots,N \tag{4.93}$$

$$\xi_i \geqslant 0,\quad \xi_i^* \geqslant 0,\quad i = 1,2,\cdots,N \tag{4.94}$$

上面的设置保证当$\left|y_i - \langle \boldsymbol{w}, \boldsymbol{\phi}(\boldsymbol{x}_i)\rangle - w_0\right| \leqslant \epsilon$时，$\xi_i$和$\xi_i^*$对代价函数的贡献为0，而当$y_i - \langle \boldsymbol{w}, \boldsymbol{\phi}(\boldsymbol{x}_i)\rangle - w_0 > \epsilon$或$y_i - \langle \boldsymbol{w}, \boldsymbol{\phi}(\boldsymbol{x}_i)\rangle - w_0 < -\epsilon$时，对代价函数的贡献不为0。前面说过，范数$\|\boldsymbol{w}\|$保证不出现过拟合。采用3.7.2节中的类似推理，可以证明解为

$$\boldsymbol{w} = \sum_{i=1}^{N}(\lambda_i^* - \lambda_i)\boldsymbol{\phi}(\boldsymbol{x}_i) \tag{4.95}$$

式中，λ_i^*和λ_i分别是与式(4.92)至式(4.93)中的一组约束相关联的拉格朗日乘子。对应的KKT条件是［对应于式(3.98)至式(3.102)］

$$\lambda_i^*(y_i - \langle \boldsymbol{w}, \boldsymbol{\phi}(\boldsymbol{x}_i)\rangle - w_0 - \epsilon - \xi_i^*) = 0,\quad i = 1,2,\cdots,N \tag{4.96}$$

$$\lambda_i(\langle \boldsymbol{w}, \boldsymbol{\phi}(\boldsymbol{x}_i)\rangle + w_0 - y_i - \epsilon - \xi_i) = 0,\quad i = 1,2,\cdots,N \tag{4.97}$$

$$C - \lambda_i - \mu_i = 0,\ C - \lambda_i^* - \mu_i^* = 0,\quad i = 1,2,\cdots,N \tag{4.98}$$

$$\mu_i\xi_i = 0,\ \mu_i^*\xi_i^* = 0,\quad i = 1,2,\cdots,N \tag{4.99}$$

$$\lambda_i \geqslant 0,\ \lambda_i^* \geqslant 0,\ \mu_i \geqslant 0,\ \mu_i^* \geqslant 0,\quad i = 1,2,\cdots,N \tag{4.100}$$

$$\sum_{i=1}^{N}\lambda_i = \sum_{i=1}^{N}\lambda_i^* \tag{4.101}$$

$$\xi_i\xi_i^* = 0,\ \lambda_i\lambda_i^* = 0,\quad i = 1,2,\cdots,N \tag{4.102}$$

式中，μ_i^*和μ_i是与式(4.94)中的一组约束相关联的拉格朗日乘子。注意，ξ_i和ξ_i^*不能同时非零，拉格朗日乘子λ_i^*和λ_i也不能同时非零。此外，仔细观察KKT条件发现：

- 绝对误差$\left|y_i - \langle \boldsymbol{w}, \boldsymbol{\phi}(\boldsymbol{x}_i)\rangle - w_0\right| < \epsilon$的点将导致拉格朗日乘子$\lambda_i, \lambda_i^*$为0，这是式(4.96)和式(4.97)的直接结果。这些点类似于SVM分类任务中位于边缘外的那些点。
- 支持向量是满足不等式$\left|y_i - \langle \boldsymbol{w}, \boldsymbol{\phi}(\boldsymbol{x}_i)\rangle - w_0\right| \geqslant \epsilon$的那些点。
- 与满足不等式$\left|y_i - \langle \boldsymbol{w}, \boldsymbol{\phi}(\boldsymbol{x}_i)\rangle - w_0\right| > \epsilon$的误差相关联的那些点，会使得$\lambda_i = C$或$\lambda_i^* = C$。这是式(4.99)和式(4.98)及此时$\xi_i$（或$\xi_i^*$）不为0的结果。对满足$\left|y_i - \langle \boldsymbol{w}, \boldsymbol{\phi}(\boldsymbol{x}_i)\rangle - w_0\right| = \epsilon$的那些点，各自的$\xi_i(\xi_i^*) = 0$，且根据式(4.97)［或式(4.96)］，各自的$\lambda_i(\lambda_i^*)$可能不是0。于是，根据式(4.99)、式(4.100)和式(4.98)可得$0 \leqslant \lambda_i(\lambda_i^*) \leqslant C$。

将问题写为等价的对偶形式后，就可得到拉格朗日乘子，也就是说，

$$\text{最大化}\ \sum_{i=1}^{N}y_i(\lambda_i^* - \lambda_i) - \epsilon\sum_{i=1}^{N}(\lambda_i^* + \lambda_i) - \frac{1}{2}\sum_{i,j}(\lambda_i^* - \lambda_i)(\lambda_j^* - \lambda_j)\langle \boldsymbol{\phi}(\boldsymbol{x}_i), \boldsymbol{\phi}(\boldsymbol{x}_j)\rangle \tag{4.103}$$

$$\text{约束}\ 0 \leqslant \lambda_i \leqslant C,\quad 0 \leqslant \lambda_i^* \leqslant C,\quad i = 1,2,\cdots,N \tag{4.104}$$

$$\sum_{i=1}^{N}\lambda_i^* = \sum_{i=1}^{N}\lambda_i \tag{4.105}$$

式中，最大化是关于拉格朗日乘子 $\lambda_i,\lambda_i^*,i=1,2,\cdots,N$ 的。这个优化任务类似于式(3.103)和式(3.105)定义的问题。

算出拉格朗日乘子后，就可得到如下非线性回归器：

$$g(\boldsymbol{x}) \equiv \left\langle \boldsymbol{\phi}(\boldsymbol{x}), \sum_{i=1}^{N}(\lambda_i^* - \lambda_i)\boldsymbol{\phi}(\boldsymbol{x}_i)\right\rangle + w_0 = \sum_{i=1}^{N}(\lambda_i^* - \lambda_i)K(\boldsymbol{x},\boldsymbol{x}_i) + w_0$$

式中，w_0 由式(4.97)和式(4.96)中的 KKT 条件算出，其中 $0<\lambda_i<C,0<\lambda_i^*<C$。通过与零拉格朗日乘子相关的那些点，即使得绝对误差严格小于ϵ的那些点，就可实现稀疏化。

如果采用二次ϵ 不敏感代价函数或 Huber 代价函数代替线性ϵ不敏感代价函数，那么得到的公式与这里推导的公式相似，详见文献[Vapn 00]。

在本节的推导过程中，我们始终参照 3.7.2 节中介绍的 SVM 分类任务的优化。这种相似性不不令人意外。事实上，这是一个简单的算术运算问题：若设$\epsilon=0$ 或 $y_i=\pm1$，则根据样本所属的类别可知，回归任务将变得与 3.7.2 节中讨论的问题相同。

岭回归

下面介绍回归任务与被称为*岭回归*的经典回归问题的联系。岭回归这个概念已被广泛用于统计学习中，并且具有不同的名称。在二次ϵ不敏感代价函数中，为简单起见，若设$\epsilon=0$ 和 $w_0=0$，则结果是平方误差代价函数的标准和。用等式代替不等式的关联约束，稍微改动代价函数（使其成为经典公式），可得

$$\text{最小化}\ J(\boldsymbol{w},\boldsymbol{\xi}) = \mathcal{C}\|\boldsymbol{w}\|^2 + \sum_{i=1}^{N}\xi_i^2 \tag{4.106}$$

$$\text{约束}\ y_i - \langle\boldsymbol{w},\boldsymbol{\phi}(\boldsymbol{x}_i)\rangle = \xi_i,\quad i=1,2,\cdots,N \tag{4.107}$$

式中，$\mathcal{C}=\frac{1}{2C}$。式(4.106)至式(4.107)定义的任务是 RKHS 中表示的最小二乘代价函数的正则化形式。使用 Wolfe 对偶表示时，可以证明核岭回归的解可以写为闭合形式（见习题 4.25），即

$$\boldsymbol{w} = \frac{1}{2\mathcal{C}}\sum_{i=1}^{N}\lambda_i\boldsymbol{\phi}(\boldsymbol{x}_i) \tag{4.108}$$

$$[\lambda_1,\cdots,\lambda_N]^{\mathrm{T}} = 2\mathcal{C}\,(\mathcal{K}+\mathcal{C}I)^{-1}\boldsymbol{y} \tag{4.109}$$

$$g(\boldsymbol{x}) \equiv \langle\boldsymbol{w},\boldsymbol{\phi}(\boldsymbol{x})\rangle = \boldsymbol{y}^{\mathrm{T}}(\mathcal{K}+\mathcal{C}I)^{-1}\boldsymbol{p} \tag{4.110}$$

式中，$\boldsymbol{I}$ 是一个大小为 $N\times N$ 的单位矩阵，$\mathcal{K}$是由式(4.84)定义的一个 $N\times N$ 维 Gram 矩阵，$\boldsymbol{p}$ 是由式(4.87)定义的 N 维向量。观察发现，与核最小二乘解的唯一不同是出现了因子$\mathcal{C}\boldsymbol{I}$。

与鲁棒统计回归相比，（核）岭回归的优点是能够得到闭式解。然而，$\epsilon=0$ 的使用损失了模型的稀疏性。前面已经指出，使用线性ϵ不敏感代价函数或二次ϵ不敏感代价函数时，绝对误差严格小于ϵ的那些训练点对解是没有贡献的。

为了与第 3 章建立联系，下面用线性核函数即 $K(\boldsymbol{x}_i,\boldsymbol{x}_j)=\boldsymbol{x}_i^{\mathrm{T}}\boldsymbol{x}_j$（表示工作在输入低维空间中，且在高维 RKHS 中不执行映射）来求解岭回归任务而非对偶任务。易知（见习题 4.26）解为

$$\boldsymbol{w} = (X^{\mathrm{T}}X + \mathcal{C}I)^{-1}X^{\mathrm{T}}\boldsymbol{y} \tag{4.111}$$

换句话说，这个解与式(3.45)中给出的最小二乘误差解基本相同，唯一的差别是出现了因子$\mathcal{C}\boldsymbol{I}$，而

后者是由最小代价函数(4.106)中的正则化项导致的。实际上，当 $\boldsymbol{X}^{\mathrm{T}}\boldsymbol{X}$ 有一个小行列式并且出现矩阵求逆问题时，$\mathcal{C}I$ 项将在 LS 解中使用。从数值稳定性角度看，在对角线交叉处加一个小正值是有帮助的。

本节最后讨论式(4.111)以及式(4.108)至式(4.109)。对于线性核，Gram 矩阵变为 $\boldsymbol{XX}^{\mathrm{T}}$，由对偶公式得到的解为

$$\boldsymbol{w} = X^{\mathrm{T}}(XX^{\mathrm{T}} + \mathcal{C}I)^{-1}\boldsymbol{y} \tag{4.112}$$

由于这是一个凸规划任务，因此式(4.111)和式(4.112)中的解必须相同，进行简单的代数运算即可证明这一点（见习题 4.27）。

4.20　决策树

本节主要介绍被称为决策树的一类非线性分类器。这些分类器是多级决策系统，它按顺序判别样本所属的类别，直到正确分类为止。为实现这一目标，以顺序方式将特征空间分为对应于各个类别的多个区域。得到特征向量后，对该特征向量所属区域的搜索就可由一系列决策实现，注意这些决策是沿构造树的合适节点路径做出的。当类别数量较多时，这种方法是有优势的。最常用的决策树是那些将空间拆分为多个超矩形的决策树，此时超矩形的边平行于坐标轴。对各个特征做出决策时，要回答的问题是“特征 $x_i \leqslant \alpha$?”，其中 α 是一个阈值。这种树被称为普通二叉分类树（Ordinary Binary Classification Tree, OBCT）。其他树也可将空间分为多个凸面体或球体。

下面通过图 4.27 中的简单例子来说明 OBCT 的基本原理。连续拆分空间后，我们得到对应于各个类别的多个区域。

图 4.28 中显示了带有决策节点和叶子的二叉树。注意，不测试所有已知特征也可做出决策。

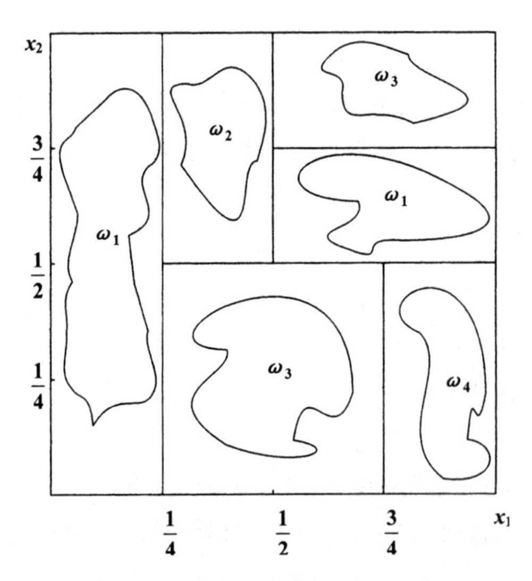

图 4.27　空间的决策树分割

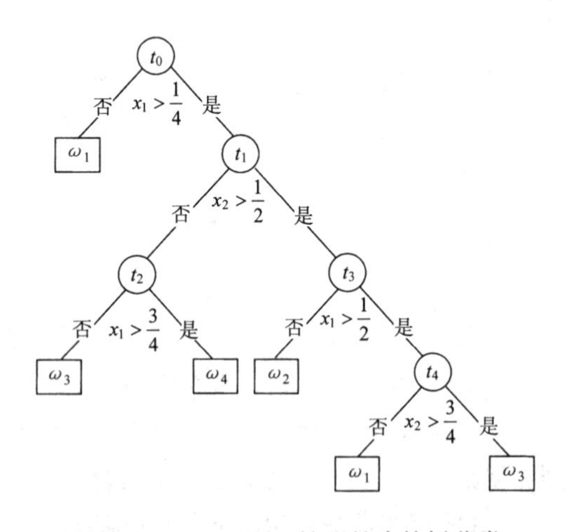

图 4.28　图 4.27 所示情形的决策树分类

图 4.27 所示的任务是二维空间中的一个简单例子。简单观察问题的几何结构，就可得到图4.28中每个节点处的二叉分割的阈值，但在高维空间中我们做不到这一点。此外，我们是从测试 x_1 与 1/4 的关系开始的。为何先考虑 x_1 而不考虑其他特征？在一般情形下，为了得到二叉树，设计人

员在训练阶段必须考虑如下设计元素：

- 在每个节点处，必须给出多个候选问题。每个问题都对应于一个特定的二叉分割，以便将一个节点分为两个子节点。每个节点 t 都与训练集 X 的某个子集 X_t 相关联。拆分节点类似于将子集 X_t 分为两个不相交的子集 X_{tY} 和 X_{tN}。前一个子集由 X_t 中对应于答案“是”的向量组成，后一个子集由 X_t 中对应于答案“否”的向量组成。树的第一个（根）节点与训练集 X 相关联。对每次拆分，都有

$$X_{tY} \bigcap X_{tN} = \emptyset$$

$$X_{tY} \bigcup X_{tN} = X_t$$

- 根据候选问题的答案，选择最好的拆分准则。
- 需要停止拆分准则，控制树的生长，并将一个节点声明为终止节点（叶子）。
- 需要一个将每片页子赋给某个具体类别的准则。

近似上述设计元素的方法有多种。

4.20.1 问题集

对 OBCT 类型的树，问题形如“$x_k \leqslant \alpha$?”。对于每个特征，每个可能的阈值 α 定义子集 X_t 的某个拆分。理论上讲，α 在区间 $Y_\alpha \subseteq \mathcal{R}$ 上变化时，可问的问题是无穷的。实际上，只需考虑有限个问题。例如，由于 X 中的训练点数 N 是有限的，因此任何一个特征 $x_k, k=1,\cdots,l$ 最多只能取 $N_t \leqslant N$ 个不同的值，其中 N_t 是子集 $X_t \subseteq X$ 的基数（集合中元素的个数）。因此，对于特征 x_k，可以使用 $\alpha_{kn}, n=1,2,\cdots,N_{tk}$（$N_{tk} \leqslant N_t$），其中 α_{kn} 取训练子集 X_t 中 x_k 的两个连续值的中间值。对所有特征重复这一操作。因此，在这种情况下，候选问题的总数是 $\sum_{k=1}^{l} N_{tk}$。然而，在树的当前节点 t，只需为二叉拆分选择其中的一个问题。所做的选择必须能最好地拆分关联的子集 X_t。最好的拆分由拆分准则决定。

4.20.2 拆分准则

节点 t 的每次二叉拆分都产生两个子节点。依据针对节点 t（也称父节点）的问题的答案“是”或“否”，将子节点分别表示为 t_Y 和 t_N。如前所述，两个子节点分别与两个新子集 X_{tY} 和 X_{tN} 关联。为了使树从根节点到叶节点的生长有意义，与父节点子集 X_t 相比，每次拆分产生的子集必须是更加“类别均匀”的。这意味着两个新子集中的训练特征向量都偏好某个具体的类别，而 X_t 中的数据更加均匀地分布在各个类别中。例如，考虑一个四分类任务，且假设子集 X_t 中的向量等概率（百分比）地分布在各个类别中。拆分节点，让属于 ω_1 和 ω_2 的点构成子集 X_{tY}，让属于 ω_3 和 ω_4 的点构成子集 X_{tN}，那么与 X_t 相比，新子集更加同质（或更加“纯粹”）。因此，我们的目的是定义一个度量来量化节点的不纯度，拆分节点使得子节点的不纯度低于父节点的不纯度。

设 $P(\omega_i|t)$ 是子集 X_t 中与节点 t 关联的向量属于 ω_i, $i=1,2,\cdots,M$ 的概率。节点不纯度 $I(t)$ 的常用定义是

$$I(t) = -\sum_{i=1}^{M} P(\omega_i|t) \log_2 P(\omega_i|t) \tag{4.113}$$

式中，$\log_2$是以 2 为底的对数。由香农信息论可知，它仅是与子集 X_t 相关的熵。不难证明，若所有概率都为 $1/M$（最高不纯度），则 $I(t)$取最大值；若所有数据都属于某个类别，则 $I(t)$为零（回顾可知 $0\log 0 = 0$），即只有一个 $P(\omega_i|t)=1$，而其他 $P(\omega_i|t)=0$（最小不纯度）。实际上，概率是根据各自的百分比 N_t^i / N_t 估计的，其中 N_t^i是 X_t 中属于 ω_i 的点数。下面假设执行一次拆分，N_{tY} 个点分给了“是”节点（X_{tY}），N_{tN}个点分给了“否”节点（X_{tN}）。节点不纯度的下降定义为

$$\Delta I(t) = I(t) - \frac{N_{tY}}{N_t}I(t_Y) - \frac{N_{tN}}{N_t}I(t_N) \tag{4.114}$$

式中，$I(t_Y)$和 $I(t_N)$分别是 t_Y 节点和 t_N 节点的不纯度。于是，现在的目的就变成：从候选问题集中选择一个问题，使得拆分后的不纯度的下降最大。

4.20.3 停止拆分准则

现在的问题是，何时停止节点拆分并将其声明为树的叶子。一种方法是采用一个阈值 T，若 $\Delta I(t)$的最大值在所有可能的分支上小于 T，则停止拆分。另一种方法是，若子集 X_t 的基数足够小，或者 X_t 在所有点都属于某个类别的意义上是纯粹的，则停止拆分。

4.20.4 类分配规则

某个节点被声明为叶子后，就要为其分配一个类别标注。最常用的规则是多数规则，即将叶子标记为 ω_j，其中

$$j = \arg\max_i P(\omega_i|t)$$

简言之，叶子 t 被分配到 X_t 中多数向量所属的类别中。

讨论决策树生长所需的主要元素后，下面小结构建二叉决策树的基本算法步骤。

- 从根节点开始，即 $X_t = X$
- 对每个新节点 t
  - 对每个特征 $x_k, k=1,2,\cdots,l$
    - 对每个值 $\alpha_{kn}, n=1,2,\cdots,N_{tk}$
      - 根据问题 $x_k(i) \leqslant \alpha_{kn}, i=1,2,\cdots,N_t$ 的回答，生成 X_{tY} 和 X_{tN}
      - 计算不纯度的下降
    - 结束
    - 选择 α_{kn_0}，使得最大下降为 x_k
  - 结束
  - 选择 x_{k0} 和关联的 α_{k0n0}，使不纯度下降最大
  - 若满足停止拆分准则，则将节点 t 声明为叶子，并为其指定类别标注
  - 若不满足停止拆分准则，则根据问题 $x_{k0} \leqslant \alpha_{k0n0}$ 的回答，生成两个后代节点 t_Y 和 t_N，且关联的子集是 X_{tY} 和 X_{tN}
- 结束

注释

- 可以定义多种节点不纯度的度量方法。然而，如文献[Brei 84]中指出的那样，由此生成的最终树的性质对拆分准则的选择相当不敏感，但它与具体问题有关。

- 设计决策树的一个关键因素是决策树的大小。类似于决策树多层感知器，树必须足够大，但也不能太大，否则会陷入训练集的细节，导致推广性能变差。经验表明，使用不纯度下降阈值作为停止拆分准则不能生成大小合适的树。多数情形下，都会过早或过晚停止树的生长。最常用的方法是首先生成一棵足够大的树，然后根据剪枝准则对节点剪枝，基本原理与多层感知器的剪枝类似。文献中给出了许多剪枝准则，最常用的准则是结合使用误差概率的估计量与复杂性度量项（如终止节点数），详细见文献[Brei 84, Ripl 94]。
- 树分类器树的缺点是它们的方差很大。在实际应用中，训练数据集的小变化导致完全不同的树的情形很少见，原因是树分类器的层次性质。在树中顶层节点发生的错误，会向下传播到叶子。装袋［Bagging，即 bootstrap aggregating（自举汇聚）］[Brei 96, Gran 04]技术可以降低方差，改进推广误差性能。装袋技术的基本原理是，使用自举技术对 X 均匀地采样，生成训练集 X 的 B 个变量 $X_1, X_2,\cdots, X_B$（见 10.3 节）。对每个训练集变量 X_i 构建一棵树 T_i。最后的决策是支持由多数子分类器 T_i, $i=1, 2,\cdots, B$ 预测的类别。

  随机森林使用了随机特征选择与装袋算法相结合的思想[Brei 01]。随机森林与装袋算法的不同之处在于决策树的创建方式。在每个节点，待拆分的特征选为 F 个随机的选择特征中的最好特征，其中 F 是一个用户定义的参数。报道称，这个额外引入的随机性对性能改进有较大的影响。
- 迄今为止，我们主要讨论的是 OBCT 类型的树。可以使用不与轴平行的超平面来分割特征空间，此时的问题是“$\sum_{k=1}^{l} c_k x_k \leqslant \alpha$?”。这会得到更好的空间分割。然而，此时训练变得更加复杂，详见文献[Quin 93]。
- 有人建议构建模糊决策树，方法是用组成树结构的节点中的特征向量的部分隶属度概率。模糊是通过对标准决策树的基本框架强加一个模糊结构实现的，详见文献[Suar 99]及其中的参考文献。
- 决策树是最常用的分类算法之一。OBCT 对单个变量执行二叉拆分，对一个模式进行分类可能只需要几次测试。决策树可以处理数值和分类混合变量。此外，由于结构简单，它们很容易解释。

例 4.2 在树分类任务中，与节点 t 关联的集合 X_t 中有 $N_t=10$ 个向量。在三分类任务中，4 个向量属于 ω_1，4 个向量属于 ω_2，2 个向量属于 ω_3。拆分节点得到两个新子集 X_{tY} 和 X_{tN}，X_{tY} 中的 3 个向量来自 ω_1、1 个向量来自 ω_2，X_{tN} 中的 1 个向量来自 ω_1、3 个向量来自 ω_2、2 个向量来自 ω_3。计算拆分后节点不纯度的下降。

解：我们有

$$I(t) = -\frac{4}{10}\log_2\frac{4}{10} - \frac{4}{10}\log_2\frac{4}{10} - \frac{2}{10}\log_2\frac{2}{10} = 1.521$$

$$I(t_Y) = -\frac{3}{4}\log_2\frac{3}{4} - \frac{1}{4}\log_2\frac{1}{4} = 0.815$$

$$I(t_N) = -\frac{1}{6}\log_2\frac{1}{6} - \frac{3}{6}\log_2\frac{3}{6} - \frac{2}{6}\log_2\frac{2}{6} = 1.472$$

因此，拆分后不纯度的下降是

$$\Delta I(t) = 1.521 - \frac{4}{10}(0.815) - \frac{6}{10}(1.472) = 0.315$$

详细信息及关于决策树分类器的深入研究，请参阅奠基性著作[Brei 84]。文献[Datt 85, Chou 91,

Seth 90, Graj 86, Quin 93]中给出了非穷举的例子，文献[Espo 97]中比较了一些常用的方法。

最后，要说明的是，决策树和神经网络分类器非常相似，它们的目标都是在特征空间中形成复杂的决策边界。主要区别是决策方式不同，决策树以顺序方式使用层次结构的决策函数，神经网络则以并行方式使用一组软（非最终）决策。

此外，它们的训练原理也不同。尽管存在差别，但事实证明线性树分类器（使用线性拆分准则）能够很好地映射到多层感知器结构[Seth 90, Seth 91, Park 94]。

迄今为止，从性能上看，比较分析得出如下结论：在分类误差方面多层感知器有优势，在所需的训练时间方面决策树有优势[Brow 93]。

4.21 组合分类器

本章是关于分类器设计阶段的第三章。尽管未列出所有情形（接下来的几章中将讨论更多的情形），但我们认为已为读者指出了当前分类器设计的主流方向。

设计分类器的另一种趋势是组合不同的分类器，充分利用每种分类器的优势，提升分类的整体性能。评价这种方法的重要观察如下。从不同（候选）分类器中选择一个符合需要的分类器，即选择一个性能最好（最小分类误差率）的分类器。然而，不同分类器可能无法正确地分类不同的模式。也就是说，对其他分类器能够成功分类的模式，“最好的”分类器可能会失败。

组合分类器的目的是，充分利用各个分类器中的互补信息，如图 4.29 所示。这时，会出现许多有趣的设计问题。为了得到最终的结论，需要采用什么策略来组合各个输出？组合时是否要遵守乘法规则、求和规则、最小值规则、最大值规则或中值规则？所有分类器的输入都是相同的特征向量，还是要为不同的分类器选择不同的特征向量？下面深入讨论这些问题。

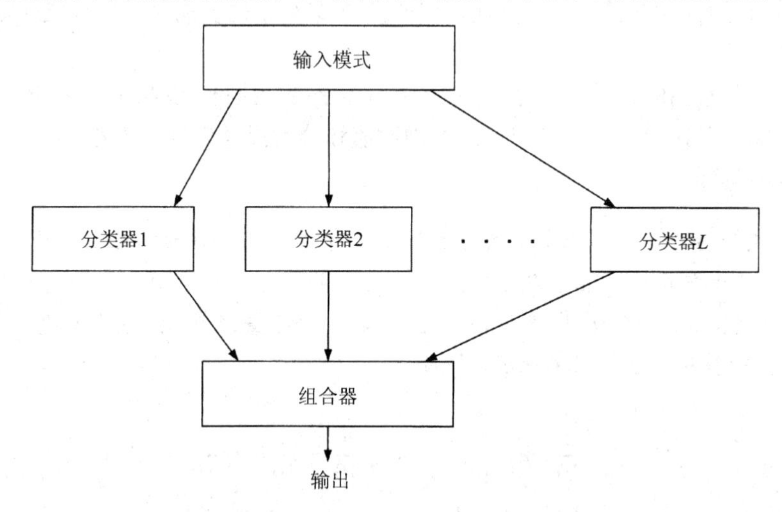

图 4.29 组合 L 个分类器得到输入模式的最终决策。各个分类器可运行在相同或不同的特征空间中

假设有 L 个经过训练（以某种方式）的分类器，它们能够按照后验概率输出各个类别。对 M 分类任务，给定未知特征向量 $\boldsymbol{x}$，每个分类器都给出后验类别概率的估计，即 $P_j(\omega_i\,|\,\boldsymbol{x})$，$i=1,2,\cdots,M$，$j=1,2,\cdots,L$。我们的目的是设计一种方法来根据各个分类器的估计 $P_j(\omega_i\,|\,\boldsymbol{x})$，$j=1,2,\cdots,L$ 得到后验概率的最终估计 $P(\omega_i\,|\,\boldsymbol{x})$。一种方法是采用信息论准则[Mill 99]，即使用 Kullback-Leibler（KL，见附录 A）概率距离度量。

4.21.1　几何平均规则

根据这个规则，选择 $P(\omega_i|\boldsymbol{x})$使得概率之间的平均 KL 距离最小。也就是说，

$$D_{\text{av}} = \frac{1}{L}\sum_{j=1}^{L} D_j \tag{4.115}$$

式中，

$$D_j = \sum_{i=1}^{M} P(\omega_i|\boldsymbol{x}) \ln \frac{P(\omega_i|\boldsymbol{x})}{P_j(\omega_i|\boldsymbol{x})} \tag{4.116}$$

由于

$$\sum_{i=1}^{M} P_j(\omega_i|\boldsymbol{x}) = 1$$

利用拉格朗日乘子，关于 $P(\omega_i|\boldsymbol{x})$优化式(4.115)，得到（见习题 4.23）

$$P(\omega_i|\boldsymbol{x}) = \frac{1}{C}\prod_{j=1}^{L}(P_j(\omega_i|\boldsymbol{x}))^{\frac{1}{L}} \tag{4.117}$$

式中，C 是一个类别无关量，

$$C = \sum_{i=1}^{M}\prod_{j=1}^{L}(P_j(\omega_i|\boldsymbol{x}))^{\frac{1}{L}}$$

所有的乘积项都有相同的幂 $1/L$，且与类别 ω_i 无关。因此，忽略所有类别的通用项后，分类规则就等同于将未知模式分配给具有最大乘积的类别，即

$$\max_{\omega_i}\prod_{j=1}^{L} P_j(\omega_i|\boldsymbol{x}) \tag{4.118}$$

4.21.2　算法平均规则

如附录 A 中指出的那样，KL 概率不相似代价不是真正的距离度量（根据严格的数学定义），因为它是不对称的。若选择另一个 KL 距离公式来度量概率距离，则会得到不同的组合规则。也就是说，

$$D_j = \sum_{i=1}^{M} P_j(\omega_i|\boldsymbol{x}) \ln \frac{P_j(\omega_i|\boldsymbol{x})}{P(\omega_i|\boldsymbol{x})} \tag{4.119}$$

将式(4.119)代入式(4.115)，优化得（见习题 4.24）

$$P(\omega_i|\boldsymbol{x}) = \frac{1}{L}\sum_{j=1}^{L} P_j(\omega_i|\boldsymbol{x}) \tag{4.120}$$

关于 ω_i 取式(4.120)而非式(4.118)的最大值并无理论基础，但报道（如文献[Mill 99]）称，虽然乘积规则产生的结果要好于求和规则，但是当某些分类器的输出接近 0 时，结果的可信度会降低。

4.21.3　多数投票规则

组合乘积与求和规则的分类器属于软类型规则。硬类型组合规则也很常用，因为它们简单且性能良好。根据多数投票方案，决定赞同某个类别时要有共识，或者至少要有 l_c个分类器同意未

知模式类别的类别标注，其中

$$l_c = \begin{cases} \frac{L}{2}+1, & L\text{为偶数} \\ \frac{L+1}{2}, & L\text{为奇数} \end{cases} \tag{4.121}$$

否则，决策会被拒绝（即不采取决策）。换言之，当多数分类器的决策正确时，组合决策是正确的；当多数分类器的决策错误时，组合决策也是错误的，即它们同意了错误的标注。此时认为拒绝既不是正确的又不是错误的。假设现在照例有 L 个经过训练的分类器，并做如下假设：

1．L 是奇数。
2．每个分类器正确分类的概率都是 p。
3．每个分类器的决策彼此独立。

在上述三个假设中，第三个假设最强。实际上，这些决策不是独立的。另外两个假设也很容易放宽（见文献[Mill 99, Lam 97]）。

经过多数投票后，设 $P_c(L)$是正确决策的概率。于是，由二项分布给出的 $P_c(L)$为（见文献[Lam 97]）

$$P_c(L) = \sum_{m=l_c}^{L} \binom{L}{m} p^m (1-p)^{L-m}$$

式中，l_c已在式(4.121)中定义。假设 $L \geqslant 3$，那么如下描述正确：

- 若 $p > 0.5$，则 $P_c(L)$随 L 单调递增，且在 $L \to \infty$时 $P_c(L) \to 1$。
- 若 $p < 0.5$，则 $P_c(L)$随 L 单调递减，且在 $L \to \infty$时 $P_c(L) \to 0$。
- 若 $p = 0.5$，则对所有 L 有 $P_c(L) = 0.5$。

换言之，若 $p > 0.5$，则在假设下使用组合了多数投票方案的 L 个分类器，可以使得正确分类的概率随 L 增大，且趋于 1。这有点令人吃惊。这是否表明组合多数投票方案的分类器的性能要好于最佳贝叶斯分类器呢？显然，答案是否定的，原因是三个假设中的最后一个在实际中不成立。相反，我们可以得出结论，即使 L 小幅增加，独立性假设也会变得不切实际。然而，前面的分析给出了由实验研究观察到的一般趋势，即增加分类器的数量能够增大正确决策的概率。

文献[Kunc 03]中指出，组合多个关联分类器时，不能保证多数投票组合提升性能。根据人为生成的数据集，可以使用各个分类器的精度 p、分类器的个数 L 和各个分类器之间的依存度来表示多数投票组合器的精度上下限。此外，业已证明依存度是有利的，且使用某种相关模式来训练相关分类器是有益的。文献[Nara 05]中给出了类似的结论，即对二分类问题，通过多数投票规则，从理论上推导了组合分类器的性能上下限。分析过程不涉及关于独立性的假设，多数投票问题被当做约束优化任务处理。文献中也有相关投票理论的改进报道（如文献[Berg 93, Bola 89]），有些结果的性能预测更加接近实验证据[Mill 99]。

在实际工作中，人们提出了使得各个分类器的决策更加独立的设想。一种方法是使用同一特征空间中的不同数据点来训练各个分类器，使用来自原始训练集中的不同重采样技术，如自举汇聚法，可以实现这一目的。装袋算法（见 4.20 节）属于这类方法。这种类型的组合方法最适合不稳定分类器——输入小变化导致输出大变化的分类器。树分类器和（训练点数多的）大神经网络是典型的不稳定分类器。堆叠学习[Wolpe 92]是对独立性的另一种尝试，它通过构建组合器来训练各个分类器的输出。然而，这些输出对应于已从训练集中排除的那些点，即用于训练分类器的那些点。这是以一种旋转的方式完成的。每次从训练集排除不同的点，且继续用来进行测试。然后，使用由这些测试得到的分类器的输出来训练组合器。这种方法的原理与第 10 章中介绍的留一法类似。

使得分类器独立的另一种方法是，让每个分类器在不同的特征子空间中运行。也就是说，每个分类器都用原始可选特征集中的不同子集来训练（如文献[Ho 98]）。多数投票方案在需要硬决策计数时不需要修改。相比之下，这种情形不同于前面考虑的软类型组合规则。现在，每个模式在每个分类器中都用不同的输入向量表示，且不再认为分类器输出的类别后验概率是相同函数值的估计，就像式(4.118)和式(4.120)给出的情形那样。分类器在不同的特征空间中运行。文献[Kitt 98]中采用贝叶斯理论给出了这种情形下的软类型组合规则。

4.21.4　贝叶斯观点

设 $\boldsymbol{x}_i, i=1, 2,\cdots,L$ 是在第 i 个分类器的输入处表示相同模式的特征向量，$\boldsymbol{x}_i \in \mathcal{R}^{l_i}$，其中 l_i 是各个特征向量空间的维数，不同特征向量的维数是不同的。现在的任务推导贝叶斯原理。已知 L 个测量值 $\boldsymbol{x}_i, i=1, 2,\cdots,L$，计算最大后验联合概率

$$P(\omega_i|\boldsymbol{x}_1,\cdots,\boldsymbol{x}_L) = \max_{k=1}^{M} P(\omega_k|\boldsymbol{x}_1,\cdots,\boldsymbol{x}_L) \tag{4.122}$$

然而，

$$P(\omega_k|\boldsymbol{x}_1,\cdots,\boldsymbol{x}_L) = \frac{P(\omega_k)p(\boldsymbol{x}_1,\cdots,\boldsymbol{x}_L|\omega_k)}{p(\boldsymbol{x}_1,\cdots,\boldsymbol{x}_L)} \tag{4.123}$$

为便于处理问题，我们再次采用统计独立假设，得到

$$p(\boldsymbol{x}_1,\cdots,\boldsymbol{x}_L|\omega_k) = \prod_{j=1}^{L} p(\boldsymbol{x}_j|\omega_k) \tag{4.124}$$

联立式(4.122)至式(4.124)，消去类别独立量，分类规则变成

$$P(\omega_i|\boldsymbol{x}_1,\cdots,\boldsymbol{x}_L) = \max_{k=1}^{M} P(\omega_k)\prod_{j=1}^{L} p(\boldsymbol{x}_j|\omega_k) \tag{4.125}$$

代入前面的贝叶斯准则*

$$p(\boldsymbol{x}_j|\omega_k) = \frac{P(\omega_k|\boldsymbol{x}_j)p(\boldsymbol{x}_j)}{P(\omega_k)}$$

并消去类独立项，分类规则最终变成

$$\max_{k=1}^{M}(P(\omega_k))^{1-L}\prod_{j=1}^{L} P(\omega_k|\boldsymbol{x}_j) \tag{4.126}$$

若采用每个类别后验概率 $P(\omega_k|\boldsymbol{x}j), k=1, 2,\cdots,M$ 在各个分类器的输出位置提供（作为估计的）假设，则式(4.126)再次成为乘积规则，但此时加了一个贝叶斯“祝福”。尽管这种方法看起来提供了最优分类器，但它建立在两个假设的基础上。第一个假设是统计独立，第二个假设是真 $P(\omega_k|\boldsymbol{x}_j)$ 可由第 j 个分类器的输出充分逼近。最终结果的精度取决于这个逼近有多好。文献[Kitt 98]中的敏感性分析表明，在很多情形下，乘积规则对逼近误差非常敏感。相比之下，求和规则对误差的弹性更大，在很多情形下它的实际性能要超过乘积规则。若假设 $P(\omega_k|\boldsymbol{x})\approx P(\omega_k)(1+\delta)$，其中 δ 是一个很小的值，则很容易证明求和规则可由式(4.126)得到。这是一个很强的假设，因为它说后验概率近似等于前验概率，同时表明分类任务很困难，即 $\boldsymbol{x}$ 值已知时无法得到类别标注的额外信息。毫无疑问，从理论上讲，这是一个不受欢迎的假设。

文献[Tume 95]中通过偏差-方差困境给出了另一个求和规则。假设各个分类器导致了低偏差估计的后验类别概率，且在相互独立的假设下，平均输出降低方差，使得误差率降低。这个观点会让人相对于训练数据的数量 N 来选择大分类器（大数量的自由参数），因为这种选择有着高方差和低偏差（见 3.5.3 节），其中的低偏差由平均运算导致。这些结论已扩展到文献[Fume 05]中的加权均值情形。

除了乘积与求和规则，还有其他组合规则，如最大、最小和中值规则。这些规则由如下不等式表示：

$$\prod_{j=1}^{L} P(\omega_k|\boldsymbol{x}_j) \leqslant \min_{j=1}^{L} P(\omega_k|\boldsymbol{x}_j) \leqslant \frac{1}{L}\sum_{j=1}^{L} P(\omega_k|\boldsymbol{x}_j) \leqslant \max_{j=1}^{L} P(\omega_k|\boldsymbol{x}_j)$$

分类是通过最大化各个边界而非乘积或求和得到的[Kitt 98]。在某些情形下，离群点会导致求和平均值大错特错，因为在求和中离群点的值占支配地位。此时，中值可提供更好的估计，组合规则确定对类别有利的最大中值，即

$$\max_{k=1}^{M} \ \text{median}\{P(\omega_k|\boldsymbol{x}_j)\}$$

公开发表的文献中给出了前述方法的许多变体，如文献[Kang 03, Lin 03, Ho 94, Levi 02]。一般来说，选择什么样的组合规则取决于具体的问题。文献[Jain 00]中使用 5 种不同的组合规则，组合了 12 个不同分类器的结果。对于相同的数据集（手写数字 0 ~ 9），生成了 6 个不同的特征集。为 6 个特征集中的每个单独训练分类器，生成了 6 个不同的变体。执行的两类组合如下：(a) 使用 5 个不同的组合器，组合在相同特征集上训练的所有分类器；(b) 使用 5 个不同的组合器，组合相同分类器的 6 个变体。结果显示如下。

1. 不存在于所有情形下得分都最高的单类别组合规则（如乘积规则、多数投票规则）。每种情形都有其“偏爱”的组合规则。
2. 对于每种情形，与各个最好分类器得到的误差率相比，有些组合规则会导致更高的误差率，表明组合不一定会增强性能。
3. 还存在一种情形，在这种情形下，任何组合规则的效果都不如最好的单个分类器。
4. 组合相同分类器的各个变体（对不同特征集进行训练）得到的改进，通常要好于组合不同分类器（对同一特征集进行训练）得到的改进。这是一个普遍的趋势。也就是说，采用不同的特征集训练各个分类器，可以得到更好的组合器。

实际上，我们可以尝试组合尽可能多样的分类器，使用各个分类器输出中的互补信息来增强性能。例如，取所有分类器都同意它们的预测的极端情形。组合各个分类器来增强整体性能的任何尝试明显都是无意义的。由于没有分类器多样性的正式定义，人们提出了许多度量指标来量化分类器组合的多样性。例如，文献[Gram 92]中采用方差来度量多样性。对于硬决策，设 $\omega_i(\boldsymbol{x}_j)$是第 i 个分类器对样本 $\boldsymbol{x}_j$ 预测的类别标注。设 $\bar{\omega}(\boldsymbol{x}_j)$ 是在所有分类器上计算得到的“均值”类别标注。均值必须以一种有意义的方式定义。对于硬决策，一种定义方式是将所有分类器中出现频率最高的类别标注作为均值。定义

$$d\left(\omega_i(\boldsymbol{x}_j), \bar{\omega}(\boldsymbol{x}_j)\right) = \begin{cases} 1, & \omega_i(\boldsymbol{x}_j) \neq \bar{\omega}(\boldsymbol{x}_j) \\ 0, & \text{其他} \end{cases}$$

组合分类器的方差可以计算为

$$V=\frac{1}{NL}\sum_{j=1}^{N}\sum_{i=1}^{L}d\left(\omega_i(\boldsymbol{x}_j),\bar{\omega}(\boldsymbol{x}_j)\right)$$

大方差表示大多样性。除了方差，还可使用其他的度量指标。例如，文献[Kang 00]中使用分类器输出之间的互信息作为度量指标，文献[Kunc 03]中使用 Q 统计检验作为度量指标。关于多样性度量的回顾及比较研究，见文献[Kunc 03a, Akse 06]。文献[Rodr 06]中同时考虑了设计多样性分类器的问题与精度问题。为了设计既准确又多样的分类器，人们提出了*旋转森林法*。然后，组合各个分类器来提升总体性能。

说明组合分类器提升性能的实验对比研究，见文献[Mill 99, Kitt 98, Tax 00, Dzer 04]。看起来求和平均和多数投票规则更常用，是选择求和平均规则还是选择多数投票规则，取决于具体的应用。文献[Kitt 03]中证明，对于正态分布的误差概率，求和规则要优于多数投票规则。相比之下，对于双尾误差分布，多数投票规则要优于求和规则。组合分类器的许多理论结果可在文献[Kunc 02]和[Klei 90]中找到。注意，多数可用的理论结果都是在相当严格的假设下得到的。最近，文献[Evge 04]中给出了关于组合器性能的“新”理论研究，针对采用加权平均来组合各个 SVM 分类器的情况，推导了组合器通用误差的非渐近边界。这个并非灵丹妙药的理论见文献[Hu 08]。可以证明，若组合函数是连续的、多样的，则可构建描述数据的概率密度分布，且组合方案的性能很差。换句话说，这个理论告诉我们，应谨慎地考虑并使用组合分类器。

到目前为止，所有组合技术的共同特征是，各个分类器单独训练，组合器依赖于一个简单的规则。除了这些技术，人们还开发了许多其他方案，这些方案依赖于优化组合器，以及某些情形下与各个分类器的组合，见文献[Ueda 97, Rose 96, Kunc 01]。显然，这些方案的代价是复杂性提升，某些情况下甚至会变得不切实际，见文献[Rose 96]。此外，与前面介绍的非优化方法相比，这些方案不能保证优化会改善性能。最近，人们开始使用贝叶斯方法[Tres 01]和贝叶斯网络[Garg 02,Pikr 08]构建组合器。文献[Geor 06]中采用了一种游戏-理论方法。

专家混合[Jaco 91, Hayk 96, Avni 99]是一类结构，其原理与本节中给出的某些原理相同。这种模型的基本原理是，首先对空间中的不同区域分配不同的分类器，然后使用一个附加的“门”网络（类似于输入特征向量）来确定每次使用哪个分类器（专家）。所有的分类器和门网络是一起训练的。

4.22　增强组合分类器的方法

增强法是改进给定分类器性能的一种常用方法，是诞生于 20 世纪 90 年代的与支持向量机同样强大的技术。尽管我们可将增强法视为组合分类器的一种方法，但它与前几节中给出的技术是不同的，需要单独加以介绍。增强法源于 Viliant 和 Kearns 的最初工作[Vali 84, Kear 94]，当时他们提出了“弱”学习算法（如比随机猜测稍好的一个算法）是否可被增强为具有良好误差性能的“强”算法问题。增强法的核心是“基”分类器是弱分类器。通过迭代设计一系列分类器，每次都采用基分类器，但要根据迭代计算的分布或训练集样本上的不同权重，使用不同的权值。每次迭代时，计算出的权重分布都强调“最坏”（错误分类的）样本。

最终的分类器是对先前设计的层次分类器的加权平均。业已证明，给定足够的迭代次数，在训练集上测量的最终组合的分类误差可以变得任意小[Scha 98]。使用一个弱分类器作为基分类器，适当操作训练数据集，使其与所设计分类器的性能一致，可得到任意小的训练误差率（见习题 4.28）。本节主要讨论 AdaBoost（*自适应增强*）的算法（有时也称*离散 AdaBoost 算法*），它强调其返回二值离散标注的事实。这是最常用、研究最广泛的一类算法，具体的处理方法见文献[Frie 00]。

我们关注二分类任务。设训练数据集为$\{(\boldsymbol{x}_1,y_1),(\boldsymbol{x}_2,y_2),\cdots,(\boldsymbol{x}_N,y_N)\}$，其中$y_i\in\{-1,1\},i=1,2,\cdots,N$。目标是构建一个形如下式的最优分类器：

$$f(\boldsymbol{x}) = \text{sign}\{F(\boldsymbol{x})\} \tag{4.127}$$

式中，

$$F(\boldsymbol{x}) = \sum_{k=1}^{K} \alpha_k \phi(\boldsymbol{x};\boldsymbol{\theta}_k) \tag{4.128}$$

式中，$\phi(\boldsymbol{x};\boldsymbol{\theta})$表示返回二值类别标注的基分类器，即$\phi(\boldsymbol{x};\boldsymbol{\theta})\in\{-1,1\}$。基分类器由对应的参数向量$\boldsymbol{\theta}$描述，其值在每个求和项中都可以不同，详见后面的说明。未知参数的值由如下的最优得到：

$$\arg\min_{\alpha_k;\boldsymbol{\theta}_k,k:1,K} \sum_{i=1}^{N} \exp\left(-y_i F(\boldsymbol{x}_i)\right) \tag{4.129}$$

在学习理论中，这个代价函数很常见。与被正确分类（$y_iF(\boldsymbol{x}_i)>0$）的样本相比，这个代价函数对被错误分类（$y_iF(\boldsymbol{x}_i)<0$）的样本的惩罚更重。然而，直接优化式(4.129)非常复杂。在优化理论中，对复杂问题通常采用的次优方法是分阶段执行优化。在每个步骤中，考虑一个新参数并相对于这个参数执行优化，同时保持先前的优化不变。下面定义$F_m(\boldsymbol{x})$是m项的部分和，即

$$F_m(\boldsymbol{x}) = \sum_{k=1}^{m} \alpha_k \phi(\boldsymbol{x};\boldsymbol{\theta}_k),\ m = 1,2,\cdots,K \tag{4.130}$$

根据这个定义，要得到如下递归：

$$F_m(\boldsymbol{x}) = F_{m-1}(\boldsymbol{x}) + \alpha_m \phi(\boldsymbol{x};\boldsymbol{\theta}_m) \tag{4.131}$$

下面在问题中采用分阶段优化。在第m步，$F_{m-1}(\boldsymbol{x})$是上一步已优化的部分，当前的任务是计算α_m和$\boldsymbol{\theta}_m$的最优值。换言之，第m步的任务是计算

$$(\alpha_m,\ \boldsymbol{\theta}_m) = \arg\min_{\alpha,\boldsymbol{\theta}} J(\alpha,\boldsymbol{\theta})$$

式中，代价函数定义为

$$J(\alpha,\boldsymbol{\theta}) = \sum_{i=1}^{N} \exp\left(-y_i(F_{m-1}(\boldsymbol{x}_i) + \alpha\phi(\boldsymbol{x}_i;\boldsymbol{\theta}))\right) \tag{4.132}$$

优化分两步执行。首先，将α定义为一个常量，使得代价相对于基分类器$\phi(\boldsymbol{x};\boldsymbol{\theta})$是最优的，即待最小化的代价现在简化为

$$\boldsymbol{\theta}_m = \arg\min_{\boldsymbol{\theta}} \sum_{i=1}^{N} w_i^{(m)} \exp\left(-y_i\alpha\phi(\boldsymbol{x}_i;\boldsymbol{\theta})\right) \tag{4.133}$$

式中，

$$w_i^{(m)} \equiv \exp\left(-y_i F_{m-1}(\boldsymbol{x}_i)\right) \tag{4.134}$$

因为每个$w_i^{(m)}$既不依赖于α又不依赖于$\phi(\boldsymbol{x}_i;\boldsymbol{\theta})$，所以可视为与采样点$\boldsymbol{x}_i$关联的权重。由于基分类器的二值性（$\phi(\boldsymbol{x};\boldsymbol{\theta})\in\{-1,1\}$），不难看出最小化式(4.133)等价于最优分类器$\phi(\boldsymbol{x};\boldsymbol{\theta}_m)$，使得加权后的经验误差（训练样本被错误分类的部分）最小，即

$$\boldsymbol{\theta}_m = \arg\min_{\boldsymbol{\theta}} \left\{P_m = \sum_{i=1}^{N} w_i^{(m)} I(1 - y_i\phi(\boldsymbol{x}_i;\boldsymbol{\theta}))\right\} \tag{4.135}$$

函数$I(\cdot)$取0或1，具体取决于其自变量是0还是正数。为了使加权后的经验误差率位于区间[0, 1]

内，权重之和须为 1。通过适当的归一化可以实现这一目标；也就是说，用每个权重除以它们的和 $\sum_{i=1}^{N} w_i^{(m)}$，这既不影响优化，又可简单地集成到最终的迭代算法中。算出第 m 步的最优分类器 $\phi(\boldsymbol{x};\boldsymbol{\theta}_m)$后，由各自的定义易得

$$\sum_{y_i\phi(\boldsymbol{x}_i;\boldsymbol{\theta}_m)<0} w_i^{(m)} = P_m \tag{4.136}$$

$$\sum_{y_i\phi(\boldsymbol{x}_i;\boldsymbol{\theta}_m)>0} w_i^{(m)} = 1 - P_m \tag{4.137}$$

联立式(4.137)、式(4.136)、式(4.134)和式(4.132)，可得下式给出的最优值α_m：

$$\alpha_m = \arg\min_{\alpha}\{\exp(-\alpha)(1-P_m) + \exp(\alpha)P_m\} \tag{4.138}$$

取关于α 的导数并设导数等于零，可得

$$\alpha_m = \frac{1}{2}\ln\frac{1-P_m}{P_m} \tag{4.139}$$

算出α_m和$\phi(\boldsymbol{x};\boldsymbol{\theta}_m)$后，就可通过迭代求出下一步的权重：

$$w_i^{(m+1)} = \frac{\exp(-y_i F_m(\boldsymbol{x}_i))}{Z_m} = \frac{w_i^{(m)}\exp\left(-y_i\alpha_m\phi(\boldsymbol{x}_i;\boldsymbol{\theta}_m)\right)}{Z_m} \tag{4.140}$$

式中，Z_m是归一化因子，

$$Z_m \equiv \sum_{i=1}^{N} w_i^{(m)}\exp\left(-y_i\alpha_m\phi(\boldsymbol{x}_i;\boldsymbol{\theta}_m)\right) \tag{4.141}$$

分类器$\phi(\boldsymbol{x}_i;\boldsymbol{\theta}_m)$在各自的点上失败（成功）时，观察发现对应样本 $\boldsymbol{x}_i$ 的权重相对于上一步迭代的值增大（减小）。此外，增大或减小的百分比取决于α_m的值，该值还控制$\phi(\boldsymbol{x};\boldsymbol{\theta}_m)$项在建立式(4.128)中的最终分类器 $F(\boldsymbol{x})$时的相对重要性。困难的例子（即样本未被后续的分类器正确分类）是，当分类器坚持错误分类时，其在加权后的经验误差率中的重要性增加。AdaBoost 算法的伪代码如下。

AdaBoost 算法

- 初始化：$w_i^{(1)} = \frac{1}{N}, i = 1,2,\cdots,N$
- 初始化：$m=1$
- 重复：
  - 在$\phi(\cdot;\boldsymbol{\theta}_m)$中最小化 P_m，计算最优$\boldsymbol{\theta}_m$；式(4.135)
  - 计算最优 P_m；式(4.135)
  - $\alpha_m = \frac{1}{2}\ln\frac{1-P_m}{P_m}$
  - $Z_m = 0.0$
  - For $i=1$ to N
    - $w_i^{(m+1)} = w_i^{(m)}\exp(-y_i\alpha_m\phi(\boldsymbol{x}_i;\boldsymbol{\theta}_m))$
    - $Z_m = Z_m + w_i^{(m+1)}$
  - End{For}
  - For $i=1$ to N
    - $w_i^{(m+1)} = w_i^{(m+1)} / Z_m$
  - End{For}
  - $K=m$

- $m = m + 1$
- 直到满足终止准则
- $f(\cdot) = \text{sign}(\sum_{k=1}^{K} \alpha_k \phi(\cdot, \boldsymbol{\theta}_k))$

增强法的有趣性质之一是，它不会导致 4.9 节中的过拟合。在实际工作中，尽管项数 K 及关联参数的数量可能很大，但测试集上的误差率不会增加，而会持续下降，且最终稳定为某个值。观察发现，即使训练集上的误差变成零，测试误差仍会继续减小很长时间。文献[Scha 98]中给出了数学解释，即根据训练点相对于所设计分类器的边缘，可以求出误差概率的上界（也称推广误差）。注意，测试误差率是误差概率的估计值（这些量的正式定义见 5.9 节）。这个上界与迭代次数 K 无关。具体地说，使用高概率时，推广误差的上限由下面的量给出：

$$\text{prob}\{\text{margin}_f(\boldsymbol{x}, y) < \gamma\} + O\left(\sqrt{\frac{V_c}{N\gamma^2}}\right) \tag{4.142}$$

式中，$\gamma > 0$，V_c是度量基分类器复杂性的参数，称为 Vapnic-Chervonenkis 维数（本书后面将讨论）。训练样本相对于分类器 f［式(4.127)］的边缘定义为

$$\text{margin}_f(\boldsymbol{x}, y) = \frac{yF(\boldsymbol{x})}{\sum_{k=1}^{K} \alpha_k} = \frac{y \sum_{k=1}^{K} \alpha_k \phi_k(\boldsymbol{x}; \boldsymbol{\theta}_k)}{\sum_{k=1}^{K} \alpha_k}$$

边缘位于区间[−1, 1]内，当且仅当各个样本被正确分类时，边缘为正。

这个界限表明，若(a)空白边缘γ大时边缘概率小，且(b)N 相对于 V_c 足够大，则我们可以认为推广误差很小，且它不依赖于用来设计 $f(\boldsymbol{x})$ 的迭代次数。这个界限表明，若对大多数训练点来说边缘很大，则可期望推广误差很小。这个结果无疑是正确的，因为边缘的大小可视为分类器关于样本的决策的置信度。因此，对大训练数据集来说，若得到的边缘对多数训练点来说都较大，则认为低训练误差率还会导致低推广误差。

此外，如文献[Maso 00, Scha 98]中指出的那样，增强法适用于改进边缘分布，因为它关注的是带有最小边缘的样本，仔细观察式(4.129)中的代价函数就可以明白这一点。从这个角度看，存在带有支持向量机的仿射，它最大化训练样本到决策面的边缘，见文献[Scha 98, Rats 02]。式(4.142)中的界限的问题是，它非常松散（除非训练点的数量 N 非常大，如成千上万），只能定性而不能定量地解释常见的实验证据。

增强算法不会导致过拟合的另一个原因是，参数优化是分阶段执行的，且每次优化都是相对于单个参数的。一流专家关于过拟合的有趣讨论，以及针对增强法和相关算法系列的启发式讨论，见文献[Frie 00, Brei 98]。文献[Baue 99]中给出了增强法和其他相关算法的比较研究。

注释

- 显然，AdaBoost 不是唯一可用的增强算法。例如，采用与式(4.129)类似的代价函数或生长机制建立最终的分类器，可以得到其他算法。事实上，观察发现，在高贝叶斯误差概率的困难任务中，AdaBoost 方法的性能明显降低。对此的解释是，指数代价函数过度惩罚了对应大负数边缘的“坏”样本，进而影响了整体性能。关于这些问题的细节，请参阅文献[Hast 01, Frie 00]及其中的参考文献。

  文献[Viol 01]中给出了 AdaBoost 方法的一个变体，文献[Yin 05]中推广了这个变体。这种方法不是训练单个基分类器，而是训练一系列基分类器，且每个基分类器有着不同的特征集。在每个迭代步骤中，组合这些基分类器得到分类器$\phi(\cdot)$。原则上，可以使用任何组合规

则。文献[Scha 05]中给出了改进的 AdaBoost 方法，它将先验知识集成到增强法中，以便弥补数据的不足。文献[Rats 05]中介绍了 AdaBoost_v^* 方法，这种方法明显使用了边缘，目的是最大化训练设置的最小边缘。这个算法中集成了可实现边缘的当前估计，以便计算基分类器的最优组合系数。

多元加性回归树（Multiple Additive Regression Trees, MART）是一种可选方法，它克服了 AdaBoost 方法的一些缺点。在这种情形下，式(4.128)中的加性模型由一系列分类树展开而成，且式(4.129)中的指数代价函数可取任何可微函数。报道称 MART 分类器在许多真实情形下的效果较好，如在文献[Hast 01, Meye 03]中。

- 对于多类别问题，存在 AdaBoost 方法的几个扩展。文献[Freu 97, Eibl 06]中给出了一个简单的扩展。然而，当基分类器导致的误差率高于 50%时，这个扩展会失败。这意味着基分类器不是弱分类器，因为在多类别情形下，随机猜测的成功率为 $1/M$，其中 M 是类别数。因此，对大 M 来说，50%的正确分类率是一个强要求。为了克服这一困难，人们提出了许多复杂的扩展，见文献[Scha 99, Diet 95]。

例 4.3　考虑一个二分类任务。数据位于 20 维空间中，服从单位协方差矩阵的高斯分布，两个类别的均值分别是$[-a,-a,\cdots,-a]^{\mathrm{T}}$和$[a,a,\cdots,a]^{\mathrm{T}}$，其中 $a=2/\sqrt{20}$。训练集由 200 个点组成（每个类别 100 个点）；测试集由 400 个点（每个类别 200 个点）组成，它由训练集独立生成。为使用 AdaBoost 算法设计一个分类器，我们选择一个称为“树桩”的弱分类器作为种子。这是一棵非常“朴素”的树，树中只包含一个节点，且特征向量 $\boldsymbol{x}$ 的分类只根据它的一个特征值 x_i 实现。因此，若 $x_i<0$，则将 $\boldsymbol{x}$ 分配给类别 A；若 $x_i>0$，则将 $\boldsymbol{x}$ 分配给类别 B。在分类器中，具体特征 x_i 的选择是任意的。这个分类器得到的训练错误率稍好于 0.5。

AdaBoost 算法对训练数据进行 2000 次迭代。图 4.30 表明训练误差率很快收敛到 0。即使训练误差率变为 0 很久后，测试误差率仍然下降，最后稳定为 0.05。

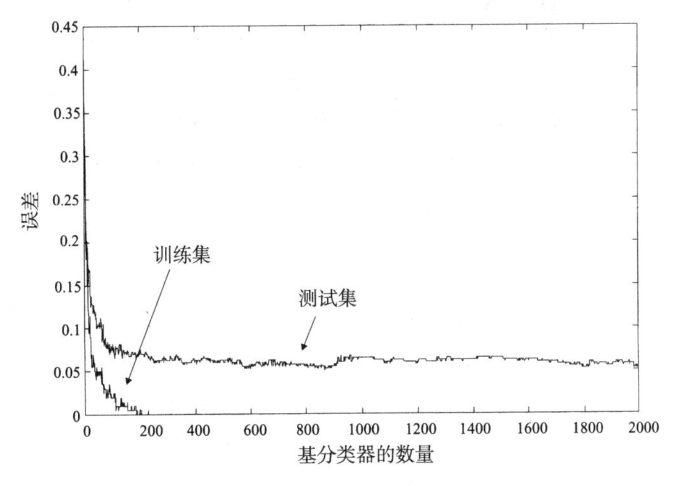

图 4.30　AdaBoost 算法中使用“树桩”作为弱基分类器时，训练和测试误差率与迭代次数的关系。训练误差变为 0 很久后，测试误差仍然下降

图 4.31 中显示了 4 次不同训练迭代时，训练数据点上的边缘分布。观察发现，这个算法确实会贪婪地增大边缘。即使 AdaBoost 训练只使用 40 次迭代，得到的分类器也会用大边缘来分类多数训练样本。使用 200 次迭代时，所有的点都被正确地分类（正边缘值），且大多数点的边缘值较大。此

后，增加迭代次数可进一步改进边缘分布。

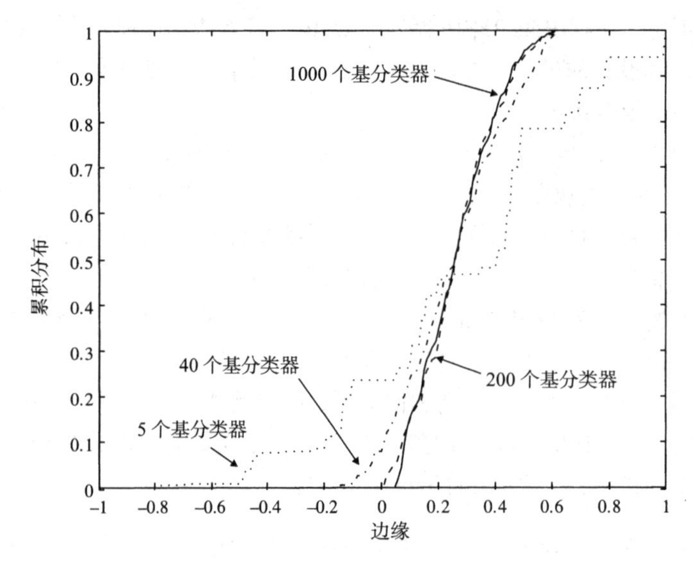

图 4.31　AdaBoost 分类器对应不同训练迭代次数的边缘分布。即使只进行 40 次迭代，得到的分类器也会对多数带有大边缘的训练样本进行分类

4.23　类别不平衡问题

在实际工作中，一个类别可由大量的训练点表示，而另一个类别只能由少量训练点表示。这被称为类别不平衡问题。许多应用中都会出现这种情形，如文本分类、罕见疾病诊断和卫星成像中的石油泄漏检测。目前，类别不平衡问题会严重降低许多标准分类器（如决策树、多层神经网络、SVM 和增强分类器）的性能。这并不令人惊讶，因为好的推广性能对应于尽可能“简单”的分类器设计。然而，简单的假设不会过多地关注不平衡数据集的罕见情形。文献[Japk 02]中研究了不平衡类别问题，研究结论是类别不平衡不一定会妨碍分类，还要考虑训练点数与具体分类任务的复杂性及性质的关系。例如，对于简单的学习任务，即类别线性可分或可用的训练数据集很大时，大的类别不平衡不是问题。另一方面，对类别重叠或缺少足够训练点的困难学习任务来说，小的类别不平衡也是有害的。为解决这个问题，人们提出了两种主要的改进方法。

数据分级法

数据分级法的目的是“重新平衡”各个类别，方法是过采样小类别和/或欠采样大类别。重采样可以是随机的，也可以是集中的。集中关注的点是那些靠近（过采样）或远离（欠采样）决策面边界的点，详见文献[Chaw 02, Zhou 06]。对于给定的数据集，这种方法的主要问题是如何确定类别分布，详见文献[Weis 03]。

代价敏感法

为了在训练数集中处理不规则的数据表示，需要对标准分类器做适当的修改。例如，在 SVM 中，一种方法是为两个类别的代价函数中使用不同的参数C，详见文献[Lin 02a]。根据 3.7.5 节中的几何解释，这等同于以不同的速率减少凸包，更多地关注小类别，见文献[Marv 07]。文献[Sun 07]中提出了针对 AsaBoost 算法的代价敏感修正，在迭代过程中，小类别中样本的权重大于普通类别中样本的权重。

在实际工作中，类别不平衡是很重要的问题。任何分类系统的设计人员都要了解可能出现的问题及处理这些问题的方法。

4.24　讨论

可用的技术数量很多，用户必须选择最适合处理问题的技术，不存在万能的技术。人们一直在对不同应用下的各种分类器进行比较研究，见文献[Jain 00]。最有推广意义的成果之一是 Statlog 项目[Mich 94]，其中使用大量不同的数据集对各种分类器进行了测试。此外，人们也对不同方法之间的关系和相似性进行了大量研究，其中的许多方法源于不同的学科领域。因此，直到几年前，人们才对它们独立进行分析。最近，研究人员认识到了各种方法的相似性。想对这些问题进行深入研究的读者，请参阅文献[Chen 94, Ripl 94, Ripl 96, Spec 90, Holm 97, Josh 97, Reyn 99]。文献[Zhan 00]中讨论了神经网络在模式识别中的应用，以及神经网络与传统分类器的联系。

最后，要为设计人员指出的是，本书中介绍的所有技术都只是设计游戏中的“玩家”，最终的选择要取决于具体的任务。

习题

4.1　类别 ω_1 和 ω_2 中的 10 个特征向量如下：

$$\omega_1\text{: } [0.1, -0.2]^{\mathrm{T}}, [0.2, 0.1]^{\mathrm{T}}, [-0.15, 0.2]^{\mathrm{T}}, [1.1, 0.8]^{\mathrm{T}}, [1.2, 1.1]^{\mathrm{T}}$$
$$\omega_2\text{: } [1.1, -0.1]^{\mathrm{T}}, [1.25, 0.15]^{\mathrm{T}}, [0.9, 0.1]^{\mathrm{T}}, [0.1, 1.2]^{\mathrm{T}}, [0.2, 0.9]^{\mathrm{T}}$$

验证这些向量是否是线性可分的。若不是线性可分的，则设计一个合适的多层感知器（感知器中的节点由阶跃函数激活），将这些向量分为两个类别。

4.2　使用计算机，生成 4 个二维高斯随机序列，序列的协方差矩阵是

$$\Sigma = \begin{bmatrix} 0.01 & 0.0 \\ 0.0 & 0.01 \end{bmatrix}$$

均值分别是$\boldsymbol{\mu}_1 = [0, 0]^{\mathrm{T}}$, $\boldsymbol{\mu}_2 = [1, 1]^{\mathrm{T}}$，$\boldsymbol{\mu}_3 = [0, 1]^{\mathrm{T}}$, $\boldsymbol{\mu}_4 = [1, 0]^{\mathrm{T}}$。前两个序列构成 ω_1，后两个序列构成 ω_2。由每个分布生成 100 个向量。使用 4.6 节中介绍的批模式反向传播算法训练一个两层感知器，它有两个隐藏层神经元和一个输出神经元。设激活函数是 $a=1$ 的逻辑斯蒂函数。画出误差与迭代次数的关系曲线。使用不同的训练参数μ进行实验。一旦算法收敛，就由每个分布生成 50 个以上的向量，并用得到的权重对它们进行分类。百分比分类误差是多少?

4.3　在二维空间中画三条直线：

$$x_1 + x_2 = 0$$
$$x_2 = \frac{1}{4}$$
$$x_1 - x_2 = 0$$

对三条直线相交形成的每个多边形，确定多层感知器的第一层映射到的立方体的顶点，实现上述各条直线。将这些区域组合为两个类别，使得：(a) 两层网络足以对它们进行分类；(b) 三层网络是必需的。对于这两种情形，分析并计算对应的突触权重。

4.4 证明，若 $\boldsymbol{x}_1$ 和 $\boldsymbol{x}_2$ 是 l 维空间中的两个点，则平分 $\boldsymbol{x}_1$ 和 $\boldsymbol{x}_2$ 的连线的超平面（$\boldsymbol{x}_1$ 位于正侧）为

$$(\boldsymbol{x}_1-\boldsymbol{x}_2)^{\mathrm{T}}\boldsymbol{x}-\frac{1}{2}\|\boldsymbol{x}_1\|^2+\frac{1}{2}\|\boldsymbol{x}_2\|^2=0$$

4.5 对式(4.33)中的交叉熵代价函数：(a) 证明其二进制期望响应值的最小值是零，且当真实输出等于理想输出时出现这个最小值。(b) 证明交叉熵代价函数取决于相对输出误差。

4.6 假设多层感知器优化的代价函数是式(4.33)给出的交叉熵，且激活函数是式(4.1)给出的 S 形函数，证明式(4.13)的梯度 $\delta_j^L(i)$ 是

$$\delta_j^L(i)=a(1-\hat{y}_j(i))y_j(i)$$

4.7 重做习题 4.6，但激活函数是 softmax 函数，并证明 $\delta_j^L(i)=\hat{y}_j(i)-y_j(i)$。

4.8 证明，对于式(4.30)中的交叉熵代价函数，对应最优权重的网络输出逼近条件概率 $P(\omega_i|\boldsymbol{x})$。

4.9 使用式(4.37)证明 $l\geqslant K$ 时有 $M=2^K$。

4.10 开发一个程序，重复 4.10 节中的模拟示例。

4.11 某网络的第一个隐藏层有 6 个神经元，第二个隐藏层有 9 个神经元，用剪枝算法缩减网络尺寸。

4.12 设误差平方和

$$J=\frac{1}{2}\sum_{i=1}^{N}\sum_{m=1}^{k_L}(\hat{y}_m(i)-y_m(i))^2$$

是多层感知器的最小化函数。计算 Hessian 矩阵的元素

$$\frac{\partial^2 J}{\partial w_{kj}^r\partial w_{k'j'}^{r'}}$$

证明接近最小值时，逼近函数为

$$\frac{\partial^2 J}{\partial w_{kj}^r\partial w_{k'j'}^{r'}}=\sum_{i=1}^{N}\sum_{m=1}^{k_L}\frac{\partial\hat{y}_m(i)}{\partial w_{kj}^r}\frac{\partial\hat{y}_m(i)}{\partial w_{k'j'}^{r'}}$$

因此，二阶导数可以由一阶导数的积逼近。下述参数类似于反向传播算法中推导出的参数，证明

$$\frac{\partial\hat{y}_m(i)}{\partial w_{kj}^r}=\hat{\delta}_{jm}^r y_k^{r-1}$$

式中，

$$\hat{\delta}_{jm}^r=\frac{\partial\hat{y}_m(i)}{\partial v_j^r(i)}$$

反向传播算法的计算采用递归方式。文献[Hass 93]中已使用它。

4.13 4.4 节中指出，实际中经常假定 Hessian 矩阵是对角矩阵。证明在这种假设条件下，

$$\frac{\partial^2\mathcal{E}}{(\partial w_{kj}^r)^2}$$

根据如下公式通过反向原理传播：

(1) $\dfrac{\partial^2\mathcal{E}}{(\partial w_{kj}^r)^2}=\dfrac{\partial^2\mathcal{E}}{(\partial v_j^r)^2}(y_k^{r-1})^2$　　　　(2) $\dfrac{\partial^2\mathcal{E}}{(\partial v^{L_j})^2}=f''(v^{L_j})\mathrm{e}_j+(f'(v^{L_j}))^2$

(3) $$\frac{\partial^2\mathcal{E}}{(\partial v_j^{r-1})^2}=(f'(v_j^{r-1}))^2\sum_{k=1}^{k_l}(w_{kj}^r)^2\frac{\partial^2\mathcal{E}}{(\partial v_j^r)^2}+f''(v_j^{r-1})\sum_{k=1}^{k_r}w_{kj}^r\delta_k^r$$

式中，忽略了 Hessian 矩阵的所有非对角线元素，且为表示方便去掉了对 i 的依赖性。

4.14 对有两个隐藏神经元和一个输出神经元的简单两层网络，推导完整的 Hessian 矩阵，并将其推广到两个以上隐藏神经元的情形。

4.15 使用激活函数 $f(x)=c\tanh(bx)$重新推导 4.6 节中的反向传播算法。

4.16 文献[Dark 91]中提出按如下方式来选择训练参数μ:

$$\mu=\mu_0\frac{1}{1+\frac{t}{t_0}}$$

t_0值很大时（如 $300\leqslant t_0\leqslant 500$），训练早期阶段（迭代次数 t 取较小值）的训练参数近似为常数，t 值较大时，训练参数与之成反比下降。第一个阶段称为*搜索阶段*，第二个阶段称为*收敛阶段*。说明这个过程的基本原理。

4.17 使用一个两层感知器的线性输出单元逼近函数 $y(x)=0.3+0.2\cos(2\pi x), x\in[0,1]$。使用这个函数生成足够多的数据点。使用反向传播算法对网络进行训练。接着，生成 50个以上的样本并反馈到训练网络，绘制最终的结果，与原始曲线进行比较。对于不同数量的隐藏单元，重复这个过程。

4.18 证明式(4.48)。提示：先证明下面的递归是正确的：

$$O(N+1,l)=O(N,l)+O(N,l-1)$$

首先，从 N 个点开始，并额外添加一个点。然后，当我们从 N 个点到 $N+1$ 个点时，证明二分分类器中的区别是由（N 个点情形下的）这个新点的二分超平面引起的。

4.19 证明：若 $N=2(l+1)$，证明二分分类器的数量是 2^{N-1}。提示：使用恒等式

$$\sum_{i=0}^{J}\binom{J}{i}=2^J \quad 和 \quad \binom{2n+1}{n-i+1}=\binom{2n+1}{n+i}$$

4.20 用 RBF 网络重做习题 4.17。在区间[0, 1]内选择均匀间隔的 k 个中心。使用不同数量的高斯函数和σ 重做实验。使用最小二乘法估计未知的权重。

4.21 对如下二维函数重做上题：

$$y(x_1,x_2)=0.3+0.2\cos(2\pi x_1)\cos(2\pi x_2)$$

4.22 设从输入空间到一个高维空间中的映射是

$$x\in\mathcal{R}\longrightarrow \boldsymbol{y}\equiv\boldsymbol{\phi}(x)\in\mathcal{R}^{2k+1}$$

式中，

$$\boldsymbol{\phi}(x)=\left[\frac{1}{\sqrt{2}},\cos x,\cos 2x,\cdots,\cos kx,\sin x,\sin 2x,\cdots,\sin kx\right]^{\mathrm{T}}$$

证明对应的内积核是

$$\boldsymbol{y}_i^{\mathrm{T}}\boldsymbol{y}_j=K(x_i,x_j)$$
$$=\frac{\sin\left(\left(k+\frac{1}{2}\right)(x_i-x_j)\right)}{2\sin\left(\frac{x_i-x_j}{2}\right)}$$

4.23 证明式(4.117)。

4.24 证明式(4.120)。

4.25 证明岭回归任务中的式(4.108)和式(4.109)是对偶的。

4.26 证明：若使用线性核，则岭回归任务得到式(4.111)。

4.27 证明式(4.111)和式(4.112)是等效的。

4.28 证明：对应于最终增强分类器的训练集错误率按指数快速趋于零。

MATLAB 编程和练习

上机编程

4.1 数据生成器。编写一个名为 data_generator 的 MATLAB 函数，使用 4 个正态分布生成两个类别的二维数据集，协方差矩阵为 $\boldsymbol{S}_i = s*\boldsymbol{I}, i=1,\cdots,4$，其中 $\boldsymbol{I}$ 是一个 2×2 单位矩阵。来自前两个分布的向量属于类别+1，来自另外两个分布的向量属于类别−1。函数的输入如下：(a) 一个 2×4 矩阵 $\boldsymbol{m}$，第 i 列是第 i 个分布的平均向量；(b) 前面提到的方差参数 s；(c) 由每个分布生成的点数 N。

函数的输出如下：(a) 一个 $2\times 4\times N$ 的数组 X，第一组 N 个向量来自第一个分布，第二组 N 个向量来自第二个分布，以此类推；(b) 一个 $4\times N$ 行向量 $\boldsymbol{y}$，其元素值为+1 或−1，表示 X 中对应的数据向量所属的类别。

解：

```
function [x,y]=data_generator(m,s,n)
  S = s*eye(2);
[l,c] = size(m);
x = []; % Creating the training set
for i = 1:c
  x = [x mvnrnd(m(:,i)',S,N)'];
end
y=[ones(1,N) ones(1,N) -ones(1,N) -ones(1,N)];
```

4.2 神经网络训练。编写一个名为 NN_training 的 MATLAB 函数，使用最小二乘准则训练一个两层前馈神经网络，网络的输出层中只有一个节点。对所有节点，激活函数是一个双曲正切函数。选择如下算法之一来训练：(a) 标准梯度下降反向传播（BP）算法（代码 1）；(b) 动量 BP 算法（代码 2）；(c) 自适应学习率 BP 算法（代码 3）。函数的输入如下：

a. 数据集 $(\boldsymbol{X}, \boldsymbol{y})$，其中矩阵 $\boldsymbol{X}$ 的第 i 列是一个数据向量，行向量 $\boldsymbol{y}$ 的第 i 个元素包含类别标注（−1 或+1），表示第 i 个数据向量所属的类别。

b. 第一层的节点数。

c. 待采用训练方法的代码号。

d. 算法运行需要的迭代次数。

e. 一个参数向量，它包含所用训练方法需要的参数值。向量的形式为

$$[\text{lr},\ \text{mc},\ \text{lr\_inc},\ \text{lr\_dec},\ \text{max\_perf\_inc}]$$

其中，lr 是学习率，mc 是动量参数，剩下的三个参数是 4.7 节中定义的 r_i、r_d 和 c，在可变学习率的 BP 算法中使用。对于标准 BP 算法，参数向量的最后 4 个元素是 0；对动量 BP 算法，最后 3 个参数是 0；对自适应学习率算法，只有第二个元素是 0。

网络的输出是对应于训练神经元网络的网络。为保证结果的复现性，假设每次都使用相同的

初始条件调用该函数。

解：

```
function net = NN_training(x,y,k,code,iter,par_vec)
  rand('seed',0)  % Initialization of the random number
  % generators
randn('seed',0) % for reproducibility of net initial
% conditions
% List of training methods
methods_list = {'traingd'; 'traingdm'; 'traingda'};
% Limits of the region where data lie
limit = [min(x(:,1)) max(x(:,1)); min(x(:,2)) max(x(:,2))];
% Neural network definition
net = newff(limit,[k 1],{'tansig','tansig'},...
methods_list{code,1});
% Neural network initialization
net = init(net);
% Setting parameters
net.trainParam.epochs = iter;
net.trainParam.lr=par_vec(1);
if(code == 2)
  net.trainParam.mc=par_vec(2);
elseif(code == 3)
  net.trainParam.lr_inc = par_vec(3);
  net.trainParam.lr_dec = par_vec(4);
  net.trainParam.max_perf_inc = par_vec(5);
end
% Neural network training
net = train(net,x,y);
%NOTE: During training, the MATLAB shows a plot of the
% MSE vs the number of iterations.
```

4.3 编写一个名为 NN_evaluation 的函数，其输入如下：(a) 一个神经网络对象；(b) 数据集$(\boldsymbol{X}, \boldsymbol{y})$，在这个数据集上运行时，返回错误概率。考虑两类情况（−1 和+1）。

解：

```
function pe = NN_evaluation(net,x,y)
  y1 = sim(net,x); %Computation of the network outputs
  pe=sum(y.*y1<0)/length(y);
```

4.4 编写一个名为 plot_dec_region 的 MATLAB 函数，用 data_generator 函数生成产生的数据集训练神经网络，画出神经网络生成的决策区域。这个函数的输入如下：(a) 一个神经网络对象；(b) 空间区域中水平和垂直方向的上界和下界（分别为 lb、uh、lv、uv），两个方向的决策区域和分辨率参数（rb、rv）也要画出（值越小，图的分辨率越高）；(c) 具有正态分布均值向量的矩阵 $\boldsymbol{m}$。输出是一个决策区域图，其中的每个区域由红星或蓝圈标出，具体取决于它是属于类别+1 还是属于类别−1。

解： 该函数的实现见本书的网站 www.elsevierdirect.com/9781597492720。

4.5 编写一个名为 SVM_clas 的 MATLAB 函数，(i) 用 RBF 核和给定训练集生成 SVM 分类器，(ii) 用训练集和已知测试集测试分类器的性能。函数的输入如下：(a) 训练数据集$(\boldsymbol{X}_1, \boldsymbol{y}_1)$，$\boldsymbol{X}_1$ 中的每列都是一个数据向量，行向量 $\boldsymbol{y}_1$ 中的元素指示 $\boldsymbol{X}_1$ 中对应数据向量所属类别的情况（本例中为+1 或−1）；(b) 以类似方式定义的测试集$(\boldsymbol{X}_2, \boldsymbol{y}_2)$；(c) 容差参数，作为 SVM 训练的终止条件；(d) SVM 代价函数中的参数C（见 3.7.2 节）；(e) RBF 核的 sigma 参数。函数的输出如下：(a) SVMstruct 对象中的 SVM 分类器结构；(b) svIndex 向量中的支持向量索引；(c) 训练集 pe_tr 的错误概率；(d) 测试集 pe_te 的错误概率。

解：

```
function [SVMstruct,svIndex,pe_tr,pe_te]=...
  SVM_clas(X1,y1,X2,y2,tol,C,sigma)
  options = svmsmoset('TolKKT',tol,'Display','iter',...
  'MaxIter',20000,'KernelCacheLimit',10000);
  %Training and Ploting parameters
  [SVMstruct,svIndex]=svmtrain(X1', y1','...
  KERNEL_FUNCTION','rbf',...
  'RBF_SIGMA',sigma,'BOXCONSTRAINT',C,'showplot',true,...
  'Method','SMO','SMO_Opts',options);
  %Computation of the error probability
  train_res=svmclassify(SVMstruct,X1');
  pe_tr=sum(y1'~=train_res)/length(y1);
  test_res=svmclassify(SVMstruct,X2');
  pe_te=sum(y2'~=test_res)/length(y2);
```

上机实验

4.1 **a**．初始化函数 randn 中的 seed［即 randn('seed',0)］，使用 data_genertor 函数生成数据集 $(\boldsymbol{X}1,\boldsymbol{y}1)$，其中 $\boldsymbol{m}=\begin{bmatrix}-5 & +5 & +5 & -5\\ +5 & -5 & +5 & -5\end{bmatrix}$，$s=2$，$N=100$。

b．初始化函数 randn 中的 seed，使得 seed=10，重做(a)问生成数据集 $(\boldsymbol{X}_2,\boldsymbol{y}_2)$。

c．使用对应于 randn 和 $s=5$ 的 seed 重做前两问，分别生成数据集 $(\boldsymbol{X}_3,\boldsymbol{y}_3)$ 和 $(\boldsymbol{X}_4,\boldsymbol{y}_4)$（$\boldsymbol{m}$ 和 N 不变）。

d．画出数据集的图形。

4.2 **a**．运行标准 BP 算法。参数 lr =0.01, 2, 4，第一层中的节点数为 15，迭代次数为 1000，使用数据集 $(\boldsymbol{X}_1,\boldsymbol{y}_1)$ 作为训练数据。

b．对训练数据集 $(\boldsymbol{X}_1,\boldsymbol{y}_1)$ 和测试数据集 $(\boldsymbol{X}_2,\boldsymbol{y}_2)$，评估神经网络的性能，画出决策区域（使用 $\mathrm{lh}=\mathrm{lv}=-10, \mathrm{uh}=\mathrm{uv}=10, \mathrm{rh}=\mathrm{rv}=0.2$）。

c．评论以上结果。

4.3 **a**．使用 4 个第一层的节点运行 BP 算法：(1) lr = 0.01，300 次迭代；(2) lr = 0.001，300 次迭代；(3) lr = 0.01，1000 次迭代；(4) lr = 0.001，1000 次迭代。

b．对训练数据集 $(\boldsymbol{X}_1,\boldsymbol{y}_1)$ 和测试数据集 $(\boldsymbol{X}_2,\boldsymbol{y}_2)$，评估神经网络的性能，画出决策区域。

c．评论以上结果。

4.4 **a**．运行自适应学习率 BP 算法：lr = 0.001, lr_inc = 1.05, lr_dec = 0.7, max_perf_inc=1.04，迭代次数 300。

b．对训练数据集 $(\boldsymbol{X}_1,\boldsymbol{y}_1)$ 和测试数据集 $(\boldsymbol{X}_2,\boldsymbol{y}_2)$，评估神经网络的性能，画出决策区域。

c．将结果与标准 BP 算法的结果进行比较，其中标准 BP 算法中 lr =0.001，迭代次数为 300。

4.5 重复上机实验 4.2 ~ 4.4，分别使用训练数据集 $(\boldsymbol{X}_3,\boldsymbol{y}_3)$ 和 $(\boldsymbol{X}_4,\boldsymbol{y}_4)$。

4.6 **a**．生成一个 SVM 分类器，使用 4.1 节中定义的 $(\boldsymbol{X}_1,\boldsymbol{y}_1)$ 和 $(\boldsymbol{X}_2,\boldsymbol{y}_2)$ 分别作为训练和测试数据集，设 C=1, 100, 1000，σ=0.5, 1, 2, 4，容限参数为 0.001。

b. 对每种情况，评估各自的分类器对训练数据集和测试数据集的性能。

c. 计算每种情况下生成的支持向量机的数量。

4.7 用 $(\boldsymbol{X}_1, \boldsymbol{y}_1)$ 和 $(\boldsymbol{X}_2, \boldsymbol{y}_2)$ 代替 $(\boldsymbol{X}_3, \boldsymbol{y}_3)$ 和 $(\boldsymbol{X}_4, \boldsymbol{y}_4)$，重做上机实验 4.6。

参考文献

[Adal 97] Adali T., Liu X., Sonmez K. "Conditional distribution learning with neural networks and its application to channel equalization," *IEEE Transactions on Signal Processing*, Vol. 45(4), pp. 1051-1064, 1997.

[Akse 06] Aksela M., Laaksonen J. "Using diversity of errors for selecting members of a committee classifier," *Pattern Recognition*, Vol. 39, pp. 608-623, 2006.

[Amar 99] Amari S., Wu S. "Improving support vector machines by modifying kernel functions," *Neural Networks*, Vol. 12(6), pp. 783-789, 1999.

[Ampa 02] Ampazis N., Perantonis S.J. "Two highly efficient second order algorithms for feedforward networks," *IEEE Transactions on Neural Networks*, Vol. 13(5), pp. 1064-1074, 2002.

[Angu 03] Anguita D., Ridella S., Rivieccio F., Zunino R. "Hyperparameter design criteria for support vector classifiers," *Neurocomputing*, Vol. 55, pp. 109-134, 2003.

[Avni 99] Avnimelech R., Intrator N. "Boosted mixture of experts: An ensemble learning scheme," *Neural Computation*, Vol. 11, pp. 475-490, 1999.

[Barn 92] Barnard E. "Optimization for training neural networks," *IEEE Transactions on Neural Networks*, Vol. 3(2), pp. 232-240, 1992.

[Barr 93] Barron A.R. "Universal approximation bounds for superposition of a sigmoid function," *IEEE Transactions on Information Theory*, Vol. 39(3), pp. 930-945, 1993.

[Bart 02] Bartlett P., Boucherou S., Lugosi G. "Model selection and error estimation," *Machine Learning*, Vol. 48, pp. 85-113, 2002.

[Bart 98] Bartlett P.L. "The sample complexity of pattern classification with neural networks: The size of the weights is more important than the size of the network," *IEEE Transactions on Information Theory*, Vol. 44(2), pp. 525-536, 1998.

[Batt 92] Battiti R. "First and second order methods for learning: Between steepest descent and Newton's method," *Neural Computation*, Vol. 4, pp. 141-166, 1992.

[Baue 99] Bauer E., Kohavi R. "An empirical comparison of voting classification algorithms: Bagging, boosting, and variants," *Machine Learning*, Vol. 36, pp. 105-139, 1999.

[Baum 88] Baum E.B., Wilczek F. "Supervised learning of probability distributions by neural networks," in *Neural Information Processing Systems* (Anderson D., ed.), pp. 52-61, American Institute of Physics, New York, 1988.

[Ben 99] Ben-Yakoub S., Abdeljaoued, Mayoraj E. "Fusion of face and speech data for person identity verification," *IEEE Transactions on Neural Networks*, Vol. 10(5), pp. 1065-1075, 1999.

[Berg 93] Berg S. "Condorcet's jury theorem, dependency among jurors," *Social Choice Welfare*, Vol. 10, pp. 87-95, 1993.

[Bish 95] Bishop C.M. *Neural Networks for Pattern Recognition*, Oxford University Press, 1995.

[Blan 96] Blanz V., Schölkopf B., Bülthoff H., Burges C., Vapnik V., Vetter T. "Comparison of view based object recognition using realistic 3D models," *Proceedings of International Conference on Artificial Neural Networks*, pp. 251-256, Berlin, 1996.

[Bola 89] Boland P.J. "Majority systems and the Condorcet jury theorem," *Statistician*, Vol. 38, pp. 181-189, 1989.

[Bose 96] Bose N.K., Liang P. *Neural Network Fundamentals with Graphs, Algorithms and Applications*, McGraw-Hill, 1996.

[Brei 84] Breiman L., Friedman J., Olshen R., Stone C. *Classification and Regression Trees*, Wadsworth International, pp. 226-239, Belmont, CA, 1984.

[Brei 96] Breiman L. "Bagging predictors," *Machine Learning*, Vol. 24, pp. 123-140, 1996.

[Brei 98] Breiman L. "Arcing classifiers," *The Annals of Statistics*, Vol. 26(3), pp. 801-849, 1998.

[Brei 01] Breiman L. "Random Forests," *Machine Learning*, Vol. 45, pp. 5-32, 2001.

[Brid 90] Bridle J.S. "Training stochastic model recognition algorithms as networks can lead to maximum mutual information estimation parameters," in *Neural Information Processing Systems 2* (Touretzky D.S., ed.), pp. 211-217, Morgan Kaufmann, 1990.

[Broo 88] Broomhead D.S., Lowe D. "Multivariable functional interpolation and adaptive networks," *Complex Systems*, Vol. 2, pp. 321-355, 1988.

[Brow 93] Brown D., Corrnble V., Pittard C.L. "A comparison of decision tree classifiers with backpropagation neural networks for multimodal classification problems," *Pattern Recognition*, Vol. 26(6), pp. 953-961, 1993.

[Burg 99] Burges C.J.C. "Geometry and invariance in kernel based methods," in *Advances in Kernel Methods: Support Vector Learning* (Schólkopf B., Burges C.J.C., Smola A.J., eds.), MIT Press, 1999.

[Chap 02] Chapelle O., Vapnik V., Bousquet O., Mukherjee S. "Choosing multiple parameters for support vector machines," *Machine Learning*, Vol. 46, pp. 131-159, 2002.

[Chau 90] Chauvin Y. "Generalization performance of overtrained backpropagation networks," in *Neural Networks, Proc. EURASIP Workshop* (Almeida L.B., Wellekens C.J., eds.), pp. 46-55, 1990.

[Chaw 02] Chawla N.V., Bowyer K., Hall L., Kelgemeyer W.P. "SMOTE: Synthetic minority oversampling technique," *Journal of Artificial Intelligence Research*, Vol. 16, pp. 321-357, 2002.

[Chen 91] Chen S., Cowan C.F.N., Grant P.M. "Orthogonal least squares learning algorithm for radial basis function networks," *IEEE Transactions on Neural Networks*, Vol. 2, pp. 302-309, 1991.

[Chen 94] Cheng B., Titterington D.M. "Neural networks: A review from a statistical perspective," *Statistical Science*, Vol. 9(1), pp. 2-30, 1994.

[Chou 91] Chou P. "Optimal partitioning for classification and regression trees," *IEEE Transactions on Pattern Analysis and Machine Intelligence*, Vol. 13, pp. 340-354, 1991.

[Cich 93] Cichocki A., Unbehauen R. *Neural Networks for Optimization and Signal Processing*, John Wiley & Sons, 1993.

[Cort 95] Cortes C., Vapnik V.N. "Support vector networks," *Machine Learning*, Vol. 20, pp. 273-297, 1995.

[Cour 53] Courant R., Hilbert D. *Methods of Mathematical Physics*, Interscience, 1953.

[Cove 65] Cover T.M. "Geometrical and statistical properties of systems of linear inequalities with applications in pattern recognition," *IEEE Transactions on Electronic Computers*, Vol. 14, pp. 326-334, 1965.

[Cybe 89] Cybenko G. "Approximation by superpositions of a sigmoidal function," *Mathematics of Control, Signals and Systems*, Vol. 2, pp. 304-314, 1989.

[Czyz 04] Czyz J., Kittler J., Vandendorpe L. "Multiple classifier combination for face-based identity verification," *Pattern Recognition*, Vol. 37, pp. 1459-1469, 2004.

[Dark 91] Darken C., Moody J. "Towards faster stochastic gradient search," *Advances in Neural Information Processing Systems 4*, pp. 1009-1016, Morgan Kaufmann, San Mateo, CA, 1991.

[Datt 85] Dattatreya G.R., Kanal L.N. "Decision trees in pattern recognition," in *Progress in Pattern Recognition 2* (Kanal L.N., Rosenfeld A., eds.), North Holland, 1985.

[Delo 94] Delopoulos A., Tirakis A., Kollias S. "Invariant image classification using triple correlation based neural networks," *IEEE Transactions on Neural Networks*, Vol. 5, pp. 392-408, 1994.

[Diet 95] Dietterich T.G., Bakiri G. "Solving multiclass learning problems via error-correcting output codes," *Journal of Artificial Intelligence Research*, Vol. 2, pp. 263-286, 1995.

[Druc 99] Drucker H., Wu D., Vapnik, V.N. "Support vector machines for spam categorization," *IEEE Transactions on Neural Networks*, Vol. 10(5), pp. 1048-1055, 1999.

[Duan 03] Duan K., Keerthi S.S., Poo A.N. "Evaluation of simple performance measures for tuning SVM hyperparameters," *Neurocomputing*, Vol. 51, pp. 41-59, 2003.

[Dzer 04] Džeroski S., Ženko B. "Is combining classifiers with stacking better than selecting the best one?" *Machine Learning*, Vol. 54, pp. 255-273, 2004.

[Eibl 06] Eibl G., Pfeifer K.P. "Multiclass boosting for weak classifiers," *Journal of Machine Learning Research*, Vol. 6, pp. 189-210, 2006.

[ElNa 02] El-Naga I., Yang Y., Wernick M.N., Galatsanos N. "A support vector machine approach for detection of microcalcifications," *IEEE Transactions on Medical Imaging*, Vol. 21, pp. 1552-1563, 2002.

[Enge 04] Engel Y., Mannor S. "The kernel least-squares algorithm," *IEEE Transactions on Signal Processing*, Vol. 52(8), pp. 2275-2285, 2004.

[Espo 97] Esposito F., Malebra D., Semeraro G. "A comparative analysis of methods for pruning decision trees," *IEEE Transactions on Pattern Analysis and Machine Intelligence*, Vol. 19(5), pp. 476-491, 1997.

[Evge 04] Evgeniou T., Pontil M., Elisseeff A. "Leave one out error, stability, and generalization of voting combinations of classifiers," *Machine Learning*, Vol. 55, pp. 71-97, 2004.

[Fahl 90] Fahlman S.E., Lebiere C. "The cascade-correlation learning architecture," in *Advances in Neural Information Processing Systems 2* (Touretzky D.S., ed.), pp. 524-532, Morgan Kaufmann, 1990.

[Flao 06] Flaounas I.N., Iakovidis D.K., Marvoulis D.E. "Cascading SVMs as a tool for medical diagnosis using multi-class gene expression data," International Journal of Artificial Intelligence Tools.

[Frea 90] Frean M. "The Upstart algorithm: A method for constructing and training feedforward networks," *Neural Computation*, Vol. 2(2), pp. 198-209, 1990.

[Freu 97] Freund Y., Schapire R.E. "A decision theoretic generalization of on-line learning and an application to boosting," *Journal of Computer and System Sciences*, Vol. 55(1), pp. 119-139, 1997.

[Frie 00] Friedman J., Hastie T., Tibshirani R. "Additive logistic regression: A statistical view of boosting," *The Annals of Statistics*, Vol. 28(2), pp. 337-407, 2000.

[Fried 81] Friedman J., Stuetzle W. "Projection pursuit regression," *Journal of American Statistical Association*, Vol. 76, pp. 817-823, 1981.

[Fuku 92] Fukumi M., Omatu S., Takeda F., Kosaka T. "Rotational invariant neural pattern recognition system with application to coin recognition," *IEEE Transactions on Neural Networks*, Vol. 3, pp. 272-279, 1992.

[Fuku 82] Fukushima K., Miyake S., "Neogognitron: A new algorithm for pattern recognition tolerant of deformations and shifts in position," *Pattern Recognition*, Vol. 15(6), pp. 445-469, 1982.

[Fume 05] Fumera G., Roli F. "A theoretical and experimental analysis of linear combiners for multiple classifier systems," *IEEE Transactions on Pattern Analysis and Machine Intelligence*, Vol. 27(6), pp. 942-956, 2005.

[Funa 89] Funahashi K. "On the approximate realization of continuous mappings by neural networks," *Neural Networks*, Vol. 2(3), pp. 183-192, 1989.

[Gall 90] Gallant S.I. "Perceptron-based learning algorithms," *IEEE Transactions on Neural Networks*, Vol. 1, pp. 179-191, 1990.

[Garg 02] Garg A., Pavlovic V., Huang T.S. "Bayesian networks as enseble of classifiers," *Proceedings 16th International Conference on Pattern Recognition*, Vol. 2, pp. 779-784, 2002.

[Geor 06] Georgion H., Mavroforakis M., Theodoridis S. "A game theoretic approach to weighted majority voting for combining SVM classifiers," in Proceedings of the International Conference on Artificial Neural Networks, pp. 284-292, LNCS 4131, Springer, 2006.

[Germ 92] German S., Vienenstock E., Doursat R. "Neural networks and bias/variance dilemma," *Neural Computation*, Vol. 4(1), pp. 1-58, 1992.

[Gibs 90] Gibson G.J., Cowan C.F.N. "On the decision regions of multilayer perceptrons," *Proceedings of the IEEE*, Vol. 78(10), pp. 1590-1594, 1990.

[Gish 90] Gish H. "A probabilistic approach to the understanding and training neural classifiers," in *Proceedings of the IEEE Conference on Acoustics Speech and Signal Processing*, pp. 1361-1364,April 1990.

[Gomm 00] Gomm J.B., Yu D.L. "Selecting radial basis function network centers with recursive orthogonal least squares training," *IEEE Transactions on Neural Networks*,Vol. 11(2), pp. 306-314, 2000.

[Graj 86] Grajki K.A. et al. "Classification of EEG spatial patterns with a tree structured methodology," *IEEE Transactions on Biomedical Engineering*,Vol. 33(12), pp. 1076-1086, 1986.

[Gran 04] Grandvalet Y. "Bagging equalizes influence," *Machine Learning*,Vol. 55, pp. 251-270, 2004.

[Hamp 90] Hampshire J.B. II, Perlmutter B.A. "Equivalence proofs for multilayer perceptron classifiers and the Bayesian discriminant function," in *Proceedings of the 1990 Connectionist Models Summer School* (Touretzky D, et al., eds.), Morgan Kaufmann, 1990.

[Hart 90] Hartman E.J., Keeler J.D., Kowalski J.M. "Layered neural networks with Gaussian hidden units as universal approximations," *Neural Computations*,Vol. 2(2), pp. 210-215, 1990.

[Hass 93] Hassibi B., Stork D.G., Wolff G.J. "Optimal brain surgeon and general network pruning," *Proceedings IEEE Conference on Neural Networks*,Vol. 1, pp. 293-299, San Francisco, 1993.

[Hast 01] Hastie T.,Tibshirani R., Friedman J. *The Elements of Statistical Learning*, Springer, 2001.

[Hayk 96] Haykin S. "Neural networks expand SP's horizons," *IEEE Signal Processing Magazine*, Vol. 13(2), pp. 24-49, 1996.

[Hayk 99] Haykin S. *Neural Networks: A Comprehensive Foundation*, 2nd ed., Prentice Hall, 1999.

[Hert 91] Hertz J., Krogh A., Palmer R.G. *Introduction to the Theory of Neural Computation*, Addison-Wesley, 1991.

[Hint 90] Hinton G.E. "Connectionist learning procedures," in *Machine Learning: Paradigms and Methods* (Carbonell J.G., ed.), pp. 185-234, MIT Press, 1990.

[Ho 98] Ho T.K. "The random subspace method for constructing decision forests," *IEEE Transactions on Pattern Analysis and Machine Intelligence*,Vol. 20(8), pp. 832-844, 1998.

[Ho 94] Ho T.K., Hull J.J., Srihari S.N. "Decision combination in multiple classifier design," *IEEE Transactions on Pattern Analysis and Machine Intelligence*,Vol. 16(1), pp. 66-75, 1994.

[Holm 97] Holmstrom L., Koistinen P., Laaksonen J., Oja E. "Neural and statistical classifiers—taxonomy and two case studies," *IEEE Transactions on Neural Networks*,Vol. 8(1), pp. 5-17, 1997.

[Horn 89] Hornik K., Stinchcombe M., White H. "Multilayer feedforward networks are universal approximators," *Neural Networks*,Vol. 2(5), pp. 359-366, 1989.

[Hu 08] Hu R., Damper R.I. "A no panacea theorem for classifier combination," Pattern Recognition, Vol. 41, pp. 2665-2673, 2008.

[Huan 04] Huang D-S., Ip H., Chi Z. "A neural root finder of polynomials based on root moments." *Neural Computation*,Vol. 16, pp. 1721-1762, 2004.

[Hush 93] Hush D.R., Horne B.G. "Progress in supervised neural networks," *IEEE Signal Processing Magazine*,Vol. 10(1), pp. 8-39, 1993.

[Ito 91] Ito Y. "Representation of functions by superpositions of a step or sigmoid function and their applications to neural network theory," *Neural Networks*, Vol. 4(3), pp. 385-394, 1991.

[Jaco 88] Jacobs R.A. "Increased rates of convergence through learning rate of adaptation," *Neural Networks*,Vol. 2, pp. 359-366, 1988.

[Jaco 91] Jacobs R.A., Jordan M.I., Nowlan S.J., Hinton G.E. "Adaptive mixtures of local experts," *Neural Computation*,Vol. 3, pp. 79-87, 1991.

[Jain 00] Jain A.K., Duin P.W., Mao J. "Statistical pattern recognition: A review," *IEEE Transactions on Pattern Analysis and Machine Intelligence*,Vol. 22(1), pp. 4-37, 2000.

[Japk 02] Japkowicz N., Stephen S. "The class imbalance problem: a systematic study," *Intelligent Data Analysis Journal*,Vol. 6(5), pp. 429-450, 2002.

[Joha 92] Johansson E.M., Dowla F.U., Goodman D.M. "Backpropagation learning for multilayer feedforward neural networks using conjugate gradient method," *International Journal of*

Neural Systems, Vol. 2(4), pp. 291-301, 1992.

[Josh 97] Joshi A., Ramakrishman N., Houstis E.N., Rice J.R. "On neurobiological, neuro-fuzzy, machine learning, and statistical pattern recognition techniques," *IEEE Transactions on Neural Networks*, Vol. 8(1), pp. 18-31, 1997.

[Juan 92] Juang B.H., Katagiri S. "Discriminative learning for minimum error classification," *IEEE Transactions on Signal Processing*, Vol. 40(12), pp. 3043-3054, 1992.

[Kalo 97] Kalouptsidis N. *Signal Processing Systems, Theory and Design*, John Wiley & Sons, 1997.

[Kana 92] Kanaoka T., Chellapa R., Yoshitaka M., Tomita S. "A higher order neural network for distortion invariant pattern recognition," *Pattern Recognition Letters*, Vol. 13, pp. 837-841, 1992.

[Kang 00] Kang H., Lee S. "An information-theoretic strategy for constructing multiple classifier systems," *Proceedings of the 15th International Conference on Pattern Recognition (ICPR)*, Vol. 2, pp. 483-486, 2000.

[Kang 03] Kang H.J. "Combining multiple classifiers based on third-order dependency for handwritten numeral recognition," *Pattern Recognition Letters*, Vol. 24, pp. 3027-3036, 2003.

[Kara 92] Karayiannis N.B., Venetsanopoulos A.N. "Fast learning algorithm for neural networks," *IEEE Transactions on Circuits and Systems*, Vol. 39, pp. 453-474, 1992.

[Kara 97] Karayiannis N.B., Mi G.W. "Growing radial basis neural networks. Merging supervised and unsupervised learning with network growth techniques," *IEEE Transactions on Neural Networks*, Vol. 8(6), pp. 1492-1506, 1997.

[Kear 94] Kearns M., Valiant L.G. "Cryptographic limitations on learning Boolean formulae and finite automata," *Journal of the ACM*, Vol. 41(1), pp. 67-95, 1994.

[Keer 05] Keerthi S.S., Duan K.B., Shevade S.K., Poo A.N. "A fast dual algorithm for kernel logistic regression," *Machine Learning*, Vol. 61, pp. 151-165, 2005.

[Kime 71] Kimeldorf G.S., Wahba G. "Some results on Tchebycheffian spline functions," *Journal of Mathematical Analysis and Applications*, Vol. 33, pp. 88-95, 1971.

[Kitt 03] Kittler J., Alkoot F.M. "Sum versus vote fusion in multiple classifiers," *IEEE Transactions on Pattern Analysis and Machine Intelligence*, Vol. 25(1), pp. 110-115, 2003.

[Kitt 98] Kittler J., Hatef M., Duin R. Matas J. "On combining classifiers," *IEEE Transactions on Pattern Analysis and Machine Intelligence*, Vol. 20(3), pp. 226-234, 1998.

[Kivi 04] Kivinen J.K., Smola A.L., Williamson R.C. "Online learning with kernels," *IEEE Transactions on Signal Processing*, Vol. 52(8), pp. 2165-2176, 2004.

[Klei 90] Kleinberg R.M. "Stochastic discrimination," *Annals of Mathematics and Artificial Intelligence*, Vol. 1, pp. 207-239, 1990.

[Koli 97] Kolinummi P., Hamalainen T., Kaski K. "Designing a digital neurocomputer," *IEEE Circuits and Systems Magazine*, Vol. 13(2), pp. 19-27, 1997.

[Kout 94] Koutroumbas K., Kalouptsidis N. "Nearest neighbor pattern classification neural networks," *Proc. of IEEE World Congress of Computational Intelligence*, pp. 2911-2915, Orlando, FL, July 1994.

[Kram 89] Kramer A.H., Sangiovanni-Vincentelli A. "Efficient parallel learning algorithms for neural networks," in *Advances in Neural Information Processing Systems 1* (Touretzky D.S., ed.), pp. 40-48, Morgan Kaufmann, 1989.

[Kunc 01] Kuncheva L.I., Bezdek J.C., Duin R.P.W. "Decision templates for multiple classifier fusion: an experimental comparison," *Pattern Recognition*, Vol. 34, pp. 299-314, 2001.

[Kunc 02] Kunchera L.I. "A theoretical study on six classifier fusion strategies," *IEEE Transactions on Pattern Analysis and Machine Intelligence*, Vol. 24(2), pp. 281-286, 2002.

[Kunc 03] Kuncheva L.I., Whitaker C.J., Shipp C.A., Duin R.P.W. "Limits on the majority vote accuracy in classifier fusion," *Pattern Analysis and Applications*, Vol. 6, pp. 22-31, 2003.

[Kunc 03a] Kuncheva L.I., Whitaker C.J. "Measures of diversity in classifier ensembles," *Machine Learning*, Vol. 51, pp. 181-207, 2003.

[Lam 97] Lam L., Suen Y. "Application of majority voting to pattern recognition: An analysis of its behaviour and performance," *IEEE Transactions on Systems, Man, and Cybernetics* Vol. 27(5), pp. 553-568, 1997.

[Lane 91] Lane S.H., Flax M.G., Handelman D.A., Gelfand J.J. "Multilayer perceptrons with B-spline receptive field functions," in *Advances in Neural Information Processing Systems 3* (Lippmann R.P., Moody J., Touretzky D.S., eds.), pp. 684-692, Morgan Kaufmann, 1991.

[Lecu 89] Le Cun Y., Boser B., Denker J.S., Henderson D., Howard R.E., Hubbard W., Jackel L.D. "Backpropagation applied to handwritten zip code recognition," *Neural Computation*, Vol. 1(4), pp. 541-551, 1989.

[Lecu 90] Le Cun Y., Denker J.S., Solla S.A. "Optimal brain damage," in *Advances in Neural Information Systems 2* (Touretzky D.S., ed.), pp. 598-605, Morgan Kaufmann, 1990.

[Lee 04] Lee M.S., Keerthi S.S., Ong C.J. "An efficient method for computing Leave-One-Out error in support vector machines with Gaussian kernels," *IEEE Transactions on Neural Networks*, Vol. 15(3), pp. 750-757, 2004.

[Levi 02] Levitin G. "Evaluating correct classification probability for weighted voting classifiers with plurality voting," *European Journal of Operational Research*, Vol. 141, pp. 596-607, 2002.

[Lin 03] Lin X., Yacoub S., Burns J., Simske S. "Performance analysis of pattern classifier combination by plurality voting," *Pattern Recognition Letters*, Vol. 24, pp. 1959-1969, 2003.

[Lin 02] Lin Y., Wahba G., Zhang H., Lee Y. "Statistical properties and adaptive tuning of support vector machines," *Machine Learning*, Vol. 48, pp. 115-136, 2002.

[Lin 02a] Lin Y., Lee Y., Wahba G. "Support vector machines for classification in nonstandard situations," *Machine Learning*, Vol. 46, pp. 191-202, 2002.

[Lipp 87] Lippmann R.P. "An introduction to computing with neural networks," *IEEE ASSP Magazine*, Vol. 4(2), pp. 4-22, 1987.

[Mack 92a] MacKay D.J.C. "A practical Bayesian framework for backpropagation networks," *Neural Computation*, Vol. 4(3), pp. 448-472, 1992.

[Mack 92b] MacKay D.J.C. "The evidence framework applied to classification networks," *Neural Computation*, Vol. 4(5), pp. 720-736, 1992.

[Maso 00] Mason L., Baxter J., Bartleet P., Frean M. "Boosting algorithms as gradient descent," in *Neural Information Processing Systems*, Vol. 12, 2000.

[Mavr 07] Mavroforakis M., Sdralis M., Theodoridis S. "A geometric nearest point algorithm for the efficient solution of the SVM classification task," *IEEE Transactions on Neural Networks*, Vol. 18(5), pp. 1545-1550, 2007.

[Meye 03] Meyer D., Leisch F., Hornik K. "The support vector machine under test," *Neurocomputing*, Vol. 55, pp. 169-186, 2003.

[Meza 89] Mezard M., Nadal J.P. "Learning in feedforward layered networks: The tilling algorithm," *Journal of Physics*, Vol. A 22, pp. 2191-2203, 1989.

[Mich 94] Michie D., Spiegelhalter D.J., Taylor C.C., eds. *Machine Learning, Neural, and Statistical Classification*, Ellis Horwood Ltd., London, 1994.

[Mill 96] Miller D., Rao A., Rose K., Gersho A. "A global optimization technique for statistical classifier design," *IEEE Transactions on Signal Processing*, Vol. 44(12), pp. 3108-3122, 1996.

[Mill 99] Miller D.J., Yan L. "Critic-driven ensemble classification," *IEEE Transactions on Pattern Analysis and Machine Intelligence*, Vol. 47(10), pp. 2833-2844, 1999.

[Mirc 89] Mirchandini G., Cao W. "On hidden nodes in neural nets," *IEEE Transactions on Circuits and Systems*, Vol. 36(5), pp. 661-664, 1989.

[Mood 89] Moody J., Darken C.J. "Fast learning in networks of locally tuned processing units," *Neural Computation*, Vol. 6(4), pp. 281-294, 1989.

[Mulg 96] Mulgrew B. "Applying radial basis functions," *IEEE Signal Processing Magazine*, Vol. 13(2), pp. 50-65, 1996.

[Mull 01] Müller R.M., Mika S., Rätsch G., Tsuda K., Schölkopf B. "An introduction to kernel-based learning algorithms," *IEEE Transactions on Neural Networks*, Vol. 12(2), pp. 181-201, 2001.

[Murp 90]　Murphy O.J. "Nearest neighbor pattern classification perceptrons," *Proceedings of the IEEE*, Vol. 78(10), October 1990.

[Nara 05]　Narasimhamurthy A. "Theoretical bounds of majority voting performance for a binary classification problem," *IEEE Transactions on Pattern Analysis and Machine Intelligence*, Vol. 27(12), pp. 1988-1995, 2005.

[Nede 93]　Nedeljkovic V. "A novel multilayer neural networks training algorithm that minimizes the probability of classification error," *IEEE Transactions on Neural Networks*, Vol. 4(4), pp. 650-659, 1993.

[Pado 95]　Pados D.A., Papantoni-Kazakos P. "New non least squares neural network learning algorithms for hypothesis testing," *IEEE Transactions on Neural Networks*, Vol. 6, pp. 596-609, 1995.

[Palm 91]　Palmieri F., Datum M., Shah A., Moiseff A. "Sound localization with a neural network trained with the multiple extended Kalman algorithm," *International Joint Conference on Neural Networks*, Vol. 1, pp. 125-131, Seattle, 1991.

[Pare 00]　Parekh R., Yang J., Honavar V. "Constructive neural network learning algorithms for pattern classification," *IEEE Transactions on Neural Networks*, Vol. 11(2), pp. 436-451, 2000.

[Park 91]　Park J., Sandberg I.W. "Universal approximation using radial basis function networks," *Neural Computation*, Vol. 3(2), pp. 246-257, 1991.

[Park 93]　Park J., Sandberg I.W. "Approximation and radial basis function networks," *Neural Computation*, Vol. 5(2), pp. 305-316, 1993.

[Park 94]　Park Y. "A comparison of neural net classifiers and linear tree classifiers: Their similarities and differences," *Pattern Recognition*, Vol. 27(11), pp. 1493-1503, 1994.

[Pera 03]　Perantonis S.J. "Neural networks: nonlinear optimization for constrained learning and its applications," *Proceedings of NOLASC 2003*, pp. 589-594, Athens, Greece, December 27-29, 2003.

[Pera 00]　Perantonis S.J., Ampazis N., Virvilis V. "A learning framework for neural networks using constrained optimization methods," *Annals of Operations Research*, Vol. 99, pp. 385-401, 2000.

[Pera 95]　Perantonis S.J., Karras D.A. "An efficient learning algorithm with momentum acceleration," *Neural Networks*, Vol. 8, pp. 237-249, 1995.

[Pera 92]　Perantonis S.J., Lisboa P.J.G. "Translation, rotation, and scale invariant pattern recognition by high-order neural networks and moment classifiers," *IEEE Transactions on Neural Networks*, Vol. 3(2), pp. 241-251, 1992.

[Pikr 08]　Pikrakis A., Ganakopoulos T., Theodoridis S. "A speech/music discriminator of radio recordings based on dynamic programming and Bayesian networks. IEEE Transactions mulitmedia, Vol. 10(5), pp. 846-856, 2008.

[Plat 91]　Platt J. "A resource allocating network for function interpolation," *Neural Computation*, Vol. 3, pp. 213-225, 1991.

[Plat 99]　Platt J. "Fast training of support vector machines using sequential minimal optimization," in *Advances in Kernel Methods: Support Vector Learning* (Scholkopf B., Burges C.J.C., Smola A.J. eds.), pp. 185-208, MIT Press, 1999.

[Quin 93]　Quinlan J.R. *C4.5: Programs for Machine Learning*, Morgan Kaufmann, 1993.

[Rats 02]　Rätsch G., Mika S., Schölkopf B., Müller K.R. "Constructing boosting algorithms from SVMS: An application to one class classification," *IEEE Transactions on Pattern Analysis and Machine Intelligence*, Vol. 24(9), pp. 1184-1199, 2002.

[Rats 05]　Rätsch G., Warmuth M.K. "Efficient margin maximizing with boosting," *Journal of Machine Learning Research*, Vol. 6, pp. 2131-2152, 2005.

[Refe 91]　Refenes A., Chen L. "Analysis of methods for optimal network construction," *University College London Report*, CC30/080:DCN, 1991.

[Reyn 99]　Reyneri L. "Unification of neural and wavelet networks and fuzzy systems," *IEEE Transactions on Neural Networks*, Vol. 10(4), pp. 801-814, 1999.

[Rich 91]　Richard M., Lippmann R.P. "Neural network classifiers estimate Bayesian a posteriori probabilities," *Neural Computation*, Vol. 3, pp. 461-483, 1991.

[Rico 88] Ricotti L.P., Ragazzini S., Martinelli G. "Learning of word stress in a suboptimal second order backpropagation neural network," in *Proceedings of the IEEE International Conference on Neural Networks*, Vol. 1, pp. 355-361, San Diego, 1988.

[Ride 97] Ridella S., Rovetta S., Zunino R. "Circular backpropagation networks for classification," *IEEE Transactions on Neural Networks*, Vol. 8(1), pp. 84-97, 1997.

[Ried 93] Riedmiller M., Brau H. "A direct adaptive method for faster backpropagation learning: The rprop algorithm," *Proceedings of the IEEE Conference on Neural Networks*, San Francisco, 1993.

[Ripl 94] Ripley B.D. "Neural networks and related methods for classification," *Journal of Royal Statistical Society*, Vol. B, 56(3), pp. 409-456, 1994.

[Ripl 96] Ripley B.D. *Pattern Recognition and Neural Networks*, Cambridge University Press, 1996.

[Rodr 06] Rodriguez J.J., Kuncheva L.I., Alonso C.J. "Rotation forests: A new classifier ensemble method," *IEEE Transactions on Pattern Analysis and Machine Intelligence*, Vol. 28(10), pp. 1619-1631, 2006.

[Rome 97] Romero R.D., Touretzky D.S., Thibadeau G.H. "Optical character recognition using probabilistic neural networks," *Pattern Recognition*, Vol. 3, pp. 1279-1292, 1997.

[Rose 96] Rosen B.E. "Ensemble learning using decorrelated neural networks," *Connections Science* Vol. 8(3), pp. 373-384, 1996.

[Rume 86] Rumelhart D.E., Hinton G.E., Williams R.J. "Learning internal representations by error propagation," *Parallel Distributed Processing: Explorations in the Microstructures of Cognition* (Rumelhart D.E., McClelland J.L., eds.), Vol. 1, pp. 318-362, MIT Press, 1986.

[Russ 93] Russell R. "Pruning algorithms. A survey," *IEEE Transactions on Neural Networks*, Vol. 4(5), pp. 740-747, 1993.

[Rutk 04] Rutkowski L. "Adaptive probabilistic neural networks in time-varying environments," *IEEE Transactions on Neural Networks*, Vol. 15, pp. 811-827, 2004.

[Saye 04] Sayed A. *Fundamentals of Adaptive Filtering*, John. Wiley & Sons, 2003.

[Scha 98] Schapire R.E., Freund V., Bartlett P., Lee W.S. "Boosting the margin: A new explanation for the effectiveness of voting methods," *The Annals of Statistics*, Vol. 26(5), pp. 1651-1686, 1998.

[Scha 05] Schapire R.E., Rochery M., Rahim M., Gupta N. "Boosting with prior knowledge for call classification," *IEEE Transactions on Speech and Audio Processing*, Vol. 13(2), pp. 174-181, 2005.

[Scha 99] Schapire R.E., Singer Y. "Improved boosting algorithms using confidence-rated predictions," *Machine Learning*, Vol. 37(3), pp. 297-336, 1999.

[Scho 97] Schölkopf B., Sung K.-K., Burges C.J.C., Girosi F., Niyogi P., Poggio T., Vapnic V. "Comparing support vector machines with Gaussian kernels to RBF classifiers," *IEEE Transactions on Signal Processing*, Vol. 45(11), pp. 2758-2766, 1997.

[Scho 02] Schölkoph B., Smola A.J. *Learning with Kernels*, MIT Press , 2002.

[Seba 00] Sebald D.J., Bucklew J.A. "Support vector machine techniques for nonlinear equalization," *IEEE Transactions on Signal Processing*, Vol. 48(11), pp. 3217-3227, 2000.

[Seth 90] Sethi I.K. "Entropy nets: From decision trees to neural networks," *Proceedings of the IEEE*, Vol. 78, pp. 1605-1613, 1990.

[Seth 91] Sethi I.K. "Decision tree performance enhancement using an artificial neural network interpretation," in *Artificial Neural Networks and Statistical Pattern Recognition* (Sethi I., Jain A., eds.), Elsevier Science Publishers, 1991.

[Shaw 04] Shawe-Taylor J., Cristianini N. *Kernel Methods for Pattern Analysis*, Cambridge University Press, 2004.

[Siet 91] Sietsma J., Dow R.J.F. "Creating artificial neural networks that generalize," *Neural Networks*, Vol. 4, pp. 67-79, 1991.

[Silv 90] Silva F.M., Almeida L.B. "Accelaration technique for the backpropagation algorithm," *Proceedings of the EURASIP Workshop on Neural Networks* (Almeida L.B. et al., eds.), pp. 110-119, Portugal, 1990.

[Sing 89] Singhal S., Wu L. "Training feedforward networks with the extended Kalman filter," *Proceedings of the IEEE International Conference on Acoustics Speech and Signal Processing*, pp. 1187-1190, Glasgow, 1989.

[Slav 08] Slavakis K., Theodoridis S., I. Yamada "Online Kernel-Based Classification and Adaptive Projection Algorithms," *IEEE Transactions on Signal Processing*, Vol. 56(7), pp. 2781-2797, 2008.

[Slav 08a] Slavakis K., Theodoridis S. "Sliding Window Generalized Kernel Affine Projection Algorithm using Projection Mappings," *EURASIP Journal on Advances on Signal Processing, JASP*, To appear 2008.

[Spec 90] Specht D. "Probabilistic neural networks," *Neural Networks*, Vol. 3, pp. 109-118, 1990.

[Stre 94] Streit R.L., Luginbuhl T.E. "Maximum likelihood training of probabilistic neural networks," *IEEE Transactions on Neural Networks*, Vol. 5, pp. 764-783, 1994.

[Spec 90] Specht D.F. "Probabilistic neural networks," *Neural Networks*, Vol. 3, pp. 109-118, 1990.

[Suar 99] Suarez A., Lutsko J.F. "Globally optimal fuzzy decision trees for classification and regression," *IEEE Transactions on Pattern Analysis and Machine Intelligence*, Vol. 21(12), pp. 1297-1311, 1999.

[Sun 07] Sun Y., Kamel M.S., Wong A.K.C., Wang T. "Cost-effective boosting for classification of imbalanced data," *Pattern Recognition*, Vol. 40, pp. 3358-3378, 2007.

[Tax 00] Tax D.M.J., Breukelen M., Duin R.P.W., Kittler J. "Combining multiple classifiers by averaging or by multiplying?" *Pattern Recognition*, Vol. 33, pp. 1475-1485, 2000.

[Theo 95] Theodoridis S., Cowan C.F.N., Callender C., Lee C.M.S. "Schemes for equalization in communication channels with nonlinear impairments," *IEE Proceedings on Communications*, Vol. 61(3), pp. 268-278, 1995.

[Tipp 01] Tipping M.E. "Sparse Bayesiay learning and the relevance vector machine," Journal of Machine Learning Research, Vol. 1, pp. 211-244, 2001.

[Tres 01] Tresp V. "Committee Machines," in *Handbook for Neural Network Signal Processing* (Hu Y.H., Hwang J.N., eds), CRC Press, 2001.

[Tume 95] Tumer K., Ghosh J. "Analysis of decision boundaries in linearly combined classifiers," *Pattern Recognition*, Vol. 29(2), pp. 341-348, 1995.

[Ueda 97] Ueda N. "Optimal linear combination of neural networks for improving classification performance," *IEEE Transactions on Pattern Analysis and Machine Intelligence*, Vol. 22(2), pp. 207-215, 2000.

[Vali 84] Valiant L.G. "A theory of the learnable," *Communications of the ACM*, Vol. 27(11), pp. 1134-1142, 1984.

[Vapn 00] Vapnik V.N. *The Nature of Statistical Learning Theory*, Springer Verlag, 2000.

[Viol 01] Viola P., Jones M. "Robust real-time object detection," *Proceedings IEEE Workshop on Statistical and Computational Theories of Vision*, Vancouver, Canada, 2001.

[Watr 88] Watrous R.L. "Learning algorithms for connectionist networks: Applied gradient methods of nonlinear optimization," in *Proceedings of the IEEE International Conference on Neural Networks*, Vol. 2, pp. 619-627, San Diego, 1988.

[Wein 90] Weigend A.S., Rumelhart D.E., Huberman B.A. "Backpropagation, weight elimination and time series prediction," in *Proceedings of the Connectionist Models Summer School* (Touretzky D., Elman J., Sejnowski T., Hinton G., eds.), pp. 105-116, 1990.

[Weis 03] Weiss G, Provost F. "Learning when training data are costly: the effect of class distribution on tree induction," *Journal of Artificial Intelligence Research*, Vol. 19, pp. 315-354, 2003.

[Werb 74] Werbos P.J. "Beyond regression: New tools for prediction and analysis in the behavioral sciences," Ph.D. Thesis, Harvard University, Cambridge, MA, 1974.

[Wett 92] Wettschereck D., Dietterich T. "Improving the performance of radial basis function networks by learning center locations," in *Advances in Neural Information Processing Systems*, 4th ed. (Moody J.E., Hanson S.J., Lippmann R.P., eds.), pp. 1133-1140, Morgan Kaufmann, 1992.

[Witt 00] Witten I., Frank E. *Data Mining: Practical Machine Learning Tools and Techniques with JAVA Implementations*, Morgan Kaufmann, 2000.

[Wolpe 92] Wolpet D.H. "Stacked generalization," *Neural Networks*, Vol. 5(2), pp. 241-260, 1992.

[Yang 06] Yang Z.R. "A novel radial basis function neural network for discriminant analysis," *IEEE Transactions on Neural Networks*, Vol. 17(3), pp. 604-612, 2006.

[Yin 05] Yin X.C., Liu C.P., Han Z. "Feature combination using boosting," *Pattern Recognition Letters*, Vol. 25(14), pp. 2195-2205, 2005.

[Ying 98] Yingwei L., Sundararajan N., Saratihandran P. "Performance evaluation of a sequential minimal RBF neural network learning algorithm," *IEEE Transactions on Neural Networks*, Vol. 9(2), pp. 308-318, 1998.

[Zhan 00] Zhang G.P. "Neural networks for classification: A survey," *IEEE Transactions on Systems Man and Cybernetics - Part C*, Vol. 30(4), pp. 451-462, 2000.

[Zhou 06] Zhou Z.H., Liu X.Y. "Training cost sensitive neural networks with methods addressing the class imbalance problem," *IEEE Transactions on Knowledge Data Engineering*, Vol. 18(1), pp. 63-77, 2006.

[Zura 92] Zurada J. *Introduction to Artificial Neural Networks*, West Publishing Company, St. Paul, MN., 1992.

第5章　特征选择

5.1　引言

前几章说过，在设计分类器之前，特征应是可用的。本章主要介绍与特征选择有关的方法。如前所述，与模式识别相关的一个主要问题是所谓的*维数灾难问题*（见 2.5.6 节）。分类系统设计者所用的特征数通常非常多，动辄数十个甚至数百个，详见第 7 章中的介绍。

将所用特征数降至最少的原因很多，计算复杂性是其中之一。另一个原因是，虽然两个特征单独处理时可能带有很好的分类信息，但在将它们合并到一个特征向量中后，由于高互相关，不能带来更多的分类信息。因此，这样做不但会增加复杂性，而且没有太多的收获。减少特征数的另一个主要原因是分类器的通用性要求必须这样做，详见 4.9 节中的讨论。本章末尾将说明，训练模式的数量 N 与自由分类器参数的数量之比越大，所得分类器的通用性就越好。

大量特征会被接转换为大量分类器参数（如神经网络中的突触权重、线性分类器中的权重）。因此，对有限数量 N 的训练样本，使得特征数尽可能少与我们设计通用性良好分类器的期望是一致的。此外，比值 N/l 也会发挥作用。设计分类系统的重要步骤之一是性能评价阶段，这个阶段的目的是估计分类器的错误概率。我们不仅要设计分类系统，而要须保证它的性能。如第 10 章中指出的那样，比值 N/l 越大，分类器的错误概率越低。文献[Fine 83]中指出，一般情况下的比值 N/l 应高达 10:20。

本章的主要任务如下。已知许多特征时，如何选择其中最重要的特征以减少特征数，同时尽可能地保留它们的分类信息？这个过程称为*特征选择*或*特征缩减*，它非常重要。如果选择的特征几乎不具有分类能力，那么接下来设计的分类器的性能会很差。另一方面，如果选择了分类信息丰富的特征，那么将极大地简化分类器的设计。更加定量的描述是，我们应在特征向量空间中选择类别之间距离大但类别内部方差小的那些特征。也就是说，这些特征在不同的类别中应取距离较大的值，而在相同的类别中取距离较小的值。因此，对具体问题要具体分析。方法之一是逐个检查特征并抛弃分类性能差的那些特征。另一种更好的方法是综合考虑这些特征。有时，对特征向量进行线性或非线性变换，可以得到具有更好分类性能的一个新特征向量。

最后要指出的是，有些文献中关于这个阶段的术语与本章中的术语有所不同。有些文献中使用的术语是*特征提取*，它会与第 7 章中的术语*特征生成*混淆。有些文献中称*性能评估阶段*为*预处理阶段*，本书使用后者来描述使用特征之前对这些特征进行的处理。这类处理包括剔除离群点、缩放所有特征到可比较的动态范围（数据归一化）、处理遗漏数据等。

5.2　预处理

5.2.1　剔除离群点

离群点是指与相应随机变量的均值相距很远的点，这个距离是相对于某个阈值来度量的，其中阈值通常是标准差的整数倍。对于正态分布随机变量，2 倍标准差距离会覆盖 95%的点，3 倍标准差距离会覆盖99%的点。在训练阶段，远离均值的点会产生较大的误差，且可能带来灾难性的后果。离群点由噪声测量导致时，后果更加严重。离群点很少时，通常要将它们剔除。然而，离群点较多且呈长尾分布时，设计者就只能采用对这些离群点不敏感的代价函数。例如，最小平方准则对离群点非常敏感，因为大误差主要来自代价函数中的平方项。关于这个问题的相关技术，请参阅文献[Hube 81]。

5.2.2 数据归一化

在很多实际情况中，设计者要处理的各个特征的值具有不同的动态范围。因此，在代价函数中，具有大值的特征的影响就要比具有小值的特征的影响大，但在分类器设计中这不能反映它们各自的重要性。这个问题的克服方式是，归一化各个特征，使得它们的值位于相似的范围内。一种简单的方法是通过各自的均值和方差估计进行归一化。对第 k 个特征的 N 个已知数据，有

$$\bar{x}_k = \frac{1}{N}\sum_{i=1}^{N} x_{ik}, \quad k = 1, 2, \cdots, l$$

$$\sigma_k^2 = \frac{1}{N-1}\sum_{i=1}^{N}(x_{ik} - \bar{x}_k)^2$$

$$\hat{x}_{ik} = \frac{x_{ik} - \bar{x}_k}{\sigma_k}$$

换句话说，归一化后的所有特征都具有零均值和单位方差。这显然是一种线性方法。另一种线性方法是通过合适的缩放，将特征值限定到区间[0, 1]或[−1, 1]内。除线性方法外，当数据围绕均值非均匀分布时，可以使用非线性方法。在这类情形下，可以使用基于非线性（如对数或 S 形）函数的变换，将数据映射到规定的区间。Softmax 缩放是一种通用方法，它由两步组成：

$$y = \frac{x_{ik} - \bar{x}_k}{r\sigma_k}, \quad \hat{x}_{ik} = \frac{1}{1 + \exp(-y)} \tag{5.1}$$

这是一个将数据限定到区间[0, 1]内的压缩函数。使用一系列展开近似后，不难发现当 y 很小时，上式可视为关于 x_{ik} 的近似线性函数。对应这个线性区域的 x_{ik} 的值域，取决于标准差和用户定义的系数 r。远离均值的值按指数压缩。

5.2.3 遗漏数据

实际上，有些特征向量中可能会遗漏某些特征。例如，在社会科学领域，数据不完整是很常见的，因为调查回收的意见不全。遥感是容易产生不完整数据的另一个领域，原因是某些区域只被部分传感器覆盖。依赖于分布式信息源及传感器数据融合的传感器网络，也是容易出现不完整数据的一门学科。

处理遗漏数据最传统的技术是使用如下值来“补全”遗漏值：(a) 零；(b) 由各个特征的已知值算得的非条件均值；(c) 条件均值（已知观测数据时，能够估计遗漏值的概率密度函数）。补全一组数据中的遗漏值也称插补。另一种方法是抛弃带有遗漏值的特征向量。尽管这种技术在大数据集情形下是有用的，但是在多数情形下抛弃已知信息是非常“奢侈”的。

20 世纪 70 年代中期以来[Rubi 76]，人们针对遗漏数据进行了大量研究，提出了许多新的处理方法，且成功地得到了应用。一种常用的方法是条件分布插补，即根据遗漏值的统计性质来进行插补。这时，遗漏值不由统计均值或零代替，而由从分布中随机抽取的值代替。设完整的特征向量是 $\boldsymbol{x}_{\text{com}}$，遗漏某些值的特征向量是 $\boldsymbol{x}_{\text{mis}}$，观测值向量是 $\boldsymbol{x}_{\text{obs}}$，则完整特征向量写为

$$\boldsymbol{x}_{\text{com}} = \begin{bmatrix} \boldsymbol{x}_{\text{obs}} \\ \boldsymbol{x}_{\text{mis}} \end{bmatrix}$$

在遗漏一个值的概率不取决于该值本身的假设［称为随机遗漏（Missing At Random，MAR）假设］下，通过条件分布均值插补来模拟从如下概率密度函数中抽取的一个值：

$$p(\boldsymbol{x}_{\text{mis}}|\boldsymbol{x}_{\text{obs}};\boldsymbol{\theta}) = \frac{p(\boldsymbol{x}_{\text{obs}},\boldsymbol{x}_{\text{mis}};\boldsymbol{\theta})}{p(\boldsymbol{x}_{\text{obs}};\boldsymbol{\theta})} \tag{5.2}$$

式中，

$$p(\boldsymbol{x}_{\text{obs}};\boldsymbol{\theta}) = \int p(\boldsymbol{x}_{\text{com}};\boldsymbol{\theta})\mathrm{d}\boldsymbol{x}_{\text{mis}} \tag{5.3}$$

其中 θ 是一个未知的参数集。实际上，必须首先由 $\boldsymbol{x}_{\text{obs}}$ 得到 θ 的估计 $\hat{\theta}$。遗漏数据情形下估计参数时，通常选择常用的 EM 算法（见第 2 章），见文献[Ghah 94,Tsud 03]。

与前述称为单重插补（Sigle Imputation，SI）的方法相比，多重插补（Multiple Imputation，MI）[Rudi 87]方法有所改进。在 MI 中，对每个遗漏值生成 $m>1$ 个样本。然后适当地组合得到的结果，以便满足某些统计性质。MI 试图克服与参数 θ 的估计相关联的不确定性。因此，我们不使用从 $p(\boldsymbol{x}_{\text{min}} | \boldsymbol{x}_{\text{obs}};\hat{\boldsymbol{\theta}}_i)$ 中随机抽取的一个点，而使用不同的参数 $\hat{\boldsymbol{\theta}}_i$，$i=1,2,\cdots,m$，并从

$$p(\boldsymbol{x}_{\text{min}}|\boldsymbol{x}_{\text{obs}};\hat{\boldsymbol{\theta}}_i),\ i=1,2,\cdots,m$$

中抽取 m 个样本。

处理这个问题的一种方法是贝叶斯推理（见第 2 章），其中的未知参数向量被视为一个由后验概率描述的随机向量，见文献[Gelm 95]。

在近期发表的一些论文[Will 07]中，遗漏数据问题被当成逻辑斯蒂回归分类（见 3.6 节）处理，因此绕过了显式插补。实现方法是，对遗漏值积分，并根据值

$$P(y_i|\boldsymbol{x}_{i,\text{obs}}) = \int P(y_i|\boldsymbol{x}_{i,\text{obs}},\boldsymbol{x}_{i,\text{mis}})p(\boldsymbol{x}_{i,\text{mis}}|\boldsymbol{x}_{i,\text{obs}})\mathrm{d}\boldsymbol{x}_{i,\text{mis}}$$

预测第 i 个模式的二分类标注 y_i。

在 $p(\boldsymbol{x}_{i,\text{mis}} | \boldsymbol{x}_{i,\text{obs}})$ 可由高斯混合模型（见 2.5.5 节）充分建模的假设下，可以解析地执行前面的积分。关于遗漏数据的详细内容，有兴趣的读者可以参阅文献[Scha 02]。第 11 章中将再次介绍数据遗漏问题。

5.3 峰值现象

如本章的引言所述，要设计通用性能良好的分类器，训练点数 N 必须远大于特征数（特征空间的维数）l。下面举例说明线性分类器 $\boldsymbol{w}^{\mathrm{T}}\boldsymbol{x}+w_0$ 的设计。未知参数的数量是 $l+1$。要得到这些参数的良好估计，数据点数必须远大于 $l+1$。N 越大，估计越好，因为我们可以滤除噪声的影响，并且使得离群点的影响最小。

文献[Trun 79]中给出了一个简单的例子，它揭示了特征数和训练样本集大小之间的相互作用，阐述了这两个参数影响分类器性能的方式。考虑 l 维空间中的一个二分类任务，两个类别的先验概率均是 $P(\omega_1)=P(\omega_2)=1/2$。类别 ω_1 和 ω_2 都由具有相同协方差矩阵 $\Sigma=I$ 的高斯分布描述，其中 $\boldsymbol{I}$ 是单位矩阵，均值分别是 $\boldsymbol{\mu}$ 和 $-\boldsymbol{\mu}$，

$$\boldsymbol{\mu} = \left[\ 1, \frac{1}{\sqrt{2}}, \frac{1}{\sqrt{3}}, \cdots, \frac{1}{\sqrt{l}}\ \right]^{\mathrm{T}} \tag{5.4}$$

因为特征值是联合高斯分布的且$\Sigma = I$，所以涉及的特征是统计独立的（见附录 A.9）。此外，最优贝叶斯准则等效为最小欧氏距离分类器。给定一个未知的特征向量$\boldsymbol{x}$，若

$$||\boldsymbol{x} - \boldsymbol{\mu}||^2 < ||\boldsymbol{x} + \boldsymbol{\mu}||^2$$

或者执行代数运算后，若

$$z \equiv \boldsymbol{x}^{\mathrm{T}}\boldsymbol{\mu} > 0$$

则可将它归为类别ω_1；若$z<0$时，则可将它归为类别ω_2。于是，决策依赖于内积z的值。下面考虑两种情况。

均值μ已知

内积z是独立高斯变量的线性组合，也是均值为$E[z]=\|\boldsymbol{\mu}\|^2=\sum_{i=1}^{l}\frac{1}{i}$、方差为$\sigma_z^2=\|\boldsymbol{\mu}\|^2$的一个高斯变量（参阅文献[Papo 91]和习题 5.1）。可以证明，错误概率等于（见习题 5.1）

$$P_e = \int_{b_l}^{\infty} \frac{1}{\sqrt{2\pi}} \exp\left(-\frac{z^2}{2}\right) \mathrm{d}z \tag{5.5}$$

式中，

$$b_l = \sqrt{\sum_{i=1}^{l} \frac{1}{i}} \tag{5.6}$$

注意，当$l \to \infty$时，式(5.6)的级数趋于无穷大；因此，随着特征数的增加，错误概率趋于 0。

均值μ未知

在这种情况下，均值必须由训练数据集来估计。采用最大似然估计得到

$$\hat{\boldsymbol{\mu}} = \frac{1}{N} \sum_{k=1}^{N} s_k \boldsymbol{x}_k$$

式中，$\boldsymbol{x}_k \in \omega_1$时$s_k = 1$，$\boldsymbol{x}_k \in \omega_2$时$s_k = -1$。决策根据内积$z = \boldsymbol{x}^{\mathrm{T}}\hat{\boldsymbol{\mu}}$做出。然而，$z$不再是一个高斯变量，因为$\hat{\boldsymbol{\mu}}$不是一个常数而是一个随机向量。根据内积的定义$z=\sum_{i=1}^{l}x_i\hat{\mu}_i$、足够大的$l$和中心极限定理（见附录 A），可以认为$z$是近似高斯分布的，其均值和方差是（见习题 5.2）

$$E[z] = \sum_{i=1}^{l} \frac{1}{i} \tag{5.7}$$

和

$$\sigma_z^2 = \left(1 + \frac{1}{N}\right) \sum_{i=1}^{l} \frac{1}{i} + \frac{l}{N} \tag{5.8}$$

错误概率由式(5.5)给出，其中

$$b_l = \frac{E[z]}{\sigma z} \tag{5.9}$$

可以证明，当$l \to \infty$时有$b_l \to 0$，且对任何有限的N，错误概率趋于 1/2（见习题 5.2）。

上面的例子表明：

- 对任意l，若已知对应的概率密度函数，则通过任意增加特征数就可以区分两个类别。
- 若概率密度函数是未知的且关联的参数必须用一个有限的训练集来估计，那么任意增加

特征数将导致最大可能的错误概率 $P_e = 0.5$。这说明在有限数量的训练数据下，必须保证特征数不能过多。

实际上，对于有限的 N，增加特征数可以初步改善性能，但在达到某个临界值后，再增加特征数会使得错误概率增大。这种现象称为峰值现象。图 5.1 中显示了实际工作中特征数 l 和训练数据集大小 N 之间的关系。当 $N_2 \gg N_1$ 时，对应于 N_2 的错误概率要比对应于 N_1 的错误概率小，且在 $l_2 > l_1$ 时出现峰值现象。对于每个 N 值，随着 l 的增加，错误概率开始下降，达到一个临界值后错误概率开始上升。曲线上的最小值出现在 $l = \frac{N}{\alpha}$ 处，其中 α 的值域通常是 2 ~ 10。因此，在实际工作中，当训练数据较少时，必须使用较少的特征。可以使用大量训练数据时，选择大量特征可以得到更好的性能。

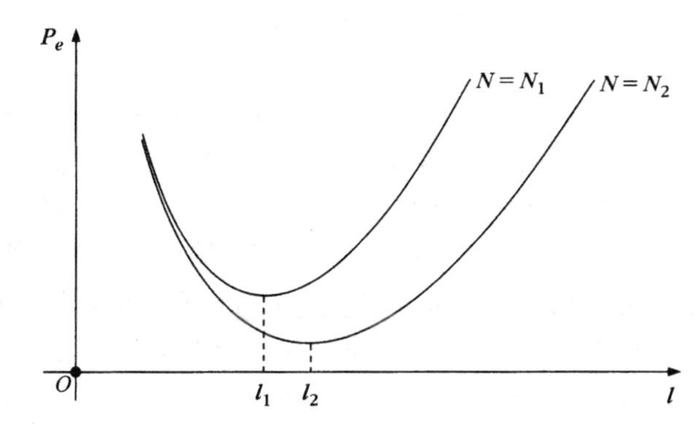

图 5.1　给定 N 值时，错误概率随着特征数的增加而下降。到达某个临界值后，继续增加特征数时错误概率将上升。点数增加即 $N_2 \gg N_1$ 时，对于较大的值出现峰值现象，$l_2 > l_1$

尽管上述情景适用于大量的“传统”分类器，但也不总是成立的。我们知道，采用一个合适的核函数来设计一个非线性 SVM 分类器，意味着一个到高维空间甚至无限维空间的映射。尽管现在的 SVM 分类器几乎可以工作在空白空间（N 远小于空间维数）中，但是它的通用性能相当不错，原因是通用性能不由 N 有限情形下的参数的数量控制，而由另一个量控制。对于某些类型的分类器来说，这个量与待估计的参数数量和特征空间的维数直接相关。然而，对于某些分类器，如 SVM 分类器，这个量由特征空间的维数单独控制。这些问题将在本章末尾讨论。关于峰值现象和小样本尺寸问题的详细介绍，请参阅文献[Raud 80, Raud 91, Duin 00]。

5.4　基于统计假设检验的特征选择

特征选择的第一步是独立地观察生成的各个特征，检验它们对手中问题的分类能力。尽管独立地观察各个特征远不是最优的，但可帮助我们剔除容易识别的“坏”技术而保留好技术，进而避免不必要的计算开销。

设 x 是表示某个特征的随机变量。下面研究对于不同的类别如 ω_1 和 ω_2，x 的取值是否明显不同。为了回答这个问题，我们根据统计假设检验来表述它。也就是说，我们将回答如下假设中的哪个假设是正确的：

H_1：特征值是明显不同的
H_0：特征值不是明显不同的

H_0 被称为零假设，H_1 被称为择一假设。决策基于支持拒绝或不拒绝 H_0 的实验证据做出。采用统计信息可完成这个任务，并且任何决策都受错误概率的影响。我们将考虑不同类别中对应某个特征的均值的差别来逼近这个问题，并检验这些差别是否明显不同于零。下面首先回顾与假设检验相关的基本统计知识。

5.4.1 假设检验基础

设 x 是一个随机变量，其概率密度函数在一个未知参数 θ 内是已知的。如第 2 章所述，在高斯分布情形下，这个参数可能是均值或方差。这里关心的是如下假设检验：

$$H_1 : \theta \neq \theta_0$$
$$H_0 : \theta = \theta_0$$

按照下列步骤，可以完成对这个检验的决策。设 $x_i, i = 1, 2, \cdots, N$ 是随机变量 x 的实验样本。依赖于具体问题，选择函数 $f(\cdot, \cdots, \cdot)$，设 $q = f(x_1, x_2, \cdots, x_N)$。选择的这个函数要使得 q 的概率密度函数容易根据未知的 θ 参数化，即 $p_q(q;\theta)$。设 D 是 q 高概率位于假设 H_0 下的区间，设 $\bar{D}$ 是它的补集，即低概率位于假设 H_0 下的区间。由已知样本 $x_i, i = 1, 2, \cdots, N$ 得到的 q 值位于 D 中时，我们接受假设 H_0，位于 $\bar{D}$ 中时则拒绝假设 H_0。D 被称为接受区间，$\bar{D}$ 被称为临界区间，变量 q 被称为检验统计量。现在的问题是确定错误决策的概率。设 H_0 是正确决策，则错误决策的概率是 $P(q \in \bar{D} | H_0) \equiv \rho$。显然，这个概率是 $p_q(q | H_0)(p_q(q;\theta_o))$ 在 $\bar{D}$ 上的积分（见图 5.2）。实际上，我们预先选择这个 ρ 值（称为显著性水平），并且有时将对应的临界（接受）区间记为 $\bar{D}_\rho(D_\rho)$。下面我们在未知参数是 x 的均值的情形下应用这个过程。

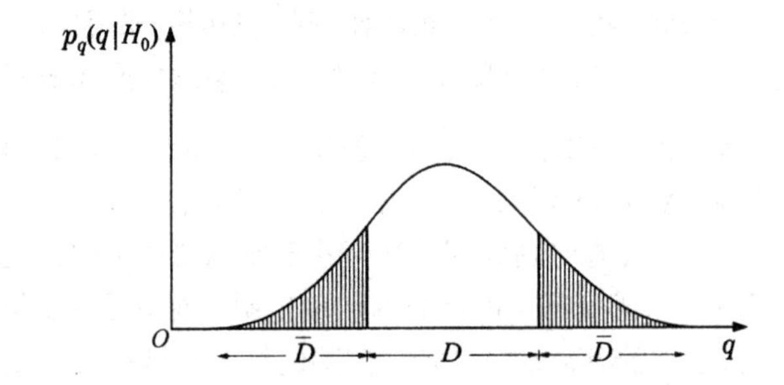

图 5.2 假设检验的接受区间和临界区间，阴影部分的面积表示错误决策的概率

已知方差时的情形

设 x 是一个随机变量，$x_i, i=1,2,\cdots,N$ 是得到的实验样本，且这些实验样本是相互独立的。设

$$E[x] = \mu$$
$$E[(x-\mu)^2] = \sigma^2$$

基于已知样本估计的 μ 通常是样本均值

$$\bar{x} = \frac{1}{N}\sum_{i=1}^{N} x_i$$

使用一组不同的 N 个样本时，会得到不同的估计。因此，$\bar{x}$ 也是一个随机变量，它可用概率密度函数 $p_{\bar{x}}(\bar{x})$ 来描述。对应的均值是

$$E[\bar{x}] = \frac{1}{N}E\left[\sum_{i=1}^{N} x_i\right] = \frac{1}{N}\sum_{i=1}^{N} E[x_i] = \mu \tag{5.10}$$

于是，$\bar{x}$ 是 x 的均值 μ 的一个无偏估计。$\bar{x}$ 的方差$\sigma_{\bar{x}}^2$是

$$E[(\bar{x}-\mu)^2]=E\left[\left(\frac{1}{N}\sum_{i=1}^{N}x_i-\mu\right)^2\right]$$

$$=\frac{1}{N^2}\sum_{i=1}^{N}E[(x_i-\mu)^2]+\frac{1}{N^2}\sum_{i}\sum_{j\neq i}E[(x_i-\mu)(x_j-\mu)]$$

样本的统计独立表明

$$E[(x_i-\mu)(x_j-\mu)]=E[x_i-\mu]E[x_j-\mu]=0$$

因此有

$$\sigma_{\bar{x}}^2=\frac{1}{N}\sigma^2 \tag{5.11}$$

也就是说，测量样本数越多，$\bar{x}$ 围绕真实均值 μ 的方差越小。

得到必要条件后，我们假设已知一个值 $\hat{\mu}$ ，并且根据如下假设进行决策：

$$H_1: E[x]\neq\hat{\mu}$$

$$H_0: E[x]=\hat{\mu}$$

为此，我们定义检验统计量

$$q=\frac{\bar{x}-\hat{\mu}}{\sigma/\sqrt{N}} \tag{5.12}$$

根据附录 A 中的中心极限定理可知，$\bar{x}$ 在假设 H_0（即给定 $\hat{\mu}$ ）下的概率密度函数近似服从高斯分布 $\mathcal{N}(\hat{\mu},\frac{\sigma^2}{N})$，

$$p_{\bar{x}}(\bar{x})=\frac{\sqrt{N}}{\sqrt{2\pi}\sigma}\exp\left(-\frac{N(\bar{x}-\hat{\mu})^2}{\sigma^2}\right)$$

因此，在假设 H_0 下，q 的概率密度函数近似服从正态分布 $\mathcal{N}(0,1)$。对于显著性水平 ρ，选择接受区间 $D\equiv[-x_\rho,x_\rho]$作为随机变量 q 以概率 $1-\rho$ 位于的区间（ρ是位于 $\bar{D}$ 中的概率）。它可由现有的表格给出。

表 5.1 中给出了正态分布 $\mathcal{N}(0,1)$变量的一个例子。基于检验假设的决策分为如下几个步骤。

- 已知 x 的 N 个实验样本，计算 $\bar{x}$ 和 q。
- 选择显著性水平 ρ。
- 由 $\mathcal{N}(0,1)$的对应表格，计算对应于概率 $1-\rho$ 的接受区间 $D=[-x_\rho,x_\rho]$。
- $q\in D$ 时接受 H_0，否则接受 H_1。

表 5.1　正态分布 $\mathcal{N}(0,1)$下对应各个概率的接受区间$[-x_\rho,x_\rho]$

$1-\rho$	0.8	0.85	0.9	0.95	0.98	0.99	0.998	0.999
x_ρ	1.282	1.440	1.645	1.967	2.326	2.576	3.090	3.291

一般来说，我们希望得到的 q 值位于高概率 $1-\rho$ 区间；否则，我们认为假设的均值“不正确”。当然，假设的均值可能是正确的，但得到的 q 可能因为特定实验样本集而位于小概率区间。此时，我们的决策是错误的，出现这种错误的概率是 ρ。

例 5.1　考虑使用随机变量 x 的一个实验，$\sigma=0.23$，假设 $N=16$，得到的 $\bar{x}=1.35$。采用的显著性水平 $\rho=0.05$。检验假设 $\hat{\mu}=1.4$ 是否正确。

由表 5.1 可得

$$\text{prob}\left\{-1.97<\frac{\bar{x}-\hat{\mu}}{0.23/4}<1.97\right\}=0.95$$

$$\text{prob}\left\{-0.113<\bar{x}-\hat{\mu}<0.113\right\}=0.95$$

由于假定 $\hat{\mu}$ 值位于区间

$$1.237=1.35-0.113<\hat{\mu}<1.35+0.113=1.463$$

接受它，因为没有证据表明均值不等于 $\hat{\mu}$ 的显著性水平为 5%。区间[1.237, 1463]在 $1-\rho=0.95$ 水平上也称置信区间。

未知方差时的情形

如果 x 的方差未知，那么必须估计它的值。估计

$$\hat{\sigma}^2\equiv\frac{1}{N-1}\sum_{i=1}^{N}(x_i-\bar{x})^2 \tag{5.13}$$

是方差的无偏估计。事实上，

$$\begin{aligned}E[\hat{\sigma}^2]&=\frac{1}{N-1}\sum_{i=1}^{N}E[(x_i-\bar{x})^2]\\&=\frac{1}{N-1}\sum_{i=1}^{N}E\left[((x_i-\mu)-(\bar{x}-\mu))^2\right]\\&=\frac{1}{N-1}\sum_{i=1}^{N}\left(\sigma^2+\frac{\sigma^2}{N}-2E[(x_i-\mu)(\bar{x}-\mu)]\right)\end{aligned}$$

由实验样本的独立性有

$$E[(x_i-\mu)(\bar{x}-\mu)]=\frac{1}{N}E\big[(x_i-\mu)\big((x_1-\mu)+\cdots+(x_N-\mu)\big)\big]=\frac{\sigma^2}{N}$$

于是有

$$E[\hat{\sigma}^2]=\frac{N}{N-1}\frac{N-1}{N}\sigma^2=\sigma^2$$

检验统计量现在定义为

$$q=\frac{\bar{x}-\mu}{\hat{\sigma}/\sqrt{N}} \tag{5.14}$$

然而，此时 q 不再是高斯变量。根据附录 A，如果 x 是一个高斯随机变量，那么 q 可由自由度为 $N-1$ 的 t 分布描述。表 5.2 中给出了不同显著性水平的置信区间 $D=[-x_\rho,x_\rho]$和 t 分布的自由度。

例 5.2　对于例 5.1，假设标准差的估计值 $\hat{\sigma}$ 是 0.23。那么根据表 5.2，对自由度为 15（N=16）和显著性水平 ρ=0.025，有

$$\text{prob}\left\{-2.49<\frac{\bar{x}-\hat{\mu}}{0.23/4}<2.49\right\}=0.975$$

且 $\hat{\mu}$ 在显著性水平 0.975 下的置信区间为

$$1.207 < \hat{\mu} < 1.493$$

表 5.2　不同显著性水平的区间值和 t 分布的自由度

自由度	$1-\rho$	0.9	0.95	0.975	0.99	0.995
10		1.81	2.23	2.63	3.17	3.58
11		1.79	2.20	2.59	3.10	3.50
12		1.78	2.18	2.56	3.05	3.43
13		1.77	2.16	2.53	3.01	3.37
14		1.76	2.15	2.51	2.98	3.33
15		1.75	2.13	2.49	2.95	3.29
16		1.75	2.12	2.47	2.92	3.25
17		1.74	2.11	2.46	2.90	3.22
18		1.73	2.10	2.44	2.88	3.20
19		1.73	2.09	2.43	2.86	3.17
20		1.72	2.09	2.42	2.84	3.15

5.4.2　*t* 检验在特征选择中的应用

下面介绍 t 检验在分类问题的特征选择中是如何发挥作用的。我们主要检验两个类别中特征所用的均值之差 $\mu_1-\mu_2$ 是否为零。设 $x_i, i=1,2,\cdots,N$ 是类别 ω_1 中特征的样本值，其均值是 μ_1；设 $y_i, i=1,2,\cdots,N$ 是类别 ω_2 中特征的样本值，其均值为 μ_2。下面假设在两个类别中，特征值的方差是相同的，即 $\sigma_1^2=\sigma_2^2=\sigma^2$。为了确定两个均值的接近程度，我们对如下假设进行检验：

$$\begin{aligned} H_1&:\Delta\mu=\mu_1-\mu_2\neq 0\\ H_0&:\Delta\mu=\mu_1-\mu_2=0 \end{aligned} \tag{5.15}$$

为此，设

$$z=x-y \tag{5.16}$$

式中，x 和 y 分别是对应于类别 ω_1 和 ω_2 中的特征值的随机变量，且假设是统计独立的。显然，$E[z]=\mu_1-\mu_2$，且由独立性假设有 $\sigma_z^2=2\sigma^2$。我们有

$$\bar{z}=\frac{1}{N}\sum_{i=1}^{N}(x_i-y_i)=\bar{x}-\bar{y} \tag{5.17}$$

当 N 很大时，在已知方差的情形下，$\bar{z}$ 服从正态分布 $\mathcal{N}(\mu_1-\mu_2,\frac{2\sigma^2}{N})$。于是，使用表 5.1 就可对式(5.15)中的假设进行决策。方差未知时，我们选择检验统计量

$$q=\frac{(\bar{x}-\bar{y})-(\mu_1-\mu_2)}{s_z\sqrt{\frac{2}{N}}} \tag{5.18}$$

式中，

$$s_z^2=\frac{1}{2N-2}\left(\sum_{i=1}^{N}(x_i-\bar{x})^2+\sum_{i=1}^{N}(y_i-\bar{y})^2\right)$$

可以证明，$\frac{s_z^2(2N-2)}{\sigma^2}$ 服从自由度为 $2N-2$ 的卡方分布（见附录 A 和习题 5.3）。如附录 A 中指

出的那样，如果 x 和 y 是有着相同方差 σ^2 的正态分布的变量，那么可以证明随机变量 q 服从自由度为 $2N-2$ 的 t 分布。因此，可以使用表 5.2 来进行检验。当所有类别中的可用样本数不同时，就需要稍微调整一下（见习题 5.4）。此外，两个类别中的方差可能是不同的，这时要使用检查比值 $F=\frac{\hat{\sigma}_1^2}{\hat{\sigma}_2^2}$ 是否为 1 的另一种假设检验。可以证明，两个卡方分布变量的比值 F 服从所谓的 F 分布，且应使用相关的表格[Fras 58]。最后，关于 x 的高斯假设不成立时，可以使用另一个准则来检验均值相等的假设，如 Kruskal-Wallis 统计[Walp 78, Fine 83]。

例 5.3 两个类别中的一个特征的样本测量值为

类别 ω_1:	3.5	3.7	3.9	4.1	3.4	3.5	4.1	3.8	3.6	3.7
类别 ω_2:	3.2	3.6	3.1	3.4	3.0	3.4	2.8	3.1	3.3	3.6

检查这个特征值是否带有足够的信息量。信息量不够时，在选择阶段就要剔除这个特征值。为此，我们检验两个类别中的这个特征值是否明显不同。选择显著性水平 ρ=0.05。

如前所述，我们有

$$\omega_1: \bar{x}=3.73 \quad \hat{\sigma}_1^2=0.0601$$

$$\omega_2: \bar{y}=3.25 \quad \hat{\sigma}_2^2=0.0672$$

当 N=10 时，我们有

$$s_z^2=\frac{1}{2}(\hat{\sigma}_1^2+\hat{\sigma}_2^2)$$

$$q=\frac{(\bar{x}-\bar{y}-0)}{s_z\sqrt{\frac{2}{N}}}$$

$$q=4.25$$

由表 5.2，对 $20-2=18$ 个自由度和显著性水平 0.05，得到 $D=[-2.10, 2.10]$。因为 4.25 在区间 D 的外面，所以接受假设 H_1；也就是说，均值在显著性水平 0.05 上明显不同。因此，选择了这个特征。

5.5 接收机工作特性曲线

前面讨论的假设检验为不同类别中的某个特征的均值之差提供统计证据。然而，在对应的均值非常接近时，尽管这为抛弃一些特征提供了有用的信息，但这些信息不足以保证一个特征通过检验的良好分类性质。均值可能是明显不同的，但围绕均值扩展的区域会大到足以模糊类别边界。下面集中讨论为类别之间的重叠部分提供信息的技术。

图 5.3(a)中显示了两个重叠的概率密度函数和一个阈值，两个概率密度函数分别描述两个类别中的一个特征的分布（为便于说明，翻转了其中的一个概率密度函数）。我们的决策是，阈值左侧的值属于类别 ω_1，右侧的值属于类别 ω_2。这个决策关联了一个错误概率 a，即错误决策到类别 ω_1 的概率（正确决策的概率是 $1-a$），它等于对应曲线下方的阴影面积。类似地，设 β（$1-\beta$）是错误（正确）决策到类别 ω_2 的概率。任意移动阈值，可以得到不同的 a 值和 β 值。稍加思考就会发现，当两个分布完全重合时，对任何位置的阈值都有 $a=1-\beta$。这种情况对应于图 5.3(b)中的直线，其中的两个轴分别是 a 和 $1-\beta$。当两个分布远离时，对应的曲线也会远离这条直线，如图 5.3(b)所示。稍加思考还会发现，类别与类别之间的重叠越少，曲线与直线之间的面积就越大。

当两个类别完全分离时，在 a 的值域[0, 1]内任意移动阈值，$1-\beta$ 都等于 1。因此，上述区域会在完全重叠时的 0 到完全分离时的 1/2（上三角形的面积）之间变化，并且它是具体特征的类别可分性判据。实际上，通过扫描阈值并计算可用训练特征向量的错误和正确分类百分比，很容易画出接收机工作特性（Receiver Operating Characteristics，ROC）曲线。人们还提出了检验类别之间的重叠的其他相关准则（见习题 5.7）。

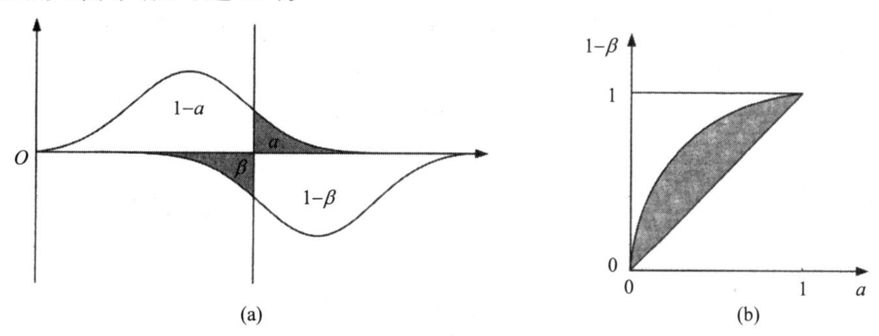

图 5.3 (a) 两个类别中相同特征的重叠概率密度函数；(b) 得到的 ROC 曲线。图(b)中的阴影面积越大，概率密度函数的重叠越少

人们一直使用接收机工作特性曲线下方的面积（AUC）作为设计分类器的有效准则，因为较大的 AUC 值意味着更好的平均分类器性能，详见文献[Brad 97, Marr 08, Land 08]。

5.6 类别可分性判据

前几节中的重点是区分各个特征的性质的技术。然而，这些方法并未考虑各个特征之间的关系，而这种关系会影响到所生成特征向量的分类能力。下面主要介绍有效区分特征向量的判据。然后，我们以两种方式来使用这一信息。第一种方式是，适当地组合特征，得到给定维数 l 下的"最好"特征向量；第二种方式是，根据最优准则来优化原始数据，得到具有高分类能力的特征。随后，我们首次给出类别可分性判据，它会在随后的特征选择过程中使用。

5.6.1 散度

下面回顾贝叶斯准则。已知两个类别 ω_1 和 ω_2 及一个特征向量 $\boldsymbol{x}$，如果

$$P(\omega_1|\boldsymbol{x}) > P(\omega_2|\boldsymbol{x})$$

那么我们选择 ω_1。

如第 2 章中指出的那样，分类错误概率取决于 $P(\omega_1|\boldsymbol{x})$和 $P(\omega_2|\boldsymbol{x})$之差，即式(2.12)。因此，比值 $\frac{P(\omega_1|\boldsymbol{x})}{P(\omega_2|\boldsymbol{x})}$ 可以传递使用特征向量 $\boldsymbol{x}$ 来区分类别 ω_1 和 ω_2 的信息。此外，对于给定的 $P(\omega_1)$和 $P(\omega_2)$，比值 $\frac{P(\boldsymbol{x}|\omega_1)}{P(\boldsymbol{x}|\omega_2)} \equiv D_{12}(\boldsymbol{x})$ 中也含有相同的信息，可以作为基本区分类别 ω_1 和 ω_2 的判据。显然，对完全叠加的两个类别有 $D_{12}(\boldsymbol{x})=0$。由于 $\boldsymbol{x}$ 取不同的值，自然要考虑类别 ω_1 上的均值，即

$$D_{12} = \int_{-\infty}^{+\infty} p(\boldsymbol{x}|\omega_1) \ln \frac{p(\boldsymbol{x}|\omega_1)}{p(\boldsymbol{x}|\omega_2)} \mathrm{d}\boldsymbol{x} \tag{5.19}$$

类似的讨论适用于类别 ω_2，我们定义

$$D_{21} = \int_{-\infty}^{+\infty} p(\boldsymbol{x}|\omega_2) \ln \frac{p(\boldsymbol{x}|\omega_2)}{p(\boldsymbol{x}|\omega_1)} \mathrm{d}\boldsymbol{x} \tag{5.20}$$

两个均值之和

$$d_{12} = D_{12} + D_{21}$$

被称为散度，它可用作类别 ω_1 和 ω_2 关于向量 $\boldsymbol{x}$ 的可分性判据。对于多分类问题，需要计算每个类别在 ω_i和ω_j之间的散度：

$$\begin{aligned} d_{ij} &= D_{ij} + D_{ji} \\ &= \int_{-\infty}^{+\infty} (p(\boldsymbol{x}|\omega_i) - p(\boldsymbol{x}|\omega_j)) \ln \frac{p(\boldsymbol{x}|\omega_i)}{p(\boldsymbol{x}|\omega_j)} \mathrm{d}\boldsymbol{x} \end{aligned} \tag{5.21}$$

且使用平均散度可以计算平均的类别可分性：

$$d = \sum_{i=1}^{M} \sum_{j=1}^{M} P(\omega_i) P(\omega_j) d_{ij}$$

散度基本上是密度函数[Kulb 51]之间的一种 Kullback-Leibler 距离度量（见附录 A）。散度具有如下易证的性质：

$$d_{ij} \geqslant 0$$

$$d_{ij} = 0 \qquad i = j$$

$$d_{ij} = d_{ji}$$

如果特征向量的各个分量是统计独立的，那么可以证明（见习题 5.10）

$$d_{ij}(x_1, x_2, \cdots, x_l) = \sum_{r=1}^{l} d_{ij}(x_r)$$

假定密度函数分别满足高斯分布 $\mathcal{N}(\mu_i, \Sigma_i)$和 $\mathcal{N}(\mu_j, \Sigma_j)$，此时计算散度很简单，且不难证明

$$d_{ij} = \frac{1}{2}\mathrm{tr}\{\Sigma_i^{-1}\Sigma_j + \Sigma_j^{-1}\Sigma_i - 2I\} + \frac{1}{2}(\boldsymbol{\mu}_i - \boldsymbol{\mu}_j)^{\mathrm{T}}(\Sigma_i^{-1} + \Sigma_j^{-1})(\boldsymbol{\mu}_i - \boldsymbol{\mu}_j) \tag{5.22}$$

对于一维情形，上式变为

$$d_{ij} = \frac{1}{2}\left(\frac{\sigma_j^2}{\sigma_i^2} + \frac{\sigma_i^2}{\sigma_j^2} - 2\right) + \frac{1}{2}(\mu_i - \mu_j)^2\left(\frac{1}{\sigma_i^2} + \frac{1}{\sigma_j^2}\right)$$

如指出的那样，类别可分性判据不仅取决于均值之差，而且取决于方差。事实上，散度明显依赖于均值之差和各自的方差。此外，方差明显不同时，即使均值相同，d_{ij} 也可能很大。因此，即使类别均值一致，类别可分仍是可能的。稍后将探讨这个问题。

下面研究式(5.22)。若两个高斯分布的协方差矩阵相等，即 $\Sigma_i = \Sigma_j = \Sigma$，则散度可以简化为

$$d_{ij} = (\boldsymbol{\mu}_i - \boldsymbol{\mu}_j)^{\mathrm{T}} \Sigma^{-1} (\boldsymbol{\mu}_i - \boldsymbol{\mu}_j)$$

它恰好是对应均值向量之间的马氏距离。它还有另一个有趣的含义。回顾第 2 章中的习题 2.9 可知，此时散度 d_{ij} 和贝叶斯误差之间存在直接的关系——也就是说，采用特定特征向量能够得到最小误差。对任何类别可分性判据来说，这都是最期望一个性质。遗憾的是，对更普通的分布来说，散度和贝叶斯误差之间的这种直接关系并不存在。此外，文献[Swai 73, Rich 95]中指出，散度对均值向量之差的依赖性可能会导致错误的结果，即均值之差的小变化可能会导致散度的大变化，

但这未体现在分类误差中。为了克服该问题，建议使用散度的一个变体——变换后的散度：

$$\hat{d}_{ij} = 2\left(1 - \exp(-d_{ij}/8)\right)$$

下面定义类别可分性判据与与贝叶斯误差的密切关系。

5.6.2　切尔诺夫界和巴氏距离

对两个类别 ω_1 和 ω_2，贝叶斯分类器的最小可达分类误差为

$$P_e = \int_{-\infty}^{\infty} \min\left[P(\omega_i)p(\boldsymbol{x}|\omega_i), P(\omega_j)p(\boldsymbol{x}|\omega_j)\right] \mathrm{d}\boldsymbol{x} \tag{5.23}$$

一般情况下无法计算这个积分，但可推导出一个上界。推导基于如下不等式：

$$\min[a,b] \leqslant a^s b^{1-s}, \quad a,b \geqslant 0, \qquad 0 \leqslant s \leqslant 1 \tag{5.24}$$

联立式(5.23)和式(5.24)得

$$P_e \leqslant P(\omega_i)^s P(\omega_j)^{1-s} \int_{-\infty}^{\infty} p(\boldsymbol{x}|\omega_i)^s p(\boldsymbol{x}|\omega_j)^{1-s} \,\mathrm{d}\boldsymbol{x} \equiv \epsilon_{\mathrm{CB}} \tag{5.25}$$

式中，ϵ_{CB} 被称为切尔诺夫界（Chernoff bound）。关于 s 最小化 ϵ_{CB}，可算出最小界。当 s=1/2 时，得到一个特殊的界：

$$P_e \leqslant \epsilon_{\mathrm{CB}} = \sqrt{P(\omega_i)P(\omega_j)} \int_{-\infty}^{\infty} \sqrt{p(\boldsymbol{x}|\omega_i)p(\boldsymbol{x}|\omega_j)} \,\mathrm{d}\boldsymbol{x} \tag{5.26}$$

对于高斯分布 $\mathcal{N}(\mu_i,\Sigma_i)$和 $\mathcal{N}(\mu_j,\Sigma_j)$，经代数运算后得

$$\epsilon_{\mathrm{CB}} = \sqrt{P(\omega_i)P(\omega_j)} \exp(-B)$$

式中，

$$B = \frac{1}{8}(\boldsymbol{\mu}_i - \boldsymbol{\mu}_j)^{\mathrm{T}} \left(\frac{\Sigma_i + \Sigma_j}{2}\right)^{-1} (\boldsymbol{\mu}_i - \boldsymbol{\mu}_j) + \frac{1}{2} \ln \frac{\left|\frac{\Sigma_i + \Sigma_j}{2}\right|}{\sqrt{|\Sigma_i||\Sigma_j|}} \tag{5.27}$$

其中$|\cdot|$表示矩阵的行列式。B 称为马氏距离（Bhattacharyya distance），用作类别可分性判据。可以证明（见习题 5.11），当 $\Sigma_i=\Sigma_j$ 时，它对应于最优切尔诺夫界。可以看出，在这种情况下，巴氏距离与均值之间的马氏距离成正比。文献[Lee 00]中基于正态分布的经验研究，给出了将最优贝叶斯误差和巴氏距离关联起来的一个公式。随后，文献[Choi 03]中使用这个公式进行了特征选择。

文献[Maus 90]中比较研究了遥感多光谱数据分类中用于特征选择的各个距离判据。关于该主题的详细探讨，请参阅文献[Fuku 90]。

例 5.4　设 $P(\omega_1)=P(\omega_2)$且对应的分布是高斯分布 $\mathcal{N}(\boldsymbol{\mu},\sigma_1^2 I)$和 $\mathcal{N}(\boldsymbol{\mu},\sigma_2^2 I)$。巴氏距离变为

$$B = \frac{1}{2} \ln \frac{\left(\frac{\sigma_1^2+\sigma_2^2}{2}\right)^l}{\sqrt{\sigma_1^{2l}\sigma_2^{2l}}} = \frac{1}{2} \ln\left(\frac{\sigma_1^2 + \sigma_2^2}{2\sigma_1\sigma_2}\right)^l \tag{5.28}$$

对于一维情形即 $l=1$，当 $\sigma_1=10\sigma_2$ 时有 $B=0.8097$ 和 $P_e\leqslant0.2225$。当 $\sigma_1=100\sigma_2$ 时有 $B=1.9561$

和 $P_e \leqslant 0.0707$。

因此，方差之差越大，误差范围越小。由于依赖于 l，维数越高，下降越多。图 5.4 中显示了具有相同均值及不同方差 $\sigma_1 = 1$ 和 $\sigma_2 = 0.01$ 的概率密度函数。图中说明了贝叶斯分类器是如何区分这两个类别的。当 $\sigma_2/\sigma_1 \to 0$ 时，错误概率趋于零（为什么？）。

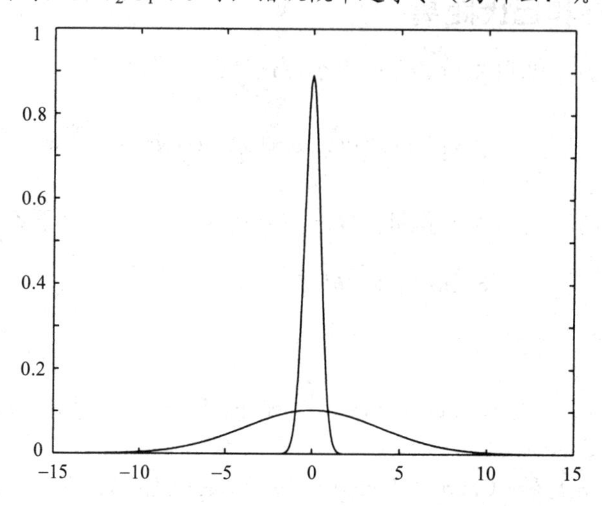

图 5.4 具有相同均值和不同方差的高斯概率密度函数

5.6.3 散布矩阵

到目前为止，所考虑的类别可分性准则的主要缺点是不易计算，除非采用了高斯分布假设。下面介绍一组更简单的准则，它们基于与特征向量样本在 l 维空间中散布的方式相关的信息。为此，我们定义如下矩阵。

类内散布矩阵

$$S_w = \sum_{i=1}^{M} P_i \Sigma_i$$

式中，Σ_i 是类别 ω_i 的协方差矩阵，

$$\Sigma_i = E[(\boldsymbol{x} - \boldsymbol{\mu}_i)(\boldsymbol{x} - \boldsymbol{\mu}_i)^{\mathrm{T}}]$$

P_i 是类别 ω_i 的一个先验概率。换句话说，$P_i \approx n_i/N$，其中 n_i 是类别 ω_i 中的样本数，共 N 个样本。显然，$\mathrm{tr}\{S_w\}$ 是各个特征的方差在所有类别上的平均度量。

类间散布矩阵

$$S_b = \sum_{i=1}^{M} P_i (\boldsymbol{\mu}_i - \boldsymbol{\mu}_0)(\boldsymbol{\mu}_i - \boldsymbol{\mu}_0)^{\mathrm{T}}$$

式中，$\boldsymbol{\mu}_0$ 是全局均值向量，

$$\boldsymbol{\mu}_0 = \sum_{i}^{M} P_i \boldsymbol{\mu}_i$$

$\mathrm{tr}\{S_b\}$ 是每个类别的均值偏离各个全局值（在所有类别上）的平均距离的度量。

混合散布矩阵

$$S_m = E[(x - \mu_0)(x - \mu_0)^{\mathrm{T}}]$$

也就是说，S_m是特征向量相对于全局均值的协方差矩阵。不难证明（见习题 5.12）

$$S_m = S_w + S_b$$

它的迹是各个特征围绕其全局均值的方差之和。由以上定义可以看出，当 l 维空间中的样本很好地聚集在各个类别内的均值周围，且不同的类别分隔良好时，准则

$$J_1 = \frac{\mathrm{tr}\{S_m\}}{\mathrm{tr}\{S_w\}}$$

取较大的值。有时，我们用 S_b 代替 S_m。如果用行列式代替迹，那么会导致另一个准则。对于对称正定的散布矩阵，这是成立的，且它们的特征值是正的（见附录 B）。迹等于各个特征值之和，而行列式等于各个特征值的积。因此，大 J_1 值对应于大准则值 J_2：

$$J_2 = \frac{|S_m|}{|S_w|} = |S_w^{-1}S_m|$$

在实际工作中，我们经常遇到的 J_2 的一个变体是

$$J_3 = \mathrm{tr}\{S_w^{-1}S_m\}$$

如稍后所述，准则 J_2 和 J_3 在线性变换下具有不变的优点，我们使用它们来推导出各个特征。文献[Fuku 90]中定义了许多不同的准则，方法是在“迹”或“行列式”公式中使用 S_w、S_b 和 S_w 的各个组合。然而，无论何时使用行列式，由于 $M < l$ 时有 $|S_b| = 0$，所以使用 S_b 时应谨慎，因为 S_b 是 M 个 $l \times l$ 矩阵之和，每个矩阵的秩都为 1。

在一维二分类问题中，这些准则取某种特殊的形式。这时，容易看出，对等概率的各个类别，$|S_w|$ 正比于 $\sigma_1^2 + \sigma_2^2$，而 $|S_b|$ 正比于 $(\mu_1 - \mu_2)^2$。组合 S_b 和 S_w，就得到了所谓的费舍尔判别比（Fisher's Discriminant Ratio，FDR）：

$$\mathrm{FDR} = \frac{(\mu_1 - \mu_2)^2}{\sigma_1^2 + \sigma_2^2}$$

有时使用FDR来量化各个特征的可分性能力。FDR让我们想起了假设统计检验中的检测统计量 q。然而，这里建议以独立于基本统计分布的“原始”方式使用 FDR。对于多分类问题，可以使用 FDR 的平均形式。一种形式为

$$\mathrm{FDR}_1 = \sum_{i}^{M} \sum_{j \neq i}^{M} \frac{(\mu_i - \mu_j)^2}{\sigma_i^2 + \sigma_j^2}$$

式中，下标 i 和 j 分别表示类别 ω_i 和 ω_j 中对应于所研究特征的均值和方差。

例 5.5 图 5.5 中显示了位于不同位置的类别和类内方差的三种情况。对于图 5.5(a)、(b)和(c)，涉及矩阵 S_w 和 S_m 的 J_3 准则值分别是 164.7、12.5 和 620.9。也就是说，最好的类别是类间距离大、类内方差小的类别，最差的类别是类间距离小、类内方差大的类别。

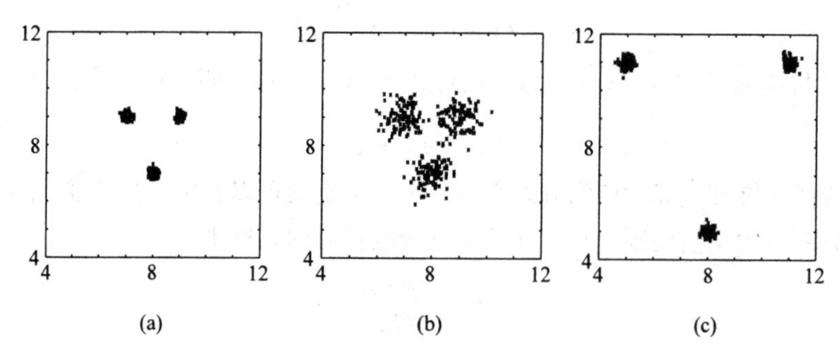

图 5.5 (a) 类内方差小、类间距离小的类别；(b) 类内方差大、类间距离小的类别；(c) 类内方差小、类间距离大的类别

5.7 特征子集选择

定义一系列准则来测量各个特征和/或特征向量的分类效果后，下面介绍问题的核心，即从 m 个原始特征中选择 l 个特征作为子集，方法有如下两种。

5.7.1 标量特征选择

特征是被逐个地处理的。我们可以采用任何一种类别可分性度量准则，如 ROC、FDR、一维散度等。我们可为每个特征计算准则值 $C(k), k=1, 2,\cdots, m$。然后按照 $C(k)$值降序排列各个特征。选择其中 l 个 $C(k)$值最好的特征来生成特征向量。

前几节中讨论的所有准则度量的是二分类问题的可分性。前面指出，对于多分类问题，可用所有类别的均值或“总”和来计算 $C(k)$。然而，这不是唯一的解决方法。文献[Su 94]中使用了一维散度 d_{ij} 对每对类别进行了计算。于是，对于每个特征，对应的 $C(k)$等于

$$C(k) = \min_{i,j} d_{ij}$$

也就是说，使用所有类别对上的最小散度值代替了均值。已知特征选择任务的“最大最小”值时，选择具有最大 $C(k)$值的特征就等同于选择最好的“最坏”类别可分性能力的特征。在某些情况下，这种方法可能会导致更好的鲁棒性。

逐个处理特征的主要优点是计算简单。然而，这类方法并未考虑特征之间的关系。在介绍处理向量的技术之前，下面先简单介绍一些专门的技术，即组合了相关信息与为标量特征量身量制的准则的技术。

设 $x_{nk}, n=1,2,\cdots, N$，$k=1,2,\cdots,m$ 是第 n 个样本的第 k 个特征，其中任意两个特征之间的互相关系数为

$$\rho_{ij} = \frac{\sum_{n=1}^{N} x_{ni}x_{nj}}{\sqrt{\sum_{n=1}^{N} x_{ni}^2 \sum_{n=1}^{N} x_{nj}^2}} \tag{5.29}$$

可以证明 $|\rho_{ij}| \leqslant 1$（见习题 5.13）。这个选择过程包含以下步骤：

- 选择一个类别可分性准则 C，为所有的已知特征 $x_k, k=1,2,\cdots,m$ 计算这个准则值。按降序排列准则值，并选择具有最好 C 值的特征，假设这个特征是 x_{i_1}。
- 为了选择第二个特征，在所选 x_{i_1} 和剩余的 $m-1$ 个特征之间，计算式(5.29)定义的互相关系数，即 $\rho_{i_1 j}, j\neq i_1$。

- 选择满足下列条件的特征 x_{i_2}：

$$i_2 = \arg\max_j \{\alpha_1 C(j) - \alpha_2 |\rho_{i_1 j}|\}, \qquad j \neq i_1$$

式中，α_1, α_2 是决定式中两项的相对重要性的权重系数。换句话说，对于下一个特征的选择，我们不仅要考虑类别可分性判据 C，而且要考虑所选特征的相关性。以此类推，直到第 k 步。

- 选择 x_{i_k}，$k=3, \cdots, l$，使得

$$i_k = \arg\max_j \left\{ \alpha_1 C(j) - \frac{\alpha_2}{k-1} \sum_{r=1}^{k-1} |\rho_{i_r j}| \right\}$$

$$j \neq i_r,\ r = 1, 2, \cdots, k-1$$

即考虑前面所有已选择特征的平均相关。

这个过程的改进形式有很多。例如，文献[Fine 83]中采用多个准则并取它们的平均。因此，通过优化下式可得到最好的系数：

$$\left\{ \alpha_1 C_1(j) + \alpha_2 C_2(j) - \frac{\alpha_3}{k-1} \sum_{r=1}^{k-1} |\rho_{i_r j}| \right\}$$

5.7.2 特征向量选择

逐个地处理特征（即将特征作为标量进行处理）具有计算简单的优点，但对于复杂的问题和互相关性高的特征无效。下面重点讨论度量特征向量可分类性能的技术。这些技术的主要限制因素是计算开销。事实上，如果我们希望根据“最优性”来处理问题，那么应使用 m 个特征中的 l 个特征组成所有可能的向量。根据可用的最优性原则的类型，特征选择任务分为两类。

滤波法。在这种方法中，特征选择的最优化原则是在分类器设计阶段使用的分类器的独立性。对于每个组合，使用此前介绍的可分性准则之一（如巴氏距离 J_2）并选择最好的特征向量组合。回顾组合基础学基础知识，可知向量总数是

$$\binom{m}{l} = \frac{m!}{l!(m-l)!} \tag{5.30}$$

即使是小的 l 和 m 值，向量总数也是一个很大的数。当 $m=20, l=5$ 时，向量总数为 15504。此外，在许多实际情形中，l 甚至不是已知的先验值。于是，我们对不同的 l 值尝试特征组合，并为它选择“最好”的值（超过这个值后性能下降）及对应的“最好” l 维特征向量。

包装法。如第 10 章所述，有时我们希望不采用类别可分性准则进行特征选择，而采用分类器本身的性能进行特征选择。也就是说，对于每个特征向量组合，必须估计分类器的分类错误概率，并选择具有最小错误概率的组合。当然，这种方法可能会增大复杂性，具体取决于分类器的类型。

对于上述两种方法，为了降低复杂性，人们提出了许多有效的搜索技术，其中的一些是次优的，一些则是最优的（在某些假设或约束下）。

次优搜索技术

顺序后向选择。下面通过一个例子来讨论这种方法。设 $m=4$，原始的已知特征是 x_1, x_2, x_3, x_4。我们希望从中选择两个特征。选择过程的步骤如下：

- 采用一个类别可分性准则 C，并计算特征向量$[x_1, x_2, x_3, x_4]^T$的 C 值。
- 剔除一个特征，并计算所有组合$[x_1, x_2, x_3]^T$, $[x_1, x_2, x_4]^T$, $[x_1, x_3, x_4]^T$, $[x_2, x_3, x_4]^T$的准则值。选择具有最好可分性准则值的组合，假设这个组合是$[x_1, x_2, x_3]^T$。
- 从所选的三维特征向量中剔除一个特征，计算所有组合$[x_1, x_2]^T$, $[x_1, x_3]^T$, $[x_2, x_3]^T$的准则值，并且选择具有最好准则值的组合。

于是，从 m 开始，在每个步骤中我们都从"最好"的组合中剔除一个特征，直到得到具有 l 个特征的向量。显然，这是一个次优的搜索过程，因为不能保证最优二维向量一定来自最优三维向量。采用这种方法得到的组合数为 $1 + 1/2((m+1)m - l(l+1))$（见习题 5.15），它比完整搜索过程的组合数要少得多。

顺序前向选择。下面给出上述过程的逆过程：

- 计算每个特征的准则值，选择具有最好准则值的特征，如 x_1。
- 形成包含上一步选择的最好准则值的特征的二维向量，即$[x_1, x_2]^T$, $[x_1, x_3]^T$, $[x_1, x_4]^T$。计算每个向量的准则值并选择具有最好准则值的向量，如$[x_1, x_3]^T$。

若 $l = 3$，则继续这个过程。也就是说，我们由所选的二维向量形成所有三维向量，即$[x_1, x_3, x_2]^T$, $[x_1, x_3, x_4]^T$，并选择最好的向量。对于一般的 l 和 m，可通过简单的代数运算求出这一过程搜索得到的组合数是 $lm - l(l-1)/2$。因此，从计算上看，当 l 接近 m 时，后向搜索技术要比前向搜索技术有效。

浮动搜索技术

上述两种方法都存在嵌套效应问题。也就是说，一个特征在后向搜索方法中一旦被剔除，就不能再考虑它。前向搜索过程同样面临这样的问题，只是过程相反：选择一个特征后，以后就不能将其剔除。文献[Pudi 94]中提到了一种技术，这种技术可以重新考虑此前剔除或选择的特征，它称为*浮动搜索方法*。实现这种技术的方式有两种。一种方式来自前向选择，另一种方式来自后向选择，这里主要讨论前者。考虑有 m 个特征的集合，目的是寻找其中最好的 k 个特征子集，$k = 1, 2, \cdots, l \leqslant m$，使得代价准则 C 最优。设 $X_k = \{x_1, x_2, \cdots, x_k\}$是 k 个特征的最好组合集合，Y_{m-k}是其余 $m-k$ 个特征的集合。我们保留所有低维的最好子集，即分别对应于 $2, 3, \cdots, k-1$ 个特征向量的子集 $X_2, X_3, \cdots, X_{k-1}$。这种方式的核心是：在下一步中，从 Y_{m-k}个特征中借用一个特征来形成第 $k+1$ 个最好的子集 X_{k+1}；然后，返回此前选择的低维子集，检验包含这个新特征后是否改进了准则 C。如果改进了准则 C，那么用新特征替换此前选择的特征。最大化 C 的算法步骤如下：

- 步骤 I：包含 $x_{k+1} = \arg\max_{y \in Y_{m-k}} C(\{X_k, y\})$；也就是说，从 Y_{m-k} 中选择具有最好 C 值的特征，与 X_k组合后，得到 $X_{k+1} = \{X_k, x_{k+1}\}$。
- 步骤 II：检验
  1. $x_r = \arg\max_{y \in X_{k+1}} C(X_{k+1} - \{y\})$；也就是说，找到具有以下性质的特征：将它从 X_{k+1} 中剔除后，对代价的影响最小。
  2. 如果 $r = k+1$，那么设 $k = k+1$，并转至步骤 I。
  3. 如果 $r \neq k+1$ 且 $C(X_{k+1} - \{x_r\}) < C(X_k)$，那么转至步骤 I。也就是说，如果剔除 x_r 后不能提高此前选择的 k 个最好特征子集的代价，那么就不再进行后向搜索。
  4. 如果 $k = 2$，那么设 $X_k = X_{k+1} - \{x_r\}$且 $C(X_k) = C(X_{k+1} - \{x_r\})$；转至步骤 I。
- 步骤 III：排除

1. $X'_k = X_{k+1} - \{x_r\}$，即剔除 x_r。
2. $x_s = \arg\max_{y \in X'_k} C(X'_k - \{y\})$，即在新集合中找到最不重要的特征。
3. 如果 $C(X'_k - \{x_s\}) < C(X_{k-1})$，那么 $X_k = X'_k$，并转至步骤 I；不再进行后向搜索。
4. 设 $X'_{k-1} = X'_k - \{x_s\}$ 且 $k = k - 1$。
5. 如果 $k = 2$，那么设 $X_k = X'_k$ 且 $C(X_k) = C(X'_k)$，并转至步骤 I。
6. 转至步骤 III.1。

通过执行顺序前向算法建立 X_2，可以初始化算法。算法在选择 l 个特征后结束。虽然这个算法不能保证找到所有最好的特征子集，但与顺序算法相比，在增大计算复杂性的前提下可以大大提高性能。同理，后向浮动搜索算法可以反向运行。

最优搜索技术

当可分性准则是单调的时候，即

$$C(x_1, \cdots, x_i) \leqslant C(x_1, \cdots, x_i, x_{i+1})$$

时，这些技术是适用的。这个性质可用于识别最优组合，但与式(5.30)相比，会极大地降低计算开销。基于动态规划概念（见第 8 章）的算法为解决这个问题提供了可能性。计算上更有效的一种方法是将问题表述为一个组合的优化任务，并采用所谓的*分支定界法*来得到最优解[Lawe 66, Yu 93]。这些方法计算最优值，但不枚举所有可能的组合。分支定界法的详细说明见第 15 章，也可以参阅文献[Fuku 90]。然而，这些技术的复杂性仍然要高于此前提到的次优技术。

注释

- 前面介绍的可分性判判据和特征选择技术，尽管指出了实践中的主要方向，但是未涵盖人们提出的所有方法。例如，文献[Bati 94, Kwak 02, Leiv 07]中使用输入特征和分类器输出之间的互信息作为准则。所选的特征最大化输入–输出互信息。文献[Sind 04]中使用各个特征的类别标注和由分类器预测的类别标注之间的互信息作为准则。这样做的优点是只涉及离散随机变量。将错误概率和互信息函数关联起来的界[Erdo 03, Butz 05]，理论上为特征选择提供了信息论准则。文献[Seti 97]中提出了一种基于决策树的特征选择技术，它通过逐个地排除特征并重新训练分类器来实现特征选择。文献[Zhan 02]中为特征选择引入了禁忌组合优化技术。

文献[Kitt 78, Devi 82, Pudi 94, Jain 97, Brun 00, Wang 00，Guyo 03]中比较了各种特征选择搜索技术。关于包装法的选择偏差及克服它的方法，可参阅文献[Ambr 02]。选择偏差是一个重要的问题，为了避免错误概率的有偏估计，在实际工作要谨慎考虑它。

5.8　最优特征生成

到目前为止，我们都是在以非常“被动”的方式使用类别可分性度量准则，也就是说，我们并未以某种方式度量生成的特征的分类效果。本节将以一种“主动”的方式来讨论如何使用这些度量准则。从这个视角看，本节是本章与下一章之间的过渡。这种方法最早可追溯到 Fisher[Fish 36]对线性判别的研究，也称*线性判别分析*（Linear Discriminant Analysis，LDA）。下面首先给出这种方法的最简形式，以便更好地理解其基本原理。

二分类问题

假设数据点 $\boldsymbol{x}$ 位于 m 维空间中，且它们来自两个类别。我们的目标是生成一个特征 $\boldsymbol{y}$，它是 $\boldsymbol{x}$ 的分量的线性组合。采用这种方法时，我们希望将驻留在 $\boldsymbol{x}$ 中的相关分类信息“压缩”为较少数量的特征（此时为 1 个特征）。本节的目标是在 m 维空间中找到方向 $\boldsymbol{w}$，以便沿该方向以某种方式最好地分隔这两个类别。这不是通过测量值的线性组合生成特征的唯一方法，下一章中将介绍许多的其他方法。

给定 $\boldsymbol{x}\in\mathcal{R}^m$，标量

$$y=\frac{\boldsymbol{w}^{\mathrm{T}}\boldsymbol{x}}{||\boldsymbol{w}||}\tag{5.31}$$

是 $\boldsymbol{x}$ 沿 $\boldsymbol{w}$ 方向的投影。因为对所有特征向量进行相同的尺度变换不会增加任何相关的分类器信息，所以我们忽略尺度变换因子 $\|\boldsymbol{w}\|$。我们采用费舍尔判别比（FDR，见 5.6.3 节）:

$$\mathrm{FDR}=\frac{(\mu_1-\mu_2)^2}{\sigma_1^2+\sigma_2^2}\tag{5.32}$$

式中 μ_1 和 μ_2 是均值，σ_1^2 和 σ_2^2 分别是在类别 ω_1 和 ω_2 中沿 $\boldsymbol{w}$ 方向投影后的 y 的方差。使用式(5.31)中的定义并省略 $\|\boldsymbol{w}\|$，有

$$\mu_i=\boldsymbol{w}^{\mathrm{T}}\boldsymbol{\mu}_i,\ i=1,2\tag{5.33}$$

式中 $\boldsymbol{\mu}_i$, $i=1,2$ 是 m 维空间中类别 ω_i 中的数据均值。假设两个类别是等概率的，回顾 5.6.3 节中 $\boldsymbol{S}_b$ 的定义有

$$(\mu_1-\mu_2)^2=\boldsymbol{w}^{\mathrm{T}}(\boldsymbol{\mu}_1-\boldsymbol{\mu}_2)(\boldsymbol{\mu}_1-\boldsymbol{\mu}_2)^{\mathrm{T}}\boldsymbol{w}\propto\boldsymbol{w}^{\mathrm{T}}S_b\boldsymbol{w}\tag{5.34}$$

式中，$\propto$ 表示成比例。现在来看式(5.32)的分母，我们有

$$\sigma_i^2=E[(y-\mu_i)^2]=E[\boldsymbol{w}^{\mathrm{T}}(\boldsymbol{x}-\boldsymbol{\mu}_i)(\boldsymbol{x}-\boldsymbol{\mu}_i)^{\mathrm{T}}\boldsymbol{w}]=\boldsymbol{w}^{\mathrm{T}}\Sigma_i\boldsymbol{w}\tag{5.35}$$

式中，对每个 $i=1,2$，使用了来自类别 ω_i 的样本 $y(\boldsymbol{x})$。Σ_i 是对应于 m 维空间中类别 ω_i 的数据的协方差矩阵。回顾 5.6.3 节中 $\boldsymbol{S}_w$ 的定义可得

$$\sigma_1^2+\sigma_2^2\propto\boldsymbol{w}^{\mathrm{T}}\boldsymbol{S}_w\boldsymbol{w}\tag{5.36}$$

联立式(5.36)、式(5.34)和式(5.32)，通过最大化费舍尔准则得到关于 $\boldsymbol{w}$ 的最优方向：

$$\mathrm{FDR}(\boldsymbol{w})=\frac{\boldsymbol{w}^{\mathrm{T}}\boldsymbol{S}_b\boldsymbol{w}}{\boldsymbol{w}^{\mathrm{T}}\boldsymbol{S}_w\boldsymbol{w}}\tag{5.37}$$

这是著名的广义瑞利熵，根据线性代数知识（见习题 5.16），当 $\boldsymbol{w}$ 取

$$\boldsymbol{S}_b\boldsymbol{w}=\lambda\boldsymbol{S}_w\boldsymbol{w}\tag{5.38}$$

时，广义瑞利熵取最大值，其中 λ 是 $\boldsymbol{S}_w^{-1}\boldsymbol{S}_b$ 的最大特征值。在一些简单的情形下，我们不必担心任何特征分解问题。由 $\boldsymbol{S}_b$ 的定义可得

$$\lambda\boldsymbol{S}_w\boldsymbol{w}=(\boldsymbol{\mu}_1-\boldsymbol{\mu}_2)(\boldsymbol{\mu}_1-\boldsymbol{\mu}_2)^{\mathrm{T}}\boldsymbol{w}=\alpha(\boldsymbol{\mu}_1-\boldsymbol{\mu}_2)$$

式中，α 是一个标量。求解上式中的 $\boldsymbol{w}$ 后，因为我们只关心 $\boldsymbol{w}$ 的方向，因此有

$$\boldsymbol{w}=\boldsymbol{S}_w^{-1}(\boldsymbol{\mu}_1-\boldsymbol{\mu}_2)\tag{5.39}$$

当然，要假设 $\boldsymbol{S}_w$ 是可逆的。如前所述，在实际工作中，$\boldsymbol{S}_w$ 和 $\boldsymbol{S}_b$ 可对已知数据样本求平均来近似。

图 5.6(a)和图 5.6(b)对应于二维空间（$m=2$）中的两个特例。在这两种情形下，假设两个类别是等概率的，且具有相同的协方差矩阵 Σ。于是，$\boldsymbol{S}_w=\Sigma$。在图 5.6(a)中，Σ 是对角线上的值都相等的对角矩阵，且可以证明 $\boldsymbol{w}$ 平行于 $\boldsymbol{\mu}_1-\boldsymbol{\mu}_2$。在图 5.6(b)中，$\Sigma$ 不再是对角矩阵，数据分布不具有球对称性质。在这种情况下，（左侧直线）投影的最优方向不再平行于 $\boldsymbol{\mu}_1-\boldsymbol{\mu}_2$，而会随数据分布形状而变化。这个简单的例子再次证明正确选择特征非常重要。图 5.6(b)中给出了沿右侧直线方向投影后生成特征的例子。可以看到，这个特征为两个类别所取的值出现了严重的重叠。

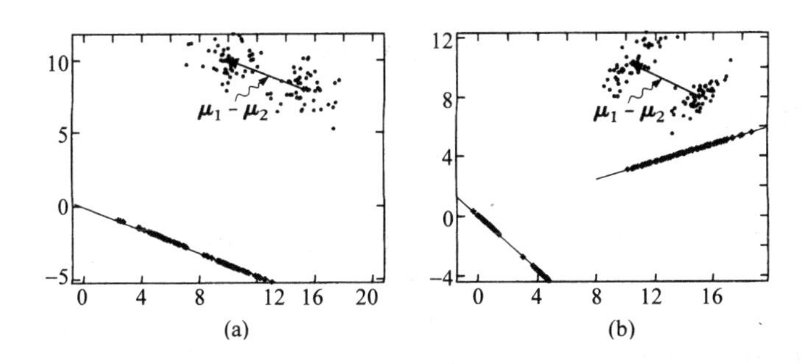

图 5.6 (a) 对两个高斯分布的类别使用费舍尔准则得到的最优直线。两个类别拥有相同的对角协方差矩阵且对角线上的元素相等。这条直线平行于 $\boldsymbol{\mu}_1-\boldsymbol{\mu}_2$；(b) 两个类别的协方差矩阵不是对角矩阵，最优直线位于左侧。观察发现它不再平行于 $\boldsymbol{\mu}_1-\boldsymbol{\mu}_2$。右侧的直线不是最优的，投影后的两个类别出现了重叠

于是，我们就以最优的方式将特征数由 m 降到了 1。现在可以执行基于 y 的分类。最优性可以保证关于 y 的类别可分性尽可能高，因为这它由 FDR 准则度量。

如果两个类别都由具有相同协方差矩阵的高斯概率密度函数描述，那么式(5.39)仅对应于除一个阈值外的贝叶斯分类器［见习题 2.11 和式(2.44)至式(2.46)］。另外，回顾习题 3.14 可知，这也与线性 MSE 分类器直接相关。换句话说，尽管我们最初的目的是通过线性组合 $\boldsymbol{x}$ 中的 m 个元素来生成单个特征 y，但是我们额外地得到了一些东西。费舍尔方法生成特征，同时设计一个线性分类器；它合并了特征生成阶段和分类器设计阶段。得到的分类器是

$$g(\boldsymbol{x})=(\boldsymbol{\mu}_1-\boldsymbol{\mu}_2)^{\mathrm{T}}\boldsymbol{S}_w^{-1}\boldsymbol{x}+w_0 \tag{5.40}$$

然而，费舍尔准则不提供 w_0 的值，而 w_0 的值又必须要确定。例如，对于具有相同协方差矩阵的两个高斯类别，最优分类器的形式是（见习题 3.14）

$$g(\boldsymbol{x})=(\boldsymbol{\mu}_1-\boldsymbol{\mu}_2)^{\mathrm{T}}\boldsymbol{S}_w^{-1}\left(\boldsymbol{x}-\frac{1}{2}(\boldsymbol{\mu}_1+\boldsymbol{\mu}_2)\right)-\ln\frac{P(\omega_2)}{P(\omega_1)} \tag{5.41}$$

要强调的是，在费舍尔理论背景下，高斯假设不必推导最优超平面的方向。实际上，即使我们知道数据不是高斯分布的，有时也会使用式(5.41)中的规则。当然，w_0 的其他值可以根据具体问题来设置。

多分类问题

前面由二分类问题得到的结果可以很容易地推广到多分类（$M>2$）问题。许多应用中采用

多类 LDA 作为最优特征生成的工具，包括生物特征识别和生物信息学应用，在这些应用中需要减少大量的原始特征。我们的主要任务小结如下：若 $\boldsymbol{x}$ 是度量样本的一个 m 维向量，则将它转换为另一个 l 维向量 $\boldsymbol{y}$，以便采用的类别可分性准则是最优的。定义线性变换为

$$\boldsymbol{y} = A^{\mathrm{T}} \boldsymbol{x}$$

式中，$\boldsymbol{A}^{\mathrm{T}}$ 是一个 $l \times m$ 矩阵。我们可以使用前面给出的任何准则。显然，优化过程的复杂性严重依赖于所选的准则。下面使用涉及矩阵 $\boldsymbol{S}_w$ 和 $\boldsymbol{S}_b$ 的 J_3 散布矩阵准则来说明这种方法。显然，它是最优的，且具有一些有趣的性质。设 $\boldsymbol{S}_{xw}$ 和 $\boldsymbol{S}_{xb}$ 是 $\boldsymbol{x}$ 的类内和类间散布矩阵。根据各自的定义，对应的 $\boldsymbol{y}$ 矩阵为

$$\boldsymbol{S}_{yw} = \boldsymbol{A}^{\mathrm{T}} \boldsymbol{S}_{xw} \boldsymbol{A}, \quad \boldsymbol{S}_{yb} = \boldsymbol{A}^{\mathrm{T}} \boldsymbol{S}_{xb} \boldsymbol{A}$$

于是，$\boldsymbol{y}$ 子空间中的 J_3 准则为

$$J_3(A) = \mathrm{tr}\{(\boldsymbol{A}^{\mathrm{T}} \boldsymbol{S}_{xw} A)^{-1} (\boldsymbol{A}^{\mathrm{T}} \boldsymbol{S}_{xb} \boldsymbol{A})\}$$

我们的任务是计算 $\boldsymbol{A}$ 的元素使得上式取最大值。于是，$\boldsymbol{A}$ 必须满足

$$\frac{\partial J_3(\boldsymbol{A})}{\partial \boldsymbol{A}} = 0$$

可以证明（见习题 5.17）

$$\begin{aligned}\frac{\partial J_3(\boldsymbol{A})}{\partial \boldsymbol{A}} &= -2\boldsymbol{S}_{xw} \boldsymbol{A}(\boldsymbol{A}^{\mathrm{T}} \boldsymbol{S}_{xw} A)^{-1} (\boldsymbol{A}^{\mathrm{T}} \boldsymbol{S}_{xb} \boldsymbol{A})(\boldsymbol{A}^{\mathrm{T}} \boldsymbol{S}_{xw} \boldsymbol{A})^{-1} + 2\boldsymbol{S}_{xb} \boldsymbol{A}(\boldsymbol{A}^{\mathrm{T}} S_{xw} \boldsymbol{A})^{-1} \\ &= 0\end{aligned}$$

或

$$(\boldsymbol{S}_{xw}^{-1} \boldsymbol{S}_{xb})\boldsymbol{A} = \boldsymbol{A}(\boldsymbol{S}_{yw}^{-1} \boldsymbol{S}_{yb}) \tag{5.42}$$

不难看出上式与特征值问题关系密切。稍微简化公式就足够了。回顾附录 B 可知，使用线性变换

$$\boldsymbol{B}^{\mathrm{T}} \boldsymbol{S}_{yw} \boldsymbol{B} = \boldsymbol{I}, \quad \boldsymbol{B}^{\mathrm{T}} \boldsymbol{S}_{yb} \boldsymbol{B} = \boldsymbol{D} \tag{5.43}$$

可以同时对角化 $\boldsymbol{S}_{yw}$ 和 $\boldsymbol{S}_{yb}$。上式是如下变换向量的类内和类间散布矩阵：

$$\hat{\boldsymbol{y}} = B^{\mathrm{T}} \boldsymbol{y} = B^{\mathrm{T}} A^{\mathrm{T}} \boldsymbol{x}$$

式中，$\boldsymbol{B}$ 是一个 $l \times l$ 矩阵，$\boldsymbol{D}$ 是一个 $l \times l$ 对角矩阵。注意，从 $\boldsymbol{y}$ 转换到 $\hat{\boldsymbol{y}}$ 的过程未丢失代价 J_3 的值，因为在 l 维子空间内的线性变换下，J_3 是不变的。事实上，

$$\begin{aligned}J_3(\hat{\boldsymbol{y}}) = \mathrm{tr}\{\boldsymbol{S}_{\hat{y}w}^{-1} \boldsymbol{S}_{\hat{y}b}\} &= \mathrm{tr}\{(\boldsymbol{B}^{\mathrm{T}} S_{yw} \boldsymbol{B})^{-1} (\boldsymbol{B}^{\mathrm{T}} \boldsymbol{S}_{yb} \boldsymbol{B})\} \\ &= \mathrm{tr}\{\boldsymbol{B}^{-1} S_{yw}^{-1} \boldsymbol{S}_{yb} \boldsymbol{B}\} \\ &= \mathrm{tr}\{\boldsymbol{S}_{yw}^{-1} S_{yb} \boldsymbol{B}\boldsymbol{B}^{-1}\} = J_3(\boldsymbol{y})\end{aligned}$$

联立式(5.42)和式(5.43)，得

$$(\boldsymbol{S}_{xw}^{-1} \boldsymbol{S}_{xb})\boldsymbol{C} = \boldsymbol{C}\boldsymbol{D} \tag{5.44}$$

式中，$\boldsymbol{C} = \boldsymbol{A}\boldsymbol{B}$ 是一个 $m \times l$ 矩阵。式(5.44)是一个典型的特征值–特征向量问题，对角矩阵 $\boldsymbol{D}$ 的对角线元素是特征值 $\boldsymbol{S}_{xw}^{-1} \boldsymbol{S}_{xb}$，$\boldsymbol{C}$ 的列元素具有对应的特征向量。然而，$\boldsymbol{S}_{xw}^{-1} \boldsymbol{S}_{xb}$ 是一个 $m \times m$ 矩阵，于是问题是在 m 个特征值中，需要为式(5.44)的解选择什么 l。根据定义，矩阵 $\boldsymbol{S}_{xb}$ 的秩是 $M - 1$，

其中 M 是类别数（见习题 5.18）。于是，$S_{xw}^{-1}S_{xb}$ 的秩也是 $M-1$，且有 $M-1$ 个非零的特征值。下面重点讨论两种可能的情况。

- $l=M-1$：首先形成矩阵 C，它的各列是 $S_{xw}^{-1}S_{xb}$ 的 $M-1$ 个特征向量的单位范数。于是，我们形成变换后的向量

$$\hat{y}=C^{\mathrm{T}}x \tag{5.45}$$

上式保证 J_3 取最大值。在将数据数量从 m 减少到 $M-1$ 的过程未丢失类别可分性，因为它是由 J_3 度量的。事实上，回顾线性代数可知，矩阵的迹是各个特征值之和，于是有

$$J_{3,x}=\mathrm{tr}\{S_{xw}^{-1}S_{xb}\}=\lambda_1+\cdots+\lambda_{M-1}+0 \tag{5.46}$$

和

$$J_{3,\hat{y}}=\mathrm{tr}\{(C^{\mathrm{T}}S_{xw}C)^{-1}(C^{\mathrm{T}}S_{xb}C)\} \tag{5.47}$$

重写式(5.44)，得到

$$C^{\mathrm{T}}S_{xb}C=C^{\mathrm{T}}S_{xw}CD \tag{5.48}$$

联立式(5.47)和式(5.48)，得到

$$J_{3,\hat{y}}=\mathrm{tr}\{D\}=\lambda_1+\cdots+\lambda_{M-1}=J_{3,x} \tag{5.49}$$

从稍微不同的角度来看，这个表达式非常有趣。下面回顾 M 分类问题的贝叶斯分类器。在 M 个条件类别概率 $P(\omega_i|x), i=1,2,\cdots,M$ 中，只有 $M-1$ 个是独立的，因它们的和为 1。一般来说，$M-1$ 是 M 分类问题所需的最少数量的判别函数（见习题 5.19）。因此，计算 $\hat{y}$ 的 $M-1$ 个元素的线性运算 $C^{\mathrm{T}}x$ 可视为提供 $M-1$ 个判别函数的最优线性准则，其中最优是相对于 J_3 而言的。在使用费舍方法作为分类器（受限于一个未知的阈值）的二分类问题中，这明显是成立的。

研究式(5.45)为二分类问题所取的特殊形式后，可以证明，$M=2$ 时只有一个非零的特征值，且可以证明（见习题 5.20）

$$\hat{y}=(\mu_1-\mu_2)^{\mathrm{T}}S_{xw}^{-1}x$$

这就是我们熟悉的费舍尔线性判别式。

- $l<M-1$：这时，C 由对应于 $S_{xw}^{-1}S_{xb}$ 的 l 个最大特征值的特征向量形成。J_3 是对应特征值之和的事实保证了最大化。当然，在这种情况下会丢失可用信息，因为 $J_{3,\hat{y}}<J_{3,x}$。

式(5.45)的几何解释表明，$\hat{y}$ 是原始向量 x 在由 $S_w^{-1}S_b$ 的特征向量 v_i 形成的子空间上的投影。必须指出，它们不必是相互正交的。事实上，尽管矩阵 S_w 和 S_b（S_m）是对称的，但积 $S_w^{-1}S_b$ 不是对称的，因此特征向量不是相互正交的（见习题 5.21）。此外，如我们在证明中看到的那样，一旦确定了所投影的子空间（选择合适的特征向量组合），J_3 的值在这个子空间内的任何线性变换下就都保持不变。换句话说，它与坐标系无关，它的值只与特定的子空间有关。一般来说，原始特征向量到一个低维子空间的映射会丢失一些信息。图 5.7 中给出了一个极端的例子，其中的两个类别投影到 v_2 轴上后变得重合。另一方面，根据所有可能的投影方向，费舍尔线性判别规则将选择一维子空间 v_1，它对应最优的 J_3 值，当 $l=M-1=1$（由 J_3 准则度量）时它保证不丢失信息。于是，这是一个好的选择，前提是 J_3 是感兴趣问题的一个好的准则。当然，情况并非总是如此，它取决于具体的分类任务。例如，在文献[Hams 08]中，对涉及正态分布数据的多

分类问题，所用的准则是错误概率。对于（同样涉及其他优化准则的）这个主题的广泛讨论，请参阅文献[Fuku 90]。

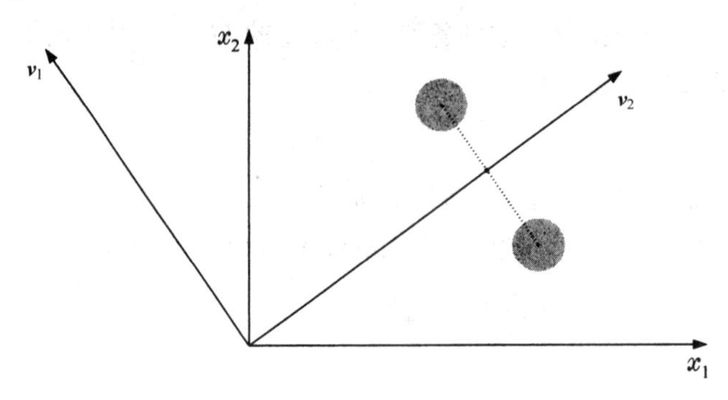

图 5.7 与低维子空间中的投影相关的信息丢失的几何说明。投影到主特征向量 v_1 的方向后，信息未丢失。投影到正交方向后导致两个类别完全重叠

注释

- 若 J_3 与另一个矩阵组合（如 $\boldsymbol{S}_w$ 和 $\boldsymbol{S}_m$）一起使用，则对应于迹中包含的矩阵积的秩为 m，且有 m 个非零的特征值。在这类情形下，变换矩阵 $\boldsymbol{C}$ 的各列是对应于 l 个最大特征值的特征向量。根据式(5.49)，这就保证了 J_3 取最大值。
- 实际中，我们可能会遇到 $\boldsymbol{S}_w$ 不可逆的情形。这种情形出现在训练集的已知尺寸 N 小于原始特征空间的维数 m 的时候。此时得到的 $\boldsymbol{S}_w$ 的估计（即 N 个外向量积的均值）的秩小于 m，因此它是奇异的。这被称为小样本（SSS）问题。Web 文档分类、人脸识别和基于基因表达图谱的疾病分类，是在实际中频繁出现小样本问题的一些例子。

  克服这个困难的一种方法是使用伪逆 $\boldsymbol{S}_w^+$ 代替 $\boldsymbol{S}_w^{-1}$ [Tian 86]，但此时不能保证 J_3 判决准则能够通过选择对应最大特征值的特征向量 $\boldsymbol{S}_w^+\boldsymbol{S}_b$ 来最大化。一种备选方法是采用正则化技术，详见文献[Frie 89, Hast 95]。例如，可用 $\boldsymbol{S}_w+\sigma\Omega$ 代替 $\boldsymbol{S}_w$，其中 Ω 可以是任意的正定对称矩阵。具体选择取决于问题本身。这里将 σ 选为一个临界值。这些方法的另一个缺点是，它们无法很好地求解高维空间中的分类问题。例如，在人脸识别的某些任务中，得到的协方差矩阵数量可能有数千个，使得矩阵求逆运算非常困难。

  处理小样本问题的另一种方法是采用两阶段法。这样的一种技术是所谓的 PCA+LDA 技术。在第一个阶段，执行主成分分析（PCA，见第 6 章）以便适当缩减特征空间的维数，然后在低维空间中执行线性判别分析（LDA），详见文献[Belh 97]。这种方法的缺点之一是在降维阶段可能会丢失部分判别信息。

  文献[Yang 02]在 J 准则中使用混合散布矩阵 $\boldsymbol{S}_m$ 代替了 $\boldsymbol{S}_w$。可以看出，在这种情况下，首先对 $\boldsymbol{S}_m$ 应用一个 PCA，将维数缩减到 $\boldsymbol{S}_m$ 的秩，然后在缩减的空间中应用一个 LDA，此时不会丢失信息。在文献[Chen 00]中，使用了类内散布矩阵的零空间。观察发现，$\boldsymbol{S}_w$ 的零空间包含有用的判别信息。这种方法首先映射到零空间，然后在映射后的空间中计算最大化类间离散布矩阵。这种方法的缺点之一是在考虑用零空间替代 $\boldsymbol{S}_w$ 时可能会丢失信息，缺点之二是求 $\boldsymbol{S}_w$ 的零空间的复杂性非常高。这种方法的计算难度见文献[Cevi 05]。在文献[Ye 05]中，第一个阶段使用 QR 分解技术最大化类间聚类（$\boldsymbol{S}_b$）实现降维。第二个阶段通过聚焦于类内散布问题实现微调，随后的说明类似于经典的 LDA。文献[Zhan 07]

中统一处理了来自上述技术的一个数字。

文献[Li 06]中提出了一种不同的方法，它不使用 J_3 准则，而使用涉及相关矩阵之差的迹的另一个准则，因此避开了逆运算。

除小样本问题外，与 LDA 关联的另一个问题是可以生成的特征数最多比类别数少 1，如前所述，这是由矩阵积 $\boldsymbol{S}_w^{-1}\boldsymbol{S}_b$ 的秩决定的。对于 M 分类问题，只有 $M-1$ 个非零的特征向量。与判别信息相关的所有 J_3，都可通过映射到由这些非零特征值关联的特征向量生成的子空间来恢复。投影到任何其他方向都不会增加信息。

下面通过一个简单的例子从几何学角度进行分析。为简单起见，假设一个二分类问题，每个类别都是正态分布的，它们的协方差矩阵是单位矩阵。根据 $\boldsymbol{S}_w$ 的定义，可知它也是单位矩阵。容易证明（见习题 5.20），此时对应于非零特征值的特征向量等于 $\boldsymbol{\mu}_1-\boldsymbol{\mu}_2$。在非零特征向量方向，映射点的均值之间的欧氏距离，与原始空间中类别均值之间的距离 $\|(\boldsymbol{\mu}_1-\boldsymbol{\mu}_2)\|$ 相等。仔细观察对应该例的图 5.7 就可推出这个结论。投影到正交方向不会添加信息，因为两个类别是重合的。两个类别的散布信息是在单个方向得到的。

由于前面的缺点，当类别数量 M 很小时，得到的至多 $M-1$ 个特征数量是不够的。文献[Loog 04]中给出了克服这个问题的尝试。主要思想是采用一个不同的 $\boldsymbol{S}_b$ 判据来量化类间散布。采用了切尔诺夫距离（与 5.6.2 节中的巴氏距离紧密相关）。这一变化为把维数缩减到小于原始维数 m 的任意 l 维提供了可能。文献[Kim 07]中使用了一种不同的方法。作者由最初的 m 个特征构建了许多复合向量，每个向量都由 m 个特征的子集构成。不同的复合向量允许共用相同的原始特征。然后，对这组新特征向量执行 LDA。这个过程会将所涉及矩阵积的秩的范围增大到超过 $M-1$。在文献[Nena 07]中，LDA 的缺点是通过定义一个新的类别可分性判据来克服的，其中后者的理论基础是受互信息概念启发的信息论代价。

- 毋庸置疑，散布矩阵准则不是唯一用来计算最优变换矩阵的准则。例如，文献[Wata 97]中建议为每个类别使用不同的变换矩阵，并且相对于分类误差进行优化。最新的发展趋势是直接优化感兴趣的量，如分类错误概率。对于优化，使用平滑的误差率来保证可微性。计算变换矩阵的其他方法将在下一章中讨论。
- 除了使用线性变换，也可使用非线性变换来优化特征选择。例如，文献[Samm 69]中提出了一种非线性方法，它让向量之间的所有距离保持最大。设 $\boldsymbol{x}_i, \boldsymbol{y}_i, i=1,2,\cdots,N$ 分别是原始 m 维空间和变换后的 l 维空间中的特征向量。执行到低维空间的变换，最大化

$$J=\frac{1}{\sum_{i=1}^{N-1}\sum_{j=i+1}^{N} d^o(i,j)}\sum_{i=1}^{N-1}\sum_{j=i+1}^{N}\frac{\left(d^o(i,j)-d(i,j)\right)^2}{d^o(i,j)} \tag{5.50}$$

式中，$d^o(i, j)$是原始空间中向量 $\boldsymbol{x}_i$ 和 $\boldsymbol{x}_j$ 之间的欧氏距离，$d(i, j)$是变换后的空间中向量 $\boldsymbol{y}_i$ 和 $\boldsymbol{y}_j$ 之间的欧氏距离。

- 该方法的另一个非线性推广由两个隐式的步骤组成。首先，使用非线性向量函数将输入特征空间变换到一个更高维的空间甚至无限维空间，然后在这个高维空间中应用线性判别方法。然而，问题是向量只能通过内积计算，这就允许我们使用核函数来进行计算，而这正是第 4 章中介绍的非线性支持向量机[Baud 00, Ma 03]。

5.9 神经网络和特征生成/选择

近期，人们一直在探索如何使用神经网络来生成与选择特征。一种可能的方法是通过所谓的自相关网络。采用具有 m 个输入节点和 m 个输出节点的网络，以及具有 l 个节点的一个隐藏层，该网络是线性激活的。在训练过程中，期望的输出与输入相同。也就是说，

$$\mathcal{E}(i) = \sum_{k=1}^{m}(\hat{y}_k(i) - x_k(i))^2$$

式中采用了前几章的符号。这样的网络有一个唯一的最小值，且隐藏层的输出构成了输入 m 维输入空间到 l 维子空间的投影。文献[Bour 88]中指出，这基本上是到由输入相关矩阵的 l 个主特征向量形成的子空间的一个映射，详见下一章的讨论。这种想法的延伸是使用 3 个隐藏层[Kram 91]。这样的网络执行非线性主成分分析。此类架构的主要缺点之一是，必须为训练使用非线性优化技术。除计算开销外，还存在陷入局部极小值的风险。

另一种方法是使用神经网络或任何其他（非）线性结构来利用 LS 代价函数的性质。第 3 章中提到，如果权重已训练到使得输出匹配类别标注（在 LS 意义上），那么网络的输出将逼近后验概率。文献[Lowe 91]中指出，除了这个性质，还有另一个非常有意义的性质。考虑带有线性输出节点的一个多层感知器，训练网络使得实际响应和期望响应（即类别标注 1 和 0）之间的平方误差最小。可以证明，最小化平方误差等同于最大化准则

$$J = \mathrm{tr}\{\boldsymbol{S}_m^{-1}\boldsymbol{S}_b\} \tag{5.51}$$

式中，$\boldsymbol{S}_m$ 是由最后一个隐藏层的节点的输出形成的向量的混合散布矩阵，$\boldsymbol{S}_b$ 是以权重形式给出的对应类间散布矩阵（见习题 5.22）。如果 $\boldsymbol{S}_m$ 的逆不存在，那么它由其伪逆代替。换句话说，这样网络可以用作一个 J 最优非线性变换器，它将输入的 m 维向量映射为 l 维向量，其中 l 是最后一个隐藏层中的节点数量。

另一种方法是采用神经网络来执行本章中所述的各个类别可分性准则的优化计算。尽管这些技术不一定能够提供新方法，但结合神经网络后可以提供适应能力，以防止输入数据的统计量缓慢变化。文献[Chat 97, Mao 95]中研究了一些这样的技术。大多数技术的基本思想是使用可迭代计算相关矩阵的特征向量的网络，而这是许多优化准则的核心。

文献[Lee 93, Lee 97]中提出了另一种技术。这些文献的作者证明，判别信息特征向量在决策面上的至少一个点处，有一个垂直于决策面的分量。此外，含有少量信息的向量与在决策面的每个点处垂直于决策面的一个向量是正交的。这个结论显然成立，因为不论向量的值是什么，没有垂直于决策面的分量的向量都不与决策面相关（并因此改变类别）。根据这一观察结果，作者采用梯度逼近技术来估计决策边界的法向量，然后表述合适的特征值-特征向量问题，进而计算变换矩阵。

最后，修剪神经网络是将特征选择组合到分类器设计阶段的一种形式。事实上，我们希望对应于不重要特征的输入节点的权重要小一些。如第 4 章所述，在代价函数中集成合适的正则化项可让这样的权重收敛到零并最终消除。文献[Seti 97]中说明了这种方法。

5.10　关于泛化理论的提示

到目前为止，本书中介绍了两个主要问题，即分类器的设计及其泛化能力。前者包含两个阶段：分类器类型的选择和最优准则的选择。泛化能力可让我们找到降低特征空间维数的方法。本节给出一些重要的理论成果，它们关联了大小为 N 的训练数据集和所设计分类器的泛化性能。

为此，下面给出一些必需的基本步骤和定义。

- 设 $\mathcal{F}$ 是所有函数 f 的集合，其中 f 可由所用的分类器方案实现。例如，如果分类器是带有已知数量的神经元的一个多层感知器，那么 $\mathcal{F}$ 就是可由这个专用网络结构实现的所有函数的集合。函数 f 是形如 $\mathcal{R}^l \rightarrow \{0, 1\}$ 的映射，因此其响应是 1 或 0；也就是说，考虑的是二分类问题，映射是 $f(\boldsymbol{x}) = 1$ 或 $f(\boldsymbol{x}) = 0$。
- 设 $P_e^N(f)$ 是经验分类错误概率，它基于已知的输入–期望的输出训练对 $(\boldsymbol{x}_i, y_i)$, $i = 1, 2, \cdots, N$，且是独立同分布的。于是，$P_e^N(f)$ 就是训练样本中出现误差的部分，即 $f(\boldsymbol{x}_i) \neq y_i$。显然，这取决于特定函数 f 和尺寸 N。最小化这个经验代价得到的最优函数记为 f^*，它属于集合 $\mathcal{F}$。
- 函数 f 实现后，$P_e(f)$ 是真实分类错误概率。对应的经验值 $P_e^N(f)$ 可能非常小，甚至为零，因为分类器能够设计为正确地分类所有的训练向量。然而，$P_e(f)$ 是一个重要的性能判据，因为它基于数据的统计性质而非具体的训练集来度量错误概率。对于具有良好泛化能力的分类器，我们希望经验错误概率和直错误概率接近。有时也称 $P_e(f)$ 为泛化错误概率。
- P_e 是集合中所有函数上的最小错误概率，即 $P_e = \min_{f \in \mathcal{F}} P_e(f)$[①]。在实际工作中，我们希望最优经验误差 $P_e^N(f^*)$ 接近 P_e。

Vapnik-Chervonenkis 定理如下。

定理　设 $\mathcal{F}$ 是形如 $\mathcal{R}^l \rightarrow \{0, 1\}$ 的函数的类别。那么对应于该类别中的函数 f，经验错误概率和真实错误概率满足

$$\operatorname{prob}\{\max_{f \in \mathcal{F}} |P_e^N(f) - P_e(f)| > \epsilon\} \leqslant 8\mathcal{S}(\mathcal{F}, N)\exp(-N\epsilon^2/32) \tag{5.52}$$

式中，$S(\mathcal{F}, N)$ 项被称为类别 $\mathcal{F}$ 的粉碎系数（Shatter coefficient），它定义为可由 $\mathcal{F}$ 中的函数构成的 N 个点的最大二分数。根据组合学基础知识可知，对于 N 个点的集合，最大的二分数（将它们分成两个不同的子集）是 2^N。然而，并非所有这些组合都能由函数 $f: \mathcal{R}^l \rightarrow \{0, 1\}$ 实现。例如，我们知道，在二维空间中，由感知器实现的函数集合只能在 $16 = 2^4$ 个可能的点中的 4 个点上形成 14 个不同的二分。两个 XOR 组合无法实现。然而，由感知器实现的函数类别对 $N = 3$ 个点能够形成所有可能的 $8 = 2^3$ 个二分。于是，我们有如下定义。

定义 1　对于 $S(\mathcal{F}, k) = 2^k$，最大整数值 $k \geqslant 1$ 称为类别 $\mathcal{F}$ 的 Vapnik-Chervonenkis 维数或 VC 维数，记为 V_c。如果对每个 N 有 $S(\mathcal{F}, N) = 2^N$，那么 VC 维数为无穷大。

于是，在二维空间中，单个感知器的 VC 维数是 3。在普通的 l 维空间中，感知器的 VC 维数是 $l + 1$，详见 4.13 节中的证明。VC 维数与粉碎系数是相关的，因为它们的起源相同。可以证明，

---

① 严格地讲，本节中要用 inf 代替 min，并用 sup 代替 max。

如果 VC 维数是有限的，那么下面的界成立：

$$\mathcal{S}(\mathcal{F},N)\leqslant N^{V_c}+1 \tag{5.53}$$

也就是说，粉碎系数要么是 2^N，要么是由式(5.53)给出的界。这个界对式(5.52)的可用性非常重要。事实上，有限的 VC 维数公式(5.53)能够保证对于足够大的 N，粉碎系数以多项式增长为界。于是，式(5.52)中的界由其指数降低支配，且在 $N\to\infty$时趋于零。总之，对于大 N 值，经验概率误差与真实概率误差之间具有较大差值的概率非常小。因此，对于大 N 值，网络可以保证好的泛化性能。此外，该理论可以保证另一个重要的结论[Devr 96]：

$$\text{prob}\{P_e(f^*)-\min_{f\in\mathcal{F}}P_e(f)>\epsilon\}\leqslant 8\mathcal{S}(\mathcal{F},N)\exp(-N\epsilon^2/128) \tag{5.54}$$

换句话说，对于大 N 值，我们希望对于特定的函数类别，经验误差优化分类器的性能能够以高概率接近最优分类器的性能。

下面从更直观的角度来看这些理论成果。考虑两个不同的网络，它们的 VC 维数满足 $V_{c1}\ll V_{c2}$。如果固定 N 和ϵ，那么我们希望第一个网络具有更好的泛化性能，因为式(5.52)中的界更紧凑。于是，各自的经验误差和真实误差不同的概率要比预先确定的概率小。我们可将 VC 维数视为网络的固有能力，只有当训练向量数远超这个数值时，才能得到好的泛化性能。

学习理论的界非常丰富，相关的量有经验误差、真实错误概率、训练向量数、VC 维数或 VC 相关量。在学习理论中，Valiant 根据统计检验给出了界的表达式[Vali 84]。也就是说，这些界涉及误差ϵ［如式(5.52)和式(5.54)］，以及使得界保持为真的一个置信概率水平。这类界被称为 PAC 界，意思是可能（界失败的概率很小）是近似正确的（界成立时误差很小）。我们可以推出的一个非常有趣的界是最少数量的培训点，它能以高概率保证设计的分类器具有良好的误差性能。下面将这个最少的点数记为 $N(\epsilon,\rho)$。可以证明，如果

$$N(\epsilon,\rho)\leqslant\max\left(\frac{k_1V_c}{\epsilon^2}\ln\frac{k_2V_c}{\epsilon^2},\frac{k_3}{\epsilon^2}\ln\frac{8}{\rho}\right) \tag{5.55}$$

那么对于任何训练点数 $N\geqslant N(\epsilon,\rho)$，通过最小化经验错误概率 $P_e^N(f)$ 得到的最优分类器 f^*满足下面的界：

$$P\{P_e(f^*)-P_e>\epsilon\}\leqslant\rho \tag{5.56}$$

式中，k_1,k_2,k_3 是常数[Devr 96]。也就是说，对于小ϵ值和 ρ 值，如果 $N\geqslant N(\epsilon,\rho)$，那么最优经验误差分类器的性能能以高概率保证逼近 $\mathcal{F}$ 函数类别中的最优分类器，其中 $\mathcal{F}$ 函数由特定的分类方法实现。数 $N(\epsilon,\rho)$也称样本复杂性。观察发现，界中的前两项线性依赖于 VC 维数，并且逆二次依赖于误差ϵ。例如，加倍 VC 维数大致要求加倍训练点数，才能保持相同的ϵ和置信水平。另一方面，加倍精度（$\epsilon/2$）要求将训练集的尺寸增加 4 倍。置信水平 ρ 对界的影响较小，因为它是对数相关的。于是，高 VC 维数就对训练点数设置了高要求，以便高概率确保分类器具有好的性能。

我们特别感兴趣的一个相关的界在概率至少为 $1-\rho$ 时成立：

$$P_e(f)\leqslant P_e^N(f)+\phi\left(\frac{V_c}{N}\right) \tag{5.57}$$

式中，V_c是对应类别的 VC 维数，且

$$\phi\left(\frac{V_c}{N}\right)\equiv\sqrt{\frac{V_c\left(\ln\left(\frac{2N}{V_c}+1\right)\right)-\ln(\rho/4)}{N}} \tag{5.58}$$

有兴趣的读者可由文献[Devr 96, Vapn 95]获得更多有关界和 Vapnik-Chervonenkis 理论的知识。这样做需要一定的付出，但是值得的。在有些文献中，界中的常量是不同的，具体取决于推导界的方式。然而，在实践中这不是最重要的，因为理论的本质是相同的。

由于 VC 维数的重要性，很多人一直在为某些类别的网络计算它。文献[Baum 89]已经证明，具有硬限制激活函数的多层感知器的 VC 维数受限于

$$2\left\lfloor\frac{K_n^b}{2}\right\rfloor l \leqslant V_c \leqslant 2K_w \log_2(\mathrm{e}K_n) \tag{5.59}$$

式中，K_n^h 是隐藏层的节点总数，K_n 是节点总数，K_w 是权重总数，l 是输入空间的维数，e 是自然对数的底，$\lfloor\cdot\rfloor$是取整算子，它给出小于其参数的最大整数。下界只对带有单个隐藏层的网络和各层之间的全连接成立。RBF 网络也有类似的上界。仔细观察发现，对于这样的网络，我们可以说 VC 维数大致由网络权重数量给出，也就是说，其自由参数的数量将被求出。在实际工作中，如果训练样本数是 VC 维数的几倍，那么我们希望分类器具有好的泛化性。一个好的经验法则是将 N 选为 VC 维数的 10 倍或更大[Hush 93]。

除 Vapnik-Chervonenkis 理论外，已发表的文献中存在很多使用有限数据集 N 设计各种分类器的论述。尽管这些理论缺少 Vapnik-Chervonenkis 理论的泛化性能，但是它们深入研究了这个重要的任务。例如，文献[Raud 91]中的渐近分解结果就是在高斯概率密度假设下为许多分类器（线性分类器、二次分类器等）推导的。使用 N 个训练样本的有限集设计的分类器的分类错误概率，要比使用无限集（$N\to\infty$）设计的分类器的分类错误概率大 Δ_N。可以证明，当 N 趋于无穷时，Δ_N 的均值下降，下降率取决于特定类型的分类器、问题的维数及渐近（$N\to\infty$）误差的值。业已证明，为了使未匹配的 Δ_N 保持在一定的界限内，设计样本的数量 N 必须比维数 l 大几倍。取决于分类器的类型，这个比例常数的变化范围是从较小的值（如 1.5）到几百！此外，文献[Fuku 90]中证明，当保持 N 为常数而增大 l 时，超过某个点后，会使得分类误差增大，这种现象被称为 Hughes 现象，详见 5.3 节中的讨论。

所有这些理论成果都为某些类型的分类器选择合适的 N 和 l 值提供了指导。此外，这些理论进一步表明，特征数量相对于 N 必须尽可能少，且在设计分类系统时，特征数量在特征选择阶段中非常重要。出现这个理论后，人们投入了大量精力来对不同分类器的泛化性能进行实验比较，详见文献[Mama 96]和其他参考文献。实践中，经验和实验成果在最终决策中起重要作用。

结构风险最小化

到目前为止，我们重点讨论了有限训练数据集的尺寸 N 对给定函数类别（即给定的分类器结构）的影响，下面讨论另一个重要问题。如果允许 N 无限增大，那么是否不仅能够得到良好的泛化性能，而且能够改善分类器误差，进而逼近最优贝叶斯性能呢？回顾可知，当 N 增大时，相对于由所选网络结构实现的所有允许的分类器集合，我们希望得到最优的性能。然而，对应于最优分类器的错误概率仍然远高于贝叶斯分类器的错误概率。设 P_B 表示贝叶斯错误概率，则有

$$P_e(f^*) - P_B = \left(P_e(f^*) - P_e\right) + (P_e - P_B) \tag{5.60}$$

图 5.8 中给出了式(5.60)的图形化解释。式(5.60)的右侧由相互矛盾的两项组成。如果类别 $\mathcal{F}$ 太小，那么希望第一项小，但是第二项可能大；另一方面，如果函数类别 $\mathcal{F}$ 大，那么希望第二项小，但是第一项可能大。这是自然而然的，因为函数集合越大，集合中包含好的贝叶斯分类器近似的概率就越大；此外，类别越小，其成员间的方差就越小。这让我们想起了第 3 章中讨论的偏差–

方差难题。稍加分析就会发现，这两个问题本质上是相同的，只是看问题的角度不同而已。这样就产生了一个问题——我们能否使得这两项都小？如何才能实现？答案是，如果类别 $\mathcal{F}$ 适当增大，那么就有可能使得两项都小。Vapnik 和 Chervonenkis 在文献[Vapn 82]中给出了解决该问题的一种较好方法。

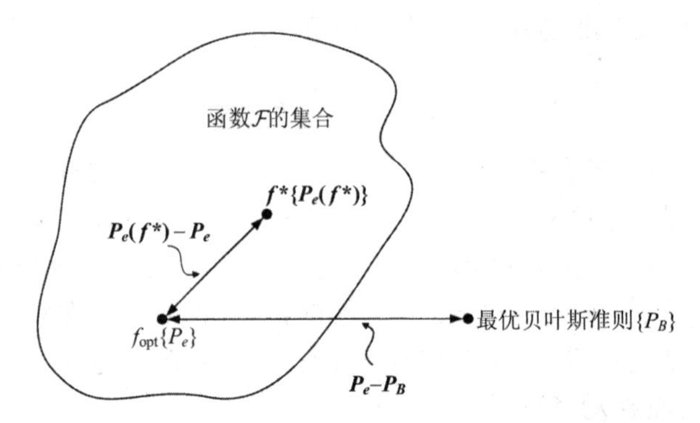

图 5.8　式(5.60)的图形化解释。集合$\mathcal{F}$上与最小误差 P_e 关联的最优函数记为f_{opt}，f^*是对给定的 N 由经验代价得到的最优函数

设$\mathcal{F}^{(1)}, \mathcal{F}^{(2)},\cdots$是嵌套的函数类别序列，即

$$\mathcal{F}^{(1)} \subset \mathcal{F}^{(2)} \subset \mathcal{F}^{(3)} \subset \cdots \tag{5.61}$$

它有一个增加但有限的 VC 维数，

$$V_{c,\mathcal{F}^{(1)}} \leqslant V_{c,\mathcal{F}^{(2)}} \leqslant V_{c,\mathcal{F}^{(3)}} \leqslant \cdots \tag{5.62}$$

再设

$$\lim_{i\to\infty} \inf_{f\in\mathcal{F}^{(i)}} P_e(f) = P_B \tag{5.63}$$

对于每个 N 和函数类别$\mathcal{F}^{(i)}$, $i = 1, 2,\cdots$，使用 N 个输入–输出样本训练相对于经验误差计算最优的 $f_{N,i}^*$。Vapnik 和 Chervonenkis 建议根据结构风险最小（Structural Risk Minimization，SRM）原理为每个 N 选择函数 f_N^*。这个过程包含如下两步：首先，从每个类别$\mathcal{F}^{(i)}$中选择分类器 $f_{N,i}^*$，使对应的经验误差在函数类别上最小。然后，从所有这些分类器中选择使得式(5.57)中的上界最小（对所有 i）的分类器。更准确地说，形成所谓的*保证误差界*

$$\tilde{P}_e(f_{N,i}^*) \equiv P_e^N(f_{N,i}^*) + \phi\left(\frac{V_{c,\mathcal{F}^{(i)}}}{N}\right) \tag{5.64}$$

并且选择

$$f_N^* = \arg\min_i \tilde{P}_e(f_{N,i}^*) \tag{5.65}$$

于是，当 $N\to\infty$时，$P_e(f_N^*)$以概率 1 趋于 P_B。注意，在这个最小化界中，第二项$\phi\left(\frac{V_{c,\mathcal{F}^{(i)}}}{N}\right)$是一个复杂性惩罚项，它随着网络复杂性（即函数类别的大小和$V_{c,\mathcal{F}^{(i)}}$）的增加而增加。一方面，如果分类器模型过于简单，那么式(5.64)中的惩罚项小，但是经验误差项大。另一方面，如果分类器模型过于复杂，那么经验误差项小，但是惩罚项大。结构风险最小化准则的目的是在这两项之间获得最好的折中，详见图 5.9 中的说明。

从这个观点看，结构风险最小化原理是一类更通用的方法，它通过同时考虑模型复杂性和性能指标来估计系统的阶数。取决于用来度量模型复杂性和对应性能指标的函数，会得到不同的准

则。例如，在 Akaike 信息准则[Akai 74]中，使用对数似然函数的值（对应于未知参数的最大似然估计）代替了经验误差，且复杂性项与待估计的自由参数的数量成正比，详见 5.11 节和 16.4.1 节。

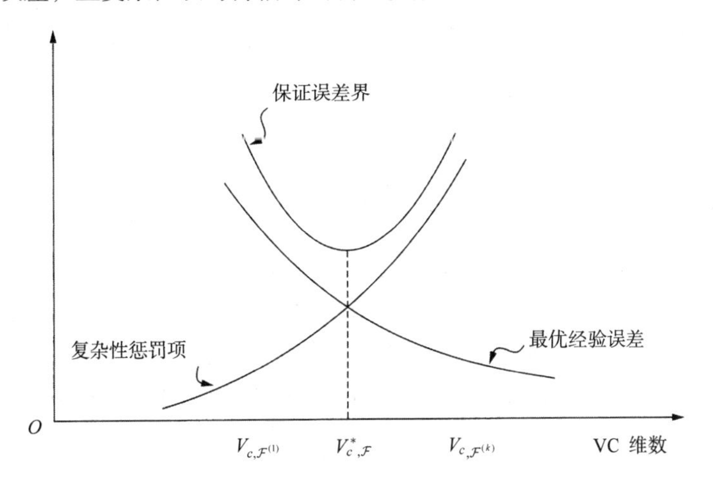

图 5.9 对于固定的 N，随着模型的 VC 维数的增加，复杂性惩罚项增大，最优经验误差下降。根据 SRM 原理选择模型的目的是，在对应于最小保证误差界的两项之间实现较好的折中。注意，$V_{c,\mathcal{F}^{(1)}} < V^*_{c,\mathcal{F}} < V_{c,\mathcal{F}^{(k)}}$，这意味着 $\mathcal{F}^{(1)} \subset \mathcal{F}^* \subset \mathcal{F}^{(k)}$

文献[Lin 02]中给出了式(3.93)中所示 SVM 代价函数的另一种解释。这种典型的正则化方法由两项组成，即数据拟合函数项($\sum_i I(\xi_i)$)和正则化惩罚项($\|\boldsymbol{w}\|^2$)。后者是一个复杂性相关项，其作用是防止过拟合。一般来说，当 $N \to \infty$ 时，数据拟合项逼近一个极限泛函。在某些常规条件下，当 $N \to \infty$ 时，由正则化方法得到的估计是这个数据拟合极限泛函的最小值。业已证明，在 SVM 情形下，极限数据拟合极限泛函的最小值就是贝叶斯最优准则，且当 $N \to \infty$ 时，SVM 解逼近贝叶斯最优准则，前提是核函数要保证一个足够丰富的空间（RKHS）并适当地选择平滑参数 C。这个有趣的结果很好地关联了 SVM 和贝叶斯最优准则。

注释

- SRM 方法为构建渐近收敛到最优贝叶斯分类器提供了理论指导。然而，我们不能错误地理解用来实现这一目的的式(5.57)中的界。对于实践中使用的任何界，我们都需要额外的信息。例如，这个界是松的还是紧的？直到今天，这个问题仍然没有答案。我们可以构建 VC 维数较大的分类器，但它们的性能可能是较好的。一个典型的例子是最近邻（NN）分类器，其 VC 维数是无限的。事实上，由于我们知道所有 N 个训练点的类别标注，所以 NN 分类器能够正确地分类所有训练点，且对应的粉碎系数是 2^N。然而，我们通常认为这个分类器在实践中的泛化性能是相当好的。相比之下，我们也可构建一个 VC 维数有限的分类器，但其性能通常是很差的[Burg 98]。总之，必须记住的是，两个分类器具有相同的经验误差时，并不意味着具有较小 VC 维数的分类器的性能更好。
- 观察发现，在前面给出的所有界中，并未假设数据集的统计分布是已知的。也就是说，它们是自由分布的界。

支持向量机

前面说过，l 维空间中的线性分类器的 VC 维数是 $l+1$。然而，要求类别之间留出最大边缘的超平面，其 VC 维数可能较小。

假设 r 是包含所有数据的最小（超）球体的半径（见习题 5.23），即

$$\|\boldsymbol{x}_i\| \leqslant r,\ i = 1, 2, \cdots, N$$

于是，如果一个超平面满足式(3.73)中的条件，且

$$\|\boldsymbol{w}\|^2 \leqslant c$$

其中 c 是一个常量，那么它的 VC 维数 V_c 的界为[Vapn 98]

$$V_c \leqslant \min(r^2 c, l) + 1 \tag{5.66}$$

也就是说，分类器的能力可以由特征空间的维数单独控制。事实上，这是非常有意义的。它基本上是说，分类器的能力不一定与未知参数的数量相关，这是一个更通用的结论。要进一步强调的是，可以构建具有无限 VC 维数且只有一个自由参数的分类器，详见文献[Burg 98]。下面考虑界序列

$$c_1 < c_2 < c_3 < \cdots$$

它定义了如下分类器序列：

$$\mathcal{F}^i : \left\{\boldsymbol{w}^{\mathrm{T}}\boldsymbol{x} + w_0 : \|\boldsymbol{w}\|^2 \leqslant c_i\right\} \tag{5.67}$$

式中，

$$\mathcal{F}^i \subset \mathcal{F}^{i+1}$$

如果分类器是可分的，那么经验误差为零。因此，最小化范数 $\|\boldsymbol{w}\|$ 等同于最小化 VC 维数（VC 维数的上界）。因此，结论是 SVM 分类器的设计体现了 SRM 原理的精髓。因此，保持 VC 维数最小意味着我们希望支持向量机具有良好的泛化性能，详见文献[Vapn 98, Burg 98]。

本节中所有公式的本质和讨论是，分类器的性能和精度严重依赖于两个参数：VC 维数和用于训练的特征向量的数量。VC 维数与描述分类器的自由参数可能有关，也可能无关。例如，在感知线性分类器中，VC 的维数与自由参数的数量一致。然而，我们可以构建 VC 维数小于或大于自由参数数量的非线性分类器[Vapn 98, p. 159]。SVM 的设计方法允许我们“把玩”VC 维数［使 $\|\boldsymbol{w}\|$ 最小，见式(5.66)］得到良好的泛化性能，但该设计可能需要在高维（甚至无限维）空间中进行。

使用 PAC 学习理论提供的工具，从不同的方向进行挖掘，可以得到许多自由分布和自由维数的界。这些界隐含着 SVM 设计的一个关键性质：最大化边缘（SVM 只是这个分类器家族中的一员，它试图最大化界，使得训练点远离对应的决策面，详见第 4 章末的讨论）。尽管关于该主题的详细讨论超出了本书的范围，但为了强调这个问题，下面给出能够消除特征空间维数对泛化性能的影响的两个相关的界。

假设所有的已知特征向量都位于半径为 R（即 $\|\boldsymbol{x}\| \leqslant R$）的一个球体内，并且假设分类器是线性的、归一化的（即 $\|\boldsymbol{w}\| = 1$），是用 N 个随机选择的训练向量得到的。如果得到的分类器的边缘是 2γ（根据 3.7.1 节中关于边缘的定义），且所有训练向量都位于该边缘外，那么对应的真实错误概率（推广误差）不大于

$$\frac{c}{N}\left(\frac{R^2}{\gamma^2}\ln^2 N + \ln\left(\frac{1}{\rho}\right)\right) \tag{5.68}$$

式中，c 是一个常量，且这个界为真的概率至少为 $1-\rho$。于是，类似 SVM 情形，使得这个边缘最

大可以增强界，如果选用的核函数如此规定[Bart 99, Cris 00]，那么即使是在无限维空间中也能执行这一操作。结果是合乎逻辑的。如果在一组随机选择的训练点集上边缘较大，那么分类器就具有较大的置信度，进而具有好性能的概率较高。

前面给出的界是在所有点均被正确分类的假设下推出的。此外，边缘限制表明，对所有训练点有 $y_i f(\boldsymbol{x}_i) \geqslant \gamma$，其中 $f(\boldsymbol{x})$ 是线性分类器［决策根据 $\text{sign}(f(\boldsymbol{x}))$ 做出］。在实践中有一个有趣的界，此时有些训练点被错误地分类。设 k 是满足 $y_i f(\boldsymbol{x}_i) < \gamma$ 的点数［乘积 $yf(\boldsymbol{x})$ 也称 $(y, \boldsymbol{x})$ 相对于分类器 $f(\boldsymbol{x})$ 的泛函边缘］。显然，乘积允许是负值。可以证明，直实错误概率至少为 $1-\rho$ 的上界是[Bart 99, Cris 00]

$$\frac{k}{N} + \sqrt{\frac{c}{N}\left(\frac{R^2}{\gamma^2}\ln^2 N + \ln\left(\frac{1}{\rho}\right)\right)} \tag{5.69}$$

另一个界将 SVM 分类器的误差性能与支持向量的数量关联起来。文献[Bart 99]中证明，如果 N 是训练向量的数量，N_s 是支持向量的数量，那么对应真实错误概率的界是

$$\frac{1}{N - N_s}\left(N_s \log_2 \frac{\mathrm{e}N}{N_s} + \log_2 \frac{N}{\rho}\right) \tag{5.70}$$

式中，e 是自然对数的底，界至少以概率 $1-\rho$ 保持为真。注意，这个界也与特征空间的维数无关。界随着 N_s 增加，使用大量支持向量（相对于 N）设计 SVM 的用户要注意所得 SVM 分类器的性能。

前面的 3 个界表明，误差性能可由 N_s 和 γ 控制。在实践中，我们可能会得到大量的支持向量和较大的边缘。在这种情况下，可以评估具有高置信度的误差性能，具体取决于两个界值中较低的那个。

5.11 贝叶斯信息准则

前几节中讨论的结构风险最小化原理是一种通用的分类方法，它通过同时考虑模型复杂性和性能指标来估计系统的阶。我们可以得到不同的准则，具体取决于用来度量模型复杂性及对应性能指标的函数。本节重点介绍这样的一个准则，它通过贝叶斯理论来解决模型选择问题。此外，其结构类似于过去几年来提出的一些常用准则。尽管这类准则缺乏简洁性和 SRM 原理的泛化性，但是它们仍然适用于多种情形。此外，从另一个角度来说，它们能够折中性能与复杂性。

设 $\mathcal{D} = \{(\boldsymbol{x}_i, y_i), i = 1, 2, \cdots, N\}$ 是训练数据集。我们重点关注贝叶斯分类问题，目标是为类别后验概率类选择参数模型；也就是说，对于 M 分类问题，有 $P(y_i|\boldsymbol{x};\boldsymbol{\theta}), y_i \in \{1, 2, \cdots, M\}$。用于最优选择未知参数 $\boldsymbol{\theta}$ 的代价是在训练集上计算的对数似然函数，即 $L(\boldsymbol{\theta}) = \ln p(\mathcal{D}|\boldsymbol{\theta})$。

设 $\mathcal{M}_m$ 是由参数集 $\boldsymbol{\theta}_m$ 描述的模型之一，其中 m 是备选模型的数量。假设对于每个模型，我们知道相对于 $\boldsymbol{\theta}_m$ 的分布的先验信息，即概率密度函数 $p(\boldsymbol{\theta}_m|\mathcal{M}_m)$。我们的目的是在所有备选模型中选择一个模型，使得后验概率 $P(\mathcal{M}_m|\mathcal{D})$ 最大。根据贝叶斯理论，有

$$P(\mathcal{M}_m|\mathcal{D}) = \frac{P(\mathcal{M}_m)p(\mathcal{D}|\mathcal{M}_m)}{p(\mathcal{D})} \tag{5.71}$$

如果进一步假设所有的模型是等概率的，那么可以消去 $P(\mathcal{M}_m)$。对所有模型均相同的联合数据概率密度函数 $p(\mathcal{D})$ 也可消去，目的是使得下式最大：

$$p(\mathcal{D}|\mathcal{M}_m) = \int p(\mathcal{D}|\boldsymbol{\theta}_m, \mathcal{M}_m)p(\boldsymbol{\theta}_m|\mathcal{M}_m)\mathrm{d}\boldsymbol{\theta}_m \tag{5.72}$$

采用一系列假设（如 $\boldsymbol{\theta}_m$ 的高斯分布）及积分的拉普拉斯近似[Schw 79, Ripl 96]，并在式(5.72)的两侧取对数，可得

$$\ln p(\mathcal{D}|\mathcal{M}_m) = L(\hat{\boldsymbol{\theta}}_m) - \frac{K_m}{2}\ln N \tag{5.73}$$

式中，$L(\hat{\boldsymbol{\theta}}_m)$是在ML估计$\hat{\boldsymbol{\theta}}_m$处计算的对数似然函数，$K_m$是自由参数的数量（即$\boldsymbol{\theta}_m$的维数）。同样，我们也可寻找式(5.74)的最小值。

$$\text{BIC} = -2L(\hat{\boldsymbol{\theta}}_m) + K_m \ln N \tag{5.74}$$

该准则被称为贝叶斯信息准则（Bayesian Information Criterion, BIC）或Schwartz准则。换句话说，由这个准则给出的最好模型取决于：(a) 对数似然函数的最大值（即采用的性能指标）；(b) 依赖于模型复杂性和数据点数的项。如果模型简单到不能描述已知数据集的分布，那么这个准则中的第一项将有一个大值，因为从这个模型得到集合$\mathcal{D}$的概率很小。另一方面，如果模型是复杂的，即要使用大量自由参数来充分地描述数据，那么第一项将有一个小值，而第二项有一个大值。BIC在这两项之间进行折中。可以证明，BIC是渐近一致的，这意味着备选模型中有一个模型是正确的，那么当$N\to\infty$时，BIC选择正确模型的概率趋于1。

Akaike信息准则（AIC）[Akai 74]尽管是采用不同方法推出的，但是也有类似的结构，唯一的不同位于第二项中，即用$2K_m$代替了$K_m\ln N$（见16.4.1节）。在实践中，具体使用哪个模型并不明确。报道称，对较大的N值，AIC倾向于选择非常复杂的模型。另一方面，对于较小的N值，BIC倾向于选择简单的模型[Hast 01]。除了前面的两个准则，还有许多其他的准则，见文献[Riss 83, Mood 92, Leth 96, Wang 98]。关于这些技术的回顾，请参阅文献[Rip1 96, Hast 01, Stoi 04a, Stoi 04b]。

习题

5.1 在5.3节的Trunk例子中，证明变量z的均值和方差分别是$E[z]=\|\boldsymbol{\mu}\|^2=\sum_{i=1}^{l}\frac{1}{i}$和$\sigma_z^2=\|\boldsymbol{\mu}\|^2$，并证明错误概率为

$$P_e = \int_{b_l}^{\infty}\frac{1}{\sqrt{2\pi}}\exp\left(-\frac{z^2}{2}\right)\mathrm{d}z \tag{5.75}$$

式中，

$$b_l = \sqrt{\sum_{i=1}^{l}\frac{1}{i}} \tag{5.76}$$

5.2 在习题5.1的Trunk例子中，证明在不知道均值的情况下，z的均值和方差分别由式(5.7)和式(5.8)给出。推导错误概率的公式，证明当特征数量趋于无穷时其值趋于0.5。

5.3 如果$x_i, y_i, i=1,2,\cdots,N$是方差均为σ^2的两个高斯分布的独立样本，证明随机变量$\frac{(2N-2)s_z^2}{\sigma^2}$是卡方分布的，其自由度为$2N-2$，其中

$$s_z^2 = \frac{1}{2N-2}\left(\sum_{i=1}^{N}(x_i-\bar{x})^2 + \sum_{i=1}^{N}(y_i-\bar{y})^2\right)$$

式中，$\bar{x},\bar{y}$分别是两个样本的均值。

5.4 设N_1和N_2分别是两个类别中一个特征的已知值。假设该特征在每个类别中服从方差相同的高斯分布。定义检验统计量

$$q = \frac{(\bar{x}-\bar{y})-(\mu_1-\mu_2)}{s_z\sqrt{\frac{1}{N_1}+\frac{1}{N_2}}} \tag{5.77}$$

式中，

$$s_z^2 = \frac{1}{N_1 + N_2 - 2}\left(\sum_{i=1}^{N_1}(x_i - \bar{x})^2 + \sum_{i=1}^{N_2}(y_i - \bar{y})^2\right)$$

且μ_1和μ_2分别是两个类别的真实均值。证明 q 服从自由度为 $N_1 + N_2 - 2$ 的 t 分布。

5.5 证明矩阵

$$\boldsymbol{A} = \begin{bmatrix} \frac{1}{\sqrt{n}} & \frac{1}{\sqrt{n}} & \frac{1}{\sqrt{n}} & \cdots & \frac{1}{\sqrt{n}} \\ \frac{-1}{\sqrt{2}} & \frac{1}{\sqrt{2}} & 0 & \cdots & 0 \\ \frac{-1}{\sqrt{6}} & \frac{-1}{\sqrt{6}} & \frac{2}{\sqrt{6}} & \cdots & 0 \\ \vdots & \vdots & \vdots & \ddots & \vdots \\ \frac{-1}{\sqrt{n(n-1)}} & \frac{-1}{\sqrt{n(n-1)}} & \frac{-1}{\sqrt{n(n-1)}} & \cdots & \frac{n-1}{\sqrt{n(n-1)}} \end{bmatrix}$$

是正交的，即 $\boldsymbol{A}\boldsymbol{A}^{\mathrm{T}} = \boldsymbol{I}$。

5.6 证明：若 x_i, $i = 1, 2,\cdots, l$ 服从联合高斯分布，则经过线性变换后的 l 个变量 y_i, $i = 1, 2,\cdots, l$ 也服从联合高斯分布。此外，若 x_i 相互独立且变换是正交的，则 y_i 也相互独立并服从高斯分布。

5.7 设 ω_i, i=1, 2,$\cdots$, M 是分类任务中的类别。将一个特征的可能值划分为子区间Δ_j, j=1, 2,$\cdots$,K。若 $P(\Delta_j)$是在各自的子区间中有值的概率，且 $P(\omega_i|\Delta_j)$是 ω_i 位于这个区间的概率，证明模糊函数

$$A = -\sum_i \sum_j P(\Delta_j)P(\omega_i|\Delta_j)\log_M(P(\omega_i|\Delta_j))$$

对完全重叠的分布等于 1，对完全分离的分布等于 0，对其他情形为 0 与 1 之间的值。于是，这个函数可以用作分布重叠准则[Fine 83]。

5.8 证明：若 $d_{ij}(x_1, x_2,\cdots, x_m)$是基于 m 个特征的类别散度，那么加入一个新特征 x_{m+1} 后不能减小散度，即

$$d_{ij}(x_1, x_2, \cdots, x_m) \leqslant d_{ij}(x_1, x_2, \cdots, x_m, x_{m+1})$$

5.9 证明：若在两个类别中，密度函数都是高斯分布的，且协方差矩阵Σ相同，则在特征向量中加入一个新特征 x_{m+1} 后，新散度可由下式递归计算：

$$d_{ij}(x_1, \cdots, x_{m+1}) = d_{ij}(x_1, \cdots, x_m) + \frac{[(\mu_i - \mu_j) - (\boldsymbol{\mu}_i - \boldsymbol{\mu}_j)^{\mathrm{T}}\Sigma^{-1}\boldsymbol{r}]^2}{\sigma^2 - \boldsymbol{r}^{\mathrm{T}}\Sigma^{-1}\boldsymbol{r}}$$

式中，μ_i, μ_j 是 x_{m+1} 在两个类别中的均值，σ^2 是方差，$\boldsymbol{r}$ 是 $\boldsymbol{x}$ 的其他元素的互协方差向量，$\boldsymbol{\mu}_i, \boldsymbol{\mu}_j$ 是 x_{m+1} 前面 $\boldsymbol{x}$ 的均值向量。若现在解除 x_{m+1} 与此前所选特征 $x_1,\cdots,x_m$ 的相关，则有

$$d_{ij}(x_1, \cdots, x_{m+1}) = d_{ij}(x_1, \cdots, x_m) + \frac{(\mu_i - \mu_j)^2}{\sigma^2}$$

5.10 证明：如果多个特征是统计独立的，那么散度为

$$d_{ij}(x_1, x_2, \cdots, x_l) = \sum_{i=1}^{l} d_{ij}(x_i)$$

5.11 证明：在高斯分布下，切尔诺夫界为

$$\epsilon_{\mathrm{CB}} = \exp(-b(s))$$

式中，

$$b(s) = \frac{s(1-s)}{2}(\boldsymbol{\mu}_i - \boldsymbol{\mu}_j)^{\mathrm{T}}[s\Sigma_j + (1-s)\Sigma_i]^{-1}(\boldsymbol{\mu}_i - \boldsymbol{\mu}_j) + \frac{1}{2}\ln\frac{|s\Sigma_j + (1-s)\Sigma_i|}{|\Sigma_j|^s|\Sigma_i|^{1-s}}$$

取 s 的导数，证明对于等协方差矩阵，当 $s=1/2$ 时得到最优值。于时，在这种情形下，$b(s)$ 等于巴氏距离。

5.12 证明混合散布矩阵是类内散布矩阵和类间散布矩阵之和。

5.13 证明式(5.29)中的互相关系数位于区间[−1, 1]内。提示：使用 Schwartz 不等式$|\boldsymbol{x}^{\mathrm{T}}\boldsymbol{y}| \leqslant \|\boldsymbol{x}\|\|\boldsymbol{y}\|$。

5.14 证明：对于二分类问题和高斯分布特征向量（两个类别中的协方差矩阵相同），假定它们是等概率的，那么散度等于$\mathrm{tr}\{\boldsymbol{S}_w^{-1}\boldsymbol{S}_b\}$。

5.15 证明使用后向搜索技术找到的组合数为$1+1/2((m+1)m-l(l+1))$。

5.16 证明式(5.37)中广义瑞利熵的最优解满足式(5.38)。

5.17 证明

$$\frac{\partial}{\partial \boldsymbol{A}}\mathrm{tr}\{(\boldsymbol{A}^{\mathrm{T}}\boldsymbol{S}_1\boldsymbol{A})^{-1}(\boldsymbol{A}^{\mathrm{T}}\boldsymbol{S}_2\boldsymbol{A})\} = -2\boldsymbol{S}_1\boldsymbol{A}(\boldsymbol{A}^{\mathrm{T}}\boldsymbol{S}_1\boldsymbol{A})^{-1}(\boldsymbol{A}^{\mathrm{T}}\boldsymbol{S}_2\boldsymbol{A})(\boldsymbol{A}^{\mathrm{T}}\boldsymbol{S}_1\boldsymbol{A})^{-1} + 2\boldsymbol{S}_2\boldsymbol{A}(\boldsymbol{A}^{\mathrm{T}}\boldsymbol{S}_1\boldsymbol{A})^{-1}$$

5.18 证明：对于 M 分类问题，矩阵 $\boldsymbol{S}_b$ 的秩是 $M-1$。提示：回顾 $\boldsymbol{\mu}_0 = \sum_i P_i\boldsymbol{\mu}_i$。

5.19 证明：如果 $f_i(\boldsymbol{x}), i=1,\cdots,M$ 是 M 分类问题的判别函数，那么可以用它们构建 $M-1$ 个新函数，这些函数原则上足以用于分类。提示：考虑差值 $f_i(\boldsymbol{x})-f_j(\boldsymbol{x})$。

5.20 证明：对于二分类问题，矩阵 $\boldsymbol{S}_w^{-1}\boldsymbol{S}_b$ 的非零特征值是

$$\lambda_1 = P_1P_2(\boldsymbol{\mu}_1 - \boldsymbol{\mu}_2)^{\mathrm{T}}\boldsymbol{S}_{xw}^{-1}(\boldsymbol{\mu}_1 - \boldsymbol{\mu}_2)$$

对应的特征向量是

$$\boldsymbol{v}_1 = \boldsymbol{S}_{xw}^{-1}(\boldsymbol{\mu}_1 - \boldsymbol{\mu}_2)$$

式中，P_1, P_2 是两个类别的概率。

5.21 证明：如果$\Sigma_1\Sigma_2$是两个协方差矩阵，那么$\Sigma_1^{-1}\Sigma_2$相对于Σ_1是正交的，即

$$\boldsymbol{v}_i^{\mathrm{T}}\Sigma_1\boldsymbol{v}_j = \delta_{ij}$$

提示：使用Σ_1和Σ_2同时是对角化的这一事实（见附录 B）。

5.22 证明：在具有线性输出节点的多层感知器中，最小化平方误差等同于最大化式(5.51)。

提示：假设非线性节点的权重固定，首先计算驱动线性输出节点 LS 的最优权重，然后将这些值代入误差平方代价函数的和中。

5.23 计算点集 $\boldsymbol{x}_i, i=1,2,\cdots,N$ 的最小外接（超）球，即点集的半径和中心。

MATLAB 编程和练习

上机编程

5.1 散布矩阵。编写一个名为 scatter_mat 的 MATLAB 函数，对 c 分类问题，计算(a)类内散布矩阵（$\boldsymbol{S}_w$）、(b)类间散布矩阵（$\boldsymbol{S}_b$）和混合散布矩阵（$\boldsymbol{S}_m$），函数的输入为：(a) 一个 $l\times N$ 维矩阵 $\boldsymbol{X}$，它的第 i 行是第 i 个数据向量；(b) 一个 N 维行向量 y，它的第 i 个元素包含 $\boldsymbol{X}$ 中第 i 个向量的类别标注（整数 $j=1,\cdots,c$ 表示第 j 个类别）。

解：

```
function [Sw,Sb,Sm]=scatter_mat(X,y)
  [l,N]=size(X);
c=max(y);
%Computation of class mean vectors, a priori prob. and
%Sw
m=[];
Sw=zeros(l);
for i=1:c
  y_temp=(y==i);
  X_temp=X(:,y_temp);
  P(i)=sum(y_temp)/N;
  m(:,i)=(mean(X_temp'))';
  Sw=Sw+P(i)*cov(X_temp');
end
%Computation of Sb
m0=(sum(((ones(l,1)*P).*m)'))';
Sb=zeros(l);
for i=1:c
  Sb=Sb+P(i)*((m(:,i)-m0)*(m(:,i)-m0)');
end
%Computation of Sm
Sm=Sw+Sb;
```

5.2 J_3准则。编写一个名为 J3_comp 的 MATLAB 函数，其输入为类内散布矩阵（$\boldsymbol{S}_w$）和类间散布矩阵（$\boldsymbol{S}_m$），返回 J_3 准则的值。

解：

```
function J3=J3_comp(Sw,Sm)
J3=trace(inv(Sw)*Sm);
```

5.3 最好的特征组合。编写一个名为 features_best_combin 的 MATLAB 函数，其输入是：(a) 一个 $l \times N$ 维矩阵 $\boldsymbol{X}$，它的第 i 行是第 i 个数据向量；(b) 一个 N 维行向量 $\boldsymbol{y}$，它的第 i 个元素包含 $\boldsymbol{X}$ 中第 i 个向量的类别标注(整数 j 表示第 j 个类别，$j = 1, 2,\cdots, c$)；(c) 整数 q，即所需特征的数量。程序的返回值是，根据 J_3 准则，从 l 个已知特征中选择的 q 个最好组合特征。

解：

```
function id=features_best_combin(X,y,q)
  [l,N]=size(X);
  J3_max=0;
  id=[];
  combin=nchoosek(1:l,q);
  for j=1:size(combin,1)
  X1=X(combin(j,:),:);
  [Sw,Sb,Sm]=scatter_mat(X1,y);
  J3=J3_comp(Sw,Sm)
  if(J3>J3_max)
    J3_max=J3;
    id=combin(j,:);
  end
end
```

5.4 FDR 准则。编写一个名为 FDR_comp 的 MATLAB 函数，返回一个 c 分类问题的 FDR 指标；输入为：(a) 一个 $l \times N$ 维矩阵 $\boldsymbol{X}$，它的第 i 行是第 i 个数据向量；(b) 一个 N 维行向量 $\boldsymbol{y}$，它的第 i 个元素包含 $\boldsymbol{X}$ 中第 i 个向量的类别标注（整数 j 表示第 j 个类别，$j = 1, 2, \cdots, c$）；(c) 特征的指标为 ind，通过它可以计算 FDR。

解：

```
function FDR=FDR_comp(X,y,ind)
  [l,N]=size(X);
  c=max(y);
  for i=1:c
    y_temp=(y==i);
    X_temp=X(ind,y_temp);
    m(i)=mean(X_temp);
    vari(i)=var(X_temp);
  end
  a=nchoosek(1:c,2);
  q=(m(a(:,1))-m(a(:,2))).^ 2 ./ (vari(a(:,1))+vari(a(:,2)))';
  FDR=sum(q);
```

上机实验

5.1 **a**．由零均值单位方差正态分布生成 $N_1 = 100$ 个随机数，由均值为 2 的单位方差正态分布生成 $N_2 = 100$ 个随机数。假设这些数字对应于二分类任务中所取的一个具体特征的值。使用 t 检验，检查该特征均值假设在 5%的显著性水平下，对两个类别是否明显不同。

b．第二个分布的均值是 0.2 时，重做 a 问。

c．当 $N_1 = 150$ 和 $N_2 = 200$ 时，重做 a 问和 b 问，并评价结果。

提示：使用 MATLAB 中的 normrnd 函数生成随机数和 ttest2，执行 t 检验。

5.2 **a**．(1) 由均值向量为$[-10,\ -10]^{\mathrm{T}}, [-10,\ 10]^{\mathrm{T}}, [10,\ -10]^{\mathrm{T}}, [10,\ 10]^{\mathrm{T}}$、方差矩阵为 $0.2*\boldsymbol{I}$ 的正态分布生成 4 个集合，每个集合都由 100 个二维向量组成。这些集合构成一个 4 分类二维问题的数据集（每个集合对应一个类别）。(2) 散布矩阵计算 $\boldsymbol{S}_w$、$\boldsymbol{S}_b$ 和 $\boldsymbol{S}_m$。(3) 计算准则 J_3 的值。

b．当用来生成数据的正态分布的均值是$[-1,\ -1]^{\mathrm{T}}, [-1,\ 1]^{\mathrm{T}}, [1,\ -1]^{\mathrm{T}}, [1,\ 1]^{\mathrm{T}}$ 时，重做 a 问。

c．当用来生成数据的正态分布的方差矩阵为 $3*\boldsymbol{I}$ 时，重做 a 问。

5.3 由均值为$[0, 0, 0, 0, 0]^{\mathrm{T}}$ 和$[0, 2, 2, 3, 3]^{\mathrm{T}}$、方差矩阵为

$$\begin{bmatrix} 0.5 & 0 & 0 & 0 & 0 \\ 0 & 0.5 & 0 & 0 & 0 \\ 0 & 0 & 1 & 0 & 0 \\ 0 & 0 & 0 & 1 & 0 \\ 0 & 0 & 0 & 0 & 1.5 \end{bmatrix}$$

的正态分布生成两个集合，每个集合都由 100 个 5 维向量组成。这些集合构成一个二分类问题的数据集（每个集合对应一个类别）。使用 J_3 准则找到如下条件下的最好特征组合：

a．特征是逐个考虑的。

b．特征是成对考虑的。

c．特征是成三元组考虑的。

d．证明结果的正确性。

5.4 **a**．(1) 由均值为$[2,\ 4]^{\mathrm{T}}$, $[2.5,\ 10]^{\mathrm{T}}$、方差矩阵为 2×2 单位矩阵 $\boldsymbol{I}$ 的正态分布生成两个集合，

每个集合都由 100 个二维向量组成。这些集合构成一个二分类二维问题的数据集（每个集合对应一个类别）。(2) 对所有特征计算 FDR 指数的值。

b. 当用来生成数据的正态分布的方差矩阵为 $0.25\boldsymbol{I}$ 时，重做 a 问。

c. 对结果进行讨论。

参考文献

[Akai 74] Akaike H. "A new look at the statistical model identification," *IEEE Transactions on Automatic Control*, Vol. 19(6), pp. 716-723, 1974.

[Ambr 02] Ambroise C., McLachlan G.J. "Selection bias in gene extraction on the basis of microarray gene-expression data," *Proceedings of the National Academy of Sciences*, Vol. 99(10), pp. 6562-6566, 2002.

[Bart 99] Bartlett P., Shawe-Taylor J. "Generalization performance of support vector machines and other pattern classifiers," in *Advances in Kernel Methods: Support Vector Learning* (Schcölkopf S., Burges J.C., Smola A., eds.), MIT Press, 1999.

[Bati 94] Batiti R. "Using mutual information for selecting features in supervised neural network learning," *IEEE Transactions on Neural Networks*, Vol. 5(8), pp. 537-550, 1994.

[Baud 00] Baudat G., Anouar F. "Generalized discriminant analysis using a kernel approach," *Neural Computation*, Vol. 12(10), pp. 2385-2404, 2000.

[Baum 89] Baum E.B., Haussler D. "What size net gives valid generalization," *Neural Computation*, Vol. 1(1), pp. 151-160, 1989.

[Belh 97] Belhumeour P.N., Hespanha J.P., Kriegman D.J. "Eigenfaces vs Fisherfaces: Recognition using class specific linear projection," *IEEE Transactions on Pattern Analysis and Machine Intelligence*, Vol. 19(7), pp. 711-720, 1997.

[Bish 95] Bishop C. *Neural Networks for Pattern Recognition*, Oxford University Press, 1995.

[Bour 88] Bourland H., Kamp Y. "Auto-association by multilayer perceptrons and singular value decomposition," *Biological Cybernetics*, Vol. 59, pp. 291-294, 1988.

[Brad 97] Bradley A. "The use of the area under the ROC curve in the evaluation of machine learning algorithms," *Pattern Recognition*, Vol. 30(7), pp. 1145-1159, 1997.

[Brun 00] Brunzell H., Erikcson J. "Feature reduction for classification of multidimensional data," *Pattern Recognition*, Vol. 33, pp. 1741-1748, 2000.

[Burg 98] Burges C.J.C. "A tutorial on support vector machines for pattern recognition," *Data Mining and Knowledge Discovery*, Vol. 2(2), pp. 1-47, 1998.

[Butz 05] Butz T., Thiran J.P. "From error probability to information theoretic (multi-modal) signal processing," *Signal Processing*), Vol. 85(5), pp. 875-902, 2005.

[Cevi 05] Cevikalp H., Neamtu M., Wilkes M., Barkana A. "Discriminative common vectors for face recognition," *IEEE Trans. on Pattern Analysis and Machine Intelligence*, Vol. 27(1), pp. 4-13, 2005.

[Chat 97] Chatterjee C., Roychowdhury V. "On self-organizing algorithms and networks for class-separability features," *IEEE Transactions on Neural Networks*, Vol. 8(3), pp. 663-678, 1997.

[Chen 00] Chen L.-F., Liao H.-Y.M., Ko M.-T., Lin J.-C., Yu G.-J. "A new LDA-based face recognition system which can solve the small sample size problem," *Pattern Recognition*, Vol. 33(10), pp. 1713-1726, 2000.

[Choi 03] Choi E., Lee C. "Feature extraction based on the Bhattacharyya distance," *Pattern Recognition Letters*, Vol. 36, pp. 1703-1709, 2003.

[Cris 00] Cristianini N., Shawe-Taylor J. *An Introduction to Support Vector Machines and Other Kernel-Based Learning Methods*, Cambridge University Press, Cambridge, MA, 2000.

[Devi 82] Devijver P.A., Kittler J. *Pattern Recognition; A Statistical Approach*, Prentice Hall, 1982.

[Devr 96] Devroye L., Gyorfi L., Lugosi G. *A Probabilistic Theory of Pattern Recognition*, Springer-Verlag, 1996.

[Duin 00] Duin R.P.W. "Classifiers in almost empty spaces," *Proceedings of the 15th Int. Conference on Pattern Recognition (ICPR)*, vol. 2, Pattern Recognition and Neural Networks, IEEE Computer Society Press, 2000.

[Erdo 03] Erdogmus D., Principe J. "Lower and upper bounds for misclassification probability based on Renyi' s information," *Journal of VLSI Signal Processing*, 2003.

[Fine 83] Finette S., Bleier A., Swindel W. "Breast tissue classification using diagnostic ultrasound and pattern recognition techniques: I. Methods of pattern recognition," *Ultrasonic Imaging*, Vol. 5, pp. 55-70, 1983.

[Fish 36] Fisher R.A. "The use of multiple measurements in taxonomic problems," *Annals of Eugenics*, Vol. 7, pp. 179-188, 1936.

[Fras 58] Fraser D.A.S. *Statistics: An Introduction*, John Wiley & Sons, 1958.

[Frie 89] Friedman J.H. "Regularized discriminant analysis," *Journal of American Statistical Association*, Vol. 84, pp. 165-175, 1989.

[Fuku 90] Fukunaga K. *Introduction to Statistical Pattern Recognition*, 2nd ed., Academic Press, 1990.

[Gelm 95] Gelman A., Rubin D.B., Carlin J., Stern H. *Bayesian Data Analysis*, Chapman & Hall, London, 1995.

[Ghah 94] Ghaharamani Z., Jordan M.I. "Supervised learning from incomplete data via the EM approach," in *Advances in Neural Information Processing Systems* (Cowan J.D., Tesauro G.T., Alspector J., eds), Vol. 6, pp. 120-127, Morgan Kaufmann, San Mateo, CA, 1994.

[Guyo 03] Guyon I, Elisseeff A. "An introduction to variable and feature selection," *Journal of Machine Learning Research*, Vol. 3, pp. 1157-1182, 2003.

[Hams 08] Hamsici O. C., Martinez A. M. " Bayes optimality in LDA," *IEEE Transactions on Pattern Analysis and Machine Intelligence*, Vol. 30(4), pp. 647-657, 2008.

[Hast 95] Hastie T., Tibshirani R. "Penalized discriminant analysis," *Annals of Statistics*, Vol. 23, pp. 73-102, 1995.

[Hast 01] Hastie T., Tibshirani R., Friedman J. *The Elements of Statistical Learning*, Springer, 2001.

[Hube 81] Huber P.J. *Robust Statistics*, John Wiley & Sons, 1981.

[Hush 93] Hush D.R., Horne B.G. "Progress in supervised neural networks," *Signal Processing Magazine*, Vol. 10(1), pp. 8-39, 1993.

[Jain 97] Jain A., Zongker D. "Feature selection: Evaluation, application, and small sample performance," *IEEE Transactions on Pattern Analysis and Machine Intelligence*, Vol. 19(2), pp. 153-158, 1997.

[Kim 07] Kim C., Choi C.-H. " A discriminant analysis using composite features for classification problems," *Pattern Recognition*, Vol. 40(11), pp. 2958-2967, 2007.

[Kitt 78] Kittler J. "Feature set search algorithms," in *Pattern Recognition and Signal Processing* (Chen C.H., ed.), pp. 41-60, Sijthoff and Noordhoff, Alphen aan den Rijn, The Netherlands, 1978.

[Kram 91] Kramer M.A. "Nonlinear principal component analysis using auto-associative neural networks," *AIC Journal*, Vol. 37(2), pp. 233-243, 1991.

[Kulb 51] Kullback S., Liebler R.A. "On information and sufficiency," *Annals of Mathematical Statistics*, Vol. 22, pp. 79-86, 1951.

[Kwak 02] Kwak N., Choi C.-H. "Input feature selection for classification problems," *IEEE Transactions on Neural Networks*, Vol. 13(1), pp. 143-159, 2002.

[Land 08] Landgrebe T. C. W., Duiy R. P. W. "Efficient multiclasss ROC approximation by decomposing via confusion matrix pertubation analysis," *IEEE Transactions on Pattern Analysis and Machine Intelligence*, Vol. 30(5), pp. 810-822, 2008.

[Lawe 66] Lawer E.L., Wood D.E. "Branch and bound methods: A survey," *Operational Research*, Vol. 149(4), 1966.

[Lee 00] Lee C., Choi E. "Bayes error evaluation of the Gaussian ML classifier," *IEEE Transactions on Geoscience Remote Sensing*, Vol. 38(3), pp. 1471-1475, 2000.

[Lee 93] Lee C., Landgrebe D.A. "Decision boundary feature extraction for nonparametric classifiers," *IEEE Transactions on Systems Man and Cybernetics*, Vol. 23, pp. 433-444, 1993.

[Lee 97] Lee C., Landgrebe D. "Decision boundary feature extraction for neural networks," *IEEE Transactions on Neural Networks*, Vol. 8(1), pp. 75-83, 1997.

[Leiv 07] Leiva-Murillo J.M., Artes-Rodriguez A. "Maximization of mutual information for supervised linear feature extraction," *IEEE Transactions on Neural Networks*, Vol. 18(5), pp. 1433-1442, 2007.

[Leth 96] Lethtokanga S.M., Saarinen J., Huuhtanen P., Kaski K. "Predictive minimum description length criterion for time series modeling with neural networks," *Neural Computation*, Vol. 8, pp. 583-593, 1996.

[Li 06] Li H., Jiang T., Zhang K. "Efficient and robust extraction by maximum margin criterion," *IEEE Transactions on Neural Networks*, Vol. 17(1), pp. 157-165, 2006.

[Lin 02] Lin Y., Wahba G., Zhang H., Lee Y. "Statistical properties and adaptive tuning of support vector machines," *Machine Learning*, Vol. 48, pp. 115-136, 2002.

[Loog 04] Loog M., Duin P.W. "Linear Dimensionality reduction via a heteroscedastic extension of LDA: The Chernoff criterion," *IEEE Transactions on Pattern Analysis and Machine Intelligence*, Vol. 26(6), pp. 732-739, 2004.

[Lowe 90] Lowe D., Webb A.R. "Exploiting prior knowledge in network optimization: An illustration from medical prognosis," *Network: Computation in Neural Systems*, Vol. 1(3), pp. 299-323, 1990.

[Lowe 91] Lowe D., Webb A.R. "Optimized feature extraction and the Bayes decision in feed-forward classifier networks," *IEEE Transactions in Pattern Analysis and Machine Intelligence*, Vol. 13(4), pp. 355-364, 1991.

[Ma 03] Ma J., Jose L. S., Ahalt S. "Nonlinear multiclass discriminant analysis," *IEEE Signal Processing Letters*, Vol. 10(33), pp. 196-199, 2003.

[Mama 96] Mamamoto Y., Uchimura S., Tomita S. "On the behaviour of artificial neural network classifiers in high dimensional spaces," *IEEE Transactions on Pattern Analysis and Machine Intelligence*, Vol. 18(5), pp. 571-574, 1996.

[Mao 95] Mao J., Jain A.K. "Artificial neural networks for feature extraction and multivariate data projection," *IEEE Transactions on Neural Networks*, Vol. 6(2), pp. 296-317, 1997.

[Marr 08] Marroco C., Duin R. P. W., Tortorella F. "Maximizing the area under the ROC curve by pairwise feature combination," *Pattern Recognition*, Vol. 41, pp. 1961-1974, 2008.

[Maus 90] Mausel P.W., Kramber W.J., Lee J.K. "Optimum band selection for supervised classification of multispectra data," *Photogrammetric Engineering and Remote Sensing* Vol. 56, pp. 55-60, 1990.

[Mood 92] Moody J.E. "The effective number of parameters: An analysis of generalization and regularization in nonlinear learning systems" in *Advances in Neural Computation* (Moody J.E., Hanson S.J., Lippman R.R., eds.), pp. 847-854, Morgan Kaufman, San Mateo, CA, 1992.

[Nena 07] Nenadic Z. "Information discriminant analysis: feature extraction with an information-theoretic objective," *IEEE Transactions on Pattern Analysis and Machine Intelligence*, Vol. 29(8), pp. 1394-1408, 2007.

[Papo 91] Papoulis A. *Probability Random Variables and Stochastic Processes*, 3rd ed., McGraw-Hill, 1991.

[Pudi 94] Pudil P., Novovicova J., Kittler J. "Floating search methods in feature selection," *Pattern Recognition Letters*, Vol. 15, pp. 1119-1125, 1994.

[Raud 91] Raudys S.J., Jain A.K. "Small size effects in statistical pattern recognition: Recommendations for practitioners," *IEEE Transactions on Pattern Analysis and Machine Intelligence*, Vol. 13(3), pp. 252-264, 1991.

[Raud 80] Raudys S.J., Pikelis V. "On dimensionality, sample size, classification error, and complexity of classification algorithms in pattern recognition," *IEEE Transactions on Pattern Analysis and*

Machine Intelligence, Vol. 2(3), pp. 243-251, 1980.

[Rich 95] Richards J. *Remote Sensing Digital Image Analysis*, 2nd ed., Springer-Verlag, 1995.

[Ripl 96] Ripley B.D. *Pattern Recognition And Neural Networks*, Cambridge University Press, Cambridge, MA, 1996.

[Riss 83] Rissanen J. "A universal prior for integers and estimation by minimum description length," *The Annals of Statistics*, Vol. 11(2), pp. 416-431, 1983.

[Rubi 76] Rubin D.B. "Inference and missing data," *Biometrika*, Vol. 63, pp. 581-592, 1976.

[Rubi 87] Rubin D.B. *Multiple Imputation for Nonresponse in Surveys*, John Wiley & Sons, 1987.

[Samm 69] Sammon J.W. "A nonlinear mapping for data structure analysis," *IEEE Transactions on Computers*, Vol. 18, pp. 401-409, 1969.

[Scha 02] Schafer J., Graham J. "Missing data: Our view of the state of the art," *Psychological Methods*, vol. 7(2), pp. 67-81, 2002.

[Schw 79] Schwartz G. "Estimating the dimension of the model," *Annals of Statistics*, Vol. 6, pp. 461-464, 1978.

[Seti 97] Setiono R., Liu H. "Neural network feature selector," *IEEE Transactions on Neural Networks*, Vol. 8(3), pp. 654-662, 1997.

[Sind 04] Sindhwami V., Rakshit S., Deodhare D., Erdogmus D., Principe J.C., Niyogi P. "Feature selection in MLPs and SVMs based on maximum output information," *IEEE Transactions on Neural Networks*, Vol. 15(4), pp. 937-948, 2004.

[Stoi 04b] Stoica P., Moses R. *Spectral Analysis of Signals*, Prentice Hall, 2004.

[Stoi 04a] Stoica P., Selén Y. "A review of information criterion rules," *Signal Processing Magazine*, Vol. 21(4), pp. 36-47, 2004.

[Su 94] Su K.Y, Lee C.H. "Speech recognition using weighted HMM and subspace projection approaches," *IEEE Transactions on Speech and Audio Processing*, Vol. 2(1), pp. 69-79, 1994.

[Swai 73] Swain P.H., King R.C. "Two effective feature selection criteria for multispectral remote sensing," *Proceedings of the 1st International Conference on Pattern Recognition*, pp. 536-540, 1973.

[Tian 86] Tian Q., Marbero M., Gu Z.H., Lee S.H. "Image classification by the Folley-Sammon transform," *Optical Engineering*, Vol. 25(7), pp. 834-840, 1986.

[Tou 74] Tou J., Gonzalez R.C. *Pattern Recognition Principles*, Addison-Wesley, 1974.

[Trun 79] Trunk G.V. "A problem of dimensionality: A simple example," *IEEE Transactions on Pattern Analysis and Machine Intelligence*, Vol. 1(3), pp. 306-307, 1979.

[Tsud 03] Tsuda K., Akaho S., Asai K. "The EM algorithm for kernel matrix completion with auxiliary data," *Journal of Machine Learning Research*, Vol. 4, pp. 67-81, 2003.

[Vali 84] Valiant L. "A theory of the learnable," *Communications of the ACM*, Vol. 27(11), pp. 1134-1142, 1984.

[Vapn 82] Vapnik V.N. *Estimation of Dependencies Based on Empirical Data*, Springer-Verlag, 1982.

[Vapn 95] Vapnik V.N. *The Nature of Statistical Learning Theory*, Springer-Verlag, 1995.

[Vapn 98] Vapnik, V.N. *Statistical Learning Theory*, John Wiley & Sons, 1998.

[Walp 78] Walpole R.E., Myers R.H. *Probability and Statistics for Engineers and Scientists*, Macmillan, 1978.

[Wang 00] Wang W., Jones P., Partridge D. "A comparative study of feature salience ranking techniques," *Neural Computation*, Vol. 13(7), pp. 1603-1623, 2000.

[Wang 98] Wang Y., Adali T., Kung S.Y., Szabo Z. "Quantization and segmentation of brain tissues from MR images: A probabilistic neural network approach," *IEEE Transactions on Image Processing*, Vol. 7(8), 1998.

[Wata 97] Watanabe H., Yamaguchi T., Katagiri S. "Discriminative metric for robust pattern recognition," *IEEE Transactions on Signal Processing*, Vol. 45(11), pp. 2655-2663, 1997.

[Will 07] Williams D., Liao X., Xue Y., Carin L., Krishnapuram B. "On classification with incomplete data," *IEEE Transactions on Pattern Analysis and Machine Intelligence* Vol. 29(3), pp. 427-436, 2007.

[Yang 02] Yang J., Yang J.-Y. "Why can LDA be performed in PCA transformed space?" *Pattern Recognition*, Vol. 36, pp. 563-566, 2002.

[Ye 05] Ye J., Li Q. "A two stage linear discriminant analysis via QR decomposition," *IEEE Transactions on Pattern Analysis and Machine Intelligence*, Vol. 27(6), pp. 929-941, 2005.

[Yu 93] Yu B., Yuan B. "A more efficient branch and bound algorithm for feature selection," *Pattern Recognition*, Vol. 26(6), pp. 883-889, 1993.

[Zhan 02] Zhang H., Sun G. "Feature selection using tabu search method," *Pattern Recognition*, Vol. 35, pp. 701-711, 2002.

[Zhan 07] Zhang S., Sim T. "Discriminant subspace analysis: A Fukunaga-Koontz approach," *IEEE Transactions on Pattern Analysis and Machine Intelligence*, Vol. 29(10), pp. 1732-1745, 2007.

第6章　特征生成I：数据变换和降维

6.1　引言

特征生成在模式识别任务中非常重要。已知一组测量值后，目标就是紧凑和信息丰富地表示得到的数据；人类感知装置中也会出现类似的处理。我们对世界的心理表示依赖于相对较少的感知特征，这些特征是在处理大量感知数据后得到的，例如人眼感知图像中的亮度和颜色、人耳感知声音信号的功率谱。

本章中采用的基本方法是，将已知的一组测量值变换为一组新特征。如果选择的变换合适，那么与原始输入样本相比，变换域的特征将具有高信息压缩性质。这意味着大多数与分类有关的信息会被压缩到相对较少的特征中，进而降低特征空间的维数。有时，我们称这类处理任务为维数缩减或降维技术。

基于变换的特征的基本原理是，选择合适的变换可减少或去除冗余的信息，这些冗余的信息通常位于由测量设备得到的一组样本中。例如，我们可以由测量设备（如X射线成像仪或照相机）得到一幅图像，这幅图像（即输入样本）中不同位置的像素具有很大的相关性，因为真实图像的内部形态一致性可以区分图像与噪声。因此，将像素作为特征时，就会有大量的冗余信息。此外，如果我们得到了一幅真实图像的傅里叶变换，那么就可以证明图像中的大多数能量位于低频成分位置，因为像素之间的灰度级是高相关的。因此，将傅里叶系数作为特征看来是合理的，因为忽略低能量的高频系数后，损失的信息很少。在本章中，我们将看到傅里叶变换只是这些变换之一。

6.2　基向量和图像

令 $x(0), x(1),\cdots,x(N-1)$是输入样本集，$\boldsymbol{x}$ 是对应的 $N\times 1$ 维向量，

$$\boldsymbol{x}^{\mathrm{T}} = [x(0),\cdots,x(N-1)]$$

已知一个 $N\times N$ 维酉矩阵 $\boldsymbol{A}$[①]，我们定义 $\boldsymbol{x}$ 经过变换后的矩阵 $\boldsymbol{y}$ 为

$$\boldsymbol{y} = A^{\mathrm{H}}\boldsymbol{x} \equiv \begin{bmatrix} \boldsymbol{a}_0^{\mathrm{H}} \\ \vdots \\ \boldsymbol{a}_{N-1}^{\mathrm{H}} \end{bmatrix} \boldsymbol{x} \tag{6.1}$$

式中，H 表示 Hermitian 运算，即复共轭和转置运算。由式(6.1)和酉矩阵的定义有

$$\boldsymbol{x} = A\boldsymbol{y} = \sum_{i=0}^{N-1} y(i)\boldsymbol{a}_i \tag{6.2}$$

矩阵 $\boldsymbol{A}$ 的各列 $\boldsymbol{a}_i$, $i = 0, 1,\cdots, N-1$ 称为变换的基向量。$\boldsymbol{y}$ 的元素 $y(i)$是 $\boldsymbol{x}$ 在基向量上的投影。事实上，取 $\boldsymbol{x}$ 和 $\boldsymbol{a}_j$ 的内积，我们有

① 如果 $\boldsymbol{A}^{-1}=\boldsymbol{A}^{\mathrm{H}}$，那么称复矩阵 $\boldsymbol{A}$ 为酉矩阵；如果 $\boldsymbol{A}^{-1}=\boldsymbol{A}^{\mathrm{T}}$，那么称实矩阵 $\boldsymbol{A}$ 为正交矩阵。

$$\langle \boldsymbol{a}_j, \boldsymbol{x}\rangle \equiv \boldsymbol{a}_j^{\mathrm{H}} \boldsymbol{x} = \sum_{i=0}^{N-1} y(i)\langle \boldsymbol{a}_j, \boldsymbol{a}_i\rangle = \sum_{i=0}^{N-1} y(i)\delta_{ij} = y(j) \tag{6.3}$$

这是因为矩阵 $\boldsymbol{A}$ 具有酉不变性，即 $\boldsymbol{A}^{\mathrm{H}}\boldsymbol{A}=\boldsymbol{I}$ 或 $\langle \boldsymbol{a}_i,\boldsymbol{a}_j\rangle = \boldsymbol{a}_i^{\mathrm{H}}\boldsymbol{a}_j = \delta_{ij}$。

在很多问题中，例如在图像分析中，输入样本集是一个二维序列 $X(i, j),\ i, j = 0, 1,\cdots, N-1$，它定义一个 $N\times N$ 维矩阵 $\boldsymbol{X}$ 来代替向量。在这种情形下，通过对矩阵中的各行进行排序（字典顺序），可以定义一个等价的 N^2 维向量 $\boldsymbol{x}$：

$$\boldsymbol{x}^{\mathrm{T}} = [X(0,0),\cdots,X(0,N-1),\cdots,X(N-1,0),\cdots,X(N-1,N-1)]$$

然后变换这个等价的向量。然而，这不是最有效的方法。一个 $N^2\times N^2$ 维方阵（$\boldsymbol{A}$）与一个 $N^2\times 1$ 维向量 $\boldsymbol{x}$ 相乘所需的运算次数是 $O(N^4)$，在很多应用中这是无法实现的。另一种可能是通过一组基矩阵或基图像来变换矩阵 $\boldsymbol{X}$。设 $\boldsymbol{U}$ 和 $\boldsymbol{V}$ 是 $N\times N$ 维酉矩阵。定义 $\boldsymbol{X}$ 经过变换后的矩阵 $\boldsymbol{Y}$ 为

$$\boldsymbol{Y} = \boldsymbol{U}^{\mathrm{H}}\boldsymbol{X}\boldsymbol{V} \tag{6.4}$$

或

$$\boldsymbol{X} = \boldsymbol{U}\boldsymbol{Y}\boldsymbol{V}^{\mathrm{H}} \tag{6.5}$$

现在，运算次数已减少到 $O(N^3)$。式(6.5)可改写为（见习题 6.1）

$$\boldsymbol{X} = \sum_{i=0}^{N-1}\sum_{j=0}^{N-1} Y(i,j)\boldsymbol{u}_i\boldsymbol{v}_j^{\mathrm{H}} \tag{6.6}$$

式中，$\boldsymbol{u}_i$ 是 $\boldsymbol{U}$ 的列向量，$\boldsymbol{v}_j$ 是 $\boldsymbol{V}$ 的列向量。每个外积 $\boldsymbol{u}_i\boldsymbol{v}_j^{\mathrm{H}}$ 都是一个 $N\times N$ 维矩阵，

$$\boldsymbol{u}_i\boldsymbol{v}_j^{\mathrm{H}} = \begin{bmatrix} u_{i0}v_{j0}^* & \cdots & u_{i0}v_{jN-1}^* \\ \vdots & \vdots & \vdots \\ u_{iN-1}v_{j0}^* & \cdots & u_{iN-1}v_{jN-1}^* \end{bmatrix} \equiv \mathcal{A}_{ij}$$

由这些 N^2 维基图像（矩阵）可知，式(6.6)是矩阵 $\boldsymbol{X}$ 的展开式。符号“*”表示复共轭。此外，若 $\boldsymbol{Y}$ 是对角矩阵，则式(6.6)变为

$$\boldsymbol{X} = \sum_{i=0}^{N-1} Y(i,i)\boldsymbol{u}_i\boldsymbol{v}_i^{\mathrm{H}}$$

且基图像数量减少到 N。类似于式(6.3)的解释也是可能的。为此，我们定义两个矩阵的内积为

$$\langle \boldsymbol{A}, \boldsymbol{B}\rangle \equiv \sum_{m=0}^{N-1}\sum_{n=0}^{N-1} \boldsymbol{A}^*(m,n)\boldsymbol{B}(m,n) \tag{6.7}$$

因此，不难证明（见习题 6.1）

$$Y(i,j) = \langle \mathcal{A}_{ij}, \boldsymbol{X}\rangle \tag{6.8}$$

总之，变换后的矩阵的第(i, j)个元素，是首先将 $\boldsymbol{X}$ 中的每个元素乘以 $\mathcal{A}_{ij}$ 中对应元素的共扼，然后将乘积相加得到的。

形如式(6.4)的变换也称可分变换（见习题 6.2），原因是我们可将它们视为一个连续的一维变换，首先将它应用到列向量，然后将它应用到行向量。例如，式(6.4)的中间结果 $\boldsymbol{Z}=\boldsymbol{U}^{\mathrm{H}}\boldsymbol{X}$ 等同于应用到 $\boldsymbol{X}$ 的各个列向量的 N 个变换，而$(\boldsymbol{U}^{\mathrm{H}}\boldsymbol{X})\boldsymbol{V}=(\boldsymbol{V}^{\mathrm{H}}\boldsymbol{Z}^{\mathrm{H}})^{\mathrm{H}}$ 等同于应用到 $\boldsymbol{Z}$ 的各个向量的 N 个变换。本章中提到的二维变换都是可分变换。

例 6.1 已知图像 $\boldsymbol{X}$ 和正交变换矩阵 $\boldsymbol{U}$ 为

$$X = \begin{bmatrix} 1 & 2 \\ 2 & 3 \end{bmatrix}, \quad U = \frac{1}{\sqrt{2}}\begin{bmatrix} 1 & 1 \\ 1 & -1 \end{bmatrix}$$

变换后的图像 $\boldsymbol{Y} = \boldsymbol{U}^{\mathrm{T}}\boldsymbol{X}\boldsymbol{U}$ 是

$$Y = \frac{1}{2}\begin{bmatrix} 1 & 1 \\ 1 & -1 \end{bmatrix}\begin{bmatrix} 1 & 2 \\ 2 & 3 \end{bmatrix}\begin{bmatrix} 1 & 1 \\ 1 & -1 \end{bmatrix} = \begin{bmatrix} 4 & -1 \\ -1 & 0 \end{bmatrix}$$

对应的基图像是

$$\mathcal{A}_{00} = \frac{1}{2}\begin{bmatrix} 1 \\ 1 \end{bmatrix}[1,1] = \frac{1}{2}\begin{bmatrix} 1 & 1 \\ 1 & 1 \end{bmatrix}$$

$$\mathcal{A}_{11} = \frac{1}{2}\begin{bmatrix} 1 \\ -1 \end{bmatrix}[1,-1] = \frac{1}{2}\begin{bmatrix} 1 & -1 \\ -1 & 1 \end{bmatrix}$$

类似地，有

$$\mathcal{A}_{01} = \mathcal{A}_{10}^{\mathrm{T}} = \frac{1}{2}\begin{bmatrix} 1 & -1 \\ 1 & -1 \end{bmatrix}$$

现在验证 $\boldsymbol{Y}$ 中的各个元素可由矩阵内积 $\langle \boldsymbol{\mathcal{A}}_{ij}, \boldsymbol{X}\rangle$ 得到。

6.3 Karhunen-Loève 变换

在 5.8 节中，我们是用线性判别分析（LDA）来处理特征向量的线性变换问题的。假设特征向量的类别标注是已知的，且可以最优地使用该信息来计算变换矩阵。本节从不同的视角来介绍线性变换任务。计算变换矩阵时将采用描述数据的统计信息，且这一计算在无监督模式下进行。在模式识别领域，Karhunen-Loève（KL）变换或主成分分析（PCA）是生成特征和降维的常用方法之一。人们仍在使用的一些传统技术是许多先进方法的基础。

设 $\boldsymbol{x}$ 是输入样本向量。在图像阵列中，$\boldsymbol{x}$ 可由字典顺序的阵列元素形成。为简化说明，这里假设数据样本的均值为零，当均值不为零时，我们总是减去这个均值。前面说过，所生成的各个特征的理想性质是，为避免信息冗余，它们是互不相关的。本节首先介绍生成互不相关特征（即 $E[y(i)y(j)] = 0, i \neq j$）的一种方法。设[①]

$$\boldsymbol{y} = A^{\mathrm{T}}\boldsymbol{x} \tag{6.9}$$

由于我们已经假设 $E[\boldsymbol{x}] = 0$，因此可得 $E[\boldsymbol{y}] = 0$。由相关矩阵的定义有

$$R_y \equiv E[\boldsymbol{y}\boldsymbol{y}^{\mathrm{T}}] = E[A^{\mathrm{T}}\boldsymbol{x}\boldsymbol{x}^{\mathrm{T}}A] = A^{\mathrm{T}}R_xA \tag{6.19}$$

在实际工作中，$\boldsymbol{R}_x$ 估计为所有已知训练向量集合上的均值。例如，已知 n 个样本向量 $\boldsymbol{x}_k, k = 1,2,\cdots,n$ 后，有

$$R_x \approx \frac{1}{n}\sum_{k=1}^{n}\boldsymbol{x}_k\boldsymbol{x}_k^{\mathrm{T}} \tag{6.11}$$

注意，$\boldsymbol{R}_x$ 是一个对称矩阵，因此它的特征向量是相互正交的（见附录 B）。于是，若选择矩阵 $\boldsymbol{A}$，使得它的各列是 $\boldsymbol{R}_x$ 的标准正交向量 $\boldsymbol{a}_i, i = 0, 1,\cdots, N-1$，则 $\boldsymbol{R}_y$ 是对角矩阵（见附录 B）：

---

① 我们处理的是实数据，复数据的情形可以简单地类推。

$$R_y = A^{\mathrm{T}} R_x A = \Lambda \tag{6.12}$$

式中，Λ是对角矩阵，它的对角线元素是 R_x 的各个特征值$\lambda_i, i=0,1,\cdots, N-1$［回顾 5.8 节可知，还要考虑形如式(6.9)的线性变换，但是这里计算了矩阵 $\boldsymbol{A}$ 的各个元素，以便能够优化类别可分性判据］。此外，假设 $\boldsymbol{R}_x$ 是正定的（见附录 B），于是它的特征值是正的。该变换称为 Karhunen-Loève（KL）变换，因此可以实现各个特征互不相关的目标。KL 变换在模式识别中很重要，在信号和图像处理中也有应用。下面是它的几个重要性质。文献[Karh 46]中首次介绍了 KL 变换，那时是根据正交函数来表示一个随机过程的，文献[Hote 33]和本节中给出了离散形式的 KL 变换。关于这个主题的其他经典参考图书，请参阅文献[Diam 96, Joll 86]。

要强调的是，KL 变换提供的解不是唯一的，且它是通过对矩阵 $\boldsymbol{A}$（$\boldsymbol{A}^{\mathrm{T}}\boldsymbol{A} = \boldsymbol{I}$）强加一个正交结构得到的。还要注意，对于零均值变量，相关矩阵 $\boldsymbol{R}$ 与协方差矩阵Σ是一致的。事实上，各个定义的直接后果是

$$\Sigma_x = R_x - E[\boldsymbol{x}]E[\boldsymbol{x}]^{\mathrm{T}}$$

当零均值假设不成立时，不相关变量的条件变为 $E[(y(i) - E[y(i)])(y(j) - E[y(j)])] = 0, i \neq j$，并且这个问题导致协方差矩阵的特征分解，也就是说，

$$\Sigma_y = A^{\mathrm{T}} \Sigma_x A = \Lambda \tag{6.13}$$

尽管我们的最初目标是生成互不相关的特征，但业已证明 KL 变换具有其他一些重要的性质，这些性质以不同的方式解释了 KL 变换及其常用的原因。

1．均方误差近似

由式(6.2)和式(6.3)得

$$\boldsymbol{x} = \sum_{i=0}^{N-1} y(i)\boldsymbol{a}_i\,, \quad y(i) = \boldsymbol{a}_i^{\mathrm{T}} \boldsymbol{x} \tag{6.14}$$

下面在 m 维子空间中定义一个新向量：

$$\hat{\boldsymbol{x}} = \sum_{i=0}^{m-1} y(i)\boldsymbol{a}_i \tag{6.15}$$

式中只涉及 m 个基向量。显然，它只是 $\boldsymbol{x}$ 在和中的 m 个（标准正交）特征向量形成的子空间上的投影。如果用 $\boldsymbol{x}$ 的投影 $\hat{\boldsymbol{x}}$ 去近似 $\boldsymbol{x}$，那么得到的均方误差是

$$E\left[\|\boldsymbol{x} - \hat{\boldsymbol{x}}\|^2\right] = E\left[\left\|\sum_{i=m}^{N-1} y(i)\boldsymbol{a}_i\right\|^2\right] \tag{6.16}$$

现在的目标是选择能够最小化 MSE 的特征向量。由式(6.16)和特征向量的标准正交性质得

$$E\left[\left\|\sum_{i=m}^{N-1} y(i)\boldsymbol{a}_i\right\|^2\right] = E\left[\sum_i \sum_j (y(i)\boldsymbol{a}_i^{\mathrm{T}})(y(j)\boldsymbol{a}_j)\right] \tag{6.17}$$

$$= \sum_{i=m}^{N-1} E[y^2(i)] = \sum_{i=m}^{N-1} \boldsymbol{a}_i^{\mathrm{T}} E[\boldsymbol{x}\boldsymbol{x}^{\mathrm{T}}]\boldsymbol{a}_i \tag{6.18}$$

联立上式、式(6.16)和特征向量的定义，最终得到

$$E\left[\|\boldsymbol{x} - \hat{\boldsymbol{x}}\|^2\right] = \sum_{i=m}^{N-1} \boldsymbol{a}_i^{\mathrm{T}} \lambda_i \boldsymbol{a}_i = \sum_{i=m}^{N-1} \lambda_i \tag{6.19}$$

于是，如果在式(6.15)中选择对应于相关矩阵的 m 个最大特征值的特征向量，那么式(6.19)中的误差是最小的，即 $N-m$ 个最小特征值之和。此外，可以证明（见习题 6.3），与使用一个 m 维向量来近似 $\boldsymbol{x}$ 相比，这也是最小的 MSE。这是 KL 变换也称主成分分析（PCA）的原因。

实践时的难点是如何选择 m 个主成分。一种方法是降序排列这些特征值，即$\lambda_0 \geqslant \lambda_1 \geqslant \cdots \geqslant \lambda_{m-1} \geqslant \lambda_m \geqslant \cdots \geqslant \lambda_{N-1}$，确定 m 值，使得λ_{m-1}和λ_m之间“间隙”较大。关于该问题的详细介绍，请参阅文献[Jack 91]。

注意，投影到 $\boldsymbol{R}_x$ 的 m 个主成分后，即使数据的均值不是零，先前分析的 KL 变换的 MSE 性质仍然有效。然而，在这种情况下，尽管得到了最小的 MSE 解，但这个近似通常不是好的近似。这时，我们要找到最优的 m 维子空间，以便 $\boldsymbol{x}$ 与近似

$$\hat{\boldsymbol{x}} = \sum_{i=0}^{m-1} y(i)\hat{\boldsymbol{a}}_i + \sum_{i=m}^{N-1} b_i\hat{\boldsymbol{a}}_i, \quad y(i) \equiv \hat{\boldsymbol{a}}_i^{\mathrm{T}}\boldsymbol{x} \tag{6.20}$$

之间的 MSE 最小，其中 $b_i, i=m,\cdots,N-1$ 是与 $\boldsymbol{x}$ 无关的常数。可以证明（见习题 6.4），得到的标准正交基由协方差矩阵Σ_x的特征向量组成，其中 $\hat{\boldsymbol{a}}_i$，$i=0,2,\cdots,m-1$ 对应于Σ_x的主特征值，常数为

$$b_i = E[y(i)] = \hat{\boldsymbol{a}}_i^{\mathrm{T}}E[\boldsymbol{x}], \quad i = m,\cdots,N-1$$

换句话说，为得到更接近均值的估计，$\boldsymbol{x}$ 被映射到由Σ_x的 m 个主成分形成的子空间，剩下的 $N-m$ 个成分被冻结为各自的均值。但要注意，自由参量的数量应始终等于 m。KL 变换相对于 MSE 近似的最优性，可让我们得到优秀的信息压缩性能，并且可以从 N 个测量样本中选择 m 个主特征。尽管这是一个好的准则，但在很多情况下，它在低维子空间不一定能得到最大的类别可分性。这是有道理的，因为降维相对于类别可分性不是最优的，如前一章中使用散布矩阵准则的情形。图 6.1 的例子说明了这一点。两个类别中的特征向量服从高斯分布，且具有相同的协方差矩阵。椭圆显示了各个常数概率密度函数值的曲线。我们计算了整个相关矩阵的特征向量，图中显示了这些特征向量。特征向量 $\boldsymbol{a}_0$ 对应于最大的特征值。容易看出，特征向量 $\boldsymbol{a}_0$ 上的投影使得两个类别几乎重合。然而，特征向量 $\boldsymbol{a}_1$ 上的投影会使得两个类别分离。

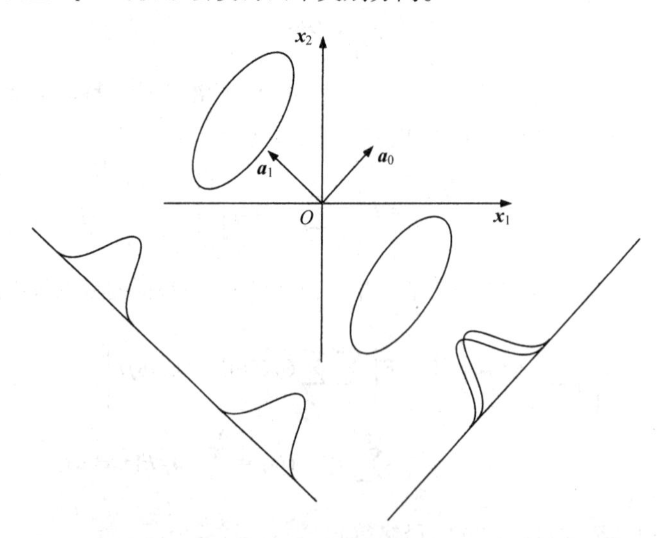

图 6.1 对模式识别来说，KL 变换不总是最好的。在本例中，在具有大特征值的特征向量上的投影使得两个类别重合，而在其他特征向量上的投影使得这两个类别分离

2．总方差

设 $E[\boldsymbol{x}]$为零。设 $\boldsymbol{y}$ 是 $\boldsymbol{x}$ 经过 KL 变换后的向量。由各个定义有 $\sigma_{y(i)}^2 \equiv E[y^2(i)] = \lambda_i$。也就是说，输入相关矩阵的特征值等于变换后的特征的方差。于是，选择对应于 m 个最大特征值的那些特征 $y(i) \equiv \boldsymbol{a}_i^{\mathrm{T}} \boldsymbol{x}$，可以使得它们的和方差 $\Sigma_i \lambda_i$ 最大。换句话说，所选的 m 个特征保留了与最初随机变量 $x(i)$关联的大部分总方差。事实上，后者等于 $\boldsymbol{R}_x$ 的迹，而迹等于特征值之和 $\Sigma_{i=0}^{N-1} \lambda_i$ [Stra 80]。可以证明，这是一个更普通的性质。也就是说，在对 $\boldsymbol{x}$ 施加任何正交线性变换得到的 m 个特征的所有可能集合中，由 KL 变换得到的集合具有最大的和方差（见习题 6.3）。均值不为零时，为了最大化和方差，我们使用Σ_x 代替 $\boldsymbol{R}_x$。

3．熵

由第 2 章可知，一个过程的熵定义为

$$H_y = -E[\ln p_y(\boldsymbol{y})]$$

它是这个随机过程的一种度量。对于一个均值为零的高斯多元 m 维过程，熵的定义变成

$$H_y = \frac{1}{2} E[\boldsymbol{y}^{\mathrm{T}} R_y^{-1} \boldsymbol{y}] + \frac{1}{2} \ln |R_y| + \frac{m}{2} \ln(2\pi) \tag{6.21}$$

然而，

$$E[\boldsymbol{y}^{\mathrm{T}} R_y^{-1} \boldsymbol{y}] = E[\operatorname{tr}\{\boldsymbol{y}^{\mathrm{T}} R_y^{-1} \boldsymbol{y}\}] = E[\operatorname{tr}\{R_y^{-1} \boldsymbol{y}\boldsymbol{y}^{\mathrm{T}}\}] = \operatorname{tr}(I) = m$$

根据线性代数中的已知性质，行列式是

$$\ln|R_y| = \ln(\lambda_0 \lambda_1 \cdots \lambda_{m-1})$$

换句话说，选择对应于 m 个最大特征值的 m 个特征可以最大化随机过程的熵。这正是我们期望的，因为方差和随机性是直接相关的。

4．降维

PCA 可将高维输入向量线性变换为低维向量，且低维向量的元素是不相关的。不失一般性，假设 $E[\boldsymbol{x}]$为 0，并假设相关矩阵的 $N-m$ 个最小特征值为 0，则由式(6.19)可知 $\boldsymbol{x} = \hat{\boldsymbol{x}}$。换句话说，向量 $\boldsymbol{x}$ 位于原始 N 维空间的一个 m 维子空间［见式(6.15)］中。这就引入了本征维数（Intrinsic Dimensionality, ID）的概念。

如果 X 可以用 m 个自由参数描述，那么我们可以说数据集 $X \subset \mathcal{R}^N$ 的本征维数（ID）$m<N$。例如，如果 X 是由 m 个随机变量 $x_i = g_i(\mu_1, \mu_2, \cdots, \mu_m), i = 1, 2 \cdots, N, \mu_i \in \mathcal{R}$组成的向量，那么其本征维数是 m。对此的几何解释是，整个数据集都位于$\mathcal{R}^N$ 中的一个 m 维超曲面上。例如，对于随机变量θ和方程

$$x_1 = r\cos\theta, \quad x_2 = r\sin\theta$$

容易看出 $\boldsymbol{x} = [x_1, x_2]^{\mathrm{T}}$ 位于半径为 r 的圆周上。这是一个一维曲面（流形），因为使用一个参数就能描述数据（圆周的周长）。根据统计观点，本征的或“有效的”维数要小于“视在的”维数，这表明数据集中的特征是相关的。

PCA 方法已广泛用于降维和数据集的 ID 估计。如果 $\mathrm{ID} = m < N$，那么理论上有 $N-m$ 个零特征值。实践中，我们必须忽略较小的特征值，进而得到 ID 的一个近似。作为一种线性投影方法，如果数据点在整个超平面上分布良好，那么 PCA 方法是有效的。相关矩阵（协方差）的特征值-

特征向量分解表明这个超平面的维数是扩展的。换句话说，维数是变化模式的数量的度量。回顾可知，PCA 是沿最大方差方向投影的。

然而，对于数据生成机制高度非线性且数据位于更复杂的流形上的多数情形，PCA 方法就行不通了，并且会过度估计ID的真值。例如，对于前面考虑的情形，即所有数据点都位于二维空间的圆周上的情形，PCA 方法得到 ID = 2，而其真值为 ID = 1。对于此类情形，人们提出并应用了非线性降维技术。例如，文献[Karh 94]中提出使用带有 3 个隐藏层的特殊神经网络来执行非线性 PCA，详见 6.7 节中的讨论。

如第 5 章所述，LDA 是用于降维的另一种线性方法。然而，在 LDA 情形下，降维是以监督方式实现的；也就是说，为了保持一个类别可分性判据，选择了低维空间。在低维空间中投影并遵守某些约束的另一种线性技术是度量多元尺度变换（Metric Multidimensional Scaling，MDS）。已知集合 $X \subset \mathcal{R}^N$ 后，我们的目标是将它投影到一个低维空间 $Y \subset \mathcal{R}^m$ 中，以便最优地保留内积，即使得下式最小：

$$E = \sum_i \sum_j \left(\boldsymbol{x}_i^{\mathrm{T}} \boldsymbol{x}_j - \boldsymbol{y}_i^{\mathrm{T}} \boldsymbol{y}_j \right)^2$$

式中，$\boldsymbol{y}_i$ 是 $\boldsymbol{x}_i$ 的映像，且求和运算是对 X 中的所有训练点进行的。这个问题类似于 PCA，并且可以证明，解由 Gram 矩阵的特征分解给出，其中 Gram 矩阵的元素定义为

$$\mathcal{K}(i,j) = \boldsymbol{x}_i^{\mathrm{T}} \boldsymbol{x}_j$$

一方面，我们需要最优地保持欧氏距离而非内积。随后形成一个与平方欧氏距离保持一致的 Gram 矩阵，得到和前面一样的解。业已证明，由 PCA 和 MDS 得到的解是等效的。由下面的简单推理，我们可以看出这一点。PCA 执行相关矩阵 $\boldsymbol{R}_x$ 的特征分解，$\boldsymbol{R}_x$ 由

$$\boldsymbol{R}_x = E[\boldsymbol{x}\boldsymbol{x}^{\mathrm{T}}] \approx \frac{1}{n} \sum_{k=1}^{n} \boldsymbol{x}_k \boldsymbol{x}_k^{\mathrm{T}} = \frac{1}{n} X^{\mathrm{T}} X \tag{6.22}$$

近似，其中

$$X^{\mathrm{T}} = [\boldsymbol{x}_1, \boldsymbol{x}_2, \cdots, \boldsymbol{x}_n]$$

已在式(3.44)中定义。另一方面，Gram 矩阵也可写为

$$\mathcal{K} = \boldsymbol{X}\boldsymbol{X}^{\mathrm{T}}$$

然而，如 6.4 节所述，两个矩阵 $\boldsymbol{X}^{\mathrm{T}}\boldsymbol{X}$ 和 $\boldsymbol{X}\boldsymbol{X}^{\mathrm{T}}$ 的秩和特征值都相同，尽管它们的特征向量不同，但是特征向量是相关的。

关于这些问题的详细探讨，请参阅文献[Cox 94, Burg 04]。如 6.6 节所述，MDS 保持距离的主要思想是使用一些近期提出的高级非线性降维技术。

注释

- 主特征向量子空间的概念也一直被人们当作分类器。首先，从特征向量中减去整个训练集的样本均值。对于每个类别 ω_i，估计相关矩阵 $\boldsymbol{R}_i$，计算 m 个主特征向量（对应于 m 个最大的特征值）。将各个特征向量作为列，形成矩阵 $\boldsymbol{A}_i$。将满足下列条件的未知特征向量 $\boldsymbol{x}$ 赋给类别 ω_j：

$$\|\boldsymbol{A}_j^{\mathrm{T}} \boldsymbol{x}\| > \|\boldsymbol{A}_i^{\mathrm{T}} \boldsymbol{x}\|, \quad \forall i \neq j \tag{6.23}$$

也就是说，这个类别对应于 $\boldsymbol{x}$ 的最大范数子空间投影[Wata 73]。根据勾股定理，它等同于将

一个向量分类到最近的类别空间中。在更一般的情形下，若所有子空间都有相同的维数或二次曲面，则决策面是超平面。子空间分类包含特征生成/选择阶段和分类器设计阶段。

如果这种方法导致了较高的分类误差，那么可以采用称为学习子空间方法的改进方法来提高性能。例如，我们可以迭代地旋转子空间来调整训练向量的投影的长度。基本想法是在正确分类的子空间中增大投影的长度，而在其余子空间中减小投影的长度。这类技术已成功地应用到了许多领域，如语音识别、纹理分类和字符识别。感兴趣的读者，可以参阅文献[Oja 83, Koho 89, Prak 97]。

- 对于相关矩阵特征向量的计算，人们提出了许多迭代方案。使用神经网络时，这一计算是直接针对向量进行的，而不必估计对应的相关矩阵[Oja 83, Diam 96]。

例 6.2　向量 $\boldsymbol{x}$ 的相关矩阵为

$$\boldsymbol{R}_x = \begin{bmatrix} 0.3 & 0.1 & 0.1 \\ 0.1 & 0.3 & -0.1 \\ 0.1 & -0.1 & 0.3 \end{bmatrix}$$

计算输入向量的 KL 变换。$\boldsymbol{R}_x$ 的特征值为 $\lambda_2 = 0.1$, $\lambda_1 = \lambda_0 = 0.4$。因为 $\boldsymbol{R}_x$ 是对称的，因此可以构建标准正交特征向量。此时，我们有

$$\boldsymbol{a}_0 = \frac{1}{\sqrt{6}}\begin{bmatrix} 2 \\ 1 \\ 1 \end{bmatrix}, \quad \boldsymbol{a}_1 = \frac{1}{\sqrt{2}}\begin{bmatrix} 0 \\ 1 \\ -1 \end{bmatrix}, \quad \boldsymbol{a}_2 = \frac{1}{\sqrt{3}}\begin{bmatrix} 1 \\ -1 \\ -1 \end{bmatrix}$$

则 KL 变换为

$$\begin{bmatrix} y(0) \\ y(1) \\ y(2) \end{bmatrix} = \begin{bmatrix} 2/\sqrt{6} & 1/\sqrt{6} & 1/\sqrt{6} \\ 0 & 1/\sqrt{2} & -1/\sqrt{2} \\ 1/\sqrt{3} & -1/\sqrt{3} & -1/\sqrt{3} \end{bmatrix} \begin{bmatrix} x(0) \\ x(1) \\ x(2) \end{bmatrix}$$

式中，$y(0)$和 $y(1)$对应于两个最大的特征值。

例 6.3　图 6.2 中显示了二维空间中的 100 个点，它们散布在直线 $x_2 = x_1$ 附近，由模型 $x_2 = x_1 + \epsilon$ 生成，其中 ϵ 是在区间[−0.5, 0.5]上均匀分布的噪声源。

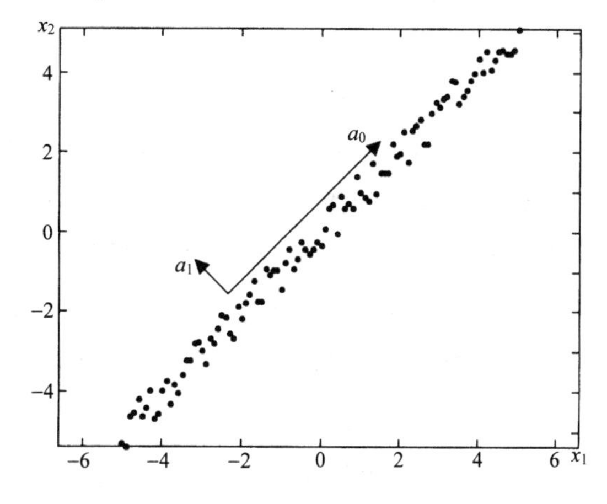

图 6.2　沿直线 $x_2 = x_1$ 分布的点。关联的协方差矩阵的特征向量是 $\boldsymbol{a}_1$ 和 $\boldsymbol{a}_0$。主特征向量 $\boldsymbol{a}_0$ 指向具有最大方差的方向

首先计算协方差矩阵并执行特征分解。得到的特征向量为

$$\boldsymbol{a}_0 = [0.7045,\ 0.7097]^{\mathrm{T}}, \quad \boldsymbol{a}_1 = [-0.7097,\ 0.7045]^{\mathrm{T}}$$

它们分别对应于特征值

$$\lambda_0 = 17.26, \quad \lambda_1 = 0.04$$

观察发现$\lambda_0 \gg \lambda_1$。图 6.2 中显示了两个特征向量。对应于最大特征值的$\boldsymbol{a}_0$指向具有最大变化的数据。沿这个方向投影会保留大多数方差。此外，根据 PCA，这个集合的维数近似为 1，因为λ_0和λ_1之间有着最大的间距。注意，$\boldsymbol{a}_0$（近似）平行于直线$x_2 = x_1$。

6.4 奇异值分解

矩阵的奇异值分解在线性代数中是一种非常高效的算法，因此已广泛用于模式识别和信息检索领域中的降维及秩运算。已知一个秩为r的$l \times n$维矩阵$\boldsymbol{X}$（显然有$r \leqslant \min\{l, n\}$），可以证明存在$l \times l$维酉矩阵$\boldsymbol{U}$和$n \times n$维酉矩阵$\boldsymbol{V}$，它们满足

$$\boldsymbol{X} = \boldsymbol{U}\begin{bmatrix} \Lambda^{\frac{1}{2}} & \boldsymbol{O} \\ \boldsymbol{O} & 0 \end{bmatrix}\boldsymbol{V}^{\mathrm{H}}, \qquad \boldsymbol{Y} \equiv \begin{bmatrix} \Lambda^{\frac{1}{2}} & \boldsymbol{O} \\ \boldsymbol{O} & 0 \end{bmatrix} = \boldsymbol{U}^{\mathrm{H}}\boldsymbol{X}\boldsymbol{V} \tag{6.24}$$

式中，$\Lambda^{\frac{1}{2}}$是一个$r \times r$维对角矩阵，其元素是$\sqrt{\lambda_i}$，λ_i是关联矩阵$\boldsymbol{X}^{\mathrm{H}}\boldsymbol{X}$的非零特征值。$\boldsymbol{O}$表示一个零元素矩阵。换句话说，存在可将$\boldsymbol{X}$变换为特殊对角矩阵$\boldsymbol{Y}$的酉矩阵$\boldsymbol{U}$和$\boldsymbol{V}$。如果使用$\boldsymbol{u}_i$和$\boldsymbol{v}_i$分别表示矩阵$\boldsymbol{U}$和$\boldsymbol{V}$的列向量，那么式(6.24)可以写为

$$\boldsymbol{X} = [\boldsymbol{u}_0,\ \boldsymbol{u}_1,\ \cdots,\ \boldsymbol{u}_{r-1}]\begin{bmatrix} \sqrt{\lambda_0} & & & \\ & \sqrt{\lambda_1} & & \\ & & \ddots & \\ & & & \sqrt{\lambda_{r-1}} \end{bmatrix}\begin{bmatrix} \boldsymbol{v}_0^{\mathrm{H}} \\ \boldsymbol{v}_1^{\mathrm{H}} \\ \vdots \\ \boldsymbol{v}_{r-1}^{\mathrm{H}} \end{bmatrix} \tag{6.25}$$

或

$$\boldsymbol{X} = \sum_{i=0}^{r-1}\sqrt{\lambda_i}\boldsymbol{u}_i\boldsymbol{v}_i^{\mathrm{H}} \tag{6.26}$$

有时，上式也写为

$$\boldsymbol{X} = \boldsymbol{U}_r\Lambda^{\frac{1}{2}}\boldsymbol{V}_r^{\mathrm{H}} \tag{6.27}$$

式中，$\boldsymbol{U}_r$表示$l \times r$维矩阵，它由$\boldsymbol{U}$的前r列组成；$\boldsymbol{V}_r$表示$r \times n$维矩阵，它由$\boldsymbol{V}$的前r列组成。更准确地说，$\boldsymbol{u}_i$和$\boldsymbol{v}_i$分别是$\boldsymbol{X}\boldsymbol{X}^{\mathrm{H}}$和$\boldsymbol{X}^{\mathrm{H}}\boldsymbol{X}$的特征向量。特征值$\lambda_i$被称为$\boldsymbol{X}$的奇异值，式(6.26)中的展开式被称为$\boldsymbol{X}$的奇异值分解（Singular Value Decomposition，SVD）或$\boldsymbol{X}$的谱表示。

证明： 已知一个秩为r的矩阵$\boldsymbol{X}$，由线性代数[Stra 80]可知$n \times n$维矩阵$\boldsymbol{X}\boldsymbol{X}^{\mathrm{H}}$和$l \times l$维矩阵$\boldsymbol{X}\boldsymbol{X}^{\mathrm{H}}$的秩也是$r$。此外，两个矩阵有着相同的特征值和不同（但相关）的特征向量（见习题 6.5），

$$\boldsymbol{X}\boldsymbol{X}^{\mathrm{H}}\boldsymbol{u}_i = \lambda_i\boldsymbol{u}_i \tag{6.28}$$

$$\boldsymbol{X}^{\mathrm{H}}\boldsymbol{X}\boldsymbol{v}_i = \lambda_i\boldsymbol{v}_i \tag{6.29}$$

既然两个矩阵都是 Hermitian 矩阵和非负矩阵，即$(\boldsymbol{X}\boldsymbol{X}^{\mathrm{H}})^{\mathrm{H}} = \boldsymbol{X}\boldsymbol{X}^{\mathrm{H}}$，那么它们都具有非负的实特征值和正交特征向量(见附录 B)。式(6.28)和式(6.29)中的特征向量还被归一化成正交的，即$\boldsymbol{u}_i^{\mathrm{H}}\boldsymbol{u}_i = 1$和$\boldsymbol{v}_i^{\mathrm{H}}\boldsymbol{v}_i = 1$。由式(6.28)和式(6.29)可得

$$\boldsymbol{u}_i = \frac{1}{\sqrt{\lambda_i}}\boldsymbol{X}\boldsymbol{v}_i, \qquad \lambda_i \neq 0 \tag{6.30}$$

事实上，式(6.29)左乘 $\boldsymbol{X}$ 得

$$(\boldsymbol{X}\boldsymbol{X}^{\mathrm{H}})\boldsymbol{X}\boldsymbol{v}_i = \lambda_i\boldsymbol{X}\boldsymbol{v}_i$$

即 $\boldsymbol{u}_i = \alpha\boldsymbol{X}v_i$，不失一般性，其中尺度变换因子 α 可取为正值，由下式计算：

$$\|\boldsymbol{u}_i\|^2 = 1 = \alpha^2\boldsymbol{v}_i^{\mathrm{H}}\boldsymbol{X}^{\mathrm{H}}\boldsymbol{X}\boldsymbol{v}_i = \alpha^2\lambda_i\|\boldsymbol{v}_i\|^2 \Rightarrow \alpha = \frac{1}{\sqrt{\lambda_i}}$$

设 $\boldsymbol{u}_i$ 和 $\boldsymbol{v}_i, i=0,1,\cdots,r-1$ 是对应于非零特征值的特征向量，$\boldsymbol{u}_i, i=r,\cdots,l-1$ 和 $\boldsymbol{v}_i, i=r,\cdots,n-1$ 是对应于零特征值的特征向量。对于后者，我们有

$$\boldsymbol{X}^{\mathrm{H}}\boldsymbol{X}\boldsymbol{v}_i = 0 \Rightarrow \boldsymbol{v}_i^{\mathrm{H}}\boldsymbol{X}^{\mathrm{H}}\boldsymbol{X}\boldsymbol{v}_i = 0 \Rightarrow \|\boldsymbol{X}\boldsymbol{v}_i\|^2 = 0$$

因此有

$$\boldsymbol{X}\boldsymbol{v}_i = 0, \quad i = r,\cdots,n-1 \tag{6.31}$$

类似地，可以证明

$$\boldsymbol{X}^{\mathrm{H}}\boldsymbol{u}_i = 0, \quad i = r,\cdots,l-1 \tag{6.32}$$

联立式(6.30)和式(6.31)，可以证明式(6.26)的右侧是

$$\sum_{i=0}^{r-1}\sqrt{\lambda_i}\boldsymbol{u}_i\boldsymbol{v}_i^{\mathrm{H}} = \boldsymbol{X}\sum_{i=0}^{r-1}\sqrt{\lambda_i}\frac{1}{\sqrt{\lambda_i}}\boldsymbol{v}_i\boldsymbol{v}_i^{\mathrm{H}} = \boldsymbol{X}\sum_{i=0}^{n-1}\boldsymbol{v}_i\boldsymbol{v}_i^{\mathrm{H}} \tag{6.33}$$

下面定义矩阵 $\boldsymbol{V}$，它的各列是标准正交的特征列向量 $\boldsymbol{v}_i$，即 $\boldsymbol{V}=[\boldsymbol{v}_0,\cdots,\boldsymbol{v}_{n-1}]$。各列的正交性使得 $\boldsymbol{V}^{\mathrm{H}}\boldsymbol{V}=\boldsymbol{I}$，即 $\boldsymbol{V}$ 是酉矩阵，因此有 $\boldsymbol{V}\boldsymbol{V}^{\mathrm{H}}=\boldsymbol{I}$。于是，可以证明

$$\boldsymbol{I} = \boldsymbol{V}\boldsymbol{V}^{\mathrm{H}} = [\boldsymbol{v}_0,\cdots,\boldsymbol{v}_{n-1}]\begin{bmatrix}\boldsymbol{v}_0^{\mathrm{H}}\\ \vdots \\ \boldsymbol{v}_{n-1}^{\mathrm{H}}\end{bmatrix} = \sum_{i=0}^{n-1}\boldsymbol{v}_i\boldsymbol{v}_i^{\mathrm{H}} \tag{6.34}$$

由式(6.33)和式(6.34)得

$$\boldsymbol{X} = \sum_{i=0}^{r-1}\sqrt{\lambda_i}\boldsymbol{u}_i\boldsymbol{v}_i^{\mathrm{H}} \tag{6.35}$$

并且 $\boldsymbol{X}$ 可以写为

$$\boldsymbol{X} = \boldsymbol{U}\begin{bmatrix}\Lambda^{\frac{1}{2}} & \boldsymbol{0}\\ \boldsymbol{0} & 0\end{bmatrix}\boldsymbol{V}^{\mathrm{H}} \tag{6.36}$$

式中，$\boldsymbol{U}$ 是各列为标准正交特征向量 $\boldsymbol{u}_i$ 的酉矩阵。

1．低秩近似

式(6.26)中的展开式是矩阵 $\boldsymbol{X}$ 的精确表示。如果在求和时使用的项数小于 r（$\boldsymbol{X}$ 的秩），则会出现一个非常有趣的现象。假设 $\boldsymbol{X}$ 由下式近似：

$$\boldsymbol{X} \approx \hat{\boldsymbol{X}} = \sum_{i=0}^{k-1}\sqrt{\lambda_i}\boldsymbol{u}_i\boldsymbol{v}_i^{\mathrm{H}}, \quad k \leqslant r \tag{6.37}$$

矩阵 $\hat{\boldsymbol{X}}$（即 $k\leqslant r$ 个秩为 1 的 $l\times n$ 维矩阵之和）的秩为 1。涉及 k 个最大的特征值时，可以证明平方误差

$$\epsilon^2 = \sum_{i=0}^{l-1}\sum_{j=0}^{n-1}|X(i,j) - \hat{X}(i,j)|^2 \tag{6.38}$$

相对于所有秩为 k 的 $l\times n$ 维矩阵是最小的。式(6.38)右侧的平方根也称差矩阵 $\boldsymbol{X}-\hat{\boldsymbol{X}}$ 的 Frobenius 范数 $\|\boldsymbol{X}-\hat{\boldsymbol{X}}\|_F$。可以证明，近似中的误差（见习题 6.6）是

$$\epsilon^2 = \sum_{i=k}^{r-1}\lambda_i \tag{6.39}$$

因此，如果降序排列特征值，即 $\lambda_0 \geqslant \lambda_1 \geqslant \cdots \geqslant \lambda_{r-1}$，那么对于展开式中已知数量的 k 项，SVD 会得到最小平方误差。于是，$\hat{\boldsymbol{X}}$ 就是 Frobenius 范数意义下对 $\boldsymbol{X}$ 的秩为 k 的最好近似。这让我们想到了 Karhunen-Loève 展开式。然而，后者的最优是相对于均方误差而言的。这就是 SVD 和 KL 之间的主要区别。前者与单个样本集相关，而后者与多个样本集相关。

2．降维

在模式识别和信息检索领域，SVD 一直广泛用于降维，且已成为潜在语义索引（Latent Semantics Indexing，LSI）的基础，详见文献[Berr 95]。采用式(6.25)和式(6.27)中的记法，式(6.37)可以写为

$$\boldsymbol{X} \approx \hat{\boldsymbol{X}} = [\boldsymbol{u}_0, \boldsymbol{u}_1, \cdots, \boldsymbol{u}_{k-1}]\begin{bmatrix}\sqrt{\lambda_0}\boldsymbol{v}_0^{\mathrm{H}} \\ \sqrt{\lambda_1}\boldsymbol{v}_1^{\mathrm{H}} \\ \vdots \\ \sqrt{\lambda_{k-1}}\boldsymbol{v}_{k-1}^{\mathrm{H}}\end{bmatrix} \tag{6.40}$$

$$= \boldsymbol{U}_k[\boldsymbol{a}_0,\ \boldsymbol{a}_1, \cdots, \boldsymbol{a}_{n-1}]$$

式中，$\boldsymbol{U}_k$ 由 $\boldsymbol{U}$ 的前 k 列构成，k 维向量 $\boldsymbol{a}_i$, $i = 0, 1,\cdots, n-1$ 是 $k\times n$ 维积矩阵 $\Lambda_k^{\frac{1}{2}}\boldsymbol{V}_k^{\mathrm{H}}$ 的列向量，其中 $\boldsymbol{V}_k^{\mathrm{H}}$ 由 $\boldsymbol{V}^{\mathrm{H}}$ 的前 k 行构成，$\Lambda_k^{\frac{1}{2}}$ 是一个对角矩阵，其元素是 k 个奇异值的平方根。图 6.3 中解释了 SVD 中涉及的矩阵积。式(6.40)表明，$\boldsymbol{X}$ 的每个列向量 $\boldsymbol{x}_i$ 都由下式近似：

$$\boldsymbol{x}_i \approx \boldsymbol{U}_k\boldsymbol{a}_i = \sum_{m=0}^{k-1}\boldsymbol{u}_m a_i(m), \quad i = 0, 2, \cdots, n-1 \tag{6.41}$$

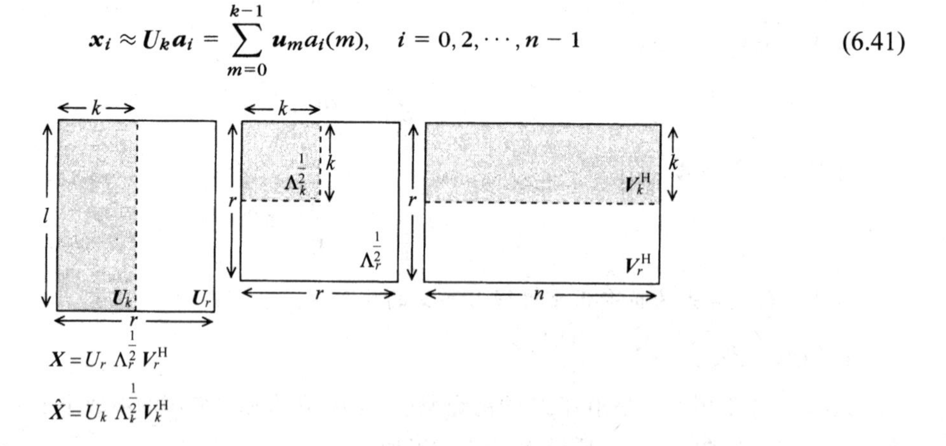

图 6.3　SVD 中涉及的矩阵积的图示。$\boldsymbol{X}$ 由 $\hat{\boldsymbol{X}}$ 近似时，将涉及 $\boldsymbol{U}_r$ 的前 k 列和 $\boldsymbol{V}_r^{\mathrm{H}}$ 的前 k 行

式中，$a_i(m)$, $m = 0, 1,\cdots, k-1$ 表示向量 $\boldsymbol{a}_i$ 的元素。换句话说，l 维向量 $\boldsymbol{x}_i$ 由 k 维向量 $\boldsymbol{a}_i$ 近似，后者位于由 $\boldsymbol{u}_i$, $i = 0, 1,\cdots, k-1$ 形成的子空间中（$\boldsymbol{a}_i$ 是 $\boldsymbol{x}_i$ 在这个子空间上的投影，见习题 6.6）。此外，由 $\boldsymbol{U}_k$ 的各列 $\boldsymbol{u}_i$, $i = 0, 1,\cdots, k-1$ 的正交性，我们有

$$\begin{aligned}||\boldsymbol{x}_i - \boldsymbol{x}_j|| &\approx ||\boldsymbol{U}_k(\boldsymbol{a}_i - \boldsymbol{a}_j)|| = ||\sum_{m=0}^{k-1} \boldsymbol{u}_m(a_i(m) - a_j(m))|| \\ &= ||\boldsymbol{a}_i - \boldsymbol{a}_j||, \quad i,j = 0,1,\cdots,n-1\end{aligned} \tag{6.42}$$

式中，$\|\cdot\|$表示向量的欧氏范数。也就是说，如果使用前面的投影并假设近似是合理的，那么高 l 维空间中 $\boldsymbol{x}_i$ 与 $\boldsymbol{x}_j$ 之间的欧氏距离，在低 k 维子空间的投影下是（近似）保持的。

前面的观察在信息检索领域的许多应用中有重要意义。下面举一个简单的例子。已知一组 n 个模式，每个模式都由一个 l 维特征向量表示。这些模式构成可用的数据库。给定一个未知模式，目标是在数据库中搜索和恢复与这个未知模式最相似的一个模式，方法是计算它与数据库中的每个向量之间的欧氏距离。当 l 和 n 较大时，这是非常耗时的任务。下面给出简化计算的过程。我们构建一个 $l \times n$ 维数据矩阵 $\boldsymbol{X}$[①]，它的列是 n 个特征向量。对 $\boldsymbol{X}$ 执行 SVD，照例用特征向量 $\boldsymbol{x}_i$ 的低维投影 $\boldsymbol{a}_i$ 来表示特征向量 $\boldsymbol{x}_i$。给定一个未向向量后，我们将它投影到由 $\boldsymbol{U}_k$ 的各列形成的子空间，并在 k 维空间中计算欧氏距离。因为欧氏距离会被近似地保持，因此可以求出向量的接近度，方式是在低维空间中进行处理。当 $k \ll l$ 时，可以节省大量的计算（见文献[Berr 95, Deer 90, Sebr 03]）。

SVD 依赖于分布在 $\boldsymbol{X}$ 中的所有数据向量上的全局信息。事实上，该算法的关键部分是计算 $\boldsymbol{X}^{\mathrm{H}}\boldsymbol{X}$ 或 $\boldsymbol{X}\boldsymbol{X}^{\mathrm{H}}$ 的特征值，对于零均值数据，它直接关联到各个协方差矩阵［见式(6.22)］。因此，作为降维技术，SVD 的性能对数据可由协方差矩阵充分描述的情形最有效，如类高斯分布的数据。文献[Cast 03]中提出了关于 SVD 的一种改进方法，它适用于聚类结构的数据。6.7 节中将回顾非线性维数技术，那时为降低维数，要求的不再是子空间上的一个简单线性映射。

注释

- 由于它的最优近似性质，SVD 变换也有优秀的信息压缩性质，且图像阵列可以由一些奇异值有效地表示。因此，SVD 自然成为分类任务中特征生成/选择的工具。
- 对大矩阵执行 SVD 是计算量非常大的任务。为了克服这一缺点，人们提出了许多高效的计算方法，详见文献[Ye 04, Achl 01]。

例 6.4　考虑矩阵

$$\boldsymbol{X} = \begin{bmatrix} 6 & 6 \\ 0 & 1 \\ 4 & 0 \\ 0 & 6 \end{bmatrix}$$

计算它的奇异值分解。

- 步骤 1。求如下矩阵的特征值和特征向量：

$$\boldsymbol{X}^{\mathrm{T}}\boldsymbol{X} = \begin{bmatrix} 52 & 36 \\ 36 & 73 \end{bmatrix}$$

特征值是 $\lambda_0 = 100$ 和 $\lambda_1 = 25$，对应的特征向量是 $\boldsymbol{v}_0 = [0.6, 0.8]^{\mathrm{T}}$ 和 $\boldsymbol{v}_1 = [0.8, -0.6]^{\mathrm{T}}$。

- 步骤 2。计算 $\boldsymbol{X}\boldsymbol{X}^{\mathrm{T}}$ 的特征向量。它是一个秩为 2 的 4×4 维矩阵。对应于非零特征值 λ_0 和 λ_1 的特征向量可由式(6.26)计算，计算得到 $\boldsymbol{u}_0 = 0.1\boldsymbol{X}\boldsymbol{v}_0$, $\boldsymbol{u}_1 = 0.2\boldsymbol{X}\boldsymbol{v}_1$，或者$[0.84, 0.08, 0.24, 0.48]^{\mathrm{T}}$ 和$[0.24, -0.12, 0.64, -0.72]^{\mathrm{T}}$。

① 注意，为了与潜在语义索引中所用的记法一致，这里定义的 $\boldsymbol{X}$ 是式(3.44)中的数据矩阵的转置。

- 步骤 3。计算 $\boldsymbol{X}$ 的 SVD:

$$\boldsymbol{X} = 10[0.84, 0.08, 0.24, 0.48]^{\mathrm{T}}[0.6, 0.8] + 5[0.24, -0.12, 0.64, -0.72]^{\mathrm{T}}[0.8, -0.6]$$

若保留前两项，则在 Frobenius 意义下，得到的近似是 $\boldsymbol{X}$ 的秩为 1 的最好近似。

例 6.5　本例的目的是，说明降维工具 SVD 在信息检索领域的潜在语义索引中使用时的能力。

(a) 设数据集包含 1000 个三维向量:

$$\boldsymbol{x}_i = [x_1(i), x_2(i), x_3(i)]^{\mathrm{T}}, \quad i = 1, 2, \cdots, 1000$$

这些点的集合构成数据库。我们形成一个 3×1000 维矩阵 $\boldsymbol{X}$，它的各列是这些数据向量。出于本例的需要，元素 $x_1(i)$和 $x_2(i)$是使用区间[−10, 10]内的均匀分布随机生成的。每个点的第三个维度的值是 $x_3(i)=-x_1(i)-x_2(i)+\epsilon$，其中 ϵ 是在区间[−1, 1]内均匀分布的噪声源。换句话说，数据是沿如下平面分布的:

$$H: x_1 + x_2 + x_3 = 0 \tag{6.43}$$

执行 SVD 分析，可以证明奇异值是

$$\lambda_0 = 158.43,\ \lambda_1 = 89.01,\ \lambda_2 = 10.50$$

λ_2 值相对较小，因为数据是近似二维的。回顾可知，这些奇异值是 $\boldsymbol{XX}^{\mathrm{T}}$ 的特征值，它与在 PCA［见式(6.11)］中使用的相关矩阵的估计相同（在一个尺度缩放因子内）。对应的标准正交特征向量或 $\boldsymbol{U}$ 的列向量（保留两位小数）是

$$\boldsymbol{u}_0 = \begin{bmatrix} -0.39 \\ -0.42 \\ 0.82 \end{bmatrix},\ \boldsymbol{u}_1 = \begin{bmatrix} 0.71 \\ -0.70 \\ -0.01 \end{bmatrix},\ \boldsymbol{u}_2 = \begin{bmatrix} 0.58 \\ 0.58 \\ 0.57 \end{bmatrix}$$

不难验证，由两个主特征向量形成的平面（子空间）是

$$H_1:\ 14.26x_1 + 14.10x_2 + 13.95x_3 = 0$$

它非常接近式(6.43)中的超平面 H，数据聚集在这个超平面附近。

(b) 下面从数据集 $\boldsymbol{X}$ 中随机选择 6 个点，并沿 H_1 平面投影。6×6 维距离矩阵 $\boldsymbol{D}$ 为

$$\boldsymbol{D} = \begin{bmatrix} 0 & 26.17 & 24.70 & 112.25 & 11.92 & 4.81 \\ 26.17 & 0 & 61.46 & 43.96 & 38.33 & 49.25 \\ 24.70 & 61.46 & 0 & 107.97 & 4.34 & 14.51 \\ 112.25 & 43.96 & 107.97 & 0 & 88.72 & 140.18 \\ 11.92 & 38.33 & 4.34 & 88.72 & 0 & 9.95 \\ 4.81 & 49.25 & 14.51 & 140.18 & 9.95 & 0 \end{bmatrix}$$

它的第(i, j)个元素是第 i 个点和第 j 个点之间的欧氏距离的平方，其中 $i, j = 1, 2, \cdots, 6$。对于 H_1 上的各个投影，对应的距离矩阵 $\boldsymbol{D}'$是

$$\boldsymbol{D}' = \begin{bmatrix} 0 & 25.85 & 24.32 & 112.21 & 11.72 & 4.57 \\ 25.85 & 0 & 61.46 & 43.83 & 37.29 & 49.24 \\ 24.32 & 61.46 & 0 & 107.80 & 3.20 & 14.49 \\ 112.21 & 43.83 & 107.80 & 0 & 88.29 & 140.10 \\ 11.72 & 37.29 & 3.20 & 88.29 & 0 & 9.06 \\ 4.57 & 49.24 & 14.49 & 140.10 & 9.06 & 0 \end{bmatrix}$$

它与 $\boldsymbol{D}$ 几乎一致。注意，这个好的一致性是由数据的真实维数非常接近 2 导致的。增大噪声源 ϵ 的方差后，分布在平面 H 附近的数据增多，且数据会变得更加“三维”。换句话说，ϵ 的方差越大，$\boldsymbol{D}$ 与期望得到的 $\boldsymbol{D}'$ 之间的一致性越差。

6.5　独立成分分析

前面说过，通过 KL 变换执行的主成分分析（Principal Component Analysis，PCA）会产生互不相关的特征 $y(i), i = 0, 1,\cdots, N-1$。当我们的目标是降维并希望最小化近似均方误差时，由 KL 变换得到的解是最优的。然而，对于某些应用，如图 6.1 中的应用，得到解则不如预期。相比之下，近期提出的独立成分分析（Independent Component Analysis，ICA）理论（见文献[Hyva 01, Como 94, Jutt 91, Hayk 00, Lee 98]）不只是简单地对数据去相关。ICA 的任务如下：给定一组输入样本 $\boldsymbol{x}$，求一个 $N \times N$ 维可逆矩阵 $\boldsymbol{W}$，使得变换后的向量

$$\boldsymbol{y} = \boldsymbol{W}\boldsymbol{x} \tag{6.44}$$

的各项 $y(i), i = 0, 1,\cdots, N-1$ 是相互独立的。统计独立的目标是比 PCA 要求的不相关性更强的条件。这两个条件只对高斯随机变量才是等同的。

寻找独立而非不相关的特征，可让我们采用隐藏在数据的高阶统计量中的更多信息。如图 6.1 所示，只挖掘二次统计量中的信息来限定搜索，会得到无意义的投影方向，即 $\boldsymbol{a}_0$ 的投影方向。然而，毋庸置疑，从分类的角度看，$\boldsymbol{a}_1$ 的投影方向是最有意义的方向。相比之下，采用 ICA 时，数据的更高阶统计量表明指向 $\boldsymbol{a}_1$ 的那条信息是最有意义的。此外，通过处理（输入）感官数据来寻找统计独立的特征，可在头脑中建立外部世界的“认知”地图。Barlow[Barl 89]在他的假设中认为，在视觉脑皮层探测中执行的前期处理的输出，可能是冗余度压缩的结果。换句话说，神经输出是尽可能相互统计独立的，但是以接收到的感官信息为条件的。对冗余度压缩感兴趣的读者，可参阅文献[Atti 92, Fiel 94, Deco 95, Bell 00]。在模式识别领域，业已证明作为最优特征生成技术的 ICA 的潜力，详见文献[Cao 03, Bell 97, Hoy 00, Jang 99, Bart 02, Kwon 04]。

在继续介绍执行 ICA 的技术之前，我们需要确保问题的定义良好，且问题在约束下有一个解。为此，假设输入随机数据向量 $\boldsymbol{x}$ 事实上由统计独立且成分（源）严格静止的线性组合生成，即

$$\boldsymbol{x} = \mathcal{A}\boldsymbol{y} \tag{6.45}$$

现在的任务是在什么条件下可以计算矩阵 $\boldsymbol{W}$，以便采用 $\boldsymbol{x}$ 中隐藏的信息由式(6.44)恢复 $\boldsymbol{y}$ 的成分。矩阵 $\mathcal{A}$ 通常称为混合矩阵，$\boldsymbol{W}$ 称为解混矩阵。文献[Como 94]中证明了这些条件。

1．ICA 模型的可辨识条件

除了一个可能的例外，所有的独立成分 $y(i), i = 1, 2,\cdots, N$ 都是非高斯的。第二个条件是矩阵 $\mathcal{A}$ 必须是可逆的。在矩阵 $\mathcal{A}$ 是一个非平方 $l \times N$ 维矩阵的更一般情形下，l 必须大于 N，且 $\mathcal{A}$ 必须是满列秩的。

换句话说，与总被执行的 PCA 相比，ICA 仅在涉及的随机变量是非高斯的时候才有意义。事实上，前面说过，对于高斯随机变量，独立等同于不相关及满足 PCA。从数学的观点看，ICA 问题对高斯过程来说是病态的。事实上，若假设得到的独立成分 $y(i), i = 0, 1,\cdots, N-1$ 都是高斯的，则通过任何酉矩阵线性变换它们也有一个解（见习题 5.4）。PCA 通过对变换矩阵施加特定的正交结构来得到唯一的解。

在上述条件下，可以证明，得到的每个独立成分都是唯一地估计到一个乘常数的，这是该方法的一个非常重要的性质，也是各个成分是单位方差的倍数的原因。最后要说明的是，与 PCA

相比，独立成分不会导致特定的顺序，而 PCA 情形下的某个顺序是与对应特征的值关联的。然而，在实践中可以采用某些形式的排序。例如，各个成分可以根据由一个合适指数（如 4 阶行列式）度量的“非高斯性”来排序（见附录 A）。尽管这样的指标对初学者来说很奇怪，但其物理意义会随着介绍的深入变得清晰。毕竟，根据常识，高斯概率密度函数是最没有意义的。回顾第 2 章可知，最大化熵时，会将解约束到已知均值和方差的随机变量族内，结果是一个高斯概率密度函数。也就是说，在描述随机变量族的所有概率密度函数中，高斯概率密度函数是最“随机的”，根据这个观点，相对于数据的基本结构，高斯概率密度函数是信息量最少的。相比之下，与高斯分布“最不相似的”分布更有意义，因为它们显示了与数据关联的某些结构。这一观察是与 ICA 密切相关的技术的核心，这些技术被称为*投影追踪*，详见 4.12 节。这些技术的本质是，在特征空间内寻找子空间，使得对应的数据向量投影可由“有意义的”非高斯分布描述。关于这些主题的详细探讨，请参阅文献[Hube 85, Jone 87]。

6.5.1 基于 2 阶和 4 阶累计量的 ICA

执行 ICA 的这种方法是 PCA 技术的直接推广。KL 变换注重 2 阶统计量，并且要求交叉相关 $E[y(i)y(j)]$为零。在 ICA 中，要求 $\boldsymbol{y}$ 的成分是统计独立的，等同于要求所有的高阶交叉累计量为零。文献[Como 94]中认为，对于许多应用来说，限制到最高 4 阶累计量就已足够。附录 A 中指出，前 3 个累计量等于前 3 个矩，即

$$\kappa_1(y(i)) = E[y(i)] = 0$$

$$\kappa_2(y(i)y(j)) = E[y(i)y(j)]$$

$$\kappa_3(y(i)y(j)y(k)) = E[y(i)y(j)y(k)]$$

4 阶累计量是

$$\begin{aligned}\kappa_4(y(i)y(j)y(k)y(r)) = E[y(i)y(j)y(k)y(r)] - E[y(i)y(j)]E[y(k)y(r)] - \\ E[y(i)y(k)]E[y(j)y(r)] - \\ E[y(i)y(r)]E[y(j)y(k)]\end{aligned}$$

式中假设过程是零均值的。实践中遇到的另一个假设通常是，关联的概率密度函数是对称的。这就使得所有奇数阶累计量为零。于是，问题现在就可简化为寻找一个矩阵 $\boldsymbol{W}$，使得变换后的变量的 2 阶累计量（交叉相关）和 4 阶交叉累计量为零。这可由如下步骤实现[Como 94]。

步骤 1：对输入数据执行 PCA，也就是说，

$$\hat{\boldsymbol{y}} = \boldsymbol{A}^{\mathrm{T}} \boldsymbol{x} \tag{6.46}$$

式中，$\boldsymbol{A}$ 是 KL 变换的酉变换矩阵。因此，变换后的随机向量 $\hat{\boldsymbol{y}}$ 的成分是不相关的。

步骤 2：计算另一个酉矩阵 $\hat{\boldsymbol{A}}$，使得变换后的随机向量

$$\boldsymbol{y} = \hat{\boldsymbol{A}}^{\mathrm{T}} \hat{\boldsymbol{y}} \tag{6.47}$$

的各个成分的 4 阶交叉累计量为零。这等同于找到一个矩阵 $\hat{\boldsymbol{A}}$，使得 4 阶自累计量的平方和最大，即

$$\max_{\hat{A}\hat{A}^{\mathrm{T}}=I} \Psi(\hat{A}) \equiv \sum_{i=0}^{N-1} \kappa_4(y(i))^2 \tag{6.48}$$

步骤 2 的验证如下。可以证明[Como 94]，4 阶累计量的平方和在酉矩阵的线性变换下是不变的。因此，由于 4 阶累计量的平方和对 $\hat{\boldsymbol{y}}$ 是固定的，最大化 $\boldsymbol{y}$ 的自累计量的平方和会强迫对应的交叉累计量为零。观察发现，这基本上是 4 阶累计量多维矩阵的对角化问题。在实践中，这是通过推广矩阵对角化所用的 Givens 旋转法实现的[Como 94]。注意，式(6.48)的右边包含三部分：(a) 未知矩阵 $\hat{\boldsymbol{A}}$ 的元素；(b) 已知矩阵 $\boldsymbol{A}$ 的元素；(c) 输入数据向量 $\boldsymbol{x}$ 的随机成分的累计量，它须在应用这种方法之前估计。实践中可以证明交叉累计量只能近似为零，因为：(a) 输入数据可能不遵守式(6.45)给出的线性模型；(b) 输入数据已被目前还未考虑的噪声毁坏；(c) 输入的累计量只是近似已知的，因为它们是由已知的输入数据集估计的。

完成这两个步骤后，带有合适独立成分的特征向量就由如下组合变换给出：

$$\boldsymbol{y} = (A\hat{A})^{\mathrm{T}}\boldsymbol{x} \equiv W\boldsymbol{x} \tag{6.49}$$

注意，由于 $\hat{\boldsymbol{A}}$ 是酉矩阵，因此第一步得到的不相关性被 $\boldsymbol{y}$ 的元素继承，而 $\boldsymbol{y}$ 的 2 阶和 4 阶交叉累计量现在为零。

6.5.2　基于互信息的 ICA

基于 2 阶和 4 阶交叉累计量为零的方法在实际中应用广泛，但是在某种程度上仍然缺乏通用性，并且要在变换矩阵中强加一个结构。理论上，另一种更好的方法是，通过最小化变换后的随机变量之间的互信息来估计 $\boldsymbol{W}$。$\boldsymbol{y}$ 的各个成分之间的互信息 $I(\boldsymbol{y})$定义为

$$I(\boldsymbol{y}) = -H(\boldsymbol{y}) + \sum_{i=0}^{N-1} H(y(i)) \tag{6.50}$$

式中，$H(y(i))$是 $y(i)$的关联熵，其定义为[Papo 91]

$$H(y(i)) = -\int p_i(y(i)) \ln p_i(y(i))\,\mathrm{d}y(i) \tag{6.51}$$

式中，$p_i(y(i))$是 $y(i)$的边缘概率密度函数。附录 A 中已经证明，$I(\boldsymbol{y})$等于联合概率密度函数 $p(\boldsymbol{y})$和各个边缘概率密度的积 $\prod_{i=0}^{N-1} p_i(y(i))$ 之间的 Kullback-Leibler（KL）概率距离。如果成分 $y(i)$是统计独立的，那么这个距离及关联的互信息 $I(\boldsymbol{y})$为零。因为在这种情况下，联合概率密度函数等于对应的边缘概率密度函数之积，且 KL 距离变为零。因此，为了使得 $\boldsymbol{y}$ 的成分尽可能独立，与计算 $\boldsymbol{W}$ 以便 $I(\boldsymbol{y})$最小相比，更可取的方法是什么？联立式(6.44)、式(6.50)和式(6.51)，并考虑将两个概率密度函数关联到 $\boldsymbol{x}$ 和 $\boldsymbol{y}$（$\boldsymbol{y}$ 是 $\boldsymbol{x}$ 的函数）的公式[Papo 91]，可得

$$I(\boldsymbol{y}) = -H(\boldsymbol{x}) - \ln|\det(W)| - \sum_{i=0}^{N-1}\int p_i(y(i)) \ln p_i(y(i))\,\mathrm{d}y(i) \tag{6.52}$$

式中，$\det(\boldsymbol{W})$是 $\boldsymbol{W}$ 的行列式。未知矩阵 $\boldsymbol{W}$ 的元素隐藏在变换后的变量 $y(i)$的边缘概率密度函数中。然而，显式地写出这一依赖性并不容易。目前所用的方法是，围绕高斯概率密度函数 $g(y)$，采用 Edgeworth 展开式（见附录 A）来展开每个边缘概率，然后将序列截短为一个合适的近似。例如，保留 Edgeworth 展开式中的前两项，得到

$$p(y) = g(y)\left(1 + \frac{1}{3!}\kappa_3(y)H_3(y) + \frac{1}{4!}\kappa_4(y)H_4(y)\right) \tag{6.53}$$

式中，$H_k(y)$是 k 阶 Hermite 多项式。要用 $y(i)$和 $\boldsymbol{W}$ 表示 $I(\boldsymbol{y})$的近似表达式，可以：(a) 在式(6.53)

中插入式(6.52)给出的概率密度函数近似；(b) 采用近似 $\ln(1+y)\approx y-y^2$；(c) 计算积分。毫无疑问，这是非常痛苦的任务！对于式(6.53)，将 $\boldsymbol{W}$ 限制为酉矩阵，可得[Hyva 01]

$$I(\boldsymbol{y}) \approx C - \sum_{i=0}^{N-1}\left(\frac{1}{12}\kappa_3^2(y(i)) + \frac{1}{48}\kappa_4^2(y(i)) + \frac{7}{48}\kappa_4^4(y(i)) - \frac{1}{8}\kappa_3^2(y(i))\kappa_4(y(i))\right) \tag{6.54}$$

式中，C 是独立于 $\boldsymbol{W}$ 的一个变量。在概率密度函数对称的假设下（3 阶累计量为零），可以证明最小化式(6.54)中的互信息的近似表达式，等同于最大化 4 阶累计量的平方和。当然，酉矩阵 $\boldsymbol{W}$ 这一限制不是必需的，且在这种情形下，$I(\boldsymbol{y})$还存在其他形式的近似表达式，见文献[Hayk 99]。

采用梯度下降法可以最小化式(6.54)中的 $I(\boldsymbol{y})$（见附录 C），梯度下降法中涉及的（与累计量关联的）期望值可由各自的瞬时值代替。尽管优化过程的细节超出了本书的范围，但是有些细节是值得一提的。

在应用近似之前，我们先回顾式(6.52)。因为 $H(\boldsymbol{x})$不依赖于 $\boldsymbol{W}$，因此最小化 $I(\boldsymbol{y})$等同于最大化

$$J(\boldsymbol{W}) = \ln|\det(\boldsymbol{W})| + E\left[\sum_{i=0}^{N-1}\ln p_i(y(i))\right] \tag{6.55}$$

取代价函数关于 $\boldsymbol{W}$ 的梯度，得

$$\frac{\partial J(\boldsymbol{W})}{\partial \boldsymbol{W}} = \boldsymbol{W}^{-\mathrm{T}} - E[\phi(\boldsymbol{y})\boldsymbol{x}^{\mathrm{T}}] \tag{6.56}$$

式中，

$$\phi(\boldsymbol{y}) \equiv \left[-\frac{p'_0(y(0))}{p_0(y(0))}, \cdots, -\frac{p'_{N-1}(y(N-1))}{p_{N-1}(y(N-1))}\right]^{\mathrm{T}} \tag{6.57}$$

和

$$p'_i(y(i)) \equiv \frac{\mathrm{d}p_i(y(i))}{\mathrm{d}y(i)} \tag{6.58}$$

显然，边缘概率密度的导数取决于所用的近似类型。在第 t 步迭代中，广义梯度下降法现在可以写为

$$\begin{aligned} \boldsymbol{W}(t) &= \boldsymbol{W}(t-1) + \mu(t)\left(\boldsymbol{W}^{-\mathrm{T}}(t-1) - E[\phi(\boldsymbol{y})\boldsymbol{x}^{\mathrm{T}}]\right) \\ \boldsymbol{W}(t) &= \boldsymbol{W}(t-1) + \mu(t)\left(I - E[\phi(\boldsymbol{y})\boldsymbol{y}^{\mathrm{T}}]\right)\boldsymbol{W}^{-\mathrm{T}}(t-1) \end{aligned} \tag{6.59}$$

实践中，根据随机近似理论（见 3.4.2 节），忽略了期望算子。

注释

- 根据式(6.56)中的梯度，易知在某个稳定的点，下式成立：

$$\frac{\partial J(\boldsymbol{W})}{\partial \boldsymbol{W}}\boldsymbol{W}^{\mathrm{T}} = E[I - \phi(\boldsymbol{y})\boldsymbol{y}^{\mathrm{T}}] = 0 \tag{6.60}$$

  换句话说，由 ICA 得到的是 PCA 的非线性推广。回顾后者可知，不相关性条件可写为

$$E[I - \boldsymbol{y}\boldsymbol{y}^{\mathrm{T}}] = 0 \tag{6.61}$$

  非线性函数$\boldsymbol{\phi}(\cdot)$的出现让我们为超越不相关性而加入了累计量。事实上，作为 PCA 的非线性推广，式(6.60)启发了前人对 ICA 的早期研究[Jutt 91]。

- 式(6.59)中的更新公式，涉及 $\boldsymbol{W}$ 的当前估计的转置的求逆运算。除了计算复杂性问题，在适应过程中不能保证可逆性。使用自然梯度[Doug 00]代替式(6.56)中的梯度，可得

$$\boldsymbol{W}(t) = \boldsymbol{W}(t-1) + \mu(t)\left(I - E[\phi(\boldsymbol{y})\boldsymbol{y}^{\mathrm{T}}]\right)\boldsymbol{W}(t-1) \tag{6.62}$$

式中不仅不涉及矩阵的求逆运算，而且提高了收敛性。该问题的处理细节超出了本书的范围。对数学感兴趣且希望进行深入研究的读者来说：如果空间是欧氏空间，那么式(6.56)中的梯度指向最陡的上升方向。然而，此时参数空间包含所有的非奇异 $N\times N$ 维矩阵，这是一个乘法群。这个空间是黎曼空间，且业已证明：如果用（对应于黎曼度量张量的）$\boldsymbol{W}^{\mathrm{T}}\boldsymbol{W}$ 乘以式(6.56)中的梯度，那么会得到指向最陡上升方向的自然梯度[Doug 00]。

6.5.3　一个 ICA 仿真例子

例子如图 6.4 所示。生成了共有 1024 个样本的二维正态分布。

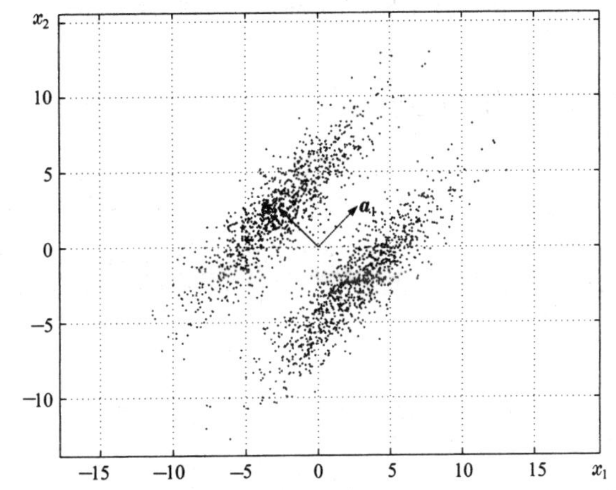

图 6.4　ICA 仿真例子。分析得到了指向投影方向的两个向量。ICA 分析得到的最优投影方向是 $\boldsymbol{a}_1$ 的投影方向

正态概率密度函数的均值和协方差矩阵为

$$\boldsymbol{\mu} = [-2.6042, 2.5]^{\mathrm{T}},\quad \Sigma = \begin{bmatrix} 10.5246 & 9.6313 \\ 9.6313 & 11.3203 \end{bmatrix}$$

类似地，使用相同的协方差和均值$-\boldsymbol{\mu}$，生成了第二个正态概率密度函数的 1024 个样本。对于 ICA，使用了基于 2 阶和 4 阶累计量的方法。得到的变换矩阵 $\boldsymbol{W}$ 是

$$\boldsymbol{W} = \begin{bmatrix} -0.7088 & 0.7054 \\ 0.7054 & 0.7088 \end{bmatrix} \equiv \begin{bmatrix} \boldsymbol{a}_1^{\mathrm{T}} \\ \boldsymbol{a}_0^{\mathrm{T}} \end{bmatrix}$$

由 PCA 分析得到了指向长轴和短轴方向的向量 $\boldsymbol{a}_0$ 和 $\boldsymbol{a}_1$。然而，根据 PCA 分析，最有意义的投影方向是 $\boldsymbol{a}_1$ 而不是 $\boldsymbol{a}_0$ 的投影方向。事实上，变换后的变量$[y_1, y_2]^{\mathrm{T}} = \boldsymbol{W}\boldsymbol{x}$ 的峰值是

$$\kappa_4(y_1) = -1.7$$

$$\kappa_4(y_2) = 0.1$$

因此，长轴方向的投影得到一个变量，其概率密度函数接近高斯概率密度函数；短轴方向的投影得到另一个变量，其概率密度函数偏离高斯概率密度函数（见图 6.1 和图 6.4），从分类的观点来看这个概率密度函数更合适。

6.6 非负矩阵因子分解

在 PCA 和 SVD 分析中，基本约束是 PCA 中的基向量的正交性，以及 SVD 中的矩阵 $\boldsymbol{U}$ 和 $\boldsymbol{V}$ 的列向量的正交性（见习题 6.3）。PCA 可被表述为如下任务：在基向量的正交约束下，最小化均方误差。尽管某些情况下得到的展开式是有用的，但是对其他情况而言，这种约束在表示数据时非常“弱”。最近，文献[Paat 91, Paat 94]中提出了一种新的矩阵因子分解，它可以保证所得矩阵因子的元素的非负性。由于负元素与物理现实相悖，因此在某些应用中强加了这一约束。例如，在图像分析中，像素的灰度值不能是负值；此外，概率值也不能是负值。得到的因子分解被称为非负矩阵因子分解（Nonnegative Matrix Factorization，NMF），它在文献聚类[Xu 03]、分子模式发现[Brun 04]、图像分析[Lee 01]、聚类[Szym 06]、音乐转录和乐器分类[Smar 03, Benn 06]及人脸验证[Zafe 06]等领域中得到了成功应用。

给定一个 $l \times n$ 维矩阵 $\boldsymbol{X}$，NMF 的任务包括找到 $\boldsymbol{X}$ 的近似因子分解，即

$$\boldsymbol{X} \approx \boldsymbol{WH} \tag{6.63}$$

式中，$\boldsymbol{W}$ 和 $\boldsymbol{H}$ 分别为 $l \times r$ 维矩阵和 $r \times n$ 维矩阵，$r < \min(n, l)$，并且所有的矩阵元素都是非负的，也就是说，$W(i,k) \geqslant 0, H(k,j) \geqslant 0, i = 1, 2, \cdots, l, k = 1, 2, \cdots, r, j = 1, 2, \cdots, n$。显然，矩阵 $\boldsymbol{W}$ 和 $\boldsymbol{H}$ 的秩至多为 r，且它们的积是秩至多为 r 的 $\boldsymbol{X}$ 的近似。上述意义是 $\boldsymbol{X}$ 中的每个列向量都由如下展开式表示：

$$\boldsymbol{x}_i = \sum_{k=1}^{r} \boldsymbol{H}(k,i)\boldsymbol{w}_k, \quad i = 1, 2, \cdots, n$$

式中，$\boldsymbol{w}_k, k = 1, 2, \cdots, r$ 是 $\boldsymbol{W}$ 的列向量，且是展开式的基。基中的向量数小于向量本身的维数。因此，我们也可将 NMF 视为一种降维方法。

为了在式(6.63)中得到好的近似，可以采用不同的代价。常用的代价是误差矩阵的 Frobenius 范数。这时，NMF 任务表述如下：

$$\text{最小化} \quad \|\boldsymbol{X} - \boldsymbol{WH}\|_F \equiv \sum_{i=1}^{l}\sum_{j=1}^{n}\left(X(i,j) + [\boldsymbol{WH}](i,j)\right)^2 \tag{6.64}$$

$$\text{约束} \quad W(i,k) \geqslant 0,\ H(k,j) \geqslant 0, \quad H(k,j) \geqslant 0\ \forall i,k,j \tag{6.65}$$

式中，$[\boldsymbol{WH}](i,j)$是矩阵 $\boldsymbol{WH}$ 的第(i,j)个元素。注意，最小化是相对于 $\boldsymbol{W}$ 和 $\boldsymbol{H}$ 执行的。

研究人员还提出了另一个代价函数，它与 KL 距离（见附录 A）紧密相关，且任务现在变为

$$\text{最小化} \sum_{i=1}^{l}\sum_{j=1}^{n}\left(X(i,j)\ln\frac{X(i,j)}{[\boldsymbol{WH}](i,j)} - X(i,j) + [\boldsymbol{WH}](i,j)\right) \tag{6.66}$$

$$\text{约束} W(i,k) \geqslant 0,\ H(k,j) \geqslant 0\ \forall i,k,j \tag{6.67}$$

可以看出，如果$\boldsymbol{X}=\boldsymbol{WH}$，那么前面的代价为零。此外，观察发现，若$\sum_{i,j} \boldsymbol{X}(i,j) = \sum_{i,j}[\boldsymbol{WH}](i,j) = 1$，则代价变得与 KL 距离公式相同。然而，要注意的是，若 $\boldsymbol{X}(i,j)$或$[\boldsymbol{WH}](i,j)$为 0，则前面的类 KL 代价就不是定义良好的。关于这个主题的详细信息，感兴趣的读者可以查阅文献[Sra 06]。

表述问题后，就可求出这个优化任务的解。为此，人们提出了很多算法，如牛顿型算法或梯度下降型算法（见附录 C）。这样的算法问题及许多相关的理论问题超出了本书的范围，感兴趣的读者可查阅文献[Chu 04, Dono 04, Trop 03]。

6.7　非线性降维

到目前为止，本章前面讨论的技术和前一章中介绍的 LDA 的目标都是降维。换句话说，给定输入模式[①]的高维数据集 $\boldsymbol{X}=\{x_1,x_2,\cdots,x_n\}\subset\mathcal{R}^N$，目标是计算对应于模式 $\boldsymbol{Y}=\{y_1,y_2,\cdots,y_n\}\subset\mathcal{R}^m$，$m<N$ 的 n，得到输入模式的“信息化”表示。关于“信息化”，不同的方法有不同的解释；例如，PCA 和 ICA 对这一问题采用了不同的观点。前述方法的另一个共同点是，它们都是线性的。对于每种方法，一旦算出它们的变换矩阵，就可将 $\boldsymbol{X}$ 中的点沿变换矩阵的各行投影得到 $\boldsymbol{Y}$ 中的点。

到目前为止，为了避免维数灾难并有效地处理分类器的泛化性能，降维的重点都是特征生成域。然而，这些技术的意义超出了我们的想象，并且包含许多其他的应用。数据可视化是采用降维技术将原始数据从高维空间变换到低维空间的一个领域，因此可更好地说明手中的问题。如文献[Tene 00]中所述，人脑面临着同样的问题，即从高维感官系统（即 10^6 个光神经纤维）中提取数量减少的感知相关特征。数据挖掘和信息检索是在低维空间中进行处理时能够提升搜索效率的另一个领域。这是数据通常位于高维空间中的一个典型领域，尽管其本征维数低。降维已广泛用于人们过去几年来非常重视的聚类和半监督学习领域。因此，在某种程度上，可以说本节是关于这些主题的章节的基础。

本节的目标是讨论非线性降维技术。我们将讨论目前的主流技术，但不涉及过多的细节。

6.7.1　核主成分分析

顾名思义，核主成分分析（kernel PCA）是经典 PCA 的核化形式，详见文献[Scho 98]。给定数据集 X 后，我们可以给出一个至 RKHS H 的隐式映射，

$$\boldsymbol{x}\in X\mapsto\boldsymbol{\phi}(\boldsymbol{x})\in H$$

设 $\boldsymbol{x}_i, i=1,2,\cdots,n$ 是已知的训练点。我们将估计 H 中的相关矩阵，其中 H 是已知样本点[②]上的均值，

$$R=\frac{1}{n}\sum_{i=1}^{n}\boldsymbol{\phi}(\boldsymbol{x}_i)\boldsymbol{\phi}(\boldsymbol{x}_i)^{\mathrm{T}} \tag{6.68}$$

目的是执行 $\boldsymbol{R}$ 的特征分解，即

$$R\boldsymbol{v}=\lambda\boldsymbol{v} \tag{6.69}$$

假设数据是居中的［$\sum_{i=1}^{n}\boldsymbol{\phi}(x_i)=0$，做这个假设的目的只是为了简化讨论］。根据 $\boldsymbol{R}$ 的定义，可以证明 $\boldsymbol{v}$ 位于$\{\phi(x_1),\phi(x_2),\cdots,\phi(x_n)\}$形成的空间中。事实上，

$$\lambda\boldsymbol{v}=\left(\frac{1}{n}\sum_{i=1}^{n}\boldsymbol{\phi}(\boldsymbol{x}_i)\boldsymbol{\phi}(\boldsymbol{x}_i)^{\mathrm{T}}\right)\boldsymbol{v}=\frac{1}{n}\sum_{i=1}^{n}\left(\boldsymbol{\phi}(\boldsymbol{x}_i)^{\mathrm{T}}\boldsymbol{v}\right)\boldsymbol{\phi}(\boldsymbol{x}_i)$$

对于$\lambda\neq0$，可以写出

$$\boldsymbol{v}=\sum_{i=1}^{n}a(i)\boldsymbol{\phi}(\boldsymbol{x}_i) \tag{6.70}$$

联立式(6.69)和式(6.70)，可以证明[Scho 98]这个问题等同于执行 Gram 矩阵的特征分解：

① 为了满足本章的特殊需要，我们保留了符号 N，它表示输入空间的维数。在本书剩下的内容中，N 代表点数。

② 如果 H 的维数无穷大，那么相关矩阵的定义需要特殊说明，但是我们不考虑它。

$$\mathcal{K}\boldsymbol{a} = n\lambda\boldsymbol{a} \tag{6.71}$$

式中，

$$\boldsymbol{a} \equiv [a(1), a(2), \cdots, a(n)]^{\mathrm{T}} \tag{6.72}$$

我们知道（见 4.19.1 节），Gram 矩阵的元素是$\mathcal{K}(i, j) = K(\boldsymbol{x}_i, \boldsymbol{x}_j)$，其中 $K(\cdot,\cdot)$是所用的核函数。于是，$\boldsymbol{R}$ 的第 k 个特征向量［对应于式(6.71)中$\mathcal{K}$的第 k 个（非零）特征向量］可以表示为

$$\boldsymbol{v}_k = \sum_{i=1}^{n} a_k(i)\boldsymbol{\phi}(\boldsymbol{x}_i),\ k = 1, 2, \cdots, p \tag{6.73}$$

式中，$\lambda_1 \geqslant \lambda_2 \geqslant \cdots \geqslant \lambda_p$ 表示按降序排列的各个特征值，λ_p 是最小的非零特征值，$\boldsymbol{a}_k^{\mathrm{T}} \equiv [a_k(1), \cdots, a_k(n)]$ 是 Gram 矩阵的第 k 个特征向量。假设后者已被归一化，有 $\langle \boldsymbol{v}_k, \boldsymbol{v}_k \rangle = 1, k = 1, 2, \cdots, p$，其中$\langle\cdot,\cdot\rangle$是希尔伯特空间 H 中的点积。这会对各个 $\boldsymbol{a}_k$ 施加等同的归一化，得到

$$\begin{aligned} 1 = \langle \boldsymbol{v}_k, \boldsymbol{v}_k \rangle &= \left\langle \sum_{i=1}^{n} a_k(i)\boldsymbol{\phi}(\boldsymbol{x}_i), \sum_{j=1}^{n} a_k(j)\boldsymbol{\phi}(\boldsymbol{x}_j) \right\rangle \\ &= \sum_{i=1}^{n}\sum_{j=1}^{n} a_k(i)a_k(j)\mathcal{K}(i, j) \\ &= \boldsymbol{a}_k^{\mathrm{T}}\mathcal{K}\boldsymbol{a}_k = n\lambda_k\boldsymbol{a}_k^{\mathrm{T}}\boldsymbol{a}_k, \quad k = 1, 2, \cdots, p \end{aligned} \tag{6.74}$$

下面小结执行核 PCA 的基本步骤。给定向量 $\boldsymbol{x} \in \mathcal{R}^N$ 和核函数 $K(\cdot,\cdot)$：

- 计算 Gram 矩阵$\mathcal{K}(i, j) = K(\boldsymbol{x}_i, \boldsymbol{x}_j), i, j = 1, 2, \cdots, n$。
- 计算$\mathcal{K}$的 m 个主特征值/特征向量$\lambda_k, \boldsymbol{a}_k, k = 1, 2, \cdots, m$［见式(6.71)］。
- 执行所要求的归一化［见式(6.74)］。
- 计算到所有主特征向量上的 m 个投影，

$$y(k) \equiv \langle \boldsymbol{v}_k, \boldsymbol{\phi}(\boldsymbol{x}) \rangle = \sum_{i=1}^{n} a_k(i)K(\boldsymbol{x}_i, \boldsymbol{x}),\ k = 1, 2, \cdots, m \tag{6.75}$$

式(6.75)中的运算对应于输入空间中的一个非线性映射。注意，与线性 PCA 相比，主特征向量 $\boldsymbol{v}_k, k = 1, 2, \cdots, m$ 不能显式地计算。我们需要知道的是沿各个向量的投影 $y(k)$。毕竟，这才是我们感兴趣的东西。

注释

- 核 PCA 等价于在 RKHS H 中执行标准的 PCA。可以证明，就像讨论 PCA 时那样，与主特征向量关联的性质对核 PCA 仍然成立。也就是说，(a) 主特征向量方向最优地保留了大多数方差；(b) 相对于其他 m 个方向，使用 m 个主特征向量近似 H 中的一个点时，MSE 是最小的；(c) 特征向量上的投影是不相关的；(d) 高斯假设下的信息熵是最大的[Scho 98]。
- 回顾 6.3 节可知，Gram 矩阵的特征分解需要采用度量多维尺度变换方法。因此，我们可以认为核 PCA 是 MDS 的核化形式，只是要用 Gram 矩阵中的核运算代替输入空间中的内积。
- 注意，核 PCA 方法未显式地考虑数据所在流形的基本结构。

6.7.2 基于图的方法

1．拉普拉斯特征映射

这种方法首先假设数据点位于平滑的流形（超平面）$\mathcal{M} \supset X$ 上，流形的本征维数是 $m < N$，

且它包含于$\mathcal{R}^N$，即$\mathcal{M} \subset \mathcal{R}^N$。维数 m 是由用户定义的参数。相比之下，在核 PCA 中不需要这个参数，此时 m 是主成分的数量，实际工作中它是通过使得λ_m和λ_{m+1}之间的距离“大”得到的。

这种方法的原理是计算数据的低维表示，以便 $X \subset \mathcal{M}$中的局部近邻信息可被最优地保存。采用这种方式，我们可以得到一个能够反映流形的几何结构的解。实现它需要执行如下步骤。

步骤 1：构建一个图 $G = (V, E)$，其中 $V = \{v_i, i = 1, 2, \cdots, n\}$是顶点集，$E = \{e_{ij}\}$是连接顶点$(v_i, v_j)$的边集（见 13.2.5 节）。图的每个节点 v_i 对应于数据集 X 中的点 $\boldsymbol{x}_i$。点 $\boldsymbol{x}_i$ 和 $\boldsymbol{x}_j$ 相距较近时，我们连接 v_i 和 v_j，也就是说，在各自的节点之间插入一条边 e_{ij}。根据这种方法，量化“接近度”的方式有两种。顶点 v_i, v_j 由一条边连接，如果：

1. 对于某个用户定义的参数ϵ，$\|\boldsymbol{x}_i - \boldsymbol{x}_j\|^2 < \epsilon$，其中$\|\cdot\|$是$\mathcal{R}^N$中的欧氏范数。
2. $\boldsymbol{x}_j$ 是 $\boldsymbol{x}_i$ 的 k 个最近邻之一，或者 $\boldsymbol{x}_i$ 是 $\boldsymbol{x}_j$ 的 k 个最近邻之一，其中 k 是用户定义的参数，并且邻居是根据$\mathcal{R}^N$中的欧氏距离来选择的。欧氏距离的用途取决于流形的平滑度，平滑的流形允许我们在流形所在的空间内使用欧氏距离来局部地近似流形测地线，后者是微分几何学的一个已知结论。
   不熟悉这些概念的读者，可以想象三维空间内的一个球体。如果人们只能生活在球面上，那么两点之间的最短路径是两点之间的测地线。显然，测地线不是一条直线，而是球面上的一条弧线。然而，如果这些点靠得非常近，那么它们的测地距离就可由它们在三维空间中计算的欧氏距离来近似。

步骤 2：每条边 e_{ij} 都与一个权重 $W(i, j)$相关联。未被连接的那些节点的权重为零。每个权重 $W(i, j)$都是对邻居 $\boldsymbol{x}_i$ 和 $\boldsymbol{x}_j$ 的“接近度”的度量。典型的选择是

$$W(i,j) = \begin{cases} \exp\left(-\dfrac{\|\boldsymbol{x}_i - \boldsymbol{x}_j\|^2}{\sigma^2}\right), & v_i, v_j \text{对应于邻居} \\ 0, & \text{其他} \end{cases}$$

式中，σ^2 是用户定义的参数。我们构建一个 $n \times n$ 维权重矩阵 $\boldsymbol{W}$，它的元素的权重是 $\boldsymbol{W}(i, j)$。注意，$\boldsymbol{W}$ 是对称的和稀疏的，因为它的许多元素为零。

步骤 3：定义对角矩阵 $\boldsymbol{D}$，它的对角元素为 $D_{ii} = \sum_j \boldsymbol{W}(i, j), i = 1, 2, \cdots, n$，并设矩阵 $\boldsymbol{L} = \boldsymbol{D} - \boldsymbol{W}$。后者被称为图 $G(V, E)$的拉普拉斯矩阵。执行广义特征分解

$$\boldsymbol{L}\boldsymbol{v} = \lambda \boldsymbol{D}\boldsymbol{v}$$

设 $0 = \lambda_0 \leqslant \lambda_1 \leqslant \lambda_2 \leqslant \cdots \leqslant \lambda_m$ 是最小的 $m + 1$ 个特征值①。忽略对应于$\lambda_0 = 0$ 的特征向量$\boldsymbol{v}_o$，同时选择下 m 个特征向量 $\boldsymbol{v}_1, \boldsymbol{v}_2, \cdots, \boldsymbol{v}_m$。于是，映射

$$\boldsymbol{x}_i \in \mathcal{R}^N \mapsto \boldsymbol{y}_i \in \mathcal{R}^m, \quad i = 1, 2, \cdots, n$$

式中，

$$\boldsymbol{y}_i^{\mathrm{T}} = [\boldsymbol{v}_1(i), \boldsymbol{v}_2(i), \cdots, \boldsymbol{v}_m(i)], \quad i = 1, 2, \cdots, n \tag{6.76}$$

普通特征分解程序的计算复杂性高达 $O(n^3)$次运算。然而，对于 L 这样的稀疏矩阵，可以采用像 Lanczos 算法[Golu 89]这样的有效方法将复杂性降低到 $O(n^2)$次运算。

① 相比 PCA 使用的符号，这里的特征值是按升序标记的，因为我们在本节中的兴趣是求最小值。

下面验证 $m=1$ 时步骤 3 中的声明。也就是说，低维空间是实轴。文献[Belk 03]中采用了沿各条直线的路径。目的是计算 $y_i \in \mathcal{R}, i=1,2,\cdots,n$，使得投影到一维子空间后，已连接的点（即图中的邻居）仍然尽可能接近。映射后用于满足接近度的准则是使得下式最小：

$$E_L = \sum_{i=1}^{n}\sum_{j=1}^{n}(y_i - y_j)^2 W(i,j) \tag{6.77}$$

观察发现，如果 $W(i,j)$的值较大（即 $\boldsymbol{x}_i$ 和 $\boldsymbol{x}_j$ 在$\mathcal{R}^N$中接近），且$\mathcal{R}$中的 y_i, y_j 远离，那么它在核函数中将招致重罚。此外，不是邻居的点不影响最小化，因为它们的权重为零。对于 $1 < m < N$ 的更一般的情形，代价函数变为

$$E_L = \sum_{i=1}^{n}\sum_{j=1}^{n}||\boldsymbol{y}_i - \boldsymbol{y}_j||^2 W(i,j)$$

下面重新表述式(6.77)。经过一些代数运算后，得到

$$\begin{aligned} E_L &= \sum_i y_i^2 \sum_j W(i,j) + \sum_j y_j^2 \sum_i W(i,j) - 2\sum_i\sum_j y_i y_j W(i,j) \\ &= \sum_i y_i^2 D_{ii} + \sum_j y_j^2 D_{jj} - 2\sum_i\sum_j y_i y_j W(I,j) \\ &= 2\boldsymbol{y}^{\mathrm{T}} \boldsymbol{L}\boldsymbol{y} \end{aligned} \tag{6.78}$$

式中，

$$L \equiv D - W \tag{6.79}$$

且 $\boldsymbol{y}^{\mathrm{T}} = [y_1, y_2, \cdots, y_n]$。拉普拉斯矩阵 $\boldsymbol{L}$ 是对称的和非负定的。非负定可由式(6.78)中的定义看出，其中 E_L 总是一个非负的标量。注意，D_{ii} 的值越大，样本 $\boldsymbol{x}_i$ 就越“重要”。这是因为它意味着大的 $W(i,j), j=1,2,\cdots,n$ 值，且在最小化过程中起支配作用。显然，最小化 E_L 是通过平凡解 $y_i=0, i=1, 2,\cdots,n$ 实现的。为避免这个问题，我们通常将解约束为一个预先规定的范数。此时，问题变为

$$\text{最小化 } \boldsymbol{y}^{\mathrm{T}}\boldsymbol{L}\boldsymbol{y}$$

$$\text{约束 } \boldsymbol{y}^{\mathrm{T}}\boldsymbol{D}\boldsymbol{y} = 1$$

尽管我们可以直接处理上述任务，但将其稍微调整后，就可以使用我们熟悉的工具。定义

$$\boldsymbol{z} = \boldsymbol{D}^{1/2}\boldsymbol{y} \tag{6.80}$$

和

$$\tilde{\boldsymbol{L}} = \boldsymbol{D}^{-1/2}\boldsymbol{L}\boldsymbol{D}^{-1/2} \tag{6.81}$$

它被称为归一化图拉普拉斯矩阵。可以看出，我们的优化问题现在变为

$$\text{最小化 } \boldsymbol{z}^{\mathrm{T}}\tilde{\boldsymbol{L}}\boldsymbol{z} \tag{6.82}$$

$$\text{约束 } \boldsymbol{z}^{\mathrm{T}}\boldsymbol{z} = 1 \tag{6.83}$$

使用拉格朗日乘子，并让拉格朗日梯度为 0（见附录 C），可得解为

$$\tilde{\boldsymbol{L}}\boldsymbol{z} = \lambda \boldsymbol{z} \tag{6.84}$$

换句话说，解的计算等价于求解特征值问题。将式(6.84)代入核函数(6.82)并考虑约束(6.83)后，可以证明与最优 $\boldsymbol{z}$ 关联的代价值等于λ。因此，解是对应于最小特征值的特征向量。然而，$\tilde{\boldsymbol{L}}$ 的最小特征值是零，且对应的特征向量对应于一个平凡解。事实上，观察发现

$$\tilde{L}D^{1/2}\mathbf{1} = D^{-1/2}LD^{-1/2}D^{1/2}\mathbf{1} = D^{-1/2}(D-W)\mathbf{1} = 0$$

式中，**1** 是元素全为 1 的向量。总之，$z = D^{1/2}\mathbf{1}$ 是一个对应于零特征值的特征向量，它得到平凡解 $y_i = 1, i = 1, 2, \cdots, n$。也就是说，所有的点都投影到了实线上的同一个点。为了排除不合理的解，回顾可知 $\tilde{L}$ 是一个非负矩阵，因此 0 是它的最小特征值［也就是说，如果图被连接，那么至少有一条路径（见 13.2.5 节）连接任何一对顶点，$D^{1/2}\mathbf{1}$ 是与零特征值 λ_0 关联的唯一特征向量[Belk 03]。这是我们在这里采用的假设］。此外，由于 $\tilde{L}$ 是对称矩阵，我们知道（见附录 B）它的特征向量是彼此正交的。因此，我们强加一个额外的约束，并且现在要求解与 $D^{1/2}\mathbf{1}$ 正交。将解限制为与对应于最小（零）特征值的特征向量正交，会将解驱使到对应于下一个最小（非零）特征值 λ_1 的特征向量。注意，$\tilde{L}$ 的特征分解等价于步骤 3 中 L 的特征分解。

对于 $m > 1$ 的更一般的情况，必须计算与 $\lambda_1 \leqslant \cdots \leqslant \lambda_m$ 关联的 m 个特征向量。此时，约束会阻止我们投影到维数小于期望值 m 的子空间。例如，我们不希望三维空间中的投影和点位于二维平面上或一维直线上。关于更多的细节，感兴趣的读者可查阅文献[Belk 03]。

2．局部线性嵌入

类似于拉普拉斯特征映射方法，局部线性嵌入（Local Linear Embedding, LLE）假设数据位于足够平滑的 m 维流形上，而流形嵌在 $\mathcal{R}^N$ 子空间中，其中 $m < N$[Rowe 00]。平滑性假设允许我们进一步假设数据是足够的，且流形被很好地采样，邻近点位于（或接近于）流形的“局部”线性面片上。这种算法的最简形式小结为如下三步。

步骤 1：对每个点 $x_i, i = 1, 2, \cdots, n$，寻找最邻近的点。

步骤 2：计算权重 $W(i, j), i, j = 1, 2, \cdots, n$，由最邻近的点最好地重建每个点 x_i，最小化代价

$$\arg\min_{W} E_W = \sum_{i=1}^{n} \|x_i - \sum_{j=1}^{n} W(i,j) x_{ij}\|^2 \tag{6.85}$$

式中，x_{ij} 表示第 i 个点的第 j 个邻居。权重被限制为：(a) 对非邻居点为零；(b) 对权重矩阵的各行加 1，即

$$\sum_{j=1}^{n} W(i,j) = 1 \tag{6.86}$$

也就是说，在所有邻居上的权重之和必须为 1。

步骤 3：使用前一步得到的权重计算对应点 $y_i \in \mathcal{R}^m, i = 1, 2, \cdots, n$，相对于未知点 $Y = \{y_i, i = 1, 2, \cdots, n\}$ 来最小化代价

$$\arg\min_{Y} E_Y = \sum_{i=1}^{n} \|y_i - \sum_{j} W(i,j) y_j\|^2 \tag{6.87}$$

上面的最小化受两个约束的限制，因此为避免退化的结果：(a) 输出是居中的，即 $\sum_i y_i = 0$；(b) 输出有单位协方差矩阵[Saul 01]。采用类似于拉普拉斯特征映射方法中的方式，搜索了步骤 1 中的最近邻点。再次重申，只要搜索被“局部地”限定在相邻的点之间，欧氏距离的用途就取决于流形的平滑度。对于步骤 2，这种方法根据平滑流形的局部线性，使用最小平方误差准则来线性地预测其邻点。根据式(6.86)中的约束来最小化代价时，得到的解具有如下三个性质：

1. 旋转不变性。
2. 缩放不变性。
3. 平移不变性。

前两个性质很容易由代价函数的形式验证，第三个性质是约束方程的结果。这意味着计算的权重关于每个邻域的固有特性来编码信息，且它们不依赖于特殊的点。

得到的权重 $\boldsymbol{W}(i, j)$反映了数据的局部几何结构的固有性质。由于我们的目标是得到映射后的局部信息，因此使用这些权重根据其邻居来重建$\mathcal{R}^m$子空间中的每个点。如文献[Saul 01]中所述，这就像是用一把剪刀剪出流形上的多个小线性面片，并将它们放入一个低维空间。

可以证明，对未知点 $y_i, i = 1, 2,\cdots, n$ 求解式(6.87)，等价于：

- 对矩阵$(\boldsymbol{I}-\boldsymbol{W})^{\mathrm{T}}(\boldsymbol{I}-\boldsymbol{W})$执行特征分解。
- 抛弃对应于最小特征值的特征向量。
- 取对应于下一个（低）特征值的特征向量，它们产生低维输出 $\boldsymbol{y}_i, i = 1, 2,\cdots, n$。

再次重申，当涉及的矩阵 $\boldsymbol{W}$ 是稀疏矩阵且考虑了这一点后，对大数据集而言，这个特征值的复杂性是 $O(n^2)$次运算。步骤 2 的复杂性是 $O(nk^3)$ 次运算，它取决于对每个点都有 k 个未知量的线性方程组的求解程序。这种方法要求用户提供两个参数，即最近邻点数 k（或ϵ）和维数 m。关于 LLE 方法的详细介绍，感兴趣的读者可以查阅文献[Saul 01]。

3. 等距映射

与揭示局部流形的几何结构的前两种方法相比，等距映射（ISOmetric MAPping, ISOMAP）算法的思想是：只有所有数据点对之间的测地距离才能反映流形的真实结构。流形上点与点之间的欧氏距离无法正确地表示它，因为测地距离较大的点对使用欧氏距离来度量时，会更加接近（见图 6.5）。ISOMAP 基本上是 MDS 算法的变体，其中欧氏距离已被流形上的各个测地距离代替。这种方法的本质是估计相距遥远点对之间的测地距离。为此，采用了两个步骤。

步骤 1：对每个点 $\boldsymbol{x}_i, i = 1, 2,\cdots, n$ 计算最近邻点，并构建图 $G(V, E)$，图的顶点表示输入模式，图的边连接最近邻点（最近邻点由拉普拉斯特征映射方法中所用的两种方法之一计算，参数 k 或ϵ是用户定义的参数）。根据各自的欧氏距离，边被赋予权重（对于最近邻点，这是对各个测地距离的较好近似）。

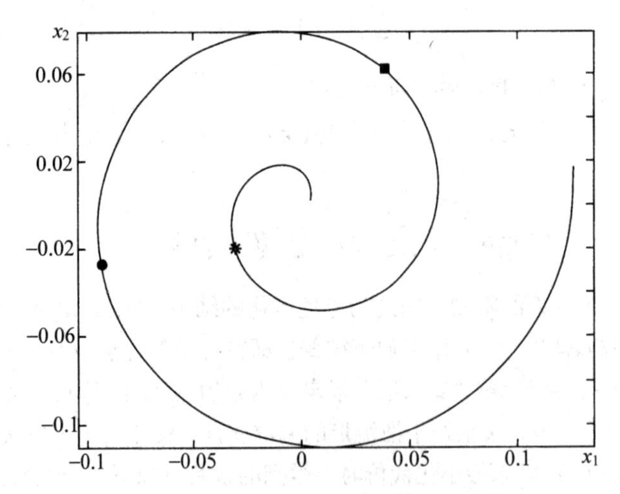

图 6.5 使用欧氏距离度量距离时，表面上看，与由■表示的点相比，由*表示的点更加接近由•表示的点。然而，当点螺旋行进时，决定接近度的是测地距离，此时由■表示的点更加接近由*表示的点

步骤 2：沿图中的最短路径计算所有点对(i, j)，$i, j = 1, 2, \cdots, n$ 之间的测地距离。关键的假设是，流形上任何两点之间的测地距离，可由沿图 $G(V, E)$连接两点的最短路径来近似。为此，我们可以使用有效的算法（即 Djikstar's 算法[Corm 01]）来实现它，相应的复杂性是 $O(n^2\ln n + n^2k)$次运算。对于较大的 n 值，这个代价会高得令人难以接受。

要估计所有点对之间的测地距离，就要使用 MDS 方法。于是，该问题就等价于对各个 Gram 矩阵执行特征分解，并选择 m 个最重要的特征向量来表示低维空间。映射后，低维空间中点对之间的欧氏距离，与原始高维空间中流形上的测地距离是匹配的。类似于 PCA 和 MDS 中的情形，m 由许多重要的特征值估计。可以证明，ISOMAP 能够保证渐近地（$n \to \infty$）恢复一类非线性流形的真实维数[Tene 00, Dono 04]。

基于图的三种方法用来计算图中最近邻点的步骤是相同的。这个问题的复杂性是 $O(n^2)$，但在采用特殊类型的数据结构时，可以使用更有效的搜索技术，见文献[Beyg 06]。ISOMAP、拉普拉斯特征映射和 LLE 方法的明显区别是，后两种方法依赖于稀疏矩阵的特征分解，而 ISOMAP 依赖于密集 Gram 矩阵的特征分解，因此 ISOMAP 相对于拉普拉斯特征映射和 LLE 技术来说就具有计算优势。此外，在 ISOMAP 中计算最短路径的开销很大。最后，三种基于图的技术的目标都是降维，同时以一种或多种方式揭示数据所在流形的几何性质。相比之下，核 PCA 并非如此，它对流形学习不感兴趣。然而，文献[Ham 04]中指出，基于图的技术可视为核 PCA 的特例。如果数据依赖于核，且使用图编码邻域信息代替预定义的核函数，那么特例之说是成立的。

本节介绍针对非线性降维提出的一些基本技术。除了前面的基本方案，文献中还提出了一些改进方案，如文献[Desi 03, Sha 05, Beng 04]。文献[Lafo 06, Qui 07]中实现了低维嵌入，以便保留反映图 $G(V, E)$的连通性的某些度量。文献[He 03, Cai 05, Koki 07]中采用了保留流形中局部信息的思路，以便定义形如 $\boldsymbol{y}=\boldsymbol{A}^{\mathrm{T}}\boldsymbol{x}$ 的线性变换，且优化是相对于 $\boldsymbol{A}$ 的元素执行的。较新的文献[Law 06]中考虑了针对降维的增量流形学习任务。文献[Wein 05, Sun 06]中引入了最大方差展开方法。在（局部）距离和角度在图中的邻点之间得到保留的约束下，输出的方差是最大的。类似于 ISOMAP，可以证明，必须计算 Gram 矩阵的主特征向量，避免估计测地距离所需的步骤。文献[Shui 07]中提出了一个称为图嵌入的通用框架，它为理解和解释许多已知的降维技术（包括 PCA 和非线性 PCA）提供了统一的观点，同时也为开发新的技术提供了平台。文献[Lin 08]中采用了一种流形学习技术，它为给定的黎曼流形构建坐标图。对于该主题的深入探讨，请参阅文献[Burg 04]。文献[Cama 03]中回顾了非线性降维技术。

例 6.6　二维空间中的一个数据集中包含 30 个点。这些点是对描述如下的阿基米德螺线采样得到的［见图 6.6(a)］：

$$x_1 = a\theta\cos\theta,\quad x_2 = a\theta\sin\theta$$

数据集中的点对应于值$\theta = 0.5\pi, 0.7\pi, 0.9\pi, \cdots, 2.05\pi$（$\theta$的单位是弧度），且 $a = 0.1$。为便于说明并跟踪“邻近”信息，我们使用了 6 个符号（×、+、？、□、◇、○）。

为了研究数据位于非线性流形上的 PCA 的性能，我们首先执行协方差矩阵的特征分解，它由数据集估计得到。得到的特征值为

$$\lambda_0 = 0.089,\quad \lambda_1 = 0.049$$

观察发现，与例 6.3 中的线性情形相比，这里的特征值大小相当。于是，如果我们信任来自 PCA 的“判决”，那么涉及数据维数的答案是 2。此外，沿对应于λ_0 的主成分方向投影后［图 6.6(b)

中的直线]，近邻信息丢失，因为来自不同位置的点混在了一起。

下面采用拉普拉斯特征映射技术降维，所用的参数为$\epsilon = 0.2$和$\sigma = \sqrt{0.5}$。得到的结果如图6.6(c)所示。从右向左看，拉普拉斯方法在一维直线上很好地“展开”了螺线。此外，在数据的一维表示中很好地保留了近邻信息。

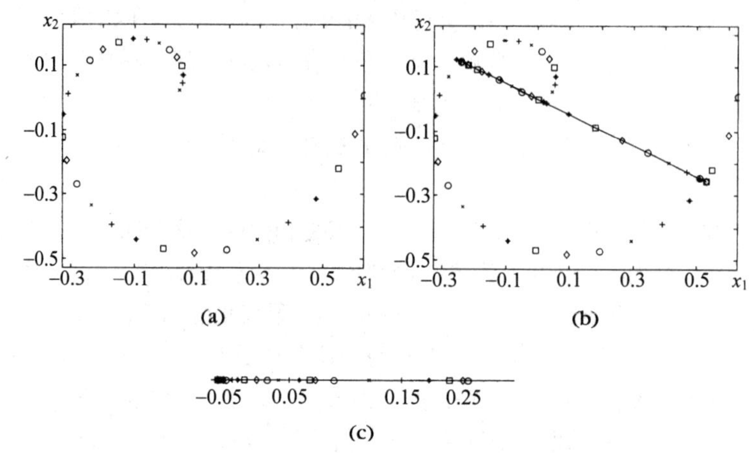

图 6.6 (a) 二维空间中的阿基米德螺线；(b) 螺线及采样点在第一个主成分方向的投影。可以看出，投影后丢失了近邻信息，且对应于螺线不同部分的点重叠在一起；(c) 使用拉普拉斯方法的一维螺线图。此时，非线性投影后的近邻信息得以保留，且螺线很好地展开到了一维直线上

例 6.7 图6.7中显示了一条三维螺线的样本，三维螺线参数化为$\boldsymbol{x}_1 = a\theta\cos\theta$和$\boldsymbol{x}_2 = a\theta\sin\theta$，且是在$\theta = 0.5\pi, 0.7\pi, 0.9\pi, \cdots, 2.05\pi$（$\theta$的单位是孤度）处采样的，且$a = 0.1$，$x_3 = -1, -0.8, -0.6, \cdots, 1$。

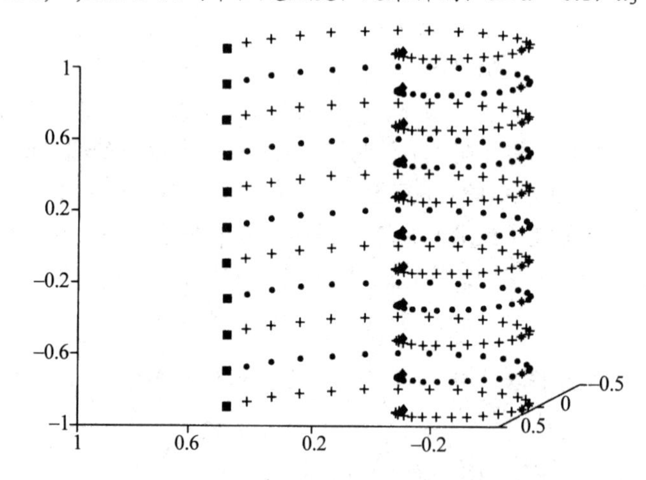

图 6.7 来自三维螺线的样本。我们可将它视为叠在一起的许多螺线。为了跟踪近邻信息，使用了不同的符号

为便于说明并跟踪每个点的“标识”，当我们移至维度x_3时，交互地使用了十字符号和点符号。此外，在x_3的每层中，第一个点、中间点和最后一个点分别用符号◇、?和□表示。同一层上的所有点基本上位于一条二维螺线上。

图6.8中显示了使用拉普拉斯方法降维时，三维螺线的二维映射，参数为$\epsilon = 0.35$和$\sigma = \sqrt{0.5}$。比较图6.7和图6.8可以看出，对应于相同层x_3的所有点都映射到同一条直线上，第一个点映射到第一个点，以此类推。也就是说，类似于例6.6中的情形，拉普拉斯方法将三维螺线

展开到了二维表面上，同时保留了近邻信息。

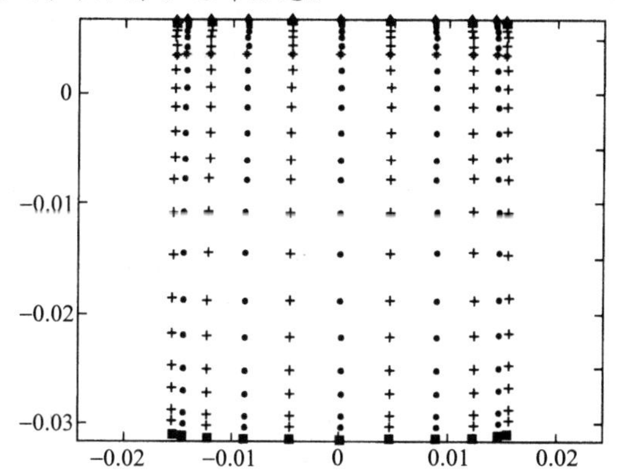

图 6.8 使用拉普拉斯特征映射方法时，图 6.7 中螺线的二维映射。通过保留近邻信息，三维结构展开到了二维空间中

6.8 离散傅里叶变换

前面说过，KL 和 SVD 展开式的基向量/图像不是固定的，而是依赖于问题的，且是优化过程的结果。这就是它们相对于去相关和信息压缩性质的最优性。同时，这个最优性也导致了它们的主要缺点——计算的高复杂性。本章剩下的部分重点介绍使用固定基向量/图像的变换。它们相对于去相关和信息压缩性质的次优性，通常可由它们的低计算开销补偿。

6.8.1 一维离散傅里叶变换

给定 N 个输入样本 $x(0), x(1), \cdots, x(N-1)$，它们的离散傅里叶变换（DFT）定义为

$$y(k) = \frac{1}{\sqrt{N}} \sum_{n=0}^{N-1} x(n) \exp\left(-\mathrm{j}\frac{2\pi}{N}kn\right), \quad k = 0, 1, \cdots, N-1 \tag{6.88}$$

逆 DFT（IDFT）定义为

$$x(n) = \frac{1}{\sqrt{N}} \sum_{k=0}^{N-1} y(k) \exp\left(\mathrm{j}\frac{2\pi}{N}kn\right), \quad n = 0, 1, \cdots, N-1 \tag{6.89}$$

式中，$\mathrm{j} \equiv \sqrt{-1}$。有时，式(6.88)会以没有归一化因子 $\frac{1}{\sqrt{N}}$ 的形式给出。此时，式(6.89)中的归一化因子变为 $\frac{1}{N}$。将所有的 $x(n)$ 和 $y(k)$ 放到两个 $N\times 1$ 维向量中，并定义

$$W_N \equiv \exp\left(-\mathrm{j}\frac{2\pi}{N}\right) \tag{6.90}$$

则式(6.88)和式(6.89)可写为如下的矩阵形式：

$$\boldsymbol{y} = \boldsymbol{W}^{\mathrm{H}}\boldsymbol{x}, \quad \boldsymbol{x} = \boldsymbol{W}\boldsymbol{y} \tag{6.91}$$

式中，

$$\boldsymbol{W}^{\mathrm{H}} = \frac{1}{\sqrt{N}} \begin{bmatrix} 1 & 1 & 1 & \cdots & 1 \\ 1 & W_N & W_N^2 & \cdots & W_N^{N-1} \\ \vdots & \vdots & \vdots & \vdots & \vdots \\ 1 & W_N^{N-1} & W_N^{2(N-1)} & \cdots & W_N^{(N-1)(N-1)} \end{bmatrix} \tag{6.92}$$

不难看出，$\boldsymbol{W}$ 是一个对称的酉矩阵，即

$$\boldsymbol{W}^{-1} = \boldsymbol{W}^{\mathrm{H}} = \boldsymbol{W}^{*}$$

基向量是 $\boldsymbol{W}$ 的各列。例如，$N=4$ 时，有

$$\boldsymbol{W} = \frac{1}{2}\begin{bmatrix} 1 & 1 & 1 & 1 \\ 1 & \mathrm{j} & -1 & -\mathrm{j} \\ 1 & -1 & 1 & -1 \\ 1 & -\mathrm{j} & -1 & \mathrm{j} \end{bmatrix}$$

基向量是

$$\boldsymbol{w}_0 = \frac{1}{2}[1,1,1,1]^{\mathrm{T}}$$

$$\boldsymbol{w}_1 = \frac{1}{2}[1,\mathrm{j},-1,-\mathrm{j}]^{\mathrm{T}}$$

$$\boldsymbol{w}_2 = \frac{1}{2}[1,-1,1,-1]^{\mathrm{T}}$$

$$\boldsymbol{w}_3 = \frac{1}{2}[1,-\mathrm{j},-1,\mathrm{j}]^{\mathrm{T}}$$

并且

$$\boldsymbol{x} = \sum_{i=0}^{3} y(i)\boldsymbol{w}_i$$

直接计算式(6.91)的复杂性是 $O(N^2)$次运算。然而，利用特定结构的矩阵 $\boldsymbol{W}$，可由快速傅里叶变换（FFT）算法节省大量运算，这时计算式(6.91)的复杂性是 $O(N\log_2 N)$次运算[Proa 92]。

到目前为止，DFT 一直是向量之间的特殊线性酉变换。本章后面提出的另一个观点是，DFT 是将序列 $x(n)$展开为一组 N 个基序列 $h_k(n)$的方式：

$$x(n) = \sum_{k=0}^{N-1} y(k)h_k(n)$$

式中，

$$h_k(n) = \begin{cases} \frac{1}{\sqrt{N}}\exp(\mathrm{j}\,\frac{2\pi}{N}kn), & n = 0,1,\cdots,N-1 \\ 0, & \text{其他} \end{cases}$$

且 $y(k)$是展开式的系数。DFT 基序列是一类更一般的序列——标准正交序列，即

$$\langle h_l(n), h_k(n)\rangle \equiv \sum_n h_k(n)h_l^*(n) = \delta_{kl} \tag{6.93}$$

式中，$\langle\cdot,\cdot\rangle$ 表示序列 $h_k(n)$和 $h_l(n)$的内积。由 DFT 展开式得

$$\begin{aligned}\langle h_k(n), h_l(n)\rangle &= \frac{1}{N}\sum_{n=0}^{N-1}\exp\left(\mathrm{j}\frac{2\pi}{N}kn\right)\exp\left(-\mathrm{j}\frac{2\pi}{N}ln\right) \\ &= \frac{1}{N}\sum_{n=0}^{N-1}\exp\left(\mathrm{j}\frac{2\pi}{N}(k-l)n\right), \quad k,l = 0,1,\cdots,N-1\end{aligned}$$

容易证明（见习题 6.8），

$$\frac{1}{N}\sum_{n=0}^{N-1}\exp\left(\mathrm{j}\frac{2\pi}{N}(k-l)n\right)=\begin{cases}1, & l=k+rN,\quad r=0,\pm1,\pm2,\cdots\\0, & \text{其他}\end{cases} \tag{6.94}$$

因此有

$$\langle b_k(n), b_l(n)\rangle=\delta_{kl}$$

6.8.2　二维离散傅里叶变换

给定一个 $N\times N$ 维矩阵或图像，它的二维 DFT 定义为

$$Y(k,l)=\frac{1}{N}\sum_{m=0}^{N-1}\sum_{n=0}^{N-1}X(m,n)W_N^{km}W_N^{ln} \tag{6.95}$$

IDFT 为

$$X(m,n)=\frac{1}{N}\sum_{k=0}^{N-1}\sum_{l=0}^{N-1}Y(k,l)W_N^{-km}W_N^{-ln} \tag{6.96}$$

容易看出，它可简写为

$$Y=W^{\mathrm{H}}XW^{\mathrm{H}},\qquad X=WYW \tag{6.97}$$

于是，二维 DFT 是使用基图像 $\boldsymbol{w}_i\boldsymbol{w}_j^{\mathrm{T}}, i,j=0,1,\cdots,N-1$ 的可分变换。由式(6.97)可以看出，各自的计算复杂性都是 $O(N^2\log_2 N)$次运算，这是采用 FFT 算法时 $2N$ 个一维 DFT 所需的加法和乘法次数。

6.9　离散余弦和正弦变换

给定 N 个输入样本 $x(0),x(1),\cdots,x(N-1)$，它们的离散余弦变换（DCT）定义为

$$y(k)=\alpha(k)\sum_{n=0}^{N-1}x(n)\cos\left(\frac{\pi(2n+1)k}{2N}\right),\quad k=0,1,\cdots,N-1 \tag{6.98}$$

逆 DCT（IDCT）为

$$x(n)=\sum_{k=0}^{N-1}\alpha(k)y(k)\cos\left(\frac{\pi(2n+1)k}{2N}\right),\quad n=0,1,\cdots,N-1 \tag{6.99}$$

式中，

$$\alpha(k)=\begin{cases}\sqrt{\frac{1}{N}}, & k=0\\ \sqrt{\frac{2}{N}}, & k\neq 0\end{cases}$$

该变换写成向量形式为

$$\boldsymbol{y}=\boldsymbol{C}^{\mathrm{T}}\boldsymbol{x}$$

其中矩阵 $\boldsymbol{C}$ 的元素是

$$C(n,k)=\frac{1}{\sqrt{N}},\quad k=0,\ 0\leqslant n\leqslant N-1$$

$$C(n,k)=\sqrt{\frac{2}{N}}\cos\left(\frac{\pi(2n+1)k}{2N}\right),\quad 1\leqslant k\leqslant N-1, 0\leqslant n\leqslant N-1$$

矩阵 C 的元素是实数，且容易看出它们是正交的，

$$C^{-1} = C^{\mathrm{T}}$$

二维 DCT 是定义如下的可分变换：

$$Y = C^{\mathrm{T}}XC, \quad X = CYC^{\mathrm{T}} \tag{6.100}$$

离散正弦变换（DST）是由如下变换矩阵定义的：

$$S(k,n) = \sqrt{\frac{2}{N+1}}\sin\left(\frac{\pi(k+1)(n+1)}{N+1}\right), \quad k,n = 0,1,\cdots,N-1$$

它也是一个正交变换。DCT 和 DST 是运算次数为 $O(N\log_2 N)$的快速变换方法之一[Jain 89, Lim 90]。

注释

- 对多数图像来说，DCT 和 DST 有很好的信息压缩性质，因为它们会将多数能量集中到有限的几个系数上。对这个性质的解释是，对称为一阶马尔可夫过程的一类随机信号，两种变换都能提供针对 KL 变换的近似，其中马尔可夫过程可以模拟许多真实的图像[Jain 89]。图 6.9 中显示了一幅图像及其 DFT（幅值）、DST、DCT。可以看出，变换的高灰度系数集中在一个小区域内，这个区域的大小取决于各自变换的能量压缩性质。DCT 和 DST 的这个区域，要小于 DFT 的这个区域。

图 6.9　顺时针方向从上到下分别是图像及其 DFT（幅值）、DST、DCT 变换

6.10　哈达玛变换

与前面提到的 DFT、DCT、DST 相比，下面介绍的哈达玛（Hadamard）变换和哈尔（Haar）变换具有计算上的优势。它们的酉矩阵由±1 组成，且变换由加法和减法计算，不涉及乘法运算。因此，与那些需要乘法运算的变换相比，节省了处理器的运算时间。

n 阶哈达玛西矩阵是 $N\times N$ 维矩阵，$N=2^n$，它是由如下迭代规则得到的：

$$\boldsymbol{H}_n=\boldsymbol{H}_1\otimes\boldsymbol{H}_{n-1} \tag{6.101}$$

式中，

$$\boldsymbol{H}_1=\frac{1}{\sqrt{2}}\begin{bmatrix}1 & 1\\ 1 & -1\end{bmatrix} \tag{6.102}$$

$\otimes$ 表示两个矩阵的克罗内克（张量）积，

$$\boldsymbol{A}\otimes\boldsymbol{B}=\begin{bmatrix}A(1,1)B & A(1,2)B & \cdots & A(1,N)B\\ \vdots & \vdots & \vdots & \vdots\\ A(N,1)B & A(N,2)B & \cdots & A(N,N)B\end{bmatrix}$$

其中 $A(i,j)$是矩阵 $\boldsymbol{A}$ 的第(i,j)个元素，$i,j=1,2,\cdots,N$。因此，根据式(6.101)和式(6.102)，有

$$\boldsymbol{H}_2=\boldsymbol{H}_1\otimes\boldsymbol{H}_1=\frac{1}{2}\begin{bmatrix}1 & 1 & 1 & 1\\ 1 & -1 & 1 & -1\\ 1 & 1 & -1 & -1\\ 1 & -1 & -1 & 1\end{bmatrix}$$

$n=3$ 时，有

$$\boldsymbol{H}_3=\boldsymbol{H}_1\otimes\boldsymbol{H}_2=\frac{1}{\sqrt{2}}\begin{bmatrix}\boldsymbol{H}_2 & \boldsymbol{H}_2\\ \boldsymbol{H}_2 & -\boldsymbol{H}_2\end{bmatrix}$$

不难证明 $\boldsymbol{H}_n, n=1,2,\cdots$的正交性，即

$$\boldsymbol{H}_n^{-1}=\boldsymbol{H}_n^{\mathrm{T}}=\boldsymbol{H}_n$$

对于有 N 个样本的向量 $\boldsymbol{x}$ 和 $N=2^n$，变换对为

$$\boldsymbol{y}=\boldsymbol{H}_n\boldsymbol{x},\quad \boldsymbol{x}=\boldsymbol{H}_n\boldsymbol{y} \tag{6.103}$$

二维哈达玛变换为

$$Y=\boldsymbol{H}_nX\boldsymbol{H}_n,\quad X=\boldsymbol{H}_nY\boldsymbol{H}_n \tag{6.104}$$

哈达玛变换具有很好的能量压缩性质。也有只需要 $O(N\log_2 N)$次减法和/或加法的快速算法[Jain 89]。

注释

- 在纹理识别中，使用 DCT、DST 和哈达玛变换的实验结果表明，得到的性能接近于最优 KL 变换的性能[Unse 86, Unse 89]。同时，由于可以使用前面所说的快速计算方案，因此这个近最优性能可以在复杂性降低的情形下得到。

6.11　哈尔变换

哈尔变换源于定义在闭区间[0, 1]上的哈尔函数 $h_k(z)$，该函数的阶 k 能够唯一地分解为两个整数 p 和 q：

$$k=2^p+q-1,\quad k=0,1,\cdots,L-1,\quad L=2^n$$

式中，

$$0\leqslant p\leqslant n-1,\ 0\leqslant q\leqslant 2^p\text{，当 } p\neq 0 \text{ 时 } q=0\text{，或 } p=0 \text{ 时 } q=1$$

表 6.1 给出了 $L=8$ 时的各个值。哈尔函数是

$$h_0(z) \equiv h_{00}(z) = \frac{1}{\sqrt{L}}, \quad z \in [0,1] \tag{6.105}$$

$$h_k(z) \equiv h_{pq}(z) = \frac{1}{\sqrt{L}} \begin{cases} 2^{\frac{p}{2}}, & \frac{q-1}{2^p} \leqslant z < \frac{q-\frac{1}{2}}{2^p} \\ -2^{\frac{p}{2}}, & \frac{q-\frac{1}{2}}{2^p} \leqslant z < \frac{q}{2^p} \\ 0, & \text{其他}\,[0,1] \end{cases} \tag{6.106}$$

表 6.1 哈尔函数的参数

k	0	1	2	3	4	5	6	7
p	0	0	1	1	2	2	2	2
q	0	1	1	2	1	2	3	4

L 阶哈尔变换矩阵由上述函数在点 $z=\frac{m}{L}, m=0,1,2,\cdots,L-1$ 处计算得到的行组成。例如，8×8 维变换矩阵为

$$\boldsymbol{H} = \frac{1}{\sqrt{8}} \begin{bmatrix} 1 & 1 & 1 & 1 & 1 & 1 & 1 & 1 \\ 1 & 1 & 1 & 1 & -1 & -1 & -1 & -1 \\ \sqrt{2} & \sqrt{2} & -\sqrt{2} & -\sqrt{2} & 0 & 0 & 0 & 0 \\ 0 & 0 & 0 & 0 & \sqrt{2} & \sqrt{2} & -\sqrt{2} & -\sqrt{2} \\ 2 & -2 & 0 & 0 & 0 & 0 & 0 & 0 \\ 0 & 0 & 2 & -2 & 0 & 0 & 0 & 0 \\ 0 & 0 & 0 & 0 & 2 & -2 & 0 & 0 \\ 0 & 0 & 0 & 0 & 0 & 0 & 2 & -2 \end{bmatrix} \tag{6.107}$$

不难看出

$$\boldsymbol{H}^{-1} = \boldsymbol{H}^{\mathrm{T}}$$

也就是说，$\boldsymbol{H}$ 是正交的。哈尔变换的能量压缩性质不是很好，但这不是它对我们的意义。我们将把它作为从酉变换到多分辨率分析的工具。为此，我们仔细研究哈尔变换矩阵发现，它是很多元素为零的稀疏矩阵，零元素的位置揭示了一种基本的循环移位机制。为了了解为什么具有这样的性质，下面从不同的角度来研究哈尔变换。

6.12 重新审视哈尔展开式

下面将 N（N 为偶数）个输入样本 $x(0), x(1),\cdots,x(N-1)$拆分为两块，即$(x(2k), x(2k+1)), k=0, 1,\cdots,\frac{N}{2}-1$，并应用阶为 $L=2$ 的哈尔变换。对于每对输入样本，可以得到一对变换后的样本，

$$\begin{bmatrix} y_1(k) \\ y_0(k) \end{bmatrix} = \frac{1}{\sqrt{2}} \begin{bmatrix} 1 & 1 \\ 1 & -1 \end{bmatrix} \begin{bmatrix} x(2k) \\ x(2k+1) \end{bmatrix}, \quad k = 0,1,\cdots,\frac{N}{2}-1 \tag{6.108}$$

也就是说，

$$y_1(k) = \frac{1}{\sqrt{2}}(x(2k) + x(2k+1)) \tag{6.109}$$

$$y_0(k) = \frac{1}{\sqrt{2}}(x(2k) - x(2k+1)), \quad k = 0,1,\cdots,\frac{N}{2}-1 \tag{6.110}$$

上式的解释如下：对 N 个输入样本序列使用冲激响应分别为($h_1(0)=\frac{1}{\sqrt{2}}$，$h_1(-1)=\frac{1}{\sqrt{2}}$)和($h_0(0)=\frac{1}{\sqrt{2}}$，$h_0(-1)=-\frac{1}{\sqrt{2}}$)的两个滤波器。对应的传输函数（见附录 D）是

$$H_1(z)=\frac{1}{\sqrt{2}}(1+z) \tag{6.111}$$

$$H_0(z)=\frac{1}{\sqrt{2}}(1-z) \tag{6.112}$$

换句话说，当两个滤波器的输入序列是 $x(n), n=0,1,2,\cdots,N-1$ 时，阶为 $L=2$ 的哈尔变换计算两个滤波器的输出样本。此外，如式(6.109)和式(6.110)所示，只对输入序列中的偶序号（0, 2, 4,…）样本计算输出序列样本。图 6.10(b)中给出了这一运算。在两个滤波器的输出位置的运算被称为 M 次抽样，图 6.10(a)中给出了 $M=2$ 时的情形。换句话说，在滤波器输出的样本中，每隔 M（$M=2$）个样本保留一个样本。在时间域中，对于由 8 个样本组成的输入序列，图 6.10(b)中 H_0 分支的输出 $y_0(k)$包括如下 4 个样本：

$$\begin{bmatrix} y_0(0)\\ y_0(1)\\ y_0(2)\\ y_0(3)\end{bmatrix}=\left[\begin{array}{cc|cc|cc|cc} \frac{1}{\sqrt{2}} & -\frac{1}{\sqrt{2}} & 0 & 0 & 0 & 0 & 0 & 0\\ 0 & 0 & \frac{1}{\sqrt{2}} & -\frac{1}{\sqrt{2}} & 0 & 0 & 0 & 0\\ 0 & 0 & 0 & 0 & \frac{1}{\sqrt{2}} & -\frac{1}{\sqrt{2}} & 0 & 0\\ 0 & 0 & 0 & 0 & 0 & 0 & \frac{1}{\sqrt{2}} & -\frac{1}{\sqrt{2}}\end{array}\right]\left[\begin{array}{c} x(0)\\ x(1)\\ \hline x(2)\\ x(3)\\ \hline x(4)\\ x(5)\\ \hline x(6)\\ x(7)\end{array}\right] \tag{6.113}$$

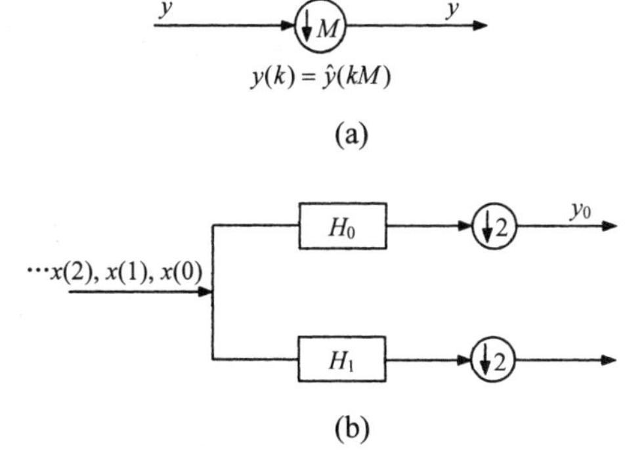

图 6.10　(a) 抽样运算；(b) 哈尔变换的滤波说明

于是只对式(6.107)中的 8×8 维哈尔变换的后 4 行进行操作。剩下的那些行呢？下面继续分拆图 6.10(b)，如图 6.11 所示。使用图 6.12(a)中的 Noble 恒等式易证，图 6.11 中的结构等同于图 6.12(b)中的结构。考虑滤波器 H_0 和 H_1 后面的低分支的抽样运算后，由 Noble 恒等式得

$$\hat{F}_1(z)=\frac{1}{2}(1+z)(1-z^2)=\frac{1}{2}(1+z-z^2-z^3) \tag{6.114}$$

$$\hat{F}_2(z) = \frac{1}{2}(1+z)(1+z^2) = \frac{1}{2}(1+z+z^2+z^3) \tag{6.115}$$

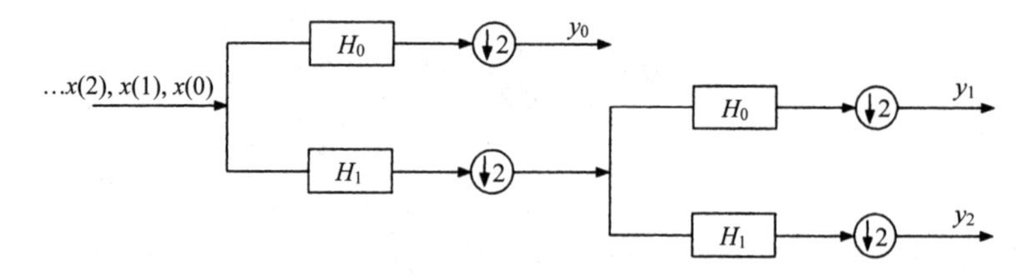

图 6.11　后跟抽样运算的两级滤波

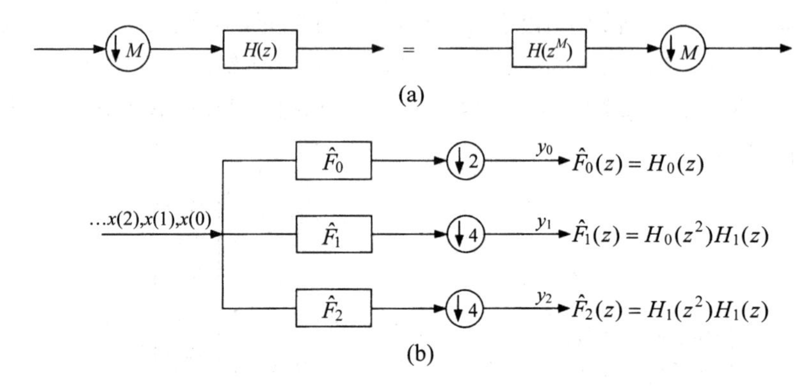

图 6.12　(a) Noble 恒等式 I；(b) 图 6.11 的等效滤波器组

根据变换函数 $\hat{F}_1(z)$，考虑 4（2×2）次抽样运算后，序列 $y_1(k)$的前两个样本为

$$\begin{bmatrix} y_1(0) \\ y_1(1) \end{bmatrix} = \begin{bmatrix} \frac{1}{2} & \frac{1}{2} & -\frac{1}{2} & -\frac{1}{2} & 0 & 0 & 0 & 0 \\ 0 & 0 & 0 & 0 & \frac{1}{2} & \frac{1}{2} & -\frac{1}{2} & -\frac{1}{2} \end{bmatrix} \begin{bmatrix} x(0) \\ x(1) \\ \vdots \\ x(7) \end{bmatrix} \tag{6.116}$$

即只对输入向量的 8×8 维哈尔变换的第 3 行和第 4 行进行运算。按照图 6.13 进一步拆分，重复此前的说明，可以证明

$$y_2(0) = \frac{1}{\sqrt{8}}\begin{bmatrix} 1 & 1 & 1 & 1 & -1 & -1 & -1 & -1 \end{bmatrix} \begin{bmatrix} x(0) \\ x(1) \\ \vdots \\ x(7) \end{bmatrix} \tag{6.117}$$

和

$$y_3(0) = \frac{1}{\sqrt{8}}\begin{bmatrix} 1 & 1 & 1 & 1 & 1 & 1 & 1 & 1 \end{bmatrix} \begin{bmatrix} x(0) \\ x(1) \\ \vdots \\ x(7) \end{bmatrix} \tag{6.118}$$

这些公式只对输入向量的哈尔变换的第 2 行和第 1 行进行运算。图 6.13 中的结构被称为由滤波器 $H_0(z)$ 和 $H_1(z)$ 生成的（三级）树形滤波器组。图 6.14 显示了这两个滤波器的频率响应，其中 $H_0(z)$ 是高通滤波器，$H_1(z)$ 是低通滤波器。这就是对哈尔变换的滤波器组的重要性的说明。首先将输入序列 $x(n)$拆分为两个低分辨率部分：一个低通（平均）粗糙分辨率部分和一个高通（差

分）细节分辨率部分。然后，将粗糙分辨率部分进一步拆分为两部分，以此类推。这将得到带有层次分辨率的许多部分。这种分解被称为多分辨率分解。

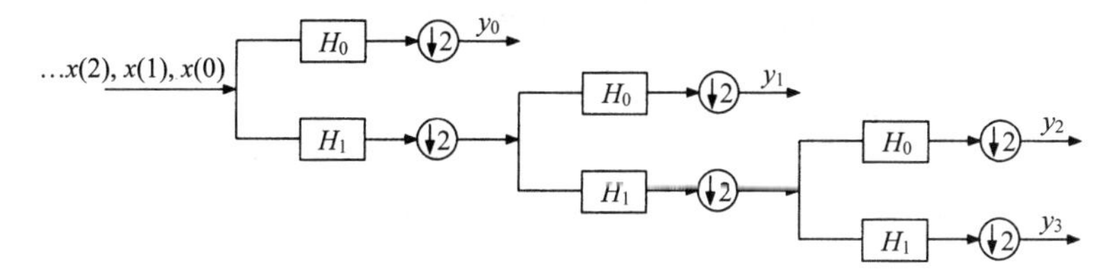

图 6.13　树形滤波器组

多分辨率分解的思想由来已久[Burt 83, Akan 93]，且被许多应用采用。在模式识别领域常用多分辨率分解，主要原因是，正确设计滤波器 H_0 和 H_1 后，这样的分解具有信息压缩能力。对于许多类型的信号，如语音和图像，大多数信息都位于某些分辨率级别。因此，多数能量都集中在相对较少的样本中，即这些样本携带了必需的信息[Este 77, Mall 89]。下面详细介绍多分辨率分解及滤波器组设计的基础知识。

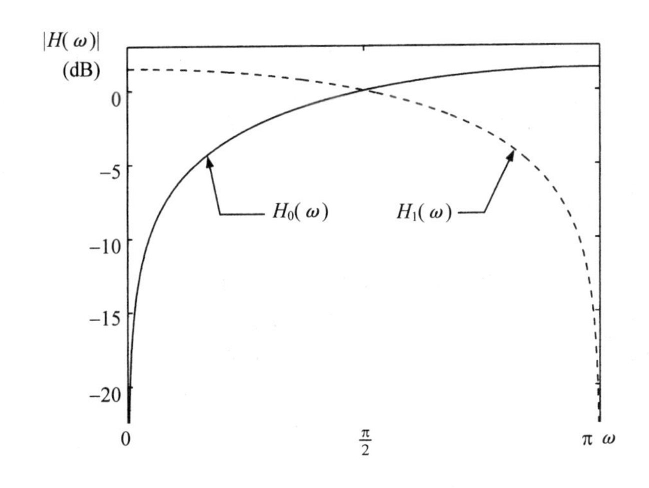

图 6.14　两个哈尔滤波器的频率响应的幅值，其中 H_1 是低通滤波器，H_0 是高通滤波器

6.13　离散时间小波变换

本节的目的有二。一个目的是摆脱哈尔函数，寻找使用其他滤波器代替 H_0、H_1 的机会。进行这一泛化的原因有多个，一个明显的原因是哈尔变换的频率响应不理想。如果我们的目的是将原始序列分拆为“粗糙”和“细节”两部分的层次结构，那么就要求执行这个拆分的滤波器尽可能是理想的低通/高通滤波器（见图 6.15）。另一个目的是逆问题，也就是说，如果我们知道低分辨率部分，那么是否能像使用酉变换那样得到原始序列 $x(n)$? 下面证明在某些约束下设计 H_0 和 H_1，这是可行的。

1. 双频带情形

我们首先讨论图 6.10(b)所示的简单的双频带情形，其中假设滤波器不是哈尔滤波器。假设 $h_0(k)$ 和 $h_1(k)$是冲激响应，则有

$$y_0(k) = \sum_l x(l)h_0(n-l)|_{n=2k}$$

$$y_1(k) = \sum_l x(l)h_1(n-l)|_{n=2k}$$

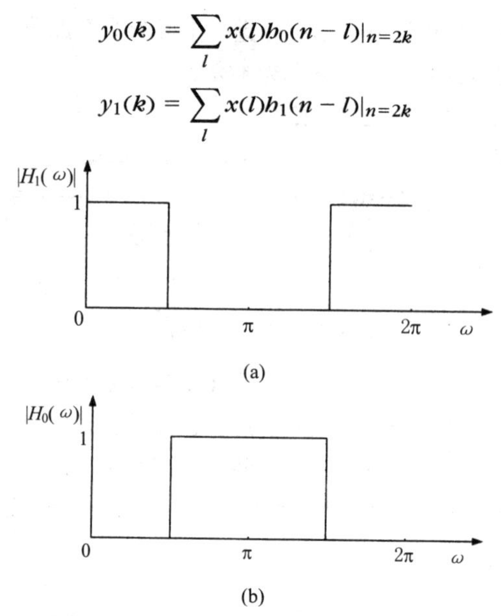

图 6.15　(a)低通滤波器的理想频率响应和(b)高通滤波器的理想频率响应

式中，$y_1(k)$是图 6.10(b)的低分支的输出。将所有的 $y_0(k), y_1(k), k = 0, 1, 2, \cdots$放入一个向量，得到

$$\begin{bmatrix} \vdots \\ y_0(0) \\ y_1(0) \\ y_0(1) \\ y_1(1) \\ y_0(2) \\ y_1(2) \\ \vdots \end{bmatrix} = \begin{bmatrix} \vdots & \vdots & \vdots & \vdots & \vdots & \vdots & \vdots \\ \cdots & h_0(2) & h_0(1) & h_0(0) & h_0(-1) & h_0(-2) & \cdots \\ \cdots & h_1(2) & h_1(1) & h_1(0) & h_1(-1) & h_1(-2) & \cdots \\ \cdots & \cdots & \cdots & h_0(2) & h_0(1) & h_0(0) & \cdots \\ \cdots & \cdots & \cdots & h_1(2) & h_1(1) & h_1(0) & \cdots \\ \cdots & \cdots & \cdots & \cdots & \cdots & h_0(2) & \cdots \\ \cdots & \cdots & \cdots & \cdots & \cdots & h_1(2) & \cdots \\ \vdots & \vdots & \vdots & \vdots & \vdots & \vdots & \vdots \end{bmatrix} \begin{bmatrix} \vdots \\ x(0) \\ x(1) \\ x(2) \\ \vdots \end{bmatrix}$$

或

$$\boldsymbol{y} = T_i \boldsymbol{x} \tag{6.119}$$

这里假设滤波器不是因果的，且它们是有限冲激响应（Finite Impulse Response, FIR）的，即冲激响应的非零项数是有限的。后一个假设的目的是避免无限序列的收敛问题。观察 T_i 的结构发现，它基本上由两行组成，一行是 H_0 的冲激响应，另一行是 H_1 的冲激响应，然后它们每次右移两位形成其余的各行，这是二次抽样的结果。图 6.16(b)给出了通过滤波器 G_0 和 G_1 将 $y_0(k)$ 和 $y_1(k)$组合为序列 $\hat{x}$ 的结构。滤波器输入位置的符号表示 M 次抽样运算，如图 6.16(a)所示。此时，$M = 2$。换句话说，它等同于每隔两个样本插入 $M-1$ 个零。也就是说，滤波器 G_0 和 G_1 的输入序列分别是

$$\cdots 0\ y_0(0)\ 0\ y_0(1)\ 0\ y_0(2)\ 0 \cdots$$
$$\cdots 0\ y_1(0)\ 0\ y_1(1)\ 0\ y_1(2)\ 0 \cdots$$

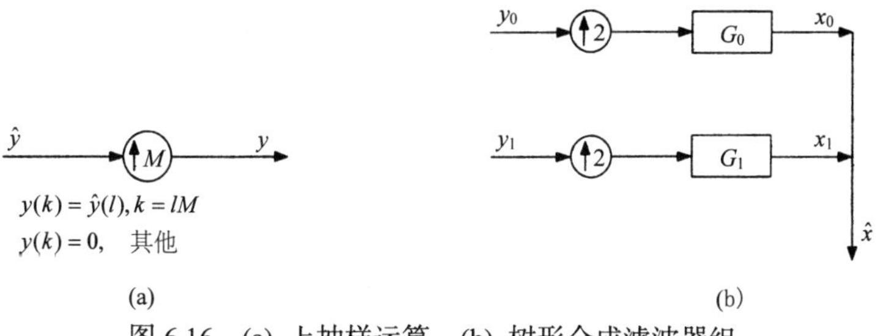

图 6.16　(a) 上抽样运算；(b) 树形合成滤波器组

于是，冲激响应每隔一个样本置零，且

$$x_0(n) = \sum_k y_0(k) g_0(n-2k)$$

$$x_1(n) = \sum_k y_1(k) g_1(n-2k)$$

$$\hat{x}(n) = x_0(n) + x_1(n)$$

滤波器 G_i 被称为合成滤波器，对应的滤波器 H_i 被为分析滤波器，如图 6.10(b)所示。将所有的 $\hat{x}(n)$ 放到一起，不难得出

$$\begin{bmatrix} \vdots \\ \hat{x}(0) \\ \hat{x}(1) \\ \hat{x}(2) \\ \vdots \end{bmatrix} = \begin{bmatrix} \vdots & \vdots & \vdots & \vdots & \vdots & \vdots \\ \cdots & g_0(0) & g_1(0) & g_0(-2) & g_1(-2) & \cdots \\ \cdots & g_0(1) & g_1(1) & g_0(-1) & g_1(-1) & \cdots \\ \cdots & g_0(2) & g_1(2) & g_0(0) & g_1(0) & \cdots \\ \cdots & g_0(3) & g_1(3) & g_0(1) & g_1(1) & \cdots \\ \vdots & \vdots & \vdots & \vdots & \vdots & \vdots \end{bmatrix} \begin{bmatrix} \vdots \\ y_0(0) \\ y_1(0) \\ y_0(1) \\ y_1(1) \\ \vdots \end{bmatrix}$$

或

$$\hat{\boldsymbol{x}} = \boldsymbol{T}_o \boldsymbol{y} \tag{6.120}$$

为了使 $\hat{\boldsymbol{x}} = \boldsymbol{x}$，我们要求[Vett 92]

$$\boldsymbol{T}_o \boldsymbol{T}_i = \boldsymbol{I} = \boldsymbol{T}_i \boldsymbol{T}_o \tag{6.121}$$

将 $\boldsymbol{T}_i$ 的各行与 $\boldsymbol{T}_o$ 的各列相乘后，式(6.121)等于

$$\sum_n h_i(2k-n) g_j(n-2l) = \delta_{kl}\delta_{ij}, \quad i,j=0,1 \tag{6.122}$$

或者根据式(6.93)中的内积定义，得到

$$\langle h_i(2k-n), g_j(n-2l) \rangle = \delta_{kl}\delta_{ij}$$

如果满足式(6.122)，那么我们称双频带滤波器组为完美重建滤波器组，且有 $\hat{x}(n) = x(n)$。于是，

$$x(n) = \sum_k y_0(k) g_0(n-2k) + \sum_k y_1(k) g_1(n-2k) \tag{6.123}$$

下面从不同的视角来看式(6.123)。它将 $x(n)$展开为一组基序列：

$$\{g_0(n-2k), g_1(n-2k)\}, \quad k \in Z$$

式中，Z 是整数集。从这个视角看，$y_0(k)$和 $y_1(k)$都是展开式的系数。这样的变换称为离散时间小波变换（Discrete Time Wavelet Transform，DTWT），系数 $y_0(k)$和 $y_1(k)$称为离散时间小波系数。因此，给定一个完美重建双频带滤波器组后，即满足条件(6.122)后，就定义了下面的变换对：

$$\begin{aligned} y_i(k) &= \sum_n x(n)h_i(2k-n) \quad (a) \\ x(n) &= \sum_{i=0}^{1}\sum_k y_i(k)g_i(n-2k) \quad (b) \end{aligned} \tag{6.124}$$

注释

- 涉及如下两组基函数：

$$h_i(2k-n) \equiv \phi_{ik}(n),\ g_j(n-2l) \equiv \psi_{jl}(n) \quad i,j=0,1 \text{ 和 } k,l \in Z$$

式(6.122)是$\phi_{ik}(n)$和$\psi_{jl}(n)$之间的正交条件，即

$$\langle \phi_{ik}(n), \psi_{jl}(n) \rangle = \delta_{ij}\delta_{kl}$$

它称为双正交条件。式(6.124)中的离散时间小波变换对是双正交展开式。

- 展开式的基序列$\phi_{ik}(n)$和$\psi_{jl}(n)$是 4 个基本母序列$g_0(n), g_1(n), h_0(-n), h_1(-n)$的偶数个样本平移，基本母序列是合成滤波器和时间反转分析滤波器的冲激响应。为了由离散时间小波系数恢复$x(n)$，对每个系数$y_i(k)$赋予权重，且添加平移了$2k$的母序列$g_i(n)$的一个副本。
- 当序列$\phi_{ik}(n) = h_i(2k-n)$相互正交时，即

$$\sum_n h_i(2k-n)h_j(2l-n) = \delta_{kl}\delta_{ij}, \quad i,j=0,1 \text{ 和 } k,l \in Z$$

有

$$g_i(n) = h_i(-n)$$

也就是说，合成滤波器是分析滤波器的时间反转。这样的滤波器组称为正交滤波器组或准酉滤波器组，于是在离散时间小波变换的两个公式中，即在(6.124)中，我们就有一组相同的母序列（h_i是唯一的）。

- 文献[Daub 90, Vett 95]中给出了正交或双正交完美重建滤波器对。表 6.2 中给出了前 4 个 Daubechies 最大平坦正交滤波器的系数及低通部分$h_1(n)$。高通部分是$h_0(n)=(-1)^n h_1(-n+2L-1)$，其中$L$是滤波器的长度。

表 6.2 长度为 4、6、8、10 的 Daubechies 低通滤波器

$h_1(0)$	0.4829629	0.33267	0.2303778	0.1601024
$h_1(1)$	0.8365163	0.806891	0.7148466	0.6038293
$h_1(2)$	0.2241439	0.459877	0.6308808	0.7243085
$h_1(3)$	−0.1294095	−0.135011	−0.0279838	0.1384281
$h_1(4)$		−0.08544	−0.1870348	−0.2422949
$h_1(5)$		0.03522	0.0308414	−0.0322449
$h_1(6)$			0.0328830	0.0775715
$h_1(7)$			−0.0105974	−0.0062415
$h_1(8)$				−0.0125807
$h_1(9)$				0.0033357

- 除了带有预定义值的小波基序列，人们为构建特定问题的最优基序列进行了许多研究。模式识别应用中也使用了这样的基序列。例如，文献[Mall 97]中提出了优化类别判别准则的滤波器组设计；文献[Szu 92]中采用了一种不同的方法，其中预定义基向量的一种优化

最优组合适用于语音信号的分类。

- 在实际工作中实现滤波器组时，必须适当地延迟非因果滤波器（见附录 D）。这就使得它必定在不同的点涉及某些延迟元素，保证分析-合成滤波器组的完美重建性质（见习题 6.19）。
- 在实际工作中，输入样本 $x(n)$的数量是有限的，即 $n=0,1,\cdots,N-1$。于是，计算式(6.124)时就需要一些初始条件。常用的初始条件是，数据为零、数据是周期性的或数据是对称的。文献[Vett 95, Chapter 6]中讨论了这类实现问题及有效计算 DTWT 系数的算法。

2．多频带情形

图 6.17 中显示了合成滤波器组，它对应于图 6.13 中的分析滤波器组，且它是双频带合成概念的泛化。采用图 6.18（见习题 6.17）中给出的 Noble 恒等式，可以得到图 6.19 所示的合成滤波器组的等效结构。设 $f_i(n)$是 F_i 个滤波器的冲激响应，易知每个 $y_i(k)$序列对输出 $\hat{x}(n)$的贡献是

$$x_i(n)=\sum_k y_i(k)f_i(n-2^{i+1}k)\quad i=0,1,\cdots,J-2$$

$$x_{J-1}(n)=\sum_k y_{J-1}(k)f_{J-1}(n-2^{J-1}k)$$

$$\hat{x}(n)=\sum_{i=0}^{J-1}x_i(n)$$

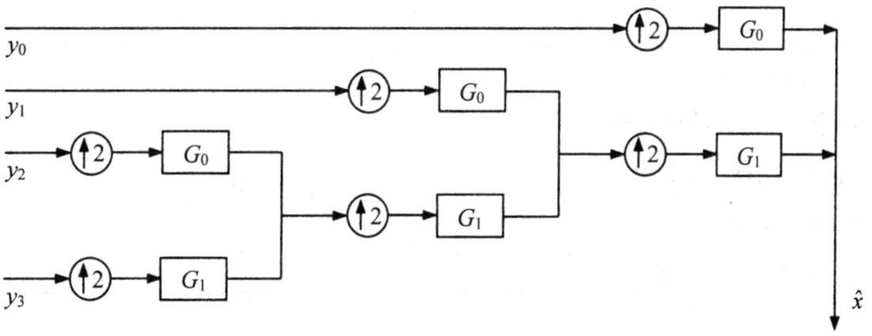

图 6.17　树形合成滤波器组

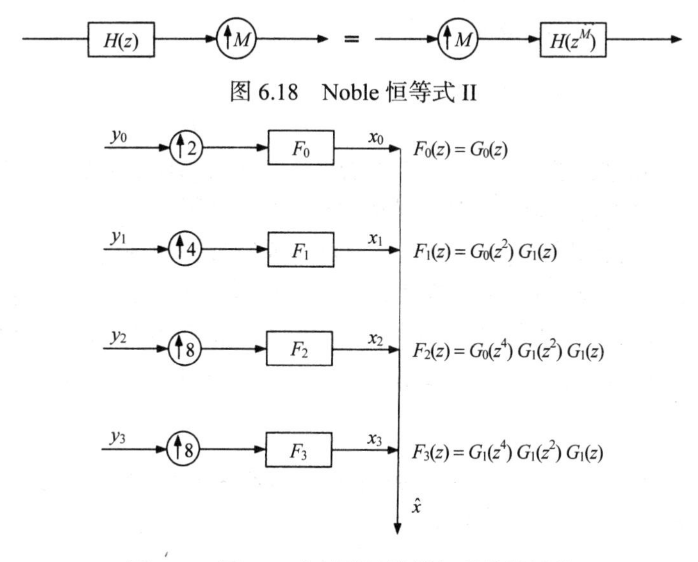

图 6.18　Noble 恒等式 II

图 6.19　图 6.17 中树形滤波器组的等效结构

式中，J是频带数，对图 6.17 和图 6.19 所示的情形，$J = 4$。可以证明[Vaid 93]，若生成合成滤波器组的母滤波器 G_0 和 G_1 与生成分析滤波器组的母滤波器 H_0 和 H_1 都满足双正交条件(6.122)，则 J 级分析-合成滤波器组也是一个完美重建滤波器组，即

$$\hat{x}(n) = x(n) = \sum_{i=0}^{J-2}\sum_k y_i(k) f_i(n - 2^{i+1}k) + \sum_k y_{J-1}(k) f_{J-1}(n - 2^{J-1}k) \tag{6.125}$$

式中，

$$y_i(k) = \sum_n x(n)\hat{f}_i(2^{i+1}k - n), \quad i = 0, 1, \cdots, J-2 \tag{6.126}$$

$$y_{J-1}(k) = \sum_n x(n)\hat{f}_{J-1}(2^{J-1}k - n) \tag{6.127}$$

其中，类似于图 6.12(b)，$\hat{f}_i(k)$是对应的分析滤波器组的冲激响应。为了小结我们的成果，定义

$$\psi_{ik}(n) = f_i(n - 2^{i+1}k), \quad i = 0, 1, \cdots, J-2$$
$$\psi_{(J-1)k}(n) = f_{J-1}(n - 2^{J-1}k)$$
$$\phi_{ik}(n) = \hat{f}_i(2^{i+1}k - n) \quad i = 0, 1, \cdots, J-2$$
$$\phi_{(J-1)k}(n) = \hat{f}_{J-1}(2^{J-1}k - n)$$

于是由式(6.125)、式(6.126)和式(6.127)可以得到表 6.3。

表 6.3 离散时间小波变换

$y_i(k) = \sum_n x(n)\phi_{ik}(n)$	DTWT
$x(n) = \sum_i \sum_k y_i(k)\psi_{ik}(n)$	逆 DTWT
$\sum_n \phi_{ik}(n)\psi_{jl}(n) = \delta_{kl}\delta_{ij}$	双正交展开式
$\psi_{ik}(n) = \phi_{ik}(n)$ $\sum_n \phi_{ik}(n)\phi_{jl}(n) = \delta_{kl}\delta_{ij}$	标准正交展开式

注释

- DTWT 的一个性质是，级 i 的基序列是对应母序列平移 2 的幂后得到的：

$$\psi_{ik}(n) = \psi_{i0}(n - 2^r k), \quad r = i+1,\ i \neq J-1 \quad 或\ r = J-1,\ i = J-1$$
$$\phi_{ik}(n) = \phi_{i0}(n - 2^r k), \quad r = i+1,\ i \neq J-1 \quad 或\ r = J-1,\ i = J-1$$

  在连续小波变换理论中，所有的分析（合成）基函数都是由单个分析（合成）母函数经膨胀（时间尺度变换）和平移后得到的[Meye 93, Daub 90, Vett 95]。

- 母基序列平移的 2 的幂，是对树形滤波器组连续拆分得到的，详见关于 DTWT 的介绍。这类滤波器组称为倍频程滤波器组。它们的性质是，滤波器组中的每个滤波器的带宽在对数坐标上是相同的。为了强调滤波器的带宽与中心频率的比值是常数的事实，有时也称它们为恒 Q 滤波器组。使用整数 M 代替 2，也可定义和使用泛化的 DTWT[Stef 93]。

例 6.8 哈尔变换。前面说过，哈尔变换等同于树形分析滤波器组。下面来看合成问题。对于 8×8 维哈尔变换，重组对应的哈尔矩阵后，有

$$\begin{bmatrix} y_0(0) \\ y_0(1) \\ y_0(2) \\ y_0(3) \\ y_1(0) \\ y_1(1) \\ y_2(0) \\ y_3(0) \end{bmatrix} = \frac{1}{\sqrt{8}} \begin{bmatrix} 2 & -2 & 0 & 0 & 0 & 0 & 0 & 0 \\ 0 & 0 & 2 & -2 & 0 & 0 & 0 & 0 \\ 0 & 0 & 0 & 0 & 2 & -2 & 0 & 0 \\ 0 & 0 & 0 & 0 & 0 & 2 & -2 \\ \sqrt{2} & \sqrt{2} & -\sqrt{2} & -\sqrt{2} & 0 & 0 & 0 & 0 \\ 0 & 0 & 0 & 0 & \sqrt{2} & \sqrt{2} & -\sqrt{2} & -\sqrt{2} \\ 1 & 1 & 1 & 1 & -1 & -1 & -1 & -1 \\ 1 & 1 & 1 & 1 & 1 & 1 & 1 & 1 \end{bmatrix} \begin{bmatrix} x(0) \\ x(1) \\ \vdots \\ x(7) \end{bmatrix}$$

或

$$\boldsymbol{y} = \hat{H}\boldsymbol{x}$$

于是，8×8 维哈尔变换在分辨率最高的 0 级给出 4 个系数，在 1 级给出 2 个系数，在分辨率最低的 2 级和 3 级各给出 1 个系数。下面设计对应的合成滤波器组，以便由这些系数得到 $x(n)$。哈尔分析滤波器的冲激响应是

$$h_1(n) = \begin{cases} \frac{1}{\sqrt{2}}, & n = 0 \text{或} n = -1 \\ 0, & \text{其他} \end{cases}$$

$$h_0(n) = \begin{cases} \frac{1}{\sqrt{2}}, & n = 0 \\ -\frac{1}{\sqrt{2}}, & n = -1 \\ 0, & \text{其他} \end{cases}$$

可以看出

$$\sum_n h_i(2k-n)h_j(2l-n) = \delta_{ij}\delta_{kl}, \quad i,j = 0,1$$

也就是说，哈尔滤波器组是准酉的。于是，合成滤波器可以定义为

$$g_i(n) = h_i(-n), \quad i = 0,1$$

因此有

$$G_0(z) = \frac{1}{\sqrt{2}}(1 - z^{-1})$$

$$G_1(z) = \frac{1}{\sqrt{2}}(1 + z^{-1})$$

根据图 6.19 中合成滤波器组的等效结构，有

$$F_1(z) = G_1(z)G_0\left(z^2\right) = \frac{1}{2}\left(1 + z^{-1} - z^{-2} - z^{-3}\right)$$

冲激响应是

$$f_1(n) = \begin{cases} \frac{1}{2}, & n = 0,1 \\ -\frac{1}{2}, & n = 2,3 \\ 0, & \text{其他} \end{cases}$$

类似地，我们有

$$f_2(n) = \begin{cases} \frac{1}{\sqrt{8}}, & n = 0,1,2,3 \\ -\frac{1}{\sqrt{8}}, & n = 4,5,6,7 \\ 0, & \text{其他} \end{cases}$$

$$f_3(n)=\begin{cases}\frac{1}{\sqrt{8}}, & n=0,1,\cdots,7\\ 0, & 其他\end{cases}$$

现在将这些值代入式(6.125)，并将$x(n)$的值放在一起，可得

$$\begin{bmatrix}x(0)\\x(1)\\\vdots\\x(7)\end{bmatrix}=\frac{1}{\sqrt{8}}\begin{bmatrix}2&0&0&0&\sqrt{2}&0&1&1\\-2&0&0&0&\sqrt{2}&0&1&1\\0&2&0&0&-\sqrt{2}&0&1&1\\0&-2&0&0&-\sqrt{2}&0&1&1\\0&0&2&0&0&\sqrt{2}&-1&1\\0&0&-2&0&0&\sqrt{2}&-1&1\\0&0&0&2&0&-\sqrt{2}&-1&1\\0&0&0&-2&0&-\sqrt{2}&-1&1\end{bmatrix}\begin{bmatrix}y_0(0)\\y_0(1)\\y_0(2)\\y_0(3)\\y_1(0)\\y_1(1)\\y_2(0)\\y_3(0)\end{bmatrix}$$

或

$$\boldsymbol{x}=\hat{\boldsymbol{H}}^{\mathrm{T}}\boldsymbol{y}$$

也就是说，我们再次得到了哈尔逆变换。因此，我们现在可以说，使用正交哈尔序列作为小波展开式的基，哈尔变换及其逆变换形成了一个 DTWT 对。

6.14 多分辨率解释

本节的目的是，在不给出数学细节的前提下，说明小波变换在模式识别及其他应用中得到成功应用的原因。为简单起见，假设准酉滤波器组的分析-合成滤波器组中的两个滤波器是理想低通/高通滤波器。图 6.20 以等效于图 6.19 中的树形倍频程滤波器的方式，显示了各个滤波器的幅度响应。在图 6.20(d)中，频率响应的宽度（带宽）对树的每层来说都是减半的。也就是说，“细节”分辨率（高通）滤波器的带宽较宽，而粗糙分辨率（低通）滤波器的带宽较窄。两个分辨率较为粗糙的滤波器 F_3 和 F_2 的带宽相同。对层数为 J 的倍频程滤波器组，这些观察都是成立的。也就是说，$F_i(z)$ 的带宽是 $F_{i-1}(z)$的带宽的一半，而 F_{J-1} 和 F_{J-2} 的带宽是相同的。DTWT 的多分辨率思想是其作为一种工具的力量源泉，因此值得我们花时间来了解它。

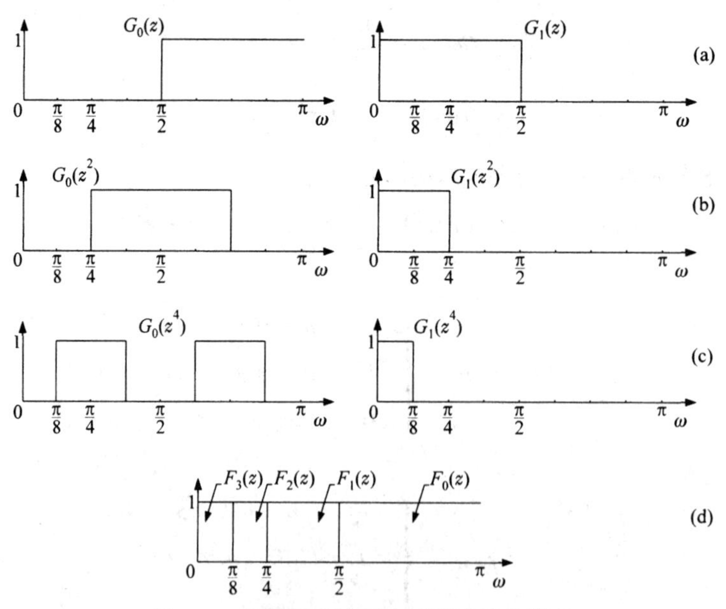

图 6.20 倍频程滤波器中的滤波器的带宽

根据测不准原理可知，窄带滤波器具有长冲激响应，而宽带滤波器具有短冲激响应。下面以哈尔滤波器组为例进行说明。0 层的滤波器冲激响应 $h_0(n)=\hat{f}_0(n)$ 是 $(1/\sqrt{2},-1/\sqrt{2})$，3 层的滤波器［对应于式(6.118)］的冲激响应 $\hat{f}_3(n)$ 是 $\frac{1}{\sqrt{8}}(1,1,1,1,1,1,1,1)$。由于分析滤波器组的每个滤波器的输出，即 DTWT 系数，都是输入序列与各自的冲激响应的卷积，因此滤波器倾向于扩展输入活动。例如，滤波器 $\hat{F}_3(z)$ 的输入中的单个冲激在输出中生成 8 个样本序列。因此，如果我们的目的是识别输入信号中的突然（短时）变化，那么就要使用具有短冲激响应的滤波器来得到好的时间位置。否则，突变活动就会随着时间的变化而扩展。因此，对于时间的突然变化（富含高频成分）来说，我们需要一个“细节”分析滤波器，即短冲激响应。对于慢时变活动（富含低频成分），则需要“粗糙”分析滤波器，以便能“看到”更长的尺度变化。此时，我们需要的不是细节，而是长冲激响应。换句话说，分辨率应与正在研究的活动的尺度匹配。

小波变换能够以层次结构的方式将输入信号分析为许多不同的分辨率级别。这也称*多分辨率分析*。于是，对应于不同物理活动的信号成分就可按照不同的分辨率级别来最好地表示：短高频活动用细节分辨率表示，长低频用粗糙分辨率表示。可以证明，这种从粗糙到细节的分析策略适用于许多模式识别任务。

在合成部分，信号可以由其多分辨率成分重建。例如，如图 6.19 所示，序列 $x(n)$首先由其粗糙成分 $x_3(n)$合成，然后加上高频成分（细节），得到连续的精细近似。加入带有最精细细节的成分 $x_0(n)$后，就得到了原始信号。这个原理是信号压缩方法的核心。

注释

- 通过滤波器组使用许多成分来分析信号不是新技术，它可以追溯到 20 世纪 40 年代 Gabor 的研究工作。它与定义如下的短时傅里叶变换直接相关[Gabo 46, Vett 95]：

$$X_s(\omega,m)=\sum_{n=-\infty}^{\infty}x(n)\theta(n-m)\exp(-\mathrm{j}\omega n) \tag{6.128}$$

  式中，$\theta(n)$是窗序列，它的中心连续地移动到不同的点 m。因此，每次都选择序列 $x(n)$在 m 周围的部分（依赖于窗的有效宽度），并且进行傅里叶变换。可以证明，这等同于使用一组滤波器对信号 $x(n)$滤波，每个滤波器的中心频率是不同的，但具有相同的带宽（见习题 6.20）。这是它的缺点，因为低频信号成分和高频信号成分都是在相同的时间窗口“观察”的，所以事件的整体局部性较差。因此，我们需要用一个长窗来分析随时间缓慢变化的低频成分，用一个窄窗来分析随时间快速变化的高频成分。如前所述，与 DTWT 关联的树形倍频程滤波器组提供这些功能。
- 上面关于小波变换和多分辨率分析的说明非常简单，详细介绍请参阅文献[Daub 90]。

6.15　小波包

前面我们通过一个倍频程滤波器组介绍了 DTWT，并在将感兴趣信号输入这个滤波器组后，在输出位置得到了小波系数。倍频程滤波器组是通过对树形滤波器组的最低频带（叶子）二分频构建的（见图 6.13）。然而，在许多情形下，多数活动不出现在频谱的低频带，而出现在频谱的中频带或高频带。这时，在频带中找到出现活动的精细频带宽度是有用的。如本章稍后所述，从分类的观点看，这会大大提高系统的判别能力。图 6.21(a)中给出了一个树形滤波器组，其精细分频出现在中频带。图 6.21(b)显示了滤波器组（f 轴）中每个滤波器的带宽，以及时域（n 轴）中各个冲激响应的窗长。换句话说，滤波器 2 和 3 的带宽是滤波器 4 的 1/2，滤波器 2 和 3 的冲激响应长度是滤波器 4 的 2 倍。此外，它们的带宽是滤波器 1 的 1/4，它们的冲激响应长度是滤波器 1 的 4 倍。为便于比较，图 6.22(a)中显示了倍频带滤波器组的频率-时间分辨率图，图 6.22(b)中显示了一个带宽相同的滤波器组的频率-时间分辨率图，它们分别与 DTWT 和短时傅里叶变换关联。不考虑倍频程树结构时，滤波器组可由不同的树生长策略构建，如图 6.21 中所示的树生长策略。类似于倍频带的情形，这些任意的树结构也可为离散信号展开提供一组基序列——小波包[Coif 92]。采用类似于 6.13 节中的讨论，并使用具有完美重建性质的滤波器，可由综合滤波器组的各个冲激响应经过 2 的多次幂移位后，得到小波包的基序列。

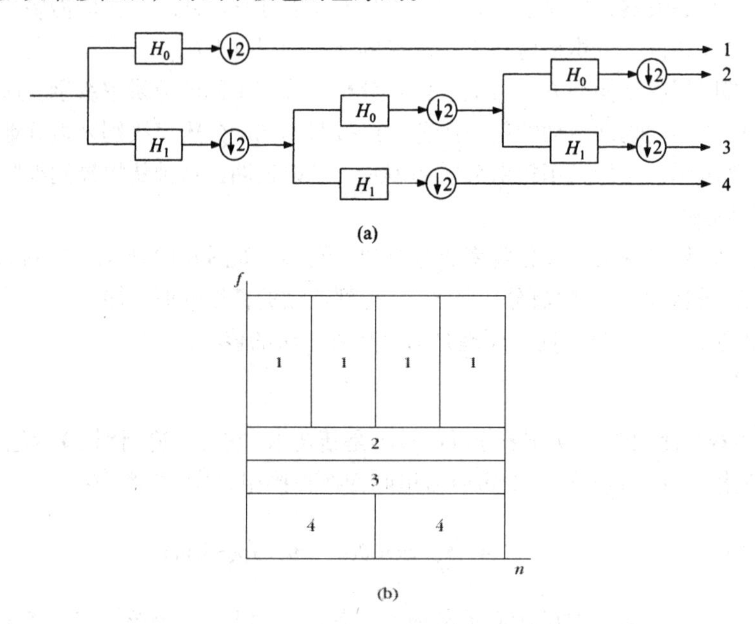

图 6.21 (a)小波包树结构和(b)对应的频率-时间分辨率

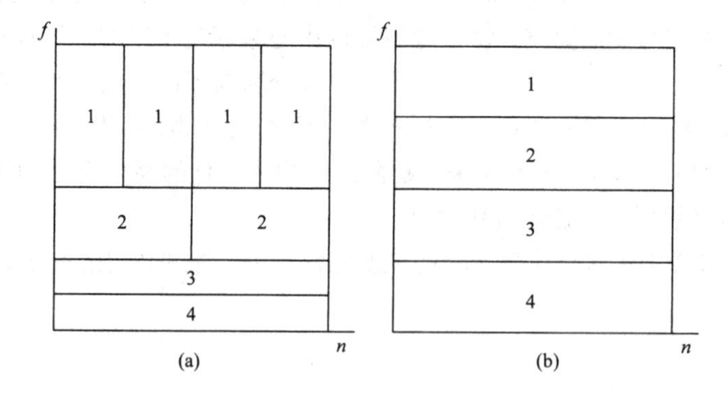

图 6.22 频率-时间分辨：(a) 倍频带；(b) 等带宽滤波器组

6.16 二维推广简介

到目前为止，我们的讨论都是针对二维情形的。显然，现在的问题更具挑战性。如何定义二次抽样？最简单的方法是采用“可分性”原理。也就是说，我们首先变换（滤波）二维序列的各列，然后变换（滤波）二维序列的各行，就能得到图 6.23 中的二次抽样。换句话说，对于二次抽样，我们是每隔一行和每隔一列地选择行和列的。图 6.24 中显示了采用这种方法得到的滤波器组结构。图像序列 $I(m, n)$一列一列地输入第 1 级的滤波器，各自的输出被二次抽样。然后，将得到的二次抽样图像一行一行地输入第 2 级的滤波器。

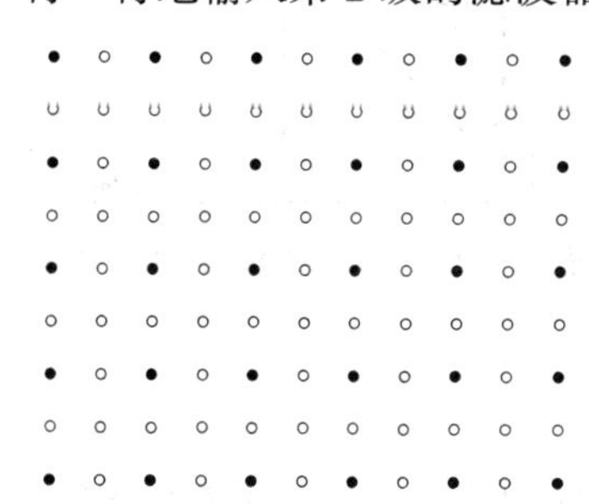

图 6.23　图像的可分二次抽样

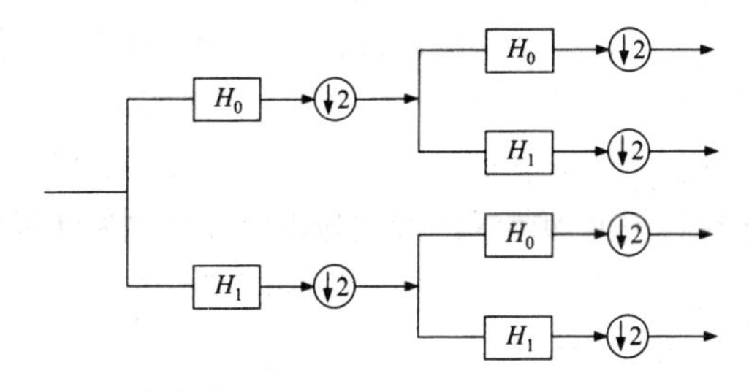

图 6.24　二维滤波器组的基本元素，导致可分的二次抽样

假设 H_0 是（理想）高通滤波器，H_1 是低通滤波器，图 6.25(a)中显示了由上述步骤形成的 4 个频带。区域 H_1H_1 对应于低通列和低通行，区域 H_1H_0 对应于低通列和高通行，以此类推。按前述步骤对低通区域 H_1H_1 连续分频，可得到频率域的分割结果，如图 6.25(b)所示。

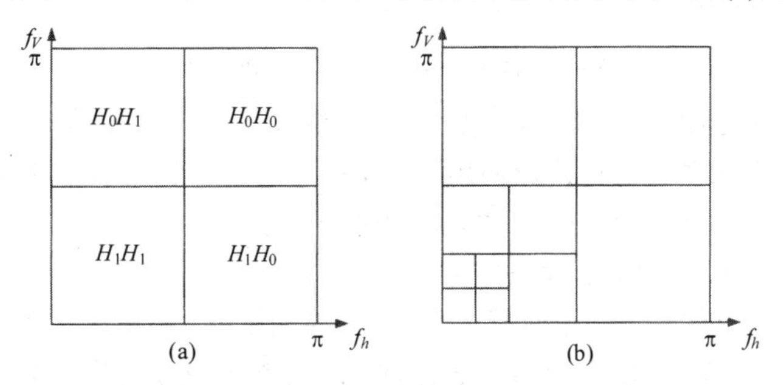

图 6.25　(a) 对应于图 6.24 的滤波器组的频域分割；(b) 连续分割频谱的低通部分的结果

例 6.9　图 6.26 中显示了一个 64×64 像素的三角形。让这个三角形图像通过图 6.24 所示的结构时，得到三条“直线”的 32×32 像素图像。在第一级的按列滤波中，垂线通过低通滤波器 H_1（无变化地通过），水平直线和对角直线通过高通滤波器 H_0。这是因为在按列滤波中，它们在每列中以冲激的形式出现，因此富含高频。在第二级的行扫描过程中，水平直线通过低通滤波器。类似的理由可以解释三角形的不同部分在不同频带的位置。

尽管这个例子很简单，但也有指导性，即它说明了如何由图像的多分辨率成分得到原始图像，如何在不同的频带中隔离出整体的不同特性。

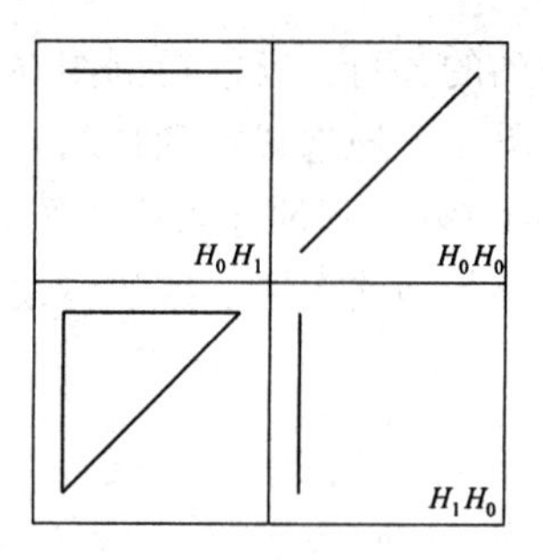

图 6.26　三角形图像及其通过图 6.24 中的滤波器组后的图像

6.17　应用

本章中介绍的所有变换都可以用来生成特征，并在许多模式识别任务中得到了广泛应用。然而，小波变换还有一个可在许多情形下采用的优点。小波变换的多分辨率性质顺应感知的方式，是由人的听觉和视觉系统实现的。声音的频率越高，人耳的感知越差，但在对数尺度（倍频带）下对声音的感知是均匀的[Flan 72]。心理和生理实验表明，人类视觉皮层是通过将刺激分解为不同的频带来感知的[Camp 68, Levi 85]，但也依赖于空间方向[Camp 66]。实验结果[Nach 75]表明，这些频带具有一个倍频程的合适带宽。人类感官系统处理刺激的方式与将信号分频为许多（空间）频带的方式（类似于小波变换）之间的类似性，表明了后者在模式识别应用中的重要作用[Mall 89]。

下面给出模式识别应用的两个例子。

1．手写字符识别

OCR 系统对许多应用领域来说非常重要。最具挑战性的应用是手写字符识别。图 6.27 中显示了字符“3”以及对其应用轮廓跟踪算法后的边界[Pita 92]。任务现在变成形状识别。如第 7 章中详细探讨的那样，边界可以表示为复平面中的闭合参数曲线：

$$u(n)=x(n)+\mathrm{j}y(n),\quad 0\leqslant n\leqslant N-1 \tag{6.129}$$

式中，N 是追踪轮廓时找到的样本（像素）数量，$x(n)$和 $y(n)$是对应的坐标。序列的第一个点$(x(0), y(0))$是起始点。在此类分类任务中广泛使用了傅里叶方法，即求 $u(n)$的 DFT，并从 N 个傅里叶成分中选择足够的成分作为特征。另一种方法是从小波域提取特征。换句话说，让 $x(n)$和 $y(n)$独立地通过合适分辨率深度的树形滤波器组来滤波，将得到的小波系数作为特征。低频成分对应字符的基本形状，对字体的变化不敏感；高频成分对应细节，对书写方式敏感。文献[Wuns 95]中使用一个神经网络分类器，以及相同数量的 DTWT 系数和基于傅里叶的特征，进行了比较研究。研究表明，基于小波系数的分类降低了错误率，而基于傅里叶的特征的分类有着更大的类内方差和更弱的类间可分性。小波系数的主要缺点是它们不是移不变的。也就是说，旋转/平移一个字符后，得到的系数将不同。这是二次抽样过程的结果[Mall 89]（见习题 6.21）。换句话说，如果

$$x'(n)=x(n-n_0)$$

且 $y'(n)$和 $y(n)$分别是 $x'(n)$和 $x(n)$的小波系数序列，那么通常有

$$y'(n)\neq y(n-n_0)$$

为了克服这个性质，人们对滤波器组的设计进行了大量研究[Marc 95, Hui 96]。如前所述，平移依赖性

明显会使得小波系数对轮廓跟踪选择的起始点敏感。如第 7 章中说明的那样，傅里叶系数也依赖于平移，这种依赖的方式是确定的。因此，出现了得到移不变特征参数的各种归一化技术[Crim 82, Arbt 90]。为了解决轮廓起始点的选择问题，降低它对小波系数的影响，人们提出并使用了许多技术。一种简单的方法是在扫描过程中选择一个特殊的点，如从左到右扫描字符时的第一个点。文献[Wuns 95, Chua 96, Pun 03]中还介绍了其他的方法。

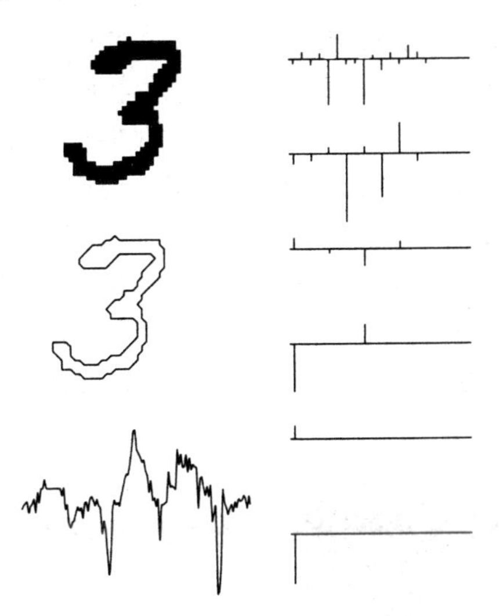

图 6.27 对应数字“3”的边界的曲率的小波系数

与式(6.129)等效的另一种方法是，使用轮廓内的一个给定点与起始点之间的弧长来描述轮廓。当给定点的弧长为 t 时，就可以定义给定点与起始点之间的连续像素数量。轮廓描述现在可由一个一元实值函数实现，弧正切角 $\theta(t)$ 或对应的曲率 $\kappa(t)$ 定义为

$$\theta(t)=\arctan\left[\frac{\mathrm{d}y(t)}{\mathrm{d}x(t)}\right]$$

$$\kappa(t)=\frac{\mathrm{d}\theta(t)}{\mathrm{d}t}$$

式中，$x(t)$, $y(t)$是各个点的坐标，它们是到起始点的长度 t 的函数，其中 $\mathrm{d}t=\sqrt{\mathrm{d}y^2+\mathrm{d}x^2}$，详见第 7 章中的讨论。

文献[Kapo 96]中提出使用小波变换处理轮廓的曲率，并将对应的小波系数作为特征。图 6.27 中显示了对数字“3”的边界轮廓的曲率（左下）进行小波分析后得到的系数。用于分析的小波基是 Daubechies 双正交对(3, 9)[Vett 95]。图中显示了 6 个连续的分辨率级别，顶部是最精细的级别，底部是最粗糙的级别。针对不同字符进行的实验表明，使用多于 6 个分辨率级别的小波系数不会为系统提供更多关于识别的信息。因此，得到的每个特征向量都有 32 个成分。文献[Geze 00, Geze 02]中为 OCR 系统采用了一种不同的方法来识别乐谱，这种方法对由各个字符的 4 个投影（水平、垂直、左对角、右对角）合成的向量应用小波变换，能够有效地编码字符的方向性质。

2．纹理分类

图像分析任务中的纹理表征，是小波变换和本章讨论的其他变换的另一个重要应用领域。基本方法类似于 OCR 例子中所用的方法。然而，由于纹理是区域而非边缘的性质，因此要使用二

维形式的变换。小波基选得合适时，二维小波变换具有空间频率和方向选择的优势。类似于前面介绍的 OCR 例子，由多数能量集中于某些分辨级别的事实，可以得到信息压缩性质。然后，选择这些级别的小波系数作为特征，形成特征向量。有时我们也用特征函数，如能量函数 $\sum_i y_i^2$ 或熵函数 $\sum_i y_i^2 \log y_i^2$，其中 y_i 是每个分辨率级别的小波系数[Lain 93]。

在许多情形下，图像纹理会大量出现在中频带或高频带中。

图 6.28(a)是摘自文献[Brod 66]的纹理图像的例子。在这种情况下，我们必须注意高能量的频带而非低能量的频带，此时可用 6.15 节中讨论的小波包。我们可以选择不同的分频方法来得到不同的小波包。文献[Chan 93]中提出了一个动态过程，它取决于特殊的纹理图像。在分析之前，要选择阈值 C。频带中的输出能量小于阈值 C 时，不分频，否则分频。如果经过滤波和二次抽样后的子图像变小（如 16×16），那么停止分频。然后使用 J（一个预先选择的数字）个最主要频带处的能量值作为特征。文献[Mojs 00]中考虑了分析频带的性质对纹理特征的影响，证明分析滤波器的选择会严重影响分类性能。文献[Unse 95, Lain 96]中采用了另一种 DTWT——离散小波帧，它与 DTWT 的区别是，不对滤波器组中的滤波器输出进行二次抽样。尽管这会得到冗余的表示，但是会得到容忍平移的纹理描述。

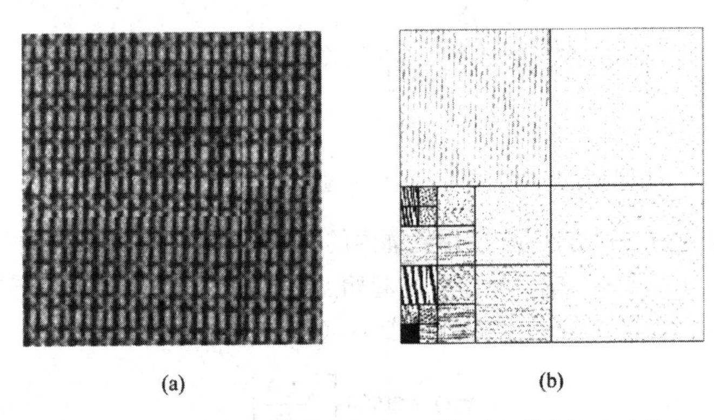

图 6.28 (a) 纹理图像；(b) 纹理图像对应的小波包变换

概念上类似于 DTWT 的一个过程是，采用二维 Gabor 滤波器组将图像分为许多频带。复二维 Gabor 滤波器的冲激响应（点扩散函数，见附录 D）是一个高斯低通滤波器与一个复指数的积，即[Bovi 91]

$$h(x,y) = g'(x,y)\exp(\mathrm{j}(\omega_x x + \omega_y y)) \tag{6.130}$$

式中，

$$g'(x,y) = \frac{1}{\lambda\sigma^2} g\left(\frac{x'}{\lambda\sigma}, \frac{y'}{\sigma}\right),\ g(x,y) = \frac{1}{2\pi}\exp\left(-\frac{x^2+y^2}{2}\right) \tag{6.131}$$

和

$$\begin{aligned} x' &= x\cos\theta + y\sin\theta \\ y' &= -x\sin\theta + y\cos\theta \end{aligned} \tag{6.132}$$

也就是说，$g'(x,y)$是高斯 $g(x,y)$经过空间尺度变换并旋转θ 角后得到的。参数σ是空间尺度变换系数，它控制滤波器冲激响应的宽度；参数 λ 定义滤波器的高宽比，它决定不再是圆对称的滤波器的方向。方向角θ通常选择为滤波器的中心圆频率的方向，

$$\omega = \sqrt{\omega_x^2 + \omega_y^2} \tag{6.133}$$

即

$$\theta = \arctan \frac{\omega_y}{\omega_x} \tag{6.134}$$

改变自由参数σ、λ、ω和θ，就能得到任意方向和带宽的滤波器（见习题 6.22）。图 6.29(a)中显示了σ= 1.0、λ= 0.3 时复 Gabor 滤波器的幅度图，图 6.29(b)中显示了对应空间频率响应的幅度图。Gobor 滤波器的选择由这些滤波器在频谱宽度和空间位置之间的最优折中决定。根据文献[Papo 91]中的测不准原理，在 6.14 节中我们知道滤波器的冲激响应越短，其频带就越宽，反之亦然，也就是说，

$$\begin{aligned} \Delta x \Delta\omega_x &\geqslant \frac{1}{2} \\ \Delta y \Delta\omega_y &\geqslant \frac{1}{2} \end{aligned} \tag{6.135}$$

文献[Daug 85]中证明，二维 Gabor 滤波器可以得到最小的不确定边界。对于数字图像，必须对上面的函数采样，而这会引入混叠误差，而不管采样间隔是多大，原因是 Gabor 滤波器不是带限的，但有一个高斯形状的频率响应（见习题 6.23）。文献[Bovi 90]中讨论了这个问题。许多情形下采用了在多个频带中分析图像的 Gabor 滤波器组，见文献[Jain 91, Turn 86, Bovi 90, Hale 95, Hale 99, Weld 96]。为覆盖感兴趣的频率范围，人们使用中心位于不同频率且具有不同方向的一组 Gabor 滤波器来对图像滤波，并由得到的输出样本来生成特征。例如，可以选择 Gabor 滤波器的输出能量作为特征。于是，采用这种策略生成的特征，就能对与空间频率及各个纹理方向活动相关的分类信息进行编码。为了得到更多的纹理信息，人们提出了许多技术来将 Gabor 滤波器的中心放到最重要的图像频率处[Pich 96]。文献[Chan 93, Grig 02]中对比研究了纹理分类的各个基于变换的特征。

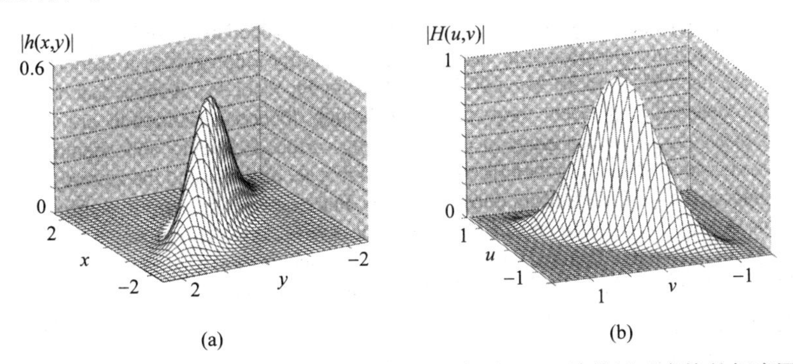

图 6.29　(a) Gabor 滤波器的点扩散函数的幅度图；(b) 其傅里叶变换的幅度图

习题

6.1　证明：(a) 式(6.5)和式(6.6)等价；(b) 式(6.7)和式(6.8)等价。

6.2　考虑可分变换 $\boldsymbol{Y}=\boldsymbol{U}\boldsymbol{X}\boldsymbol{V}^{\mathrm{T}}$。证明：若 $\boldsymbol{Y}, \boldsymbol{X}$ 分别转换为行序向量 $\boldsymbol{y}, \boldsymbol{x}$，则 $\boldsymbol{y}=(\boldsymbol{U}\otimes\boldsymbol{V})\boldsymbol{x}$，其中$\otimes$是两个矩阵的克罗内克积。

6.3　设 $\boldsymbol{e}_i, i=0,1,\cdots,N-1$ 是 N 维空间中的任意标准正交基。证明：若(a)基由 $\boldsymbol{R}_x$ 的特征向量组成；(b) m 维子空间是由对应于 m 个最大特征值的特征向量形成的 m 维子空间，那么它的 n 维投

影是最小的。此外，证明后一个子空间是使得其成分的方差之和最大的子空间。

提示：根据约束 $\boldsymbol{e}_i^{\mathrm{T}}\boldsymbol{e}_i=1$ 最小化均方误差 $E[\|\epsilon\|^2]$。

6.4 考虑一个 N 维随机向量 $\boldsymbol{x}$，它由下式近似：

$$\hat{\boldsymbol{x}}=\sum_{i=0}^{m-1}y_i\boldsymbol{e}_i+\sum_{i=m}^{N-1}c_i\boldsymbol{e}_i$$

式中，c_i 是非随机常量，且 $\boldsymbol{e}_i, i=0,1,2,\cdots,N-1$ 构成一个标准正交基。证明：如果(a) $c_i=E[y_i]$，$i=m,\cdots,N-1$；(b)标准正交基由 Σ_x 的特征向量组成；(c) $\boldsymbol{e}_i, i=m,\cdots,N-1$ 对应 $N-m$ 个最小的特征向量，那么可以得到最小的均方误差 $E\|\boldsymbol{x}-\hat{\boldsymbol{x}}\|^2$。

6.5 如果 $\boldsymbol{X}$ 是秩为 r 的矩阵，那么证明两个方阵 $\boldsymbol{X}\boldsymbol{X}^{\mathrm{H}}$ 和 $\boldsymbol{X}^{\mathrm{H}}\boldsymbol{X}$ 具有相同的非零特征值。

6.6 (a) 证明式(6.39)。(b) 证明：式(6.41)右侧的展开式是 $\boldsymbol{x}_i$ 在由矩阵 $\boldsymbol{U}$ 的前 k 列形成的子空间上的投影。

6.7 给定矩阵

$$\begin{bmatrix}1 & 2\\ 2 & 1\\ 1 & 3\end{bmatrix}$$

计算它的 SVD 表达式。

6.8 证明 DFT 矩阵 $\boldsymbol{W}$ 的正交性，并证明恒等式(6.94)成立。

6.9 给定图像矩阵

$$\begin{bmatrix}1 & 2 & 1\\ 0 & 1 & 1\\ 2 & 1 & 2\end{bmatrix}$$

计算它的二维 DFT 变换。

6.10 对于本书配套网站上的一幅图像，编写一个程序来计算它的 DFT 变换。使用该程序实现快速傅里叶变换并画出所得傅里叶变换的幅度图。

6.11 证明 DCT 变换的正交性。

6.12 计算习题 6.9 中的图像矩阵的 DCT。

6.13 编写一个程序，计算本书配套网站上的一幅图像的 DCT。

6.14 证明哈达玛变换的正交性。

6.15 计算习题 6.9 中的矩阵的一个 2×2 子矩阵的哈达玛变换。

6.16 证明哈尔变换的正交性。

6.17 证明图 6.12(a)和图 6.18 中的两个 Noble 恒等式。

6.18 证明图 6.11 和图 6.12(b)中的树结构之间的等价关系。

6.19 考虑完美重建双频带哈尔滤波器组。证明：(a)如果让每个分析滤波器延迟一个样本来使其是因果的，那么重建的序列 $\hat{x}(n)$ 也会延迟一个样本，即 $\hat{x}(n)=x(n-1)$。在更一般的情形下，如果分析滤波器必须延迟 L 个样本，那么频带的输出也会延迟 L 个样本。(b) 若对更常见的 N 个频带的情况，上述延迟同样成立，则输出的延迟为 $\hat{x}(n)=x(n-(2^{N-1}-1)L)$ 个样本，且为了保证完美重建，必须在每个频带中插入一个延迟。图 6.30 中显示了 3 个频带的情形。一般来说，每个频带中的延迟元素是 $z^{-(2^{N-i-1}-1)L}, i=0,1,\cdots,N-1$。

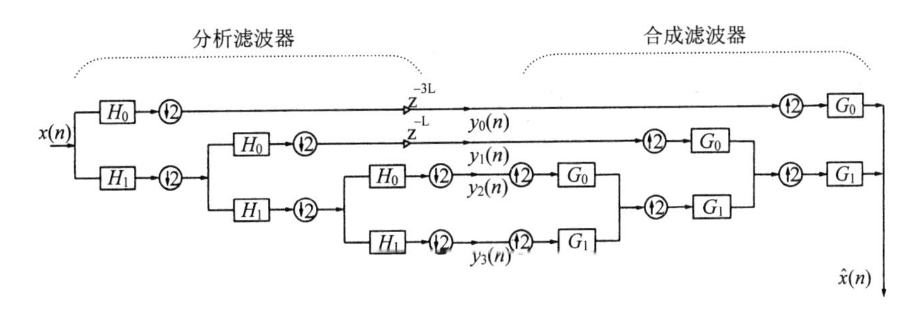

图 6.30　带有因果分析和合成滤波器的三频带完美重建滤波器组

6.20 证明式(6.128)中定义的短时傅里叶变换等于

$$X_s(\omega, m) = \exp(-\mathrm{j}\omega m)\sum_{n=-\infty}^{\infty} x(n)\theta(n-m)\exp(\mathrm{j}\omega(m-n))$$

验证上式等同于使用具有相同带宽但中心频率不同的滤波器对序列 $x(n)$进行滤波。

6.21 证明先滤波后二次采样的过程是线性时变系统，事实上它是一个周期的时变线性系统。证明对于先上采样后线性滤波的过程，这个结论同样成立。

6.22 证明：Gabor 滤波器的频率（倍频程）和方向（弧度）半峰带宽分别是 B_f和 B_θ：

$$B_f = 1\mathrm{b}\ \frac{\omega\lambda\sigma + \sqrt{2\ln 2}}{\omega\lambda\sigma - \sqrt{2\ln 2}}$$

$$B_\theta = 2\arctan\frac{\sqrt{2\ln 2}}{\omega\sigma}$$

对于λ和σ的不同值，计算 B_f和 B_θ。

6.23 证明二维 Gabor 滤波器响应 $h(x, y)$的傅里叶变换是

$$H(u,v) = \exp\left(-\frac{\sigma^2}{2}\{(u' - \omega_x{}')^2\lambda^2 + (v' - \omega_y{}')^2\}\right)$$

式中，

$$u' = u\cos\theta + v\sin\theta$$

$$v' = -u\sin\theta + v\cos\theta$$

ω_x' 和 ω_y' 是 ω_x 和 ω_y 旋转θ角后得到的。对于不同的λ和θ时，画出其幅度-频率图。

MATLAB 编程和练习

上机编程

6.1 围绕一个 $l-1$ 维超平面生成样本点。编写一个名为 generate_hyper 的 MATLAB 函数，围绕 $l-1$ 维超平面 $\boldsymbol{w}^{\mathrm{T}}x + w_0 = 0, \boldsymbol{w} = [w_1, w_2, \cdots, w_l]^{\mathrm{T}}$ 随机生成 l 维点 $\boldsymbol{x}_i = [x_1(i), x_2(i), \cdots, x_l(i)]^{\mathrm{T}}$ 。具体地说，函数的输入如下：(a) H 的参数（列）向量 $\boldsymbol{w}$ ($w_l \neq 0$)；(b) H 的偏移 w_0；(c) 定义区间$[-a, a]$的正参数 a，这些点的前 $l-1$ 个坐标都是均匀分布的；(d) 定义均匀分布的噪声源的区间$[-e, e]$的正参数 e，将它加到项 $(-w_0 - \sum_{i=0}^{l-1} w_i x_i)/w_l$ 中来生成第 l 个坐标，(e) 待生成的样本数 N；(f) rand 函数的种子 sed。函数返回 $l\times N$ 维矩阵 $\boldsymbol{X}$，该矩阵的各列是生成的数据点。另外，函数要画出 $l = 2, 3$ 时的数据点。

解：

```
function X=generate_hyper(w,w0,a,e,N,sed)
  l=length(w);
t=(rand(l-1,N)-.5)*2*a;
t_last=-(w(1:l-1)/w(l))'*t + 2*e*(rand(1,N)-.5)-(w0/w(l));
X=[t; t_last];
%Plots for the 2d and 3d case
if(l==2)
  figure(1), plot(X(1,:),X(2,:),'.b')
elseif(l==3)
  figure(1), plot3(X(1,:),X(2,:),X(3,:),'.b')
end
figure(1), axis equal
```

6.2 PCA 分析。编写 MATLAB 命令计算 $l \times N$ 维数据矩阵 $\boldsymbol{X}$ 的协方差矩阵的主成分及对应的方差。

解： 只需写出

```
[pc,variances]=pcacov(cov(X'))
```

在上面的命令中：(a) cov(X ')计算 $\boldsymbol{X}'$ 的协方差矩阵；(b) pcacov 将在 pc 的列中返回主成分（协方差矩阵的特征向量），在列向量 variances 中返回对应的方差（特征值）（注意：pcacov 假设数据向量位于对应的数据矩阵的各行中）。

6.3 距离矩阵计算。编写一个名为 compute_distances 的 MATLAB 函数，其输入是 $l \times N$ 维矩阵 $\boldsymbol{X}$，返回 $N \times N$ 维矩阵 distX，它的(i, j)项是向量 $\boldsymbol{X}$ 的第 i 个和第 j 个列向量之间的欧氏距离。

解：

```
function distX=compute_distances(X)
  [l,N]=size(X);
  distX=zeros(N);
  for i=1:N
    for j=i+1:N
      distX(i,j)=(X(:,i)-X(:,j))'*(X(:,i)-X(:,j));
      distX(j,i)=distX(i,j);
    end
  end
```

6.4 奇异值分解。编写 MATLAB 命令对 $l \times N$ 维数据矩阵 $\boldsymbol{X}$ 执行 SVD，$\boldsymbol{X}$ 的各列是数据向量。

解： 只需写出

```
[U,S,V]=svd(X)
```

上述命令返回：(a) 与 $\boldsymbol{X}$ 大小相同的对角矩阵 $\boldsymbol{S}$，其对角线元素是降序排列的矩阵 $\boldsymbol{X}$ 的奇异值。(b) 酉矩阵 $\boldsymbol{U}, \boldsymbol{V}$，满足 $\boldsymbol{U} * \boldsymbol{S} * \boldsymbol{V}' = \boldsymbol{X}$。

6.5 使用 SVD 降维。编写名为 SVD_eval 的 MATLAB 函数，评价 SVD 方法对数据矩阵 $\boldsymbol{X}$ 的性能。具体地说，这个函数的输入如下：(a) 一个 $l \times N$ 维矩阵 $\boldsymbol{X}$，它的各列是数据向量。(b) 降维后的空间的维数 k（$< l$），降维后的空间由矩阵 $\boldsymbol{U}_r$ 的 k 个列向量（对应于 $\boldsymbol{X}$ 的 k 个最大奇异值）形成。函数的返回如下：(a) 一个包含 $\boldsymbol{X}$ 的奇异值的 $l \times l$ 维列向量；(b) 对应的矩阵 $\boldsymbol{U}_r$；(c) h 的 $l \times 1$ 维参数向量 $\boldsymbol{w}$；(d) h 的偏移 w0；(e) $\boldsymbol{X}$ 的距离矩阵 distX；(f) $\boldsymbol{X}$ 在 h 上的投影的距离矩阵 distX_proj。

解：

```
function [s,Ur,w,w0,distX,distX_proj]=SVD_eval(X,k)
  [l,N]=size(X);
  [Ur,S,Vr] = svd(X);
  s=diag(S(1:l,1:l));
  a=S(1:k,1:k)*Vr(:,1:k)';
  X_proj=Ur(:,1:k)*a;
  % Deterimnation of the estimated by the SVD hypeprlane
  P=X_proj(:,1:l)';
  w=[];
  for i=1:l
    w=[w (-1)^(i+1)*det([P(:,1:i-1) P(:,i+1:l) ones(l,1)])];
  end
  w0=(-1)^(l+2)*det(P(:,1:l));
  % Computation of distances
  distX=compute_distances(X);
  distX_proj=compute_distances(X_proj);
```

上机实验

6.1 **a**. 用 generate_hyper 函数及参数 $a=10, e=1$ 和 sed = 0 生成 $l \times N$ 维矩阵 $\boldsymbol{X}(l=2, N=1000)$，它的各列是直线 $h{:}x_1+x_2=0$ 周维的二维点（如 $\boldsymbol{w}=[1,1]^{\mathrm{T}}$ 和 $w_0=0$）。

b. 计算 $\boldsymbol{X}$ 的协方差的主成分及对应的方差（特征值）。比较第一个主成分的方向与 h 的方向（垂直于 $\boldsymbol{w}$），给出你的结论。

6.2 当 $e=5$ 时，重做上机实验 6.1。

6.3 当 $l=3$ 并用平面 $H: x_1-5x_2+2x_3=0$ 代替直线 h 时，重做上机实验 6.1 和上机实验 6.2。

6.4 **a**. 使用 generate_hyper 函数及参数 $a=10, e=1$ 和 sed = 0 生成一个 $l \times N$ 维矩阵 $\boldsymbol{X}$（$l=3, N=1000$），它的各列是位于三维超平面周围的二维点（如 $\boldsymbol{w}=[1,1,1]^{\mathrm{T}}, w_0=0$）。

b. 使用 SVD_eval 函数计算：(1) X 的奇异值；(2) 当 $k=2$ 时，对应于 $\boldsymbol{X}$ 的两个最大奇异值的矩阵 $\boldsymbol{U}_r$ 的列向量。比较 $\boldsymbol{X}$ 的两点之间的距离及这两点在 h 上的投影之间的距离。

c. 当 $k=1$ 时，重做 b 问。

6.5 当 $e=6$ 时，重做上机实验 6.4，并讨论得到的结果。

参考文献

[Achl 01] Achlioptas D., McSherry F. "Fast computation of low rank approximations," *Proceedings of the ACM STOC Conference*, pp. 611-618, 2001.

[Akan 93] Akansu A.N., Hadda R.A. *Multiresolution Signal Decomposition*, Academic Press, 1992.

[Arbt 90] Arbter K., Snyder W.E., Burkhardt H., Hirzinger G. "Application of affine-invariant Fourier descriptors to recognition of 3-D objects," *IEEE Transactions on Pattern Analysis and Machine Intelligence*, Vol. 12(7), pp. 640-647, 1990.

[Atti 92] Attick J.J. "Entropy minimization: A design principle for sensory perception," *International Journal of Neural Systems*, Vol. 3, pp. 81-90, 1992.

[Barl 89] Barlow H.B. "Unsupervised learning," *Neural Computation*, Vol. 1, pp. 295-311, 1989.

[Bart 02] Bartlett M.S., Movellan J.R., Sejnowski T.J. "Face recognition by independent component analysis," *IEEE Transactions on Neural Networks*, Vol. 13(6), pp. 1450-1464, 2002.

[Bell 00] Bell A.J. "Information theory, independent component analysis, and applications," in *Unsupervised Adaptive Filtering, Part I: Blind Source Separation* (Haykin S., ed.), pp. 237-264, John Wiley & Sons, 2000.

[Bell 97] Bell A.J., Sejnowski T.J. "The independent components of natural scenes are edge filters," *Vision Research*, Vol. 37(23), pp. 3327-3338, 1997.

[Belk 03] Belikn M., Niyogi P. "Laplacian eigenmaps for dimensionality reduction and data representation," *Neural Computation*, Vol. 15(6), pp. 1373-1396, 2003.

[Beng 04] Bengio Y., Paiement J.-F., Vincent P., Delalleau O., Le Roux N., Quimet M. "Out of sample extensions for LLE, Isomap, MDS, Eigenmaps and Spectral clustering," *Advances in Neural Information Processing Systems Conference*, (Thrun S., Saul L., Schölkopf B., eds.), MIT Press, 2004.

[Benn 06] Benetos E., Kotti M., Kotropoulos C. "Applying supervised classifiers based on non-negative matrix factorization to musical instrument classification," *Proceedings IEEE Intl. Conference on Multimedia and Expo*, pp. 2105-2108, Toronto, Canada, 2006.

[Berr 95] Berry M., Dumais S., O'Brie G. "Using linear algebra for intelligent information retrieval," *SIAM Review*, Vol. 37, pp. 573-595, 1995.

[Beyg 06] Beygelzimer A., Kakade S., Langford J. "Cover trees for nearest neighbor," *Proceedings of the 23rd International Conference on Machine Learning*, Pittsburgh, PA, 2006.

[Bovi 91] Bovic A.C. "Analysis of multichannel narrow-band filters for image texture segmentation," *IEEE Transactions on Signal Processing*, Vol. 39(9), pp. 2025-2044, 1991.

[Bovi 90] Bovic A.C., Clark M., Geisler W.S. "Multichannel texture analysis using localized spatial filters," *IEEE Transactions on Pattern Analysis and Machine Intelligence*, Vol. 12(1), pp. 55-73, 1990.

[Brod 66] Brodatz P. *Textures: A Photographic Album for Artists and Designers*, Dover, 1966.

[Brun 04] Brunet J.-P. Tamayo P., Golub T.R., Mesirov J.P. "Meta-genes and molecular pattern discovery using matrix factorization," *Proceedings of the National Academy of Science*, Vol. 101(2), pp. 4164-4169, 2004.

[Burg 04] Burges C.J.C. "Geometric methods for feature extraction and dimensional reduction: A guided tour," *Technical Report MSR-TR-2004-55*, Microsoft Research, 2004.

[Burt 83] Burt P.J., Adelson E.H. "The Laplacian pyramid as a compact image code," *IEEE Transactions on Communications*, Vol. 31(4), pp. 532-540, 1983.

[Cai 05] Cai D., He X. "Orthogonal locally preserving indexing," *Proceedings 28th Annual International Conference on Research and Development in Information Retrieval*, 2005.

[Cama 03] Camastra F. "Data dimensionality estimation methods: A survey," *Pattern Recognition*, Vol. 36, pp. 2945-2954, 2003.

[Camp 66] Campell F., Kulikowski J. "Orientation selectivity of the human visual system," *Journal of Physiology*, Vol. 197, pp. 437-441, 1966.

[Camp 68] Campell F., Robson J. "Application of Fourier analysis to the visibility of gratings," *Journal of Physiology*, Vol. 197, pp. 551-566, 1968.

[Cao 03] Cao J.J., Chua K.S., Chong W.K., Lee H.P., Gu Q.M. " A comparison of PCA, KPCA and ICA for dimensionality reduction," *Neurocomputing*, Vol. 55, pp. 321-336, 2003.

[Cast 03] Casteli V., Thomasian A., Li C.-S. "CSVD: Clustering and singular value decomposition for approximate similarity searches in high-dimensional space," *IEEE Transactions on Knowledge and Data Engineering*, Vol. 15(3), pp. 671-685, 2003.

[Chan 93] Chang T., Kuo C.C.J. "Texture analysis and classification with tree structured wavelet transform," *IEEE Transactions on Image Processing*, Vol. 2(4), pp. 429-442, 1993.

[Chu 04] Chu M., Diele F., Plemmons R., Ragni S. "Optimality, computation and interpretation of the nonnegative matrix factorization," available at http://www.wfu.edu/p̃lemmons, 2004.

[Chua 96] Chuang G.C.H., Kuo C.C.J. "Wavelet descriptor of planar curves: Theory and applications," *IEEE Transactions on Image Processing*, Vol. 5(1), pp. 56-71, 1996.

[Coif 92] Coifman R.R., Meyer Y., Wickerhauser M.V. "Wavelet analysis and signal processing," in *Wavelets and Their Applications* (Ruskai M.B. *et al.*, eds.), pp. 153-178, Jones and Barlett, 1992.

[Como 94] Comon P. "Independent component analysis—A new concept?" *Signal Processing*, Vol. 36, pp. 287-314, 1994.

[Corm 01] Cormen T.H., Leiserson C.E., Rivest R.L., Stein C. *Introduction to Algorithms*, Second Edition, MIT Press and McGraw-Hill, 2001

[Cox 94] Cox T., Cox M. Multidimensional Scaling, Chapmay & Hall, London, 1994.

[Crim 82] Crimmins T.R. "A complete set of Fourier descriptors for two dimensional shapes," *IEEE Transactions on Systems, Man Cybernetics*, Vol. 12(6), pp. 848-855, 1982.

[Daub 90] Daubechies I. *Ten Lectures on Wavelets*, SIAM, Philadelphia, 1991.

[Daug 85] Daugman J.G. "Uncertainty relation for resolution in space, spatial frequency, and orientation optimized by two dimensional visual cortical filters," *Journal of Optical Society of America*, Vol. 2, pp. 1160-1169, 1985.

[Deco 95] Deco G., Obradovic D. "Linear redundancy reduction learning," *Neural Networks*, Vol. 8(5), pp. 751-755, 1995.

[Deer 90] Deerwester S., Dumais S., Furnas G., Landauer T., Harshman R. "Indexing by latent semantic analysis," *Journal of the Society for Information Science*, Vol. 41, pp. 391-407, 1990.

[Desi 03] De Silva V., Tenenbaum J.B. "Global versus local methods in nonlinear dimensionality reduction," in *Advances in Neural Information Processing Systems* Becker S., Thrun S., Obermayer K. (eds.), Vol. 15, pp. 721-728, MIT Press, 2003.

[Diam 96] Diamantaras K.I., Kung S.Y. *Principal Component Neural Networks*, John Wiley Sons, 1996.

[Dono 02] Donoho D.L., Grimes C.E. "When does ISOMAP recover the natural parameterization of families of articulated images?" *Technical Report 2002-27*, Department of Statistics, Stanford University, 2002.

[Dono 04] Donoho D., Stodden V. "When does nonnegative matrix factorization give a correct decomposition into parts?" in *Advances in Neural Information Processing Systems* (Thrun S., Saul L., Schölkopf B., eds.), MIT Press, 2004.

[Doug 00] Douglas S.C., Amari S. "Natural gradient adaptation," in *Unsupervised Adaptive Filtering, Part I: Blind Source Separation* (Haykin S., ed.), pp. 13-61, John Wiley & Sons, 2000.

[Este 77] Esteban D., Galand C. "Application of quadrature mirror filters to split band voice coding schemes," *Proceedings of the IEEE Conference on Acoustics Speech and Signal Procesing*, pp. 191-195, May 1977.

[Fiel 94] Field D.J. "What is the goal of sensory coding?" *Neural Computation*, Vol. 6, pp. 559-601, 1994.

[Flan 72] Flanagan J.L. *Speech Analysis, Synthesis and Perception*, Springer-Verlag, New York, 1972.

[Fuku 90] Fukunaga K. *Introduction to Statistical Pattern Recognition*, 2nd ed., Academic Press, 1990.

[Gabo 46] Gabor D. "Theory of communications," *Journal of the Institute of Elec. Eng.*, Vol. 93, pp. 429-457, 1946.

[Geze 00] Gezerlis V., Theodoridis, S. "An optical music recognition system for the notation of Orthodox Hellenic Byzantine music," *Proceedings of the International Conference on Pattern Recognition (ICPR)*, Barcelona, 2000.

[Geze 02] Gezerlis V., Theodoridis S. "Optical character recognition of the Orthodox Hellenic Byzantine music," *Pattern Recognition*, Vol. 35(4), pp. 895-914, 2002.

[Golu 89] Golub G.H., Van Loan C.F. *Matrix Computations*, Johns Hopkins Press, 1989.

[Grig 02] Grigorescu S.E., Petkov N., Kruizinga P. "Comparison of texture features based on Gabor filters," *IEEE Transactions on Image Processing*, Vol. 11(10), pp. 1160-1167, 2002.

[Hale 95] Haley G., Manjunath B.S. "Rotation-invariant texture classification using modified Gabor filters," *IEEE International Conference on Image Processing*, pp. 262-265, 1995.

[Hale 99] Haley G., Manjunath B.S. "Rotation-invariant texture classification using complete space frequency model," *IEEE Transactions on Image Processing*, Vol. 8(2), pp. 255-269, 1999.

[Ham 04] Ham J., Lee D.D., Mika S., Schölkopf B. "A kernel view of the dimensionality reduction of manifolds," *Proceedings of the 21st International Conference on Machine Learning*, pp. 369-376, Banff, Canada, 2004.

[Hayk 99] Haykin S. *Neural Networks—A Comprehensive Foundation*, 2nd ed., Prentice Hall, 1999.

[Hayk 00] Haykin S. (ed.) *Unsupervised Adaptive Filtering, Part I: Blind Source Separation*, John Wiley & Sons, 2000.

[He 03] He X., Niyogi P. "Locally preserving projections," *Proceedings Advances in Neural Information Processing Systems Conference*, 2003.

[Hote 33] Hotelling H. "Analysis of a complex of statistical variables into principal components," *Journal of Educational Psychology*, Vol. 24, pp. 417-441, 1933.

[Hoy 00] Hoyer P.O., Hyvärien A. "Independent component analysis applied to feature extraction from color and stereo images," *Network: Comput. Neural Systems*, Vol. 11(3), pp. 191-210, 2000.

[Hube 85] Huber P.J. "Projection pursuit," *The Annals of Statistics*, Vol. 13(2), pp. 435-475, 1985.

[Hui 96] Hui Y., Kok C.W., Nguyen T.Q. "Theory and design of shift invariant filter banks," *Proceeding of IEEE TFTS'96*, June 1996.

[Hyva 01] Hyvärien A., Karhunen J., Oja E. *Independent Component Analysis*, Wiley Interscience, 2001.

[Jack 91] Jackson J.E *A User's Guide to Principle Components*, John Wiley & Sons, 1991.

[Jain 89] Jain A.K. *Fundamentals of Digital Image Processing*, Prentice Hall, 1989.

[Jain 91] Jain A.K., Farrokhnia F. "Unsupervised texture segmentation using Gabor filters," *Pattern Recognition*, Vol. 24(12), pp. 1167-1186, 1991.

[Jang 99] Jang G.J., Yun S.J., Hwan Y. "Feature vector transformation using independent component analysis and its application to speaker identification," *Proceedings of Eurospeech*, pp. 767-770, Hungary, 1999.

[Joll 86] Jollife I.T. *Principal Component Analysis*, Springer-Verlag, 1986.

[Jone 87] Jones M.C., Sibson R. "What is projection pursuit?" *Journal of the Royal Statistical Society, Ser. A*, Vol. 150, pp. 1-36, 1987.

[Jutt 91] Jutten C., Herault J. "Blind separation of sources, Part I: An adaptive algorithm based on neuromimetic architecture," *Signal Processing*, Vol. 24, pp. 1-10, 1991.

[Kann 04] Kannan R., Vempala S., Vetta A. "On clustering: good, bad and spectral," *Journal of the ACM*, Vol. 51(3), pp. 497-515, 2004.

[Kapo 96] Kapogiannopoulos G., Papadakis M. "Character recognition using biorthogonal discrete wavelet transform," *Proceedings of the 41st Annual SPIE Meeting*, Vol. 2825, August 1996.

[Karh 46] Karhunen K. "Zur spektraltheorie stochastischer prozesse," *Annales Academiae Scientiarum Fennicae*, Vol. 37, 1946.

[Karh 94] Karhunen J., Joutsensalo J. "Representation and separation of signals using nonlinear PCA type learning," *Neural Networks*, Vol. 7(1), pp. 113-127, 1994.

[Koho 89] Kohonen T. *Self-Organization and Associative Memory*, 3rd ed., Springer-Verlag, 1989.

[Koki 07] Kokiopoulou E., Saad Y. "Orthogonal neighborhood preserving projections: A projection-based dimensionality reduction technique," *IEEE Transactions on Pattern Analysis and Machine Intelligence*, Vol. 29(12), pp. 2143-2156, 2007.

[Kwon 04] Kwon O.W., Lee T.W. "Phoneme recognition using the ICA-based feature extraction and transformation," *Signal Processing*, Vol. 84(6), pp. 1005-1021, 2004.

[Lafo 06] Lafon S., Lee A.B. "Diffusion maps and coarse-graining: A unified framework for dimensionality reduction, graph partitioning and data set parameterization," *IEEE Transactions on Pattern Analysis and Machine Intelligence*, Vol. 28(9), pp. 1393-1403, 2006.

[Lain 93] Laine A., Fan J. "Texture classification by wavelet packet signatures," *IEEE Transactions on Pattern Analysis and Machine Intelligence*, Vol. 15(11), pp. 1186-1191, 1993.

[Lain 96] Laine A., Fan J. "Frame representations for texture segmentation," *IEEE Transcaction on Image Processing*, Vol. 5(5), pp. 771-780, 1996.

[Law 06] Law M.H.C., Jain A.K. "Incremental nonlinear dimensionality reduction by manifold learning," *IEEE Transactions on Pattern Analysis and Machine Intelligence*, Vol. 28(3), pp. 377-391, 2006.

[Lee 98] Lee T.-W. *Independent Component Analysis*, Kluwer Academic Publishers, 1998.

[Lee 01] Lee D.D., Seung S. "Learning the parts of objects by nonnegative matrix factorization," *Nature*, Vol. 401, pp. 788-791, 1999.

[Levi 85] Levine M.D. *Vision in Man and Machine*, McGraw-Hill, 1985.

[Lim 90] Lim J.S. *Two-Dimensional Signal Processing*, Prentice Hall, 1990.

[Lin 08] Lin T., Zha H. "Riemannian manifold learning," *IEEE Transactions on Pattern Analysis and Machine Intelligence*, Vol. 30(5), pp. 796-810, 2008.

[Mall 89] Mallat S. "Multifrequency channel decompositions of images and wavelet models," *IEEE Transactions on Acoustics, Speech, and Signal Processing*, Vol. 37(12), pp. 2091-2110, 1989.

[Mall 97] Mallet Y., Coomans D., Kautsky J., De Vel O. "Classification using adaptive wavelets for feature extraction," *IEEE Transactions for Pattern Analysis and Machine Intelligence*, Vol. 19(10), pp. 1058-1067, 1997.

[Marc 95] Marco S.D., Heller P.N., Weiss J. "An M-band two dimensional translation-invariant wavelet transform and its applivations," *Proceedings of the IEEE Conference on Acoustics Speech and Signal Processing*, pp. 1077-1080, 1995.

[Meye 93] Meyer Y. *Wavelets, Algorithms and Applications*, SIAM, Philadelphia, 1993.

[Mojs 00] Mojsilovic A., Popovic M.V., Rackov D.M. "On the selection of an optimal wavelet basis for texture characterization," *IEEE Transactions Image Processing*, Vol. 9(12), 2000.

[Nach 75] Nachmais J., Weber A. "Discrimination of simple and complex gratings," *Vision Research*, Vol. 15, pp. 217-223, 1975.

[Oja 83] Oja E. *Subspace Methods for Pattern Recognition*, Res. Studies Press, Letchworth, U.K., 1983.

[Paat 91] Paatero P., Tapper U., aalto R., Kulmala M. "Matrix factorization methods for analysis diffusion battery data," *Journal of Aerosol Science*, Vol. 22 (Supplement 1), pp. 273-276, 1991.

[Paat 94] Paatero P., Tapper U. "Positive matrix factor model with optimal utilization of error," *Environmetrics*, Vol. 5, pp. 111-126, 1994.

[Papo 91] Papoulis A. *Probability, Random Variables, and Stochastic Processes*, 3rd ed., McGraw-Hill, 1991.

[Pich 96] Pichler O., Teuner A., Hosticka, B. "A comparison of texture feature extraction using adaptive Gabor filtering, pyramidal and tree structured wavelet transforms," *Pattern Recognition*, Vol. 29(5), pp. 733-742, 1996.

[Pita 92] Pitas I. *Digital Image Processing Algorithms*, Prentice Hall, 1992.

[Prak 97] Prakash M., Murty M.N. "Growing subspace pattern recognition methods and their neural network models," *IEEE Transactions on Neural Networks*, Vol. 8(1), pp. 161-168, 1997.

[Proa 92] Proakis J., Manolakis D. *Digital Signal Processing*, 2nd ed., Macmillan, 1992.

[Pun 03] Pun C.-M., Lee M.-C. "Log-Polar wavelet energy signatures for rotation and scale invariant texture classification," *IEEE Transactions on Pattern Analysis and Machine Intelligence*, Vol. 25(5), pp. 590-603, 2003.

[Qui 07] Qui H., Hancock E.R. "Clustering and embedding using commute times," *IEEE Transactions on Pattern Analysis and Machine Intelligence*, Vol. 29(11), pp. 1873–1890, 2007.

[Rowe 00] S.T. Roweis S.T., Saul L.K. "Nonlinear dimensionality reduction by locally linear embedding," *Science*, Vol. 290, pp. 2323–2326, 2000.

[Saul 01] Saul L.K., Roweis S.T. "An introduction to locally linear embedding," http://www.cs.toronto.edu/~ roweis/lle/papers/lleintro.pdf

[Scho 98] Schölkopf B., Smola A., Muller K.R. "Nonlinear component analysis as a kernel eigenvalue problem," *Neural Computation*, Vol. 10, pp. 1299–1319, 1998.

[Sebr 03] Sebro N., Jaakola T. "Weighted low-rank approximations," *Proceedings of the ICML Conference*, pp. 720–727, 2003.

[Sha 05] Sha F., Saul L.K. "Analysis and extension of spectral methods for nonlinear dimensionality reduction," *Proceedings of the 22nd International Conference on Machine Learning*, Bonn, Germany, 2005.

[Shui 07] Shuicheng Y., Xu D., Zhang B., Zhang H.-J., Yang Q., Lin S. "Graph embedding and extensions: A general framework for dimensionality reduction," *IEEE Transactions on Pattern Analysis and Machine Intelligence*, Vol. 29(1), pp. 40–51, 2007.

[Shaw 04] Shawe-Taylor J., Cristianini N. *Kernel Methods for Pattern Analysis*, Cambridge University Press, Cambridge, MA, 2004.

[Smar 03] Smaragdis P., Brown J.C. "Nonnegative matrix factorization for polyphonic music transcription," *Proceedings IEEE Workshop on Applications of Signal Processing to Audio and Acoustics*, 2003.

[Sra 06] Sra S., Dhillon I.S. "Non-negative matrix approximation: Algorithms and applications," Technical Report TR-06-27, University of Texas at Austin, 2006.

[Stef 93] Steffen P., Heller P.N., Gopinath R.A., Burrus C.S. "Theory of regular M-band wavelet bases," *IEEE Tansactions on Signal Processing*, Vol. 41(12), pp. 3497–3511, 1993.

[Stra 80] Strang G. *Linear Algebra and Its Applications*, 2nd ed., Harcourt Brace Jovanovich, 1980.

[Szu 92] Szu H.H., Telfer B.A., Katambe S. "Neural network adaptive wavelets for signal representation and classification," *Optical Eng.*, Vol. 31, pp. 1907–1916, 1992.

[Szym 06] Szymkowiak-Have A., Girolami M.A., Larsen J. "Clustering via kernel decomposition," *IEEE Transactions on Neural Networks*, Vol. 17(1), pp. 256–264, 2006.

[Sun 06] Sun J., Boyd S., Xiao L., Diaconis P. "The fastest mixing Markov process on a graph and a connection to a maximum variance unfolding problem," *SIAM Review*, Vol. 48(4), pp. 681–699, 2006.

[Tene 00] Tenenbaum J.B., De Silva V., Langford J.C. "A global geometric framework for dimensionality reduction," *Science*, Vol. 290, pp. 2319–2323, 2000.

[Trop 03] Tropp J.A. "Literature survey: Nonnegative matrix factorization," Unpublished note, http://www-personal.umich.edu/j̃tropp/, 2003.

[Turn 86] Turner M.R. "Texture discrimination by Gabor functions," *Biol. Cybern.*, Vol. 55, pp. 71–82, 1986.

[Unse 86] Unser M. "Local linear transforms for texture measurements," *Signal Processing*, Vol. 11(1), pp. 61–79, 1986.

[Unse 95] Unser M. "Texture classification and segmentation using wavelet frames," *IEEE Transactions on Image Processing*, Vol. 4(11), pp. 1549–1560, 1995.

[Unse 89] Unser M., Eden M. "Multiresolution feature extraction and selection for texture segmentation," *IEEE Transations on Pattern Analysis and Machine Intelligence*, Vol. 11(7), pp. 717–728, 1989.

[Vaid 93] Vaidyanathan P.P. *Multirate Systems and Filter Banks*, Prentice Hall, 1993.

[Vett 92] Vetterli M., Herley C. "Wavelets and filter banks: Theory and design," *IEEE Transactions on Signal Processing*, Vol. 40(9), pp. 2207–2232, 1992.

[Vett 95] Vetterli M., Kovacevic J. *Wavelets and Subband Coding*, Prentice Hall, 1995.

[Wata 73] Watanabe S., Pakvasa N. "Subspace method in pattern recognition," *Proceedings of the International Joint Conference on Pattern Recognition*, pp. 25-32, 1973.

[Weld 96] Weldon T., Higgins W., Dunn D. "Efficient Gabor filter design for texture segmentation," *Pattern Recognition*, Vol. 29(2), pp. 2005-2025, 1996.

[Wein 05] Weinberger K.Q., Saul L.K. "Unsupervised learning of image manifolds by semidefinite programming," *Proceedings of the IEEE Conference on Computer Vision and Pattern Recognition*, Vol. 2, pp. 988-995, Washington D.C., USA, 2004.

[Wuns 95] Wuncsh P., Laine A. "Wavelet descriptors for multiresolution recognition of handwritten characters," *Pattern Recognition*, Vol. 28(8), pp. 1237-1249, 1995.

[Xu 03] Xu W., Liu X., Gong Y. "Document clustering based on nonnegative matrix factorization," *Proceedings 26th Annual International ACM SIGIR Conference*, pp. 263-273, ACM Press, 2003.

[Ye 04] Ye J. "Generalized low rank approximation of matrices," *Proceedings of the 21st International Conference on Machine Learning*, pp. 887-894, Banff, Alberta, Canada, 2004.

[Zafe 06] Zafeiriou S., Tefas A., Buciu I., Pitas I. "Exploiting discriminant information in non-negative matrix factorization with application to frontal face verification," *IEEE Transactions on Neural Networks*, Vol. 17(3), pp. 683-695, 2006.

第 7 章　特征生成 II

7.1　引言

前一章中使用线性或非线性变换技术来处理特征生成任务，这类技术是设计者可用的技术之一。然而，还有许多技术是取决于具体应用的。尽管不同的应用存在类似性，但也有一些主要的不同。下面我们主要关注图像分析任务。显然，我们无法回顾所有已提出和使用的技术，因为这类技术的数量太多。因此，我们只关注基本的技术及一些应用，如医学成像、遥感、机器视觉和光学字符识别等。

本章的主要目的如下：给定一幅图像或图像中的一个区域，生成随后要输入分类器的特征，将图像归类为某个可能的类别。数字（单色）图像通常是连续图像函数 $I(x, y)$离散化处理（采样）后得到的，并以二维数组 $I(m, n)$，$m = 0, 1,\cdots, N_x - 1, n = 0, 1,\cdots, N_y - 1$ 的形式存储在计算机中。也就是说，数字图像存储为一个 $N_x{\times}N_y$ 维数组。数组中的每个元素(m, n)对应于图像的一个像素（图片元素或图像元素），像素的亮度或灰度等于 $I(m, n)$。此外，当灰度 $I(m, n)$被量化为 N_g 个离散（灰度）级时，我们就称 N_g 为图像深度。于是，灰度级序列 $I(m, n)$只能取 $0, 1,\cdots, N_g - 1$ 个整数之一，深度 N_g 通常是 2 的幂，当图像存储在计算机中时，它取较大的值（如 64、256）。然而，人眼难以辨别细微的灰度差，且在实际应用中 $N_g = 32$ 或 16 足以表示图像。

我们需要使用原始数据来生成特征。即使是一幅 64×64 的小图像，其像素数也有 4096 个。如前几章中所述，在大多数分类任务中，这个数字对于提升计算效率和推广来说也太大。特征生成是以某种方式由图像数组 $I(m, n)$的存储值计算新变量的过程。从类别可分性的观点看，目的是生成具有高信息压缩性质的特征。由于我们不能直接使用原始数据 $I(m, n)$，因此生成的特征应能有效地对原始数据中的相关信息进行编码。

其他应用领域（见章末的讨论）是声音分类领域。尽管多年前人们就认为图像分析和声音分析是应用领域不同的两个学科，但今天的情形不再如此。在多媒体文档中，图像分析和声音分析的语义是，它们是以多种方式互补的。因此，为有效处理（浏览、搜索、修改和信息索引）进行有效的索引，就要求一种多模态方法，以便选择最合适的模态，或以综合方式使用不同的模态。视觉模态包含人眼感知的任何内容（如自然图像或人为生成的图像）。声音模态包括语音、音乐及我们在视频文献中听到的环境声音。本章最后一节的重点是用于表征和分类声音信息的典型特征。我们可以认为一些特征生成技术是常用的，且适用于视觉模态和声音模态。另一方面，采用不同方法揭示信号的特殊性质，并以更有效的方式编码所需的分类信息，能够得到许多特征。

7.2　区域特征

7.2.1　纹理特征

图像区域的纹理由该区域中灰度级的像素分布方式决定。尽管对“纹理”没有明确的定义，但是我们能够通过纹理的外观是精细的还是粗糙的、是平滑的还是不规则的、是均匀的还是不均匀的来描述图像。本节的目的是生成能够量化图像区域的这些性质的特征。通过探讨灰度级分布的空间关系，我们可以给出这些特征。

1．一阶统计量特征

设 I 是一个代表感兴趣区域中的灰度级的随机变量。一阶直方图 $P(I)$定义为

$$P(I) = \frac{\text{灰度级为 } I \text{ 的像素数}}{\text{区域中的总像素数}} \tag{7.1}$$

也就是说，$P(I)$是灰度级为 I 的像素部分。设 N_g 是可能的灰度级数，根据式(7.1)，定义如下量。

矩

$$m_i = E[I^i] = \sum_{I=0}^{N_g-1} I^i P(I), \quad i = 1, 2, \cdots \tag{7.2}$$

显然，$m_0 = 1$ 且 $m_1 = E[I]$，即 I 的均值。

中心矩

$$\mu_i = E[(I - E[I])^i] = \sum_{I=0}^{N_g-1} (I - m_1)^i P(I) \tag{7.3}$$

最常用的中心矩是μ_2、μ_3和μ_4。$\mu_2 = \sigma^2$是方差，μ_3是直方图的偏斜度（有时被σ^3归一化），μ_4是直方图的峰度（有时被σ^4归一化）。方差是直方图宽度的度量，即灰度级不同于均值的度量。偏斜度是直方图相对于均值的对称度的度量，μ_4是直方图锐度的度量。μ_4的值较大时，得到的直方图称为低态峰；μ_4的值较小时，得到的直方图称为尖态峰，其他情形下得到的直方图称为常态峰。正态分布是一种常见的峰态分布。图 7.1 显示了同一幅图像（16 个灰度级）的 6 个变体及它们的对应直方图。通过观察，可以发现低态峰和尖态峰的差别。在尖态峰中，只出现了中间灰度级（没有 $I = 0$ 或 $I = 15$），而在低态峰中出现了所有灰度级。在两个不对称的直方图中，一个对应于多数低灰度级，另一个对应于多数高灰度级。得到的μ_3和μ_4从左到右是

μ_3:	587	0	−169	169	0	0
μ_4:	16609	7365	7450	7450	9774	1007

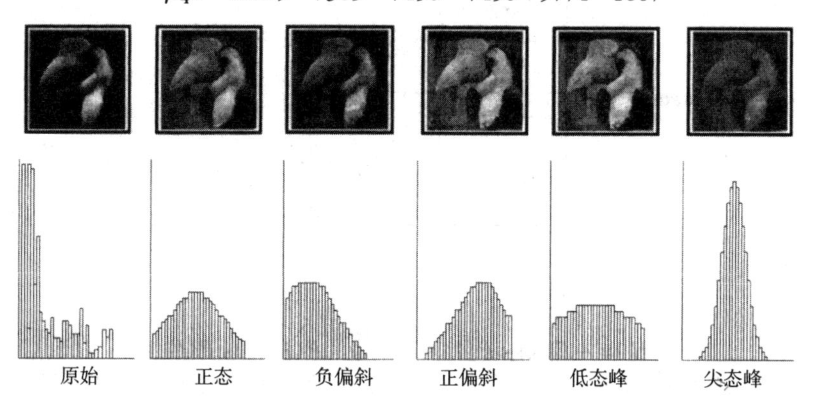

图 7.1　几幅图像及对应直方图的例子

由一阶直方图得到的其他量如下所示。

绝对矩

$$\hat{\mu}_i = E[|I - E[I]|^i] = \sum_{I=0}^{N_g-1} |I - E[I]|^i P(I) \tag{7.4}$$

熵

$$H = -E[\mathrm{lb}\, P(I)] = -\sum_{I=0}^{N_g-1} P(I)\,\mathrm{lb}\, P(I) \tag{7.5}$$

熵是直方图均匀度的度量。直方图越接近均匀分布［$P(I)$为常量］，H 值就越大。对于图 7.1 中的各幅图像，对应的 H 值是

$$H: \quad 4.61 \quad 4.89 \quad 4.81 \quad 4.81 \quad 4.96 \quad 4.12$$

2．二阶统计量特征——共生矩阵

由一阶统计量得到的特征提供了与图像的灰度级分布相关联的信息，但是未给出图像内不同灰度级的相对位置的信息。是所有低值灰度级聚在一起，还是低值灰度级和高值灰度级交替出现？这类信息可从二阶直方图中提取，在二阶直方图中，像素是被成对地考虑的。于是，现在有两个参数进入我们的视野，即像素间的相对距离及像素间的相对方向。设 d 是像素之间的相对距离（单位为像素数，$d=1$ 表示相邻像素，以此类推）。如图 7.2 所示，在 4 个方向上量化ϕ：水平、对角线、垂直、反对角线（0°, 45°, 90°, 135°）。对于 d 和ϕ 的每个组合，定义二维直方图为

$$\begin{aligned} 0^\circ:\ & P\big(I(m,n)=I_1,\ I(m\pm d,n)=I_2\big) \\ &= \frac{\text{具有 }(I_1, I_2)\text{ 值且距离为 } d \text{ 的像素对数量}}{\text{可能像素对的总数}} \end{aligned} \tag{7.6}$$

类似地，我们得到

$$45^\circ: P\big(I(m,n)=I_1, I(m\pm d, n\mp d)=I_2\big)$$

$$90^\circ: P\big(I(m,n)=I_1, I(m, n\mp d)=I_2\big)$$

$$135^\circ: P\big(I(m,n)=I_1, I(m\pm d, n\pm d)=I_2\big)$$

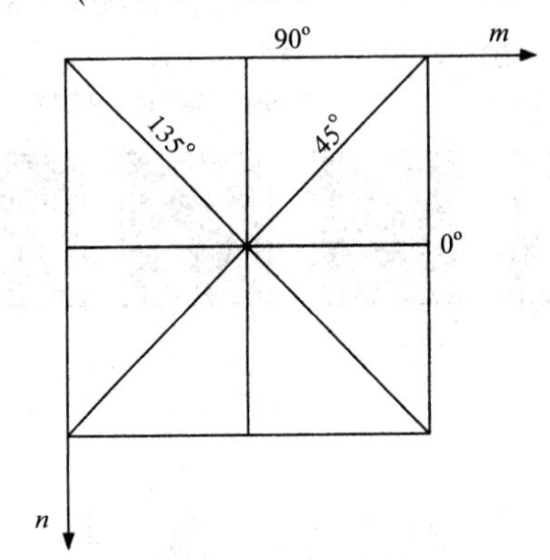

图 7.2 用于构建共生矩阵的 4 个方向

对每个直方图，定义一个称为共生矩阵或空间相关矩阵的数组。例如，设图像数组 $I(m, n)$是

$$I = \begin{bmatrix} 0 & 0 & 2 & 2 \\ 1 & 1 & 0 & 0 \\ 3 & 2 & 3 & 3 \\ 3 & 2 & 2 & 2 \end{bmatrix} \tag{7.7}$$

它对应于一幅 4×4 图像。还假设 $N_g = 4$（$I(m, n)\in\{0, 1, 2, 3\}$）。(d, ϕ)的共生矩阵定义为 $N_g\times N_g$ 矩阵，

$$A = \frac{1}{R}\begin{bmatrix} \eta(0,0) & \eta(0,1) & \eta(0,2) & \eta(0,3) \\ \eta(1,0) & \eta(1,1) & \eta(1,2) & \eta(1,3) \\ \eta(2,0) & \eta(2,1) & \eta(2,2) & \eta(2,3) \\ \eta(3,0) & \eta(3,1) & \eta(3,2) & \eta(3,3) \end{bmatrix}$$

式中，$\eta(I_1, I_2)$是在相对位置(d, ϕ)的像素对的数量，它们的灰度值分别是 I_1, I_2；R 是可能的像素对的总数。因此，$\frac{1}{R}\eta(I_1, I_2) = P(I_1 I_2)$ 。对于式(7.7)中的图像和相对像素位置(1, 0°)，我们有

$$A^0(d=1) = \frac{1}{24}\begin{bmatrix} 4 & 1 & 1 & 0 \\ 1 & 2 & 0 & 0 \\ 1 & 0 & 6 & 3 \\ 0 & 0 & 3 & 2 \end{bmatrix}$$

总之，对于每个灰度对，如(0, 0)，我们在相对距离 $d = 1$ 和方向$\phi = 0°$计算这些值的像素对的数量。在我们的例子中，计算得到的像素对的数量是 4，其中两个是在正方向搜索得到的，另外两个是在负方向搜索得到的。根据式(7.6)的定义，这些像素对的坐标为(m, n)和$(m \pm 1, n)$，灰度级为 $I_1 = 0$, $I_2 = 0$。此时，像素对总数是 24。事实上，每行有 $N_x - 1$ 个像素对，共有 N_y 行。因此，正方向和负方向的总像素对的数量是 $2(N_x-1)N_y = 2\times(3\times4) = 24$。除了不存在像素对的第一行（或最后一行），对于对角线方向45°和 $d = 1$，每行有 $2(N_x-1)$个像素对。因此，总像素对的数量是 $2(N_x-1)(N_y-1) = 2\times(3\times3) = 18$。对于 $d = 1$ 和方向 90°，有 $2(N_y-1)N_x$ 个像素对。对于 $d = 1$ 和方向 135°，有 $2(N_x-1)(N_y-1)$ 个像素对。对于示例图像和（$d = 1, \phi = 45°$），我们有

$$A^{45}(d=1) = \frac{1}{18}\begin{bmatrix} 0 & 1 & 2 & 1 \\ 1 & 0 & 1 & 1 \\ 2 & 1 & 0 & 3 \\ 1 & 1 & 3 & 0 \end{bmatrix}$$

从共生矩阵的定义来看，共生矩阵显然是对称的，因此可用于简化后续的计算。

定义灰度级相对于空间像素位置出现的概率后，下面进一步定义对应的特征。相对于纹理，有些特征具有直接的物理解释，如量化粗糙度、平滑度等。另一方面，有些特征不具有这样的性质，但是仍然能够对具有高判别能力的相关纹理信息进行编码。

- 角二阶矩（Angular Second Moment，ASM）

$$\text{ASM} = \sum_{i=0}^{N_g-1}\sum_{j=0}^{N_g-1}(P(i,j))^2 \tag{7.8}$$

这个特征是图像的平滑度的度量。事实上，如果所有像素的灰度级都是 $I = k$，那么有 $P(k, k) = 1$ 和 $P(i, j) = 0$，$i \neq k$ 或 $j \neq k$，且 ASM = 1。另一种极端情形是，如果所有可能的像素对的概率都为$1/R$，那么 $\text{ASM} = R/R^2 = 1/R$ 。区域越不平滑，分布 $P(i, j)$就越均匀，ASM 就越低（见习题 7.5）。

- 对比度（Contrast，CON）

$$\text{CON} = \sum_{n=0}^{N_g-1} n^2 \left\{ \sum_{\substack{i=0 \\ |i-j|=n}}^{N_g-1} \sum_{j=0}^{N_g-1} P(i,j) \right\} \tag{7.9}$$

这是图像对比度的度量，即局部灰度级变化的度量。事实上，$\sum_i \sum_j P(i, j)$ 是灰度不同于 n 的像素对的百分比。n^2 项放大了这些不同；因此，图像的对比度大，CON 值也大。

- 逆差矩（Inverse Difference Moment，IDF）

$$\mathrm{IDF}=\sum_{i=0}^{N_g-1}\sum_{j=0}^{N_g-1}\frac{P(i,j)}{1+(i-j)^2} \tag{7.10}$$

由于逆$(i-j)^2$项的存在，因此低对比度图像的这个特征取大值。

- 熵

$$H_{xy}=-\sum_{i=0}^{N_g-1}\sum_{j=0}^{N_g-1}P(i,j)\log_2 P(i,j) \tag{7.11}$$

熵是随机性的度量，平滑图像的熵取小值。

这些特征只是可以导出一个较大特征集的一小部分。经典论文[Hara 73]中小结了14 个这样的特征，表 7.1 中给出了这14 个特征。P_x（P_y）（和关联的量）是相对于 x（y）轴的统计量。表中的所有特征都是距离 d 和方向ϕ 的函数。因此，如果旋转了图像，那么特征值是不同的。在实际工作中，对于每个 d，在 4 个方向得到的值是均值。采用这种方法，我们可以使得这些纹理特征具有旋转容错性。

表 7.1 纹理特征

角二阶矩 $f_1=\sum_i\sum_j(P(i,j))^2$	和熵 $f_8=-\sum_{i=0}^{2N_g-2}P_{x+y}(i)\log P_{x+y}(i)$
对比度 $f_2=\sum_{n=0}^{N_g-1}n^2\left\{\sum_i\sum_{\substack{j\\ \lvert i-j\rvert=n}}P(i,j)\right\}$	熵 $f_9=-\sum_i\sum_j P(i,j)\log P(i,j)\equiv H_{xy}$
相关 $f_3=\dfrac{\{\sum_i\sum_j(ij)P(i,j)\}-\mu_x\mu_y}{\sigma_x\sigma_y}$	差方差 $f_{10}=\sum_{i=0}^{N_g-1}(i-\hat{f}_6)^2P_{x-y}(i)$
方差 $f_4=\sum_i\sum_j(i-\mu)^2P(i,j)$	差熵 $f_{11}=-\sum_{i=0}^{N_g-1}P_{x-y}(i)\log P_{x-y}(i)$
逆差矩 $f_5=\sum_i\sum_j\dfrac{P(i,j)}{1+(i-j)^2}$	信息度量 I $f_{12}=\dfrac{H_{xy}-H_{xy}^1}{\max\{H_x,H_y\}}$
和（差）平均 $f_6(\hat{f}_6)=\sum_{i=0}^{2N_x-2\ (N_g-1)}iP_{x+(-)y}(i)$	信息度量 II $f_{13}=\sqrt{1-\exp(-2(H_{xy}^2-H_{xy}))}$
和方差 $f_7=\sum_{i=0}^{2N_g-2}(i-f_6)^2P_{x+y}(i)$	最大相关系数 $f_{14}=$（Q 的第二大特征值）$^{\frac{1}{2}}$
定义：$Q(i,j)=\sum_k\dfrac{P(i,k)P(j,k)}{P_x(i)P_y(k)}$	$H_{xy}^2=-\sum_j\sum_i P_x(i)P_y(j)$ $\log(P_x(i)P_y(j))$
$H_{xy}^1=-\sum_i\sum_j P(i,j)$ $\log(P_x(i)P_y(j))$	$y(j)=\sum_i P(i,j)$
$P_x(i)=\sum_j P(i,j)$	$\mu,\mu_x,\mu_y,\sigma_x,\sigma_y;H_x,H_y$
$P_{x\pm y}(k)=\sum_i\sum_{j,\lvert i\pm j\rvert=k}P(i,j)$	均值、标准差和熵

除了表 7.1 中列出的特征，人们还提出了许多其他的统计量相关特征。例如，文献[Tamu 78]中

的纹理特征是通过强调人的视觉感知生成的。针对纹理粗糙度、对比度、规则性等，人们还提出了一组特征。文献[Davi 79]中共生矩阵的泛化定义提出了一些特征，这些特征更适于长尺度变化的纹理（宏观纹理）。文献[Petr 06]中详细介绍了纹理。

例 7.1　图 7.3 中显示了两幅纹理图像，一幅是粗糙的（称为“草地”）[Brod 66]，另一幅是平滑的。表 7.2 中小结它们的一些特征值。

表 7.2　图 7.3 中的两幅图像的二阶直方图特征

	粗　造	平　滑
ASM	0.0066	0.0272
COM	989.5	0.613
IDF	0.117	0.783
H_{xy}	8.352	5.884

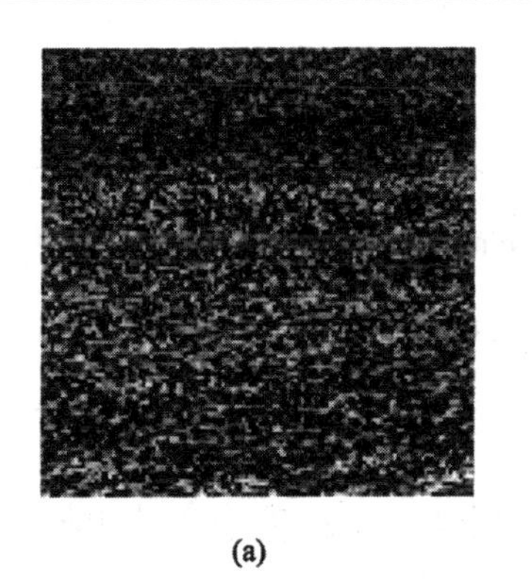

(a)

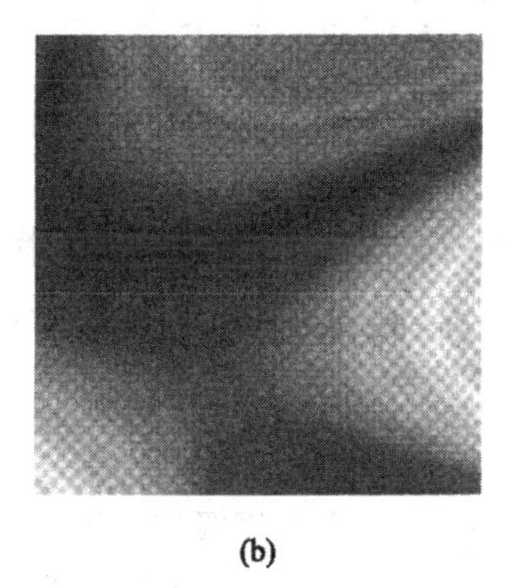

(b)

图 7.3　(a)粗糙图像和(b)平滑图像的例子

3．使用灰度级行程长度的特征

灰度级行程是具有相同灰度级值的连续像素集。行程长度是行程中的像素数[Gall 75, Tang 98]。行程长度特征对与每个灰度级出现的次数相关联的纹理信息编码。例如，“1”本身出现在图像中，它在图像中是成对出现的，以此类推。例如，考虑图像

$$I = \begin{bmatrix} 0 & 0 & 2 & 2 \\ 1 & 1 & 0 & 0 \\ 3 & 2 & 3 & 3 \\ 3 & 2 & 2 & 2 \end{bmatrix}$$

该图像有 4 个灰度级（$N_g = 4$）。对于 4 个方向（0°, 45°, 90°, 135°）之一，我们定义对应的行程长度矩阵 $\boldsymbol{Q}_{\mathrm{RL}}$，它的第$(i, j)$个元素给出灰度级 $i-1, i = 1,\cdots, N_g$ 以行程长度 $j, j = 1, 2,\cdots, N_r$ 出现在图像中的次数。这是一个 $N_g \times N_r$ 维数组，其中 N_r 是图像中的最大可能行程长度。对于 0°，我们得到

$$\boldsymbol{Q}_{\mathrm{RL}}(0^\circ) = \begin{bmatrix} 0 & 2 & 0 & 0 \\ 0 & 1 & 0 & 0 \\ 1 & 1 & 1 & 0 \\ 2 & 1 & 0 & 0 \end{bmatrix} \tag{7.12}$$

矩阵中第一行的第一个元素是灰度级“0”本身出现的次数（例中是 0），第二个元素是它成对出

现的次数（例中是 2），以此类推。第二行为灰度级“1”的相同信息，以此类推。对于45°方向，我们得到

$$Q_{\text{RL}}(45°)=\begin{bmatrix}4&0&0&0\\2&0&0&0\\6&0&0&0\\4&0&0&0\end{bmatrix}\tag{7.13}$$

根据前面关于行程长度矩阵的定义，我们定义如下特征。

- 短行程强调（Short Run Emphasis，SRE）

$$\text{SRE}=\frac{\sum_{i=1}^{N_g}\sum_{j=1}^{N_r}(Q_{\text{RL}}(i,j)/j^2)}{\sum_{i=1}^{N_g}\sum_{j=1}^{N_r}Q_{\text{RL}}(i,j)}\tag{7.14}$$

分母是矩阵中的行程长度总数，对式(7.12)来说它是 9，对式(7.13)来说它是 16。由于被 j^2 除，因此这个特征强调小行程。

- 长行程强调（Long Run Emphasis，LRE）

$$\text{LRE}=\frac{\sum_{i=1}^{N_g}\sum_{j=1}^{N_r}(Q_{\text{RL}}(i,j)j^2)}{\sum_{i=1}^{N_g}\sum_{j=1}^{N_r}Q_{\text{RL}}(i,j)}\tag{7.15}$$

它强调长行程。因此，我们希望粗糙图像的 SRE 大，平滑图像的 LRE 大。

- 灰度级不均匀性（Gray Level Nonuniformity，GLNU）

$$\text{GLNU}=\frac{\sum_{i=1}^{N_g}\left[\sum_{j=1}^{N_r}Q_{\text{RL}}(i,j)\right]^2}{\sum_{i=1}^{N_g}\sum_{j=1}^{N_r}Q_{\text{RL}}(i,j)}\tag{7.16}$$

方括号中的项是每个灰度级的行程长度的总数。由于平方运算，大行程长度值的贡献更大。当行程均匀分布在灰度级之间时，GNLU 取小值。

- 行程长度不均匀性（Run Length Nonuniformity，RLN）

$$\text{RLN}=\frac{\sum_{j=1}^{N_r}\left[\sum_{i=1}^{N_g}Q_{\text{RL}}(i,j)\right]^2}{\sum_{i=1}^{N_g}\sum_{j=1}^{N_r}Q_{\text{RL}}(i,j)}\tag{7.17}$$

类似地，RLN 是行程长度不均匀性的度量。

- 行程百分比（Run Percentage，RP）

$$\text{RP}=\frac{\sum_{i=1}^{N_g}\sum_{j=1}^{N_r}Q_{\text{RL}}(i,j)}{L}\tag{7.18}$$

式中，如果所有行程的长度都为 1，即像素的总数量，那么 L 是图像中的总行程数量。对于平滑图像，RP 取小值。

例 7.2 对于图 7.3 中的两幅图像，表 7.3 中给出了上述特征值。

表 7.3 图 7.3 中图像的行程长度特征

	粗 造	平 滑
SRE	0.932	0.563
LRE	1.349	16.929
GLNU	255.6	71.6
RLN	3108	507
RP	0.906	0.4

7.2.2 提出纹理特征的局部线性变换

二阶统计量特征是为探讨表征图像区域的纹理的空间依赖性引入的。下面重点介绍在实际工作中得到广泛应用的另一种技术。考虑中心为(m, n)的一个 $N\times N$ 邻域，设 $\boldsymbol{x}_{mn}$ 是该区域内有N^2 个元素的一个向量，这些元素是逐行排列的。局部线性变换或局部特征提取器定义为

$$\boldsymbol{y}_{mn} = A^{\mathrm{T}}\boldsymbol{x}_{mn} \equiv \begin{bmatrix} \boldsymbol{a}_1^{\mathrm{T}} \\ \boldsymbol{a}_2^{\mathrm{T}} \\ \vdots \\ \boldsymbol{a}_{N^2}^{\mathrm{T}} \end{bmatrix} \boldsymbol{x}_{mn} \tag{7.19}$$

各自的相关矩阵通过 $N^2\times N^2$ 非奇异变换矩阵 $\boldsymbol{A}$ 关联：

$$R_y \equiv E[\boldsymbol{y}_{mn}\boldsymbol{y}_{mn}^{\mathrm{T}}] = A^{\mathrm{T}}R_xA \tag{7.20}$$

由这些定义可以看出，$\boldsymbol{y}$ 的每个元素都包含 $\boldsymbol{x}$ 的所有元素的信息。仔细研究两个相关矩阵被关联的方式，这一点会更清楚。事实上，$\boldsymbol{R}_y$ 的对角线元素是 $\boldsymbol{y}$ 的元素的方差。它们是一阶统计量，但它们的值包含关于原始图像的空间依赖性（二阶统计量）的信息。这就是这种技术的本质。图像纹理相关的空间依赖性包含在变换后的图像的一阶统计量中。使用合适定义的局部变换矩阵，可以提取各种纹理属性。当然，使用对应于子图像区域的二维变换来代替变换向量，这个原理同样成立。

研究式(7.19)的一种方法是，将它解释为具有共同输入向量 $\boldsymbol{x}_{mn}$［即中心为(m, n)的 $N\times N$ 维子图像］的一系列 N^2 次滤波运算（卷积，见附录 D）。$\boldsymbol{y}_{mn}$ 的元素是各自的滤波输出样本，如图 7.4 所示，其中 $N\times N$ 维子图像（$N = 3$）由 9 个相同的二维滤波器滤波，每个滤波器都由一个称为模板的不同系数矩阵表征。文献[Laws 80]中建议对应的模板由 3 个基向量构建，$N = 3$ 时，这三个基向量是$[1, 2, 1]^{\mathrm{T}}$, $[-1, 0, 1]^{\mathrm{T}}$, $[-1, 2, -1]^{\mathrm{T}}$。第一个向量对应于局部平均算子，第二个向量对应于边缘检测算子，第三个向量对应于点检测器。这些向量在$\mathcal{R}^3$ 空间中形成一个完全非正交向量集。这些向量的叉积形成 9 个模板，即

$$\begin{bmatrix} 1 & 2 & 1 \\ 2 & 4 & 2 \\ 1 & 2 & 1 \end{bmatrix}\begin{bmatrix} -1 & 0 & 1 \\ -2 & 0 & 2 \\ -1 & 0 & 1 \end{bmatrix}\begin{bmatrix} -1 & 2 & -1 \\ -2 & 4 & -2 \\ -1 & 2 & -1 \end{bmatrix}$$

$$\begin{bmatrix} -1 & -2 & -1 \\ 0 & 0 & 0 \\ 1 & 2 & 1 \end{bmatrix}\begin{bmatrix} 1 & 0 & -1 \\ 0 & 0 & 0 \\ -1 & 0 & 1 \end{bmatrix}\begin{bmatrix} 1 & -2 & 1 \\ 0 & 0 & 0 \\ -1 & 2 & -1 \end{bmatrix}$$

$$\begin{bmatrix} -1 & -2 & -1 \\ 2 & 4 & 2 \\ -1 & -2 & -1 \end{bmatrix}\begin{bmatrix} 1 & 0 & -1 \\ -2 & 0 & 2 \\ 1 & 0 & -1 \end{bmatrix}\begin{bmatrix} 1 & -2 & 1 \\ -2 & 4 & -2 \\ 1 & -2 & 1 \end{bmatrix}$$

向量 $\boldsymbol{y}_{mn}$ 的每个元素是使用每个模板对中心为(m, n)的局部图像邻域滤波后得到的。通过将模板移至不同的(m, n)位置，就会得到 9 幅不同的图像（信道），每幅图像都对原始图像的纹理的不同方面进行编码。然后，我们可将由这些图像计算得到的一阶统计量（如方差和峰度）作为纹理分类的特征。还使用了大于 3×3 的模板。在某些情形下，也可尝试优化模板，以便使得不同类别的信道方差尽可能不同[Unse 86]。业已证明，这是特征值–特征向量任务，类似于我们在第 5 章中遇到的任务。文献[Unse 86, Unse 89, Rand 99]中比较研究了许多最优或次优局部线性变换，包括正交变

换，如 DCT、DST 和 Karhunen-Loève。最后要指出的是，所有这些技术都和前一章中的介绍的 Gabor 滤波方法密切相关。

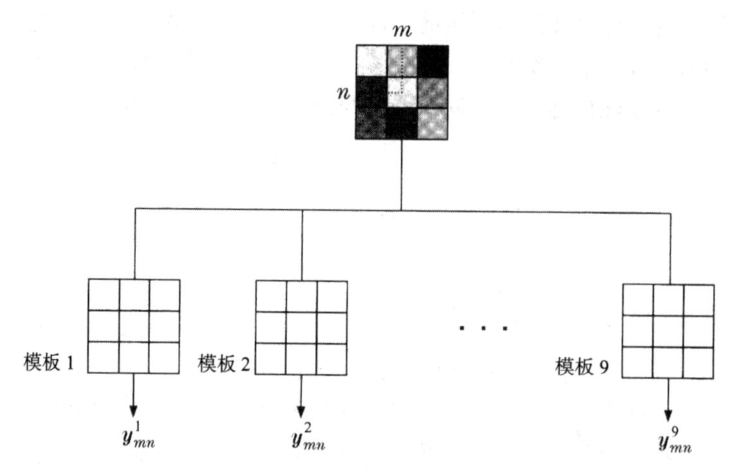

图 7.4　使用各个模板对图像滤波后，得到的变换后的图像/信道

7.2.3　矩

1. 几何矩

设 $I(x,y)$ 是一个连续图像函数，它的 $p+q$ 阶几何矩定义为

$$m_{pq}=\int_{-\infty}^{\infty}\int_{-\infty}^{\infty}x^p y^q I(x,y)\mathrm{d}x\,\mathrm{d}y \tag{7.21}$$

几何矩提供了关于图像的丰富信息，是模式识别领域的常用特征。它们的信息内容源自如下事实：在图像可由其（所有阶的）各个矩重建的意义下，矩提供了图像的等效表示[Papo 91, p.115]。因此，每个矩系数都会传递一定数量的图像信息。

现在我们可以说，模式识别中的理想性质是几何变换的不变性。式(7.21)中定义的矩取决于图像内感兴趣目标的坐标，但是它们缺乏不变性。适当组合这些矩的归一化形式，可以解决这个问题。具体地说，我们的目的是不变矩。

平移

$$x'=x+a,\quad y'=y+b$$

缩放

$$x'=\alpha x,\quad y'=\alpha y$$

旋转

$$\begin{bmatrix}x'\\y'\end{bmatrix}=\begin{bmatrix}\cos\theta & \sin\theta\\-\sin\theta & \cos\theta\end{bmatrix}\begin{bmatrix}x\\y\end{bmatrix}$$

最后，我们定义如下矩。

中心矩

$$\mu_{pq}=\iint I(x,y)(x-\bar{x})^p(y-\bar{y})^q\mathrm{d}x\,\mathrm{d}y \tag{7.22}$$

式中，

$$\bar{x}=\frac{m_{10}}{m_{00}},\quad \bar{y}=\frac{m_{01}}{m_{00}}$$

中心矩是平移不变的。

归一化中心矩

$$\eta_{pq}=\frac{\mu_{pq}}{\mu_{00}^{\gamma}},\quad \gamma=\frac{p+q+2}{2} \tag{7.23}$$

容易证明，对于平移和缩放，这些矩是不变的（见习题 7.6）。

2．Hu 的 7 个矩

文献[Hu 62]中定义了 7 个矩，它们在平移、缩放和旋转操作下是不变的。它们是

$p+q=2$

$$\phi_1=\eta_{20}+\eta_{02}$$

$$\phi_2=(\eta_{20}-\eta_{02})^2+4\eta_{11}^2$$

$p+q=3$

$$\phi_3=(\eta_{30}-3\eta_{12})^2+(\eta_{03}-3\eta_{21})^2$$

$$\phi_4=(\eta_{30}+\eta_{12})^2+(\eta_{03}+\eta_{21})^2$$

$$\phi_5=(\eta_{30}-3\eta_{12})(\eta_{30}+\eta_{12})[(\eta_{30}+\eta_{12})^2-3(\eta_{21}+\eta_{03})^2]+(\eta_{03}-3\eta_{21})(\eta_{03}+\eta_{21})[(\eta_{03}+\eta_{21})^2-3(\eta_{12}+\eta_{30})^2]$$

$$\phi_6=(\eta_{20}-\eta_{02})[(\eta_{30}+\eta_{12})^2-(\eta_{21}+\eta_{03})^2]+4\eta_{11}(\eta_{30}+\eta_{12})(\eta_{03}+\eta_{21})$$

$$\phi_7=(3\eta_{21}-\eta_{03})(\eta_{30}+\eta_{12})[(\eta_{30}+\eta_{12})^2-3(\eta_{21}+\eta_{03})^2]+(\eta_{30}-3\eta_{12})(\eta_{21}+\eta_{03})[(\eta_{03}+\eta_{21})^2-3(\eta_{30}+\eta_{12})^2]$$

前 6 个矩在反射操作下也是不变的，但ϕ_7会改变符号。这些量的值是不同的。在实际工作中，为了避免精度问题，一般取它们的绝对值的对数作为特征。人们还提出了其他一些基于矩的特征，这些特征在更普通的变换下是不变的，见文献[Reis 91, Flus 93, Flus 94]。文献[Mami 98]中讨论了 l 维空间中矩不变的情况。

对数字图像 $I(i,j)$, $i=0,1,\cdots,N_x-1$, $j=0,1,\cdots,N_y-1$，前述各个矩的积分可近似用求和代替：

$$m_{pq}=\sum_i\sum_j I(i,j)i^p j^q \tag{7.24}$$

为了使得不同大小图像的矩值的动态范围一致，在计算矩之前，对 x–y 轴归一化。于是，这些矩可近似为

$$m_{pq}=\sum_i I(x_i,y_i)x_i^p y_i^q \tag{7.25}$$

式中，求和是在所有图像像素上进行的。因此，x_i, y_i是第 i 个像素的中心点的坐标，它不再是整数，而是位于区间 $x_i\in[-1,+1]$, $y_i\in[-1,+1]$内的实数。对于数字图像，我们定义的矩的不变性只是近似正确的。文献[Liao 96]中的分析表明，近似值误差会随着采样网格的粗糙度和矩的阶的增加而增长。

例 7.3　图 7.5 中显示了被称为“宽边帽”的拜占庭式音符，它们是由扫描仪扫描后，经过缩放和旋转得到的。从左到右顺时针排列的音符分别是：原始符号、缩放后的符号、镜像后的符号，以及分别旋转 15°、90°和 180°后的符号。

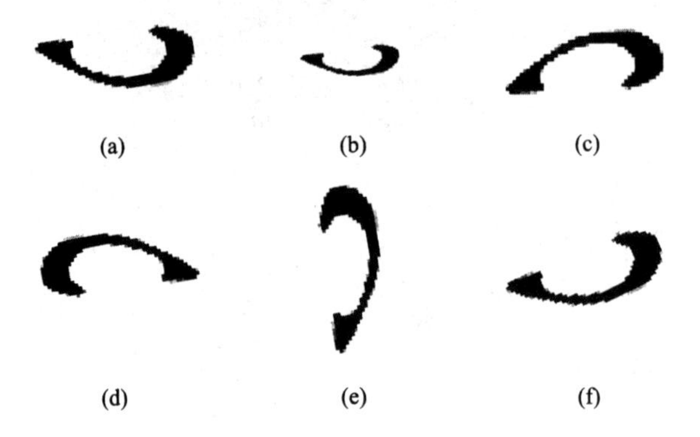

图 7.5　经过缩放和旋转后，得到的拜占庭式音符

表 7.4 中显示了每个符号的 Hu 矩。这些矩的（近似）不变性非常明显。注意镜像后的符号的 ϕ_7 中的负号。

表 7.4　“宽边帽”符号的 Hu 矩的不变性

矩	0°	缩　放	180°	15°	镜　像	90°
ϕ_1	93.13	91.76	93.13	94.28	93.13	93.13
ϕ_2	58.13	56.60	58.13	58.59	58.13	58.13
ϕ_3	26.70	25.06	26.70	27.00	26.70	26.70
ϕ_4	15.92	14.78	15.92	15.83	15.92	15.92
ϕ_5	3.24	2.80	3.24	3.22	3.24	3.24
ϕ_6	10.70	9.71	10.70	10.57	10.70	10.70
ϕ_7	0.53	0.46	0.53	0.56	–0.53	0.53

3．Zernike 矩

我们可将式(7.21)中定义的几何矩视为 $I(x, y)$在由单项式 $x^p y^q$ 形成的基函数上的投影。这些单项式不是正交的，因此从信息冗余的观点看，得到的几何矩特征不是最优的。本节根据其他复多项式函数（称为 Zernike 多项式）来推导矩。这些多项式在单位圆 $x^2 + y^2 \leqslant 1$（见习题 7.7）的内部形成一个完全正交集，并且它们定义为

$$V_{pq}(x,y) = V_{pq}(\rho,\theta) = R_{pq}(\rho)\exp(\mathrm{j}q\theta)$$

式中，p 是一个非负整数；q 是一个整数，它满足约束 $p - |q|$是偶数，$|q| \leqslant p$；

$$\rho = \sqrt{x^2 + y^2}\ ,\quad \theta = \arctan\frac{y}{x}$$

$$R_{pq}(\rho) = \sum_{s=0}^{(p-|q|)/2} \frac{(-1)^s[(p-s)!]\rho^{p-2s}}{s!\left(\dfrac{p+|q|}{2}-s\right)!\left(\dfrac{p-|q|}{2}-s\right)!}$$

函数 $I(x, y)$的 Zernike 矩定义为

$$A_{pq} = \frac{p+1}{\pi}\iint_{x^2+y^2\leqslant 1} I(x,y)V^*(\rho,\theta)\mathrm{d}x\,\mathrm{d}y$$

式中，“*”表示复共轭。对于数字图像，各个 Zernike 矩为

$$A_{pq} = \frac{p+1}{\pi}\sum_i I(x_i,y_i)V^*(\rho_i,\theta_i),\ x_i^2 + y_i^2 \leqslant 1$$

式中，i 在所有图像上方取值。计算一幅图像的对应矩时，将图像的中心作为原点，并且将像素映射到单位圆 $x_i^2 + y_i^2 \leqslant 1$ 内。不考虑单位圆外的像素。Zernike 矩的大小是旋转不变的[Teag 80]（见习题 7.8）。文献[Khot 90a, Chon 03]中讨论了平移和缩放不变性。Zernike 矩的缺点之一是计算径向多项式的复杂性。降低复杂性的常用方法是，在连续的径向多项式和系数之间使用递归关系。文献[Muku 95, Wee 06, Huan 06]中给出了计算 Zernike 矩的例子。文献[Sing 06]中计算了 Zernike 矩的数值误差问题。在字符识别中，Zernike 矩相对于 Hu 矩的性能的对比研究表明，前者的性能更好，尤其是在噪声环境下[Khot 90b]。文献[Wang 98]中在多光谱纹理分类情形下，使用 Zernike 矩处理了几何不变性和光照不变性。人们还提出并使用了伪 Zernike 矩，它们的比较研究可参阅文献[Teh 88, Heyw 95]。除 Zernike 矩外，人们还提出并使用了其他类型的矩，如傅里叶-梅林矩和基于勒让德多项式的矩，详见文献[Kan 02, Chon 04, Muku 98]。

7.2.4　参数模型

到目前为止，本书的各个部分都将灰度级当作随机变量来处理，并研究了它们的一阶和二阶统计量。本节将从不同的视角来考虑它们的随机性。假设 $I(m, n)$是非离散的实随机变量，下面试图模拟其基本生成机制，方法是采用合适的参数模型。所得模型的参数将编码有用的信息，并且作为许多模式识别任务中的强大的候选特征。

我们从两个方面进行讨论：一是将图像作为连续的行序列或列序列进行处理，即我们的随机变量是来自一维随机过程 $I(n)$的连续样本；二是将图像作为二维随机过程 $I(m, n)$，也称随机场。

1．一维参数模型

设 $I(n)$是一个随机序列。假设 $I(n)$是广义平稳的，即它存在自相关序列 $r(k)$，

$$r(k) = E[I(n)I(n-k)]$$

并且存在 $r(k)$的傅里叶变换，且它是一个正函数（功率谱密度），

$$I(\omega) = \sum_{k=-\infty}^{+\infty} r(k)\exp(-\mathrm{j}\omega k)$$

在实际工作中，于多数情形下得到满足的某些假设下[Papo 91, Theo 93]，可以证明这样的随机序列能在冲激响应为 $h(n)$的线性、因果、稳定、时不变系统的输出位置生成，系统的输入由白噪声序列激励，如图 7.6 所示。简单地说，这意味着我们可以写出

$$I(n) = \sum_{k=0}^{\infty} h(k)\eta(n-k)$$

式中，$h(n)$满足稳定性条件 $\sum_n |h(n)| < \infty$。序列 $\eta(n)$是白噪声序列，即 $E[\eta(n)] = 0$ 且 $E[\eta(n)\eta(n-l)] = \sigma^2\delta(l)$，其中 $l = 0$ 时 $\delta(l) = 1$，$l \neq 0$ 时 $\delta(l) = 0$。这样的过程称为自回归过程（Autoregressive Processes, AR），它由如下形式的系统生成：

$$I(n) = \sum_{k=1}^{p} a(k)I(n-k) + \eta(n) \tag{7.26}$$

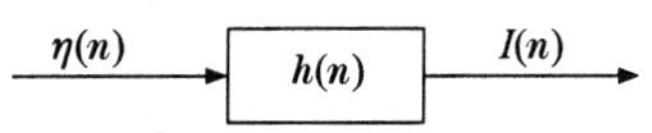

$\eta(n)$ → [$h(n)$] → $I(n)$

图 7.6　在由白噪声序列激励的稳定、线性、时不变系统的输出位置，平稳随机过程的生成模型

总之，随机序列 $I(n)$是前 $I(n-k)$个样本和当前的输入样本$\eta(n)$的线性组合（见图 7.7）。这里，p 是 AR 模型的阶，记为 AR(p)；系数 $a(k)$, k=1, 2,⋯, p 是 AR 模型参数。AR 模型是自回归移动平均［ARMA(p, m)］模型的一个特例，其中

$$I(n)=\sum_{k=1}^{p}a(k)I(n-k)+\sum_{l=0}^{m}b(l)\eta(n-l) \tag{7.27}$$

也就是说，相对于输入序列和输出序列，这个模型是回归的。与 ARMA 模型相比，AR 模型的主要优点是，可以得到估计模型参数的线性方程组。

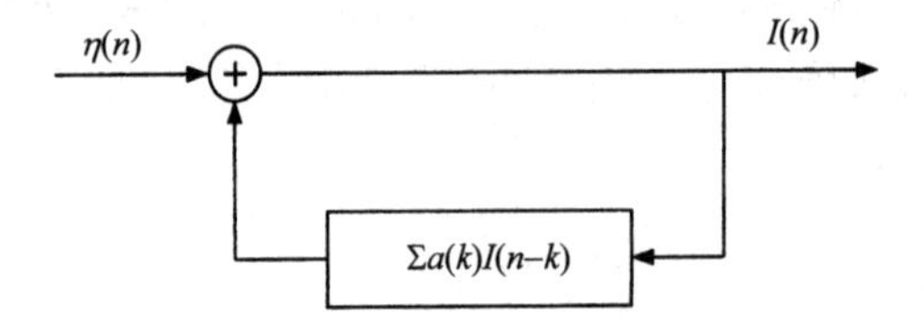

图 7.7 一个 AR 平稳随机过程的生成模型

2．AR 参数估计

观察式(7.26)的另一种方法是，将系数 $a(k)$, k=1,⋯, p 解释为序列 $I(n)$的预测器参数。也就是说，这些参数对前几个样本 $I(n-1)$,⋯, $I(n-p)$加权，以便预测当前样本 $I(n)$的值，$\eta(n)$是预测误差，

$$\hat{I}_n=\sum_{k=1}^{p}a(k)I(n-k)\equiv \boldsymbol{a}_p^{\mathrm{T}}\boldsymbol{I}_p(n-1) \tag{7.28}$$

式中，$\boldsymbol{I}_p^{\mathrm{T}}(n-1)\equiv[I(n-1),\cdots,I(n-p)]$。未知的参数向量 $\boldsymbol{a}_p^{\mathrm{T}}=[a(1),a(2),\cdots,a(p)]$是最优估计的，例如，最小化均方预测误差，

$$E[\eta^2(n)]=E[(I(n)-\hat{I}(n))^2]=E[(I(n)-\boldsymbol{a}_p^{\mathrm{T}}\boldsymbol{I}_p(n-1))^2] \tag{7.29}$$

这个问题正好与第 3 章中的均方线性分类器估计相同，且未知参数是下式的解：

$$E[\boldsymbol{I}_p(n-1)\boldsymbol{I}_p^{\mathrm{T}}(n-1)]\boldsymbol{a}_p=E[I(n)\boldsymbol{I}_p(n-1)] \tag{7.30}$$

或

$$\begin{bmatrix} r(0) & r(-1) & \cdots & r(-p+1) \\ r(1) & r(0) & \cdots & r(-p+2) \\ \vdots & \vdots & \vdots & \vdots \\ r(p-2) & r(p-3) & \cdots & r(-1) \\ r(p-1) & r(p-2) & \cdots & r(0) \end{bmatrix}\begin{bmatrix} a(1) \\ a(2) \\ \vdots \\ a(p-1) \\ a(p) \end{bmatrix}=\begin{bmatrix} r(1) \\ r(2) \\ \vdots \\ r(p-1) \\ r(p) \end{bmatrix}$$

或

$$\boldsymbol{R}\boldsymbol{a}_p=\boldsymbol{r}_p \tag{7.31}$$

式中，$\boldsymbol{r}_p\equiv[r(1),\cdots,r(p)]^{\mathrm{T}}$。最优参数 $a(k)$与均方误差（生成噪声的方差）之间的关系可由式(7.29)和式(7.31)得到，并且由下式给出：

$$\sigma_\eta^2=E[\eta^2(n)]=r(0)-\sum_{k=1}^{p}a(k)r(k) \tag{7.32}$$

自相关矩阵有一个便于计算的结构。它是对称的［$r(k)=r(-k)$］和托普利兹的，即它的所有对角线元素相同。利用这些性质，可推出求解式(7.31)的有效计算方法——Levinson 算法。Levinson 算法求解线性方程组的加法和乘法次数是 $O(p^2)$，传统算法需要的加法和乘法次数是 $O(p^3)$[Theo 93, Hayk 96]。第 3 章中说过，当自相关序列未知时，我们通常更愿意采用最小平方和准则来代替均方准则。AR 参数仍然由线性方程组提供，但关联的矩阵不再是托普利兹的。然而，它仍然需要大量的计算，并且人们推出了有效求解此类方程组的 Levinson 型 $O(p^2)$算法[Theo 93]。

除图像外，人们还为模拟其他类型的随机序列使用了 AR（ARMA）模型，如数字化语音信号和脑电图信号后得到的随机序列。对所有这些情形，得到的 AR 参数可作为特征来分类信号。

例 7.4　设阶为 $p=2$ 的 AR 随机序列是

$$I(n)=\sum_{k=1}^{2}a(k)I(n-k)+\eta(k)$$

式中，$r(0)=1, r(1)=0.5, r(2)=0.85$。计算 $a(k), k=1,2$ 的均方估计，得到

$$\begin{bmatrix}1 & 0.5\\ 0.5 & 1\end{bmatrix}\begin{bmatrix}a(1)\\ a(2)\end{bmatrix}=\begin{bmatrix}0.5\\ 0.85\end{bmatrix}$$

它的解是 $a(1)=0.1, a(2)=0.8$。

3．二维 AR 模型

二维 AR 随机序列 $I(m,n)$定义为

$$\hat{I}(m,n)=\sum_{k}\sum_{l}a(k,l)I(m-k,n-l),(k,l)\in W \tag{7.33}$$

$$I(m,n)=\hat{I}(m,n)+\eta(m,n) \tag{7.34}$$

对于许多可能的选择，图 7.8 中显示了对预测 $\hat{I}(m,n)$ 有贡献的像素区域 W。图 7.8(a)中的情形对应于强因果预测模型，因为贡献区域内的所有像素的坐标，都要小于预测像素（图中未遮盖的节点）的坐标 m,n。对应的窗是 $W_1=\{0\leqslant k\leqslant p, 0\leqslant l\leqslant q, (k,l)\neq(0,0)\}$。然而，过去和现在的思想对图像来说没有实际意义，因此使用了其他窗。非因果预测器定义为

$$I(m,n)=\sum_{k=-p}^{p}\sum_{l=-q}^{q}a(k,l)I(m-k,n-l)+\eta(m,n)$$

图 7.8(d)中显示了 $p=q=2$ 时的对应窗；图 7.8(c)中显示了第三个窗，即半因果预测器；图 7.8(b)中显示了因果预测器的情形。下面小结后三种情形，它们在实际工作中最为常用：

因果：$W_2=\{(-p\leqslant k\leqslant p, 1\leqslant l\leqslant q)\cup(1\leqslant k\leqslant p, l=0)\}$

半因果：$W_3=\{-p\leqslant k\leqslant p, 0\leqslant l\leqslant q, (k,l)\neq(0,0)\}$

非因果：$W_4=\{-p\leqslant k\leqslant p, -q\leqslant l\leqslant q, (k,l)\neq(0,0)\}$

4．AR 参数估计

我们有

$$\hat{I}(m,n)=\sum_{k}\sum_{l}a(k,l)I(m-k,n-l)$$

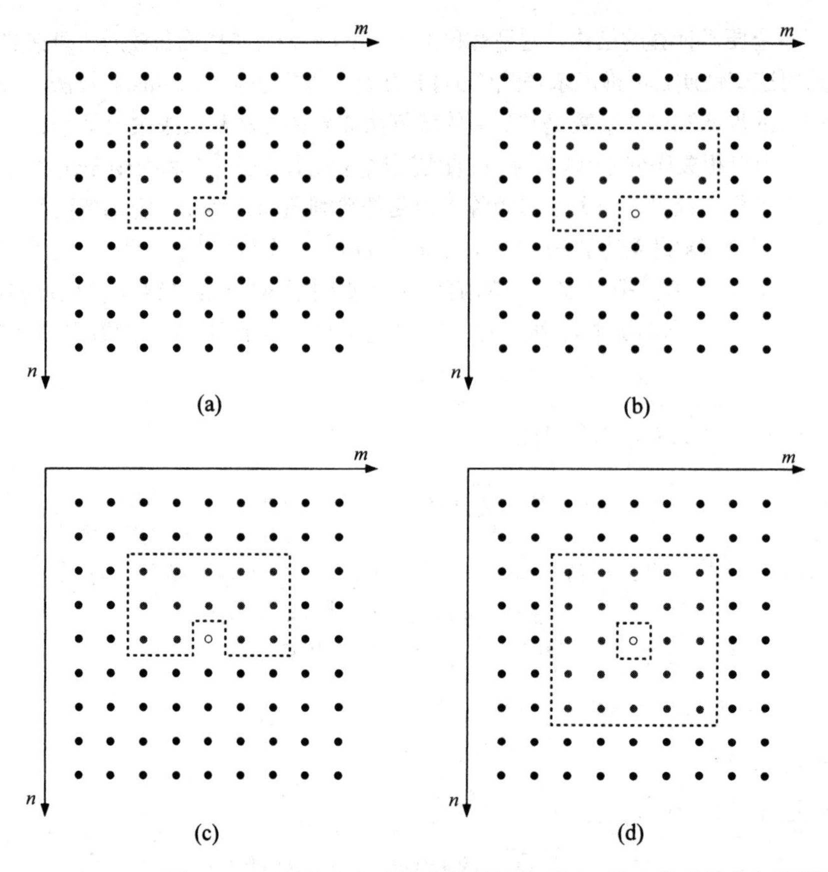

图 7.8 不同的二维预测模型。预测的像素由未被遮盖的节点表示。浅色像素是参与预测的像素，对应的窗 W 是由虚线包围的区域：(a) 严格因果；(b) 因果；(c) 半因果；(d) 非因果

回顾第 3 章中的正交性条件，在二维推广中，我们得到满足如下条件的最小均方差解：

$$E\left[I(m-i,n-j)\left(I(m,n)-\sum_{k}\sum_{l}a(k,l)I(m-k,n-l)\right)\right]=0,\quad (i,j)\in W \tag{7.35}$$

或

$$r(i,j)=\sum_{k}\sum_{l}a(k,l)r(i-k,j-l),\quad (i,j)\in W \tag{7.36}$$

式中，$r(i,j)\equiv E[I(m,n)I(m-i,n-j)]$ 是随机场 $I(m,n)$的二维自相关序列。式(7.36)中的方程组构成能够估计 $a(k,l)$的线性方程组。关联的矩阵也有一个便于计算的结构，采用它可以推出计算解的有效方案。例如，假设采用 $p=q$ 的非因果窗，它是对称的，即对每个索引对(i,j)会出现$(-i,-j)$。联立式(7.36)与最小误差的方差方程即（见习题 7.11）

$$\sigma_{\eta}^{2}=r(0,0)-\sum_{k}\sum_{l}a(k,l)r(k,l) \tag{7.37}$$

可以得到如下方程组：

$$Ra=-\begin{bmatrix}\mathbf{0}\\ \sigma_{n}^{2}\\ \mathbf{0}\end{bmatrix} \tag{7.38}$$

式中，**0** 是维数合适的零向量，且

$$\boldsymbol{a}^{\mathrm{T}} = [a(p,p),\cdots,a(p,-p),\cdots,a(0,0),\cdots,a(-p,p),\cdots,a(-p,-p)]$$

其中 $a(0,0) \equiv 1$，$\boldsymbol{R}$ 是对应的自相关矩阵。$\boldsymbol{a}$ 的维数是 $(2p+1)^2$。均匀相关（$E[I(m,n)I(m-k,n-l)] = r(k,l)$）和各向同性（无方向依赖性）图像只依赖于像素之间的相对距离，

$$r(k,l) = r\left(\sqrt{k^2+l^2}\right)$$

并且容易证明得到的自相关矩阵是对称的和块托普利兹的，每个块本身也是一个托普利兹矩阵，

$$R = \begin{bmatrix} R_0 & R_1 & \dots & R_{2p} \\ R_1 & R_0 & \dots & R_{2p-1} \\ \vdots & \vdots & \vdots & \vdots \\ R_{2p} & R_{2p-1} & \dots & R_0 \end{bmatrix} \tag{7.39}$$

式中，

$$R_i = \begin{bmatrix} r(i,0) & \dots & r(i,2p) \\ \vdots & \vdots & \vdots \\ r(i,2p) & \dots & r(i,0) \end{bmatrix} \tag{7.40}$$

对于同质图像和对称窗，易证 AR 参数是对称的，即 $a(k,l) = a(-k,-l)$，且方程组可由 Levinson 型算法求解[Kalo 89]。如果图像是同质的，但不是各向异性的，那么得到的关联矩阵是块托普利兹的，但是元素不再是托普利兹的。此外，除本章中介绍的窗外，人们还提出和使用了许多通用的窗，并为它们开发了有效的 Levinson 型算法，详见文献[Glen 94]。最后，除了平方误差准则，人们还采用最大似然技术来估计未知参数，得到的估计值更准确。当然，在这些情形下，必须采用关于基本统计量的假设，见文献[Kash 82]。

注释

- 在许多情形下[Chel 85, Cros 83, Kash 82, Sark 97]，图像的 AR 模型已广泛用于分类。文献[Kash 86, Mao 92]中提出了旋转不变模型的扩展模型。
- AR 随机场模型与被称为马尔可夫随机场的模型有关。这些场的本质是，对每个像素 (m,n)，图像被分为 3 个区域：Ω^+（“未来”）、Ω（“现在”）和 Ω^-（“过去”）。然后假设随机变量 $I(m,n),(m,n)\in\Omega^+$ 独立于它在 Ω^- 中的值，而只取决于它在 Ω 中的值；因此，条件密度函数满足

$$\begin{aligned} &p\left(I(m,n),(m,n)\in\Omega^+ \,|\, I(m,n),(m,n)\in\Omega^-\cup\Omega\right) \\ &\quad = p\left(I(m,n),(m,n)\in\Omega^+ \,|\, I(m,n),(m,n)\in\Omega\right) \end{aligned}$$

  总之，“未来”只取决于“现在”而不取决于“过去”；也就是说，某个像素处的随机变量值，只取决于该随机变量在指定（邻近）区域内的取值，而与该随机变量在图像中的剩余区域内的取值无关。
- 可以证明，每个高斯 AR 模型都是一个马尔可夫随机场[Wood 72, Chel 85]。

例 7.5　对于自相关序列满足

$$r(k,l) = 0.8^{\sqrt{k^2+l^2}}$$

的一幅图像，为非因果 $p=q=1$ 窗估计 AR 参数。

根据定义有

$$\begin{aligned}\hat{I}(m,n) = {} & a(1,1)I(m-1,n-1) + a(1,0)I(m-1,n) + \\ & a(1,-1)I(m-1,n+1) + a(0,1)I(m,n-1) + \\ & a(0,-1)I(m,n+1) + a(-1,1)I(m+1,n-1) + \\ & a(-1,0)I(m+1,n) + a(-1,-1)I(m+1,n+1)\end{aligned}$$

得到的矩阵 $\boldsymbol{R}$ 是一个$(2p+1)\times(2p+1)=3\times 3$ 矩阵，它的元素也是 3×3 矩阵，

$$R = \begin{bmatrix} R_0 & R_1 & R_2 \\ R_1 & R_0 & R_1 \\ R_2 & R_1 & R_0 \end{bmatrix}$$

式中，

$$R_0 = \begin{bmatrix} r(0,0) & r(0,1) & r(0,2) \\ r(0,1) & r(0,0) & r(0,1) \\ r(0,2) & r(0,1) & r(0,0) \end{bmatrix}$$

$$R_1 = \begin{bmatrix} r(1,0) & r(1,1) & r(1,2) \\ r(1,1) & r(1,0) & r(1,1) \\ r(1,2) & r(1,1) & r(1,0) \end{bmatrix}$$

$$R_2 = \begin{bmatrix} r(2,0) & r(2,1) & r(2,2) \\ r(2,1) & r(2,0) & r(2,1) \\ r(2,2) & r(2,1) & r(2,0) \end{bmatrix}$$

对于这个特定的模型，式(7.38)中的线性方程组有 9 个未知数，因此其解为

$$\begin{aligned}& a(1,1) = a(-1,-1) = -0.011, \quad a(1,0) = a(-1,0) = -0.25 \\ & a(1,-1) = a(-1,1) = -0.011, \quad a(0,1) = a(0,-1) = -0.25 \\ & \sigma_\eta^2 = 0.17\end{aligned}$$

7.3 形状和尺寸特征

在许多图像分析应用中，重要信息是图像内感兴趣目标的形状和尺寸。例如，在医学应用中，肿瘤的形状和尺寸对于判断其是恶性的还是良性的至关重要，边界不规则的肿瘤更可能是恶性的，边界相对规则的肿瘤更可能是良性的。此外，观察发现，周长超过3cm的肿瘤通常是恶性的[Cavo 92]。

目标形状非常重要的一个例子是，OCR 系统中的自动字符识别[Mori 92, Plam 00, Vinc 02]。尽管 OCR 系统采用了我们熟悉的区域特征，但许多技术采用的是字符边界曲线中的形状信息。

图 7.9(a)中显示了 OCR 系统扫描得到的字符“5”。首先对图像应用一个合适的分割算法（见文献[Pita 94]），分离了字符与图像的其他部分。图 7.9(b)中的字符是以二值形式出现的，这是二值化阶段的结果，在二值化过程中，字符区域中低于某个阈值的灰度级变为 0，高于该域值的灰度级变为 1[Trie 95]。图 7.9(c)中显示了得到的边界，它是对二值边界应用一个边界提取算法得到的（见文献[Pita 94]）。因此，在最终的边界中，字符内没有感兴趣的纹理。在这样的系统中，极为重要的是几何变换的特征不变性。识别字符时，必须对其位置、尺寸和方向不敏感。文献[Wood 96]中回顾了不变模式识别技术的不同方法。

我们可以使用多种方法来得到一个区域或一个目标的形状特征。下面介绍两种主要的方法。一种方法是以再生的方式开发能够完全描述目标的边界的技术。换句话说，边界可以由描述系数重

新得到，如使用边界的傅里叶展开式，它也可由其傅里叶系数重建；另一种方法是使用不可再生的描述区域形状性质的特征。这类特征包括边界中的拐角数和边界的周长，它们可以提供关于边界的有用信息，但是由它们不足以再生边界。下面主要介绍一些基本技术，这些技术可为具体的应用需求提供大量不同的形状，详见文献[Trie 96]。

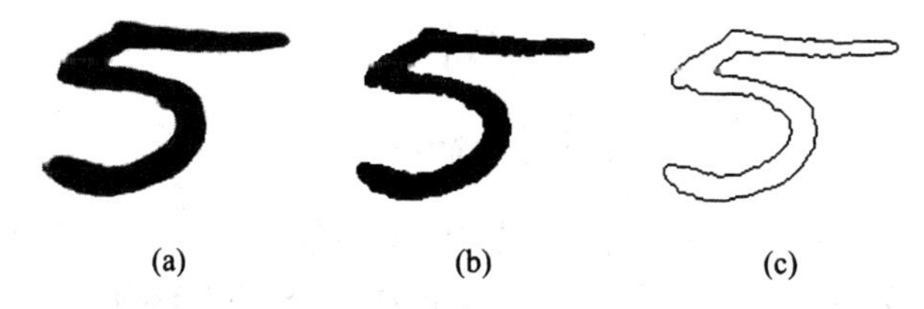

图 7.9　(a) 分割扫描图像后得到的字符“5”；(b) 二值化后的字符“5”；(c) 对二值化边界应用边界提取算法后得到的边界

7.3.1　傅里叶特征

设(x_k, y_k), $k = 0, 1,\cdots, N-1$是某个图像区域的边界上的N个样本的坐标，如图 7.10(a)所示。对每对(x_k, y_k)，定义复变量

$$u_k = x_k + \mathrm{j}y_k$$

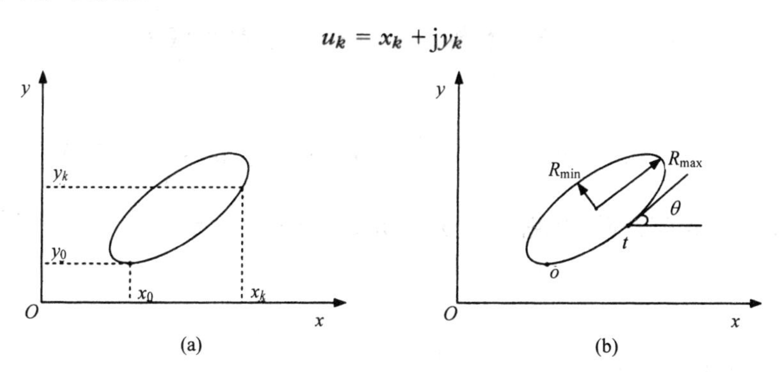

图 7.10　一个图像区域的边界(a)及其关联的参数(b)

对N个u_k点，可得二维 DFT f_l为

$$f_l = \sum_{k=0}^{N-1} u_k \exp\left(-\mathrm{j}\frac{2\pi}{N}lk\right), \quad l = 0, 1, \cdots, N-1$$

系数f_l被称为边界的傅里叶描述子。得到f_l后，就可恢复u_k，进而重建边界。然而，我们在模式识别中的目的不是重建边界。因此，通常使用更少的系数（或描述子）就能包含足够的判别性信息。下面研究平移、旋转和缩放是如何影响傅里叶描述子的。对于平移，我们有

$$x'_k = x_k + \Delta x$$

$$y'_k = y_k + \Delta y$$

于是有

$$u'_k = u_k + (\Delta x + \mathrm{j}\Delta y) \equiv u_k + \Delta u'$$

对于旋转，不难验证相对于原点，将区域内的所有点旋转角度θ后，坐标对应于（见习题 7.13）

$$u'_k = u_k \exp(\mathrm{j}\theta)$$

如果f_l和f'_l分别是u_k和u'_k的 DFT，那么根据 DFT 的定义可得

$$平移：u'_k = u_k + \Delta u' \Longrightarrow f'_l = f_l + \Delta u' \delta(l)$$

$$旋转：u'_k = u_k \exp(\mathrm{j}\theta) \Longrightarrow f'_l = f_l \exp(\mathrm{j}\theta)$$

$$缩放：u'_k = a u_k \Longrightarrow f'_l = a f_l$$

$$采样原点的平移：u'_k = u_{k-k_0} \Longrightarrow$$

$$f'_l = f_l \exp\left(-\mathrm{j}2\pi k_0 \frac{l}{N}\right)$$

总之，平移只影响系数 f'_0；旋转以相同的因子影响所有系数的相位，但不影响它们的幅值；缩放以相同的方式影响所有系数，但不影响比值 f_i/f_j。边界内的采样原点影响相位，但不影响幅值$|f_l|$。

三个几何变换影响傅里叶系数的这种确定性方式，允许我们开发针对这些操作不变的归一化形式[Crim 82, Arbt 90, Gran 72]。下面我们通过考虑一个目标的边界来举例说明这些方法的原理。在计算傅里叶系数之前，首个决策是定义边界上的第一个采样点(x_0, y_0)。在实际工作中，每个字符的第一个采样点的选择都具有一定的随机性。选择不同的采样原点对应于 $k_0 < N$ 个样本的相对平移（因为边界是封闭的曲线，因此相对平移总是$(k-k_0) \bmod N < N$）。如前所述，这会影响傅里叶描述子

$$u'_k = u_{k-k_0} \Longrightarrow f'_l = f_l \exp\left(-\mathrm{j}2\pi k_0 \frac{l}{N}\right) \tag{7.41}$$

因此

$$f_1' = f_1 \exp\left(-\mathrm{j}2\pi \frac{k_0}{N}\right) \Longrightarrow f_1' = |f_1| \exp(-\mathrm{j}\phi_1) \exp\left(-\mathrm{j}2\pi \frac{k_0}{N}\right)$$

式中，$|f_1|$和ϕ_1分别是f_1的幅值和相位。于是，f_1'的相位是$\phi_1' = \phi_1 + 2\pi\frac{k_0}{N}$。下面定义归一化傅里叶系数：

$$\hat{f}_l = f_l \exp(\mathrm{j}l\phi_1) \tag{7.42}$$

原点平移后对应的归一化系数是

$$\hat{f}'_l = f_l' \exp(\mathrm{j}l\phi'_1) = f_l' \exp\left(\mathrm{j}l\phi_1 + \mathrm{j}2\pi k_0 \frac{l}{N}\right) \tag{7.43}$$

考虑式(7.41)得

$$\hat{f}'_l = \hat{f}_l$$

因此，前面的归一化将生成对采样原点(x_0, y_0)选择不变的特征。

采用傅里叶变换作为边界描述工具的这种方法不是唯一的。另一种方法是将边界轮廓点的坐标表示为边界长度 t 的函数，其中边界长度是从边界内的原点开始测量的，即$(x(t), y(t))$。因为边界是封闭曲线，所以这些函数是周期函数，且可以展开为傅里叶级数。然后，我们就可以计算傅里叶系数的不变形式，并在模式识别中作为特征使用[Kuhl 82, Lin 87]。文献[Pers 77, Taxt 90]中比较研究了手写字符识别情形下许多基于傅里叶的不变特征。

另一种方法是由边界曲率函数 $k(t)$生成傅里叶描述子，其中 $k(t)$定义为

$$k(t) = \frac{\mathrm{d}\theta(t)}{\mathrm{d}t}$$

式中，$\theta(t)$是到原点的距离为 t 的点的正切角［见图 7.10(b)］，原点在图中记为“o”。这种描述的依据是高斯定理，高斯定理称，每个曲率函数都只对应于空间中的一条曲线（除了曲线在空间中

的位置）。这种描述的优点源自其缩放不变性。如果使用某点和曲线原点之间的像素数量 n 来度量边界的长度，那么边界的曲率可以近似为

$$\begin{aligned}\theta_n &= \arctan\frac{y_{n+1}-y_n}{x_{n+1}-x_n}, \quad n=0,1,\cdots,N-1\\ k_n &= \theta_{n+1}-\theta_n, \quad\quad\quad n=0,1,\cdots,N-1\end{aligned} \tag{7.44}$$

前几章中说过，我们可以使用小波系数代替傅里叶描述子。然而，如此处指出的那样，定义不变小波描述子并不简单，必须采用间接方法来得到不变性。

7.3.2 链码

链码是描述边界形状的常用技术之一。在文献[Free 61]中，边界曲线由许多预选方向和长度的直线段近似。每段直线都由依赖于其方向的某个特定编码数字编码。

图 7.11 中给出了我们在实际工作中经常遇到的两种选择。采用这种方法，创建一个链码$[d_i]$，其中 d_i 是在顺时针扫描边界时，连接边界像素(x_i, y_i)和(x_{i+1}, y_{i+1})的线段的方向编码数字。这种描述的缺点是，得到的链码通常很长，同时对噪声敏感。由于噪声，这会得到变化的链码，因此不一定是边界曲线。一种解决办法是选择更大尺寸的网络来重新采样边界曲线。在网格中的每个方框内，对所有点都赋方框中心的值。在图 7.12(a)中，沿较大采样网格显示了原始样本；图 7.12(b)是重采样后的版本。顺序连接这些像素点，就形成了链码，如图 7.12(c)所示。如果考虑将网格的边长作为基本测量单位，那么对于编码后的偶数方向 0, 2, 4, 6，对应直线段的长度为 1；对于编码后的奇数方向 1, 3, 5, 7，对应直线段的长度为 $\sqrt{2}$（根据勾股定理）。对于图 7.12(b)中在 8 个可能方向进行编码的情形，得到的链码如图 7.12(c)所示。这个数字序列构成了由许多形状相关特征组成的脊柱。例如，两种可能性如下[Lai 81, Mahm 94]。

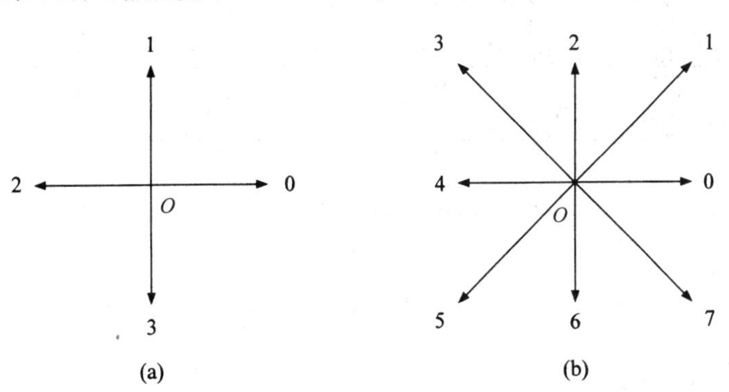

图 7.11　(a) 4 方向链码的方向；(b) 8 方向链码的方向

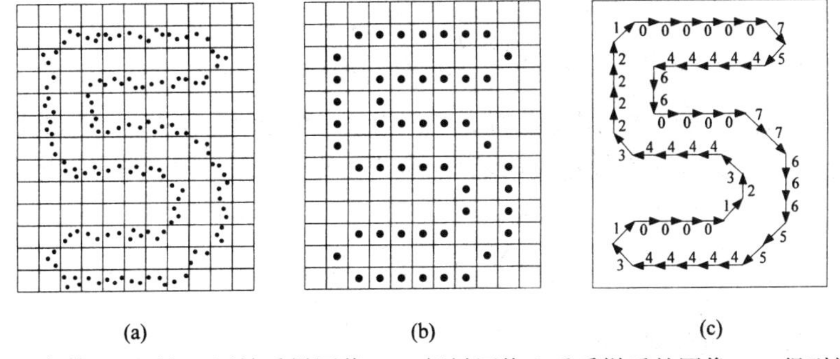

图 7.12　字符“5”的(a)原始采样图像；(b)粗糙网络上重采样后的图像；(c)得到的链码

方向和方向长度特征

对每个方向，我们计算某个链码数字在链中出现的次数，然后将这个数字除以该链码在边界中出现的总数。对于 8 方向链码方案，这个过程给出 8 个特征（每个方向一个特征）。另一种也给出 8 个特征的方法是，将每个方向的线段总长除以边界的总长。

曲率特征

这些特征量化多边形角点位置的相邻两条边之间的凹外角（小于 180°）和凸外角（大于 180°），其中多边形由直线段构成，边界曲线按顺时针方向扫描。图 7.13 中显示几种可能的情形。例如，连续方向 01, 02, 23, 71 对应于凹外角，连续方向 06, 41, 64, 75 对应于凸外角。每种情形在链码中出现的百分比定义各自的特征。有时根据第一个链码是奇数还是偶数来组合链码对。于是，共生成了 16 个特征，凹情形和凸情形各 8 个特征。

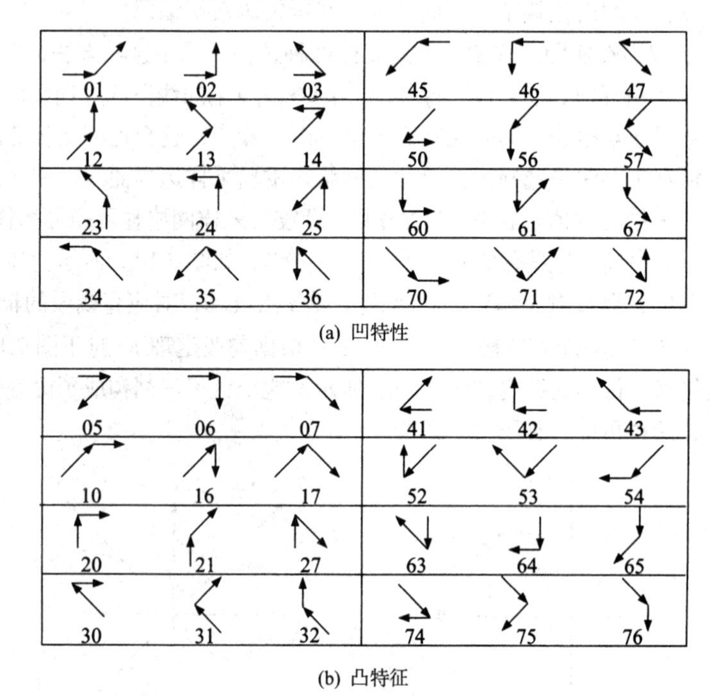

(a) 凹特性

(b) 凸特征

图 7.13　表征边界多边形的曲率特征，其中边界多边形由描述边界的 8 个方向链码得到

7.3.3　基于矩的特征

式(7.21)和式(7.25)中定义了几何矩和中心矩。如果我们在位置 $I(i,j)$考虑序列

$$I(i,j)=\begin{cases}1, & (i,j)\in C\\ 0, & (i,j)\in \text{其他}\end{cases}$$

式中，C 是感兴趣目标内点(i, j)的集合，那么就能得到一种通过矩来描述目标的形状的方法。事实上，在这种情况下，我们只考虑求和（及目标形状）的上下限，而不考虑目标内的细节（即纹理）。因此，我们有

$$m_{pq}=\sum_i\sum_j i^p j^q,\quad (i,j)\in C$$

式中 $m_{00}=N$，即区域内的像素总数。特征

$$\bar{x}=\frac{m_{10}}{m_{00}} \quad 和 \quad \bar{y}=\frac{m_{01}}{m_{00}}$$

定义质心 $(\bar{x},\bar{y})$ 。各自的中心矩变成

$$\mu_{pq}=\sum_i\sum_j(i-\bar{x})^p(j-\bar{y})^q, \quad (i,j)\in C$$

然后依次计算并使用不变矩。与这些矩相关并提供有用判别信息的两个量是方向和偏心率。

1. 方向

$$\theta=\frac{1}{2}\arctan\left[\frac{2\mu_{11}}{\mu_{20}-\mu_{02}}\right]$$

它是具有最小惯性矩的轴和 x 坐标轴之间的夹角（见习题 7.18）。

2. 偏心率

$$\epsilon=\frac{(\mu_{20}-\mu_{02})^2+4\mu_{11}}{面积}$$

偏心率的另一种表示是，目标的边界到质心 $(\bar{x},\bar{y})$ 的最大距离与最小距离之比，也就是 $R_{\max}/R_{\min}$ [见图 7.10(b)]。

7.3.4 几何特征

本节的特征是由目标的形状的几何分布推导出来的。目标的周长 P 和面积 A 是两个广泛使用的特征。如果 $\boldsymbol{x}_i, i=1,2,\cdots,N$ 是边界的样本，那么周长为

$$P=\sum_{i=1}^{N-1}\|\boldsymbol{x}_{i+1}-\boldsymbol{x}_i\|+\|\boldsymbol{x}_N-\boldsymbol{x}_1\|$$

如果将像素的面积作为测量单位，那么计算某个边界包围的面积的一种简单方法是，计算位于目标区域内的像数数量。圆周率是第三个量，它定义为

$$\gamma=\frac{P^2}{4\pi A}$$

与边界的曲率 [由式(7.44)定义] 关联的一个有用特征，是点 n 处的弯曲能量，

$$E(n)=\frac{1}{P}\sum_{i=0}^{n-1}|\boldsymbol{k}_i|^2$$

另一个常用的特征是边界轮廓线中的拐角数量。这些拐角对应于曲率 k_i 取大值（理论上为无穷大）的点。文献[Ghos 97]中使用 Zernike 矩并对各个拓扑图像灰度剖面进行适当的参数模拟，检测了拐角和其他的拓扑特征。

目标区域内部的孔洞数量是另一个有用的量。例如，手写字符识别任务中的大错误率是由分类器难以区分“8”和“0”造成的，因为它们的边界看起来很像。采用合适的算法检测目标内部出现的孔洞数量，可为识别过程提供有用的信息[Lai 81, Mahm 94]。

前面介绍了由边界曲线推导几何特征的方法。然而，几何特征还可由其他方法得到，例如直接由图像区域内的灰度级变化提取。例如，文献[Wang 98]中的几何特征就是直接由图像区域内的灰度级变化提取的。采用这种方法时，可以避免二值化阶段。已在OCR 中广泛使用的另一种方法是，对细化后的二值化字符进行处理。

图 7.14 举例说明了这个过程。图 7.14(b)是对图 7.14(a)中的二值化字符“5”应用细化算法后的结果（如[Pita 94]）。图 7.14(b)中也标出了所谓的关键点。这些关键点可以是字符的一条线与多条线

（笔画）的交点、角点或终点，且这些点可以通过处理邻近像素来计算。例如，为了识别一个终点，可以查看它的 8 个相邻像素。终点只有一个灰度级为 1 的相邻像素，剩下的灰度级为 0。随后，细化后的字符简化成一组连接各个关键点的线段（边），如图 7.14(c)所示。然后，每条边就可使用链码由其方向表征，如边的长短及其与邻边的关系。再后，每个字符就可用一个以编码形式提供信息的矩阵来描述。于是，通过定义适当的代价，就可根据这些编码后的矩阵来进行分类。感兴趣的读者可以查阅文献[Lu 91, Alem 90]找到更多的细节。

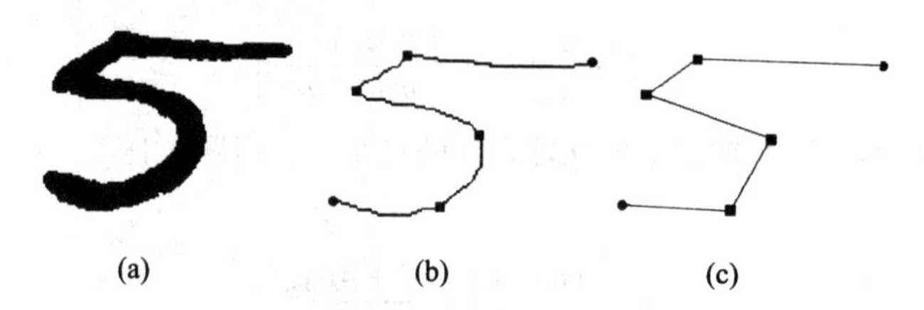

图 7.14 (a) 字符“5”的二值化边界；(b) 带有关键点的细化边界；(c) 带有连接关键点的边的边界

7.4 分形简介

前面说过，20 世纪 80 年代在模式识别应用中引入了两个主要工具——神经网络和小波。同一时期人们还引入了另一个有用的工具——分形和分形维数。本节给出模式识别领域中使用的分形的基本定义与概念。关于分形的详细介绍超出了本书的范围，有兴趣的读者可以查阅文献[Mand 77, Tson 92, Falc 90]。

7.4.1 自相似性和分形维数

考虑图 7.15(a)中长度为 L 的直线段。将 L 分为长度都为 l 的 N 段后，得到的每条线段仍然是直线段，它们的长度缩小了 $m = l/N = 1/N$ 倍。将这些直线段放大相同的倍数后，可以重新生成原始的直线段。我们称这类结构为*自相似的*。如果用边长为 L 的正方形代替直线段［见图 7.15(b)］，那么缩小 $m = 1/N^{1/2}$ 倍后将得到 N 个小正方形，每个小正方形看起来都与原始的正方形相同，并且放大各个小正方形后会得到原始的正方形。对于所有维数，这个结论也成立，即 D 维立方体的每条边缩小 $m = 1/N^{1/D}, D = 1, 2, \cdots$ 倍后，会得到 N 个类似的小立方体。也就是说，欧氏维数 D 直接与缩小倍数和得到的自相似结构的数量 N 相关。于是，我们可以写出

$$N = \left(\frac{L}{l}\right)^D \equiv m^{-D} \tag{7.45}$$

如果现在使用缩小后的结构的长度 l（面积 l^2、体积 l^3 等）作为度量单位来测量原始线段（超立方体）的长度（面积、体积等），那么结果将与度量单位的大小 l 无关。事实上，得到的度量性质（长度、面积等）是

$$\boldsymbol{M} = N(l)l^D \tag{7.46}$$

式中，$N(l)$是涵盖待测量曲线（面积等）的结构数量，l 是度量单位的大小。联立式(7.45)和式(7.46)得到矩阵 $\boldsymbol{M}$，对相同的结构来说 $\boldsymbol{M}$ 总是常数（L^D），且它与所选的度量单位的大小 l 无关。

下面介绍一些更有趣的结构，如图 7.15(d)中的结构。图 7.15(d)中的曲线是由图 7.15(c)中的直线段（称为*初始元*）按如下方式得到的：(a) 将线段 3 等分，(b) 用一个等边三角形的两条边代替中间的线段，其中等边三角形的边长等于缩短线段的长度。然后，对图 7.15(d)中的每条直线段重

复上述过程，直到得到图 7.15(e)中的结果。无限地持续这个过程，得到的极限曲线就是所谓的科赫曲线[Mand 77]。这样的曲线是处处连续的，但不是可微的。观察发现在每步迭代中，缩小 3 倍后，得到的结构将是下次迭代所得结构的一部分。因此，曲线具有自相似结构。下面我们测量曲线的长度。使用 $l = L/3$ 作为度量单位［见图 7.15(d)］时，测量得到的长度是 4。使用 $l = L/3^2$ 作为度量单位时［见图 7.15(e)］，测量得到的长度为 4^2。不难看出，随着度量单位的减小，测量结果递增，且在度量单位趋于零时，测量结果趋于无穷大。也就是说，曲线的长度不仅依赖于曲线本身，而且依赖于所用的度量单位。这个奇怪的结果是由"不公平的"测量过程导致的。事实上，在科赫曲线情形下，缩小 3 倍将得到 4 个相似的结构。相比之下，在直线段的情形下，缩小 $m = 1/N$ 倍将得到 N 个相似的结构。在高维欧氏空间中，缩小 $m = N^{-1/D}$ 倍将得到 N 个相似的结构。测量过程涉及数字 N、缩小后的边长 l 和欧氏维数 D，如式(7.46)所示。根据这一讨论，可以看出欧氏维数也可视为比值 $\ln N/-\ln m = D$。下面从这一观察开始，定义普通自相似结构的相似性维数为

$$D = \frac{\ln N}{-\ln m} \tag{7.47}$$

式中，N 是缩小 m 倍后所得相似结构的数量。对于超立方体结构，相似性维数是各自的欧氏维数，它是一个整数。相比之下，科赫曲线的相似性维数 $D = \ln 4/-\ln(\frac{1}{3})$ 是一个分数，我们称这样的结构为分形，称对应的相似性维数为分形维数。测量分形结构时，我们采用式(7.46)，并使用对应的分形维数代替 D。现在，测量过程的结果与度量单位 l 无关。事实上，容易看出，使用式(7.47)中的定义时，对于 $m = l/L$，式(7.46)将得到一个常量 $M = L^D$。因此，使用相似性维数可以一致地描述这类自相似结构的度量性质。对于维数的深入介绍和其他定义，有兴趣的读者可以查阅更专业的教材[Falc 90]。

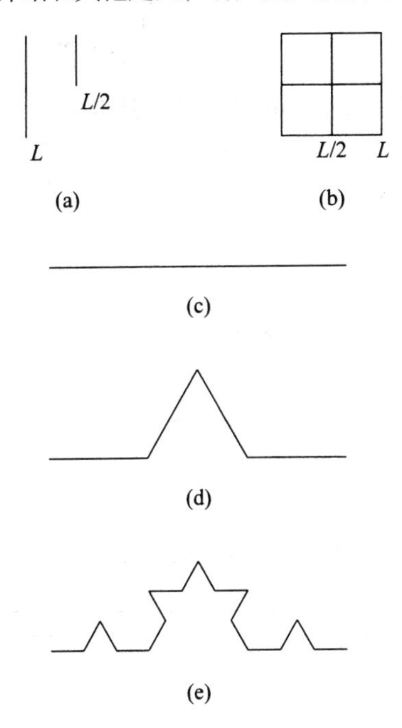

图 7.15　自相似结构：(a) 直线段；(b) 正方形；(c) ~ (e) 生成科赫曲线的三个阶段

7.4.2　分形布朗运动

本章主要描述信号和图像的统计性质，以及采用这些性质为分类提出丰富的特征信息（如共

生矩阵、AR 模型）的方法。本节重点介绍自相似性是否能够扩展到随机过程，以及能扩展到随机过程时的用途。在前一节中，“相似性”是指曲线的形状。从统计学的观点来看，它的意义不大，而使用“相似统计性质”来解释相似性似乎更为可取，如均值、标准差等。事实上，可以证明随机过程在缩放下是自相似的。此外，这类过程可以充分模拟实际工作中遇到的许多情况。

设$\eta(n)$是方差$\sigma_\eta^2=1$的白（高斯）噪声序列。定义为

$$x(n)=\sum_{i=1}^{n}\eta(i)$$

的过程称为随机游走序列，它属于更一般的随机过程——布朗运动[Papo 91, p. 350]。可以看出

$$E[x(n)]=0$$

并且它的方差是

$$E[x^2(n)]=n\sigma_\eta^2$$

由于方差是随时间变化的，所以这个过程是非平稳的。上述结果的一个直接推广为

$$E[\Delta^2 x(n)]\equiv E[(x(n+n_0)-x(n_0))^2]=n\sigma_\eta^2 \tag{7.48}$$

式中，按照定义，$\Delta x(n)$是一个增量序列。缩放时间轴 m 倍后得到

$$E[\Delta^2 x(mn)]\equiv E[(x(mn+n_0)-x(n_0))^2]=mn\sigma_\eta^2 \tag{7.49}$$

因此，如果增量序列要在缩放后保持同样的方差，则其缩放倍数应为$\sqrt{m}$。此外，容易看出，增量序列和缩放后的序列服从高斯分布（如文献[Falc 90]）。回顾高斯过程完全由它们的均值和方差规定可知，$x(n)$的增量$\Delta x(n)$在

$$\Delta x(n) \quad 和 \quad \frac{1}{\sqrt{m}}\Delta x(mn) \tag{7.50}$$

由相同的概率密度函数描述（对任何n_0和m）时，是统计自相似的。图 7.16 中显示了$m=1, 3, 6$时经缩放后的随机游走增量曲线。观察发现，它们看起来确实很像。对坐标$(\Delta x, n)$使用不同的缩放后，这样的曲线也称统计自仿射的。

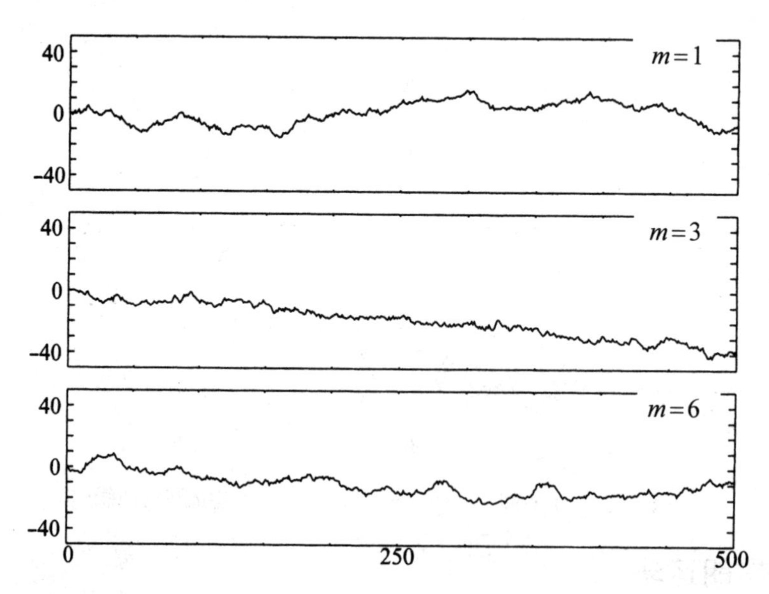

图 7.16　随机游走（$m=1$）序列及其两个自仿射序列的时变图形，它们看起来很像

随机游走布朗运动是分形布朗运动（fractional Brownian motion，fBm）序列的一个特例，详见文献[Mand 68]。这类过程的增量的方差是

$$E[\Delta^2 x] \propto (\Delta n)^{2H} \tag{7.51}$$

式中，$0 < H < 1$，$\Delta n \equiv n - n_0$，$\propto$表示成比例。参数 H 也称 Hurst 参数。类似于布朗运动的情形，此类过程的增量在过程

$$\Delta x(n) \quad 和 \quad \frac{1}{m^H}\Delta x(mn)$$

由相同的概率密度函数描述时，也是统计自仿射的。参数 H 与增量-时间图形的视觉平滑度或粗糙度相关。这就是式(7.51)的含义。下面从对应于增量方差σ^2的最大间隔Δn 开始。随后，我们将这个间隔一分为二，即分成两个间隔$\Delta n/2$。各自的方差按因子$(1/2)^{2H}$减小。继续这个过程。每次我们都将间隔Δn 一分为二，并研究时间上接近的点之间的增量。H 的值越大，这些点之间的增量的方差减小得越快，曲线越平滑。$H = 0$ 时，增量方差为常数且与Δn 无关。这个过程不是fBm，而对应于一个白噪声平稳过程，邻近时刻之间无依赖性。因此，它具有最不稳定的性质，它的图形也是最粗糙的。观察发现，参数 H 可用作此类曲线的"平滑度"的度量。改变 H，我们可以得到平滑度变化的曲线[Saup 91]。事实上，图 7.17 中验证了 $H = 0.8$ 的曲线要比 $H = 0.2$ 的曲线平滑，且两者都要比顶部的白噪声序列的曲线平滑。类似于前一节的分形曲线，我们也可由 fBm 过程得到的曲线来定义维数。可以证明[Falc 90, p. 246]，参数为 H 的 fBm 过程对应于分形维数为 $2 - H$ 的曲线。一般来说，如果 l 是图形的自由参数的数量，那么对应的分形维数是 $l + 1 - H$。对于图 7.17 中的图形，$l = 1$；对于图像，$l = 2$。

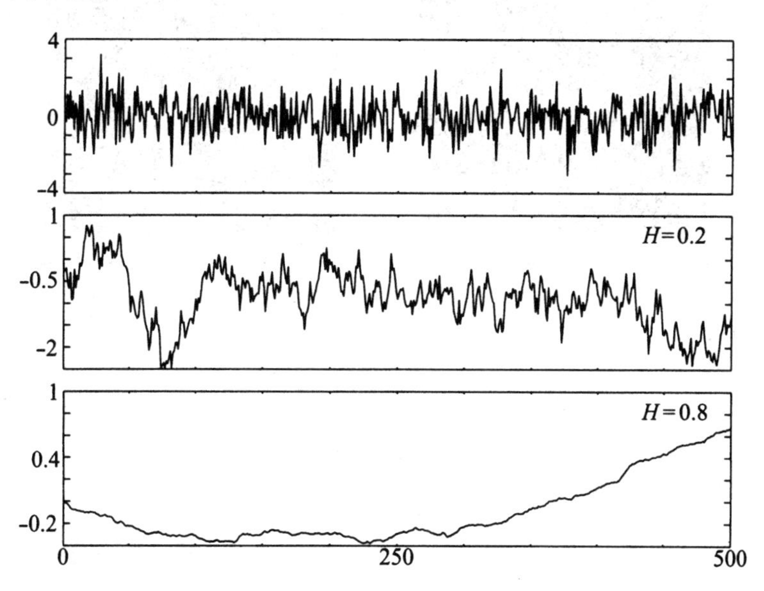

图 7.17　白噪声序列（上）和具有不同 Hurst 参数 H 的两个 fBm 过程的时变图形。H 值越小，图形的外观越粗糙

现在的问题是，我们如何在模式识别中使用这些知识。术语平滑度和粗糙度通常与参数 H 一起使用，等同于 fBm 过程的维数 D。另一方面，在为纹理分类生成特征时，术语"平滑度"和"粗糙度"非常重要。如果我们能够将图像的灰度级序列描述为一个 fBm 过程，那么对应的分形维数

就可用作纹理分类的潜在特征。文献[Pent 84]中声称在许多情形下这是正确的。使用文献[Brod 66]中的许多纹理图像及风景图像，就会发现它们中的大部分都表现出了 fBm 性质。通过为各个相对像素距离Δn 构建灰度级差值（增量）的直方图，很容易验证上述情况。业已证明，对每个Δn，对应的直方图接近中心为零的高斯概率密度函数。此外，类高斯直方图的宽度对不同的相对像素距离Δn是不同的。Δn越大，直方图越宽。然而，我们知道高斯直方图的宽度直接依赖于其方差。方差-相对像素距离函数曲线表明，灰度过程的基本 fBm 性质与度量的相对距离之比至少应大于 10:1。参数 H 或等价的分形维数 D 已被人们成功地用于区分图像中的不同纹理区域。根据式(7.51)中的定义，我们可以估计 H。取对数得

$$\ln E[\Delta^2 x] = \ln c + 2H \ln \Delta n$$

式中，c 是比例常数，Δx 是相对距离$\Delta n = 1, 2,\cdots$位置的像素之间的灰度级。显然，当$\Delta n = 1$ 时有 $c = E[\Delta^2 x]$。对于每个像素距离Δn，对应的平均值$\Delta^2 x$ 是在感兴趣图像窗上计算的。得到的点$(E[\Delta^2 x], \Delta n)$已画在二维对数图形中。然后，采用最小二乘线性回归技术拟合了一条过这些点的直线，参数 H 等于这条直线的斜率。这也是对这个基本过程的分形性质的验证。如果得到的点不位于一条直线上，那么分形模型的假设是无效的。图 7.18 中为两幅图像演示了这个过程，右侧的图像是人工生成的分形图像，其参数 $H = 0.76$。对数图形中标准差与Δx 的最小二乘拟合结果是一条斜率为 0.76 的直线。左侧的图像来自文献[Brod 66]，观察发现得到的最小二乘拟合是合理的，说明图像大致具有分形性质。斜率现在变为 $H = 0.27$。小 H 值说明后一幅图像要比前一幅图像粗糙。

图 7.18 对应于增量标准差（垂直轴）-相对距离（水平轴）对数图形的图像示例

计算Hurst参数的前述方法不是唯一的，人们还提出了许多其他的方法。其中的一种方法基于基本 fBm 过程的小波分析。小波分析中使用的基序列（函数）是母序列（函数）经缩放和平移后的序列。这种尺度不变的基本运动是与 fBm 过程相关联的，因为后者的统计性质是尺度不变的[Flan 92]。业已证明，在给定的分辨级别 i，fBm 过程的小波系数形成一个平稳序列，并与 $2^{-i(2H+1)}$成比例变化，

详见文献[Worn 96]。这样，我们就得到了一种估计相关Hurst参数的简单方法。其他估计分形维数的方法包括盒计数法和变分法 [Huan 94, Kell 87]、最大似然估计法[Lund 86, Deri 93, Fieg 96]、形态覆盖法[Mara 93]、频域法[Gewe 83]和分形插值函数模型[Penn 97]。

许多应用中采用了分形模型，并将分形维数 D 作为分类的特征[Chen 89, Lund 86, Rich 95]。然而，这种方法也有缺点。事实上，不同的纹理可能会导致相同的分形维数，因此限制了这种方法的分类性能。另一个缺点是，在实际工作中，物理过程会在某个而非所有范围内保持其分形性质。因此，当我们从一个尺度范围进入另一个尺度范围时，分形维数可能会变化[Pent 84, Pele 84]，且使用单个Hurst参数无法充分建模。为了克服这些缺点，人们提出了许多解决方案。多分形布朗运动(multifractional Brownian motion, mBm)是参数为 H 的 fBm 过程的扩展，它允许分形维数变化，见文献[Ayac 00]。采用所谓的结构函数，可以扩展式(7.51)中的自相似过程，它更依赖于Δn[Kapl 94]。关于这些问题的详细介绍，感兴趣的读者可查阅文献[Bass 92, Ardu 92, Kapl 95, Kapl 99, Pesq 02]。文献[Ohan 92, Ojal 96]中比较研究了不同的纹理特征，包括分形建模技术。

7.5　语音和声音分类的典型特征

前言中说过，语音识别是模式识别的主要应用领域之一，且市面上出现了许多实用的语音识别系统。声音分类和识别近年来受到了人们的极大关注。多媒体数据库领域也出现了大量的商业应用。自动索引工具、智能浏览器和基于内容检索能力的搜索引擎等，都是当前的研究热点。基于视觉信息和声音信号的视听数据分割与索引，极大地提高了分类性能。例如，与只基于视觉信息的系统相比，使用与射击和爆炸相关联的声音信息对枪战场景的视频信号进行分类，无疑会提高分类器的性能。

对音乐数据库进行基于内容的检索是当前研究的另一个热点。在不远的将来，网络上可能会出现人类历史上记录的大量的音乐。自动音乐分析将是方便内容分发的主要服务之一。自动音乐类型分类（按歌曲的曲调或歌曲的片段查询音乐数据库）是供应商在此类系统中非常愿意向受众提供的服务示例。关于这些问题的详细讨论，感兴趣的读者可查阅文献[Wold 96, Wang 00, Zhan 01, Pikr 03, Pikr 06, Pikr 08, Frag 01, Clau 04]。

本节重点介绍如何生成语音识别和声音分类/识别中的一些典型与常用特征。然而，我们要记住特征生成是与具体的分类任务密切关联的，设计者只有结合关于具体任务的想象与知识，才能生成有用的特征。

7.5.1　信号的短时处理

语音和声音信号是统计非平稳的，即它们的统计性质随时间变化。能够绕过这个问题并使用仅对平移信号有意义的已有分析工具（如傅里叶变换）的一种方法是，将时间信号分成一系列连续的帧，每帧都包含有限数量 N 的样本。在一帧的时间间隔内，假设信号是“相当平稳的”。这类信号也称准平稳信号。图 7.19 中显示了一段信号和 3 个连续帧。每帧都包含 $N = 20$ 个样本，相邻帧之间重叠 5 个样本。帧长 N 的选择有一些技巧，取决于具体的任务。首先，每帧必须长到分析方法具有足够的“数据资源”来构建所需的信息。例如，如果要估计一个周期信号的周期，那么每帧中的样本数必须大到足以显示信号的周期性。当然，这取决于周期的值。短周期需要的样本数可能不多，但长周期需要很多样本。其次，为了使得结果有意义，N 必须短到足以保证信号在每帧的时间尺度内是近似平稳的。对采样率为 $f_s = 10\text{kHz}$ 语音信号，合理的帧大小是 100 ~

200 个样本，它对应于 10 ~ 20ms 的持续时间。对采样率为 44.1kHz 音乐信号来说，合理的帧大小是 2048 ~ 4096 个样本，它对应于 45 ~ 95ms 的持续时间。

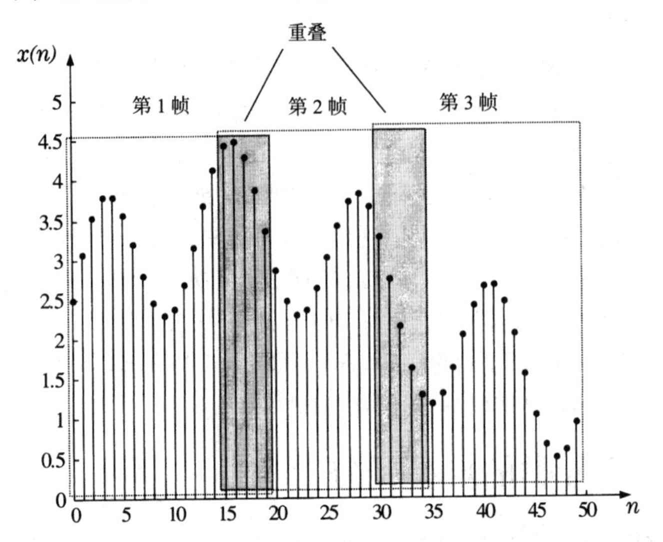

图 7.19 3 个连续的帧，每帧的长度都是 $N = 20$ 个样本，相邻帧之间重叠 5 个样本

从数学公式的观点来看，将时间信号分成一系列连续的帧，等同于将信号段乘以长为 N 的一个窗序列 $w(n)$。最简单的窗序列是矩形窗，它定义为

$$w(n) = \begin{cases} 1, & 0 \leqslant n \leqslant N-1 \\ 0, & \text{其他} \end{cases}$$

对不同的帧，要将矩形窗移至时间轴上的不同点 m_i。因此，若 $x(n)$表示信号序列，则第 i 帧的样本可以写为

$$x_i(n) = x(n + m_i)w(n)$$

式中，m_i是与第 i 帧关联的对应窗移。这意味着，除对应于原始信号样本 $x(n)$，$n \in [m_i, m_i + N - 1]$ 的时刻 $n = 0,\cdots, N-1$ 外，第 i 个帧中的所有样本都是 0。图 7.20 中说明了这个过程。由傅里叶变换理论基础可知，当我们在时域中将一个序列乘以一个窗时，序列与窗的傅里叶变换的卷积将平滑序列。使用不同的窗，可以使得这种平滑作用最小，甚至减小为 0。常用的是汉明窗，它定义为

$$w(n) = \begin{cases} 0.54 - 0.46\cos\left(\frac{2\pi n}{N-1}\right), & 0 \leqslant n \leqslant N-1 \\ 0, & \text{其他} \end{cases}$$

关于这些问题的讨论，详见文献[Rabi 78, Dell 00]。

例如，假设我们已将一个语音段分成了 I 个帧，每帧的长度都是 N。于是，对于 $i = 1, 2,\cdots, I$ 的每帧，我们将离散傅里叶变换（DFT）计算为

$$X_i(m) = \sum_{n=0}^{N-1} x_i(n)\exp\left(-\mathrm{j}\frac{2\pi}{N}mn\right), \quad m = 0, 1, \cdots, N-1$$

我们通常称这种离散傅里叶变换为短时离散傅里叶变换。注意，这个定义暗含了大量理论和有趣的实现问题（但我们对这个问题不感兴趣，也不深入研究这个问题）。从每帧选择 $l \leqslant N$ 个离散傅里叶变换系数，就可构建一系列特征向量：

$$\boldsymbol{x}_i = \begin{bmatrix} X_i(0) \\ X_i(1) \\ \vdots \\ X_i(l) \end{bmatrix}, \quad i = 1, 2, \cdots, I \tag{7.52}$$

因此，感兴趣的模式（即语音段）不由一个特征向量表示，而由系列特征向量表示。第 8 章和第 9 章中将介绍如何解决这个问题。

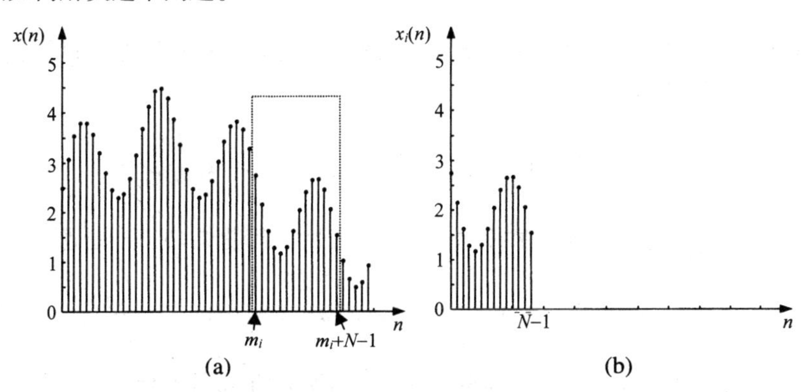

图 7.20　信号段：(a) 得到的帧；(b) 使用长为 14 个样本的窗且平移 m_i 后的信号段

自相关序列是另一个非常重要的统计量，它也是为平稳过程定义的。回顾 7.2.4 节可知，若 $x(n)$是一个平稳过程，则自相关序列定义为

$$r(k) = E[x(n)x(n-k)] = E[x(n)x(n+k)] = r(-k) \tag{7.53}$$

换句话说，它是 $x(n)$与其平移序列 $x(n \pm k)$的乘积的期望。在实际工作中，期望由下式求出：

$$r(k) = \frac{1}{2N+1} \sum_{n=-N}^{N} x(n)x(n+k)$$

在遍历性假设下，当 N 趋于无穷时，$r(k)$趋于真值。对于准平稳过程，为每帧定义的短时自相关序列 $r_i(k)$是

$$r_i(k) = \frac{1}{N} \sum_{n=0}^{N-1-|k|} x_i(n)x_i(n+|k|) \tag{7.54}$$

式中，$|\cdot|$是绝对值算子。求和的上下限表明，由于帧的有限持续时间 N，乘积 $x_i(n)x_i(n+|k|)$在区间$[0, N-1-|k|]$之外恒为零。这个定义与式(7.53)中的定义一致，也就是说，对于平稳过程 $r_i(k)$，当帧长 $N \to \infty$时，它是自相关序列的渐近无偏估计。事实上，若把 $r_i(k)$视为 $r(k)$的估计，则它在不同实现下的均值是

$$E[r_i(k)] = \frac{N-|k|}{N} r(k) \tag{7.55}$$

因此，对于有限的帧长 N，式(7.54)得到 $r(k)$的有偏估计。然而，相对于 N 的小滞后值 k，偏差是小的。另一方面，当 k 值接近 N 时，我们希望 $r_i(k)$值接近零，这已在实际工作中得到验证。为了弥补这一不足，人们提出了短时自相关序列的其他定义，详见文献[Rabi 78]。从可计算的观点来看，式(7.54)中的定义的另一个重要性质是，对应的（短时）自相关序列矩阵保留了计算上的对称性和托普利兹结构（见 7.2.4 节）。

7.5.2 倒谱

设 $x(0), x(1),\cdots, x(N-1)$是当前数据帧的样本（为便于说时，去掉了下标 i）。数据的有限长度序列的傅里叶变换（FT）定义为周期复函数

$$X(\omega)=\sum_{n=0}^{N-1} x(n)\exp(-\mathrm{j}\omega Tn) \tag{7.56}$$

它在频域中的周期是 $2\pi/T$，其中 T 是采样周期。根据信号处理的基本理论（如文献[Proa 92]和第 6 章）可知，DFT 变换的系数

$$X(m)=\sum_{n=0}^{N-1} x(n)\exp\left(-\mathrm{j}\frac{2\pi}{N}mn\right),\quad m=0,1,\cdots,N-1 \tag{7.57}$$

是 FT 在频点 $0,\frac{2\pi}{NT},\cdots,\frac{2\pi}{NT}(N-1)$ 所取的样本。不失一般性，假设 $T=1$，于是逆 FT 定义为

$$x(n)=\frac{1}{2\pi}\int_{-\pi}^{\pi} X(\omega)\exp(\mathrm{j}\omega n)\,\mathrm{d}\omega,\quad n=0,1,\cdots,N-1 \tag{7.58}$$

也就是说，得到的样本等于原始序列的样本，且等于由逆 DFT 得到的样本。也就是说，

$$x(n)=\frac{1}{N}\sum_{m=0}^{N-1} X(m)\exp\left(\mathrm{j}\frac{2\pi}{N}mn\right),\quad n=0,1,\cdots,N-1 \tag{7.59}$$

序列 $x(n)$的倒谱 $c(n)$，是由该序列的 FT 的幅值的对数的逆 FT 序列得到的序列。也就是说，

$$c(n)=\frac{1}{2\pi}\int_{-\pi}^{\pi} \lg|X(\omega)|\exp(\mathrm{j}\omega n)\,\mathrm{d}\omega \tag{7.60}$$

虽然使用的以 10 为底的对数，但是也可使用以任何数为底的对数。观察倒谱系数 $c(n)$的另一种方法如下。由于 FT 函数 $X(\omega)$是 ω 的周期函数，周期为 2π，因此函数 $\lg|X(\omega)|$也是周期为 2π的周期函数。因此，$\lg|X(\omega)|$的傅里叶级数展开式为

$$\lg|X(\omega)|=\sum_{n=-\infty}^{\infty} c(n)\exp\left(-\mathrm{j}\omega\frac{2\pi}{2\pi}n\right)=\sum_{n=-\infty}^{\infty} c(n)\exp(-\mathrm{j}\omega n) \tag{7.61}$$

因此，式(7.60)是给出式(7.61)中傅里叶级数展开式的系数的公式。然而，函数 $\lg|X(\omega)|$是在频域而非时域定义的，它的傅里叶变换域被称为半频域，且各自的傅里叶级数的系数 $c(n)$被称为倒谱系数。这提醒我们，原始的变换后的函数位于频域中。此外，所有的傅里叶变换/级数性质仍然成立。因为 $\lg|X(\omega)|$是一个实偶函数（对实数序列 $x(n)$，$|X(\omega)|$是偶函数），所以倒谱系数是实偶的。也就是说，

$$c^*(n)=c(n)=c(-n)$$

从类别判别的观点看，倒谱系数具有非常好的信息压缩性质，对语音识别和声音分类任务来说都是常用的特征[Rabi 93, Tzan 02]。

倒谱系数的计算是由 $X(\omega)$的 DFT（使用 FFT）实现的。然而，这一计算不像求 $X(\omega)$那样简单。前面说过，$X(\omega)$和 $X(m)$的逆变换是一致的［见式(7.58)和式(7.59)］。这是因为在频域中，输入序列的有限长度 N、采样周期 ω_s 要根据奈奎斯特准则 $\omega_s=\frac{2\pi}{N}$ 来选择。这不是使用倒谱系数的情形。使用 $\lg|X(m)|$, $m=0, 1,\cdots, N-1$，取逆 DFT 得

$$\hat{c}(n)=\frac{1}{N}\sum_{m=0}^{N-1}\lg|X(m)|\exp\left(\mathrm{j}\frac{2\pi}{N}mn\right),\quad n=0,1,\cdots,N-1 \tag{7.62}$$

式中，$\hat{c}(n)$ 和 $c(n)$的关系是

$$\hat{c}(n)=\sum_{r=-\infty}^{\infty}c(n+rN) \tag{7.63}$$

对于熟悉基本数字信号处理的读者来说，这个关系式显然成立。序列 $c(n)$不是有限长的，以采样周期 $\frac{2\pi}{N}$ 对 $\mathrm{FT}(C(\omega)\equiv\lg|X(\omega)|)$ 采样不满足奈奎斯特准则。因此，取逆 DFT［见式(7.62)］将得到混叠的结果，即每隔 N 个样本周期性地重复序列 $c(n)$，如式(7.63)所示，这类例子可以参阅文献[Proa 92]。在实际工作上，如果在帧的末尾添加 $M-N$ 个 0，将帧长从 N 扩展到 M，那么可以使得混叠效应最小。也就是说，

$$x(n):\ x(0),\cdots,x(N-1),x(N)=0,\cdots,x(M-1)=0 \tag{7.64}$$

这些 0 对 FT $X(\omega)$没有影响。然而，DFT 长度现在是 M（对应于每隔 $\frac{2\pi}{N}$ 个频点采样 FT），它会使得式(7.63)中的固有重复周期为 M。倒谱系数相对于重复周期 M 衰减得足够快时，可以假设 $\hat{c}(n)\approx c(n), n=0,1,\cdots,N-1$，因为式(7.63)中的连续重复现在基本上没有重叠。在实际工作中，至少需要 512 个或 1024 个 0。关于倒谱的更多信息，有兴趣的读者可查阅文献[Rabi 78, Dell 00]。

总之，获得 $x_i(n), n=0,1,\cdots,N-1$ 的倒谱系数的计算步骤如下。

- 在帧尾添加 $M-N$ 个 0 来扩展帧长。
- 得到扩展帧的长为 M 的 DFT。
- 计算 DFT 系数的幅值的对数。
- 计算长为 M 的逆 DFT。

得到的系数是序列 $x_i(n)$的（近似）倒谱系数。

7.5.3　梅尔倒谱

人们经常从心理生理学的角度来研究人类的声音感知。实验表明，对纯音的频率内容的感知不是线性尺度的。这就导致了将声学频率内容映射为线性“感知”频率尺度的想法。这类映射的一个常用近似被称为梅尔尺度[Pico 93, Rabi 93]：

$$f_{\mathrm{mel}}=2595\lg 10(1+f/700.0) \tag{7.65}$$

式(7.65)表明，实际频率 1kHz 被映射为 1000 梅尔单位。图 7.21 中显示了式(7.65)的图形，可以看出从 0Hz 到 1000Hz 的映射是近似线性的，1000Hz 以上的映射是对数的。例如，由式(7.65)可知，纯音的感知频率在 10kHz 处近似为 3000 梅尔单位。也就是说，频率每增大 10 倍，感知频率就增大 3 倍。

另一个心理声学现象是，听觉系统能够感知构成复杂声音的不同音调之间的频率差。业已证明，如果音调位于声音中心频率周围的某个带宽范围内，那么我们无法区分不同的音调。我们称这个带宽为临界带宽[Pico 93, Rabi 93]。此外，如果复杂声音的带宽小于围绕其中心频率的临界带宽，那么人耳会将其感知为临界带宽的中心位置的单音，且其响度等于各个音调的响度的加权平均。频率 f 周围的临界带宽可以近似为

$$\mathrm{BW}_{\mathrm{critical}}=25+75[1+1.4(f/1000)^2]^{0.69} \tag{7.66}$$

上式的图形表明，临界带宽在 1kHz 频率以下大致是线性的，在 1kHz 频率以上呈对数增长。

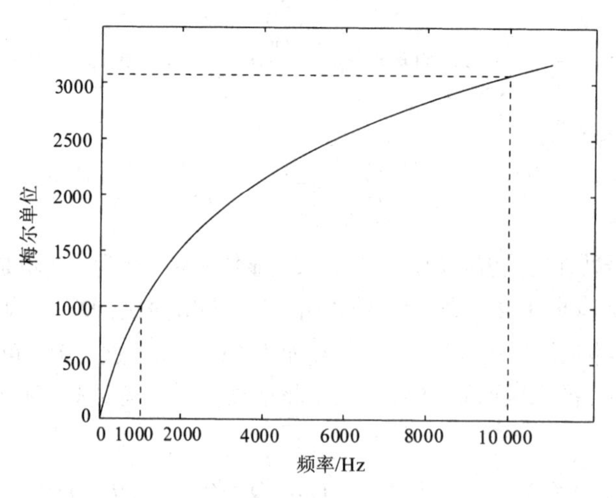

图 7.21 主观感知的音高（单位为梅尔）是被测频率的函数

为了生成富含信息的特征，我们试图模仿自然，采用听觉系统感知和识别声音的方法来“操纵”声音的频率内容。为此，我们采用如下步骤。

- 采用 DFT，分析长为 N 的声音段。前面说过，我们要在帧末添加一些零，并用 M 表示扩展后的样本数。如果采样率是 $f_s = 1/T$，那么每个 DFT 系数 $X(m)$ 都对应一个实频率 mf_s/M。
- 然后，在直至 $f_s/2$ 的频率范围内“分布” L 个临界频带。图 7.22 中给出了一个例子，其中只显示了 $L = 35$ 个频带中的前 17 个频带，频率范围是从 0Hz 到约 3700Hz。每个频带的形状都由强加给频率带宽内的对应频率样本（频率分格）的权重表示。采样率是 $f_s = 44.1$kHz。这些频带在梅尔尺度下是均匀分布的，且它们的带宽选为约 110 梅尔。在频率尺度中，低于 1kHz 时这些频带几乎是均匀间隔的，高于 1kHz 时是对数间隔的。频带的形状选为三角形。一般来说，频带的形状、带宽和数量是设计时要考虑的重要问题，且近年来人们为此提出了多种方法，见文献[Pico 93, Rabi 93, Davi 80]。在我们的例子中，选择了不重叠的频带，但在有些情形下允许连续频带之间存在重叠。

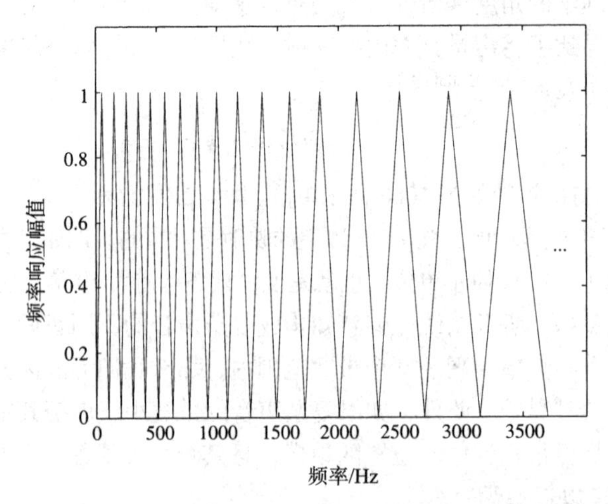

图 7.22 由不重叠三角形带通滤波器组成的临界频带滤波器

- 一般来说，这些频带的中心频率与 DFT 执行的频率量化不重合，因此要移动每个频带，使其中心频率与最近的 DFT 频率分格（mf_s/M）重合。我们用 m_i 表示第 i 个频带的这个（中心）频率分格，$i=1,2,\cdots,L$。

- 对每个频带，计算位于这个频带内的 DFT 系数的幅值的对数的加权平均。也就是说，

$$Y(m_i) \equiv \sum_m \lg|X(m)|H_i\left(\frac{m}{M}f_s\right), \quad i=1,2,\cdots,M \tag{7.67}$$

式中，$H_i(\cdot)$ 是对应的权重。注意，由于每个频带的宽度是有限的，因此对 m 的求和只限于那些落在临界频带带宽范围内的 DFT 系数。

- 定义序列

$$Y(m) = \begin{cases} Y(m_i), & m=m_i, \quad i=1,2,\cdots,L \\ 0, & \text{其他} \end{cases} \tag{7.68}$$

换句话说，在对应频带中心的频率分格位置，这个序列的值是位于频带带宽范围内的频率分格处的 DFT 系数的对数幅度的加权平均，在其他位置是零。我们可将这个新序列视为心理感知的对数幅度频谱，它等于实际测量的频谱。

- 取逆 DFT

$$c_{\text{mel}}(n) = \frac{1}{M}\sum_{m=0}^{M-1} Y(m)\exp\left(\mathrm{j}\frac{2\pi}{M}mn\right), \quad n=0,1,2,\cdots,N-1 \tag{7.69}$$

它们称为梅尔倒谱系数，是语音和声音识别/分类任务中最强大的特征。注意，因为对数幅度 DFT 系数是实的和对称的，因此前面的逆 DFT 也可由余弦变换有效地计算[Proa 92]。

注意，上述定义梅尔倒谱系数的方法只是近年来提出的众多方法之一，更多方法的见文献[Pico 93, Rabi 93, Dell 00]。

7.5.4　频谱特征

设 $x_i(n), n=0,1,\cdots,N-1$ 是第 i 帧的样本，$X_i(m), m=0,1,\cdots,N-1$ 是对应的 DFT 系数。在语音识别和声音分类/识别中，如下特征是常用的，每个特征都提供了不同声学量的信息。

1．频谱质心

$$C(i) = \frac{\sum_{m=0}^{N-1} m|X_i(m)|}{\sum_{m=0}^{N-1}|X_i(m)|}$$

质心是频谱形状的度量。大质心值对应于高频中"更亮的"声学结构，它们在高频位置带有更多的能量。

2．频谱滚降

频频滚降是低于 c%的频率样本 $m_c^R(i)$，而 c%（$c=85$ 或 90）的 DFT 系数的幅度分布通常是集中的。也就是说，对这个频率样本有

$$\sum_{m=0}^{m_c^R(i)} |X_i(m)| = \frac{c}{100}\sum_{m=0}^{N-1}|X_i(m)|$$

这是另一个度量，它指出了大部分频谱能量集中的位置。它是频谱形状偏斜度的度量，右偏斜（更明亮的声音）对应于更大的值。

3. 频谱通量

$$F(i) = \sum_{m=0}^{N-1} (N_i(m) - N_{i-1}(m))^2$$

式中，$N_i(m)$是第 i 帧的 DFT 系数的归一化（除以它的最大值）幅值，是两个连续帧之间局部频谱变化的度量。

4. 基频

语音和声音信号要么是类噪声（如无声的语音段或对应掌声或脚步声的声音段），要么是周期信号。当语音和声音信号是周期信号时，我们讨论谐波信号，以与它们的类噪声信号相区分。乐器生成的声音和有声语音段是谐波信号的例子。谐波声音信号的一个显著特征是它的基频。

在有声语音信号中，基频是声带连续振动的频率，也称信号的音调。男人的基频范围是 80 ~ 120Hz，女人的基频范围是 150 ~ 350Hz。乐器的基频明显不同，有些情形下甚至不出现在频谱中，但人耳可以通过处理由更高谐波提供的信息感知到它。这是一种心理声学现象。心理声学家和音乐家使用术语“音高”来定义人耳感知到的频率，有时它甚至与基频不同。

估计基频不容易，人们提出了估计它的大量技术，见文献[Schr 68, Brow 91, Wu 03, Tolo 00, Klap 03, Goto 04]。图 7.23 是单簧管产生的谐音信号段的 DFT 的（归一化）幅度。帧长是4096 个样本。频谱包括均匀间隔的基频谐波，基频为 230Hz，但在频谱中找不到。注意，经过训练的耳朵倾听这个声音时，会感知到该信号的音高事实上是 230Hz。观察发现，基频的偶数倍和奇数倍现在是以峰值形式出现的（对于该帧，可以证明奇数倍幅值远小于偶数倍幅值）。应用文献[Schr 68]中给出的算法估计基频，得到真实值是 230Hz。这种方法的基本思想是求频谱中所有峰值的最大公因子。

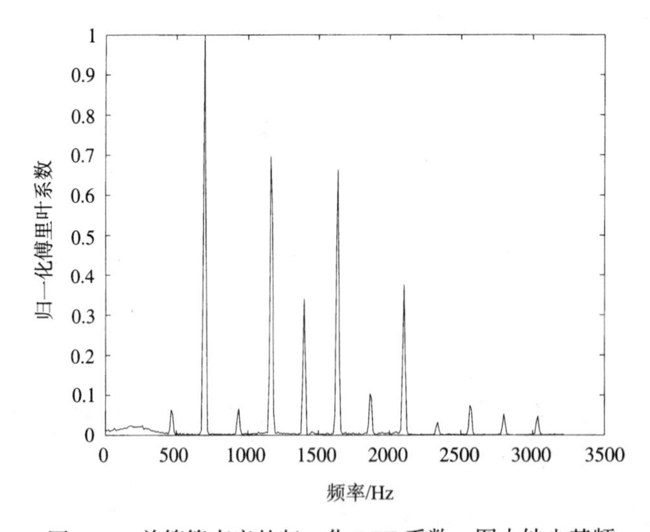

图 7.23　单簧管声音的归一化 DFT 系数，图中缺少基频

7.5.5 时域特征

1. 过零率

过零率定义为

$$Z(i)=\frac{1}{2N}\sum_{n=0}^{N-1}|\mathrm{sgn}[x_i(n)]-\mathrm{sgn}[x_i(n-1)]|$$

式中，

$$\mathrm{sgn}[x_i(n)]=\begin{cases}1, & x_i(n)\geqslant 0\\ -1, & x_i(n)<0\end{cases}$$

它是信号的噪声度的度量。与有声语音信号相比，无声语音信号的过零率更大。不同帧的过零率随时间的变化曲线也可提供关于信号类型的信息。

2. 能量

这个简单的特征定义为

$$E(i)=\frac{1}{N}\sum_{n=0}^{N-1}|x_i(n)|^2$$

我们可以用它区分无声语音信号和有声语音信号，因为无声语音信号的能量远低于有声语音信号的能量。我们还可用它来判别记录中的无声周期，或者用来分割语音信号。

本节讨论的所有特征也称帧级特征。它们提供相对于各个帧的局部信息，目的是捕获短期特性。然而，要提取语义内容信息，我们就需要了解前面提到的长时间尺度下不同帧之间的特征变化。为此，我们可以采用不同的方法来量化这一变化。文献[Tzan 02]中采用均值和方差这两个帧级特征对音乐进行了分类。

除了上述特征，常用的其他特征有小波系数、分形维数、AR 模型和独立成分（ICA）。根据前人对人类感知音高的早期研究，研究人员提出了色度向量法，这种方法使用 12 个元素来表示音乐信号的频谱能量[Bart 05]。向量的元素对应于 12 个传统的音高类别（即 12 个音符）。色度向量可以编码和重现特定音乐信号内的谐波关系。

7.5.6 一个例子

为了说明所述的两个特征的分类能力，下面考虑一个简单的例子。图 7.24 中显示了不同帧的过零率随时间的变化。采样率为 44.1kHz，每帧的帧长都是 1024 个样本，连续帧之间重叠了 512 个样本。对每帧都使用了汉明窗。观察所得图形的噪声外观可知，不同帧的特征值的变化很大。采用基频作为特征时，可以揭示掌声的噪声性质。图 7.25 中显示了不同帧的基频变化。为了跟踪基频，使用了文献[Brow 91]中提出的算法。与前一条录音的噪声性质相比，图 7.26 和图 7.27 中分别显示了一段钢琴录音（选自巴赫的 A 大调《英国组曲》）的过零率和基频随不同帧的变化。用于分析的帧参数与原来的参数相同。观察发现，两条曲线中的噪声现在非常小。不同帧之间的变化非常小，且在曲线的某些点上，两个特征值在较长时段基本保持不变，表明所分析的声音具有“结构化的”谐波性质。

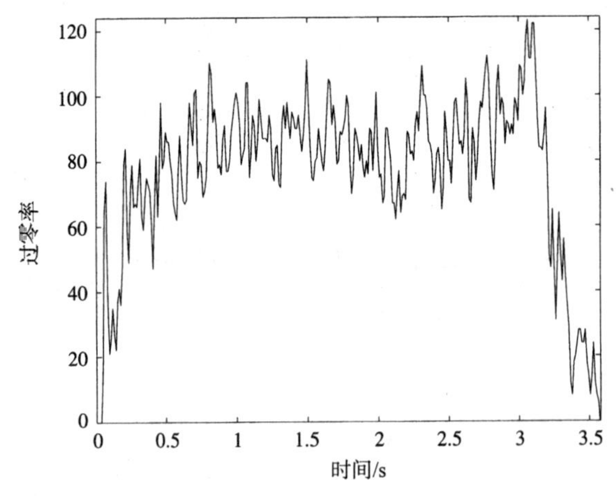

图 7.24　一段掌声录音的过零率，使用汉明移动窗技术

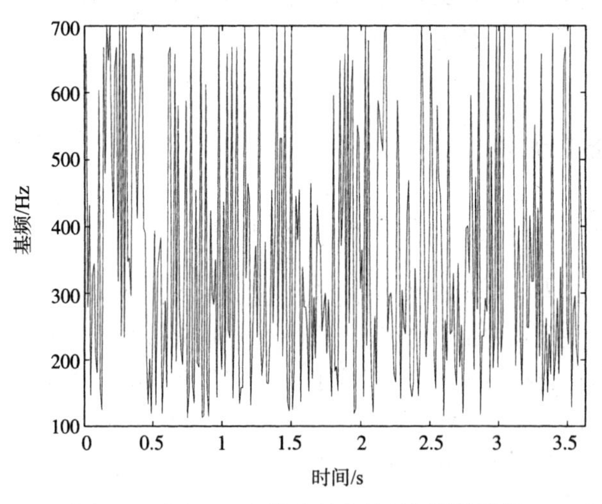

图 7.25　图 7.24 中掌声录音的基频跟踪结果

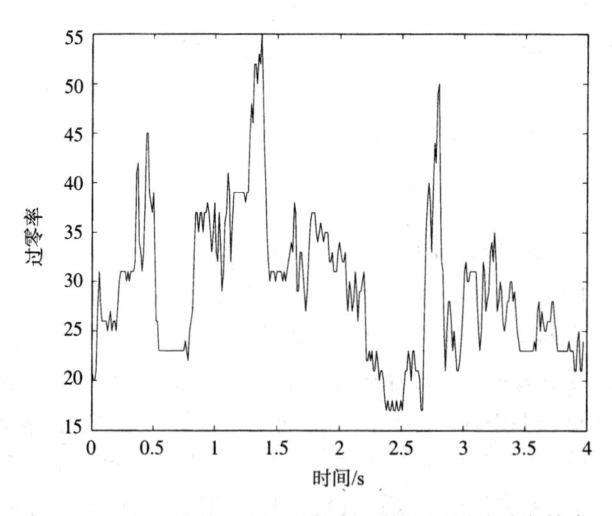

图 7.26　钢琴音乐录音的过零率，使用汉明移动窗技术

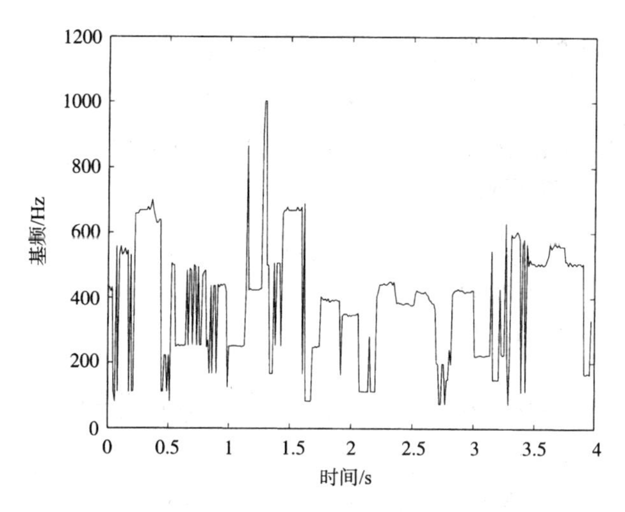

图 7.27　图 7.26 中钢琴音乐录音的基频跟踪结果

习题

7.1　考虑图像数组

$$I=\begin{bmatrix}0 & 1 & 2 & 2 & 3\\ 1 & 2 & 0 & 2 & 0\\ 3 & 0 & 3 & 2 & 1\\ 1 & 2 & 2 & 2 & 3\\ 0 & 0 & 1 & 1 & 2\end{bmatrix}$$

当 $d=1$ 时，计算 4 个方向的共生矩阵，并计算 ASM 和 CON 特征。

7.2　对习题 7.1 中的图像数组，计算 4 个方向的行程长度矩阵，并计算 SRE 和 LRE 特征。

7.3　构建一个 4×4 数组，它在 0°方向上有高 CON 值，在 45°方向上有低 CON 值。

7.4　对本书配套网站上提供的两幅测试图像，编写一个程序，计算 $d=1$ 时 4 个方向的共生矩阵和行程长度矩阵。然后，计算 ASM、CON、IDF、H_{xy}、SRE、LRE、GLNU、RLN 特征，并在 4 个方向计算它们的平均值。说明你的发现。

7.5　证明 $\sum_{i=1}^{N} P_i=1$ 时，$S=\sum_{i=1}^{N} P_i^2$ 在 $P_i=1/N, i=1,2,\cdots,N$ 时是最小的。

7.6　证明式(7.22)中的中心矩是平移不变的，式(7.23)中的归一化中心矩是平移和缩放不变的。

7.7　证明 Zernike 多项式在单位圆盘上是正交的，即

$$\iint_{x^2+y^2\leqslant 1} V_{nm}^*(x,y)V_{pq}(x,y)\,\mathrm{d}x\,\mathrm{d}y=\frac{\pi}{n+1}\delta_{np}\delta_{mq}$$

7.8　证明图像中的一个区域关于原点旋转 θ 度后，旋转后与旋转前的 Zernike 矩的关系是 $A'_{pq}=A_{pq}\exp(-\mathrm{j}q\theta)$。

7.9　编写一个程序，计算 Hu 的各个矩。然后，将 Hu 的各个矩应用到含有目标的两幅测试图像（可自网站上下载），并计算各自的矩。

7.10　用阶为 A_{11}、A_{20}、A_{02} 的 Zernike 矩重做习题 7.9。

7.11　证明式(7.37)。

7.12　编写一个程序，计算非因果预测模型的 AR 参数，并将它应用到一幅同质的各向同性图像上，

对于阶为 $p=q=1$ 的窗 W，图像的自相关序列是

$$r(k,l)=\exp(-\sqrt{k^2+l^2})$$

7.13 设 $u_k=x_k+\mathrm{j}y_k$，其中(x_k, y_k)是图像内一个目标的边界上的点的坐标。证明该目标相对于原点旋转角度θ 后，新复数序列是

$$u'_k=u_k\exp(\mathrm{j}\theta)$$

7.14 设 t 是从原点沿一条封闭边界曲线测量的长度，坐标 $x(t), y(t)$是 t 的函数。当 T 是曲线的总长时，下面的傅里叶级数展开式成立：

$$x(t)=a_0+\sum_{n=1}^{\infty}\left[a_n\cos\frac{2\pi nt}{T}+b_n\sin\frac{2\pi nt}{T}\right]$$

$$y(t)=c_0+\sum_{n=1}^{\infty}\left[c_n\cos\frac{2\pi nt}{T}+d_n\sin\frac{2\pi nt}{T}\right]$$

证明，当 $x(t),y(t)$是采样点$(x(t),y(t))$, $t=0, 1,\cdots, m-1$ 之间的分段线性函数时，傅里叶系数 a_n, b_n, c_n, d_n 由如下公式给出：

$$a_n=\frac{T}{2\pi^2n^2}\sum_{i=1}^{m}\frac{\Delta x_i}{\Delta t_i}[\cos\phi_i-\cos\phi_{i-1}]$$

$$b_n=\frac{T}{2\pi^2n^2}\sum_{i=1}^{m}\frac{\Delta x_i}{\Delta t_i}[\sin\phi_i-\sin\phi_{i-1}]$$

$$c_n=\frac{T}{2\pi^2n^2}\sum_{i=1}^{m}\frac{\Delta y_i}{\Delta t_i}[\cos\phi_i-\cos\phi_{i-1}]$$

$$d_n=\frac{T}{2\pi^2n^2}\sum_{i=1}^{m}\frac{\Delta y_i}{\Delta t_i}[\sin\phi_i-\sin\phi_{i-1}]$$

式中，

$$\Delta x_i=x_i-x_{i-1}\text{，}\quad \Delta y_i=y_i-y_{i-1}$$

$$\Delta t_i=\sqrt{\Delta x_i^2+\Delta y_i^2}\text{，}\quad t_i=\sum_{j=1}^{i}\Delta t_j$$

$$T=t_m\text{，}\quad \phi_i=\frac{2n\pi t_i}{T}$$

7.15 对于习题 7.14 中的傅里叶系数，证明下面的参数是旋转不变的：

$$I_n=a_n^2+b_n^2+c_n^2+d_n^2$$

$$J_n=a_nd_n-b_nc_n$$

$$K_{1,n}=(a_1^2+b_1^2)(a_n^2+b_n^2)+(c_1^2+d_1^2)(c_n^2+d_n^2)+$$
$$2(a_1c_1+b_1d_1)(a_nc_n+b_nd_n)$$

7.16 如果$(x(t),y(t))$的定义与习题 7.14 中的相同，且

$$z(t)=x(t)+\mathrm{j}y(t)$$

给定各自的复数傅里叶级数为

$$z(t)=\sum_{n=-\infty}^{\infty}a_n\exp(\mathrm{j}2\pi nt/T)$$

$$a_n=\frac{1}{T}\int_0^T z(t)\exp(-\mathrm{j}2\pi nt/T)\mathrm{d}t$$

证明如下参数是缩放和旋转不变的[Gran 72]：

$$b_n=\frac{a_{1+n}a_{1-n}}{a_1^2},\quad d_{mn}=\frac{a_{1+m}^n a_{1-n}^m}{a_1^{(m+n)}}$$

式中，$n\neq 1$。

7.17 证明，当习题 7.16 中的 $x(t)$, $y(t)$是点$(x(t),y(t))$, $t=0,1,\cdots,m-1$ 之间的分段线性函数时，傅里叶系数 a_n 是[Lai 81]

$$a_n=\frac{T}{(2\pi n)^2}\sum_{i=1}^{m}(b_{i-1}-b_i)\exp(-\mathrm{j}n2\pi t_i/T)$$

式中，

$$b_i=\frac{V_{i+1}-V_i}{|V_{i+1}-V_i|},\quad t_i=\sum_{k=1}^{i}|V_k-V_{k-1}|,\quad i>0,t_0=0$$

其中 V_i, $i=1,2,\cdots,m$ 是各个点处的相量。

7.18 证明 7.3.3 节中的方向θ 是通过最小化下式得到的：

$$I(\theta)=\sum_i\sum_j[(i-\bar{x})\cos\theta-(j-\bar{y})\sin\theta]^2$$

7.19 证明 Hurst 参数为 H 的 fBm 过程的功率谱是

$$S(f)\propto\frac{1}{f^{(2H+1)}}$$

7.20 证明式(7.46)中定义的 M 为科赫曲线得到一致的度量。

7.21 假设 $x(0)=0$，证明

$$E[x(n)(x(n+n_0)-x(n))]=\frac{1}{2}\left\{(n+n_0)^{2H}-n^{2H}-n_0^{2H}\right\}$$

在布朗运动（$H=1/2$）情形下，它表明 $x(n)$与增量无关。$H\neq 1/2$ 时，前述的无关性不成立，因此存在一个非零的相关，$H>1/2$ 时为正，$H<1/2$ 时为负。证明时要使用式(7.51)。这可被推广。也就是说，若 $n_1\leqslant n_2\leqslant n_3\leqslant n_4$，且过程是布朗的，则

$$E[(x(n_2)-x(n_1))(x(n_4)-x(n_3))]=0$$

MATLAB 编程和练习

上机编程

7.1 图像的一阶统计量。编写一个名为 `first_order_stats` 的 MATLAB 函数，计算一组图像的一阶统计量。具体地说，函数的输入如下：(a) 一个 `num_in` × `q` 维矩阵 `name_images`，它的第 i 行是第 i 个图像文件的名称；(b) 一个数字 `N_gray-1`，它规定像素灰度将被缩放到的区间[0, `N_gray-1`]。函数返回一个 `num_im` × 4 维特征矩阵，它的第 i 行是第 i 幅图像的像素灰度的均值、标准差、偏

斜度和和峰态。

解：在实际工作中，为了生成更平滑的直方图和更小（非稀疏和易于处理）的共生矩阵（见下面的程序），选择像素灰度值位于更小区间（如[0, 31]）内的图像更方便。这也是在函数中将 N_gray 作为输入变量的原因。

```
function features=first_order_stats(name_images,N_gray)
  [num_im,q]=size(name_images);
  features=zeros(num_im,4);
  for i=1:num_im
     A=imread(name_images(i,:));
     A=double(A);
     %Normalization of the pixels intensity in [0,N_gray-1]
     A=round((N_gray-1)*((A-min(A(:)))/(max(A(:))-min(A(:)))));
     features(i,1)=mean2(A);
     features(i,2)=std2(A);
     features(i,3)=skewness(A(:));
     features(i,4)=kurtosis(A(:));
end
```

7.2 二阶图像统计量。编写一个名为 second_order_stats 的 MATLAB 函数，计算一组图像的二阶统计量。具体地说，函数的输入如下：(a) 一个 num_in × q 维数组 name_images，它的第 i 行是第 i 个图像文件的名称；(b) 一个数字 N_gray−1，它规定像素灰度将被缩放到的区间[0, N_gray−1]。对每幅图像，计算由相对位置(1, 0°), (1, 45°), (1, 90°), (1, 135°)的像素对确定的 4 个共生矩阵。函数返回一个 num_im × 8 维特征矩阵，矩阵第 i 行的前 4 项分别是对比度均值、相关均值、角二阶矩均值（在 MATLAB 中称为“能量”）、逆差矩均值（在 MATLAB 中称为“同质性”），它们都由第 i 幅图像的共生矩阵算出，后 4 项是第 i 幅图像的上述特征的值域。

解：下面的程序中使用了 MATLAB 中的 graycomatrix 和 graycoprops 函数。前一个函数计算图像的共生矩阵，后一个函数应用于共生矩阵，计算对比度、相关、能量和同质性特征。

```
function features=second_order_stats(name_image,N_gray)
  [num_im,q]=size(name_images);
  features=zeros(num_im,8);
  for i=1:num_im
   A=imread(name_images(i,:));
   A=double(A);
   %Normalization of the pixels  intensity in [0,N_gray-1]
   A=round((N_gray-1)*((A-min(A(:)))/(max(A(:))-min(A(:)))));
   [glcm,SI]=graycomatrix(A,'GrayLimits',[0,N_gray-1],…
   'NumLevels',…
   N_gray,'Offset',[0 1;-1 0;-1 1;-1 -1],'Symmetric',true);
   stats=graycoprops(glcm,{'Contrast','Correlation',…'Energy',
   'Homogeneity'});
   features(i,1)=mean(stats,Contrast);
   features(i,2)=mean(stats,Correlation);
   features(i,3)=mean(stats,Energy);
   features(i,4)=mean(stats,Homogeneity);
   features(i,5)=range(stats,Contrast);
   features(i,6)=range(stats,Correlation);
   features(i,7)=range(stats,Energy);
   features(i,8)=range(stats,Homogeneity);
end
```

7.3 二阶图像统计量（模板）。编写一个名为 mask_order_stats 的 MATLAB 函数，其输入是原始图像。每幅图像都与 9 个模板卷积，算出 9 幅结果图像的一阶统计量。具体地说，函数的输入如下：(a) 一个 num_in × q 图像矩阵，它的第 i 行是第 i 个图像文件的名称；(b) 一个数字 N_gray−1，它规定像素灰度将被缩放到的区间[0, N_gray−1]。函数应让每幅原始图像都与 7.2.2 节中定义的 9 个模板卷积，为每幅原始图像产生 9 幅（卷积后的）图像。然后，为每幅卷积后的图像计算一阶统计量（均值、标准差、偏斜度、峰态）。函数返回一个大小为 num_in × 4 × 9 的三维特征矩阵，矩阵的第 i 个 num_im × 4 二维分量对应于对每幅原始图像应用第 i 个模板后的结果。每个二维分量都在 first_order_stats 函数中定义。

解：

```
function features=mask_stats(name_images,N_gray)
 [num_im,q]=size(name_images);
 features=zeros(num_im,4,9);
 %Definition of the masks
 mask(:,:,1)=[1 2 1;2 4 2;1 2 1];
 mask(:,:,2)=[-1 0 1;-2 0 2;-1 0 1];
 mask(:,:,3)=[-1 2 -1;-2 4 -2;-1 2 -1];
 mask(:,:,4)=[-1 -2 -1;0 0 0;1 2 1];
 mask(:,:,5)=[1 0 -1;0 0 0;-1 0 1];
 mask(:,:,6)=[1 -2 1;0 0 0;-1 2 -1];
 mask(:,:,7)=[-1 -2-1;2 4 2;-1 -2 -1];
 mask(:,:,8)=[1 0 -1;-2 0 2;1 0 -1];
 mask(:,:,9)=[1 -2 1;-2 4 -2;1 -2 1];
 %The following is useful in normalizing the convolution result
 sum_mask=sum(sum(mask))+(sum(sum(mask))==0);
 for i=1:num_im
 A=imread(name_images(i,:));
 A=double(A);
 %Normalization of the pixels intensity in [0,N_gray-1]
 A=round((N_gray-1)*((A-min(A(:)))/(max(A(:))-min(A(:)))));
 for j=1:9
 B=conv2(A,mask(:,:,j),'same')/sum_mask(j);
 features(i,1,j)=mean2(B);
 features(i,2,j)=std2(B);
 features(i,3,j)=skewness(B:));
 features(i,4,j)=kurtosis(B:));
 end
 end
```

上机实验

注释

- 矩阵 name_images 的各行中包含的文件名的字符数应相同。
- 程序中的测试图像可在 www.elsevierdirect.com/9781597492720(‘ROI_01_seeds.bmp’, ‘ROI_02_seeds.bmp’, ⋯, ‘ROI_ 10_seeds.bmp’)中找到。这些测试图称为“种子集”。

7.1 计算“种子集”的一阶统计量，N_gray = 32，并对结果进行说明。

7.2 计算“种子集”的二阶统计量，N_gray = 32，并对结果进行说明。

7.3 将"种子集"中的每幅图像与 7.2.2 节中的每个模板卷积，计算得到的 9 幅图像的一阶统计量，N_gray = 32，并对结果进行说明。

参考文献

[Alem 90] Al-Emami S., Usher M. "On-line recognition of handwritten Arabic characters," *IEEE Transactions on Pattern Analysis and Machine Intelligence*, Vol. 12(7), pp. 704-710, 1990.

[Arbt 89] Arbter K. "Affine-invariant Fourier descriptors," in *From Pixel to Features* (Simon J.C., ed.), pp. 153-164, Elsevier, 1989.

[Arbt 90] Arbter K., Snyder W.E., Burkhardt H., Hirzinger G. "Application of affine-invariant Fourier descriptors to recognition of 3-D objects," *IEEE Transactions on Pattern Analysis and Machine Intelligence*, Vol. 12, pp. 640-647, 1990.

[Ardu 92] Ardunini F., Fioravanti S., Giusto D.D., Inzirillo F. "Multifractals and texture classification," *IEEE International Conference on Image Processing*, pp. 454-457, 1992.

[Ayac 00] Ayache A., Véhel J.L. "The generalized multifractional Brownian motion," *Statistical Inference for Stochastic Processes*, Vol. 3, pp. 7-18, 2000.

[Bart 05] Bartch M., Wakefield G.H. "Audio thumbnailing of popular music using chroma-based representations," *IEEE Transactions on Multimedia*, Vol. 7(1), pp. 96-104, February 2005.

[Bass 92] Bassevile M., Benveniste A., Chou K., Golden S.A., Nikoukhah R., Willsky A.S. "Modeling and estimation of multiresolution stochastic processes," *IEEE Transactions on Information Theory*, Vol. 38, pp. 766-784, 1992.

[Brod 66] Brodatz P. *Textures—A Photographic Album for Artists and Designers*, Dover, 1966.

[Brow 91] Brown J.C., Zhang B. "Musical frequency tracking using the methods of conventional and narrowed autocorrelation," *Journal of the Acoustical Society of America*, Vol. 89(5), 1991.

[Cavo 92] Cavouras D., Prassopoulos P., Pantelidis N. "Image analysis methods for solitary pulmonary nodule characterization by CT," *European Journal of Radiology*, Vol. 14, pp. 169-172, 1992.

[Chel 85] Chellapa R. "Two dimensional discrete Gaussian Markov random field models for image processing," in *Progress in Pattern Recognition* (Kanal L.N., Rosenfeld A., eds.), Vol. 2, pp. 79-112, North Holland, 1985.

[Chen 89] Chen C.C., Daponee J.S., Fox M.D. "Fractal feature analysis and classification in medical imaging," *IEEE Transactions on Medical Imaging*, Vol. 8, pp. 133-142, 1989.

[Chon 03] Chong C.-W., Raveendran P., Mukundan R. " Translation invariants of Zernike moments," *Pattern Recognition*, Vol. 36, pp. 1765-1773, 2003.

[Chon 04] Chong C.-W., Raveendran P., Mukundan R. "Translation and scale invariants of Legendre moments," *Pattern Recognition*, Vol. 37, pp. 119-129, 2004.

[Clau 04] Clausen M., Kurth F. "A unified approach to content-based and fault-tolerant music recognition," *IEEE Transactions on Multimedia*, Vol. 6(5), pp. 717-731, October 2004.

[Crim 82] Crimmins T.R. "A complete set of Fourier descriptors," *IEEE Transactions on Systems Man and Cybernetics*, Vol. 12, pp. 236-258, 1982.

[Cros 83] Cross G.R., Jain A.K. "Markov random field texture models," *IEEE Transactions on Pattern Analysis and Machine Intelligence*, Vol. 5(1), pp. 25-39, 1983.

[Davi 79] Davis L., Johns S., Aggrawal J.K. "Texture analysis using generalized co-occurrence matrices," *IEEE Transactions on Pattern Analysis and Machine Intelligence*, Vol. 1(3), pp. 251-259, 1979.

[Davi 80] Davis S.B., Mermelstein P. "Comparison of parametric representations of monosyllabic word recognition in continuously spoken sentences," *IEEE Transactions on Acoustics, Speech, and Signal Processing*, Vol. 28(4), pp. 357-366, 1980.

[Dell 00] Deller J.R., Hansen J.H.L., Proakis J.G. *Discrete Processing of Speech Signals*, John Wiley & Sons, New York, 2000.

[Deri 93] Deriche M., Tewfik A.H. "Signal modeling with filtered discrete fractional noise processes," *IEEE Transactions on Signal Processing*, Vol. 41, pp. 2839-2850, 1993.

[Falc 90] Falconer K. *Fractal Geometry: Mathematical Foundations and Applications*, John Wiley & Sons, 1990.

[Fieg 96] Fieguth P.W., Willsky A.S. "Fractal estimation using models on multiscale trees," *IEEE Transactions on Signal Processing*, Vol. 41, pp. 1297-1300, 1996.

[Flan 92] Flandrin P. "Wavelet analysis and synthesis of fractional Brownian motion," *IEEE Transactions on Information Theory*, Vol. 38, pp. 910-917, 1992.

[Flus 93] Flusser J., Suk T. "Pattern recognition by affine moment invariants," *Pattern Recognition*, Vol. 26(1), pp. 167-174, 1993.

[Flus 94] Flusser J., Suk T. "Affine moment invariants: A new tool for character recognition," *Pattern Recognition*, Vol. 15(4), pp. 433-436, 1994.

[Frag 01] Fragoulis D., Rousopoulos G., Panagopoulos T., Alexiou C., Papaodysseus C. "On the automated recognition of seriously distorted musical recordings," *IEEE Transactions on Signal Processing*, Vol. 49(4), pp. 898-908, 2001.

[Free 61] Freeman H. "On the encoding of arbitrary geometric configurations," *IRE Transactions on Electronic Computers*, Vol. 10(2), pp. 260-268, 1961.

[Gall 75] Galloway M. "Texture analysis using gray-level run lengths," *Computer Graphics and Image Processing*, Vol. 4, pp. 172-179, 1975.

[Gewe 83] Geweke J., Porter-Hudak S. "The estimation and application of long memory time series," *Journal of Time Series Analysis*, Vol. 4, pp. 221-237, 1983.

[Ghos 97] Ghosal S., Mehrotra R. "A moment based unified approach to image feature detection," *IEEE Transactions on Image Processing*, Vol. 6(6), pp. 781-794, 1997.

[Glen 94] Glentis G., Slump C., Herrmann O. "An efficient algorithm for two-dimensional FIR filtering and system identification," *SPIE Proceedings*, VCIP, pp. 220-232, Chicago, 1994.

[Goto 04] Goto M. "A real-time music-scene-description system: Predominant - F0 estimation for detecting melody and bass lines in real-world audio signals," *Speech Communication (ISCA) Journal*, Vol. 43(4), pp. 311-329, 2004.

[Gran 72] Granlund G.H. "Fourier preprocessing for hand print character recognition," *IEEE Transactions on Computers*, Vol. 21, pp. 195-201, 1972.

[Hara 73] Haralick R., Shanmugam K., Distein I. "Textural features for image classification," *IEEE Transactions on Systems Man and Cybernetics*, Vol. 3(6), pp. 610-621, 1973.

[Hayk 96] Haykin S. *Adaptive Filter Theory*, 3rd ed., Prentice Hall, 1996.

[Heyw 95] Heywodd M.I., Noakes P.D. "Fractional central moment method for movement-invariant object classification," *IEE Proceedings Vision, Image and Signal Processing*, Vol. 142 (4), pp. 213-219, 1995.

[Hu 62] Hu M.K. "Visual pattern recognition by moment invariants," *IRE Transactions on Information Theory*, Vol. 8(2), pp. 179-187, 1962.

[Huan 94] Huang Q., Lorch J.R., Dubes R.C. "Can the fractal dimension of images be measured?" *Pattern Recognition*, Vol. 27(3), pp. 339-349, 1994.

[Huan 06] Huang S.-K., Kim W.-Y. "A novel approach to the fast computation of Zernike moments," *Pattern Recognition*, Vol. 39(11), pp. 2065-2076, 2006.

[Kalo 89] Kalouptsidis N., Theodoridis S. "Concurrent algorithms for a class of 1-D and 2-D Wiener filters with symmetric impulse response," *IEEE Transactions on Signal Processing*, Vol. ASSP-37, pp. 1780-1782, 1989.

[Kan 02] Kan C., Srinath M.D. "Invariant character recognition with Zernike moments and orthogonal Fourier-Mellin moments," *Pattern Recognition*, Vol. 35, pp. 143-154, 2003.

[Kapl 99] Kaplan L.M. "Extended fractal analysis for the texture classification and segmentation," *IEEE Transactions on Image Processing*, Vol. 8(11), pp. 1572-1585, 1999.

[Kapl 94] Kaplan L.M., Kuo C.-C.J. "Extending self similarity for fractional Brownian motion," *IEEE Transactions on Signal Processing*, Vol. 42(12), pp. 3526-3530, 1994.

[Kapl 95] Kaplan L.M., Kuo C.C.J. "Texture roughness analysis and synthesis via extended self-similar model," *IEEE Transactions on Pattern Analysis and Machine Intelligence*, Vol. 17(11), pp. 1043-1056, 1995.

[Kara 95] Karayannis Y.A., Stouraitis T. "Texture classification using fractal dimension as computed in a wavelet decomposed image," *IEEE Workshop on Nonlinear Signal and Image Processing*, pp. 186-189, Neos Marmaras, Halkioliki, June 95.

[Kash 82] Kashyap R.L., Chellapa R., Khotanzad A. "Texture classification using features derived from random field models," *Pattern Recognition Letters*, Vol. 1, pp. 43-50, 1982.

[Kash 86] Kashyap R.L., Khotanzad A. "A model based method for rotation invariant texture classification," *IEEE Transactions on Pattern Analysis and Machine Intelligence*, Vol. 8(4), pp. 472-481, 1986.

[Kell 87] Keller J.M., Crownover R., Chen R.Y. "Characteristics of natural scenes related to fractal dimension," *IEEE Transactions on Pattern Analysis and Machine Intelligence*, Vol. 9, pp. 621-627, 1987.

[Khot 90a] Khotanzad A., Hong Y.H. "Invariant image recognition by Zernike moments," *IEEE Transactions on Pattern Analysis and Machine Intelligence*, Vol. 12(5), pp. 489-497, 1990.

[Khot 90b] Khotanzad A., Lu J.H. "Classification of invariant image representations using a neural network," *IEEE Transactions on Acoustics Speech and Signal Processing*, Vol. 38(6), pp. 1028-1038, 1990.

[Klap 03] Klapuri A. "Multiple fundamental frequency estimation by harmonicity and spectral smoothness," *IEEE Transactions on Speech and Audio Processing*, Vol. 11(6), pp. 804-816, 2003.

[Kuhl 82] Kuhl F.P., Giardina C.R. "Elliptic Fourier features of a closed contour," *Comput. Vis. Graphics Image Processing*, Vol. 18, pp. 236-258, 1982.

[Lai 81] Lai M., Suen Y.C. "Automatic recognition of characters by Fourier descriptors and boundary line encoding," *Pattern Recognition*, Vol. 14, pp. 383-393, 1981.

[Laws 80] Laws K.I. "Texture image segmentation" Ph.D. Thesis, University of Southern California, 1980.

[Liao 96] Liao S., Pawlak M. "On image analysis by moments," *IEEE Transactions on Pattern Analysis and Machine Intelligence*, Vol. 18(3), pp. 254-266, March 1996.

[Lin 87] Lin C.S., Hwang C.L. "New forms of shape invariants from elliptic Fourier descriptors," *Pattern Recognition*, Vol. 20(5), pp. 535-545, 1987.

[Lu 91] Lu S.Y., Ren Y., Suen C.Y. "Hierarchical attributed graph representation and recognition of handwritten Chinese characters," *Pattern Recognition*, Vol. 24(7), pp. 617-632, 1991.

[Lund 86] Lundahl T., Ohley W.J., Kay S.M., Siffer R. "Fractional Brownian motion: A maximum likelihood estimator and its application to image texture," *IEEE Transactions on Medical Imaging*, Vol. 5, pp. 152-161, 1986.

[Mahm 94] Mahmoud S. "Arabic character recognition using Fourier descriptors and character contour encoding," *Pattern Recognition*, Vol. 27(6), pp. 815-824, 1994.

[Mami 98] Mamistvalov A.G. "n-Dimensional moment invariants and the conceptual mathematical theory of recognition n-dimensional objects," *IEEE Transactions on Pattern Analysis and Machine Intelligence*, Vol. 20(8), pp. 819-831, 1998.

[Mand 68] Mandelbrot B.B, Van Ness J.W. "Fractional Brownian motion, fractional noises and applications," *SIAM Review*, Vol. 10, pp. 422-437, 1968.

[Mand 77] Manderbrot B.B. *The Fractal Geometry of Nature*, W.H. Freeman, New York, 1982.

[Mao 92] Mao J., Jain A.K. "Texture classification and segmentation using multiresolution simultaneous autoregressive models," *Pattern Recognition*, Vol. 25(2), pp. 173-188, 1992.

[Mara 93] Maragos P., Sun F.K. "Measuring the fractal dimension of signals: Morphological covers and iterative optimization," *IEEE Transactions on Signal Processing*, Vol. 41, pp. 108-121, 1993.

[Mori 92] Mori S., Suen C. "Historical review of OCR research and development," *Proceedings of IEEE*, Vol. 80(7), pp. 1029-1057, 1992.

[Muku 95] Mukundan R., Ramakrshnan J. "Fast computation of Legendre and Zernike moments," *Pattern Recognition*, Vol. 28(9), pp. 1433-1442, 1995.

[Muku 98] Mukundan R., Ramakrshnan J. *Moment Functions in Image Analysis-Theory and Applications*, World Scientific, Singapore, 1998.

[Ohan 92] Ohanian P., Dubes R. "Performance evaluation for four classes of textural features," *Pattern Recognition*, Vol. 25(8), pp. 819-833, 1992.

[Ojal 96] Ojala T., Pietikainen M., Harwood D. "A comparative study of texture measures with classification based on feature distributions," *Pattern Recognition*, Vol. 29(1), pp. 51-59, 1996.

[Papo 91] Papoulis A. *Probability, Random Variables, and Stochastic Processes*, 3rd ed., McGraw-Hill, 1991.

[Pele 84] Peleg S., Naor J., Hartley R., Anvir D. "Multiple resolution texture analysis and classification," *IEEE Transactions on Pattern Analysis and Machine Intelligence*, Vol. 6, pp. 818-523, 1984.

[Penn 97] Penn A.I., Loew M.H. "Estimating fractal dimension with fractal interpolation function models," *IEEE Transcations on Medical Imaging*, Vol. 16, pp. 930-937, 1997.

[Pent 84] Pentland A. "Fractal based decomposition of natural scenes," *IEEE Transactions on Pattern Analysis and Machine Intelligence*, Vol. 6(6), pp. 661-674, 1984.

[Pers 77] Persoon E., Fu K.S. "Shape discrimination using Fourier descriptors," *IEEE Transactions on Systems Man and Cybernetics*, Vol. 7, pp. 170-179, 1977.

[Petr 06] Petrou M., Sevilla P.G. *Image Processing: Dealing with Texture*, John Wiley & Sons, 2006.

[Pesq 02] Pesquet-Popescu B., Vehel J.L. "Stochastic fractal models for image processing," *IEEE Signal Processing Magazine*, Vol. 19(5), pp. 48-62, 2002.

[Pico 93] Picone J. "Signal modeling techniques in speech recognition," *Proceedings of the IEEE*, Vol. 81(9), pp. 1215-1247, 1993.

[Pikr 03] Pikrakis A., Theodoridis S., Kamarotos D. "Recognition of isolated musical patterns using context dependent dynamic time warping," *IEEE Transactions on Speech and Audio Processing*, Vol. 11(3), pp. 175-183, 2003.

[Pikr 06] Pikrakis A., Theodoridis S., Kamarotos D. "Classification of musical patterns using variable duration hidden Markov models," *IEEE Transactions on Speech and Audio Processing*, to appear in 2006.

[Pikr 08] Pikrakis A., Gannakopoulos T., Theodoridis S. "A speech-music discriminator of radio recordings based on dynamic programming and Bayesian networks," *IEEE Transactions on Multimedia*, Vol. 10(5), pp. 846-856, 2008.

[Pita 94] Pitas I. *Image Processing Algorithms*, Prentice Hall, 1994.

[Plam 00] Plamondon R., Srihari S.N. "On-line and off-line handwriting recognition: A comprehensive survey," *IEEE Transactions on Pattern Analysis and Machine Intelligence*, Vol. 22(1), pp. 63-84, 2000.

[Proa 92] Proakis J., Manolakis D. *Digital Signal Processing: Principles, Algorithms, and Applications*, 2nd ed., Macmillan, 1992.

[Rabi 93] Rabiner L., Juang B.H. *Fundamentals of Speech Recognition*, Prentice Hall, Englewood Cliffs, NJ, 1993.

[Rabi 78] Rabiner L.R., Schafer R.W. *Digital Processing of Speech Signals*, Prentice Hall, 1978.

[Rand 99] Randen T., Husoy H.H. "Filtering for texture classification: A comparative study," *IEEE Transactions on Pattern Analysis and Machine Intelligence*, Vol. 21(4), pp. 291-310, 1999.

[Reis 91] Reiss T.H. "The revised fundamental theorem of moment invariants," *IEEE Transactions on Pattern Analysis and Machine Intelligence*, Vol. 13, pp. 830-834, 1991.

[Rich 95] Richardson W. "Applying wavelets to mammograms," *IEEE Engineering in Medicine and Biology*, Vol. 14, pp. 551-560, 1995.

[Sark 97] Sarkar A., Sharma K.M.S., Sonak R.V. "A new approach for subset 2-D AR model identification for describing textures," *IEEE Transactions on Image Processing*, Vol. 6(3), pp. 407-414, 1997.

[Saup 91] Saupe D. "Random fractals in image processing," in *Fractals and Chaos* (Crilly A.J., Earnshaw R.A., Jones H., eds.), pp. 89-118, Springer-Verlag, 1991.

[Schr 68] Schroeder M.R. "Period histogram and product spectrum: New methods for fundamental frequency measurement," *Journal of Acoustical Society of America*, Vol. 43(4), pp. 829-834, 1968.

[Sing 06] Singh C. "Improved quality of reconstructed images using floating point arithmetic for moment calculation," *Pattern Recognition*, Vol. 39(11), pp. 2047-2064, 2006.

[Tamu 78] Tamura H., Mori S., Yamawaki T. "Textural features corresponding to visual Perception," *IEEE Transactions on Systems, Man, and Cybernetics*, Vol. 8(6), pp. 460-473, 1978.

[Tang 98] Tang X. "Texture information in run-length matrices," *IEEE Transactions on Image Processing*, Vol. 7(11), pp. 1602-1609, 1998.

[Taxt 90] Taxt T., Olafsdottir J.B., Daechlen M. "Recognition of hand written symbols," *Pattern Recognition*, Vol. 23(11), pp. 1155-1166, 1990.

[Teag 80] Teague M. "Image analysis via the general theory of moments," *Journal of Optical Society of America*, Vol. 70(8), pp. 920-930, 1980.

[Teh 88] Teh C.H., Chin R.T. "On image analysis by the method of moments," *IEEE Transactions on Pattern Analysis and Machine Intelligence*, Vol. 10(4), pp. 496-512, 1988.

[Theo 93] Theodoridis S., Kalouptsidis N. "Spectral analysis," in *Adaptive System Identification and Signal Processing Algorithms* (Kalouptsidis N., Theodoridis S., eds.), Prentice Hall, 1993.

[Tolo 00] Tolonen T., Karjalainen M. "A computationally efficient multipitch analysis model," *IEEE Transactions on Speech and Audio Processing*, Vol. 8(6), pp. 708-716, November 2000.

[Trie 95] Trier O.D., Jain A.K. "Goal-directed evaluation of binarization methods," *IEEE Transactions on Pattern Analysis and Machine Intelligence*, Vol. 17(12), pp. 1191-1201, 1995.

[Trie 96] Trier O.D., Jain A.K., Taxt T. "Feature extraction methods for character recognition—A survey," *Pattern Recognition*, Vol. 29(4), pp. 641-661, 1996.

[Tson 92] Tsonis A. *Chaos: From Theory to Applications*, Plenum Press, 1992.

[Tzan 02] Tzanetakis G., Cook P. "Musical genre classification of audio signals," *IEEE Transactions on Speech and Audio Processing*, Vol. 10(5), pp. 293-302, 2002.

[Unse 86] Unser M. "Local linear transforms for texture measurements," *Signal Processing*, Vol. 11, pp. 61-79, 1986.

[Unse 89] Unser M., Eden M. "Multiresolution feature extraction and selection for texture segmentation," *IEEE Transactions on Pattern Analysis and Machine Intelligence*, Vol. 11(7), pp. 717-728, 1989.

[Vinc 02] Vinciarelli A. "A survey on off-line cursive word recognition," *Pattern Recognition*, Vol. 35, pp. 1433-1446, 2002.

[Wang 98] Wang L., Healey G. "Using Zernike moments for the illumination and geometry invariant classification of multispectral textures," *IEEE Transactions on Pattern Analysis and Machine Intelligence*, Vol. 7(2), pp. 196-203, 1998.

[Wang 93] Wang L., Pavlidis T. "Direct gray-scale extraction of features for character recognition," *IEEE Transactions on Pattern Analysis and Machine Intelligence*, Vol. 15(10), pp. 1053-1067, 1993.

[Wang 00] Wang Y., Huang J.C. "Multimedia content analysis," *IEEE Signal Processing Magazine*, Vol. 17(6), pp. 12-36, 2000.

[Wee 06] Wee C.-Y., Paramesran R. "Efficient computation of radial moment functions using symmetrical property," *Pattern Recognition*, Vol. 39(11), pp. 2036-2046, 2006.

[Wold 96] Wold E., Blum T., Keislar D., Wheaton J. "Content-based classification, search, and retrieval of audio," *IEEE Multimedia Magazine*, Vol. 22, pp. 27-36, 1996.

[Wood 72] Woods J. "Markov image modeling," *IEEE Transactions on Information Theory*, Vol. 18(3), pp. 232-240, 1972.

[Wood 96] Wood J. "Invariant pattern recognition," *Pattern Recognition*, Vol. 29(1), pp. 1-17, 1996.

[Worn 96] Wornell W.G. *Signal Processing with Fractals. A Wavelet Based Approach*, Prentice Hall, 1996.

[Wu 03] Wu M., Wang D., Brown G.J. "A multipitch tracking algorithm for noisy speech," *IEEE Transactions on Speech and Audio Processing*, Vol. 11(3), pp. 229-241, May 2003.

[Zhan 01] Zhang T., Kuo C.C.J. "Audio content analysis for online audiovisual data segmentation and classification," *IEEE Transactions on Speech and Audio Processing*, Vol. 9(4), pp. 441-458, 2001.

第 8 章　模 板 匹 配

8.1　引言

前面各章的主要任务是为每个可能的类别分配一个未知的模式，而贯穿本章的问题的性质稍有不同。假设已知一组参考模式（模板），我们要做的是确定哪个参考模式与一个未知模式（测试模式）最匹配。这些模板可以是场景中的某些目标，也可以是模式串，如手写文本中组成单词的字母，或语音中的单词或短语。这类问题通常出现在语音识别、机器人视觉自动化、视频编码运动估计、图像数据库检索系统中。为了执行称为模板匹配的操作，第一步是定义一个度量指标或代价，以度量（已知）参考模式和未知测试模式之间的“距离”或“相似度”。既然每个模式都是所选特征集合元素构成的向量或矩阵，那么为何不用已知的距离度量如欧氏范数或 Frobenius 范数来基于最小距离执行匹配操作呢？稍加思考就会发现，这样的简单方法是不够的，它还需要完善。这是模板匹配有别于其他方法的关键，也是令人感兴趣的地方。

为了更好地理解这个问题，下面讨论手写文本匹配问题，即识别一组手写单词中的哪个单词是指定的单词，如 beauty。然而，由于阅读传感器中的误差，特定的测试模式可能是 beety 或 beaut。在语音识别任务中，若同一个人多次说某个单词，则每次都会不同。有时说得快，得到的模式持续时间短；有时说得慢，得到的模式持续时间长。然而，所有情形下它都是同一个人说的“同一个”单词。在场景分析应用中，待识别的目标在一幅图像中，但不知道它在图像中的具体位置。在基于内容的图像数据库检索系统中，通常要求查询目标的形状。然而，用户提供的形状往往与数据库图像中的物体形状不完全匹配。本章的主要目的是，定义适用于这些问题的度量指标。作为教科书，本章只给出一般性的说明和一些典型的案例。

首先讨论字符串模式匹配问题，然后讨论场景分析和形状识别问题。尽管这些任务的目的相同，但性质的不同导致所用的工具也不同。

8.2　基于最优路径搜索技术的度量

首先讨论模板匹配的类别，其中的模式由已识别的符号串或特征向量（字符串模式）组成。也就是说，每个参考模式和测试模式都由一系列（串）测量参数表示时，确定哪个参考序列与测试模式最匹配。

设 $\boldsymbol{r}(i), i = 1, 2, \cdots, I$ 和 $\boldsymbol{t}(j), j = 1, 2, \cdots, J$ 分别是参考模式和测试模式的特征向量序列，其中 $I \neq J$。我们的目的是找到两个序列之间的合适距离度量。为此，我们建立一个二维网格，使得两个序列中的元素成为各自坐标轴上的点，即参考模式字符串位于横坐标轴（i 轴）上，测试模式字符串位于纵坐标轴（j 轴）上。图 8.1 是 $I = 6, J = 5$ 的例子。网格中的每个点（节点）对应于两个序列各自的元素。例如，节点(3, 2)将元素 $\boldsymbol{r}(3)$ 映射为元素 $\boldsymbol{t}(2)$。网格中的每个节点 (i, j) 都与一个代价相关联，这个代价适当地定义了函数 $d(i, j)$，以便度量字符串 $\boldsymbol{r}(i)$ 和 $\boldsymbol{t}(j)$ 中各个字符之间的“距离”。网格中从初始节点 (i_0, j_0) 到最终节点 (i_f, j_f) 的路径，是一个形如下式的有序节点集：

$$(i_0, j_0), (i_1, j_1), (i_2, j_2), \cdots, (i_f, j_f)$$

每条路径都与一个形如下式的总代价函数 D 相关联：

$$D = \sum_{k=0}^{K-1} d(i_k, j_k)$$

式中，K 是路径上的节点数。对于图 8.1 中的例子，$K = 8$。到节点(i_k, j_k)的总代价记为 $D(i_k, j_k)$，我们照例设 $D(0, 0) = 0$ 和 $d(0, 0) = 0$。当$(i_0, j_0) = (0, 0), (i_f, j_f) = (I, J)$时，我们说路径是完整的。

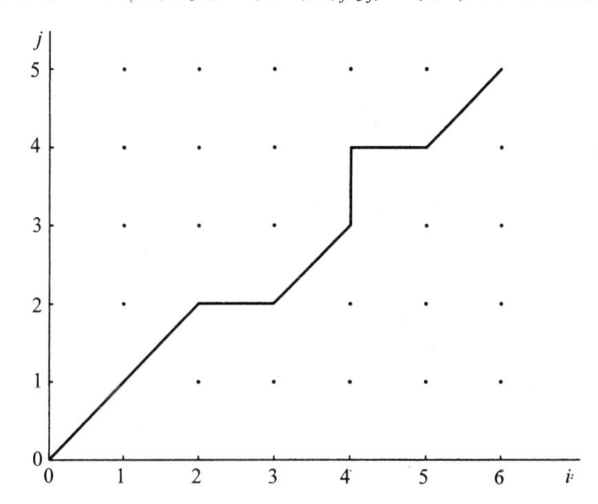

图 8.1　路径上的每个点对应于测试模式与参考模式各自的元素

两个序列间的距离[①]定义为所有可能路径上的最小 D 值。同时，最小代价路径揭示了两个序列的元素之间的最优对应关系，由于两个序列的长度不同，因此这种对应关系很重要。换句话说，最优路径过程会使得测试字符串中的各个元素与参考字符串中的各个元素对齐，此时对应于一个最好的匹配分数。在讨论这个优化过程之前，要指出的是，这种方案存在许多变体。例如，我们可能不会强加必须具有一条完整路径的约束，而采用更松散的约束——端点约束。此外，我们不仅可以让每个节点关联一个代价，而且可以让节点之间的每个过渡关联一个代价，使得某些过渡的代价更大。在这些情形下，节点(i_k, j_k)的代价还取决于从节点(i_{k-1}, j_{k-1})到达节点(i_k, j_k)的过渡。因此，代价 d 现在变为 $d(i_k, j_k \mid i_{k-1}, j_{k-1})$，总路径代价是

$$D = \sum_{k} d(i_k, j_k | i_{k-1}, j_{k-1})$$

在一些情况下，总路径代价定义为

$$D = \prod_{k} d(i_k, j_k | i_{k-1}, j_{k-1})$$

最后，在有些情形下，选择 d 是使得代价最大而不是使得代价最小。显然，在所有这些方法中，必须采用合适的初始条件。现在回到优化问题本身。为了得到最好的路径，必须搜索所有可能的路径，但这样做的计算开销很大。基于贝尔曼最优性原理的动态规划算法，是可以降低计算复杂性的强大工具。

① 此处，术语“距离”不能按照严格的数学定义来解释。

8.2.1 贝尔曼最优性原理和动态规划

假设从初始节点(i_0, j_0)到最终节点(i_f, j_f)的最优路径为

$$(i_0, j_0) \xrightarrow{\text{opt}} (i_f, j_f)$$

当(i, j)是初始节点(i_0, j_0)和最终节点(i_f, j_f)之间的节点时，我们将过节点(i, j)的最优路径表示为

$$(i_0, j_0) \xrightarrow[(i,j)]{\text{opt}} (i_f, j_f)$$

贝尔曼最优性原理说[Bell 57]

$$(i_0, j_0) \xrightarrow[(i,j)]{\text{opt}} (i_f, j_f) = (i_0, j_0) \xrightarrow{\text{opt}} (i, j) \oplus (i, j) \xrightarrow{\text{opt}} (i_f, j_f)$$

式中，$\oplus$表示路径的级联。换句话说，贝尔曼最优性原理说：过(i, j)的从(i_0, j_0)到(i_f, j_f)的最优路径，是从(i_0, j_0)到(i, j)的最优路径与从(i, j)到(i_f, j_f)的最优路径的级联。这个原理的推论是，一旦经由最优路径到达节点(i, j)，为了最优地到达节点(i_f, j_f)，就只需要搜索从(i, j)到(i_f, j_f)的最优路径。

上述内容对于我们后面的学习很有帮助。假设我们已经离开(i_0, j_0)，并且第k个节点是(i_k, j_k)。我们的目的是计算到达第k个节点的最小代价。要过渡到(i_k, j_k)，就要从路径上的第$k-1$个节点(i_{k-1}, j_{k-1})开始。假设网格中的每个节点都有一组定义局部约束的前序节点。由贝尔曼最优性原理可得

$$D_{\min}(i_k, j_k) = \min_{i_{k-1}, j_{k-1}} [D_{\min}(i_{k-1}, j_{k-1}) + d(i_k, j_k | i_{k-1}, j_{k-1})] \tag{8.1}$$

事实上，到达节点(i_k, j_k)的总最小代价，是到达节点(i_{k-1}, j_{k-1})的最小代价与从节点(i_{k-1}, j_{k-1})过渡到节点(i_k, j_k)的代价之和。此外，只能在节点(i_k, j_k)的一组前序节点中搜索最小值，且这个过程要对网格中的所有节点执行。然而，在很多情形下，不需要涉及网格中的所有节点，最优路径搜索只需要在这些节点的一个子集中进行，其中的子集由全局约束定义。得到的算法称为动态规划。当代价函数D以乘积的形式给出时，或者需要求最大值时，式(8.1)要做相应的修改。

下面着重讨论字符串匹配任务，了解如何使用递归方程(8.1)来构建最优的完整路径。

图 8.2 中给出了这个过程。最优化（全局约束）过程中的节点集记为黑点，局部约束（定

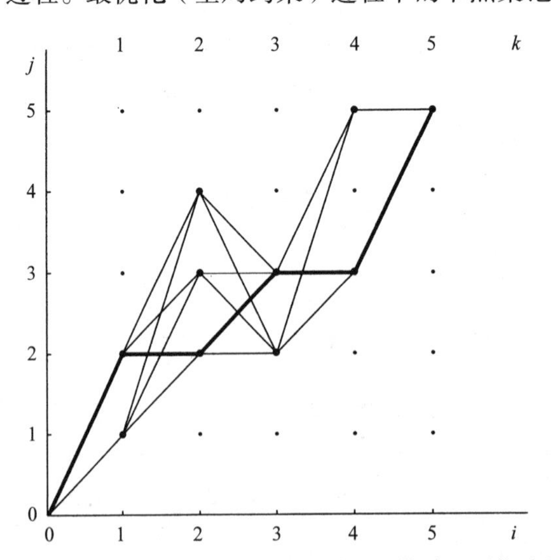

图 8.2 按照全局和局部约束，搜索所有允许的路径，构建了最优路径。测试模式和参考模式之间的最优节点对应关系可通过回溯最优路径来揭示

义为节点间之间允许的过渡）记为细线。决定搜索完整路径并设 $D(0, 0) = 0$ 后，在 $k = 1$ 步，涉及的所有允许节点的代价 $D(i_1, j_1)$由式(8.1)计算［例子中只有两个允许的节点(1, 1)和(1, 2)］。随后，在 $k = 2$ 步，计算 3 个节点的代价，重复这个过程，直到到达最终节点(I, J)。使得最终节点的代价 $D(I, J)$最小的过渡序列定义了最小代价路径，它在图中表示为粗线。通过回溯最优路径，可以揭示测试模式与参考模式之间的最优节点对应关系。在图 8.2 所示的例子中，递归的每个步骤 k 只涉及具有相同横坐标的节点，有些节点反映了所用的局部约束。一般来说，这不是必需的，可以使用拓扑理论。然而，不管采用什么方法，搜索最小值的理论都是相同的。下面几节将在不同的应用领域应用这个过程。

例 8.1 图 8.3 中显示了从 $k = 0$ 步的节点开始，到达 $k = 3$ 步的节点的最优路径（细线）。每步的网格包含 3 个节点，图中只画出了达到 $k = 3$ 步的最优路径。本例的目的是将先前的路径展开到下一步，计算到达 $k = 4$ 步的 3 个节点的最优路径。我们将使用贝尔曼最优性原理。假设到达各个节点的最优路径 $D_{\min}(3, j_3), j_3 = 0, 1, 2$ 的累积代价是

$$D_{\min}(3, 0) = 0.8, D_{\min}(3, 1) = 1.2, D_{\min}(3, 2) = 1.0 \tag{8.2}$$

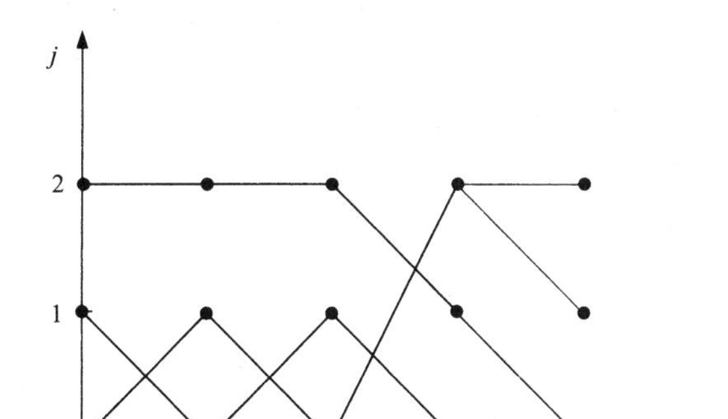

图 8.3 例 8.1 中网格的最优路径。粗线对应于从 $k = 3$ 步到 $k = 4$ 步的最优路径展开

我们还以表 8.1 中过渡矩阵的形式给出了过渡代价 $d(4, j_4|3, j_3), j_3 = 0, 1, 2, j_4 = 0, 1, 2$。换句话说，从节点(3, 1)到节点(4, 2)的过渡代价是 0.2。为了得到至节点(4, 0)的最优路径，我们必须组合式(8.2)中给出的值和表 8.1 中给出的对应过渡代价。于是，

从(3, 0)过渡到(4, 0)的总代价为 $0.8 + 0.8 = 1.6$

从(3, 1)过渡到(4, 0)的总代价为 $1.2 + 0.2 = 1.4$

从(3, 2)过渡到(4, 0)的总代价为 $1.0 + 0.7 = 1.7$

应用式(8.1)表明，到达节点(4, 0)的具有最优累积代价的最优路径，可由节点(3, 1)的过渡得到。可以验证，在 $k = 4$ 步，到达这些节点的最优路径如图 8.3 所示。与节点(4, 1)和节点(4, 2)关联的最优代价分别是 1.2 和 1.3。图中的粗线表示从 $k = 3$ 步到 $k = 4$ 步的过渡。

表 8.1 例 8.1 中各个节点之间的过渡代价

节 点	(4, 0)	(4, 1)	(4, 2)
(3, 0)	0.8	0.6	0.8
(3, 1)	0.2	0.3	0.2
(3, 2)	0.7	0.2	0.3

注意，对该例来说，如果添加更多的步骤，如 $k = 5, 6, \ldots$，那么从节点(0, 1)开始的路径不出现在计算中。于是我们说这条路径不超过 $k = 3$ 步。

8.2.2 编辑距离

本节讨论由有序符号集构成的模式。例如，当这些符号是字母时，模式就是手写文本中的单词。这类问题通常出现在自动编辑和文本检索应用中。符号串的其他例子出现在结构模式识别中。阅读设备识别（测试）模式的符号后，就要识别该模式，在一组参考模式中搜索最佳的匹配。为匹配过程采用度量指标时，应考虑在符号识别阶段出现的如下错误。

- 错误地识别了符号（如 beauty 而非 befuty）。
- 插入错误（如 bearuty）
- 删除错误（如 beuty）

显然，还可能出现组合错误。对于匹配过程，我们将采用变分相似性理论。换句话说，两个模式之间的相似性，基于将一个模式转换为另一个模式时关联的“代价”。两个模式的长度相同时，代价与两个模式之一中必定变化的符号数量直接相关。两个模式的长度不同时，会出现更有趣的情形。此时，要在测试串的某些位置插入或删除一些符号。删除或插入的位置在两个模式的符号之间必须是最优对齐的。两个字符串模式 A 和 B 之间的编辑距离[Dame 64, Leven 66]记为 $D(A, B)$。$D(A, B)$的定义如下：从模式 A 变为模式 B 时，所需最少数量的更改次数 C、插入次数 I 和删除次数 R，即

$$D(A,B) = \min_j [C(j) + I(j) + R(j)] \tag{8.3}$$

式中，j 包含从 A 得到 B 时符号变化的所有可能组合。注意，从 beuty 变为 beauty 的方法有多种。例如，一种方法是在 e 后插入 a，另一种方法是首先将 u 变为 a，然后在 a 后插入 u。

我们采用动态规划方法来计算式(8.3)所需的最小值。为此，我们将参考模式的符号放在横坐标轴上，将测试模式的符号放在纵坐标轴上，形成一个网格。图 8.4 中通过 4 个例子说明了这个过程。前面说过，采用动态规划方法计算最优路径的第一步是，声明问题中的节点过渡约束。对我们感兴趣的情形，采用了如下约束。

- 节点(0, 0)的代价 $D(0, 0)$为零。
- 搜索了完整的路径。
- 如图 8.4 下方说明的那样，节点(i, j)只能通过 3 个允许的前序节点到达，即

$$(i-1, j),\quad (i-1, j-1),\quad (i, j-1)$$

与上面 3 个过渡关联的代价如下：

1. 对角线过渡：

$$d(i, j|i-1, j-1) = \begin{cases} 0, & r(i) = t(j) \\ 1, & r(i) \neq t(j) \end{cases}$$

也就是说，对应于节点(i, j)的符号相同时，过渡的代价是 0；符号不同时，过渡的代价是 1。因此，必定要更改一个符号。

2. 水平和垂直过渡：

$$d(i, j|i-1, j) = d(i, j|i, j-1) = 1$$

水平过渡是指插入一个符号，使得两个字符串对齐，如图 8.4(a)所示。于是，它们的代价增大，因为它们是局部不匹配的。类似地，垂直过渡也会增大代价，因为此时需要删除一些符号，如图 8.4(c)所示。

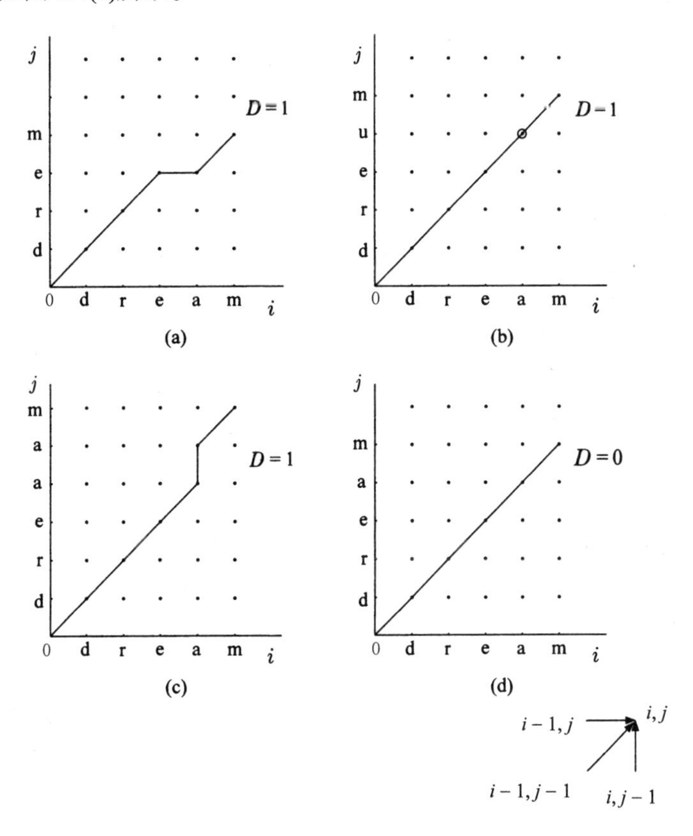

图 8.4　计算编辑距离：(a) 插入符号；(b) 改变符号；(c) 删除符号；(d) 相等。右下角显示了局部约束

在动态规划过程中，联立这些约束和距离(8.3)可以得到如下算法。

计算编辑距离的算法

- $D(0, 0) = 0$
- For $i = 1$ to I
  - $D(i, 0) = D(i-1, 0) + 1$
- End {For}
- For $j = 1$ to J
  - $D(0, j) = D(0, j-1) + 1$
- End {For}
- For $i = 1$ to I
  - For $j = 1$ to J
    - ○ $c1 = D(i-1, j-1) + d(i, j \mid i-1, j-1)$
    - ○ $c2 = D(i-1, j) + 1$

- ○ $c3 = D(i, j-1) + 1$
- ○ $D(i, j) = \min(c1, c2, c3)$
- End {For}
- End {For}
- $D(A, B) = D(I, J)$

换句话说，我们首先从(0, 0)开始，计算到达网格中每个节点的最小代价，然后构建最优（完整）路径。图 8.4 中显示了各条最小代价路径和每种情形下得到的编辑距离。可以验证，图 8.4 中各个例子的任何其他路径都有着更高的代价。

编辑距离也称 Levenstein 距离。为了更好地求解各种应用中出现的问题，人们提出了编辑距离的多种变体。在文献[Ocud 76]中，将一个符号更改为另一个符号的代价允许取不同于 1 的值，具体取决于不同应用中两个不同符号之间的关系。例如，对于拼写更正任务来说，将 a 更正为 q 的代价小于将 a 更正为 b 的代价这一假设是合理的，因为 a 和 q 是用同一个手指键入的，而 a 和 b 是用不同手指键入的。文献[Seni 96]中给出的另一个推广是，在手写体识别环境中，允许进行合并、分拆和双字母置换。

基本编辑距离方案的缺点是，它不考虑所比较序列的长度。例如，两个字符串序列只有 1 个符号不同时，它们的编辑距离都等于 1，而不管它们的长度是 2 还是 50。然而，常识表明，与长度为 2 的两个字符串序列相比，长度为 50 的两个字符串序列更相似，因为两个序列只有 1 个符号不同。为了计及所涉及序列的长度，文献[Marz 93]中提出了按网格中对应优化路径的长度来归一化的方法。

为了考虑相邻符号之间的相互作用，文献[Mei 04]中定义了马尔可夫编辑距离（以下简称马氏编辑距离）。例如，当符号变化是参考模式中对应子模式的重组时，这个修正的编辑距离将为测试模式中的这一符号变化分配一个低的代价。这很自然，因为实际工作中很少出现胡乱输入的情形。考虑这种情况后，比较参考模式 beauty 与测试模式 beuaty 得到的马氏编辑距离，就小于比较参考模式 beauty 与测试模式 besrty 得到的马氏编辑距离，而两种情形下的基本编辑距离相等。

编辑距离及其变体已在许多领域用来求解字符串匹配问题，如多边形匹配[Koch 89]、OCR[Tsay 93, Seni 96]、立体视觉[Wang 90]、计算生物学和基因序列匹配[Durb 97]。

8.2.3 语音识别中的动态时间规整

本节主要介绍语音识别中的动态规划技术的应用，重点介绍离散或孤立词识别（Isolated Word Recognition, IWR）任务。也就是说，我们假设口述文本由离散的单词组成，且单词之间的静默期足够长。在这类任务中，可以非常简单地确定一个单词在何处结束，另一个单词在何处开始。然而，在复杂的连续语音识别（Continuous Speech Recognition, CSR）系统中，说话者以自然的方式说话，单词之间的界限并不明显，因此需要更加周密的方法（如文献[Silv 90, Desh 99, Neg 99]）。当单词由一名说话者说出且识别系统的目的是识别该人所说的单词时，就称识别任务为*说话人相关识别*。更复杂的任务是说话人不相关识别，此时，要使用许多说话人来训练系统，且系统要能泛化到识别非训练人员所说的单词。

任何 IWR 系统的核心都是一组已知的参考模式和一个距离度量。根据所用的度量，搜索测试模式与每个参考模式之间的最优匹配，就可识别一个未知的测试模式。

图 8.5(a)和图 8.6(a)中显示了对由同一说话人说了两遍的单词 love 采样后，得到的两个时间序

列的图形。样本是在麦克风输出位置以采样率 22050Hz 采样得到的。尽管很难描述两个时间序列的不同，但它们的不同非常明显。此外，这两个单词的持续时间不同。箭头近似地指出了语音段所在的区间，区间之外的箭头对应于静默期。具体地说，图 8.6(a)中的序列长 0.4s，图 8.5(a)中的序列长 0.45s。另外，要注意的是，这不是简单线性时间标度的结果。相反，需要一个高度非线性映射来得到由同一个人所说的两个“相同”单词的匹配。为便于比较，图 8.6(b)中显示了由同一个说话人所说的另一个单词 kiss 的时间序列图形。

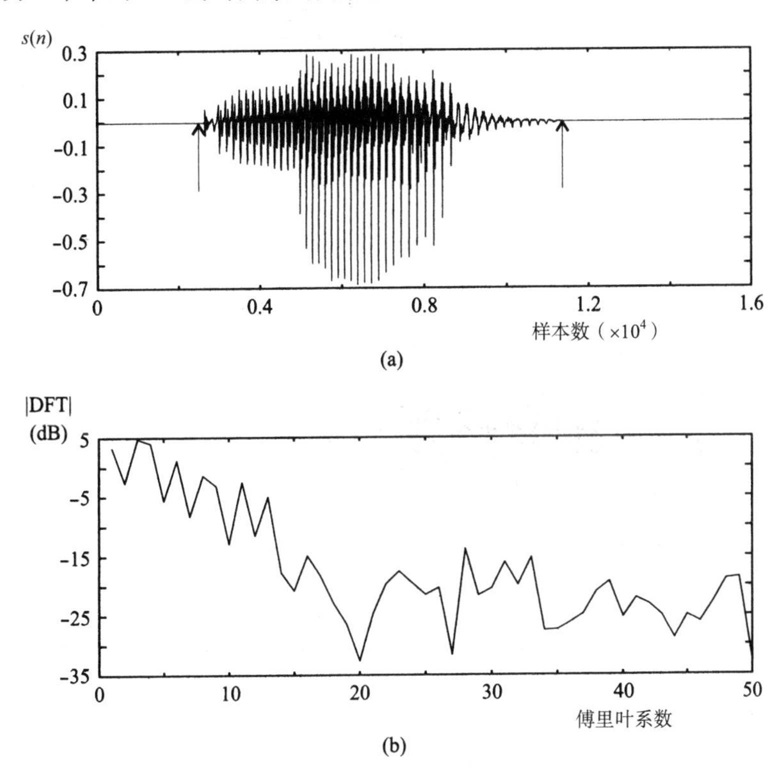

图 8.5　(a) 单词 love 的时间序列图形；(b) 一帧数据的 DFT 幅度图形

下面采用动态规划技术来说明实现测试模式与参考模式之间的最优匹配所需的非线性（规整）映射。为此，我们首先要将所说的单词表示为合适的特征向量序列，即参考模式向量序列 $\boldsymbol{r}(i)$, $i=1,\cdots,I$ 和测试模式向量序列 $\boldsymbol{t}(j)$, $j=1,\cdots,J$。显然，选择特征向量的方法有多种，下面重点介绍傅里叶变换特征。每个时间序列都被分成多个连续的时间重叠帧。在我们的例子中，选择每帧的长度为 $t_f=512$ 个样本，两个连续帧之间重叠 $t_0=100$ 个样本，如图 8.7 所示。对于图 8.5(a)中的语音段，得到的帧数是 $I=24$，其他两个帧数分别是 $J=21$［见图 8.6 (a)］和 $J=23$［见图 8.6 (b)］。假设前者是参考模式，后两者是测试模式。设 $x_i(n)$, $n=0,\cdots,511$ 是参考模式的第 i 帧的样本，$i=1,\cdots,I$。对应的 DFT 是

$$X_i(m)=\frac{1}{\sqrt{512}}\sum_{n=0}^{n=511}x_i(n)\exp\left(-\mathrm{j}\frac{2\pi}{512}mn\right),\quad m=0,\cdots,511$$

图 8.5(b)中显示了参考模式的 I 个帧中，某一帧的 DFT 系数的幅度。这幅图形是典型的语音段图形。较大 DFT 系数的幅度很小，对信号几无贡献，因此可用前 l 个 DFT 系数来表示特征，其中 $l\ll t_f$。在我们的例子中，$l=50$ 就已足够大。于是，特征向量序列变为

$$
\boldsymbol{r}(i)=\begin{bmatrix} X_i(0) \\ X_i(1) \\ \vdots \\ X_i(l-1) \end{bmatrix}, \quad i=1,\cdots,I \tag{8.4}
$$

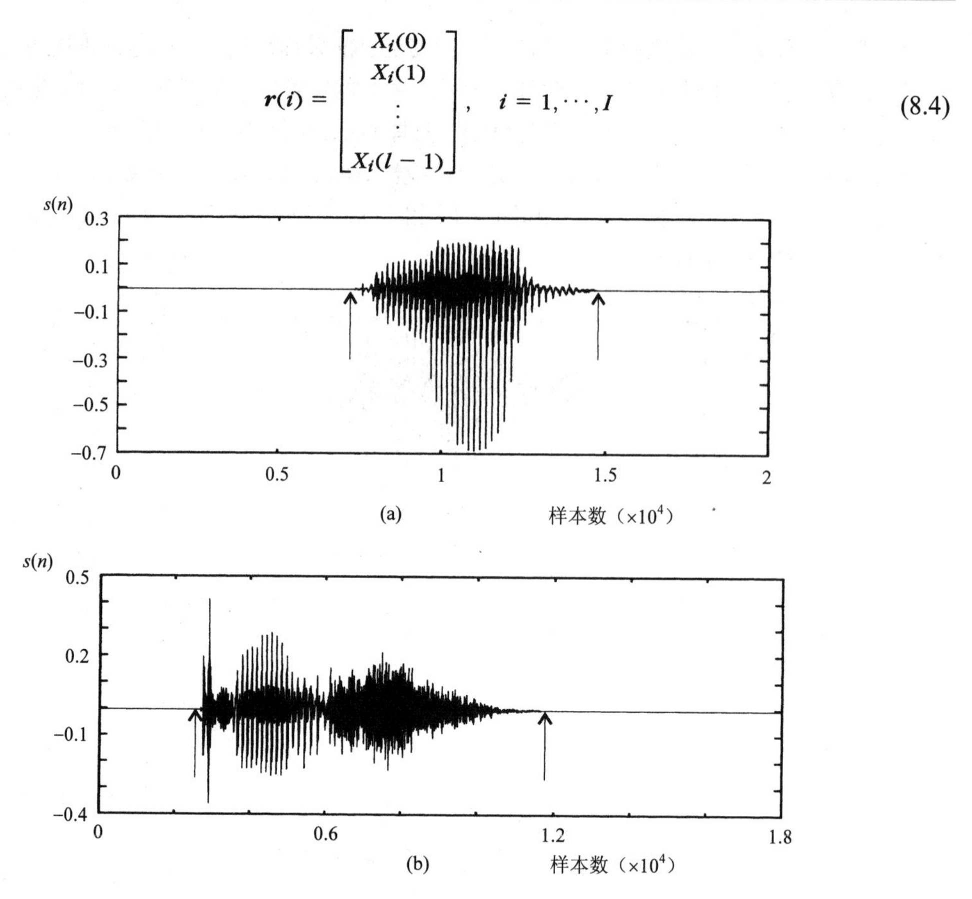

图 8.6 同一个说话人所说的(a)单词 love 和(b)单词 kiss 的时间序列图形

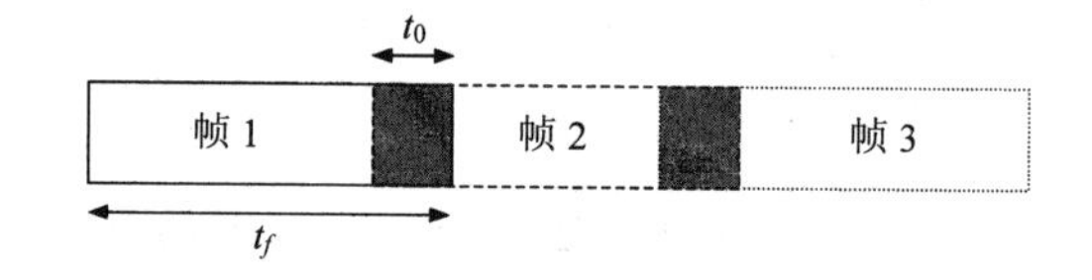

图 8.7 用来计算 DFT 特征向量的连续重叠帧

每个测试模式的特征向量 $\boldsymbol{t}(j)$都以类似的方式构成。选择 DFT 系数作为特征，只是人们多年来提议并广泛使用的方法之一，其他的常用方法包括语音段 AR 模型的参数、倒谱系数（DFT 系数幅度的对数的逆 DFT）等[Davi 80, Dell 93]。完成预处理和特征选择后，就可将参考模式和测试模式分别记为特征向量序列 $\boldsymbol{r}(i)$和 $\boldsymbol{t}(j)$。现在，我们的目的变成了计算测试模式和参考模式的各帧之间的最优匹配。换句话说，测试模式时间上将被拉伸（一个测试帧对应于多个参考帧）或被压缩（多个测试帧对应于一个参考帧）。两个字符串模式中的向量的最优对齐，通过动态规划过程发生。为此，首先沿横坐标找到参考字符串的向量，沿纵坐标找到测试模式的向量；然后确定如下内容：

- 全局约束
- 局部约束
- 端点约束
- 过渡的代价 d

对上述内容采用不同的假设，可得到具有不同优点的不同结果。下面重点讨论一些应用广泛的情形。

1．端点约束

下面寻找从(0, 0)到(I, J)的最优完整路径，该路径的第一个过渡是到节点(1, 1)的过渡。于是，可以隐含地假设各个语音段的端点［即 $\boldsymbol{r}(1), \boldsymbol{t}(1)$和 $\boldsymbol{r}(I), \boldsymbol{t}(J)$］在一定程度上是匹配的，它们可能分别是由语音段前后的静默期得到的向量。未预先规定路径的端点，且假设端点到节点(1, 1)和节点(I, J)的距离为ϵ时，会产生不同的完整路径约束，这时要使用优化算法来找到它们。

2．全局约束

全局约束定义搜索最优路径的节点区域，不搜索该区域之外的节点。一般来说，全局约束定义匹配过程允许的总体拉伸或压缩。图 8.8 中给出了一个例子。它们称为 Itakura 约束，且相对于参考模式，为测试模式的任何展开或压缩强加了一个最大化因子 2。允许的节点位于图 8.8 中由实线构成的平行四边形内。采用前面提及的宽松端点约束时，虚线对应于相同的全局约束。由图 8.8 可以看出，过平行四边形两侧的路径将对应的帧间隔压缩或展开了 2 倍，这是能够得到的最大的因子。这个约束通常是合理的，它同时减少了扫描最优路径所需的节点数量。$I \approx J$时，不难发现待搜索的网格点数减少了约 1/3。

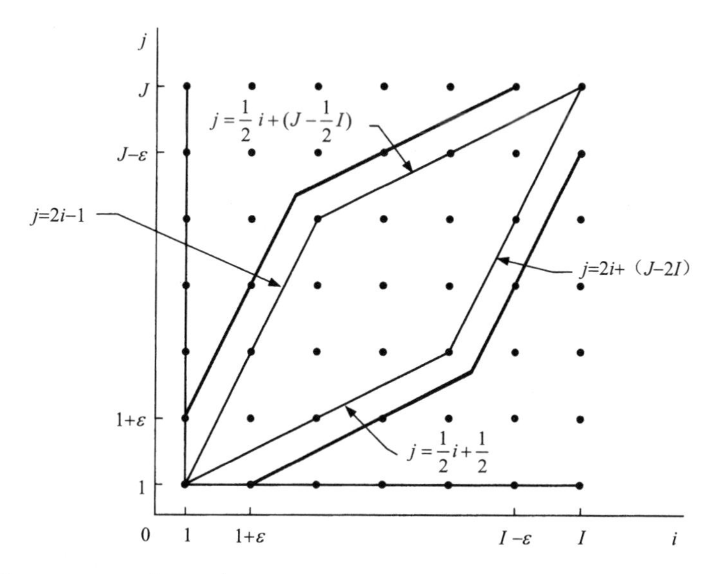

图 8.8　Itakura 全局约束。最大的压缩/展开因子是 2，它决定了边界线段的斜率。采用宽松的端点约束时，粗线对应于相同的全局约束

3．局部约束

这些约束定义网格中某个已知节点的前序节点集和允许的过渡。一般来说，它们会为连续过渡可以达到的最大展开率和压缩率强加限制。局部约束必须满足的性质是单调性，即

$$i_{k-1} \le i_k \quad 和 \quad j_{k-1} \le j_k$$

换句话说，一个节点的所有前序节点都位于其左侧和南侧，保证匹配操作按照自然时间演化以避免混淆，如避免混淆单词 from 和 form。

图 8.9 中显示了两个非单调路径的例子。图 8.10 中显示了称为 Itakura 约束[Itak 75]的局部约束。局部路径上可以达到的最大展开（压缩）率由关联的斜率度量，斜率是局部路径上 i 方向的总变化Δi 与 j 方向的总变化Δj 的最大比率。Itakura 约束的斜率是 2，取决于从$(i-1, j-2)$到(i, j)的过渡类型。Itakura 约束的另一个特性是允许不连续的水平过渡，这种过渡由画叉的箭头表示。于是，Itakura 约束不允许

斜率无穷大的长水平路径。最后，在测试模式字符串中，这些约束允许路径最多跳过一个特征向量；也就是说，在纵坐标轴上的 $j-1$ 位置，路径从 $(i-1, j-2)$ 跳到 (i, j)。相比之下，在参考模式字符串中不能跳过特征向量，所有特征向量都参与最优路径的搜索。这类约束被称为不对称约束。

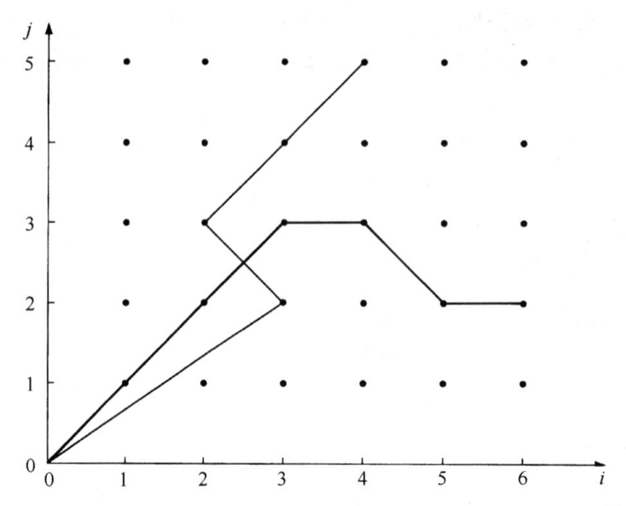

图 8.9　非单调路径的例子。搜索最优路径时，不允许且不考虑这样的路径

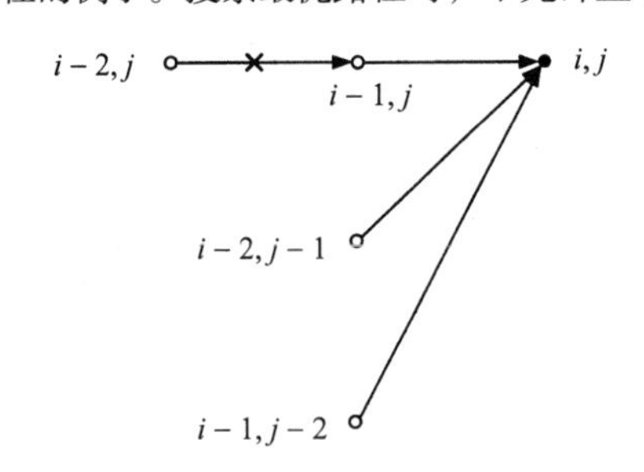

图 8.10　Itakura 局部约束。不允许两个连续的水平过渡

在实践中，人们提出并使用了许多其他的局部约束。图 8.11 中给出了 4 种不同的局部约束（由 Sakoe 和 Chiba 提出[Sako 78]）。对于图 8.11(a)中的约束，展开率/压缩率无限制，因为除了在由全局约束定义的区域外部，存在连续的水平和垂直过渡。相比之下，图 8.11(b)中只在对角线过渡后面允许水平（垂直）过渡，图 8.11(d)中只在两个连续的对角线过渡后面允许水平（垂直）过渡，图 8.11(c)中只在一个对角线过渡后面允许最多两个连续的水平（垂直）过渡。在图 8.11(a) ~ (d)中，约束的斜率分别是∞、2、3、3/2（见习题 8.2）。关于该主题的详细信息，请查阅文献[Dell 93, Silv 90, Myer 80]。

4．代价

一个常用的代价是对应于节点 (i_k, j_k) 的向量 $\boldsymbol{r}(i_k)$ 和 $\boldsymbol{t}(j_k)$ 之间的欧氏距离，即

$$d(i_k, j_k|i_{k-1}, j_{k-1}) = \|\boldsymbol{r}(i_k) - \boldsymbol{t}(j_k)\| \equiv d(i_k, j_k)$$

这里假设到某个节点的过渡没有关联的代价，代价完全依赖于对应各个节点的特征向量。有人建议和使用了其他的代价[Gray 76, Gray 80, Rabi 93]。最近，文献[Pikr 03]在音乐识别应用中，使用了对应于最常见错误（即不同的播放器风格）的代价。最后，要说明的是，通常要归一化总代价 D，以便补偿路径长度的不同，为不同长度的路径提供“均等”的机会。一种较好的归一化方法是，将总代价 D 除以每条路径的长度[Myer 80]。

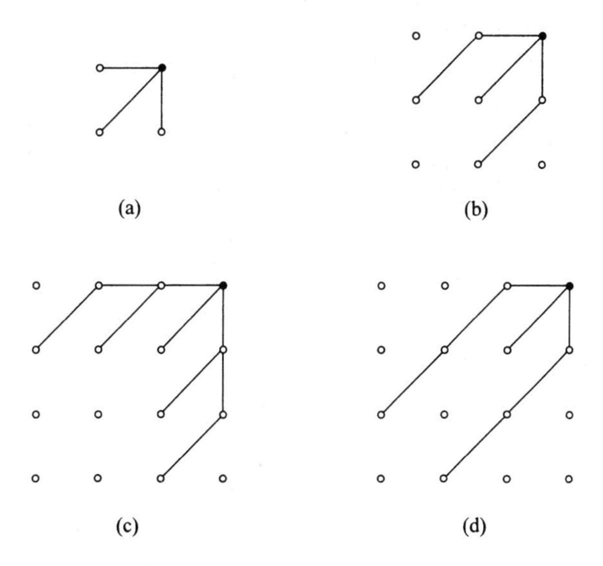

图 8.11 Sakoe 和 Chiba 局部约束

使用 Itakura 约束，相对于图 8.5 中的参考模式，得到图 8.6 中两个测试模式的总代价分别为 $D = 11.473$ 和 $D = 25.155$。于是，单词 love 的总代价小于单词 kiss 的总代价，过程正确地识别了所说的单词。除以每条路径上的节点数后，得到的归一化总代价分别是 0.221 和 0.559。

8.3 基于相关的度量

本节的主要任务概括如下：已知一段录制的数据，确定某个已知（参考）模式是否包含于其中及它在数据段中的位置。典型的此类应用是场景分析，即在一幅图像内搜索特定的目标。这类问题会出现在许多应用中，如目标检测、机器人视觉和视频编码。例如，在视频编码中，一个主要的步骤是运动估计——在连续的图像帧中找到对应像素的过程，然后进入运动补偿阶段，以便补偿目标从一帧运动到另一帧的位移。再后，对帧差进行编码：

$$e(i, j, t) = r(i, j, t) - r(i-m, j-n, t-1)$$

式中，$r(i, j, t)$是图像帧于时刻 t 的像素灰度级，$r(i-m, j-n, t-1)$是前一帧于时刻 $t-1$ 在空间位置 $i-m, j-n$ 的对应像素值。采用这种方式，就可只对最新帧中包含的新信息进行编码，进而避免冗余。

假设有一个已知的参考模式，记为一个 $M\times N$ 图像数组 $r(i,j), i=0,\cdots, M-1, j=0,\cdots, N-1$，并有一个测试模式，记为一个 $I\times J$ 图像数组 $t(i,j), i=0,\cdots, I-1, j=0,\cdots, J-1$，其中 $M\leqslant I, N\leqslant J$。我们的目的是找到一个度量，在 $t(i,j)$内检测与参考模式 $r(i,j)$最优匹配的一幅 $M\times N$ 子图像。为此，将参考图像 $r(i,j)$叠加到测试图像上，并将参考图像平移到测试图像内的所有位置(m, n)。对于每个点(m, n)，根据下式计算 $r(i,j)$和 $t(i,j)$的 $M\times N$ 子图像之间的失配：

$$D(m,n) = \sum_{i=m}^{m+M-1}\sum_{j=n}^{n+N-1}|t(i,j) - r(i-m, j-n)|^2 \tag{8.5}$$

模板匹配就是搜索 $D(m, n)$最小的位置(m, n)。下面给出计算上更有效的形式。式(8.5)等同于

$$D(m,n) = \sum_i \sum_j |t(i,j)|^2 + \sum_i \sum_j |r(i,j)|^2 - 2\sum_i \sum_j t(i,j)r(i-m,j-n) \tag{8.6}$$

对于一个已知的参考模式，第二个被加数是一个常数。假设第一个被加数不会太大地改变图像，即测试图像上像素的灰度级变化不大。当

$$c(m,n) = \sum_i \sum_j t(i,j)r(i-m,j-n) \tag{8.7}$$

对所有可能的位置(m, n)最大时，$D(m, n)$取最小值。量$c(m, n)$就是$t(i,j)$与$r(i,j)$之间的一个互相关序列。当灰度级变化较大时，该度量对$t(i,j)$内的灰度级变化敏感，这时要使用合适的度量——互相关系数，它定义为

$$c_N(m,n) = \frac{c(m,n)}{\sqrt{\sum_i \sum_j |t(i,j)|^2 \sum_i \sum_j |r(i,j)|^2}} \tag{8.8}$$

式中，$c_N(m, n)$是$c(m, n)$的归一化形式，它在$t(i, j)$内的变化趋于抵消。回顾 Cauchy-Schwarz 不等式可知

$$\left|\sum_i \sum_j t(i,j)r(i-m,j-n)\right| \leqslant \sqrt{\sum_i \sum_j |t(i,j)|^2 \sum_i \sum_j |r(i,j)|^2}$$

当且仅当

$$t(i,j) = \alpha r(i-m,j-n), \quad i = m,\cdots,m+M-1$$

$$j = n,\cdots,n+N-1$$

时成立，其中α是一个任意常量。因此，$c_N(m, n)$总小于 1，且只在测试模式与参考模式相同时有最大值 1。

在迄今为止的讨论中，我们都假设参考模式只在$t(i,j)$内平移，而不涉及旋转或缩放。在视频编码等应用中，这个假设是成立的，且已被视频编码标准采用[Bhas 95]。然而，事情不是一成不变的，有时必须要更新技术。一种方法是用不变矩来描述参考子图像和测试子图像，并用这些矩的相关性来度量相似性[Hall 79]（见习题 8.4）。文献[Scha 89]中介绍了另一种旋转和缩放不变技术，它组合使用了傅里叶变换和梅林变换。这种技术试图用用傅里叶变换幅度的平移不变性（见第 7 章）和梅林变换的缩放不变性[Ravi 95]（见习题 8.5）。另一种计算开销较大的方法是，使用一组变形（旋转和缩放后）的参考模板来计及所有可能性。然后，使用相关匹配来找到测试模式与参考模板之间的最好匹配。计算开销较小的另一种技术是 Karhunen-Loève 变换[Ueno 97]，其主要依据是旋转后的模板高度相关，且每个模板都可由其到（用相关矩阵中最重要的特征向量构成的）低维特征空间上的投影近似。在低维空间中执行未知模式与正确方向的模板之间的匹配，可以降低计算开销。

例 8.2 图 8.12(a)中的图像$t(i, j)$内有两个目标，即一把螺丝刀和一把锤子。后者是我们要在图像中搜索的目标。参考图像显示在图 8.12(a)的右上角，虚线区域是参考模式叠加到测试图像上后的位置(m, n)。图 8.12(b)中显示了两幅图像之间的互相关$c(m, n)$。观察发现，最大值出现在位置(13, 66)，它也是锤子在图像$t(i, j)$中的位置。

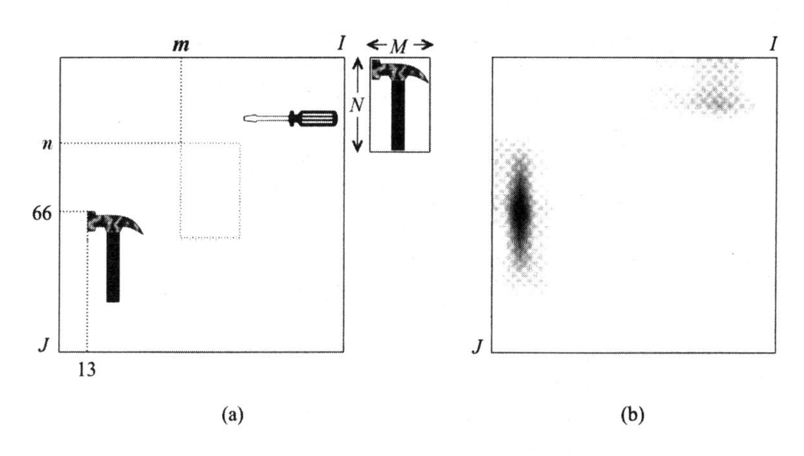

图 8.12　(a) 参考图像和测试图像的例子；(b) 它们的相关

1．计算方面的考虑

- 在一些情形下，通过傅里叶变换计算互相关更有效。回顾可知，频域中的式(8.7)可写为

$$C(k,l) = T(k,l)R^*(k,l) \tag{8.9}$$

式中，$T(k, l)$和 $R(k, l)$分别是 $t(i, j)$和 $r(i, j)$的 DFT，“*”表示复共轭。当然，要写出式(8.9)，两幅图像的大小必须相同。图像的大小不同时，通常要填充一些“0”来扩展较小的图像。$c(m, n)$是求 $C(k, l)$的逆 DFT 得到的。考虑到 FFT 的计算效率，这个过程的计算节省量取决于 M, N 和 I, J 的相对大小。

- 在基于相关的模板匹配中，主要的计算开销是在图像 $t(i, j)$的所有像素中搜索具有最大相关的像素。该搜索通常限定在中心是图像 $t(i, j)$中的点(x, y)的矩形$[-p, p]\times[-p, p]$内。例如，在视频编码过程中，若 $t-1$ 时刻 $M\times N$ 块的中心是(x, y)，则在范围$(x\pm p, y\pm p)$内搜索当前的帧，其中 p 的值依赖于具体的应用。对于广播电视，$p=15$ 就已足够；对于体育赛事（高运动），$p=63$ 更合适。因此，搜索式(8.7)中定义的最大 $c(m, n)$需要$(2p+1)^2MN$ 次加法和乘法，计算量确实巨大（见习题 8.6）。在实际工作中，人们通常采用次优的启发式搜索技术，尽管这些技术不能保证找到最大值，但可以大大降低运算量。一种技术是减少搜索点数，另一种技术是缩小搜索范围。

2．二维对数搜索

图 8.13 中显示了对数搜索，$p=7$ 时的搜索区域是矩形$[-p, p]\times[-p, p]$，设矩形的中心是(0, 0)。首先在中心和矩形$[-p/2, p/2]\times[-p/2, p/2]$（$p/2$ 已舍入为一个整数）边界上的 8 个点处计算互相关性。这些点用正方形表示。这些点之间的距离是 $d_1=4$ 个像素，即 $d_1=2^{k-1}$ 和 $k=\lceil \log_2 p\rceil$，其中$\lceil\cdot\rceil$表示向上取整。对于 $p=7$，得到 $k=3$ 和 $d_1=4$。下面举例说明该过程。假设在（带阴影的正方形）位置(−4, 0)得到最大的互相关值。然后，将这个点作为大小是$[-p/4, p/4]\times[-p/4, p/4]$（本例中是$[-2, 2]\times[-2, 2]$）的矩形的中心，并计算其边界上的 8 个点处的相关。这些点由圆表示，点间的距离是 $d_2=d_1/2$（2）。重复这个过程，最后在矩形$[-1, 1]\times[-1, 1]$的边界的 8 个点处进行计算，注意该矩形的中心是（前一步的）最优阴影圆点。菱形点之间的距离是 $d_3=1$。带阴影的菱形对应于具有最大相关的点，搜索过程终止。计算次数现在降低到 $MN(8k+1)$，与穷举搜索相比，节省了大量的计算。

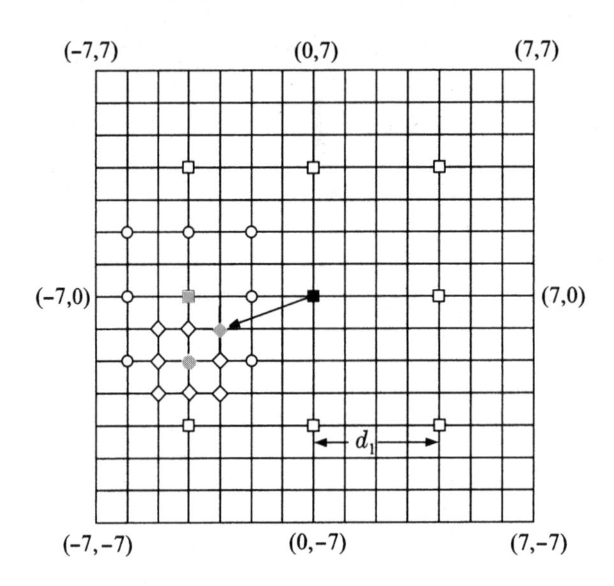

图 8.13　寻找最大互相关点的对数搜索

一种改进的二维对数搜索是，分别在 i 和 j 方向进行搜索。将所得 i 和 j 的最好值作为坐标系的新原点，并在新的 i, j 方向上使用更小的距离 d 重复这一搜索过程，直到距离变为 1。

3．分层搜索

这种技术源于第 6 章中介绍的多分辨率概念。下面再给出一个例子。

- 步骤 1：已知一个 16×16 的参考块，假设搜索区域是矩形$[-p, p]\times[-p, p]$，中心点是测试图像中的(x, y)。我们从这些图像的 0 级形式开始。参考块和测试图像都进行了低通滤波和按 2 下采样，得到了它们的 1 级形式。1 级图像中的像素数减少了 4 倍。1 级图像依次低通滤波和下采样后，得到了 2 级形式。一般来说，这个过程可以持续下去。
- 步骤 2：在 2 级图像中，使用参考块的 4×4 低通图像搜索最大值。在测试图像的 2 级低通形式中，搜索区域是矩形$[-p/4, p/4]\times[-p/4, p/4]$，矩形的中心是$(x/4, y/4)$。可以采用完整的搜索，也可以采用对数搜索。设$(x_1, y_1)$是相对于$(x/4, y/4)$的最优坐标。
- 步骤 3：在 1 级图像中，使用参考块的 8×8 图像搜索最大值。在测试图像的 1 级形式中，搜索区域是矩阵$[-1, 1]\times[-1, 1]$，矩形的中心是$(x/2 + 2x_1, y/2+ 2y_1)$，共有 9 个像素。这是因为下采样后（见第 6 章中的图 6.23），该区域边界上的 8 个像素未包含在 2 级图像中。在这个级别搜索最大值时，为了让比较“公平”，必须包含中心点。设最大值出现在相对于$(x/2, y/2)$的位置(x_2, y_2)。
- 步骤 4：在 0 级图像中，使用原始的参考模板进行搜索，搜索区域是矩形$[-1, 1]\times[-1, 1]$，中心是测试图像中的$(x + 2x_2, y + 2y_2)$。最大值的位置就是所求的结果，搜索过程终止。

这种方法所能节省的计算量，取决于级数和最高级中采用的搜索方法（见习题 8.5）。从计算量的角度看，分层搜索方法通常非常有效。由于需要保存多级图像，因此计算量的减少是以更大的内存需求为代价的。这种方法的缺点是，当模板中出现一些小目标时，下采样会使得它们在最低分辨率的图像中消失。此外，这种方法不能保证找到全局的最好匹配。文献[Alkh 01]中提出的另一种方法可以得到全局的最好匹配。利用更高级图像中的结果和适当选择的阈值，为某级图像修剪最好匹配的候选数量，可以降低计算量。

4. 顺序搜索方法

人们还提出了其他方法。例如，顺序搜索方法直接计算式(8.5)的一个变体。具体来说，定义

$$D_{pq}(m,n)=\sum_{i=0}^{p-1}\sum_{j=0}^{q-1}|t(i+m,j+n)-r(i,j)| \tag{8.10}$$

于是，对 $p, q = 1, 2,\cdots$ 和 $p\leq M, q\leq N$，误差在一个较小且随后增大的窗口区域内计算。当 $D_{pq}(m, n)$ 大于预先确定的阈值时，停止计算。然后，计算以不同的方向(m, n)开始。因此，对不好的位置只需要少量计算，所以达到了节省计算量的目的。

8.4　可变形模板模型

前一节中介绍了在测试图像中搜索已知参考模式（模板）的问题，当时假设驻留在图像中的模板和目标是相同的，只是强加给它们的方向和缩放不同。然而，对于我们预先知道模板的许多问题，在图像中搜索的目标看起来不完全相同，原因是成像条件、结论的变化和不完美的图像分割。此外，在基于内容的图像数据库检索系统中，用户可为系统提供待检索目标的大致形状。显然，大致形状不完全与数据图像中的对应目标匹配。本节的目标是，允许在模板匹配过程中，参考模板和图像中的对应测试模式之间存在偏差。在讨论过程中，我们假设参考模板的形式是图像阵列，其中包含了目标的边界信息（轮廓）。也就是说，我们只关注形状信息。扩展到包含更多的信息（如纹理）也是可行的。

我们将参考模板图像阵列记为 $r(i,j)$，这称为*原型*。可变形模板匹配过程的基本思想很简单：改变原型，得到变形后的原型。从数学观点来看，变形是指对 $r(i, j)$应用一个参数变换 T_ξ，生成变化后的图像 $T_\xi[r(i, j)]$。向量参数ξ的不同值会产生不同的变形图像。在可生成的变形原型集合中，有一个变形原型能够“最好地”匹配测试模式。匹配度用一个代价来度量，这个代价称为*匹配能量* $E_m(\xi)$。显然，目的是选择ξ 使得 $E_m(\xi)$最小，但这还不够。例如，最优参数集中的变形模板不再与原始的原型相似时，这种方法就没有意义。因此，在优化过程中更常考虑的术语是度量“变形”的代价，即为了匹配测试模式需要经历的原型。我们将这个术语称为*变形能量* $E_d(\xi)$。于是，我们可以计算最优向量参数，使其满足

$$\boldsymbol{\xi}:\min_{\boldsymbol{\xi}}\{E_m(\boldsymbol{\xi})+E_d(\boldsymbol{\xi})\} \tag{8.11}$$

换句话说，我们可以认为原型的边界曲线是由“橡胶”制成的。于是，在铅笔的帮助下，我们可以改变橡胶曲线的形状，以便匹配测试模式。对原型形状的改变越大，为其花费的能量就越多。记为 $E_d(\xi)$的这个参量，取决于原型的形状。也就是说，它是原型的一个本质属性，也是称其为*内部能量*的原因。记为 $E_m(\xi)$的能量依赖于输入数据（测试图像），我们通常称其为*外部能量*。选择最优的向量参数ξ，以便实现这两个能量之间的最好折中。有时，我们会为其中的一个能量提供权重因子 C，并在如下条件下计算ξ：

$$\boldsymbol{\xi}:\min_{\boldsymbol{\xi}}\{E_m(\boldsymbol{\xi})+CE_d(\boldsymbol{\xi})\} \tag{8.12}$$

因此，要在实践中使用上述过程，必须满足如下条件：

- 一个原型。
- 变形原型的变换过程。
- 两个能量函数术语。

1. 选择原型

应该认真选择原型，因为它是各个实例的典型代表。在某种程度上，原型应编码为对应“形状类别”的“平均形状”特征。

2. 变形变换

变形变换由一组参数集合运算组成。设(x, y)是二维图像中某点的（连续）坐标。不失一般性，假设图像定义在正方形$[0, 1]\times[0, 1]$中。于是，使用一个连续映射函数将每个点(x, y)映射为

$$(x,y) \longrightarrow (x,y) + (D^x(x,y), D^y(x,y)) \tag{8.13}$$

对于离散图像数组，变换之后需要进行量化。执行上面的映射时可以使用不同的函数。实际工作中成功得到应用的一个集合是[Amit 91]

$$D^x(x, y) = \sum_{m=1}^{M}\sum_{n=1}^{N}\xi_{\mathrm{mn}}^x \mathrm{e}_{\mathrm{mn}}^x(x, y) \tag{8.14}$$

$$D^y(x, y) = \sum_{m=1}^{M}\sum_{n=1}^{N}\xi_{\mathrm{mn}}^y \mathrm{e}_{\mathrm{mn}}^y(x, y) \tag{8.15}$$

$$\mathrm{e}_{\mathrm{mn}}^x(x, y) = \alpha_{mn}\sin \pi nx \cos \pi my \tag{8.16}$$

$$\mathrm{e}_{\mathrm{mn}}^{\mathrm{y}}(x,y) = \alpha_{mn}\cos \pi mx \sin \pi ny \tag{8.17}$$

以上各式中，M和N的选择要合适。归一化常数α_{mn}可以取为

$$\alpha_{\mathrm{mn}} = \frac{1}{\pi^2(n^2+m^2)}$$

也可使用其他基函数，如样条函数或小波函数。图 8.14 显示了一个目标的原型，以及使用式(8.14)至式(8.17)中的变换模型得到的 3 个变形目标的原型，其中$M = N = 1$。

3. 内部能量

没有变形时，内部能量应取最小值，如$\xi = 0$。根据前面针对变形函数的讨论，合理的选择是

$$E_d(\boldsymbol{\xi}) = \sum_m \sum_n ((\xi_{\mathrm{mn}}^x)^2 + (\xi_{\mathrm{mn}}^y)^2) \tag{8.18}$$

4. 外部能量

度量测试模式与变形模板之间的匹配度的方法有多种。例如，对于特定位置、方向和缩放的变形模板，外部能量可由变形模板轮廓上的点到测试图像轮廓上的最近点的距离I来度量。使用下面的能量函数可以实现这一目标：

$$E_m(\boldsymbol{\xi}, \boldsymbol{\theta}, I) = \frac{1}{N_d}\sum_{i,j}(1 + \boldsymbol{\Phi}(i, j)) \tag{8.19}$$

式中，$\boldsymbol{\theta}$ 是定义位置、方向和缩放的参数向量，N_d 是对应的变形模板轮廓上的像素的数量，且有

$$\Phi(i,j) = -\exp\left(-\rho(\delta_i^2 + \delta_j^2)^{1/2}\right) \tag{8.20}$$

式中，ρ 是一个常量，(δ_i, δ_j) 是变形模板中的像素(i, j)到测试图像中的最近点的距离。在文献[Jain 96]中，代价中计及了方向信息。

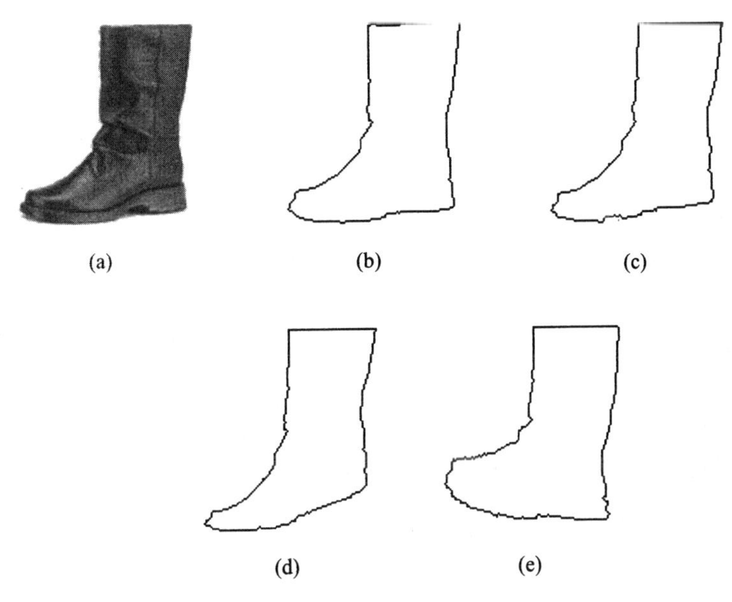

图 8.14　(a) 参考模式；(b) 轮廓原型；(c) ~ (e) 三个变体

注释

- 根据概率论知识，我们可用更系统的方式得到式(8.11)，即对于已知的测试图像，最大化后验概率密度(ξ, θ)，

$$p(\boldsymbol{\xi}, \boldsymbol{\theta}|I) = \frac{p(\boldsymbol{\xi}, \boldsymbol{\theta})p(I|\boldsymbol{\xi}, \boldsymbol{\theta})}{p(I)} \tag{8.21}$$

  式中利用了贝叶斯准则。当参数 ξ_{mn}^x, ξ_{mn}^y 统计独立且服从正态分布，如 $p(\xi) = \mathcal{N}(0, \sigma^2)$时，可以得出式(8.18)。方差$\sigma^2$越大，以高概率出现的值的范围越宽。为得到式(8.19)至式(8.20)，我们使用了模型

$$p(I|\boldsymbol{\xi}, \boldsymbol{\theta}) = \alpha \exp\left(-E_m(\boldsymbol{\xi}, \boldsymbol{\theta}, I)\right) \tag{8.22}$$

  式中，α是归一化常数[Jain 96]。
- 式(8.11)中的代价是一个非线性函数，使用任何非线性最优方法可求得其最小值。除复杂性外，主要缺点是算法存在陷入局部极小值的危险。文献[Jain 96]中给出了基于梯度下降法（见附录 C）的一个程序，其思想是采用多分辨率迭代方法，为粗糙级使用大的ρ值［见式(8.20)］，为细致级使用小的ρ值。这个程序看起来可避免算法陷入局部极小值，但计算开销较大。
- 本节介绍的方法是更通用的可变形模板匹配技术，它是基于一个已知原型开发的，但不是唯一有效的方法。另一类可变形模型源自原型形状的分析描述，使用了一组参数化的几何形状，如椭圆或抛物线。要深入研究这些问题，请查阅文献[Jain 98, McIn 96, Cheu 02]及其中的参考文献。文献[Widr 73, Fisc 73]首次在计算机视觉中引入了可变形模型的概念。

- 在模式识别领域，给出一个未知测试模式后，我们要在已知的一组不同原型中找到最好的匹配。对于每个原型，要根据最小能量代价选择最优的变形。所选的原型是得到最小总能量代价的原型。

8.5 基于内容的信息检索：相关反馈

随着互联网的快速发展，网上存储和分发了大量的信息。搜索引擎已成为搜索和检索所有形式的信息的工具，如文档、图像、音频和视频。传统的信息检索方法是基于文本的，存储的信息使用文本人工标注后，由分布式数据库系统用来执行信息检索任务。这种方法的明显缺点是，人工标注不仅费时费力，而且容易受到主观因素的影响而丧失准确性。“基于内容的信息检索”由于利用了模式识别的优点，正日益体现其重要性，且用途越来越广泛。今天，存储的信息可以按照内容来索引、检索。例如，检索图像时，我们可以使用图像中包含的大量信息（颜色、纹理、阴影）来自动索引图像。一些音乐与演讲片段也可用 7.5 节中介绍特征来表示。

基于内容的信息检索与本章中介绍的模板匹配概念上是类似的。目的是将与模式最“相似”的模式/模板输入搜索引擎，搜索和检索存储的一些信息。相似性是用特征空间中定义的相似度来量化的。本章开头介绍的几种相似度可能是某些“基于内容的检索”任务要用到的度量。广泛使用的一个度量指标是特征向量 $\boldsymbol{x}$ 和 $\boldsymbol{y}$ 之间的权重 l_p，

$$d(\boldsymbol{x},\boldsymbol{y})=\left(\sum_{i=1}^{l}w_i|x_i-y_i|^p\right)^{\frac{1}{p}}$$

显然，当 $p=2, w_i=1, i=1,2,\cdots,l$ 时，这个距离是欧氏距离；当 $p=1$ 时，这个距离就称为权重 l_1（马氏）范数。第 11 章中将详细介绍相似度/相异度。

基于内容的检索方法的主要缺点是，搜索和后续的检索只基于衍生的特征，衍生的特征也称低级特征。远比机器智能的人类识别目标（模式）时，会使用许多高级概念。例如，我们通常使用“语义鸿沟”来表示表示低级特征和高级特征之间的差异。人工智能是研究方法与技术使得机器能够由低级衍生特征进行高级推理的学科。到目前为止，这些技术还只适用于有限的领域。

与人工智能领域的目标相比，本节的目标较低，但非常有趣。既然机器学习无法与人类相比，那么我们就让机器和用户一起进行学习。这种方法的优点是，系统可以按用户熟悉的方式来概念化模式。为此，我们将搜索/检索会话分为许多连续的环路。在每个环路中，用户通过将检索到的模式表征为“相关的”或“不相关的”来提供有关结果的反馈。我们将一些样本共同拥有的特征定义为相关特征，它可以是感知特征，也可以是语义特征[Cruc 04]。这种方法称为相关反馈（Relevance Feedback，RF）。由于用户参与了学习过程，为了让学习过程更有用，经过一些迭代步骤后，学习过程应收敛，且搜索引擎必须是实时操作的。为此，所选的（低级）特征必须尽可能多地包含信息。因此，第 5 章中介绍的特征选择技术就显得非常重要。RF 的一个成功范例是基于内容的图像检索，它已用在许多商用产品中，详见文献[Liu 07]。

下面给出许多 RF 任务中的典型场景，详见图 8.15。

1. 系统给出一些与用户提供给搜索引擎的模式“相似”的初始模式集（如图像、网页、音频等）。
2. 用户将来自返回模式的数字标注为“相关”或“不相关”。
3. 使用一个分类程序来“学习”用户的反馈。

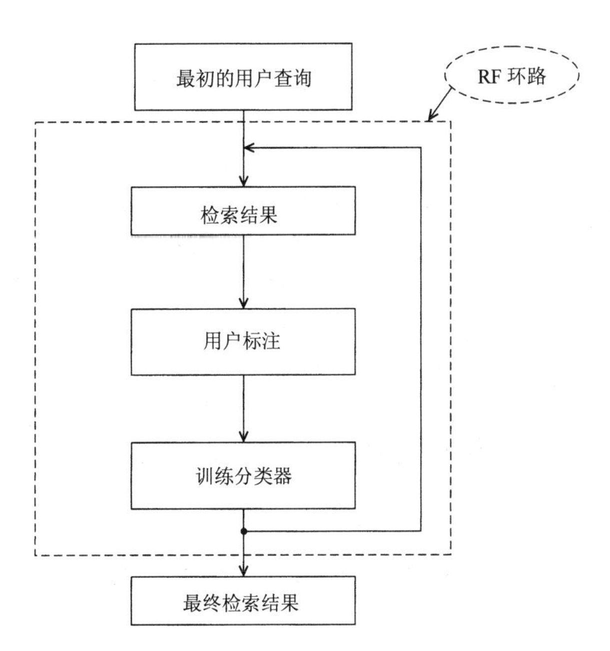

图 8.15　相关反馈任务的基本步骤框图

重复步骤 2 ~ 3，直到 RF 算法收敛到用户满意的程度，即搜索引擎检索到了真正相关的模式。显然，环路中的所有三个步骤可以使用不同的技术。

对于步骤 1，我们既可以随机地初始化系统，又可以基于某个相似度如 l_p 来检索一个初始的“相似”模式集合。对于步骤 3，常用的选择是，采用经过训练的二进制分类器，将步骤 2 中标注的模式分类为“相关”或“不相关”类别。研究人员最常使用支持向量机（SVM），但也使用其他分类器，详见文献[Druc 01,Cruc 04, Liu 07]。

有趣的是，步骤 2 非常重要。首次采用选择策略的目的是，注明系统返回的模式的类型，以及用户必须应用查询概念并标注这些模式的原因。显然，搜索引擎每轮返回的模式，依赖于“学习者”在步骤 3 中的当前知识。在每个迭代步骤中，系统都根据与分类器的决策相关联的置信度对检索到的模式进行排序。例如，在采用向量机的情形中，这个置信度可以是表示特征向量到 RKHS 特征空间中的决策超平面的距离，它与式(4.72)中的$|g(\boldsymbol{x})|$成正比。在文献[Druc 01]中，离正侧（相关）最远的范例排在列表的顶部，离负侧（不相关）最远的范例排在列表的底部。用户在列表的顶部选择一定数量的模式（如 10 个或 20 个）。也就是说，使用当前的分类器将这些模式分类为“相关的”且具有高置信度后，选择过程即告完成。显然，如果系统还未收敛，那么返回的某些模式将不能满足用户的要求而被归类为“不相关的”。这种策略看起是目前最流行的策略。这种选择过程的优点是，用户可在迭代过程的前期得到一些较好的相关模式，但会减慢收敛速度。

文献[Tong 01]中提出了另一种策略，它源于模式识别领域中所用的主动学习概念（见文献[Lewi 94, Scho 00]）。主动学习是用信息量最丰富的数据子集来训练分类器的一种方法。因此，分类器能够使用较少的训练数据实现更好的分类效果。信息量最大的数据点被认为是最不确定的实例。因此，在 RF 设置中，要求用户标注许多最接近分类器决策边界的池模式。文献[Tong 01]中为此提出了一种理论性很强的判别方法。换句话说，这样的选择准则将强制系统为用户提供关键信息，即区分“相关”与“不相关”的具体信息，因为一旦用户将“不确定”模式标注为“相关”或“不相关”，就消除了系统中的最大不确定性。这种判别准则的优点是能够加速 RF 方法的收敛过程。

图 8.16 中比较了两个不同用户采用前两种策略时，RF 系统的收敛性能，其中“懒惰”用户只标注两个相关的模式和两个不相关的模式（系统只返回一个相关的模式时，只标注一个相关的模式），“耐心”用户则标注搜索引擎在每个迭代步骤中返回的所有相关模式和不相关模式。水平坐标轴对应于迭代步数，垂直坐标轴对应于“精度”（记为 Pr）。精度定义为相关模式的数量与（每轮迭代）返回的模式总数之比。在所有情形下，曲线都从同一点开始。这是对应于使用了一个简单的相似度的初始化步骤的精度值。此外，所有的曲线都趋于 Pr = 1；也就是说，随着学习过程的进行，越来越多的返回模式被用户分类为相关的类别。对两个用户来说，对应于主动学习策略的曲线会更快地趋于 Pr = 1。当然“耐心”的用户曲线会更快地超于 Pr = 1，因为在每次迭代中，都有更多的模式来训练步骤 3 中的分类器。图中的曲线是用 Wang 图像数据库[Wang 01]和一个 SVM 分类器得到的。关于所用特征和参数的细节，请查阅本书的配套网站，有兴趣的读者也可做一些相关的实验。

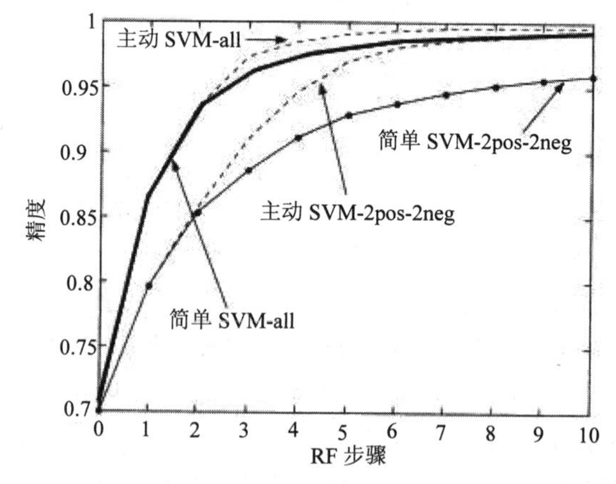

图 8.16　虚线对应于主动学习场景。“懒惰”用户的学习曲线在每轮迭代中至多标注两个正（相关）图像和两个负（不相关）图像，与将所有返回图像都标注为正或负的“耐心”用户的曲线相比，它收敛较慢。对两个用户来说，主动学习都会使得曲线快速收敛。图中使用术语“主动”和“简单”来注释对应于两种策略的曲线

有经验的研究人员会组合使用两种策略。文献[Xu 03]中提出了一种混合方法，步骤如下：

1. 使用用户的初始查询训练 SVM。
2. 系统返回一组 M 个模式，其中的 $K \leqslant M$ 个是离 RKHS 空间中决策超平面最远的模式（位于超平面的正侧），$M-K$ 个是离决策超平面最近的模式（位于超平面的负侧）。
3. 用户将模式标注为“相关”或“不相关”。
4. 使用用户标注的所有模式重新训练 SVM。算法要么在用户满意时终止，要么返回步骤 2。

文献[Xu 03]中声称，这种方法同时具备上述两种选择规则的优点——既可加快收敛的速度，又可在迭代过程的前期为用户提供一些真正相关的模式。

尽管本章主要介绍的是步骤 3 中的分类器，但是也可使用其他的方法。例如，在查询点法（Query Point Method，QPM）中，假设特征空间中存在一个理想的查询点，它可为用户的查询提供合适的答案。特征向量中的每个特征都被加权，学习者的任务是调整各个特征的权重，以便在特征空间中适当地移动查询点。学习过程既可基于正实例（见[Scla 97]），又可基于正实例与负实例（见[Rui 98]）。

关于该主题的详细介绍，请读者查阅文献[Liu 07, Long 03, Cruc 04]。

习题

8.1 计算单词 poem 与其误拼 poten 的编辑距离，画出最优路径。

8.2 计算 Sakoe-Chiba 约束的斜率，画出实现最大展开率/压缩率的路径及对应于中间率的路径。

8.3 对于一个完整的最优路径和 Itakura 约束，为动态时间规整开发一个计算机程序。使用来自本书配套网站的语音段，验证该算法。

8.4 已知 $M \times N$ 参考图像块的 7 个 Hu 矩是ϕ_i, $i = 1, 2,\cdots, 7$，将由位于(m, n)的测试子图像得到的各个矩记为$\psi_i(m, n)$, $i = 1, 2,\cdots, 7$。解释

$$\mathcal{M}(m,n) = \frac{\sum_{i=1}^{7} \phi_i \psi_i(m,n)}{\left(\sum_{i=1}^{7} \phi_i^2 \sum_{i=1}^{7} \psi_i^2(m,n)\right)^{1/2}}$$

是合理的相似度的原因。

8.5 证明函数$f(x, y)$的梅林变换

$$M(u,v) = \iint f(x,y) x^{-ju-1} y^{-jv-1} \mathrm{d}x \, \mathrm{d}y$$

是缩放不变的。

8.6 在视频编码应用的运动补偿步骤中，大小为 $I \times J$ 的图像帧被分成了多个大小为 $M \times N$ 的子块。对于每个子块，在当前帧中对子块的搜索被限定在区域$[-p, p] \times [-p, p]$内。分别使用完整搜索、二维/一维对数搜索和三级分层搜索，求计算最大互相关时，每秒所需的运算次数。对于广播电视，典型值是 $M = N = 16$, $I = 720$, $J = 480$, $p = 15$。每秒发送的帧数是$f = 30$。

MATLAB 编程和练习

上机编程

8.1 编辑距离。编写一个名为 edit_distance 的 MATLAB 函数，计算两个字符串之间的编辑距离。该函数有两个输入：(a) 参考字符串 ef_str；(b) 测试字符串 test_str。函数返回(a)匹配代价 edit_cost 和(b)节点前序矩阵 pred。最终矩阵中的每个元素将一个节点的前序节点的坐标存储为一个复数，复数的实部表示行索引，虚部表示列索引。

解： 在下面的实现中，假设参考模式与水平轴是相关联的。

```
function[edit_cost,pred]=edit_distance(ref_str,test_str)
  I=length(ref_str);
  J=length(test_str);
  D=zeros(J,I);
  %Initialization
  D(1,1)=~(ref_str(1)==test_str(1));
  pred(1,1)=0;
  for j=2:J
    D(j,1)=D(j-1,1)+1;
    pred(j,1)=(j-1)+sqrt(-1)*1;
  end
  for i=2:I
    D(1,i)=D(1,i-1)+1;
    pred(1,i)=1+sqrt(-1)*(i-1);
  end
  %Main Loop
```

```
    for i=2:I
      for j=2:J
        if(ref_str(i)==test_str(j))
         d(j,i)=0;
      else
         d(j,i)=1;
      end
      c1=D(j-1,i-1)+d(j,i);c2=D(j,i-1)+1;c3=D(j-1,i)+1;
      [D(j,i),ind]=min([c1 c2 c3]);
      if(ind==1)
         pred(j,i)=(j-1)+sqrt(-1)*(i-1);
      elseif(ind==2)
         pred(j,i)=j+sqrt(-1)*(i-1);
      else
         pred(j,i)=(j-1)+sqrt(-1)*i;
      end
      end
    end
  edit_cost=D(J,I);
```

8.2 回溯。编写名为 back_tracking 的 MATLAB 函数，其输入是：(a) 节点前序矩阵 pred；(b) 回溯开始的节点坐标 k 和 l。函数返回代价网格中的最好路径 best_path，并画出这个最好的路径。假设回溯总在一个节点的前序节点是(0,0)时终止。

解：

```
function best_path=back_tracking(pred,k,l)
  Node=k+sqrt(-1)*1;
  best_path=[Node];
  while (pred(real(Node),image(Node))=0)
    Node=pred(real(Node),image(Node));
    best_path=[Node;best_path];
  end
  %Plot the best path
  [I,J] = size(pred);
  clf;
  hold
  for j=1:J
    for i=1:I
      plot(j,i,'r.')
    end
end
plot(imag(best_path),real(best_path),'g')
axis off
```

8.3 带有 Sakoe-Chiba 局部路径约束的动态时间规整。编写一个名为 Dtw_Sakoe 的 MATLAB 函数，实现采用了 Sakoe-Chiba 局部路径约束的动态时间规整。该函数的输入是：(a) 对应于参考序列的行向量 ref；(b) 对应于测试序列的行向量 test。函数的返回如下：(a)时间规整匹配代价 matching_cost 和(b)最好的路径 best_path。假设：(i) 网格中每个节点的初始代价等于各个模式元素的欧氏距离；(ii) 过渡代价只依赖于过渡结束时分配给节点的代价。

解： 在下面的实现中，使用了上述函数 back_tracking 来求最好的路径。

```
function [matching_cost,best_path]=Dtw_Sakoe(ref,test)
  I=length(ref);
  J=length(test);
  for i=1:I
    for j=1:J
      %Euclidean distance
      node_cost(i,j)=sqrt(sum((ref(:,i)-test(:,j)).^2));
    end
  end
  %Initialzation
  D(1,1)=node_cost(1,1);
  pred(1,1)=0;
```

```
for i=2:I
  D(i,1)=D(i-1,1)+node_cost(i,1);
  pred(i,1)=i-1+sqrt(-1)*1;
end
for j=2:J
  D(1,j)=D(1,j-1)+node_cost(1,j);
  pred(1,j)=1+sqrt(-1)*(j-1);
end
%Main Loop
for i=2:I
  for j=2:J
    [D(i,j),ind]=min([D(i-1,j-1)D(i-1,j)...
       D(i,j-1)]+node_cost(i,j));
    if (ind==1)
       pred(i,j)=(i-1)+sqrt(-1)*(j-1);
    elseif(ind==2)
       pred(i,j)=(i-1)+sqrt(-1)*(j);
    else
       pred(i,j)=(i)+sqrt(-1)*(j-1);
    end
  end %for j
end %for i
%End of Main Loop
matching_cost=D(I,J);
best_path=back_tracking(pred,I,J);
```

上机实验

8.1 **a**. 计算如下字符串之间的编辑距离：(i)(beauty, beaty), (ii)(beauty, biauty), (iii)(beauty, betty)，使用每对字符串的第一个元素作为参考字符串。

b. 使用函数 `back_tracking` 画出各条匹配路径。

8.2 使用函数 `Dtw_Sakoe` 计算序列{1, 2, 3}与{1, 1, 2, 2, 2, 3, 3, 3}之间的时间规整代价，使用前者作为参考序列，并对结果加以分析。

8.3 设 $\boldsymbol{r}_1=[1, 0]^{\mathrm{T}}$, $\boldsymbol{r}_2=[0, 1]^{\mathrm{T}}$, $\mathrm{ref}=[\boldsymbol{r}_1, \boldsymbol{r}_2]$。使用下列 MATLAB 命令生成 10 个二维向量序列：`test = [1+rand(1,4)/2 rand(1,6)/3/; rand(1,4)/2 1 + rand(1,6)/3]`。使用函数 `Dtw_Sakoe` 计算 `ref` 与 `test` 之间的时间规整代价和最好的路径，将前一个序列作为参考序列，并对结果加以分析。

参考文献

[Alkh 01] Ghavari-Alkhansavi M. "A fast globally optimal algorithm for template matching using low resolution pruning," *IEEE Transactions on Image Processing*, Vol. 10(4), pp. 526-533, 2001.

[Amit 91] Amit Y., Grenander U., Piccioni M. "Structural image restoration through deformable template," *J. Amer. Statist. Association*, Vol. 86(414), pp. 376-387, 1991.

[Bell 57] Bellman R.E. *Dynamic Programming*, Princeton University Press, 1957.

[Bhas 95] Bhaskaran V., Konstantinides K. *Image and Video Compression Standards*, Kluwer Academic Publishers, 1995.

[Cheu 02] Cheung K.-W., Yeung D.-Y., Chin R.T. "On deformable models for visual pattern recognition," *Pattern Recognition*, Vol. 35, pp. 1507-1526, 2002.

[Cruc 04] Crucianu M., Ferecatu M., Boujemaa N. "Relevance feedback for image retrieval: a short survey," in *Audiovisual Content-based Retrieval, Information Universal Access and Interaction, Including Datamodels and Languages*, Report of the DELOS2 European Network of Excellence, FP6, 2004.

[Dame 64] Damerau F.J. "A technique for computer detection and correction of spelling errors," *Commun. ACM*, Vol. 7(3), pp. 171-176, 1964.

[Davi 80] Davis S.B., Mermelstein P. "Comparison of parametric representations for monosyllabic word recognition in continuously spoken sentences," *IEEE Transactions on Acoustics Speech and Signal Processing*, Vol. 28(4), pp. 357-366, 1980.

[Dell 93] Deller J., Proakis J., Hansen J.H.L. *Discrete-Time Processing of Speech Signals*, Macmillan, 1993.

[Desh 99] Deshmukh N., Ganapathirajn A., Picone J. "Hierarchical search for large vocabulary conversational speech recognition," *IEEE Signal Processing Magazine*, Vol. 16(5), pp. 84-107, 1999.

[Druc 01] Drucker H., Shahraray B., Gibbon D. "Relevance feedback using support vector machines," *Proceedings of th 18th International Conference on Machine Learning*, pp. 122-129, 2001.

[Durb 97] Durbin K., Eddy S., Krogh A., Mitchison G. *Biological Sequence Analysis: Probabilistic Models of Proteins and Nucleic Acids*, Cambridge University Press, Cambridge, MA, 1997.

[Fisc 73] Fischler M., Elschlager R. "The representation and matching of pictorial structures," *IEEE Transations on Computers*, Vol. 22(1), pp. 67-92, 1973.

[Gray 76] Gray A.H., Markel J.D. "Distance measures for speech processing," *IEEE Transactions on Acoustics Speech and Signal Processing*, Vol. 24(5), pp. 380-391, 1976.

[Gray 80] Gray R.M., Buzo A., Gray A.H., Matsuyama Y. "Distortion measures for speech processing," *IEEE Transactions on Acoustics Speech and Signal Processing*, Vol. 28(4), pp. 367-376, 1980.

[Hall 79] Hall E. *Computer Image Processing and Recognition*, Academic Press, 1979.

[Itak 75] Itakura F. "Minimum prediction residual principle applied to speech recognition," *IEEE Transactions on Acoustics Speech and Signal Processing*, Vol. 23(2), pp. 67-72, 1975.

[Jain 98] Jain A.K., Zhong Y., Dubuisson-Jolly M.P. "Deformable template models: A review," *Signal Processing*, Vol. 71, pp. 109-129, 1998.

[Jain 96] Jain A.K., Zhong Y., Lakshmanan S. "Object matching using deformable templates," *IEEE Transactions on Pattern Analysis and Machine Itelligence*, Vol. 18(3), pp. 267-277, 1996.

[Koch 89] Koch M.W., Kashyap R.L. "Matching polygon fragments," *Pattern Recognition Letters*, Vol. 10, pp. 297-308, 1989.

[Leven 66] Levenshtein V.I. "Binary codes capable of correcting deletions, insertions and reversals," *Soviet phys. Dokl.*, Vol. 10(8), pp. 707-710, 1966.

[Lewi 94] Lewis D., Gale W. "A sequential algorithm for training text classifiers," *Proceedings of the 11th International Conference on Machine Learning*, pp. 148-156, Morgan Kaufmann, 1994.

[Liu 07] Liu Y., Zhang D., Lu G., Ma W.-Y. "A survey of content-based image retrieval with high-level semantics," *Pattern Recognition*, Vol. 40, pp. 262-282, 2007.

[Long 03] Long F., Zang H.J., Feng D.D. "Fundamentals of content-based image retrieval," in *Multimedia Information Retrieval and Management* (Feng D. ed.), Springer, Berlin, 2003.

[Marz 93] Marzal A., Vidal E. "Computation of normalized edit distance and applications," *IEEE Transactions on Pattern Analysis and Machine Intelligence*, Vol. 15(9), 1993.

[McIn 96] McInerney T., Terzopoulos D. "Deformable models in medical image analysis: A survey," *Med. Image Anal.*, Vol. 1(2), pp. 91-108, 1996.

[Mei 04] Mei J. "Markov edit distance," *IEEE Transactions on Pattern Analysis and Machine Intelligence*, Vol. 6(3), pp. 311-320, 2004.

[Myer 80] Myers C.S., Rabiner L.R., Rosenberg A.E. "Performance tradeoffs in dynamic time warping algorithms for isolated word recognition," *IEEE Transactions on Acoustics Speech and Signal Processing*, Vol. 28(6), pp. 622-635, 1980.

[Neg 99] Neg H., Ortmanns S. "Dynamic programming search for continuous speech recognition," *IEEE Signal Processing Magazine*, Vol. 16(5), pp. 64-83, 1999.

[Ocud 76] Ocuda T., Tanaka E., Kasai T. "A method for correction of garbled words based on the Levenstein metric," *IEEE Transactions on Computers*, pp. 172-177, 1976.

[Pikr 03] Pikrakis A., Theodoridis S., Kamarotos D. "Recognition of isolated musical patterns using context dependent dynamic time warping," *IEEE Transactions on Speech and Audio Processing*, Vol 11(3), pp. 175-183, 2003.

[Rabi 93] Rabiner L., Juang B.H. *Fundamentals of Speech Recognition*, Prentice Hall, 1993.

[Ravi 95] Ravichandran G., Trivedi M.M. "Circular-Mellin features for texture segmentation," *IEEE Transactions on Image Processing*, Vol. 2(12), pp. 1629-1641, 1995.

[Rui 98] Rui Y., Huang T.S., Ortega M., Mehrotra S. "Relevance feedback: power tool in interactive content-based image retrieval," *IEEE Transactions on Circuits and Systems for Video Technology*, Vol. 8(5), pp. 644-655, 1998.

[Sako 78] Sakoe H., Chiba S. "Dynamic programming algorithm optimization for spoken word recognition," *IEEE Transactions on Acoustics Speech and Signal Processing*, Vol. 26(2), pp. 43-49, 1978.

[Scha 89] Schalkoff R. *Digital Image Processing and Computer Vision*, John Wiley & Sons, 1989.

[Scho 00] Schohn G., Cohn D. "Less is more: Active learning with support vector machines," *Proceedings of the 17th International Conference on Machine Learning*, pp. 839-846, Morgan Kaufmann, 2000.

[Scla 97] Sclaroff S., Taycher L. Cascia M "Imagerover: A content-based image browser for the world wide web," *Proceedings of the 1997 Workshop on Content-Based Access of Image and Video Libraries (CBAIVL'97)*, pp. 2-9, IEEE Computer Society, 1997.

[Seni 96] Seni G., Kripasundar V., Srihari R. "Generalizing Edit distance to incorporate domain information: Handwritten text recognition as a case study," *Pattern Recognition*, Vol. 29(3), pp. 405-414, 1996.

[Silv 90] Silverman H., Morgan D.P. "The application of the dynamic programming to connected speech recognition," *IEEE Signal Processing Magazine*, Vol. 7(3), pp. 7-25, 1990.

[Tong 01] Tong S., Chang E. "Support vector machine active learning for image retrieval," *Proceedings of the 9th ACM International Conference on Multimedia*, pp. 107-118, ACM Press, 2001.

[Tsay 93] Tsay Y.T., Tsai W.H. "Attributed string matching split and merge for on-line Chinese character recognition," *IEEE Transactions on Pattern Analysis and Machine Intelligence*, Vol. 15(2), pp. 180-185, 1993.

[Ueno 97] Uenohara M., Kanade T. "Use of the Fourier and Karhunen-Loève decomposition for fast pattern matching with a large set of templates," *IEEE Transactions on Pattern Analysis and Machine Intelligence*, Vol. 19(8), pp. 891-899, 1997.

[Wang 01] Wang J.Z., Li J., Wiederhold G. "SIMPLIcity: Semantics-sensitive Integrated Matching for Picture LIbraries," *IEEE Transactions on Pattern Analysis and Machine Intelligence*, vol 23, no.9, pp. 947-963, 2001.

[Wang 90] Wang Y.P., Pavlidis T. "Optimal correspondence of string subsequences," *IEEE Transactions on Pattern Analysis and Machine Intelligence*, Vol. 12(11), pp. 1080-1086, 1990.

[Widr 73] Widrow B. "The rubber mask technique, Parts I and II," *Pattern Recognition*, Vol. 5, pp. 175-211, 1973.

[Xu 03] Xu Z., Xu X., Yu K., Tresp V. "A hybrid relevance-feedback approach to text retrieval," *Proceedings of the 25th European Conference on Information Retrieval Research*, Lecture Notes in Computer Science, Vol. 2633, Springer Verlag, 2003.

第 9 章　上下文相关分类

9.1　引言

前面介绍的分类任务都假设各个类别之间是没有关系的。也就是说，从类别 ω_i 中得到特征向量 $\boldsymbol{x}$ 后，下一个特征向量可能属于任何其他的类别。本章取消这个假设，而假设各个类别之间是密切相关的。也就是说，连续的特征向量不是独立的。在这种假设下，区分单个特征向量与其他特征分量明显是没有意义的。特征向量所属的类别依赖于：(a) 它本身的值；(b) 其他特征向量的值；(c) 各个类别之间的关系。这类问题出现在各种应用中，如通信、语音识别和图像处理。

要介绍上下文无关分类，首先就要介绍贝叶斯分类器。换句话说，如果

$$P(\omega_i \mid \boldsymbol{x}) > P(\omega_j \mid \boldsymbol{x}), \forall j \neq i$$

那么将一个特征向量赋给类别 ω_i。这里也采贝叶斯的观点。然而，各个类别之间的相关性要求更一般地表述问题。各个特征向量内的互信息，要求同时使用所有特征向量来进行分类，并且按照它们在试验中出现的相同顺序排列。因此，本章将特征向量称为序列中逐个出现的观测值，N 个观测值中的第一个观测值是 $\boldsymbol{x}_1$，最后一个观测值是 $\boldsymbol{x}_N$。

9.2　贝叶斯分类器

假设 X: $\boldsymbol{x}_1, \boldsymbol{x}_2, \cdots, \boldsymbol{x}_N$ 是有 N 个观测值（特征向量）的序列，$\omega_i, i = 1, 2, \cdots, M$ 是这些特征向量将要赋给的类别。设Ω_i: $\omega_{i_1}, \omega_{i_2}, \cdots, \omega_{i_N}$ 是对应于观测值序列的那些类别的一个可能序列，其中 $i_k \in \{1, 2, \cdots, M\}$，$k =1, 2, \cdots, N$。这些类别序列$\Omega_i$的总数是 M^N，即 N 组中 M 个不同对象的所有有序组合数。我们的分类任务是，确定观测值序列 X 对应的类别序列Ω_i。这等同于将 $\boldsymbol{x}_1$ 加到类别 ω_{i_1} 中，将 $\boldsymbol{x}_2$ 加到类别 ω_{i_2} 中，以此类推。求解这个问题的一种方法是，将每个特定的序列 X 视为一个（展开的）特征向量，将$\Omega_i, i=1, 2, \cdots, M^N$ 视为已知的类别。观察特定的 X 后，在满足下式的条件下，贝叶斯准则将它赋给类别Ω_i，

$$P(\Omega_i|X) > P(\Omega_j|X), \quad \forall i \neq j \tag{9.1}$$

上式等同于

$$P(\Omega_i)p(X|\Omega_i) > P(\Omega_j)p(X|\Omega_j), \quad \forall i \neq j \tag{9.2}$$

下面介绍某些典型类别相关性模型中所用的式(9.2)的具体形式。

9.3　马尔可夫链模型

广泛用于描述基本类别相关性的模型是马尔可夫链准则。若 $\omega_{i_1}, \omega_{i_2}, \cdots, \omega_{i_N}$ 是一个类别序列，则马尔可夫模型假设

$$P(\omega_{i_k}|\omega_{i_{k-1}}, \omega_{i_{k-2}}, \cdots, \omega_{i_1}) = P(\omega_{i_k}|\omega_{i_{k-1}}) \tag{9.3}$$

上式的含义是，类别相关性仅限于两个连续的类别。这类模型也称一阶马尔可夫模型，以便区别

于其泛化形式（二阶、三阶等）。换句话说，已知观测值 $\boldsymbol{x}_{k-1}, \boldsymbol{x}_{k-2},\cdots, \boldsymbol{x}_1$ 分别属于类别 $\omega_{i_{k-1}}, \omega_{i_{k-2}},\cdots,\omega_{i}$ 时，阶段 k 的观测值 $\boldsymbol{x}_k$ 属于类别 ω_{i_k} 的概率，仅依赖于阶段 $k-1$ 的观测值 $\boldsymbol{x}_{k-1}$ 所属的类别。联立式(9.3)和概率链准则[Papo91]，

$$P(\Omega_i) \equiv P(\omega_{i_1}, \omega_{i_2}, \cdots, \omega_{i_N})$$
$$= P(\omega_{i_N}|\omega_{i_{N-1}}, \cdots, \omega_{i_1})P(\omega_{i_{N-1}}|\omega_{i_{N-2}}, \quad , \omega_{i_1}) \quad P(\omega_{i_1})$$

得到

$$P(\Omega_i) = P(\omega_{i_1}) \prod_{k=2}^{N} P(\omega_{i_k}|\omega_{i_{k-1}}) \tag{9.4}$$

式中，$P(\omega_{i_1})$是类别 $\omega_{i_1}, i_1 \in \{1,2,\cdots,M\}$ 出现的先验概率。此外，两个普遍采用的假设是：(a) 已知类别的序列时，观测值是统计独立的；(b) 某个类别中的概率密度函数不依赖其他的类别。也就是说，依赖性只存在于类别中出现的序列，但在某个类别内，观测值“遵守”这个类别自身的准则。这个假设意味着

$$p(X|\Omega_i) = \prod_{k=1}^{N} p(\boldsymbol{x}_k|\omega_{i_k}) \tag{9.5}$$

联立式(9.4)和式(9.5)，可知马尔可夫模型的贝叶斯准则等同于下面的命题。

命题　观测特征向量序列 $X: \boldsymbol{x}_1,\cdots, \boldsymbol{x}_N$ 后，将它们赋给各自的类别序列 $\Omega_i: \omega_{i_1}, \omega_{i_2},\cdots, \omega_{i_N}$，使得下式取最大值：

$$p(X|\Omega_i)P(\Omega_i) = P(\omega_{i_1})p(\boldsymbol{x}_1|\omega_{i_1}) \prod_{k=2}^{N} P(\omega_{i_k}|\omega_{i_{k-1}})p(\boldsymbol{x}_k|\omega_{i_k}) \tag{9.6}$$

如前所述，找到这个最大值要求对每个Ω_i, $i = 1, 2,\cdots, M^N$都计算式(9.6)，共需 $O(NM^N)$次乘法，这是一个非常大的数字，直接计算行不通。下面举例说明。有两个序列Ω_i和Ω_j，假设它们之间只有最后一个类别不同，即 $\omega_{i_k} = \omega_{j_k}, k = 1,2,\cdots,N-1$ 和 $\omega_{i_N} \neq \omega_{j_N}$。稍加思考就可看出，对两个序列计算式(9.6)时，除一次乘法不同外，其他的乘法（不需要重复）都相同。此外，式(9.6)具有很好的计算结构，利用这个结构可以更有效地求其最大值，如下所述。

9.4　Viterbi 算法

图 9.1 中显示了有 N 个点列的图形，列中的每个点都表示 M 个可能的类别 $\omega_1, \omega_2,\cdots, \omega_M$之一。连续的列对应于连续的观测值 $\boldsymbol{x}_k$, $k = 1, 2,\cdots, N$。按顺序得到观测向量后，箭头就决定了类别之间的过渡。于是，每个类别序列Ω_i就对应于一条连续过渡的路径。类别 ω_i 到类别 ω_j 的过渡表征为一个固定的概率 $P(\omega_j|\omega_i)$，对所用的类别相关性模型，这个概率是已知的。此外，我们假设这些概率对所有的连续阶段 k 是相同的。也就是说，概率只依赖于各个类别的过渡，而不依赖于它们所出现的阶段。进一步假设条件概率密度 $p(\boldsymbol{x}|\omega_i)$, $i = 1, 2,\cdots, M$ 对类别相关性模型也是已知的。于是，最大化式(9.6)的任务现在可以陈述如下：已知一个观测值序列 $\boldsymbol{x}_1,\boldsymbol{x}_2,\cdots, \boldsymbol{x}_N$，找出使得式(9.6)最大的连续（类别）过渡路径（即图中的粗线）。这条最优路径上的类别就是各个观测值所属的类别。为了寻找最优路径，我们必须根据式(9.6)中的代价函数为每个过渡关联一个代价。仔细观察式(9.6)后，建议采用

$$\hat{d}(\omega_{i_k}, \omega_{i_{k-1}}) = P(\omega_{i_k}|\omega_{i_{k-1}})p(\boldsymbol{x}_k|\omega_{i_k}) \tag{9.7}$$

作为与阶段 $k-1$ 的节点（类别）$\omega_{i_{k-1}}$ 到阶段 k 的节点 ω_{i_k} 的路径 i 的过渡相关联的代价，同时出现

观测值 $\boldsymbol{x}_k$。$k=1$ 时的初始条件是

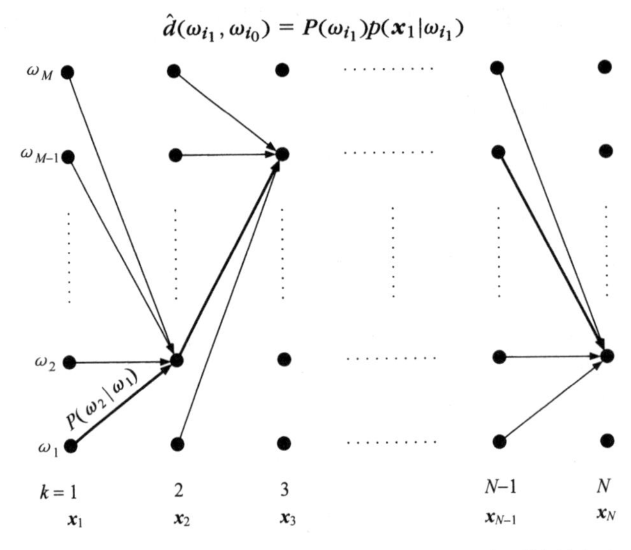

图 9.1 Viterbi 算法的格状图。粗线表示最优路径，最优路径上的类别就是各个观测值所属的类别

使用这种记法时，待优化的总代价是

$$\hat{D} \equiv \prod_{k=1}^{N} \hat{d}(\omega_{i_k}, \omega_{i_{k-1}}) \tag{9.8}$$

于是，我们可以转而求下式而非式(9.8)的最大值：

$$\begin{aligned} \ln(\hat{D}) &= \sum_{k=1}^{N} \ln \hat{d}(\omega_{i_k}, \omega_{i_{k-1}}) \\ &\equiv \sum_{k=1}^{N} d(\omega_{i_k}, \omega_{i_{k-1}}) \equiv D \end{aligned} \tag{9.9}$$

式中，$d(\cdot,\cdot) \equiv \ln \hat{d}\,(\cdot,\cdot)$。仔细研究式(9.9)或式(9.8)后发现，使用贝尔曼最优性原理可以优化它们。事实上，根据 D，我们将通过路径 i 到达阶段 k 的类别 ω_{i_k} 的代价定义为

$$D(\omega_{i_k}) = \sum_{r=1}^{k} d(\omega_{i_r}, \omega_{i_{r-1}}) \tag{9.10}$$

然而，贝尔曼最优性原理说

$$D_{\max}(\omega_{i_k}) = \max_{i_{k-1}} [D_{\max}(\omega_{i_{k-1}}) + d(\omega_{i_k}, \omega_{i_{k-1}})], \quad i_k, i_{k-1} = 1, 2, \cdots, M \tag{9.11}$$

式中，

$$D_{\max}(\omega_{i_0}) = 0 \tag{9.12}$$

可以看出，使得式(9.9)中 D 最大的最优路径，是在最终阶段 N 的类别 $\omega_{i_N}^*$ 中结束的路径，

$$\omega_{i_N}^* = \arg\max_{\omega_{i_N}} D_{\max}(\omega_{i_N}) \tag{9.13}$$

回到图 9.1 可以看出，在每个阶段 $k, k=1,2,\cdots,N$，到节点 ω_{i_k} 的过渡有 M 个。式(9.11)中的递归关系表明，寻找最大值时，我们只需要为每个节点保留其中的一个过渡，即使得各个代价 $D_{\max}(\omega_{i_k})$ 最大的过渡（图中的粗线）。因此，每个阶段都只剩 M 条路径。对于每个节点，运算次数是 M，

于是每个阶段对所有节点的运算次数是 M^2，总运算次数是 NM^2。总运算次数可与"蛮力任务"的运算次数 NM^N 相比较。得到的算法称为 Viterbi 算法。这个动态规划算法最初是为通信中的卷积码的最优解码提出的[Vite 67]。

在前面几章中提到，由于某些原因可以使用其他的方法代替最优贝叶斯分类器。无疑，上下文相关分类也可不用贝叶斯分类器，如使用不必与概率密度相关的过渡代价 $d(\omega_{i_k},\omega_{i_{k-1}})$。下面几节介绍 Viterbi 算法的两个典型应用领域。

例 9.1　本例使用 Viterbi 算法，在收到观测值 x_4 后，计算至阶段 $k=4$ 的优化路径。假设 $x_4=1.2$，且观测值位于一维空间中。设任务涉及 3 个类别，它们分别是 $\omega_1, \omega_2, \omega_3$。进一步假设算出了至阶段 $k=3$ 的最优路径，如图 9.2 中的粗线所示。

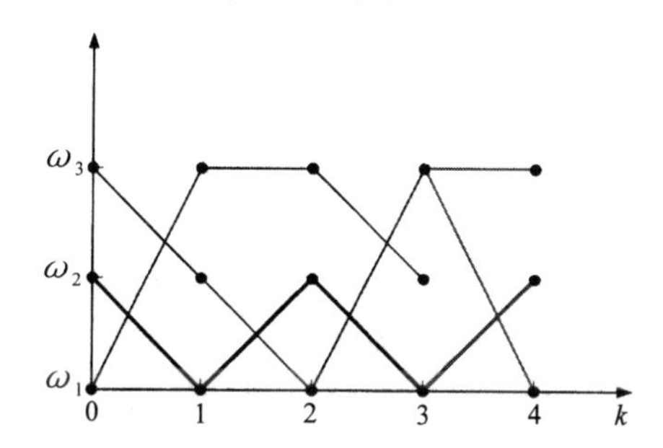

图 9.2　对应于例 9.1 的网格的最优路径。粗线对应于从阶段 $k=3$ 到阶段 $k=4$ 的最优路径的展开

表 9.1　例 9.1 中节点之间的过渡代价

类　别	$\omega_{i_k}=\omega_1$	$\omega_{i_k}=\omega_2$	$\omega_{i_k}=\omega_3$
$\omega_{i_{k-1}}=\omega_1$	0.1	0.7	0.2
$\omega_{i_{k-1}}=\omega_2$	0.4	0.3	0.3
$\omega_{i_{k-1}}=\omega_3$	0.3	0.1	0.6

设与阶段 $k=3$ 的每个类别相关联的最优代价为

$$D(\omega_1) = -0.5,\quad D(\omega_2) = -0.6,\quad D(\omega_3) = -0.2 \tag{9.14}$$

所有值都是负值，因为如式(9.9)和式(9.10)所示，代价是先取概率之积的对数，后求和得到的。假设先前的代价已由初始概率值及(a)表 9.1 中三个类别之间的过渡概率和(b)收到的观测值 x_0, x_1, x_2, x_3 算出。进一步假设描述来自每个类别的观测值的概率密度函数满足高斯分布

$$p(x|\omega_i) = \frac{1}{\sqrt{2\pi}\sigma_i}\exp\left(-\frac{(x-\mu_i)^2}{2\sigma_i^2}\right)$$

式中，$\mu_1=1.0$ 和 $\sigma_1^2=0.03$，$\mu_2=1.5$ 和 $\sigma_2^2=0.02$，$\mu_3=0.5$ 和 $\sigma_3^2=0.01$。

首先计算阶段 $k=4$ 到达类别 ω_1 的最优路径。根据式(9.11)、式(9.10)和式(9.7)，依次进行如下计算:

$$\ln p(x_4 = 1.2|\omega_{i_4} = \omega_1) = -0.1578$$

从 $\omega_{i_3}=\omega_1$ 过渡到 $\omega_{i_4}=\omega_1$ 的总代价为

$$-0.5 + \ln(0.1) - 0.1578 = -2.9604$$

从 $\omega_{i_3}=\omega_2$ 过渡到 $\omega_{i_4}=\omega_1$ 的总代价为

$$-0.6 + \ln(0.4) - 0.1578 = -1.6741$$

从 $\omega_{i_3} = \omega_3$ 过渡到 $\omega_{i_4} = \omega_1$ 的总代价为

$$-0.2 + \ln(0.3) - 0.1578 = -1.5617$$

因此，阶段 $k=4$ 到达类别 ω_1 的最优路径过阶段 $k=3$ 的 ω_3。

在阶段 $k=4$，对于到类别 ω_2 的过渡，我们有

$$\ln p(x_4 = 1.2|\omega_{i_4} = \omega_2) = -0.2591$$

在阶段 $k=3$，从类别 $\omega_1, \omega_2, \omega_3$ 到达类别 ω_2 的路径的值分别是–1.1158, –2.0613, –2.7617。因此，在阶段 $k=4$ 到达类别 ω_2 的最优路径过阶段 $k=3$ 的类别 ω_1。

最后，在阶段 $k=4$ 到达类别 ω_3 的各个值是

$$\ln p(x_4 = 1.2|\omega_{i_4} = \omega_3) = -2.2176$$

和–4.3271, –4.0216, –2.9285。于是，在阶段 4 到达类别 ω_3 的最好路径过阶段 $k=3$ 的类别 ω_3（自过渡）。

如果 $k=4$ 是最后一个阶段，那么只能得到 4 个观测值，于是图 9.2 中用粗线标出的最优路径，就是总代价为–1.1158 并在类别 ω_2 结束的路径。沿最优路径返回（回溯），我们将 x_4 赋给类别 ω_2，将 x_3 赋给类别 ω_1，将 x_2 赋给类别 ω_2，将 x_1 赋给类别 ω_1，将 x_0 赋给类别 ω_2。

9.5 信道均衡

信道均衡的任务是恢复被传输信道和噪声毁坏的信息比特序列 I_k（1 或 0）。接收机端的样本是

$$x_k = f(I_k, I_{k-1}, \cdots, I_{k-n+1}) + \eta_k \tag{9.15}$$

式中，函数 $f(\cdot)$表示信道的作用，η_k 表示噪声序列。信道对总毁坏的贡献是符号间干扰，它持续 n 个连续的信息比特。均衡器是一个逆系统，任务是根据收到的 l 个连续样本$[x_k, x_{k-1}, \cdots, x_{k-l+1}] \equiv \boldsymbol{x}_k^{\mathrm{T}}$ 来提供关于已传输信息比特 I_k 的决策 $\hat{I}_k$。为了适应这个逆系统的非因果性，通常要使用延迟 r。此时，在时刻 k 做出的决策对应于 I_{k-r} 个传输的信息比特（见图 9.3）。下面用一个简单的例子来说明马尔可夫上下文相关分类任务中的均衡问题。假设有一个简单的线性信道，

$$x_k = 0.5I_k + I_{k-1} + \eta_k \tag{9.16}$$

当 $l=2$ 时，连续接收的样本被组合为二维空间的向量，即

$$\boldsymbol{x}_k^{\mathrm{T}} = [x_k, x_{k-1}]$$

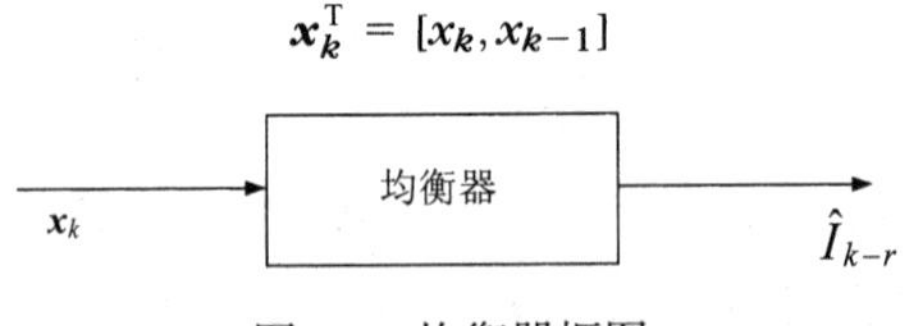

图 9.3 均衡器框图

进一步假设已知 N 个观测向量。由式(9.16)可知，$\boldsymbol{x}_k$, $k = 1, 2,\cdots, N$ 依赖于三个连续的信息比特 I_k, I_{k-1}, I_{k-2}。忽略噪声的影响后，表 9.2 中给出了收到的样本的值及各自的信息比特。图 9.4(a)中显示了二维空间中的几何分布，其中 x_k 和 x_{k-1} 位于坐标轴上。考虑噪声的影响后，收到的向量聚集在这些点的周围（阴影区域）。对式(9.16)给出的具体信道，有 8 个可能的聚类 ω_i, $i = 1, 2,\cdots, 8$（见表 9.2）。“+”周围的聚类对应于 $I_k=1$，“o”周围的聚类对应于 $I_k=0$。一般来说，一个二进

制信息序列的聚类总数是 $m=2^{n+l-1}$ 个。接收 $\boldsymbol{x}_k=[x_k, x_{k-1}]^{\mathrm{T}}$ 时，均衡器必须判断对应的传输信息比特 I_k 是“1”（类别 A）还是“0”（类别 B）。也就是说，这只是一个二分类问题（M 元情形下的 M 个类别），每个类别都由许多聚类构成。于是，我们就可使用前几章中介绍的技术来进行分类。文献[Theo 95]中采用了一种只有两步的简单方法。在训练期间，发送一个已知的信息比特序列，然后简单地取属于各个聚类的所有向量 $\boldsymbol{x}_k$ 的平均，计算得到每个聚类的中心 $\boldsymbol{\mu}_i$。由于传输的信息比特是已知的，在训练期间这样做是可行的，于是我们就会知道每个收到的 $\boldsymbol{x}_k$ 属于哪个聚类。例如，在表 9.2 中，若传输的比特序列是$(I_k=1, I_{k-1}=0, I_{k-2}=1)$，则收到的 $\boldsymbol{x}_k$ 属于类别 ω_6。同时，根据 I_k 比特的值将各个聚类标为“1”或“0”。在所谓的决策导向模式中，由于传输的信息比特是未知的，因此关于传输的 I_k 的决策，要根据收到的向量 $\boldsymbol{x}_k$ 离哪个聚类（标为“1”或“0”）最近做出。为此，我们要采用一个合适的度量指标来定义距离。首选收到的向量 $\boldsymbol{x}_k$ 到各个聚类的中心 $\boldsymbol{\mu}_i$ 的欧氏距离。此类均衡器的性能较好（性能用误位率度量），但仍然存在大量有待解决的问题。

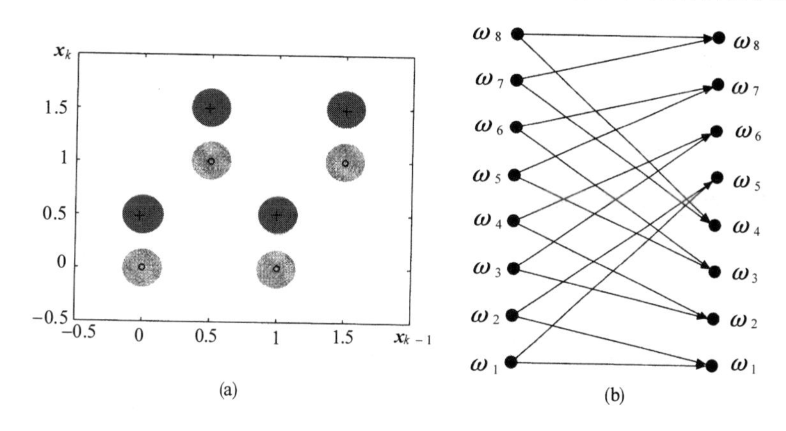

图 9.4　(a) 与式(9.16)所示信道关联的 8 个聚类的图形；(b) 8 个聚类之间允许的过渡

表 9.2　收到的样本和式(9.16)所示信道的信息比特

I_k	I_{k-1}	I_{k-2}	x_k	x_{k-1}	聚　类
0	0	0	0	0	ω_1
0	0	1	0	1	ω_2
0	1	0	1	0.5	ω_3
0	1	1	1	1.5	ω_4
1	0	0	0.5	0	ω_5
1	0	1	0.5	1	ω_6
1	1	0	1.5	0.5	ω_7
1	1	1	1.5	1.5	ω_8

由式(9.15)中定义的 ISI 可知，信道持续许多连续的信息比特。因此，只有这些聚类之间的某些过渡是可能的。事实上，我们已经假设时刻 k 传输的信息比特(I_k, I_{k-1}, I_{k-2})是(0, 0, 1)；因此，对应的观测向量 $\boldsymbol{x}_k$ 属于聚类 ω_2。下个收到的观测向量 $\boldsymbol{x}_{k+1}$ 依赖于三元(I_{k+1}, I_k, I_{k-1})比特，它要么是(1, 0, 0)，要么是(0, 0, 0)。于是，$\boldsymbol{x}_{k+1}$ 要么属于 ω_5，要么属于 ω_1。也就是说，从 ω_2 开始只有两个可能的过渡。图 9.4(b)中显示了各个聚类之间的可能过渡。假设信息比特是等可能的，则由图 9.4(b)可知所有允许的过渡的概率是 0.5，即

$$P(\omega_1|\omega_1) = 0.5 = P(\omega_5|\omega_1)$$

剩下的过渡的概率是 0（不允许）。现在，我们就可将均衡问题定义为上下文相关分类任务。

已知 N 个观测向量 $\boldsymbol{x}_k$, k=1, 2,⋯, N，将它们分类到类别序列 $\omega_{i_1}, \omega_{i_2}, \cdots, \omega_{i_N}$ 中。自动地判断向量 $\boldsymbol{x}_k$ 是属于类别 A 还是属于类别 B，等价于判断 I_k 是 1 还是 0。为此，必须采用一个代价函数。文献[Theo 95, Geor 97]对于允许的过渡，在 Viterbi 算法中使用了式(9.9)中的代价 $d(\omega_{i_k}, \omega_{i_{k-1}})$，

$$d(\omega_{i_k}, \omega_{i_{k-1}}) = d_{\omega_{i_k}}(\boldsymbol{x}_k) \tag{9.17}$$

式中，$d_{\omega_{i_k}}(\boldsymbol{x}_k)$ 是向量 $\boldsymbol{x}_k$ 到聚类 ω_{i_k} 的中心的距离，它可以是欧氏距离

$$d_{\omega_{i_k}}(\boldsymbol{x}_k) = \|\boldsymbol{x}_k - \boldsymbol{\mu}_{i_k}\| \tag{9.18}$$

也可以是马氏距离

$$d_{\omega_{i_k}}(\boldsymbol{x}_k) = \left((\boldsymbol{x}_k - \boldsymbol{\mu}_{i_k})^{\mathrm{T}} \Sigma_{i_k}^{-1} (\boldsymbol{x}_k - \boldsymbol{\mu}_{i_k})\right)^{1/2} \tag{9.19}$$

在训练期间得到协方差矩阵 Σ_{i_k}（描述观测向量围绕各个聚类的中心的分布）和聚类的中心 $\boldsymbol{\mu}_i$。然后，使用 Viterbi 算法得到最优总最小距离序列，并修改递归公式(9.11)来搜索最小值。

定义代价函数的另一种方法是将观测值视为标量 x_k，即接收的样本（$l = 1$），并做如下假设：

- 连续噪声样本是统计独立和高斯分布的。
- 信道冲激响应是已知的或是可被估计的。在实际工作中，假设了一个特定的信道模型 $\hat{f}(\cdot)$，其参数是通过一种优化方法如最小二乘来估计的[Proa 89]。

按照前面的假设，对于式(9.9)中允许的状态过渡，代价变为

$$\begin{aligned} d(\omega_{i_k}, \omega_{i_{k-1}}) &= \ln p(x_k|\omega_{i_k}) \equiv \ln(p(\eta_k)) \\ &= -(x_k - \hat{f}(I_k, \cdots, I_{k-n+1}))^2 \end{aligned} \tag{9.20}$$

式中，η_k 是服从高斯分布的噪声样本。显然，在式(9.20)中忽略了高斯密度函数中的常数。如果高斯分布和统计独立的假设成立，那么这显然是对聚类的一个贝叶斯最优分类（由其得出类别“1”和“0”）。然而，如果这个假设不成立，那么式(9.20)中的代价不是最优的。例如，存在同信道（非白噪声）干扰时，就会出现这种情形。这时，可以采用基于聚类的方法，事实上这种方法会使得均衡器的性能更好[Geor 97]。此外，在涉及非线性信道且它们的估计并不容易的情形下，不需要信道估计的集取方法是非常有吸引力的[Theo 95]。在文献[Kops 03]中，均衡是在一维空间中执行的（$l = 1$）。尽管这样做能够提高带有不同标注的聚类重叠的概率，但对性能不是关键的，因为 Viterbi 算法能够采用路径的历史信息检测正确的标注。另外，要指出的是，不需要直接求出所有 2^n 个聚类的中心，在训练期间只学习 n 个聚类就已足够，剩下的聚类的中心可以根据聚类的结构和相关的对称性，通过简单的算术运算得到。这些观测数据对降低计算复杂性和减小训练序列的长度都有实质性的影响。

到目前为止的讨论，都基于聚类之间的过渡的格状图，目的是使用 Viterbi 算法寻找最优路径。然而，尽管这是上下文相关贝叶斯分类器的自然结果，但从计算角度看却不是最有效的方法。由图 9.4(b)看出，成对的聚类过渡后会跳到相同的聚类中。例如，从 ω_1 和 ω_2 开始允许的过渡是相同的，都会跳到 ω_1 或 ω_5；对 ω_3 和 ω_4 同样如此，因为允许的过渡由 $n + l - 2$ 个最近的比特决定。对于图 9.4 中的例子，过渡由(I_k, I_{k-1})决定，但它被两个聚类共享，即(I_k, I_{k-1}, I_{k-2})取决于 I_{k-2} 的值是 0 还是 1。(I_k, I_{k-1})称为时刻 k 的状态，因为知道时刻 k 的状态和时刻 $k + 1$ 的传输比特 I_{k+1} 后，我们就能求出时刻 $k + 1$ 的下一个状态(I_{k+1}, I_k)，于是我们可以基于状态而非聚类来构建格状图。

对图 9.5 中的 8 个聚类，共有 4 个状态 s_1: (0, 0), s_2: (0, 1), s_3: (1, 0), s_4: (1, 1)。图 9.5 中显示了这些状态及它们之间允许的过渡，每个过渡都与当前传输的 1 比特相关联。显然，状态和聚类之间存在密切的联系。如果我们知道状态过渡，即$(I_k, I_{k-1}) \to (I_{k+1}, I_k)$，那么时刻 $k+1$ 的当前聚类由(I_{k+1}, I_k, I_{k-1})的对应值确定，这会自动地求出各个过渡的代价，如式(9.18)和式(9.19)所示。因此，沿最优路径（状态格状图而非聚类格状图中具有最小代价的路径）由比特序列得到了传输比特的估计。

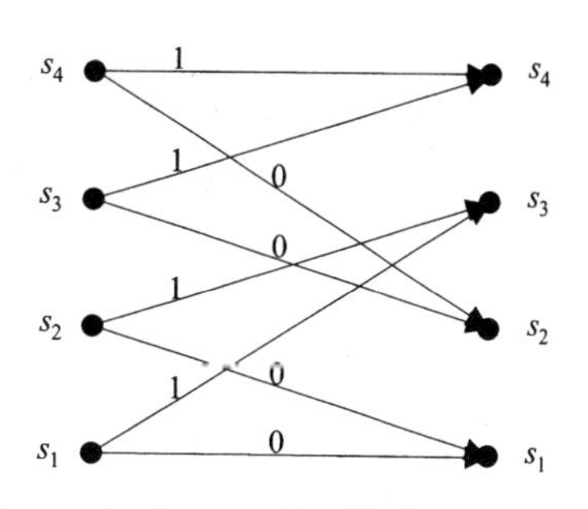

图 9.5　与式(9.16)所示信道关联的 4 个状态和一个二维均衡器，后者显示了状态之间允许的过渡

9.6　隐马尔可夫模型

在前一节的信道均衡应用中，马尔可夫链的状态是可观测的。也就是说，知道 $l+n-1$ 个最近的信息比特（即所给例子中的 I_k, I_{k-1}, I_{k-2}）后，对应观测向量 $\boldsymbol{x}_k$ 所属的状态就是已知的。因此，在训练期间这些状态可被标注，且我们能够估计它们的关联参数（关联的聚类）。本节讨论状态无法直接观测的系统。我们认为观测值是与每个状态相关联的运作的结果，并由一组概率函数来描述。此外，由后续观测值访问的状态序列，本身是另一个随机过程的结果，我们看不到这个随机过程，且描述它的关联参数只能由收到的观测值集合来推断。

这类马尔可夫模型称为隐马尔可夫模型（Hidden Markov Model，HMM）。下面考虑一些简单的例子，比如著名的抛硬币问题。假设所有硬币都是背抛的，我们看不到抛硬币的过程，只能得到每次试验的结果。这样，每次试验我们都不知道是哪枚硬币（可能有多枚硬币）产生了当前的观测结果（正面或反面）。对我们来说，这个概率过程是隐藏的。

在第一次试验中，只抛了一枚硬币，得到了许多正面（H）和反面（T）。这个试验的特点是，只用一个参数来指示硬币正面朝上的可能性，即 H 的可能性用概率 $P(H)$来量化，T 的可能性用概率 $P(T)=1-P(H)$来量化。建模这个统计过程的一种简单方法是，将一个状态与结果 H 关联起来，将另一个状态与 T 关联起来。因此，这是带有观测状态的过程的另一个例子，因为状态与观测值是一致的。图 9.6(a)中说明了观测序列的基本生成机制。抛出硬币且知道观测值后，$P(i|j)$就表示从状态 s_i 过渡到 s_j 的概率。为简单起见，状态简单地显示为 j 和 i，状态 $i=1$ 表示 H，状态 $j=2$ 表示 T。这样，所有的过渡概率就可用一个参数即 $P(H)$来表示。例如，设硬币的状态是 $i=1(H)$，再次抛硬币后，结果要么是 H［硬币处于相同的状态且 $P(1|1)=P(H)$］，要么是 T［$P(2|1)=P(T)=1-P(H)$］。

在第二次试验中，假设背抛两枚硬币。观测值序列依然由正面和反正随机构成，但是该过程不能用单个参数来描述。为了对这个过程建模，我们假设两个状态，它们对应于两枚硬币，模型如图 9.6(b)所示。这时涉及两组参数，一组参数由概率 $P_1(H)$和 $P_2(H)$组成，分别代表硬币 1 和 2 正面朝上的概率；另一组参数是过渡概率 $P(i|j), i, j=1, 2$。例如，$P(1|2)$表示当前观测（H 或 T）是硬币 1（状态 $i=1$）的结果的概率，而前一个观测是硬币 2（状态 $j=2$）的结果的概率。例如，自过渡概率 $P(1|1)$表时同一枚硬币（1）抛了两次，且该过程对连续两次抛硬币保持相同的结果（$i=1$）。对这样的事件，可以使用两个过渡参数，于是共有 4 个参数（$P_1(H)$，$P_2(H)$，$P(1|1)$，$P(2|2)$）。因为我们得不到每次抛硬币的相关信息，所以无法观测过程的状态。

图 9.7 中显示了背抛三枚硬币的马尔可夫模型，现在描述这个过程需要 9 个参数，即概率 $P_i(H)$, $i=1,2,3$ 和 6 个过渡概率（过渡概率总 9 个，但有 3 个约束，即 $\sum_{i=1}^{3} P(i\mid j)=1, j=1,2,3$）。因此，三枚硬币是带有隐藏状态的概率过程的另一个例子。

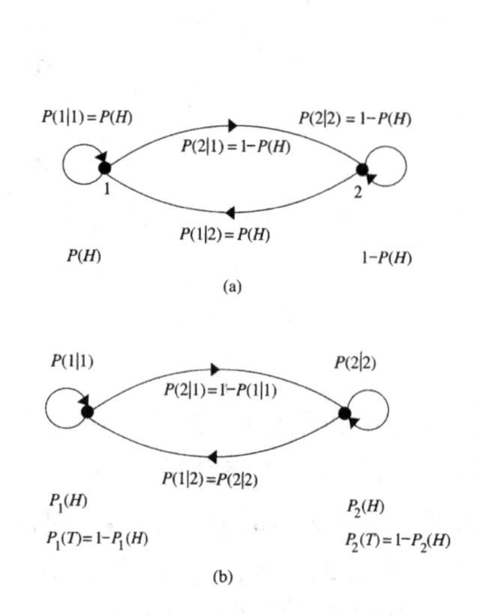

图 9.6　背抛硬币试验的马尔可夫模型：(a) 一枚硬币；(b) 两枚硬币

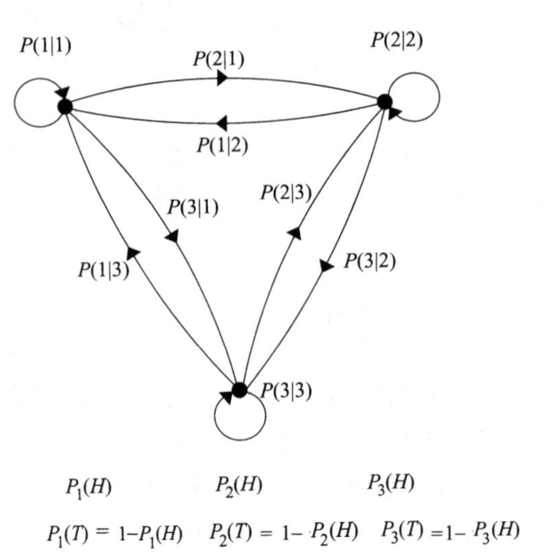

图 9.7　三枚硬币的马尔可夫模型

我们很快就会看到，与 HMM 关联的主要任务是：首先为生成观测值序列的基本过程采用一个模型，然后根据这些观测值估计未知的参数集。对于抛硬币的例子，这些参数是过渡概率及每枚硬币正面朝上或朝下的概率。无疑，采用正确的模型至关重要。例如，如果我们做的是抛两枚硬币的试验，却错误地选择了三枚硬币的模型，那么估计的参数会产生很差的结果。

一般来说，HMM 是适合于非平稳随机序列的统计模型，具有处理不同平稳过程之间的不同随机过渡的统计性质。换句话说，HMM 将观测值序列建模为一个分段平稳的过程。这类模型已广泛用于语音识别中的语音段建模[Bake 75, Jeli 76]。语音段可以是词、词组、完整的句子或段落。语音段中的语音信号的统计性质包含一系列过渡。例如，单词由浊音（元音）和清音（辅音）组成，它们要由不同的统计性质表征，以便反映语音信号从一个状态到另一个状态的过渡。手写识别[Chen 95, Vlon 92, Agaz 93, ElYa 99, Aric 02, Ramd 03]、纹理分类[Chen 95a, Wu 96]、盲均衡[Anto 97, Kale 94, Geor 98]和音乐模式识别[Pikr 06]都是成功应用了 HMM 模型的例子。

HMM 模型基本上是随机有限状态自动机，它生成一个观测序列，即观测向量序列 $\boldsymbol{x}_1, \boldsymbol{x}_2, \cdots, \boldsymbol{x}_N$。因此，HMM 模型由 K 个状态组成，且观测序列是由状态 i 过渡到状态 j 产生的。根据到达每个状态的过渡生成的观测值，我们将采用摩尔机模型。

图 9.8 中显示了一个典型的三状态 HMM，其中的箭头表示过渡。这个模型对应于带有三个不同平稳部分的短音字。模型提供了在两个状态之间连续过渡的信息［$P(i\mid j), i,j=1,2,3$，即读音字的临时模型）和每个状态的平稳统计信息［$p(\boldsymbol{x}\mid i), i=1,2,3$］。由于不允许向带有小索引的状态过渡，因此这类 HMM 模型称为*从左到右*的模型，但也存在其他的模型[Rabi 89]。在实际工作中，状态对应于某些物理性质，例如不同的声音。在语音识别中，状态的数量依赖于某个单词内的音

素[①]的数量。实际上，每个音素都会使用许多状态（通常为 3 个或 4 个状态）。由单词的不同读音生成的观测值的平均数，也可用来指示要求的状态数。然而，准确的状态数量通常要由试验得到，而不能事先准确地确定。在盲均衡中，状态是与由接收数据形成的聚类数量相关联的[Geor 98]。在字符识别任务中，状态可以对应于字符中的直线段或弧段[Vlon 92]。

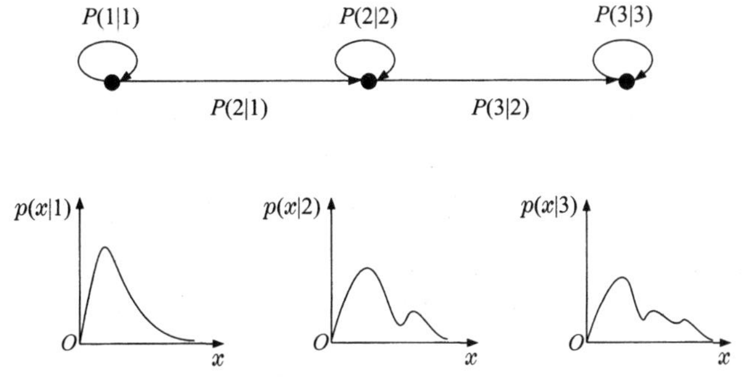

图 9.8　描述三状态隐马尔可夫模型的参数

下面我们假设已知一组 M 个参考模式，目的是识别它们中的哪个模式与一个未知的测试模式是最优匹配的。上一章从模板匹配（确定）的角度研究了这个问题，这里采用不同（随机）的方法。具体来说，我们假设每个已知的（参考）模式都用一个 HMM 模型来描述。也就是说，M 个模式中的每个模式都由如下一组参数来表征：

- 状态数 K_s, $s = 1, 2, \cdots, M$。
- 描述由状态 j 发出的观测值的分布的概率密度 $p(\boldsymbol{x}|j)$, $j = 1, 2, \cdots, K_s$。
- 各个状态之间的过渡概率 $P(i|j)$, $i, j = 1, 2, \cdots, K_s$，其中一些是零。
- 初始状态的概率 $P(i)$, $i = 1, 2, \cdots, K_s$。

这是 HMM 模型的一般描述，但也存在其他的描述。例如，有时用状态持续时间概率分布代替自过渡概率［$P(i|i)$］，前者描述了模型保持在状态 i 的连续阶段的数量（见 9.7 节）。在其他情形下，采用观测值生成机制的模型，如自回归模型[Pori 82]或模拟非平稳状态统计量的时变模型[Deng 94]。下面继续讨论上述模型。我们的问题现在分为两个主要的任务：一是训练每个 HMM 模型，即算出刚刚列出的参数；二是识别，即知道参考模型的 HMM 参数后，如何确定参考模型与未知模式是最优匹配的。下面先介绍识别任务。

识别

任何路径方法

首先，将 M 个参考 HMM 模型中的每个模型都视为一个不同的类别。由于观测值序列 X 是各个模型的不同状态之间的过渡的结果，因此问题变成典型的分类任务——已知来自未知模式的 N 个观测值序列 X：$\boldsymbol{x}_1, \boldsymbol{x}_2, \cdots, \boldsymbol{x}_N$，判断它属于哪个类别。贝叶斯分类器采用模式$\mathcal{S}^*$进行判断：

$$\mathcal{S}^* = \arg\max_{\mathcal{S}} P(\mathcal{S}|X)，对所有模型 \tag{9.21}$$

对于等概率参考模型，上式等同于

$$\mathcal{S}^* = \arg\max_{\mathcal{S}} p(X|\mathcal{S}) \tag{9.22}$$

① 音素是声音的基本单位，它与发音集一一对应，代表了发音者的音域特征[Dell 93]。

为方便起见，我们用$\mathcal{S}$来表示描述每个 HMM 模型的参数集，即

$$\mathcal{S} = \{P(i|j), p(\boldsymbol{x}|i), P(i), K_s\}$$

每个模型$\mathcal{S}$ 都有一个以上的连续状态过渡集Ω_i，每个过渡集发生的概率是 $P(\Omega_i \mid \mathcal{S})$。这样，回顾概率论知识可得[Papo 91]

$$p(X|\mathcal{S}) = \sum_i p(X, \Omega_i|\mathcal{S}) = \sum_i p(X|\Omega_i, \mathcal{S})P(\Omega_i|\mathcal{S}) \tag{9.23}$$

为了在所有可能的模型上求$p(X|\mathcal{S})$ 的最大值，必须为M个参考模型中每个模型计算式(9.23)。采用类似于 Viterbi 算法的方法，可以有效地进行计算。式(9.23)和式(9.6)的唯一区别是，后者只是简单地在所有可能的状态序列Ω_i上搜索最大值，而式(9.23)则要求各个值的和。为此，我们将$\alpha(i_k)$定义为联合事件的概率密度：(a) 路径在阶段 k 的 i_k状态（$i_k \in \{1, 2,\cdots, K_s\}$）；(b) 前几个阶段发出了观测值$\boldsymbol{x}_1, \boldsymbol{x}_2,\cdots, \boldsymbol{x}_{k-1}$；(c) 观测值$\boldsymbol{x}_k$是阶段 k 的状态 i_k发出的。根据$\alpha(i_k)$的定义，很容易理解下面的递归关系：

$$\begin{aligned}\alpha(i_{k+1}) &\equiv p(\boldsymbol{x}_1, \cdots, \boldsymbol{x}_{k+1}, i_{k+1}|\mathcal{S}) \\ &= \sum_{i_k} \alpha(i_k)P(i_{k+1}|i_k)p(\boldsymbol{x}_{k+1}|i_{k+1}), \quad k = 1, 2, \cdots, N-1\end{aligned} \tag{9.24}$$

式中，

$$\alpha(i_1) = P(i_1)p(\boldsymbol{x}_1|i_1)$$

式(9.24)中的积 $P(i_{k+1}|i_k)\, p(\boldsymbol{x}_{k+1} \mid i_{k+1})$为最后一个过渡提供了局部信息，且$\alpha(i_k)$是到阶段 k 的路径历史积累的信息。由其定义看出，$\alpha(i_k)$不依赖于后续的观测序列 $\boldsymbol{x}_{k+1},\cdots,\boldsymbol{x}_N$。还可以定义联合概率密度函数（依赖于所有已知的观测值），以备后用。为此，我们将$\beta(i_k)$定义为事件的概率密度函数：观测序列 $\boldsymbol{x}_{k+1},\cdots,\boldsymbol{x}_N$ 出现在阶段 k+1,⋯, N，已知阶段 k 的路径位于 i_k状态。稍加思考就可知道$\beta(i_k)$遵守下面的递归：

$$\begin{aligned}\beta(i_k) &\equiv p(\boldsymbol{x}_{k+1}, \boldsymbol{x}_{k+2}, \cdots, \boldsymbol{x}_N|i_k, \mathcal{S}) \\ &= \sum_{i_{k+1}} \beta(i_{k+1})P(i_{k+1}|i_k)p(\boldsymbol{x}_{k+1}|i_{k+1}), \quad k = N-1, \cdots, 1\end{aligned} \tag{9.25}$$

式中，

$$\beta(i_N) = 1, i_N \in \{1, 2, \cdots, K_s\} \tag{9.26}$$

因此，联合事件的概率密度：(a) 路径位于阶段 k 的 i_k状态；(b) 观测序列 $\boldsymbol{x}_1,\cdots,\boldsymbol{x}_N$ 由下式给出：

$$\begin{aligned}\gamma(i_k) &\equiv p(\boldsymbol{x}_1, \cdots, \boldsymbol{x}_N, i_k|\mathcal{S}) \\ &= p(\boldsymbol{x}_1, \cdots, \boldsymbol{x}_k, i_k|\mathcal{S})p(\boldsymbol{x}_{k+1}, \cdots, \boldsymbol{x}_N|i_k, \mathcal{S}) \\ &= \alpha(i_k)\beta(i_k)\end{aligned} \tag{9.27}$$

式中，假设观测值是相互独立的。式(9.27)还证明了$\beta(i_N) = 1, i_N \in \{1, 2,\cdots, K_s\}$的正确性。

现在我们回到最初的目标：计算 $p(X \mid \mathcal{S})$ 的最大值。用式(9.24)可将式(9.23)写为

$$p(X|\mathcal{S}) = \sum_{i_N=1}^{K_s} \alpha(i_N) \tag{9.28}$$

要计算式(9.28)，就要计算所有的$\alpha(i_k)$, $k = 1, 2,\cdots, N$。利用图 9.9 可以高效地完成这些计算。每个节点都对应于阶段 k 和状态 i_k, $i_k = 1, 2,\cdots, K_s$。对于每个节点，由式(9.24)计算密度$\alpha(i_k)$。因此，计

算次数是 NK_3^2。因为所有路径都参与了代价的计算，所以该算法称为任意路径方法。对 M 个模型中的每个，都要计算式(9.28)，并将观测序列 $\boldsymbol{x}_1, \boldsymbol{x}_2, \cdots, \boldsymbol{x}_N$ 的未知字符串模式赋给使得 $p(X|\mathcal{S})$最大的参考模型。

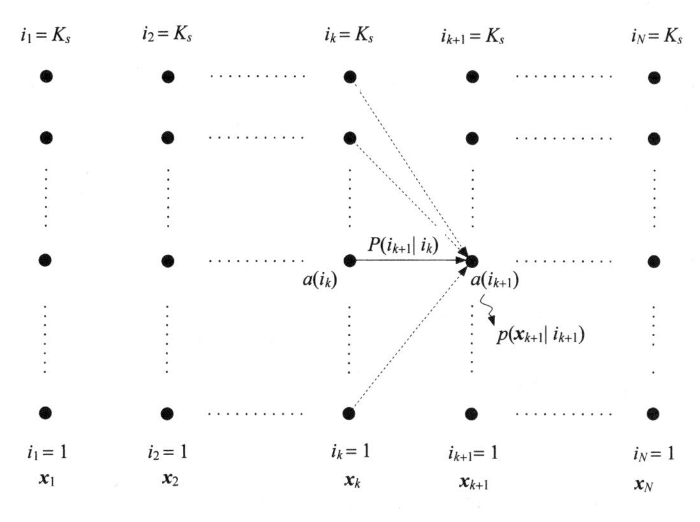

图 9.9　任意路径方法的计算流程图

最优路径方法

另一种次优方法是最优路径方法。这种方法对已知观测序列 X 计算每个参考模型的状态序列的最大可能（最好）路径。这个任务现在由式(9.1)完成，使用 Viterbi 算法和式(9.9)给出的代价 D，可以有效地搜索每个最优值，

$$D=\sum_{k=1}^{N} d(i_k, i_{k-1}) \tag{9.29}$$

$$d(i_k, i_{k-1})=\ln P(i_k|i_{k-1})+\ln p(\boldsymbol{x}_k|i_k)$$

换句话说，对于每个模型，我们都计算 $P(\Omega_i)\,p(X|\Omega_i)=p(\Omega_i, X)$ 的最大值。因此，最大值运算代替了式(9.23)中的求和运算。未知模式被赋给了代价 D 最大的参考模型$\mathcal{S}$。

训练

训练是一项比较难的工作。现在不能观测状态，也不能采用直接的训练方法，如 9.5 节中使用的方法。定义每个 HMM 模型$\mathcal{S}$ 的参数只能从已知的观测值推得。

实现这一目的的方法是估计未知的参数，使得每个模型［式(9.29)或式(9.28)］的输出对已知属于该模型的观测值训练集是最大的。这是使用非线性代价函数的优化任务，它可以迭代执行。为此，要求对概率密度函数 $p(\boldsymbol{x}|i)$ 进行假设。若假设观测值 $\boldsymbol{x}_k$ 是离散的，则可以简化这个过程。在这种情况下，概率密度函数 $p(\boldsymbol{x}|i)$ 变为概率 $P(\boldsymbol{x}|i)$。

离散观测值 HMM 模型

假设训练观测值序列 $\boldsymbol{x}_k, k=1, 2, \cdots, N$ 由已量化的向量组成。在实际工作中，这是由向量量化技术来完成的，这种技术将在第 14 章中讨论。因此，每个观测向量只能取 l 维空间中的 L 个可能的不同值之一。于是，观测值可以描述为整数 $r, r=1, 2, \cdots, L$。两种方法（任意路径和最优路径）的具体步骤如下。

Baum-Welch 重新估计

在任意路径方法中，输出值是 $p(X \mid \mathcal{S})$。于是，估计模型$\mathcal{S}$ 的参数使得 $p(X \mid \mathcal{S})$最大的任务，就是最大似然参数估计过程。在讨论迭代步骤之前，需要做一些定义。

定义

- $\xi_k(i, j, X|\mathcal{S}) \equiv$ 联合事件的概率：(a) 一条路径在阶段 k 通过 i 状态；(b) 在阶段 $k+1$ 通过状态 j；(c) 已知模型$\mathcal{S}$ 的参数时，模型生成可用的观测值 X 序列。
- $\gamma_k(i|X, \mathcal{S}) \equiv$ 事件概率：(a) 一条路径在阶段 k 通过 i 状态；(b) 已知模型$\mathcal{S}$ 的参数时，模型生成有效的观测值序列。

从这些定义不难证明

$$\xi_k(i,j) \equiv \xi_k(i,j|X,\mathcal{S}) = \frac{\xi_k(i,j,X|\mathcal{S})}{P(X|\mathcal{S})} \tag{9.30}$$

由式(9.24)和式(9.25)中的定义，可将式(9.30)写为

$$\xi_k(i,j) = \frac{\alpha(i_k = i)P(j|i)P(\boldsymbol{x}_{k+1}|j)\beta(i_{k+1} = j)}{P(X|\mathcal{S})} \tag{9.31}$$

式中，$\alpha(i_k = i)$表示在阶段 k 和 i 状态结束的历史路径，$\beta(i_{k+1} = j)$表示阶段 $k+1$ 为 j 状态的未来路径，然后循环进行，直到结束。积 $P(j|i)\, P(\boldsymbol{x}_{k+1}|j)$表示阶段 k 的局部活动。另一个感兴趣的量是

$$\gamma_k(i) \equiv \gamma_k(i|X,\mathcal{S}) = \frac{\alpha(i_k = i)\beta(i_k = i)}{P(X|\mathcal{S})} \tag{9.32}$$

由此不难看出：

- 如果已知模型$\mathcal{S}$ 和观测序列 X，那么 $\sum_{k=1}^{N} \gamma_k(i)$ 是期望 i 状态出现的次数（超过阶段数）。当求和上限是 $N-1$ 时，该量是从 i 状态发出的过渡的数量。
- 如果已知模型$\mathcal{S}$ 和观测序列 X，那么 $\sum_{k=1}^{N-1} \xi_k(i,j)$ 是从 i 状态到 j 状态的过渡的数量。

按照前面的定义，我们可以采用如下的（重新）估计公式来合理地估计未知的模型参数：

$$\bar{P}(j|i) = \frac{\sum_{k=1}^{N-1} \xi_k(i,j)}{\sum_{k=1}^{N-1} \gamma_k(i)} \tag{9.33}$$

$$\bar{P}_{\boldsymbol{x}}(r|i) = \frac{\sum_{(k=1 \text{ and } \boldsymbol{x}\to r)}^{N} \gamma_k(i)}{\sum_{k=1}^{N} \gamma_k(i)} \tag{9.34}$$

$$\bar{P}(i) = \gamma_1(i) \tag{9.35}$$

式(9.34)中的分子只对观测值 $\boldsymbol{x}_k$ 的第 r 个离散值$\gamma_k(i)$ 求和。现在，迭代算法可描述如下。

迭代

- 初始条件：为未知量假设初始条件，计算 $P(X \mid \mathcal{S})$。
- 步骤 1：使用式(9.33)至式(9.35)，由当前估计的模型参数重新估计新模型 $\bar{\mathcal{S}}$ 的参数。
- 步骤 2：计算 $P(X \mid \bar{\mathcal{S}})$。若 $P(X \mid \bar{\mathcal{S}}) - P(X \mid \mathcal{S}) > \epsilon$，则令$\mathcal{S} = \bar{\mathcal{S}}$ 并返回步骤 1，否则停止。

注释

- 每次迭代都会改进模型 $\bar{\mathcal{S}}$，即 $P(X \mid \bar{\mathcal{S}}) \geqslant P(X \mid \mathcal{S})$成立。
- 算法可能导致局部极大值，例子见文献[Baum 67, Baum 68, Baum 70]。这就是找到 $P(X \mid \mathcal{S})$

的局部极大值，从不同的初始条件开始进行多次计算的原因。其他的运算问题（包括并行性和内存需求）见文献[Turi 98]。

- Baum-Welch 算法基本上是 EM 算法，后者已在第 2 章中介绍。事实上，稍加思考就会发现 HMM 算法的 ML 估计是带有一个不完整数据集（即可不可观测的状态）的典型 ML 问题（见文献[Moon 96, Diga 93]）。文献[Li 00]中给出了允许多个观测训练序列的推广方法。另外，文献[Levi 83]中提出并使用了估计未知参数的基于梯度的优化技术。
- 实际的实现问题：

1. 缩放：显然，概率密度$\alpha(i_k)$和$\beta(i_k)$都小于 1，且随着式(9.24)和式(9.25)中乘积项的增多，它们的值很快趋于零。在实际工作中，它们计算的值的范围可能会超过计算机的精度范围，因此要进行适当的缩放。一个基本的过程是与阶段数成正比地缩放$\alpha(i_k)$。当对$\beta(i_k)$采用相同的缩放因子时，缩放对积的影响将被抵消[Levi 83，Rabi 89]，见习题 9.4。
2. 初始条件：这是在所有的迭代优化算法中都存在的问题。通常，未知参数是随机初始化的，当然要满足问题的约束。换句话说，如果不允许一些过渡，那么对应的概率就设为 0，且所有概率之和必须为 1。
3. 训练数据不足：一般来说，大量的训练数据对于学习 HMM 参数是必需的。相对于 HMM 模型的状态数量，观测序列必须足够长，以便保证所有的状态过渡出现足够多次，让重新估计算法能够学习各自的参数。如果不属于这种情况，那么就要使用其他的技术。详细信息请查阅文献[Rabi 89, Dell 93]及其中的参考文献。

Viterbi 重新估计

在语音文献中，这个算法也称分段 k 均值训练算法[Rabi 89]，它与最优路径方法有关。

定义

- $n_{i|j} \equiv$ 从状态 j 到状态 i 的过渡的数量。
- $n_{|j} \equiv$ 从状态 j 发出的过渡的数量。
- $n_{i|} \equiv$ 终止于状态 i 的过渡的数量。
- $n(r\,|\,i) \equiv$ 与状态 i 一起出现的观测次数 $r \in \{1, 2, \cdots, L\}$。

迭代

- 初始条件：假设未知参数的初始估计，获得最优路径并计算 D。
- 步骤 1：根据已知的最优路径，重新估算新模型的参数：

$$\bar{P}(i|j) = \frac{n_{i|j}}{n_{|j}}$$

$$\bar{P}_{\boldsymbol{x}}(r|i) = \frac{n(r|i)}{n_{i|}}$$

- 步骤 2：根据新模型参数获得最优路径，并计算对应的代价 $\bar{D}$，将它与上次迭代的代价 D 相比较。若 $\bar{D} - D > \epsilon$，则令 $D = \bar{D}$ 并返回步骤 1，否则停止。

符号 $\bar{P}_{\boldsymbol{x}}(r\,|\,i)$ 是 L 个可能的向量中，第 r 个值从状态 i 发出的概率的当前迭代估计。上述算法假设初始状态已知，这样就不需要估计各自的概率。例如，对于图 9.8 中给出的从左到右的模型，

情况就是如此。可以证明，Viterbi 重新估计算法将收敛到基本观测值的适当特征[Fu 82, Lee 72]。

连续观测值 HMM

最初，连续变量的离散观测值模型存在许多缺点。在信号（如语音段）的（向量）量化阶段，会出现关于原始波形的信息损失，因此会降低识别的性能。另一种方法是使用连续的观测值模型，但这会使得工作复杂化。这种方法要求在估计之前对概率密度 $p(\boldsymbol{x} \mid i)$建模。估计完成后，识别问题就与离散观测值情形下的相同，两者之间只存在训练任务的不同。求解这个问题的方法之一是，为概率密度函数假设一个参数模型，然后使用重新估计过程来计算未知的模型参数。如第 2 章所述，概率密度函数的常用参数化是通过混合建模实现的，即

$$p(\boldsymbol{x}|i) = \sum_{m=1}^{L} c_{im} F(\boldsymbol{x}, \boldsymbol{\mu}_{im}, \Sigma_{im}) \tag{9.36}$$

式中，$F(\cdot,\cdot,\cdot)$是密度函数，$\boldsymbol{\mu}_{im}$ 和 Σ_{im} 分别是均值向量和第 m 个混合的协方差矩阵。我们仍使用实际工作中经常采用的高斯函数。混合系数 c_{im} 必须满足约束

$$\sum_{m=1}^{L} c_{im} = 1, \quad 1 \leqslant i \leqslant K_s$$

使得

$$\int_{-\infty}^{+\infty} p(\boldsymbol{x}|i)\,\mathrm{d}\boldsymbol{x} = 1, \quad 1 \leqslant i \leqslant K_s$$

类似于在离散观测值 HMM 情形下重新估计参数，得到重新估计公式[Lipo 82, Juan 85, Juan 86]：

$$\bar{c}_{im} = \frac{\sum_{k=1}^{N} \gamma_k(i,m)}{\sum_{k=1}^{N} \sum_{r=1}^{L} \gamma_k(i,r)} \tag{9.37}$$

$$\bar{\boldsymbol{\mu}}_{im} = \frac{\sum_{k=1}^{N} \gamma_k(i,m)\boldsymbol{x}_k}{\sum_{k=1}^{N} \gamma_k(i,m)} \tag{9.38}$$

$$\bar{\Sigma}_{im} = \frac{\sum_{k=1}^{N} \gamma_k(i,m)(\boldsymbol{x}_k - \bar{\boldsymbol{\mu}}_{im})(\boldsymbol{x}_k - \bar{\boldsymbol{\mu}}_{im})^{\mathrm{T}}}{\sum_{k=1}^{N} \gamma_k(i,m)} \tag{9.39}$$

$\gamma_k(i,m)$项是在 $\boldsymbol{x}_k$ 处理阶段 k 的状态 i 时，第 m 个混合成分的概率密度，即

$$\gamma_k(i,m) = \frac{\alpha(i_k = i)\beta(i_k = i)}{\sum_{i_k=1}^{K_s} \alpha(i_k)\beta(i_k)} \times \frac{c_{im} F(\boldsymbol{x}_k, \boldsymbol{\mu}_{im}, \Sigma_{im})}{\sum_{r=1}^{L} c_{ir} F(\boldsymbol{x}_k, \boldsymbol{\mu}_{ir}, \Sigma_{ir})} \tag{9.40}$$

式中，c_{im} 是系统位于状态 i 时第 m 个混合成分的期望次数，与系统位于状态 i 时的全部期望次数之比，类似的说明适用于其他的公式。

使用 Viterbi 方法时，参数的重新估算基于最优路径计算的平均值。例如，对混合建模使用单个高斯（$L=1$）函数时，得到

$$\boldsymbol{\mu}_i = \frac{1}{N_i} \sum_{k=1}^{N} \boldsymbol{x}_k \delta_{ik}$$

$$\Sigma_i = \frac{1}{N_i} \sum_{k=1}^{N} (\boldsymbol{x}_k - \boldsymbol{\mu}_i)(\boldsymbol{x}_k - \boldsymbol{\mu}_i)^{\mathrm{T}} \delta_{ik}$$

式中，当路径经过状态 i 时 $\delta_{ik}=1$，否则 $\delta_{ik}=0$；N_i 是路径经过状态 i 的期望次数。

注释

- 上述算法同时使用所有的已知观测值来估计未知参数。另一种实用的方法是采用自适应技术，在这种技术中，可以组合新信息来适应已训练的模型，而不必使用前面已用的所有数据来重新训练。只要有足够的训练数据，特定人识别器的性能就会优于非特定人识别器的性能。然而，这里建议采用非特定人识别器，使用多个说话者的充足数据训练它后，调整模型参数以适应特定的说话者（和/或声学环境）。使用新说话者的最少数据就可以实现这一目标。人们一直建议使用批方案和顺序方案。文献[Lee 91, Diga 95, Legg 95, Huo 95, Huo 97, Diga 93, Wang 01]中给出了这类学习过程的一些例子。
- 式(9.36)中的模型的缺点之一是，对每个状态都要采用一个混合模型，使得我们需要估计大量的参数。因此，在给定训练数据的规模时，会影响参数估计的鲁棒性。为了解决这类问题，减少未知参数的数量，人们提出了所谓的捆绑式混合密度模型，即所有状态[Bell 90]或状态组合[Diga 96, Kim 95, Gale 99, Gu 02]都使用相同的高斯密度。
- Baum-Welch 算法是关于未知参数最大化似然函数的迭代过程。人们建议使用计及了先前的统计信息的 MAP 过程，且文献[Gauv 94]认为这样做可以提高性能。另一种方法是关于所有未知参数进行优化，而不是单独地优化每个 HMM 模型，这就是前面提到的使用 ML 的情形。这种优化方法的目的是增强模型的判别能力，例子见文献[He 08]。最大化互信息[Bahl 86]、最小化交叉熵[Ephr 89]、分类错误率[Juan 92, Juan 97]、确定性模拟退火技术[Rao 01]、控制离群点的影响[Arsl 99]，都是以复杂性为代价的性能增强方法。最近，文献[Li 04]中建议在训练期间使用确定性退火技术来适应状态的数量，这种方法确实有助于一些不能准确预测状态数量的情形。
- HMM 是图形模型，属于一类贝叶斯网络（见第 2 章）——动态贝叶斯网络[Neap 04]。

9.7　基于状态持续时间建模的 HMM

我们讨论的隐马尔可夫模型在许多实际应用中存在不少缺点。试验表明，在标准的 HMM 模型中使用自过渡概率 $P(i\,|\,i)$作为参数存在严重的缺陷，这与状态持续时间概率 $P_i(d)$ 的指数建模相关，其中 d 表示模型持续保持状态 i 的次数。事实上，路径离开当前状态 i 的概率是 $1-P(i|i)$。因此，在 d 个连续时刻（$d-1$ 个自过渡，以及从状态 i 发现的 d 个连续观测值）处理状态 i 的概率是

$$P_i(d) = (P(i|i))^{d-1}(1 - P(i|i)) \tag{9.41}$$

对许多情形（如大量声音信号），这样的指数状态持续时间建模是不合适的。为了消除这个缺点，人们建议在 HMM 未知参数集中使用显式的变量持续时间概率 $P_i(d)$ 代替自过渡概率 $P(i\,|\,i)$[Ferg 80]。于是，在这种新设置下，定义 HMM 的未知参数集包括：

- 状态数 K_s。
- 概率密度 $p(\boldsymbol{x}\,|\,j)$（在离散观测模型情形下它们变成概率，即 $\boldsymbol{x} \in \{1, 2,\cdots, L\}$）。
- 状态过渡概率 $P(i\,|\,j),\ i, j= 1, 2,\cdots, K_s$。
- 状态持续时间概率 $P_i(d),\ i = 1, 2,\cdots, K_s,\ 1\leqslant d\leqslant D$。
- 初始状态的概率 $P(i),\ i =1, 2,\cdots, K_s$。

观察发现，人们采用了一个最大的允许状态持续时间 D。于是，模型S 现在写为

$$\mathcal{S} = \{P(i|j), P_i(d), p(\boldsymbol{x}|i), P(i), K_s\}$$

我们的目标仍然是计算式(9.23)中 $P(X|\mathcal{S})$的最大值。为了有效地实现这个目标，我们必须修改标准 HMM 中使用的一组辅助变量，以适应新参数化的需要。为此，我们将$\alpha_k(i)$定义为联合事件的概率密度：(a) 状态 i 在阶段 k 结束；(b) 到阶段 k 时已发出观测序列 $\boldsymbol{x}_1, \boldsymbol{x}_2,\cdots, \boldsymbol{x}_k$。也就是说，

$$\alpha_k(i) = p(\boldsymbol{x}_1, \boldsymbol{x}_2, \cdots, \boldsymbol{x}_k,\ \text{状态}\ i\ \text{在阶段}k|\mathcal{S}\text{结束}) \tag{9.42}$$

与式(9.24)相比，上式中的符号稍有不同，目的在于强调相关变量的不同含义。既然状态 i 结束于阶段 k，那么阶段 $k+1$ 的下一个状态可取除 i 外的任何值，即 $i_{k+1} \neq i$。此外，研究到阶段 k的路径历史发现，到达状态 $i_k = i$ 的方法有多种，一种方法是从 $i_{k-1} \neq i$ 跳到 $i_k = i$，表明状态 i 只发出了一个符号。这个事件出现的概率依赖于 $P_i(d=1)$的值，因为我们知道路径在阶段 k+1 从状态 i 出发。第二种可能性是，路径在阶段 $k-1$ 处于状态 i，保持了两个连续的阶段（$i_{k-1}=i_k= i$）。这个事件出现的概率为 $P_i(d= 2)$。这种推理可以回溯到阶段 k 之前的 $D-1$ 步（$i_{k-D+1}= \cdots =i_k=i$），且这个事件出现的概率是 $P_i(D)$。当然，这也能应用到 k 之前的所有阶段（$1, 2,\cdots, k-1$）。根据上述讨论，不难写出类似于式(9.24)的递归公式：

$$\alpha_k(i) = \sum_{(j=1,\, j\neq i)}^{K_s} \sum_{d=1}^{D} \alpha_{k-d}(j) P(i|j) P_i(d) \prod_{m=k-d+1}^{k} p(\boldsymbol{x}_m|i) \tag{9.43}$$

式中，再次假设了观测值之间的统计独立性。由定义可知，初始化式(9.43)要求如下计算：

$$\alpha_1(j) = P(j)P_j(1)p(\boldsymbol{x}_1|j)$$

当 $k = 2, 3,\cdots, D$ 且 $j = 1, 2,\cdots, K_s$时，

$$\alpha_k(j) = P(j)P_j(k)\prod_{m=1}^{k} p(\boldsymbol{x}_m|j) +$$

$$\sum_{(r=1,\, r\neq j)}^{K_s} \sum_{d=1}^{k-1} \alpha_{k-d}(r) P(j|r) P_j(d) \prod_{m=k-d+1}^{k} p(\boldsymbol{x}_m|j)$$

类似于在识别阶段使用标准 HMM 的情形，现在期望的量 $p(X|\mathcal{S})$可由下式得到：

$$p(X|\mathcal{S}) = \sum_{i=1}^{K_s} \alpha_N(i) \tag{9.44}$$

上式很容易理解，且对所有 k 和 i 重复计算式(9.43)就能有效地得出式(9.44)。

对于训练阶段，为了推导未知参数集($P(i|j)$, $P(i)$, $P_i(d)$)和给定状态数 K_s 的重新估计公式，需要定义下面的辅助变量[Rabi 93]。变量 $\alpha_k^*(i)$ 是联合事件的概率密度（离散观测事件情形的概率）：(a) 路径从阶段 $k+1$ 的状态 i 开始，(b) 观测值 $\boldsymbol{x}_1, \boldsymbol{x}_2,\cdots, \boldsymbol{x}_k$ 已发出。也就是说，

$$\alpha_k^*(i) = p(\boldsymbol{x}_1, \boldsymbol{x}_2, \cdots, \boldsymbol{x}_k,\ \text{状态}\ i\ \text{结束于阶段}k+1|\mathcal{S})$$

根据各自的定义，很容易得到下面的公式：

$$\alpha_k^*(i) = \sum_{j=1,\, j\neq i}^{K_s} \alpha_k(j) P(i|j) \tag{9.45}$$

$$\alpha_k(i) = \sum_{d=1}^{D} \alpha_{k-d}^*(i) P_i(d) \prod_{m=k-d+1}^{k} p(\boldsymbol{x}_m|i) \tag{9.46}$$

此外，设$\beta_k(i)$是如下事件的条件概率密度：已观察到观测值$\boldsymbol{x}_{k+1}, \boldsymbol{x}_{k+2},\cdots,\boldsymbol{x}_N$，假设路径结束于阶段 k 的状态 i。也就是说，

$$\beta_k(i) = p(\boldsymbol{x}_{k+1}, \boldsymbol{x}_{k+2}, \cdots, \boldsymbol{x}_N | \text{路径结束于阶段 } k \text{ 的状态 } i, \mathcal{S})$$

此外，设$\beta_k^*(i)$是如下事件的条件概率密度：已观察到观测值$\boldsymbol{x}_{k+1}, \boldsymbol{x}_{k+2},\cdots,\boldsymbol{x}_N$，路径从阶段 $k+1$ 的状态 i 开始。也就是说，

$$\beta_k^*(i) = p(\boldsymbol{x}_{k+1}, \boldsymbol{x}_{k+2}, \cdots, \boldsymbol{x}_N | \text{路径开始于 } k+1 \text{ 阶段的状态 } i, \mathcal{S})$$

根据上面的定义，我们可以写出

$$\beta_k(i) = \sum_{j=1, j\neq i}^{K_s} \beta_k^*(j) P(j|i) \tag{9.47}$$

$$\beta_k^*(i) = \sum_{d=1}^{D} \beta_{k+d}(i) P_i(d) \prod_{m=k+1}^{k+d} p(\boldsymbol{x}_m | i) \tag{9.48}$$

根据这些定义可知下面的初始条件成立［联立式(9.47)］:

$$\beta_N(i) = 1, \quad i = 1, 2, \cdots, K_s \tag{9.49}$$

和

$$\beta_k^*(i) = \sum_{d=1}^{N-k} \beta_{k+d}(i) P_i(d) \prod_{k+1}^{k+d} p(\boldsymbol{x}_m | i), \quad k = N-1, \cdots, N-D \tag{9.50}$$

根据前面的辅助变量和衍生关系，得到离散观测值情形（$\boldsymbol{x}_k \to r \in \{1, 2,\cdots, L\}$）下未知参数集的重新估计公式如下：

$$\bar{P}(i) = \frac{P(i)\beta_0^*(i)}{P(X|\mathcal{S})} \tag{9.51}$$

$$\bar{P}(j|i) = \frac{\sum_{k=1}^{N-1} \alpha_k(i) P(j|i) \beta_k^*(j)}{\sum_{j=1}^{K_s} \sum_{k=1}^{N-1} \alpha_k(i) P(j|i) \beta_k^*(j)} \tag{9.52}$$

$$\bar{P}_{\boldsymbol{x}}(r|i) = \frac{\sum_{k=1, \boldsymbol{x}_k \to r}^{N} \left(\sum_{m<k} \alpha_m^*(i)\beta_m^*(i) - \sum_{m<k} \alpha_m(i)\beta_m(i)\right)}{\sum_{r=1}^{L} \sum_{k=1, \boldsymbol{x}_k \to r}^{N} \left(\sum_{m<k} \alpha_m^*(i)\beta_m^*(i) - \sum_{m<k} \alpha_m(i)\beta_m(i)\right)} \tag{9.53}$$

$$\bar{P}_i(d) = \frac{\sum_{k=1}^{N-d} \alpha_k^*(i) P_i(d) \beta_{k+d}(i) \prod_{m=k+1}^{k+d} P(\boldsymbol{x}_m|i)}{\sum_{d=1}^{D} \left(\sum_{k=1}^{N-d} \alpha_k^*(i) P_i(d) \beta_{k+d}(i) \prod_{m=k+1}^{k+d} P(\boldsymbol{x}_m|i)\right)} \tag{9.54}$$

式(9.51)是由定义得出的，且意味着贝叶斯定理。式(9.52)是所有阶段从状态 i 到状态 j 的路径过渡总数与状态 i 出现的过渡总数之比。式(9.54)是路径在持续时间 d 内处于状态 i 的次数与路径在任何持续时间内处于状态 i 的次数之比。

式(9.53)需要详细解释。公式中的分子是观测值 $\boldsymbol{x}_k \in \{1, 2,\cdots, L\}$从状态 i 发出的次数；同时处于状态 i 和阶段 k 意味着路径要么从阶段 k 的状态 i 开始停留，要么已在前一个阶段（阶段 $k-1, k-2,\cdots$）的这个状态开始停留，且停留对应数量的连续时刻。然而，路径从 k 之前的阶段的状态 i 开始停留的概率较小，且无法停留足够长的时间，因此我们没有机会在阶段k 遇到它。项 $\alpha_m^*(i)\beta_m^*(i)$ 是路径从阶段$m+1$的状态 i 开始停留的概率，项$\alpha_{m+1}(i)\beta_{m+1}(i)$是路径在阶段 $m+1$ 的状态 i 结束停留的概率。第一个求和是路径在到 k 的任何阶段开始停留于状态 i 的总概率，第二个求和是路径在 k 之前的任何阶段的状态 i 结束停留的总概率。因此，对已知的观测值序列，

两个求和项相减后，就得了阶段 k 路径通过状态 i 的概率。分母项相同，但求和是对路径访问状态 i 的总次数进行的，而不管发出的观测值是什么。

与采用标准的 HMM 比较，采用带有显式状态持续时间概率模型的 HMM 能够增强许多识别任务的性能。这种性能增强的代价是增大了计算复杂性。存储需要按量级 D 增加，计算代价按量级 D^2 增加。此外，除标准 HMM 中的参数外，状态持续时间模型还要求估计 D 个参数。为了保证正确估计所有的未知参数，要求有更长的训练序列。为 $P_i(d)$采用参数模型，可以使得某些问题的影响最小，进而将未知参数的数量减少到足以描述参数概率函数的程度。为此，人们使用了高斯分布、泊松分布和伽马分布[Levi 86, Russ 85]。参数状态持续时间模型所用参数的介绍，见文献[Chie 03]，它适用于非平稳语音变化的大词汇量语音识别。

最优路径方法

知道一个已训练的 HMM 和观测值序列 X 后，识别阶段的目标就是计算状态序列最可能的路径的概率。然而，这时不能采用 9.4 节中介绍 Viterbi 算法。为了适应显式时间持续模型强加的新参数化的需要，我们必须要以稍微不同的方法来求解问题。为了计算到达对应阶段 k 和状态 i 的一个节点的最优路径，存在两条竞争路径：(a) 在阶段 $k-1$ 结束停留于状态 j（与 i 不同）并跳转到节点(k, i)的路径；(b) 在前一个阶段 $k-2,\cdots,k-D$ 结束停留于 $j\neq i$ 状态，跳转到状态 i，且分别停留 $2,\cdots,D$ 个时刻的路径。设 $a_k(i)$是到达阶段 k 和状态 i 的最优代价。根据贝尔曼最优性原理，$a_k(i)$的计算如下：

- 对通过$(k-1, j), j=1,2,\cdots,K_s, j\neq i$ 并跳到 i 的路径，

$$a_k(i)=a_{k-1}(j)P(i|j)p(\boldsymbol{x}_k|i)P_i(1),\quad j\neq i \tag{9.55}$$

- 对通过节点$(k-d, j), j\neq i, d=2,\cdots,D$，跳到状态 i 并停留 d 个连续时刻的路径，

$$a_k(i)=a_{k-d}(j)P(i|j)P_i(d)\prod_{m=k-d+1}^{k}p(\boldsymbol{x}_m|i) \tag{9.56}$$

于是，与节点(k, i)关联的最优代价是

$$a_k(i)=\max_{1\leqslant d\leqslant D,1\leqslant j\leqslant K_s,j\neq i}[\delta_k(j,d,i)] \tag{9.57}$$

$$\delta_k(j,d,i)=a_{k-d}(j)P(i|j)P_i(d)\prod_{m=k-d+1}^{k}p(\boldsymbol{x}_m|i) \tag{9.58}$$

式(9.57)和式(9.58)在 $k>D$ 时成立。$k\leqslant D$ 时，要使用下面的公式初始化式(9.57)和式(9.58)：

$$a_1(i)=P(i)P_i(1)p(\boldsymbol{x}_1|i),\quad i=1,\cdots,K_s$$

对于 $k=2,3,\cdots,D$，

$$a_k(i)=\max\left\{P(i)P_i(k)\prod_{m=1}^{k}p(\boldsymbol{x}_m|i),\delta_k(j,d,i)\right\},\quad 1\leqslant d<k,\ 1\leqslant j\leqslant K_s,\ j\neq i$$

根据前面的定义，可以证明最优路径结束于状态 i，其中

$$a_N(i)=\arg\max_{1\leqslant j\leqslant K_s}a_N(j)$$

式(9.57)和式(9.58)说明，$k > D$ 存在$(K_s \times D - D)$个候选参量$\delta_k(j, d, i)$来最大化 $a_k(i)$。

最优路径方法的重新估计公式

最优路径的重新估计公式要求保留计数值，以便跟踪状态过渡、各个状态发出的符号及状态持续时间。例如，状态过渡概率 $P(i|j)$是在最优路径上，从状态 j 到状态 i 的过渡次数，与从状态 j 到任何其他被检测状态的过渡总次数之比。这种方法的公式如下：

$$\bar{P}(i|j) = \frac{\text{从状态 } j \text{ 到状态 } i \text{ 的过渡次数}}{\text{从状态 } j \text{ 发出的过渡总次数}}, \quad i \neq j$$

$$\bar{P}_{\boldsymbol{x}}(r|i) = \frac{\text{从状态 } i \text{ 发出 } \boldsymbol{x} \to r \text{ 的次数}}{\text{状态 } i \text{ 的观测值总数}}, \quad r = 1, 2, \cdots, L$$

$$\bar{P}_i(d) = \frac{\text{从状态 } i \text{ 发出 } d \text{ 个连续观测值的次数}}{\text{停留在状态 } i \text{ 的总次数}}$$

为满足音乐识别/分类任务的需要，文献[Pikr 06]中给出了最优路径状态持续时间 HMM 建模的另一种方法，它修改了代价函数，以便消除实际工作中通常出现的一些错误，即不同乐器的演奏者演奏同一曲目时因基频估计或其他变化带来的识别错误。

分段建模

尽管 HMM 建模在识别领域是功能强大、应用广泛的技术之一，但是它也有缺点。它的主要缺点之一是，要求观测值之间是独立的（状态序列的限定条件）。事实上，对多数情形来说这个假设并不成立。另一个缺点是，使用标准 HMM 建模只能实现很弱的持续时间模型。为了克服这些缺点，人们提出了很多方法，状态持续时间 HMM 建模就是其中之一。最近，人们在分段建模的统一框架下，提出了许多这样的方法。下面给出一些基本的定义。

在 HMM 模型中，在一个状态的过渡到达前，假设已发出单个观测值（对应于原始语音样本的单个帧），且基本的观测值分布是帧级别的，即 $p(\boldsymbol{x} \mid i)$。相比之下，在分段建模中，分段 X_r^d 由 d 帧组成，且假设 $X_r^d = [\boldsymbol{x}_r, \cdots, \boldsymbol{x}_{r+d-1}]$ 是在到达某个状态时发出的，其中的 d 本身是一个随机变量。基本分布现在是分段级别的，即 $p(X_r^d \mid i, d)$。图 9.10 中给出了示意图。描述分段模型的参数是：(a) 状态数；(b) 它们的过渡建模参数；(c) 持续时间 d 已知时，分段分布的联合概率密度函数；(d) 持续时间概率 $P(d \mid i)$。采用泛化的 Baum-Welch 和 Viterbi 方法训练这些参数。关于该主题的详细说明超出了本书的范围，感兴趣的读者可查阅文献[Oste 96, Russ 97, Gold 99]及它们的参考文献。

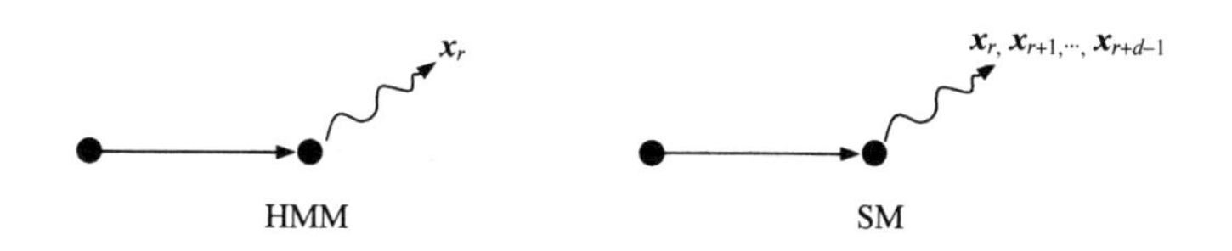

图 9.10　HMM 及到达某个状态的过渡时发出的观测值的分段模型（SM）

9.8 使用神经网络训练马尔可夫模型

基于 HMM 的识别系统的训练阶段完全是概率（和密度）学习。第 3 章中说过，按照某个规则（如最小平方）优化的监督分类器可以逼近后验类别概率。这是当前问题的出发点。我们可将状态视为类别，并将多层感知器视为非线性分类器。将观测值送至输入节点后，网络的输出数量就和状态的数量相同。训练可以通过反向传播算法实现，“真”状态输出的期望响应是 1，其他状态输出的期望响应是 0（见第 4 章）。显然，神经网络的输出会充分地逼近后验概率 $P(i\,|\,\boldsymbol{x})$。在基于马尔可夫模型的识别器的识别阶段，采用贝叶斯准则，将 $P(i\,|\,\boldsymbol{x})$变为 $p(\boldsymbol{x}\,|i)$，

$$p(\boldsymbol{x}|i)=\frac{P(i|\boldsymbol{x})p(\boldsymbol{x})}{P(i)}$$

式中，状态先验概率 $P(i)$由它们的相对发生频率决定，$p(\boldsymbol{x})$在识别期间对所有状态都是常数。

在下面的过程中，我们假设各个状态是可观测的，且在训练期间我们知道每个观测值起源的具体状态。例如，在语音识别中，可为口头词中的每个音素关联一个状态。由于要求准确的语音分段且边界无法总是良好地定义，因此这种方法也存在一些缺点。然而，在 HMM 方法中不会出现这种情形，因为其中的算法可以最优地确定状态边界。文献[Koni 96]中提出了避免分段问题的 HMM/MLP 联合训练方案。下面介绍神经网络在处理这类问题时的优点。

标准 HMM 的主要缺点是要假设观测值之间是独立的。使用多层感知器，可以非常容易地实现基本的统计相关性。图 9.11 中显示了一种可行的方法。“当前的”观测向量 $\boldsymbol{x}_k$、p 个“过去的”向量和 p 个“将来的”向量同时出现在输入节点。因此，输入节点共有$(2p+1)l$ 个，其中 l 是观测向量的维数。在训练期间，对应于从“诞生”到“当前”向量的状态的输出节点的期望输出是 1。我们称网络已用上下文输入信息进行了训练。通过为输入提供序列中关于前一个状态的信息，也可实现其他数据相关性。在识别期间，这是由输出反馈提供的，如图 9.11 中的虚线所示[Bourl 90]。显然，在这样的结构中，网络的输出节点计算条件状态概率 $P(i_k\,|\,X_{k-p}^{k+p},i_{k-1})$，其中 X_{k-p}^{k+p} 表示从 $\boldsymbol{x}_{k-p}$ 到 $\boldsymbol{x}_{k+p}$ 变化的上下文输入信息。

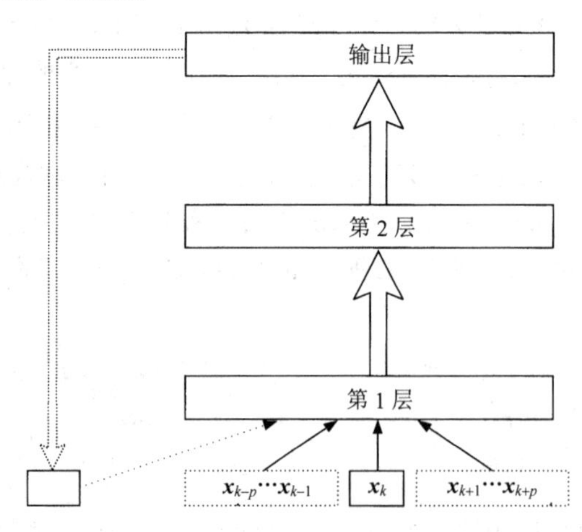

图 9.11 训练马尔可夫模型的参数的多层感知器架构

有了这些概率后，我们就有了许多新的“机会”。例如，让我们回到式(9.1)中的最初目标，并将状态视为类别。由链式准则，有

$$
\begin{aligned}
P(\Omega_i|X) &\equiv P(i_1, i_2, \cdots, i_N|X) \\
&= P(i_N|i_{N-1}, \cdots, i_1, X) \cdots P(i_{N-1}|i_{N-2}, \cdots, i_1, X)P(i_1|X)
\end{aligned} \tag{9.59}
$$

考虑状态相关性的马尔可夫性质，采用一些合适的初始条件，并放松对观测值的约束，可将上式改写为

$$
P(\Omega_i|X) = \prod_k P(i_k|X_{k-p}^{k+p}, i_{k-1}) \tag{9.60}
$$

根据动态规划理论，很容易算出它的最大值。也可使用其他的方法；关于该主题的详细探讨，请查阅文献[Bourl 90, Bourl 94, Morg 95]。文献[Pikr 06a]中建议使用贝叶斯网络代替神经网络。

最后要强调的是，要得到良好的概率估计，多层感知器的规模必须大到足以获得好的近似性能。当然，这要求为训练增加计算资源。此外，组合上下文信息也要求网络的规模更大。另外，通过网络逼近概率在最小代价函数的全局极小值情形下成立，至少理论上成立。文献[Spec 94]中给出了影响这种方法的性能的实际问题。

9.9　马尔可夫随机场的讨论

到目前为止，我们考虑的上下文相关分类都限于一维情形。本节重点讨论相关的二维推广。也就是说，我们将把观测值视为二维序列 $X(i, j)$。这类问题经常出现在图像处理任务中，如观测值可以是图像阵列像素的灰度级。显然，此时问题变得复杂，因此下面只给出基本的定义和方向，而不给出这个主题的详细处理方法。

假设我们已知观测值数组 X: $X(i, j)$, $i = 0, 1, \cdots, N_x - 1, j = 0, 1, \cdots, N_y - 1$ 及对应的类别/状态数组Ω: ω_{ij}，其中的每个 ω_{ij} 都取 M 个值中的一个值。我们的目标是，根据已知的观测值数组，估计状态数组Ω的对应值，使得

$$
p(X|\Omega)P(\Omega)\text{最大} \tag{9.61}
$$

假设在上下文相关分类的范围内，Ω的各个元素的值是互相关的；还假设这种相关性限定在某个邻域内。于是，这就将我们带回了第 7 章中定义的马尔可夫随机场（MRF）。因此，对Ω数组中的每个元素(i, j)都定义一个邻域$\mathcal{N}_{ij}$，以便

- $\omega_{ij} \notin \mathcal{N}_{ij}$。
- $\omega_{ij} \in \mathcal{N}_{kl} \Longleftrightarrow \omega_{kl} \in \mathcal{N}_{ij}$。

简单地说，元素(i, j)不属于其自身的邻居集合，且若 ω_{ij} 是 ω_{kl} 的一个邻居，则 ω_{kl} 也是 ω_{ij} 的一个邻居。于是，马尔可夫性质定义为

$$
P(\omega_{ij}|\bar{\Omega}_{ij}) = P(\omega_{ij}|\mathcal{N}_{ij}) \tag{9.62}
$$

式中，$\bar{\Omega}_{ij}$ 包含除(i, j)外的Ω中的所有元素。图 9.12 中给出了一个带有 8 个邻居像素的邻域的典型例子。式(9.62)是式(9.3)的推广。在一维情形下，有序排列产生了关系式(9.4)。遗憾的是，序列排序无法自然地推广到二维情形，必须对动态规划技术强加一些限制条件[Hans 82]。

在图像处理和分析中，首先指出 MRF 模型问题的是 Geman 和 Geman 的论文[Gema 84]，他们给出了重要的 Hammersley-Clifford 定理，即马尔可夫随机场和吉布斯分布之间的等价关系[Besa 74]。因此，我们可以谈论吉布斯随机场。吉布斯条件概率的形式是

$$P(\omega_{ij}|\mathcal{N}_{ij}) = \frac{1}{Z}\exp\left(-\frac{1}{T}\sum_{k}F_k(\mathcal{C}_k(i,j))\right) \tag{9.63}$$

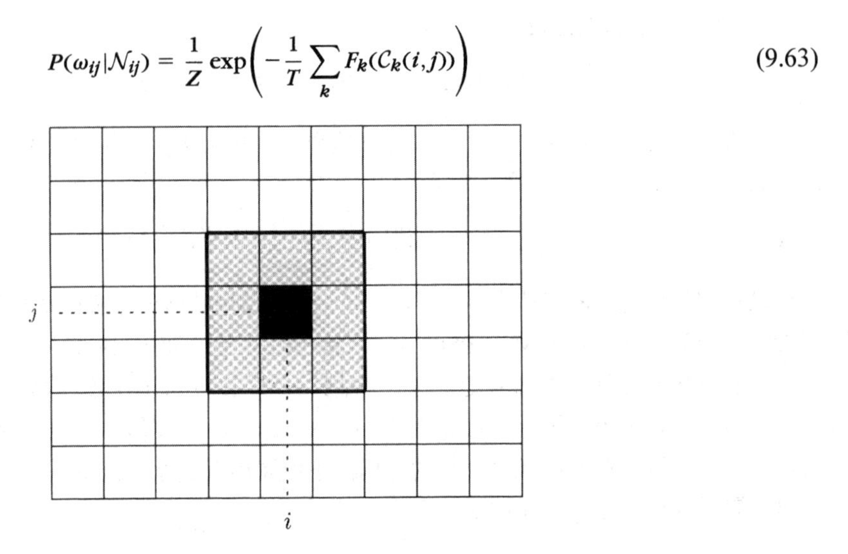

图 9.12　元素(i, j)包含 8 个邻居的邻域示例

式中，Z是归一化常数，它使得概率之和为 1；T是一个参数；$F_k(\cdot)$是团$\mathcal{C}_k(i,j)$中的像素的状态函数。相对于所选的邻域类型而言，团由单个像素或一组彼此都为邻居的像素组成。图 9.13 中显示了邻域和对应团的两种情形。对于 4 个邻居的情形，式(9.63)中的典型指数函数是

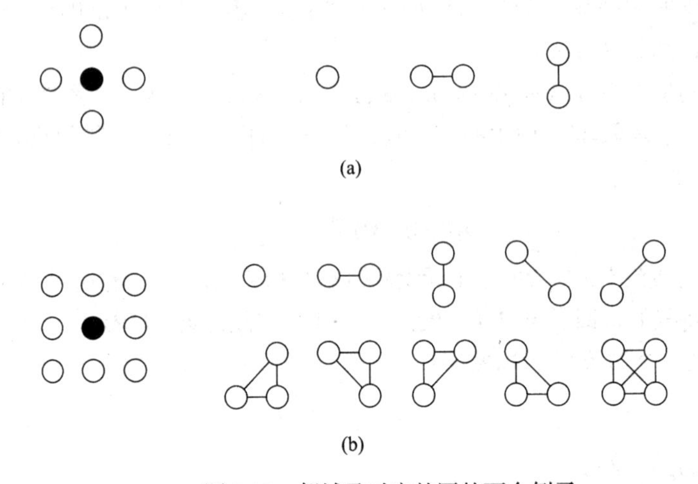

图 9.13　邻域及对应的团的两个例子

$$-\frac{1}{T}\omega_{ij}\left(\alpha_1 + \alpha_2(\omega_{i-1,j} + \omega_{i+1,j}) + \alpha_2(\omega_{i,j-1} + \omega_{i,j+1})\right)$$

式中，α_i项是常数。可以证明，对于吉布斯模型，联合概率$P(\Omega)$是

$$P(\Omega) = \exp\left(-\frac{U(\Omega)}{T}\right) \tag{9.64}$$

式中，

$$U(\Omega) = \sum_{i,j}\sum_{k}F_k(\mathcal{C}_k(i,j)) \tag{9.65}$$

它与邻域相关联的所有团上的函数之和。在许多情形下，待被最大化的后验概率$P(\Omega|X)$［即式(9.61)］

也是吉布斯的。例如，若图像中的各个区域由马尔可夫（高斯二维 AR）过程生成[Deri 86, Chel 85]，则会导致这样的情形。然后，可以采用模拟退火技术得到所需的最大值[Gema 84]。

文献[Povl 95]中考虑了隐马尔可夫的二维平面推广，其想法是，使用 Besag 方法在互不相关的像素集中编码图像[Besa 74]，从局部状态过渡概率开始建立一个伪似然函数。文献[Zhan 94]中给出了问题的另一个 EM 公式。最后，另一种常用的方法是组合使用马尔可夫随机场和多分辨率分析。在了采样阶段，马尔可夫性质丢失，为粗糙分辨率推导合适的模型，详细信息请参阅文献[Laks 93, Bell 94, Kris 97]及它们引用的参考文献。

习题

9.1 假设有一个 HMM 模型，它有 K 个状态和 N 个连续观测值的观测序列 X。假设每个状态中的概率密度函数由对角协方差矩阵已知、均值未知的高斯分布描述。使用 EM 算法推导重新估计递归公式。提示：建立完整数据集 $Y=(X,\Omega)$，其中Ω是状态集合。

9.2 如果某个状态的自过渡概率是 $P(i|i)$，那么对 d 个连续阶段来说，位于状态 i 的模型的概率是 $P_i(d)=(P(i|i))^{d-1}(1-P(i|i))$。证明停留于 i 状态的平均持续时间为 $\bar{d}=\frac{1}{1-P(i|i)}$。

9.3 在实际工作中为训练使用了 Q 个不同的口头词，每个口头词都产生长为 N_m 的观测值序列 X_m，$m=1,2,\cdots,Q$。推导下面的重新估计公式：

$$\bar{P}(j|i)=\frac{\sum_{m=1}^{Q}\frac{1}{P(X_m|\mathcal{S})}\sum_{k=1}^{N_m-1}\xi_k(i,j,X_m|\mathcal{S})}{\sum_{m=1}^{Q}\frac{1}{P(X_m|\mathcal{S})}\sum_{k=1}^{N_m-1}\alpha^m(i_k=i)\beta^m(i_k=i)}$$

$$\bar{P}_{\boldsymbol{x}}(r|i)=\frac{\sum_{m=1}^{Q}\frac{1}{P(X_m|\mathcal{S})}\sum_{(k=1\text{ and }\boldsymbol{x}\to r)}^{N_m}\alpha^m(i_k=i)\beta^m(i_k=i)}{\sum_{m=1}^{Q}\frac{1}{P(X_m|\mathcal{S})}\sum_{k=1}^{N_m}\alpha^m(i_k=i)\beta^m(i_k=i)}$$

式中，上标 m 表示第 m 个观测序列，$\xi(i,j,X|\mathcal{S})$由式(9.30)定义。

9.4 使用缩放后的如下α,β 值，重新推导递归公式(9.33)和(9.34)：

$$\hat{\alpha}(i_k=i)=\frac{1}{c_k}\alpha(i_k=i),\quad \hat{\beta}(i_{k+1}=i)=c_k\beta(i_{k+1}=i)$$

式中，$c_k=\sum_{i_k=1}^{K_s}\alpha(i_k)$。

9.5 假设 HMM 模型不是等概率的，且Λ是 M 个已知模型的所有未知参数集。现在假设已知训练序列 X 对应于模型$\mathcal{S}_r$。在训练期间，最大化 $P(\mathcal{S}_r|X,\Lambda)$是相对于所有参数而非专用模型的那些参数实现的。证明该优化使得正确模型的贡献 $p(X|\mathcal{S}_r,\Lambda)P(\mathcal{S}_r)$与不正确模型的贡献 $\sum_{s\neq r}p(X|S_s,\Lambda)P(S_s)$ 的比值最大，即相对于所有参数的优化提供最大的判别能力。

MATLAB 编程和练习

上机编程

9.1 使用 Baum-Welch 方法计算 HMM 的识别分数。编写一个名为 Baum_Welch_Do_HMM 的 MATLAB 函数，函数的输入为：(a) 初始状态概率的列向量 pi_init；(b) 过渡矩阵 $\boldsymbol{A}$，它的第 i 行第 j 列元素是从状态 i 过渡到状态 j 的概率；(c) 发射概率矩阵 $\boldsymbol{B}$，它的第 i 行第 j 列元素是从状态 j 发出第 i 个字母符号的概率；(d) 行向量 $\boldsymbol{O}$，它由一系列离散符号的代码编号组成。对包含于 $\boldsymbol{O}$ 中的符号序列应用 HMM(由 pi_init, $\boldsymbol{A}$, $\boldsymbol{B}$ 定义)后，函数返回得到的分数。假设字母符号是 $s_1, s_2, \cdots, s_q$，对应的代码编号是 $1, 2, \cdots, q$。

解：为避免下溢问题，在下面的程序中，得分计算为缩放因子的积的对数。

```
function matching_prob=Baum_Welch_Do_HMM(pi_init,A,B,O)
  %Initialization
  T=length(O);
  [M,N]=size(B);
  alpha(:,1)=pi_init.*B(O(1),:)';
  c(1)=1/(sum(alpha(:,1)));
  alpha(:,1)=c(1)*alpha(:,1);
  for t=2:T
    for i=1:N
      alpha(i,t)=sum((alpha(:,t-1).*A(:,i))*B(O(t),i));
    end
    c(t)=1/(sum(alpha(:,t)));
    alpha(:,t)=c(t)*alpha(:,t);
  end
  matching_prob=-sum(log10(c));
```

9.2 离散观测值 HMM 的 Viterbi 方法。编写一个名为 Viterbi_Do_HMM 的 MATLAB 函数，其输入与 Baum_Welch_Do_HMM 的输入相同。函数返回：(a) 最优状态序列；(b) 使用 Viterbi 方法，对 $\boldsymbol{O}$ 应用由 pi_init, $\boldsymbol{A}$, $\boldsymbol{B}$ 定义的 HMM 后，产生的各个概率。

解：下面的程序首先构建一个格状图，然后用第 8 章中定义的 back_tracking 函数提取最优状态路径。

```
function [matching_prob,best_path]=Viterbi_Do_HMM…
  (pi_init,A,B,O)
   %Initialization
   T=length(O);
   [M,N]=size(B);
   pi_init(find(pi_init==0))=-inf;
   pi_init(find(pi_init>0)=log10(pi_init(find(pi_init>0)));
   A(find(A==0))=-inf;
   A(find(A>0))=log10(A(find(A>0)));
   B(find(B==0))=-inf;
   B(find(B>0))=log10(B(find(B>0)));
   %First observation
   alpha(:,1)=pi_init+B(O(1),:)';
   pred(:,1)=zeros(N,1);
   %Construct the trellis diagram
   for t=2:T
   for i=1:N
     temp=alpha(:,t-1)+A(:,i)+B(O(t),i);
     [alpha(i,t),ind]=max(temp);
     pred(i,t)=ind+sqrt(-1)*(t-1);
   end
end
[matching_prob,winner_ind]=max(alpha(:,T));
best_path=back_tracking(pred,winner_ind,T);
```

9.3 连续观测值 HMM 的 Viterbi 方法。假设发射概率密度函数 $p(\boldsymbol{x}|i)$是高斯分布的，编写一个名为 Viterbi_ Co_HMM 的 MATLAB 函数。其输入为：(a) 初始状态概率列向量 pi_init；(b) 过渡矩阵 $\boldsymbol{A}$；(c) 行向量 $\boldsymbol{m}$，它的第 i 个元素是第 i 个高斯分布发射概率密度函数的均值；(d) 行向量 sigma，它包含前述概率密度函数的方差；(e) 包含一个特征序列的行向量 $\boldsymbol{O}$。函数返回：(a) 最优状态序列；(b) 使用 Viterbi 方法，对 $\boldsymbol{O}$ 应用由 pi_init, $\boldsymbol{A}$, $\boldsymbol{B}$ 定义的 HMM 后，产生的各个概率。

解：

```
function [matching_prob,best_path]=Viterbi_Co_HMM…
```

```
   (pi_init,A,m,sigma,O)
    %Initialization
    T=length(O);
    [N,N]=size(A);
    pi_init(find(pi_init==0))=-inf;
    pi_init(find(pi_init>0))=log10(pi_init(find(pi_init>0)));
    A(find(A==0))=-inf;
    A(find(A>0))=log10(A(find(A>0)));
    for i=1:N
    alpha(i,1)=pi_init(i)+log10(normpdf(O(1),m(i),sigma(1)));
    end
    pred(:,1)=zeros(N,1);
    %Construction of the trellis diagram
    for t=2:T
      for i=1:N
        temp=alpha(:,t-1)+A(:,i)+log10(normpdf(O(t),m(i),...
          sigma(i)));
        [alpha(i,t),ind]=max(temp);
        pred(i,t)=ind+sqrt(-1)*(t-1);
      end
    end
  [matching_prob,winner_ind]=max(alpha(:,T));
  best_path=back_tracking(pred,winner_ind,T);
```

上机试验

9.1 使用两枚硬币（A 和 B）做抛硬币试验。A 落地正面朝上的概率是 0.6，B 落地正面朝上的概率是 0.4。规则如下：试验者在看不到硬币的前提下随机抽取要抛的硬币，首先被抛的硬币是 A，A 再次被抛的概率是 0.4，B 再次被抛的概率是 0.6，只有观测者能够看到并记录 A 或 B 的被抛次数，以及正面朝上或反面朝上序列。(a) 借助 HMM（定义初始状态概率向量、过渡矩阵、发射概率矩阵），对该试验建模；(b) 使用函数 Baum_Welch_Do_HMM 计算观测值序列 $\{H, H, T, H, T, T\}$的 HMM 得分，其中 T 代表反面，H 代表正面。提示：为 Baum_Welch_Do_HMM 函数定义输入符号序列 $\boldsymbol{O}$ 时，使用“1”代表 H，使用“2”代表 T。

9.2 对前一个试验中的 HMM，使用 Viterbi_Do_HMM 函数求观测值序列$\{H, T, T, T, H\}$和$\{T, T, T, H, H, H, H\}$的最优状态序列与路径概率。提示：为 Viterbi_Do_HMM 函数定义输入符号序列 $\boldsymbol{O}$ 时，使用“1”代表 H，使用“2”代表 T。

9.3 假设有两个数字生成器，它们分别满足均值是 0 和 5 的高斯分布，各自的标准差分别是 1 和 2。试验方案如下：一个人抛硬币决定哪个发生器开始发出数字，A 生成器抛出正面的概率是 0.4。共抛 8 次，每次抛的结果都决定下次由哪个生成器发出数字。只有一名观测者能够访问试验的结果序列{0.3, 0.4, 0.2, 2.1, 3.2, 5, 5.1, 5.2, 4.9}。(a) 使用发出连续观测值的 HMM 对该试验建模；(b) 使用 Viterbi_Co_HMM 函数计算最优状态序列，以及给定数字序列的对应概率。

参考文献

[Agaz 93] Agazi O.E., Kuo S.S. “Hidden Markov model based optical character recognition in the presence of deterministic transformations,” *Pattern Recognition*, Vol. 26, pp. 1813-1826, 1993.

[Anto 97] Anton-Haro C., Fonollosa J.A.R., Fonollosa J.R. “Blind channel estimation and data detection using HMM,” *IEEE Transactions on Signal Processing*, Vol. 45(1), pp. 241-247, 1997.

[Aric 02] Arica N., Yarman-Vural F.T. “Optical character recognition for cursive handwriting,” *IEEE Transactions on Pattern Analysis and Machine Intelligence*, Vol. 24(6), pp. 801-813, 2003

[Arsl 99] Arslan L., Hansen J.H.L. "Selective training for hidden Markov models with applications to speech classification," *IEEE Transactions on Speech and Audio Processing*, Vol. 7(1), pp. 46-54, 1999.

[Bahl 86] Bahl L.R., Brown B.F., Desouza P.V. "Maximum mutual information estimation of hidden Markov model parameters for speech recognition," *Proceedings of the IEEE International Conference on Acoustics Speech and Signal Processing*, Vol. 1, pp. 872-875, Japan, 1986.

[Bake 75] Baker J. "The DRAGON system—an overview," *IEEE Transactions on Acoustics Speech and Signal Processing*, Vol. 23(1), pp. 24-29, 1975.

[Baum 67] Baum L.E., Eagon J.A. "An inequality with applications to statistical prediction for functions of Markov processes and to a model for ecology," *Bulletin of the American Mathematical Society*, Vol. 73, pp. 360-362, 1967.

[Baum 70] Baum L.E., Petrie T., Soules G., Weiss N. "A maximization technique occurring in the statistical analysis of probabilistic functions of Markov chains," *Annals of Mathematical Statistics*, Vol. 41, pp. 164-171, 1970.

[Baum 68] Baum L.E., Sell G.R. "Growth functions for transformations of manifolds," *Pacific Journal of Mathematics*, Vol. 27, pp. 211-227, 1968.

[Bell 90] Bellegarda J.R., Nahamoo D. "Tied mixture continuous parameter modeling for speech recognition," *IEEE Transactions on Acoustics Speech and Signal Processing*, Vol. 38(12), pp. 2033-2045, 1990.

[Bell 94] Bello M.G. "A combined Markov random field and wave-packet approach to image segmentation," *IEEE Transactions on Image Processing*, Vol. 3(6), pp. 834-847, 1994.

[Besa 74] Besag J. "Spatial interaction and the statistical analysis of lattice systems," *J. Royal Stat. Soc. B*, Vol. 36(2), pp. 192-236, 1974.

[Bourl 94] Bourland H., Morgan N. *Connectionist Speech Recognition*. Kluwer Academic Publishers, 1994.

[Bourl 90] Bourland H., Wellekens C.J. "Links between Markov models and the multilayer perceptrons," *IEEE Transactions on Pattern Analysis and Machine Intelligence*, Vol. 12(12), pp. 1167-1178, 1990.

[Chel 85] Chellapa R., Kashyap R.L. "Texture synthesis using 2-D noncausal autoregressive models," *IEEE Transactions on Acoustics Speech and Signal Processing*, Vol. 33(1), pp. 194-203, 1985.

[Chen 95a] Chen J.-L., Kundu A. "Unsupervised texture segmentation using multichannel decomposition and hidden Markov models," *IEEE Transactions on Image Processing*, Vol. 4(5), pp. 603-620, 1995.

[Chen 95] Chen M.Y., Kundu A., Srihari S.N. "Variable duration HMM and morphological segmentation for handwritten word recognition," *IEEE Transactions on Image Processing*, Vol. 4(12), pp. 1675-1689, 1995.

[Chie 03] Chien J.-T., Huang C.-H. "Bayesian learning of speech duration models," *IEEE Transactions on Speech and Audio Processing*, Vol. 11(6), pp. 558-567, 2003.

[Dell 93] Deller J., Proakis J., Hansen J. *Discrete Time Processing of Speech Signals*. Macmillan, 1993.

[Deng 94] Deng L., Aksmanovic M. "Speaker-independent phonetic classification using HMM with mixtures of trend functions," *IEEE Transactions on Speech and Audio Processing*, Vol. 5(4), pp. 319-324, 1997.

[Deri 86] Derin H. "Segmentation of textured images using Gibb's random fields," *Computer Vision, Graphics, and Image Processing*, Vol. 35, pp. 72-98, 1986.

[Diga 99] Digalakis V. "Online adaptation of hidden Markov models using incremental estimation algorithms," *IEEE Transactions on Speech and Audio Processing*, Vol. 7(3), pp. 253-261, 1999.

[Diga 95] Digalakis V., Rtischef D., Neumeyer L.G. "Speaker adaptation using constrained estimation of Gaussian mixtures," *IEEE Transaction on Speech and Audio Processing*, Vol. 3(5), pp. 357-366, 1995.

[Diga 96] Digalakis V., Monaco P., Murveit H. "Genones: Generalized mixture tying in continuous HMM model-based speech recognizers," *IEEE Transactions on Speech and Audio Processing*, Vol. 4(4), pp. 281-289, 1996.

[Diga 93] Digalakis V., Rohlicek J.R., Ostendorf M. "ML estimation of a stochastic linear system with the EM algorithm and its application to speech recognition," *IEEE Transactions on Speech and Audio Processing*, Vol. 1(4), pp. 431-441, 1993.

[ElYa 99] El-Yacoubi A., Gilloux M., Sabourin R., Suen C.Y. "An HHM-based approach for off-line unconstrained handwritten word modeling and recognition," *IEEE Transactions on Pattern Analysis and Machine Intelligence*, Vol. 21(8), pp. 752-760, 1999.

[Ephr 89] Ephraim Y., Dembo A., Rabiner L.R. "A minimum discrimination information approach to hidden Markov modelling," *IEEE Transactions on Information Theory*, Vol. 35, pp. 1001-1023, September 1989.

[Ferg 80] Ferguson J. D. "Hiden Markov analysis: An introduction," in *Hidden Markov Models for Speech*, Institute for Defence Analysis, Princeton university, 1980.

[Fu 82] Fu K.S. *Syntactic Pattern Recognition and Applications*, Prentice Hall, 1982.

[Gale 99] Gales M.J.F. "Semitied covariance matrices for hidden Markov models," *IEEE Transactions on Speech and Audio Processing*, Vol. 7(3), pp. 272-281, 1999.

[Gauv 94] Gauvain J.L., Lee C.H. "Maximum a posteriori estimation for multivariate Gaussian mixture observations of Markov chains," *IEEE Transactions on Speech and Audio Processing*, Vol. 2(2), pp. 291-299, 1994.

[Gema 84] Geman S., Geman D. "Stochastic relaxation, Gibbs distributions and the Bayesian restoration of images," *IEEE Transactions on Pattern Analysis and Machine Intelligence*, Vol. 6(6), pp. 721-741, 1984.

[Geor 97] Georgoulakis C., Theodoridis S. "Efficient clustering techniques for channel equalization in hostile environments," *Signal Processing*, Vol. 58, pp. 153-164, 1997.

[Geor 98] Georgoulakis C., Theodoridis S. "Blind equalization for nonlinear channels via hidden Markov modeling," *Proceedings EUSIPCO-98*, Rhodes, Greece, 1998.

[Gold 99] Goldberger J., Burshtein D., Franco H. "Segmental modeling using a continuous mixture of noparametric models," *IEEE Transactions on Speech and Audio Processing*, Vol. 7(3), pp. 262-271, 1999.

[Gu 02] Gu L., Rose K. "Substate tying with combined parameter training and reduction in tied-mixture HMM design," *IEEE Transactions on Speech and Audio Processing*, Vol. 10(3), 2002.

[Hans 82] Hansen F.R., Elliot H. "Image segmentation using simple Markov field models," *Computer Graphics and Image Processing*, Vol. 20, pp. 101-132, 1982.

[He 08] He X., Deng L., Chou W. "Discriminative Learning in Sequential Pattern Recognition—A Unifying Review for Optimization-Oriented Speech Recognition," to appear *IEEE Signal Processing Magazine*, september 2008.

[Huo 95] Huo Q., Chan C., Lee C.H. "Bayesian adaptive learning of the parameters of hidden Markov model for speech recognition," *IEEE Transactions on Speech and Audio Processing*, Vol. 3(5), pp. 334-345, 1995.

[Huo 97] Huo Q., Lee C.H. "On-line adaptive learning of the continuous density HMM based on approximate recursive Bayes estimate," *IEEE Transactions on Speech and Audio Processing*, Vol. 5(2), pp. 161-173, 1997.

[Jeli 76] Jelinek F. "Continuous speech recognition by statistical methods," *Proceedings of the IEEE*, Vol. 64(4), pp. 532-555, 1976.

[Juan 85] Juang B.H. "Maximum likelihood estimation for mixture multivariate stochastic observations of Markov chains," *AT&T System Technical Journal*, Vol. 64, pp. 1235-1249, July-August 1985.

[Juan 97] Juang B.H., Chou W., Lee C.H. "Minimum classification error rate methods for speech recognition," *IEEE Transactions on Speech and Audio Processing*, Vol. 5(3), pp. 257-266, 1997.

[Juan 92] Juang B.H., Katagiri S. "Discriminative learning for minimum error classification," *IEEE Transactions on Signal Processing*, Vol. 40(12), pp. 3043-3054, 1992.

[Juan 86] Juang B.H., Levinson S.E., Sondhi M.M. "Maximum likelihood estimation for multivariate mixture observations of Markov chains," *IEEE Transactions on Information Theory*, Vol. IT-32, pp. 307-309, March 1986.

[Kale 94] Kaleh G.K., Vallet R. "Joint parameter estimation and symbol detection for linear and nonlinear unknown channels," *IEEE Transactions on Communications*, Vol. 42(7), pp. 2406-2414, 1994.

[Kim 95] Kim N.S., Un C.K. "On estimating robust probability distribution in HMM-based speech recognition," *IEEE Transactions on Speech and Audio Processing*, Vol. 3(4), pp. 279-286, 1995.

[Koni 96] Konig Y. "REMAP: Recursive estimation and maximization of a-posteriori probabilities in transition-based speech recognition," Ph.D. thesis, University of California at Berkeley, 1996.

[Kops 03] Kopsinis Y., Theodoridis S. "An efficient low-complexity technique for MLSE equalizers for linear and nonlinear channels," *IEEE Transactions on Signal Processing*, Vol. 51(12), pp. 3236-3249, 2003.

[Kris 97] Krishnamachari S., Chellappa R. "Multiresolution Gauss-Markov random field models for texture segmentation," *IEEE Transactions on Image Processing*, Vol. 6(2), pp. 251-268, 1997.

[Laks 93] Lakshmanan S., Derin H. "Gaussian Markov random fields at multiple resolutions," in *Markov Random Fields: Theory and Applications* (R. Chellappa, ed.), Academic Press, 1993.

[Lee 72] Lee C.H., Fu K.S. "A stochastic syntax analysis procedure and its application to pattern recognition," *IEEE Transactions on Computers*, Vol. 21, pp. 660-666, 1972.

[Lee 91] Lee C.H., Lin C.H., Juang B.H. "A study on speaker adaptation of the parameters of continuous density hidden Markov models," *IEEE Transactions on Signal Processing*, Vol. 39(4), pp. 806-815, 1991.

[Legg 95] Leggetter C.J., Woodland P.C. "Maximum likelihood linear regression for speaker adaptation of continuous density hidden Markov models," *Comput. Speech Lang.*, Vol. 9, pp. 171-185, 1995.

[Levi 86] Levinson S.E. "Continuously variable duration HMMs for automatic speech recognition," *Computer Speech and Language*, Vol. 1, pp. 29-45, March 1986.

[Levi 83] Levinson S.E., Rabiner L.R., Sondhi M.M. "An introduction to the application of the theory of probabilistic functions of a Markov process to automatic speech recognition," *Bell System Technical Journal*, Vol. 62(4), pp. 1035-1074, April 1983.

[Li 04] Li J., Wang J., Zhao Y., Yang Z. "Self adaptive design of hidden Markov models," *Pattern Recognition Letters*, Vol. 25, pp. 197-210, 2004.

[Li 00] Li X., Parizeau M., Plamondon R. "Training hidden Markov models with multiple observations-A combinatorial method," *IEEE Transactions on Pattern Analysis and Machine Intelligence*, Vol. 22(4), pp. 371-377, 2000.

[Lipo 82] Liporace L.A. "Maximum likelihood estimation for multivariate observations of Markov sources," *IEEE Transactions on Information Theory*, Vol. IT-28(5), pp. 729-734, 1982.

[Moon 96] Moon T. "The expectation maximization algorithm," *Signal Processing Magazine*, Vol. 13(6), pp. 47-60, 1996.

[Morg 95] Morgan N. Boulard H. "Continuous speech recognition," *Signal Processing Magazine*, Vol. 12(3), pp. 25-42, 1995.

[Neap 04] Neapolitan R.D. *Learning Bayesian Networks*, Prentice Hall, Gliffs, N.J. 2004.

[Oste 96] Ostendorf M., Digalakis V., Kimball O. "From HMM's to segment models: A unified view of stochastic modeling for speech," *IEEE Transactions on Audio and Speech Processing*, Vol. 4(5), pp. 360-378, 1996.

[Papo 91] Papoulis A. *Probability Random Variables and Stochastic Processes*, 3rd ed., McGraw-Hill 1991.

[Pikr 06] Pikrakis A., Theodoridis S., Kamarotos D. "Classification of musical patterns using variable duration hidden Markov models," *IEEE Transactions on Speech and Audio Processing*, Vol. 14(5), pp. 1795-1807, 2006.

[Pikr06a] Pikrakis A., Gaunakopoulos T., Theodoridis S. "Speech/music discrimination for radio broadcasts using a hybrid HMM-Bayesiay network architecture," *Proceedings, EUSIPCO-*

Florence, 2006.

[Pori 82] Poritz A.B. "Linear predictive HMM and the speech signal," *Proceedings of the International Conference on Acoustics, Speech and Signal Processing*, pp. 1291-1294, Paris, 1982.

[Povl 95] Povlow B., Dunn S. "Texture classification using noncausal hidden Markov models," *IEEE Transactions on Pattern Analysis and Machine Intelligence*, Vol. 17(10), pp. 1010-1014, 1995.

[Proa 89] Proakis J. *Digital Communications*, 2nd ed., McGraw-Hill, 1989.

[Rabi 89] Rabiner L. "A tutorial on hidden Markov models and selected applications in speech recognition," *Proceedings of IEEE*, Vol. 77, pp. 257-285, February, 1989.

[Rabi 93] Rabiner L., Juang B.H. *Fundamentals of Speech Recognition*, Prentice Hall, 1993.

[Ramd 03] Ramdane S., Taconet B., Zahour A. "Classification of forms with handwritten fields by planar Markov models," *Pattern Recognition*, Vol. 36, pp. 1045-1060, 2003.

[Rao 01] Rao A.V., Rose K. "Deterministically annealed design of hidden Markov Model speech recognizers," *IEEE Transactions on Speech and Audio Precessing*, Vol. 9(2), pp. 111-127, 2001.

[Russ 97] Russell M., Holmes W. "Linear trajectory segmental HMM's," *IEEE Signal Processing Letters*, Vol. 4(3), pp. 72-75, 1997.

[Russ 85] Russell M.J., Moore R.K. "Explicit modeling of state occupancy in HMMs for automatic speech recognition," *Proceedings of the International Conference on Acoustics, Speech and Signal Processing*, Vol. 1, pp. 5-8, 1985.

[Spec 94] Special issue on neural networks for speech in *IEEE Transactions on Speech and Audio Processing*, Vol. 2(1), 1994.

[Theo 95] Theodoridis S., Cowan C.F.N., See C.M.S. "Schemes for equalization of communication channels with nonlinear impairments," *IEE Proceedings on Communications*, Vol. 142(3), pp. 165-171, 1995.

[Turi 98] Turin W. "Unidirectional and parallel Baum-Welch algorithms," *IEEE Transactions on Speech and Audio Processing*, Vol. 6(6), pp. 516-523, 1998.

[Vite 67] Viterbi A.J. "Error bounds for convolutional codes and an asymptotically optimum decoding algorithm," *IEEE Transactions on Information Theory*, Vol. 13, pp. 260-269, 1967.

[Vlon 92] Vlontzos J.A., Kung S.Y. "Hidden Markov models for character recognition," *IEEE Transactions on Image Processing*, Vol. 1(4), pp. 539-543, 1992.

[Wang 01] Wang S., Zhao Y. "Online Bayesian tree-structured transformation of HMM's with optimal model selection for speaker adaptation," *IEEE Transactions on Speech and Audio Processing*, Vol. 9(6), pp. 663-677, 2001.

[Wu 96] Wu W.R., Wei S.C. "Rotational and gray scale transform invariant texture classification using spiral resampling, subband decomposition, and hidden Markov model," *IEEE Transactions on Image Processing*, Vol. 5(10), pp. 1423-1435, 1996.

[Zhan 94] Zhang J., Modestino J.W., Langan D.A. "Maximum likelihood parameter estimation for unsupervised stochastic model based image segmentation," *IEEE Transactions on Image Processing*, Vol. 3(4), pp. 404-421, 1994.

第 10 章　监督学习：尾声

10.1　引言

本章是关于监督学习的最后一部分，目的有三。前几节介绍分类系统设计的最后一个阶段。换句话说，我们假设根据一组选定的训练特征向量，设计了一个最优分类器。本章的第一个目的是，根据与系统关联的分类错误概率来评估系统的性能。为此，我们将使用有限的已知数据集来开发估计分类错误概率的方法。估计的错误满足要求后，就可在真实环境中评估系统的性能，如医院的医学诊断系统或工厂的工业生产系统。

必须着重指出的是，评价阶段不能与设计过程的前述阶段分开，而是设计过程的一部分。系统性能的评估将决定系统是否满足特定应用的要求及预期的作用。达不到要求时，设计人员就要重新考虑并设计系统。另外，在特征选择阶段，错误分类概率也可作为性能指标，以便选择与特定分类器相关联的最好特征。

本章的第二个目的是，通过在医学超声波成像案例中组合单独考虑的各个设计阶段，帮助读者更好地理解如何组合各个设计阶段来构建分类系统。为了开发实用的计算机辅助医学诊断系统，帮助医生做出决策，我们将使用特征生成、特征选择、分类器设计和系统评估技术。

在本章后面的几节中，我们将抛开书中所有问题的完全监督性质，转而介绍未标注的数据。我们很快就会看到，在某些情形下，当标注的数据有限时，未标注的数据可为设计人员提供额外的信息。半监督学习是近年来非常重要的方法之一，也是目前最热的研究领域之一。因此，本章的第三目的是介绍半监督学习基础，并说明适当使用未标注的数据时可以提高系统的性能。

10.2　错误计数法

下面考虑 M 分类任务。我们的目的是估计分类错误概率，方法是用 N 个检验特征向量的有限集来检验独立设计的分类器的“正确/错误”响应。设 $\boldsymbol{N}_i$ 是每个类别中的向量，$\sum_{i=1}^{M} \boldsymbol{N}_i = N$，$\boldsymbol{P}_i$ 是类别 ω_i 的对应错误概率。假设特征向量之间是独立的，则从类别 ω_i 中错误分类 k_i 个向量的概率由如下的二项分布给出：

$$\text{prob}\{\boldsymbol{k}_i\ \text{个向量错误分类}\} = \binom{\boldsymbol{N}_i}{\boldsymbol{k}_i} \boldsymbol{P}_i^{\boldsymbol{k}_i}(1 - \boldsymbol{P}_i)^{\boldsymbol{N}_i - \boldsymbol{k}_i} \tag{10.1}$$

式中，概率 $\boldsymbol{P}_i$ 是未知的。如果式(10.1)关于 $\boldsymbol{P}_i$ 最大化，那么可以得到估计 $\hat{\boldsymbol{P}}_i$。求微分并设其为零，可以得到我们熟悉的估计

$$\hat{P}_i = \frac{\boldsymbol{k}_i}{\boldsymbol{N}_i} \tag{10.2}$$

于是，总错误概率估计为

$$\hat{P} = \sum_{i=1}^{M} P(\omega_i) \frac{\boldsymbol{k}_i}{\boldsymbol{N}_i} \tag{10.3}$$

式中，$P(\omega_i)$是类别 ω_i 出现的概率。下面证明 $\hat{P}$ 是真错误概率的无偏估计。事实上，由二项分布的性质（见习题 10.1）有

$$E[k_i] = N_i P_i \tag{10.4}$$

从而得到真错误概率是

$$E[\hat{P}] = \sum_{i=1}^{M} P(\omega_i) P_i \equiv P \tag{10.5}$$

为了计算估计器的方差，由习题 10.1 有

$$\sigma_{k_i}^2 = N_i P_i (1 - P_i) \tag{10.6}$$

从而有

$$\sigma_{\hat{P}}^2 = \sum_{i=1}^{M} P^2(\omega_i) \frac{P_i(1 - P_i)}{N_i} \tag{10.7}$$

于是，通过简单统计错误数量得到的式(10.3)中的错误概率估计器是无偏的，但当 $N_i \to \infty$ 时它才是渐近一致的。因此，如果使用小数据集检验分类器的性能，那么得到的估计可能是不可靠的。

在文献[Guyo 98]中，检验数据集的大小 N 是根据已设计的分类器的真错误概率 P 推导的，目的是估计 N，以 $1-\alpha, 0 \ll \alpha \ll 1$ 的概率保证 P 不大于由检验集估计的值 $\hat{P}$ 加上 $\epsilon(N,\alpha)$，即

$$\text{prob}\{P \geqslant \hat{P} + \epsilon(N,\alpha)\} \leqslant \alpha \tag{10.8}$$

设 $\epsilon(N,\alpha)$ 是 P 的函数，即 $\epsilon(N,\alpha) = \beta P$。由式(10.8)求 N 的解析解是不可能的，但可以推导得到某个有界近似。为此，考虑一个简化的公式，它对 α 和 β 的典型值（$\alpha = 0.05, \beta = 0.2$）是成立的：

$$N \approx \frac{100}{P} \tag{10.9}$$

总之，如果要以错误风险 α 来保证误差概率 P 不大于 $\frac{\hat{P}}{1-\beta}$，那么式(10.9)给出的 N 必须是有序的。例如，当 $P = 0.01$ 时，$N = 10000$；当 $P = 0.03$ 时，$N = 3000$。注意这个结果与类别的数量无关。如果目标是在比较不同分类系统的错误概率的微小差别时，确定检验数据集的规模 N，在结果中提供好的置信度，那么这样的界限是很重要的。

尽管误差计数法应用广泛，但文献中也提出了其他的技术，这些技术使用由分类器实现的平滑判别函数来估计错误概率。我们可将误差计数法视为硬限幅器的极端情形，此时产生 1 或 0 并计数，具体取决于判别函数的响应，即它是假还是真，详见文献[Raud 91, Brag 04]。

10.3　利用有限大小的数据集

估计分类错误概率时，需要确定进行误差计数的数据集，而这并不简单。给定的样本集是有限的，且它既用于训练又用于检验。可以使用相同的样本进行训练和检验吗？如果不能，应该怎么办？基于对该问题的回答，建议采用如下方法。

- **重替代法**：使用相同的数据集，先进行训练，后进行检验。只有给出数学细节后，我们才能看出这个过程是不公平的。事实上，数学分析证明这是正确的。文献[Fole 72]中使用正态分布分析了这种方法的性能。分析结果表明，这种方法提供了真错误概率的最优估计。重替代估计的偏差量是比率 N/l 的函数，即数据集大小和特征空间维数的比率的函数。此外，估计的方差与数据集的大小成反比。简言之，要得到合理的良好估计，N 和比率

N/l 必须足够大。分析的结果和相关的仿真表明 N/l 至少应是 3，且方差的上界应是 $1/8N$。当然，在实际工作中使用这种技术（此时分析的假设无效）时，经验表明这个比率应该更大[Kana 74]。要再次强调的是，比率 N/l 越大，结果越好。

- **保持法**：已知数据集被分成两个子集，一个用于训练，一个用于检验。这种技术的主要缺点是减小了训练和检验数据集的大小。另一个问题是要决定 N 个已知数据中，多少个用于训练集，多少个用于检验集，这是一个重要的问题。3.5.3 节中说过，使用相同大小的不同数据集设计分类器时，会产生额外的均值误差和方差，这些量都依赖于训练数据集的大小。文献[Raud 91]中证明，使用有限训练数据集 N 设计的分类器的分类错误概率高于对应的渐近错误概率（$N\to\infty$）。随着 N 的增大，额外的误差减少。另一方面，前一节说过误差计数的方差依赖于检验数据集的大小，对于小检验数据集，估计是不可靠的。优化两个数据集的大小还没有产生实用的结果。
- **留一法**：这种方法[Lach 68]弥补了重替代法中训练数据集和检验数据集之间缺失的独立性，同时摆脱了保持法的困境。使用 $N-1$ 个样本进行训练，使用其余的样本进行检验。错误分类时，计 1 次错误。重复执行 N 次，每次都排除一个不同的样本。错误的总数就是分类错误概率的估计。因此，训练基本上使用了所有的样本，同时维持了训练数据集和检验数据集之间的独立性。这种技术的主要缺点是它的计算复杂性很高。对于某些类型的分类器（如线性分类器或二次分类器），可以证明留一法和重替代法之间存在简单的关系[Fuku 90]（见习题 10.2）。因此，在这类情形下，前一估计是使用经过简单修正的后一方法得到的。

对于大小相当的训练数据集和检验数据集，由保持法和留一法得到的估计结果非常相似。此外，可以证明（见习题 10.3[Fuku 90]），对于贝叶斯分类器，保持法的错误估计是真贝叶斯错误的上界；相比之下，重替代法错误估计是贝叶斯错误估计的下界，由此验证了前面的结论——它是一个乐观的估计。为了进一步研究这些估计及它们之间的关系，我们做如下定义。

- P_e^N 表示由有限训练样本 N 设计的分类器的分类错误概率。
- $\bar{P}_e^N$ 表示大小为 N 的所有训练集的均值 $E[P_e^N]$。
- P_e 是当 $N\to\infty$ 时的均值渐近错误。

可以证明，保持法和留一法（为统计独立的样本）提供一个无偏估计 $\bar{P}_e^N$。相比之下，重替代法提供一个有偏估计 $\bar{P}_e^N$。图 10.1 中显示了 $\bar{P}_e^N$ 和（大小为 N 的所有集合的）均值重替代错误与 N 的关系曲线[Fole 72, Raud 91]。显然，随着 N 的增加，两条曲线均趋于 P_e。

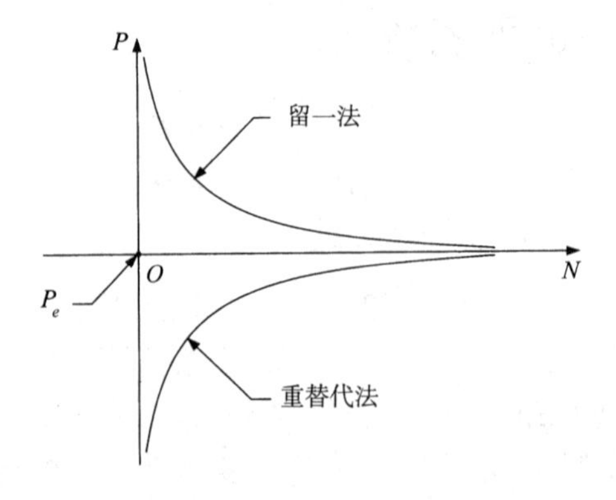

图 10.1 平均重替代错误概率和留一法错误概率与训练点的关系曲线

一些文献中给出了这些基本方案的变体和组合。例如，留一法的变体之一是用 $k>1$ 代替 1。对 k 个样本的所有不同选择，重复设计和检验过程。文献[Kana 74, Raud 91]是从多方面讨论这个主题的两个例子。

为了降低留一法所需的计算开销，文献[Leis 98]中提出了称为交叉验证与主动模式选择的方法，这种方法不为所有 N 个特征向量一次留一，而只在 $k<N$ 时这样做。为此，不检验数据集中的“好”点（对错误无贡献的点），而只检验 k 个“坏”点。选择“好”与“坏”的依据是初始训练后代价函数的值。这种方法采用根据最小平方代价函数训练后的分类器的输出，来逼近后验概率，详见第 3 章。于是，其输出与（真实类别）的理想值有较大偏差的那些特征向量，就是对分类错误有贡献的特征向量。

基于自举法，人们提出了另外一些技术[Efro 79, Hand 86, Jain 87]。发展这些技术的动力是留一法对小数据集估计的方差[Efro 83]。根据自举的思想，新数据集是人工生成的。这种方法克服了已知数据有限的限制，为更好地评价估计器的统计性质创建了更多的数据。设 X 是大小为 N 的已知数据集。大小为 N 的自举设计样本集 X^*是对替代数据集 X 随机采样得到的。替代意味着当样本 $\boldsymbol{x}_i$被“复制”到数据集 X^*时，它不从数据集 X 中删除，下次采样时会重新考虑它。人们基于自举法还提出了许多其他的方法，其中一种简单的方法是，使用自举样本集设计分类器，并用 X 中未出现在自举样本集中的样本来统计错误。对不同的自举样本集重复这个过程，累计所有错误后，将和值除以所用检验样本的总数，就可算出错误率 e_0。然而，文献[Raud 91]中指出，仅当分类错误较大时，自举法才能对留一法有所改进。

另一种技术是组合来自不同估计器的估计。例如，在 0.632 估计器中[Efro 83]，错误评估取为重替代错误 e_{res} 和自举错误 e_0 的凸组合，

$$e_{0.632}=0.368e_{\text{res}}+0.632e_0$$

报道称，0.632 估计器对于小型数据集[Brag 04]效果明显。文献[Sima 06]中讨论了关于 0.632 估计器的一种扩展方法，这种方法使用不同估计器的凸组合，并通过优化过程来计算各个组合权重。

混淆矩阵、查准率与召回率

在评估分类系统的性能时，错误概率有时不是唯一用来衡量系统性能的量。下面以一个 M 分类任务为例进行说明。我们需要知道有些类别是否出现混淆的趋势。定义混淆矩阵 $\boldsymbol{A}=[A(i,j)]$，元素 $A(i,j)$表示真类别标注是 i 但被赋给类别 j 的数据点数。从 $\boldsymbol{A}$ 中可以直接提取每个类别的召回率、查准率和总精度。

- 召回率（R_i）。R_i是真类别标注为 i 的数据点被正确赋给类别 i 的百分比。例如，对于二分类问题，第一个类别的召回率为 $R_1=\frac{A(1,1)}{A(1,1)+A(1,2)}$。
- 查准率（P_i）。P_i是真类别标注为 i 的数据点事实上被赋给类别 i 的百分比。例如，对于二分类问题，第一个类别的查准率为 $P_1=\frac{A(1,1)}{A(1,1)+A(2,1)}$。
- 总精度（Ac）。Ac 是数据被正确分类的百分比。对于M分类问题，根据式 $\text{Ac}=\frac{1}{N}\sum_{i=1}^{M}A(i,i)$，由混淆矩阵可以算出 Ac，其中 N 是检验集中的样本点数。

以二分类问题为例，检验集由类别 ω_1 的 130 个点和类别 ω_2 的 150 个点组成。设计的分类器将来自类别 ω_1的 110 个点正确赋给类别 ω_1，将 20 个点正确赋给类别 ω_2，将来自 ω_2的 120 个点赋给类别 ω_2，将 30 个点赋给类别 ω_1。此时，混淆矩阵为

$$A = \begin{bmatrix} 110 & 20 \\ 30 & 120 \end{bmatrix}$$

第一个类别的召回率是 $R_1 = \frac{110}{130}$，查准率是 $P_1 = \frac{110}{140}$；第二类别的各个值可以类似地计算得到；总精度是 $\text{Ac} = \frac{110+120}{130+150}$。

10.4 医学成像实例研究

本节的目的是用一个实例来说明前几章中讨论的各个设计阶段。尽管一个实例不能涵盖所有的设计方法，不能涉及所有的设计方法，但我们的目的是为初学者提供帮助。

我们选择的应用来自医学成像领域，任务是开发一个模式识别系统，诊断肝病变。具体地说，这个系统将显示肝的超声波图像，并识别正常和不正常的肝。不正常的情况对于两类肝疾病——硬化肝和脂肪肝。对每类肝疾病来说，必须根据疾病的病变程度来识别两类不同的病兆[Cavo 97]。图 10.2 中显示了三幅超声波影像，分别对应于(a)正常肝、(b)脂肪肝和(c)硬化肝。肉眼看不出它们之间的明显差别，临床诊断及诊断的准确性依赖于医生的经验。因此，模式识别系统的开发能够帮助医生确诊病情，消除活组织切片检查的步骤。

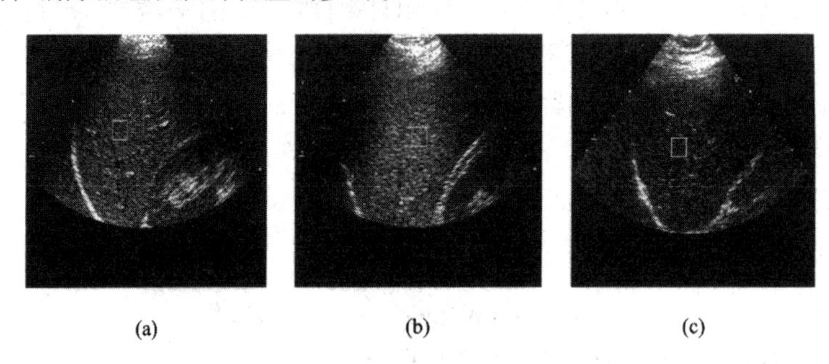

图 10.2　超声波图像：(a) 正常肝；(b) 脂肪肝；(c) 硬化肝。正方形表示执行分析的区域

设计过程的第一个阶段是系统设计者和医生密切合作，也就是说，为了找到“共同语言”，让设计者理解设计任务，设计者与医生共同定义模式识别系统的目标和需求。除了可接受的错误率，还有其他的性能问题，如计算度、计算时间和系统成本。第二个阶段是各个图像处理步骤，如图像增强，以便帮助系统尽可能地显示有用的图像信息。然后，就可设计模式识别系统。

图 10.3 中给出了这一任务，共有 5 个可能的类别。模式识别系统要么设计为简单的分类器，直接将未知图像赋给 5 个类别中的某个类别，要么设计为基于树状结构的几个分类器。这里采用后一种设计，图 10.4 中给出了这个过程。每个节点使用一个单独的分类器，每个分类器执行一个二分类决策。第一个节点的分类器判肝是否正常，第二个节点的分类器检测不正确的图像，将其分类为硬化肝或脂肪肝。这个过程的优点是，能将问题分为多个简单的问题。然而，这个过程可能不适用于其他应用。为了设计这个分类系统，从医学中心得到了 150 幅肝的超声波图像，其中 50 幅图像是正常肝的图像，55 幅图像是硬化肝图像，45 幅图像是脂肪肝图像。系统采用三个分类器进行比较研究，即最小平方线性分类器、最小欧氏距离分类器和 kNN 分类器（不同的 k 值）。每次都为所有节点使用相同的分类器。与医学专家讨论后，我们知道感兴趣的内容是各幅图像的纹理。采用 7.2.1 节中描述的方法，为每幅图像生成了 38 个特征，这个数字很大，因此要采用特征选择过程来减小这个数字。下面首先讨论第一个节点的分类任务和最小平方线性分类器。

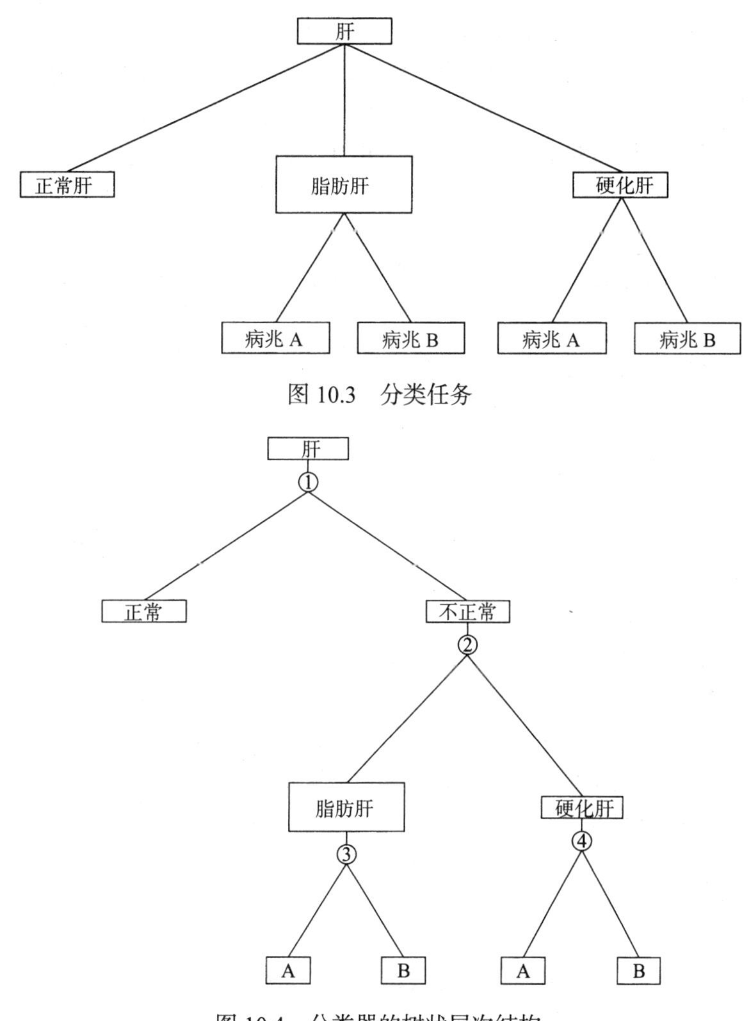

图 10.3 分类任务

图 10.4 分类器的树状层次结构

- 对 38 个特征中进行 t 检验，在 0.001 的显著性水平下只有 19 个特征通过检验。选择 0.001 的显著性水平是为了让“足够”的特征通过检验。考虑问题的规模后，“足够”的特征选为 15 左右。然而，19 仍是一个较大的数字，必须进一步减小。例如，尽管 19 与 50（正常样本数）相差不大，但推广起来较为困难。
- 在所有可能的组合中，考虑将 19 个特征分成两个一组、三个一组甚至七个一组。对于每种组合，都设计最优的 LS 分类器，并且每次都使用留一法估计对应的分类错误率。结果表明，将特征分为大于两个一组时，不会明显地改进错误率。因此，确定 $l=2$ 是合适的，且最好的组合由峰度和 ASM 组成。这种组合的分类正确率是 92.5%。

“节点 2”的线性分类器的设计过程相同，但要使用不正常的图像。在最初生成的 38 个特征中，只有 15 个通过了 t 检验。可以证明，特征的最优组合是均值、方差和相关性。要指出的是，设计“节点 1”的分类器时，不能使用方差进行 t 检验。“节点 2”正确分类的百分比是 90.1%。“节点 3”的 LS 分类器的最优组合是方差、熵、和熵与差熵，对应的正确分类百分比是 92.2%。最后，“节点 4”的优化过程生成了均值 ASM，其正确分类的百分比是 83.8%。

完成 LS 分类器的设计后，对欧氏距离分类器和 kNN 分类器采用同样的过程。然而，这两个分类器的分类错误率都高于 LS 分类器。因此，最终采用了 LS 分类器。

要再次指出的是，这个案例并不代表实际中工作遇到的许多分类任务，每个具体的分类任务都有其特定的要求。当然，我们可以毫不夸张地说，每个分类任务都像是有个性的人。例如，上例的规模须满足计算上可行的要求，即能使用今天的技术来实现上述过程。必须组合特征选择、分类器设计和分类错误三个阶段以达到最佳的效果。这也是选择这个具体案例进行研究的目的，即证明分类系统设计的各个阶段不是独立的，而是紧密结合的。然而，对有些任务来说，这是不可能的，如高维特征空间中的多层神经网络问题。因此，特征选择阶段不能轻易地与分类器设计阶段进行组合，而要采用第 5 章介绍的技术。理想情况下，我们的目标是直接采用最小化错误概率（非 LS 等）的方法来设计分类器，同时这个过程计算上应是简单的，搜索最优特征组合也应是简单的。然而，我们离这种“乌托邦”还很遥远。

10.5 半监督学习

到目前为止，本书中介绍的所有方法都是用已标注的数据集来训练所用的模型结构（分类器）的，最终目的都是设计一种“机器”，这种机器经过训练后，能够可靠地预测并归类那些未知点的标注。换句话说，目的是根据归纳推理原理开发一个通用的分类规则。在这种想法的驱使下，所设计分类器的泛化性能就成为每种设计方法要解决的关键问题。

本节将放宽前述设计方法的设计过程的限制：(a) 使用已标注的数据集进行训练；(b) 关注分类器的泛化性能。首先计及未标注的数据集，然后研究未标注的数据集与已标注的数据集一起是否能够增强分类的性能；下一个阶段重点考虑分类器设计不能重点预测“未来的”未知数据点的标注的情形。相比之下，代价函数的优化完全依赖于满足已知未标注数据集的需要，而这种需要完全取决于设计者当前的处理方法。设计分类器的最后一个概念是相对于归纳推理而言的传导推理。

采用已标注和未标注数据来设计分类器的思想源自现实生活，也就是说，在许多真实的应用中，收集未标注的数据要比收集已标注的数据简单得多。在许多情形下，标注数据非常耗时，它需要专家的注释。生物信息学领域需要处理大量未标注的数据，只有少量数据被标注，如蛋白质分类。文本分类是收集未标注数据相对容易但需要专家参与数据标注的另一个领域。对音乐进行标注也是很费时，而且主观因素对标注的影响很大，如确定音乐片段的风格。另一方面，得到未标注的数据非常容易。

源于文献[Sind 06]的图 10.5 和图 10.6，通过采用未标注数据集中的额外信息，给出了可以提高分类性能的两个简单的例子。图 10.5(a)中有两个已标注的点和一个标注为“?”的未知点。基于这些有限的信息，我们自然认为应将这个未知点赋给类别“*”。在图 10.5(b)中，除了前述的三个点，还有一些未标注的点。有了这幅更完整的图像后，我们就要重新考虑此前的分类决策。在这种情况下，未标注数据揭示并被我们的感知机制所用的额外信息就是数据集的聚类结构。图 10.6 为我们提供了一个稍有不同的视角。同理，我们有三个点，且照例得出了相同的决策［见图 10.6(a)］。在图 10.6(b)中，未标注的数据显示为流形结构的数据点（见 6.6 节）。利用这些额外的信息，如果用测地距离代替欧氏距离，那么会发现“?”点离“+”点更近。当然，在两种情形下，我们对初始决策的重新考虑都要基于如下假设。

- **聚类假设**：如果两个点位于同一个聚类中，那么它们可能源自同一个类别。
- **流形假设**：如果边缘概率分布函数 $p(\boldsymbol{x})$由流形支撑，那么流形中彼此接近的点最有可能属于同一个类别。换句话说，相对于流形的基本结构来说，类别标注 y 的条件概率 $P(y \mid \boldsymbol{x})$ 是 $\boldsymbol{x}$ 的平滑函数。

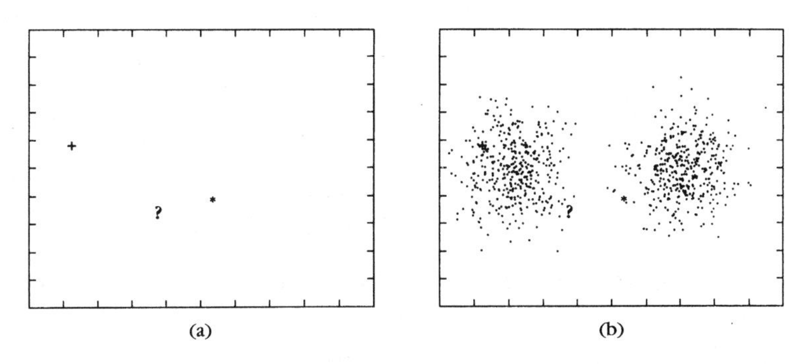

图 10.5　聚类假设：(a) 未知点“?”赋给与点“*”相同的类别；(b) 提供许多未标注数据后的情况，这时要考虑此前的分类决策

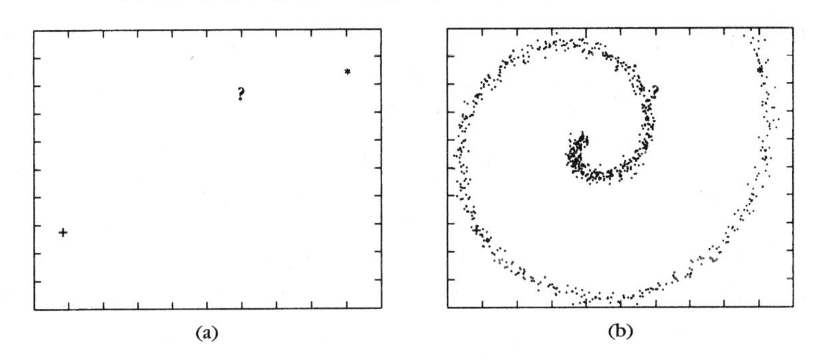

图 10.6　流形假设：(a) 未知点“?”赋给与点“*”相同的类别；(b) 提供许多未标注数据后的情形，这时要考虑此前的分类决策

图 10.5 中给出的是聚类假设，图 10.6 中给出的是流形假设。这两个假设都可视为涵盖分类与回归的通用假设的特例。

- **半监督假设**：如果高密度区域中的两个点是接近的，那么它们的输出应有接近的值。

换句话说，两个点的接近度不是决定性因素，因此要在基本的数据分布环境下考虑它。在前两幅图中，这非常明显。根据半监督平滑假设，如果两个点是接近的，且由通过高密度区域的一条路径连接，那么它们的输出可能也是接近的。另一方面，如果连接它们的路径通过低密度区域，就不需要对应的输出是接近的[Chap 06a, p.5]。

虽然目前半监督学习广受关注，但它不是一种新技术。早在 20 世纪 60 年代中期，它就被统计学会提出[Scud 65]。20 世纪 70 年代中期，Vapnik 和 Chervonenkis 提出了传导学习[Vapn 74]。此后，人们提出了大量的方法和算法，这些内容超出了本章的范围。这里只介绍本书前面提到的一些常用方法。

10.5.1　生成模型

生成模型可能是最古老的半监督方法，它们在统计学领域使用了多年。这些方法的实质是用已标注和未标注数据提供的信息来建模类别条件密度 $p(\boldsymbol{x}|y)$ 。得到这样一个模型后，就可计算边缘分布

$$p(\boldsymbol{x}) = \sum_{y} P(y) p(\boldsymbol{x}|y) \tag{10.10}$$

和联合分布

$$p(y,\boldsymbol{x}) = P(y)p(\boldsymbol{x}|y) \tag{10.11}$$

以及贝叶斯分类器所需要的量，

$$P(y|\boldsymbol{x}) = \frac{P(y)p(\boldsymbol{x}|y)}{\sum_y P(y)p(\boldsymbol{x}|y)} \tag{10.12}$$

类标注是整数，$y\in\{1, 2,\cdots, M\}$，其中 M 是类别的数量。如果 $P(y)$ 未知，那么使用其估计值。上面的公式与第 2 章中给出的类似，为表述完整起见，这里再次列出它们。

下面为类别条件密度使用参数模型 $p(\boldsymbol{x}|y, \boldsymbol{\theta})$。同样，设 P_y, $y = 1, 2,\cdots, M$ 是类别优先级 $P(y)$ 的估计值。假设我们已知两个类别的数据集。

- **未标注的数据**：这个数据集由 N_u 个样本 $\boldsymbol{x}_i\in\mathcal{R}^l$, $i = 1, 2,\cdots$ 组成，假设这些数据是相互独立的，且是从边缘分布中随机抽取的同分布随机向量，其中边缘分布 $p(\boldsymbol{x};\boldsymbol{\theta},\boldsymbol{P})$ 也是用 $\boldsymbol{\theta}$ 参数化的，且 $\boldsymbol{P} = [P_1, P_2,\cdots, P_M]^{\mathrm{T}}$。对应的集合记为 D_u。
- **已标注的数据**：假设 N_l 个样本是随机和独立生成的，且它们随后由专家标注。设 N_y 个样本与类别 y, $y = 1, 2,\cdots, M$ 关联，$N_l = \sum_y Ny$。我们用符号 $\boldsymbol{z}_{iy}$, $i = 1, 2,\cdots, N_y$, $y = 1, 2,\cdots, M$ 表示第 y 个类别的第 i 个样本，已标注的样本集记为 $D_l = \{\boldsymbol{z}_{iy}, i = 1, 2,\cdots, N_y, y = 1, 2,\cdots, M\}$。这类标注数据与许多实际应用最为匹配。例如，在医学成像领域，专家在获得一组此前产生的图像后，就可对这些图像进行预处理和标注。采用不同的假设，也可得到生成已标注数据的其他“机制”，详见文献[Redn 84, Shas 94, Mill 97, Mill 03]。

现在的任务是估计这个未知参数集，即使用 D_u 和 D_l 中的观测值，在混合模型（见 2.5.5 节）中，有 $\boldsymbol{\Theta}\equiv[\boldsymbol{\theta}^{\mathrm{T}},\boldsymbol{P}^{\mathrm{T}}]^{\mathrm{T}}$，

$$p(\boldsymbol{x};\boldsymbol{\Theta}) = \sum_{y=1}^{M} P_y p(\boldsymbol{x}|y;\boldsymbol{\theta}) \tag{10.13}$$

为简单起见，在前面的混合模型中，我们假设每个类别只有一个混合成分，这个假设非常宽松，详见文献[Mill 97]。如果只知道 D_u，那么任务就是用隐藏的类别（混合）标注来简化混合建模，详见 2.5.5 节。

根据 2.5 节中定义的对数似然函数和统计学知识可知，若观测值集合是两个独立集合的并集，则观测值集合的对数似然函数是各个对数似然函数之和。由此，有如下推论（见文献[Redn 84]）：

$$D_u:\quad L_u(\boldsymbol{\Theta}) = \sum_{i=1}^{N_u}\ln p(\boldsymbol{x}_i;\boldsymbol{\Theta}) = \sum_{i=1}^{N_u}\ln\sum_{y=1}^{M} P_y p(\boldsymbol{x}_i|y;\boldsymbol{\theta}) \tag{10.14}$$

$$\begin{aligned} D_l:\quad L_l(\boldsymbol{\Theta}) &= \sum_{y=1}^{M}\sum_{i=1}^{N_y}\ln p(y,\boldsymbol{z}_{iy};\boldsymbol{\Theta}) + \ln\frac{N_l!}{N_1!N_2!\cdots N_M!} \\ &= \sum_{y=1}^{M}\sum_{i=1}^{N_y}\ln\left(P_y p(\boldsymbol{z}_{iy}|y;\boldsymbol{\theta})\right) + \ln\frac{N_l!}{N_1!N_2!\cdots N_M!} \end{aligned} \tag{10.15}$$

注意，在已标注数据情形下，联合事件 (y, z_{iy}) 的“完整”观测值是已知的。对数似然函数的第二项源于泛化的伯努利定理[Papo 02, p.110]，这是假设出现已标注数据的结果。总之，已知 N_l 个随机样本时，标注 N_l 个样本并赋给类别 $y = 1$，标注 N_2 个样本并赋给类别 $y = 2$，以此类推。然而，这一项

独立于 $\boldsymbol{\theta}$ 和 $\boldsymbol{P}$，因此在实际工作中可以忽略它。于是，关于 $\boldsymbol{\theta}$ 和 $\boldsymbol{P}$ 来最大化和式 $L_u(\boldsymbol{\Theta})+L_l(\boldsymbol{\Theta})$可得未知的参数集 $\boldsymbol{\theta}$ 和 $\boldsymbol{P}$。由于 $L_u(\boldsymbol{\Theta})$的性质，我们需要按照 2.5.5 节讨论的框架来执行优化。对此而言，最常用的数法是 EM 算法。

相对于只使用未标注数据的情况，为了了解已标注数据是如何影响 EM 算法的结果的，下面考虑 2.5.5 节中的例子，当时假设条件密度是高斯分布的，即

$$p(\boldsymbol{x}|y;\boldsymbol{\theta})=\frac{1}{\left(2\pi\sigma_y^2\right)^{l/2}}\exp\left(-\frac{\|\boldsymbol{x}-\boldsymbol{\mu}_y\|^2}{2\sigma_y^2}\right) \tag{10.16}$$

式中，$\boldsymbol{\theta}=[\boldsymbol{\mu}_1^{\mathrm{T}},\cdots,\boldsymbol{\mu}_M^{\mathrm{T}},\sigma_1^2,\cdots,\sigma_M^2]^{\mathrm{T}}$。新的步骤如下所示。

E 步：

$$\begin{aligned}Q(\boldsymbol{\Theta};\boldsymbol{\Theta}(t))=&\sum_{i=1}^{N_u}\sum_{y=1}^{M}P(y|\boldsymbol{x}_i;\boldsymbol{\Theta}(t))\ln\left(p(\boldsymbol{x}_i|y;\boldsymbol{\mu}_y,\sigma_y^2)P_y\right)+\\&\sum_{i=1}^{N_l}\ln\left(p(\boldsymbol{z}_{iy}|y;\boldsymbol{\mu}_y,\sigma_y^2)P_y\right)\end{aligned} \tag{10.17}$$

总之，需要对未标注的样本进行期望运算，因为剩下的对应标注是已知的。使用习题 2.31 中的类似步骤并考虑两个对数似然函数项，递归式(2.98)、式(2.99)和式(2.100)修改如下。

M 步：

$$\boldsymbol{\mu}_y(t+1)=\frac{\sum_{i=1}^{N_u}P(y|\boldsymbol{x}_i;\boldsymbol{\Theta}(t))\boldsymbol{x}_i+\sum_{i=1}^{N_y}\boldsymbol{z}_{iy}}{\sum_{i=1}^{N_u}P(y|\boldsymbol{x}_i;\boldsymbol{\Theta}(t))+N_y} \tag{10.18}$$

$$\begin{aligned}\sigma_y^2(t+1)=&\frac{\sum_{i=1}^{N_u}P(y|\boldsymbol{x}_i;\boldsymbol{\Theta}(t))\|\boldsymbol{x}_i-\boldsymbol{\mu}_y(t+1)\|^2}{l\left(\sum_{i=1}^{N_u}P(y|\boldsymbol{x}_i;\boldsymbol{\Theta}(t))+N_y\right)}+\\&\frac{\sum_{i=1}^{N_y}\|\boldsymbol{z}_{iy}-\boldsymbol{\mu}_y(t+1)\|^2}{l\left(\sum_{i=1}^{N_u}P(y|\boldsymbol{x}_i;\boldsymbol{\Theta}(t))+N_y\right)}\end{aligned} \tag{10.19}$$

$$P_y(t+1)=\frac{1}{N_u+N_l}\left(\sum_{i=1}^{N_u}P(y|\boldsymbol{x}_i;\boldsymbol{\Theta}(t))+N_y\right) \tag{10.20}$$

注释

- 如果为边缘密度采用的混合模型是正确的，那么使用未标注的数据可以提升性能，参见文献[Cast 96]。然而，如果情况并非如此，那么所用模型就与生成数据的真实分布特性不匹配，此时采用未标注的数据可能会降低性能。这是一个很重要的问题，因为实际工作中不可能精确地了解基本分布的性质。许多研究人员支持这一观点，该观点的理论支持见文献[Cohe 04]。
- 观察式(10.14)和式(10.15)可知，当 $N_u\gg N_l$ 时（实际工作中的常见情形），未标注的数据项占支配地位。观察式(10.18)至式(10.20)中的递归式也很容易发现这一点。为了克服这个问题，可适当地加权两个对数似然函数项，详见文献[Cord 02, Niga 00]。我们知道，EM 算法的另一个问题是，它可能会陷入局部极大值情形。使用未标注的数据时，这也是降低性能的原因之一，该问题的探讨见文献[Niga 00]。

10.5.2 基于图的方法

在所有分类任务中，最终目标都是在已知观测值 $\boldsymbol{x}$ 的条件下预测类别标注。生成模型采用的方法是对数据的生成机制建模，同时对 $p(\boldsymbol{x}|y)$采用一个模型，而 $p(\boldsymbol{x}|y)$ 隐含了所需的全部信息，即 $p(\boldsymbol{x})$、$p(y, \boldsymbol{x})$和 $p(y|\boldsymbol{x})$。然而，纵观全书，我们用过的大多数方法都源于不同的理论。如果只需要推理类别标注，那么可以直接对所需的信息建模，就像 Vapnik 所说："在解决一个给定的问题时，要尽量避免将求解一个更一般的问题作为中间步骤。"

例如，若各个类别的密度是高斯分布的，且有相同的协方差矩阵，则不需要估计协方差参数，采用最优判别函数的线性性质就足以设计一个好的分类器[Vapn 99]。这类技术称为诊断法或判别法。线性分类器、反向传播神经网络和支持向量机都是基于诊断法设计的典型例子。在所有这些方法中，估计对应的最优参数时，都未显式地考虑边缘分布密度。现在的问题是，未标注的数据对这类技术是否有益？如果有益，是如何实现的？后者通过 $p(\boldsymbol{x})$来表示自身。另一方面，边缘概率密度不会显式地进入判别模型。解决方法是"惩罚"，即强行让解满足 $p(\boldsymbol{x})$的某些通用特性。半监督学习中采用的这些典型特性是：(a) 隐藏在数据分布中的聚类结构；(b) 数据所在的流形几何。我们可以按照正则化的形式，将这些信息嵌入与分类任务关联的代价函数的优化中（见 4.19 节）。

基于图的方法属于诊断设计方法，为了利用数据分布中的类别相关信息，人们提出了许多技术。为了给出基于图的方法的原理，下面重点介绍基于流形假设的一种技术。这种技术同样用到了本书前几章中介绍的许多概念。

如 6.7.2 节所述，基于图的方法首先构建一个无向图 $G(V,E)$，图的每个节点 v_i对应于一个数据点 $\boldsymbol{x}_i$，边连接节点。例如，v_i, v_j 由权重 $W(i,j)$加权，以量化对应点 $\boldsymbol{x}_i, \boldsymbol{x}_j$ 之间的相似度。下面讨论如何使用这些权重来提供与基本流形的局部结构相关的信息，即与 $p(\boldsymbol{x})$相关的内蕴几何。

假设已知 N_l个标注的点 $\boldsymbol{x}_i$, $i = 1, 2,\cdots, N_l$和 N_u个未标注的点 $\boldsymbol{x}_i$, $i = N_l + 1,\cdots, \boldsymbol{N_l} + \boldsymbol{N_u}$。我们的起始点是式(4.79)，

$$\sum_{i=1}^{N_l} \mathcal{L}\left(g(\boldsymbol{x}_i), y_i\right) + ||g||_H^2 \tag{10.21}$$

式中，H 是在 RKHS 空间中所取的正则化子的范数，同时假设 $\Omega(\cdot)$ 是方阵。于是，我们就可只考虑已标注数据的代价函数。文献[Bklk 04, Sind 06]中建议增加一个额外的正则化项，以便反映 $p(\boldsymbol{x})$的内蕴结构。使用一些微分几何参数可以证明，大致反映基本流形结构的一个量与图的拉普拉斯矩阵有关（见 6.7.2 节）。文献[Belk 04]中提出的优化任务是

$$\begin{aligned}\arg\min_{g\in H} \frac{1}{N_l}\sum_{i=1}^{N_l} \mathcal{L}\left(g(\boldsymbol{x}_i), y_i\right) + \gamma_H ||g||_H^2 + \\ \frac{\gamma_I}{(N_l+N_u)^2}\sum_{i,j=1}^{N_l+N_u}\left(g(\boldsymbol{x}_i) - g(\boldsymbol{x}_j)\right)^2 W(i,j)\end{aligned} \tag{10.22}$$

观察发现，分母中出现了两个归一化常数，它们分别是数据点数对两个数据项的贡献。参数 γ_H 和γ_I 控制这两项在目标函数中的相对重要性。还要注意，最后一项考虑了所有已标注的点和未标注的点。对于那些"不关心理论"的人来说，只需了解代价函数中的最后一项表示局部几何结构即可。两个点相隔很远时，$W(i, j)$会小到它们对代价的贡献可以忽略。另一方面，两个点相隔很近时，$W(i, j)$较大，因此这些点在优化过程中很重要。这意味着我们需要（通过最小化任务）

将接近的那些点映射为类似的值［$g(\boldsymbol{x}_i)-g(\boldsymbol{x}_j)$很小］。这基本上是一个平滑度约束，与此前声明的流形假设的本质是一致的。使用 6.7.2 节中的类似参数，我们最终得到如下优化任务：

$$\arg\min_{g\in H}\frac{1}{N_l}\sum_{i=1}^{N_l}\mathcal{L}\left(g(\boldsymbol{x}_i),y_i\right)+\gamma_H\|g\|_H^2+\frac{\gamma_I}{(N_l+N_u)^2}\boldsymbol{g}^{\mathrm{T}}L\boldsymbol{g} \tag{10.23}$$

式中，$\boldsymbol{g}=[g(\boldsymbol{x}_1),g(\boldsymbol{x}_2),\cdots,g(\boldsymbol{x}_{N_l+N_u})]^{\mathrm{T}}$。回顾可知，拉普拉斯矩阵定义如下：

$$L=D-W$$

式中，$\boldsymbol{D}$ 是对角阵，元素是 $D_{ii}=\sum_j^{N_l+N_u}W(i,j)$ 和 $W=[W(i,j)],i,j=1,2,\cdots,N_l+N_u$。这个过程最受欢迎的一个特性是表示定理（见 4.19.1 节）仍然成立，且式(10.23)的最小值可以展开为

$$g(\boldsymbol{x})=\sum_{j=1}^{N_l+N_u}a_jK(\boldsymbol{x},\boldsymbol{x}_j) \tag{10.24}$$

式中，$K(\cdot,\cdot)$是所用的核函数。观察发现，求和是对已标注点和未标注点进行的。

4.19.1 节中介绍了使用表示定理来简化寻找最优解的方法。这里也可采用这种简化方法。例如，当一个代价函数是最小平方函数$\mathcal{L}\left(g(\boldsymbol{x}_i),y_i\right)=(y_i-g(\boldsymbol{x}_i))^2$时，易证（见习题 10.4）展开式(10.24)中的系数是

$$[a_1,a_2,\cdots,a_{N_l+N_u}]^{\mathrm{T}}\equiv\boldsymbol{a}=(J\mathcal{K}+\gamma_H N_l I+\frac{\gamma_I N_l}{(N_l+N_u)^2}L\mathcal{K})^{-1}\boldsymbol{y} \tag{10.25}$$

式中，$\boldsymbol{I}$是单位矩阵，$\boldsymbol{y}=[y_1,y_2,\cdots,y_{N_l},0,\cdots,0]^{\mathrm{T}}$，$\boldsymbol{J}$是$(N_l+N_u)\times(N_l+N_u)$维对角阵，其中的 N_l 项是 1，其余项是 0，如$\boldsymbol{J}=\mathrm{diag}(1,1,\cdots,1,0,\cdots,0)$和$\mathcal{K}=[K(i,j)]$是一个$(N_l+N_u)\times(N_l+N_u)$维 Gram 矩阵。采用已标注的数据和未标注的数据组合式(10.24)和式(10.25)，得到的最优分类器是

$$g(\boldsymbol{x})=\boldsymbol{y}^{\mathrm{T}}(J\mathcal{K}+\gamma_H N_l I+\frac{\gamma_I N_l}{(N_l+N_u)^2}L\mathcal{K})^{-1}\boldsymbol{p} \tag{10.26}$$

式中，$\boldsymbol{p}=[K(\boldsymbol{x},\boldsymbol{x}_1),\cdots,K(\boldsymbol{x},\boldsymbol{x}_{N_l+Nu})]^{\mathrm{T}}$（见 4.19.1 节）。得到的最小值称为拉普拉斯正则化核最小二乘（LRKLS）解，我们可将它视为式(4.100)中的核岭回归器的推广。事实上，当$\gamma_I=0$时，未标注的数据不会计及，且括号内的最后一项为 0。于是，对$C=\gamma_H N_l$，我们得到核岭回归器形式［见式(4.100)］。注意，式(10.26)是经过三个世纪的科学发展后取得的成就。括号中的第一项已由高斯于 19 世纪求解，第二项是 20 世纪 60 年代中期引入正则化最优后增加的[Tiho 63, Ivan 62, Phil 62]。文献[Hoer 70]中的统计学引入了岭回归。核化版是在 20 世纪 90 年代中期由 Vapnik 及其合作者提出的，拉普拉斯“形式”是在 20 世纪初才被增加的。

下面小结 LRKLS 算法中的基本计算步骤。

拉普拉斯正则化核最小二乘分类器

- 用已标注的点和未标注的点构建一个图。按 6.7.2 节中介绍的方法选择权重 $W(i,j)$。
- 选择一个核函数 $K(\cdot,\cdot)$，并计算 Gram 矩阵$\mathcal{K}(i,j)$。
- 计算拉普拉斯矩阵 $\boldsymbol{L}=\boldsymbol{D}-\boldsymbol{W}$。
- 选择γ_H和γ_I。
- 根据式(10.25)计算 $a_1,a_2,\cdots,a_{N_l+N_u}$。

给定一个未知的 $\boldsymbol{x}$，计算 $g(\boldsymbol{x})=\sum_{j=1}^{N_l+N_u}a_jK(\boldsymbol{x},\boldsymbol{x}_j)$。对于二分类问题，类标注 $y\in[+1,-1]$ 由

$y = \text{sign}\{g(\boldsymbol{x})\}$ 得到。

改变代价函数和/或正则化项，不同的算法有不同的性能，见文献[Wu 07, Dela 05, Zhou 04]。另一个基于图论的方法是标注传播，见文献[Zhu 02]。给定一个图，将对应于已标注节点的节点赋给各自的类别标注（如二分类问题中的±1），将未标注的点标注为 0。然后，采用迭代法沿数据集中由未标注数据定义的高密度区域传播标注，直到收敛为止。在文献[Szum 02]中，标注传播是在图中考虑马尔可夫随机游走实现的。有趣的是，业已证明前述基于图论参数的两种半监督学习方法是等同的，或者至少是相似的，详见文献[Beng 06]。

10.5.3 传导支持向量机

归纳推理的原理是，从特殊的知识（使用已标注数据的训练集）开始，导出一般性规则（分类器或回归器），最后预测包含检验数据的特殊点的类别。换句话说，归纳推理的路径是

特殊 → 一般 → 特殊

Vapnik 和 Chervonenkis 对上述路径是否是实际工作中应采用的最好路径产生了质疑。当数据集的规模较小时，推出较好的一般规则很困难。对于这样的情形，他们建议采用传导推理法，此时采用的“直接”路径是

特殊 → 特殊

采用这种方法，我们可以利用给定检验数据集中的信息并得到增强的结果。传导学习是半监督学习的一个特例，其目的是预测特定检验数据集中的点的标注，方法是在优化任务中显式地嵌入数据集中的这些点。从这个角度看，前述标注传播技术本质上也是传导的。关于传导学习的详细理论，有兴趣的读者可查阅文献[Vapn 06, Derb 03, Joac 02]。

在支持向量机的框架（见 3.7 节）下，对二分类问题，传导学习的处理如下。给定已标注数据集 $D_l = \{\boldsymbol{x}_i, i = 1, 2, \cdots, N_l\}$和未标注数据集 $D_u = \{\boldsymbol{x}_i, i = N_l + 1, \cdots, N_l + N_u\}$，通过考虑已标注和未标注数据点，计算 D_u 中的那些点的标注 $y_{N_l+1}, \cdots, y_{N_l+N_u}$，使得分隔两个类别的超平面的边缘最大。对于硬边缘和软边缘，对应的优化任务如下所示。

硬边缘 TSVM：

$$\text{最小化} \quad J(y_{N_l+1}, \cdots, y_{N_l+N_u}, \boldsymbol{w}, w_0) = \frac{1}{2}||\boldsymbol{w}||^2 \tag{10.27}$$

$$\text{约束} \quad y_i(\boldsymbol{w}^{\mathrm{T}}\boldsymbol{x}_i + w_0) \geqslant 1, \ i = 1, 2, \cdots, N_l \tag{10.28}$$

$$y_i(\boldsymbol{w}^{\mathrm{T}}\boldsymbol{x}_i + w_0) \geqslant 1, \ i = N_l + 1, \cdots, N_l + N_u \tag{10.29}$$

$$y_i \in \{+1, -1\}, \ i = N_l + 1, \cdots, N_l + N_u \tag{10.30}$$

软边缘 TSVM：

$$\text{最小化} \quad J(y_{N_l+1}, \cdots, y_{N_l+N_u}, \boldsymbol{w}, w_0, \boldsymbol{\xi}) = \frac{1}{2}||\boldsymbol{w}||^2 +$$

$$C_l \sum_{i=1}^{N_l} \xi_i + C_u \sum_{i=N_l+1}^{N_l+N_u} \xi_i \tag{10.31}$$

$$\text{约束} \quad y_i(\boldsymbol{w}^{\mathrm{T}}\boldsymbol{x}_i + w_0) \geqslant 1 - \xi_i, \ i = 1, 2, \cdots, N_l \tag{10.32}$$

$$y_i(\boldsymbol{w}^{\mathrm{T}}\boldsymbol{x}_i + w_0) \geqslant 1 - \xi_i, \ i = N_l + 1, \cdots, N_l + N_u \tag{10.33}$$

$$y_i \in \{+1, -1\},\ i = N_l + 1, \cdots, N_l + N_u \tag{10.34}$$

$$\xi_i \geqslant 0,\ i = 1, 2, \cdots, N_l + N_u \tag{10.35}$$

式中，C_l和C_u是用户定义的参数，用来控制各项在代价函数中的重要性。文献[Joac 99, Chap 05]中使用了一个额外的约束，它强迫解将未标注的数据按已标注数据的比例分配给两个类别。

图 10.7 中是一个硬边缘的简单例子，该例说明了只使用已标注数据（SVM）得到的最优超平面，是与同时使用已标注数据和未标注数据（TSVM）得到的最优超平面不同的。对未标注的样本进行标注，在稀疏区域中推动了决策超平面，它最终与本节开头声明的聚类假设一致。

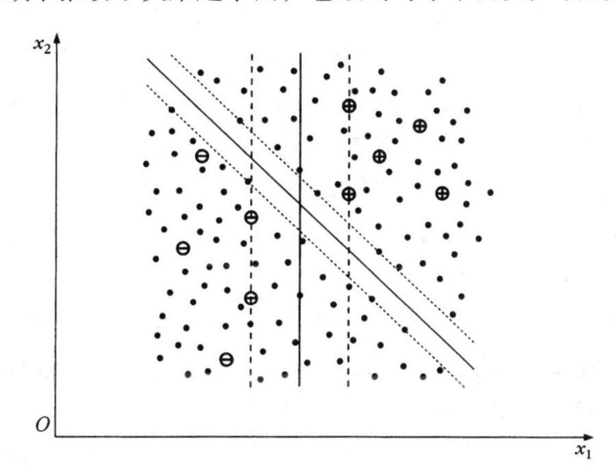

图 10.7 竖线对应于 SVM 分类器，此时标注为“+”和“−”的点是已知的。考虑未标注数据并将决策超平面推向数据稀疏区域后，得到了实线

与标准 SVM 问题的凸性相比，TSVM 的主要困难是，优化是对标注 y_i, $i = N_l + 1, \cdots, N_l + N_u$ 进行的，其中 y_i 是值域为{+1, −1}的整数，而这是一个 NP 困难任务。为此，人们提出了很多方法。例如，在文献[DeBi 04]中，这一任务是在半定规划框架内求解的。文献[Joac 02, Demi 00, Fung 01]介绍了基于坐标下降搜索的算法。文献[Chap 06]中重新表述了该问题。与未标注数据关联的约束被替换为$\left|\boldsymbol{w}^{\mathrm{T}}\boldsymbol{x}_i + w_0\right| \geqslant 1 - \xi_i, i = N_l + 1, \cdots, N_l + N_u$。这样的约束使得超平面远离了未标注的数据，因为在绝对值小于 1 时都会出现惩罚。因此，它们与聚类假设是一致的。这种问题表述的优点是消除了问题的组合特性，但保留了问题的非凸性。严格地说，文献[Chap 06]中求解的问题本质上不是传导的，因为我们不会试图将标注分配给未标注的点。我们要做的事情只是找到稀疏区域内的超平面，而不是“切割”聚类。这是这类技术称为半监督 SVM 或 S^3VM 的原因（例如，参阅文献[Benn 98, Sind 06a]）。此时，传导学习与半监督学习之间的界限不明确，因此是一个值得继续探讨的问题。下面以 TSVM 为例进行说明。训练后，可以使用得到的决策超平面来预测未知点的标注。这里不打算研究此类问题。文献[Chap 06a, Chapter 25]中以“柏拉图式对话”的方式对此进行了启发性的讨论。

注释

- 除了前述的半监督学习方法，人们还提出了其他方法。例如，半训练法是一种简单且常用的方法。首先使用已标注的数据训练分类器，然后对未标注的数据应用分类器，进行标注预测。基于置信度准则，将得到的数据添加到已标注的训练点集中，详见文献[Culp 07]。重复该过程，重新训练分类器。在分类器使用自己的预测值训练自身的意义上，这个过程类似于通信领域中使用了30多年的决策反馈均衡（DFE）[Proa 89]，同时概念上类似于协同训练[Mitc 99, Balc 06, Zhou 07]。然而，在这种情形下，特征集被分成许多子集（如2个子集），对每个子集都用标注的数据训练一个单独的分类器。然后，使用训练后的分类器（在各自的特征子空间中）预测未标注数据的标注。每个分类器都将最可信的预测和各自的数据点传递给其他分类器，然后使用新信息重新训练这些分类器。在不同的子空间内拆分特征集和训练分类器，可为我们提供关于数据点的不同补充"视角"。因此，要在不同的子空间中训练分类器（见4.21节）。此时，要假设两个数据集是独立的。

- 半监督技术的一个主要问题是，与只用已标注数据训练分类器相比，是否可以得到及在什么条件下得到更好的性能。许多论文声称得到了更好的性能。例如，文献[Niga 00]中对文本分类问题使用了生成方法。报道称，使用10000篇未标注的文章时，当已标注的文章数量较少时，可以明显改善分类器的性能。当已标注数据的数量从几十个增加到几千个时，分类精度（对应于半监督训练或监督训练）开始收敛。文献[Chap 06a]中使用8个基准数据集，对许多半监督技术进行了比较，得到的基本结论是：(a) 使用未标注的数据时，并不能总是提升性能；(b) 选择什么类型的半监督技术至关重要。算法应"匹配"数据集的性质；实现聚类假设（如TSVM）的算法必须结合使用带有聚类结构的数据；实现流形假设［如拉普拉斯（LS）］的算法必须结合使用流形上的数据。因此，在使用半监督技术之前，要充分了解手边的数据。前面介绍生成方法时，也强调了这一点。报道称，当为类别条件密度采用的模型不正确时，使用未标注数据会降低分类性能。

  除了本节介绍的情形，其他实际应用中也检验了半监督技术的性能。文献[Kasa 04]中使用传导SVM识别了基因启动子序列。识别结果表明，与归纳SVM相比，TSVM改进了性能。然而，文献[Krog 04]中的结论不那么鼓舞人心。在预测蛋白质的功能特性的任务中，SVM方法的分类性能要好于TSVM方法。这些结果与前面给出的注释是一致的，即半监督技术不保证提升性能。半监督技术的更多应用示例包括图像检索中的相关性反馈[Wang 03]、邮件分类[Kock 03]和网页挖掘[Blum 98]。
- 如本节开头所说的那样，我们的目的是介绍半监督学习的主要概念，以及将本书前几章中介绍的技术推广到这种情形的方法。人们针对许多应用领域提出了大量算法和方法，详细信息请查阅文献[Chap 06a, Zhu 07]。
- Vapnik[Chap 06a, Chapter 24]提出了另一种类型的分类框架。他建议将来自不同分布的额外数据集作为已标注的数据。换句话说，这个称为Universum的数据集中的点不属于任何感兴趣的类别。这个数据集是一种形式的数据相关正则化，它对与问题相关的先验知识进行编码。对于Universum中的点，必须训练分类器，使得决策函数得到一个较小的值；也就是说，强迫这些点靠近决策面。文献[West 06]中证明，选择不同的Universa和代价函数时，会得到某些已知类型的正则化。文献[West 06, Sinz 06]中报道的早期结果表明，得到的性能依赖于Universa数据集的质量。选择合适的Universum仍然是一个悬而未决的问题。文献[Sinz 06]中的结论指出，必须谨慎选择Universum。

习题

10.1 设P是事件A发生的概率。在N次独立试验序列中，事件A发生k次的概率由如下的二项分布给出：

$$\binom{N}{k}P^k(1-P)^{N-k}$$

证明 $E[k]=NP$，且 $\sigma_k^2=NP(1-P)$。

10.2 在某个二分类任务中使用最小欧氏距离分类器。设来自类别 ω_1 的样本有 N_1 个，来自类别 ω_2 的样本有 N_2 个。若将 $\boldsymbol{x}$ 到类别的平均距离 $d_i(\boldsymbol{x})$, $i=1, 2$ 改为 $d_i^{'}(\boldsymbol{x})=(\frac{N_i}{N_i-1})^2 d_i(\boldsymbol{x})$ 且 $\boldsymbol{x}$ 属于类别 i，证明可由重替代法得到留一法估计。另外，证明此时留一法的错误估计大于重替代法的错误估计。

10.3 对于贝叶斯分类器，证明由重替代法提供的估计是真错误的下限，而由保持法算得的估计是真错误的上限。

10.4 证明式(10.25)成立。

参考文献

[Balc 06] Balcan M. F., Blum A. "An augmented PAC model for semi-supervised learning," in *Semi-Supervised Learning* (Chapelle O., Schölkopf B., Zien A., eds.), MIT Press, 2006.

[Belk 04] Belkin V., Niyogi P., Sindhwani V. "Manifold regularization: A geometric framework for learning from examples," *Technical Report, TR:2004-06*, Department of Computer Science, University of Chicago, 2004.

[Benn 98] Bennett K., Demiriz A. "Semi-supervised support vector machines," in *Advances in Neural Information Processing Systems*, Vol. 12, 1998.

[Beng 06] Bengio Y., Delalleau O., Le Roux N. "Label propagation and quadratic criterion," in *Semi-Supervised Learning* (Chapelle O., Schölkopf B., Zien A., eds.), MIT Press, 2006.

[Blum 98] Blum A., Mitchell T. "Combining labeled and unlabeled data with co-training," *Proceedings of the 11th Annual Conference on Computational Learning Theory*, pp. 92-100, 1998.

[Brag 04] Braga-Neto U., Dougherty E. "Bolstereol error estimation," *Pattern Recognition*, Vol. 37, pp. 1267-1281, 2004.

[Cast 96] Castelli V., Cover T. "The relative value of labeled and unlabeled samples in pattern recognition with an unknown mixing parameter," *IEEE Transactions on Information Theory*, Vol. 42, pp. 2101-2117, 1996.

[Chap 05] Chapelle O., Zien A. "Semi-supervised classification by low density separation," *Proceedings of the 10th International Workshop on Artificial Intelligence and Statistics*, pp. 57-64, 2005.

[Chap 06] Chapelle O., Chi M., Zien A. "A continuation method for semi-supervised SVMs," *Proceedings of the 23rd International Conference on Machine Learning*, Pittsburgh, PA. 2006.

[Chap 06a] Chapelle O., Schölkopf B., Zien A. *Semi-Supervised Learning*, MIT Press, 2006.

[Cavo 97] Cavouras D., et al. "Computer image analysis of ultrasound images for discriminating and grating liver parenchyma disease employing a hierarchical decision tree scheme and the multilayer perceptron classifier," *Proceedings of Medical Informatics Europe '97*, pp. 517-521, 1997.

[Cohe 04] Cohen I., Cozman F.G., Cirelo M.C., Huang T.S. "Semi-supervised learning of classifiers: Theory, algorithms, and their application to human-computer interaction," *IEEE Transactions on Pattern Analysis and Machine Intelligence*, Vol. 26(12), pp. 1553-1567, 2004.

[Cord 02] Corduneanu A., Jaakola T. "Continuation methods for mixing heterogeneous sources," *Proceedings of 18th Annual Conference on Uncertainty in Artificial Intelligence* (Darwiche A., Friedman N., eds.), Alberta, Canada, Morgan Kaufmann, 2002.

[Culp 07] Culp M., Michailidis G. "An iterative algorithm for extending learners to a semi-supervised setting," *Proceedings of the Joint Statistical Meeting (JSM)*, Salt Lake, Utah, 2007.

[DeBi 04] DeBie T., Christianini N. "Convex methods for transduction ," in *Advances in Neural Information Processing Systems* (Thrun S., Saul L, Schölkopf B., eds.), pp. 73-80, MIT Press, 2004.

[Dela 05] Delalleau O., Bengio Y., Le Roux N. "Efficient non-parametric function induction in semi-supervised learning," *Proceedings of the 10th International Workshop on Artificial Intelligence and Statistics* (Cowell R.G., Ghahramani Z., eds.), pp. 96-103, Barbados, 2005.

[Demi 00] Demiriz A., Bennett K.P. "Optimization approaches to semi-supervised learning," *Applications and Algorithms of Complementarity* (Ferries M.C., Mangasarian O.L., Pang J.S., eds), pp. 121-141, Kluwer, Dordrecht, the Netherlands, 2000.

[Derb 03] Derbeko P., El-Yanif R., Meir R. "Error bounds for transductive learning via compression and clustering," in *Advances in Neural Information Processing Systems*, pp. 1085-1092, MIT Press, 2003.

[Efro 79] Efron B. "Bootstrap methods: Another look at the jackknife," *Annals of Statistics*, Vol. 7, pp. 1-26, 1979.

[Efro 83] Efron B. "Estimating the error rate of a prediction rule: Improvement on cross-validation," *Journal of the American Statistical Association*, Vol. 78, pp. 316-331, 1983.

[Fole 72] Foley D. "Consideration of sample and feature size," *IEEE Transactions on Information Theory*, Vol. 18(5), pp. 618-626, 1972.

[Fung 01] Fung G., Mangasarian O. "Semi-supervised support vector machines for unlabeled data classification," *Optimization Methods and Software*, Vol. 15, pp. 29-44, 2001.

[Fuku 90] Fukunaga K. *Introduction to Statistical Pattern Recognition*, 2nd ed., Academic Press, 1990.

[Guyo 98] Guyon I., Makhoul J., Schwartz R., Vapnik U. "What size test set gives good error rate estimates?" *IEEE Transactions on Pattern Analysis and Machine Intelligence*, Vol. 20(1), pp. 52-64, 1998.

[Hand 86] Hand D.J. "Recent advances in error rate estimation," *Pattern Recognition Letters*, Vol. 5, pp. 335-346, 1986.

[Hoer 70] Hoerl A.E., Kennard R. "Ridge regression: biased estimate for nonorthogonal problems," *Technometrics*, Vol. 12, pp. 55-67, 1970.

[Ivan 62] Ivanov V.V. "On linear problems which are not well-posed," *Soviet Mathematical Docl.*, Vol. 3(4), pp. 981-983, 1962.

[Jain 87] Jain A.K., Dubes R.C., Chen C.C. "Bootstrap techniques for error estimation," *IEEE Transactions on Pattern Analysis and Machine Intelligence*, Vol. 9(9), pp. 628-636, 1987.

[Joac 02] Joachims T. *Learning to Classify Text Using Support Vector Machines*, Kluwer, Dordrecht, the Netherlands, 2002.

[Joac 99] Joachims T. "Transductive inference for text classification using support vector machines," *Proceedings of 16th International Conference on Machine Learning (ICML)*, (Bratko I., Dzeroski S., eds), pp. 200-209, 1999.

[Kana 74] Kanal L. "Patterns in Pattern Recognition," *IEEE Transactions on Information Theory*, Vol. 20(6), pp. 697-722, 1974.

[Kasa 04] Kasabov N., Pang S. "Transductive support vector machines and applications to bioinformatics for promoter recognition," *Neural Information Processing-Letters and Reviews*, Vol. 3(2), pp. 31-38, 2004.

[Kock 03] Kockelkorn M., Lüneburg A., Scheffer T. "Using transduction and multi-view learning to answer emails," *Proceedings of the European Conference on Principles and Practice of Knowledge Discovery in Databases*, pp. 266-277, 2003.

[Krog 04] Krogel M., Scheffer T. "Multirelational learning, text mining and semi-supervised learning for functional genomics," *Machine Learning*, Vol. 57(1/2), pp. 61-81, 2004.

[Lach 68] Lachenbruch P.A., Mickey R.M. "Estimation of error rates in discriminant analysis," *Technometrics*, Vol. 10, pp. 1-11, 1968.

[Leis 98] Leisch F., Jain L.C., Hornik K. "Cross-validation with active pattern selection for neural network classifiers," *IEEE Transactions on Neural Networks*, Vol. 9(1), pp. 35-41, 1998.

[Mill 97] Miller D.J., Uyar H. "A mixture of experts classifier with learning based on both labeled and unlabeled data," *Neural Information Processing Systems*, Vol. 9, pp. 571-577, 1997.

[Mill 03] Miller D.J., Browning J. "A mixture model and EM-algorithm for class discovery, robust classification, and outlier rejection in mixed labeled/unlabeled data sets," *IEEE Transactions on Pattern Analysis and Machine Intelligence*, Vol. 25(11), pp. 1468-1483, 2003.

[Mitc 99] Mitchell T. "The role of unlabeled data in supervised learning," *Proceedings of the 6th International Colloquium on Cognitive Science*, San Sebastian, Spain, 1999.

[Niga 00] Nigam K., McCallum A.K., Thrun S., Mitchell T. "Text classification from labeled and unlabeled documents using EM," *Machine Learning*, Vol. 39, pp. 103-134, 2000.

[Papo 02] Papoulis A., Pillai S.U. *Probability, Random Variables, and Stochastic Processes*, 4th eds, McGraw-Hill, 2002.

[Phil 62] Phillips D.Z. "A technique for numerical solution of certain integral equation of the first kind," *Journal of Association of Computer Machinery (ACM)*, Vol. 9, pp. 84-96.

[Proa 89] Proakis J. *Digital Communications*, McGraw-Hill, 1989.

[Raud 91] Raudys S.J., Jain A.K. "Small size effects in statistical pattern recognition: Recommendations for practitioners," *IEEE Transactions on Pattern Analysis and Machine Intelligence*, Vol. 13(3), pp. 252-264, 1991.

[Redn 84] Redner R.A., Walker H.M. "Mixture densities, maximum likelihood and the EM algorithm," *SIAM Review*, Vol. 26(2), pp. 195-239, 1984.

[Scud 65] Scudder H.J. "Probability of error of some adaptive pattern recognition machines," *IEEE Transactions on Information Theory*, Vol. 11, pp. 363-371, 1965.

[Shas 94] Shashahani B., Landgrebe D. "The effect of unlabeled samples in reducing the small sample size problem and mitigating the Hughes phenomenon," *IEEE Transactions on Geoscience and Remote Sensing*, Vol. 32, pp. 1087-1095, 1994.

[Sima 06] sima C, Dougherty E.R. "Optimal convex error estimators for classification," Pattery Recognist, Vol. 39(9), pp. 1763-1780, 2006.

[Sind 06a] Sindhawi V, Keerthi S., Chapelle O. "Deterministic annealing for semi-supervised kernel machines," *Proceedings of the 23nd nternational Conference on Machine Learning*, 2006.

[Sind 06] Sindhawi V., Belkin M., Niyogi P. "The geometric basis of semi-supervised learning," in *Semi-Supervised Learning* (Chapelle O., Schölkopf B., Zien A., eds.), MIT Press, 2006.

[Sinz 06] Sinz F.H., Chapelle O., Agarwal A., Schölkopf B. "An analysis of inference with the Universum," *Proceedings of the 20th Annual Conference on Neural Information Processing Systems (NIPS)*, MIT Press, Cambridge, Mass., USA, 2008.

[Szum 02] Szummer M., Jaakkola T. "Partially labeled classification with Markov random fields," in *Advances in Neural Information Processing Systems* (Dietterich T.G., Becker S., Ghahramani Z., eds.), MIT Press, 2002.

[Tiho 63] Tikhonov A.N. "On solving ill-posed problems and a method for regularization," *Doklady Akademii Nauk, USSR*, Vol. 153, pp. 501-504, 1963.

[Vapn 74] Vapnik V., Chervonenkis A.Y. *Theory of Pattern Recognition* (in Russian), Nauka, Moskow, 1974.

[Vapn 99] Vapnik V. *The Nature of Statistical Learning Theory*, Springer, 1999.

[Vapn 06] Vapnik V. "Transductive inference and semi-supevised learning," in *Semi-Supervised Learning* (Chapelle O., Schölkopf B., Zien A., eds.), MIT Press, 2006.

[Wang 03] Wang L., Chan K.L., Zhang Z. "Bootstrapping SVM active learning by incorporating unlabeled images for retrieval," *Proceedings of the Conference on Computer Vision and Pattern Recognition*, pp. 629-639, 2003.

[West 06] Weston J., Collobert R., Sinz F., Bottou L., Vapnik V. "Inference with the Universum," *Proceedings of the 23nd International Conference on Machine Learning*, Pittsburgh, PA, 2006.

[Wu 07] Wu M., Schölkopf B. "Transductive classification via local learning regularization," *Proceedings 11th International conference on Artificial Intelligence and Statistics*, San Juan, Puerto Rico, 2007.

[Zhou 04] Zhou D., Bousquet O., Lal T.N., Weston J., Schölkopf "Learning with local and global consistency," in *Advances in Neural Information Processing Systems* (Thrun S., Saul L, Schölkopf B., eds.), pp. 321-328, MIT Press, 2004.

[Zhou 07] Zhou Z.H., Xu J.M. "On the relation between multi-instance learning and semi-supervised learning," *Proceedings of the 24th International Conference on Machine Learning*, Oregon State, 2007.

[Zhu 02] Zhu X., Ghahramani Z. "Learning from labeled and unlabeled data with label propagation," *Technical Report CMU-CALD-02-107*, Carnegie Mellon University, Pittsburgh, PA, 2002.

[Zhu 07] Zhu X. "Semi-supervised learning literature review," *Technical Report, TR 1530*, Computer Science Department, University of Wisconsin-Madison, 2007.

第 11 章　集聚：基本概念

11.1　引言

前几章中介绍了监督分类。本章和接下来的几章介绍无监督分类，此时训练模式的类别标注不是已知的。因此，我们现在主要关注如何将模式组织为“合理的”聚类（组），以便发现模式之间的相同点和不同点，进而得出有用的结论。这个想法在许多领域中是成立的，如生命科学（生物学、动物学），医学科学（精神病学、病理学），社会科学（社会学、考古学），地球科学（地理学、地质学），以及工程学[Ande 73]。在不同领域中，聚类的名称是不同的，如模式识别领域的无监督学习和无教师学习，生物学和生态学领域的数值分类，社会科学领域的类型学，图论中的分割。源于生物学的下例可用于说明这个问题。

考虑如下动物：羊、狗、猫（哺乳动物类），麻雀、海鸥（鸟类），毒蛇、蜥蜴（爬行类），金鱼、红鲣、蓝鲨（鱼类），青蛙（两栖类）。为了将这些动物组织到聚类中，我们需要定义一个集聚准则。于是，如果将繁衍后代的方式作为这些动物的集聚准则，那么羊、狗、猫、蓝鲨属于同一个类别，其他动物属于另一个类别［见图 11.1(a)］。如果集聚准则是肺是否存在，那么金鱼、红鲣和蓝鲨属于同一个类别，其他动物属于另一个类别［见图 11.1(b)］。如果集聚准则是动物的生活环境，那么羊、狗、猫、麻雀、海鸥、毒蛇、蜥蜴属于第一个类别（非水生动物），金鱼、红鲣、蓝鲨属于第二个类别（水生动物），青蛙独自属于第三个类别，因为青蛙是两栖动物［见图 11.1(c)］。值得指出的是，如果将是否存在脊椎作为集聚准则，那么所有动物都属于同一个类别。当然，我们也可使用复合的集聚准则。例如，如果将繁衍后代的方式和肺是否存在作为集聚准则，那么分为 4 个类别，如图 11.1(d)所示。

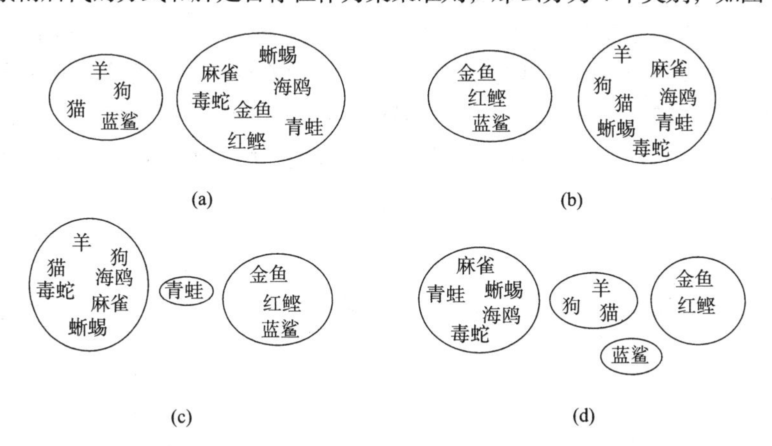

图 11.1　集聚准则分别是如下准则时得到的聚类：(a) 繁衍后代的方式；(b) 肺是否存在；(c) 生活环境；(d) 繁衍后代的方式和肺是否存在

上例表明，将目标分配给聚类的过程可能会得到不同的结果，具体取决于集聚所用的特定准则。

集聚是人类最原始的精神活动，用于处理每天接收到的大量信息。将每段信息作为单个实体进行处理是不可能的。因此，人们试图将实体（如物体、个人、事件）分组为聚类。然后用聚类中所含实体的通用属性来表征聚类。例如，大多数人“拥有”聚类“狗”。如果某人看到一只狗在草地上睡觉，那么就将将它识别为聚类“狗”的一个实体。因此，即使该人此前未听到过这个特定实体的吠叫，也能推断该实体能够吠叫。

类似于监督学习的情形，我们假设所有模式都由特征表示，且这些特征形成 l 维特征向量。为了开发一个集聚任务，专家需要采用如下步骤。

- **特征选择**。必须正确地选择特征，以便尽可能多地包含感兴趣任务涉及的信息。此外，要使得特征之间的信息冗余最小化。类似于监督分类，在后续阶段中使用特征之前，需要对特征进行预处理。这里讨论的技术同样需要预处理。
- **邻近度**。这个度量量化两个特征向量“相似”或“不相似”的程度。自然，它要保证所选的全部特征对邻近度计算的贡献是相同的，不存在某些特征处于支配地位的情况，在预处理期间必须注意这一点。
- **集聚准则**。该准则依赖于专家根据数据集期望的聚类类型而对术语“合理”做出的说明。例如，l 维空间中特征向量的一个致密聚类，对某个准则来说是合理的，但是对另一个准则来说拉长的聚类才是合理的。集聚准则可由代价函数或其他类型的规则表示。
- **集聚算法**。采用采用邻近度和集聚准则后，这一步是选择具体的算法来揭示数据集的集聚结构。
- **结果验证**。集聚算法得到结果后，我们就要验证它们的正确性，通常使用适当的测试进行检验。
- **结果说明**。在许多情形下，为了得出正确的结论，应用领域的专家必须综合集聚的结果和其他的试验证据与分析。

在许多情形下，都应包含名为“集聚趋势”的步骤。这个步骤中包含各种测试，以便说明已知的数据是否拥有集聚结构。例如，数据集可能完全是随机的，因此揭示集聚结构没有意义。

人们怀疑，选择不同的特征、邻近度、集聚准则和集聚算法，可能会导致完全不同的集聚结果。从现在起，我们不得不面对主观性这一现实。为了说明这一点，我们来看下面的例子。考虑图 11.2。这些点有多少“合理的”集聚方法？符合逻辑的答案看来有两种。第一种集聚包含 4 个类别（由实心圆包围），第二种集聚包含两个类别（由虚线包围）。哪种集聚是“正确的”？答案看起来不确定。事实上，两种集聚都是正确的。现在我们要做的事情是将结果交给专家，请专家决定哪种集聚更合理。因此，最终的答案受专家知识的影响。

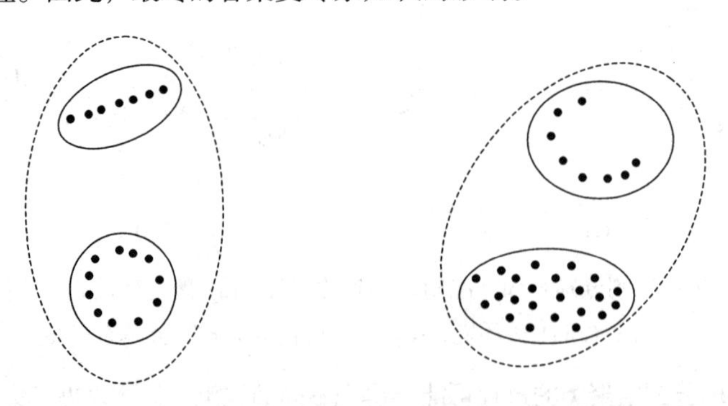

图 11.2 数据的粗略集聚得到两个类别，精细集聚得到 4 个类别

本章剩下的部分介绍集聚的一些基本概念和定义，讨论在各个应用中常用到的邻近度。

11.1.1　集聚分析的应用

许多应用中使用的主要工具是集聚。为了丰富引言中的各个例子，下面给出使用集聚的 4 个目的[Ball 71, Ever 01]。

- **数据整理**。在许多情形下，已知数据量N通常很大，导致处理开销也很大。为了将数据分组为许多“合理的”聚类 m（$m \ll N$），将每个聚类当作单独的实体进行处理，需要进行集聚分析。例如，在数据传输中，为每个聚类定义了一个“代表”。于是，我们不再传输数据样本，而只传输对应于样本所在聚类的代表的码号。因此，实现了数据压缩。
- **假说生成**。在这种情形下，为了推导关于数据性质的一些假说，我们对数据集进行集聚分析。因此，这里使用集聚作为生成假说的方法。必须使用其他数据集来验证这些假说。
- **假说检验**。在这种情形下，集聚分析用于验证具体假说的有效性。例如，考虑下面的假说：“大公司在海外投资。”验证这个假说是否正确的方法之一是，对有代表性的大公司进行集聚分析。假设每家公司都由其规模、海外活跃度及项目研究能力来表示。集聚分析完成后，如果形成的聚类对应于规模大、拥有海外投资（不管项目研究能力如何）的公司，那么集聚分析支持这个假说。
- **基于分组的预测**。在这种情形下，我们对已知的数据集进行集聚分析，得到由模式特征表征的聚类。接着，如果有一个未知的模式，那么就可以确定它最可能属于哪个聚类，并用这个聚类的特征来表示它。例如，假设我们对患有同种疾病的病人的数据集进行了集聚分析。根据病人对药物的反应，这会生成大量的病人聚类。于是，对一名新病人，我们就可为他/她确定最合适的聚类，并由此确定他/他的药物（见文献[Payk 72]）。

11.1.2　特征的类型

特征的值域可能是连续的集合（$\mathcal{R}$的子集），也可能是有限的离散集合。有限的离散集合只有两个元素时，称特征为*二值的*或*二分的*。

不同类型的特征基于它们的取值的相对重要性[Jain 88, Spat 80]。特征分为 4 类：标称特征、有序特征、区间标度特征和比例标度特征。

标称特征包括其值代码声明的特征。例如，考虑对应于人的性别的特征。对于男性，这个特征的值是1；对于女性，这个特征的值是0。显然，定量比较这些值是没有意义的。有序特征包括其值可被有意义地排序的特征。例如，考虑模式识别课程中表示学生表现的一个特征。假设这个特征的值可能是 4, 3, 2, 1，且这些值对应于等级“优”“良”“中”“差”。显然，这些值是按有意义的方式排列的。然而，两个连续值之差是没有意义的。

如果某个特征的两个值之差是有意义的，但它们的比值是无意义的，那么它是一个区间标度特征。一个典型的例子是温度的摄氏单位。如果伦敦和巴黎的温度分别是 5℃和 10℃，那么说巴黎的温度比伦敦的温度高 5℃是有意义的。然而，说巴黎比伦敦热两倍是无意义的。

如果某个特征的两个值的比值是有意义的，那么它是比值标度特征。这类特征的一个例子是质量，因为说质量为 100kg 的人是质量为 50kg 的人的两倍是有意义的。

由于特征类型的排序是标称特征、有序特征、区间标度特征和比值标度特征，因此排在后面的特征拥有排在前面的特征的所有性质。例如，区间标度特征就具有标称特征和有序特征的所有性质，11.2.2 节中将会用到这个性质。

例 11.1 根据公司的发展前景对公司分组。为此，我们可以考虑公司是私有的还是公有的，公司是否有海外活动，公司近三年的年度预算，公司的投资，以及预算和投资的变化率。因此，每家公司都可以使用一个 10×1 维向量来表示。向量的第一个分量对应于一个标称特征，它对状态“公有”或“私有”编码。第二个分量表示是否有海外活动，可能的值是 0、1 和 2（离散范围的值），对应于“无投资”“小额投资”“大额投资”。显然，这个成分对应于有序特征。其他的特征是比值标度特征。

11.1.3 集聚的定义

集聚的定义直接导致了单个聚类的定义。过去，人们提出了关于集聚的许多定义（见文献[John 67, Wall 68, Ever 01]）。然而，大多数定义要么不准确，如“相似的”“相像的”等，要么是针对某种聚类而言的。文献[Ever 01]中指出，大多数定义是模糊的和循环的。这些事实表明，给出“聚类”的通用定义较为困难。

在文献[Ever 01]中，向量被视为 l 维空间中的点，聚类被描述为“空间中包含相对高密度点的连续区域，它分隔相对低密度点区域和其他相对高密度点区域”。采用这种方法描述的聚类通常称为自然聚类。这个定义接近我们在二维或三维空间中看到的聚类。

下面给出“集聚”的定义。设 X 是数据集，即

$$X = \{\boldsymbol{x}_1, \boldsymbol{x}_2, \cdots, \boldsymbol{x}_N\} \tag{11.1}$$

定义 X 的一个 m 集聚$\Re$，将 X 分割为 m 个集合（聚类）$C_1,\cdots,C_m$，以便满足下面的三个条件：

- $C_i \neq \emptyset,\ i = 1,\cdots, m$
- $\cup_{i=1}^{m} C_i = X$
- $C_i \cap C_j = \emptyset,\ i \neq j,\ i, j = 1,\cdots, m$

另外，聚类 C_i 中包含的向量彼此“更相似”，而与其他聚类中的特征向量“不太相似”。术语“相似”和“不相似”的量化更多地取决于聚类的类型。例如，致密聚类［见图 11.3(a)］、细长聚类［见图 11.3(b)］、球形和椭圆形聚类［见图 11.3(c)］都使用了不同的度量。

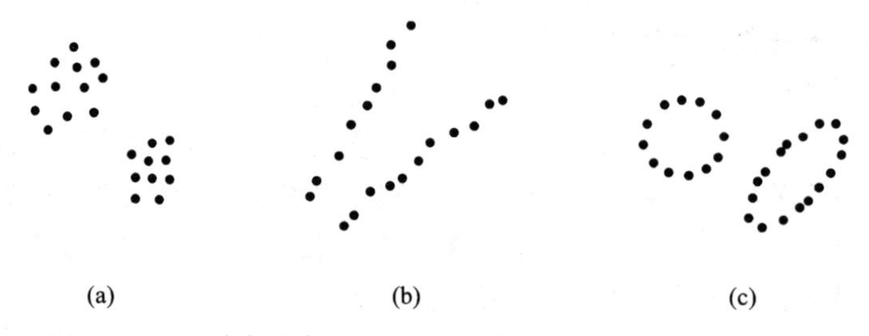

图 11.3 (a) 致密聚类；(b) 细长聚类；(c) 球形和椭圆形聚类

注意，在前述的集聚定义下，每个向量都属于单个聚类。由于某些原因（后面会逐渐清楚），这种集聚称为硬集聚或脆集聚。Zadeh[Zade 65]根据模糊集引入了另一种定义。将 X 分为 m 个聚类的模糊集聚由 m 个函数 u_j 表示，其中

$$u_j : X \rightarrow [0, 1], \quad j = 1, \cdots, m \tag{11.2}$$

和

$$\sum_{j=1}^{m} u_j(\boldsymbol{x}_i) = 1, \quad i = 1, 2, \cdots, N, \quad 0 < \sum_{i=1}^{N} u_j(\boldsymbol{x}_i) < N, \quad j = 1, 2, \cdots, m \tag{11.3}$$

这些函数称为隶属函数。模糊隶属函数的值具有集合的数学特性，即聚类可能未被精确定义。也就是说，向量 $\boldsymbol{x}$ “在某种程度上”同时属于多个聚类，这里的程度由 u_j 在区间[0, 1]上的对应值来量化。接近 1 的值表示在对应聚类中有高的“隶属度”，接近 0 的值表示在对应聚类中有低的“隶属度”。这些隶属函数的值表示数据集的结构：若隶属函数对 X 的两个向量 $\boldsymbol{x}_k$ 和 $\boldsymbol{x}_n$ 的值都接近 1，则认为它们是相似的[Wind 82]。

式(11.3)中右侧的条件保证各个聚类不共享任何向量。这与前述定义的条件 $C_i \neq \emptyset$ 相似。

如果我们定义模糊隶属函数 u_j 在区间{0, 1}上取值，即值为 1 或 0，那么可将前面给出的关于集聚为 m 个不同集合 C_i 的定义视为模糊集聚的特例。此时，每个数据向量都属于一个聚类，且隶属函数现在称为特征函数[Klir 95]。

11.2　邻近度

11.2.1　定义

下面首先介绍两个向量之间的度量，然后介绍数据集 X 的各个子集之间的度量。

X 上的相异度（DM）d 是一个函数：

$$d: X \times X \to \mathcal{R}$$

式中，$\mathcal{R}$是实数集，满足

$$\exists d_0 \in \mathcal{R}: -\infty < d_0 \leqslant d(\boldsymbol{x},\boldsymbol{y}) < +\infty, \quad \forall \boldsymbol{x},\boldsymbol{y} \in X \tag{11.4}$$

$$d(\boldsymbol{x},\boldsymbol{x}) = d_0, \quad \forall \boldsymbol{x} \in X \tag{11.5}$$

和

$$d(\boldsymbol{x},\boldsymbol{y}) = d(\boldsymbol{y},\boldsymbol{x}), \quad \forall \boldsymbol{x},\boldsymbol{y} \in X \tag{11.6}$$

另外，如果

$$d(\boldsymbol{x},\boldsymbol{y}) = d_0\text{，当且仅当 } \boldsymbol{x} = \boldsymbol{y} \tag{11.7}$$

和

$$d(\boldsymbol{x},\boldsymbol{z}) \leqslant d(\boldsymbol{x},\boldsymbol{y}) + d(\boldsymbol{y},\boldsymbol{z}), \quad \forall \boldsymbol{x},\boldsymbol{y},\ \boldsymbol{z} \in X \tag{11.8}$$

那么称 d 为一个度量 DM。不等式(11.8)也称三角不等式。最后，当 X 中的任何两个向量相等时，等式(11.7)指出得到这两个向量之间的最小相异度级别值 d_0。有时，我们不将相异度级别称为距离，因为它在这里没有严格的数学含义。

X 上的相似度（SM）定义为

$$s: X \times X \to \mathcal{R}$$

满足

$$\exists s_0 \in \mathcal{R}: -\infty < s(\boldsymbol{x},\boldsymbol{y}) \leqslant s_0 < +\infty, \quad \forall \boldsymbol{x},\boldsymbol{y} \in X \tag{11.9}$$

$$s(\boldsymbol{x},\boldsymbol{x}) = s_0, \quad \forall \boldsymbol{x} \in X \tag{11.10}$$

和

$$s(\boldsymbol{x},\boldsymbol{y}) = s(\boldsymbol{y},\boldsymbol{x}), \quad \forall \boldsymbol{x},\boldsymbol{y} \in X \tag{11.11}$$

另外，如果

$$s(\boldsymbol{x},\boldsymbol{y}) = s_0\text{，当且仅当 } \boldsymbol{x} = \boldsymbol{y} \tag{11.12}$$

和

$$s(\boldsymbol{x},\boldsymbol{y})s(\boldsymbol{y},\boldsymbol{z}) \leqslant [s(\boldsymbol{x},\boldsymbol{y}) + s(\boldsymbol{y},\boldsymbol{z})]s(\boldsymbol{x},\boldsymbol{z}), \quad \forall \boldsymbol{x},\boldsymbol{y},\boldsymbol{z} \in X \tag{11.13}$$

那么称 s 为一个度量 SM。

例 11.2 考虑欧氏距离 d_2，

$$d_2(\boldsymbol{x},\boldsymbol{y}) = \sqrt{\sum_{i=1}^{l}(x_i - y_i)^2}$$

式中，$\boldsymbol{x},\boldsymbol{y} \in X$，$x_i, y_i$ 是 $\boldsymbol{x}$ 和 $\boldsymbol{y}$ 的第 i 个坐标。这是 $d_0 = 0$ 时关于 X 的相异度，即 X 中两个向量之间的最小可能距离是 0。此外，向量与其自身的距离等于 0。容易看到 $d(\boldsymbol{x},\boldsymbol{y})=d(\boldsymbol{y},\boldsymbol{x})$。前述讨论表明欧氏距离是一个相异度。另外，当两个向量重合时，它们之间的欧氏距离取最小值 $d_0 = 0$。最后，不难证明三角不等式对欧氏距离成立（见习题11.2）。因此，欧氏距离是一个度量相异性的指标。

对于其他度量，值 $d_0(s_0)$可能为正，也可能为负。

然而，不是所有集聚算法都基于向量之间的邻近度。例如，在层次集聚算法中[①]，必须计算 X 的向量集合对之间的距离。为了度量 X 的子集之间的“邻近度”，下面扩展前面的定义。设 U 是一个包括 X 的子集的集合，即 $D_i \subset X, i = 1,\cdots,k$ 和 $U = \{D_1,\cdots,D_k\}$。关于 U 的邻近度 $\wp$ 是一个函数

$$\wp : U \times U \to \mathcal{R}$$

在相异度的式(11.4)至式(11.8)中及相似度的式(11.9)至式(11.13)中，现在可用 D_i, D_j 代替 $\boldsymbol{x}$ 和 $\boldsymbol{y}$，用 U 代替 X。

通常，可以用集合 D_i 和 D_j 中的元素之间的邻近度来定义集合之间的邻近度。

例 11.3 设 $X = \{\boldsymbol{x}_1, \boldsymbol{x}_2, \boldsymbol{x}_3, \boldsymbol{x}_4, \boldsymbol{x}_5, \boldsymbol{x}_6\}$，$U = \{\{\boldsymbol{x}_1, \boldsymbol{x}_2\},\{\boldsymbol{x}_1, \boldsymbol{x}_4\},\{\boldsymbol{x}_3, \boldsymbol{x}_4, \boldsymbol{x}_5\},\{\boldsymbol{x}_1, \boldsymbol{x}_2, \boldsymbol{x}_3, \boldsymbol{x}_4, \boldsymbol{x}_5\}\}$。定义下面的相异度函数：

$$d_{\min}^{ss}(D_i, D_j) = \min_{\boldsymbol{x}\in D_i,\ \boldsymbol{y}\in D_j} d_2(\boldsymbol{x}, \boldsymbol{y})$$

式中，d_2 是两个向量 $D_i, D_j \in U$ 之间的欧氏距离。$d_{\min}^{ss}$ 的最小可能值是 $d_{\min,0}^{ss} = 0$，并且 $d_{\min}^{ss}(D_i, D_i) = 0$，因为向量在 $\boldsymbol{D}_i$ 和它本身之间的欧氏距离是 0。另外，容易看出它满足交换律。因此，相异度函数是一个度量。不难看出 $d_{\min}^{ss}$ 不是一个度量。事实上，式(11.7)对于 X 的子集通常不成立，因为两个集合 D_i 和 D_j 可能有一个共用的元素。例如，U 的两个集合 $\{\boldsymbol{x}_1, \boldsymbol{x}_2\}$ 和 $\{\boldsymbol{x}_1, \boldsymbol{x}_4\}$，尽管它们是不同的，但它们之间的距离 $d_{\min}^{ss}$ 是 0，因为它们都包含元素 $\boldsymbol{x}_1$。

前述定义表明 DM 和 SM 是“对立的”。例如，容易证明，若 d 是一个度量 DM，$d(\boldsymbol{x}, \boldsymbol{y}) > 0$，$\forall \boldsymbol{x}, \boldsymbol{y} \in X$，则 $s = a/d$, $a > 0$ 是一个度量 SM（见习题 11.1）。此外，$d_{\max} - d$ 也是一个度量 SM，$d_{\max}$ 表示 X 的所有元素对之间的距离 d 的最大值。容易证明，若 d 是有限集 X 上的一个（度量）DM，满足 $d(\boldsymbol{x},\boldsymbol{y}) > 0, \forall \boldsymbol{x},\boldsymbol{y} \in X$，则$-\ln(d_{\max} + k - d)$和 $kd/(1+d)$也是度量 DM，其中 k 是任意正常数。另一方面，若 s 是一个（度量）SM，$s_0 = 1 - \varepsilon$，ε 是一个小正数，则 $1/(1-s)$也是一个（度量）SM。对于

集合 $D_i, D_j \in U$ 之间的相似度和相异度，上述说明也成立。

下面回顾两点之间最常用的邻近度。对每个相似度，我们将给出一个对应的相异度。对于有限的数据集 X，我们将它们的最小值和最大值分别记为 $b_{\min}$ 和 $b_{\max}$。

11.2.2　两点之间的邻近度

实值向量

A. 相异度

在实际工作中，实值向量之间最常用的 DM 如下。

- 加权的 l_p 度量 DM，即

$$d_p(\boldsymbol{x},\boldsymbol{y})=\left(\sum_{i=1}^{l} w_i|x_i-y_i|^p\right)^{1/p} \tag{11.14}$$

式中，x_i, y_i 是 $\boldsymbol{x}$ 和 $\boldsymbol{y}$ 的第 i 个坐标，$i=1,\cdots,l$，$w_i \geqslant 0$ 是第 i 个权重系数，它们主要用于实值向量。如果 $w_i=1, i=1,\cdots,l$，那么得到未加权的 l_p 度量 DM。这种情形下的知名度量是例子 11.2 中介绍的欧氏距离，它是在 $p=2$ 时得到的。

加权的 l_2 度量 DM 可以进一步推广为

$$d(\boldsymbol{x},\boldsymbol{y})=\sqrt{(\boldsymbol{x}-\boldsymbol{y})^{\mathrm{T}}\boldsymbol{B}(\boldsymbol{x}-\boldsymbol{y})} \tag{11.15}$$

式中，$\boldsymbol{B}$ 是一个正定的对称矩阵（见附录 B）。马氏距离是它的一个特例，马氏距离也是一个度量 DM。在实际工作中，还会遇到的特殊 l_p 度量 DM 是加权的 l_1 或马氏范数，

$$d_1(\boldsymbol{x},\boldsymbol{y})=\sum_{i=1}^{l} w_i|x_i-y_i| \tag{11.16}$$

以及加权的 l_∞ 范数，

$$d_\infty(\boldsymbol{x},\boldsymbol{y})=\max_{1\leqslant i\leqslant l} w_i|x_i-y_i| \tag{11.17}$$

我们可将 l_1 和 l_∞ 分别视为高估的和低估的 l_2 范数。事实上可证 $d_\infty(\boldsymbol{x},\boldsymbol{y})\leqslant d_2(\boldsymbol{x},\boldsymbol{y})\leqslant d_1(\boldsymbol{x},\boldsymbol{y})$（见习题 11.6）。当 $l=1$ 时，所有的 l_p 范数重合。

基于这些 DM，我们可将对应的 SM 定义为 $s_p(\boldsymbol{x},\boldsymbol{y})=b_{\max}-d_p(\boldsymbol{x},\boldsymbol{y})$。

- 其他一些 DM[Spat 80]：

$$d_G(\boldsymbol{x},\boldsymbol{y})=-\lg\left(1-\frac{1}{l}\sum_{j=1}^{l}\frac{|x_j-y_j|}{b_j-a_j}\right) \tag{11.18}$$

式中，b_j 和 a_j 分别是 X 的 N 个向量的第 j 个特征的最大值和最小值。易证 $d_G(\boldsymbol{x},\boldsymbol{y})$ 是一个度量 DM。注意 $d_G(\boldsymbol{x},\boldsymbol{y})$ 的值不仅依赖于 $\boldsymbol{x}$ 和 $\boldsymbol{y}$，而且依赖于整个 X。因此，若 $d_G(\boldsymbol{x},\boldsymbol{y})$ 是集合 X 中的两个向量 $\boldsymbol{x}$ 和 $\boldsymbol{y}$ 间的距离，$d'_G(\boldsymbol{x},\boldsymbol{y})$ 是集合 X' 中的同样两个向量间的距离，则一般情况下有 $d_G(\boldsymbol{x},\boldsymbol{y})\neq d'_G(\boldsymbol{x},\boldsymbol{y})$。另一个 DM 是[Spat 80]

$$d_Q(\boldsymbol{x},\boldsymbol{y})=\sqrt{\frac{1}{l}\sum_{j=1}^{l}\left(\frac{x_j-y_j}{x_j+y_j}\right)^2} \tag{11.19}$$

例 11.4 考虑三维向量 $\boldsymbol{x}=[0,1,2]^{\mathrm{T}}, \boldsymbol{y}=[4,3,2]^{\mathrm{T}}$。假设所有 w_i 都等于 1, $d_1(\boldsymbol{x},\boldsymbol{y})=6, d_2(\boldsymbol{x},\boldsymbol{y})=2\sqrt{5}$，$d_\infty(\boldsymbol{x},\boldsymbol{y})=4$。注意，$d_\infty(\boldsymbol{x},\boldsymbol{y})<d_2(\boldsymbol{x},\boldsymbol{y})<d_1(\boldsymbol{x},\boldsymbol{y})$。

假设这些向量属于数据集 X，数据集 X 中包含 N 个向量，每个特征的最大值为 10, 12, 13，最小值为 0, 0.5, 1。于是，$d_G(\boldsymbol{x},\boldsymbol{y})=0.0922$。另一方面，$\boldsymbol{x}$ 和 $\boldsymbol{y}$ 属于特征最大值为 20, 22, 23、最小值为−10, −9.5, −9 的 X' 时，有 $d_G(\boldsymbol{x},\boldsymbol{y})=0.0295$。最终，$d_Q(\boldsymbol{x},\boldsymbol{y})=0.6455$。

B. 相似度

在实际应用中，实值向量之间最常用的相似度如下。

- 内积。内积定义为 $s_{\text{inner}}(\boldsymbol{x},\boldsymbol{y})=\boldsymbol{x}^{\mathrm{T}}\boldsymbol{y}=\sum_{i=1}^{l}x_i y_i$。在多数情形下，当向量 $\boldsymbol{x}$ 和 $\boldsymbol{y}$ 被归一化后，要用内积来使得它们具有相同的长度 a。此时，s_{inner} 的上界和下界分别是 $+a^2$ 和 $-a^2$，且 $s_{\text{inner}}(\boldsymbol{x},\boldsymbol{y})$ 完全取决于 $\boldsymbol{x}$ 与 $\boldsymbol{y}$ 之间的夹角。内积对应的相异度是 $d_{\text{inner}}(\boldsymbol{x},\boldsymbol{y})=b_{\max}-s_{\text{inner}}(\boldsymbol{x},\boldsymbol{y})$。与内积密切相关的是余弦相似度，它定义为

$$s_{\text{cosine}}(\boldsymbol{x},\boldsymbol{y})=\frac{\boldsymbol{x}^{\mathrm{T}}\boldsymbol{y}}{\|\boldsymbol{x}\|\|\boldsymbol{y}\|} \tag{11.20}$$

  式中，$\|\boldsymbol{x}\|=\sqrt{\sum_{i=1}^{l}x_i^2}$ 和 $\|\boldsymbol{y}\|=\sqrt{\sum_{i=1}^{l}y_i^2}$ 分别是向量 $\boldsymbol{x}$ 和 $\boldsymbol{y}$ 的长度。这个度量是旋转不变的，但不是线性变换不变的。

- Pearson 相关系数。这个度量可以表示为

$$r_{\text{Pearson}}(\boldsymbol{x},\boldsymbol{y})=\frac{\boldsymbol{x}_d^{\mathrm{T}}\boldsymbol{y}_d}{\|\boldsymbol{x}_d\|\|\boldsymbol{y}_d\|} \tag{11.21}$$

  式中，$\boldsymbol{x}_d=[x_1-\bar{x},\cdots,x_l-\bar{x}]^{\mathrm{T}}$ 和 $\boldsymbol{y}_d=[y_1-\bar{y},\cdots,y_l-\bar{y}]^{\mathrm{T}}$，$x_i$ 和 y_i 分别是 $\boldsymbol{x}$ 和 $\boldsymbol{y}$ 的第 i 个坐标，$\bar{x}=\frac{1}{l}\sum_{i=1}^{l}x_i$，$\bar{y}=\frac{1}{l}\sum_{i=1}^{l}y_i$。我们常称 $\boldsymbol{x}_d$ 和 $\boldsymbol{y}_d$ 为差分向量。显然，$r_{\text{Pearson}}(\boldsymbol{x},\boldsymbol{y})$ 在−1 和+1 之间取值，与 s_{inner} 不同的是，r_{Pearson} 不直接依赖于 $\boldsymbol{x}$ 和 $\boldsymbol{y}$，而依赖于它们的差分向量。关联的相异度定义为

$$D(\boldsymbol{x},\boldsymbol{y})=\frac{1-r_{\text{Pearson}}(\boldsymbol{x},\boldsymbol{y})}{2} \tag{11.22}$$

  上式的值域是[0, 1]。遗传表达数据的分析中使用了这个度量[Eise 98]。

- 另一个常用的 SM 是 Tanimoto 度量，也称 Tanimoto 距离[Tani 58]，既可用于实值向量，又可用于离散值向量。Tanimoto 度量定义为

$$s_{\mathrm{T}}(\boldsymbol{x},\boldsymbol{y})=\frac{\boldsymbol{x}^{\mathrm{T}}\boldsymbol{y}}{\|\boldsymbol{x}\|^2+\|\boldsymbol{y}\|^2-\boldsymbol{x}^{\mathrm{T}}\boldsymbol{y}} \tag{11.23}$$

  在式(11.23)的分母中，加减 $\boldsymbol{x}^{\mathrm{T}}\boldsymbol{y}$ 项，经过代数运算后，得

$$s_{\mathrm{T}}(\boldsymbol{x},\boldsymbol{y})=\frac{1}{1+\frac{(\boldsymbol{x}-\boldsymbol{y})^{\mathrm{T}}(\boldsymbol{x}-\boldsymbol{y})}{\boldsymbol{x}^{\mathrm{T}}\boldsymbol{y}}}$$

  也就是说，$\boldsymbol{x}$ 和 $\boldsymbol{y}$ 之间的 Tanimoto 度量与"$\boldsymbol{x}$ 和 $\boldsymbol{y}$ 之间的欧氏距离的平方除以 $\boldsymbol{x}$ 和 $\boldsymbol{y}$ 的内积"成反比。直观地说，因为我们可将内积视为 $\boldsymbol{x}$ 和 $\boldsymbol{y}$ 之间相关性的度量，因此 $s_T(\boldsymbol{x},\boldsymbol{y})$ 与 $\boldsymbol{x}$ 和 $\boldsymbol{y}$ 之间的欧氏距离的平方除以它们的相关性成反比。

  当 X 的各个向量被归一化到相同的长度 a 时，上式变为

$$s_{\mathrm{T}}(\boldsymbol{x},\boldsymbol{y})=\frac{1}{-1+2\frac{a^2}{\boldsymbol{x}^{\mathrm{T}}\boldsymbol{y}}}$$

在这种情况下，s_{T} 与 $a^2/\boldsymbol{x}^{\mathrm{T}}\boldsymbol{y}$ 成反比。因此，$\boldsymbol{x}$ 和 $\boldsymbol{y}$ 越相关，s_{T} 的值越大。

- 最后，某些应用使用的另一个相似度是[Fu 93]

$$s_c(\boldsymbol{x},\boldsymbol{y})=1-\frac{d_2(\boldsymbol{x},\boldsymbol{y})}{\|\boldsymbol{x}\|+\|\boldsymbol{y}\|} \tag{11.24}$$

当 $\boldsymbol{x}=\boldsymbol{y}$ 时，$s_c(\boldsymbol{x},\boldsymbol{y})$ 取最大值 1；当 $\boldsymbol{x}=-\boldsymbol{y}$ 时，$s_c(\boldsymbol{x},\boldsymbol{y})$ 取最小值 0。

离散值向量

现在考虑向量 $\boldsymbol{x}$，它的坐标属于有限集 $F=\{0,1,\cdots,k-1\}$，其中 k 是一个正整数。显然，正好有 k^l 个向量 $\boldsymbol{x}\in F^l$。我们可将这些向量视为 l 维网格中的顶点，如图 11.4 所示。当 $k=2$ 时，网格退化为 H_l（单位）超立方体。

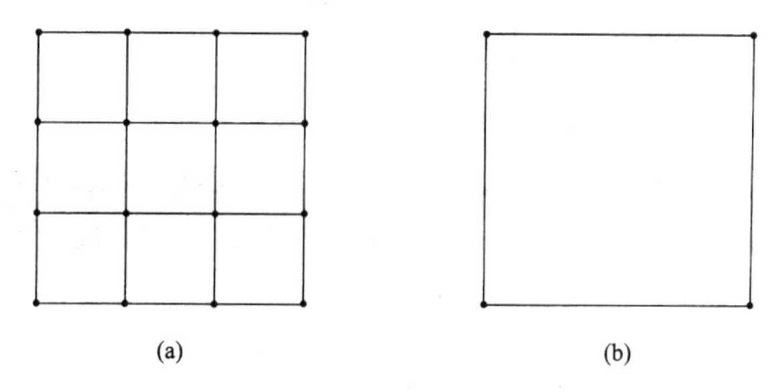

图 11.4　(a) $k=4$ 的 $l=2$ 维网格；(b) H_2 超立方体（正方形）

考虑 $\boldsymbol{x},\boldsymbol{y}\in F^l$，且设

$$A(\boldsymbol{x},\boldsymbol{y})=[a_{ij}]\qquad i,j=0,1,\cdots,k-1 \tag{11.25}$$

是一个 $k\times k$ 维矩阵，其中的元素 a_{ij} 是第一个向量有 i 符号、第二个向量有 j 符号的位置的数量，$i,j\in F$。这个矩阵也称列联表。例如，若 $l=6, k=3$，且 $\boldsymbol{x}=[0,1,2,1,2,1]^{\mathrm{T}}, \boldsymbol{y}=[1,0,2,1,0,1]^{\mathrm{T}}$，则矩阵 $A(\boldsymbol{x},\boldsymbol{y})$ 等于

$$A(\boldsymbol{x},\boldsymbol{y})=\begin{bmatrix}0&1&0\\1&2&0\\1&0&1\end{bmatrix}$$

容易验证

$$\sum_{i=0}^{k-1}\sum_{j=0}^{k-1}a_{ij}=l$$

两个离散值向量之间的大多数邻近度，可以表示为矩阵 $A(\boldsymbol{x},\boldsymbol{y})$ 的元素的组合。

A. 相异度

- 汉明距离（如文献[Lipp 87, Gers 92]）。汉明距离定义为两个向量之间的不同位置的数量。使用矩阵 A，可将汉明距离 $d_{\mathrm{H}}(\boldsymbol{x},\boldsymbol{y})$定义为

$$d_{\mathrm{H}}(\boldsymbol{x},\boldsymbol{y})=\sum_{i=0}^{k-1}\sum_{j=0,j\neq i}^{k-1}a_{ij} \tag{11.26}$$

即 $\boldsymbol{A}$ 的所有非对角线元素之和，它指出 $\boldsymbol{x}$ 和 $\boldsymbol{y}$ 之间的不同位置。

在 $k=2$ 的特殊情况下，向量 $\boldsymbol{x}\in F^l$ 是二值向量，汉明距离变为

$$d_{\mathrm{H}}(\boldsymbol{x},\boldsymbol{y})=\sum_{i=1}^{l}(x_i+y_i-2x_iy_i)=\sum_{i=1}^{l}(x_i-y_i)^2 \tag{11.27}$$

此时，$\boldsymbol{x}\in F_1^l$，其中 $F_1=\{-1, 1\}$，$\boldsymbol{x}$ 称为双极向量，汉明距离表示为

$$d_{\mathrm{H}}(\boldsymbol{x},\boldsymbol{y})=0.5\left(l-\sum_{i=1}^{l}x_iy_i\right) \tag{11.28}$$

显然，d_{H} 的对应相似度是 $s_{\mathrm{H}}(\boldsymbol{x},\boldsymbol{y})=b_{\max}-d_{\mathrm{H}}(\boldsymbol{x},\boldsymbol{y})$。

- l_1 距离。在连续值向量情形下，l_1 距离定义为

$$d_1(\boldsymbol{x},\boldsymbol{y})=\sum_{i=1}^{l}|x_i-y_i| \tag{11.29}$$

对于二值向量，l_1 距离和汉明距离是一致的。

B. 相似度

广泛用于离散值向量的相似度是 Tanimoto 度量。这种度量的灵感源于集合之间的比较运算。若 X 和 Y 是两个集合，$n_X, n_Y, n_{X\cap Y}$ 分别是 $X, Y, X\cap Y$ 的基数（元素数量），则集合 X 和 Y 之间的 Tanimoto 度量定义为

$$\frac{n_{X\cap Y}}{n_X+n_Y-n_{X\cap Y}}=\frac{n_{X\cap Y}}{n_{X\cup Y}}$$

换句话说，两个集合之间的 Tanimoto 度量是所有相同元素数量与所有不同元素数量的比值。

下面讨论两个离散值向量 $\boldsymbol{x}$ 和 $\boldsymbol{y}$ 之间的 Tanimoto 度量。这个度量考虑了 $\boldsymbol{x}$ 和 $\boldsymbol{y}$ 的所有对应坐标对，但不考虑(x_i, y_i)都是 0 的坐标对。采用有序特征，且将 $\boldsymbol{y}$ 的第 i 个坐标值解释为向量 $\boldsymbol{y}$ 拥有第 i 个特征的程度，就能说明这一点。根据这一解释，相对于其他坐标对，坐标对$(x_i, y_i)=(0, 0)$就不重要。下面定义 $n_x=\sum_{i=1}^{k-1}\sum_{j=0}^{k-1}a_{ij}$ 和 $n_y=\sum_{i=0}^{k-1}\sum_{j=1}^{k-1}a_{ij}$，其中 a_{ij} 是矩阵 $\boldsymbol{A}(\boldsymbol{x},\boldsymbol{y})$ 的元素（见图11.5）。总之，n_x（n_y）表示 $\boldsymbol{x}$（$\boldsymbol{y}$）的非零坐标的数量。于是，Tanimoto 度量定义为

$$s_{\mathrm{T}}(\boldsymbol{x},\boldsymbol{y})=\frac{\sum_{i=1}^{k-1}a_{ii}}{n_{\boldsymbol{x}}+n_{\boldsymbol{y}}-\sum_{i=1}^{k-1}\sum_{j=1}^{k-1}a_{ij}} \tag{11.30}$$

在 $k=2$ 的特殊情况下，上式变为[Tani 58，Spat 80]

$$s_{\mathrm{T}}(\boldsymbol{x},\boldsymbol{y})=\frac{a_{11}}{a_{11}+a_{01}+a_{10}} \tag{11.31}$$

$\boldsymbol{x},\boldsymbol{y}\in F^l$ 之间的其他相似度函数可用 $\boldsymbol{A}(\boldsymbol{x},\boldsymbol{y})$ 的元素定义。有些函数只考虑两个向量中位置相同但对应值不为 0 的数量，有些函数则考虑两个向量中所有位置相同的数量。属于第一类的相似度函数是

$$\frac{\sum_{i=1}^{k-1}a_{ii}}{l} \quad 和 \quad \frac{\sum_{i=1}^{k-1}a_{ii}}{l-a_{00}} \tag{11.32}$$

属于第二类的相似度函数是

$$\frac{\sum_{i=0}^{k-1}a_{ii}}{l} \tag{11.33}$$

处理二值向量时（$k=2$），建议使用概率相似度[Good 66, Li 85, Broc 81]。对于二值向量 $\boldsymbol{x}$ 和 $\boldsymbol{y}$，这类度量 s 基于 $\boldsymbol{x}$ 和 $\boldsymbol{y}$ 中位置相同的数量。然后，将 $s(\boldsymbol{x}, \boldsymbol{y})$的值与随机选择的向量对之间的距离进行比较，判断向量 $\boldsymbol{x}$ 和 $\boldsymbol{y}$ 彼此之间是否“邻近”。这个任务是使用统计测试实现的（见第 16 章）。

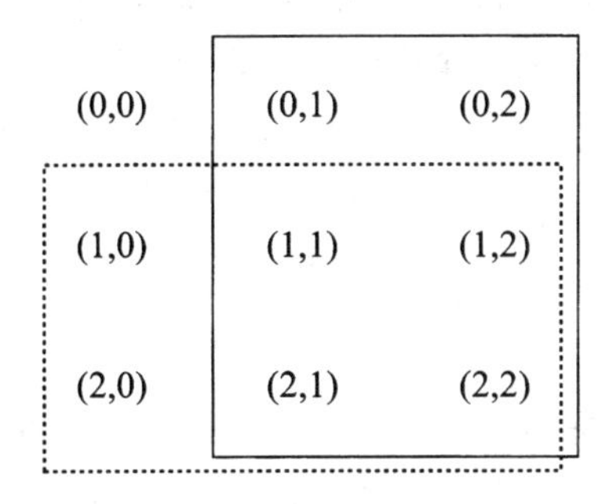

图 11.5　计算 Tanimoto 度量时用到的列联表中的元素

动态相似度

到目前为止，讨论的邻近度只适用于具有相同维数 l 的向量。然而，在某些应用中，如来自不同文本的两个字符串 st_1 和 st_2 的比较，就不能使用上述邻近度。例如，一个字符串相对于另一个字符串可能平移了位置。在这种情形下，前述邻近度不再有效。这时，可以使用动态相似度，如第 8 章中介绍的编辑距离。

混合值向量

在实际工作中，当特征向量的特征不全是实值或离散值时，会出现一种有趣的情形。根据例 11.1，第 3 个特征到第 10 个特征是实值，第 2 个特征是离散值。求解这个问题的一种天真方法是，采用适合于实值向量的邻近度，原因是离散值向量可以根据实值向量的邻近度进行准确比较，反之通常无法得到合理的结果。对于这类情形，较好的邻近度应是 l_1 距离。

例 11.5　考虑向量 $\boldsymbol{x}=[4, 1, 0.8]^{\mathrm{T}}$ 和 $\boldsymbol{y}=[1, 0, 0.4]^{\mathrm{T}}$。它们（未加权的）$l_1$ 和 l_2 距离是

$$d_1(\boldsymbol{x}, \boldsymbol{y}) = |4-1| + |1-0| + |0.8-0.4| = 3 + 1 + 0.4 = 4.4$$

和

$$d_2(\boldsymbol{x}, \boldsymbol{y}) = \sqrt{|4-1|^2 + |1-0|^2 + |0.8-0.4|^2} = \sqrt{9+1+0.16} = 3.187$$

注意，对于 l_2 距离，$\boldsymbol{x}$ 和 $\boldsymbol{y}$ 的第一个坐标几乎完全指定了两个向量之间的距离，而 l_1 距离不是如此（见 5.2 节中的相关注释）。

可以采用的另一种方法是，将实值特征转换为离散值特征，即离散化实值数据。为此，如果特征 x_i 在区间$[a, b]$上取值，那么我们可将该区间分为 k 个子区间。当 x_i 的值位于第 r 个子区间上时，将值 $r-1$ 赋给它。这个策略将生成离散值向量，随后我们就可使用上节中讨论的任何度量。

文献[Ande 73]讨论了标称特征、有序特征、区间标度特征，以及在这些特征之间相互转换的方法。然而，将标称特征转换为区间标度特征时，或将区间标度特征转换为标称特征时，肯定会丢失一些信息。

文献[Gowe 71]中提出了一个处理混合值向量的相似度函数，它不需要特征类型之间的转换。考虑两个 l 维混合值向量 $\boldsymbol{x}_i$ 和 $\boldsymbol{x}_j$，$\boldsymbol{x}_i$ 和 $\boldsymbol{x}_j$ 之间的相似度函数定义为

$$s(\boldsymbol{x}_i, \boldsymbol{x}_j) = \frac{\sum_{q=1}^{l} s_q(\boldsymbol{x}_i, \boldsymbol{x}_j)}{\sum_{q=1}^{l} w_q} \tag{11.34}$$

式中，$s_q(\boldsymbol{x}_i, \boldsymbol{x}_j)$是$\boldsymbol{x}_i$和$\boldsymbol{x}_j$的第$q$个坐标之间的相似度，$w_q$是对应于第$q$个坐标的权重因子。具体地说，若$\boldsymbol{x}_i, \boldsymbol{x}_j$的第$q$个坐标中至少有一个未定义，则$w_q = 0$。此外，若第$q$个坐标是二值变量，且它对两个向量都是0，则$w_q = 0$。在其他情况下，$w_q$被设置为1。最后，若所有的$w_q$都为0，则$s_q(\boldsymbol{x}_i, \boldsymbol{x}_j)$是未定义的。若两个向量的第$q$个坐标是二值的，则

$$s_q(\boldsymbol{x}_i, \boldsymbol{x}_j) = \begin{cases} 1, & x_{iq} = x_{jq} = 1 \\ 0, & \text{其他} \end{cases} \tag{11.35}$$

若两个向量的第q个坐标对应于标称或有序变量，且x_{iq}和x_{jq}的值相同，则$s_q(\boldsymbol{x}_i, \boldsymbol{x}_j) = 1$；否则，$s_q(\boldsymbol{x}_i, \boldsymbol{x}_j) = 0$。最后，若第$q$个坐标对应于区间标度变量或比值标度变量，则

$$s_q(\boldsymbol{x}_i, \boldsymbol{x}_j) = 1 - \frac{|x_{iq} - x_{jq}|}{r_q} \tag{11.36}$$

式中，r_q是第q个坐标值所在的区间的长度。显然，对区间标度变量或比值标度变量，当x_{ik}和x_{jk}一致时，$s_q(\boldsymbol{x}_i, \boldsymbol{x}_j)$取最大值1。另一方面，若$x_{iq}$和$x_{jq}$之差的绝对值等于$r_q$，则$s_q(\boldsymbol{x}_i, \boldsymbol{x}_j) = 0$。对$|x_{iq} - x_{jq}|$为其他值的情况，$s_q(\boldsymbol{x}_i, \boldsymbol{x}_j)$取0和1之间的值。

例 11.6 考虑下面的4个五维特征向量，每个特征向量都代表一家特定的公司。具体地说，前3个坐标（特征）对应于这些公司最近3年的年度预算（单位为百万美元），第4个坐标对应于这些公司是否有海外活动，第5个坐标对应于这些公司的雇员数量。最后一个特征是有序标度特征，其取值为0（雇员数量少）、1（雇员数量中等）和2（雇员数量多）。这4个向量是

公司	第一年预算	第二年预算	第三年预算	海外活动	雇员数量
1($\boldsymbol{x}_1$)	1.2	1.5	1.9	0	1
2($\boldsymbol{x}_2$)	0.3	0.4	0.6	0	0
3($\boldsymbol{x}_3$)	10	13	15	1	2
4($\boldsymbol{x}_4$)	6	6	7	1	1

(11.37)

对于前三个比值标度坐标，我们有$r_1 = 9.7$, $r_2 = 12.6$和$r_3 = 14.4$。首先计算前两个向量之间的相似度，具体是

$$s_1(\boldsymbol{x}_1, \boldsymbol{x}_2) = 1 - |1.2 - 0.3|/9.7 = 0.9072$$

$$s_2(\boldsymbol{x}_1, \boldsymbol{x}_2) = 1 - |1.5 - 0.4|/12.6 = 0.9127$$

$$s_3(\boldsymbol{x}_1, \boldsymbol{x}_2) = 1 - |1.9 - 0.6|/14.4 = 0.9097$$

$$s_4(\boldsymbol{x}_1, \boldsymbol{x}_2) = 0$$

和

$$s_5(\boldsymbol{x}_1, \boldsymbol{x}_2) = 0$$

此外，当其他权重因子等于1时，有$w_4 = 0$。使用式(11.34)，最后得到$s(\boldsymbol{x}_1, \boldsymbol{x}_2) = 0.6824$。同理可得$s(\boldsymbol{x}_1, \boldsymbol{x}_3) = 0.0541$, $s(\boldsymbol{x}_1, \boldsymbol{x}_4) = 0.5588$, $s(\boldsymbol{x}_2, \boldsymbol{x}_3) = 0$, $s(\boldsymbol{x}_2, \boldsymbol{x}_4) = 0.3047$, $s(\boldsymbol{x}_3, \boldsymbol{x}_4) = 0.4953$。

模糊度量

本节考虑实值向量 $\boldsymbol{x}, \boldsymbol{y}$，它们的分量 x_i 和 y_i 属于区间[0, 1], $i=1,\cdots,l$。与前面所说的相比，x_i 的值不是度量设备的输出。x_i 越接近 1（0），$\boldsymbol{x}$ 拥有（不拥有）第 i 个特征的可能性就越大①。x_i 逼近 1/2 时，不能确定 $\boldsymbol{x}$ 是否包含第 i 个特征。当 $x_i=1/2$ 时，无法判断 $\boldsymbol{x}$ 是否拥有第 i 个特征。显然，这种情况是二值逻辑的推广，其中 x_i 只能取值 0 或 1（$\boldsymbol{x}$ 拥有或不拥有某个特征）。在二值逻辑中，某个事件肯定会发生（如下雨或不下雨）。模糊逻辑的思想是，不存在肯定发生或根本不发生的事件，这可由 x_i 的取值看出。我们可将二值逻辑视为模糊逻辑的一个特例（x_i 取 0 或 1）。

下面定义区间[0, 1]内的两个实值变量之间的相似度，并将它推广为两个二值变量之间的等同性。两个二值变量 a 和 b 的等同性定义为

$$(\boldsymbol{a} \equiv \boldsymbol{b}) = ((\text{NOT}\ \boldsymbol{a})\ \text{AND}\ (\text{NOT}\ \boldsymbol{b}))\ \text{OR}\ (\boldsymbol{a}\ \text{AND}\ \boldsymbol{b}) \tag{11.38}$$

事实上，若 $a=b=0$（1），则 OR 运算的第一个（第二个）参数是 1。另一方面，若 $a=0$（1）且 $b=1$（0），则 OR 运算的所有参数都不为 1。

另一个有趣的发现是，两个二值变量之间的 AND（OR）运算可视为最小（最大）算子，二值变量 a 的 NOT 运算可以写为 $1-a$。基于这一观察，在模糊逻辑中，逻辑 AND 被 min 算子代替，逻辑 OR 被 max 算子代替，对 x_i 的逻辑 NOT 被 $1-x_i$ 代替[Klir 95]。于是，区间[0, 1]内的两个实值变量 x_i 和 y_i 之间的相似度定义为

$$s(x_i, y_i) = \max(\min(1-x_i, 1-y_i), \min(x_i, y_i)) \tag{11.39}$$

注意，这个定义包括 x_i 和 y_i 取二进制值且得到式(11.38)中的结果的特例。

在 l（$l>1$）维空间处理向量时，向量空间是 H_l 超立方体。此时，向量 $\boldsymbol{x}$ 越接近 $H_l(1/2,\cdots,1/2)$ 的中心，不确定性就越大。也就是说，在这种情况下，我们几乎没有线索判断 $\boldsymbol{x}$ 是否拥有 l 个特征中的任何一个。另一方面，$\boldsymbol{x}$ 越接近 H_l 的某个顶点，不确定性就越小。

根据式(11.39)中给出的在区间[0, 1]内取值的两个变量之间的相似度，可以定义两个向量之间的相似度。向量 $\boldsymbol{x}$ 和 $\boldsymbol{y}$ 之间的常用相似度定义为

$$s_F^q(\boldsymbol{x}, \boldsymbol{y}) = \left(\sum_{i=1}^{l} s(x_i, y_i)^q\right)^{1/q} \tag{11.40}$$

容易验证 s_F 的最大值和最小值分别是 $l^{1/q}$ 和 $0.5l^{1/q}$。当 $q\to+\infty$ 时，有 $s_F(\boldsymbol{x},\boldsymbol{y}) = \max_{1\leqslant i\leqslant l} s(x_i, y_i)$。当 $q=1$ 时，$s_F(\boldsymbol{x},\boldsymbol{y}) = \Sigma_{i=1}^{l} s(x_i, y_i)$（见习题 11.7）。

例 11.7 本例考虑 $l=3$ 和 $q=1$ 的情况。此时 s_F 的最大值是 3。考虑向量 $\boldsymbol{x}_1=[1, 1, 1]^{\mathrm{T}}$, $\boldsymbol{x}_2=[0, 0, 1]^{\mathrm{T}}$, $\boldsymbol{x}_3=[1/2, 1/3, 1/4]^{\mathrm{T}}$ 和 $\boldsymbol{x}_4=[1/2, 1/2, 1/2]^{\mathrm{T}}$。计算这些向量本身的相似度，得到

$$s_F^1(\boldsymbol{x}_1, \boldsymbol{x}_1) = 3\max(\min(1-1, 1-1), \min(1, 1)) = 3$$

$$s_F^1(\boldsymbol{x}_2, \boldsymbol{x}_2) = 3, s_F^1(\boldsymbol{x}_3, \boldsymbol{x}_3) = 1.92, s_F^1(\boldsymbol{x}_4, \boldsymbol{x}_4) = 1.5$$

这非常有趣。向量与其自身的相似度不仅依赖于向量本身，而且依赖于其在超立方体 H_l 中的位置。此外，观察发现最大的相似度值是在 H_l 的顶点得到的。移向 H_l 的中心时，相似度减小，在 H_l 的中心得到最小值。

考虑向量 $\boldsymbol{y}_1=[3/4, 3/4, 3/4]^{\mathrm{T}}$, $\boldsymbol{y}_2=[1,1,1]^{\mathrm{T}}$, $\boldsymbol{y}_3=[1/4, 1/4, 1/4]^{\mathrm{T}}$ 和 $\boldsymbol{y}_4=[1/2, 1/2, 1/2]^{\mathrm{T}}$。采用欧氏距

① 本节的思想遵循文献[Zade 73]中的思想。

离时，有 $d_2(\boldsymbol{y}_1,\boldsymbol{y}_2)=d_2(\boldsymbol{y}_3,\boldsymbol{y}_4)$。然而，$s_F^1(\boldsymbol{y}_1,\boldsymbol{y}_2)=2.25$，$s_F^1(\boldsymbol{y}_3,\boldsymbol{y}_4)=1.5$。这些结果表明两个向量越接近 H_l 的中心，它们的相似度越小；另一方面，两个向量越接近 H_l 的顶点，相似度越大。也就是说，$s_F^q(\boldsymbol{x},\boldsymbol{y})$ 的值不仅依赖于 $\boldsymbol{x}$ 和 $\boldsymbol{y}$ 的相对位置，而且依赖于它们接近 H_l 的中心的程度。

遗漏数据

在实际应用中，一个常见的问题是遗漏数据。这意味着对于某些特征向量，我们不知道它们的所有分量。遗漏数据可能是度量设备失效造成的。此外，在例 11.1 中提到的情形下，遗漏数据可能是记录错误造成的。下面是处理遗漏数据的一些常用技术[Snea 73, Dixo 79, Jain 88]。

1. 丢弃具有遗漏特征的所有特征向量。当带有遗漏特征的向量数相对于已知特征向量总数很少时，使用这种方法。如果不属于这种情况，那么会影响问题的性质。
2. 对于第 i 个特征，首先求 X 的所有特征向量的对应已知值的均值，然后用这个值代替第 i 个坐标未知的向量中的值。
3. 对于向量 $\boldsymbol{x}$ 和 $\boldsymbol{y}$ 的所有元素对 x_i 和 y_i，定义 b_i 为

$$b_i=\begin{cases}0, & x_i \text{ 和 } y_i \text{ 已知}\\ 1, & \text{其他}\end{cases} \tag{11.41}$$

   然后，将 $\boldsymbol{x}$ 和 $\boldsymbol{y}$ 之间的邻近度定义为

$$\wp(\boldsymbol{x},\boldsymbol{y})=\frac{l}{l-\sum_{i=1}^{l} b_i}\sum_{\text{all } i:b_i=0}\phi(x_i,y_i) \tag{11.42}$$

   式中，$\phi(x_i,y_i)$是两个标量 x_i 和 y_i 间的邻近度。涉及相异度时，ϕ 的一般选择是$\phi(x_i,y_i)=|x_i-y_i|$。这种方法的基本原理很简单。设$[a,b]$是$\wp(\boldsymbol{x},\boldsymbol{y})$的值域，不管两个向量中的未知特征的数量是多少，这个定义都可保证 $\boldsymbol{x}$ 和 $\boldsymbol{y}$ 之间的邻近度覆盖整个区间$[a,b]$。
4. 对 X 的所有分量 $i=1,\cdots,l$，求 X 中的所有特征向量之间的平均邻近度$\phi_{\text{avg}}(i)$。显然，有些向量 $\boldsymbol{x}$ 的第 i 个分量是未知的。在这种情况下，计算$\phi_{\text{avg}}(i)$时排除了包含 x_i 的邻近性。若 x_i 和 y_i 中至少有一个是未知的，则可将 $\boldsymbol{x}$ 和 $\boldsymbol{y}$ 的第 i 个分量的邻近度 $\psi(x_i,y_i)$定义为$\phi_{\text{avg}}(i)$；若 x_i 和 y_i 都是已知的，则将邻近度定义为$\phi(x_i,y_i)$。于是，我们有

$$\wp(\boldsymbol{x},\boldsymbol{y})=\sum_{i=1}^{l}\psi(x_i,y_i) \tag{11.43}$$

例 11.8 考虑集合 $X=\{\boldsymbol{x}_1,\boldsymbol{x}_2,\boldsymbol{x}_3,\boldsymbol{x}_4,\boldsymbol{x}_5,\}$，其中 $\boldsymbol{x}_1=[0,0]^{\mathrm{T}}$，$\boldsymbol{x}_2=[1,*]^{\mathrm{T}}$，$\boldsymbol{x}_3=[0,*]^{\mathrm{T}}$，$\boldsymbol{x}_4=[2,2]^{\mathrm{T}}$，$\boldsymbol{x}_5=[3,1]^{\mathrm{T}}$。符号“*”表示对应的值是未知的。

根据第二种技术，我们求得第二个特征的平均值是 1，用这个值代替“*”，就可使用前几节中定义的任何邻近度。

假设现在要使用第三种技术来求 $\boldsymbol{x}_1$ 和 $\boldsymbol{x}_2$ 之间的距离。我们使用差的绝对值作为两个标量之间的距离，有 $d(\boldsymbol{x}_1,\boldsymbol{x}_2)=\frac{2}{2-1}\cdot 1=2$。同理可得 $d(\boldsymbol{x}_2,\boldsymbol{x}_3)=\frac{2}{2-1}\cdot 1=2$。

最后，若选择第四种技术，就要首先求第二个特征的任何两个值之间的平均距离，再用差的绝对值作为两个标量之间的距离。第二个特征的任何两个变量值之间的距离是 $|0-2|=2$，$|0-1|=1$，$|2-1|=1$，平均值是 4/3。因此，$\boldsymbol{x}_1$ 和 $\boldsymbol{x}_2$ 之间的距离是 $d(\boldsymbol{x}_1,\boldsymbol{x}_2)=1+4/3=7/3$。

11.2.3　点和集合之间的邻近度函数

许多聚类方法都根据向量 $\boldsymbol{x}$ 和聚类 C 之间的邻近度 $\wp(\boldsymbol{x},C)$ 将向量 $\boldsymbol{x}$ 赋给聚类 C。定义 $\wp(\boldsymbol{x}, C)$ 的方法有两种。根据第一种方法，C 中的所有点都对 $\wp(\boldsymbol{x},C)$ 有贡献。这种情形的典型例子如下。

- 最大邻近度函数：

$$\wp_{\max}^{ps}(\boldsymbol{x}, C) = \max_{\boldsymbol{y}\in C} \wp(\boldsymbol{x}, \boldsymbol{y}) \tag{11.44}$$

- 最小邻近度函数：

$$\wp_{\min}^{ps}(\boldsymbol{x}, C) = \min_{\boldsymbol{y}\in C} \wp(\boldsymbol{x}, \boldsymbol{y}) \tag{11.45}$$

- 平均邻近度函数：

$$\wp_{\text{avg}}^{ps}(\boldsymbol{x}, C) = \frac{1}{n_C}\sum_{\boldsymbol{y}\in C} \wp(\boldsymbol{x}, \boldsymbol{y}) \tag{11.46}$$

式中，n_C 是 C 的基数。

在这些定义中，$\wp(\boldsymbol{x}, \boldsymbol{y})$ 可以是两点之间的任意邻近度。

例 11.9　假设 $C=\{\boldsymbol{x}_1, \boldsymbol{x}_2, \boldsymbol{x}_3, \boldsymbol{x}_4, \boldsymbol{x}_5, \boldsymbol{x}_6, \boldsymbol{x}_7, \boldsymbol{x}_8\}$，其中 $\boldsymbol{x}_1=[1.5, 1.5]^{\mathrm{T}}, \boldsymbol{x}_2=[2, 1]^{\mathrm{T}}, \boldsymbol{x}_3=[2.5, 1.75]^{\mathrm{T}}, \boldsymbol{x}_4=[1.5, 2]^{\mathrm{T}}, \boldsymbol{x}_5=[3, 2]^{\mathrm{T}}, \boldsymbol{x}_6=[1, 3.5]^{\mathrm{T}}, \boldsymbol{x}_7=[2, 3]^{\mathrm{T}}, \boldsymbol{x}_8=[3.5, 3]^{\mathrm{T}}$，并假设 $\boldsymbol{x}=[6, 4]^{\mathrm{T}}$（见图 11.6）。假设使用欧氏距离来度量两点之间的相异度。有 $d_{\max}^{ps}(\boldsymbol{x},C)=\max_{\boldsymbol{y}\in C} d(\boldsymbol{x},\boldsymbol{y})=d(\boldsymbol{x},\boldsymbol{x}_1)=5.15$。对其他两个距离，我们有 $d_{\min}^{ps}(\boldsymbol{x},C)=\min_{\boldsymbol{y}\in C} d(\boldsymbol{x},\boldsymbol{y})=d(\boldsymbol{x},\boldsymbol{x}_8)=2.69$ 和 $d_{\text{avg}}^{ps}(\boldsymbol{x},C)\frac{1}{n_C}\sum_{\boldsymbol{y}\in C} d(\boldsymbol{x},\boldsymbol{y})=\frac{1}{8}\sum_{i=1}^{8} d(\boldsymbol{x},\boldsymbol{x}_i)=4.33$。

根据第二种方法，C 有一个“代表”，且 $\boldsymbol{x}$ 和 C 之间的邻近度使用 $\boldsymbol{x}$ 和 C 的代表之间的邻近度。文献中使用了多种代表，常用的代表是点、超平面、超球面[①]。点适用于致密聚类［见图 11.7(a)］，超平面适用于线形聚类［见图 11.7(b)］，超球面适用于超球面聚类［见图 11.7(c)］。

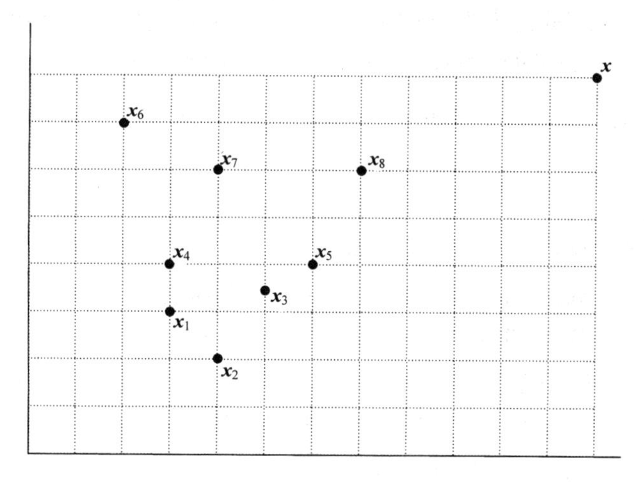

图 11.6　例 11.9 的数据

① 第 14 章将讨论更通用的超二次代表，包括超椭圆体、超抛物体和超平面对。

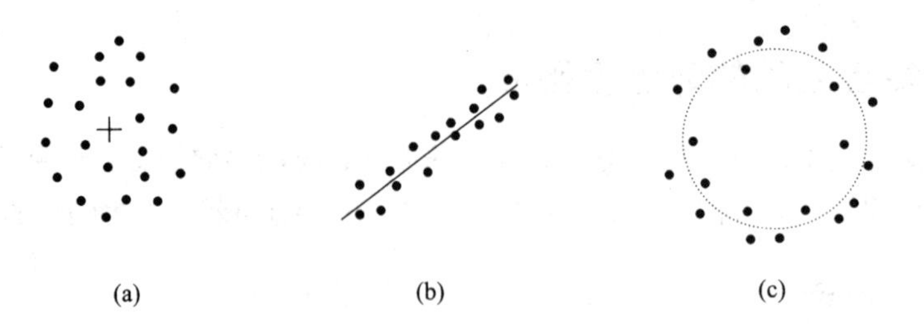

图 11.7 (a) 致密聚类；(b) 超平面（线形）聚类；(c) 超球面聚类

点代表

聚类的点代表的典型选择如下。

● 均值向量（或均值点）

$$\boldsymbol{m}_p = \frac{1}{n_C}\sum_{\boldsymbol{y}\in C}\boldsymbol{y} \tag{11.47}$$

式中，n_C是 C 的基数。采用点代表处理连续空间中的数据时，这是最常用的选择。然而，当我们处理离散空间中的点时，采用均值向量的效果不好，因为 $\boldsymbol{m}_p$ 可能位于 F^l 之外。为了处理这个问题，我们可以使用 C 的均值中心 $\boldsymbol{m}_c$，其定义如下。

● 均值中心 $\boldsymbol{m}_c\in C$ 定义为满足下式的点：

$$\sum_{\boldsymbol{y}\in C} d(\boldsymbol{m}_c,\boldsymbol{y}) \leqslant \sum_{\boldsymbol{y}\in C} d(\boldsymbol{z},\boldsymbol{y}),\quad \forall \boldsymbol{z}\in C \tag{11.48}$$

式中，d 是两点之间的相异度。涉及相似度时，不等式的符号相反。

另一个常用的点代表是中值中心。当两点之间的邻近度不能作为度量指标时，通常使用中值中心。

● 中值中心 $\boldsymbol{m}_{\text{med}}\in C$ 定义为满足如下条件的点：

$$\text{med}(d(\boldsymbol{m}_{\text{med}},\boldsymbol{y})|\boldsymbol{y}\in C) \leqslant \text{med}(d(\boldsymbol{z},\boldsymbol{y})|\boldsymbol{y}\in C),\quad \forall \boldsymbol{z}\in C \tag{11.49}$$

式中，d 是两点之间的相异度，med(T)［T 是 q 个标量的集合］是 T 中序号大于等于$[(q+1)/2]$的最小数字。求 med(T)的一种算法是按升序排列 T 中的元素并挑选$[(q+1)/2]$个元素。

例 11.10 设 $C=\{\boldsymbol{x}_1,\boldsymbol{x}_2,\boldsymbol{x}_3,\boldsymbol{x}_4,\boldsymbol{x}_5\}$，其中 $\boldsymbol{x}_1=[1,1]^{\mathrm{T}}$, $\boldsymbol{x}_2=[3,1]^{\mathrm{T}}$, $\boldsymbol{x}_3=[1,2]^{\mathrm{T}}$, $\boldsymbol{x}_4=[1,3]^{\mathrm{T}}$ 和 $\boldsymbol{x}_5=[3,3]^{\mathrm{T}}$（见图 11.8）。所有的点都在离散空间$\{0,1,2,\cdots,6\}^2$中。我们使用欧氏距离度量 C 中两个向量之间的相异度。C 的均值点是 $\boldsymbol{m}_p=[1.8,2]^{\mathrm{T}}$。显然，$\boldsymbol{m}_p$ 位于 C 的元素所在的空间之外。

为了求均值中心 $\boldsymbol{m}_c$，我们计算每个点 $\boldsymbol{x}_i\in C, i=1,\cdots,5$ 到 C 中其他点的距离 A_i 之和，得到的值是 $A_1=7.83, A_2=9.06, A_3=6.47, A_4=7.83, A_5=9.06$。$A_3$ 的值最小，所以 $\boldsymbol{x}_3$ 是 C 的均值中心。

最后按照如下步骤计算中值中心 $\boldsymbol{m}_{\text{med}}$。对每个向量 $\boldsymbol{x}_i\in C$，形成一个 $n_C\times 1$ 维向量 $\boldsymbol{T}_i$，该向量的元素是 $\boldsymbol{x}_i$ 和 C 中每个向量之间的距离。计算 med($\boldsymbol{T}_i$), $i=1,\cdots,5$，得到 med(T_1) = med(T_2) = 2, med(T_3)=1, med(T_4)= med(T_5)= 2，然后选择 $\text{med}(T_j)=\min_{i=1,\cdots,n_C}\{\text{med}(\boldsymbol{T}_i)\}=\text{med}(T_3)$，并将 $\boldsymbol{x}_3$ 作为 C 的中值向量。本例中的均值中心和中值中心重合，但一般情况下不是这样的。

使用均值点、均值中心和中值中心代表 C 时，$\boldsymbol{x}=[6,4]^{\mathrm{T}}$ 和 C 之间的距离分别是 4.65、5.39 和 5.39。

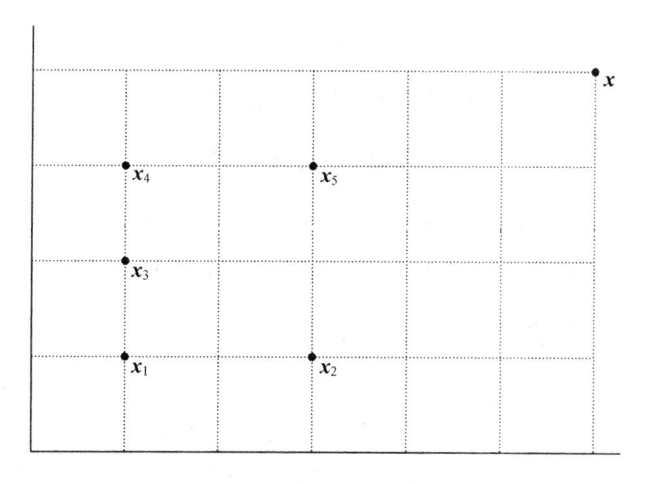

图 11.8　例 11.10 的数据

超平面代表

线形聚类（或一般情况下的超平面）通常出现在计算机视觉应用中。这种聚类无法由单个点来精确地代表，因此要使用直线（超平面）来代表（如文献[Duda 01]）。

超平面 H 的一般方程为

$$\sum_{j=1}^{l} a_j x_j + a_0 = \boldsymbol{a}^{\mathrm{T}}\boldsymbol{x} + a_0 = 0 \tag{11.50}$$

式中，$\boldsymbol{x}=[x_1,\cdots,x_l]^{\mathrm{T}}$，$\boldsymbol{a}=[a_1,\cdots,a_l]^{\mathrm{T}}$ 是 H 的权重向量。点 $\boldsymbol{x}$ 到 H 的距离定义为

$$d(\boldsymbol{x},H) = \min_{\boldsymbol{z}\in H} d(\boldsymbol{x},\boldsymbol{z}) \tag{11.51}$$

在两点之间的欧氏距离情形下，使用简单的几何参数［见图 11.9(a)］得到

$$d(\boldsymbol{x},H) = \frac{|\boldsymbol{a}^{\mathrm{T}}\boldsymbol{x} + a_0|}{\|\boldsymbol{a}\|} \tag{11.52}$$

式中，$\|\boldsymbol{a}\| = \sqrt{\sum_{j=1}^{l} a_j^2}$ 。

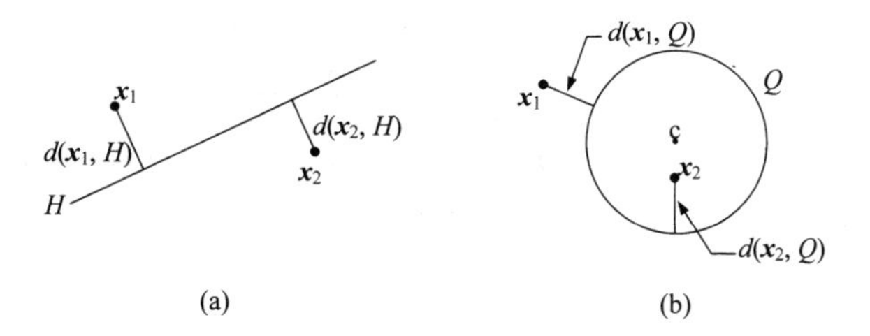

图 11.9　(a) 点和超平面之间的距离；(b) 点和超球面之间的距离

超球面代表

另一种聚类是圆形聚类（高维空间中的超球面），它们通常出现在计算机视觉应用中。此时，圆形聚类的理想代表是圆（超球面）。

超球面 Q 的一般方程为

$$(\boldsymbol{x}-\boldsymbol{c})^{\mathrm{T}}(\boldsymbol{x}-\boldsymbol{c})=r^2 \tag{11.53}$$

式中，$\boldsymbol{c}$ 是超球面的中心，r 是超球面的半径。点 $\boldsymbol{x}$ 到 Q 的距离定义为

$$d(\boldsymbol{x},Q)=\min_{\boldsymbol{z}\in Q} d(\boldsymbol{x},\boldsymbol{z}) \tag{11.54}$$

在大多数我们感兴趣的情形下，这个定义中会使用两点之间的欧氏距离。图 11.9(b)给出了该定义的几何说明。然而，有些文献（如[Dave 92，Kris 95，Frig 96]）中使用的是非几何距离 $d(\boldsymbol{x},Q)$。

11.2.4 两个集合之间的邻近度函数

前面介绍了 l 维空间内两个点之间的邻近度，以及点与集合之间的邻近度函数，下面介绍点集之间的邻近度函数，因为有些集聚算法要使用它们。用于比较集合的邻近度函数 $\wp^{ss}$ 基于向量之间的邻近度 $\wp$（见文献[Duda 01]）。设 D_i, D_j 是两个向量集，常用的邻近度函数如下。

- 最大邻近度函数：

$$\wp_{\max}^{ss}(D_i,D_j)=\max_{\boldsymbol{x}\in D_i,\boldsymbol{y}\in D_j}\wp(\boldsymbol{x},\boldsymbol{y}) \tag{11.55}$$

容易看出，若 $\wp$ 是相异度，则 $\wp_{\max}^{ss}$ 不是度量，因为它不满足 11.2.1 节的条件。$\wp_{\max}^{ss}$ 完全由最不相似（最远）的向量对$(\boldsymbol{x},\boldsymbol{y})$决定，其中 $\boldsymbol{x}\in D_i$，$\boldsymbol{y}\in D_j$。另一方面，若 $\wp$ 是相似度，则 $\wp_{\max}^{ss}$ 是度量，但不是度量指标（见习题 11.12）。这时，$\wp_{\max}^{ss}$ 完全由最相似（最近）的向量对$(\boldsymbol{x},\boldsymbol{y})$决定，其中 $\boldsymbol{x}\in D_i, \boldsymbol{y}\in D_j$。

- 最小邻近度函数：

$$\wp_{\min}^{ss}(D_i,D_j)=\min_{\boldsymbol{x}\in D_i,\boldsymbol{y}\in D_j}\wp(\boldsymbol{x},\boldsymbol{y}) \tag{11.56}$$

当 $\wp$ 是相似度时，$\wp_{\min}^{ss}$ 不是度量，且 $\wp_{\min}^{ss}$ 完全由最不相似（最远）的向量对$(\boldsymbol{x},\boldsymbol{y})$决定，其中 $\boldsymbol{x}\in D_i$，$\boldsymbol{y}\in D_j$。另一方面，若 $\wp$ 是相异度，则 $\wp_{\min}^{ss}$ 是度量但不是度量指标（见习题 11.12）。这时，$\wp_{\min}^{ss}$ 完全由最相似的向量对$(\boldsymbol{x},\boldsymbol{y})$决定，其中 $\boldsymbol{x}\in D_i, \boldsymbol{y}\in D_j$。

- 平均邻近度函数：

$$\wp_{\text{avg}}^{ss}(D_i,D_j)=\frac{1}{n_{D_i}n_{D_j}}\sum_{\boldsymbol{x}\in D_i}\sum_{\boldsymbol{y}\in D_j}\wp(\boldsymbol{x},\boldsymbol{y}) \tag{11.57}$$

式中，n_{D_i} 和 n_{D_j} 分别是 D_i 和 D_j 的基数。容易证明，即使 $\wp$ 是度量，$\wp_{\text{avg}}^{ss}$ 也不是度量。这时，D_i 和 D_j 的所有向量都参与 $\wp_{\text{avg}}^{ss}$ 的计算。

- 均值邻近度函数：

$$\wp_{\text{mean}}^{ss}(D_i,D_j)=\wp(\boldsymbol{m}_{D_i},\boldsymbol{m}_{D_j}) \tag{11.58}$$

式中 $\boldsymbol{m}_{D_i}$ 是 $D_i, i=1,2$ 的代表。例如，$\boldsymbol{m}_{D_i}$ 可以是 D_i 的均值点、均值中心或中值。显然，这是 D_i 和 D_j 的代表之间的邻近度函数。若 $\wp$ 是度量，则均值邻近度函数也是度量。

- 另一个后面用到的邻近度函数基于均值邻近度函数，它定义为①

① 这个定义是文献[Ward 63]中给出的定义的推广（见第 13 章）。

$$\wp_e^{ss}(D_i, D_j) = \sqrt{\frac{n_{D_i} n_{D_j}}{n_{D_i} + n_{D_j}}} \wp(\boldsymbol{m}_{D_i}, \boldsymbol{m}_{D_j}) \tag{11.59}$$

式中 $\boldsymbol{m}_{D_i}$ 已在前一种情形中定义。

在最后两个函数中，我们只考虑 D_i 由点代表的情形。当 D_i 不是点时，由它们的“代表”来定义两个集合之间的邻近度函数是没有意义的。

例 11.11　(a) 考虑集合 $D_1 = \{\boldsymbol{x}_1, \boldsymbol{x}_2, \boldsymbol{x}_3, \boldsymbol{x}_4\}$ 和 $D_2 = \{\boldsymbol{y}_1, \boldsymbol{y}_2, \boldsymbol{y}_3, \boldsymbol{y}_4\}$，其中 $\boldsymbol{x}_1 = [0, 0]^{\mathrm{T}}, \boldsymbol{x}_2 = [0, 2]^{\mathrm{T}}, \boldsymbol{x}_3 = [2, 0]^{\mathrm{T}}, \boldsymbol{x}_4 = [2, 2]^{\mathrm{T}}, \boldsymbol{y}_1 = [-3, 0]^{\mathrm{T}}, \boldsymbol{y}_2 = [-5, 0]^{\mathrm{T}}, \boldsymbol{y}_3 = [-3, -2]^{\mathrm{T}}, \boldsymbol{y}_4 = [-5, -2]^{\mathrm{T}}$。使用欧氏距离作为两个向量之间的距离，根据邻近度函数，D_1 和 D_2 之间的距离是 $d_{\min}^{ss}(D_1, D_2) = 3$, $d_{\max}^{ss}(D_1, D_2) = 8.06$, $d_{\mathrm{avg}}^{ss}(D_1, D_2) = 5.57$, $d_{\mathrm{mean}}^{ss}(D_1, D_2) = 5.39$, $d_e^{ss}(D_1, D_2) = 7.62$。

(b) 下面考虑集合 $D_2'\{z_1, z_2, z_3, z_4\}$, $z_1 = [1, 1.5]^{\mathrm{T}}, z_2 = [1, 0.5]^{\mathrm{T}}, z_3 = [0.5, 1]^{\mathrm{T}}, z_4 = [1.5, 1]^{\mathrm{T}}$。注意 D_1 和 D_2' 的点位于圆心为 $[1, 1]^{\mathrm{T}}$ 的同心圆中，$D_1(D_2')$ 的半径是 $\sqrt{2}(0.5)$。根据邻近度函数，D_1 和 D_2' 之间的距离为 $d_{\min}^{ss}(D_1, D_2') = 1.19, d_{\max}^{ss}(D_1, D_2') = 1.80, d_{\mathrm{avg}}^{ss}(D_1, D_2') = 1.46$, $d_{\mathrm{mean}}^{ss}(D_1, D_2') = 0, d_e^{ss}(D_1, D_2') = 0$。

注意，在最后一种情形下，即一个集合位于另一个集合的凸壳中时，有些邻近度是不合适的。例如，基于聚类的两个均值之间的距离的度量是无意义的。然而，这个距离非常适合于致密且分割良好的两个集合，且其计算开销很小。

注意，两个集合之间的邻近度是建立在两个点之间的邻近度的基础上的。直观地讲，在集合之间选择不同的邻近度函数会导致不同的集聚结果。此外，在点之间使用不同的邻近度时，集合之间的相同邻近度函数通常会导致不同的集聚结果。正确地集聚数据的唯一方法是，反复地试错，并参考应用领域专家的意见。

最后，设 $D_j = \{\boldsymbol{x}\}$，可以推导出向量 $\boldsymbol{x}$ 和集合 D_i 之间的邻近度函数。

习题

11.1　设 s 是集合 X 上的一个相似度，$s(\boldsymbol{x}, \boldsymbol{y}) > 0, \forall \boldsymbol{x}, \boldsymbol{y} \in X$，$d(\boldsymbol{x}, \boldsymbol{y}) = a/s(\boldsymbol{x}, \boldsymbol{y})$，$a > 0$。证明 d 是一个相异度。

11.2　证明欧氏距离满足三角不等式。提示：使用 Minkowski 不等式，证明对于正整数 p 和两个向量 $\boldsymbol{x} = [x_1, \cdots, x_l]^{\mathrm{T}}$ 和 $\boldsymbol{y} = [y_1, \cdots, y_l]^{\mathrm{T}}$，如下不等式成立：

$$\left(\sum_{i=1}^{l} |x_i + y_i|^p\right)^{1/p} \leqslant \left(\sum_{i=1}^{l} |x_i|^p\right)^{1/p} + \left(\sum_{i=1}^{l} |y_i|^p\right)^{1/p}$$

11.3　证明：(a) 若 s 是集合 X 上的相似度，且 $s(\boldsymbol{x}, \boldsymbol{y}) \geqslant 0\ \forall \boldsymbol{x}, \boldsymbol{y} \in X$，则 $s(\boldsymbol{x}, \boldsymbol{y}) + a$ 也是 X 上的一个相似度，$\forall a \geqslant 0$；(b) 若 d 是集合 X 上的相异度，则 $d + a$ 也是 X 上的相异度，$\forall a \geqslant 0$。

11.4　设 $f: \mathcal{R}^+ \to \mathcal{R}^+$ 是一个连续单调递增函数，满足

$$f(x) + f(y) \geqslant f(x + y), \quad \forall x, y \in \mathcal{R}^+$$

且设 d 是集合 X 上的相异度，$d_0 \geqslant 0$。证明 $f(d)$ 也是集合 X 上的相异度。

11.5 设 s 是集合 X 上的相似度，$s(\boldsymbol{x}, \boldsymbol{y}) > 0, \forall \boldsymbol{x}, \boldsymbol{y} \in X$，$f: \mathcal{R}^+ \to \mathcal{R}^+$是连续单调递减函数，满足

$$f(x) + f(y) \geqslant f\left(\frac{1}{\frac{1}{x} + \frac{1}{y}}\right), \quad \forall x, y \in \mathcal{R}^+$$

证明 $f(s)$是集合 X 上的相异度。

11.6 对于 X 中的任意两个向量 $\boldsymbol{x}, \boldsymbol{y}$，证明

$$d_\infty(\boldsymbol{x}, \boldsymbol{y}) \leqslant d_2(\boldsymbol{x}, \boldsymbol{y}) \leqslant d_1(\boldsymbol{x}, \boldsymbol{y})$$

11.7 (a) 证明式(11.40)中给出的 $s_F(\boldsymbol{x}, \boldsymbol{y})$的最大值和最小值分别是 $l^{1/q}$ 和 $0.5l^{1/q}$。

(b) 证明当 $q \to +\infty$时，由式(11.40)可得 $s_F(\boldsymbol{x}, \boldsymbol{y}) = \max_{1 \leqslant i \leqslant l} s(x_i, y_i)$。

11.8 验证由式(11.32)和式(11.33)定义的相似度函数是否是度量 SM。

11.9 设 d 是 X 上的相异度，$s = d_{\max} - d$ 是对应的相似度。证明

$$s_{\text{avg}}^{ps}(\boldsymbol{x}, C) = d_{\max} - d_{\text{avg}}^{ps}(\boldsymbol{x}, C), \quad \forall \boldsymbol{x} \in X, \quad C \subset X$$

式中，s_{avg}^{ps} 和 d_{avg}^{ps} 由 s 和 d 定义。$\wp_{\text{avg}}^{ps}$ 可由式(11.57)得到，其中第一个集合中只有一个向量。

11.10 设 $\boldsymbol{x}, \boldsymbol{y} \in \{0,1\}^l$。证明 $d_2(\boldsymbol{x}, \boldsymbol{y}) = \sqrt{d_{\text{Hamming}}(\boldsymbol{x}, \boldsymbol{y})}$。

11.11 考虑 l 维空间中的两个点 $\boldsymbol{x} = [x_1, \cdots, x_l]^{\mathrm{T}}$ 和 $\boldsymbol{y} = [y_1, \cdots, y_l]^{\mathrm{T}}$，设 $|x_i - y_i| = \max_{j=1,\cdots,l}\{|x_j - y_j|\}$。定义距离 $d_n(\boldsymbol{x}, \boldsymbol{y})$为

$$d_n(\boldsymbol{x}, \boldsymbol{y}) = |x_i - y_i| + \frac{1}{l - [(l-2)/2]} \sum_{j=1, j \neq i}^{l} |x_j - y_j|$$

文献[Chau 92]中指出，这个距离是 d_2（欧氏）距离的近似值。

(a) 证明 d_n 是一个度量；(b) 比较 d_n 和 d_2 的计算复杂度。

11.12 设 d 和 s 分别是相似度和相异度，根据 $d(s)$定义了 $d_{\min}^{ss}(s_{\min}^{ss}), d_{\max}^{ss}(s_{\max}^{ss}), d_{\text{avg}}^{ss}(s_{\text{avg}}^{ss})$，$d_{\text{mean}}^{ss}(s_{\text{mean}}^{ss})$。

(a) 证明 $d_{\min}^{ss}, d_{\text{mean}}^{ss}$ 是度量，而 $d_{\max}^{ss}, d_{\text{avg}}^{ss}$ 不是度量。

(b) 证明 $s_{\max}^{ss}, s_{\text{mean}}^{ss}$ 是度量，而 $s_{\min}^{ss}, s_{\text{avg}}^{ss}$ 不是度量。

11.13 根据式(11.55)至式(11.58)，推导点和集合之间的邻近度函数。这些邻近度函数是度量吗？

参考文献

[Ande 73] Anderberg M.R. *Cluster Analysis for Applications*, Academic Press, 1973.

[Ball 71] Ball G.H. "Classification analysis," Stanford Research Institute, *SRI Project 5533*, 1971.

[Broc 81] Brockett P.L., Haaland P.D., Levine A. "Information theoretic analysis of questionnaire data," *IEEE Transactions on Information Theory*, Vol. 27, pp. 438-445, 1981.

[Chau 92] Chaudhuri D., Murthy C.A., Chaudhuri B.B. "A modified metric to compute distance," *Pattern Recognition*, Vol. 25(7), pp. 667-677, 1992.

[Dave 92] Dave R.N., Bhaswan K. "Adaptive fuzzy c-shells clustering and detection of ellipses," *IEEE Transactions on Neural Networks*, Vol. 3(5), pp. 643-662, 1992.

[Dixo 79] Dixon J.K. "Pattern recognition with partly missing data," *IEEE Transactions on Systems Man and Cybernetics*, Vol. SMC 9, 617-621, 1979.

[Duda 01] Duda R.O., Hart P., Stork D. *Pattern Classification*, 2nd ed., John Wiley & Sons, 2001.

[Eise 98] Eisen M., Spellman P., Brown P., Botstein D. "Cluster analysis and display of genome-wide expression data," *Proceedings of National Academy of Science, USA*, Vol. 95, pp. 14863-14868, 1998.

[Ever 01] Everitt B., Landau S., Leesse M. *Cluster Analysis*, Arnold, 2001.

[Frig 96] Frigui H., Krishnapuram R. "A comparison of fuzzy shell clustering methods for the detection of ellipses," *IEEE Transactions on Fuzzy Systems*, Vol. 4(2), May 1996.

[Fu 93] Fu L., Yang M., Braylan R., Benson N. "Real-time adaptive clustering of flow cytometric data," *Pattern Recognition*, Vol. 26(2), pp. 365-373, 1993.

[Gers 92] Gersho A., Gray R.M. *Vector Quantization and Signal Compression*, Kluwer Academic Publishers, 1992.

[Good 66] Goodall D.W. "A new similarity index based on probability," *Biometrics*, Vol. 22, pp. 882-907, 1966.

[Gowe 67] Gower J.C. "A comparison of some methods of cluster analysis," *Biometrics*, Vol. 23, pp. 623-637, 1967.

[Gowe 71] Gower J.C. "A general coefficient of similarity and some of its properties," *Biometrics*, Vol. 27, pp. 857-872, 1971.

[Gowe 86] Gower J.C., Legendre P. "Metric and Euclidean properties of dissimilarity coefficients," *Journal of Classification*, Vol. 3, pp. 5-48, 1986.

[Hall 67] Hall A.V. "Methods for demonstrating resemblance in taxonomy and ecology," *Nature*, Vol. 214, pp. 830-831, 1967.

[Huba 82] Hubalek Z. "Coefficients of association and similarity based on binary (presence-absence) data—an evaluation," *Biological Review*, Vol. 57, pp. 669-689, 1982.

[Jain 88] Jain A.K., Dubes R.C. *Algorithms for Clustering Data*, Prentice Hall, 1988.

[John 67] Johnson S.C. "Hierarchical clustering schemes," *Psychometrika*, Vol. 32, pp. 241-254, 1967.

[Klir 95] Klir G., Yuan B. *Fuzzy sets and fuzzy logic*, Prentice Hall, 1995.

[Koho 89] Kohonen T. *Self-Organization and Associative Memory*, Springer-Verlag, 1989.

[Kris 95] Krishnapuram R., Frigui H., Nasraoui O. "Fuzzy and possibilistic shell clustering algorithms and their application to boundary detection and surface approximation—Part I," *IEEE Transactions on Fuzzy Systems*, Vol. 3(1), pp. 29-43, February 1995.

[Li 85] Li X., Dubes R.C. "The first stage in two-stage template matching," *IEEE Transactions on Pattern Analysis and Machine Intelligence*, Vol. 7, pp. 700-707, 1985.

[Lipp 87] Lippmann R.P. "An introduction to computing with neural nets," *IEEE ASSP Magazine*, Vol. 4(2), April 1987.

[Payk 72] Paykel E.S. "Depressive typologies and response to amitriptyline," *British Journal of Psychiatry*, Vol. 120, pp. 147-156, 1972.

[Snea 73] Sneath P.H.A., Sokal R.R. *Numerical Taxonomy*, W.H. Freeman & Co., 1973.

[Soka 63] Sokal R.R., Sneath P.H.A. *Principles of Numerical Taxonomy*, W.H. Freeman & Co., 1963.

[Spat 80] Spath H. *Cluster Analysis Algorithms*, Ellis Horwood, 1980.

[Tani 58] Tanimoto T. "An elementary mathematical theory of classification and prediction," *Int. Rpt.*, IBM Corp., 1958.

[Wall 68] Wallace C.S., Boulton D.M. "An information measure for classification," *Computer Journal*, Vol. 11, pp. 185-194, 1968.

[Ward 63] Ward J.H., Jr. "Hierarchical grouping to optimize an objective function," *Journal of the American Statistical Association.*, Vol. 58, pp. 236-244, 1963.

[Wind 82] Windham M.P. "Cluster validity for the fuzzy c-means clustering algorithm," *IEEE Transactions on Pattern Analysis and Machine Intelligence*, Vol. 4(4), pp. 357-363, 1982.

[Zade 65] Zadeh L.A. "Fuzzy sets," *Information and Control*, Vol. 8, pp. 338-353, 1965.

[Zade 73] Zadeh L.A. *IEEE Transactions on Systems Man and Cybernetics SMC-3*, Vol. 28, 1973.

第 12 章　集聚算法 I：顺序算法

12.1　引言

第 11 章中主要介绍了一些邻近度，这些度量给出了与集聚过程揭示的聚类类型相关联的相似度和相异度的不同解释。本章和接下来的三章重点介绍各种集聚算法和准则。如前所述，不同邻近度和集聚方案的组合会得到不同的结果，进而由专家对结果进行解释。

本章首先简单介绍几种集聚算法，然后重点介绍讲解顺序算法。

12.1.1　可能的聚类数量

给定时间和资源后，将集合 X 中的特征向量 $\boldsymbol{x}_i, i=1,\cdots,N$ 分配给聚类的最好方法是，识别所有可能的分区，并根据事先选择的准则来选择最合理的分区。然而，即使是对中等大小的 N 值，这也是不可能的。事实上，设 $S(N,m)$是将 N 个向量赋给 m 个分组的所有聚类数。回顾定义可知，聚类不能为空，而需要满足下列条件[Spat 80, Jain 88]：

- $S(N,1)=1$
- $S(N,N)=1$
- $S(N,m)=0$，$m>N$

设 L_{N-1}^k 是将 $N-1$ 个向量赋给 k 个聚类的所有聚类数，其中 $k=m, m-1$。第 N 个向量

- 要么添加到 L_{N-1}^m 的任何成员的聚类中。
- 要么对 L_{N-1}^{m-1} 的每个成员形成一个新聚类。

因此，我们可以写出

$$S(N,m)=mS(N-1,m)+S(N-1,m-1) \tag{12.1}$$

式(12.1)的解就是所谓的第二类的 Stirling 数（见[Liu 68]）①：

$$S(N,m)=\frac{1}{m!}\sum_{i=0}^{m}(-1)^{m-i}\binom{m}{i}i^N \tag{12.2}$$

例 12.1　设 $X=\{\boldsymbol{x}_1,\boldsymbol{x}_2,\boldsymbol{x}_3\}$，求将 X 的所有元素赋给两个聚类的所有聚类数。容易推出

$$L_2^1=\{\{\boldsymbol{x}_1,\boldsymbol{x}_2\}\}$$

和

$$L_2^2=\{\{\boldsymbol{x}_1\},\{\boldsymbol{x}_2\}\}$$

考虑式(12.1)，易知 $S(3,2)=2\times1+1=3$。实际上，L_3^2 是

---

① 请与 Cover 定理中的二分数量进行比较。

$$L_3^2 = \{\{\boldsymbol{x}_1, \boldsymbol{x}_3\}, \{\boldsymbol{x}_2\}\}, \{\{\boldsymbol{x}_1\}, \{\boldsymbol{x}_2, \boldsymbol{x}_3\}\}, \{\{\boldsymbol{x}_1, \boldsymbol{x}_2\}, \{\boldsymbol{x}_3\}\}$$

对于 $m = 2$，式(12.2)变成

$$S(N, 2) = 2^{N-1} - 1 \tag{12.3}$$

详见习题 12.1。式(12.2)的一些数值是[Spat 80]

- $S(15, 3) = 2375101$
- $S(20, 4) = 45232115901$
- $S(25, 8) = 690223721118368580$
- $S(100, 5) \approx 10^{68}$

显然，如果聚类数是固定的，那么这种计算是有效的。如果聚类数不是固定的，那么要对所有可能的 m 值计算所有可能的聚类。由上述分析可知，即使是对中等大小的 N 值，计算所有的聚类来识别最合理的那个聚类也是不现实的。例如，计算将 100 个目标赋给 5 个聚类的所有聚类数时，采用计算机计算每个聚类要耗时 10^{-12} 秒，即约需要 10^{48} 年才能得到最合理的聚类。

12.2 集聚算法的分类

集聚算法可视为如下方案：通过只考虑包含 X 的所有可能区域的部分集合，来得到合理的聚类。结果依赖于所用的算法和准则。因此，集聚算法是试图识别数据集中某些特定聚类的学习过程。集聚算法主要分为如下几类。

- **顺序算法**。这些算法产生单个聚类，是非常简单的快速算法。在大多数此类算法中，至少要使用所有的特征向量一次或多次（一般不超过 5 次或 6 次），最终的结果依赖于向量进入算法的顺序。这些方法将产生致密的超球形或超椭圆形聚类（具体取决于所用的度量距离）。本章末尾将介绍这类算法。
- **层次集聚算法**。这些算法可细分为如下几类。
  - 合并算法。这些算法会在每个步骤中生成聚类数 m 减小的聚类序列。生成的每个聚类是由前一个聚类得到的，方法是合并两个聚类。典型的合并算法是单链算法和全链算法。合并算法又可细分为如下两类算法。
    - 源自矩阵理论的算法。
    - 源自图论的算法。

    这些算法适用于细长聚类（使用单链算法）和致密聚类（使用全链算法）。
  - 分裂算法。这种算法的原理与合并算法的相反；也就是说，它们在每个步骤生成聚类数 m 增大的聚类序列。在每个步聚生成的聚类是由前一个聚类得到的，方法是将一个聚类分成两个聚类。
- **基于代价函数优化的集聚算法**。这类算法根据计算的聚类，使用代价函数 J 来量化术语“合理的”。聚类数 m 通常是固定的。大多数此类算法使用微分概念，通过优化 J 来生成连续的聚类。找到 J 的局部最优后，算法结束。这类算法也称迭代函数优化算法。这类算法又可细分为如下几类。
  - 硬集聚算法或脆集聚算法，这类算法中的一个向量完全属于某个特定的聚类。根据选择的最优准则，以最优的方式将各个向量赋给各个聚类。这类算法中最著名的算法是

Isodata 算法或 Lloyd 算法[Lloy 82, Duda 01]。

— 概率集聚算法，这是一类特殊的硬集聚算法，它们采用贝叶斯分类法，每个向量 $\boldsymbol{x}$ 被赋给使得先验概率 $P(C_i|\boldsymbol{x})$最大的聚类 C_i。这些概率由一个定义合适的优化任务估计。

— 模糊集聚算法，算法中的向量属于达到一定程度的某个聚类。

— 可能性集聚算法，这类算法度量向量 $\boldsymbol{x}$ 属于聚类 C_i 的可能性。

— 边界检测算法。不同于由向量本身来确定聚类，这些算法迭代地调整聚类所在区域的边界。尽管这类算法源自代价函数优化原理，但与后者有本质区别。前述的所有算法都使用聚类代表，目的是用最优方法来找到它们在空间中的位置。相比之下，边界检测算法寻找的是聚类之间的最优边界，因此有必要用单独的一章来介绍这类算法和下面的其他算法。

● **其他算法**。这类算法包含一些无法赋给前述类别的特殊集聚技术，具体如下。

— 分支定界集聚算法。对于固定的聚类数 m 和满足某些条件的预定义准则，这些算法可在不必考虑所有可能的聚类的情况下，提供全局最优集聚，但计算开销较大。

— 遗传集聚算法。这些算法使用一个可能的聚类作为初始种群，迭代生成新的种群，根据相关的准则，与初始种群相比，新种群通常能更好地集聚。

— 随机松弛算法。相对于预先规定的准则，这些方法能以一定的概率收敛到全局最优聚类，但是计算开销较大。

需要指出的是，随机松弛算法（和遗传算法、分支定界算法）是代价函数优化方法。然而，与前面的其他算法相比，下面的每种算法都是概念上完全不同的算法，这就是我们要分别加以介绍的原因。

— 寻谷集聚算法。这些算法将特征向量视为一个（多维）随机变量 $\boldsymbol{x}$ 的实例。这些算法都基于一个普遍接受的假设，即许多向量所在的 $\boldsymbol{x}$ 的各个区域对应于 $\boldsymbol{x}$ 的概率密度函数值增大的区域。因此，估计概率密度函数可能会突出聚类形成的那些区域。

— 竞争学习算法。这些算法是不使用代价函数的迭代算法。根据某种距离度量，它们生成一些聚类，并收敛到最合理的那个聚类。这类算法的典型代表是基本竞争学习算法和泄漏学习算法。

— 基于形态学变换技术的算法。这些算法使用形态学变换来更好地划分各个聚类。

— 基于密度的算法。这些算法将聚类视为 l 维空间中的数据“密集”区域。从这个角度看，这类算法与寻谷搜索算法类似。然而，现在可以采用另一种方法来求解这个问题。采用不同方法求解的算法，都量化了术语“密度”。大多数此类算法只用数据集 X 的一部分（有些算法只用数据点一次），因此是可以处理大数据集的候选算法。

— 子空间集聚算法。这些算法非常适合于处理高维数据集。在某些应用中，特征空间的维数甚至高达几千。因此我们必须面对“维数灾难”问题，并且要拥有完成此类任务的工具库。

— 基于核的方法。这些算法的本质是，采用（第 4 章中讨论的）“核函数技巧”将原始空间 X 映射到高维空间中，并利用这个工具的非线性功能。

过去几年来，随着数据库和网络技术的发展，数据采集变得更容易和更快，产生了带有许多模式和/或维数的大数据集[Pars 04]。采用这种大数据集（如 Web 挖掘中的大数据集）的目的是从 Web 中提取知识[Pier 03]。这个领域的两个重要分支是 Web 内容挖掘（目的是从网页的内容中提取有用的知识）和 Web 使用挖掘（目的是通过分析 Web 使用数据来发现感兴趣的使用模式）。一般来说，Web 数据的规模通常远大于聚类应用中的数据规模。因此，按照网页内容（Web 内容挖掘）分类网页或者按照用户最常访问的网页（Web 使用挖掘）分类网页的聚类任务就成了非常有挑战性的问题。此外，在 Web 内容挖掘中，如果每个网页都由其包含的一些词汇来表示，那么数据空间的维数将变得非常大。

另一个计算开销较大的集聚应用来自生物信息领域，尤其来自 DNA 微阵列分析。这是一个已经吸引大量投资的重要科学领域。在这类应用中，会出现维数高达 4000 的数据集[Pars 04]。

有效处理大规模和/或高维数的数据集的需要，导致了针对此类复杂任务的集聚算法的发展。在这些算法中，尽管有些算法是前面提及的算法，但我们仍然选择在相关的章节中单独讨论它们，目的是强调它们的特性。

包括[Ande 73, Dura 74, Ever 01, Gord 99, Hart 75, Jain 88, Kauf 90, Spat 80]在内的几本书，都致力于集聚问题的研究。此外，还发表了很多关于集聚算法的论文。文献[Jain 99]从统计观点介绍了典型的集聚算法。文献[Hans 97]中使用数学规划框架描述了集聚问题。[Kola 01]中讨论了空间数据库系统的集聚算法应用。其他的论文是[Berk 02, Murt 83, Bara 99]和[Xu 05]。

此外，有些论文中还比较研究了不同的集聚算法。例如，文献[Raub 00]中比较了 5 种典型的集聚算法，且讨论了它们的相对优缺点。文献[Wei 00]中比较了用于大型数据库的有效算法。

最后，人们还评价了特定环境下的不同集聚技术。例如，文献[Jian 04, Made 04]中讨论了来自 DNA 微阵列实验的基因表达数据的集聚应用，文献[Stei 00]中给出了文献集聚技术的实验评价。

12.3　顺序集聚算法

本节介绍一种基本的顺序算法（BSAS，即文献[Hall 67]中讨论的算法的推广），并给出该算法的一些改进算法。首先，我们考虑所有向量只参与算法一次的情况。在这种情况下，聚类数事先是未知的。事实上，新聚类是随着算法的演化而创建的。

设 $d(\boldsymbol{x}, C)$是特征向量 $\boldsymbol{x}$ 和聚类 C 之间的距离（或相异度）。考虑 C 中的所有向量或它的一个代表向量（见第 11 章）后，就可以定义这个距离。这个算法所需的用户定义的参数是相异度阈值Θ 和允许的最大聚类数q。算法的基本思想如下：考虑每个新向量时，根据该向量到已有聚类的距离，要么将它赋给一个已有的聚类，要么将它赋给一个新创建的聚类。设算法生成的聚类数为 m。于是，该算法的描述如下所示。

基本的顺序算法（BSAS）

- $m = 1$
- $C_m=\{\boldsymbol{x}_1\}$
- For $i = 2$ to N
  - Find $C_k : d(\boldsymbol{x}_i, C_k) = \min_{1\leqslant j\leqslant m} d(\boldsymbol{x}_i, C_j)$
  - If $(d(\boldsymbol{x}_i, C_k) > \Theta)$ AND $(m < q)$ then
    - $m = m + 1$
    - $C_m = \{\boldsymbol{x}_i\}$
  - Else
    - $C_k = C_k \cup \{\boldsymbol{x}_i\}$

- ○ 必要时，更新代表①
- • End{If}
- ● End{For}

选择不同的 $d(\boldsymbol{x}, C)$会得到不同的算法，且可采用第 11 章介绍的任何度量。当 C 由单个向量代表时，$d(\boldsymbol{x}, C)$变成

$$d(\boldsymbol{x}, C) = d(\boldsymbol{x}, \boldsymbol{m}_C) \tag{12.4}$$

式中，$\boldsymbol{m}_C$是 C 的代表。用均值向量作为代表时，会以迭代的方式出现更新，即

$$\boldsymbol{m}_{C_k}^{\text{new}} = \frac{(n_{C_k^{\text{new}}} - 1)\boldsymbol{m}_{C_k}^{\text{old}} + \boldsymbol{x}}{n_{C_k^{\text{new}}}} \tag{12.5}$$

式中，$n_{C_k^{\text{new}}}$是将 $\boldsymbol{x}$ 赋给聚类 C_k 后，聚类 C_k 的基数；$\boldsymbol{m}_{C_k}^{\text{new}}$ $(\boldsymbol{m}_{C_k}^{\text{old}})$是将 $\boldsymbol{x}$ 赋给聚类 C_k 后，聚类 C_k 的代表（见习题 12.2）。

不难看出，这些向量在 BSAS 中出现的顺序对集聚结果有重要影响。在聚类数和聚类本身方面，不同的顺序会导致完全不同的集聚结果（见习题 12.3）。

另一个影响集聚算法结果的重要因素是选择的阈值Θ，阈值Θ 直接影响由 BSAS 形成的聚类数。阈值Θ选得太小，会生成不必要的聚类，阈值Θ选得太大，会使得生成的聚类数不足。在这两种情况下，都不会生成最适合数据集的聚类数。

如果允许的最大聚类数 q 不受限制，那么可让算法决定合适的聚类数。例如，考虑图 12.1 中的例子。图中 3 个分隔良好的致密聚类是由 X 中的点形成的。如果允许的最大聚类数是 2，那么 BSAS 算法不可能发现 3 个聚类。这时，最右侧的两组点将形成一个聚类。另一方面，如果 q 不受限制，那么 BSAS 算法可能会形成 3 个聚类（选择合适的阈值Θ），此时应使用均值向量作为代表。然而，当计算资源有限时，就有必要限制 q。下一节中将介绍一种求聚类数的简单技术②。

图 12.1 由特征向量形成的 3 个聚类。当 q 值小于 3 时，BSAS 算法不能生成这 3 个聚类

注释

- BSAS 经适当调整后，可以用相似度代替相异度，即用最小算子代替最大算子。
- 业已证明，使用点代表的 BSAS 更适合致密聚类。因此，出现其他类型的聚类时，建议不要使用 BSAS。
- BSAS 算法只使用整个数据集 X 一次。在每次迭代时，都计算当前向量与聚类之间的距离。因为我们希望最后的聚类数 m 远小于 N，因此 BSAS 的时间复杂度是 $O(N)$。
- 上述算法与 ART2（Adaptive Resonance Theory，自适应谐振理论）神经元结构密切相关[Carp 87, Burk 91]。

---

① 该声明在每个聚类都由单个向量代表时有效。

② 这个问题将在第 16 章中讨论。

12.3.1 估计聚类数

本节介绍确定聚类数的一种简单方法（其他方法见第 16 章）。这种方法适用于 BSAS 和不需要将聚类数作为输入参数的其他算法。在下面的内容中，BSAS(Θ)是具有指定相异度阈值Θ的 BSAS 算法。

- For $\Theta = a$ to b，步长为 c
  —算法 BSAS(Θ)运行 s 次，每次都以不同的顺序显示数据。
  —将聚类数 m_Θ 估计为运行 s 次 BSAS(Θ)算法后，最频繁出现的数字。
- NextΘ

值 a 和 b 是 X 中所有向量对的最小和最大相异度级别，也就是说，$a = \min_{i,j=1,\cdots,N} d(\boldsymbol{x}_i, \boldsymbol{x}_j)$，$b = \max_{i,j=1,\cdots,N} d(\boldsymbol{x}_i, \boldsymbol{x}_j)$。$c$ 的选择受 $d(\boldsymbol{x}, C)$的直接影响。s 的值越大，统计样本就越大，结果的精度也就越高。画出聚类数 m_Θ 与Θ的关系曲线后，发现曲线上有许多平坦的区域。我们将聚类数估计为对应于最宽平坦区域的数字。至少对分隔良好的致密聚类来说，这个聚类数是合适的。下面简单地解释这个参数。假设数据形成了两个分隔良好的致密聚类 C_1 和 C_2。假设 C_1（C_2）的两个向量之间的最大距离是 r_1（r_2），且 $r_1 < r_2$。设 r（$> r_2$）是所有距离 $d(\boldsymbol{x}_i, \boldsymbol{x}_j)$中的最小值，$\boldsymbol{x}_i \in C_1$，$\boldsymbol{x}_j \in C_2$。显然，对于$\Theta \in [r_2, r - r_2]$，由 BSAS 得到的聚类数是 2。另外，当 $r \gg r_2$ 时，这个区间很宽，因此它在Θ与 m_Θ 的关系曲线上对应于一个很宽的范围。例 12.2 中说明了这个观点。

例 12.2 考虑均值分别是$[0, 0]^{\mathrm{T}}$和$[20, 20]^{\mathrm{T}}$的两个二维高斯分布，它们的协方差矩阵都是$\Sigma = 0.5\boldsymbol{I}$，其中 $\boldsymbol{I}$ 是 2×2 维单位矩阵。由每个分布生成了 50 个点［见图 12.2(a)］。基本聚类数是 2。采用前述过程得到的曲线见图 12.2(b)，其中 $a = \min_{\boldsymbol{x}_i, \boldsymbol{x}_j \in X} d_2(\boldsymbol{x}_i, \boldsymbol{x}_j)$, $b = \max_{\boldsymbol{x}_i, \boldsymbol{x}_j \in X} d_2(\boldsymbol{x}_i, \boldsymbol{x}_j)$，且 $c \approx 0.3$。可以看出，对应于数字 2 的区域是最宽的平坦区域，而数字 2 正好是聚类数。

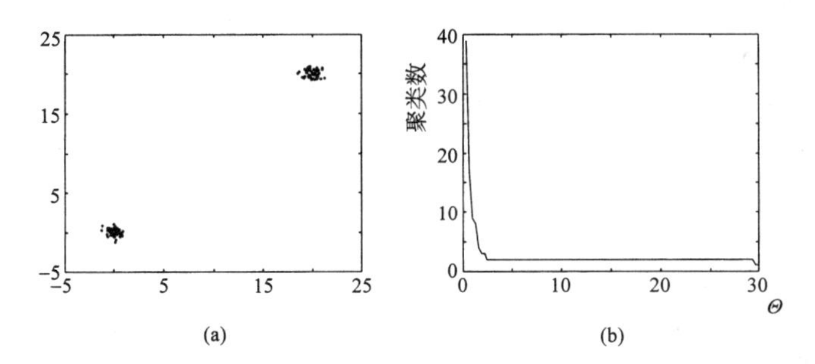

图 12.2 (a) 数据集；(b) 聚类数与Θ的关系曲线。对应于Θ 值的平坦区域的聚类数 $m = 2$

在上述过程中，隐式地假设特征向量确实形成了聚类。这个假设不成立时，这种方法也是无用的。发现聚类是否存在的处理方法将在第 16 章中讨论。此外，如果向量形成了致密但分隔不好的聚类，那么这个过程将给出不可靠的结果，因为Θ与 m_Θ 的关系曲线中不包含宽的平坦区域。

在某些情形下，建议考虑对应于Θ与 m_Θ的关系曲线上所有平坦区域的所有聚类数 m_Θ。例如，假设有 3 个聚类，前两个聚类相距很近，但都远离第三个聚类，那么最平坦的区域对应于 $m_\Theta = 2$，次平坦的区域对应于 $m_\Theta = 3$。抛弃次平坦的区域，就得不到 3 个聚类（见习题 12.6）。

12.4 改进的 BSAS

如前所述，BSAS 的基本思想是将每个输入向量 $\boldsymbol{x}$ 赋给一个已创建的聚类，或赋给一个新形成的聚类。因此，对向量 $\boldsymbol{x}$ 的决策是在形成最后的聚类之前完成的，而最后的聚类要在处理所有向量后才能形成。下面介绍可以克服这个缺点的 BSAS——改进的 BSAS（MBSAS），这一改进的代价是，X 的向量必须参与算法两次。这个算法包含两个阶段。在第一个阶段，将 X 中的一些向量赋给聚类来形成聚类；在第二个阶段，剩下的向量第二次参与算法，并赋给合适的聚类。MBSAS 的步骤如下。

改进的基本顺序算法

- 聚类确定
- $m = 1$
- $C_m = \{\boldsymbol{x}_1\}$
  - For $i = 2$ to N
  - Find $C_k : d(\boldsymbol{x}_i, C_k) = \min_{1 \leqslant j \leqslant m} d(\boldsymbol{x}_i, C_j)$
  - If $(d(\boldsymbol{x}_i, C_k) > \Theta)$ AND $(m < q)$ then
    - $m = m + 1$
    - $C_m = \{\boldsymbol{x}_i\}$
  - End{If}
- End{For}

模式分类

- For $i = 1$ to N
  - 如果 $\boldsymbol{x}_i$ 未赋给一个聚类，那么
    - Find $C_k : d(\boldsymbol{x}_i, C_k) = \min_{1 \leqslant j \leqslant m} d(\boldsymbol{x}_i, C_j)$
    - $C_k = C_k \cup \{\boldsymbol{x}_i\}$
    - 必要时更新代表
  - End{If}
- End{For}

聚类数在第一个阶段确定，之后不允许更改。因此，在第二个阶段对每个向量做出决策时，都要考虑所有的聚类。

使用聚类的均值向量作为代表时，在将每个向量赋给一个聚类后，要使用式(12.5)来调整合适的聚类代表。

类似于 BSAS，MBSAS 也对向量出现的顺序敏感。另外，因为 MBSAS 要对数据集 X 运行两次（每个阶段运行一次），因此其速度自然要比 BSAS 慢，但其时间复杂度的量级应与 BSAS 的相同，即时间复杂度为 $O(N)$。

最后要指出的是，经过一些改进后，采用相似度时也可使用 MBSAS（见习题 12.7）。

另一个 MBSAS 是最大最小距离算法[Kats 94, Juan 00]。在 MBSAS 的第一个阶段，每当一个向量到已形成的各个聚类的距离大于某个阈值时，就形成一个聚类；相比之下，最大最小距离算法的

第一个阶段采用不同的策略。设 W 是直至当前迭代步骤，选择用来形成聚类的所有点的集合。为了形成一个新聚类，我们计算 W 中的每个点到 $X-W$ 中的每个点的距离。当 $\boldsymbol{x}\in X-W$ 时，设 d_x 是 W 中的所有点与 $\boldsymbol{x}$ 之间的最小距离。对 $X-W$ 中的每个点都执行这一运算，然后选择其最小距离就是最大距离的点（即 $\boldsymbol{y}$），即

$$d_{\boldsymbol{y}}=\max_{\boldsymbol{x}} d_{\boldsymbol{x}},\ \boldsymbol{x}\in X-W$$

当 d_y 大于阈值时，这个向量形成一个新聚类。否则，算法的第一个阶段结束。要强调的是，与 BSAS 和 MBSAS 相比，最大最小距离算法采用了一个数据相关的阈值。类似于 MBSAS，最大最小距离算法第二次运行时，未赋给聚类的点将赋给新建的聚类。尽管最大最小距离算法的计算开销要大于 MBSAS，但它可以生成质量更好的聚类。

12.5 双阈值顺序算法

前面指出，BSAS 和 MBSAS 都依赖于向量参与算法的顺序和 Θ 值。选择不合适的 Θ 值会导致无意义的集聚结果，因此解决这个问题的方法是定义一个“灰度”区域（见文献[Trah 89]）。采用两个阈值 Θ_1 和 Θ_2（$>\Theta_1$）可以实现这一目标。当向量 $\boldsymbol{x}$ 和最接近聚类 C 的相异度 $d(\boldsymbol{x}, C)$ 小于 Θ_1 时，将 $\boldsymbol{x}$ 赋给 C；当 $d(\boldsymbol{x}, C)>\Theta_2$ 时，生成一个新聚类，并将 $\boldsymbol{x}$ 赋给它。否则，当 $\Theta_1\leqslant d(\boldsymbol{x}, C)\leqslant\Theta_2$ 时，就存在不确定性，此时 $\boldsymbol{x}$ 的分配由后面的阶段决定。设 clas($\boldsymbol{x}$) 是一个标志，它指示 $\boldsymbol{x}$ 是被分类为（1）还是未被分类为（0）。我们仍用 m 表示到目前为止形成的聚类数。下面，我们假设聚类数不受限制（如 $q=N$）。这时，算法的步骤如下所示。

双阈值顺序算法（TTSAS）

$m=0$

clas($\boldsymbol{x}$) = 0, $\forall\boldsymbol{x}\in X$

prev_change = 0

cur_change = 0

exists_change = 0

While（至少存在 clas($\boldsymbol{x}$) = 0 的一个特征向量 $\boldsymbol{x}$）do

- For $i=1$ to N
  - if clas($\boldsymbol{x}_i$) = 0 AND 它是新 While 循环中的第一个 AND exists_change = 0 then
    - ○ $m=m+1$
    - ○ $C_m=\{\boldsymbol{x}_i\}$
    - ○ clas($\boldsymbol{x}_i$) = 1
    - ○ cur_change = cur_change + 1
  - Else if clas($\boldsymbol{x}_i$) = 0 then
    - ○ Find $d(\boldsymbol{x}_i, C_k)=\min_{1\leqslant j\leqslant m} d(\boldsymbol{x}_i, C_j)$
    - ○ if $d(\boldsymbol{x}_i, C_k)<\Theta_1$ then
      - – $C_k=C_k\cup\{\boldsymbol{x}_i\}$
      - – clas($\boldsymbol{x}_i$) = 1

– cur_change = cur_change + 1

○ else if $d(\boldsymbol{x}_i, C_k) > \Theta_2$ then

– $m = m + 1$

– $C_m = \{\boldsymbol{x}_i\}$

– clas($\boldsymbol{x}_i$) = 1

– cur_change = cur_change + 1

○ End{If}

• Else if clas($\boldsymbol{x}_i$) = 1 then

○ cur_change = cur_change + 1

• End{If}

- End{For}
- exists_change = |cur_change – pre_change|
- prev_change = cur_change
- cur_change = 0

End{While}

exists_change 检查 while 循环的当前迭代是否至少分类了一个向量，这是通过比较当前已分类的向量数 cur_change 与上次分类的向量数 prev_change 实现的。如果 exists_change = 0，即在上次对 X 运行算法时，没有向量赋给聚类，那么使用第一个未分类的向量来形成一个新聚类。

For 循环的第一个 if 条件保证执行 While 循环 N 次后，算法就终止。事实上，执行上次循环时，如果没有向量赋给聚类，那么这个条件会强制第一个未分配的向量成为一个新聚类。

然而，在实际工作中，循环的次数要远小于 N。应指出的是，这个算法的计算开销几乎总与前两种算法的相当，因为它一般不要求使用 X 两次。此外，在得到足够的已知信息之前，向量的分配会一直持续，因此该算法对数据参与算法的顺序不敏感。

类似于前面的情形，在向量和聚类之间选择不同的相异度，会得到不同的结果。结合使用点聚类代表时，这个算法也适用于致密的聚类。

注释

- 注意，所有算法都不会出现死锁状态。也就是说，任何算法都不会进入无法将向量赋给已有聚类或新生成聚类的状态。BSAS 和 MBSAS 会在分别使用 X 一次和两次后终止。在 TTSAS 中，死锁情形也得以避免，因为在前一次循环时如果未分配向量，那么会将前一次循环时未分配的第一个向量赋给一个新聚类。

例 12.3 考虑向量 $\boldsymbol{x}_1 = [2, 5]^{\mathrm{T}}, \boldsymbol{x}_2 = [6, 4]^{\mathrm{T}}, \boldsymbol{x}_3 = [5, 3]^{\mathrm{T}}, \boldsymbol{x}_4 = [2, 2]^{\mathrm{T}}, \boldsymbol{x}_5 = [1, 4]^{\mathrm{T}}, \boldsymbol{x}_6 = [5, 2]^{\mathrm{T}}, \boldsymbol{x}_7 = [3, 3]^{\mathrm{T}}, \boldsymbol{x}_8 = [2, 3]^{\mathrm{T}}$。向量 $\boldsymbol{x}$ 到聚类 C 的距离取为 $\boldsymbol{x}$ 和 C 的平均向量之间的欧氏距离。如果按照上面的顺序将这些向量输入 MBSAS，且令 $\Theta = 2.5$，那么得到三个聚类 $C_1 = \{\boldsymbol{x}_1, \boldsymbol{x}_5, \boldsymbol{x}_7, \boldsymbol{x}_8\}$、$C_2 = \{\boldsymbol{x}_2, \boldsymbol{x}_3, \boldsymbol{x}_6\}$和 $C_3 = \{\boldsymbol{x}_4\}$，如图 12.3(a)所示。

另一方面，若按照上面的顺序将这些向量输入 TTSAS，且令 $\Theta_1 = 2.2, \Theta_2 = 4$，则得到图 12.3(b)所示的两个聚类 $C_1 = \{\boldsymbol{x}_1, \boldsymbol{x}_5, \boldsymbol{x}_7, \boldsymbol{x}_8, \boldsymbol{x}_4\}$和 $C_2 = \{\boldsymbol{x}_2, \boldsymbol{x}_3, \boldsymbol{x}_6\}$。在第一次对 X 执行算法时，除了 $\boldsymbol{x}_4$，其他的向量都赋给了聚类。在第二次对 X 执行算法时，$\boldsymbol{x}_4$ 赋给了 C_1。每次对 X 执行算法时，至少有一个向量赋给了聚类。因此，没有向量被强行赋给一个新聚类。

显然，TTSAS 的结果要比 MBSAS 的结果合理。但要注意，按 $\boldsymbol{x}_1, \boldsymbol{x}_2, \boldsymbol{x}_5, \boldsymbol{x}_3, \boldsymbol{x}_8, \boldsymbol{x}_6, \boldsymbol{x}_7, \boldsymbol{x}_4$ 的顺序将向量输入 MBSAS 时，也可以得到相同的聚类。

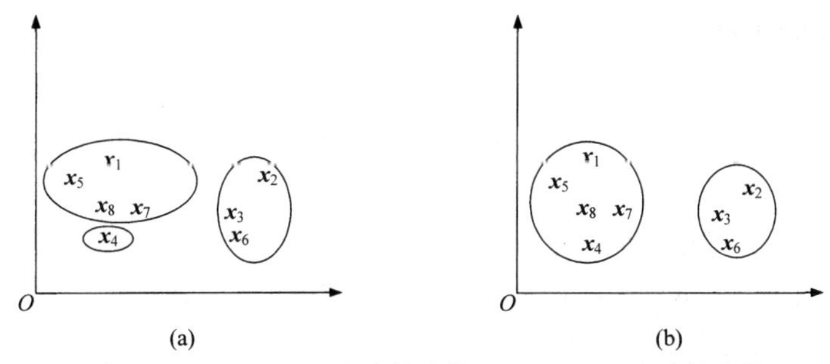

图 12.3　(a) MBSAS 生成的聚类；(b) TTSAS 生成的聚类

12.6　细化阶段

在上述算法中，可能会出现两个聚类彼此非常靠近，但不希望将它们合二为一的情形。对于这种情况，上述算法都“无能为力”。解决办法是在上述算法运行终止后，采用如下的简单合并过程（见[Fu 93]）。

合并过程

- (A)找到 $C_i, C_j (i < j)$，使得 $d(C_i, C_j) = \min_{k, r = 1,\cdots, m, k \neq r} d(C_k, C_r)$
- If $d(C_i, C_j) \leqslant M_1$ then
  - 将 C_i, C_j 合并为 C_i，并且删除 C_j
  - 更新 C_i 的聚类代表（如果使用了聚类代表）
  - 分别将聚类 $C_{j+1},\cdots, C_m$ 更名为 $C_j,\cdots,C_{m-1}$
  - $m = m - 1$
  - Go to (A)
- Else
  - Stop
- End {If}

M_1 是用户定义的参数，用来量化两个聚类 C_i 和 C_j 之间的邻近度。聚类之间的相异度 $d(C_i, C_j)$ 可以使用第 11 章中给出的度量。

顺序算法的另一个缺点是对向量出现的顺序敏感。例如，使用 BSAS 时，$\boldsymbol{x}_2$ 被赋给第一个聚类 C_1，算法结束后，形成了 4 个聚类，但 $\boldsymbol{x}_2$ 可能更靠近不同于 C_1 的另一个聚类。然而，一旦将 $\boldsymbol{x}_2$ 赋给一个聚类，就没有办法将它移到另一个离它更近的聚类。解决该问题的一种简单方法是使用如下的重分配过程。

重分配过程

- For $i = 1$ to N
  - 找到 C_j 使得 $d(\boldsymbol{x}_i, C_j) = \min_{k = 1,\cdots, m} d(\boldsymbol{x}_i, C_k)$
  - 令 $b(i) = j$
- End {For}

- For $j = 1$ to m
  - 令 $C_j = \{\boldsymbol{x}_i \in X : b(i) = j\}$
  - 必要时更新代表
- End {For}

在这个过程中，$b(i)$表示离 $\boldsymbol{x}_i$ 最近的聚类。这个过程可在算法终止后使用，也可在合并过程之后使用。

文献[MacQ 67]中介绍了组合两个细化过程的 BSAS 算法，但它只考虑了使用点代表的情形。这个算法首先从 $m > 1$ 个聚类而非 1 个聚类开始，每个聚类都包含 X 中前 m 个向量中的一个向量。应用合并过程，并将剩下的向量输入算法。将当前的向量赋给一个聚类并更新它的代表后，再次执行合并过程。若向量 $\boldsymbol{x}_i$ 和离其最近的聚类间的距离大于预先规定的阈值，则形成一个只包含 $\boldsymbol{x}_i$ 的新聚类。最后，将所有的向量都输入算法后，进行一次重分配过程。应用合并过程 $N - m + 1$ 次。文献[Ande 73]中给出了一种改进的算法。

文献[Mant 85]中讨论了只需要对 X 运行一次的一种顺序算法。具体地说，这个算法假设向量是通过混合 k 个高斯概率密度 $p(\boldsymbol{x}|C_i)$生成的，即

$$p(\boldsymbol{x}) = \sum_{j=1}^{k} P(C_j) p(\boldsymbol{x}|C_j; \mu_j, \Sigma_j) \tag{12.6}$$

式中，μ_j 和Σ_j 分别是第 j 个高斯分布的均值和协方差矩阵，$P(C_j)$是 C_j 的先验概率。为方便起见，假设所有的 $P(C_j)$都相等。由这个算法形成的聚类假设服从高斯分布。首先，使用第一个向量形成单个聚类。然后，对于每个新近到达的向量 $\boldsymbol{x}_i$，适当地更新 m 个聚类的均值向量和协方差矩阵，并且估计条件概率 $P(C_j|\boldsymbol{x}_i)$。若 $P(C_q|\boldsymbol{x}_i) = \max_{j=1,\cdots,m} P(C_j|\boldsymbol{x}_i)$大于预先规定的阈值 a，则将 $\boldsymbol{x}_i$ 赋给 C_q，否则创建包含 $\boldsymbol{x}_i$ 的一个新聚类。文献[Amad 05]中给出了使用统计工具的另一种顺序集聚算法。

12.7 神经网络实现

本节介绍一个神经网络架构，并使用它来实现 BSAS。

12.7.1 架构描述

架构如图 12.4(a)所示，它包括两个模块，即匹配记分生成器（MSG）和 MaxNet 网络（MN）①。

第一个模块存储 q 个 $l \times 1$ 维参数向量 $\boldsymbol{w}_1, \boldsymbol{w}_2, \cdots, \boldsymbol{w}_q$②并实现一个函数 $f(\boldsymbol{x}, \boldsymbol{w})$，这个函数表示 $\boldsymbol{x}$ 和 $\boldsymbol{w}$ 之间的相似度。$f(\boldsymbol{x}, \boldsymbol{w})$的值越大，$\boldsymbol{x}$ 和 $\boldsymbol{w}$ 就越相似。

将向量 $\boldsymbol{x}$ 输入网络后，MSG 模块输出一个 $q \times 1$ 维向量 $\boldsymbol{v}$，它的第 i 个坐标等于 $f(\boldsymbol{x}, \boldsymbol{w}_i)$, $i = 1, \cdots, q$。

第二个模块将向量 $\boldsymbol{v}$ 作为输入，并识别它的最大坐标。它的输出是一个 $q \times 1$ 维向量 $\boldsymbol{s}$，$\boldsymbol{s}$ 的所有元素除对应于 $\boldsymbol{v}$ 的最大坐标位置为 1 外，其他都为 0。大多数此类模块至少需要 $\boldsymbol{v}$ 的一个坐标为正。

采用不同的邻近度，可以实现不同的 MSG。例如，若函数 f 是内积，则 MSG 包含 q 个线性节点，且这些节点的阈值是 0。每个节点都和一个参数向量 $\boldsymbol{w}_i$ 相关联，它的输出是输入向量 $\boldsymbol{x}$ 和 $\boldsymbol{w}_i$ 的内积。

① 这是文献[Lipp 87]介绍的汉明网络的推广。

② 也称范例模式。

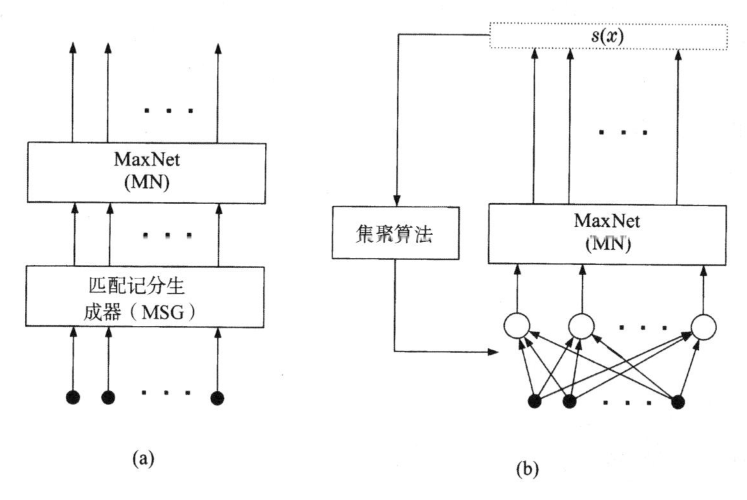

图 12.4　(a) 神经网络架构；(b) 每个聚类都由其均值向量代表并使用两个向量间的欧氏距离时，实现的 BSAS

使用欧氏距离时，MSG 模块也包含 q 个线性节点，但需要不同的设置。与第 i 个节点相关联的权重向量是 $\boldsymbol{w}_i$，它的阈值设为 $T_i=\frac{1}{2}(Q-\|\boldsymbol{w}_i\|^2)$，其中 Q 是一个正常数，它保证第一层中至少有一个节点输出一个正匹配分数；$\|\boldsymbol{w}_i\|$是 $\boldsymbol{w}_i$ 的欧氏范数。因此，节点的输出是

$$f(\boldsymbol{x},\boldsymbol{w}_i)=\boldsymbol{x}^{\mathrm{T}}\boldsymbol{w}_i+\frac{1}{2}(Q-\|\boldsymbol{w}_i\|^2) \tag{12.7}$$

容易证明 $d_2(\boldsymbol{x},\boldsymbol{w}_i)<d_2(\boldsymbol{x},\boldsymbol{w}_j)$等价于 $f(\boldsymbol{x},\boldsymbol{w}_i)>f(\boldsymbol{x},\boldsymbol{w}_j)$，因此 MSG 的输出对应于到 $\boldsymbol{x}$ 的欧氏距离最小的 $\boldsymbol{w}_i$（见习题 12.8）。

MN 模块可由许多其他的方法实现，例如使用汉明 MaxNet 神经网络比较器及其推广比较器、其他前馈架构[Lipp 87, Kout 95, Kout 05, Kout 98]或传统比较器[Mano 79]。

12.7.2　BSAS 算法的实现

本节说明在如下条件下，如何将 BSAS 算法映射为神经网络架构：(a) 每个聚类都由其均值向量代表；(b) 使用两个向量之间的欧氏距离［见图 12.4(b)］。汉明网络的结构也要稍做修改，以便第一层中的每个节点都有一个额外的输入项 $-\frac{1}{2}\|\boldsymbol{x}\|^2$。设 $\boldsymbol{w}_i$ 和 T_i 分别是 MSG 模型中的第 i 个节点的权重向量和阈值。设 $\boldsymbol{a}$ 是一个 $q\times1$ 维向量，它的第 i 个分量是第 i 个聚类中的向量数。当网络的输入是 $\boldsymbol{x}$ 时，设 $\boldsymbol{s}(\boldsymbol{x})$是 MN 模块的输出。另外，设 t_i 是 MSG 的第 i 个节点和 MN 中的对应节点之间的连接。最后，设 sgn(z)是阶跃函数，它在 $z>0$ 时返回 1，在其他情形下返回 0。

q 个 $\boldsymbol{w}_i$ 中的前 m 个，对应于算法到目前为止定义的聚类的代表。在每个迭代步骤，无论何时创建一个新聚类，前 m 个 $\boldsymbol{w}_i$ 之一要么被更新，要么采用一个新参数向量 $\boldsymbol{w}_{m+1}$（如果 $m<q$）。算法描述如下。

- 初始化
  - $\boldsymbol{a}=0$
  - $\boldsymbol{w}_i=0,\ i=1,\cdots,q$

- $t_i = 0, i = 1,\cdots, q$
- $m = 1$
- 对于第一个向量 $\boldsymbol{x}_1$
  - $\boldsymbol{w}_i = \boldsymbol{x}_1$
  - $a_1 = 1$
  - $t_1 = 1$
- 主阶段
  - 重复
    - 将下一个向量 $\boldsymbol{x}$ 输入网络
    - 计算输出向量 $\boldsymbol{s}(\boldsymbol{x})$
    - $\text{GATE}(\boldsymbol{x}) = \text{AND}((1-\sum_{j=1}^{q}(s_j(\boldsymbol{x}))), \text{sgn}(q-m))$
    - $m = m + \text{GATE}(\boldsymbol{x})$
    - $a_m = a_m + \text{GATE}(\boldsymbol{x})$
    - $\boldsymbol{w}_m = \boldsymbol{w}_m + \text{GATE}(\boldsymbol{x})\,\boldsymbol{x}$
    - $T_m = \Theta - \frac{1}{2}\|\boldsymbol{w}_m\|^2$
    - $t_m = 1$
    - For $j = 1$ to m
      - $a_j = a_j + (1-\text{GATE}(\boldsymbol{x}))\, s_j(\boldsymbol{x})$
      - $\boldsymbol{w}_j = \boldsymbol{w}_j - (1-\text{GATE}(\boldsymbol{x}))\, s_j(\boldsymbol{x})(\frac{1}{a_j}(\boldsymbol{w}_j - \boldsymbol{x}))$
      - $T_j = \Theta - \frac{1}{2}\|\boldsymbol{w}_j\|^2$
    - Next j
  - 直到所有向量都输入网络

注意，只考虑了MSG的前m个节点的输出，因为只有这些节对应于聚类。$t_k = 0, k = m+1,\cdots, q$，因此不考虑剩余节点的输出。假设为网络输入一个满足 $\min_{1\leqslant j\leqslant m} d(\boldsymbol{x}, \boldsymbol{w}_j) > \Theta$且 $m < q$ 的新向量，则 $\text{GATE}(\boldsymbol{x}) = 1$。因此，为了表示它，创建了一个新聚类并激活了下一个节点。由于 $1-\text{GATE}(\boldsymbol{x}) = 0$，因此 For 循环内的命令不会影响网络的任何参数。

下面设 $\text{GATE}(\boldsymbol{x}) = 0$，这等同于 $\min_{1\leqslant j\leqslant m} d(\boldsymbol{x}, \boldsymbol{w}_j) \leqslant \Theta$，或者等同于没有更多的已知节点来表示其他的聚类。然后执行 For 循环内的命令，得到更新后的权重向量及满足 $\min_{1\leqslant j\leqslant m} d(\boldsymbol{x}, \boldsymbol{w}_j)$的节点 k 的阈值，因为 $s_k(\boldsymbol{x}) = 1$ 且 $s_j(\boldsymbol{x}) = 0, j = 1,\cdots, q, j \neq k$。

习题

12.1 用归纳法证明式(12.3)。

12.2 证明式(12.5)。

12.3 本题研究向量输入BSAS和MBSAS的顺序对结果的影响。考虑二维向量$\boldsymbol{x}_1 = [1, 1]^T$, $\boldsymbol{x}_2 = [1, 2]^T$, $\boldsymbol{x}_3 = [2, 2]^T$, $\boldsymbol{x}_4 = [2, 3]^T$, $\boldsymbol{x}_5 = [3, 3]^T$, $\boldsymbol{x}_6 = [3, 4]^T$, $\boldsymbol{x}_7 = [4, 4]^T$, $\boldsymbol{x}_8 = [4, 5]^T$, $\boldsymbol{x}_9 = [5, 5]^T$, $\boldsymbol{x}_{10} = [5, 6]^T$, $\boldsymbol{x}_{11} = [-4, 5]^T$, $\boldsymbol{x}_{12} = [-3, 5]^T$, $\boldsymbol{x}_{13} = [-4, 4]^T$, $\boldsymbol{x}_{14} = [-3, 4]^T$，并考虑每个聚类都由其均值向量代表的情形。

a．以给定顺序输入向量时，运行 BSAS 和 MBSAS 算法。使用两个向量间的欧氏距离，并取 $\Theta=\sqrt{2}$ 。

b．以 $\boldsymbol{x}_1,\boldsymbol{x}_{10},\boldsymbol{x}_2,\boldsymbol{x}_3,\boldsymbol{x}_4,\boldsymbol{x}_{11},\boldsymbol{x}_{12},\boldsymbol{x}_5,\boldsymbol{x}_6,\boldsymbol{x}_7,\boldsymbol{x}_{13},\boldsymbol{x}_8,\boldsymbol{x}_{14},\boldsymbol{x}_9$ 的顺序输入向量，重新运行算法。

c．以 $\boldsymbol{x}_1,\boldsymbol{x}_{10},\boldsymbol{x}_5,\boldsymbol{x}_2,\boldsymbol{x}_3,\boldsymbol{x}_{11},\boldsymbol{x}_{12},\boldsymbol{x}_4,\boldsymbol{x}_6,\boldsymbol{x}_7,\boldsymbol{x}_{13},\boldsymbol{x}_{14},\boldsymbol{x}_8,\boldsymbol{x}_9$ 的顺序输入向量，重新运算算法。

d．画出给定的向量，并讨论这些运行结果。

e．采用目视方法集聚数据。由给定的向量可以生成多少个聚类?

12.4 考虑例 12.2 的数据。当 $\Theta=5$ 时，运行 BSAS 和 MBSAS 算法，每个聚类都用均值向量代表。讨论结果。

12.5 考虑图 12.5，内部正方形的边长是 $S_1=0.3$，外部正方形的内边长和外边长分别是 $S_2=1$ 和 $S_3=1.3$。内部正方形中包含 50 个点，它们是从正方形内的一个均匀分布得到的。类似地，外框内也包含 50 个均匀分布的点。

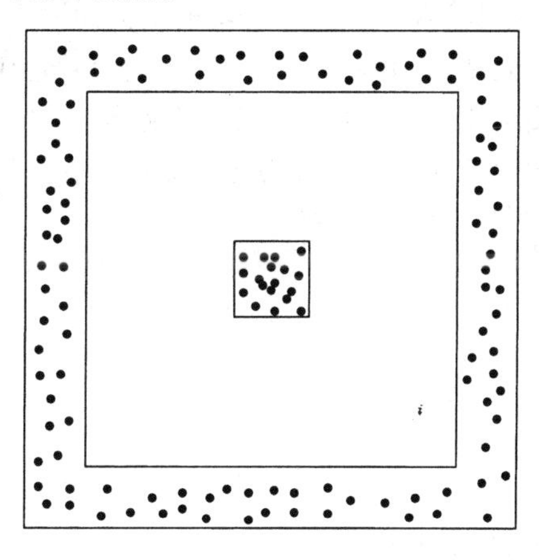

图 12.5　习题 12.5 的数据

a．采用目视方法集聚数据。由给定的点可以生成多少个聚类?

b．每个聚类都用均值向量代表且采用两个向量间的欧氏距离时，运行 BSAS 和 MBSAS 算法，这时

$$\Theta=\min_{i,j=1,\cdots,100} d(\boldsymbol{x}_i,\boldsymbol{x}_j),\quad 至\quad \max_{i,j=1,\cdots,100} d(\boldsymbol{x}_i,\boldsymbol{x}_j)\text{，步长为 0.2}$$

数据输入算法的顺序是随机的。对结果给出定量解释，并与上题的结果进行比较。

c．选择 $d_{\min}^{ps}$ 作为向量和聚类之间的相异度时，重做 b 问（见第 11 章）。

12.6 考虑均值分别为$[0,0]^{\mathrm{T}}$, $[6,0]^{\mathrm{T}}$ 和$[12,6]^{\mathrm{T}}$的 3 个二维高斯分布，每个分布的协方差矩阵都是单位矩阵 $\boldsymbol{I}$。由每个分布生成 30 个点，并设 X 是得到的数据集。估计 X 中的聚类数时，采用欧氏距离并应用 12.3.1 节讨论的过程，其中 $a=\min_{i,j=1,\cdots,100} d(\boldsymbol{x}_i,\boldsymbol{x}_j)$, $b=\max_{i,j=1,\cdots,100} d(\boldsymbol{x}_i,\boldsymbol{x}_j)$, $c=0.3$。画出Θ与 m 的关系曲线，给出你的结论。

12.7 设 s 是向量和聚类之间的相似度，用 s 表示 BSAS、MBSAS 和 TTSAS 算法。

12.8 采用向量间的欧氏距离，且MSG模块的输出函数由式(12.7)给出时，证明 $d_2(\boldsymbol{x},\boldsymbol{w}_1)<d_2(\boldsymbol{x},\boldsymbol{w}_2)$ 等价于 $f(\boldsymbol{x},\boldsymbol{w}_1)>f(\boldsymbol{x},\boldsymbol{w}_2)$。

12.9 当每个聚类都由赋给它的第一个向量代表时，针对 BSAS 算法，采用类似于 12.7 节中介绍的方法，描述一个神经网络实现。

12.10 使用均值向量实现 MBSAS 算法的神经网络架构，类似于图 12.4(b)中使用欧氏距离实现的

架构。使用均值向量，采用类似于 12.7 中针对 MBSAS 的形式编写一个算法，并说明两种实现的不同。

MATLAB 编程和练习

上机编程

12.1 MBSAS 算法。编写出一个名为 MBSAS 的 MATLAB 函数，实现 MBSAS 算法。函数的输入如下：(a) 一个 $l \times N$ 维矩阵，它的第 i 列是第 i 个数据向量；(b) 参数 theta（对应于正文中的 Θ）；(c) 允许的最大聚类数 q；(d) 一个名为 order 的 N 维行数组，它定义 X 中的向量输入算法的顺序。例如，若 order=[3 4 1 2]，那么首先输入第三个向量，然后输入第四个向量，以此类推。若 order= [ ]，则表示不重新排序。函数的输出是：(a) 一个 N 维行向量 bel，它的第 i 个元素是数据向量以输入顺序“i”分配的聚类标识（一个聚类的标识符是{1, 2,⋯, n_clust}内的一个整数，n_clust 是聚类数）；(b) 一个 $l \times$ n_clust 维矩阵 $\boldsymbol{m}$，它的第 i 行代表第 i 个聚类。使用欧氏距离来度量两个向量间的距离。

解：在下面代码中，不要输入星号（*）。为便于参考，稍后会使用它们。

```
function[bel,m]=MBSAS(X,theta,q,order)
  %Ordering the data
  [l,N]=size(X);
  if(length(order)==N)
    X1=[];
    for i=1:N
      X1=[X1 X(:,order(i))];
    end
    X=X1;
    clear X1
  end
  %Cluster determination phase
  n_clust=1;%no.of clusters
  [l,N]=size(X);
  bel=zeros(1,N);
  bel(1)=n_clust;
  m=X(:,1);
  for i=2:N
    [m1,m2]=size(m);
    %Determining the closest cluster representative
    [s1,s2]=min(sqrt(sum((m-X(:,i)*ones(1,m2)),^2)));
    if(s1>theta)&&(n_clust<q)
      n_clust=n_clust+1;
      bel(i)=n_clust;
      m=[mX(:,i)];
    end(*1)
  end(*2)
  [m1,m2]=size(m);(*3)
  %Pattern classification phase(*4)
  for i=1:N(*5)
    if(bel(i)==0)(*6)
      %Determining the closest cluster representative(*7)
      [s1,s2]=min(sqrt(sum((m-X(:,i)*ones(1,m2)).^2)));(*8)
      bel(i)=s2;
      m(:,s2)=((sum[bel==s2]-1)*m(:,s2)+X(:,i))/sum(bel==s2);
    end
  end
```

12.2 BSAS 算法。编写一个名为 BSAS 的 MATLAB 函数，实现 BSAS 算法，它的输入/输出与 MBSAS 函数中的相同。

解：在 MBSAS 函数的代码中，使用 `else` 代替带有`(*1)`的行，删除带有“*”的所有其他行。

上机实验

12.1 考虑数据集 $X=\{\boldsymbol{x}_1, \boldsymbol{x}_2, \boldsymbol{x}_3, \boldsymbol{x}_4, \boldsymbol{x}_5, \boldsymbol{x}_6, \boldsymbol{x}_7, \boldsymbol{x}_8\}$，其中 $\boldsymbol{x}_1=[2, 5]^{\mathrm{T}}$, $\boldsymbol{x}_2=[8, 4]^{\mathrm{T}}$, $\boldsymbol{x}_3=[7, 3]^{\mathrm{T}}$, $\boldsymbol{x}_4=[2, 2]^{\mathrm{T}}$, $\boldsymbol{x}_5=[1, 4]^{\mathrm{T}}$, $\boldsymbol{x}_6=[7, 2]^{\mathrm{T}}$, $\boldsymbol{x}_7=[3, 3]^{\mathrm{T}}$, $\boldsymbol{x}_8=[2, 3]^{\mathrm{T}}$，画出数据向量。

12.2 在如下条件下，设 $q=5$，对上面的数据集运行 MBSAS 函数：

a．order = [1, 5, 8, 4, 7, 3, 6, 2], theta = $\sqrt{2}+0.001$

b．order = [5, 8, 1, 4, 7, 2, 3, 6], theta = $\sqrt{2}+0.001$

c．order = [1, 4, 5, 7, 8, 2, 3, 6], theta = 2.5

d．order = [1, 8, 4, 7, 5, 2, 3, 6], theta = 2.5

e．order = [1, 4, 5, 7, 8, 2, 3, 6], theta = 3

f．order = [1, 8, 4, 7, 5, 2, 3, 6], theta = 2.5

仔细研究结果，给出你的结论。

12.3 采用 BSAS 算法，重做上机实验 12.2。

参考文献

[Amad 05] Amador J.J. "Sequential clustering by statistical methodology," *Pattern Recognition Letters*, Vol. 26, pp. 2152-2163, 2005.

[Ande 73] Anderberg M.R. *Cluster Analysis for Applications*, Academic Press, 1973.

[Ball 65] Ball G.H. "Data analysis in social sciences," *Proceedings FJCC*, Las Vegas, 1965.

[Bara 99] Baraldi A., Blonda P. "A survey of fuzzy clustering algorithms for pattern recognition, Parts I and II," *IEEE Transactions on Systems, Man and Cybernetics, B. Cybernetics*, Vol. 29(6), pp. 778-801, 1999.

[Bara 99a] Baraldi A., Schenato L. "Soft-to-hard model transition in clustering: a review," Technical Report TR-99-010, 1999.

[Berk 02] Berkhin P. "Survey of clustering data mining techniques," *Technical Report*, Accrue Software Inc., 2002.

[Burk 91] Burke L.I. "Clustering characterization of adaptive reasonance," *Neural Networks*, Vol. 4, pp. 485-491, 1991.

[Carp 87] Carpenter G.A., Grossberg S. "ART2: Self-organization of stable category recognition codes for analog input patterns," *Applied Optics*, Vol. 26, pp. 4919-4930, 1987.

[Duda 01] Duda R.O., Hart P., Stork D. *Pattern Classification*, 2nd ed., John Wiley & Sons, 2001.

[Dura 74] Duran B., Odell P. *Cluster Analysis: A Survey*, Springer-Verlag, Berlin, 1974.

[Ever 01] Everitt B., Landau S., Leesse M. *Cluster Analysis*, Arnold, London, 2001.

[Flor 91] Floreen P. "The convergence of the Hamming memory networks," *IEEE Transactions on Neural Networks*, Vol. 2(4), pp. 449-459, July 1991.

[Fu 93] Fu L., Yang M., Braylan R., Benson N. "Real-time adaptive clustering of flow cytometric data," *Pattern Recognition*, Vol. 26(2), pp. 365-373, 1993.

[Gord 99] Gordon A. *Classification*, 2nd ed., Chapman & Hall, London, 1999.

[Hall 67] Hall A.V. "Methods for demonstrating resemblance in taxonomy and ecology," *Nature*, Vol. 214, pp. 830-831, 1967.

[Hans 97] Hansen P., Jaumard B. "Cluster analysis and mathematical programming," *Mathematical Programming*, Vol. 79, pp. 191-215, 1997.

[Hart 75] Hartigan J. *Clustering Algorithms*, John Wiley & Sons, 1975.

[Jain 88] Jain A.K., Dubes R.C. *Algorithms for Clustering Data*, Prentice Hall, 1988.

[Jain 99] Jain A., Muthy M., Flynn P. "Data clustering: A review," *ACM Computational Surveys*, Vol. 31(3), pp. 264-323, 1999.

[Jian 04] Jiang D., Tang C., Zhang A. "Cluster analysis for gene expression data: A survey," *IEEE Transactions on Knowledge Data Engineering*, Vol. 16(11), pp. 1370-1386, 2004.

[Juan 00] Juan A., Vidal E. "Comparison of four initialization techniques for the *k*-medians clustering algorithm," *Proceedings of Joint IAPR International Workshops SSPR2000 and SPR2000, Lecture Notes in Computer Science*, Vol. 1876, pp. 842-852, Springer-Verlag, Alacant (Spain), September 2000.

[Kats 94] Katsavounidis I., Jay Kuo C.-C., Zhang Z., "A new initialization technique for generalized Lloyd iteration," *IEEE Signal Processing Letters*, Vol. 1(10), pp. 144-146, 1994.

[Kauf 90] Kaufman L., Roussseeuw P. *Finding Groups in Data: An Introduction to Cluster Analysis*. John Wiley & Sons, 1990.

[Kola 01] Kolatch E. "Clustering algorithms for spatial databases: A survey," available at *http://citeseer.nj.nec.com/436843.html*.

[Kout 95] Koutroumbas K. "Hamming neural networks, architecture design and applications," Ph.D. thesis, Department of Informatics, University of Athens, 1995.

[Kout 94] Koutroumbas K., Kalouptsidis N. "Qualitative analysis of the parallel and asynchronous modes of the Hamming network," *IEEE Transactions on Neural Networks*, Vol. 5(3), pp. 380-391, May 1994.

[Kout 98] Koutroumbas K., Kalouptsidis N. "Neural network architectures for selecting the maximum input," *International Journal of Computer Mathematics*, Vol. 68(1-2), 1998.

[Kout 05] Koutroumbas K., Kalouptsidis N., "Generalized Hamming Networks and Applications," *Neural Networks*, Vol. 18, pp. 896-913, 2005.

[Lipp 87] Lippmann R.P. "An introduction to computing with neural nets," *IEEE ASSP Magazine*, Vol. 4(2), April 1987.

[Liu 68] Liu C.L. *Introduction to Combinatorial Mathematics*, McGraw-Hill, 1968.

[Lloy 82] Lloyd S.P. "Least squares quantization in PCM," *IEEE Transactions on Information Theory*, Vol. 28(2), pp. 129-137, March 1982.

[MacQ 67] MacQuenn J.B. "Some methods for classification and analysis of multivariate observations," *Proceedings of the Symposium on Mathematical Statistics and Probability*, 5th ed., Vol. 1, pp. 281-297, AD 669871, University of California Press, Berkeley, 1967.

[Made 04] Madeira S.C., Oliveira A.L. "Biclustering algorithms for biological data analysis: A survey," *IEEE/ACM Transactions on Computational Biology and Bioinformatics*, Vol. 1(1), pp. 24-45, 2004.

[Mano 79] Mano M. *Digital Logic and Computer Design*, Prentice Hall, 1979.

[Mant 85] Mantaras R.L., Aguilar-Martin J. "Self-learning pattern classification using a sequential clustering technique," *Pattern Recognition*, Vol. 18(3/4), pp. 271-277, 1985.

[Murt 83] Murtagh F. "A survey of recent advanced in hierarchical clustering algorithms," *Journal of Computation*, Vol. 26(4), pp. 354-359, 1983.

[Pars 04] Parsons L., Haque E., Liu H. "Subspace clustering for high dimensional data: A review," *ACM SIGKDD Explorations Newsletter*, Vol. 6(1), pp. 90-105, 2004.

[Pier 03] Pierrakos D., Paliouras G., Papatheodorou C., Spyropoulos C.D. "Web usage mining as a tool for personalization: A survey," *User Modelling and User-Adapted Interaction*, Vol. 13(4), pp. 311-372, 2003.

[Raub 00] Rauber A., Paralic J., Pampalk E. "Empirical evaluation of clustering algorithms," *Journal of Inf. Org. Sci.*, Vol. 24(2), pp. 195-209, 2000.

[Sebe 62] Sebestyen G.S. "Pattern recognition by an adaptive process of sample set construction," *IRE Transactions on Information Theory*, Vol. 8(5), pp. S82-S91, 1962.

[Snea 73] Sneath P.H.A., Sokal R.R. *Numerical Taxonomy*, W.H. Freeman, 1973.

[Spat 80] Spath H. *Cluster Analysis Algorithms*, Ellis Horwood, 1980.

[Stei 00] Steinbach M., Karypis G., Kumar V. "A comparison of document clustering techniques," *Technical Report*, 00-034, University of Minnesota, Minneapolis, 2000.

[Trah 89] Trahanias P., Scordalakis E. "An efficient sequential clustering method," *Pattern Recognition*, Vol. 22(4), pp. 449-453, 1989.

[Wei 00] Wei C., Lee Y., Hsu C. "Empirical comparison of fast clustering algorithms for large data sets," *Proceedings of the 33rd Hawaii International Conference on System Sciences*, pp. 1-10, Maui, HI, 2000.

[Xu 05] Xu R., Wunsch D. "Survey of clustering algorithms," *IEEE Transactions on Neural Networks*, Vol. 16(3), pp. 645-678, 2005.

第 13 章　集聚算法 II：层次算法

13.1　引言

层次集聚算法不同于前一章中介绍的算法。具体地说，层次集聚算法生成的不是单个聚类，而是多层聚类。这类算法通常用于社会科学和生物学等领域（见文献[El-G 68, Prit 71, Shea 65, McQu 62]）。另外，其他领域也会用到这种算法，如现代生物学、医学和考古学（见文献[Stri 67, Bobe 93, Solo 71, Hods 71]）。计算机科学与工程领域也使用层次集聚算法（见文献[Murt 95, Kank 96]）。

在描述层次集聚算法的基本思想之前，回顾可知

$$X = \{\boldsymbol{x}_i,\ i = 1, \cdots, N\}$$

是将被集聚的 l 维向量集。回顾第 11 章中的集聚定义有

$$\Re = \{C_j,\ j = 1, \cdots, m\}$$

式中，$C_j \subseteq X$。

如果集聚$\Re_1$中的每个聚类都是$\Re_2$中的集合的一个子集，那么称包含 k 个聚类的$\Re_1$嵌套在包含 r（$< k$）个聚类的$\Re_2$中。要注意的是，$\Re_1$中至少有一个聚类是$\Re_2$的真子集，记为$\Re_1 \sqsubset \Re_2$。例如，集聚$\Re_1 = \{\{\boldsymbol{x}_1, \boldsymbol{x}_3, \boldsymbol{x}_4\}, \{\boldsymbol{x}_2, \boldsymbol{x}_5\}\}$嵌套在$\Re_2 = \{\{\boldsymbol{x}_1, \boldsymbol{x}_3, \boldsymbol{x}_4\}, \{\boldsymbol{x}_2, \boldsymbol{x}_5\}\}$中；另一方面，$\Re_1$既不嵌套在$\Re_3 = \{\{\boldsymbol{x}_1, \boldsymbol{x}_4\}\{\boldsymbol{x}_3\}, \{\boldsymbol{x}_2, \boldsymbol{x}_5\}\}$中，又不嵌套在$\Re_4 = \{\{\boldsymbol{x}_1, \boldsymbol{x}_2, \boldsymbol{x}_4\}, \{\boldsymbol{x}_3, \boldsymbol{x}_5\}\}$中。显然，集聚不会嵌套到其自身之中。

层次集聚算法生成多层嵌套的聚类。具体地说，这些算法包含 N 个步骤，它与数据向量的个数相同。在第 t 步，要根据前面的 $t-1$ 步生成的聚类来生成一个新聚类。这些算法主要分为两类，即合并算法和分裂算法。

在合并算法中，初始集聚$\Re_0$由 N 个聚类组成，每个聚类都包含 X 中的一个元素。第一步生成集聚$\Re_1$，它包含 $N-1$ 个集合，满足$\Re_1 \sqsubset \Re_2$。重复该过程，直到生成只包含一个集合（即数据集 X）的最后一个集聚$\Re_{N-1}$。注意，对于得到的集聚层次，我们有

$$\Re_0 \sqsubset \Re_1 \sqsubset \cdots \sqsubset \Re_{N-1}$$

分裂算法与合并算法的思路正好相反。在这种算法中，初始集聚$\Re_0$只包括一个集合 X。第一步生成集聚$\Re_1$，它包含两个集合，满足$\Re_1 \sqsubset \Re_2$。重复该过程，直到生成包含 N 个集合的最后一个集聚$\Re_{N-1}$，其中的每个集合只包含 X 中的一个元素。这时，我们有

$$\Re_{N-1} \sqsubset \Re_{N-2} \sqsubset, \cdots, \sqsubset \Re_0$$

下一节详细介绍合并算法，分裂算法将在 13.4 节中介绍。

13.2　合并算法

设 $g(C_i, C_j)$是为 X 中的所有可能的聚类对定义的函数。该函数度量 C_i 和 C_j之间的邻近度。设

t 是当前的层次级别。于是，通用的合并算法陈述如下。

通用的合并算法（GAS）

- 初始化
  - 选择 $\Re_0 = \{C_i = \{\boldsymbol{x}_i\}, i = 1,\cdots, N\}$ 作为初始集聚。
  - $t = 0$。
- 重复：
  - $t = t + 1$
  - 在 $\Re_{t-1}$ 的所有可能的聚类对 (C_r, C_s) 中，找到一个聚类对，如 (C_i, C_j)，使得

$$g(C_i, C_j) = \begin{cases} \min_{r,s} g(C_r, C_s), & g \text{ 为相异度函数} \\ \max_{r,s} g(C_r, C_s), & g \text{ 为相似度函数} \end{cases} \tag{13.1}$$

  - 定义 $C_q = C_i \cup C_j$，生成新集聚 $\Re_t = (\Re_{t-1} - \{C_i, C_j\}) \cup \{C_q\}$。
- 直到所有的向量都位于单个聚类中。

显然，这种算法生成 N 个层次结构的集聚，其中的每个集聚都嵌套在后续的所有集聚中，也就是说，对 $t_1 < t_2, t_2 = 1,\cdots, N-1$，有 $\Re_{t_1} \sqsubset \Re_{t_2}$。我们也可以说，如果两个向量在层次结构的 t 级别合并到单个聚类中，那么对所有后续的集聚来说，它们将保持在相同的聚类中。这是我们了解嵌套性质的另一种方法。

嵌套性质的缺点是，无法复原前一层次级别中出现的“坏”集聚（见文献[Gowe 67]）①。

在层次级别 t，有 $N-t$ 个聚类。于是，为了确定将在层次级别 $t+1$ 合并的聚类对，就要考虑 $\binom{N-t}{2} \equiv \frac{(N-t)(N-t-1)}{2}$ 个聚类对。因此，整个集聚过程要考虑的聚类对的数量为

$$\sum_{t=0}^{N-1} \binom{N-t}{2} = \sum_{k=1}^{N} \binom{k}{2} = \frac{(N-1)N(N+1)}{6}$$

也就是说，合并算法的总运算次数与 N^3 成正比。然而，合并算法的复杂度取决于 g 的定义。

13.2.1　一些常用量的定义

合并算法主要分为两类。第一类算法基于矩阵理论，第二类算法基于图论。在详细讨论它们之前，下面先给出一些定义。模式矩阵 $\boldsymbol{D}(X)$ 是一个 $N\times l$ 维矩阵，它的第 i 行是 X 中（转置后）的第 i 个向量。相似度（相异度）矩阵 $\boldsymbol{P}(X)$ 是一个 $N\times N$ 维矩阵，它的元素 (i, j) 等于向量 $\boldsymbol{x}_i$ 和 $\boldsymbol{x}_j$ 之间的相似度 $s(\boldsymbol{x}_i, \boldsymbol{x}_j)$［相异度 $d(\boldsymbol{x}_i, \boldsymbol{x}_j)$］。这个矩阵也称邻近度矩阵，以便计及两种情形。$\boldsymbol{P}$ 是一个对称矩阵②。此外，若 $\boldsymbol{P}$ 是一个相似度矩阵，则其对角线元素等于 s 的最大值；另一方面，若 $\boldsymbol{P}$ 是一个相异度矩阵，则其对角线元素等于 d 的最小值。注意，一个模式矩阵可能有多个邻近度矩阵，具体取决于所选的邻近度 $\wp(\boldsymbol{x}_i, \boldsymbol{x}_j)$。然而，$\wp(\boldsymbol{x}_i, \boldsymbol{x}_j)$ 固定后，给定的模式矩阵就有一个关联的邻近度矩阵。另一方面，一个邻近度矩阵可以对应于多个模式矩阵（见习题 13.1）。

例 13.1　设 $X = \{\boldsymbol{x}_i, i = 1,\cdots, 5\}$，$\boldsymbol{x}_1 = [1, 1]^{\mathrm{T}}, \boldsymbol{x}_2 = [2, 1]^{\mathrm{T}}, \boldsymbol{x}_3 = [5, 4]^{\mathrm{T}}\ \boldsymbol{x}_4, = [6, 5]^{\mathrm{T}}$ 和 $\boldsymbol{x}_5 = [6.5, 6]^{\mathrm{T}}$。$X$ 的模式矩阵是

---

① 文献[Frig 97]中提出了一种生成层次结构的方法，但不必具有嵌套性质。

② 文献[Ozaw 83]中讨论了称为 RANCOR 的一种层次集聚算法，它基于不对称的邻近度矩阵。

$$D(X) = \begin{bmatrix} 1 & 1 \\ 2 & 1 \\ 5 & 4 \\ 6 & 5 \\ 6.5 & 6 \end{bmatrix}$$

使用欧氏距离时，对应的相异度矩阵为

$$P(X) = \begin{bmatrix} 0 & 1 & 5 & 6.4 & 7.4 \\ 1 & 0 & 4.2 & 5.7 & 6.7 \\ 5 & 4.2 & 0 & 1.4 & 2.5 \\ 6.4 & 5.7 & 1.4 & 0 & 1.1 \\ 7.4 & 6.7 & 2.5 & 1.1 & 0 \end{bmatrix}$$

使用 Tanimoto 度量时，X 的相似度矩阵为

$$P'(X) = \begin{bmatrix} 1 & 0.75 & 0.26 & 0.21 & 0.18 \\ 0.75 & 1 & 0.44 & 0.35 & 0.20 \\ 0.26 & 0.44 & 1 & 0.96 & 0.90 \\ 0.21 & 0.35 & 0.96 & 1 & 0.98 \\ 0.18 & 0.20 & 0.90 & 0.98 & 1 \end{bmatrix}$$

观察发现，$\boldsymbol{P}(X)$的所有对角线元素都是 0，因为 $d_2(\boldsymbol{x}, \boldsymbol{x}) = 0$；$\boldsymbol{P}'(X)$中的所有对角线元素都是 1，因为 $s_T(\boldsymbol{x}, \boldsymbol{x}) = 1$。

阈值树状图或树状图，是表示由合并算法生成的集聚的顺序的有效方式。为了说明这一思想，我们再次考虑例 13.1 中给出的数据集，并将 $g(C_i, C_j)$ 定义为 $g(C_i, C_j) = d_{\min}^{ss}(C_i, C_j)$（见 11.2 节）。在这种情况下，如果使用两个向量之间的欧氏距离，那么由通用合并方法生成的 X 的集聚顺序显然是如图 13.1 中所示的顺序。第一步，由 $\boldsymbol{x}_1$ 和 $\boldsymbol{x}_2$ 形成新聚类$\{\boldsymbol{x}_1, \boldsymbol{x}_2\}$；第二步，合并 $\boldsymbol{x}_4$ 和 $\boldsymbol{x}_5$ 形成单个聚类$\{\boldsymbol{x}_4, \boldsymbol{x}_5\}$；第三步将 $\boldsymbol{x}_3$ 添加到聚类$\{\boldsymbol{x}_4, \boldsymbol{x}_5\}$中；最后，第四步将聚类$\{\boldsymbol{x}_1, \boldsymbol{x}_2\}$和$\{\boldsymbol{x}_3, \boldsymbol{x}_4, \boldsymbol{x}_5\}$合并为单个集合 X。图 13.1 的右侧显示了对应的树状图。通用合并算法（GAS）的每个步骤，对应于树状图的一个级别。在特定级别切割树状图，将得到一个集聚。

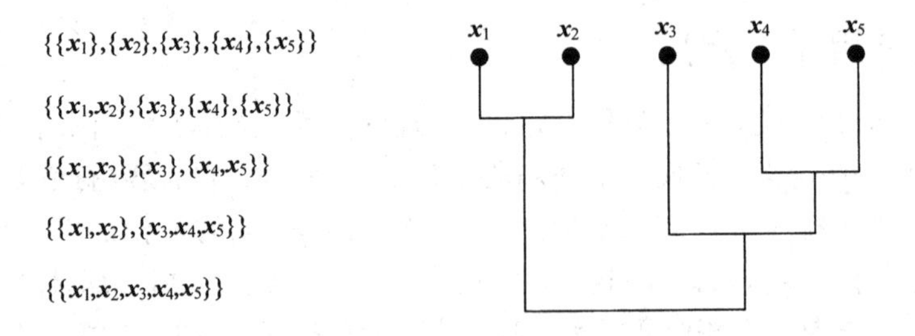

图 13.1　例 13.1 中 X 的集聚层次结构及对应的树状图

邻近度树状图是在第一次合并两个聚类时，考虑邻近度级别的树状图。使用相异度（相似度）度量时，邻近度树状图称为相异度（相似度）树状图。这个工具可用做在任何层次自然或强迫形成聚类的指示器。也就是说，它提供最好地匹配数据的集聚的线索，详见 13.6 节中的说明。图 13.2 中显示了在例 13.1 中分别使用 $\boldsymbol{P}'(X)$和 $\boldsymbol{P}(X)$时，X 的相似度树状图和相异度树状图。

在详细讨论层次算法以前，我们先了解一些注意事项。如前所述，这类算法生成的是各个层次的集聚而不是单个集聚。在某些应用中，确定整个树状图是有用的，如生物分类学（见文献[Prit 71]）。然而，在其他应用中，我们只对能够最好地匹配数据的集聚感兴趣。如果要在这类应用中采用层次

算法，那么就要确定生成的层次集聚中哪个最适合数据。也就是说，必须选择最合适的级别来切割对应于最终层次的树状图。类似的讨论同样适用于分裂算法。本章最后一节将介绍确定切割级别的方法。

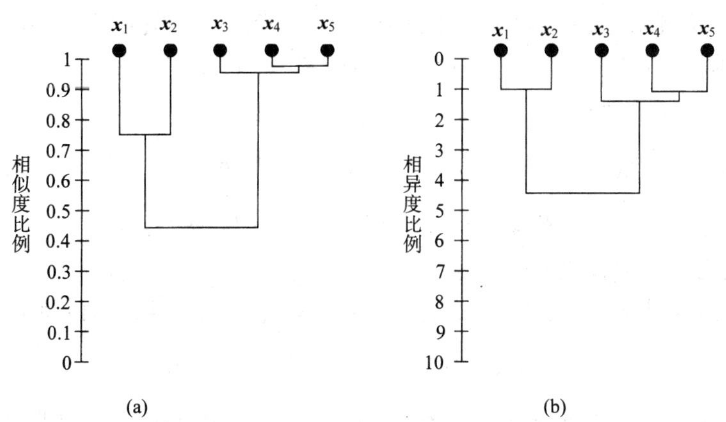

图 13.2　(a)在例 13.1 中使用 $\boldsymbol{P}'(X)$时，X 的邻近度（相似度）树状图；(b)在例 13.1 中使用 $\boldsymbol{P}(X)$时，X 的邻近度（相异度）树状图

后面除非特殊说明，否则只考虑相异度矩阵。类似的声明同样适用于相似度矩阵。

13.2.2　基于矩阵理论的合并算法

这些算法是 GAS 的特殊情形，它们的输入是由 X 推导出的 $N\times N$ 维相异度矩阵 $\boldsymbol{P}_0=\boldsymbol{P}(X)$。在 t 级别，当两个聚类合并为一个聚类后，相异度矩阵 $\boldsymbol{P}_t$ 的大小变为$(N-t)\times(N-t)$。由 $\boldsymbol{P}_{t-1}$ 得到 $\boldsymbol{P}_t$ 的方法是：(a) 删除对应于合并后的聚类的行和列；(b) 新增包含新聚类与（在该级别不受影响的）旧聚类之间的距离的一行和一列。新聚类 C_q（合并 C_i 和 C_j 的结果）和旧聚类 C_s 之间的距离是

$$d(C_q,C_s)=f(d(C_i,C_s),d(C_j,C_s),d(C_i,C_j)) \tag{13.2}$$

许多文献将这个过程称为*矩阵更新算法*。下面介绍矩阵更新算法（MUAS），这里仍用 t 来表示层次结构的当前级别。

矩阵更新算法（MUAS）

- 初始化
  - $\Re_0=\{\{\boldsymbol{x}_i\},i=1,\cdots,N\}$
  - $\boldsymbol{P}_0=\boldsymbol{P}(X)$
  - $t=0$
- 重复：
  - $t=t+1$
  - 找到满足 $d(C_i,C_j)=\min_{r,s=1,\cdots,N,r\neq s}d(C_r,C_s)$的 C_i 和 C_j。
  - 将 C_i 和 C_j 合并为单个聚类 C_q，并形成$\Re_t=(\Re_{t-1}-\{C_i,C_j\}\cup\{C_q\}$。
  - 按照正文中的说明，定义矩阵 $\boldsymbol{P}_t$ 和 $\boldsymbol{P}_{t-1}$ 邻近度矩阵。
- 直到形成集聚$\Re_{N-1}$，即所有向量都位于同一个聚类中。

注意，这个算法的依据是 GAS。文献[Lanc 67]中指出，很多距离函数采用的是如下更新方程：

$$d(C_q, C_s) = a_i d(C_i, C_s) + a_j d(C_j, C_s) + b d(C_i, C_j) + c|d(C_i, C_s) - d(C_j, C_s)| \tag{13.3}$$

不同的 a_i, a_j, b, c 值对应于不同的相异度 $d(C_i, C_j)$。式(13.3)也是两个聚类之间的递归距离，递归从初始点聚类之间的距离开始。文献[Bobe 93]中讨论了另一个公式，它不包含最后一项，并且允许 a_i, a_j, b 是 C_i, C_j, C_s 的函数。下面给出基于 MUAS 的算法，它在式(13.3)中采用了不同 a_i, a_j, b, c 值。

这些简单的算法如下所示。

- 单链算法。它由式(13.3)得到，此时 $a_i = 1/2, a_j = 1/2, b = 0, c = -1/2$。在这种情形下，

$$d(C_q, C_s) = \min\{d(C_i, C_s), \quad d(C_j, C_s)\} \tag{13.4}$$

11.2 节中定义的 $d_{\min}^{ss}$ 也是这种度量。

- 全链算法。它由式(13.3)得到，此时 $a_i = \frac{1}{2}, a_j = \frac{1}{2}, b = 0, c = \frac{1}{2}$。可以写出[①]

$$d(C_q, C_s) = \max\{d(C_i, C_s), \quad d(C_j, C_s)\} \tag{13.5}$$

注意，已合并聚类 C_i 和 C_j 之间的距离并未进入上面的公式。在用相似度代替相异度的情况下，(a) 对于单链算法，式(13.4)中的算子 min 应由算子 max 代替；(b) 对于全链算法，式(13.5)中的算子 max 应由算子 min 代替。为了深入地了解上述算法的性质，下面来看一个例子。

例 13.2 考虑图 13.3(a)中的数据集 X。前 7 个点形成一个细长的聚类，剩下的 4 个点形成一个致密的聚类，连线上的数字表示向量对之间的欧氏距离，这些距离也可取为两个初始向量之间的距离。距离太大时，不在连线上标注。图 13.3(b)中显示了对该数据集应用单链算法后得到的树状图，可以看出，该算法首先处理细长的聚类，并在更高的相异度级别上复原了第二个聚类。图 13.3(c)中显示了对该数据集应用全链算法后得到的树状图，容易看出这个算法复原了第一个致密的聚类。

注释

- 上述算法是式(13.3)的两种极端情形。事实上，在相异度树状图中，由单链算法生成的聚类是以低相异度形成的，由全链算法生成的聚类是以高相异度形成的，因为在单链（全链）算法中，是使用 $d(C_i, C_s)$和 $d(C_j, C_s)$的最小（最大）距离作为 $d(C_q, C_s)$之间的距离的。这意味着单链算法适用于细长的聚类。这个特性也称链式效应。另一方面，全链算法适用于小的致密聚类，如果 X 中存在致密的聚类，那么应首选全链算法。

  下面讨论的其他算法介于这两种算法之间[②]。

- 加权对群平均（WPGMA）算法。由式(13.3)得到，此时 $a_i = a_j = \frac{1}{2}, b = 0, c = 0$，即

$$d(C_q, C_s) = \frac{1}{2}(d(C_i, C_s) + d(C_j, C_s)) \tag{13.6}$$

此时，新聚类 C_q 与旧聚类 C_s 之间的距离定义为 C_i, C_s 和 C_j, C_s 之间的平均距离。

- 未加权对群平均（UPGMA）算法。由式(13.3)得到，此时 $a_i = \frac{n_i}{n_i+n_j}, a_j = \frac{n_j}{n_i+n_j}, b = 0, c = 0$，其中 n_i, n_j 分别是集合 C_i, C_j 的基数。在这种情形下，C_q 和 C_s 之间的距离是

① 式(13.4)和式(13.5)表明：对全链算法，合并聚类是一个 min/max 问题；对单链算法，合并聚类则是一个 min/min 问题。

② 这里采用的术语来自文献[Jain 88]。

$$d(C_q, C_s) = \frac{n_i}{n_i + n_j} d(C_i, C_s) + \frac{n_j}{n_i + n_j} d(C_j, C_s) \tag{13.7}$$

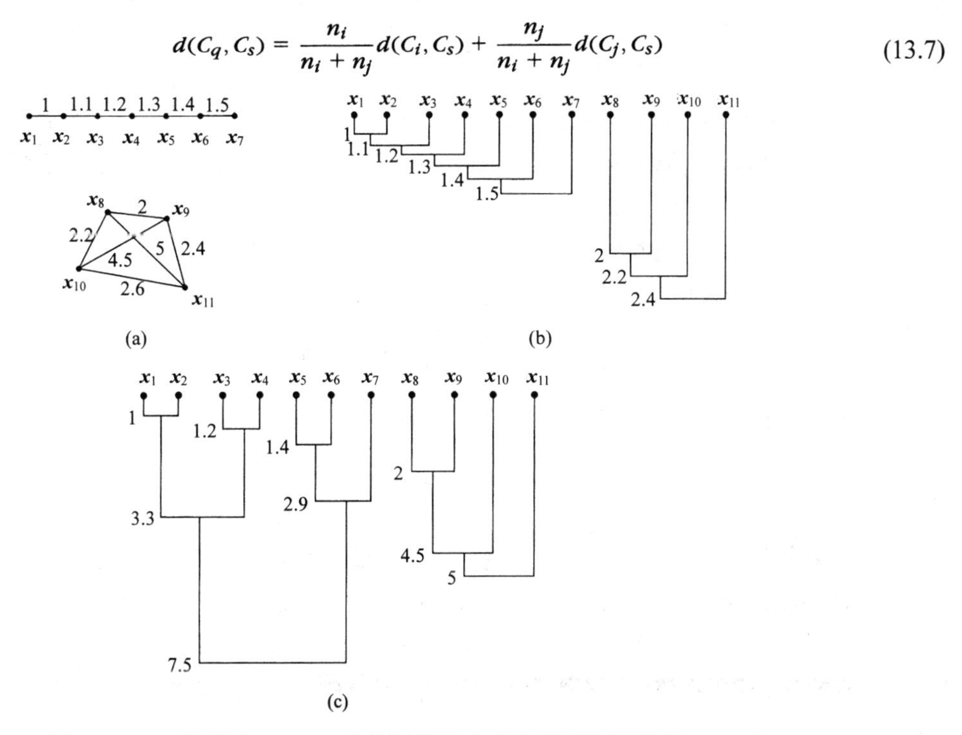

图 13.3　(a) 数据集 X；(b) 由单链算法生成的相异度树状图；(c) 由全链算法生成的相异度树状图（未显示最后一个集聚的级别）

- 未加权对群质心（UPGMC）算法。由式(13.3)得到，此时 $a_i = \frac{n_i}{n_i+n_j}, a_j = \frac{n_j}{n_i+n_j}$, $b = -\frac{n_i n_j}{(n_i+n_j)^2}$, $c = 0$ ，即

$$d_{\mathrm{qs}} = \frac{n_i}{n_i + n_j} d_{\mathrm{is}} + \frac{n_j}{n_i + n_j} d_{\mathrm{js}} - \frac{n_i n_j}{(n_i + n_j)^2} d_{ij} \tag{13.8}$$

为便于书写，用 d_{qs} 代替了 $d(C_q, C_s)$。这个算法的说明很有趣。我们将聚类的代表选为其均值（质心），即

$$\boldsymbol{m}_q = \frac{1}{n_q} \sum_{\boldsymbol{x} \in C_q} \boldsymbol{x} \tag{13.9}$$

并且相异度是各个聚类代表之间的欧氏距离的平方。可以证明，递归定义 d_{qs} 就是各个代表之间的欧氏距离的平方（见习题 13.2），即

$$d_{qs} = \|\boldsymbol{m}_q - \boldsymbol{m}_s\|^2 \tag{13.10}$$

- 加权对群质心（WPGMC）算法。由式(13.3)得到，此时 $a_i = a_j = \frac{1}{2}, b = -\frac{1}{4}, c = 0$ ，即

$$d_{qs} = \frac{1}{2} d_{is} + \frac{1}{2} d_{js} - \frac{1}{4} d_{ij} \tag{13.11}$$

注意，当合并的聚类数与向量数相同时，由式(13.8)可得到式(13.11)，但一般情况下并非如此，且这个算法基本上要计算各个质心之间的加权距离。WPGMC 算法的一个显著特点是 $d_{qs} \leqslant \min(d_{is}, d_{js})$（见习题 13.3）。

- Ward 或最小方差算法。这时，两个聚类 C_i 和 C_j 之间的距离 d'_{ij} ，是它们的均值向量之间的欧氏距离的平方的加权形式，即

$$d'_{ij} = \frac{n_i n_j}{n_i + n_j} d_{ij} \tag{13.12}$$

式中，$d_{ij} = \|\boldsymbol{m}_i - \boldsymbol{m}_j\|^2$。因此，在 MUAS 的步骤 2.2 中，我们找到一对聚类 C_i, C_j，使得 d'_{ij} 最小。此外，可以证明（见习题 13.4）这个距离属于式(13.3)定义的距离系列，可以写出

$$d'_{qs} = \frac{n_i + n_s}{n_i + n_j + n_s} d'_{is} + \frac{n_j + n_s}{n_i + n_j + n_s} d'_{js} - \frac{n_s}{n_i + n_j + n_s} d'_{ij} \tag{13.13}$$

也可从另一个角度来理解上面的这个距离。我们将

$$e_r^2 = \sum_{\boldsymbol{x} \in C_r} \|\boldsymbol{x} - \boldsymbol{m}_r\|^2$$

定义为第 r 个聚类围绕其均值的方差，将

$$E_t = \sum_{r=1}^{N-t} e_r^2 \tag{13.14}$$

定义为级别 t 上各个聚类的总方差（式中出现了 $N-t$ 个聚类）。下面通过合并对总方差增加影响最小的两个聚类，来证明 Ward 的算法形式$\Re_{t+1}$。假设我们希望将聚类 C_i 和 C_j 合并为聚类 C_q。假设在级别 $t+1$，聚类 C_i 和 C_j 合并为 C_q 后的总方差是 E_{t+1}^{ij}。于是，由于所有的其他聚类在该级别不受影响，因此差值 $\Delta E_{t+1}^{ij} = E_{t+1}^{ij} - E_t$ 等于

$$\Delta E_{t+1}^{ij} = e_q^2 - e_i^2 - e_j^2 \tag{13.15}$$

考虑到

$$\sum_{\boldsymbol{x} \in C_r} \|\boldsymbol{x} - \boldsymbol{m}_r\|^2 = \sum_{\boldsymbol{x} \in C_r} \|\boldsymbol{x}\|^2 - n_r \|\boldsymbol{m}_r\|^2 \tag{13.16}$$

式(13.15)写为

$$\Delta E_{t+1}^{ij} = n_i \|\boldsymbol{m}_i\|^2 + n_j \|\boldsymbol{m}_j\|^2 - n_q \|\boldsymbol{m}_q\|^2 \tag{13.17}$$

由于

$$n_i \boldsymbol{m}_i + n_j \boldsymbol{m}_j = n_q \boldsymbol{m}_q \tag{13.18}$$

式(13.17)变为

$$\Delta E_{t+1}^{ij} = \frac{n_i n_j}{n_i + n_j} \|\boldsymbol{m}_i - \boldsymbol{m}_j\|^2 = d'_{ij} \tag{13.19}$$

这就是 Ward 算法最小化的距离，也是最小方差得名的原因。

例 13.3 考虑下面的相异度矩阵：

$$P_0 = \begin{bmatrix} 0 & 1 & 2 & 26 & 37 \\ 1 & 0 & 3 & 25 & 36 \\ 2 & 3 & 0 & 16 & 25 \\ 26 & 25 & 16 & 0 & 1.5 \\ 37 & 36 & 25 & 1.5 & 0 \end{bmatrix}$$

其中采用了对应的欧氏距离的平方。显然，前三个向量 $\boldsymbol{x}_1$、$\boldsymbol{x}_2$ 和 $\boldsymbol{x}_3$ 彼此非常接近，但与其他向量则相距较远。类似地，$\boldsymbol{x}_4$ 和 $\boldsymbol{x}_5$ 彼此也非常接近，但与前三个向量相距较远。对于这个问题，使用前面讨论的 7 种算法都会得到相同的树状图，唯一不同的是每个集聚是在不同相异度级别形成的。

首先考虑单链算法。因为 $\boldsymbol{P}_0$ 是对称的，我们只考虑上对角线元素。这些元素中的最小者是 1，出现在矩阵 $\boldsymbol{P}_0$ 的位置(1, 2)，因此，$\boldsymbol{x}_1$ 和 $\boldsymbol{x}_2$ 进入相同的聚类并生成了 $\Re_1 = \{\{\boldsymbol{x}_1, \boldsymbol{x}_2\}, \{\boldsymbol{x}_3\}, \{\boldsymbol{x}_4\}, \{\boldsymbol{x}_5\}\}$。下面使用式(13.4)计算新聚类与剩余聚类之间的相异度。得到的邻近度矩阵 $\boldsymbol{P}_1$ 为

$$P_1 = \begin{bmatrix} 0 & 2 & 25 & 36 \\ 2 & 0 & 16 & 25 \\ 25 & 16 & 0 & 1.5 \\ 36 & 25 & 1.5 & 0 \end{bmatrix}$$

第 1 行和第 1 列对应于聚类 $\{\boldsymbol{x}_1, \boldsymbol{x}_2\}$。矩阵 $\boldsymbol{P}_1$ 的上对角线元素中，最小的元素是 1.5，这意味着下一步应合并 $\{\boldsymbol{x}_4\}$ 和 $\{\boldsymbol{x}_5\}$，得到 $\Re_2 = \{\{\boldsymbol{x}_1, \boldsymbol{x}_2\}, \{\boldsymbol{x}_3\}, \{\boldsymbol{x}_4, \boldsymbol{x}_5\}\}$。采用式(13.4)，得到矩阵 $\boldsymbol{P}_2$ 为

$$P_2 = \begin{bmatrix} 0 & 2 & 25 \\ 2 & 0 & 16 \\ 25 & 16 & 0 \end{bmatrix}$$

第 1 行（列）对应于聚类 $\{\boldsymbol{x}_1, \boldsymbol{x}_2\}$，第 2 和第 3 行（列）分别对应于聚类 $\{\boldsymbol{x}_3\}$ 和 $\{\boldsymbol{x}_4, \boldsymbol{x}_5\}$。如前所述，下一步要合并 $\{\boldsymbol{x}_1, \boldsymbol{x}_2\}$ 和 $\{\boldsymbol{x}_3\}$，得到 $\Re_3 = \{\{\boldsymbol{x}_1, \boldsymbol{x}_2, \boldsymbol{x}_3\}, \{\boldsymbol{x}_4, \boldsymbol{x}_5\}\}$。得到矩阵 $\boldsymbol{P}_3$ 为

$$P_3 = \begin{bmatrix} 0 & 16 \\ 16 & 0 \end{bmatrix}$$

第 1 行（列）和第 2 行（列）分别对应于聚类 $\{\boldsymbol{x}_1, \boldsymbol{x}_2, \boldsymbol{x}_3\}$ 和 $\{\boldsymbol{x}_4, \boldsymbol{x}_5\}$。最后在相异度级别 16 形成 $\Re_4 = \{\{\boldsymbol{x}_1, \boldsymbol{x}_2, \boldsymbol{x}_3, \boldsymbol{x}_4, \boldsymbol{x}_5\}\}$。

类似地，我们可对 $\boldsymbol{P}_0$ 应用剩下的 6 种算法。注意，应用 Ward 算法时，根据式(13.12)中的定义，初始相异度矩阵应为 $\frac{1}{2}\boldsymbol{P}_0$。然而，应用 UPGMA、UPGMC 和 Ward 算法时应特别小心，因为在这些情况下合并聚类时，要适当地调整参数 a_i, a_j, b 和 c。表 13.1 中列出了各种算法形成集聚时的邻近度级别。

表 13.1　对例 13.3 中的邻近度矩阵应用 7 种算法后的结果

	SL	CL	WPGMA	UPGMA	WPGMC	UPGMC	Ward 算法
$\Re_0$	0	0	0	0	0	0	0
$\Re_1$	1	1	1	1	1	1	0.5
$\Re_2$	1.5	1.5	1.5	1.5	1.5	1.5	0.75
$\Re_3$	2	3	2.5	2.5	2.25	2.25	1.5
$\Re_4$	16	37	25.75	27.5	24.69	26.46	31.75

注意，我们考虑的是彼此相距较远且定义良好的两个致密聚类的情形。上例表明，在简单的情形下，所有算法的表现都较好。只有面对更复杂的情况，每种算法才会表现出独特的性能。因此，在例 13.2 中，我们可以看出单链算法和全链算法的不同性质，其他算法如 WPGMC、UPGMC 的特点将在后面介绍。

13.2.3　单调性和交叉性

考虑下面的相异度矩阵：

$$P = \begin{bmatrix} 0 & 1.8 & 2.4 & 2.3 \\ 1.8 & 0 & 2.5 & 2.7 \\ 2.4 & 2.5 & 0 & 1.2 \\ 2.3 & 2.7 & 1.2 & 0 \end{bmatrix}$$

对矩阵 $\boldsymbol{P}$ 应用单链算法和全链算法，可以得到图 13.4(a)和图 13.4(b)所示的相异度树状图。对矩阵 $\boldsymbol{P}$ 应用 UPGMC 和 WPGMC 算法可以得到相同的树状图，如图 13.4(c)所示。在这幅树状图中，可以看出，相对于聚类$\{\boldsymbol{x}_1, \boldsymbol{x}_2\}$，聚类$\{\boldsymbol{x}_1, \boldsymbol{x}_2, \boldsymbol{x}_3, \boldsymbol{x}_4\}$是在较低的相异度级别上形成的。这种现象称为交叉性。具体地说，当聚类以低于其任何分量的相异度级别形成时，就会出现交叉现象。与交叉性对立的性质是单调性，它指聚类是以高于其任何分量的相异度级别形成的。

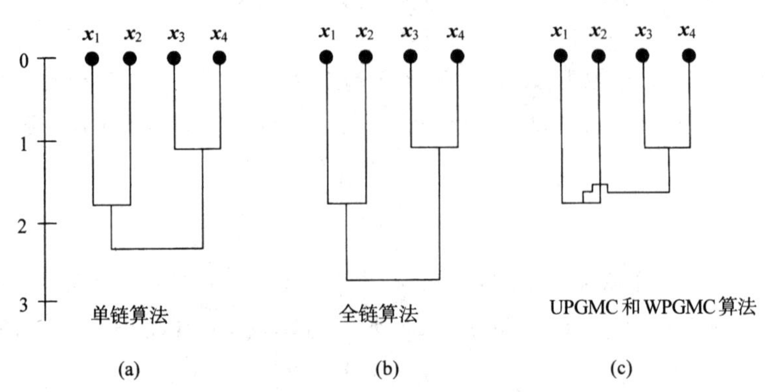

图 13.4 对 $\boldsymbol{P}$ 使用如下算法后得到的相异度树状图：(a) 单链算法；(b) 全链算法；(c) UPGMC 和 WPGMC 算法。第三个树状图中出现了交叉现象

单调性条件的正式表述如下：“如果层次的级别 t 选择将聚类 C_i 和 C_j 合并为聚类 C_q，那么对所有的 $C_k, k \neq i, j, q$，必须满足条件 $d(C_q, C_k) \geqslant d(C_i, C_j)$。”

单调性只依赖于集聚算法，而与（初始）邻近度矩阵无关。

回顾由参数 a_i, a_j, b 和 c 定义的式(13.3)。下面给出一个命题并对其加以证明，以便确定算法是否满足单调性条件。

命题 1 若 a_i 和 a_j 是非负的，$a_i + a_j + b \geqslant 1$，且(a) $c \geqslant 0$ 或(b) $\max\{-a_i, -a_j\} \leqslant c \leqslant 0$，则对应的集聚算法满足单调性条件。

证明。(a) 由假设有

$$b \geqslant 1 - a_i - a_j$$

代入式(13.3)并整理，得到

$$d(C_q, C_s) \geqslant d(C_i, C_j) + a_i(d(C_i, C_s) - d(C_i, C_j)) + \\ a_j(d(C_j, C_s) - d(C_i, C_j)) + c|d(C_i, C_s) - d(C_j, C_s)|$$

因此，由 MUAS 的步骤 2.2（见 13.2.2 节）有

$$d(C_i, C_j) = \min_{r,u} d(C_r, C_u)$$

可以看出，不等式中的第二项和第三项是非负的，第四项也是非负的。因此，我们有

$$d(C_q, C_s) \geqslant d(C_i, C_j)$$

于是，单调性条件得以满足。

(b) 设 $d(C_i, C_s) \geqslant d(C_j, C_s)$ [$d(C_i, C_s) < d(C_j, C_s)$的情形可以类似地处理]。类似地，我们有

$$b \geqslant 1 - a_i - a_j$$

根据这个不等式，由式(13.3)得到

$$d(C_q, C_s) \geqslant d(C_i, C_j) + a_i(d(C_i, C_s) - d(C_i, C_j)) + a_j(d(C_j, C_s) - d(C_i, C_j)) + c(d(C_i, C_s) - d(C_j, C_s))$$

对不等式的右侧加、减 $cd(C_i, C_j)$项，整理后得

$$d(C_q, C_s) \geqslant (a_j - c)(d(C_j, C_s) - d(C_i, C_j)) + d(C_i, C_j) + (a_i + c)(d(C_i, C_s) - d(C_i, C_j))$$

根据假设 $a_j - c \geqslant 0$ 和

$$d(C_i, C_j) = \min_{r,u} d(C_r, C_u)$$

由 MUAS 的步骤 2.2 得

$$d(C_q, C_s) \geqslant d(C_i, C_j)$$

注意，命题 1 中的条件是充分条件，但不是必要条件。这意味着不满足这个命题的前提的算法也可能满足单调性条件。显然，单链算法、全链算法、UPGMA、WPGMA 和 Ward 算法都满足命题 1 的前提，因此都满足单调性条件，而 UPGMC、WPGMC 算法不满足单调条件。此外，如图 13.4(c)所示，我们可以构建许多说明这两种算法违反单调性的例子。但要注意的是，这不意味着两种算法总是生成带有交叉现象的树状图。

最后要指出的是，一些不满足单调性条件的有用算法受到了批评（见文献[Will 77, Snea 73]），但这些算法在某些应用领域可能会得到较好的结果。此外，没有理论依据能够证明满足单调性条件的算法就一定能得到令人满意的结果。无论如何，算法的实用性都应是终极的评价准则（遗憾的是，这样的准则通常不存在）。

13.2.4　实现问题

如前所述，GAS 的运算次数是 $O(N^3)$。许多文献中提出了这些算法的一些有效实现，这些实现的运算次数降低到了 $O(N)$。例如，文献[Kuri 91]中的实现的运算次数降低到了 $O(N^2 \log N)$。文献[Murt 83, Murt 84, Murt 85]中讨论了应用广泛的合并算法的实现，其运算次数为 $O(N^2)$，存储量为 $O(N^2)$或 $O(N)$。最后，文献[Will 89]和[Li 90]中讨论了单指令多数据（SIMD）计算机上的并行实现。

13.2.5　基于图论的合并算法

在介绍这类算法前，下面先回顾图论中的一些基本定义。

图论中的基本定义

图 G 定义为有序对 $G = (V, E)$，其中 $V = \{v_i, i = 1, \cdots, N\}$是顶点集，$E$ 是连接顶点对的边集。连接顶点 v_i 和 v_j 的边记为 e_{ij} 或(v_i, v_j)。若 v_i 和 v_j 的顺序无关紧要，则图 G 是无向图；否则图 G 是有向图。另外，若图的边没有关联的代价，则称其为无权图，否则称其为有权图。下面讨论顶点

对至多由一条边连接的图。在集聚理论中，图是无向图，图的每个顶点对应于一个特征向量（或者对应于由特征向量表示的模式）。

在图 G 中，顶点 v_{i_1} 和 v_{i_n} 间的路径是形如 $v_{i_1}e_{i_1i_2}v_{i_2}\cdots v_{i_{n-1}}\ e_{i_{n-1}i_n}v_{i_n}$ 的一系列顶点和边[见图 13.5(a)]。当然，不能保证顶点 v_{i_1} 和 v_{i_n} 之间一定存在路径。在这条路径中，如果起点 v_{i_1} 和终点 v_{i_n} 相同，那么称该路径为环［见图 13.5(b)］。当一条边将一个顶点连接到其自身时，我们就得到了一个自环。

图 G 的子图 $G' = (V', E')$是满足 $V'\subseteq V$ 和 $E'\subseteq E_1$ 的图，其中 E_1 是 E 的一个子集，它的边连接 V'中的顶点。显然，G 是其自身的子图。

若至少存在一条连接 V' 中任何一对顶点的路径，则称子图 $G' = (V', E')$是连通的[见图 13.5(c)]。例如，在图 13.5(c)中，带有顶点 v_1, v_2, v_4, v_5 的子图不是连通的。若每个顶点 $v_i \in V'$ 都与 $V'-\{v_i\}$ 中的每个顶点连接，则称子图 G'是完全的［见图 13.5(d)］。

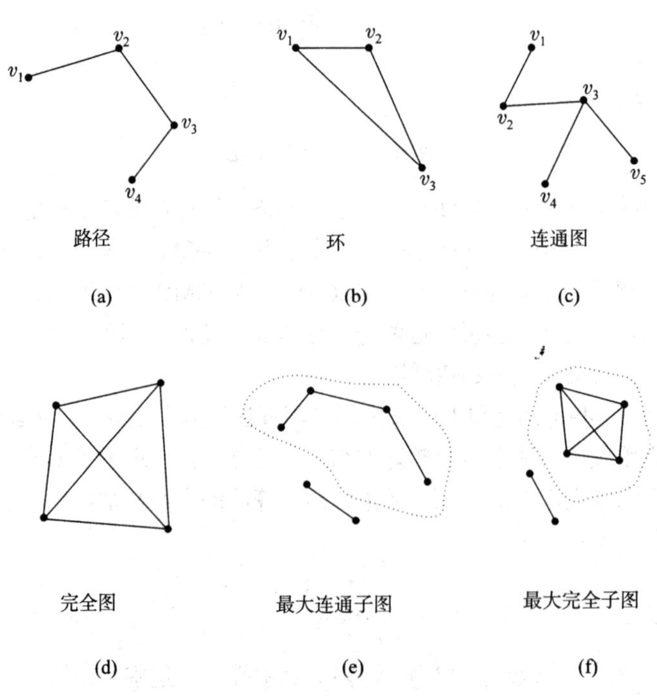

图 13.5　(a) 连接顶点 v_1 和 v_4 的路径；(b) 环；(c)连通图；(d) 完全图；(e)最大连通子图；(f)最大完全子图

图 G 的最大连通子图 G'是图 G 中包含所有可能的顶点的连通子图［见图 13.5(e)］；图 G 的最大完全子图 G'是图 G 中包含所有可能的顶点的完全子图［见图 13.5(f)］。

与基于图论的这个算法紧密关联的一个概念是阈值图。阈值图是带有 N 个节点的无权无向图，每个节点都对应数据集 X 中的一个向量。在这个图中，不存在自环，且两个节点之间不存在多条边。设 a 为相异度级别。如果向量 $\boldsymbol{x}_i$ 和 $\boldsymbol{x}_j$ $(i, j = 1,\cdots, N)$之间的相异度小于等于 a，则带有 N 个节点的阈值图 $G(a)$包含这两个向量对应的节点 i 和 j 之间的一条边。也就是说，我们可以写出

$$(v_i, v_j) \in G(a),\quad d(\boldsymbol{x}_i, \boldsymbol{x}_j) \leqslant a,\quad i,j = 1,\cdots,N \tag{13.20}$$

如果使用的是相似度，那么可将这个定义改为

$$(v_i, v_j) \in G(a),\quad s(\boldsymbol{x}_i, \boldsymbol{x}_j) \geqslant a,\quad i,j = 1,\cdots,N$$

邻近图 $G_p(a)$是一种阈值图，它的所有边(v_i, v_j)都用 $\boldsymbol{x}_i$ 和 $\boldsymbol{x}_j$ 之间的邻近度加权。如果使用的是两个节点之间的相异度（相似度），那么称邻近图为相异度（相似度）图。图 13.6 中显示了阈值图 $G(3)$及邻近图 $G_p(3)$、$G(5)$、$G_p(5)$，它们是用例 13.1 中的相异度矩阵 $\boldsymbol{P}(X)$得到的。

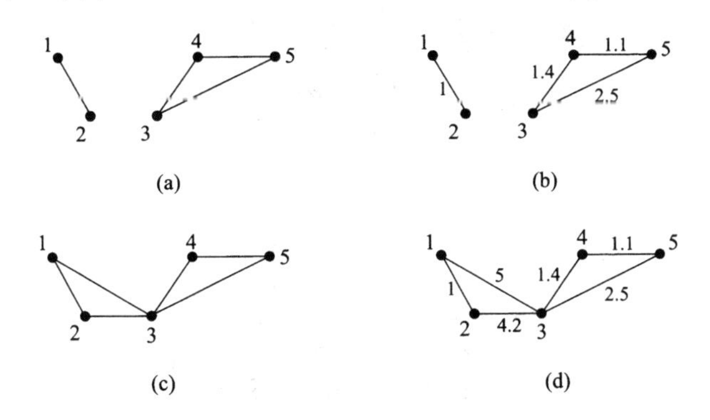

图 13.6　由例 13.1 中的相异度矩阵 $\boldsymbol{P}(X)$得到的：(a) 阈值图 $G(3)$；(b) 邻近（相异度）图 $G_p(3)$；(c) 阈值图 $G(5)$；(d) 邻近（相异度）图 $G_p(5)$

算法

本节讨论基于图论概念的合并算法。具体地说，我们考虑带有 N 个节点且每个节点对应于 X 中的一个向量的图 G。连接节点进而得到多个连通子图后，就形成聚类。通常，为了定义有效的聚类，子图必须满足图的另外一个性质 $h(k)$。这时，GAS 中的函数 g 已由 $g_{h(k)}$代替。可以采用的一些性质如下所示[Jain 88, Ling 72]。

- 节点连通度。连通子图的节点连通度是满足如下条件的最大整数 k：所有的节点对至少由没有共用节点的 k 条路径连接。
- 边连通度。连通子图的边连通度是满足如下条件的最大整数 k：所有的节点对至少由 k 条没有共用边的路径连接。
- 节点度。连通子图的度是满足如下条件的最大整数 k：每个节点至少有 k 条入射边。

基于图论的通用合并算法称为基于图论的算法（GTAS）。这个算法的迭代步骤基本上与通用合并算法（GAS）的相同，但步骤 2.2 除外。它表示为

$$g_{h(k)}(C_i, C_j) = \begin{cases} \min_{r,s} g_{h(k)}(C_r, C_s), & g \text{ 为相异度函数} \\ \max_{r,s} g_{h(k)}(C_r, C_s), & g \text{ 为相似度函数} \end{cases} \tag{13.21}$$

两个聚类之间的邻近度函数 $g_{h(k)}(C_r,\ C_s)$是用下列参数定义的：(a) 向量（即图中的节点）之间的邻近度；(b) 作用于子图的性质 $h(k)$强加的某些约束。更正式地说，$g_{h(k)}$定义为

$$\begin{aligned} & g_{h(k)}(C_r, C_s) \\ = & \min_{\boldsymbol{x}_u \in C_r, \boldsymbol{x}_v \in C_s} \{d(\boldsymbol{x}_u, \boldsymbol{x}_v) \equiv a\text{: 由 } C_r \cup C_s \text{ 定义的 } G(a) \text{ 子图是：} \\ & \text{(a)连通的，且(b1)具有性质 } h(k)\text{，或(b2)是完全的}^{①} \end{aligned} \tag{13.22}$$

总之，根据下列条件来合并聚类（即连通子图）：(a) 节点之间的邻近度，(b) 合并得到了具有性质 $h(k)$的连通子图，或完全的连通子图。下面来看一些例子。

---

① 这意味着 $C_r \cup C_s$ 的所有节点都满足要求的性质。

单链算法

这里，唯一的前提是连通度；也就是说，不要求强加的性质 $h(k)$，也不要求完全度。因此，我们可以忽略式(13.22)中的条件(b1)和(b2)，此时式(13.22)简化为

$$g_{h(k)}(C_r, C_s) = \min_{\boldsymbol{x}_u \in C_r, \boldsymbol{x}_v \in C_s} \{d(\boldsymbol{x}_u, \boldsymbol{x}_v) \equiv a: \text{由 } C_r \cup C_s \text{ 定义的 } G(a) \text{ 子图是连通的}\} \tag{13.23}$$

下面举例说明这个算法。

例 13.4　考虑下面的相异度矩阵：

$$\boldsymbol{P} = \begin{bmatrix} 0 & 1.2 & 3 & 3.7 & 4.2 \\ 1.2 & 0 & 2.5 & 3.2 & 3.9 \\ 3 & 2.5 & 0 & 1.8 & 2.0 \\ 3.7 & 3.2 & 1.8 & 0 & 1.5 \\ 4.2 & 3.9 & 2.0 & 1.5 & 0 \end{bmatrix}$$

在第一个集聚$\Re_0$中，X中的每个向量都形成一个聚类（见图 13.7）。为了使用单链算法确定下一个集聚$\Re_1$，我们需要为所有聚类对的 $g_{h(k)}(C_r, C_s)$。对于$\{\boldsymbol{x}_1\}$和$\{\boldsymbol{x}_2\}$，$g_{h(k)}$等于 1.2，因为$\{\boldsymbol{x}_1\}\cup\{\boldsymbol{x}_2\}$第一次出现在 $G(1.2)$中时是连通的。类似地，$g_{h(k)}(\{\boldsymbol{x}_1\},\{\boldsymbol{x}_3\}) = 3$。采用类似的方法可得到 $g_{h(k)}$的其他值。于是，由式(13.21)，我们发现 $g_{h(k)}(\{\boldsymbol{x}_1\},\{\boldsymbol{x}_2\}) = 1.2$ 是 $g_{h(k)}$的最小值，所以合并$\{\boldsymbol{x}_1\}$和$\{\boldsymbol{x}_2\}$，得到

$$\Re_1 = \{\{\boldsymbol{x}_1, \boldsymbol{x}_2\}, \{\boldsymbol{x}_3\}, \{\boldsymbol{x}_4\}, \{\boldsymbol{x}_5\}\}$$

采用相同的方法，可求得所有聚类对中最小的 $g_{h(k)}$是 $g_{h(k)}(\{\boldsymbol{x}_4\},\{\boldsymbol{x}_5\}) = 1.5$。因此，$\Re_2$为

$$\Re_2 = \{\{\boldsymbol{x}_1, \boldsymbol{x}_2\}, \{\boldsymbol{x}_3\}, \{\boldsymbol{x}_4, \boldsymbol{x}_5\}\}$$

为了形成$\Re_3$，我们首先考虑聚类$\{\boldsymbol{x}_3\}$和$\{\boldsymbol{x}_4, \boldsymbol{x}_5\}$。这时，$g_{h(k)}(\{\boldsymbol{x}_3\},\{\boldsymbol{x}_4, \boldsymbol{x}_5\}) = 1.8$。类似地，得到 $g_{h(k)}(\{\boldsymbol{x}_1, \boldsymbol{x}_2\}, \{\boldsymbol{x}_3\}) = 2.5$, $g_{h(k)}(\{\boldsymbol{x}_1, \boldsymbol{x}_2\},\{\boldsymbol{x}_4, \boldsymbol{x}_5\}) = 3.2$。所以

$$\Re_3 = \{\{\boldsymbol{x}_1, \boldsymbol{x}_2\}, \{\boldsymbol{x}_3, \boldsymbol{x}_4, \boldsymbol{x}_5\}\}$$

求得 $g_{h(k)}(\{\boldsymbol{x}_1, \boldsymbol{x}_2\},\{\boldsymbol{x}_3, \boldsymbol{x}_4, \boldsymbol{x}_5\}) = 2.5$，$\Re_4$在这个级别形成。观察发现在 $G(2.0)$中未形成聚类。

注释

- 在单链算法中，不需要性质 $h(k)$，且式(13.23)与下式基本相同：

$$g_{h(k)}(C_r, C_s) = \min_{\boldsymbol{x} \in C_r, \boldsymbol{y} \in C_s} d(\boldsymbol{x}, \boldsymbol{y}) \tag{13.24}$$

　因此这个算法等价于基于矩阵理论的单链算法，且它们得到的结果相同（见习题 13.7）。

全链算法

这里，唯一前提是完全度；也就是说，可以忽略图的性质 $h(k)$。因为连通度是比完全度更弱的条件，仅当子图是完全子图时，才能形成有效的聚类。下面通过例 13.4 来说明这个算法。

集聚$\Re_0$, $\Re_1$和$\Re_2$与由单链算法生成的集聚相同，它们分别是在 $G(0)$, $G(1.2)$和 $G(1.5)$中形成的。下面推导集聚$\Re_3$。因为在 $G(2.0)$中，$\{\boldsymbol{x}_3\}\cup\{\boldsymbol{x}_4, \boldsymbol{x}_5\}$第一次变成完全的，所以 $g_{h(k)}(\{\boldsymbol{x}_3\},\{\boldsymbol{x}_4, \boldsymbol{x}_5\}) = 2$。同理，$g_{h(k)}(\{\boldsymbol{x}_1, \boldsymbol{x}_2\},\{\boldsymbol{x}_3\}) = 3$，$g_{h(k)}(\{\boldsymbol{x}_1, \boldsymbol{x}_2\},\{\boldsymbol{x}_4, \boldsymbol{x}_5\}) = 4.2$。因此，得到的集聚$\Re_3$与单链算法得到的集聚相同。唯一的不同是，前者是在 $G(2.0)$中形成的，后者是在 $G(1.8)$中形成的。最后一个集聚$\Re_4$在 $G(4.2)$中形成。

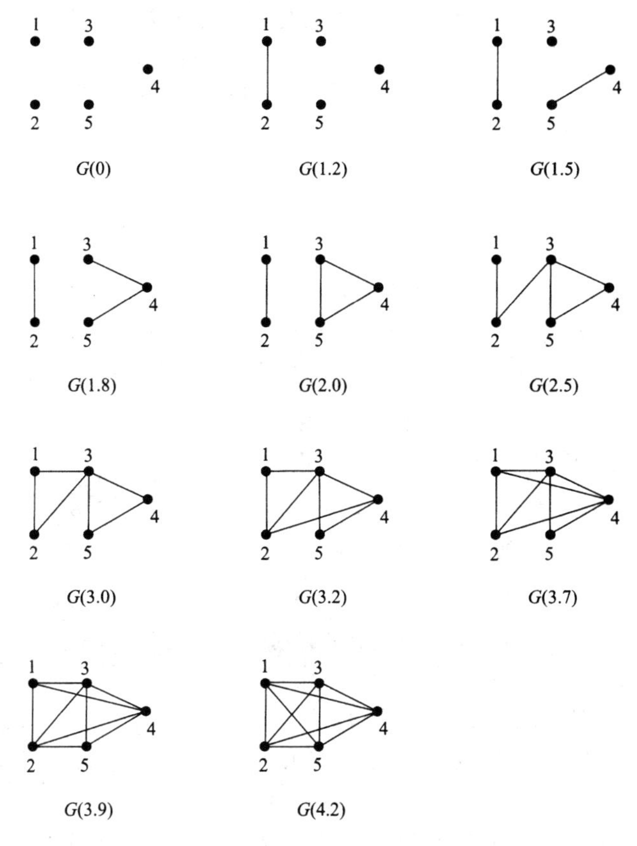

图 13.7　由例 13.4 中的相异度矩阵 $\boldsymbol{P}$ 得到的阈值图

注释

- 稍加思考就会发现，全链算法的公式(13.22)等价于

$$g_{h(k)}(C_r, C_s) = \max_{\boldsymbol{x}\in C_r, \boldsymbol{y}\in C_s} d(\boldsymbol{x}, \boldsymbol{y}) \tag{13.25}$$

　　因此，这个算法等价于基于矩阵论的算法（见习题 13.8）。

单链算法和全链算法都可视为 GTAS 的特例，因为形成新聚类时所用的准则对单链算法是最弱的，而对全链算法是最强的。选择不同的 $g_{h(k)}$时，可以得到介于这两个特例算法之间的其他算法。显然，由式(13.22)可知，改变性质 $h(k)$就可实现这一目标，其中 k 是一个参数，它的含义取决于所用的性质 $h(k)$。例如，在图 13.8 中，对于节点连通度、边连通度和节点度，k 的值是 3。

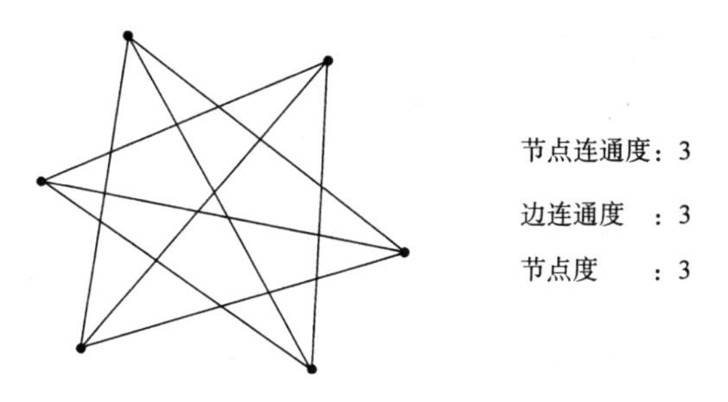

图 13.8　节点连通度、边连通度、节点度均为 3 的图

例 13.5 本例介绍性质 $h(k)$的运算方法。考虑下面的相异度矩阵：

$$
\boldsymbol{P}(X)=\begin{bmatrix}
0 & 1 & 9 & 18 & 19 & 20 & 21\\
1 & 0 & 8 & 13 & 14 & 15 & 16\\
9 & 8 & 0 & 17 & 10 & 11 & 12\\
18 & 13 & 17 & 0 & 5 & 6 & 7\\
19 & 14 & 10 & 5 & 0 & 3 & 4\\
20 & 15 & 11 & 6 & 3 & 0 & 2\\
21 & 16 & 12 & 7 & 4 & 2 & 0
\end{bmatrix}
$$

图 13.9 中显示了由这个相异度矩阵生成的邻近图 $G(13)$。设 $h(k)$是 $k=2$ 时的节点度性质，即要求每个节点至少有两条入射边。得到的阈值树状图如图 13.10(a)所示。在相异度级别 1，$\boldsymbol{x}_1$ 和 $\boldsymbol{x}_2$ 形成单个聚类，因为$\{\boldsymbol{x}_1\}\cup\{\boldsymbol{x}_2\}$在 $G(1)$中是完全的，尽管不满足性质 $h(2)$［注意，在式(13.22)中，条件(b1)和(b2)的关系是“或”］。类似地，$\{\boldsymbol{x}_6\}\cup\{\boldsymbol{x}_7\}$在相异度级别 2 形成聚类。下一个聚类是在相异度级别 4 形成的，因为$\{\boldsymbol{x}_5\}\cup\{\boldsymbol{x}_6, \boldsymbol{x}_7\}$在 $G(1)$中是完全的。在相异度级别 6，$\boldsymbol{x}_4, \boldsymbol{x}_5, \boldsymbol{x}_6$,和 $\boldsymbol{x}_7$ 第一次合并到了相同的聚类中。尽管这个子图不是完全的，但它确实满足性质 $h(2)$。最后，在相异度级别 9，$\boldsymbol{x}_1, \boldsymbol{x}_2$ 和 $\boldsymbol{x}_3$ 合并到同一个聚类中。注意，尽管图中所有节点的节点度都是 2，但最终的聚类会在相异度级别 10 形成，因为在相异度级别 9，子图不是连通的。

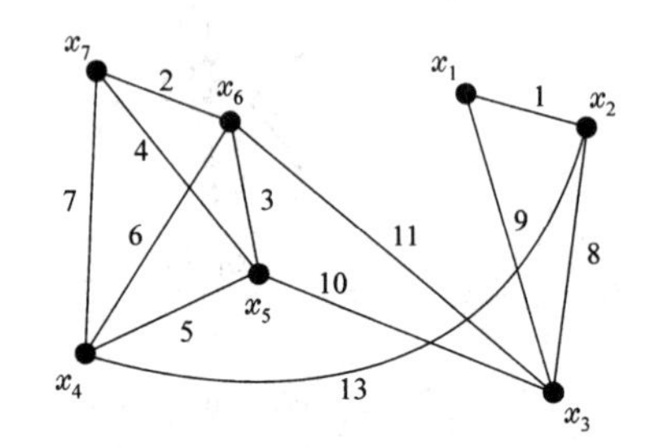

图 13.9 由例 13.5 中的相异矩阵 $\boldsymbol{P}$ 推导出的邻近图 $G(13)$

下面设 $h(k)$表示节点的连通度，$k=2$。也就是说，在连通子图中，所有的节点对之间至少有没有共用节点的两条路径。这时生成的相异度树状图如图 13.10(b)所示。最后，使用 $k=2$ 的边连通度性质时，生成的相异度树状图如图 13.10(c)所示。

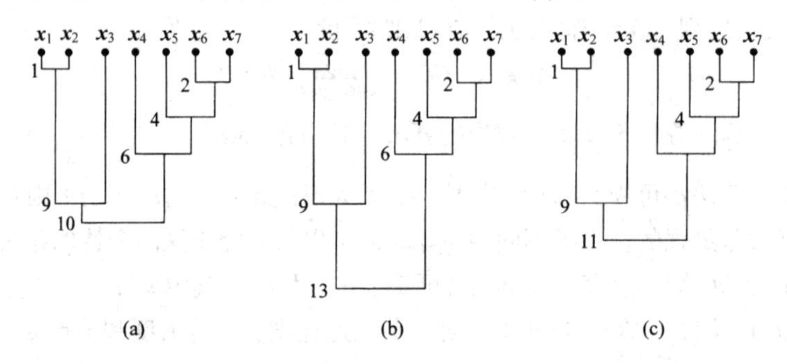

图 13.10 与例 13.5 相关联的相异度树状图。(a) 当 $h(k)$是节点度性质（$k=2$）时，生成的相异度树状图；(b) 当 $h(k)$是节点连通度性质（$k=2$）时，生成的相异度树状图；(c) 当 $h(k)$是边连通度性质（$k=2$）时，生成的相异度树状图

不难看出，所有这些性质在 $k=1$ 时，得到的是单链算法。另一方面，k 越大，子图的完全度也越大。

例 13.6 再次考虑例 13.5 中的相异度矩阵，假设现在 $h(k)$是节点度性质，$k=3$。图 13.11 显示了对应的树状图。比较图 13.10(a)和图 13.11 发现，在第二种情形下，在较大的相异度级别形成了相同的聚类。

基于最小生成树的集聚算法

生成树是包含图中所有顶点但没有环的连通图，没有环是指图中的任何两个节点对之间只有一条路径。如果图的边被加权，那么生成树的权重是其各条边的权重之和。最小生成树（MST）是连接图中节点的所有生成树中，权重最小的生成树。使用 Prim 算法或 Kruskal 算法，可以推得图的最小生成树（见文献[Horo 78]）。注意，对于给定的图，可能存在多个最小生成树。然而，当图 G 中各条边的权重都不相同时，MST 就是唯一的。在本例中，图的权重是由邻近度矩阵 $\boldsymbol{P}(X)$ 推导出来的。

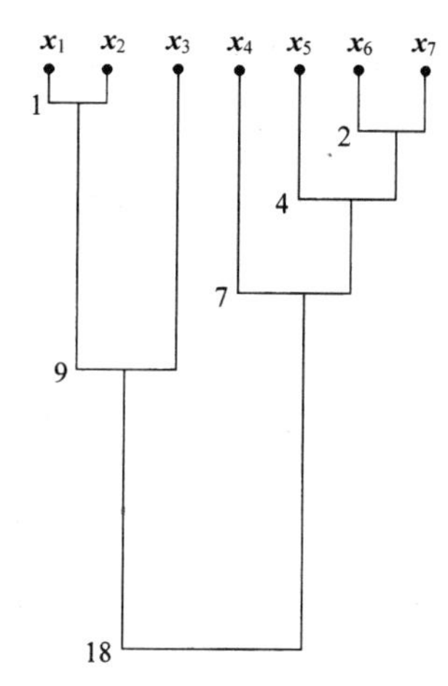

图 13.11　与例 13.6 的节点度属性相对应的阈值树图，$k = 3$

如果使用下式代替邻近度函数 $g_{h(k)}(C_r, C_s)$，那么 MST 搜索算法就可视为 GTAS 的特例：

$$g(C_r, C_s) = \min_{ij}\{w_{ij} : \boldsymbol{x}_i \in C_r,\ \boldsymbol{x}_j \in C_s\} \tag{13.26}$$

式中，$\boldsymbol{w}_{ij} = d(\boldsymbol{x}_i, \boldsymbol{x}_j)$。总之，这个度量标识了连接到对应 C_r 和 C_s 的子图的 MST 的最小权重。

使用某个合适的算法得到 MST 后，我们就可按如下方式得到多个层次的集聚：在级别 t，如果只考虑 MST 中权重最小的边，那么聚类就是 G 的连通部分。稍加思考就会发现，这个层次与由单链算法定义的层次是相同的，至少在 X 的任意两个向量之间的所有距离彼此都不相同时，情形是这样的。因此，我们也可将这个算法视为单链算法的另一个实现。下例说明了该算法的运作方式。

例 13.7　考虑下面的邻近度矩阵：

$$\boldsymbol{P} = \begin{bmatrix} 0 & 1.2 & 4.0 & 4.6 & 5.1 \\ 1.2 & 0 & 3.5 & 4.2 & 4.7 \\ 4.0 & 3.5 & 0 & 2.2 & 2.8 \\ 4.6 & 4.2 & 2.2 & 0 & 1.6 \\ 5.1 & 4.7 & 2.8 & 1.6 & 0 \end{bmatrix}$$

图 13.12(a)中显示了由这个邻近度矩阵导出的 MST，图 13.12(b)显示了对应的树状图。

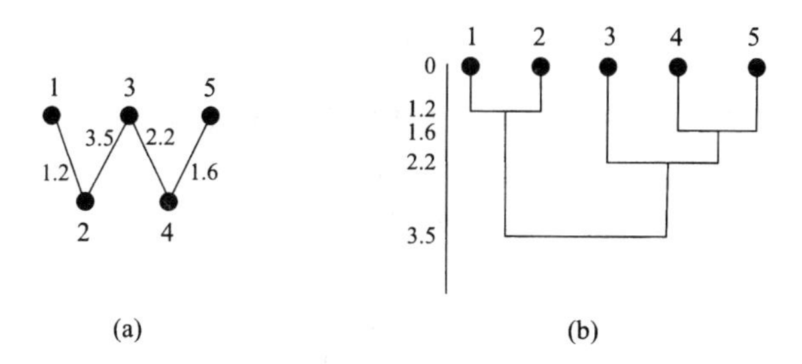

图 13.12　(a) 由例 13.7 中的相异度矩阵推导出的 MST；(b) 由基于 MST 的算法得到的相异度树状图

观察发现，最小生成树唯一地规定了单链算法的树状图。因此，MST 是单链算法的另一种形式，它可以节省计算开销。

13.2.6 邻近度矩阵中的关系

在由区间尺度特征或比值尺度特征组成的向量中，数据集 X 中的某个向量与另外两个向量等距的概率很小。然而，在处理有序数据时，是不能忽略这个概率的。某个向量与其他两个向量等距意味着，邻近度矩阵 $\boldsymbol{P}$ 的上三角部分至少有两个相等的元素（见例 13.8）。了解层次算法如何处理这样的邻近度矩阵是很重要的。下面通过例子来考虑基于图论的第一类算法。

例 13.8 考虑下面的相异度矩阵：

$$\boldsymbol{P}=\begin{bmatrix}0 & 4 & 9 & 6 & 5\\ 4 & 0 & 3 & 8 & 7\\ 9 & 3 & 0 & 3 & 2\\ 6 & 8 & 3 & 0 & 1\\ 5 & 7 & 2 & 1 & 0\end{bmatrix}$$

注意，$P(2, 3) = P(3, 4)$。图 13.13(a)中显示了对应的相异度图 $G(9)$，图 13.13(b)中显示了由单链算法得到的相异度树状图。不管先考虑两条边中的哪条边，最后得到的树状图都是相同的。图 13.13(c)和图 13.13(d)是首先考虑边(3, 4)和边(2, 3)时，由全链算法得到的对应树状图。注意图 13.13(c)和图 13.13(d)中的树状图是不同的。

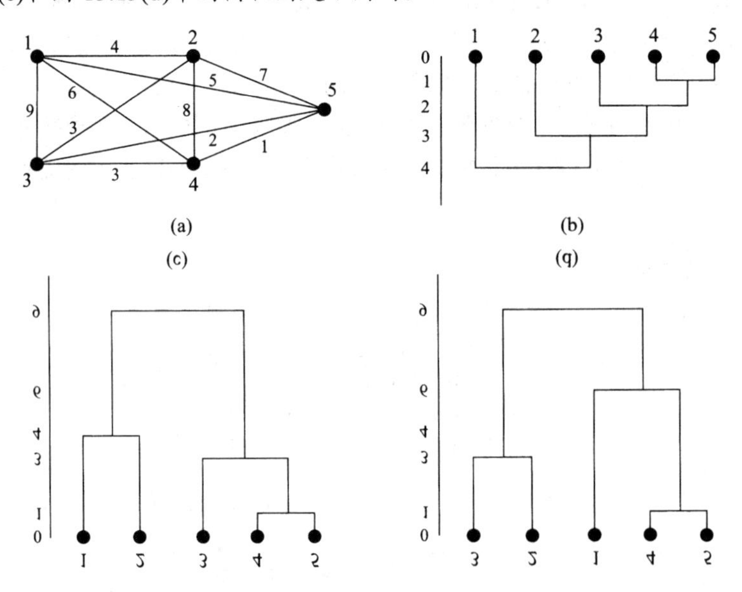

图 13.13 (a) 例 13.8 中相异度矩阵对应的相异度图 $G(9)$；(b) 由单链算法得到的相异度树状图；(c) 首先考虑边(3, 4)时，由全链算法得到的相异度树状图；(d) 首先考虑边(2, 3)时，由全链算法得到的相异度树状图

互换矩阵 $\boldsymbol{P}$ 中的元素 $P(1, 2)$和 $P(2, 3)$[①]，并设 $\boldsymbol{P}_1$ 是新的相异度矩阵，图 13.14(a)中显示了由单链算法得到的树状图，图 13.14(b)中显示了由全链算法得到的树状图。在这种情况下，无论是先考虑边(1, 2)还是先考虑边(3, 4)，由全链算法得到的树状图都是相同的。

上例表明，单链算法总是得到相同的树状图，而不管"关系"是如何考虑的。另一方面，全

① 既然相异度矩阵是对称的，那么元素 $P(2, 1)$和 $P(3, 2)$也是可以互换的。

链算法在以不同的方式考虑“关系”时，可能会得到不同的树状图。介于单链算法和全链算法之间的基于图论的其他算法的性质，类似于全链算法的性质（见习题 13.11）。

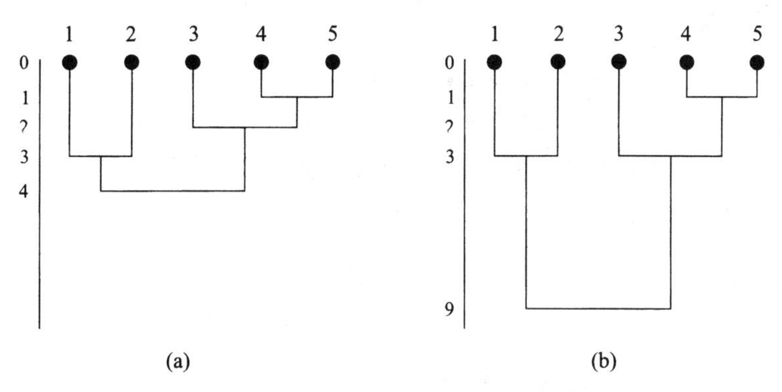

图 13.14　(a) 对例 13.8 中的 $\boldsymbol{P}_1$ 应用单链算法后得到的相异度树状图；
(b) 对例 13.8 中的 $\boldsymbol{P}_1$ 应用全链算法后得到的相异度树状图

基于矩阵的算法也具有同样的趋势。然而，要注意的是，在基于矩阵的算法中，邻近度矩阵中的关系可以出现在后一个阶段（见习题 13.12）。因此，如文献[Jard 71]中所述，若单链算法以最可靠的方式来处理邻近度矩阵中的关系，那么总能得到相同的树状图。对于基于图论的算法，除连通度性质外的任何需求，对于基于矩阵理论的算法，除了式(13.4)之外的任何需求，都会产生歧义，且结果会对关系的处理顺序敏感。从这个观点来看，单链算法看起来要优于其他竞争算法。这并不意味着其他算法不好，算法是否能给出最好的结果取决于具体的问题。如果使用单链算法之外的其他算法，就要谨慎地处理邻近度矩阵中的关系。

13.3　同型矩阵

与层次算法相关联的另一个量是同型矩阵，第 16 章中将使用它验证集聚层次的有效性。

设 $\Re_{t_{ij}}$ 是首次将 $\boldsymbol{x}_i$ 和 $\boldsymbol{x}_j$ 合并到同一个聚类时的集聚（当然，对于随后的所有集聚，$\boldsymbol{x}_i$ 和 $\boldsymbol{x}_j$ 仍然保持在相同的聚类中）。设 $L(t_{ij})$ 是定义集聚 $\Re_{t_{ij}}$ 时的邻近度级别。我们定义两个向量之间的同型距离为

$$d_C(\boldsymbol{x}_i, \boldsymbol{x}_j) = L(t_{ij})$$

总之，两个向量 $\boldsymbol{x}_i$ 和 $\boldsymbol{x}_j$ 之间的同型距离，是这两个向量首次合并到一个聚类时的邻近度级别。

在单调性假设下，同型距离是一个度量指标。为了证明这一点，需要证明满足第 11 章中声明的 5 个条件。事实上，第一个条件成立，即 $0 \leqslant d_C(\boldsymbol{x}, \boldsymbol{y}) < +\infty$。注意，$d_C(\boldsymbol{x}, \boldsymbol{y})$的最小值为零，因为 $L(0) = 0$。另外，$d_C(\boldsymbol{x}, \boldsymbol{x}) = 0$，因为向量 $\boldsymbol{x}$ 本身在级别 0 集聚时位于同一个聚类中，此时的相异度为 0。此外，显然有 $d_C(\boldsymbol{x}, \boldsymbol{y}) = d_C(\boldsymbol{y}, \boldsymbol{x})$和 $d_C(\boldsymbol{x}, \boldsymbol{y}) = 0 \Leftrightarrow \boldsymbol{x} = \boldsymbol{y}$，因为 $L(0)$时，每个聚类中只包含一个向量。最后，还满足三角不等式。事实上，对于三元组$(\boldsymbol{x}_i, \boldsymbol{x}_j, \boldsymbol{x}_r)$，设 $t_1 = \max\{t_{ij}, t_{jr}\}$和 $L_1 = \max\{L(t_{ij}), L(t_{jr})\}$。由层次性质可以看出，在级别 t_1 形成集聚时，$\boldsymbol{x}_i, \boldsymbol{x}_j, \boldsymbol{x}_r$ 合并到了同一个聚类中。此外，假设满足单调性，$d_C(\boldsymbol{x}_i, \boldsymbol{x}_r) \leqslant L_1$ 或

$$d_C(\boldsymbol{x}_i, \boldsymbol{x}_r) \leqslant \max\{d_C(\boldsymbol{x}_i, \boldsymbol{x}_j), d_C(\boldsymbol{x}_j, \boldsymbol{x}_r)\} \tag{13.27}$$

注意，这三个距离中的两个总是相等的，具体取决于哪对向量首先出现在单个聚类中。这个条件

强于三角不等式，且称为超度量不等式。注意超度量性和单调性之间的关系密切。单调性确保超度量性，进而确保三角不等式成立。

同型矩阵定义为

$$D_C(X) = [d_C(\boldsymbol{x}_i, \boldsymbol{x}_j)] = [L(t_{ij})], \quad i,j = 1,\cdots,N$$

显然，同型矩阵是对称的。此外，除对角线元素外，它只有 $N-1$ 个不同的项，即它有许多关系（重复项）。$\boldsymbol{D}_C(X)$是相异度矩阵的特例，因为 $d_C(\boldsymbol{x}_i, \boldsymbol{x}_j)$满足超度量不等式。

因此，我们可将层次算法视为从邻近度矩阵到同型矩阵的数据映射。

例 13.9　考虑图 13.2(b)中的相异度树状图。对应的同型矩阵为

$$\boldsymbol{D}_C(X) = \begin{bmatrix} 0 & 1 & 4.2 & 4.2 & 4.2 \\ 1 & 0 & 4.2 & 4.2 & 4.2 \\ 4.2 & 4.2 & 0 & 1.4 & 1.4 \\ 4.2 & 4.2 & 1.4 & 0 & 1.1 \\ 4.2 & 4.2 & 1.4 & 1.1 & 0 \end{bmatrix}$$

13.4　分裂算法

分裂算法的处理步骤正好与合并算法的相反。第一个集聚包含单个集合 X。在第一步，我们搜索将 X 分为两个聚类的分割。最简单的方法是，考虑将 X 分为两个集合的所有 $2^{N-1}-1$ 个分割，并选择最优的那个分割。然后，对前一阶段生成的两个集合中的每个，迭代地应用这个过程。最终的集聚中包含 N 个聚类，每个聚类都包含 X 中的一个向量。

下面正式地描述通用的分裂算法。第 t 个集聚包含 $t+1$ 个聚类。接着，用 C_{tj} 表示第 t 个集聚 $\Re_t$, $t=0,\cdots,N-1$, $j=1,\cdots,t+1$ 中的第 j 个聚类。令 $g(C_i, C_j)$是为所有可能的聚类对定义的相异度函数。初始集聚$\Re_0$中只包含集合 X，即 $C_{01}=X$。为了确定下一个集聚，考虑形成 X 的一个分割的所有可能的聚类对，选择使得函数 g 取最大值的聚类对(C_{11}, C_{12})[①]。这些聚类形成下一个集聚$\Re_1$，即$\Re_1=\{C_{11}, C_{12}\}$。在下一步中，我们考虑由 C_{11} 生成的所有聚类对，并选择使得函数 g 取最大值的那个聚类对。对 C_{12} 进行类似的处理。假设在得到的两个聚类对中，源自 C_{11} 的聚类对给出了更大的 g 值，并记这个聚类对为(C_{11}^1, C_{11}^2)。这样，新集聚$\Re_2$中就包含 C_{11}^1、C_{11}^2 和 C_{12}。将这些聚类重新标注为 C_{21}、C_{22} 和 C_{23}，得到$\Re_2=\{C_{21}, C_{22}, C_{23}\}$。采用同样的方法，我们形成所有后续的集聚。通用分裂算法描述如下。

通用分裂算法（GDS）

- 初始化
  - 选择$\Re_0=\{X\}$作为初始集聚。
  - $t=0$
- 重复：
  - $t=t+1$
  - For $i=1$ to t
    - 在形成 $C_{t-1,i}$ 的一个分割的所有可能的聚类对(C_r, C_s)中，找到使得 g 取最大值的聚类

① 也可使用相似度函数，这时应选择使得 g 值最小的聚类对。

对 $(C_{t-1,i}^1, C_{t-1,i}^2)$。

- Next i
- 从上一步定义的 t 个聚类对中，选择使得 g 最大的聚类对，假设它是 $(C_{t-1,j}^1, C_{t-1,j}^2)$。
- 新集取是

$$\Re_t = (\Re_{t-1} - \{C_{t-1,j}\}) \cup \{C_{t-1,j}^1, C_{t-1,j}^2\}$$

- 重新标注 $\Re_t$ 中的聚类。

● 直到每个向量都位于单个不同的聚类中。

选择不同的 g 会得到不同的算法。容易看出，即便对中等大小的 N 值，分裂方法的计算开销也很大。与合并算法相比，这是它的主要缺点。因此，在实际工作应用这些算法时，应做一些计算上的简化。一种简化方法是，不搜索聚类的所有分割，而使用预先规定的准则排除那些不可能的聚类对。文献[Gowd 95]和[MacN 64]中给出了这类算法的例子。下面讨论排除不可能的聚类对的方法。

设 C_i 是已形成的一个聚类。我们的目标是将它进一步分为两个尽可能"相异的"聚类 C_i^1 和 C_i^2。首先，设 $C_i^1 = \emptyset$，$C_i^2 = C_i$；接着，找到 C_i^2 中与其他向量的平均相异度最大的向量，并将它移入 C_i^1；然后，对每个保留的向量 $\boldsymbol{x} \in C_i^2$，计算它与 C_i^1 中的各个向量的平均相异度 $g(\boldsymbol{x}, C_i^1)$，以及它与 C_i^2 中的其他向量的平均相异度 $g(\boldsymbol{x}, C_i^2 - \{\boldsymbol{x}\})$。若对每个 $\boldsymbol{x} \in C_i^2$ 都有 $g(\boldsymbol{x}, C_i^2 - \{\boldsymbol{x}\}) < g(\boldsymbol{x}, C_i^1)$，则停止计算。否则，选择使得 $D(\boldsymbol{x}) = g(\boldsymbol{x}, C_i^2 - \{\boldsymbol{x}\}) - g(\boldsymbol{x}, C_i^1)$ 最大的向量 $\boldsymbol{x} \in C_i^2$（在 C_i^2 的向量中，$\boldsymbol{x}$ 与 $C_i^2 - \{\boldsymbol{x}\}$ 有最大的相异度，与 C_i^1 有最大的相似度），并将其移入 C_i^1。重复此过程，直到满足终止准则。这个迭代过程就是通用分裂算法（GDS）中的步骤 2.2.1。

在上述算法中，聚类的分裂是基于所有特征向量的所有特征（坐标）的。这类算法也称多生算法。事实上，本书中的所有算法都是多生算法。相比之下，在每个步骤中都根据单个特征实现聚类分裂的算法被称为单生算法。文献[Ever 01]中讨论了这些算法，详见文献[Lamb 62, Lamb 66, MacN 65]。

人们对不同应用领域中使用的层次算法的性能进行了比较研究，感兴趣的读者可以查阅文献[Bake 74, Hube 74, Kuip 75, Dube 76, Mill 80, Mill 83]。

13.5　用于大数据集的层次算法

如 13.2 节中所述，通用合并算法（GAS）的运算次数的量级为 N^3，即使采用了高效的计算方法，运算次数也不小于 $O(N^2)$。本节介绍一种适合处理大数据集的特殊层次算法。许多应用领域需要用到这类算法，如 Web 挖掘、生物信息学等。

CURE 算法

CURE 是 Clustering Using REpresentative（利用代表点聚类）的缩写。CURE 的创新之处是，用一组 $k > 1$ 个代表来表示每个聚类 C，记为 R_C。通过为每个聚类使用多个代表，CURE 试着"捕获"每个聚类的形状。然而，为了避免聚类边界的不规则现象，最初选择的代表被"推"向聚类的均值。这一操作也称"收缩"，即由代表"定义的"空间体积收缩为聚类的均值。具体来说，对于每个 C，集合 R_C 由如下条件决定。

● 选择距 C 的均值最远的点 $\boldsymbol{x} \in C$，并设 $R_C = \{\boldsymbol{x}\}$（代表集）

- For $i = 2$ to $\min\{k, n_C\}$[①]
  - 确定距 R_C 中的各个点最远的点 $\boldsymbol{y} \in C - R_C$，并设 $R_C = R_C \cup \{\boldsymbol{y}\}$
- End {For}
- 通过因子 a 将点 $\boldsymbol{x} \in R_C$ 收缩为 C 中的均值 $\boldsymbol{m}_c$，即 $\boldsymbol{x} = (1 - a)\,\boldsymbol{x} + a\boldsymbol{m}_c, \forall \boldsymbol{x} \in R_C$

得到的集合 R_C 是 C 的代表集。聚类 C_i 和 C_j 之间的距离定义为

$$d(C_i, C_j) = \min_{\boldsymbol{x} \in R_{C_i}, \boldsymbol{y} \in R_{C_j}} d(\boldsymbol{x}, \boldsymbol{y}) \tag{13.28}$$

根据前面的定义，我们可将 CURE 算法视为 GAS 算法的特例。在最初的版本中，合并两个聚类 C_i 和 C_j 生成的代表 C_q，是在考虑 C_q 中的所有点并应用前面说明的过程后确定的。然而，为了降低这个过程的时间复杂性，尤其是每个聚类中存在大量点的情况下，代表 C_q 是从 C_i 和 C_j 的 $2k$ 个代表中选择的。这样的选择基本上是合理的，因为代表在聚类 C_i 和 C_j 中都是最分散的点。因此，为 C_q 选择的 k 个代表点同样是分散的。形成 m 个聚类后，就将 X 中不属于任何最终聚类的代表点的点 $\boldsymbol{x}$，分配给包含最接近 $\boldsymbol{x}$ 代表的聚类。聚类数 m 要么由用户根据其关于数据集结构的先验知识提供给算法，要么使用 13.6 节中介绍的方法进行估计。

CURE 算法的最坏时间复杂性是 $O(N^2\log_2 N)$（见文献[Guha 98]）。显然，在大数据集情形下，这个时间复杂性高得惊人。CURE 算法采用随机采样的技术来降低计算复杂性。也就是说，随机地从 X 的 N 个点中选择 N' 个点，由 X 创建一个样本集 X'，但要保证因采样而选择 X 的一个聚类的概率很小。当点数 N' 足够大时，这个小概率是可以保证的[Guha 98]。

估计出 N' 后，通过连续随机采样，CURE 生成许多有 $p = N/N'$ 个样本的数据集。换句话说，X 被随机地划分为 p 个子集。设 $q > 1$ 是一个用户定义的参数，于是，每个分割中的点都按前面介绍的方法进行集聚，直到形成 N'/q 个聚类，或在下次迭代中，当最接近的一对聚类之间的距离超过用户定义的阈值时，合并这对聚类。对所有子集应用集聚过程后，对至多 $p(N'/q) = N/q$ 个聚类进行第二次集聚。第二次集聚的目的是，对至多 N/q 个聚类应用前面描述的合并过程，得到所需要的聚类数 m。为此，对 N/q 个聚类中的每个，都要使用 k 个代表。最后，按照如下方法，将数据集 X 中不是 m 个聚类的代表点的每个点 $\boldsymbol{x}$，分配给这些聚类之一。首先，从 m 个聚类中随机选择代表点；然后，基于前面的代表点，将点 $\boldsymbol{x}$ 分配给包含最接近它的代表点的聚类。

文献[Guha 98]中的实验表明，CURE 对参数 k, N' 和 a 的选择非常敏感。k 必须大到足以捕获每个聚类的形状。另外，N' 必须高于 N 的某个百分比（实验表明 N' 至少应是 N 的 2.5%）。收缩因子 a 的选择同样影响 CURE 的性能。当 a 值较小时（小收缩），CURE 与 MST 算法类似；当 a 值较大时，CURE 的性能类似于用单个点代表每个聚类的算法。CURE 的最坏执行时间是 $O(N'^2\log_2 N')$[Guha 98]。

注释

- CURE 算法对聚类中的离群点不敏感，因为散布点收缩到均值抑制了离群点的影响[Guha 98]。
- CURE 算法存在离群点本身形成聚类的问题。离群点总是形成小的聚类，在算法结束前，应对点数非常少的聚类进行检查。这些聚类可能由离群点组成，因此应该删除。
- 与 X 中的最终聚类数（m）相比，如果选择的 N'/q 足够大，那么在对 X' 应用 CURE 算法期间，X' 中合并到相同聚类中的那些点，也属于相同的聚类（就像考虑整个数据集 X 那样）。

---

① n_C 是 C 中的点数。

换句话说，由 CURE 算法得到的最终聚类的质量不受 X 的分割的影响。

- 对于 $a=1$，所有的代表点都变成聚类的均值。
- CURE 算法既适用非球形聚类或细长聚类，又适用于方差较大的聚类。
- 文献[Guha 98]中使用堆和 $k-d$ 个树数据结构，讨论了该算法的有效实现（也见文献[Corm 90]和[Same 89]）。

ROCK 算法

使用链接的鲁棒链集聚（RObust Clustering using linK, ROCK）算法最适合标称（类别）特征。对于这类数据，选择聚类的均值作为代表点没有意义。此外，坐标来自离散数据集的两个特征向量之间的邻近度，不能由 l_p 个距离充分地量化。ROCK 算法使用链接代替距离来合并聚类。

下面首先给出一些定义。如果 $s(\boldsymbol{x},\boldsymbol{y})\geqslant\theta$，那么认为两个点 $\boldsymbol{x},\boldsymbol{y}\in X$ 是邻点，其中 $s(\cdot)$ 是适当选择的相似度函数，θ是用户定义的一个参数。设 $\text{link}(\boldsymbol{x},\boldsymbol{y})$是 $\boldsymbol{x}$ 和 $\boldsymbol{y}$ 之间的共同邻居的数量。考虑其顶点是 X 中的点、其边连接这些邻居的图。显然，我们可将 $\text{link}(\boldsymbol{x},\boldsymbol{y})$视为连接 $\boldsymbol{x}$ 和 $\boldsymbol{y}$ 的、长度为 2 的不同路径数量。

假设有一个依赖于数据集和我们感兴趣的聚类类型的函数 $f(\theta)<1$，它具有以下性质：分配给聚类 C_i 的每个点在 C_i 中近似有 $n_i^{f(\theta)}$ 个邻居，其中 n_i 是 C_i 中的点数。假设聚类 C_i 足够大，并且 C_i 之外的点和 C_i 中的点形成的链接数量很少，C_i 中的每个点大约贡献 $n_i^{2f(\theta)}$ 个链接。因此，在 C_i 中的所有点对中，链接的总数为 $n_i^{1+2f(\theta)}$（见习题 13.15）。

两个聚类之间的"接近度"由如下函数评估：

$$g(C_i,C_j)=\frac{\text{link}(C_i,C_j)}{(n_i+n_j)^{1+2f(\theta)}-n_i^{1+2f(\theta)}-n_j^{1+2f(\theta)}} \tag{13.29}$$

式中，$\text{link}(C_i,C_j)=\sum_{\boldsymbol{x}\in C_i,\boldsymbol{y}\in C_j}\text{link}(\boldsymbol{x},\boldsymbol{y})$。注意，分式中的分母是两个聚类之间的链接总数。显然，$g(\cdot)$ 的值越大，聚类 C_i 和 C_j 就越相似。聚类数 m 是用户定义的一个参数。在每次迭代中，合并具有最大 $g(\cdot)$ 的聚类。当形成的聚类数等于期望的聚类数 m 时，或者集聚$\Re_t$ 中的每对聚类之间的链接数是 0 时，过程结束。

在数据集 X 非常大的情况下，为了减少执行时间，要对（对 X 随机采样得到的）约简数据集 X'（其大小 N'可像 CURE 算法中那样估计）应用 ROCK 算法。识别样本数据集 X'中的聚类后，按照如下方法将 X 中未被这个样本子集选择的点分配给一个聚类。首先，从每个聚类 C_i 中选择一个有 L_i 个点的子集。然后，对 $X-X'$中的每个 $\boldsymbol{z}$ 和每个聚类 C_i，确定 L_i 个点之间的邻居的数量 N_i。接着，将 $\boldsymbol{z}$ 分配给量 $N_i/(n_{Li}+1)^{f(\theta)}$最大的聚类 C_i，其中 n_{Li} 是 L_i 中的点数。注意，这个表达式中的分母是 $L_i\cup\{z\}$中 $\boldsymbol{z}$ 的邻居的数量。

注释

- 文献[Guha 00]中建议使用 $f(\theta)=(1-\theta)/(1+\theta)$，其中 $\theta<1$。
- 关于函数 $f(\theta)$的存在性，算法做了很强的假设。换句话说，它为数据集中的每个聚类强加约束，当数据集中的聚类不满足该假设时，就可能产生很差的结果。然而，文献[Guha 00]中的实验表明，对于函数 $f(\theta)$的选择，聚类结果是令人满意的。
- 对于大 N 值，ROCK 算法的最坏时间复杂性与 CURE 算法的类似。

文献[Dutt 05]中证明，在某些条件下，ROCK 算法生成的聚类是链接图的连通分量，其中链接图的顶点对应于数据点。根据上面的结果，文献中给出了快速版本的 ROCK 算法，称为 QROCK，它能简单地识别链接图的连通分量。

Chameleon 算法

前面介绍 CURE 和 ROCK 算法都基于聚类的“静态”建模。具体地说，CURE 算法使用相同数量（k）的代表点对每个聚类建模，ROCK 算法则通过 $f(\theta)$对聚类施加约束。显然，当各个聚类不遵守所用的模型或者出现噪声时，这些算法就不能揭示数据集的聚类结构。称为 Chameleon 的另一种层次集聚算法应运而生。这个算法适用于各种形状和尺寸的聚类。

为了量化两个聚类之间的相似度，下面定义相对互连度和相对接近度的概念。这两个量都是根据图论概念定义的。具体地说，构造一个图 $G = (V, E)$，图中的每个数据点都对应于 V 中的一个顶点，并且 E 包含顶点之间的边。每条边的权重，是与已连接顶点相关联的点之间的相似度。

下面先给出一些定义。设 C 是对应于 V 的一个子集的点集。假设 C 已分割为两个非空的子集 C_1 和 C_2（$C_1 \cup C_2 = C$）。E 的连接 C_1 和 C_2 的边的子集 E'，形成边割集。若对应于 C 的分割(C_1, C_2)的边割集 E'的权值之和，在 C 的所有分割（不包含空集）得到的边割集中是最小的，那么称 E' 是 C 的最小割集。现在，如果约束 C_1 和 C_2 的大小相等，那么称（在大小近似相等的所有分割上的）最小和 E'为 C 的最小割平分线。例如，在图 13.15 中，假设 C 由顶点 v_1, v_2, v_3, v_4, v_5 表示。图 G 的边是 $e_{12}, e_{23}, e_{34}, e_{45}, e_{51}$，对应的权重分别是 0.1, 0.2, 0.3, 0.4, 0.5。于是，边集$\{e_{51}, e_{34}\}$、$\{e_{12}, e_{23}\}$和$\{e_{12}, e_{34}\}$的权重之和分别是 0.8, 0.3, 0.4。第二个边割集对应于 C 的最小割集，第三个边割集对应于 C 的最小割平分线。

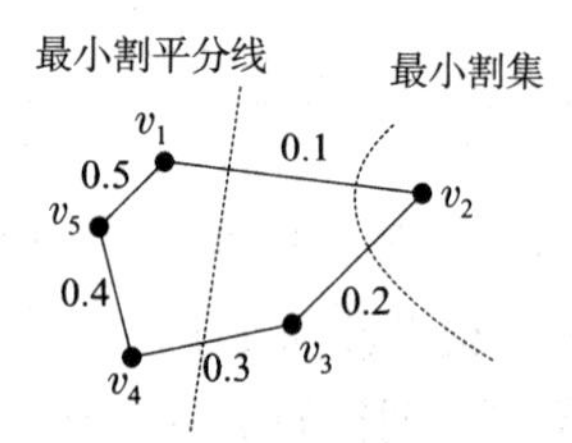

图 13.15 得到集合 C 的最小割集和最小割平分线的分割，其中集合 C 中包含 5 个顶点（见正文中的说明）

相对互连度

设 E_{ij} 是连接 C_i 和 C_j 中的点的边集，E_i 是对应于 C_i 的最小割平分线的边集。我们将两个聚类 C_i 和 C_j 之间的绝对互连度$|E_{ij}|$定义为 E_{ij} 中的各条边的权重之和。这是与将 $C_i \cup C_j$ 分割为 C_i 和 C_j 相关联的边割集。聚类 C_i 的内部互连度$|E_i|$定义为它的最小割平分线 E_i 的权重之和。两个聚类 C_i 和 C_j 之间的相对互连度定义为

$$RI_{ij} = \frac{|E_{ij}|}{\frac{|E_i| + |E_j|}{2}} \tag{13.30}$$

相对接近度

设 S_{ij} 是集合 E_{ij} 中的各条边的平均权重，S_i 是 E_i 中各条边的平均权重。于是，两个聚类 C_i 和 C_j 之间的相对接近度定义为

$$RC_{ij} = \frac{S_{ij}}{\frac{n_i}{n_i+n_j} S_i + \frac{n_j}{n_i+n_j} S_j} \tag{13.31}$$

式中，n_i 和 n_j 分别是 C_i 和 C_j 中的点数。

定义上述量后，下面说明这个算法。与要么合并、要么分裂的大多数层次算法不同，这个算法兼具合并与分裂性质。首先，创建一个 k 最邻近图。具体地说，图中的每个顶点对应于一个特征向量，如果对应顶点中至少有一个顶点在另一个 k 最近邻中（k 通常在 5 到 20 之间取值），那么在这两个顶点之间添加一条边。注意，点 $\boldsymbol{x}$ 在点 $\boldsymbol{y}$ 的 k 最近邻中时，并不意味着 $\boldsymbol{y}$ 必定在 $\boldsymbol{x}$ 的 k 最近邻中。

算法的第一阶段是分裂。首先，所有的点都属于单个聚类。然后，这个聚类被分割为两个聚类，以便所得聚类之间的边割集的权重之和是最小的，且得到的每个聚类至少包含初始聚类 25%的顶点。接着，在每个步骤中选择最大的聚类，并按照前述的方法进行分割。在给定的级别上，当得到的所有聚类中的点数都小于 q（一个用户定义的参数，通常选为 X 中的总点数的 1%～5%）时，该过程结束。最后，合并前一阶段得到的聚类集合。具体地说，若

$$RI_{ij} \geqslant T_{\mathrm{RI}} \text{ 和 } RC_{ij} \geqslant T_{\mathrm{RC}} \tag{13.32}$$

则将聚类 C_i 和 C_j 合并为一个聚类，其中 T_{RI} 和 T_{RC} 是用户定义的参数。观察发现，合并两个聚类时，两个聚类的内部结构通过各自的 S 及［由式(13.30)和式(13.31)给出的］内部互连度值起重要作用。一个聚类中的元素越相似，与其他聚类合并的“阻力”就越大。对于给定的聚类 C_i，如果有多个聚类 C_j 满足两个条件，那么 C_i 将与 $|E_{ij}|$ 最大的聚类合并。此外，不同于大多数合并算法，该算法可在给定的层次级别合并多对聚类［这些聚类对需满足条件式(13.32)］。

选择要合并的聚类时，可以采用下面的不同规则：合并使得量

$$RI_{ij}RC_{ij}^{a} \tag{13.33}$$

最大的那些聚类，其中 a 是 RI 和 RC 之间的相对重要性，其通常在 1.5 和 3 之间取值。

例 13.10　为了更好地理解 Chameleon 算法的基本原理，我们考虑图 13.16 中所示的 4 个聚类数据集。假设 $k=2$，C_1, C_2, C_3 和 C_4 的连接点对之间的相似度如图中所示（图中未给出的 C_3 和 C_4 中的连接点对之间的权重都为 0.9）。此外，聚类 C_1 和 C_2 之间的最近点之间的相似度是 0.4，聚类 C_3 和 C_4 之间的最近点之间的相似度是 0.6。注意，尽管 C_3 和 C_4 之间要比 C_1 和 C_2 之间更接近，但与 C_1 和 C_2 相比，C_3 和 C_4 的内部互连度更高。

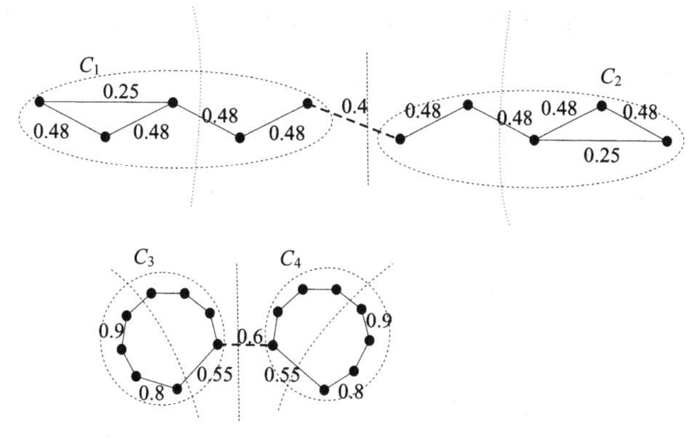

图 13.16　C_3 和 C_4 的高互连度倾向于合并 C_1 和 C_2，但 C_1 和 C_2 之间的邻居与 C_3 和 C_4 之间的邻居更不相似

对于前面的聚类，有$|E_1| = 0.48$, $|E_2| = 0.48$, $|E_3| = 0.9 + 0.55 = 1.45$, $|E_4| = 1.45$, $|S_1| = 0.48$, $|S_2| = 0.48$, $|S_3| = 1.45 / 2 = 0.725$, $|S_4| = 0.725$。此外，有$|E_{12}| = 0.4$, $|E_{34}| = 0.6$, $|S_{12}| = 0.4$, $|S_{34}| = 0.6$。根据 RI 和 RC 的定义，有 $RI_{12} = 0.833$, $RI_{34} = 0.414$, $RC_{12} = 0.833$, $RC_{34} = 0.828$。可以看出，相对于合并 C_3 和 C_4，RI 和 RC 更倾向于合并 C_1 和 C_2。因此，Chameleon 算法合并了 C_1 和 C_2，这与我们的直觉是一致的。注意，MST 算法会合并聚类 C_3 和 C_4。

注释

- 该算法要求用户定义的参数［对于式(13.32)中给定的规则，要求参数 k, q 和 T_{RI}, T_{RC}；对于式(13.33)中给定的规则，要求参数 a］。文献[Kary 99]中的实验表明，Chameleon 算法对参数 k, q 和 a 的选择不敏感。
- Chameleon 算法需要大数据集来准确地估计$|E_{ij}|, |E_i|, S_{ij}, S_i$。因此，该算法适用于已知数据集较大的应用。
- 对于较大的 N，该算法的最坏时间复杂性是 $O(N(\log_2 N + m))$，其中 m 是算法的第一个（分裂）阶段完成后形成的聚类数。

另一种使用合并算法且适合处理甚大数据集的集聚算法是基于层次结构的均衡迭代约简与集聚（Balanced Iterative Reducing and Clustering using Hierachie，BIRCH）算法[Zhan 96]。该算法的目的是最小化 I/O 运算次数（即在主存和辅存之间交换数据的次数）。它首先对数据执行一次预集聚，并以称为 CF 树的特殊数据结构存储每个生成的子聚类的摘要。具体地说，它生成使得 CF 树与主存匹配的最大数量的子聚类。然后，对子聚类摘要应用一种合并集聚算法[Olso 93]，生成最终的聚类。BIRCH 算法的计算复杂性是 $O(N)$。文献[Gant 99]中给出了 BIRCH 的两个推广算法，即 BUBBLE 和 BUBBLE-FM 算法。

13.6 选择最优的聚类数

前面重点讨论了层次算法。下面讨论如何在给定的层次确定最优的聚类数。显然，最优的聚类数就是能最好地匹配数据的聚类数。一种简单的方法是，在邻近度树状图中搜索寿命长的聚类。聚类的寿命是，创建该聚类时的邻近度级别，与将其并入另一个较大聚类时的邻近度级别的差的绝对值。例如，图 13.17(a)中的树状图中有两个主要的聚类，而图 13.17(b)中只有一个主要的聚类。文献[Ever 01]中在下列条件下介绍了评估各种合并算法的方法：由 X 中的向量形成(a)单个致密的聚类和(b)两个致密的聚类。

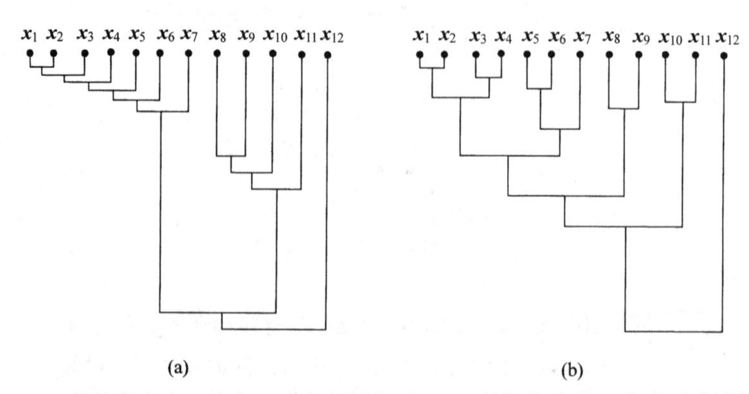

图 13.17 (a) 数据集中有两个主要聚类的树状图；(b) 数据集中有一个主要聚类的树状图

为了识别给定数据的最优聚类数，人们提出了许多形式化的方法，这些方法可以与层次和非层次算法结合使用（见文献[Cali 74, Duda 01, Hube 76]）。文献[Mill 85]中比较了许多这样的方法。

下面讨论文献[Bobe 93]中提出的识别最优匹配数据的聚类的两种算法。集聚算法不必生成 N 个聚类的所有层次，而是可以根据准则在得到最优匹配数据的聚类后终止。

方法 I

这是一种外在的方法，即它要求用户确定特定参数的值，包括度量相同聚类 C 中的各个向量之间的相异度的函数 $h(C)$，我们可将其视为"自相似度"。例如，$h(C)$可以定义为

$$h_1(C) = \max\{d(\boldsymbol{x},\boldsymbol{y}), \boldsymbol{x},\boldsymbol{y} \in C\} \tag{13.34}$$

或

$$h_2(C) = \text{med}\{d(\boldsymbol{x},\boldsymbol{y}), \boldsymbol{x},\boldsymbol{y} \in C\} \tag{13.35}$$

如图 13.18(a)所示。

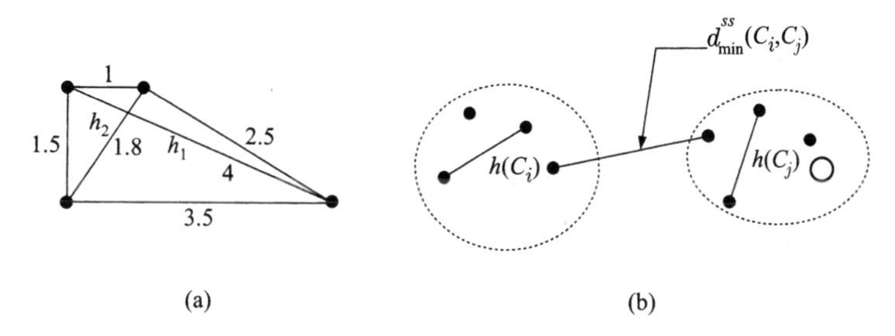

图 13.18　(a) 自相似度的例子；(b) 方法 II 的终止条件

当 d 是度量距离时，$h(C)$可以定义为

$$h_3(C) = \frac{1}{2n_C}\sum_{\boldsymbol{x}\in C}\sum_{\boldsymbol{y}\in C} d(\boldsymbol{x},\boldsymbol{y}) \tag{13.36}$$

式中，n_C是 C 的基数。对后一种情况来说，$h(C)$也可以定义为其他的形式。

设θ是所用 $h(C)$的合适阈值。如果

$$\exists C_j \in \Re_{t+1} : h(C_j) > \theta \tag{13.37}$$

那么算法将在集聚$\Re_t$结束。换句话说，如果在集聚$\Re_{t+1}$中，向量间的相异度 $h(C)$大于θ 的聚类 C，那么集聚$\Re_t$就是最终的聚类。

有时，阈值θ 定义为

$$\theta = \mu + \lambda\sigma \tag{13.38}$$

式中，μ是 X 中的任何两个向量之间的平均距离，σ 是方差。参数λ是用户定义的参数。因此，为θ 规定合适的值就转换为选择合适的λ值。然而，估计λ要比估计θ 合理。

方法 II

这是一种内在的方法，即它只考虑数据集 X 的结构。根据这种方法，最终的集聚$\Re_t$必须满足

$$d^{ss}_{\min}(C_i, C_j) > \max\{h(C_i), h(C_j)\}, \quad \forall C_i, C_j \in \Re_t \tag{13.39}$$

式中，$d^{ss}_{\min}$ 已在第 11 章中定义。换句话说，在最终的聚类中，每对聚类之间的相异度都要大于它们之间的"自相似度"［见图 13.18(b)］。注意，这只是一个必要条件。

最后，要指出的是，这些方法都是基于启发式论点的方法，并且只表示最优的聚类。

习题

13.1 将欧氏距离作为两个向量之间的邻近度，且仅考虑比值尺度向量。证明：

a．一个模式矩阵唯一地识别对应的邻近度矩阵。

b．一个邻近度矩阵不能唯一地识别一个模式矩阵。此外，存在不对应于任何模式矩阵的邻近度矩阵。提示：考虑平移数据集 X 中的点。

13.2 由式(13.8)推导式(13.10)。提示：利用等式

$$n_3\boldsymbol{m}_3 = n_1\boldsymbol{m}_1 + n_2\boldsymbol{m}_2 \tag{13.40}$$

和

$$n_1\|\boldsymbol{m}_1 - \boldsymbol{m}_3\|^2 + n_2\|\boldsymbol{m}_2 - \boldsymbol{m}_3\|^2 = \frac{n_1 n_2}{n_1 + n_2}\|\boldsymbol{m}_1 - \boldsymbol{m}_2\|^2 \tag{13.41}$$

式中，C_1 和 C_2 是任意两个聚类，且有 $C_3 = C_1 \cup C_2$。

13.3 证明，对于 WPGMC 算法，存在 $d_{qs} \leqslant \min(d_{is}, d_{js})$的情形。

13.4 证明

$$d_{qs}^{'} = \frac{n_q n_s}{n_q + n_s} d_{qs} \tag{13.42}$$

提示：等式

$$\|\boldsymbol{m}_q - \boldsymbol{m}_s\|^2 = \frac{n_i}{n_i + n_j} d_{is} + \frac{n_j}{n_i + n_j} d_{js} - \frac{n_i n_j}{(n_i + n_j)^2} d_{ij}$$

两边同时乘以$(n_i + n_j)n_s/(n_i + n_j + n_s)$（由习题 13.2 可知该等式成立）。

13.5 **a**．证明式(13.16)。**b**．证明式(13.19)。提示：对式(13.18)的两端取平方。

13.6 考虑例 13.5 中的邻近度矩阵。在下列情形下，给出由 GTAS 算法推导出的邻近度树状图：(a) $h(k)$是节点连通度性质；(b) $h(k)$是边连通度性质，$k = 3$。

13.7 证明式(13.4)中给出的两个聚类 C_r 和 C_s 之间的距离 $d(C_r, C_s)$［与单链算法生成的层次级别相同］可以写为

$$d(C_r, C_s) = \min_{\boldsymbol{x} \in C_r, \boldsymbol{y} \in C_s} d(\boldsymbol{x}, \boldsymbol{y}) \tag{13.43}$$

也就是说，基于矩阵的单链算法与基于图论的单链算法是等价的。

提示：在层次级别 t 推导。考虑有 $N - t - 2$ 个共有聚类的集聚$\Re_t$ 和$\Re_{t+1}$。

13.8 证明式(13.5)中给出的两个聚类 C_r 和 C_s 间的距离 $d(C_r, C_s)$［与全链算法生成的层次级别相同］可以写为

$$d(C_r, C_s) = \max_{\boldsymbol{x} \in C_r, \boldsymbol{y} \in C_s} d(\boldsymbol{x}, \boldsymbol{y}) \tag{13.44}$$

即基于矩阵的全链算法与基于图论的全链算法是等价的。提示：参考前一题的提示。

13.9 使用两个向量之间相似度时，说明并证明前两个习题的命题。

13.10 考虑下面的邻近度矩阵：

$$
\boldsymbol{P}=\begin{bmatrix} 0 & 4 & 9 & 6 & 5 \\ 4 & 0 & 1 & 8 & 7 \\ 9 & 1 & 0 & 3 & 2 \\ 6 & 8 & 3 & 0 & 1 \\ 5 & 7 & 2 & 1 & 0 \end{bmatrix}
$$

对 $\boldsymbol{P}$ 应用单链算法和全链算法，说明得到的树状图。

13.11 考虑例 13.5 中的相异度矩阵 $\boldsymbol{P}$，将 $P(3, 4)$修改为 6［$P(4, 6)$也等于 6］，设 $h(k)$是节点度性质，$k = 2$。在下列条件下运行对应的图论算法：(a) 首先考虑边(3, 4)；(b)首先考虑边(4, 6)。说明得到的树状图。

13.12 考虑下面的相异度矩阵 $\boldsymbol{P}$：

$$
\boldsymbol{P}=\begin{bmatrix} 0 & 4 & 9 & 6 & 5 \\ 4 & 0 & 3 & 8 & 7 \\ 9 & 3 & 0 & 3 & 2 \\ 6 & 8 & 3 & 0 & 1 \\ 5 & 7 & 2 & 1 & 0 \end{bmatrix}
$$

a. 确定对 $\boldsymbol{P}$ 应用单链算法和全链算法后的所有树状图，并对结果进行说明。

b. 设 $P(3, 4) = 4$, $P(1, 2) = 10$，并设 $\boldsymbol{P}_1$ 是新的邻近度矩阵，注意 $\boldsymbol{P}_1$ 不包含“关系”。确定对 $\boldsymbol{P}_1$ 应用 UPGMA 算法后，得到的所有树状图。

13.13 考虑通用分裂算法。在算法的步骤 2.2.1 中，假设聚类 $C_{t-1,i}^{1}$ 包含一个向量，$i = 1,\cdots, t$, $t = 1,\cdots, N$。计算整个集聚过程中必须检查的聚类对的数量。讨论这个算法的优缺点。

13.14 13.4 节中讨论的分裂算法能否保证在每个级别上得到最优的聚类？这个问题能否扩展到其他分裂算法？

13.15 在 ROCK 算法中，证明聚类 C 中的所有点对间的连接总数是 $n^{1+2f(\theta)}$，其中 n 是 C 的基数。

13.16 解释式(13.38)的物理意义。

MATLAB 编程和练习

上机编程

13.1 将矩阵转换为向量。编写名为 convert_prox_mat 的 MATLAB 函数，其输入是一个 $N\times N$ 维相似度矩阵，其返回是一个 $N(N-1)/2$ 维行向量 proc_vec，这个行向量按如下顺序包含 prox_mat 的上对角线元素：$(1, 2), (1, 3),\cdots, (1, N), (2, 3),\cdots, (2, N), (N-1, N)$。

解：

```
function prox_vec=convert_prox_mat(prox_mat)
  [N,N]=size(prox_mat);
  prox_vec=[ ];
  for i=1:N-1
    prox_vec=[prox_vec prox_mat(i,i+1:N)];
  end
```

13.2 单链算法、全链算法。写出单链算法和全链算法的 MATLAB 代码。

解： 对于单链算法，只需输入 Z=linkage(prox_vec, ' single ')。

对于全链算法，只需输入 Z=linkage(prox_vec, ' complete ')。

函数 linkage 是一个内置 MATLAB 函数，其输入为：(a) 13.1 节中描述的一个邻近度向量；

(b) 待用的集聚算法的类型。函数返回一个$(N-1)\times3$ 维矩阵 $\boldsymbol{Z}$，它的每行都对应于一个层次的聚类。$\boldsymbol{Z}$ 的第 i 行的前两个元素是目标的索引，这些目标在这个级别形成一个新聚类。索引值 $N+i$ 被赋给新聚类。例如，若 $N=7$，且在级别 1 合并了元素 1 和 4，则由这些元素组成的聚类将由整数 8（=7+1）代表。如果聚类 8 出现在下一行，那么意味着这个聚类将与另一个聚类合并，形成一个更大的聚类。最后，$\boldsymbol{Z}$ 的第 i 行的第 3 个元素是已在这个级别合并的聚类之间的相异度。

13.3 生成对应于合并算法的输出的树状图。

解：只需输入

```
H=dendrogram(Z);
```

dendrogram 是一个内置的 MATLAB 函数，其输入是 linkage 的输出，其输出是对应的树状图。

上机实验

13.1 考虑下面的相异度矩阵：

$$
\text{prox\_mat} = \begin{bmatrix}
0.0 & 2.0 & 4.2 & 6.6 & 9.2 & 12.0 & 15.0 & 300 & 340 & 420 \\
2.0 & 0.0 & 2.2 & 4.6 & 7.2 & 10.0 & 13.0 & 280 & 320 & 400 \\
4.2 & 2.2 & 0.0 & 2.4 & 5.0 & 7.8 & 10.8 & 270 & 310 & 390 \\
6.6 & 4.6 & 2.4 & 0.0 & 2.6 & 5.4 & 8.4 & 260 & 300 & 380 \\
9.2 & 7.2 & 5.0 & 2.6 & 0.0 & 2.8 & 5.8 & 262 & 296 & 388 \\
12.0 & 10.0 & 7.8 & 5.4 & 2.8 & 0.0 & 3.0 & 316 & 280 & 414 \\
15.0 & 13.0 & 10.8 & 8.4 & 5.8 & 3.0 & 0.0 & 380 & 326 & 470 \\
300 & 280 & 270 & 260 & 262 & 316 & 380 & 0.0 & 4.0 & 4.4 \\
340 & 320 & 310 & 300 & 296 & 280 & 326 & 4.0 & 0.0 & 9.0 \\
420 & 400 & 390 & 380 & 388 & 414 & 470 & 4.4 & 9.0 & 0.0
\end{bmatrix}
$$

a．对 prox_mat 应用单链算法和全链算法，画出对应的相异度树状图。

b．评价两种算法生成的连续聚类。

c．比较单链算法和全链算法中合并聚类的相异度阈值。

d．比较合并聚类的相异度阈值后，对上述数据集的最自然的聚类，你能得出什么结论？

参考文献

[Ande 73] Anderberg M.R. *Cluster Analysis for Applications*, Academic Press, 1973.

[Bake 74] Baker F.B. "Stability of two hierarchical grouping techniques. Case 1. Sensitivity to data errors," *J. Am. Statist. Assoc.*, Vol. 69, pp. 440-445, 1974.

[Bobe 93] Boberg J., Salakoski T. "General formulation and evaluation of agglomerative clustering methods with metric and non-metric distances," *Pattern Recognition*, Vol. 26(9), pp. 1395-1406, 1993.

[Cali 74] Calinski R.B., Harabasz J. "A dendrite method for cluster analysis," *Communications in Statistics*, Vol. 3, pp. 1-27, 1974.

[Corm 90] Cormen T.H., Leiserson C.E., Rivest R.L. *Introduction to Algorithms*, MIT Press, 1990.

[Day 84] Day W.H.E., Edelsbrunner H. "Efficient algorithms for agglomerative hierarchical clustering methods," *Journal of Classification*, Vol. 1(1), pp. 7-24, 1984.

[Dube 76] Dubes R., Jain A.K. "Clustering techniques: The user's dilemma," *Pattern Recognition*, Vol. 8, pp. 247-260, 1976.

[Dube 87] Dubes R. "How many clusters are best?—An experiment," *Pattern Recognition*, Vol. 20(6), pp. 645-663, 1987.

[Duda 01] Duda R., Hart P., Stork D. *Pattern Classification*, 2nd ed., John Wiley & Sons, 2001.

[Dutt 05] Dutta M., Mahanta A.K., Pujari A.K. "QROCK: A quick version of the ROCK algorithm for clustering catergorical data," *Pattern Recognition Letters*, Vol. 26, pp. 2364-2373, 2005.

[El-G 68] El-Gazzar A., Watson L., Williams W.T., Lance G. "The taxonomy of Salvia: A test of two radically different numerical methods," *J. Linn. Soc. (Bot.)*, Vol. 60, pp. 237-250, 1968.

[Ever 01] Everitt B., Landau S., Leese M. *Cluster Analysis*, Arnold, 2001.

[Frig 97] Frigui H., Krishnapuram R. "Clustering by competitive agglomeration," *Pattern Recognition*, Vol. 30(7), pp. 1109-1119, 1997.

[Gant 99] Ganti V., Ramakrishnan R., Gehrke J., Powell A., French J. "Clustering large datasets in arbitrary metric spaces," *Proceedings 15th International Conference on Data Engineering*, pp. 502-511, 1999.

[Gowd 95] Gowda Chidananda K., Ravi T.V. "Divisive clustering of symbolic objects using the concepts of both similarity and dissimilarity," *Pattern Recognition*, Vol. 28(8), pp. 1277-1282, 1995.

[Gowe 67] Gower J.C. "A comparison of some methods of cluster analysis," *Biometrics*, Vol. 23, pp. 623-628, 1967.

[Guha 98] Guha S., Rastogi R., Shim K. "CURE: An efficient clustering algorithm for large databases," *Proceedings of the ACM SIGMOD Conference on Management of Data*, pp. 73-84, 1998.

[Guha 00] Guha S., Rastogi R., Shim K. "ROCK: A robust clustering algorithm for categorical attributes," *Information Systems*, Vol. 25, No. 5, pp. 345-366, 2000.

[Hods 71] Hodson F.R. "Numerical typology and prehistoric archaeology," in *Mathematics in Archaeological and Historical Sciences* (Hodson F.R., Kendell D.G., Tautu P.A., eds.), University Press, Edinburgh, 1971.

[Horo 78] Horowitz E., Sahni S. *Fundamentals of Computer Algorithms*, Computer Science Press, 1978.

[Hube 74] Hubert L.J. "Approximate evaluation techniques for the single link and complete link hierarchical clustering procedures," *J. Am.Statist. Assoc.*, Vol. 69, pp. 698-704, 1974.

[Hube 76] Hubert L.J., Levin J.R. "A general statistical framework for assessing categorical clustering in free recall," *Psychological Bulletin*, Vol. 83, pp. 1072-1080, 1976.

[Jain 88] Jain A.K., Dubes R.C. *Algorithms for Clustering Data*, Prentice Hall, 1988.

[Jard 71] Jardine N., Sibson R. *Numerical Taxonomy*, John Wiley & Sons, 1971.

[Kank 96] Kankanhalli M.S., Mehtre B.M., Wu J.K. "Cluster-based color matching for image retrieval," *Pattern Recognition*, Vol. 29(4), pp. 701-708, 1996.

[Kary 99] Karypis G., Han E., Kumar V. "Chameleon: Hierarchical clustering using dynamic modeling," *IEEE Computer*, Vol. 32, No. 8, pp. 68-75, 1999.

[Kuip 75] Kuiper F.K., Fisher L. "A Monte Carlo comparison of six clustering procedures," *Biometrics*, Vol. 31, pp. 777-783, 1975.

[Kuri 91] Kurita T. "An efficient agglomerative clustering algorithm using a heap," *Pattern Recognition*, Vol. 24, pp. 205-209, 1991.

[Lamb 62] Lambert J.M., Williams W.T. "Multivariate methods in plant technology, IV. Nodal analysis," *J. Ecol.*, Vol. 50, pp. 775-802, 1962.

[Lamb 66] Lambert J.M., Williams W.T. "Multivariate methods in plant technology, IV. Comparison of information analysis and association analysis," *J. Ecol.*, Vol. 54, pp. 635-664, 1966.

[Lanc 67] Lance G.N., Williams W.T. "A general theory of classificatory sorting strategies: II. Clustering systems," *Computer Journal*, Vol. 10, pp. 271-277, 1967.

[Li 90] Li X. "Parallel algorithms for hierarchical clustering and cluster validity," *IEEE Transactions on Pattern Analysis and Machine Intelligence*, Vol. 12(11), pp. 1088-1092, 1990.

[Ling 72] Ling R.F. "On the theory and construction of k-clusters," *Computer Journal*, Vol. 15, pp. 326-332, 1972.

[Liu 68] Liu C.L. *Introduction to Combinatorial Mathematics*, McGraw-Hill, 1968.

[MacN 64] MacNaughton-Smith P., Williams W.T., Dale M.B., Mockett L.G. "Dissimilarity analysis," *Nature*, Vol. 202, pp. 1034-1035, 1964.

[MacN 65] MacNaughton-Smith P. "Some statistical and other numerical techniques for classifying individuals," *Home Office Research Unit Report No.* 6, London: H.M.S.O., 1965.

[Marr 71] Marriot F.H.C. "Practical problems in a method of cluster analysis," *Biometrics*, Vol. 27, pp. 501-514, 1971.

[McQu 62] McQuitty L.L. "Multiple hierarchical classification of institutions and persons with reference to union-management relations and psychological well-being," *Educ. Psychol. Measur.*, Vol. 23, pp. 55-61, 1962.

[Mill 80] Milligan G.W. "An examination of the effect of six types of error perturbation on fifteen clustering algorithms," *Psychometrika*, Vol. 45, pp. 325-342, 1980.

[Mill 85] Milligan G.W., Cooper M.C. "An examination of procedures for determining the number of clusters in a data set," *Psychometrika*, Vol. 50(2), pp. 159-179, 1985.

[Mill 83] Milligan G.W., Soon S.C., Sokol L.M. "The effect of cluster size, dimensionality and the number of clusters on recovery of true cluster structure," *IEEE Transactions on Pattern Analysis and Machine Intelligence*, Vol. 5(1), January 1983.

[Murt 83] Murtagh F. "A survey of recent advances in hierarchical clustering algorithms," *Journal of Computation*, Vol. 26, pp. 354-359, 1983.

[Murt 84] Murtagh F. "Complexities of hierarchic clustering algorithms: State of the art," *Computational Statistics Quarterly*, Vol. 1(2), pp. 101-113, 1984.

[Murt 85] Murtagh F. *Multidimensional clustering algorithms*, Physica-Verlag, COMPSTAT Lectures, Vol. 4, Vienna, 1985.

[Murt 95] Murthy M.N., Jain A.K. "Knowledge-based clustering scheme for collection, management and retrieval of library books," *Pattern Recognition*, Vol. 28(7), pp. 949-963, 1995.

[Olso 93] Olson C.F. "Parallel algorithms for hierarchical clustering," Technical Report, University of California at Berkeley, December. 1993.

[Ozaw 83] Ozawa K. "Classic: A hierarchical clustering algorithm based on asymmetric similarities," *Pattern Recognition*, Vol. 16(2), pp. 201-211, 1983.

[Prit 71] Pritchard N.M., Anderson A.J.B. "Observations on the use of cluster analysis in botany with an ecological example," *J. Ecol.*, Vol. 59, pp. 727-747, 1971.

[Rolp 73] Rolph F.J. "Algorithm 76: Hierarchical clustering using the minimum spanning tree," *Journal of Computation*, Vol. 16, pp. 93-95, 1973.

[Rolp 78] Rolph F.J. "A probabilistic minimum spanning tree algorithm," *Information Processing Letters*, Vol. 7, pp. 44-48, 1978.

[Same 89] Samet H. *The Design and Analysis of Spatial Data Structures*. Addison-Wesley, Boston, 1989.

[Shea 65] Sheals J.G. "An application of computer techniques to Acrine taxonomy: A preliminary examination with species of the Hypoaspio-Androlaelaps complex Acarina," *Proc. Linn. Soc. Lond.*, Vol. 176, pp. 11-21, 1965.

[Snea 73] Sneath P.H.A., Sokal R.R. *Numerical Taxonomy*, W.H. Freeman & Co., 1973.

[Solo 71] Solomon H. "Numerical taxonomy," in *Mathematics in the Archaeological and Historical Sciences* (Hobson F.R., Kendall D.G., Tautu P.A., eds.), University Press, 1971.

[Stri 67] Stringer P. "Cluster analysis of non-verbal judgement of facial expressions," *Br. J. Math. Statist. Psychol.*, Vol. 20, pp. 71-79, 1967.

[Will 89] Willett P. "Efficiency of hierarchic agglomerative clustering using the ICL distributed array processor," *Journal of Documentation*, Vol. 45, pp. 1-45, 1989.

[Will 77] Williams W.T., Lance G.N. "Hierarchical classificatory methods," in *Statistical Methods for Digital Computers* (Enslein K., Ralston A., Wilf H.S., eds.), John Wiley & Sons, 1977.

[Zhan 96] Zhang T., Ramakrishnan R., Livny M. "BIRCH: An efficient data clustering method for very large databases," *Proceedings of the ACM SIGMOD Conference on Management of Data*, pp. 103-114, Montreal, Canada, 1996.

第 14 章　集聚算法 III：基于函数优化的方法

14.1　引言

最常用的集聚算法之一依赖于用微积分技术优化的代价函数 J(见[Duda 01, Bezd 80, Bobr 91, Kris 95a, Kris 95b])。代价函数 J 是数据集 X 中的向量的函数，它以未知参数向量 $\boldsymbol{\theta}$ 来参数化。多数此类算法假设聚类数 m 是已知的。

我们的目标是估计能够最好地表征 X 中的聚类的 $\boldsymbol{\theta}$。参数向量 $\boldsymbol{\theta}$ 与聚类的形状密切相关。例如，对于致密聚类［见图 14.1(a)］，应在 l 维空间中采用 m 个点的集合 $\boldsymbol{m}_i$ 作为参数，每个参数都对应于一个聚类，因此有 $\boldsymbol{\theta}=[\boldsymbol{m}_1^{\mathrm{T}}, \boldsymbol{m}_2^{\mathrm{T}},\cdots, \boldsymbol{m}_m^{\mathrm{T}}]^{\mathrm{T}}$。另一方面，要得到环形聚类［见图 14.1(b)］，应采用 m 个超球面 $C(\boldsymbol{c}_i, r_i), i=1,\cdots, m$ 作为参数，其中 $\boldsymbol{c}_i$ 和 r_i 分别代表第 i 个超球面的中心和半径。这时，有 $\boldsymbol{\theta}=[\boldsymbol{c}_1^{\mathrm{T}}, r_1, \boldsymbol{c}_2^{\mathrm{T}}, r_2,\cdots, \boldsymbol{c}_m^{\mathrm{T}}, r_m]^{\mathrm{T}}$。

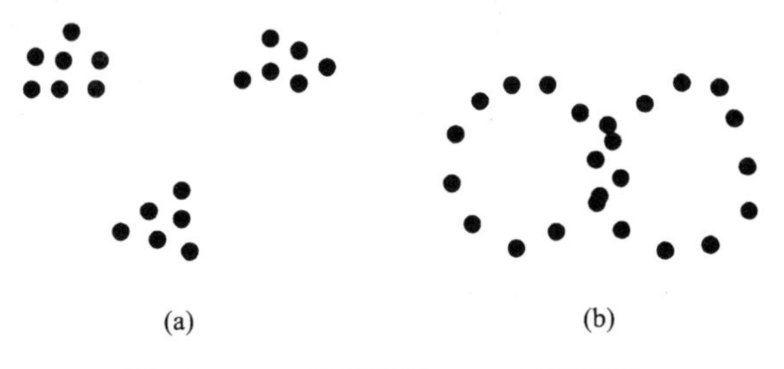

图 14.1　(a) 致密聚类；(b) 球形聚类

在许多机器人视觉应用中，我们经常遇到球形或壳状聚类[①]。这时的基本问题是识别场景（三维空间中的一个区域）中的目标，并使用一幅或多幅图像（场景的二维投影）来估计它们的相对位置。这个问题的重要任务之一是识别图像中的目标的边界。给定一幅图像［见图 14.2(a)］后，使用合适的方法可以识别组成目标边界的像素（见[Horn 86, Kare 94]），如图 14.2(b)所示。于是，我们就可将目标的边界视为壳状或线状聚类，并使用集聚算法恢复它们在图像中的准确形状与位置。事实上，至少在已知壳状聚类的边界的情况下，集聚技术能够得到令人满意的结果（见文献[Kris 95a]）。

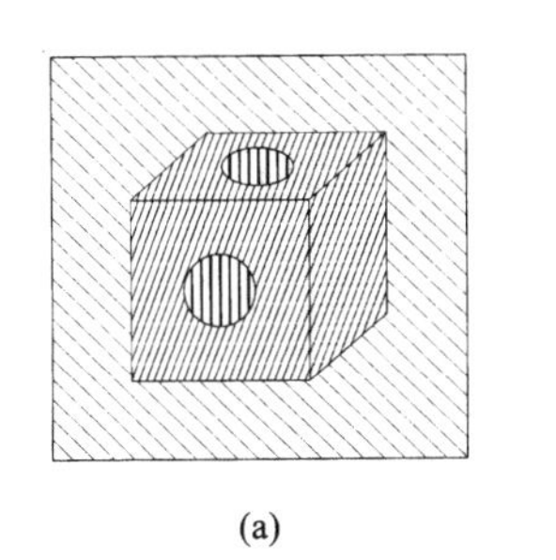

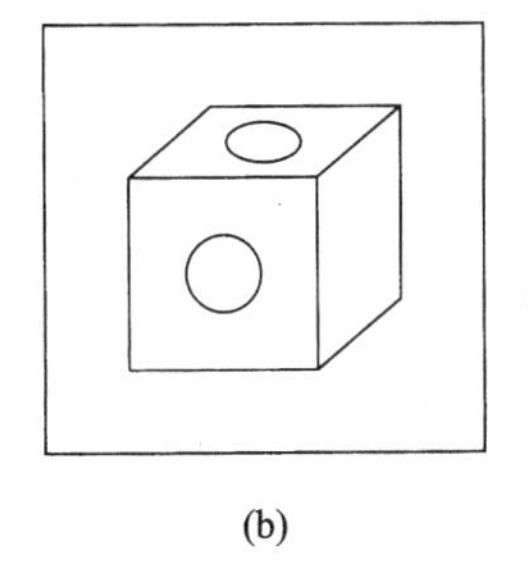

(a)　(b)

图 14.2　(a) 场景的原始图像；(b) 应用合适算子后的图像

① 它们可以是超椭球体、超抛物体等。

与前一章中介绍的算法相比，本章中的大多数算法的显著特点是，使用数据集 X 中的所有向量来计算聚类代表，而不只是使用赋给各个聚类的向量来计算聚类代表。下面讨论 4 类主要的算法：混合分解算法、模糊算法、可能性算法和硬集聚算法。首先，根据随机向量构建代价函数，并根据贝叶斯分类中的概率论分配给聚类。这里的条件概率由优化过程得到。在模糊算法中，定义了向量与聚类之间的邻居，且一个聚类中的一个向量的“隶属度”由隶属函数集提供。对模糊算法而言，不同聚类中的向量的隶属函数的值是相互关联的，但可能性算法中取消了这个限制条件。最后，我们可将硬集聚视为模糊集聚的一个特例，此时的每个向量完全属于一个聚类。这类算法包括著名的 k 均值集聚算法。

14.2 混合分解方法

混合分解算法的基本原理是贝叶斯理论。我们假设在数据集中有 m 个聚类 C_j，$j=1,\cdots,m$[①]，每个向量 $\boldsymbol{x}_i$, $i=1,\cdots,N$ 属于聚类 C_j 的概率都是 $P(C_j|\boldsymbol{x}_i)$。如果

$$P(C_j|\boldsymbol{x}_i) > P(C_k|\boldsymbol{x}_i), \quad k=1,\cdots,m, k\neq j$$

那么向量 $\boldsymbol{x}_i$ 属于聚类 C_j。

与第 2 章中的分类任务不同的是：(a) 不存在聚类标注已知的训练数据；(b) 不知道先验概率 $P(C_j)\equiv P_j$。因此，尽管目的相同，但所用的方法不同。实际上，这是使用不完整训练数据集的典型任务。对于每个数据点 $\boldsymbol{x}_i$，我们都缺少对应的聚类标注信息。因此，这个任务就与 2.5.5 节中介绍的理论几乎完全一致。

根据式(2.81)和本章中所用的符号，我们有

$$Q(\Theta;\Theta(t)) = \sum_{i=1}^{N}\sum_{j=1}^{m} P(C_j|\boldsymbol{x}_i;\Theta(t))\ln\left(p(\boldsymbol{x}_i|C_j;\boldsymbol{\theta})P_j\right) \tag{14.1}$$

式中，$\boldsymbol{\theta}=[\theta_1^{\mathrm{T}},\cdots,\theta_m^{\mathrm{T}}]^{\mathrm{T}}$，其中 θ_j 表示对应于第 j 个聚类的参数向量；$\boldsymbol{P}=[P_1,\cdots,P_m]^{\mathrm{T}}$，其中 P_j 是第 j 个聚类的先验概率；$\boldsymbol{\Theta}=[\theta^{\mathrm{T}},\boldsymbol{P}^{\mathrm{T}}]^{\mathrm{T}}$。上面的公式是用 EM 算法的 E 步得到的。该算法的 M 步是

$$\Theta(t+1) = \arg\max_{\Theta} Q(\Theta;\Theta(t)) \tag{14.2}$$

假设所有的 θ_k, θ_j 对都是独立的，即 θ_k 不包含任何 θ_j（$j\neq i$）的信息，则由式(14.2)将 θ_j 估计为

$$\sum_{i=1}^{N}\sum_{j=1}^{m} P(C_j|\boldsymbol{x}_i;\Theta(t))\frac{\partial}{\partial\boldsymbol{\theta}_j}\ln p(\boldsymbol{x}_i|C_j;\boldsymbol{\theta}_j) = 0 \tag{14.3}$$

相对于 $\boldsymbol{P}$ 的最大化是一个约束优化问题，因为

$$P_k \geqslant 0, \quad k=1,\cdots,m \quad \text{和} \quad \sum_{k=1}^{m} P_k = 1 \tag{14.4}$$

对应的拉格朗日函数为

$$Q(\boldsymbol{P},\lambda) = Q(\Theta;\Theta(t)) - \lambda\left(\sum_{k=1}^{m} P_k - 1\right) \tag{14.5}$$

对 $Q(\boldsymbol{P},\lambda)$ 求 P_j 的偏导并设其为 0，运算后得

① 回顾可知，假设 m 是已知的。

$$P_j = \frac{1}{\lambda}\sum_{i=1}^{N} P(C_j|\boldsymbol{x}_i;\boldsymbol{\Theta}(t)), \quad j=1,\cdots,m \tag{14.6}$$

将上式代入式(14.4)得

$$\lambda = \sum_{i=1}^{N}\sum_{j=1}^{m} P(C_j|\boldsymbol{x}_i;\boldsymbol{\Theta}(t)) = N \tag{14.7}$$

于是，式(14.6)变为

$$P_j = \frac{1}{N}\sum_{i=1}^{N} P(C_j|\boldsymbol{x}_i;\boldsymbol{\Theta}(t)) \quad j=1,\cdots,m \tag{14.8}$$

联立式(14.3)、式(14.8)和式(2.87)可知，此时的 EM 算法归纳如下。

通用混合分解算法（GMDAS）

- 选择初始估计 $\boldsymbol{\theta}=\boldsymbol{\theta}(0)$ 和 $\boldsymbol{P}=\boldsymbol{P}(0)$[①]。
- $t=0$
- 重复：
  - 计算

$$P(C_j|\boldsymbol{x}_i;\boldsymbol{\Theta}(t)) = \frac{p(\boldsymbol{x}_i|C_j;\boldsymbol{\theta}_j(t))P_j(t)}{\sum_{k=1}^{m} p(\boldsymbol{x}_i|C_k,\boldsymbol{\theta}_k(t))P_k(t)} \tag{14.9}$$

  $i=1,\cdots,N, j=1,\cdots,m$。
  - 设 $\boldsymbol{\theta}_j(t+1)$ 是如下方程相对于 $\boldsymbol{\theta}_j, j=1,\cdots,m$ 的解：

$$\sum_{i=1}^{N}\sum_{j=1}^{m} P(C_j|\boldsymbol{x}_i;\boldsymbol{\Theta}(t))\frac{\partial}{\partial\boldsymbol{\theta}_j}\ln p(\boldsymbol{x}_i|C_j;\boldsymbol{\theta}_j) = \boldsymbol{0} \tag{14.10}$$

  - 设

$$P_j(t+1) = \frac{1}{N}\sum_{i=1}^{N} P(C_j|\boldsymbol{x}_i;\boldsymbol{\Theta}(t)), \quad j=1,\cdots,m \tag{14.11}$$

  - $t=t+1$
- 直到相对于 $\boldsymbol{\Theta}$ 收敛。

该算法的合适终止条件是

$$\|\boldsymbol{\Theta}(t+1)-\boldsymbol{\Theta}(t)\| < \epsilon$$

式中，$\|\cdot\|$ 是一个合适的向量范数，ϵ 是用户定义的一个“小”常量。这种方法能够保证收敛到对数似然函数的全局或局部极大值。然而，即使得到了局部极大解，它仍然能够捕获 X 的令人满意的集聚结构。

算法收敛后，就要根据式(14.9)中的最终估计 $P(C_j|\boldsymbol{x}_i)$，将向量分配到聚类中。因此，如果将每个聚类视为一个类别，那么任务就变成了典型的贝叶斯分类问题。

① 初始条件必须满足约束。

14.2.1　致密和超椭圆聚类

本节主要讨论 X 中的向量形成致密聚类的情形。适合于这种聚类的分布是正态分布，即

$$p(\boldsymbol{x}|C_j;\boldsymbol{\theta}_j)=\frac{1}{(2\pi)^{l/2}|\Sigma_j|^{1/2}}\exp\left(-\frac{1}{2}(\boldsymbol{x}-\boldsymbol{\mu}_j)^{\mathrm{T}}\Sigma_j^{-1}(\boldsymbol{x}-\boldsymbol{\mu}_j)\right),\quad j=1,\cdots,m \tag{14.12}$$

或

$$\ln p(\boldsymbol{x}|C_j;\boldsymbol{\theta}_j)=\ln\frac{|\Sigma_j|^{-1/2}}{(2\pi)^{l/2}}-\frac{1}{2}(\boldsymbol{x}-\boldsymbol{\mu}_j)^{\mathrm{T}}\Sigma_j^{-1}(\boldsymbol{x}-\boldsymbol{\mu}_j),\quad j=1,\cdots,m \tag{14.13}$$

这时，每个向量 $\boldsymbol{\theta}_j$ 都包含均值 $\boldsymbol{\mu}_j$ 的 l 个参数及 Σ_j 的 $l(l+1)/2$ 个独立参数。如果假设协方差矩阵是对角矩阵，那么可以减少参数。然而，这个假设太严格。另一个常用的假设是，所有协方差矩阵都相等。在前一种假设下，$\boldsymbol{\theta}$ 包含 $2ml$ 个参数，在后一种假设下，$\boldsymbol{\theta}$ 包含 $ml+l(l+1)/2$ 个参数。

联立式(14.12)和式(14.9)得

$$P(C_j|\boldsymbol{x};\boldsymbol{\Theta}(t))=\frac{|\Sigma_j(t)|^{-1/2}\exp\left(-\frac{1}{2}(\boldsymbol{x}-\boldsymbol{\mu}_j(t))^{\mathrm{T}}\Sigma_j^{-1}(t)(\boldsymbol{x}-\boldsymbol{\mu}_j(t))\right)P_j(t)}{\sum_{k=1}^{m}|\Sigma_k(t)|^{-1/2}\exp\left(-\frac{1}{2}(\boldsymbol{x}-\boldsymbol{\mu}_k(t))^{\mathrm{T}}\Sigma_k^{-1}(t)(\boldsymbol{x}-\boldsymbol{\mu}_k(t))\right)P_k(t)} \tag{14.14}$$

下面以最一般的形式来考虑这个问题。假设所有均值 $\boldsymbol{\mu}_j$ 和协方差矩阵 Σ_j 都是未知的，且所有的 Σ_j 项都不相等。采用类似于第 2 章中介绍的方法，得到 M 步中参数 $\boldsymbol{\mu}_j$ 和 Σ_j 的更新方程为

$$\boldsymbol{\mu}_j(t+1)=\frac{\sum_{k=1}^{N}P(C_j|\boldsymbol{x}_k;\boldsymbol{\Theta}(t))\boldsymbol{x}_k}{\sum_{k=1}^{N}P(C_j|\boldsymbol{x}_k;\boldsymbol{\Theta}(t))} \tag{14.15}$$

和

$$\Sigma_j(t+1)=\frac{\sum_{k=1}^{N}P(C_j|\boldsymbol{x}_k;\boldsymbol{\Theta}(t))(\boldsymbol{x}_k-\boldsymbol{\mu}_j(t))(\boldsymbol{x}_k-\boldsymbol{\mu}_j(t))^{\mathrm{T}}}{\sum_{k=1}^{N}P(C_j|\boldsymbol{x}_k;\boldsymbol{\Theta}(t))} \tag{14.16}$$

$j=1,\cdots,m$。因此，在高斯分布情形下，这两个公式就代替了式(14.10)，式(14.14)则代替了 GMDAS 算法中的式(14.9)。

注释

- 注意，这个算法的计算量非常大，因为在每个迭代步骤中都要计算 $P(C_j\,|\,\boldsymbol{x}_i;\boldsymbol{\Theta}(t))$ 所需的 m 个协方差矩阵的逆。前面说过，放松这个要求的方法之一是，假设协方差矩阵是对角矩阵，或者假设它们都是相等的。对于后一种假设，只需在每个迭代步骤中求一次矩阵的逆。

例 14.1　(a) 考虑 3 个二维正态分布，它们的均值分别是 $\boldsymbol{\mu}_1=[1,1]^{\mathrm{T}}$, $\boldsymbol{\mu}_2=[3.5,3.5]^{\mathrm{T}}$, $\boldsymbol{\mu}_3=[6,1]^{\mathrm{T}}$，协方差矩阵分别是

$$\Sigma_1=\begin{bmatrix}1 & -0.3\\ -0.3 & 1\end{bmatrix},\quad \Sigma_2=\begin{bmatrix}1 & 0.3\\ 0.3 & 1\end{bmatrix},\quad \Sigma_3=\begin{bmatrix}1 & 0.7\\ 0.7 & 1\end{bmatrix}$$

每个分布都生成含有 100 个向量的组，这些组构成数据集 X，图 14.3(a)是所生成数据的图形。我们首先初始化 $P_j=1/3, j=1,2,3$。此外，我们设 $\boldsymbol{\mu}_i(0)=\boldsymbol{\mu}_i+\boldsymbol{y}_i$，其中 $\boldsymbol{y}_i$ 是一个带有随机坐标的 2×1 维向量，且均匀地分布在区间 $[-1,1]^{\mathrm{T}}$ 上。类似地，我们定义 $\Sigma_i(0), i=1,2,3$。设 $\varepsilon=0.01$。利用这些初始条件，高斯分布的 GMDAS 算法将在迭代 38 次后结束。最终的参数估计值是 $\boldsymbol{P}'=[0.35, 0.31,$

0.34]^T, $\mu_1' = [1.28, 1.16]^T$, $\mu_2' = [3.49, 3.68]^T$, $\mu_3' = [5.96, 0.84]^T$，并且

$$\Sigma_1' = \begin{bmatrix} 1.45 & 0.01 \\ 0.01 & 0.57 \end{bmatrix},\quad \Sigma_2' = \begin{bmatrix} 0.62 & 0.09 \\ 0.09 & 0.74 \end{bmatrix},\quad \Sigma_3' = \begin{bmatrix} 0.30 & 0.0024 \\ 0.0024 & 1.94 \end{bmatrix}$$

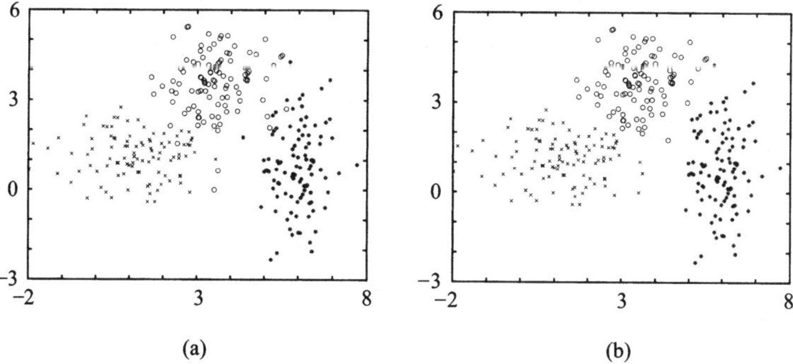

图 14.3　(a) 包含三组数据点的数据集；(b) 使用正态混合时，应用 GMDAS 算法的结果

为便于比较，样本均值是 $\hat{\mu}_1 = [1.16, 1.13]^T, \hat{\mu}_2 = [3.54, 3.56]^T, \hat{\mu}_3 = [5.97, 0.76]^T$。样本协方差矩阵是

$$\hat{\Sigma}_1 = \begin{bmatrix} 1.27 & -0.03 \\ -0.03 & 0.52 \end{bmatrix},\quad \hat{\Sigma}_2 = \begin{bmatrix} 0.70 & 0.07 \\ 0.07 & 0.98 \end{bmatrix},\quad \hat{\Sigma}_3 = \begin{bmatrix} 0.32 & 0.05 \\ 0.05 & 1.81 \end{bmatrix}$$

可见，算法最后得到的估计值与三组向量的均值和协方差矩阵非常接近。

估计出模型的未知参数后，就可根据估计的 $P(C_j \mid \boldsymbol{x}_i)$值将数据向量赋给聚类中。图 14.3(b)中显示了赋给三个聚类的点的分布情况，它几乎与原始的数据结构一致。评价所得估计模型的一种方法是使用所谓的混淆矩阵 $\boldsymbol{A}$，它的元素(i, j)表示源于第 i 个分布的向量被赋给第 j 个聚类的数量①。在本例中，它是

$$\boldsymbol{A}_1 = \begin{bmatrix} 99 & 0 & 1 \\ 0 & 100 & 0 \\ 3 & 4 & 93 \end{bmatrix}$$

由这个矩阵可以看出，第一个分布中 99%的数据都赋给了相同的聚类（第一个聚类）。类似地，第二个分布中的所有数据都赋给了相同的聚类（第二个聚类）；第三个分布中 93%的数据都赋给了相同的聚类（第三个聚类）。

(b) 下面考虑相距很近的三个正态分布，此时$\mu_1 = [1, 1]^T$, $\mu_2 = [2, 2]^T$, $\mu_3 = [3, 1]^T$，协方差矩阵与图 14.4 中的相同。我们照例初始化μ_i和Σ_i, $i = 1, 2, 3$，并且运行高斯分布的 GMDAS 算法。求得的混淆矩阵为

$$\boldsymbol{A}_2 = \begin{bmatrix} 85 & 4 & 11 \\ 35 & 56 & 9 \\ 26 & 0 & 74 \end{bmatrix}$$

不出所料，在生成的每个聚类中，来自多个分布的点的比例较大。

例 14.2　图 14.5(a)中的数据集 X 中包含两个相交的环形聚类，每个聚类都包含 500 个点。我们以

① 注意，在真实的聚类应用中不能定义混淆矩阵，因为我们事先确实不知道每个特征向量所属的聚类。然而，为了评估集聚算法的性能，我们可以在人为实验中使用混淆矩阵。

高斯分布、$m=2$ 和 $\epsilon=0.01$ 的条件应用 GMDAS 算法。算法迭代 72 次后终止，得到的结果如图 14.5(b)所示。不出所料，该算法未能复原 X 的集聚结构，因为它只搜索致密的聚类。一般来说，使用高斯分布的 GMDAS 算法能够识别尽可能致密的聚类，即便 X 中的聚类形状可能不同。更糟的是，即使 X 中没有集聚结构，它也可能识别出聚类[①]。

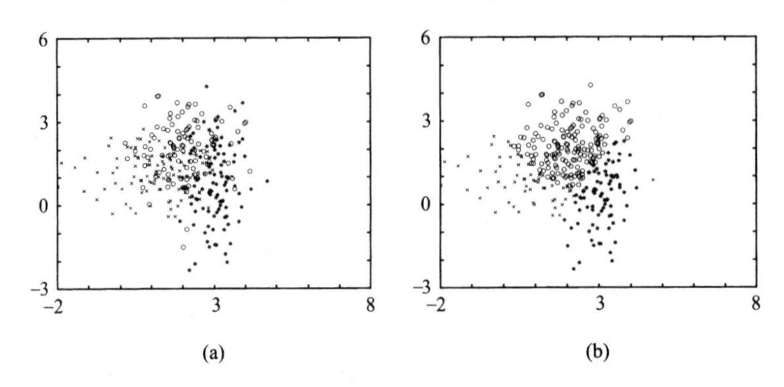

图 14.4　(a) 包含三组叠加点的数据集；(b) 使用高斯混合时，应用 GMDAS 算法的结果

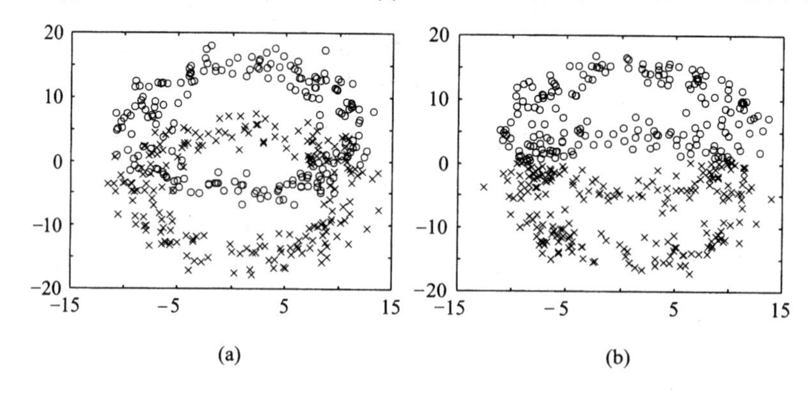

图 14.5　(a) 包含相交的环形聚类的数据集；(b) 使用高斯混合时，应用 GMDAS 算法的结果

文献[Zhua 96]考虑了被未知离群点分布 $h(\boldsymbol{x}_i \mid C_j)$污染的高斯概率密度函数。这时，我们可以写出 $p(\boldsymbol{x} \mid C_j) = (1-\epsilon_j)G(\boldsymbol{x} \mid C_j)+\epsilon_j h(\boldsymbol{x} \mid C_j)$，其中$\epsilon_j$是污染级别，$G(\boldsymbol{x} \mid C_j)$是第 j 个高斯分布。在所有 $h(\boldsymbol{x}_i \mid C_j)$是常数，即 $h(\boldsymbol{x}_i \mid C_j) = c_j$, $i = 1,\cdots,N$ 的假设下，$p(\boldsymbol{x} \mid C_j)$可写为 $p(\boldsymbol{x} \mid C_j) = (1-\epsilon_j)G(\boldsymbol{x} \mid C_j) +\epsilon_j c_j$。然后，我们就可使用前面的方法计算正态分布 $G(\boldsymbol{x} \mid C_j)$的均值和协方差矩阵，以及$\epsilon_j$和 c_j 的值。

文献[Figu 02]中提出了另一种混合分解算法，它不需要 m 的先验知识，也不需要仔细初始化。

14.2.2　几何解释

前面说过，条件概率 $P(\boldsymbol{x}_i \mid C_j)$表示 $\boldsymbol{x}_i \in X$ 属于 C_j, $i = 1,\cdots,N$ 的可能性，且它受下式的限制：

$$\sum_{j=1}^{m} P(C_j|\boldsymbol{x}_i) = 1 \tag{14.17}$$

我们可将它视为一个 $m-1$ 维超平面的方程。为便于表示，设 $P(C_j \mid \boldsymbol{x}_i) \equiv y_j$, $j = 1,\cdots,m$。于是，式(14.17)可以写为

① 一般来说，在应用集聚算法识别 X 中的聚类前，首先要检查 X 中是否存在集聚结构。这个过程称为集聚趋势，详见第 16 章中的讨论。

$$\boldsymbol{a}^{\mathrm{T}}\boldsymbol{y} = 1 \tag{14.18}$$

式中，$\boldsymbol{y}^{\mathrm{T}} = [y_1,\cdots,y_m]$，$\boldsymbol{a}^{\mathrm{T}} = [1, 1,\cdots, 1]$。也就是说，允许 $\boldsymbol{y}$ 在前述公式定义的超平面上移动。另外，由于 $0\leqslant y_j \leqslant 1, j = 1,\cdots, m$，所以 $\boldsymbol{y}$ 也位于单位超立方体内部（见图 14.6）。

这个解释允许我们为噪声特征向量或离群点推导出一些有用的结论。设 $\boldsymbol{x}_i$ 是这样的一个向量。因为对 $\boldsymbol{x}_i$，式(14.17)成立，因此至少有一个 $\boldsymbol{y}_j, j = 1,\cdots, m$ 是有意义的（它位于区间[1/m, 1]内）。于是，$\boldsymbol{x}_i$ 会通过式(14.9)、式(14.10)和式(14.11)来影响对应聚类的估计值 C_j，并且使得 GMDAS 算法对离群点敏感。下面的例子进一步说明了这个概念。

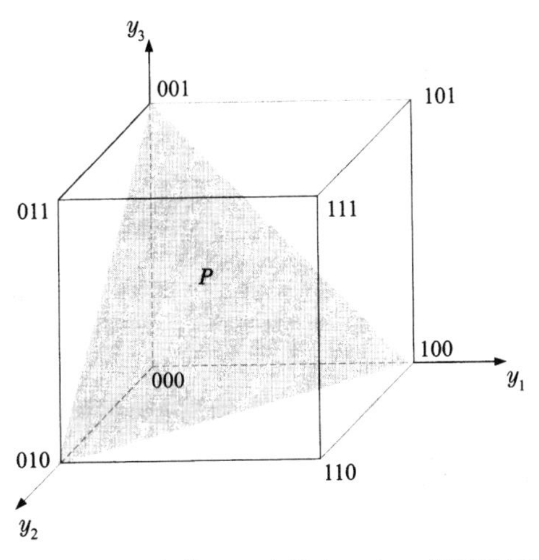

图 14.6 $m = 3$ 时的立方体。只允许点 $\boldsymbol{y}$ 在 $\boldsymbol{P}$ 的阴影区域上移动

例 14.3 考虑图 14.7 中的数据集 X，它由 22 向量组成。前 10 个（下 10 个）向量取自均值为 $\boldsymbol{\mu}_1 = [0, 0]^{\mathrm{T}}$（$\boldsymbol{\mu}_2 = [4.5, 4.5]^{\mathrm{T}}$）、协方差矩阵为 $\Sigma_1 = \boldsymbol{I}$（$\Sigma_2 = \boldsymbol{I}$）的正态分布，其中 $\boldsymbol{I}$ 是 2×2 单位矩阵。最后两个向量是 $\boldsymbol{x}_{21} = [-6, 5]^{\mathrm{T}}$ 和 $\boldsymbol{x}_{22} = [11, 0]^{\mathrm{T}}$。对 X 上的高斯概率密度函数运行 GMDAS 算法，5 次迭代后得到

$$\boldsymbol{P}' = [0.5, 0.5]^{\mathrm{T}},\ \boldsymbol{\mu}_1' = [-0.58, 0.35]^{\mathrm{T}},\ \boldsymbol{\mu}_2' = [4.98, 4.00]^{\mathrm{T}}$$

$$\Sigma_1' = \begin{bmatrix} 4.96 & -2.01 \\ -2.01 & 2.63 \end{bmatrix},\quad \Sigma_2' = \begin{bmatrix} 3.40 & -2.53 \\ -2.53 & 3.27 \end{bmatrix}$$

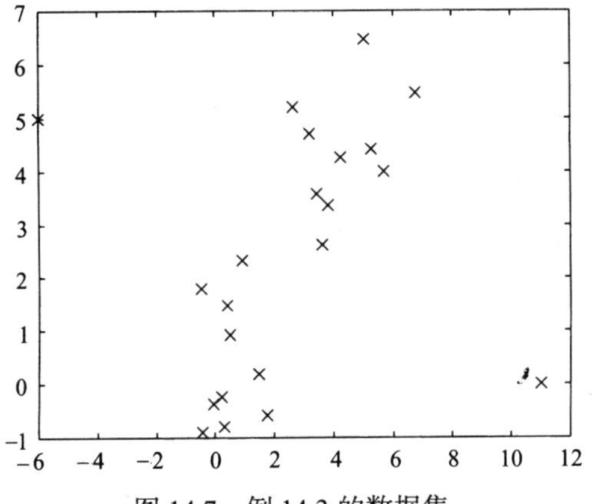

图 14.7 例 14.3 的数据集

表 14.1 中列出了得到的 $P(C_j|\boldsymbol{x}_i), j=1,2, i=1,\cdots,22$。$\boldsymbol{x}_{21}$ 和 $\boldsymbol{x}_{22}$ 可视为离群点，因为它们远离这两个聚类，但由约束 $\sum_{j=1}^{2} P(C_j|\boldsymbol{x}_i)=1$，我们得到 $P(C_1|\boldsymbol{x}_{21})=1$ 和 $P(C_2|\boldsymbol{x}_{22})=1$，表明这些点对 $\boldsymbol{\mu}_1, \boldsymbol{\mu}_2$ 和 Σ_1, Σ_2 的影响不可忽略。事实上，如果使用相同的初始条件对 $X_1=\{\boldsymbol{x}_i: i=1,\cdots,20\}$（去掉了最后两个点）上的高斯概率密度函数运行 GMDAS 算法，那么 5 次迭代后得到

$$\boldsymbol{P}''=[0.5,0.5]^{\mathrm{T}},\quad \boldsymbol{\mu}_1''=[-0.03,-0.12]^{\mathrm{T}},\quad \boldsymbol{\mu}_2''=[4.37,4.40]^{\mathrm{T}}$$

$$\Sigma_1''=\begin{bmatrix}0.50 & -0.01\\ -0.01 & 1.22\end{bmatrix},\qquad \Sigma_2''=\begin{bmatrix}1.47 & 0.44\\ 0.44 & 1.13\end{bmatrix}$$

比较两次试验的结果发现，后一次试验能够给出未知参数的准确估计值。

表 14.1　例 14.3 中的数据集的后验概率值

向　量	$P(C_1\|\boldsymbol{x})$	$P(C_2\|\boldsymbol{x})$	向　量	$P(C_1\|\boldsymbol{x})$	$P(C_2\|\boldsymbol{x})$
$\boldsymbol{x}_1$	0	1	$\boldsymbol{x}_{12}$	1	0
$\boldsymbol{x}_2$	0	1	$\boldsymbol{x}_{13}$	1	0
$\boldsymbol{x}_3$	0	1	$\boldsymbol{x}_{14}$	1	0
$\boldsymbol{x}_4$	0	1	$\boldsymbol{x}_{15}$	1	0
$\boldsymbol{x}_5$	0	1	$\boldsymbol{x}_{16}$	1	0
$\boldsymbol{x}_6$	0	1	$\boldsymbol{x}_{17}$	1	0
$\boldsymbol{x}_7$	0	1	$\boldsymbol{x}_{18}$	1	0
$\boldsymbol{x}_8$	0	1	$\boldsymbol{x}_{19}$	0.99	0.01
$\boldsymbol{x}_9$	0	1	$\boldsymbol{x}_{20}$	1	0
$\boldsymbol{x}_{10}$	0	1	$\boldsymbol{x}_{21}$	0	1
$\boldsymbol{x}_{11}$	1	0	$\boldsymbol{x}_{22}$	0	0

检查如下情况可以推出另一个有趣的现象。设 $l=1$。我们考虑由正态分布 $p(x|C_j), j=1,2$ 描述的两个聚类，它们的方差相同，均值分别为 μ_1 和 μ_2，其中 $\mu_1<\mu_2$；同时，设 $P_1=P_2$。不难证明，当 $x<(>)\frac{\mu_1+\mu_2}{2}$ 时，$P(C_1|x)>(<)P(C_2|x)$。现在考虑点 $x_1=\frac{3\mu_1+\mu_2}{4}$ 和 $x_2=\frac{5\mu_1-\mu_2}{4}$。尽管它们到 μ_1 的距离相等（即它们关于 μ_1 是对称的），但不难看出 $P(C_1|x_1)>P(C_1|x_2)$，因为 $P(C_1|x)$ 和 $P(C_2|x)$ 是通过式(14.17)相关联的。于是，$\boldsymbol{x}$ 属于一个聚类的概率受它属于另一个聚类的概率的影响。后面，我们会从这种相互关系中解脱出来。

14.3　模糊集聚算法

前面讨论的概率算法的难点是，要假设合适的模型，就要使用概率密度函数。另外，它只适合处理壳状聚类，而不适合处理致密聚类。过去 20 年间集中研究的模糊集聚算法能够摆脱这些限制。模糊集聚算法与概率算法的主要不同是，前者中的向量同时属于多个聚类，而后者中的一个向量完全属于某个聚类。

如第 11 章所述，X 的模糊 m 集聚是通过一组函数 $u_j: X\to A, j=1,\cdots,m$ 定义的，其中 $A=[0,1]$。当 $A=\{0,1\}$ 时，定义的是 X 的硬 m 集聚。在这种情况中，每个向量只属于单个聚类。

前一节中假设聚类数和形状是已知的，聚类的形状由所用的参数集表示。例如，如果处理的是致密聚类，那么用一个点来表示每个聚类，即每个聚类由 l 个参数表示。另一方面，如果处理

的不是非致密聚类而是超球面聚类，那么用超球面来代表每个聚类。在这种情况下，每个聚类由 $l+1$ 个参数表示（l 为超球面的中心，1 为它的半径）。

下面，我们用 $\boldsymbol{\theta}_j$ 来代表第 j 个聚类，$\boldsymbol{\theta} \equiv [\boldsymbol{\theta}_1^{\mathrm{T}},\cdots,\boldsymbol{\theta}_m^{\mathrm{T}}]^{\mathrm{T}}$，$\boldsymbol{U}$ 是一个 $N\times m$ 矩阵，它的元素 (i, j) 等于 $\boldsymbol{x}_i$ 和 $\boldsymbol{\theta}_j$ 之间的相异度 $u_j(\boldsymbol{x}_i)$, $d(\boldsymbol{x}_i, \boldsymbol{\theta}_j)$，$q$（$>1$）是一个称为模糊器的参数，我们很快就会说明它的作用。大多数知名的模糊集聚算法都是相对于 $\boldsymbol{\theta}$ 和 $\boldsymbol{U}$ 使下式最小得到的：

$$J_q(\boldsymbol{\theta}, U) = \sum_{i=1}^{N}\sum_{j=1}^{m} u_{ij}^{q} d(\boldsymbol{x}_i, \boldsymbol{\theta}_j) \tag{14.19}$$

约束是

$$\sum_{j=1}^{m} u_{ij} = 1, \quad i = 1,\cdots,N \tag{14.20}$$

式中，

$$u_{ij} \in [0,1], \quad i = 1,\cdots,N, \quad j = 1,\cdots,m$$
$$0 < \sum_{i=1}^{N} u_{ij} < N, \quad j = 1,2,\cdots,m \tag{14.21}$$

换句话说，$\boldsymbol{x}_i$ 在第 j 个聚类中的隶属度与其在剩下的 $m-1$ 个聚类中的隶属度，通过式(14.20)相关联。在式(14.19)中，q 取不同的值时会使得 $J_q(\boldsymbol{\theta}, \boldsymbol{U})$ 要么属于模糊集聚，要么属于硬集聚。具体地说，对于固定的 $\boldsymbol{\theta}$，若 $q=1$，则 $J_q(\boldsymbol{\theta}, \boldsymbol{U})$ 的非模糊集聚要好于最好的硬集聚；然而，若 $q>1$，则模糊集聚与最好的硬集聚相比，将导致 $J_q(\boldsymbol{\theta}, \boldsymbol{U})$ 出现低值的情形。下面通过例子来说明这些观点。

例 14.4　设 $X=\{\boldsymbol{x}_1, \boldsymbol{x}_2, \boldsymbol{x}_3, \boldsymbol{x}_4\}$，其中 $\boldsymbol{x}_1=[0,0]^{\mathrm{T}}$, $\boldsymbol{x}_2=[2,0]^{\mathrm{T}}$, $\boldsymbol{x}_3=[3,0]^{\mathrm{T}}$, $\boldsymbol{x}_4=[2,3]^{\mathrm{T}}$。设 $\boldsymbol{\theta}_1=[1,0]^{\mathrm{T}}$, $\boldsymbol{\theta}_2=[1,3]^{\mathrm{T}}$ 是聚类代表。假设在向量和聚类代表之间使用欧氏距离。采用上面选择的 $\boldsymbol{\theta}_1$ 和 $\boldsymbol{\theta}_2$，最小化 $J_q(\boldsymbol{\theta}, \boldsymbol{U})$ 的两个聚类的硬集聚可表示为

$$\boldsymbol{U}_{\text{bard}} = \begin{bmatrix} 1 & 0 \\ 1 & 0 \\ 0 & 1 \\ 0 & 1 \end{bmatrix}$$

这时，式(14.19)中 $J_q(\boldsymbol{\theta}, \boldsymbol{U})$ 的值是 $J_q^{\text{hard}}(\boldsymbol{\theta}, \boldsymbol{U})=4$。显然，硬集聚并不依赖于 q。

假设 $q=1$，且所有的 u_{ij} 介于 0 和 1 之间。于是，代价函数的值变为

$$J_1^{\text{fuzzy}}(\boldsymbol{\theta}, \boldsymbol{U}) = \sum_{i=1}^{2}(u_{i1} + u_{i2}\sqrt{10}) + \sum_{i=3}^{4}(u_{i1}\sqrt{10} + u_{i2})$$

因为对每个 $\boldsymbol{x}_i$，u_{i1} 和 u_{i2} 都是正的且 $u_{i1}+u_{i2}=1$，所以易得 $J_1^{\text{fuzzy}}(\boldsymbol{\theta}, \boldsymbol{U})>4$。因此，当 $q=1$ 时，与模糊集聚相比，硬集聚与总是能够得到更好的 $J_q^{\text{fuzzy}}(\boldsymbol{\theta}, \boldsymbol{U})$ 值。

假设 $q=2$。容易验证，当 $u_{i2}\in[0, 0.48]$, $i=1,2$ 且 $u_{i1}\in[0, 0.48]$, $i=3,4$ 时，对每个 $\boldsymbol{x}_i$ 有 $u_{i1}=1-u_{i2}$，于是 $J_2^{\text{fuzzy}}(\boldsymbol{\theta}, \boldsymbol{U})$ 的值小于 4（见习题 14.7）。因此，这时模糊算法优于硬集聚算法。

最后，设 $q=3$。易证当 $u_{i2}\in[0, 0.67]$, $i=1,2$ 且 $u_{i1}\in[0, 0.67]$, $i=3,4$ 时，对每个 $\boldsymbol{x}_i$ 有 $u_{i1}=1-u_{i2}$，于是 $J_3^{\text{fuzzy}}(\boldsymbol{\theta}, \boldsymbol{U})<4$。

1．最小化 $J_q(\boldsymbol{\theta}, \boldsymbol{U})$

首先假设 $\boldsymbol{x}_i$ 不与任何一个代表重合。具体地说，对于 $\boldsymbol{x}_i$，设 Z_i 是包含所有满足 $d(\boldsymbol{x}_i, \boldsymbol{\theta}_j)=0$ 的代

表θ_j的集合。根据假设，对所有i均有$Z_i = \emptyset$。为便于标记，记$J_q(\theta, U)$为$J(\theta, U)$。先考虑U。求$J_q(\theta, U)$关于U的最小值，约束是式(14.20)，得到下面的拉格朗日函数：

$$\mathcal{J}(\boldsymbol{\theta}, U) = \sum_{i=1}^{N}\sum_{j=1}^{m} u_{ij}^q d(\boldsymbol{x}_i, \boldsymbol{\theta}_j) - \sum_{i=1}^{N}\lambda_i\left(\sum_{j=1}^{m} u_{ij} - 1\right) \tag{14.22}$$

对$\mathcal{J}(\theta, U)$求u_{rs}的偏导数得

$$\frac{\partial \mathcal{J}(\boldsymbol{\theta}, U)}{\partial u_{rs}} = q u_{rs}^{q-1} d(\boldsymbol{x}_r, \boldsymbol{\theta}_s) - \lambda_r \tag{14.23}$$

假设$\partial\mathcal{J}(\theta, U)/\partial u_{rs} = 0$，解出$u_{rs}$为

$$u_{rs} = \left(\frac{\lambda_r}{q d(\boldsymbol{x}_r, \boldsymbol{\theta}_s)}\right)^{\frac{1}{q-1}}, \quad s = 1, \cdots, m \tag{14.24}$$

把上式代入约束$\sum_{j=1}^{m} u_{rj} = 1$，得

$$\sum_{j=1}^{m}\left(\frac{\lambda_r}{q d(\boldsymbol{x}_r, \boldsymbol{\theta}_j)}\right)^{\frac{1}{q-1}} = 1$$

或

$$\lambda_r = \frac{q}{\left(\sum_{j=1}^{m}\left(\frac{1}{d(\boldsymbol{x}_r, \boldsymbol{\theta}_j)}\right)^{\frac{1}{q-1}}\right)^{q-1}} \tag{14.25}$$

联立式(14.25)和式(14.24)，经过代数变换得

$$u_{rs} = \frac{1}{\sum_{j=1}^{m}\left(\frac{d(\boldsymbol{x}_r, \boldsymbol{\theta}_s)}{d(\boldsymbol{x}_r, \boldsymbol{\theta}_j)}\right)^{\frac{1}{q-1}}} \tag{14.26}$$

$r = 1, \cdots, N$, $s = 1, \cdots, m$。

现在考虑参数向量θ_j。取$J(\theta, U)$关于θ_j的梯度并设其为零，得

$$\frac{\partial J(\boldsymbol{\theta}, U)}{\partial \boldsymbol{\theta}_j} = \sum_{i=1}^{N} u_{ij}^q \frac{\partial d(\boldsymbol{x}_i, \boldsymbol{\theta}_j)}{\partial \boldsymbol{\theta}_j} = \boldsymbol{0}, \quad j = 1, \cdots, m \tag{14.27}$$

式(14.26)和式(14.27)是偶合的，通常无法给出闭式解。解决方法之一是，采用下面的迭代算法得到U和θ的估计值。

通用模糊算法（GFAS）

- 选择$\theta_j(0)$作为$\theta_j, j = 1, \cdots, m$的初始估计值
- $t = 0$
- 重复：
  - For $i = 1$ to N
    - For $j = 1$ to m

$$u_{ij}(t) = \frac{1}{\sum_{k=1}^{m}\left(\frac{d(\boldsymbol{x}_i, \boldsymbol{\theta}_j(t))}{d(\boldsymbol{x}_i, \boldsymbol{\theta}_k(t))}\right)^{\frac{1}{q-1}}}$$

  ○ End{For -j}
- End{For -i}
- $t=t+1$
- For $j=1$ to m
  ○ 参数更新：求解θ_j，

$$\sum_{i=1}^{N} u_{ij}^{q}(t-1)\frac{\partial d(\boldsymbol{x}_i,\boldsymbol{\theta}_j)}{\partial \boldsymbol{\theta}_j}=0 \tag{14.28}$$

  并设$\theta_j(t)$为上式的解
- End{For-j}
- 直到满足终止条件

可用$\|\boldsymbol{\theta}(t)-\boldsymbol{\theta}(t-1)\|<\varepsilon$ 作为终止条件，其中$\|\cdot\|$是向量范数，ε是用户定义的“小”常数。

注释

- 若对给定的 $\boldsymbol{x}_i$有 $Z_i\neq\emptyset$，则我们任意选择 u_{ij}（其中 $j\in Z_i$），使得 $\sum_{j\in Z_i}u_{ij}=1$ 和 $u_{ij}=0, j\notin Z_i$。也就是说，$\boldsymbol{x}_i$由代表与 $\boldsymbol{x}_i$重合的聚类共享，且服从约束(14.20)。若 $\boldsymbol{x}_i$与单个代表θ_j重合，则条件变为 $u_{ij}=1, u_{ik}=0, k\neq j$。
- 这个算法也可由 $\boldsymbol{U}(0)$而非$\theta_j(0)$，$j=1,\cdots,m$ 初始化，首先通过计算θ_j来开始迭代。
- 上面的迭代算法也称交替优化（Alternating Optimization, AO）算法，因为在每个迭代步骤中，$\boldsymbol{U}$都会为固定的$\boldsymbol{\theta}$ 更新，然后$\boldsymbol{\theta}$又会为固定的 $\boldsymbol{U}$ 更新[Bezd 95, Hopp 99]。

下面介绍这种算法的三种常见情形。

14.3.1 使用点代表聚类

对于致密聚类，每个聚类都用一个点来表示，即θ_j包含 l 个参数。这时，相异性 $d(\boldsymbol{x}_i, \theta_j)$可以是两点之间的任何距离度量。两个常用的 $d(\boldsymbol{x}_i, \theta_j)$是（见第 11 章）

$$d(\boldsymbol{x}_i,\boldsymbol{\theta}_j)=(\boldsymbol{x}_i-\boldsymbol{\theta}_j)^{\mathrm{T}}A(\boldsymbol{x}_i-\boldsymbol{\theta}_j) \tag{14.29}$$

式中，$\boldsymbol{A}$是对称的正定矩阵；以及 Minkowski 距离，

$$d(\boldsymbol{x}_i,\boldsymbol{\theta}_j)=\left(\sum_{k=1}^{l}|x_{ik}-\theta_{jk}|^{p}\right)^{\frac{1}{p}} \tag{14.30}$$

式中，p 是一个正整数，x_{ik}，θ_{jk}分别是 $\boldsymbol{x}_i$和θ_j的第 k 个坐标。在这些已知条件下，让我们看一下 GFAS 的特殊形式。

- 使用式(14.29)中给出的距离时，可得

$$\frac{\partial d(\boldsymbol{x}_i,\boldsymbol{\theta}_j)}{\partial \boldsymbol{\theta}_j}=2A(\boldsymbol{\theta}_j-\boldsymbol{x}_i) \tag{14.31}$$

  将式(14.31)代入式(14.28)，得

$$\sum_{i=1}^{N} u_{ij}^{q}(t-1)2A(\boldsymbol{\theta}_j-\boldsymbol{x}_i)=0$$

$\boldsymbol{A}$ 是正定矩阵，因此是可逆的。上式两边同时乘以 $\boldsymbol{A}^{-1}$，并经过简单的代数运算，得到

$$\boldsymbol{\theta}_j(t) = \frac{\sum_{i=1}^N u_{ij}^q(t-1)\boldsymbol{x}_i}{\sum_{i=1}^N u_{ij}^q(t-1)} \tag{14.32}$$

得到的算法称为模糊 c 均值（Fuzzy c-Means, FCM）算法①或模糊 k 均值算法，详见文献[Bezd 80, Cann 86, Hath 86, Hath 89, Isma 86]。

- 下面考虑使用 Minkowski 距离的情况。仅考虑 p 是偶数且 $p < +\infty$ 的情况。这时，我们可以保证 $d(\boldsymbol{x}_i, \boldsymbol{\theta}_j)$ 关于 $\boldsymbol{\theta}_j$ 的可微性。由式(14.30)可得

$$\frac{\partial d(\boldsymbol{x}_i, \boldsymbol{\theta}_j)}{\partial \theta_{jr}} = \frac{(\theta_{jr} - x_{ir})^{p-1}}{\left(\sum_{k=1}^l |x_{ik} - \theta_{jk}|^p\right)^{1-\frac{1}{p}}}, \quad r = 1, \cdots, l \tag{14.33}$$

将式(14.33)代入式(14.28)得

$$\sum_{i=1}^N u_{ij}^q(t-1)\frac{(\theta_{jr} - x_{ir})^{p-1}}{\left(\sum_{k=1}^l |x_{ik} - \theta_{jk}|^p\right)^{1-\frac{1}{p}}} = 0, \quad r = 1, \cdots, l \tag{14.34}$$

因此，我们就得到了由 l 个非线性方程和 l 个未知数组成的方程组，即 $\boldsymbol{\theta}_j$ 的坐标。我们可以采用迭代技术求解该方程组，如高斯–牛顿法或 Levenberg-Marquardt（L-M）法（见文献[Luen 84]）。

得到的算法称为 pFCM，其中 p 表示采用的 Minkowski 距离[Bobr 91]。

在迭代技术中，步骤 t 中的初始估计值可以是从步骤 $t-1$ 中得到的估计值。

例 14.5 (a) 考虑例 14.1(a)中的数据。当(i) $\boldsymbol{A}$ 是一个 2×2 单位矩阵，(ii) $\boldsymbol{A} = \begin{bmatrix} 2 & 1.5 \\ 1.5 & 2 \end{bmatrix}$，(iii) 使用 $p=4$ 时的 Minkowski 距离时，对于式(14.29)中定义的距离，首先运行 GFAS。算法的初始值与例 14.1 中的相同，只是用 $\boldsymbol{\theta}_j$ 代替了 $\boldsymbol{\mu}_j$，模糊器 $q=2$。

$\boldsymbol{\theta}_1, \boldsymbol{\theta}_2, \boldsymbol{\theta}_3$ 的估计值依次为 $\boldsymbol{\theta}_1 = [1.37, 0.71]^{\mathrm{T}}$，$\boldsymbol{\theta}_2 = [3.14, 3.12]^{\mathrm{T}}$，$\boldsymbol{\theta}_3 = [5.08, 1.21]^{\mathrm{T}}$。对于情况(i)，$\boldsymbol{\theta}_1 = [1.47, 0.56]^{\mathrm{T}}$，$\boldsymbol{\theta}_2 = [3.54, 1.97]^{\mathrm{T}}$，$\boldsymbol{\theta}_3 = [5.21, 2.97]^{\mathrm{T}}$；对于情况(ii)，$\boldsymbol{\theta}_1 = [1.13, 0.74]^{\mathrm{T}}$，$\boldsymbol{\theta}_2 = [2.99, 3.16]^{\mathrm{T}}$，$\boldsymbol{\theta}_3 = [5.21, 3.16]^{\mathrm{T}}$；对于情况(iii)，对应的混淆矩阵是（见例 14.1）

$$\boldsymbol{A}_i = \begin{bmatrix} 98 & 2 & 0 \\ 14 & 84 & 2 \\ 11 & 0 & 89 \end{bmatrix}, \quad \boldsymbol{A}_{ii} = \begin{bmatrix} 63 & 11 & 26 \\ 5 & 95 & 0 \\ 39 & 23 & 38 \end{bmatrix}, \quad \boldsymbol{A}_{iii} = \begin{bmatrix} 96 & 0 & 4 \\ 11 & 89 & 0 \\ 13 & 2 & 85 \end{bmatrix}$$

观察发现，在 $\boldsymbol{A}_i$ 和 $\boldsymbol{A}_{iii}$ 的情形下，来自相同分布的几乎所有向量都赋给了相同的聚类。注意，对于混淆矩阵的结构，我们可以自由地将点 $\boldsymbol{x}_i$ 赋给某个聚类，只要它的 u_{ij} 有最大值。

(b) 考虑例 14.1(b)中的数据。对(a)中描述的三种情况运行 GFAS 算法。$\boldsymbol{\theta}_1, \boldsymbol{\theta}_2, \boldsymbol{\theta}_3$ 的估计值依次为 $\boldsymbol{\theta}_1 = [1.60, 0.12]^{\mathrm{T}}$，$\boldsymbol{\theta}_2 = [1.15, 1.67]^{\mathrm{T}}$，$\boldsymbol{\theta}_3 = [3.37, 2.10]^{\mathrm{T}}$。对于情况(i)，$\boldsymbol{\theta}_1 = [1.01, 0.38]^{\mathrm{T}}$，$\boldsymbol{\theta}_2 = [2.25, 1.49]^{\mathrm{T}}$，$\boldsymbol{\theta}_3 = [3.75, 2.68]^{\mathrm{T}}$；对于情况(ii)，$\boldsymbol{\theta}_1 = [1.50, -0.13]^{\mathrm{T}}$，$\boldsymbol{\theta}_2 = [1.25, 1.77]^{\mathrm{T}}$，$\boldsymbol{\theta}_3 = [3.54, 1.74]^{\mathrm{T}}$；对于情况(iii)，对应的混淆矩阵为

① 文献[Siya 05]中讨论了 FCM 在特定医学应用中的变体。

$$A_i = \begin{bmatrix} 51 & 46 & 3 \\ 14 & 47 & 39 \\ 43 & 0 & 57 \end{bmatrix}, \quad A_{ii} = \begin{bmatrix} 79 & 21 & 0 \\ 19 & 58 & 23 \\ 28 & 41 & 31 \end{bmatrix}, \quad A_{iii} = \begin{bmatrix} 51 & 3 & 46 \\ 37 & 62 & 1 \\ 11 & 36 & 53 \end{bmatrix}$$

现在讨论这些结果。首先，不出所料，聚类越靠近，所有算法的性能就越糟糕。另外，当我们使用式(14.29)给出的距离时，矩阵 $\boldsymbol{A}$ 的选择非常关键。对于例中的情形，如果 $\boldsymbol{A}=\boldsymbol{I}$，那么当 X 中的两个聚类彼此不太靠近时，GFAS 算法能够很好地识别它们。使用 Minkowski 距离且 $p=4$ 时，情况也是如此。

注释

- 模糊器 q 的选择对模糊集聚算法来说非常重要。对 FCM 来说尤其如此，文献[Bezd 81]中给出了选择 q 的指导，文献[Gao 00]中讨论了根据模糊决定理论概念来选择 q 的方法。
- 文献中提出了几种泛化的 FCM 算法。这些算法都是由式(14.19)中的最小化代价函数推导出来的，方法是添加合适的几项（见文献[Yang 93, Lin 96, Pedr 96, Ozde 02, Yu 03]）。
- 文献[Chia 03, Shen 06, Zeyu 01, Zhan 03, Zhou 04]中讨论了核化形式的 FCM。文献[Grav 07]中比较了核化形式的 FCM 与 FCM。

14.3.2　使用二次曲面代表聚类

本节首先介绍二次曲面聚类，如超椭球体、超抛物体；然后介绍 4 种算法。首先按照式(14.19)的要求，定义点和二次曲面之间的距离。下一节中给出一些常用距离的定义及它们的物理解释。

点和二次曲面之间的距离

本节介绍第 11 章讨论过的定义及点和二次曲面之间的距离。二次曲面 Q 的一般方程为

$$\boldsymbol{x}^{\mathrm{T}}A\boldsymbol{x} + \boldsymbol{b}^{\mathrm{T}}\boldsymbol{x} + c = 0 \tag{14.35}$$

式中，$\boldsymbol{A}$ 是一个 $l\times l$ 对称矩阵，$\boldsymbol{b}$ 是一个 $l\times 1$ 向量，c 是标量，$\boldsymbol{x}=[x_1,\cdots,x_l]^{\mathrm{T}}$。$\boldsymbol{A}, \boldsymbol{b}$ 和 c 是定义 Q 的参数。这些参数选择不同的值时，可以得到超椭圆、超抛物线等。易得式(14.35)的另一种形式为（见习题 14.8）

$$\boldsymbol{q}^{\mathrm{T}}\boldsymbol{p} = 0 \tag{14.36}$$

式中，

$$\boldsymbol{q} = [\overbrace{x_1^2, x_2^2, \cdots, x_l^2}^{l}, \overbrace{x_1x_2, \cdots, x_{l-1}x_l}^{l(l-1)/2}, \overbrace{x_1, x_2, \cdots, x_l, 1}^{l+1}]^{\mathrm{T}} \tag{14.37}$$

和

$$\boldsymbol{p} = [p_1, p_2, \cdots, p_l, p_{l+1}, \cdots, p_r, p_{r+1}, \cdots, p_s]^{\mathrm{T}} \tag{14.38}$$

式中，$r=l(l+1)/2$，$s=r+l+1$。由 $\boldsymbol{A}, \boldsymbol{b}, c$ 易得满足式(14.36)的向量 $\boldsymbol{p}$。

1．代数距离

点 $\boldsymbol{x}$ 和二次曲面 Q 之间的代数距离的平方定义为

$$d_a^2(\boldsymbol{x}, Q) = (\boldsymbol{x}^{\mathrm{T}}A\boldsymbol{x} + \boldsymbol{b}^{\mathrm{T}}\boldsymbol{x} + c)^2 \tag{14.39}$$

使用式(14.36)，可将 $d_a^2(\boldsymbol{x},Q)$ 写为

$$d_a^2(\boldsymbol{x}, Q) = \boldsymbol{p}^{\mathrm{T}}M\boldsymbol{p} \tag{14.40}$$

式中，$M = \boldsymbol{q}\boldsymbol{q}^{\mathrm{T}}$。代数距离可视为点到超平面的距离的推广（见第 11 章），后面将介绍它的物理意义。为了推导基于代数距离的平方的 GFAS 算法，使用式(14.40)更方便。

2．垂直距离

点 $\boldsymbol{x}$ 和二次曲面 Q 之间的垂直距离的平方定义为

$$d_p^2(\boldsymbol{x}, Q) = \min_{\boldsymbol{z}} \|\boldsymbol{x} - \boldsymbol{z}\|^2 \tag{14.41}$$

约束是

$$\boldsymbol{z}^{\mathrm{T}} A \boldsymbol{z} + \boldsymbol{b}^{\mathrm{T}} \boldsymbol{z} + c = 0 \tag{14.42}$$

该定义说，$\boldsymbol{x}$ 与 Q 之间的距离，是 $\boldsymbol{x}$ 和 Q 上最靠近 $\boldsymbol{x}$ 的点 $\boldsymbol{z}$ 之间的欧氏距离的平方。$d_p(\boldsymbol{x}, Q)$ 是从 $\boldsymbol{x}$ 到 Q 的垂直线段的长度。这个定义直觉上是最合理的，但其计算并不简单，因为计算涉及拉格朗日形式。具体来说，我们定义

$$\mathcal{D}(\boldsymbol{x}, Q) = \|\boldsymbol{x} - \boldsymbol{z}\|^2 - \lambda(\boldsymbol{z}^{\mathrm{T}} A \boldsymbol{z} + \boldsymbol{b}^{\mathrm{T}} \boldsymbol{z} + c) \tag{14.43}$$

考虑到 $\boldsymbol{A}$ 是对称矩阵，$\mathcal{D}(\boldsymbol{x}, Q)$关于 $\boldsymbol{z}$ 的梯度为

$$\frac{\partial \mathcal{D}(\boldsymbol{x}, Q)}{\partial \boldsymbol{z}} = 2(\boldsymbol{x} - \boldsymbol{z}) - 2\lambda A \boldsymbol{z} - \lambda \boldsymbol{b}$$

设$\partial \mathcal{D}(\boldsymbol{x}, Q)/\partial \boldsymbol{z} = 0$，经过代数变换得

$$\boldsymbol{z} = \frac{1}{2}(I + \lambda A)^{-1}(2\boldsymbol{x} - \lambda \boldsymbol{b}) \tag{14.44}$$

为了计算λ，将上式代入式(14.42)，得到λ的 $2l$ 阶多项式。对这个多项式的每个实根λ_k，我们求出对应的 $\boldsymbol{z}_k$。于是，$d_p(\boldsymbol{x}, Q)$定义为

$$d_p^2(\boldsymbol{x}, Q) = \min_{\boldsymbol{z}_k} \|\boldsymbol{x} - \boldsymbol{z}_k\|^2$$

3．径向距离

当 Q 是超椭球体时，使用径向距离。这时，式(14.35)变为

$$(\boldsymbol{x} - \boldsymbol{c})^{\mathrm{T}} A (\boldsymbol{x} - \boldsymbol{c}) = 1 \tag{14.45}$$

式中，$\boldsymbol{c}$ 是椭圆的中心；$\boldsymbol{A}$ 是对称正定矩阵①，它决定椭圆的长轴、短轴及它们的方向。

点 $\boldsymbol{x}$ 与 Q 之间的径向距离[Frig 96]的平方定义为

$$d_r^2(\boldsymbol{x}, Q) = \|\boldsymbol{x} - \boldsymbol{z}\|^2 \tag{14.46}$$

约束是

$$(\boldsymbol{z} - \boldsymbol{c})^{\mathrm{T}} A (\boldsymbol{z} - \boldsymbol{c}) = 1 \tag{14.47}$$

和

$$(\boldsymbol{z} - \boldsymbol{c}) = a(\boldsymbol{x} - \boldsymbol{c}) \tag{14.48}$$

换句话说，我们首先求线段 $\boldsymbol{x} - \boldsymbol{c}$ 与 Q 的交点 $\boldsymbol{z}$，然后计算 $d_r(\boldsymbol{x}, Q)$，即 $\boldsymbol{x}$ 和 $\boldsymbol{z}$ 之间的欧氏距离的平方（见图 14.8）。

4．归一化径向距离

对超椭球体来说，点 $\boldsymbol{x}$ 和 Q 之间的归一化径向距离的平方也很常用，它定义为

① 显然，这个矩阵不同于式(14.35)中的矩阵 $\boldsymbol{A}$。为方便起见，我们使用了相同的符号。

$$d_{nr}^2(\boldsymbol{x}, Q) = \left(\left((\boldsymbol{x} - \boldsymbol{c})^{\mathrm{T}}A(\boldsymbol{x} - \boldsymbol{c})\right)^{1/2} - 1\right)^2 \tag{14.49}$$

可以证明（见习题 14.10）

$$d_r^2(\boldsymbol{x}, Q) = d_{nr}^2(\boldsymbol{x}, Q)\|\boldsymbol{z} - \boldsymbol{c}\|^2 \tag{14.50}$$

式中，$\boldsymbol{z}$ 是线段 $\boldsymbol{x} - \boldsymbol{c}$ 与 Q 的交点。

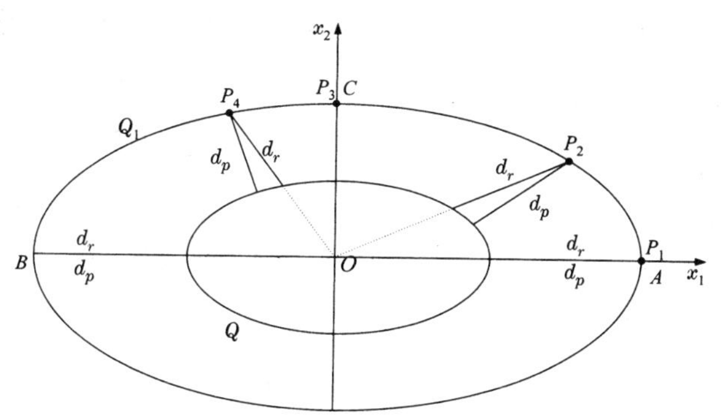

图 14.8　垂直距离和径向距离的图示

下面的例子可以帮助我们了解上面定义的各个距离。

例 14.6　考虑一个中心为 $\boldsymbol{c} = [0, 0]^{\mathrm{T}}$ 的椭圆 Q，有

$$\boldsymbol{A} = \begin{bmatrix} 0.25 & 0 \\ 0 & 1 \end{bmatrix}$$

并考虑另一个中心也为 $\boldsymbol{c} = [0, 0]^{\mathrm{T}}$ 的椭圆 Q_1，有

$$\boldsymbol{A}_1 = \begin{bmatrix} 1/16 & 0 \\ 0 & 1/4 \end{bmatrix}$$

设 $P(x_1, x_2)$是 Q_1 上从 $A(4, 0)$移至 $B(-4, 0)$的点，其 x_2 坐标始终为正（见图 14.8）。图 14.9 中说明了 P 从 A 移至 B 时，4 种距离是如何变化的。观察发现 d_a 和 d_{nr} 不随 P 的移动而变化，表明椭圆上与 Q 共享一个中心且方向相同的所有点，到 Q 的距离都是 d_a 和 d_{nr}。然而，其他两种距离的情况则不相同。图 14.8 中显示了距离 d_p 和 d_r 随 P 移动而变化的情况，P 越靠近点 $C(2, 0)$，距离 d_p 和 d_r 就越小。此外，图 14.8 还表明，d_r 能用于逼近 d_p，因为计算 d_p 比较困难。然而，考虑二次曲面时通常要用到 d_p，而只在考虑超椭球体时才使用 d_r。

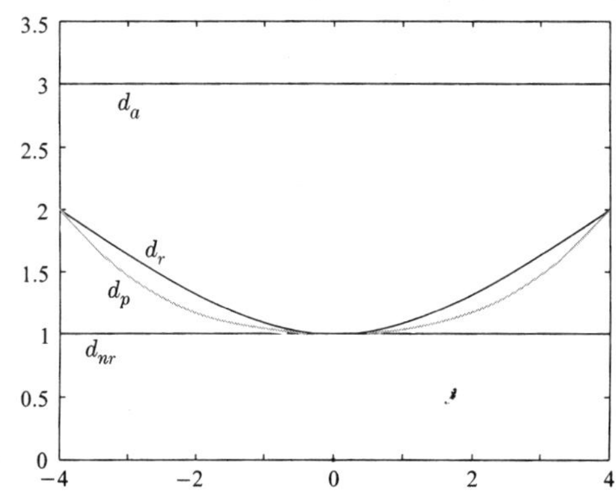

图 14.9　当 P 从 $A(4, 0)$移至 $B(-4, 0)$时，在其 x_2 坐标为正的情况下，d_p, d_a, d_{nr}, d_r 的变化情况。水平轴对应于各个点的 x_1 坐标

例 14.7 考虑图 14.10 中给出的两个椭圆 Q_1 和 Q_2，它们的方程为

$$(\boldsymbol{x}-\boldsymbol{c}_j)^{\mathrm{T}}\boldsymbol{A}_j(\boldsymbol{x}-\boldsymbol{c}_j)=1,\quad j=1,2$$

式中，$\boldsymbol{c}_1=[0,0]^{\mathrm{T}}, \boldsymbol{c}_2=[8,0]^{\mathrm{T}}$，

$$\boldsymbol{A}_1=\begin{bmatrix}1/16 & 0\\ 0 & 1/4\end{bmatrix},\quad \boldsymbol{A}_2=\begin{bmatrix}1/4 & 0\\ 0 & 1\end{bmatrix}$$

考虑点 $A(5, 0), B(3, 0), C(0, 2)$和 $D(5.25, 1.45)$。表 14.2 中列出了这些点与 Q_1 和 Q_2 之间的距离 d_p, d_a, d_{nr}, d_r。由表可以看出 A, B, C 到 Q_1 的距离是相等的，且 d_r 总是大于等于 d_p。d_p 对椭圆的大小是无偏的［即 $d_p(A, Q_1) = d_p(A, Q_2)$］，而 d_a 和 d_{nr} 偏向较大的椭圆［即 $d_a(A, Q_1) < d_a(A, Q_2)$ 和 $d_{nr}(A, Q_1) < d_{nr}(A, Q_2)$］。

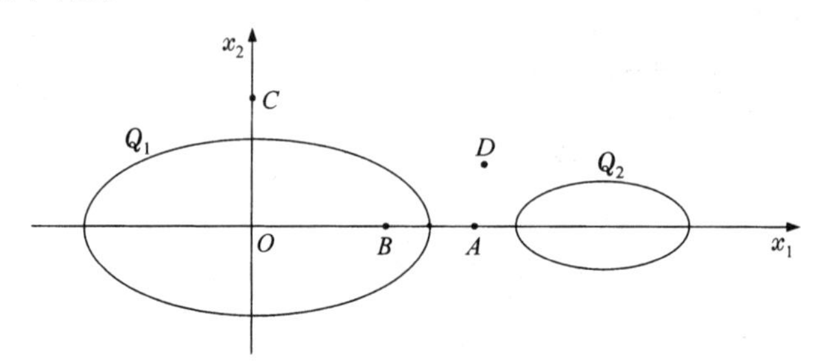

图 14.10 例 14.7 的图示

表 14.2 点和超椭球体之间的各种距离的比较

	d_a		d_p		d_{nr}		d_r	
	Q_1	Q_2	Q_1	Q_2	Q_1	Q_2	Q_1	Q_2
A	0.32	1.56	1	1	0.06	0.25	1	1
B	0.19	27.56	1	9	0.06	2.25	1	9
C	1.56	576	1	44.32	0.25	16	1	46.72
D	1.56	9.00	2.78	1.93	0.25	1	3.30	2.42

下面推导一些适用于壳状聚类的知名算法。这些算法通常称为模糊壳状集聚算法，聚类的代表是超二次曲面。

模糊壳状集聚算法

前两种算法[Dave 92a, Dave 92b]适用于超椭圆体聚类。第一种算法是自适应模糊 *C* 壳（AFCS）算法，第二种算法是模糊 *C* 椭球壳（FCES）算法[Kris 95a]。

自适应模糊 *C* 壳算法（AFCS）

AFCS 使用点和超椭球体的距离的平方 d_{nr}［见式(14.49)］。因此，式(14.19)变为

$$J_{\mathrm{nr}}(\boldsymbol{\theta},U)=\sum_{i=1}^{N}\sum_{j=1}^{m}u_{ij}^{q}d_{nr}^{2}(\boldsymbol{x}_i,Q_j) \tag{14.51}$$

显然，用于识别一个代表（椭圆）的参数是椭圆的中心 $\boldsymbol{c}_j$ 和对称正定矩阵 $\boldsymbol{A}_j$。因此，第 j 个聚类的参数向量 $\boldsymbol{\theta}_j$ 包含 c_j 的 l 个参数以及 $\boldsymbol{A}_j, j=1,\cdots,m$ 的 $l(l+1)/2$ 个独立参数。为了显式地给出参数向量的依赖性，下面用 $d_{nr}(\boldsymbol{x}_i, \boldsymbol{\theta}_j)$代替 $d_{nr}(\boldsymbol{x}_i, Q_j)$。

使用点代表聚类时，第一步是计算 $d_{nr}^2(\boldsymbol{x}_i,\boldsymbol{\theta}_j)$ 关于 $\boldsymbol{c}_j$ 和 $\boldsymbol{A}_j$ 的梯度。梯度 $\partial d_{nr}^2(\boldsymbol{x}_i,\boldsymbol{\theta}_j)/\partial\boldsymbol{c}_j$ 经代

数运算后得

$$\frac{\partial d_{nr}^2(\boldsymbol{x}_i,\boldsymbol{\theta}_j)}{\partial \boldsymbol{c}_j} = -2\frac{d_{nr}(\boldsymbol{x}_i,\boldsymbol{\theta}_j)}{\phi(\boldsymbol{x}_i,\boldsymbol{\theta}_j)}A_j(\boldsymbol{x}_i - \boldsymbol{c}_j) \tag{14.52}$$

式中，

$$\phi^2(\boldsymbol{x}_i,\boldsymbol{\theta}_j) = (\boldsymbol{x}_i - \boldsymbol{c}_j)^{\mathrm{T}}A_j(\boldsymbol{x}_i - \boldsymbol{c}_j) \tag{14.53}$$

设 a_{rs}^j 是矩阵 $\boldsymbol{A}_j$ 中的元素(r, s)，x_{ir}, c_{jr} 分别是 $\boldsymbol{x}_i$ 和 $\boldsymbol{c}_j$ 的第 r 个坐标。计算 $d_{nr}^2(\boldsymbol{x}_i,\boldsymbol{\theta}_j)$ 关于 a_{rs}^j 的偏导数，经代数运算后得

$$\frac{\partial d_{nr}^2(\boldsymbol{x}_i,\boldsymbol{\theta}_j)}{\partial a_{rs}^j} = \frac{d_{nr}(\boldsymbol{x}_i,\boldsymbol{\theta}_j)}{\phi(\boldsymbol{x}_i,\boldsymbol{\theta}_j)}(x_{ir} - c_{jr})(x_{is} - c_{js})$$

因此，

$$\frac{\partial d_{nr}^2(\boldsymbol{x}_i,\boldsymbol{\theta}_j)}{\partial A_j} = \frac{d_{nr}(\boldsymbol{x}_i,\boldsymbol{\theta}_j)}{\phi(\boldsymbol{x}_i,\boldsymbol{\theta}_j)}(\boldsymbol{x}_i - \boldsymbol{c}_j)(\boldsymbol{x}_i - \boldsymbol{c}_j)^{\mathrm{T}} \tag{14.54}$$

将式(14.52)和式(14.54)代入式(14.28)，并做一些运算后，GFAS 的参数更新部分如下所示。

- 参数更新：
  - 求如下方程中的 $\boldsymbol{c}_j$ 和 $\boldsymbol{A}_j$：

$$\sum_{i=1}^{N} u_{ij}^q(t-1)\frac{d_{nr}(\boldsymbol{x}_i,\boldsymbol{\theta}_j)}{\phi(\boldsymbol{x}_i,\boldsymbol{\theta}_j)}(\boldsymbol{x}_i - \boldsymbol{c}_j) = 0$$

和

$$\sum_{i=1}^{N} u_{ij}^q(t-1)\frac{d_{nr}(\boldsymbol{x}_i,\boldsymbol{\theta}_j)}{\phi(\boldsymbol{x}_i,\boldsymbol{\theta}_j)}(\boldsymbol{x}_i - \boldsymbol{c}_j)(\boldsymbol{x}_i - \boldsymbol{c}_j)^{\mathrm{T}} = 0$$

式中，

$$\phi^2(\boldsymbol{x}_i,\boldsymbol{\theta}_j) = (\boldsymbol{x}_i - \boldsymbol{c}_j)^{\mathrm{T}}A_j(\boldsymbol{x}_i - \boldsymbol{c}_j)$$

和

$$d_{nr}^2(\boldsymbol{x}_i,\boldsymbol{\theta}_j) = (\phi(\boldsymbol{x}_i,\boldsymbol{\theta}_j) - 1)^2$$

  - 设 $c_j(t)$和 $\boldsymbol{A}_j(t), j = 1,\cdots, m$ 等于得到的解
- 结束参数更新

上面的方程组同样可以采用迭代技术求解。文献[Dave 92a]和[Dave 92b]中讨论了这个算法的许多变体，它们对矩阵 $\boldsymbol{A}_j, j = 1,\cdots, m$ 强加了一些约束。

例 14.8　考虑图 14.11(a)中的三个椭圆，它们的中心分别是 $\boldsymbol{c}_1 = [0, 0]^{\mathrm{T}}$, $\boldsymbol{c}_2 = [8, 0]^{\mathrm{T}}$ 和 $\boldsymbol{c}_3 = [1, 1]^{\mathrm{T}}$。指定这些椭圆的长轴、短轴及它们的方向的对应矩阵分别是

$$\boldsymbol{A}_1 = \begin{bmatrix} \frac{1}{16} & 0 \\ 0 & \frac{1}{4} \end{bmatrix},\quad \boldsymbol{A}_2 = \begin{bmatrix} \frac{1}{4} & 0 \\ 0 & 1 \end{bmatrix},\quad \boldsymbol{A}_3 = \begin{bmatrix} \frac{1}{8} & 0 \\ 0 & \frac{1}{4} \end{bmatrix}$$

我们由每个椭圆生成 100 个点 $\boldsymbol{x}_i$，并将每个点与一个随机向量相加，随机向量的坐标值源于$[-0.5, 0.5]$上的均匀分布。$\boldsymbol{c}_i, \boldsymbol{A}_i, i = 1, 2, 3$ 的初始值分别是：$\boldsymbol{c}_i(0) = \boldsymbol{c}_i + z, i = 1, 2, 3$，其中 $z = [0.3, 0.3]^{\mathrm{T}}$；$\boldsymbol{A}_i(0) = \boldsymbol{A}_i + \boldsymbol{Z}, i = 1, 2, 3$，其中 $\boldsymbol{Z}$ 对所有元素都等于 0.2，模糊器 $q = 2$。对该数据集应

用 AFCS 算法，迭代 4 次后的结果如图 14.11(b)所示。因此，这个算法能够很好地识别椭圆。

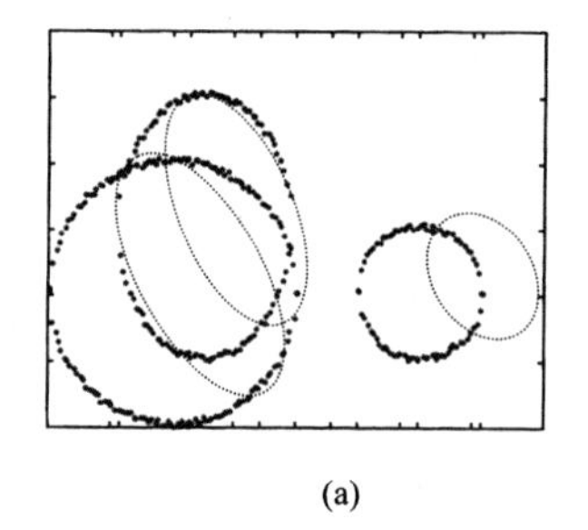

(a)

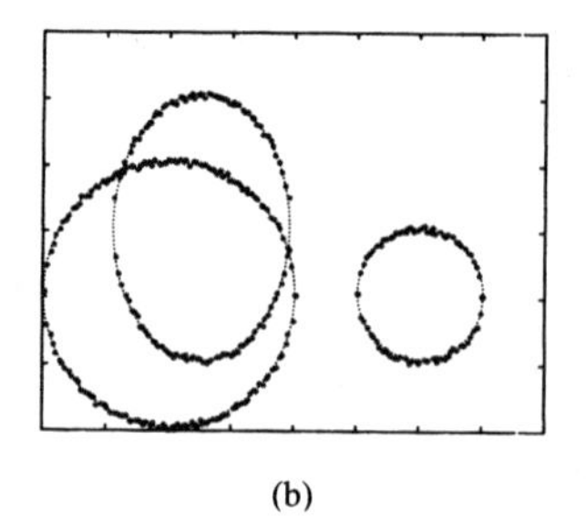

(b)

图 14.11 例 14.8 的图示。粗圆点是数据集中的点，细圆点是椭圆的(a)初始估计值和(b)最终估计值

模糊 C 椭球壳算法（FCES）

FCES 使用点 $\boldsymbol{x}$ 与超椭球体之间的径向距离的平方。这时，式(14.19)变为

$$J_r(\boldsymbol{\theta}, U) = \sum_{i=1}^{N}\sum_{j=1}^{m} u_{ij}^q d_r^2(\boldsymbol{x}_i, \boldsymbol{\theta}_j) \tag{14.55}$$

按前一种情况下的方式定义θ_j，执行推导 AFCS 时的步骤，得到如下关于 $\boldsymbol{c}_j$ 和 $\boldsymbol{A}_j$ 的方程（见习题 14.11）：

$$\sum_{i=1}^{N} u_{ij}^q(t-1)\left[\frac{\|\boldsymbol{x}_i - \boldsymbol{c}_j\|^2(1-\phi(\boldsymbol{x}_i, \boldsymbol{\theta}_j))}{\phi^4(\boldsymbol{x}_i, \boldsymbol{\theta}_j)}A_j - \left(1 - \frac{1}{\phi(\boldsymbol{x}_i, \boldsymbol{\theta}_j)}\right)^2 I\right](\boldsymbol{x}_i - \boldsymbol{c}_j) = 0 \tag{14.56}$$

和

$$\sum_{i=1}^{N} u_{ij}^q(t-1)\frac{\phi(\boldsymbol{x}_i, \boldsymbol{\theta}_j) - 1}{\phi^4(\boldsymbol{x}_i, \boldsymbol{\theta}_j)}\|\boldsymbol{x}_i - \boldsymbol{c}_j\|^2(\boldsymbol{x}_i - \boldsymbol{c}_j)(\boldsymbol{x}_i - \boldsymbol{c}_j)^{\mathrm{T}} = 0 \tag{14.57}$$

式中，$\phi(\boldsymbol{x}_i, \boldsymbol{\theta}_j)$的定义方式与 AFCS 算法中的相同。

下面两种算法是在文献[Kris 95a]和[Frig 96]中提出的。与前面的算法比较，它们可对数据集拟合任何形状的二次曲面。这两种算法是模糊 C 二次壳（FCQS）算法和改进的模糊 C 二次壳（MFCQS）算法。

模糊 C 二次壳（FCQS）算法

FCQS 算法适用于识别普通的超二次形状。它使用代数距离的平方。此时，式(14.19)变为

$$J_a(\boldsymbol{\theta}, U) = \sum_{i=1}^{N}\sum_{j=1}^{m} u_{ij}^q d_a^2(\boldsymbol{x}_i, \boldsymbol{\theta}_j) = \sum_{i=1}^{N}\sum_{j=1}^{m} u_{ij}^q \boldsymbol{p}_j^{\mathrm{T}} M_i \boldsymbol{p}_j \tag{14.58}$$

式中，$\boldsymbol{p}_j$已在式(14.38)中定义，且 $M_i = \boldsymbol{q}_i\boldsymbol{q}_i^{\mathrm{T}}$，其中 $\boldsymbol{q}_i$ 已在式(14.37)中定义。

回顾可知，$\boldsymbol{p}_j$组合第 j 个二次曲面的所有参数［见式(14.40)］，即$\boldsymbol{\theta}_j = \boldsymbol{p}_j$。关于 $\boldsymbol{p}_j$ 最小化 $J_a(\boldsymbol{\theta}, U)$ 将得到 $\boldsymbol{p}_j$ 的平凡零解。因此，如一些文献中建议的那样，要对 $\boldsymbol{p}_j$ 加一些约束。不同的约束会导致不同的算法。例如，文献[Kris 95a]中建议的约束是：(i) $\|\boldsymbol{p}_j\|^2 = 1$，(ii) $\sum_{k=1}^{r+l} p_{jk}^2 = 1$，(iii) $\boldsymbol{p}_{j1} = 1$，(iv) $p_{js}^2 = 1$，(v) $\|\sum_{k=1}^{l} p_{jk}^2 + 0.5\sum_{k=l+1}^{r} p_{jk}^2\|^2 = 1$。这些约束有利有弊，如条件(i)和(ii)不保证 d_a 的平移性和旋转不变性[Gnan 77, Pato 70]，但可识别平面聚类；条件(iii)[Chen 89]不适用于线形聚类，且在 X 中的点近似共面时，得到的结果很糟糕。

改进的模糊 C 二次壳（MFCQS）算法

采用点与二次曲面之间的垂直距离 d_p 的平方，可以得到一种不同的 C 壳二次算法。然而，由于估计它很困难，因此得到的问题要比此前的问题难。这时，由于 d_p 的复杂性，关于参数向量 $\boldsymbol{\theta}_j$ 最小化 $J_p(\boldsymbol{\theta}, \boldsymbol{U})$ 是非常复杂的[Kris 95a]。

简化方法之一是使用如下的算法。计算 u_{ij} 时使用垂直距离，估计参数 $\boldsymbol{\theta}_j$, $j = 1,\cdots, m$ 时使用 FCQS 的更新算法（回顾可知，在 FCQS 中有 $\boldsymbol{\theta}_i = \boldsymbol{p}_i$）。换句话说，向量 $\boldsymbol{x}_i$ 在某个聚类中的隶属度是使用垂直距离确定的，且代表的参数的更新是使用 FCQS 算法的参数更新部分执行的。然而，这一简化意味着代数和垂直距离应彼此接近（见习题 14.13）。这一改进导致了改进的 FCQS（MFCQS）算法。

文献[Kris 95a]和[Frig 96]中讨论的另一种算法是模糊 C 二次平面壳算法（FCPQS）。这个算法使用代数距离的一阶近似，其中一阶近似是对得到的代价函数求 $\boldsymbol{\theta}_j$ 的导数并设其为零得到的。

最后，文献[Dave 92a, Kris 92a, Kris 92b, Man 94]中讨论了能够检测球状聚类的模糊集聚算法。但是，大多数此类算法都可视为适用于椭圆形聚类的算法的特例。

14.3.3　使用超平面代表聚类

本节讨论适用于超平面聚类的算法[Kris 92a]。这类算法适用于计算机视觉应用中的表面拟合问题。在表面拟合问题中，图像中目标的表面由平面近似。成功地识别表面，是正确识别图像中的目标的提前。

有些此类算法［如模糊 C 变体算法（FCV）］使用的是 X 中各个向量到超平面之间的最小距离（见第 11 章）。然而，FCV 适用于非常长的聚类，此时不同的共线聚类可以合并为一个聚类。

本节介绍 Gustafson-Kessel（G-K）算法（见文献[Kris 92a, Kris 99a]）。根据该算法，平面聚类由中心 $\boldsymbol{c}_j$ 和协方差矩阵 Σ_j 代表。按前面的方式定义 $\boldsymbol{\theta}_j$ 后，我们将向量 $\boldsymbol{x}$ 和第 j 个聚类之间的距离的平方定义为缩放后的马氏距离：

$$d_{\mathrm{GK}}^2(\boldsymbol{x}, \boldsymbol{\theta}_j) = |\Sigma_j|^{1/l}(\boldsymbol{x} - \boldsymbol{c}_j)^{\mathrm{T}}\Sigma_j^{-1}(\boldsymbol{x} - \boldsymbol{c}_j) \tag{14.59}$$

下面介绍这个距离的含义。第 11 章定义的点到超平面的距离 d_H 的一个重要性质是，若超平面 H_1 平行于超平面 H，则 H_1 上的所有点到 H 的距离相等，这是我们讨论 d_{GK}^2 的出发点。

例 14.9　考虑图 14.12(a)，其中有一个聚类 C，设 $\boldsymbol{\theta}$ 是它的参数向量。C 中的点的形式为 $[x_{i1}, x_{i2}]^{\mathrm{T}}$，其中 $x_{i1} = -2 + 0.1i$, $i = 1, 2,\cdots, 40$，x_{i2} 是均匀分布在 $[-0.1, 0.1]$ 上的随机数。

考虑连接点 $(-2, 2)$ 和 $(2, 2)$ 的线段 u 上的点。图 14.12(b)给出了点 $\boldsymbol{x} \in u$ 到 C 的距离 $d_{\mathrm{GK}}(\boldsymbol{x}, \boldsymbol{\theta})$，可以看出所有的距离几乎相等。事实上，最大 $d_{\max}$ 和最小 $d_{\min}$ 的相对差 $(d_{\max} - d_{\min})/d_{\max}$ 近似为 0.02。

现在考虑连接点 $(-8, 2)$（$(-8, -2)$）和点 $(8, 2)$（$(8, -2)$）的较长线段 v_1（v_2），图 14.12(b)中给出了点 $\boldsymbol{x} \in v_1$（v_2）到 C 的距离 $d_{\mathrm{GK}}(\boldsymbol{x}, \boldsymbol{\theta})$，可以看出，尽管结果较前一种情况的变化大，但 $d_{\mathrm{GK}}(\boldsymbol{x}, \boldsymbol{\theta})$ 的最大值和最小值之间的相对差仍然较小［相对差 $(d_{\max} - d_{\min})/d_{\max}$ 近似为 0.12］。

最小化下式，可以推出 G-K 算法：

$$J_{\mathrm{GK}}(\boldsymbol{\theta}, U) = \sum_{i=1}^{N}\sum_{j=1}^{m} u_{ij}^q d_{\mathrm{GK}}^2(\boldsymbol{x}_i, \boldsymbol{\theta}_j) \tag{14.60}$$

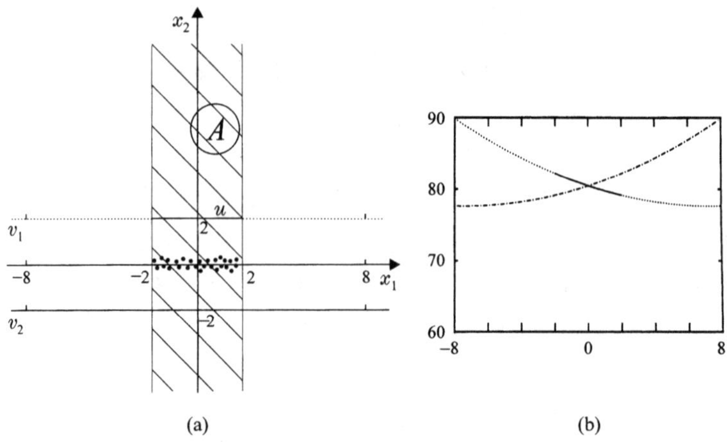

图 14.12 (a) 例 14.9 的图示；(b) 实线对应于点 u 到 C 的距离，虚线对应于线段 v_1 上的点到 C 的距离（实线是虚线的一部分）。虚点线对应于线段 v_2 上的点到 C 的距离

求 $J_{\rm GK}(\boldsymbol{\theta}, U)$关于 $\boldsymbol{c}_j$ 的梯度，得

$$\frac{\partial J_{\rm GK}(\boldsymbol{\theta}, U)}{\partial \boldsymbol{c}_j}=\sum_{i=1}^{N} u_{ij}^{q}\frac{\partial d_{\rm GK}^2(\boldsymbol{x}_i,\boldsymbol{\theta}_j)}{\partial \boldsymbol{c}_j} \tag{14.61}$$

经代数变换后，距离的梯度变为

$$\frac{\partial d_{\rm GK}^2(\boldsymbol{x}_i,\boldsymbol{\theta}_j)}{\partial \boldsymbol{c}_j}=-2|\Sigma_j|^{1/l}\Sigma_j^{-1}(\boldsymbol{x}_i-\boldsymbol{c}_j) \tag{14.62}$$

将式(14.62)中的$\partial d^2(\boldsymbol{x}_i, \boldsymbol{\theta}_j)/\partial \boldsymbol{c}_j$代入式(14.61)，并设$\partial J_{\rm GK}(\boldsymbol{\theta}, U)/\partial \boldsymbol{c}_j$为零，得[①]

$$\boldsymbol{c}_j=\frac{\sum_{i=1}^{N} u_{ij}^{q}\boldsymbol{x}_i}{\sum_{i=1}^{N} u_{ij}^{q}} \tag{14.63}$$

求 $J_{\rm GK}(\boldsymbol{\theta}, \boldsymbol{U})$关于协方差矩阵$\Sigma_j$中的各个元素的导数（见习题 14.16），得

$$\Sigma_j=\frac{\sum_{i=1}^{N} u_{ij}^{q}(\boldsymbol{x}_i-\boldsymbol{c}_j)(\boldsymbol{x}_i-\boldsymbol{c}_j)^{\rm T}}{\sum_{i=1}^{N} u_{ij}^{q}} \tag{14.64}$$

推导出式(14.63)和式(14.64)后，对于 G-K 算法，GFAS 的参数更新部分如下所示。

- $\boldsymbol{c}_j(t)=\dfrac{\sum_{i=1}^{N} u_{ij}^{q}(t-1)\boldsymbol{x}_i}{\sum_{i=1}^{N} u_{ij}^{q}(t-1)}$
- $\Sigma_j(t)=\dfrac{\sum_{i=1}^{N} u_{ij}^{q}(t-1)\left(\boldsymbol{x}_i-\boldsymbol{c}_j(t-1)\right)\left(\boldsymbol{x}_i-\boldsymbol{c}_j(t-1)\right)^{\rm T}}{\sum_{i=1}^{N} u_{ij}^{q}(t-1)}$

例 14.10 (a) 考虑图 14.13(a)，它由 3 个线形聚类组成，每个聚类有 41 个点，第 1 个聚类的点位于直线 $x_2=x_1+1$ 附近，第 2 个聚类的点位于直线 $x_2=0$ 附近，第 3 个聚类的点位于直线 $x_2=-x_1+1$ 附近。$c_j, j=1, 2, 3$ 被随机地初始化，终止准则的阈值$\varepsilon=0.01$。经过 26 次迭代后，G-K 算法收敛。如图 14.13(b)所示，G-K 算法正确识别了 X 中的各个聚类。

(b) 考虑图 14.14(a)，它由 3 个线形聚类组成，每个聚类有 41 个点，第 1 个聚类和第 3 聚类与图 14.13(a)中的相同，第 2 个聚类的点位于直线 $x_2=0.5$ 附近，此时任何两条线的交点都很近。

① 这里仍然假设协方差矩阵是可逆的。

在 38 次迭代后，G-K 算法得到如图 14.14(b)所示的结果，此时 G-K 算法未能正确地识别出聚类。

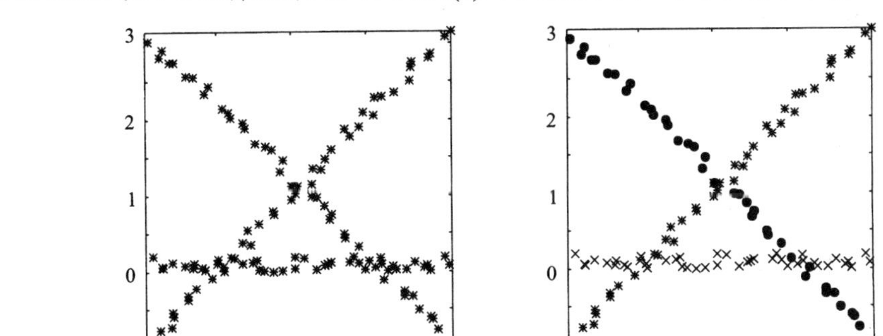

图 14.13　(a) 例 14.10(a)的数据集 X；(b) G-K 算法的结果

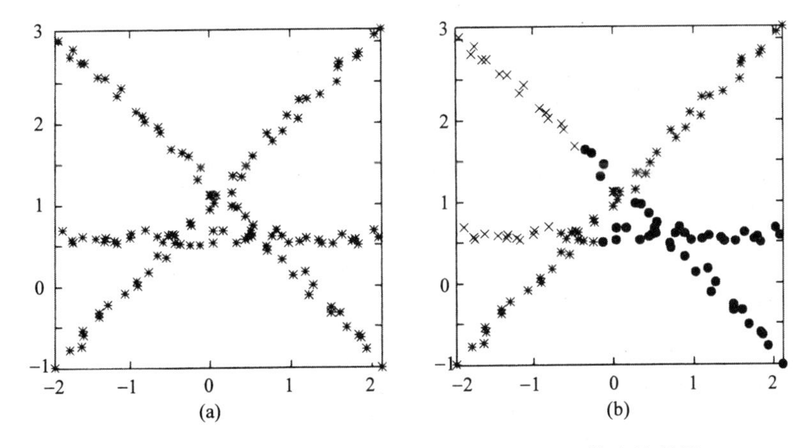

图 14.14　(a) 例 14.10(b)的数据集 X；(b) G-K 算法的结果

14.3.4　组合使用二次曲面和超平面代表聚类

本节假设 $l=2$。考虑 X 中既包含二次曲面聚类又包含线形聚类的情形。如何才能准确地识别两种聚类？一方面，采用将二次曲面拟合到聚类的算法时，无法正确表示线形聚类；另一方面，采用将直线拟合到聚类的算法时，无法正确地表示椭圆形聚类和超曲线聚类。文献[Kris 95a]中讨论了解决这个问题的一种方法，其思想是首先对整个数据集 X 运行 FCQS 算法。这个算法可以检测线形聚类，甚至采用的约束会强制所有的代表都是二阶的。在实际工作中会出现这种情况，因为 FCQS 会用一对重合线来拟合一条直线，用双曲线来拟合相交的直线，用非常“平的”双曲线、细长的椭圆或两条直线来拟合平行线[Kris 95a]。在算法终止后，识别的“极端”二次曲线（即极端细长的椭圆、“平坦的”双曲线、一组直线等）就是 X 中包含线形聚类的强指示。为了更精确地表示这些特殊的聚类，我们对集合 X'（只包含属于它们的具有高隶属度的向量）运行 G-K 算法，但要根据每条极端二次曲线的形状执行不同的操作。设 Q_j 是由 FCQS 识别的第 j 个聚类（$j=1,\cdots,m$）的代表曲线，Q'_j 是由 G-K 算法识别的线形聚类的代表曲线。具体地说，我们有：

- 当 Q_j 是一对重合线时，使用两条直线之一来初始化 Q'_j。
- 当 Q_j 是不平坦的双曲线、一对相交的直线或一对平行线时，用双曲线的渐近线（第一种情况）或两条直线之一（后两种情况）初始化两个代表 Q'_{j1} 和 Q'_{j2}。

- 当 Q_j 是长轴与短轴之比较大的椭圆时，用短轴端点位置的切线初始化两个代表 Q'_{j1} 和 Q'_{j2}。
- 当 Q_j 是共轭轴与横轴之比较大的双曲线时，用双曲线的两个顶点位置的切线初始化两个代表 Q'_{j1} 和 Q'_{j2}。

因为 Q'_j 代表的初始化很好，所以 G-K 算法经过几次迭代后，一定能给出令人满意的结果。

14.3.5 几何解释

这里的讨论类似于 14.2.2 节。现在用 u_{ij} 代替 $P(C_j \mid \boldsymbol{x}_i)$，约束方程变为

$$\sum_{j=1}^{m} u_{ij} = 1, \quad i = 1, \cdots, N \tag{14.65}$$

与向量 $\boldsymbol{x}_i$ 相关联的向量 $\boldsymbol{y}$ 变成 $\boldsymbol{y} = [u_{i1}, u_{i2}, \cdots, u_{im}]$，且超平面受超立方体 H_m 中的约束(14.65)的严格限制。若执行 14.2.2 节中讨论的试验，就会得出离群点对模糊算法性能影响的相似结论。

文献[Mena 00]中介绍了模糊 $c+2$ 均值算法，它是点代表 GFAS 算法的扩展，算法中同时处理离群点和聚类边界附近的点，以便控制它们对估计聚类代表的影响。

14.3.6 模糊集聚算法的收敛性

尽管模糊集聚算法是通过最小化式(14.19)中的代价函数得到的，但我们对它们的收敛性几乎一无所知。具体地说，文献[Bezd 80]和[Hath 86]中已经证明，根据 Zangwill[Luen 84]全局收敛定理，使用马氏距离或满足文献[Bezd 80]中讨论的某些条件的其他距离时，模糊 c 均值算法产生的迭代结果要么在一定数量的迭代后收敛到代价函数的稳定点，要么至少有一个子序列收敛到代价函数的稳定点。这个点可以是局部（或全局）极优点，也可以是鞍点。文献[Isma 86, Hath 86, Kim 88]中讨论了识别收敛点的性质的测试。文献[Grol 05]中表明，FCM 产生的序列将收敛到代价函数的一个稳定点。文献[Bezd 92]中讨论了 FCM 算法的数值收敛性。

14.3.7 交替聚类估计

不难发现，在 GFAS 算法［见式(14.26)］中，与 u_{ij} 相关联的隶属函数 $u_j(\boldsymbol{x}_i)$ 既不是凸函数又不是单调函数［见图 14.15(a)］。然而，在基于模糊规则的系统中，隶属函数的凸性是必须要满足的。例如，诸如“低”“中”“高”这样的语言特征需要图 14.15(b)所示的凸隶属函数，这时要优先采用特定的隶属函数，并在 GFAS 算法中使用交替更新算法估计 u_{ij} 和 $\boldsymbol{\theta}_j$。这种算法称为交替聚类估计（ACE）算法[Runk 99, Hopp 99]，GFAS 算法是这类算法的一个特例。显然，在这种情况下，得到的解不必与最优准则关联起来。

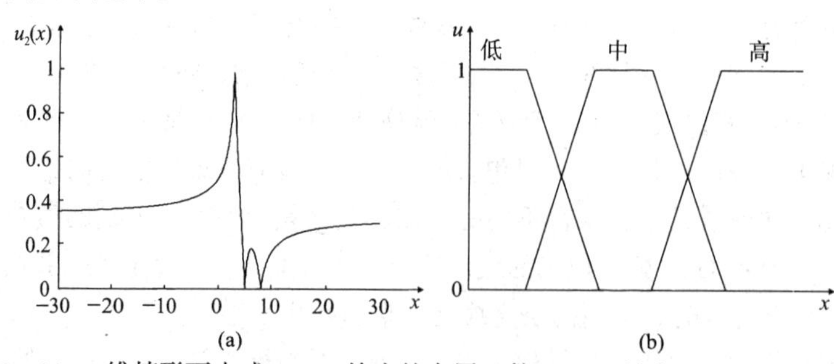

图 14.15 (a) 一维情形下由式(14.26)给出的隶属函数 $u_2(x)$，其中 $\theta_1 = 5, \theta_2 = 3, \theta_3 = 8$, $q = 2$，$d(x, \theta_i) = |x - \theta_i|$；(b) 由“低”“中”“高”表征的隶属函数的例子

14.4　可能性聚类

本节介绍的算法不受式(14.17)和式(14.65)约束[Kris 93, Kris 96]。如 14.3.5 节中所述，这意味着坐标为 u_{ij} 的向量 $\boldsymbol{y}$ 可在超立方体 H_m 中任意移动，即

$$u_{ij} \in [0,1]$$
$$\max_{j=1,\cdots,m} u_{ij} > 0, \quad i=1,\cdots,N$$

和

$$0 < \sum_{i=1}^{N} u_{ij} \leqslant N, \quad i=1,\cdots,N \tag{14.66}$$

约束的这一变化对 u_{ij} 的解释有很大的影响。在模糊算法中，u_{ij} 是 $\boldsymbol{x}_i$ 在第 j 个聚类中的隶属度。这里，u_{ij} 可以解释为 $\boldsymbol{x}_i$ 对第 j 个聚类代表的兼容度，或者根据文献[Zade 78]，u_{ij} 是 $\boldsymbol{x}_i$ 属于第 j 个聚类的可能性。注意，$\boldsymbol{x}_i$ 属于第 j 个聚类的可能性只取决于 $\boldsymbol{x}_i$ 和第 j 个聚类的代表；也就是说，它与 $\boldsymbol{x}_i$ 属于任何其他聚类的可能性无关。

为方便起见，回顾可知待最小化的代价函数是

$$J(\boldsymbol{\theta},U) = \sum_{i=1}^{N}\sum_{j=1}^{m} u_{ij}^{q} d(\boldsymbol{x}_i,\boldsymbol{\theta}_j) \tag{14.67}$$

显然，关于 U 直接最小化将得到平凡的零解。为避免这种情况，必须在 $\boldsymbol{J}(\theta, U)$中额外增加 $f(U)$ 项，它只是 u_{ij} 的函数。受 14.2.2 节中的讨论的启发，应选择离群点影响最小的 $f(U)$。可以看出，$f(U)$的一种选择是

$$f(U) = \sum_{j=1}^{m} \eta_j \sum_{i=1}^{N} (1-u_{ij})^q \tag{14.68}$$

于是，代价函数变成

$$J(\boldsymbol{\theta},U) = \sum_{i=1}^{N}\sum_{j=1}^{m} u_{ij}^{q} d(\boldsymbol{x}_i,\boldsymbol{\theta}_j) + \sum_{j=1}^{m} \eta_j \sum_{i=1}^{N} (1-u_{ij})^q \tag{14.69}$$

式中，η_j 是合适选择的正常数。关于 u_{ij} 最小化 $\boldsymbol{J}(\theta, U)$，得

$$\frac{\partial J(\boldsymbol{\theta},U)}{\partial u_{ij}} = q u_{ij}^{q-1} d(\boldsymbol{x}_i,\boldsymbol{\theta}_j) - q\eta_j (1-u_{ij})^{q-1} = 0$$

或

$$u_{ij} = \frac{1}{1+\left(\frac{d(\boldsymbol{x}_i,\boldsymbol{\theta}_j)}{\eta_j}\right)^{\frac{1}{q-1}}} \tag{14.70}$$

总之，u_{ij} 与 $\boldsymbol{x}_i$ 和第 j 个聚类的代表之间的相异度成反比。宽泛地说，u_{ij} 表示为了匹配 $\boldsymbol{x}_i$，第 j 个聚类的代表应被“拉伸”的程度。u_{ij} 的值大（小）表示第 j 个聚类的代表需要较小（大）的拉伸。显然，对于特定的向量 $\boldsymbol{x}_i$，对每个聚类执行的“拉伸”操作是相互独立的。

现在，式(14.69)中第二项的含义更清楚了，即它的作用是在估计 θ_j 时，使得离群点对结果的影响最小。事实上，大相异度对应于小 u_{ij} 值，且它们对估计 θ_j 的代价函数的第一项几乎没有影响。

因为第二项不涉及聚类代表，因此我们容易得出结论：在可能性算法中，更新每个聚类参数

的方式与模糊算法中的方式相同。

通用可能性算法（GPAS）

- 固定$\eta_j, j = 1,\cdots, m$
- 选择$\theta_j(0), j = 1,\cdots, m$作为$\theta_j$的初始估计值
- $t = 0$
- 重复：
  - For $i = 1$ to N
    - For $j = 1$ to m

$$u_{ij}(t) = \frac{1}{1 + \left(\frac{d(\boldsymbol{x}_i, \boldsymbol{\theta}_j(t))}{\eta_j}\right)^{\frac{1}{q-1}}}$$

    - End{For -j}
  - End{For -i}
  - $t = t + 1$
  - For $j = 1$ to m
    - 更新参数：求解

$$\sum_{i=1}^{N} u_{ij}^{q}(t-1)\frac{\partial d(\boldsymbol{x}_i, \boldsymbol{\theta}_j)}{\partial \boldsymbol{\theta}_j} = 0) \tag{14.71}$$

    中的θ_j，并设$\theta_j(t)$等于计算得到的解
  - End{For -j}
- 直到满足终止准则

我们照例使用$\|\theta(t) - \theta(t-1)\| < \varepsilon$作为终止准则，其中$\|\cdot\|$表示向量范数，$\varepsilon$是用户定义的一个小数。基于前面的通用算法，对上一节中定义的每种模糊集聚算法，可以推出对应的可能性算法。

一个有趣的观察是，对每个向量$\boldsymbol{x}_i$，$u_{ij}, j = 1,\cdots, m$是彼此独立的，因此$J(\theta, U)$可写为

$$J(\boldsymbol{\theta}, U) = \sum_{j=1}^{m} J_j$$

式中，

$$J_j = \sum_{i=1}^{N} u_{ij}^{q} d(\boldsymbol{x}_i, \boldsymbol{\theta}_j) + \eta_j \sum_{i=1}^{N} (1 - u_{ij})^q \tag{14.72}$$

每个J_j对应于一个不同的聚类，且对每个J_j，都可以求$J(\theta, U)$关于u_{ij}的最小值。

η_j的值决定了式(14.72)中两项的相对重要性，且它与第$j, j = 1,\cdots, m$个聚类的形状和大小有关。更确切地说，由图 14.16 可以看出η_j决定了向量$\boldsymbol{x}_i$和（u_{ij}等于 0.5 时的）代表θ_j之间的相异度。因，此η_j决定了某个特定点对第j个聚类的代表估计值的影响。

在算法执行期间，通常假设η_j是常数。在X不包含很多离群点的假设下，估计η_j的值的方法是使用通用模糊算法（GFAS），算法收敛后得到的η_j的估计值为[Kris 96]

$$\eta_j = \frac{\sum_{i=1}^{N} u_{ij}^{q} d(\boldsymbol{x}_i, \boldsymbol{\theta}_j)}{\sum_{i=1}^{N} u_{ij}^{q}} \tag{14.73}$$

或

$$\eta_j = \frac{\sum_{u_{ij}>a} d(\boldsymbol{x}_i, \boldsymbol{\theta}_j)}{\sum_{u_{ij}>a} 1} \tag{14.74}$$

式中，a 是一个合适的阈值。换句话说，η_j 定义为向量 $\boldsymbol{x}_i$ 与 $\boldsymbol{\theta}_j$ 之间的相异度的加权平均。固定 η_j 后，就可应用 GPAS 算法。

图 14.16 中给出了选择不同的 q［见式(14.70)］时，u_{ij} 与 $d(\boldsymbol{x}_i, \boldsymbol{\theta}_j)/\eta_j$ 的关系曲线。由图看出，q 决定了 u_{ij} 相对于 $d(\boldsymbol{x}_i, \boldsymbol{\theta}_j)$ 的下降率。当 $q = 1$ 时，对满足 $d(\boldsymbol{x}_i, \boldsymbol{\theta}_j) > \eta_j$ 的所有点 $\boldsymbol{x}_i$，都有 $u_{ij} = 0$；另一方面，当 $q \to +\infty$ 时，u_{ij} 趋于一个常量，且 X 中的所有向量对第 j 个聚类的估计的贡献相同。

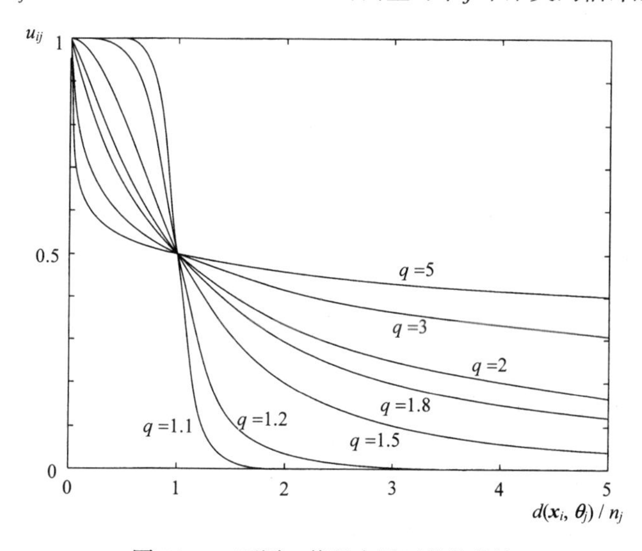

图 14.16　不同 q 值的隶属函数的曲线

值得注意的是，在可能性算法和模糊算法中，q 的含义是不同的。在可能性算法中，大 q 值表示所有特征向量对所有聚类的贡献几乎相等；在模糊算法中，大 q 值表示在各个聚类之间共享向量的可能性增大[Kris96]。这意味着在两种算法中，一般需要不同的 q 值才能提供令人满意的结果。

14.4.1　模式搜索性质

通用混合分解算法（GMDAS）和通用模糊算法（GFAS）都是分割算法，也就是说，这些算法总是结束于预先确定的聚类数 m，而不管 X 中有多少“自然形成的”聚类。例如，如果数据集 X 中有两个聚类，且我们以 $m = 3$ 来运行 GMDAS 或 GFAS 算法，那么这两种算法至少分裂原来的一个聚类，并以三个聚类结束。

然而，通用可能性算法（GPAS）与此不同。这类算法称为模式搜索算法——也就是说，算法搜索 X 中的向量密集区域①。为了理解这一点，我们再次考虑各个 J_j 函数。求解式(14.70)，得到 $d(\boldsymbol{x}_i, \boldsymbol{\theta}_j)$ 为

$$d(\boldsymbol{x}_i, \boldsymbol{\theta}_j) = \eta_j \left(\frac{1 - u_{ij}}{u_{ij}}\right)^{q-1}$$

将 $d(\boldsymbol{x}_i, \boldsymbol{\theta}_j)$ 代入式(14.72)，得

① 第 15 章中也会介绍这类算法。

$$J_j = \eta_j \sum_{i=1}^{N}(1 - u_{ij})^{q-1} \tag{14.75}$$

对于固定的η_j，最小化 J_j 就要求最大化 u_{ij}，即要求最小化 $d(\boldsymbol{x}_i, \theta_j)$。最后一个要求表明$\theta_j$应位于 X 中的向量密集区域。

GPAS 算法的模式搜索性质表明，不需要事先知道 X 中的聚类数。事实上，如果我们对 m 个聚类运行可能性算法，而数据集 X 中只包含 k 个自然的聚类（$m > k$），那么在正确初始化后，m 个聚类中的一些聚类将与其他聚类一致[Kris 96]。我们希望不一致的聚类数应等于 k。另一方面，如果 $m < k$，正确初始化的可能性算法将生成 m 个不同的聚类。当然，这些聚类不是 X 中形成的所有自然聚类，但至少是其中的一部分[Kris 96]。

例 14.11 本例的目的是说明模式搜索性质。考虑 3 个二维高斯分布，它们的均值分别是$\mu_1 = [1, 1]^T$，$\mu_2 = [6, 1]^T$和$\mu_3 = [6, 6]^T$，协方差矩阵分别是$\Sigma_j = \boldsymbol{I}, j = 1, 2, 3$。由每个分布生成 100 个向量，它们组成数据集 X。设 $q = 1.5$，并且使用欧氏距离的平方。不难证明，在上述条件下，式(14.71)变为

$$\boldsymbol{\theta}_j(t) = \frac{\sum_{i=1}^{N} u_{ij}^q(t-1)\boldsymbol{x}_i}{\sum_{i=1}^{N} u_{ij}^q(t-1)} \tag{14.76}$$

(a) 设 $m = 3$，在 GPAS 算法中，θ_j 的初始估计值为$\theta_j(0) = \mu_j + z_j, j = 1, 2, 3$，其中 z_j 是二维向量，它的每个分量都是从$[-2, 2]$内的均匀分布抽取的。设$\eta_j = 1.5, j = 1, 2, 3$。应用 GPAS 算法，使每个$\theta_j$都向其分布均值（密集区域）移动。事实上，$\theta_j$的最后估计值是在迭代 12 步后得到的，它们是$\boldsymbol{\theta}_1 = [0.93, 0.60]$, $\boldsymbol{\theta}_2 = [5.88, 1.12]^T$和$\boldsymbol{\theta}_3 = [6.25, 5.86]^T$，非常有利于与$\boldsymbol{\mu}_j$进行比较。

(b) 设 $m = 4$，这时，$\theta_j, j = 1, 2, 3$ 的初始估计值与上面的相同，而$\boldsymbol{\theta}_4$的初始值为$\mu_1 + z_4$。应用 GPAS 算法，使θ_1和θ_4移向对应于第一个分布的密集区域，使θ_2和θ_3移向对应于第二个分布和第三个分布的密集区域。迭代 12 步后，得到θ_j的最后估计值分别为$\theta_1 = [0.93, 0.60]^T$，$\theta_2 = [5.88, 1.12]^T$, $\theta_3 = [6.25, 5.86]^T$和$\boldsymbol{\theta}_4 = [0.94, 0.60]^T$。

(c) 设 $m = 2$，这时θ_1和θ_2的初始估计值与(a)中的相同。应用 GPAS 算法，使θ_1和θ_2移向对应于第一个分布和第二个分布的密集区域。迭代 11 步后，得到θ_j的最后估计值分别为$\theta_1 = [0.93, 0.60]^T$和$\theta_2 = [5.88, 1.12]^T$。

14.4.2 交替可能性算法

交替可能性算法可由如下函数[Kris 96]推导出来：

$$J_1(\boldsymbol{\theta}, U) = \sum_{i=1}^{N}\sum_{j=1}^{m} u_{ij} d(\boldsymbol{x}_i, \boldsymbol{\theta}_j) + \sum_{j=1}^{m} \eta_j \sum_{i=1}^{N}(u_{ij}\ln u_{ij} - u_{ij}) \tag{14.77}$$

注意，$J_1(\theta, U)$的定义中不涉及 q，且第二项是负的。令函数 $J_1(\theta, U)$关于 u_{ij} 的偏导数为零，得到 $J_1(\theta, U)$取最小值时求解 u_{ij} 的必要条件为

$$u_{ij} = \exp\left(-\frac{d(\boldsymbol{x}_i, \boldsymbol{\theta}_j)}{\eta_j}\right) \tag{14.78}$$

因此，u_{ij} 关于 $d(\boldsymbol{x}_i, \theta_j)$的下降速度要比前一种情况［见式(14.70)］更快。现在考虑点 $\boldsymbol{x}_i$ 和聚类代表θ_j。对于相同的距离 d，式(14.78)得到的 u_{ij} 值要比式(14.70)得到的小，表明前一种情形需要增大的“拉伸”。也就是说，当期望的聚类彼此接近时，可以使用这种算法。

14.5　硬集聚算法

本节讨论每个向量属于一个聚类的情况。这类算法称为硬集聚算法。一些应用广泛的知名集聚算法属于这类算法。我们首先假设隶属系数 u_{ij} 要么为 0，要么为 1。此外，对于聚类 C_j，它们是 1；对丁所有其他聚类 $C_k, k\neq j$，它们是 0；也就是说，

$$u_{ij}\in\{0,1\},\qquad j=1,\cdots,m \tag{14.79}$$

$$\sum_{j=1}^{m}u_{ij}=1 \tag{14.80}$$

这种情形可视为模糊算法的一个特例。此时，代价函数是

$$J(\boldsymbol{\theta},U)=\sum_{i=1}^{N}\sum_{j=1}^{m}u_{ij}d(\boldsymbol{x}_i,\boldsymbol{\theta}_j) \tag{14.81}$$

它对 $\boldsymbol{\theta}_j$ 不再是可微的。尽管如此，对于特殊的硬集聚，仍然可以采用通用模糊算法的通用框架。实际工作中广泛采用了这种算法（见文献[Duda 01]）。

我们首先固定 $\boldsymbol{\theta}_j, j=1,\cdots,m$。因为对每个向量 $\boldsymbol{x}_i$ 来说，只有一个 u_{ij} 为 1，其他 u_{ij} 为 0，若将每个 $\boldsymbol{x}_i$ 赋给离它最近的聚类，则式(14.81)中的 $\boldsymbol{J}(\boldsymbol{\theta},\boldsymbol{U})$ 是最小的，即

$$u_{ij}=\begin{cases}1, & d(\boldsymbol{x}_i,\boldsymbol{\theta}_j)=\min_{k=1,\cdots,m}d(\boldsymbol{x}_i,\boldsymbol{\theta}_k)\\ 0, & \text{其他}\end{cases}\qquad i=1,\cdots,N \tag{14.82}$$

现在固定 u_{ij}。类似于模糊算法，聚类的参数向量 $\boldsymbol{\theta}_j$ 的更新方程为

$$\sum_{i=1}^{N}u_{ij}\frac{\partial d(\boldsymbol{x}_i,\boldsymbol{\theta}_j)}{\partial\boldsymbol{\theta}_j}=\boldsymbol{0},\quad j=1,\cdots,m \tag{14.83}$$

推导出式(14.82)和式(14.83)后，现在就可以写出通用硬集聚算法。

通用硬集聚算法（GHAS）

- 选择 $\boldsymbol{\theta}_j(0)$ 作为 $\boldsymbol{\theta}_j$ 的初始估计值，$j=1,\cdots,m$
- $t=0$
- 重复：
  - For $i=1$ to N
    - For $j=1$ to m
  - 确定分割[①]：

$$u_{ij}(t)=\begin{cases}1, & (\boldsymbol{x}_i,\boldsymbol{\theta}_j(t))=\min_{k=1,\cdots,m}d(\boldsymbol{x}_i,\boldsymbol{\theta}_k(t))\\ 0, & \text{其他}\end{cases}$$

    - End{For -j}
  - End{For -i}
  - $t=t+1$
  - For $j=1$ to m

① 出现两个或多个极小时，可以任意选择。

○ 参数更新：求解

$$\sum_{i=1}^{N} u_{ij}(t-1)\frac{\partial d(\boldsymbol{x}_i,\boldsymbol{\theta}_j)}{\partial \boldsymbol{\theta}_j}=0 \tag{14.84}$$

中的θ_j，并设$\theta_j(t)$等于计算得到的解

- End{For -j}

- 直到满足终止准则

注意，更新每个θ_j时，只使用与其最接近的向量$\boldsymbol{x}_i$，即满足$u_{ij}(t-1)=1$的那些$\boldsymbol{x}_i$。我们照例使用终止准则$\|\theta(t)-\theta(t-1)\|<\varepsilon$。如果$U$在连续两次迭代中保持不变，那么GHAS终止。

每个硬集聚算法都有其对应的模糊集聚算法。类似于模糊集聚算法，当θ_j表示点、二次曲面或超平面时，我们得到硬集聚算法。若设$q=1$，则在硬集聚算法中，参数向量θ_j的更新方程可由相应的模糊算法得到。

注释

- 采用点代表聚类时，硬集聚算法不如模糊集聚算法鲁棒。例如，如果使用超平面代表聚类，且使用G-K算法，那么为了避免出现Σ_j不可逆的情况，必须要从所有的聚类中得到足够数量的向量$\boldsymbol{N}$[Kris 92a]。
- 已知代表集θ_j时，要确定算法相对于U来优化$J(\theta, U)$的分割。另一方面，已知某个具体的分割时，要在参数更新阶段相对于U来优化$J(\theta, U)$。注意，这个过程不一定得到$J(\theta, U)$的（局部）最优。

14.5.1 Isodata或k均值或c均值算法

这是最常用且最知名的集聚算法之一[Duda 01, Ball 67, Lloy 82]。使用点代表聚类，并且使用欧氏距离的平方度量向量$\boldsymbol{x}_i$与聚类代表θ_j之间的相异度时，我们可将这种算法视为通用硬集聚算法的特例。在具体介绍该算法之前，下面给出一些重要的注释。在这种情况下，式(14.81)变为

$$J(\boldsymbol{\theta},U)=\sum_{i=1}^{N}\sum_{j=1}^{m}u_{ij}\|\boldsymbol{x}_i-\boldsymbol{\theta}_j\|^2 \tag{14.85}$$

它就是第5章中定义的散布矩阵$\boldsymbol{S}_w$的迹，即

$$J(\boldsymbol{\theta},U)=\mathrm{tr}\{S_w\} \tag{14.86}$$

对于上面选择的距离，式(14.83)中的θ_j是第j个聚类的均值向量。对这个特定的选择应用通用硬集聚算法时，算法将收敛到代价函数的最小值。换句话说，Isodata算法能够识别致密的聚类，但要强调的是，这个收敛结果对其他距离无效，如欧氏距离。例如，使用Minkowski距离时，算法收敛，但不一定收敛到代价函数的最小值[Seli 84a]。

Isodata或k均值或c均值算法

- 选择任意的$\theta_j(0)$作为θ_j的初始估计值，$j=1,\cdots,m$
- 重复：
  - For $i=1$ to N
    - ○ 确定$\boldsymbol{x}_i$的最接近的代表θ_j
    - ○ 设$b(i)=j$

- End{For}
- For j =1 to m
  - 参数更新：确定θ_j为向量$x_i \in X$的均值，其中$b(i) = j$
- End{For}

● 直到连续两次迭代中的θ_j保持不变时结束

类似于使用点来代表聚类的所有算法，Isodata 算法适用于识别致密的聚类。如果在确定最接近当前向量x_i的代表之后立即更新代表，那么会得到 k 均值的顺序算法（见文献[Pena 99]）；显然，顺序算法的结果取决于所考虑向量的顺序。文献[Ng 00]给出了另一个 k 均值算法，该算法将每个聚类 C_i 中的向量数强制为 n_i。

例 14.12　(a) 考虑例 14.1(a)中的数据，其中θ_j对应于μ_j。设 $m = 3$，并随机初始化θ_j。收敛后，Isodata 算法成功地识别了 X 中的聚类，对应的混淆矩阵为

$$A = \begin{bmatrix} 94 & 3 & 3 \\ 0 & 100 & 0 \\ 9 & 0 & 91 \end{bmatrix}$$

θ_j的最终值为$\theta_1 = [1.19, 1.16]^T$，$\theta_2 = [3.76, 3.63]^T$和$\theta_3 = [5.93, 0.55]^T$。

(b) 考虑两个二维高斯分布，其中$\mu_1 = [1, 1]^T$，$\mu_2 = [8, 1]^T$，协方差矩阵为$\Sigma_1 = 1.5I$，$\Sigma_2 = I$。由第一个分布生成 300 个点，由第二个分布生成 10 个点，这些点形成数据集 X［见图 14.17(a)］。设 $m = 2$，随机初始化θ_1和θ_2。收敛条件满足时，观察发现大数据集被分成两部分，右半部分的向量与第二个分布中的向量属于同一个聚类［见图 14.17(b)］。结果为$\theta_1 = [0.54, 0.94]^T$和$\theta_2 = [3.53, 0.99]^T$，第一个分布中的 61 个向量和第二个分布中的 10 个向量赋给了同一个聚类。上述情况说明该算法的弱点是，处理大小明显不同的聚类时，得到的结果是不准确的。

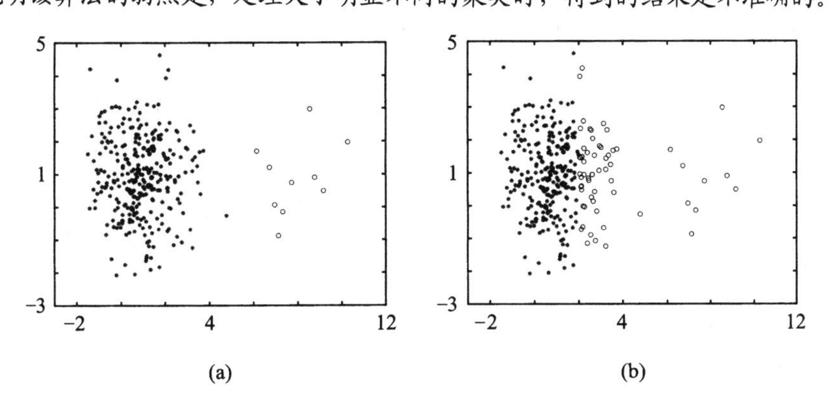

图 14.17　(a) 数据集；(b) Isodata 算法的结果

k 均值算法的主要优点是计算简单，因此适用于许多应用。该算法的时间复杂性是 $O(Nmq)$，其中 q 是收敛所需的迭代次数。因为在实际应用中 m 和 q 远小于 N，所以 k 均值算法适合处理大数据集。此外，k 均值算法的概念简单，因此是许多作者的灵感的来源。为了弥补这个算法的缺点，人们提出了许多改进的算法，具体小结如下。

● 类似于本章中介绍的所有优化方法，k 均值算法不保证收敛到 $J(\theta, U)$的全局极小。同样，不同的初始分割会使得 k 均值算法生成不同的聚类结果，每个结果都对应于 $J(\theta, U)$的不

同的局部极小。为了克服这个缺点，人们提出了许多改进算法。

- 不用由 m 个随机选择的点。一些人建议使用从 X 中随机抽取的点来初始化[Forg 65] $\boldsymbol{\theta}_j$，而使用第 12 章中讨论的顺序算法来生成 $\boldsymbol{\theta}_j$ 的初始估计值。另一种方法是，随机地将数据集 X 分割成 m 个子集，并将它们的均值作为 $\boldsymbol{\theta}_j$ 的初始估计值。人们基于 X 的不同分割和 k 均值算法，提出了许多改进的算法，详见文献[Kauf 90, Pena 99, Brad 98]。文献[Lika 03]中讨论了另一种算法，这种算法通过运行算法 mN 次，一次迭代地计算一个代表。这些算法的作者证明收敛性与初始估计值无关，但代价是增大了计算复杂性。
- 另一种方法是采用随机优化技术，如模拟退火和遗传算法（见第 15 章），它能够保证（按概率）计算 $J(\theta, U)$的全局极小，但代价是计算量增大。文献[Kris 99]和[Pata 01]中讨论了 k 均值算法的推广。
- 虽然计算 k 均值算法及下述 k 中心点算法的最优分割是 NP 困难问题，但是近期的理论研究表明，找到近似的解是可能的。另外，采用有效的技术可以实现这一目标，见文献[Indy 99, Kuma 04, Kanu 04]。

- 数据集 X 中的聚类数 m 是需要输入算法的参数。显然，m 的糟糕估计值会使得算法无法识别 X 中的集聚结构。为此，人们提出了 k 均值的许多改进算法，这些算法通过合适选择的用户定义的参数，在得到的聚类中采用各种分裂、合并和丢弃操作[Ande 73]。无疑，这种自主技术不再是优化过程的结果。估计 m 的另一种方法是应用 12.3 节中描述的使用顺序集聚算法的过程。
- k 均值算法对离群点和噪声敏感。X 中的离群点必须要赋给一个聚类。因此，它们会影响各个均值，进而影响最终的聚类。考虑到小聚类通常由离群点形成，文献[Ball 67]中提出了通过简单地抛弃“小”聚类来处理离群点的一种算法。此外，为了克服 k 均值算法的缺点，人们提出了 k 中心点算法（见下节），在这种算法中，每个聚类都由它的一个点表示。表示聚类的这种方式对离群点不敏感，但会增大计算复杂性。
- k 均值算法通常适用于带有连续值的特征向量的数据集，原则上不适用于带有标称（类别）坐标的数据。文献[Huan 98, Gupa 99]中讨论了处理有限离散域中的数据集的 k 均值改进算法。下面讨论的 k 中心点算法是另一种方法。
- 目前人们提出了 k 均值算法的核化形式，详见文献[Scho 98, Giro 02]中的例子。

与 k 均值算法相关的其他优点及其他基于平方误差聚类的算法，请查阅文献[Hans 01, Kanu 00, Pata 02, Su 01, Wags 01]。

14.5.2 k 中心点算法

在上节介绍的 k 均值算法中，每个聚类都由它的向量的均值表示。在本节介绍的 k 中心点算法中，每个聚类都由从数据集 X 的各个元素中选取的一个向量表示，我们称其为中心点。除中心点外，每个聚类中还包含 X 中未被用作其他聚类的中心点的所有向量，以及比表示其他聚类的中心点更靠近其中心点的所有向量。设Θ是所有聚类的中心点集合，记 I_Θ是 X 中构成Θ 的那些点的索引，记 $I_{X-\Theta}$是不构成中心点的那些点的索引。例如，若$\Theta = \{\boldsymbol{x}_1, \boldsymbol{x}_5, \boldsymbol{x}_{13}\}$是三个聚类情形下的中心点集合，则 $I_\Theta= \{1, 5, 13\}$。与给定集合Θ 相关联的聚类的质量，由如下的代价函数评估：

$$J(\Theta, U) = \sum_{i\in I_{X-\Theta}} \sum_{j\in I_\Theta} u_{ij} d(\boldsymbol{x}_i, \boldsymbol{x}_j) \tag{14.87}$$

和

$$u_{ij} = \begin{cases} 1, & d(\boldsymbol{x}_i, \boldsymbol{x}_j) = \min_{q \in I_\Theta} d(\boldsymbol{x}_i, \boldsymbol{x}_q) \\ 0, & \text{其他} \end{cases} \quad i = 1, \cdots, N \tag{14.88}$$

因此，得到能够最好地表示数据集 X 的中心点集合 Θ，等同于最小化 $J(\theta, U)$。注意，式(14.87)和式(14.81)几乎相同，唯一的不同是式(14.81)中的 θ_j 已用 $\boldsymbol{x}_j$ 代替，且每个聚类现在已由 X 中的一个向量表示。

与 k 均值算法相比，使用中心点代表聚类有两个优点。第一，k 中心点算法可以使用连续域和离散域中的数据集，而 k 均值算法只能使用连续域中的数据集，因为在离散域应用中，数据向量的子集的均值不必是域中的点［见图 14.18(a)］；第二，与 k 均值算法相比，k 中心点算法对离群点不敏感［见图 14.18(b)］。但要注意的是，聚类的均值具有明确的几何和统计意义，而中心点算法的情形是不同的。另外，与 k 均值算法相比，估计最好的中心点集合的算法的计算量更大。

下面介绍三种 k 中心点算法：PAM（Partitioning Around Medoid，围绕中心点分割）、CLARA（Clustering LARge Application，集聚大应用）和 CLARANS（Clustering Large Applications based on RANdomized Search，基于随机搜索集聚大应用）算法，后两种算法是由 PAM 算法衍生而来的，但是在处理大数据集时比 PAM 算法更有效。

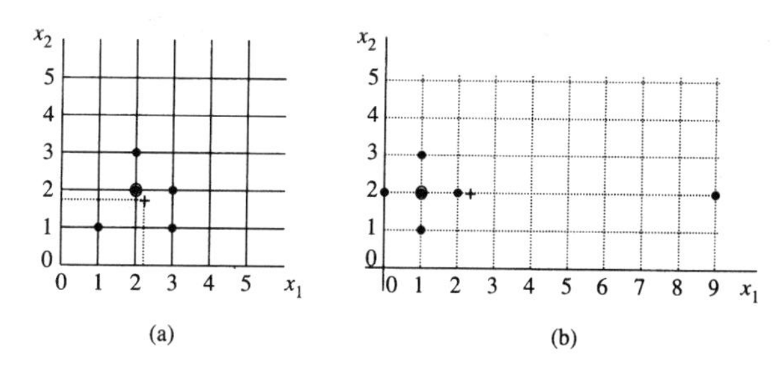

图 14.18　(a) 源自离散域 $\mathcal{D} = \{1, 2, 3, 4, \cdots\} \times \{1, 2, 3, 4, \cdots\}$ 的 5 点二维数据集，它的中心点是加圆圈的点。数据集中向量的均值是图中的“+”点，它不属于 $\mathcal{D}$；(b) 在二维数据集的 6 个点中，点(9, 2)可视为离群点。显然，离群点会严重影响数据集合中均值的位置，但不影响中心点的位置

1．PAM 算法

为了确定能够最好地表示数据集的 m 个中心点，PAM 算法使用一个最小化 $J(\Theta, U)$ 的优化过程，其约束是聚类的代表本身应是 X 中的元素。在进一步处理之前，下面先介绍一些定义。设有两个中心点集合 Θ 和 Θ'，它们都包含 m 个元素，如果它们共享 $m-1$ 个元素，则称它们为邻居。显然，包含 m 个元素的集合 $\Theta \subset X$ 有 $m(N-m)$ 个邻居。此外，设 Θ_{ij} 是用 $\boldsymbol{x}_j, j \in I_{X-\Theta}$ 代替 $\boldsymbol{x}_i, i \in I_\Theta$ 后得到的 Θ 的邻居。最后，设 $\Delta J_{ij} = J(\Theta_{ij}, U_{ij}) - J(\Theta, U)$。

PAM 算法首先从 X 之外随机选择 m 个中心点组成集合 Θ，然后在 Θ 的 $m(N-m)$ 个邻居 $\Theta_{ij}, i \in I_\Theta, j \in I_{X-\Theta}$ 中，选择 $\Theta_{qr}, q \in I_\Theta, r \in I_{X-\Theta}$，使得 $\Delta J_{qr} = \min_{ij} \Delta J_{ij}$。如果 ΔJ_{qr} 为负数，那么用 Θ_{qr} 代替 Θ，并重复上述过程。否则，如果 $\Delta J_{qr} \geqslant 0$，那么该算法到达局部极小并终止。确定最好地表示数据的集合 Θ 后，将 $\boldsymbol{x} \in X - \Theta$ 分配给由最接近其中心点的点表示的聚类。

下面重点介绍 ΔJ_{ij} 的计算。这个量可以写为

$$\Delta J_{ij} = \sum_{h \in I_{X-\Theta}} C_{hij} \tag{14.89}$$

式中，C_{hij}是因错误分类向量$\boldsymbol{x}_h \in X-\Theta$导致的$J$的误差，它是用$\boldsymbol{x}_j \in X-\Theta$代替$\boldsymbol{x}_i \in \Theta$的结果。$C_{hij}$的计算分为以下4种情况。

- 设$\boldsymbol{x}_h$属于由$\boldsymbol{x}_i$代表的聚类，并设$\boldsymbol{x}_{h2} \in \Theta$是第二个最接近$\boldsymbol{x}_h$的代表。若$d(\boldsymbol{x}_h, \boldsymbol{x}_j) \geqslant d(\boldsymbol{x}_h, \boldsymbol{x}_{h2})$［见图14.19(a)］，则在$\Theta$中用$\boldsymbol{x}_j$代替$\boldsymbol{x}_i$后，$\boldsymbol{x}_h$将由$\boldsymbol{x}_{h2}$代表。因此有

$$C_{hij} = d(\boldsymbol{x}_h, \boldsymbol{x}_{h2}) - d(\boldsymbol{x}_h, \boldsymbol{x}_i) \geqslant 0 \tag{14.90}$$

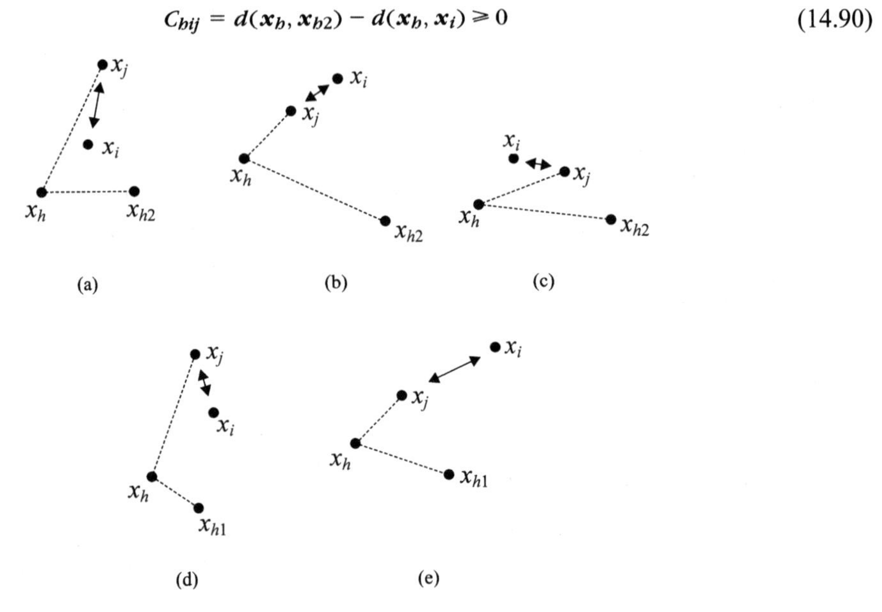

图 14.19 计算$C_{\hat{h}ij}$时的不同情形：(a) $C_{\hat{h}ij} > 0$；(b) $C_{\hat{h}ij} < 0$；(c) $C_{\hat{h}ij} > 0$；(d) $C_{\hat{h}ij} = 0$；(e) $C_{\hat{h}ij} < 0$

- 设$\boldsymbol{x}_h$属于由$\boldsymbol{x}_i$代表的聚类，设$\boldsymbol{x}_h \in \Theta$是第二个最接近$\boldsymbol{x}_h$的代表。若$d(\boldsymbol{x}_h, \boldsymbol{x}_j) \leqslant d(\boldsymbol{x}_h, \boldsymbol{x}_{h2})$［见图14.19(b)至(c)］，则在$\Theta$中用$\boldsymbol{x}_j$代替$\boldsymbol{x}_i$后，$\boldsymbol{x}_h$将由$\boldsymbol{x}_j$代表。因此有

$$C_{hij} = d(\boldsymbol{x}_h, \boldsymbol{x}_j) - d(\boldsymbol{x}_h, \boldsymbol{x}_i) \tag{14.91}$$

  在这种情况下，C_{hij}可以是负数、零或正数［例如，见图14.19(b)至(c)］。
- 设$\boldsymbol{x}_h$不属于由$\boldsymbol{x}_i$代表的聚类，设$\boldsymbol{x}_{h1}$是最接近$\boldsymbol{x}_h$的中心点。若$d(\boldsymbol{x}_h, \boldsymbol{x}_{h1}) \leqslant d(\boldsymbol{x}_h, \boldsymbol{x}_j)$［见图14.19(d)］，则继续用$\boldsymbol{x}_{h1}$代表$\boldsymbol{x}_h$。因此有

$$C_{hij} = 0 \tag{14.92}$$

- 最后，设$\boldsymbol{x}_h$不属于由$\boldsymbol{x}_i$代表的聚类，设$\boldsymbol{x}_{h1}$是最接近$\boldsymbol{x}_h$的中心点。若$d(\boldsymbol{x}_h, \boldsymbol{x}_{h1}) > d(\boldsymbol{x}_h, \boldsymbol{x}_j)$［见图14.19(e)］，则有

$$C_{hij} = d(\boldsymbol{x}_h, \boldsymbol{x}_j) - d(\boldsymbol{x}_h, \boldsymbol{x}_{h1}) < 0 \tag{14.93}$$

实验结果表明[Kauf 90]，对于相对较小的数据集，PAM的性能较好。然而，由于每次迭代的时间复杂性按N的二次幂增长，因此它不适用于大数据集。这一点很容易验证，因此在每次迭代中，对$m(N-m)$个向量对都要计算ΔJ_{ij}；另外，计算一个ΔJ_{ij}时必须考虑$N-m$项C_{hij}［见式(14.89)］。因此，每次迭代的总复杂性为$O(m(N-m)^2)$。

2．CLARA 和 CLARANS 算法：适用于大数据集的 k 中心点算法

CLARA 和 CLARANS 算法是由 PAM 算法发展而来的，目的是解决大数据集需要的巨大计算开销问题。CLARA 和 CLARANS 算法都采用随机采样的思想，但采样的方法不同。具体地说，CLARA 算法随机地从整个数据集 X 中挑选一个大小为 N' 的样本集 X'，并且采用 PAM 算法算出最能代表 X' 的中心点集合 Θ'。该算法基于这样一个假设：若抽取的样本 X'是 X 中各个数据点的统计分布的代表，在对整个数据集运行 PAM 算法时，集合 Θ' 将是所得中心点集合 Θ 的令人满意的近似。为了得到更好的结果，对 X 的许多样本子集 $X_1', \cdots, X_s'$ 运行 PAM 算法，再运行 CLARA 算法。每次运行都返回一组记为 $\Theta_1', \cdots, \Theta_s'$ 的中心点。于是，考虑整个数据集时，由式(14.87)就可评价与每个中心点相关联的聚类的质量。实验研究[Kauf 90]建议，使用 $s = 5$ 和 $N' = 40 + 2m$ 可以得到令人满意的结果。

CLARANS 的原理不同于 CLARA。根据 CLARANS 算法，要对整个数据集 X 应用 PAM 算法，但稍有不同。在每次迭代时，不使用中心点集合 Θ 的所有邻居，而随机选择并使用 $q < m(N-m)$ 个邻居。选取的邻居按照顺序考虑，如果当前考虑的邻居 Θ_{ij} 要比 Θ 好（根据 J），那么用 Θ_{ij} 代替 Θ，且重复这个过程。当选取的 q 个邻居都不比 Θ（根据 J）好时，可认为 Θ 是“局部极小”①。然后，CLARANS 算法从另一个任意选择 Θ 开始，执行相同的过程来计算另一个局部极小值。重复这个过程 s 次后，算法输出 s 个极小值中最好的极小值。接着基于这个中心点集合，将每个点 $\boldsymbol{x} \in X - \Theta$ 分配给其代表离 $\boldsymbol{x}$ 最近的聚类。

注释

- CLARANS 算法的性能依赖于参数 q 和 s。当 q 接近 $m(N-m)$时，CLARANS 算法近似为 PAM 算法，时间复杂性增大。文献[Ng 94a]中建议 s 的值为 2，q 的值为 $0.12m(N-m)$和 250 之间的最大值。
- CLARANS 算法也可用图论概念来解释[Ng 94]。
- 在聚类方面，CLARANS 算法的性能要好于 CLARA 算法。另外，在某些情况下，CLARA 算法要比 CLARANS 算法的运行速度快[Ng 94]。要强调的是，CLARANS 算法的计算量仍是 N 的二次幂，因此不适用非常大的数据集。

14.6　向量量化

与聚类密切相关的一个领域是向量量化（VQ），它在过去的多年中一直是主要的研究课题（见文献[Gray 84, Gers 92]）。向量量化技术主要用于数据压缩，是更好地利用计算机存储器和通信带宽的前提。设 T 是待处理问题的所有向量构成的集合。VQ 任务通常在 T 是 $\mathcal{R}^l$ 的一个连续子集的情况下陈述。想法很简单。将 T 分割为 m 个不相交的区域 R_j，用一个 l 维向量（即所谓的码向量或再生向量 $\boldsymbol{\theta}_j$, $j = 1, \cdots, m$）表示每个区域。然后，给定一个 $\boldsymbol{x} \in T$，确定它属于哪个区域 R_j，并采用对应的代表 $\boldsymbol{\theta}_j$ 代替 $\boldsymbol{x}$ 来参与进一步运算，如存储或传输。显然，这与信息损耗有关，称为失真。VQ 的主要目的是定义区域 R_j 和它们的代表 $\boldsymbol{\theta}_j$，使得失真最小。

说明基本原理后，下面给出一些正式的定义。维数为 l、大小为 m 的向量量化器 Q 是从 T 到一个有限集合 C 的映射，称为再生集合，它包含 m 个输出再生点、码向量或码字。因此，

① 注意 Θ 实际上不是局部极小，因为不能选择比 J 值小的邻居。

$$Q : T \to C$$

式中，$C = \{\theta_1, \theta_2, \cdots, \theta_m\}$，$\theta_i \in T$。每个码向量$\theta_i$都代表向量空间中的一个特定区域$R_i$。

下面的问题是如何选择码向量θ_j，使得失真尽可能小。常用的方法之一是相对于θ_j来优化一个合适的准则函数（此时称为失真函数）。设$\boldsymbol{x}$是模拟T的一个随机向量，$p(\boldsymbol{x})$是对应的概率密度函数。通常使用的失真准则是平均期望量化误差，它定义为

$$D(Q) = \sum_{j=1}^{m} D_j(Q) \tag{14.94}$$

式中，

$$D_j(Q) = \int_{R_j} d(\boldsymbol{x}, \boldsymbol{\theta}_j) p(\boldsymbol{x})\,\mathrm{d}\boldsymbol{x} \tag{14.95}$$

$D_j(Q)$称为区域R_j的平均量化误差，d是距离度量（如欧氏距离），也称失真度量。

已知有限数量的样本$\boldsymbol{x}_1, \boldsymbol{x}_2, \cdots, \boldsymbol{x}_N$时，失真准则变为

$$D(Q) = \sum_{i=1}^{N} d(\boldsymbol{x}_i, Q(\boldsymbol{x}_i)) P(\boldsymbol{x}_i) \tag{14.96}$$

式中，$Q(\boldsymbol{x}_i) \in C$是代表$\boldsymbol{x}_i$的码向量，$P(\boldsymbol{x}_i)(>0)$, $i = 1, \cdots, N$是各自的概率。

文献[Gers 92]中证明，对于给定的最优量化器，如下条件是必要条件。第一个条件是向量量化器的编码器部分，也就是说，对于给定的码向量θ_j，在区域$R_j, j = 1, \cdots, m$中分割T的最优方式。这被称为最近邻条件，具体描述如下。

- 对于固定的C，

$$Q(\boldsymbol{x}) = \boldsymbol{\theta}_j, \quad d(\boldsymbol{x}, \boldsymbol{\theta}_j) \leqslant d(\boldsymbol{x}, \boldsymbol{\theta}_k), \quad k = 1, \cdots, m, k \neq j$$

第二个条件是VQ的解码器部分，也就是说，对于给定的分割区域$R_j, j = 1, \cdots, m$，选择码字θ_j的最优方式。这被称为质心条件，具体描述如下。

- 对于固定的分割$R_1, R_2, \cdots, R_m$，每个θ_j的选择要满足

$$\int_{R_j} d(\boldsymbol{x}, \boldsymbol{\theta}_j) p(\boldsymbol{x})\,\mathrm{d}\boldsymbol{x} = \min_{\boldsymbol{y}} \int_{R_j} d(\boldsymbol{x}, \boldsymbol{y}) p(\boldsymbol{x})\,\mathrm{d}\boldsymbol{x}$$ ①

在T有限的情况下，要用求和代替积分。计算集合C的码向量的一种方法是，从码向量的任意初始估计值开始，重复应用最近邻条件和质心条件，直到满足终止准则②。这就是著名的Lloyd算法[Lloy 82]③。注意，如果$P(\boldsymbol{x}_i) = 1/N$, $\forall \boldsymbol{x}_i \in T$，那么Lloyd算法与通用硬集聚算法一致。这不足为奇，因为这两种算法都试图找到空间内最优的代表点。然而，尽管两种算法很相似，但它们的目标是不同的。VQ的目标是找到空间中数据分布的代表点，而集聚算法主要识别X中的聚类。

最后，值得指出的是，文献中提出了向量量化的许多模型，如文献[Lutt 89]和[Kara 96]中分别

---

① 文献[Gers 92]给出了一个额外的优化条件，即T中没有任何向量与两个（或多个）码向量是等距的。

② 这样的准则是，对于两次连续的迭代，所有$\theta_j, j = 1, \cdots, m$具有相同的值。

③ 在考虑欧氏距离的平方时，质心条件变为$\theta_j = (1/n_j)\sum_{x \in R_j} \boldsymbol{x}$，其中$n_j$是$R_j$中的向量数。对应的算法是Isodata算法，也称LBG算法[Lind 80]。

讨论了层次和模糊向量量化器。

附录

推导 EM 算法中的μ_j和Σ_j（见 14.2 节）

由式(14.3)和式(14.13)得

$$\boldsymbol{\mu}_j = \frac{\sum_{k=1}^{N} P(C_j|\boldsymbol{x}_k;\Theta(t))\boldsymbol{x}_k}{\sum_{k=1}^{N} P(C_j|\boldsymbol{x}_k;\Theta(t))} \tag{14.97}$$

$j = 1,\cdots, m$。

现在考虑Σ_j。设σ_{rs}是Σ_j^{-1}的元素(r, s)。由式(14.13)得

$$\frac{\partial}{\partial \sigma_{rs}} \ln p(\boldsymbol{x}|C_j;\boldsymbol{\theta}_j) = \frac{1}{2}|\Sigma_j|\frac{\partial}{\partial \sigma_{rs}}|\Sigma_j^{-1}| - \frac{1}{2}(x_r - \mu_{jr})(x_s - \mu_{js})$$

或

$$\frac{\partial}{\partial \sigma_{rs}} \ln p(\boldsymbol{x}|C_j;\boldsymbol{\theta}_j) = \frac{1}{2}|\Sigma_j|\boldsymbol{\sigma}_{rs} - \frac{1}{2}(x_r - \mu_{jr})(x_s - \mu_{js})$$

式中，$\boldsymbol{\sigma}_{rs}$是σ_{rs}[1]的余子式，x_r, μ_{jr}（x_s, μ_{js}）分别是$\boldsymbol{x}$和$\boldsymbol{\mu}_j$的第 r（s）个坐标。因此，

$$\frac{\partial \ln p(\boldsymbol{x}|C_j;\boldsymbol{\theta}_j)}{\partial \Sigma_j^{-1}} = \frac{1}{2}|\Sigma_j|\boldsymbol{\sigma} - \frac{1}{2}(\boldsymbol{x} - \boldsymbol{\mu}_j)(\boldsymbol{x} - \boldsymbol{\mu}_j)^{\mathrm{T}} \tag{14.98}$$

式中，$\boldsymbol{\sigma}$是Σ_j^{-1}的余子式矩阵。因为$\left|\Sigma^{-1}\right| \neq 0$，由线性代数知识可知下面的恒等式成立：

$$\Sigma_j^{-1}\boldsymbol{\sigma}^{\mathrm{T}} = |\Sigma_j^{-1}|I$$

上式两端同时乘以Σ_j，并注意到$\boldsymbol{\sigma}$是一个对称矩阵，得

$$\boldsymbol{\sigma} = |\Sigma_j^{-1}|\Sigma_j$$

将上式代入式(14.98)，得

$$\frac{\partial \ln p(\boldsymbol{x}|C_j;\boldsymbol{\theta}_j)}{\partial \Sigma_j^{-1}} = \frac{1}{2}\Sigma_j - \frac{1}{2}(\boldsymbol{x} - \boldsymbol{\mu}_j)(\boldsymbol{x} - \boldsymbol{\mu}_j)^{\mathrm{T}} \tag{14.99}$$

将上式代入式(14.3)并进行一些变换，得

$$\Sigma_j = \frac{\sum_{k=1}^{N} P(C_j|\boldsymbol{x}_k;\Theta(t))(\boldsymbol{x}_k - \boldsymbol{\mu}_j)(\boldsymbol{x}_k - \boldsymbol{\mu}_j)^{\mathrm{T}}}{\sum_{k=1}^{N} P(C_j|\boldsymbol{x}_k;\Theta(t))} \tag{14.100}$$

$j = 1,\cdots, m$。

习题

14.1　考虑 X 中有 m 个聚类的情况，它由未知均值和已知协方差矩阵的正态分布表示，即参数向量$\boldsymbol{\theta}$ 只由参数$\mu_j, j = 1,\cdots, m$ 组成。描述对应的通用混合分解算法（GMDAS）。

14.2　考虑 X 中有 m 个聚类的情况，它由未知均值和未知对角协方差矩阵的正态分布表示。推导

[1] 回顾可知，矩阵 $\boldsymbol{A}$ 的元素 a_{ij} 的余子式，是删除矩阵 $\boldsymbol{A}$ 的第 i 行和第 j 列后的矩阵的行列式。

对应的 GMDAS 算法。

14.3 考虑 X 中有 m 个聚类的情况，它由正态分布表示。在下列条件下，求均值$\boldsymbol{\mu}_j$和协方差矩阵Σ_j的最大似然估计。

a．均值和协方差矩阵都是未知的。

b．均值和协方差矩阵都是未知的，但$\Sigma_j = \Sigma, j = 1,\cdots, m$。

将 a 的结果与 14.2.1 节的结果进行比较。

14.4 考虑数据集$X = \{\boldsymbol{x}_i \in \mathcal{R}^2, i = 1,\cdots, 16\}$，$\boldsymbol{x}_1 = [2,0]^{\mathrm{T}}, \boldsymbol{x}_2 = [\sqrt{2},\sqrt{2}]^{\mathrm{T}}, \boldsymbol{x}_3 = [0,2]^{\mathrm{T}}, \boldsymbol{x}_4 = [-\sqrt{2},\sqrt{2}]^{\mathrm{T}}$，$\boldsymbol{x}_5 = [-2,0]^{\mathrm{T}}, \boldsymbol{x}_6 = [-\sqrt{2},-\sqrt{2}]^{\mathrm{T}}, \boldsymbol{x}_7 = [0,-2]^{\mathrm{T}}, \boldsymbol{x}_8 = [\sqrt{2},-\sqrt{2}]^{\mathrm{T}}$。剩下的点$\boldsymbol{x}_i, i = 9,\cdots, 16$由下面描述的前 8 个点得到。$\boldsymbol{x}_i, i = 9,\cdots, 16$的第一个坐标等于$\boldsymbol{x}_{i-8}$的第一个坐标加 6，$\boldsymbol{x}_i, i = 9,\cdots, 16$的第二个坐标等于$\boldsymbol{x}_{i-8}$的第二个坐标。

a．使用高斯概率密度函数运行 GMDAS 算法，估计$\boldsymbol{\mu}_j$和$\Sigma_j, j = 1, 2$。

b．算法能正确地识别出 X 中的聚类吗？说明你的答案。

提示：如果可能，在后续习题中，使用在本章上机编程部分的 MATLAB 代码。

14.5 考虑习题 14.4 中的数据，不同的是$\boldsymbol{x}_i, i = 9,\cdots, 16$的第一个坐标等于$\boldsymbol{x}_{i-8}$的第一个坐标加 2，$\boldsymbol{x}_i, i = 9,\cdots, 16$的第二个坐标等于$\boldsymbol{x}_{i-8}$的第二个坐标。

a．使用高斯概率密码函数运行 GMDAS 算法，估计$\boldsymbol{\mu}_j$和Σ_j，$j = 1, 2$。

b．算法能正确地识别出 X 中的聚类吗？请说明你的答案。

c．将本题的结果和上题的结果进行比较。

14.6 考虑 4 个二维分布，均值为$\boldsymbol{\mu}_1 = [0,0]^{\mathrm{T}}, \boldsymbol{\mu}_2 = [2,2]^{\mathrm{T}}, \boldsymbol{\mu}_3 = [4,0]^{\mathrm{T}}, \boldsymbol{\mu}_4 = [7,0]^{\mathrm{T}}$，协方差矩阵为

$$\Sigma_1 = \begin{bmatrix} 1 & 0.3 \\ 0.3 & 1 \end{bmatrix}, \quad \Sigma_2 = \begin{bmatrix} 1 & 0 \\ 0 & 1 \end{bmatrix}$$

$$\Sigma_3 = \begin{bmatrix} 1 & -0.5 \\ -0.5 & 1 \end{bmatrix}, \quad \Sigma_4 = \begin{bmatrix} 1 & 0.5 \\ 0.5 & 1 \end{bmatrix}$$

从每个分布得到 80 个点，设 X 是包含 320 个点的集合。如例 14.1 中那样初始化$\boldsymbol{\mu}_i$和$\Sigma_i, i = 1,\cdots, 4$。设$m = 4$，$\varepsilon = 0.01$，使用高斯概率密度函数运行 GMDAS 算法。

a．求$\boldsymbol{\mu}_j$和$\Sigma_j, j = 1,\cdots, 4$的估计值。

b．根据贝叶斯决策准则，将每个特征向量$\boldsymbol{x} \in X$赋给聚类C_j。

c．推导各个混淆矩阵。

d．对$m = 3$和$m = 2$运行算法，重复步骤 a 和 b，讨论结果。

14.7 在例 14.4 中，证明对于$m = 2, q \in \{2, 3\}$和固定的$\boldsymbol{\theta}$，模糊集聚要好于硬集聚。

14.8 找出$\boldsymbol{p}$和$A, \boldsymbol{b}, c$之间的关系，使得式(14.35)与式(14.36)相等。提示：单独考虑$\boldsymbol{p}$的每个坐标。

14.9 设$l = 2$，将式(14.44)代入式(14.42)，证明代替$\boldsymbol{z}$将得到一个关于λ的四阶多项式。

14.10 证明式(14.50)。

14.11 **a**．推导模糊 C 椭球壳（FCES）算法的式(14.56)和式(14.57)。

b．写出模糊 C 椭球壳（FCES）算法的参数确定部分。

14.12 在限制条件(v)下，通过最小化式(14.58)，推导模糊 C 二次壳（FCQ）算法。

14.13 **a**．准确描述改进的模糊 C 二次壳（MFCQS）算法。

b．在什么条件下代数距离和垂直距离彼此接近？

14.14 点$\boldsymbol{x}$和超球面聚类之间的垂直距离和径向距离有什么关系？

14.15 **a**. 推导识别球面聚类的 AFCS 算法[Dave 92b]。点 $\boldsymbol{x}$ 和超球面 Q 之间的距离是 $d^2(\boldsymbol{x},Q)=(\|\boldsymbol{x}-\boldsymbol{c}\|-r)^2$，超球面 Q 的半径为 r，中心为 c。

b. 推导识别球形聚类的模糊 C 球形壳（FCSS）算法[Kris 92b]。

14.16 证明式(14.64)。

14.17 推导由式(14.77)中 J_1 函数的最小化得到的可能性算法。

14.18 根据式(14.78)画出 u_{ij} 与 $d(\boldsymbol{x}_i, \theta_j)/\eta_j$ 的关系曲线，并与图 14.15 进行比较。

14.19 比较 Isodata 算法和在 MACQ 67 中提出并在 12.6 节中概述的各种 BSAS 算法。

MATLAB 编程和练习

上机编程

14.1 GMDAS 算法。编写一个名为 GMDAS 的 MATLAB 函数，采用正态分布代表聚类，实现 GMDAS 算法。函数的输入如下：(a) 一个 $l\times N$ 维矩阵 $\boldsymbol{X}$，它的列都是数据向量；(b) 一个 $l\times m$ 维矩阵 mv，它的第 i 列是第 i 个正态分布的均值的初始估计值；(c) 一个 $l\times l\times m$ 维矩阵 mc，它的第 i 个二维 $l\times l$ 分量是第 i 个正态分布的协方差矩阵的一个初始估计值；(d) 算法终止条件 $\|\Theta(t)-\Theta(t-1)\|<e$ 中使用的参数 e；(e) 允许迭代的最大次数 maxiter；(f) MATLAB 函数 rand 的种子 sed。函数的输出如下：(a) 一个带有先验概率的 m 维行向量 ap；(b) 一个 $N\times m$ 维矩阵 cp，它的第 i 行是条件概率 $P(C_j\mid \boldsymbol{x}_i), j=1,\cdots,m$；(c) ~ (d) 最终估计值 mv 和 mc，即正态分布的平均值和协方差矩阵；(e) 收敛需要的迭代次数；(f) 向量 diffvec，即训练阶段两个连续 Θ 值的差。

解：该函数的实现见 http://www.di.uoa.gr/~stpatrec。

14.2 随机初始化。编写一个名为 rand_vec 的 MATLAB 函数，在给定数据集的值域内随机地选择 m 个向量。函数的输入如下：(a) 一个 $l\times N$ 维矩阵 $\boldsymbol{X}$，它的列是数据向量；(b) 生成的列向量数 m；(c) 用于初始化 MATLAB 函数 rand 的种子（整数）。函数返回由随机选择的列向量组成的一个 $l\times m$ 维矩阵，它将用于初始化目的。

解：

```
function w=rand_vec(X,m,sed)
  rand('seed',sed)
  mini=min(X');
  maxi=max(X');
  w=rand(size(X,1),m);
  for i=1:m
    w(:,i)=w(:,i).*(maxi'-mini')+mini';
  end
```

14.3 k 均值算法。编写一个名为 k_means 的 MATLAB 函数，实现 k 均值算法。函数的输入如下：(a) 一个 $l\times N$ 维矩阵 $\boldsymbol{X}$，它的列是数据向量；(b) 一个 $l\times m$ 维矩阵 $\boldsymbol{w}$，它的第 i 列是第 i 个样本的初始估计值。函数的输出如下：(a) 与前面类似的矩阵 $\boldsymbol{w}$，它包含样本的最终估计值；(b) 一个 N 维行向量，它的第 i 个元素是聚类的数字标识，表示第 i 个向量所属的聚类［集合$\{1, 2,\cdots, m\}$中的一个整数］。

解：

```
function [w,bel]=k_means(X,w)
  [l,N]=size(X);
  [l,m]=size(w);
  e=1;
```

```
iter=0;
while(e~=0)
  iter=iter+1;
  w_old=w;
  dist_all=[];
  for j=1:m
    dist=sum(((ones(N,1)*w(:,j)'-X').^2)');
    dist_all=[dist_all;dist];
  end
  [q1,bel]=min(dist_all);
  for j=1:m
    if(sum(bel==j)~=0)
      w(:,j)=sum(X'.*((bel==j)'*ones(1,l)))/sum(bel==j);
    end
  end
  e=sum(abs(w-w_old));
end
```

上机实验

14.1 **a**．由均值分别为$[1, 1]^T, [5, 5]^T, [9, 1]^T$、协方差矩阵分别为

$$\begin{bmatrix} 1 & 0.4 \\ 0.4 & 1 \end{bmatrix}, \begin{bmatrix} 1 & -0.6 \\ -0.6 & 1 \end{bmatrix}, \begin{bmatrix} 1 & 0 \\ 0 & 1 \end{bmatrix}$$

的正态分布生成$q = 50$个二维向量，形成一个2×150维矩阵$\boldsymbol{X}$。

b．对矩阵$\boldsymbol{X}$运行GMDAS算法，设$e = 0.01$，maxiter = 300，sed = 110，并用MATLAB函数rand初始化mv和mc。

c．对由每个分布得到的向量，计算样本均值和协方差矩阵，并将计算得到的值与由算法得到的估计值进行比较。

d．评价每个向量的条件概率。

e．重复b～d五次，得到mv和mc的不同初始值。

提示：假设X中的第一组q个向量由第一个分布生成，第二组q个向量由第二个分布生成，以此类推，第i组的样本均值和协方差矩阵分别由$\text{sum}(X(:, (i-1)\times q+1: i\times q)')'/q$和$\text{cov}(X(:, (i-1)\times q+1: i\times q)')'$计算。

14.2 重做上机实验14.1，但正态分布的均值是$[1, 1]^T, [3.5, 3.5]^T, [6, 1]^T$。

14.3 **a**．重做上机实验14.1，但正态分布的均值是$[1, 1]^T, [2, 2]^T, [3, 1]^T$。

b．将a中的结果与上机实验14.1和上机实验14.2的结果进行比较，给出你的结论。

14.4 **a**．分别从三个均值为$m_1 = [2, 2]^T, m_2 = [6, 6]^T, m_3 = [10, 2]^T$、协方差矩阵为$\boldsymbol{S}_1 = \boldsymbol{S}_2 = \boldsymbol{S}_3 = 0.5\times\boldsymbol{I}$的正态分布生成100个二维向量，作为$2\times300$维矩阵$\boldsymbol{X}$的各列。

b．对矩阵$\boldsymbol{X}$运行k均值算法，条件如下：$m = 2, 3, 4$个代表，对每个m值，为每个代表使用10个不同的（随机选择的）初始条件。

c．评价这些结果。

提示：用rand_vec函数初始化这些代表。

14.5 在上个实验的数据集中，对$m = 3$个代表应用k均值算法，将这些代表初始化为向量$[-100, -100]^T, [4.5, 6.5]^T, [3.5, 5.5]^T$。评价这些结果。

14.6 **a**．由均值为$[0, 0]^T$、协方差矩阵为$1.5\times\boldsymbol{I}$的正态分布生成400个二维向量，从均值为$[7, 0]^T$、协方差矩阵为$\boldsymbol{I}$的正态分布和成另外15个二维向量。将这些向量作为列，生成一个2×415维矩阵$\boldsymbol{X}$。

b．对$m = 2$个代表，对矩阵$\boldsymbol{X}$运行k均值算法，为每个代表采用10个随机选择的初始条件。

c．分析这些结果。

提示：使用 rand_vec 函数初始化这些代表。

14.7 **a**．由均值分别为 $m_1 = [0, 0]^T$, $m_2 = [6, 6]^T$、协方差矩阵分别为 $\boldsymbol{S}_1 = \boldsymbol{S}_2 = 0.5\times\boldsymbol{I}$ 的正态分布各生成 20 个二维向量，形成一个 2× 40 维矩阵。

b．对于 $m = 2$ 个代表和随机初始化，对上面的数据集运行模糊 c 均值（FCM）算法。评价两个聚类中所有数据向量的隶属度。

提示：只须输入

```
[w,U,obj_fun]=fcm(X,m)
```

这个函数返回：(a) w 中各行的聚类代表；(b) 矩阵 U 中每个向量属于某个聚类的隶属度；(c) 迭代期间目标函数的值。

14.8 设 $\boldsymbol{S}_1 = \boldsymbol{S}_2 = 6\boldsymbol{I}$，重复上个实验。

14.9 $m = 3$ 个代表时，对上机实验 14.7 和 14.8 产生的数据集运行 FCM 算法，对结果进行评价。

14.10 对于 $m = 2$ 个随机初始化的代表，对上机实验 14.7 和 14.8 产生的数据集运行 k 均值算法，并将这些代表的最终值与由 FCM 算法在这些数据集上产生的最终结果进行比较。

参考文献

[Ande 73] Anderberg M.R. *Cluster analysis for applications*, Academic Press, 1973.

[Ande 85] Anderson I., Bezdek J.C. "An application of the c-varieties clustering algorithms to polygonal curve fitting," *IEEE Transactions on Systems Man and Cybernetics*, Vol. 15, pp. 637-639, 1985.

[Ball 67] Ball G.H., Hall D.J. "A clustering technique for summarizing multivariate data," *Beh- avioral Science*, Vol. 12, pp. 153-155, March 1967.

[Barn 96] Barni M., Cappellini V., Mecocci A. "Comments on 'A possibilistic approach to clus- tering'," *IEEE Transactions on Fuzzy Systems*, Vol. 4(3), pp. 393-396, August 1996.

[Berk 02] Berkhin P. "Survey of clustering data mining techniques," *Technical Report*, Accrue Software Inc., 2002.

[Bezd 80] Bezdek J.C. "A convergence theorem for the fuzzy Isodata clustering algorithms," *IEEE Transactions on Pattern Analysis and Machine Intelligence*, Vol. 2(1), pp. 1-8, 1980.

[Bezd 81] Bezdek J.C., *Pattern Recognition with Fuzzy Objective Function Algorithms*, Plenum, 1981.

[Bezd 92] Bezdek J.C., Hathaway R.J. "Numerical convergence and interpretation of the fuzzy c-shells clustering algorithm," *IEEE Transactions on Neural Networks*, Vol. 3(5), pp. 787-793, September 1992.

[Bezd 95] Bezdek J.C., Hathaway R.J., Pal N.R., "Norm-induced shell prototypes (NISP) clus- tering," *Neural, Parallel and Scientific Computations*, Vol. 3, pp. 431-450, 1995.

[Bobr 91] Bobrowski L., Bejdek J.C. "c-Means clustering with l_1 and l_∞ norms," *IEEE Transactions on Systems Man and Cybernetics*, Vol. 21(3), pp. 545-554, May/June 1991.

[Brad 98] Bradley P., Fayyad U. "Refining initial points for *K*-means clustering," *Proceedings of the 15th International Conference on Machine Learning*, pp. 91-99, 1998.

[Cann 86] Cannon R.L., Dave J.V., Bezdek J.C. "Efficient implementation of the fuzzy c-means clustering algorithms," *IEEE Transactions on PAMI*, Vol. 8(2), pp. 248-255, March 1986.

[Chen 89] Chen D.S. "A data-driven intermediate level feature extraction algorithm," *IEEE Transactions on PAMI*, Vol. 11(7), pp. 749-758, July 1989.

[Chia 03] Chiang J.H., Hao P.Y., "A new kernel-based fuzzy clustering approach: support vector clustering with cell growing," *IEEE Transactions of Fuzzy Systems*, Vol. 11(4), pp. 518-527, 2003.

[Dave 92a] Dave R.N., Bhaswan K. "Adaptive fuzzy c-shells clustering and detection of ellipses," *IEEE Transactions on Neural Networks*, Vol. 3(5), pp. 643-662, 1992.

[Dave 92b] Dave R.N. "Generalized fuzzy c-shells clustering and detection of circular and elliptical boundaries," *Pattern Recognition*, Vol. 25(7), pp. 713-721, 1992.

[Duda 01] Duda R.O., Hart P.E., Stork D. *Pattern Classification*, John Wiley & Sons, 2001.

[Figu 02] Figueiredo M., Jain A.K. "Unsupervised learning of finite mixture models," *IEEE Transactions on Pattern Analysis and Machine Intelligence*, Vol. 24(3), pp. 381-396, 2002.

[Forg 65] Forgy E. "Cluster analysis of multivariate data: Efficiency vs. interpretability of classifications," *Biometrics*, Vol. 21, pp. 768-780, 1965.

[Frig 96] Frigui H., Krishnapuram R. "A comparison of fuzzy shell clustering methods for the detection of ellipses," *IEEE Transactions on Fuzzy Systems*, Vol. 4(2), pp. 193-199, May 1996.

[Gao 00] Gao X., Li J., Xie W., "Parameter optimization in FCM clustering algorithms," *Proc. of the Int. Conf. on Signal Processing (ICSP) 2000*, pp. 1457-1461, 2000.

[Gers 79] Gersho A. "Asymptotically optimal block quantization," *IEEE Transactions on Information Theory*, Vol. 25(4), pp. 373-380, 1979.

[Gers 92] Gersho A., Gray R.M. *Vector Quantization and Signal Compression*, Kluwer Publishers, 1992.

[Giro 02] Girolami M. "Mercer kernel based clustering in feature space," *IEEE Transactions on Neural Networks*, Vol. 13(3), pp. 780-784, 2002.

[Gnan 77] Gnanadesikan R. *Methods for Statistical Data Analysis of Multivariate Observations*, John Wiley & Sons, 1977.

[Grav 07] Graves D., Pedrycz W., "Fuzzy c-means, Gustafson-Kessel FCM, and kernel-based FCM. A comparative study," in *Analysis and Design on Intelligent Systems using Soft Computing Techniques*, eds. Mellin P. *et al.*, Springer, pp. 140-149, 2007.

[Gray 84] Gray R.M. "Vector quantization," *IEEE ASSP Magazine*, Vol. 1, pp. 4-29, 1984.

[Grol 05] Groll L., Jakel J., "An new convergence proof of fuzzy c-means", *IEEE Transactions on Fuzzy Systems*, Vol. 13(5), pp. 717-720, 2005.

[Gupa 99] Gupata S., Rao K., Bhatnagar V. "*K*-means clustering algorithm for categorical attributes," *Proceedings of the 1st International Conference on Data Warehousing and Knowledge Discovery*, pp. 203-208, Florence, Italy, 1999.

[Hans 01] Hansen P., Mladenovic. "*J*-means: A new local search heuristic for minimum sum of squares clustering." *Pattern Recognition*, Vol. 34, pp. 405-413, 2001.

[Hath 86] Hathaway R.J., Bezdek J.C. "Local convergence of the fuzzy c-means algorithms," *Pattern Recognition* Vol. 19(6), pp. 477-480, 1986.

[Hath 89] Hathaway R.J., Davenport J.W., Bezdek J.C. "Relational duals of the c-means clustering algorithms," *Pattern Recognition*, Vol. 22(2), pp. 205-212, 1989.

[Hath 93] Hathaway R.J., Bezdek J.C. "Switching regression models and fuzzy clustering," *IEEE Transactions on Fuzzy Systems*, Vol. 1(3), pp. 195-204, August 1993.

[Hath 95] Hathaway R.J., Bezdek J.C. "Optimization of clustering criteria by reformulation," *IEEE Transactions on Fuzzy Systems*, Vol. 3(2), pp. 241-245, 1995.

[Hopp 99] Hoppner F., Klawonn F., Kruse R., Runkler T. *Fuzzy Cluster Analysis*, John Wiley & Sons, 1999.

[Horn 86] Horn B.K.P. *Robot Vision*, MIT Press, 1986.

[Huan 98] Huang Z. "Extensions to the *K*-means algorithm for clustering large data sets with categorical values," *Data Mining Knowledge Discovery*, Vol. 2, pp. 283-304, 1998.

[Indy 99] Indyk P. "A sublinear time approximation scheme for clustering in metric spaces," *Foundations of Computer Science (FOCS)*, pp. 154-159, 1999.

[Isma 86] Ismail M.A., Selim S.Z. "Fuzzy c-means: Optimality of solutions and effective termination of the algorithm," *Pattern Recognition*, Vol. 19(6), pp. 481-485, 1986.

[Kanu 00] Kanungo T., Mount D.M., Netanyahu N., Piatko C., Silverman R., Wu A. "An efficient *k*-means clustering algorithm: Analysis and implementation," *IEEE Transactions on Pattern Analysis and Machine Intelligence*, Vol. 24(7), pp. 881-892, 2000.

[Kanu 04] Kanungo T., Mount D.M., Netanyahu N., Piatko C., Silverman R., Wu A. "A local search approximation algorithm for *k*-means clustering," *Computational Geometry*, Vol. 28(2-3), pp. 89-112, 2004.

[Kara 96] Karayiannis N.B., Pai P.-I. "Fuzzy algorithms for learning vector quantization," *IEEE Transactions on Neural Networks*, Vol. 7(5), pp. 1196-1211, September 1996.

[Kare 94] Karen D., Cooper D., Subrahmonia J. "Describing complicated objects by implicit polynomials," *IEEE Transactions on Pattern Analysis and Machine Intelligence*, Vol. 16(1), pp. 38-53, 1994.

[Kauf 90] Kaufman L., Rousseeuw P. *Finding groups in data: An introduction to cluster analysis*. John Wiley & Sons, 1990.

[Kim 88] Kim T., Bezdek J.C., Hathaway R.J. "Optimality tests for fixed points of the fuzzy c-means algorithm," *Pattern Recognition*, Vol. 21(6), pp. 651-663, 1988.

[Kris 92a] Krishnapuram R., Freg C.-P. "Fitting an unknown number of lines and planes to image data through compatible cluster merging," *Pattern Recognition*, Vol. 25(4), pp. 385-400, 1992.

[Kris 92b] Krishnapuram R., Nasraoui O., Frigui H. "The fuzzy c spherical shells algorithm: A new approach," *IEEE Transactions on Neural Networks*, Vol. 3(5), pp. 663-671, 1992.

[Kris 93] Krishnapuram R., Keller J.M. "A possibilistic approach to clustering," *IEEE Transactions on Fuzzy Systems*, Vol. 1(2), pp. 98-110, May 1993.

[Kris 95a] Krishnapuram R., Frigui H., Nasraoui O. "Fuzzy and possibilistic shell clustering algorithms and their application to boundary detection and surface approximation—Part I," *IEEE Transactions on Fuzzy Systems*, Vol. 3(1), pp. 29-43, February 1995.

[Kris 95b] Krishnapuram R., Frigui H., Nasraoui O. "Fuzzy and possibilistic shell clustering algorithms and their application to boundary detection and surface approximation—Part II," *IEEE Transactions on Fuzzy Systems*, Vol. 3(1), pp. 44-60, February 1995.

[Kris 96] Krishnapuram R., Keller J.M. "The possibilistic c-means algorithm: Insights and recommendations," *IEEE Transactions on Fuzzy Systems*, Vol. 4(3), pp. 385-393, August 1996.

[Kris 99] Krishna K., Muthy M. "Genetic *k*-means algorithm," *IEEE Transactions on Systems, Man and Cybernetics*, Vol. 29(3), pp. 433-439, 1999.

[Kris 99a] Krishnapuram R., Kim J., "A note on the Gustafson-Kessel and adaptive fuzzy clustering algorithms," *IEEE Transactions on Fuzzy Systems*, Vol. 7(4), pp. 453-461, 1999.

[Kuma 04] Kumar A., Sabharwal Y., Sen S. "A simple linear time (1+)-approximation algorithm for *k*-means clustering in any dimension," *Foundations of Computer Science (FOCS)*, pp. 454-462, 2004.

[Lika 03] Likas A., Vlassis N., Verbeek J. "The global *K*-means clustering algorithm," *Pattern Recognition*, Vol. 36(2), pp. 451-461, 2003.

[Lin 96] Lin J.S., Cheng K.S., Mao C.W., "Segmentation of multispectral magnetic resonance image using penalized fuzzy competitive learning network," *Computers and Biomedical Research*, Vol. 29, pp. 314-326, 1996.

[Lind 80] Linde Y., Buzo A., Gray R.M. "An algorithm for vector quantizer design," *IEEE Transactions on Communications*, Vol. 28, pp. 84-95, 1980.

[Lloy 82] Lloyd S.P. "Least squares quantization in PCM," *IEEE Transactions on Information Theory*, Vol. 28(2), pp. 129-137 March 1982.

[Luen 84] Luenberger D.G. *Linear and Nonlinear Programming*, Addison Wesley, 1984.

[Lutt 89] Luttrell S.P. "Hierarchical vector quantization," *IEE Proceedings (London)*, Vol. 136 (Part I), pp. 405-413, 1989.

[MacQ 67] MacQueen J.B. "Some methods for classification and analysis of multivariate observations," *Proceedings of the Symposium on Mathematical Statistics and Probability, 5th Berkeley*, Vol. 1, pp. 281-297, AD 669871, University of California Press, 1967.

[Man 94] Man Y., Gath I. "Detection and separation of ring-shaped clusters using fuzzy clustering," *IEEE Transactions on PAMI*, Vol. 16(8), pp. 855-861, August 1994.

[Mena 00] Menard M., Demko C., Loonis P. "The fuzzy c+2 means: solving the ambiguity rejection in clustering," *Pattern Recognition*, Vol. 33, pp. 1219-1237, 2000.

[Ng 94] Ng R., Han J. "Efficient and effective clustering methods for spatial data mining." *Proceedings of the 20th Conference on VLDB*, pp. 144-155, Santiago, Chile, 1994.

[Ng 94a] Ng R., Han J. "Efficient and effective clustering methods for spatial data mining." *Technical Report 94-13*, University of British Columbia.

[Ng 00] Ng M. K. "A note on constrained k-means algorithms," *Pattern Recognition*, Vol. 33, pp. 515-519, 2000.

[Ozde 01] Özdemir D., Akarun L., "Fuzzy algorithms for combined quantization and dithering," *IEEE Transactions on Image Processing*, Vol. 10(6), pp. 923-931, 2001.

[Ozde 02] Özdemir D., Akarun L., "A fuzzy algorithm for color quantization and images," *Pattern Recognition*, Vol. 35, pp. 1785-1791, 2002.

[Pata 01] Patane G., Russo M. "The enhanced-LBG algorithm," *Neural Networks*, Vol. 14(9), pp. 1219-1237, 2001.

[Pata 02] Patane G., Russo M. "Fully automatic clustering system," *IEEE Transactions on Neural Networks*, Vol. 13(6), pp. 1285-1298, 2002.

[Pato 70] Paton K. "Conic sections in chromosome analysis," *Pattern Recognition*, Vol. 2(1), pp. 39-51, January 1970.

[Pedr 96] Pedrycz W., "Conditional fuzzy c-means," *Pattern Recognition Letters*, Vol. 17, pp. 625-632, 1996.

[Pena 99] Pena J., Lozano J., Larranaga P. "An empirical comparison of four initialization methods for the *k*-means algorithm," *Pattern Recognition Letters*, Vol. 20, pp. 1027-1040, 1999.

[Runk 99] Runkler T.A., Bezdek J.C. "Alternating cluster estimation: A new tool for clustering and function approximation," *IEEE Trans. on Fuzzy Systems*, Vol. 7, No. 4, pp. 377-393, August 1999.

[Sabi 87] Sabin M.J. "Convergence and consistency of fuzzy c-means/Isodata algorithms," *IEEE Transactions on PAMI*, Vol. 9(5), pp. 661-668, September 1987.

[Scho 98] Schölkopf B., Smola A.J., Müller "Nonlinear component analysis as a kernel eigenvalue problem," *Neural Computation*, Vol. 10(5), pp. 1299-1319, 1998.

[Seli 84a] Selim S.Z., Ismail M.A. "K-means type algorithms: A generalized convergence theorem and characterization of local optimality, "*IEEE Transactions on PAMI*, Vol. 6(1), pp. 81-87, 1984.

[Seli 84b] Selim S.Z., Ismail M.A. "Soft clustering of multidimensional data: A semifuzzy approach," *Pattern Recognition*, Vol. 17(5), pp. 559-568, 1984.

[Seli 86] Selim, S.Z., Ismail, M.A. "On the local optimality of the fuzzy Isodata clustering algorithm," *IEEE Transactions on PAMI*, Vol. 8(2), pp. 284-288, March 1986.

[Shen 06] Shen H., Yang J., Wang S., Liu X., "Attribute weighted Mercer kernel-based fuzzy clustering algorithm for general non-spherical data sets," *Soft Computing*, Vol. 10(11), pp. 1061-1073, 2006.

[Siya 05] Siyal M.Y., Yu L., "An intelligent modified fuzzy c-means based algorithm for bias estimation and segmentation of brain MRI," *Pattern Recognition Letters*, Vol. 26(13), pp. 2052-2062, 2005.

[Spra 66] Spragins J. "Learning without a teacher," *IEEE Transactions on Information Theory*, Vol. IT-12, pp. 223-230, April 1966.

[Su 01] Su M., Chou C. "A modified version of the *K*-means algorithm with a distance based on cluster symmetry," *IEEE Transactions on Pattern Analysis and Machine Intelligence*, Vol. 23(6), pp. 674-680, 2001.

[Wags 01] Wagstaff K., Rogers S., Schroedl S. "Constrained *k*-means clustering with background knowledge," *Proceedings of the 8th International Conference on Machine Learning*, pp. 577-584, 2001.

[Wei 94] Wei W., Mendel J.M. "Optimality tests for the fuzzy c-means algorithm," *Pattern Recognition*, Vol. 27(11), pp. 1567-1573, 1994.

[Yama 80] Yamada Y., Tazaki S., Gray R.M. "Asymptotic performance of block quantizers with difference distortion measures," *IEEE Transactions on Information Theory*, Vol. 26(1), pp. 6-14, 1980.

[Yang 93] Yang M.S., "On a class of fuzzy classification maximum likelihood procedures," *Fuzzy Sets and Systems*, Vol. 57, pp. 365-375, 1993.

[Yu 03] Yu J., Yang M., "A study on a generalized FCM," in *Rough Sets, Fuzzy Sets, Data Mining, and Granular Computing*, eds. Wang G. *et al*, pp. 390-393, Springer, 2003.

[Zade 78] Zadeh L.A. "Fuzzy sets as a basis for a theory of possibility," *Fuzzy Sets and Systems*, Vol. 1, pp. 3-28, 1978.

[Zeyu 01] Zeyu L., Shiwei T., Jing X., Jun J., "Modified FCM clustering based on kernel mapping," *Proc. of Int. Society of Optical Engineering*, Vol. 4554 pp. 241-245, 2001.

[Zhan 03] Zhang D.Q., Chen S.C., "Clustering incomplete data using kernel-based fuzzy c-means algorithm," *Neural Processing Letters*, Vol. 18(3), pp. 155-162, 2003.

[Zhou 04] Zhou S., Gan J., "Mercer kernel fuzzy c-means algorithm and prototypes of clusters," *Proc. Cong. on Int. Data Engineering and Automated Learning*, pp. 613-618, 2004.

[Zhua 96] Zhuang X., Huang Y., Palaniappan K., Zhao Y. "Gaussian mixture density modelling, decomposition and applications," *IEEE Transactions on Image Processing*, Vol. 5, pp. 1293-1302, September 1996.

第 15 章　集聚算法 IV

15.1　引言

前两章介绍的集聚算法源于两种截然不同的原理。本章中介绍的算法原理上也不同于前两章介绍的算法。本章中讨论的第一类算法是基于图论的集聚算法，如最小生成树和有向树。第二类算法是竞争学习算法。第三类算法是分支定界算法。这些算法在预先确定的最优准则下，提供全局最优的聚类，但会以增大计算开销为代价。第四类算法是基于形态变换的算法，它受到了信号和图像处理方法的启发。本章中介绍的第五类算法不基于聚类代表，而基于搜索聚类之间的边界。第六类算法将聚类视为由一些稀疏数据区分隔的特征空间的稠密数据区；换句话说，聚类被视为由波谷分开的概率密度函数的波峰。第七类算法是基于函数优化的算法，如模拟退火和确定性退火。不同于第 14 章中讨论的算法，本章中使用的优化算法不涉及微积分的概念。另外，这类算法还包括适用于集聚任务的遗传算法。第八类算法是合并聚类来生成一个最终的聚类的算法。

15.2　基于图论的集聚算法

这类算法具有检测各种形状的聚类的能力，至少可以很好地分隔它们。识别各种形状的聚类是其与其他几种集聚算法共有的特点。

15.2.1　最小生成树算法

第一个算法是基于最小生成树（Minimum Spanning Tree, MST）的算法（见第 13 章），它源于人类的感知方式[Zahn 71]。准确地说，人类是用一种经济的编码来组织信息的[Hoch 64]。例如，组织图 15.1 中的点时，我们最有可能采用的方法是将其分为 4 组（聚类）。

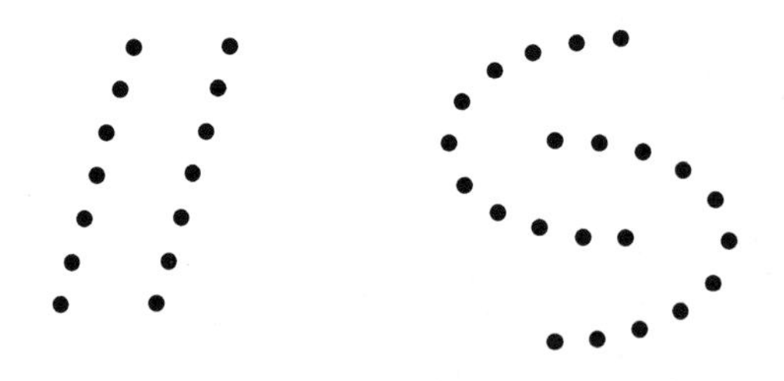

图 15.1　一种聚类的结果

考虑完全图 G，图中的每个节点都对应于集合 X 中的一个点。连接节点 $\boldsymbol{x}_i$ 和 $\boldsymbol{x}_j$ 的边 $e=(\boldsymbol{x}_i,\boldsymbol{x}_j)$ 的权重 w_e 是特征空间中两点之间的距离 $d(\boldsymbol{x}_i,\boldsymbol{x}_j)$。我们还认为，如果连接 e_1 的一个顶点和 e_2 的一个顶点的最小路径的长度为 $k-1$，即该路径包含 $k-1$ 条边，那么 e_1 和 e_2 之间的距离是 k。

这种算法的思路如下：首先求出图 G 的最小生成树，然后删除那些与其相邻边相比“异常”大的边，这些边被称为不一致边，一般认为这类边连接不同聚类的点。下面讨论求不一致边的方法。对每条边 e，考虑距离这条边最多 k 步的所有边 e_i，计算它们之间权重的均值 m_e 及标准差 σ_e。

如果 e 和 m_e 之间的距离大于 q（q 一般为 2）倍标准差(σ_e)，那么认为 e 是不一致边。根据这种方法，可以看出不一致边的特点是具有主观性，并且依赖于预先选择的 k 值和 q 值。

例 15.1　考虑图 15.2，设 $k=2$，$q=3$。离 e_0 至多 2 步的边是 $e_i, i=1,\cdots,10$，对应于 e_0 的均值 m_{e_0} 和标准差 σ_{e_0} 分别是 2.3 和 0.95。因此，w_{e_0} 距离 m_{e_0} 是 15.5 倍标准差(σ_{e_0})，e_0 是不一致边。

再考虑边 c_{11}。类似地，求出的 $m_{e_{11}}$ 和 $\sigma_{e_{11}}$ 分别是 2.5 和 2.12。因此，$w_{e_{11}}$ 和 $m_{e_{11}}$ 的距离为 0.24 倍标准差($\sigma_{e_{11}}$)，e_{11} 不是不一致边。

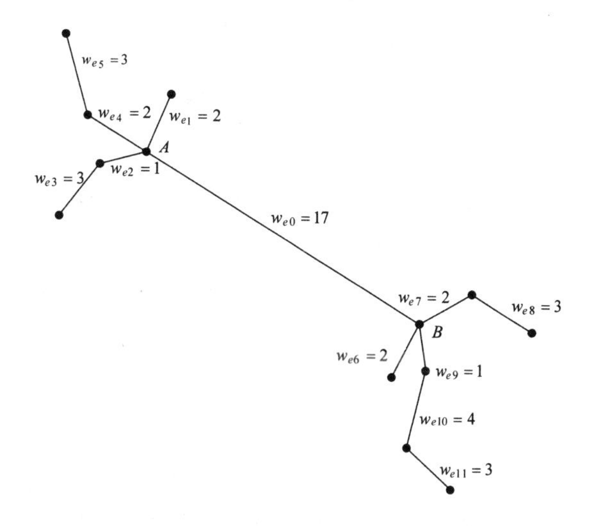

图 15.2　图的最小生成树。e_0 是不一致边，e_{11} 是一致边

完成上述定义后，我们可将 MST 集聚算法陈述如下。

MST 集聚算法

- 构建符合下列条件的完全图 G：
  - 它的顶点对应于 X 中的向量
  - $w_{(\boldsymbol{x}_i,\boldsymbol{x}_j)}=d(\boldsymbol{x}_i,\boldsymbol{x}_j), i,j=1,\cdots,N, i\neq j$
- 求出完全图 G 的最小生成树
- 确定 MST 的不一致边
- 聚类是在删除不一致边后，MST 的连通分量

在聚类被很好地分隔的情况下，这个算法的性能很好，但也不是万能的。下面考虑图 15.3 中的例子。边 AB 有一条很大的相邻边（BC），它增大了 m_{AB} 和 σ_{AB} 的值。因此，边 AB 不具有不一致边的性质，区域 R_1 和区域 R_2 中的向量被认为属于同一个聚类[Jarv 78]。

文献[Zahn 71]中对如下情况使用 MST 算法提出了一些建议：存在接触聚类［见图 15.4(a)］和不同密度的聚类［见图 15.4(b)］。这意味着需要了解聚类的形状。

注释

- 该算法不依赖于所考虑数据的顺序，且像第 14 章中讨论的算法那样，不需要初始条件。

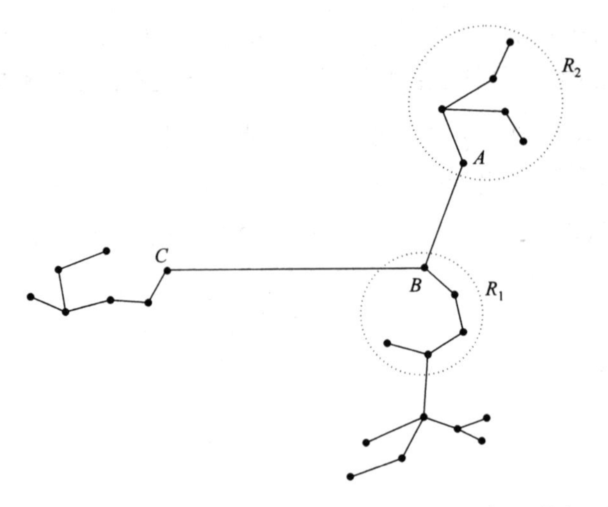

图 15.3　最小生成树算法将区域 R_1 和区域 R_2 中向量分配到同一聚类中

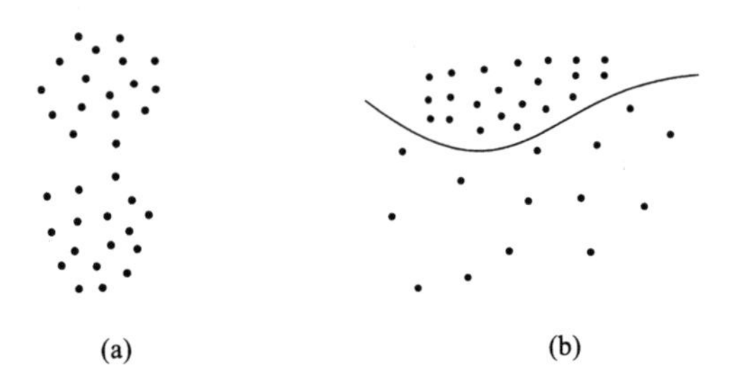

图 15.4　(a) 接触聚类；(b) 不同密度的聚类

15.2.2　基于影响区域的算法

最小生成树的扩展涉及 X 中每对向量的影响区域。这种想法已被很多研究人员采用（见文献[Tous 80, Gabr 69, Urqu 82]），目的是克服与 MST 算法相关的问题。

考虑 X 中的两个不同向量 $\boldsymbol{x}_i, \boldsymbol{x}_j \in X$，它们的影响区域定义为

$$R(\boldsymbol{x}_i, \boldsymbol{x}_j) = \{\boldsymbol{x}: \text{cond}(d(\boldsymbol{x}, \boldsymbol{x}_i), d(\boldsymbol{x}, \boldsymbol{x}_j), d(\boldsymbol{x}_i, \boldsymbol{x}_j)), \boldsymbol{x}_i \neq \boldsymbol{x}_j\} \tag{15.1}$$

式中，$\text{cond}(d(\boldsymbol{x}, \boldsymbol{x}_i), d(\boldsymbol{x}, \boldsymbol{x}_j), d(\boldsymbol{x}_i, \boldsymbol{x}_j))$ 是距离 $d(\boldsymbol{x}, \boldsymbol{x}_i), d(\boldsymbol{x}, \boldsymbol{x}_j)$ 和 $d(\boldsymbol{x}_i, \boldsymbol{x}_j)$ 之间需要满足的条件。选择不同的 cond 会产生了不同形状的影响区域，文献[Tous 80]和[Gabr 69]中提出了 cond 的几种典型选择，它们是

$$\max\{d(\boldsymbol{x}, \boldsymbol{x}_i), d(\boldsymbol{x}, \boldsymbol{x}_j)\} < d(\boldsymbol{x}_i, \boldsymbol{x}_j) \tag{15.2}$$

和

$$d^2(\boldsymbol{x}, \boldsymbol{x}_i) + d^2(\boldsymbol{x}, \boldsymbol{x}_j) < d^2(\boldsymbol{x}_i, \boldsymbol{x}_j) \tag{15.3}$$

另外，文献[Urqu 82]中提出了另外两个选择：

$$\begin{aligned}&(d^2(\boldsymbol{x}, \boldsymbol{x}_i) + d^2(\boldsymbol{x}, \boldsymbol{x}_j) < d^2(\boldsymbol{x}_i, \boldsymbol{x}_j))\,\text{OR}\\&(\sigma \min\{d(\boldsymbol{x}, \boldsymbol{x}_i), d(\boldsymbol{x}, \boldsymbol{x}_j)\} < d(\boldsymbol{x}_i, \boldsymbol{x}_j))\end{aligned} \tag{15.4}$$

和

$$(\max\{d(\boldsymbol{x},\boldsymbol{x}_i),d(\boldsymbol{x},\boldsymbol{x}_j)\}<d(\boldsymbol{x}_i,\boldsymbol{x}_j))\text{OR}$$
$$(\sigma\min\{d(\boldsymbol{x},\boldsymbol{x}_i),d(\boldsymbol{x},\boldsymbol{x}_j)\}<d(\boldsymbol{x}_i,\boldsymbol{x}_j)) \tag{15.5}$$

式中，σ称为相对边一致性因子，它影响由 $\boldsymbol{x}_i$, $\boldsymbol{x}_j$ 定义的影响区域的大小。这些区域的形状如图 15.5 所示。当然，也可选择其他的 cond。下面介绍基于影响区域思想的算法。

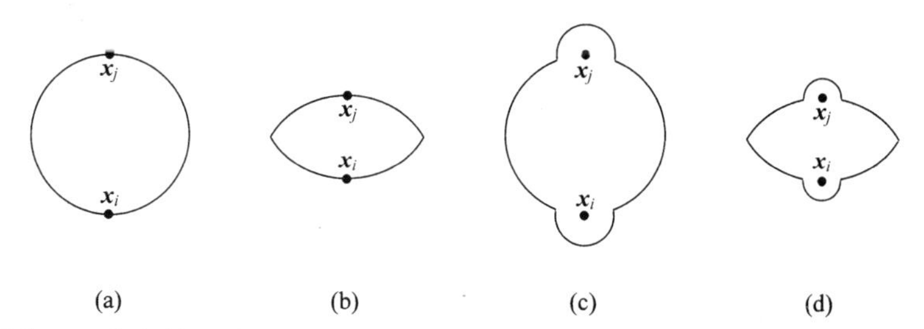

图 15.5　不同 cond 定义的区域形状：(a) 条件(15.2)；(b) 条件(15.3)；(c) 条件(15.4)；(d) 条件(15.5)

基于影响区域的算法

- For $i = 1$ to N
  - For $j = i + 1$ to N
    - 确定影响区域 $R(\boldsymbol{x}_i,\boldsymbol{x}_j)$
    - If $R(\boldsymbol{x}_i,\boldsymbol{x}_j)\cap(X-\{\boldsymbol{x}_i,\boldsymbol{x}_j\})=\emptyset$ then
      — 加入连接 $\boldsymbol{x}_i$ 和 $\boldsymbol{x}_j$ 的边
    - End{If}
  - End{For}
- End {For}
- 在得到的图中确定连接分量，并将它们识别为聚类

换句话说，若 X 中的其他向量不在 $R(\boldsymbol{x}_i, \boldsymbol{x}_j)$中，则在 $\boldsymbol{x}_i$ 和 $\boldsymbol{x}_j$ 之间加一条边。因为当 $\boldsymbol{x}_i$ 和 $\boldsymbol{x}_j$ 非常接近时，不希望 X 的其他点出现在 $R(\boldsymbol{x}_i, \boldsymbol{x}_j)$中。对于距离较远的点，情况正好相反。

该算法与每对向量被考虑的顺序无关。此外，对 cond 的后两种选择，必须预先选定σ。使用式(15.2)和式(15.3)时，这些算法产生的图形分别称为相对邻域图（RNG）和 Gabriel 图（GG）。

这些技术可以避免图 15.3 所示的情况。此外，文献[Urqu 82]中给出的一些结果表明，cond 的后两种选择比前两种选择的性能更好，文献[Urqu 82]中还证明影响区域的思想可用于实现层次算法。最后，文献[Ozbo 95]中使用了根据经验确定的影响区域，且表现出了良好的性能。

15.2.3　基于有向树的算法

文献[Koon 76]中提出了另一种基于有向树的集聚算法。在深入讨论之前，我们先定义一些概念。回顾可知，有向图就是边带有方向的图［见图 15.6(a)］。若 A 是 e_{i_1} 的起始顶点，B 是 e_{i_q} 的终止顶点，且边 $e_{i_j}, j=1,\cdots,q-1$ 的目标顶点是边 $e_{i_{j+1}}$ 的起始顶点，则边集合 $e_{i_1},\cdots,e_{i_q}$ 构成从顶点 A 到顶点 B 的有向路径。例如，在图 15.6(a)中，序列 e_1, e_2, e_3 构成了连接顶点 A 和顶点 B 的一条有向路径。有向树是具有特殊顶点的有向图，特殊顶点称为根，它满足如下条件：(a) 树的每个顶点 $B\neq A$ 是一条边的起始顶点；(b) 没有从 A 顶点出发的边；(c) 图中不存在环，即没有从某个顶点到其自身的有向路径［见图 15.6(b)］。

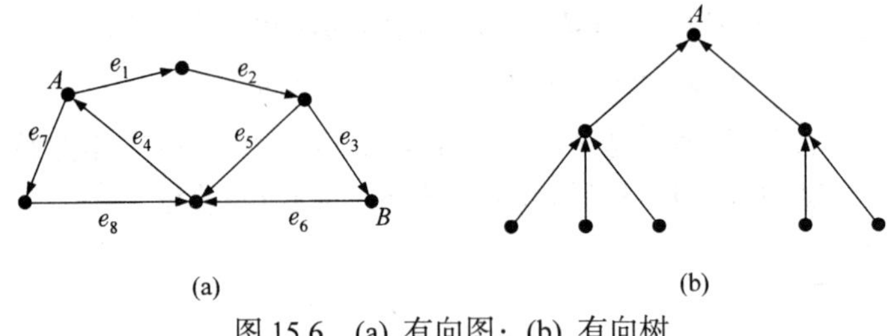

图 15.6 (a) 有向图；(b) 有向树

算法的基本思想是在有向图中识别对应于 X 中的各个点的有向树，每棵有向树对应于一个聚类。要顺序处理 X 中的所有向量。对于每个点 $\boldsymbol{x}_i$，它的邻域定义为

$$\rho_i(\theta) = \{\boldsymbol{x}_j \in X: d(\boldsymbol{x}_i, \boldsymbol{x}_j) \leqslant \theta, \boldsymbol{x}_j \neq \boldsymbol{x}_i\} \tag{15.6}$$

式中，θ 确定邻域的大小，$d(\boldsymbol{x}_i,\boldsymbol{x}_j)$是 X 中对应向量之间的距离。设 $n_i = |\rho_i(\theta)|$ 是 X 中位于邻域 $\rho_i(\theta)$ 内的点数。最后，设 $g_{ij} = (n_j - n_i)/d(\boldsymbol{x}_i, \boldsymbol{x}_j)$，它用来确定点 $\boldsymbol{x}_i$ 在有向树中的位置。有了上述定义后，集聚算法就可以描述如下。

基于有向树的集聚算法
将参数 θ 设为某个特定的值
求出 n_i, $i = 1,\cdots, N$
计算 g_{ij}, $i, j = 1,\cdots, N$, $i \neq j$
For $i = 1$ to N
- if $n_i = 0$ then
  - $\boldsymbol{x}_i$ 是新有向树的根
- else
  - 求出满足 $g_{ir} = \max_{xj \in \rho i(\theta)} g_{ij}$ 的 $\boldsymbol{x}_r$
  - If $g_{ir} < 0$ then
    - $\boldsymbol{x}_i$ 是新有向树的根
  - Else if $g_{ir} > 0$ then
    - $\boldsymbol{x}_r$ 是 $\boldsymbol{x}_i$ 的父节点[①]
  - Else if $g_{ir} = 0$ then
    - 定义 $T_i = \{\boldsymbol{x}_j : \boldsymbol{x}_j \in \rho_i(\theta), g_{ij} = 0\}$
    - 删除 $\boldsymbol{x}_j \in T_i$，此时存在从 $\boldsymbol{x}_j$ 到 $\boldsymbol{x}_i$ 的有向路径
    - If 得到的 T_i 为空 then
      — $\boldsymbol{x}_i$ 是一棵新有向树的根节点
    - Else
      — $\boldsymbol{x}_i$ 的父节点是 $\boldsymbol{x}_q$，满足 $d(\boldsymbol{x}_i, \boldsymbol{x}_q) = \min_{xS \in T_i} d(\boldsymbol{x}_i, \boldsymbol{x}_s)$
    - End{if}
  - End{if}
- End {if}

End{for}

① 当且仅当存在一条由 $\boldsymbol{x}_i$ 到 $\boldsymbol{x}_r$ 的有向路径时，$\boldsymbol{x}_r$ 是 $\boldsymbol{x}_i$ 的父节点。

通过这些识别聚类的步骤，形成了有向树。

根据前面的算法可知，有向树的根节点 $\boldsymbol{x}_i$ 的 n_i 值是 $\rho_i(\theta)$ 内的所有点中最大的一个。也就是说，在 $\rho_i(\theta)$ 中，点 $\boldsymbol{x}_i$ 是具有最大密度邻域的点。需要指出的是，处理 $g_{ir}=0$ 的分支保证图中不会出现环。另外，这个算法对处理向量的顺序是敏感的。最后，可以看出，对于合适的 θ 值和很大的 N 值，该算法的性能与模式搜索算法的性能相同[Koon 76]。

例 15.2　考虑图 15.7。网格的边长是 1，每个小矩形的对角线长度为 $\sqrt{2}$，$X=\{\boldsymbol{x}_i, i=1,\cdots,11\}$。显然，$X$ 中的向量形成了两个分隔良好的聚类。设 $\theta=1.1$，对 X 应用前面讨论的算法，得到图 15.7 所示的两棵有向树。然而，若在处理 $\boldsymbol{x}_4$ 之前处理 $\boldsymbol{x}_5$，则左边的有向树将有不同的根节点。但在这种情况下，算法的最终结果是相同的。

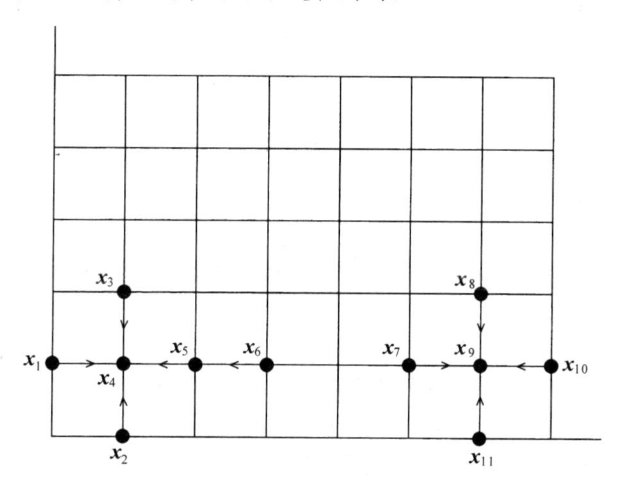

图 15.7　例 15.2 的图

15.2.4　频谱集聚算法

频谱集聚算法是一种基于图的算法，它使用关联矩阵的频谱分解（特征分解）传达的信息来识别图的结构性质。关联矩阵的元素对图中节点（数据点）之间的相似度进行编码。近年来，频谱集聚算法受到了人们的广泛关注，原因是它的性能要高于许多经典算法。早期关于频谱集聚的文献见[Scot 90]和[Hage 92]。

本书介绍将给定数据集 X 二分为 A 和 B 两个聚类的简单任务，其推广将在后面讨论。设 $X=\{\boldsymbol{x}_1,\boldsymbol{x}_2,\cdots,\boldsymbol{x}_N\}\subset\mathcal{R}^l$。在基于图的集聚算法中，采用如下步骤。

- 构建图 $G(V,E)$，图中的每个点对应于 X 中的点 $\boldsymbol{x}_i, i=1,2,\cdots,N$。进一步假设图 G 是无向连通图（见 13.2.5 节）。
- 使用权重 $W(i,j)$ 对图中的每条边 e_{ij} 加权，其中权重 $W(i,j)$ 度量 G 中各个节点 υ_i, υ_j 之间的相似度①。权重集合定义 $N\times N$ 维邻近度（有时称为仿射）矩阵 $\boldsymbol{W}$，它的元素是

$$\boldsymbol{W}\equiv[W(i\,j)],\quad i,j=1,2,\cdots,N$$

假设这个邻近度矩阵是对称的，即 $W(i,j)=W(j,i)$。权重的选择取决于用户，且它是一个依赖于问题的任务。常用的选择是

① 为便于表示，在有些位置我们使用 i 代替 v_i。

$$W(i,j)=\begin{cases}\exp\left(-\frac{\|x_i-x_j\|^2}{2\sigma^2}\right), & \|x_i-x_j\|<\epsilon \\ 0, & \text{其他}\end{cases}$$

式中，ϵ是一个用户自定义的常量，$\|\cdot\|$是欧氏范数。

邻近度矩阵的选择并不简单。正确的选择可以改进得到的结果。例如，在前面的高斯核情形下，确定σ是一个非常关键的问题，它对得到的聚类有重要的影响。这也是前几章中我们考虑核方法时要面对的问题。最简单的方法是采用不同的σ值进行试验，然后选择出最适合预定准则[Ng 01]的σ值。文献[Fisc 05, Weis 99]中给出了构建好的邻近度矩阵的方法，即好的邻近度矩阵必须具有尽可能接近块对角的结构。

由聚类的定义有 $A\cup B=X$ 和 $A\cap B=\emptyset$。形成一个加权图后，任何基于图的聚类方法的第二个阶段就都由如下两步组成。

- 选择一个合适的聚类准则来分割图。
- 采用一种有效的算法来执行分割，如与前述聚类准则一致的算法。

一种常用的聚类准则称为切割[Wu 93]。若 A 和 B 是得到的聚类，则关联的切割定义为

$$\mathrm{cut}(A,B)=\sum_{i\in A,\, j\in B}W(i,j) \tag{15.7}$$

选择 A 和 B 使得 $\mathrm{cut}(A,B)$最小，意味着（连接 A 中的节点和 B 中的节点的）边集的权重之和最小，也就是说，与其他任何二分法相比，A 和 B 中的点都有着最小的相似度。然而，这个简单的准则会形成由孤立点（与剩下的节点不相似）组成的小聚类，如图 15.8 所示。最小切割准则会形成两个由虚线分隔的聚类，但由实线分隔的聚类看起来更自然。

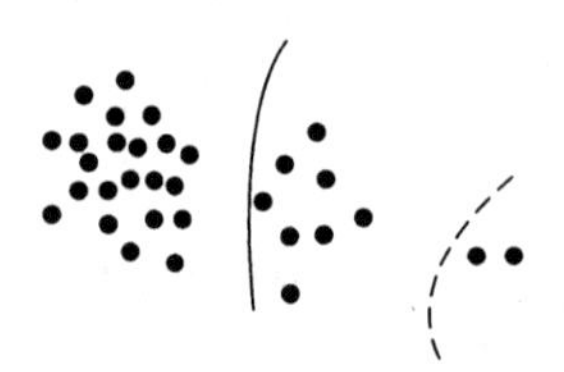

图 15.8　切割准则趋于形成由孤立点组成的小聚类，如由虚线分隔的两个点。实线分隔的聚类看起来更自然

这个准则的原理是最小化切割，同时使得聚类的尺寸较大[shi 00]。为此，对于图 G 中的每个节点$v_i\in V$，定义指标

$$D_{ii}=\sum_{j\in V}W(i,j) \tag{15.8}$$

这是一个用来度量节点 $v_i, i=1,2,\cdots,N$ 的“重要性”的指标。D_{ii}的值越大，第 i 个点与其他节点的相似度越高；低 D_{ii}值对应于一个孤立（偏远）点。给定聚类 A 后，A 中所有点的总重要性的度量指标是

$$V(A)=\sum_{i\in A}D_{ii}=\sum_{i\in A,\, j\in V}W(i,j) \tag{15.9}$$

式中，有时称 $V(A)$为 A 的容量或度。显然，对于孤立的小聚类，$V(A)$较小。聚类 A 与 B 之间的归

一化切割定义为

$$\mathrm{Ncut}(A,B)=\frac{\mathrm{cut}(A,B)}{V(A)}+\frac{\mathrm{cut}(A,B)}{V(B)} \tag{15.10}$$

显然，对于上面的比值，小聚类 A 将得到一个大值（接近 1），因为这时 cut(A,B)占 $V(A)$的很大一部分。

业已证明 Ncut(A, B)最小化是一个 NP 困难任务。为了降低难度，我们需要重新表述这个问题，以便让它有效地逼近解。为此，定义[Belk 03]

$$y_i=\begin{cases}\frac{1}{V(A)}, & i\in A\\ -\frac{1}{V(B)}, & i\in B\end{cases}$$

$$y=[y_1,y_2,\cdots,y_N]^{\mathrm{T}} \tag{15.11}$$

换句话说，每个 y_i 都可视为对应点 $\boldsymbol{x}_i$, $i=1,2,\cdots,N$ 的一个聚类指示器。考虑式(15.11)中的定义，易知（见 6.7 节）

$$\begin{aligned}y^{\mathrm{T}}Ly&=\frac{1}{2}\sum_{i\in V}\sum_{j\in V}(y_i-y_j)^2W(i,j)\\&=\sum_{i\in A}\sum_{j\in B}\left(\frac{1}{V(A)}+\frac{1}{V(B)}\right)^2\mathrm{cut}(A,B)\\&\propto\left(\frac{1}{V(A)}+\frac{1}{V(B)}\right)^2\mathrm{cut}(A,B)\end{aligned} \tag{15.12}$$

因为对于同一个聚类中的点来说，y_i-y_j 的贡献为零。符号$\propto$表示正比于，且

$$\boldsymbol{L}=\boldsymbol{D}-\boldsymbol{W},\ \boldsymbol{D}\equiv\mathrm{diag}\{D_{ii}\}$$

是图的拉普拉斯矩阵（见 6.7 节）。矩阵 $\boldsymbol{D}$ 是对角矩阵，其主对角线元素是 D_{ii}。另外，我们有

$$\begin{aligned}y^{\mathrm{T}}Dy&=\sum_{i\in A}y_i^2D_{ii}+\sum_{j\in B}y_j^2D_{jj}=\frac{1}{V(A)^2}V(A)+\frac{1}{V(B)^2}V(B)\\&=\frac{1}{V(A)}+\frac{1}{V(B)}\end{aligned} \tag{15.13}$$

联立式(15.12)与式(15.13)可知，最小化 Ncut(A, B)相当于最小化

$$J=\frac{y^{\mathrm{T}}Ly}{y^{\mathrm{T}}Dy} \tag{15.14}$$

约束是 $y_i\in\{\frac{1}{V(A)},-\frac{1}{V(B)}\}$。此外，直接替换定义中包含的量，得到

$$y^{\mathrm{T}}D1=0 \tag{15.15}$$

式中，**1** 是 N 维向量，它的所有元素都等于 1。为了克服原始任务的 NP 困难性，我们将在式(15.15)的约束下，求解最小化式(15.14)的简单问题。假设未知变量 y_i, $i=1,2,\cdots,N$ 均在实轴上。现在，我们已经非常接近一个著名的优化任务。定义

$$\boldsymbol{z}\equiv\boldsymbol{D}^{1/2}y$$

于是，式(15.14)变成

$$J=\frac{\boldsymbol{z}^{\mathrm{T}}\tilde{L}\boldsymbol{z}}{\boldsymbol{z}^{\mathrm{T}}\boldsymbol{z}} \tag{15.16}$$

$\boldsymbol{D}$

式(15.15)中的约束变为

$$\boldsymbol{z}^{\mathrm{T}} D^{1/2}\mathbf{1} = 0 \tag{15.17}$$

式中，$\tilde{\boldsymbol{L}} \equiv \boldsymbol{D}^{-1/2}\boldsymbol{L}\boldsymbol{D}^{-1/2}$ 称为归一化图拉普拉斯矩阵。易证 $\tilde{\boldsymbol{L}}$ 具有如下性质（见 6.7 节）。

- 它是对称的和非负定的。因此，它的所有特征值都是非负的，且对应的特征向量是彼此正交的（见附录 B）。
- 容易验证 $\boldsymbol{D}^{1/2}\mathbf{1}$ 是对应于零特征值的特征向量，即

$$\tilde{L}D^{1/2}\mathbf{1} = 0$$

显然，因为它的非负定性质，零特征值是 $\tilde{\boldsymbol{L}}$ 中最小的一个。如 6.7 节所述，如果图是连通的，那么有一个特征向量与一个零特征值相关联。这是我们在这里采用的一个假设。

到目前为止，我们已具备了执行最终优化的所有要素。观察发现，式(15.16)中的比值是知名的瑞利商。回顾线性代数知识，如文献[Golu 89]，可知：

- 相对于 z 的最小商，等于 $\tilde{\boldsymbol{L}}$ 的最小特征值，它出现在 z 等于对应这个（最小）特征值的特征向量的时候。
- 如果我们约束这个解正交于与 j 个最小特征值 $\lambda_0 \leqslant \lambda_1 \leqslant \cdots \leqslant \lambda_{j-1}$ 关联的特征向量，那么瑞利商就被对应下一个最小特征值 λ_j 的特征向量最小化，且这个最小值等于 λ_j 。

考虑约束(15.17)中的正交条件及 $\boldsymbol{D}^{1/2}\mathbf{1}$ 是对应于最小特征值 $\lambda_0 = 0$ 的特征向量的事实后，可知：式(15.16)中最小化瑞利商并且满足约束(15.17)的最优解向量 z，是对应于 $\tilde{\boldsymbol{L}}$ 的第二个最小特征值的特征向量。

频谱集聚算法的步骤小结如下。

1. 已知一组点 $\boldsymbol{x}_1, \boldsymbol{x}_2, \cdots, \boldsymbol{x}_N$，建立加权图 $G(V, E)$。采用相似度准则形成邻近度矩阵 $\boldsymbol{W}$。
2. 形成矩阵 $\boldsymbol{D}, \boldsymbol{L} = \boldsymbol{D} - \boldsymbol{W}$ 和 $\tilde{\boldsymbol{L}}$ 。执行归一化拉普拉斯矩阵 $\tilde{\boldsymbol{L}}$ 的特征分析 $\tilde{\boldsymbol{L}}\boldsymbol{z} = \lambda\boldsymbol{z}$ 。计算对应于第二小特征值 λ_1 的特征向量 z_1。计算向量

$$y = \boldsymbol{D}^{-1/2}\boldsymbol{z}_1$$

3. 根据阈值离散化 $\boldsymbol{y}$ 的分量。

最后一步是必需的，因为得到的解的分量是实值的，而我们要求的解是离散的。为此，我们使用多种技术，如将阈值取为零、采用最优特征向量的分量的中值、选择得到最小切割的阈值。

使用通用求解程序分析 $N \times N$ 维矩阵的特征时，需要 $O(N^3)$次运算。因此，对于数据点数很大的情况，这是不适用的。然而，对大多数实际的应用来说，得到的图只是局部连通的，且邻近度矩阵是稀疏的。此外，只需要最小的特征值/特征向量，且精度不是主要问题，因为解是离散的。在这些设定下，可采用高效的 Lanczos 算法（见文献[Golu 89]），此时运算次数下降到 $O(N^{3/2})$。

前面考虑了将数据集分为两个聚类的算法。需要更多的聚类时，可按层次模式使用这个算法，即将每步得到的聚类进一步分为两个聚类，以此类推，直到满足预先定义的准则。文献[Shi 00]中建议，可以使用第三小的特征值来进一步分割前两个聚类，以此类推。然而，由于存在近似误差，这种算法会逐步变得不稳定。

到目前为止，为了给出频谱集聚的基本原理，我们只介绍了归一化切割这个特殊的聚类准则。毫无疑问，相关的文献中提出了许多其他的准则。例如，比率切割[Chan 94]定义为

$$\mathrm{Rcut}(\boldsymbol{A}, \boldsymbol{B}) = \frac{\mathrm{cut}(\boldsymbol{A}, \boldsymbol{B})}{|\boldsymbol{A}|} + \frac{\mathrm{cut}(\boldsymbol{A}, \boldsymbol{B})}{|\boldsymbol{B}|}$$

文献[Kann 00]中使用 Cheeger 常量作为切割准则，即

$$h_G = \frac{\text{cut}(A,B)}{\min(V(A),V(B))}$$

不同的准则会导致不同的特征分解问题，每个准则都有其优缺点。文献[Verm 03]中回顾和比较了许多常用的频谱集聚算法。文献[Weis 99]中深入比较了许多频谱集聚算法。

关于频谱集聚的文献很多，但超出了本节的范围。除了前面提到的准则，人们还提出了其他频谱集聚算法。例如，在文献[Meil 00]中，成对的相似度被解释为马尔可夫随机游走中的边流，这是频谱集聚的概率解释。文献[Xian 08]中考虑了如何确定聚类数、如何处理噪声和稀疏数据的问题。他们采用数据驱动方法来选取最相关的特征向量，以便提供数据的自然分类信息。同样，文献[Jens 04]中讨论了一种基于信息论的频谱集聚算法。详细信息请参阅相关的参考文献，如文献[Chun 97, vonL 07]。

很多实际的应用中使用了频谱集聚，如图像分割、运动追踪[Shi 00, Qiu 07]、电路布局[Chan 94]、基因表达[Kann 00]、机器学习[Ng 01]和负载平衡[Hend 93]。

注释

- 读过 6.7 节的读者显然能够发现，频谱集聚和保持局部性（拉普拉斯特征图和 LLE）的降维方法非常相似。在保持邻域信息的同时投影到低维子空间中的方法，可解释为对数据强加一次“软”集聚[Belk 03]。在频谱集聚中，我们可将每个 y_i 视为到实轴数据点 $\boldsymbol{x}_i, i = 1, 2,\cdots, N$ 的非线性映射，离散化后就得到一个硬集聚。此外，如式(15.12)所示，对于最接近的点，聚类指示器 y_i 已被“强制”取相似的值。这是由式(15.14)中的最小化任务以及相距较远的点得到小值或零值权重的事实导致的。
- 将“新”和“旧”联系起来的一个有趣结果是，在加权形式的核化 k 均值目标和普通加权图聚类目标之间，建立数学上的等价性。归一化切割和比率切割目标都可归入这一类别。因此，可以使用核化形式的经典 k 均值算法代替矩阵特征分解算法来求解问题，前者有一些计算优势，尤其是对数据量很大的问题。然而，频谱分解算法计算的是全局最优，而 k 均值算法可能会陷入局部极小。文献[Dill 07, Zass-05]中讨论了这类问题和采用这种等价性的一种新算法。

例 15.3 图 15.9(a)中显示了两个同心圆状的聚类。以(0, 0)为中心，第一个聚类分布在以 3 为半径的圆环周围，第二个聚类分布在以 6 为半径的圆环周围。对前面的数据集，应用 $\sigma^2 = 2$ 且 $\epsilon = 2$ 的频谱集聚算法，并用归一化切割准则后，结果如图 15.9(b)所示。显然，这个算法成功地区分了两个聚类。相反，k 均值算法未能成功地区分两个聚类，如图 15.9(c)所示。回顾可知，k 均值算法能够识别致密的聚类。

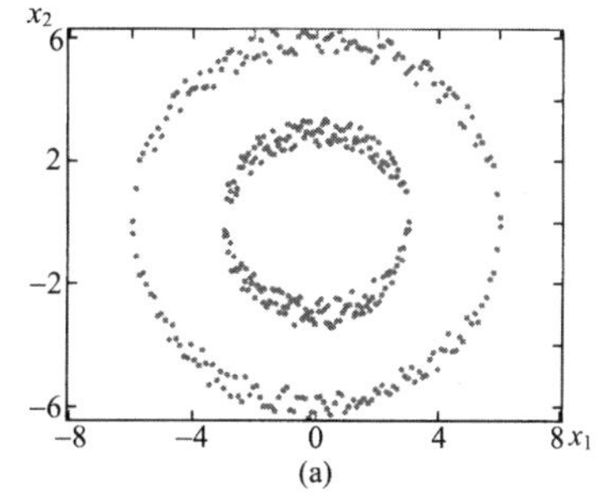

图 15.9 (a) 数据集；(b) 由频谱集聚算法得到的两个聚类（表示为不同的灰度）；(c)由 k 均值算法得到的两个聚类

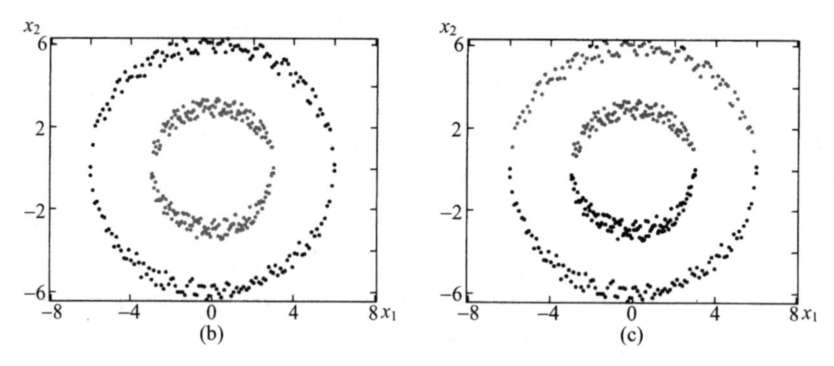

图 15.9　(a) 数据集；(b) 由频谱集聚算法得到的两个聚类（表示为不同的灰度）；(c)由 k 均值算法得到的两个聚类（续）

15.3　竞争学习算法

这些算法采用代表集 $\boldsymbol{w}_j, j = 1,\cdots, m$[①]，目的是将每个代表移向 X 中的致密向量区域。每次为算法输入一个新向量 $\boldsymbol{x} \in X$ 时，就更新这些代表一次。这类算法称为样本模式算法，它与第 14 章中讨论的硬集聚算法不同。在第 14 章讨论的算法中，代表的更新发生在将 X 中的向量全部输入算法之后，因此这类算法也称批模式算法。要强调的是，竞争学习算法不必源自代价函数的最优。

这种算法的原理非常简单。将向量 $\boldsymbol{x}$ 输入算法时，所有的代表相互竞争。获胜者是离 $\boldsymbol{x}$ 更近（根据某个距离度量）的代表。然后，更新获胜者，使之移向 $\boldsymbol{x}$，同时失败者要么保持不变，要么以很低的速率更新并移向 $\boldsymbol{x}$。

多数情况下，$\boldsymbol{w}_j$ 是 l 维空间中的点，但也有其他选择。例如，代表可以是超平面[Likh 97]。下面只考虑 $\boldsymbol{w}_j$ 是 l 维空间中的点的情形。

设 t 是当前的迭代次数，$t_{\max}$ 是允许的最大迭代次数。设 m 为当前的聚类数，m_{init} 为初始的聚类数，$m_{\max}$ 是允许的最大聚类（代表）数。于是，通用竞争学习算法（GCLS）描述如下。

通用竞争学习算法（GCLS）

- $t = 0$
- $m = m_{\text{init}}$
- (A) 初始化其他的必要参数（取决于具体的算法）
- 重复：
  - $t = t + 1$
  - 将下一个 $\boldsymbol{x} \in X$ 输入算法
  - (B) 确定获胜的代表 $\boldsymbol{w}_j$
  - (C) If (($\boldsymbol{x}$ 与 $\boldsymbol{w}_j$ 不相似) OR (其他条件)) AND ($m < m_{\max}$) then
    - $m = m + 1$
    - $\boldsymbol{w}_m = \boldsymbol{x}$
  - Else
    - (D) 参数更新

① 这里使用 $\boldsymbol{w}_j$ 代替 $\boldsymbol{\theta}_j$ 是为了遵守这类算法常用的记法。

$$w_j(t) = \begin{cases} w_j(t-1) + \eta h(x, w_j(t-1)), & w_j \text{获胜} \\ w_j(t-1) + \eta' h(x, w_j(t-1)), & \text{其他} \end{cases} \tag{15.18}$$

- End
- (E) 直到（收敛）OR ($t > t_{\max}$)
- 识别由 w_j 代表的聚类，方法是将向量 $x \in X$ 赋给对应于最接近 x 的代表的聚类。

函数 $h(x, \omega_j)$是一个定义合适的函数。η和η' 称为学习率，它们分别控制获胜者和失败者的更新。对于不同的失败者，参数η'的值是不同的。向量 x 和代表 w_j 之间的相似度由阈值Θ表征；也就是说，对于某个距离度量，若 $d(x, w_j) > \Theta$，则认为 x 与 w_j 是不相似的，且不能用 w_j 精确地描述 x。显然，不合适的阈值会导致错误的结果。

该算法的终止条件是我们熟悉的准则$\|W(t) - W(t-1)\| < \varepsilon$，其中 $W = [w_1^{\mathrm{T}}, \cdots, w_m^{\mathrm{T}}]^{\mathrm{T}}$。

适当地选择条件(A)、(B)、(C)和(D)后，大部分竞争学习算法都可视为 GCLS 的特例。后面除非特别声明，否则所用的距离都是欧氏距离。

15.3.1 基本竞争学习算法

在该算法中，$m = m_{\text{init}} = m_{\max}$，即代表的数量是一个常数。因此，条件(C)永远不会满足。另外，不需要其他的参数，因此条件(A)可以忽略。使用如下规则确定获胜的代表［条件(B)］。

- 如果

$$d(x, w_j) = \min_{k=1,\cdots,m} d(x, w_k)$$

那么对向量 x 的获胜者是代表 w_j。除了欧氏距离，也可使用其他距离，具体取决于应用。例如，文献[Ahal 90]中对处理语音编码的应用提出了 Itakura-Saito 失真。此外，也可使用相似度（见文献[Fu 93]）。这时，上式中的 min 算子要替换为 max 算子。最后，按如下方式更新代表［条件(D)］:

$$w_j(t) = \begin{cases} w_j(t-1) + \eta(x - w_j(t-1)), & w_j \text{ 获胜} \\ w_j(t-1), & \text{其他} \end{cases} \tag{15.19}$$

式中，η是学习率，其值域是[0, 1]。根据这个算法，失败者保持不变而获胜者 $w_j(t)$移向 x，移动的距离取决于η。$\eta = 0$ 时，不会出现任何更新；$\eta = 1$，将获胜者放到向量 x 上。对于η的其他选择，获胜者的新值位于由 $w_j(t-1)$和 x 形成的直线段上。

显然，这个算法需要精确地确定代表的数量；也就是说，需要清楚地知道聚类数。另一个相关的问题是 w_j 的初始化，若一个代表被初始化为远离 X 中最接近的向量①，则它永远不会获胜。因此，X 中的向量只能由剩下的代表来表征。避免这种情形的一种方法是，使用 X 中的向量来初始化所有的代表。

在向量总以相同顺序出现的特殊情形（如 $x_1, x_2, \cdots, x_N, x_1, x_2, \cdots, x_N, \cdots$）下，以及 t_0 迭代后每个代表赢得相同向量的假设（至少在 X 中的向量形成了良好分隔的聚类情形下，这个假设是合适的）下，可以证明每个代表都会收敛到它所代表的向量的加权均值[Kout 95]。

人们还研究了采用可变学习率的这个算法（见文献[Likh 97]）。这时，$\eta(t)$的典型约束如下。

- $\eta(t)$是一个正的递减序列，$\eta(t) \to 0$
- $\sum_{t=0}^{\infty} \eta(t) = \infty$

① 具体地说，若它远离由 X 中的向量定义的凸包。

- $\sum_{t=0}^{\infty}\eta^{r}(t)<+\infty, r>1$

注意这些约束与 Robbins-Monro 算法（见 3.4.2 节）要求的约束非常相似，这不是巧合。考虑只有一个代表（$m=1$）的平凡情形。当$\eta=\eta(t)$时，更新方程可视为求解问题

$$E[h(\boldsymbol{x}, \boldsymbol{w})] = 0$$

的 Robbins-Monro 迭代，其中 $h(\boldsymbol{x}, \boldsymbol{w})=\boldsymbol{x}-\boldsymbol{w}$。

最后，文献[Rume 86, Mals 73]中讨论了处理二值向量的竞争学习算法。

15.3.2 泄漏学习算法

除了代表的更新方程，这个算法与基本竞争学习算法相同。该算法的更新方程为

$$\boldsymbol{w}_j(t)=\begin{cases}\boldsymbol{w}_j(t-1)+\eta_w(\boldsymbol{x}-\boldsymbol{w}_j(t-1)), & \boldsymbol{w}_j \text{ 获胜}\\ \boldsymbol{w}_j(t-1)+\eta_l(\boldsymbol{x}-\boldsymbol{w}_j(t-1)), & \boldsymbol{w}_j \text{ 失败}\end{cases} \tag{15.20}$$

式中，η_w 和η_l 是值域为[0, 1]的学习率，且$\eta_w \gg \eta_l$。基本竞争学习算法可视为泄漏学习算法在$\eta_l=0$时的特例。在η_w 和η_l 都为正的一般情况下，所有代表都移向 $\boldsymbol{x}$，但失败者移向 $\boldsymbol{x}$ 的速度更慢。

该算法不存在代表初始化很差的问题，因为式(15.20)的第二个分支可以确保：即使某些代表被初始化为远离 X 中最近的向量，这些代表最终也会靠近 X 中的这些向量所在的区域。

原理相同的另一种算法是神经气算法。这时，$n_w=\varepsilon$且$\eta_l=\varepsilon g(k_j(\boldsymbol{x}, \boldsymbol{w}_j(t-1)))$，其中 $\varepsilon\in[0,1]$ 是更新的步长大小；$k_j(\boldsymbol{x}, \boldsymbol{w}_j(t-1))$是与 $\boldsymbol{x}$ 而非 $\boldsymbol{w}_j(t-1)$接近的代表的数量；当 $k_j(\boldsymbol{x}, \boldsymbol{w}_j(t-1))=0$ 时，函数 $g(\cdot)$ 的值为 1，当 $k_j(\boldsymbol{x}, \boldsymbol{w}_j(t-1))$增大时，函数 $g(\cdot)$ 函数衰减为 0。注意，该算法是采用梯度下降法优化代价函数得到的[Mart 93]。

15.3.3 尽责的竞争学习算法

使用代表 $\boldsymbol{w}_j$ 的另一种方法是，如果一个代表过去获胜了多次，那么就阻止它继续获胜，这是通过为每个代表分配一个“责任”来实现的。文献中提出了多个责任模型（如文献[Gros 76a, Gros 76b, Gros 87, Hech 88, Chen 94, Uchi 94]）。

实现这个想法的最简方法是为每个代表 $\boldsymbol{w}_j, j=1,\cdots,m$ 分配一个计数器 f_j，记录 $\boldsymbol{w}_j$ 获胜的次数。文献[Ahal 90]中介绍了一种处理方法。在初始化阶段［(A)条件］，设置 $f_j=1, j=1,\cdots,m$。定义

$$d^{*}(\boldsymbol{x}, \boldsymbol{w}_j)=d(\boldsymbol{x}, \boldsymbol{w}_j)f_j$$

(B)条件成为如下形式。

- 如果下式成立，那么代表 $\boldsymbol{w}_j$ 是向量 $\boldsymbol{x}$ 的获胜者：

$$d^{*}(\boldsymbol{x}, \boldsymbol{w}_j)=\min_{k=1,\cdots,m} d^{*}(\boldsymbol{x}, \boldsymbol{w}_k)$$

- $f_j(t)=f_j(t-1)+1$。

这种设置可以确保距离受到惩罚，以便阻止多次获胜的代表。条件(C)和(D)与基本竞争学习算法的对应部分相同，且 $m=m_{\text{init}}=m_{\max}$。

另一种方法是通过如下公式来使用 f_j[Chou 97]：

$$f_j=f_j+d(\boldsymbol{x}, \boldsymbol{w}_j)$$

文献[Ueda 94, Zhu 94, But1 96, Chou 97]中给出了其他的方法。

文献[Chen 94]中采用了一种不同的方法。这时，在条件(A)中，所有f_j都被初始化为 $1/m$，并将 $d^*(\boldsymbol{x}, \boldsymbol{w}_j)$定义为

$$d^*(\boldsymbol{x}, \boldsymbol{w}_j) = d(\boldsymbol{x}, \boldsymbol{w}_j) + \gamma(f_j - 1/m)$$

式中，γ 是一个责任参数。$\boldsymbol{w}_j$ 对向量 $\boldsymbol{x}$ 获胜时 $z_j(\boldsymbol{x})$为 1，否则 $z_j(\boldsymbol{x})$为 0。算法的条件(B)成为：

- 当下式成立时，代表 $\boldsymbol{w}_j$ 是向量 $\boldsymbol{x}$ 的获胜者：

$$d^*(\boldsymbol{x}, \boldsymbol{w}_j) = \min_{k=1,\cdots,m} d^*(\boldsymbol{x}, \boldsymbol{w}_k)$$

- $f_j(t) = f_j(t-1) + \varepsilon(z_j(\boldsymbol{x}) - f_j(t-1))$。

式中，$0 < \varepsilon \ll 1$。显然，获胜者的f_j增大，失败者的f_j减小。文献[Chen 94]中讨论了选择ε和γ 值的方式，以及自适应地调整γ 值的一种算法。

15.3.4 与代价函数关联的类竞争学习算法

竞争学习算法的基本原理是将代表移向最近的点。下面介绍使用代价函数表示这个原理的一种方法。考虑代价函数

$$J(\boldsymbol{W}) = \frac{1}{2m}\sum_{i=1}^{N}\sum_{j=1}^{m} z_j(\boldsymbol{x}_i)\|\boldsymbol{x}_i - \boldsymbol{w}_j\|^2 \tag{15.21}$$

式中，$\boldsymbol{W} = [\boldsymbol{w}_1^{\mathrm{T}}, \cdots, \boldsymbol{w}_m^{\mathrm{T}}]^{\mathrm{T}}$，$\boldsymbol{w}_j$ 接近向量 $\boldsymbol{x}$ 时，$z_j(\boldsymbol{x}) = 1$，否则 $z_j(\boldsymbol{x}) = 0$。这基本上是与 Isodata 算法（见第 14 章）相关联的代价函数，由于出现了 $z_j(\boldsymbol{x})$，因此它是不可微的。克服 $J(\boldsymbol{W})$的可微性问题的一种方法是平滑函数 $z_j(\boldsymbol{x})$，这意味着要抛弃竞争的概念，而按每个代表到 $\boldsymbol{x}$ 的距离的比例来更新代表。

平滑 $z_j(\boldsymbol{x})$的一种方法是，将它重新定义为

$$z_j(\boldsymbol{x}) = \frac{\|\boldsymbol{x} - \boldsymbol{w}_j\|^{-2}}{\sum_{r=1}^{m}\|\boldsymbol{x} - \boldsymbol{w}_r\|^{-2}}, \quad j = 1, \cdots, m \tag{15.22}$$

式中，$\|\cdot\|$是两个向量之间的欧氏距离。显然，$z_j(\boldsymbol{x})$不再严格地等于 0 或 1，而在区间[0, 1]内取任意值。具体地说，$\boldsymbol{w}_j$ 越接近向量 $\boldsymbol{x}$，$z_j(\boldsymbol{x})$就越大。

使用前面的定义并进行一些整理，$J(\boldsymbol{W})$变为

$$J(\boldsymbol{W}) = \frac{1}{2}\sum_{i=1}^{N}\left(\sum_{j=1}^{m}\|\boldsymbol{x}_i - \boldsymbol{w}_j\|^{-2}\right)^{-1} \tag{15.23}$$

$J(\boldsymbol{W})$ 关于 $\boldsymbol{w}_k$ 的梯度 $\partial J / \partial \boldsymbol{w}_k$ 经过一些代数运算后，成为

$$\frac{\partial J}{\partial \boldsymbol{w}_k} = -\sum_{i=1}^{N} z_k^2(\boldsymbol{x}_i)(\boldsymbol{x}_i - \boldsymbol{w}_k) \tag{15.24}$$

采用梯度下降法并使用“瞬时”梯度值时，类似于反向传播算法，得到下面的更新算法：

$$\boldsymbol{w}_k(t) = \boldsymbol{w}_k(t-1) + \eta(t) z_k^2(\boldsymbol{x})(\boldsymbol{x} - \boldsymbol{w}_k(t-1)), \quad k = 1, \cdots, m \tag{15.25}$$

式中，$\boldsymbol{x}$ 是当前输入该算法的向量。

注意，在这种算法中，所有的代表都是按其到 $\boldsymbol{x}$ 的距离的比例来更新的。因此，通过平滑函数 $z_k(\boldsymbol{x})$，我们就得到了意义更宽泛的竞争算法，这时可以使用普通的工具来保证算法的收敛性。

选择其他的 $z_j(\boldsymbol{x})$和 $J(\boldsymbol{W})$时，可以得到更通用的算术算法，详见文献[Masu 93]。

15.3.5 自组织映射

前面一直假设代表 $\boldsymbol{w}\in\mathcal{R}^l$ 不是相互关联的，下面去掉这个假设。此外，在一维或二维空间中我们会强迫各个代表是拓扑有序的。换言之，每个 $\boldsymbol{w}$ 都由（二维情况下的）一个整数对(i, j), $i = 1, 2,\cdots, I$, $j = 1,2,\cdots, J$ 参数化，其中 IJ 是代表的数量。采用这种方式，可以定义一个节点网格。本节的目的是放置代表，使得$\mathcal{R}^l$中接近的数据点由网格中接近的代表表示。换句话说，我们可将一维或二维网格视为数据空间中的一个映射——从数据区域中的不同“密度”到图中不同区域的映射。

拓扑有序的概念意味着采用两个代表之间的拓扑距离。例如，若(i_1, j_1)和(i_2, j_2)是二维节点网格中两个代表的位置，则它们的拓扑距离定义为这两个整数对之间的 l_1 距离（见 11.2.2 节）。如图 15.10(a)所示，$\boldsymbol{w}_r$ 和 $\boldsymbol{w}_q$ 在二维网格中彼此是拓扑接近的，而 $\boldsymbol{w}_s$ 离它们较远。图 15.10(b)中显示了一维网格中的情形。下面，我们为每个代表 $\boldsymbol{w}_j$ 定义一个拓扑邻域 Q_j，它由拓扑距离上靠近 $\boldsymbol{w}_j$ 的代表组成。典型的拓扑邻域形状如图 15.11(a)（二维情形）和图 15.119(b)所示（一维情形）。然而，对于二维情形来说，也可采用六边形或菱形拓扑邻域。

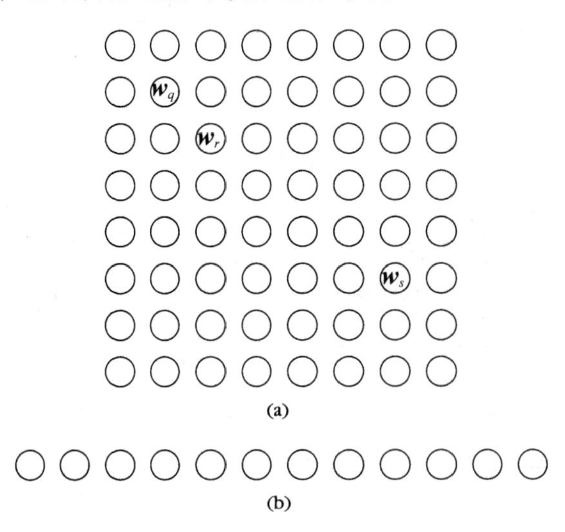

图 15.10 (a) 拓扑有序代表的一个 8×8 的二维网络。采用 l_1 作为两个代表 $\boldsymbol{w}_r$ 和 $\boldsymbol{w}_q$ 之间的拓扑距离，其中 $\boldsymbol{w}_r$ 和 $\boldsymbol{w}_q$ 彼此是接近的，而 $\boldsymbol{w}_s$ 则远离它们；(b) 一个 1×12 的一维网格

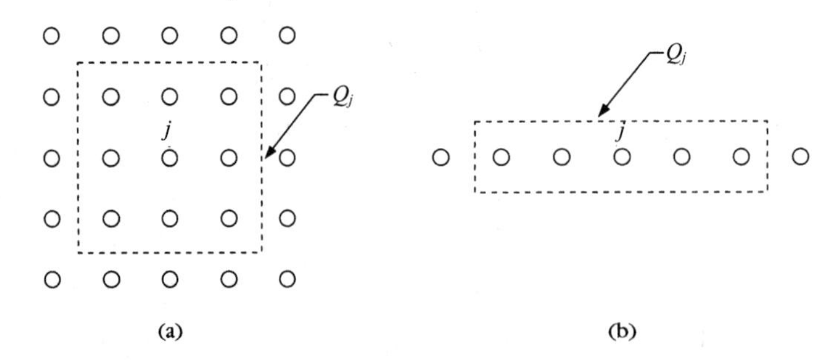

图 15.11 (a) 一个 3×3 的正方形邻域；(b) 一个 5×1 的长方形邻域

类似于前几节中讲论的算法，每个迭代步骤 t 都将一个数据向量 $\boldsymbol{x}$ 输入算法。现在，当一个代表 $\boldsymbol{w}_j$ 赢得一个给定的数据向量 $\boldsymbol{x}$ 时，其邻域 $Q_j(t)$内的所有代表也要更新（移向 $\boldsymbol{x}$）。注意，邻域允许随迭代步骤而变化。随机初始化代表后，在训练的初始阶段，拓扑上接近的代表可能会赢

得数据空间中不接近的点。然而，随着训练的进行，这种现象会逐步消失，且在算法收敛后，网络中拓扑相邻的代表将赢得数据空间中位于同一区域的向量。相反，拓扑上远离的代表将赢得数据空间中位于不同区域的向量。换句话说，数据空间内数据区域中的每个密度，都由一组拓扑上相邻的代表来表示。

上述方法就是知名的 Kohonen 自组织映射（SOM）算法[Koho 89, Koho 95, Kask 98, Diam 07]，它得到了广泛应用，如在数据可视化领域中的应用。最简单的 SOM 算法可视为通用竞争学习算法（GCLS）的特例。具体地说，就条件(A)、(B)和(C)来看，该算法与基本竞争学习算法是相同的。然而，条件(D)不同。如果 $\boldsymbol{w}_j$ 赢得了向量 $\boldsymbol{x}$，那么这个条件变成

$$\boldsymbol{w}_k(t)=\begin{cases}\boldsymbol{w}_k(t-1)+\eta(t)(\boldsymbol{x}-\boldsymbol{w}_k(t-1)), & \boldsymbol{w}_k\in Q_j(t)\\ \boldsymbol{w}_k(t-1), & \text{其他}\end{cases} \tag{15.26}$$

式中，$\eta(t)$是一个可变的学习率，选择它是为了满足 15.3.1 节中的条件。$\eta(t)$和 $Q_j(t)$的选择对算法的收敛性至关重要。在实际工作中，根据预选的规则，当 t 增大时，$Q_j(t)$收缩并集中在 $\boldsymbol{w}_j$ 的周围。

SOM 算法可视为一种约束集聚算法，这时的代表位于低维（一维或二维）流形中，这就是数据不靠近一个低维流形时，这种算法的性能下降的原因。式(15.26)中更新的效果是，将获胜者及其相邻的代表移向对应的数据点，进而在低维网格中形成一个平滑的空间结构。

文献[Vish 00]中给出了一种能够降低计算开销的、选择获胜代表的次优方法。文献[Inok 04, Macd 00]中给出了 SOM 的核化形式。

例 15.4　设 X 是由 200 个三维数据点构成的数据集，前 100 个三维数据点来自均值为$\boldsymbol{\mu}_1=[0.3, 0.3, 0.3]^{\mathrm{T}}$的高斯分布，剩余的数据点来自均值为$\boldsymbol{\mu}_2=[0.7, 0.7, 0.7]^{\mathrm{T}}$的高斯分布。两个高斯分布的协方差矩阵都是 $0.01\boldsymbol{I}$，其中 $\boldsymbol{I}$ 是一个 3×3 的单位矩阵。显然，前面介绍的数据向量在三维空间中形成了两个分隔良好的聚类。设 C_1 是对应于第一个分布的聚类，C_2 是对应于第二个分布的聚类。考虑使用一个 10×10 的代表网格的 SOM。图 15.12(a)是在区间$[0, 1]^3$ 内随机初始化代表后的网格快照。每个赢得聚类 C_1 中的向量的代表记为深色的圆，每个赢得聚类 C_2 中的向量的代表记为深色的点。注意，代表分布在整个网格内，而不管它们代表的是哪个聚类。SOM 算法收敛后的结果如图 15.12(b)所示；代表集中在网格的两个不同区域中，具体取决于它们所代表的聚类。

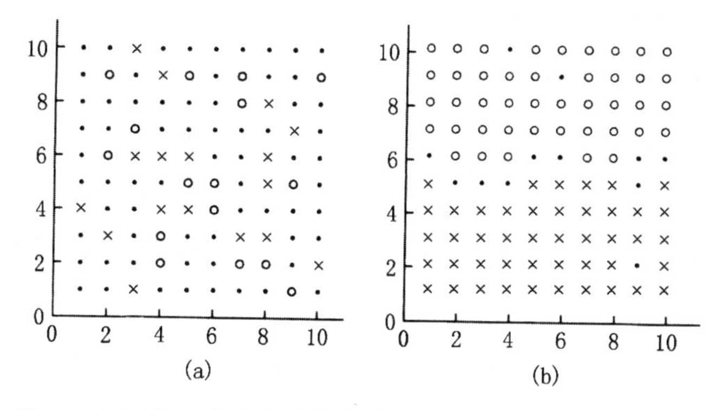

图 15.12　(a) 例 15.4 经过第一次迭代后的状态图。两个聚类的代表（分别是圈和叉）分布在整个网络内；(b) 训练完成后的网格状态。现在，聚类由网格内占据两个明显不同的区域的相邻代表表示。黑点是未被算法找到代表的点

15.3.6 监督学习的向量量化

向量量化（VQ）领域提出并广泛使用了竞争算法的监督形式[Koho 89, Kosk 92]。这时，每个聚类都被视为一个类别，且可用的向量具有已知的类别标注。在这种方法中，设 m 是类别的数量。监督 VQ 使用一组 m 个代表，每个类别一个代表，并以“最优地”表示每个类别的方式来放置这些代表。监督 VQ（也称 LVQ1[Tsyp 73]）的最简形式可由通用竞争学习算法推得，方法是保持基本竞争学习算法的条件(A)、(B)和(C)，但将条件(D)改为

$$\boldsymbol{w}_j(t)=\begin{cases}\boldsymbol{w}_j(t-1)+\eta(t)(\boldsymbol{x}-\boldsymbol{w}_j(t-1)), & \boldsymbol{w}_j \text{ 正确地赢得 } \boldsymbol{x}\\ \boldsymbol{w}_j(t-1)-\eta(t)(\boldsymbol{x}-\boldsymbol{w}_j(t-1)), & \boldsymbol{w}_j \text{ 错误地赢得 } \boldsymbol{x}\\ \boldsymbol{w}_j(t-1), & \text{其他}\end{cases} \tag{15.27}$$

显然，与已知类别标注相关的信息决定 $\boldsymbol{w}_j$ 的移动方向。具体地说，$\boldsymbol{w}_j$ 移向 $\boldsymbol{x}$ 的方式如下：(a) 若 $\boldsymbol{w}_j$ 获胜，且 $\boldsymbol{x}$ 属于第 j 个类别，则移向 $\boldsymbol{x}$；(b) 若 $\boldsymbol{w}_j$ 获胜，但 $\boldsymbol{x}$ 不属于第 j 个类别，则远离 $\boldsymbol{x}$。此外，其他的所有代表保持不变。语音识别和 OCR 领域广泛使用了这类算法。

文献[Koho 89]中讨论了这种算法的一种改进形式，其中使用多个代表来表示每个类别。

15.4 二值形态学集聚算法

这类算法适合于无法用单个代表来正确地表示聚类的情形[Post 93, Mora 00]，其原理是，将 X 映射为能够方便集聚过程的离散集 S，然后用 S 中已识别的聚类来帮助识别 X 中的聚类。下面介绍一个这样的算法——二值形态学集聚算法（BMCA）[Post 93]。BMCA 算法包括 4 个主要的阶段。在第一个阶段，数据被离散化，生成一个新集合——离散二值（DB）集合。在第二个阶段，对 DB 集合应用基本的形态学算子（开运算和闭运算），得到一个新的离散集。在第三个阶段，识别最后一个集合中形成的聚类。在最后一个阶段，使用第三个阶段识别的聚类，识别 X 中的原始向量形成的聚类。在给出具体的算法之前，我们先回顾一些基本的工具和定义。

15.4.1 离散化

离散阶段的第一步是，归一化向量 $\boldsymbol{x}\in X$，使它们的坐标都位于区间$[0, r-1]$内，其中 r 是一个用户定义的参数。这可由下面的变换来实现：

$$y_{ij}=\frac{x_{ij}-\min_{q=1,\cdots,N} x_{qj}}{\max_{q=1,\cdots,N} x_{qj}-\min_{q=1,\cdots,N} x_{qj}}(r-1),\quad i=1,\cdots,N,\ j=1,\cdots,l \tag{15.28}$$

式中，x_{ij} 是第 i 个向量的第 j 个坐标。设 X'是得到的集合，即

$$X'=\{\boldsymbol{y}_i\in[0,r-1]^l, i=1,\cdots,N\}$$

下面将$[0, r-1]^l$离散化为 r^l 个超立方体：对于每个坐标，将区间$[0, r-1]$分割为 r 个子区间（见图 15.13）。每个超立方体都由其左下角的坐标来标识。参数 r 定义$[0, r-1]^l$的分辨率。

接着，我们识别向量 $\boldsymbol{y}_i\in X'$所在的超立方体：取 $\boldsymbol{y}_i$ 的每个坐标的整数部分。得到的向量 $\boldsymbol{z}_i$ 是超立方体的识别标注。准确地说，

$$z_{ij}=[y_{ij}],\quad i=1,\cdots,N,\quad j=1,\cdots,l$$

式中，$[x]$表示 x 的整数部分。设 S 是删除所有重复向量后，包含新向量 $\boldsymbol{z}_i$ 的集合。因此，S 的每

个元素就都对应于一个非空的超立方体，且 S 是一个离散二值集合。

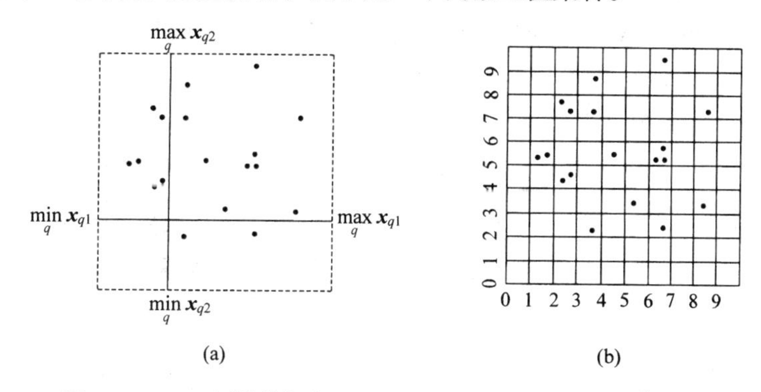

图 15.13　(a) 原始数据集 X; (b) 归一化到区间$[0, r-1]^l$并离散化后的数据集 X'，$r = 10$。非空超立方体定义离散二值集合

15.4.2　形态学运算

这些运算只适用于具有离散值向量的集合。最简单的运算是膨胀和腐蚀。基于这两种运算，定义了开运算和闭运算。

设 Y 和 T 是 Z^l 的子集，其中 Z 是整数集，$\boldsymbol{s}$ 是 Z^l 中的向量。$\boldsymbol{s}$ 对 Y 的平移定义为

$$Y_{\boldsymbol{s}} = \{\boldsymbol{t} \in Z^l : \boldsymbol{t} = \boldsymbol{x} + \boldsymbol{s},\ \boldsymbol{x} \in Y\} \tag{15.29}$$

定义 1　T 对 Y 的膨胀，记为 $Y \oplus T$，定义如下：

$$Y \oplus T = \{\boldsymbol{e} \in Z^l : \boldsymbol{e} = \boldsymbol{x} + \boldsymbol{s}, \boldsymbol{x} \in Y,\ \boldsymbol{s} \in T\} \tag{15.30}$$

集合 $Y \oplus T$ 是将 Y 平移 T 中的所有元素后，得到的所有集合的并集[Gonz 93]。

定义 2　T 对 Y 的腐蚀，记为 $Y \ominus T$，定义如下：

$$Y \ominus T = \{\boldsymbol{f} \in Z^l : \boldsymbol{x} = \boldsymbol{f} + \boldsymbol{s}, \boldsymbol{x} \in Y,\ \forall\, \boldsymbol{s} \in T\} \tag{15.31}$$

集合 $Y \ominus T$ 是将 Y 平移 T 中的所有元素后，得到的所有集合的交集[Gonz 93]。

在上述两种情形下，都称 T 为结构元。结构元的形状通常是超立方体（见图 15.14），也可以是超球面等形状。

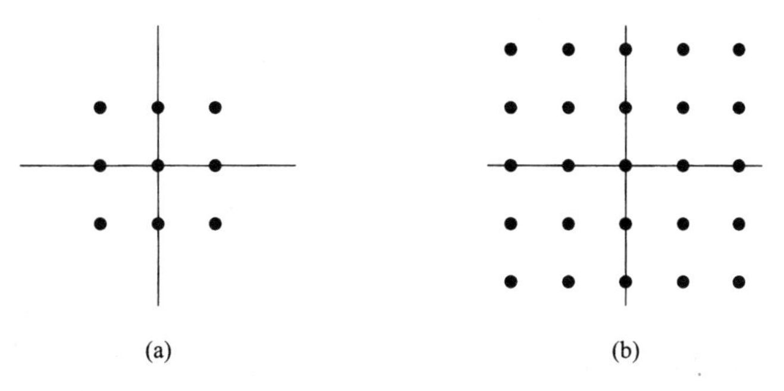

图 15.14　(a) 一个 3×3 的正方形结构元；(b) 一个 5×5 的正方形结构元

例 15.5　考虑一个二维正态密度函数，其均值为$\boldsymbol{\mu} = [0, 0]^{\mathrm{T}}$，协方差矩阵为$\Sigma = 3\boldsymbol{I}$，其中 $\boldsymbol{I}$ 是一个

2×2 的单位矩阵。设数据集 X 中包含由该分布生成的 200 个向量［见图 15.15(a)］。对 X 应用离散化过程，$r = 20$，得到对应的离散二值集合 Y［见图 15.15(b)］。设 T 是图 15.14(a)所示的一个 3×3 结构元，它由如下的点组成：

$$
\begin{aligned}
T &= \{\boldsymbol{t}_1, \boldsymbol{t}_2, \cdots, \boldsymbol{t}_9\} \\
&= \{(-1,-1),(-1,0),(-1,1),(0,-1),(0,0),(0,1),(1,-1),(1,0),(1,1)\}
\end{aligned}
$$

为了推导 T 对 Y 的膨胀，计算将 Y 平移 T 中的每个元素 t_i，$i = 1,\cdots,9$ 后得到的集合 $Y_i, i = 1,\cdots,9$，然后取所有 Y_i 的并集［见图 15.15(c)］。T 对 Y 的腐蚀是取所有 Y_i 的交集得到的，如图 15.15(d)所示。

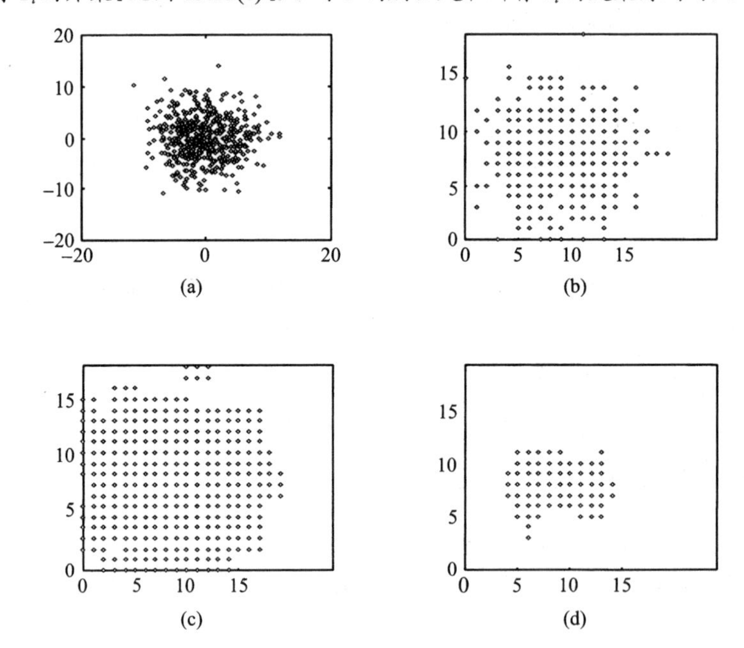

图 15.15 (a) 例 15.5 中的原始数据集 X; (b) 由集合 X 得到的离散二值集合 Y; (c) 被 T 膨胀的集合 Y; (d) 被 T 腐蚀的集合 Y

开运算和闭运算是根据膨胀和腐蚀定义的两个基本运算。

定义 3 T 对 Y 的开运算，记为 Y_T，定义如下：

$$Y_T = (Y \ominus T) \oplus T \tag{15.32}$$

也就是说，T 对 Y 的开运算是 Y 被 T 腐蚀后，T 对所得结果 $Y \ominus T$ 的膨胀。

定义 4 T 对 Y 的闭运算，记为 Y^{T}，定义如下：

$$Y^{\mathrm{T}} = (Y \oplus T) \ominus T \tag{15.33}$$

也就是说，T 对 Y 的闭运算是 Y 被 T 膨胀后，T 对所得结果 $Y \oplus T$ 的腐蚀。

一般来说，Y 不同于 Y_T 和 Y^{T}。注意，开运算平滑 Y 的边界，方法是抛弃不相关的细节；闭运算则填充集合 Y 中的空白。这些观察表明，开运算和闭运算生成比形状更简单的集合。如文献[Post 93]中指出的那样，开运算和闭运算可以有效地删除孤立点和孔洞，前提是这些细节不超过结构元的大小。下例说明了开运算和闭运算的工作原理。

例 15.6　考虑离散二值集合 Y[见图 15.15(b)]和例 15.5 中的结构元 T。首先求 T 对 Y 的开运算，结果如图 15.16(a)所示。可以看出，得到的集合保留了 Y 的基本形状，同时抛弃了 Y 的边界上的无关细节。T 对 Y 的闭运算结果如图 15.16(b)所示。

以上讨论表明，结构元 T 对上述运算的结果非常重要。遗憾的是，还没有选择合适的 T 的通用指南。

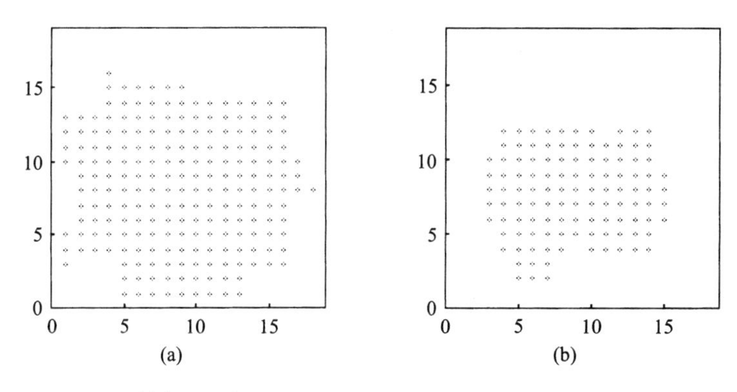

图 15.16　(a) T 对例 15.5 中 Y 开运算的结果；(b) T 对例 15.5 中 Y 闭运算的结果

15.4.3　离散二值集合中聚类的确定

下面介绍一个识别由离散二值集合 $S\subset\{0,1,\cdots,r-1\}^l$ 的点组成的聚类的算法。首先将点 $\boldsymbol{x}\in S$ 的邻域 $V(\boldsymbol{x})$定义为

$$V(\boldsymbol{x}) = \{\boldsymbol{y} \in S - \{\boldsymbol{x}\}: d(\boldsymbol{x},\boldsymbol{y}) \leqslant d_q\}$$

式中，d 是两点之间的任何距离度量（见第 11 章），d_q 是一个距离阈值；设θ为点 $\boldsymbol{x}$ 的邻域 $V(\boldsymbol{x})$ 的密度阈值。也就是说，若 $V(\boldsymbol{x})$至少包含 S 中的θ个点，那么就认为它是“致密的”。这些是用户定义的参数。

设 $U(\boldsymbol{x})$是 $\boldsymbol{x}$ 的直接邻域，即该集合中包含所有与 $\boldsymbol{x}$ 的（欧氏）距离小于等于 $\sqrt{l}$ 的点。

离散值集合的聚类检测算法（CDADV）

- 最初，没有向量被认为是处理过的
- 重复：
  - 在 S 中选择一个未被处理的点 $\boldsymbol{x}$
  - 确定邻域 $V(\boldsymbol{x})$
  - If $V(\boldsymbol{x})$至少包含θ个点　then
    - 创建一个包含如下内容的聚类：
      - 点 $\boldsymbol{x}$
      - 存在点序列 $\boldsymbol{y}_{js}\in S, s = 1,\cdots, q_y$ 的所有点 $\boldsymbol{y} \in S$，满足 $\boldsymbol{y}\in U(\boldsymbol{y}_{j_1}), \boldsymbol{y}_{j_s} \in U(\boldsymbol{y}_{j_{s+1}})$，$s = 1,\cdots, q_y - 1$，且 $\boldsymbol{y}_{j_{qy}} \in U(\boldsymbol{x})$
    - 已定义的点被认为是处理过的点
  - Else
    - 认为 $\boldsymbol{x}$ 是处理过的点

- End {if}
- 直到 S 中的所有点都被处理

例 15.7 考虑图 15.17(a)的数据集。选择 $d_q=\sqrt{2},\theta=1$［此时 $V(\boldsymbol{x})\equiv U(\boldsymbol{x})$］。此外，图 15.17(a)所示正方形的边长为 1。CDADV 首先考虑 $\boldsymbol{x}_1$。由于它是致密的（即其邻域中至少有 S 中的一个点远离 $\boldsymbol{x}_1$），所以创建了一个新聚类。因为 $\boldsymbol{x}_2\in U(\boldsymbol{x}_1)$，所以 $\boldsymbol{x}_2$ 也属于这个聚类；因此 $\boldsymbol{x}_3,\boldsymbol{x}_4\in U(\boldsymbol{x}_2),\boldsymbol{x}_2\in U(\boldsymbol{x}_1)$，所以 $\boldsymbol{x}_3,\boldsymbol{x}_4$ 也属于该聚类；另外，因为 $\boldsymbol{x}_5\in U(\boldsymbol{x}_3),\boldsymbol{x}_3\in U(\boldsymbol{x}_2)$，且 $\boldsymbol{x}_2\in U(\boldsymbol{x}_1)$，所以 $\boldsymbol{x}_5$ 也属于该聚类。最后，由于 $\boldsymbol{x}_6\in U(\boldsymbol{x}_5),\boldsymbol{x}_5\in U(\boldsymbol{x}_4),\boldsymbol{x}_4\in U(\boldsymbol{x}_2)$ 且 $\boldsymbol{x}_2\in U(\boldsymbol{x}_1)$，所以 $\boldsymbol{x}_6$ 也属于该聚类。类似地，我们发现 $\boldsymbol{x}_7,\boldsymbol{x}_8,\boldsymbol{x}_9$ 和 $\boldsymbol{x}_{10}$ 形成了第二个聚类，但对 $\boldsymbol{x}_{11}$ 不起作用。

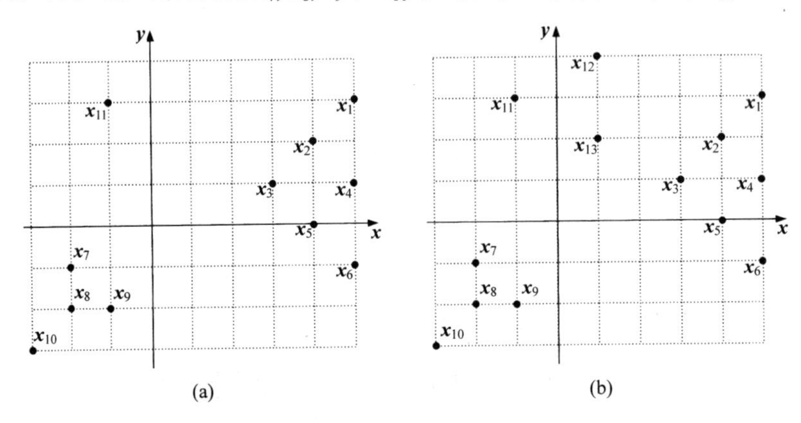

图 15.17 (a) 例 15.7 的数据集；(b) 包含离群点的数据集

在前述方法中，S 中的所有点都要被算法处理，而不管这些点的密度如何。事实上，当 S 中的点形成了分隔良好的聚类时，CDADV 的集聚效果是很好的。然而，情况并非总是如此，当 S 中出现一些位于聚类之间的离群点时［见图 15.17(b)］，就要按照如下方式进行处理。不出所料，离群点的邻域相当“稀疏”，我们首先为某个点的邻域密度定义一个小阈值 $\theta_1(\leqslant\theta)$，并考虑集合 S 中邻域密度至少为 θ_1 的点集 S'。也就是说，我们在 S' 中排除了离群点。然后，我们使用 θ 对 S' 运行 CDADV，运行结束后，将 $S-S'$ 中的每个向量分配给 S' 中最近点的聚类。注意，这一阶段采用的点与聚类之间的距离函数不应涉及聚类代表，因为 S' 是一个离散值集合。

15.4.4 将特征向量赋给聚类

本节介绍算法的最后一个阶段。回顾可知，S 是对 X 应用开运算和闭运算后得到的离散集合。设 $C_1',\cdots,C_m'$ 是在 S 中由 CDADV 算法形成的聚类。当前任务的目的是，在 X 中确定对应于聚类 $C_i',i=1,\cdots,m$ 的 m 个聚类 $C_1,\cdots,C_m$。

将 X 中的向量赋给聚类的算法分为两步。在第 1 步中，考虑满足 $[\boldsymbol{y}]\in S$[①] 的所有向量 $\boldsymbol{x}\in X$。若 $[\boldsymbol{y}]$ 属于 C_i'，则算法将向量 $\boldsymbol{x}$ 赋给聚类 C_i。设 X' 是在这一步赋给聚类的向量集。在第 2 步中，算法将 $X-X'$ 中的每个点赋给最近的 $C_j,j=1,\cdots,m$。

① $[\boldsymbol{y}]$ 表示 l 维向量，它的第 i 个坐标是 l 维向量 $\boldsymbol{y}$ 的第 i 个坐标的整数部分。

15.4.5 算法

介绍具体的步骤后，下面继续介绍基于二值形态学的集聚算法。

基于二值形态学的集聚算法（BMCA）

- 第 1 阶段：对数据集 X 进行离散化，设 S 是得到的离散二值集合
- 第 2 阶段：
  - (a) 使用预先选定的结构元 T，对 S 应用开运算，得到 S_T
  - (b) 使用 T 对 S_T 应用闭运算。设 $S_1=(S_T)^{\mathrm{T}}$ 是得到的集合
- 第 3 阶段：使用 CDADV 算法求出 S_1 中的聚类
- 第 4 阶段：基于 S_1 中形成的聚类，求出 X 中的聚类

注意，在算法的第 2 阶段，可以采用不同的形态学运算。例如，可以使用开运算或闭运算，或者反序使用两种运算。

BMCA 对参数 r 和结构元 T 敏感。这些参数会过高或过低估计 X 中的聚类数。当 X 中包含聚类时，对于大范围的参数值，预计它们的数量保持不变（第 12 章遇到过类似的情况）。基于这一假设，我们使用不同的 r 和 T 值来运行该算法的前 3 个阶段（为简单起见，假设 T 是超立方体，因此可以变化的唯一参数是边长 a）。然后，我们画出 r 和 a 与得到的聚类数量的关系曲线，并考虑聚类数量保持不变的最大(r, a)范围；最后将 r 和 a 选为对应于上述区域的中点的值。使用这些值，我们就可使用 BMCA 算法来确定 X 中的聚类。

这个过程的主要缺点是计算开销较大，因为要考虑 r 和 a 的多个组合。降低开销的方法之一是将其中的一个参数固定为某个合理的值（可行时），而只对另一个参数应用该过程。

观察发现，当 X 中的聚类是致密的且分隔良好时，Isodata 算法要优于 BMCA 算法（见习题 15.6），反之则不然。考虑下面的例子。

例 15.8　设 X 是由 1000 个向量组成的数据集，其中前 500 个 (x_{i_1}, x_{i_2}) 定义为

$$x_{i_1}=(i-1)\frac{2s}{500}$$

$$x_{i_2}=\sqrt{s^2-x_{i_1}^2}+z_i$$

式中 $s=10$，z_i 源自均值为 0、方差为 1 的高斯分布，$i=1,\cdots,500$。类似地，剩下的向量 (x_{i_1}, x_{i_2}) 定义为

$$x_{i_1}=b_1+(i-501)\frac{2s}{500}$$

$$x_{i_2}=b_2+\sqrt{s^2-(x_{i_1}-b_1)^2}+z_i'$$

式中，$b_1=-10, b_2=3, s=10$，且 z_i' 来自均值为 0、方差为 1 的正态分布，$i=501,\cdots,1000$。不难看出，前 500 个特征向量分布在以(0, 0)为圆心、以 10 为半径的上个半圆的周围。类似地，后 500 个特征向量分布在以(−10, 3)为圆心、以 10 为半径的下个半圆的周围［见图 15.18(a)］。

显然，在 X 中形成了两个聚类，它们都不能用单个代表点来表征。在本例中，我们使用例 15.5 定义的 3×3 结构元，且 $r=25$，采用两个向量间的欧氏距离。由离散过程得到离散二值集

合 S 如图 15.18(b)所示。图 15.18(c)中显示了 T 对 S 的开运算结果，图 15.18(d)显示了 T 对 S_T 的闭运算结果。最终集合中的两个聚类具有很好的可分性。应用 BMCA 算法的第 3 阶段后，识别了这两个聚类。最后，算法的第 4 阶段识别了 X 中的聚类，得到的结果相当完美。前 500 个向量中只有两个向量被错误地分类，后 500 个向量中只有一个向量被错误地分类。因此，X 中 99.7%的向量被正确地分类。与此形成鲜明对比的是，Isodata 算法的结果要差很多。

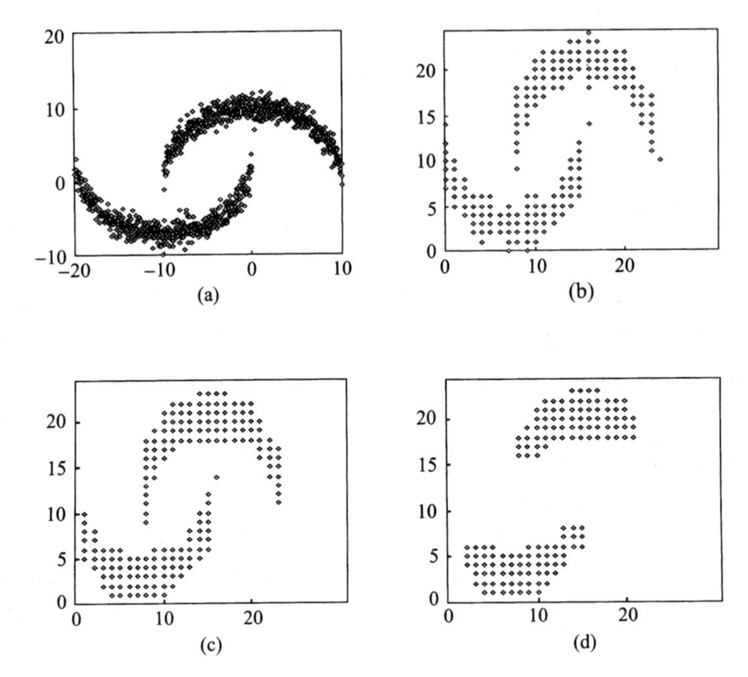

图 15.18　(a) 原始数据集 X；(b) 离散化 X 后得到的集合 S；(c) T 对 S 开运算后的结果；(d) T 对 S_T 闭运算后的结果

15.5　边界检测算法

前面讨论的大多数算法都是根据向量与聚类之间的距离或者聚类之间的距离来确定聚类的。本节将讨论一种不同的方法，它通过估计分隔聚类之间的边界面来形成聚类[Atiy 90]，适用于致密的聚类。这种方法的原理非常简单，即致密聚类可视为 l 维空间中的致密区域，这些区域由数据向量中的稀疏区域分隔。因此，我们可以首先估计边界，然后迭代地将其移向数据向量中的稀疏区域。

首先考虑有两个聚类的情形。设 $g(\boldsymbol{x};\boldsymbol{\theta})$ 是描述两个聚类之间的决策边界的函数，其中 $\boldsymbol{\theta}$ 是描述曲面的一个未知参数向量。如果对特定的 $\boldsymbol{x}$ 有 $g(\boldsymbol{x};\boldsymbol{\theta})>0$，那么 $\boldsymbol{x}$ 属于第一个聚类，记为 C^+；否则，$\boldsymbol{x}$ 属于第二个聚类，记为 C^-。目的是确定未知向量 $\boldsymbol{\theta}$。这种情况类似于监督分类，监督分类使用特征向量的标注信息来确定类别之间的边界。然而，这里没有可用的信息。在当前情况下，$\boldsymbol{\theta}$ 的调整只依赖于 X 中的向量到决策边界之间的距离。

为此，我们定义一个代价函数 J，最大化该函数将得到 $\boldsymbol{\theta}$ 的局部最优值。J 的定义为

$$J(\boldsymbol{\theta})=\frac{1}{N}\sum_{i=1}^{N}f^2\left(g(\boldsymbol{x}_i;\boldsymbol{\theta})\right)-\left(\frac{1}{N}\sum_{i=1}^{N}f(g(\boldsymbol{x}_i;\boldsymbol{\theta}))\right)^{2q} \tag{15.34}$$

式中，q 是一个正整数，$f(x)$是一个单调递增且对称的压缩函数，满足

$$\lim_{x\to+\infty} f(x)=1,\qquad \lim_{x\to-\infty} f(x)=-1,\qquad f(0)=0 \tag{15.35}$$

通常选择的函数是双曲正切函数，

$$f(x)=\frac{1-\mathrm{e}^{-x}}{1+\mathrm{e}^{-x}}$$

式(15.34)中两项的最大值都是 1。此外，$J(\boldsymbol{\theta})$是非负的，因为

$$J(\boldsymbol{\theta}) \geqslant \frac{1}{N}\sum_{i=1}^{N}\left(f(g(\boldsymbol{x}_i;\boldsymbol{\theta}))-\frac{1}{N}\sum_{k=1}^{N}f(g(\boldsymbol{x}_k;\boldsymbol{\theta}))\right)^2 \geqslant 0 \tag{15.36}$$

观察发现，当 X 中的所有 $\boldsymbol{x}\in X$ 都远离边界时，式(15.34)中的第一项最大。这时，$f^2(g(\boldsymbol{x}_i;\boldsymbol{\theta}))\to 1$，且第一项的值总是接近 1。然而，当 X 中的所有向量都位于边界的同一侧且远离边界时，上面的论述也成立。第二项的作用就是克服上述限制。事实上，在第二项$(\frac{1}{N}\sum_{i=1}^{N} f(g(\boldsymbol{x}_i;\boldsymbol{\theta})))^{2q}\to 1$时，$J(\boldsymbol{\theta})\to 0$，是 J 函数的最小值。q 的作用是控制第二项对代价函数 J 的影响。

下面考虑边界位于两个密集区域的中间的情况。这时，第二项对 J 的贡献很小。下面通过一个简单的例子来加以说明。假设决策面是一个超平面 H，且 H 的正（负）面有 k 个点到它的距离为 a（$-a$）。不难看出第二项为 0，而第一项为 $f^2(a\|\boldsymbol{\theta}\|)$。

下面采用最陡上升法来求$\boldsymbol{\theta}$的最优值。设θ_j是$\boldsymbol{\theta}$的一个坐标，则有

$$\theta_j(t+1)=\theta_j(t)+\mu\left.\frac{\partial J(\boldsymbol{\theta})}{\partial\theta_j}\right|_{\theta_j=\theta_j(t)}$$

或

$$\begin{aligned}\theta_j(t+1)=\theta_j(t)+\mu\Bigg(&\frac{2}{N}\sum_{i=1}^{N}f(g(\boldsymbol{x}_i;\boldsymbol{\theta}))\frac{\partial f(g(\boldsymbol{x}_i;\boldsymbol{\theta}))}{\partial g(\boldsymbol{x}_i;\boldsymbol{\theta})}\frac{\partial g(\boldsymbol{x}_i;\boldsymbol{\theta})}{\partial\theta_j}-\\ &\left.\frac{2q}{N}\left(\frac{1}{N}\sum_{i=1}^{N}f(g(\boldsymbol{x}_i;\boldsymbol{\theta}))\right)^{2q-1}\sum_{i=1}^{N}\frac{\partial f(g(\boldsymbol{x}_i;\boldsymbol{\theta}))}{\partial g(\boldsymbol{x}_i;\boldsymbol{\theta})}\frac{\partial g(\boldsymbol{x}_i;\boldsymbol{\theta})}{\partial\theta_j}\Bigg)\right|_{\theta_j=\theta_j(t)}\end{aligned} \tag{15.37}$$

对于 $g(\boldsymbol{x};\boldsymbol{\theta})$是一个超平面的简单情况，我们有

$$g(\boldsymbol{x};\boldsymbol{\theta})=\boldsymbol{w}^{\mathrm{T}}x+w_0$$

式中，$\boldsymbol{\theta}\equiv[\boldsymbol{w}\ w_0]^{\mathrm{T}}$。根据下面的公式，可由式(15.37)直接得到参数的更新方程：

$$\frac{\partial g(\boldsymbol{x};\boldsymbol{\theta})}{\partial w_j}=\begin{cases}x_j, & j=1,\cdots,l\\ 1, & j=0\end{cases}$$

得到的算法的公式相当简单，具体叙述如下。

边界检测算法（BDA）

- 为参数向量选择初始值$\boldsymbol{\theta}(0)$
- 用式(15.34)计算 $J(\boldsymbol{\theta}(0))$
- $t=0$
- 重复：
  - $t=t+1$

- 用式(15.37)计算$\boldsymbol{\theta}(t)$
- 用式(15.34)计算$J(\boldsymbol{\theta}(t))$

- 直到$\left|\dfrac{J(\boldsymbol{\theta}(t+1))-J(\boldsymbol{\theta}(t))}{J(\boldsymbol{\theta}(t))}\right|<\varepsilon$。

注意，$\boldsymbol{\theta}$的坐标不应无限增长。当$g(\boldsymbol{x};\boldsymbol{\theta})$对应于一个超平面时，$\boldsymbol{\theta}$的坐标的限制条件是$\|\boldsymbol{\theta}\|\leqslant a$，其中$a$是用户定义的一个参数。

下面考虑X中有两个以上的聚类的情况。这时要采用层次算法。首先使用边界检测算法将X分为2个聚类X^+和X^-，然后使用该算法将X^+（X^-）分为X^{+-}和X^{++}（X^{--}和X^{-+}）。接着，对得到的聚类迭代地应用这个过程，直到满足特定的终止条件。这个过程让我们想起了第4章中讨论的神经网络设计[Atiy 90]。

观察发现，如果形成的一个聚类C中没有稀疏区域，进一步分割将得到小的$J(\boldsymbol{\theta})$。因此，应该用一个合适的准则来检查聚类C中是否含有多个聚类，该准则如下：

$$J(\boldsymbol{\theta})\leqslant b$$

式中，b是用户定义的一个阈值。上述条件成立时，不允许进一步分割C。上述条件不成立时，可以对C进行分割，得到C^+和C^-。显然，b的值越小，定义的聚类数就越多；b值越大，具有良好边界的可接受聚类数就越少。因此，必须慎重选择b的值。

文献[Hinn 99]中讨论了OptiGrid算法，它对特征空间应用超平面网格来分离聚类。

15.6 寻谷集聚算法

这里讨论的算法与上节描述的算法类似。设$p(\boldsymbol{x})$是描述X中的向量的分布的密度函数。处理聚类问题的另一种方法是把聚类视为由波谷分隔的$p(\boldsymbol{x})$的波峰。在这种想法的启发下，我们可以寻找要识别的波谷，并将聚类的边界放在谷点位置。

下面讨论基于这一原理的有效迭代算法[Fuku 90]。再次设$V(\boldsymbol{x})$是$\boldsymbol{x}$的局部区域，即

$$V(\boldsymbol{x})=\{\boldsymbol{y}\in X-\{\boldsymbol{x}\}: d(\boldsymbol{x},\boldsymbol{y})\leqslant a\} \tag{15.38}$$

式中，a是用户定义的一个参数。距离$d(\boldsymbol{x},\boldsymbol{y})$取为

$$d(\boldsymbol{x},\boldsymbol{y})=(\boldsymbol{y}-\boldsymbol{x})^{\mathrm{T}}A(\boldsymbol{y}-\boldsymbol{x}) \tag{15.39}$$

式中，$\boldsymbol{A}$是一个对称的正定矩阵。设k_j^i是属于$V(\boldsymbol{x}_i)$的第j个聚类中的向量数，但$\boldsymbol{x}_i$除外。设$c_i\in\{1,\cdots,m\}$是$\boldsymbol{x}_i$, $i=1,\cdots,N$所属的聚类。于是，该算法的陈述如下。

寻谷算法

- 固定a
- 固定聚类数m
- 定义X的一个初始聚类
- 重复：
  - For $i=1$ to N

- ○ 求 $j: k_j^i = \max_{q=1,\cdots,m} k_q^i$ [①]
- ○ 设 $c_i = j$
- End {For}
- For $i = 1$ to N
  - ○ 将 $\boldsymbol{x}_i$ 赋给聚类 C_{c_i}
- End {For}
- 直到向量中不再出现聚类

注释

- 观察发现，上述算法与第 2 章讨论的估计概率密码函数的 Parzen 窗法非常相似。事实上，该算法只是在 $\boldsymbol{x}$ 处移动一个窗口 $d(\boldsymbol{x}, \boldsymbol{y}) \leqslant a$，并统计来自不同聚类的点数，然后将向量 $\boldsymbol{x}$ 赋给窗口内点数最多的聚类。也就是说，将向量赋给具有最大局部概率密度分布密度的聚类，等同于让边界远离“获胜的”聚类。
- 上述算法是模式搜索算法；也就是说，如果预先初始化了过多的聚类，那么有的聚类可能是空的。

例 15.9　(a) 考虑图 15.19(a)。X 由 $\boldsymbol{x}_1 = [0, 1]^{\mathrm{T}}, \boldsymbol{x}_2 = [1, 0]^{\mathrm{T}}, \boldsymbol{x}_3 = [1, 2]^{\mathrm{T}}, \boldsymbol{x}_4 = [2, 1]^{\mathrm{T}}, \boldsymbol{x}_5 = [1, 1]^{\mathrm{T}}, \boldsymbol{x}_6 = [5, 1]^{\mathrm{T}}, \boldsymbol{x}_7 = [6, 0]^{\mathrm{T}}, \boldsymbol{x}_8 = [6, 2]^{\mathrm{T}}, \boldsymbol{x}_9 = [7, 1]^{\mathrm{T}}, \boldsymbol{x}_{10} = [6, 1]^{\mathrm{T}}$ 组成，使用的是欧氏距离的平方。

初始集聚包含两个聚类，如图 15.19(a)所示。图中的决策线 b_1 分隔了两个聚类[见图 15.19(a)]。设 $a = 1.415$[②]。算法迭代一次后，$\boldsymbol{x}_4$ 赋给了由“$\boldsymbol{x}$”表示的聚类。这等同于将分隔两个聚类的决策线移向了两个高密度区域之间的波谷。

(b) 下面考虑图 15.19(b)，数据集 X 无变化。除了将 $\boldsymbol{x}_6$ 赋给由“$\boldsymbol{x}$”表示的聚类，初始集聚不变。用 3 条曲线 b_1, b_2 和 b_3 来分隔聚类。算法迭代一次后，$\boldsymbol{x}_4$ 赋给了由“×”表示的聚类，$\boldsymbol{x}_6$ 赋给了由“o”表示的聚类。这等同于将 b_1 和 b_2 移向两个波峰之间的波谷，即 b_3 的位置。

(c) 最后考虑图 15.19(c)，X 仍然保持不变，初始集聚包含 3 个聚类，分别用“×”“o”和“*”表示。初始集聚与(b)的几乎一样，只是 $\boldsymbol{x}_4$ 和 $\boldsymbol{x}_6$ 赋给了聚类“*”，$\boldsymbol{x}_5$ 赋给了聚类“o”，$\boldsymbol{x}_{10}$ 赋给了聚类“×”。决策面由 $b_i, i = 1,\cdots,4$ 组成。算法迭代一次后，$\boldsymbol{x}_4, \boldsymbol{x}_5$ 赋给了聚类“×”。类似地，$\boldsymbol{x}_6, \boldsymbol{x}_{10}$ 赋给了聚类“o”。最后，剩下的向量保持在初始集聚中。注意，尽管初始化时考虑了 3 个聚类，但在算法结束时只剩下两个聚类，因为只有两个波峰。此外，在所有情况下，决策线都移向两个波峰之间的波谷。

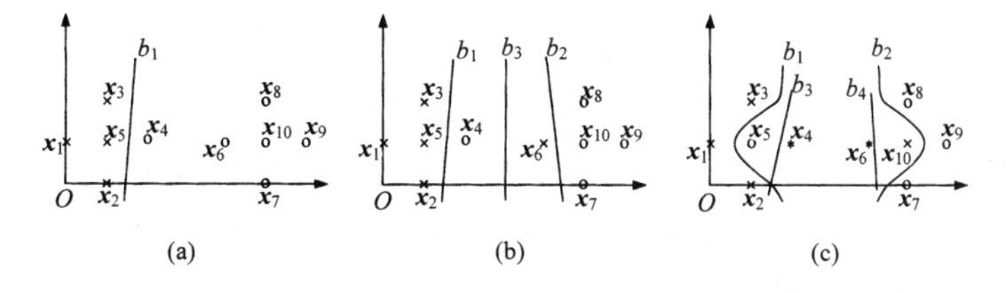

图 15.19　(a) 例 15.9(a)的数据；(b) 例 15.9(b)的数据；(c) 例 15.9(c)的数据

① 如果出现多个最大值，那么选择序号最小的那个最大值。

① 该数值要稍大于 $\sqrt{2}$。

要强调的是，该算法对参数 a 的值敏感。因此，应取不同的 a 值运行算法多次，仔细分析得到的结果。

文献[Fuku 90]中讨论了另一种原理相同的方法，它将 X 中的向量 $\boldsymbol{x}_i \in X$ 移向 $\partial p(\boldsymbol{x})/\partial \boldsymbol{x}$ 的方向来识别 X 中的聚类，这个方向是在 $\boldsymbol{x}_i$ 处用 $\eta \partial p(\boldsymbol{x})/\partial \boldsymbol{x}$ 计算的，其中 η 是用户定义的一个参数。反复执行上述过程，属于同一个聚类的点收敛到空间中的同一点（文献[Fuku 90]中给出了估计 $p(\boldsymbol{x})$ 的梯度方法）。文献[Touz 88, Chow 97]中给出了其他的算法。

15.7　代价优化集聚回顾

本节介绍已成功用于许多领域的 4 种优化算法。

15.7.1　分支定界集聚算法

第 5 章中说过，根据预先指定的准则（代价）函数 J，分支定界算法计算组合问题的全局最优解，克服了穷尽搜索的缺点①，并且可以使用单调准则。也就是说，如果 X 中的 k 个向量已经赋给了各个聚类，那么将一个额外的向量赋给一个聚类不会减小 J 的值。

为加深对这些算法的认识，下面考虑一个例子。假设我们的目的是找到将三个向量赋给两个聚类的（相对于准则 J 的）最优方法。为此，我们构建图 15.20 中的分类树。每个节点都由 3 个字符串（如 12x）表征。例如，字符串“122”表示将第 1 个向量赋给聚类 1，将其他两个向量赋给聚类 2；类似地，“1xx”表示将第 1 个向量赋给聚类 1，其他两个向量不分配。第 1 个向量总是赋给聚类 1。注意，每个叶节点对应于一个聚类，叶节点的数量等于将 3 个向量赋给两个聚类的聚类数。所有的其他节点对应于部分聚类，即不是 X 中的所有向量都赋给某个聚类。

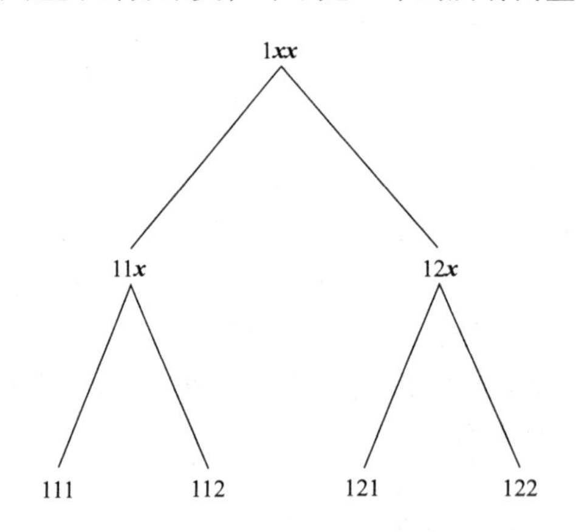

图 15.20　两个聚类中的 3 个向量组的分类树

下面了解在什么地方能够节省计算量。假设现在处于算法的某步迭代，准则 J 的最好计算值是 B。那么，如果某个节点的 J 值远大于 B，那么不必搜索这个节点的所有后代，因为准则的单调性确保了这个节点的所有后代的 J 值不小于 B。

具体地说，设 $C_r=[c_1,\cdots,c_r]$, $1\leqslant r\leqslant N$ 是一个部分聚类，其中 $c_i\in\{1,2,\cdots,m\}$，如果向量 $\boldsymbol{x}_i$ 属于聚类 C_j，那么 $c_i=j$，并且向量 $\boldsymbol{x}_{r+1},\cdots,\boldsymbol{x}_N$ 未赋给任何聚类。

① 下面我们只考虑最小化问题。

下面集中讨论致密聚类，我们将给出一个简单的分支定界算法[Koon 75]。假设聚类数 m 是固定的。准则函数定义为

$$J(\mathcal{C}_r) = \sum_{i=1}^{r} \|\boldsymbol{x}_i - \boldsymbol{m}_{c_i}(\mathcal{C}_r)\|^2 \tag{15.40}$$

式中，$\boldsymbol{m}_{c_i}$ 是聚类 C_{c_i} 的均值向量，也就是说，

$$\boldsymbol{m}_j(\mathcal{C}_r) = \frac{1}{n_j(\mathcal{C}_r)} \sum_{\{q=1,\cdots,r:c_q=j\}} \boldsymbol{x}_q, \qquad j = 1,\cdots,m \tag{15.41}$$

$n_j(\mathcal{C}_r)$是属于聚类 C_j 的向量 $\boldsymbol{x}\in\{\boldsymbol{x}_1,\cdots,\boldsymbol{x}_r\}$的数量。注意，计算聚类的均值向量时，只需考虑前 r 个向量。假设 $J(\mathcal{C}_1)=0$。容易验证

$$J(\mathcal{C}_{r+1}) = J(\mathcal{C}_r) + \Delta J(\mathcal{C}_r) \tag{15.42}$$

式中，$\Delta J(\mathcal{C}_r)\geqslant 0$。换句话说，当下一个向量赋给一个聚类后，$\Delta J(\mathcal{C}_r)$表示 J 值的增量。更准确地说，假设 $r+1$ 个向量已赋给聚类 C_j，可以证明

$$\Delta J(\mathcal{C}_r) = \frac{n_j(\mathcal{C}_r)}{n_j(\mathcal{C}_r)+1}\|\boldsymbol{x}_{r+1} - \boldsymbol{m}_j(\mathcal{C}_r)\|^2 \tag{15.43}$$

设 $C_N^* = [c_1^*,\cdots,c_N^*]$ 表示最优聚类。于是，序号 r 表示当前正考虑赋给聚类的向量。于是，算法的陈述如下。

分支定界聚类（BBC）算法

$r=1$

$B=+\infty$

While $r\neq 0$ do

- If($\boldsymbol{J}(\mathcal{C}_r)<B$) AND ($r<N$)　then
  - $r=r+1$
  - 在所有还未测试的 $\boldsymbol{x}_r$ 的可能分配 c_r 中，选择使得$\Delta J(\mathcal{C}_r)$最小的那一个①
- End {If}
- If($J(\mathcal{C}_r)<B$) AND ($r=N$)　then
  - $\mathcal{C}_N^*=\mathcal{C}_N$
  - $B=J(\mathcal{C}_N)$
- End {If}
- If(($J(\mathcal{C}_r)\leqslant B$) AND ($r=N$) OR ($J(\mathcal{C}_r)>B$)　then
  - (A) $r=r-1$
  - If ($r=0$)　then
    - Stop
  - Else
    - 如果对第 r 个向量穷尽了从该节点分支的所有聚类，那么
      - — Go to (A)

① 如果使得$\Delta J(C_r)$ 最小的 C_r不止一个，那么选择最小的那个。

○ Else

— $r = r + 1$

— 在所有还未测试的 c_r 中，选择使得$\Delta J(\mathcal{C}_r)$最小的另一条路径

○ End {If}

• End {If}

● End {If}

End {While}

这个算法从树的初始节点开始向下查找，直到(i)到达一个叶节点，或者(ii)到达一个代价函数值大于 B 的节点 q。在情况(i)下，如果对应于该叶节点的聚类的代价小于B，那么这个代价就成为新的界限，且该聚类是到目前为止最好的聚类；在情况(ii)下，不再考虑所有从 q 分支的子聚类，我们说它们已被穷尽。然后，算法回到 q 的父节点，查找另一条路径。如果考虑了所有从 q 的父节点分支的路径，那么就回到 q 的祖父节点。[通过情况(ii)]显式或隐式地考虑了所有可能的路径后，算法终止。显然，最初，BBC 算法形成了从树的初始节点到一个叶节点的一条完整路径。对应于该叶节点的聚类代价函数就是 B 的新值。

显然，越接近上界 B，就会拒绝越多的路径。文献[Koon 75]给出了这个算法的一些改进形式，它们使用了 B 的更好估计值；文献中还建议使用靠近下界 B 的最优 J 值代替 $J(\mathcal{C}_r)$，这会拒绝更多的聚类。

这个算法的主要缺点是，即使是中等的 N 值，计算开销也很大①。另外，计算时间是不可预测的。这个问题的解决方法是，在预选的时间段内运行算法，并使用当前最好的集聚算法。显然，在这种情况下，不能保证求出全局最优聚类。文献[Yu 93,Chen 95]中给出了一些分支定界算法，它们通过减少 J 的冗余估计值节省了计算开销。

15.7.2 模拟退火

这是一个全局最优算法。具体地说，在某些条件下，该算法通过最小化代价函数 J，可在概率上保证计算具体问题的全局最优解。该算法由 Kirkpatrick 等人提出[Kirk 83]（见文献[Laar 87]），灵感来处物理学中的冷凝问题②。与只能在代价函数 J 减小的方向校正未知参数的算法相比，这个算法允许（临时）向 J 值增大的方向移动，因此可避免陷入局部极小的问题。

这个算法的一个非常重要的参数是温度 T，它是物理系统中的模拟温度。该算法从一个高温开始，随后温度逐渐下降。“扫描”是给定温度上持续的时间，以便系统进入“热平衡状态”。设 $T_{\max}$ 和 C_{init} 分别是初始温度 T 和初始聚类，C 是当前的聚类，t 是当前的扫描。在聚类环境中，模拟退火算法表述如下。

聚类模拟退火算法

● 设 $T = T_{\max}$，$\mathcal{C} = \mathcal{C}_{\text{init}}$

● $t = 0$

● 重复：

① 这是全局优化方法的共同特点。

② 该算法与中心点算法有一些共同的特点[Metr 53]。

- $t = t + 1$
- 重复：
  - 计算 $J(\mathcal{C})$
  - 将从 X 中随机选择的向量赋给一个不同的聚类，生成一个新聚类$\mathcal{C}'$
  - 计算 $J(\mathcal{C}')$
  - If $\Delta J = J(\mathcal{C}') - J(\mathcal{C}) < 0$ then
- (A) $\mathcal{C} = \mathcal{C}'$
  - Else
- (B) $\mathcal{C} = \mathcal{C}'$，概率为 $P(\Delta J) = \mathrm{e}^{-\Delta J/T}$
  - End if
- 直到在该温度达到平衡状态
- $T = f(T_{\max}, t)$
- 直到 T 达到预定义值 $T_{\min}$

显然，高温意味着允许向量在聚类之间进行所有的移动，因为当 $T \to \infty$时，有 $P(\Delta J)\approx 1$；低温度意味着几乎不允许(B)类运动。最后，当温度趋于零时，这类移动的概率也趋于零。因此，随着 T 的下降，更可能形成对应于较低 J 值的聚类。另一方面，保持 T 值为正可以大概率地避免陷入局部极小的问题。

该算法的一个难点是在某个特定的温度下确定平衡状态。这种情下的一个启发性原则是，如果连续随机地重新分配 k 个模式后，C 仍然保持不变，那么认为达到平衡状态（典型 k 值是数千），详细探讨见文献[Klei 89]。同时，另一个要点是降温计划。业已证明，如果

$$T = T_{\max} / \ln(1 + t) \tag{15.44}$$

那么算法以概率 1 收敛到全局极小值[Gema 84]。然而，这个降温计划太慢。文献[Szu 86]中讨论了更快的降温计划。尽管如此，该算法的主要缺点仍然是计算开销非常大。

最后，文献[A1-S 93]中使用模糊聚类进行了模拟退火。文献[Klei 89, Brow 92]中给出了集聚问题中的模拟退火实验。

15.7.3 确定性退火

这是结合了模拟退火和确定性集聚算法的优点的一种混合参数算法。与通过随机扰动当前聚类来得到连续聚类的模拟退火相比，确定性退火不会出现随机扰动。另一方面，代价函数也稍有变化，目的是适应参数$\beta = 1/T$，其中 T 的定义与模拟退火算法中的相同①。与模拟退火相比，确定性退火类似于物质温度变化时观察到的相变现象[Rose 91]。

在这种框架下，采用了代表集 $\boldsymbol{w}_j, j = 1,\cdots, m$（$m$ 是固定的），目的是将它们放到合适的位置，使失真函数的值最小。为此，构建了下面的“有效”代价函数 J[Rose 91]：

$$J = -\frac{1}{\beta}\sum_{i=1}^{N}\ln\left(\sum_{j=1}^{m}\mathrm{e}^{-\beta d(\boldsymbol{x}_i, \boldsymbol{w}_j)}\right) \tag{15.45}$$

---

① 我们选择β 来代替 T，因为该记法更适用于这个算法。

式中，m 是聚类数。求 J 关于代表 $\boldsymbol{w}_r$ 的微分并设其为零，可得

$$\frac{\partial J}{\partial \boldsymbol{w}_r}=\sum_{i=1}^{N}\left(\frac{\mathrm{e}^{-\beta d(\boldsymbol{x}_i,\boldsymbol{w}_r)}}{\sum_{j=1}^{m}\mathrm{e}^{-\beta d(\boldsymbol{x}_i,\boldsymbol{w}_j)}}\right)\frac{\partial d(\boldsymbol{x}_i,\boldsymbol{w}_r)}{\partial \boldsymbol{w}_r}=0 \tag{15.46}$$

显然，括号内的比值的值域是[0, 1]，且对于特定的 $\boldsymbol{x}_i$，所有这些项的和为 1。因此该表达式可视为 $\boldsymbol{x}_i$ 属于 C_r 的概率 $P_{ir}, r=1,\cdots,m$。于是，式(15.46)可以写为

$$\sum_{i=1}^{N}P_{ir}\frac{\partial d(\boldsymbol{x}_i,\boldsymbol{w}_r)}{\partial \boldsymbol{w}_r}=0 \tag{15.47}$$

对于固定的 $\boldsymbol{x}$，假设 $d(\boldsymbol{x},\boldsymbol{w})$ 是 $\boldsymbol{w}$ 的凸函数。注意，当 $\beta=0$ 时，对所有 $\boldsymbol{x}_i, i=1,\cdots,N$，$P_{ij}$ 都等于 $1/m$。于是，式(15.47)变为

$$\sum_{i=1}^{N}\frac{\partial d(\boldsymbol{x}_i,\boldsymbol{w}_r)}{\partial \boldsymbol{w}_r}=0 \tag{15.48}$$

由于 $d(\boldsymbol{x},\boldsymbol{w})$ 是凸函数，所以 $\sum_{i=1}^{N}d(\boldsymbol{x}_i,\boldsymbol{w}_r)$ 也是凸函数，因此该函数有一个能用梯度下降法算得的唯一最小值。这时，得到的所有代表都与这个唯一的全局极小值一致。也就是说，所有的数据都属于单个聚类。当 β 值增大时，它达到相变发生的临界值（即概率 P_{ir} 距离均匀模型足够远）；也就是说，聚类不再由单个代表来最优地表示。因此，为了在新相中提供数据集的最优表示，要分裂这些代表。β 值进一步增大会导致一个新相变，并进一步分裂各个代表。当选择的 m 大于实际的聚类数时，可以确保算法正确地表示数据集。在最坏情况下，有些表达会重合。

注意，随着 β 的增大，概率 P_{ij} 远离均匀模型，且逼近硬聚类模型；也就是说，对所有 $\boldsymbol{x}_i$，对某些 r 有 $P_{ir}\approx 1$，对 $j\neq r$ 有 $P_{ir}\approx 0$。

因此，算法的终止条件是，将每个向量赋给某个聚类的概率接近 1。文献[Rose 91]中讨论了增大 β 值的计划。虽然模拟结果显示了该算法的性能令人满意，但它不保证得到全局最优的聚类。关于确定性退火的其他应用，请参阅文献[Hofm 97, Beni 94]。

15.7.4 使用遗传算法集聚

遗传算法的灵感来自达尔文的自然选择说。这些算法根据某个预先规定的准则函数 J，以新解要好于旧解的方式，对问题的多个解应用某些算子。这个过程迭代预先规定的次数，算法的输出是上一批解中最好的解，或是算法演化期间得到的最好的解。

一般来说，问题的解是已编码的①，且要对已编码的解应用一些算子。编码解的方式对遗传算法的性能有重要影响。不合适的编码会导致较低的性能。

遗传算法使用的算子模仿自然选择的方式。最常用的算子是复制、交叉和变异。复制算子以一定的概率确保：当前种群中的某个解越好（坏），它在下个种群中的副本就越多（少）。应用复制算子后，对产生的临时种群应用交叉算子，随机选择一对解，并在随机的位置分裂它们，交换它们的第二部分。最后，应用复制和交叉算子后，使用变异算子随机选择一个解的一个元素，并以一定的概率更改它。最后一个算子可视为避免隐入局部极小问题的一种方式。除了这三个算子，有些文献中还提出了其他的算子（如文献[Mich 94]）。

① 也可使用二值代表和更一般的代表。

除对解编码外，其他参数也会影响算法的性能，如种群 p 中的解的数量①、为交叉算子选择两个解的概率、解的一个元素变异的概率等。

人们提出了用于集聚的几种遗传算法，见文献[Bhan 91, Andr 94, Sche 97, Maul 00, Tsen 00]。下面简要讨论适用于硬集聚的简单参数算法。假设聚类数 m 是固定的。如前所述，我们首先考虑如何对解编码。简单（但不唯一）的一种方法是，使用代表形成如下的字符串：

$$[\boldsymbol{w}_1, \boldsymbol{w}_2, \cdots, \boldsymbol{w}_m] \tag{15.49}$$

或

$$[w_{11}, w_{12}, \cdots, w_{1l}, w_{21}, w_{22}, \cdots, w_{2l}, \cdots, w_{m1}, w_{m2}, \cdots, w_{ml}] \tag{15.50}$$

使用的代价函数是

$$J = \sum_{i=1}^{N} u_{ij} d(\boldsymbol{x}_i, \boldsymbol{w}_j) \tag{15.51}$$

式中，

$$u_{ij} = \begin{cases} 1, & d(\boldsymbol{x}_i, \boldsymbol{w}_j) = \min_{k=1,\cdots,m} d(\boldsymbol{x}_i, \boldsymbol{w}_k) \\ 0, & \text{其他} \end{cases} \quad i = 1, \cdots, N \tag{15.52}$$

交叉算子允许的切割点位于不同的代表之间。此外，在这种情况下，变异算子随机选择一个解的一个向量的坐标，并随机地将一个小随机数加到这个坐标上。

另一种算法如下。在对当前的种群应用复制算子之前，先运行硬集聚算法 p 次，每次使用当前种群中的一个不同的解作为初始状态。硬集聚算法收敛后，产生的 p 个解形成一个新种群，对该种群再次应用复制算子。由于得到的 p 个解是代价函数的局部极小值，因此希望这种变化能带来更好的结果。这种改进的算法已用于彩色图像的量化中，且结果是令人满意的[Sche 97]。

15.8　核集聚算法

第 5 章中简单介绍了最小闭（超）球体问题（即包含向量空间 X 中的所有点的体积最小的球体，见习题 5.20）。文献[Tax 99]中以更松弛的条件（即允许数据集中的某些点位于球体之外）讨论了这个问题，因此对离群点不敏感。现在，优化任务类似于软边缘 SVM，且可表示为

$$\text{最小化}\, r^2 + C\sum_{i=1}^{N} \xi_i \tag{15.53}$$

$$\text{约束}\, ||\boldsymbol{x} - \boldsymbol{c}||^2 \leqslant r^2 + \xi_i,\ i = 1, 2, \cdots, N \tag{15.54}$$

$$\xi_i \geqslant 0, \quad i = 1, 2, \cdots, N \tag{15.55}$$

换句话说，以 r 为半径、以 $\boldsymbol{c}$ 为中心，包围 X 中的数据点的球体是最小的。然而，允许 X 中的某些点位于球体之外（$\xi > 0$），同时要求数据点的数量尽量少［由式(15.53)中的第二项决定］。上述约束问题的拉格朗日算子（见第 3 章和附录 C）表示为

② 它可以是固定值或变化值。

$$\mathcal{L}(r,\boldsymbol{c},\xi,\mu,\lambda) = r^2 + C\sum_{i=1}^{N}\xi_i - \sum_{i=1}^{N}\mu_i\xi_i - \sum_{i=1}^{N}\lambda_i\left(r^2 + \xi_i - ||\boldsymbol{x}_i - \boldsymbol{c}||^2\right) \tag{15.56}$$

取上式的导数并设其为零，得到 Wolfe 对偶形式：

$$\max_{\lambda}\left(\sum_{i=1}^{N}\lambda_i\boldsymbol{x}_i^T\boldsymbol{x}_i - \sum_{i=1}^{N}\sum_{j=1}^{N}\lambda_i\lambda_j\boldsymbol{x}_i^T\boldsymbol{x}_j\right) \tag{15.57}$$

$$约束0 \leqslant \lambda_i \leqslant C,\ i = 1,2,\cdots,N \tag{15.58}$$

$$\sum_{i=1}^{N}\lambda_i = 1 \tag{15.59}$$

KKT 条件是

$$\mu_i\xi_i = 0 \tag{15.60}$$

$$\lambda_i\left[r^2 + \xi_i - ||\boldsymbol{x}_i - \boldsymbol{c}||^2\right] = 0 \tag{15.61}$$

$$\boldsymbol{c} = \sum_{i=1}^{N}\lambda_i\boldsymbol{x}_i \tag{15.62}$$

$$\lambda_i = C - \mu_i,\ i = 1,2,\cdots,N \tag{15.63}$$

由上述条件可以推得如下注释：

- 只有$\lambda_i \neq 0$ 的点才对最优球体［式(15.62)］中心的定义有贡献，称这些点为支持向量。
- $\xi_i > 0$ 的点对应于$\mu_i = 0$［式(15.60)］，可得$\lambda_i = C$［见式(15.63)］，且由式(15.61)可知这些点位于球体之外，称这些点为有界支持向量。
- $0 < \lambda_i < C$ 的点对应于$\mu_i > 0$，可得$\xi_i = 0$［见式(15.60)］，由式(15.61)知这些点位于球面上。
- $\lambda_i = 0$ 的点对应于$\xi_i = 0$。由式(15.61)可知，位于球体内的所有点必定满足这两个条件。

由第 4 章中介绍的 SVM 理论可知，如果采用核函数技巧将输入空间 X 映射到了高维希尔伯特空间 H，那么我们到目前为止所说的内容是成立的。现在，任务变成

$$\max_{\lambda}\left(\sum_{i=1}^{N}\lambda_iK(\boldsymbol{x}_i,\boldsymbol{x}_i) - \sum_{i=1}^{N}\sum_{j=1}^{N}\lambda_i\lambda_jK(\boldsymbol{x}_i,\boldsymbol{x}_j)\right) \tag{15.64}$$

$$约束0 \leqslant \lambda_i \leqslant C,\ i = 1,2,\cdots,N \tag{15.65}$$

$$\sum_{i=1}^{N}\lambda_i = 1 \tag{15.66}$$

文献[Ben 01]中提出了使用最小闭包球体来识别数据集 X 中的集聚结构的一种算法。下面，我们将由所用核函数推导的从原始空间 X 到高维空间 H 的（隐式）映射记为

$$\boldsymbol{x} \in X \longrightarrow \phi(\boldsymbol{x}) \in H \tag{15.67}$$

$\boldsymbol{\phi}(\boldsymbol{x})$与最优球体中心 $\boldsymbol{c} = \sum_i \lambda_i\boldsymbol{\phi}(\boldsymbol{x}_i)$［见式(15.62)］的距离等于

$$r^2(\boldsymbol{x}) \equiv ||\phi(\boldsymbol{x}) - \boldsymbol{c}||^2 = \phi^{\mathrm{T}}(\boldsymbol{x})\phi(\boldsymbol{x}) \tag{15.68}$$

$$+ \boldsymbol{c}^{\mathrm{T}}\boldsymbol{c} - 2\phi^{\mathrm{T}}(\boldsymbol{x})\boldsymbol{c} \tag{15.69}$$

或

$$r^2(\boldsymbol{x}) = K(\boldsymbol{x}, \boldsymbol{x}) + \sum_{i=1}^{N}\sum_{j=1}^{N}\lambda_i\lambda_j K(\boldsymbol{x}_i, \boldsymbol{x}_j) - \tag{15.70}$$

$$2\sum_{i=1}^{N}\lambda_i K(\boldsymbol{x}, \boldsymbol{x}_i) \tag{15.71}$$

显然，对于任何支持向量 $\boldsymbol{x}_i$，这个函数都等于最优球体的半径，即

$$r^2(\boldsymbol{x}_i) = r^2 \tag{15.72}$$

在原始向量空间 X 中形成的等值线由下面的点定义：

$$\{\boldsymbol{x} : r(\boldsymbol{x}) = r\} \tag{15.73}$$

这些点形成了聚类的边界。显然，这些等值线的形状严重依赖于所用的核函数。前面说过，X 中的向量（H 中的映像）是位于等值线上的支持向量（$0 < \lambda_i < C$）；球体内的映像点（$\lambda_i = 0$）位于这些等值线的内部；球体外的映像点（$\lambda_i = C$）位于这些等值线的外部，如图 15.21 所示。

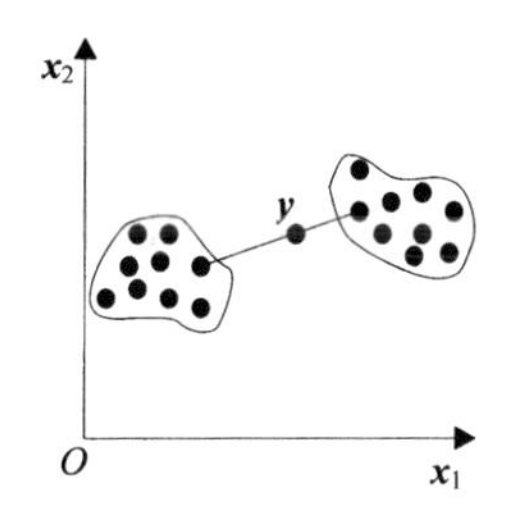

图 15.21　过等值线的直线段上的点 $\boldsymbol{y}$，在最小闭球体之外有一个映像

当然，等值线不足以定义聚类。文献[Ben 01]中提出了一种区分相同和不同聚类的几何方法。如果连接两点的直线段不过 X 中的等值线，那么这些点位于同一个聚类中。反之，如果直线段过等值线，那么两个点中至少有一个点（如图 15.21 中的点 $\boldsymbol{y}$）在 H 中的映像位于最优球体之外。因此，为了检测直线段是否过等值线，检测直线上 $r(\boldsymbol{y}) > r$ 的点就足够了。由此得到了邻接矩阵 $\boldsymbol{A}$ 的定义，它的元素是 $\boldsymbol{A}_{ij}$，称为点对 $\boldsymbol{x}_i, \boldsymbol{x}_j \in X$，它们的映射位于 H 中的球体内部或球面上：

$$A_{ij} = \begin{cases} 1\text{，没有点，}\boldsymbol{y}\text{，在各自线段上，满足 } r(\boldsymbol{y}) > r \\ 0\text{，其他} \end{cases} \tag{15.74}$$

由矩阵 $\boldsymbol{A}$ 可以看出，聚类现在定义为图的连通分量。文献[Chia 03]中一种改进算法，它组合了模糊隶属的概念。文献[Wang 07]中也给出了一种改进算法，它使用最小闭超椭圆代替了超球面。

为了采用核函数技巧的非线性性质，人们提出了另一种方法，这种方法的性质类似于第 6 章中讨论的基于核的主成分分析（PCA）。为此，采用内积计算的任何集聚算法都可容纳“核函数技巧”。k 均值算法及其改进算法是人们推荐和使用的典型例子，见文献[Scho 98, Cama 05, Giro 02]。这是因为算法的核心是欧氏距离，而欧氏距离本身是内积，并且相关的计算可由许多内积来表示。

基于核的算法的优点是，它们能够识别任意形状的聚类，原因是映射的非线性性质。另一方面，结果对选择的核函数及它定义的参数非常敏感。此外，由于计算开销较大，这些算法无法处理大数据集。

15.9 处理大数据集的基于密度的算法

这种算法将聚类视为 l 维空间中的各个区域，即 X 中的各个致密点区域（注意这种算法中聚类的定义和文献[Ever 01]中给出的聚类的定义的高度一致性）。大多数基于密度的算法都对聚类的形状不做限制，因此这些算法能够描述任意形状的聚类。另外，这种算法可以有效地处理离群点。此外，这些算法的时间复杂度低于 $O(N^2)$，因此更适合处理大数据集。

基于密度的典型算法有 DBSCAN[Este 96]、DBCLASD[Xu 98]和 DENCLUE[Hinn 98]。尽管这些算法的基本原理相同，但量化密度的方法是不同的。

15.9.1 DBSCAN 算法

在基于密度的含噪声应用的空间聚类（DBSCAN）算法中，点 $\boldsymbol{x}$ 周围的“密度”是指 X 中位于 l 维空间中 $\boldsymbol{x}$ 周围的某个区域的内部的点数。下面我们认为这个区域是超球体 $V_\varepsilon(\boldsymbol{x})$，其中心是 $\boldsymbol{x}$，半径是 ε（用户定义的一个参数）。另外，设 $N_\varepsilon(\boldsymbol{x})$是 X 中位于 $V_\varepsilon(\boldsymbol{x})$内的点数。为了将 $\boldsymbol{x}$ 考虑为一个聚类内部的点，用户还要定义的一个参数是 $V_\varepsilon(\boldsymbol{x})$内必须包含的最少点数 q。在介绍具体的原理之前，下面首先给出一些定义。

定义 5 点 $\boldsymbol{x}$ 和点 $\boldsymbol{y}$ 是直接密度可达的［见图 15.22(a)］，如果

(i) $\boldsymbol{y} \in V_\varepsilon(\boldsymbol{x})$，并且

(ii) $N_\varepsilon(\boldsymbol{x}) \geqslant q$

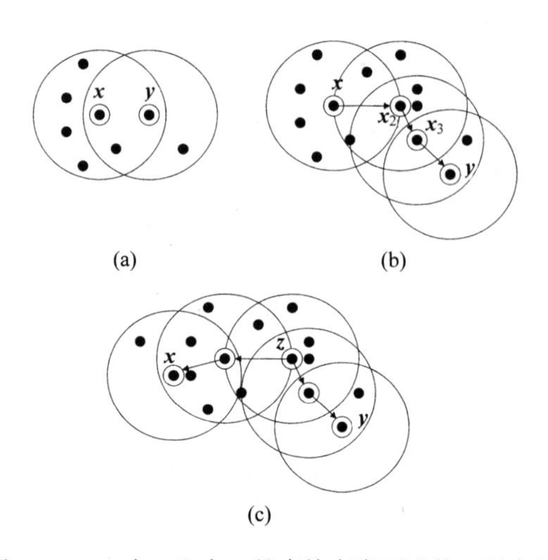

图 15.22 假设 $q=5$，(a)点 $\boldsymbol{y}$ 和点 $\boldsymbol{x}$ 是直接密度可达的，反之不成立；(b)点 $\boldsymbol{y}$ 和点 $\boldsymbol{x}$ 是密度可达的，反之不成立；(c)点 $\boldsymbol{x}$ 和点 $\boldsymbol{y}$ 是密度连通的（另外，点 $\boldsymbol{y}$ 与点 $\boldsymbol{x}$ 是密度可达的，反之不成立）

定义 6 点 $\boldsymbol{y}$ 和 X 中的点 $\boldsymbol{x}$ 是密度可达的，如果存在序列 $\boldsymbol{x}_1, \boldsymbol{x}_2,\cdots, \boldsymbol{x}_p \in X$，满足 $\boldsymbol{x}_1=\boldsymbol{x}, \boldsymbol{x}_p=\boldsymbol{y}$，且点 $\boldsymbol{x}_i+1$ 和 $\boldsymbol{x}_i$ 是直接密度可达的［见图 15.22(b)］。

在上面的定义中，不难看出，若 $\boldsymbol{x}$ 与 $\boldsymbol{y}$ 的密度足够大（即 $N_\varepsilon(\boldsymbol{x})\geqslant q$ 且 $N_\varepsilon(\boldsymbol{y})\geqslant q$），则密度可达性是对称的。另一方面，若 $\boldsymbol{x}$ 与 $\boldsymbol{y}$ 的邻域中的点数小于 q，则密度可达性是不对称的。然而，这

时必须存在第三个点 $z \in X$，使得 $\boldsymbol{x}$ 点和 $\boldsymbol{y}$ 点都与点 z 点是密度可达的。由此引出了密度连通度的定义。

定义 7　如果存在 $z \in X$，使得 $\boldsymbol{x}$ 点和 $\boldsymbol{y}$ 点都与 z 点是密度可达的，那么点 $\boldsymbol{x}$ 与点 $\boldsymbol{y} \in X$ 是密度连通的［见图 15.22(c)］。

完成上面的定义后，将 DBSCAN 算法中的聚类 C 定义为 X 的非空子集，它满足以下条件：

(i) 如果 $\boldsymbol{x}$ 属于 C，并且 $\boldsymbol{y} \in X$ 和 $\boldsymbol{x}$ 是密度可达的，那么 $\boldsymbol{y} \in C$。

(ii) 对于每对 $(\boldsymbol{x}, \boldsymbol{y}) \in C$，$\boldsymbol{x}$ 与 $\boldsymbol{y}$ 是密度连通的。

设 $C_1,\cdots,C_m$ 是 X 中的聚类，于是不包含在任何聚类中的点就称为噪声。

接着，我们将邻域内至少有 q 个点的点 $\boldsymbol{x}$ 定义为核心点，否则称 $\boldsymbol{x}$ 为非核心点。非核心点要么是一个聚类的边界点（也就是说，它与核心点是密度可达的），要么是一个噪声点（即它与 X 中的任意一点是密度不可达的）。有了上面的定义后，下面的两个命题就成立了[Este 96]。

命题 1　若 $\boldsymbol{x}$ 是一个核心点，D 是 X 中与 $\boldsymbol{x}$ 密度可达的点集，则 D 是一个聚类。

命题 2　若 C 是一个聚类，且 $\boldsymbol{x}$ 是 C 中的一个核心点，则 C 等于与 $\boldsymbol{x}$ 密度可达的点集 $\boldsymbol{y} \in X$。

这两个命题表明，聚类由它的任何一个核心点唯一地确定。记住这个结论后，我们介绍 DBSCAN 算法。设 X_{un} 是 X 中还未考虑的点集，m 是聚类数。

DBSCAN 算法

- 设 $X_{un} = X$
- 设 $m = 0$
- While $X_{un} \neq \emptyset$ do
  - 任意选择一个 $\boldsymbol{x} \in X_{un}$
  - If　$\boldsymbol{x}$ 是一个非核心点　then
    - 将 $\boldsymbol{x}$ 标注为一个噪声点
    - $X_{un} = X_{un} - \{\boldsymbol{x}\}$
  - If　$\boldsymbol{x}$ 是一个核心点　then
    - $m = m + 1$
    - 确定 X 中与 $\boldsymbol{x}$ 密度可达的所有点
    - 将 $\boldsymbol{x}$ 和前面的点分配给聚类 C_m，已标记为噪声的边界点也分配给聚类 C_m
    - $X_{un} = X_{un} - C_m$
  - End{if}
- End{while}

该算法的微妙之处如下所示。假设算法当前选取了聚类 C 中的边界点 $\boldsymbol{y}$。经过算法的第一条 if 语句的第一个分支后，该点将被标注为噪声点。但要注意的是，随着算法的推进，考虑 C 的核心点 $\boldsymbol{x}$（与 $\boldsymbol{y}$ 是密度可到的）时，由于 $\boldsymbol{y}$ 与 $\boldsymbol{x}$ 是密度可达的，$\boldsymbol{y}$ 将赋给聚类 C。另一方面，如果 $\boldsymbol{y}$ 是一个噪声点，那么它被标注为噪声点，因为它与 X 中的任何一个核心点都是密度不可达的，所以其噪声点标注保持不变。

注释

- 选择的 q 和 ε 值会影响算法的结果。选择不同的参数值会得到完全不同的结果。我们应该选使得算法能够检测到最小“密度”聚类的那些参数。在实际工作中，应尝试使用不同的 ε 和 q 值，以便为数据集选择它们的“最好”组合。
- 对于低维数据集，采用 R^* 树数据结构的算法的时间复杂度是 $O(N\log_2 N)$[Berk 02]。
- DBSCAN 不适用于 X 中的聚类密度非常不同的情形，也不适用于高维数据集[Xu 05]。
- 注意，DBSCAN 算法与 15.4.3 节中介绍的 CDADV 算法非常相似，但 CDADV 算法适用于离散值向量。

DBSCAN 的一种改进算法是识别集聚结构的有序点（OPTICS）算法，它克服了必须仔细选择参数 q 和 ε 的缺点[Anke 99]。OPTICS 算法生成一个基于密度的聚类顺序，以便以易于理解的形式来表示数据集的内在层次集聚结构[Bohm 00]。实验指出，OPTICS 算法的运行时间是 DBSCAN 算法的 1.6 倍[Berk 02]。另一方面，在实际工作中必须为不同的 q 和 ε 值运行 DBSCAN 算法多次。文献[Sand 98]中给出了另一种改进的 DBSCAN 算法。

15.9.2 DBCLASD 算法

DBSCAN 算法的另一种改进算法是基于分布的大空间数据库聚类（DBCLASD）算法[Xu 98]。这种算法将点 $\boldsymbol{x} \in X$ 到其最近邻的距离 d 视为一个随机变量，并用 d 的概率分布来量化“密度”。另外，这个算法假设每个聚类中的点都是均匀分布的，但不假设 X 中的所有点都是均匀分布的。根据这种假设，d 的分布可以分析得出[Xu 98]。在 DBCLASD 算法中，聚类 C 定义为 X 中具有如下性质的非空子集。

(a) C 中的点与它们的最近邻之间的距离 d 的分布，与理论上推导的分布是一致的，且在一定的置信区间内（这是使用卡方检验执行的）。

(b) 它是具有上一条性质的最大集合。也就是说，在 C 中的一点及其近邻点之间插入额外的点后，(a)不再成立。

(c) 它是连通的。对特征空间应用立方体网格后，这个性质意味着对 C 中的任何一个点对$(\boldsymbol{x}, \boldsymbol{y})$，都存在邻近立方体的一条路径，这些立方体中至少包含 C 中连接 $\boldsymbol{x}$ 和 $\boldsymbol{y}$ 的一个点。

在这个算法中，点是按顺序考虑的。已赋给一个聚类的点，在算法的后一个阶段可能会重新赋给另一个聚类。另外，有些点不赋给目前已确定的任何聚类，但在下一个阶段会再次测试它们。该算法的优点是，能够确定 X 中具有不同密度的任意形状的聚类，且不需要定义参数。文献[Xu 98]中给出的实验结果表明，DBCLASD 算法的运行时间约为 DBSCAN 的 2 倍，约为 CLARANS 算法的 60 倍。

15.9.3 DENCLUE 算法

在确定性算法（DBSCAN）或概率算法（DBCLASD）中，“密度”是根据邻近点 $\boldsymbol{x} \in X$ 之间的距离定义的。下面采用不同的方法来量化“密度”。具体地说，对每个点 $\boldsymbol{y} \in X$ 定义一个影响函数 $f^{\boldsymbol{y}}(\boldsymbol{x}) \geqslant 0$，它在 $\boldsymbol{x}$ 远离 $\boldsymbol{y}$ 时递减为 0。$f^{\boldsymbol{y}}(\boldsymbol{x})$的典型例子包括

$$f^{y}(x) = \begin{cases} 1, & d(x,y) < \sigma \\ 0, & \text{其他} \end{cases} \tag{15.75}$$

和

$$f^{y}(x) = e^{-\frac{d(x,y)^2}{2\sigma^2}} \tag{15.76}$$

式中，$d(x, y)$是 x 和 y 之间的距离（可以是欧氏距离或其他相异度），σ是用户定义的一个参数。于是，基于 X 的密度函数定义为

$$f^{X}(x) = \sum_{i=1}^{N} f^{x_i}(x) \tag{15.77}$$

注意它与密度函数 $p(x)$的 Parzen 窗近似的相似之处（见第 2 章）。这里的目的是，识别$f^X(x)$的所有“有效”局部极大值$x_j^*, j = 1, \cdots, m$，为每个 x_j^* 创建一个聚类 C_j，并把 X 中位于 x_j^* 的吸引区域中的所有点赋给 C_j。x_j^* 的吸引区域定义为点集 $x \in \mathcal{R}^l$，使用“爬山”法［目的是确定函数的局部极大值，典型的例子是最陡上升法，见附录 C］时，通过 x 初始化，任意逼近 x_j^* 时终止。

如式(15.75)和式(15.76)所示，σ 量化$\mathcal{R}^l$空间中 X 的某个特定数据点的影响。另外，为了量化局部极大值的有效性，需要参数ξ。若 $f^X(x_j^*) \geqslant \xi$，则认为局部极大值是有效的。当 x 远离 x_i时，$f^{x_i}(x)$ 下降，由式(15.78)可知可以由下式满意地近似$f^X(x)$：

$$\hat{f}^{X}(x) = \sum_{x_i \in Y(x)} f^{x_i}(x) \tag{15.78}$$

式中，$Y(x)$是 X 中“接近”x 的点集。

由上述方法演化得到的一个知名算法是基于密度的集聚（DENCLUE）算法[Hinn 98]。因为“有效的”局部极大值位于“密集的”数据区域，为了减小时间复杂度，DENCLUE 首先采用预集取步骤来确定 X 中点的密集区域。为此，对包含 X 的特征空间应用一个边长为 2σ 的 l 维网格，确定至少包含 X 中的一个点的（超）立方体集合 D_p。然后，确定 D_p 的高密度立方体子集 D_{sp}（高密度立方体中至少包含 X 中的$\xi_c > 1$ 个点，其中ξ_c是用户定义的一个参数）。对于每个高密度立方体，使用 D_p 中的所有近邻立方体 c_j 为 $d(m_c, m_{c_j})$ 定义的连接 c 不再大于 4σ，其中 m_c 和 m_{c_j} 是各个立方体中的点的均值。

完成前面的步骤后，DENCLUE 算法按下列步骤继续执行。首先，考虑高密度立方体集合 D_r，以及与高密度立方体至少有一个连接的立方体。在 D_r 中的立方体内，搜索局部极大值是受限的。接着，对立方体 $c \in D_r$ 中的每个点 x，考虑影响到它的邻近点。具体地说，$Y(x)$包含了满足如下条件的所有点：属于 D_r 中的立方体 c_j，且 c_j 的均值小于到 x 的距离$\lambda\sigma$（通常$\lambda = 4$）。然后，从 x 开始使用爬山法[Hinn 98]。检验该方法收敛到的局部极大值 x^*是否是有效的局部极大值（即检验$\hat{f}^X(x^*) \geqslant \xi$ 是否成立）。不是有效的局部极大值时不执行其他操作。否则，如果还未创建与 x^*关联的一个聚类，那么创建该聚类，并将 x 赋给它。另外，将 X 中使得爬山法收敛到 x^*的所有点赋给同一个聚类。也可根据某些要满足的条件来将点赋给聚类，而不必应用爬山法，见文献[Hinn 98]。

类似于所有的基于密度的算法，这个算法可能检测任意形状的聚类[Hinn 98]。此外，DENCLUE 算法能够有效地处理噪声。文献[Hinn 98]中讨论了为参数σ 和ξ 选择适当值的方法。DENCLUE 算法的最差时间复杂度是 $O(N \log_2 N)$，与 DBSCAN 算法的时间复杂度是同一级的。然而，文献

[Hinn 98]中的实验结果表明，DENCLUE 算法的速度要快于 DBSCAN 算法，且 DENCLUE 算法的平均时间复杂度是 $O(\log_2 N)$，原因是确定聚类时只用到了 X 中的一小部分点。注意，这个算法也可处理多维数据，且已被用于分子生物学实验[Hinn 98]。

文献[Noso 08]中讨论了一个基于密度的集聚算法——ADACLUS，它能够发现不同形状和密度的聚类，且能够检测聚类的边界。此外，该算法的抗干扰性强，不强迫用户定义某些参数，计算开销不大，因此能够有效地处理大数据集

15.10 高维数据集的集聚算法

前面说过，为便于访问数据，人们设计了许多算法来处理大数据集和特殊的数据结构。文献[Berk 02]中指出，$l > 20$ 时，大多数数据结构的性能会降低到顺序搜索的级别。因此，人们将 20 作为量化高维数据的下限。事实上，有些应用（如生物信息学、网页挖掘）的特征空间的维数高达数千。

前面介绍的大部分算法在考虑特征空间的所有维数的同时，试图尽可能地使用更多的已知信息。然而，业已证明这些方法不适用于高维空间，原因之一是“维数灾难”问题。固定数据点数 N 后，当特征空间维数的增加时，这些点会在空间中扩展，考虑二维空间的两个点很容易验证这一点。为每个点增加第三个维度后，比较两种情况下的欧氏距离。当这些点在高维空间中扩展时，它们将变得几乎是等距的。显然，这时两点之间的相似度和相异度逐渐变得没有意义[Pars 04]。原因之二是，在高维空间中，通常只有一小部分特征对于聚类的形成是有用的。换句话说，在原始特征空间的子空间中就可识别聚类。根据图 15.23(a)，聚类 C_1 和 C_2 是沿 x_2 方向的值集中于两个小区间内的结果，而沿 x_1 方向的值未出现这种情况。类似地，图 15.23(b)中的聚类是数据集中于子空间(x_1, x_2)内的结果。观察发现，这些聚类可以通过将点投影到(x_1, x_2)中来识别。

显然，解决方法是工作在维数低于 l 的子空间中。下面主要讨论两种算法：降维集聚算法和子空间集聚算法。

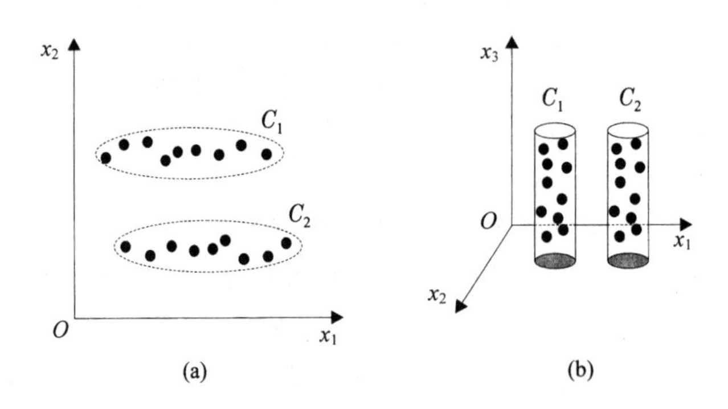

图 15.23 (a) 聚类 C_1 和 C_2 是数据点沿 x_2 方向投影的结果；(b) 在三维情况下，聚类是数据点在子空间(x_1, x_2)中的投影的集中结果

15.10.1 降维集聚算法

该方法的基本思想是，识别一个 l'维空间 $H_{l'}$（$l' < l$），将 X 中的数据点投影到这个子空间，并对 X 中的点在空间 $H_{l'}$ 中的投影使用集聚算法。为了识别 $H_{l'}$，我们可以使用特征生成方法、特征选择方法和随机投影方法。下面主要介绍随机投影方法，前两种方法只做简单的介绍，相关的

技术细节见第 5 章和第 6 章。

特征生成方法，如主成分分析（PCA）和奇异值分解（SVD），在数据点被映射到低维空间中后，通常会保留它们在高维空间中的距离。在生成原始高维特征空间的致密代表时，这些方法非常有用。文献[Deer 90, Ding 99]和[Ding 02]中讨论了采用特征生成方法的算法。后来，人们组合使用了特征生成方法和集聚算法（k 均值或 EM），这是集聚算法迭代演化的结果。在使用大量特征来识别聚类的情形下，特征生成方法被证明是有用的。除 PCA 和 SVD 外，人们还使用了其他降维技术，如非线性 PCA、ICA 等（见第 6 章）。

另一种方法是，采用特征选择方法来识别对聚类形成有主要贡献的特征。然而，为监督学习提出的特征选择方法不再适合聚类框架。一般来说，用于评价特征子集好坏的标准要么采用包装模型，要么采用滤波器模型[Koha 97]。采用包装模型时，首先选择集聚算法$\mathcal{C}$，然后对数据集 X 应用这个算法，由得到的结果来计算一个特征子集$\mathcal{F}_i$，对每个点，只考虑$\mathcal{F}_i$中的特征。采用滤波器模型时，在应用集聚算法前，使用数据的固有性质计算一个特征子集。文献[Blum 97, Liu 98, Pena 01, Yu 03]中讨论了特征选择方法。当所有聚类位于特征空间内的相同子空间中时，特征选择方法是有用的。

随机投影集聚

在前面介绍的降维方法中，H_l是以确定方式识别的；而在这种方法中，$H_{l'}$是以随机方式识别的。注意，从 l 维空间 H_l 到 l' 维空间 $H_{l'}$（$l' < l$）投影由 $l' \times l$ 投影矩阵 $\boldsymbol{A}$ 唯一地定义，此时要解决的问题是：(a) 正确地估算 l'；(b) 定义投影矩阵。文献[Achl 01, Dasg 99]中建议在估计 l' 时，在将 X 投影到一个随机选择的 l' 维空间 $H_{l'}$后，要以某个概率保证数据集 X 内原始特征空间 H_l 中的点之间的距离最大不超过 $1 \pm \varepsilon$（$\varepsilon > 0$ 是任选的一个常量），其中的投影矩阵 $\boldsymbol{A}$ 由如下的一些简单概率规则确定。具体地说，文献[Dasg 99]中指出 l'以 $4(\varepsilon^2/2 - \varepsilon^3/3)^{-1}\ln N$ 为界。

现在考虑矩阵 $\boldsymbol{A}$。构建它的一种方法是，设它的每个元素都是来自零均值、单位方差的独立同分布的一个值，然后将每行归一化为单位长度[Fern 03]。构建它的另一种方法是，设它的每个元素的值是−1 或+1（概率各为 0.5）。构建它的第三种方法是，设它的每个元素的值是$+\sqrt{3}$（概率为 1/6）、$-\sqrt{3}$（概率为 1/6）或 0（概率为 2/3）[Achl 01]。

定义投影矩阵 $\boldsymbol{A}$ 后，将 X 中的点投影到 $H_{l'}$中，并对投影点执行集聚算法。然而，此时可能会出现一个大问题，即不同的随机投影可能会导致完全不同的聚类结果。解决办法是执行多次随机投影，对每个投影使用集聚算法，然后合并聚类结果得到最终的聚类。

文献[Fern 03]中介绍了一种类似的方法。首先，选择低维空间的维数 l'，使用前面描述的三种方法中的第一种方法生成 r 个不同的投影矩阵 $\boldsymbol{A}_1,\cdots,\boldsymbol{A}_r$。然后，对 X 的 r 个随机投影中的每个应用通用混合分解算法（GMDAS，见 14.2 节），形成超椭圆体致密聚类。对 X 中的每个投影应用 GMDAS 算法后，用 $P(C_j^s \mid \boldsymbol{x}_i)$ 表示 $\boldsymbol{x}_i$属于第 s 个投影（C_j^s）中的第 j 个聚类的概率。

为每个投影创建一个相似度矩阵 $\boldsymbol{P}^s$，它的(i,j)元素定义为

$$P_{ij}^s = \sum_{q=1}^{m_s} P(C_q^s|\boldsymbol{x}_i)P(C_q^s|\boldsymbol{x}_j) \tag{15.79}$$

式中，m_s是第 s 个投影中的聚类数。事实上，P_{ij}^s 是第 s 个投影中 $\boldsymbol{x}_i$ 和 $\boldsymbol{x}_j$ 属于相同聚类的概率。然后，定义平均邻近度矩阵 $\boldsymbol{P}$，使它的(i,j)元素等于 P_{ij}^s，$s = 1,\cdots,r$ 的均值。

接着，使用通用合并算法（GAS，见 13.2 节）识别最终的聚类。两个聚类 $\boldsymbol{C}_i$ 和 $\boldsymbol{C}_j$之间的相

似度定义为 $\min_{\boldsymbol{x}_u \in C_i, \boldsymbol{x}_v \in C_j} P_{uv}$（事实上，该选择与全链算法是一致的）。

为了估计 X 中的聚类数 m，建议运行 GAS，直到 X 中的所有点合并为单个聚类。然后，画出（每次 GAS 迭代确定的）最接近的聚类对之间的相似度与迭代次数的关系曲线。找到曲线上最陡下降的点，并设 m 是对应于该下降点的值。文献[Fern 03]中的结果表明，这种方法生成了更好的聚类，而且要比主成分分析方法、EM 算法更鲁棒。该算法的复杂度由 GAS 算法控制，且大于 $O(N^2)$。

15.10.2　子空间集聚算法

降维算法采用的主要策略是将数据集投影到一个低维空间中，并对该空间中数据点的投影应用集聚算法。这种策略能够很好地应对“维数灾难”问题，但不能够很好地应对下面的情形：(a) 一小部分特征对聚类有贡献；(b) 不同的聚类位于原始特征空间的不同子空间中。图 15.24 中描述了情形(b)。

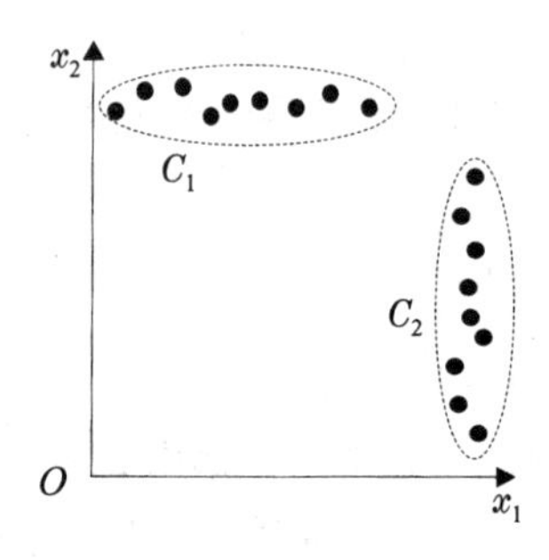

图 15.24　数据点在 x_1 和 x_2 方向的投影，聚类 C_1 位于 x_2 子空间，聚类 C_2 位于 x_1 子空间

克服这些缺点的方法之一是开发特殊类型的集聚算法，这些算法能够搜索特征空间的各个子空间中的聚类。换句话说，这些算法能够识别聚类及它们所在的子空间。这类算法称为子空间集聚算法（SCA）。与本书中的其他算法相比，SCA 允许我们在原始特征空间的不同子空间中搜索聚类。SCA 算法分为两类：基于网格的 SCA 和基于点的 SCA。下面介绍这两类算法的基本原理，并集中讨论一些典型的代表。

基于网格的子空间集聚算法（GBSCA）

这些算法采用的主要策略包括如下步骤：(a) 识别特征空间中可能包含聚类的子空间；(b) 确定位于每个子空间内的聚类；(c) 描述得到的聚类。

这类算法对特征空间应用 l 维网格，并根据由网格定义的 k 维单元（$k \leqslant l$）来识别可能包含聚类的子空间。然而，识别所有可能的子空间是不现实的，尤其是在考虑高维数据集时。为了解决这个问题，算法需要建立指示子空间出现聚类的准则。这些准则必须满足向下封闭性：如果一个准则在 k 维空间中得到满足，那么它在所有的 $k-1$ 维子空间中也得到满足。这就允许我们按自底向上的方式识别子空间，即按照从低维到高维的方式识别子空间。

采用前面描述的方法建立子空间后，该算法就在每个子空间中搜索聚类。聚类被标识为子空间中的最大连通单元。下面描述 CLIQUE 和 ENCLUS 算法，即这类算法中最常用的两个算法。

CLIQUE 算法

CLIQUE（CLustering In QUEst）[Agra 98]应用边长为 ξ（用户定义的一个参数）的 l 维网格来分割特征空间。每个单元 u 写成 $u_{t_1} \times \cdots \times u_{t_k} (t_1 < \cdots < t_k, k \leqslant l)$，为简单地写成 $(u_{t_1}, \cdots, u_{t_k})$，其中

$u_{t_i}=[a_{t_i},b_{t_i})$ 是分割特征空间的第 t_i维的右开区间。例如，$t_1=2, t_2=5, t_3=7$ 表示位于由 x_2, x_5 和 x_7 维形成的子空间中的一个单元。

在深入介绍之前，下面先给出一些定义。如果对所有 t_i有 $a_{t_i}\leqslant x_{t_i}<b_{t_i}$，那么我们说点 $\boldsymbol{x}$ 包含于一个 k 维单元 $u=(u_{t_1},\cdots,u_{t_k})$。单元 u 的选择性定义为 u 中数据点总数 N 的分数。如果单元 u 的选择性大于用户定义的阈值τ（见图 15.25），那么称它是密集的。如果有 $k-1$ 维（$x_{t_1},\cdots,x_{t_{k-1}}$），满足 $u_{t_j}=u'_{t_j}, j=1, 2,\cdots, k-1$，且 $a_{t_k}=b'_{t_k}$ 和 $b_{t_k}=a'_{t_k}$，那么称两个 k 维单元 $u=(u_{t_1},\cdots,u_{t_k})$ 和 $u'=(u'_{t_1},\cdots,u'_{t_k})$ 共享一个面。例如，在图 15.25 中，单元 u_{12} 和 u_{22} 共享一个一维面。如果两个 k 维单元 u_1 和 u_2 共享一个 $k-1$ 维面，那么我们说它们是直接连通的。另外，如果存在 k 维单元序列 $v_1,\cdots, v_s$，$v_1=u_1, v_s=u_2$，且每对单元(v_i, v_{i+1})是直接连通的，那么我们说这两个 k 维单元是连通的。最后，在当前的框架中，聚类被定义为 k 维中最大的连通致密单元集合。

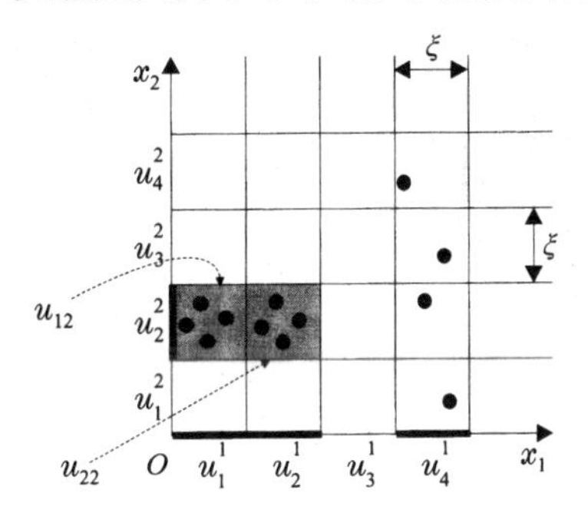

图 15.25　在二维特征空间中使用的边长为ξ 的二维网格，它定义二维和一维单元。图中，u_i^q 是沿 x_q 方向的第 i 个一维单元；u_{ij} 是一个二维单元，它是分别沿 x_1 和 x_2 方向的第 i 个和第 j 个区间的笛卡儿积。另外，设$\tau=3$，则 $u_1^1, u_2^1, u_4^1, u_2^2$ 是一维致密单元，它们分别包含 4、4、4 和 9 个点；u_{12} 和 u_{22} 是二维致密单元，它们分别包含 4 个点

下面继续介绍这个算法。CLIQUE 由 3 个主要阶段组成。第一个阶段识别包含聚类的子空间，具体方法是，首先识别所有的 k 维致密单元（$1\leqslant k\leqslant l$），然后选择包含致密单元的子空间（换句话说，选择子空间的标准是至少要有一个致密单元）。接着按照自底向上的方式，从低维到高维识别致密单元。首先，沿特征空间的每个维度识别所有的一维致密单元。在每个步骤中，根据 $k-1$ 维致密单元的集合 D_{k-1}确定 k 维致密单元的集合 D_k。为此，由 D_k 中同时共享一个 $k-2$ 维面的两个 $k-1$ 维致密单元得到一个 k 维致密单元 u，其中所有的 $k-1$ 维投影必须属于 D_{k-1}。显然，这个过程在维数小于1时终止。识别致密单元后，可以依次确定至少包含一个这样的单元的子空间。

这种方法的原理是密度的向下闭合性：如果在 k 维空间中有一个致密单元 u，那么在 k 维空间的所有 $k-1$ 维子空间中，u 的投影中也有致密单元（注意图 15.25 中的向下闭合性）[Pars 04]。

这种方法将使得所有子空间中的致密单元数量增多（对于大 l 尤其如此），进而明显增加计算时间。克服这个问题的办法如下：在该过程完成后，我们考虑包含致密单元的所有子空间，并根据它们的覆盖范围（即它们包含的原始数据集的点数）来对子空间排序。然后，选择具有大覆盖范围的子空间，并剪去剩余的子空间。覆盖范围的阈值由最小描述长度标准函数定义[Agra 98]。

在第二个阶段，CLIQUE 算法识别聚类。这个阶段的输入是由上个阶段确定的具有大覆盖范围的子空间。每个聚类都是单独地在每个子空间中形成的。具体来说，对于每个选择的子空间，考虑其中的所有致密单元。任意选择这样的一个单元后，识别与它相连的所有致密单元，并将它们赋给一个新聚类 C。如果当前的子空间中留下了其他的致密单元，那么采用同样的过程形成第

二个聚类，以此类推。

在第三个阶段，为每个聚类推导一个最小聚类描述，即用超矩形区域的尽可能小的并集表示每个聚类［见图 15.26(a)］。这个阶段由两步组成。第一步，从上个阶段形成的聚类 C 中随机选一个（致密的）单元，并沿一个维度的两个方向生长，以便尽可能多地覆盖 C 中的单元。然后，这个单元沿第二个方向生长，直到所有的维度都被考虑了一次。如果还有未被覆盖的单元，那么从一个未被覆盖的新点重复这个过程。例如，如图 15.26(a)所示，选择 u_1，首先沿 x_1 方向生长，然后沿 x_2 方向生长，生成 A。类似地，选择（未被 A 覆盖的）u_2，生成 B。第二步，考虑为每个聚类生成的所有覆盖区域，删除那些被另一个区域覆盖的单元。例 15.10 可以帮助我们深入了解 CLIQUE 算法的原理。

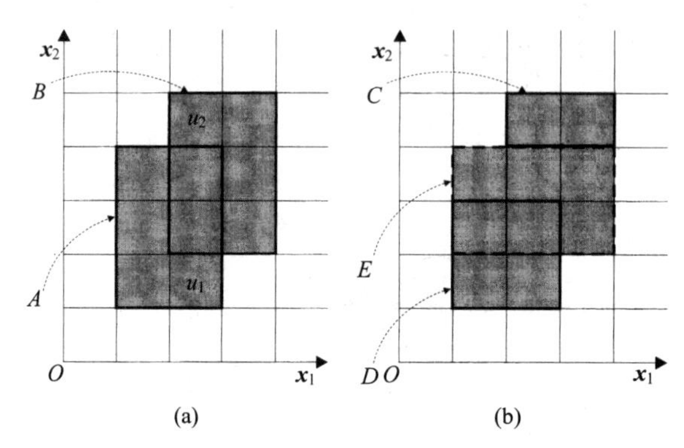

图 15.26 (a) 阴影区域描述的最小聚类是 $A\cup B$；(b)相同区域描述的最小聚类（$C\cup D\cup E$）

例 15.10 考虑图 15.27 中的二维数据集和二维网格。我们用 u_i^q 表示沿第 q 维方向的第 i 个一维单元，用 u_{ij} 表示一个二维单元，它是沿第一个方向（x_1）的第 i 个单元与沿第二个方向（x_2）的第 j 个单元的笛卡儿积。假设 $\xi=1$，这意味着 $u_i^q=[i-1,i)$ 和 $\tau=8\%$（共有 69 个点，多于 5 个点的单元被认为是致密的）。另外，单元 $u_{48}, u_{58}, u_{75}, u_{76}, u_{83}$ 和 u_{93} 中的点两个坐标轴方向是共线的。这表明，例如，u_{48} 为 u_8^2 贡献一个点。对剩下的单元，类似的观察同样成立。应用 CLIQUE 算法的第一个阶段，识别一维致密单元的集合 D_1，它等于

$$D_1=\{u_2^1,\ u_3^1,\ u_4^1,\ u_5^1,\ u_8^1,\ u_9^1,\ u_1^2,\ u_2^2,\ u_3^2,\ u_5^2,\ u_6^2\}$$

然后根据 D_1 确定 D_2，它等于

$$D_2=\{u_{21},\ u_{22},\ u_{32},\ u_{33},\ u_{83},\ u_{93}\}$$

注意，尽管 $u_{48}, u_{58}, u_{75}, u_{76}$ 中的点都多于 5 个，但是它们不包含于 D_2，因为它们在 D_1 之外都有一个一维投影（例如，对于 u_{75}，u_5^2 属于 D_1，但 u_7^1 不包含于 D_1）。此外，尽管 u_{83} 和 u_{93} 看上去不应包含于 D_2，但它们确实包含于 D_2，因为 u_3^2 是致密的。然而，u_3^2 致密的原因不是 u_{83} 和 u_{93} 中的投影点，而是 u_{33} 中的投影点。跳过与覆盖准则关联的剪枝步骤后，算法的第二阶段得到一维聚类 $C_1=\{u_2^1,u_3^1,u_4^1,u_5^1\}, C_2=\{u_8^1,u_9^1\}, C_3=\{u_1^2,u_2^2,u_3^2\}, C_4=\{u_5^2,u_6^2\}$，以及二维聚类 $C_5=\{u_{21}, u_{22}, u_{32}, u_{33}\}$，$C_6=\{u_{83}, u_{93}\}$。

完成第三阶段后，聚类的代表如下：$C_1=\{(x_1): 1\leqslant x_1<5\}$，$C_2=\{(x_1): 7\leqslant x_1<9\}$，$C_3=\{(x_2): 0\leqslant x_2<3\}$，$C_4=\{(x_2): 4\leqslant x_2<6\}$，$C_5=\{(x_1, x_2): 1\leqslant x_1<2, 0\leqslant x_2<2\}\cup\{(x_1, x_2)\}: 2\leqslant x_1<3, 1\leqslant x_2<3\}$，$C_6=\{(x_1, x_2): 7\leqslant x_1<9, 2\leqslant x_2<3$。注意，$C_2$ 和 C_6 基本上是同一个聚类，它被这个算法报告了两次。

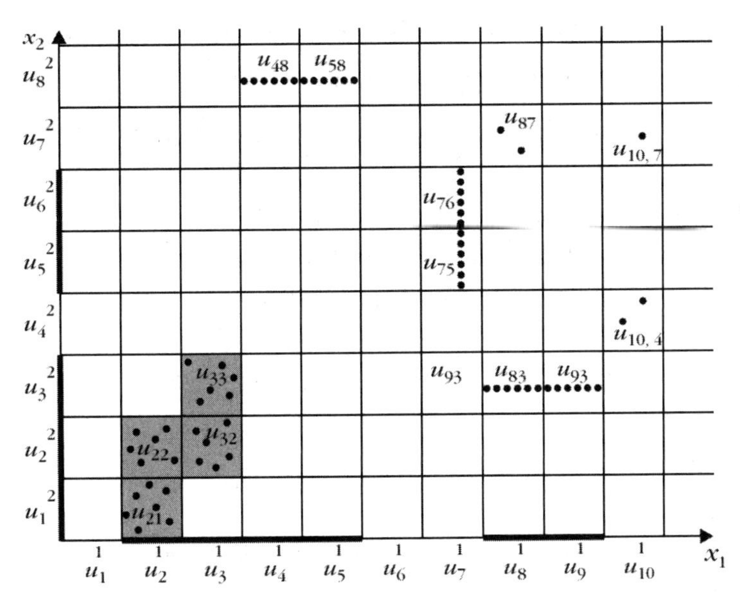

图 15.27　例 15.10 的图示

CLIQUE 算法的性能特点是，它能自动地确定原始特征空间中存在高密度聚类的子空间。另外，该算法对数据出现的顺序不敏感，而且不使用数据集的任何数据分布假设。它的计算开销的量级与 N 线性相关，而不与 l 指数相关。另外，确定的聚类的精度可能会下降，因为这些聚类不是根据 X 中的点给出的，而是根据致密单元的并集给出的。此外，这个算法的性能非常依赖于能数 ξ 和 τ 的选择，而实际工作中不存在选择这两个参数的明确方法。得到的聚类存在重叠现象，因为对于每个致密单元（聚类的结构元），它的所有投影都是致密的，且对低维子空间中的聚类有贡献。最后，基于子空间的覆盖范围，对子空间进行剪枝存在丢失有效小聚类的风险。。

ENCLUS 算法

基于网格的 SCA 的另一种算法是 ENCLUS[Chen 99]，它同样采用 CLIQUE 算法的三个阶段的原理，但只有后两个阶段是相同的。在第一个阶段，ENCLUS 算法寻找的是满足如下条件的子空间：(a) 子空间的所有致密单元的覆盖范围大；(b) 子空间中致密单元内的高密度点；(c) 子空间的维数是高度相关的。所有这些条件表明，子空间的结构不是随机的，而是可以用熵来描述的。选择熵的原则如下：带有强集聚结构的子空间的熵，通常要低于无聚类趋势的子空间的熵；在某些条件下，熵会随着覆盖范围的增加而减小；熵会随着密度的增大而减小。

为了度量 X 中的一个 k 维子空间 X^k（$k \leqslant l$）的熵 $H(X^k)$，我们对其应用一个 k 维网格，并计算落入网格中每个单元内的点数的百分比 p_i（选择网格的边长时，要使得每个单元至少包含最少数量的点。文献[Devo 95]中所取的最小值为 35）。然后，将 $H(X^k)$定义为

$$H(X^k) = -\sum_{i=1}^{n} p_i \operatorname{lb} p_i \tag{15.80}$$

式中，n 是单元的总数。然后，使用另一个基于熵的度量——利息，来量化子空间的各个维度之间的相关度：

$$\text{利息}(X^k) = \sum_{j=1}^{k} H(x_{t_j}^k) - H(X^k) \tag{15.81}$$

式中，$t_1 < \cdots < t_k, k \leq l$，$x_{t_j}^k$ 是子空间 X^k 的第 j 个维度。利息越高，X^k 中各个维度的相关性就越强。注意，利息的最小值是 0，此时 $x_{t_j}^k$ 相互独立（根据定义，$x_{t_j}^k$ 相互独立当且仅当 $H(X^k) = \sum_{j=1}^{k} H(x_{t_j}^k)$ [Chen 99]）。

通常认为在“低”熵（低于用户定义的阈值 ω）子空间内能够进行良好的聚类。有效子空间是具有良好聚类且利息高于用户定义阈值 ε 的子空间。根据这些必要的定义，下面概述 ENCLUS 算法识别子空间的方法（换句话说，选择的子空间要满足“低熵”和“高利息”的标准）。设 B_k 是有效的 k 维子空间集合，D_k 是具有良好聚类但利息低的子空间集合。类似于 CLIQUE 算法，我们按照自底向上的方式来考虑子空间。首先，考虑所有的一维子空间集合 A_1，并且检查每个子空间是有效的子空间，还是聚类良好但利息低的子空间。如果是前者，那么将其赋给 B_1；如果是后者，那么将其赋给 D_1。在迭代过程中，定义 B_k 和 D_k 后，我们按照如下方法确定集合 A_{k+1}。将 $k+1$ 维子空间 $\mathcal{E}$ 赋给 A_{k+1}，如果(a)它是 D_k 中的两个 k 维子空间的并集，且共享 $k-1$ 维；(b) $\mathcal{E}$ 的所有 k 维投影都属于 D_k。如果 A_{k+1} 非空，那么重复迭代过程。否则，终止该过程，返回找到的有效子空间 $B_1 \cup \cdots \cup B_k$。

这种方法的原理是熵的向下闭合性；也就是说，如果 k 维空间是低熵的，那么它的所有 $k-1$ 维子空间也是低熵的[Chen 99]。

文献[Chen 99]中讨论了一种改进的方法，它根据不同的准则来度量子空间的不同维度之间的相关性。ENCLUS 算法共享了 CLIQUE 算法的大部分特点；也就是说，它同样不考虑数据的顺序，能够识别任意形状的聚类，识别的聚类之间存在重叠，且计算开销与 N 呈线性关系。此外，ENCLUS 算法的性能严重依赖于选择的网格边长以及参数 ω 和 ε。

基于网格的 SCA 的另一种算法是 MAFIA（Merging of Adaptive Finite IntervAl）算法[Goil 99]。在前面的两种算法中，应用于子空间的网格是静态的（即对所有维度，边长 ξ 不变）；而在 MAFIA 算法中，网格会根据数据的分布自适应地调整。具体地说，该算法将特征空间的每个维度 x_i 划分为大小为 d 的许多（一维）窗口，然后将数据点投影到每个维度，求出位于每个窗口内的投影，并让对应窗口的值该窗口中的最大投影。接着，算法单独地考虑每个维度，从左到右地扫描它的窗口，如果两个相邻窗口的值恰好低于用户定义的阈值 β（通常是 20%），那么合并这两个相邻的窗口。当 x_i 中的所有窗口都合并为一个窗口后，则说明数据是沿 x_i 均匀分布的，MAFIA 就使用这个固定边长的网格。这个过程得到的窗口的并集是一维单元。完成以上步骤后，就可定义其他的 k 维单元（$1 \leq k \leq l$），之后的处理过程与 CLIQUE 算法的相同。

文献[Goil 99]中讨论了 MAFIA 算法的并行实现。类似于 CLIQUE 和 ENCLUS，MAFIA 也对相关参数的选择敏感，计算时间随 N 的增大而线性增加，性能要好于其他两种算法。然而，当 l 增大时，计算时间仍呈指数增加[Pars 04]。考虑到并行实现和其他的改进，报道称 MAFIA 的性能要优于 CLIQUE。自适应分割每个维度的其他算法是基于细胞的集聚算法（CBF）[Chan 02]和 CLTree 算法[Liu 00]。

基于点的子空间集聚算法（PBSCA）

根据基于网格的算法的原理，聚类被定义为致密单元的并集。另外，一个数据点通过其投影可能对不同子空间中的多个聚类有“贡献”。而且，聚类的识别发生在合适的子空间建立之后。基于点的子空间集聚算法则采用了不同的原理。这时，聚类是根据数据点定义的，每个点都对单个聚类有贡献。此外，聚类及它们所在的子空间同时由一种迭代方式确定。下面介绍两种代表性的算法——PROCLUS 和 ORCLUS。

PROCLUS 算法

这种算法[Agga 99]借用了第 14 章中描述的 k 中心点算法中的概念。它的主要思想是，生成一个初始的中心点集合，进行迭代，直到得到一个最优的中心点集合。然而，在每次迭代中，为了确定每个聚类所在的子空间，需要进行特殊的处理。聚类数 m 和聚类所在子空间的平均维数 s 是该算法的输入。PROCLUS 分为三个主要的阶段——初始化阶段、迭代阶段和细化阶段。

在初始化阶段，从整个数据集中随机选择一个大小为 am 的样本 X'（a 是一个正整数常量）。X'的子集 X''由 bm 个点（$b < a$）组成，其中的每个点都要尽可能地远离剩下的点。集合 X''中可能包含来自 X 的所有“物理”聚类的点。然后形成对应索引集合 I_Θ 的集合Θ，该集合中包含 m 个从 X''中随机选择的元素，这些元素的初值最初取为 m 个聚类的中心点。算法的迭代阶段小结如下。

- 设 cost = ∞
- iter = 0
- 重复：
  - iter = iter + 1
  - (A) 对每个 $i \in I_\Theta$，确定聚类 C_i 所在子空间的维数 D_i 的集合
  - (B) 对每个 $i \in I_\Theta$，确定对应的聚类 C_i
  - (C) 计算与Θ 关联的代价 $J(\Theta)$
  - if $J(\Theta)$ < cost then
    - $\Theta_{\text{best}} = \Theta$
    - cost = $J(\Theta_{\text{best}})$
  - End{if}
  - (D) 确定Θ_{best} 的“坏”中心点
  - 设$\Theta = \Theta_{\text{best}}$，并用从 X''中随机选择的点取代“坏”中心点
- 直到满足终止条件

下面详细描述上述算法中的步骤(A)到(D)。

- (A) 确定聚类子空间：对每个 $\boldsymbol{x}_i$, $i \in I_\Theta$，计算它到Θ中所有其他中心点的最小距离，即 $\delta_i = \min_{r \in I\Theta-\{i\}} d(\boldsymbol{x}_i, \boldsymbol{x}_r)$。然后，对每个 $\boldsymbol{x}_i$, $i \in I_\Theta$，求 X 中位于半径为δ_i、中心为 $\boldsymbol{x}_i$ 的球体内的点的集合 L_i。沿着特征空间的每个维度 j，计算每个 $\boldsymbol{x} \in L_i$ 和 $\boldsymbol{x}_i$, $i \in I_\Theta$ 之间的平均距离（$d_{ij} = \sum_{x \in L_i} |x_j - x_{ij}| / |L_i|$），其中$|L_i|$是 L_i 的基数。接着，对每个 $\boldsymbol{x}_i$, $i \in I_\Theta$，计算沿所有维度的平均距离和标准差，即 $e_i = (\sum_{j=1}^{l} d_{ij}) / l$ 和 $\sigma_i = \sqrt{\sum_{i=1}^{l} (d_{ij} - e_i)^2 / (l-1)}$。
  然后对每个中心点 $\boldsymbol{x}_i$, $i \in I_\Theta$及特征空间的每个维度，计算 $z_{ij} = (d_{ij} - e_i) / \sigma_i$。显然，$z_{ij}$ 值越小，沿 L_i 中第 j 个维度的点越集中在 $\boldsymbol{x}_i$ 周围。接着，根据如下条件基于 z_{ij} 值确定 D_i：(a) 每个 D_i 至少有两个维度；(b) 包含在所有 D_i 中的总维数等于 sm，其中 s 是聚类子空间的平均维数（由用户定义）。具体来说，对每个中心点 $\boldsymbol{x}_i$, $i \in I_\Theta$，将 $z_{iq}, q = 1, \cdots, l$ 中具有最小 z_{ij} 值的两个维度赋给 D_i。接着，对所有中心点，同时考虑剩下的 $m(l-2)$个 z_{ij} 值，识别出它们中最小的 $m(s-2)$个值，将对应的维度赋给合适的 D_i。例如，如果 z_{34} 是 $m(s-2)$个最小值之一，那么将第四个维度赋给 D_3。
- (B) 确定聚类：对每个数据点，计算它到每个中心点 $\boldsymbol{x}_i$, $i \in I_\Theta$的马氏分段距离，即

$$d_{D_i}(\boldsymbol{x},\boldsymbol{x}_i)=\frac{\sum_{j\in D_i}|x_j-x_{ij}|}{|D_i|} \tag{15.82}$$

注意，在 $d_{D_i}(\boldsymbol{x}, \boldsymbol{x}_i)$中，只考虑属于 D_i的维度中的坐标。另外，这个距离被定义为平均值而不是总和。然后，将 $\boldsymbol{x}$ 赋给最接近中心点的聚类。

- (C)计算 $J(\Theta)$：$J(\Theta)$定义为 X 中的点到其所属聚类的均值之间的平均马氏分段距离，即

$$J(\Theta)=\frac{1}{N}\sum_{i=1}^{m}\sum_{\boldsymbol{x}\in C_i}d_{D_i}(\boldsymbol{x},\boldsymbol{m}_i) \tag{15.83}$$

式中，$\boldsymbol{m}_i$是 C_i 中的所有向量的均值。

- (D) 确定“坏”中心点：若(a)对应的聚类有最少数量的点，(b)对应聚类中的点数小于$(N/m)q$，其中 q 是用户定义的一个常量（通常取 $q=0.1$），则认为这个中心点是“坏”中心点。这个规则的合理性是，中心点对应的聚类较小，很可能是一个离群点，或者属于一个（至少包含Θ 中的另外一个中心点的）“物理”聚类。

最后，在细化阶段，为迭代阶段确定的集合Θ_{best}，对迭代阶段得到的 C_i 而非 L_i 应用迭代阶段的(A)步骤计算集合 D_i。建立新的 D_i后，根据新的 D_i 重新计算 C_i。

类似于此类算法中的许多其他算法，PROCLUS 算法能更好地识别超球体聚类。另外，聚类子空间的大小必须相近，因为平均子空间维数需要输入给算法。在初始化阶段，要特别注意从数据集 X 的所有（“物理”）聚类中得到（X''中的）代表点，否则将无法识别某些聚类。总之，PROCLUS 对所需的输入参数很敏感，这些参数并不容易确定。另一方面，处理大数据集时，PROCLUS 要稍快于 CLIQUE[Pars 04]，且计算量随特征空间维数 l 增加而线性增长[Agga 99]。

ORCLUS 算法

这是一种合并层次性质的基于点的 SCA 算法[Agga 00]。然而，不同于经典的合并层次算法，除了在每次迭代时减少聚类的数量（低于用户定义的 m 值），ORCLUS 还成功地使得聚类所在的子空间的维数低于用户定义的维数 l（我们只在本节中用 l_0 代替了子空间的维数 l，通常则用 l 表示聚类子空间的维数将逐渐收敛到的用户定义的值）。在该算法的每次迭代中，分别通过用户定义的因子 $a<1$（a 的典型值是 0.5）和 $b<1$ 来减少聚类数和每个聚类的子空间的维数。然而，需要在相同数量的迭代步骤中选择 a 和 b，使得聚类的初始数量 m_0减少到 m，并使得（原始特征空间的）初始维数 l_0减少到 l。假设 t 是迭代的总次数，我们有 $m=a^t m_0$和 $l=b^t l_0$，这意味着 a 和 b 的关系是

$$\frac{\ln(m/m_0)}{\ln(l/l_0)}=\frac{\ln a}{\ln b} \tag{15.84}$$

此外，要用一个向量集合来代表每个聚类所在的子空间，这个向量集合不必平行于原始特征空间的坐标轴。具体地说，定义聚类 C_i的“最好”q 维子空间的向量集合$\mathcal{E}_i$，应选为 C_i 中的点高度集中的子空间。因此，$\mathcal{E}_i$由 C_i 中的点的 $l_0\times l_0$ 协方差矩阵Σ_i的特征向量组成，它们对应于Σ_i的 q 个最小特征值（见 6.3 节）。这些特征值的和是$\mathcal{E}_i$中聚类 C_i的（投影）能量，记为 $E(C_i, \mathcal{E}_i)$表示。ORCLUS 算法具体如下。

- 生成一个集合 S_0，它是从 X 中随机选择的 m_0（$>m$）个点
- 设 $m_c=m_0$，$l_c=l_0$，$S_c=S_0$
- 设$\mathcal{E}_i$是定义原始特征空间的向量集合，$i=1,\cdots,m_c$

- 设 $a = 0.5$，并计算出式(15.84)中的 b
- While $m_c > m$ do
  - 对每个 i, $i = 1,\cdots, m_c$，将聚类 C_i 定义为这样一个聚类：包含 X 中靠近 S_c 的第 i 个元素的所有点（这时，在$\mathcal{E}_i$子空间中计算两点之间的距离）
  - 对每个 i, $i = 1,\cdots, m_c$，定义$\mathcal{E}_i$为特征向量集合，它对应于 C_i 的 $l_0 \times l_0$ 协方差矩阵的 l_c 个最小特征值
  - 设 $m_{\text{new}} = \max\{m, am_c\}$, $l_{\text{new}} = \max\{l, bl_c\}$
  - 对每对(C_i, C_j), $i, j = 1,\cdots, m_c$, $i < j$，为 $C_i \cup C_j$ 和 $E(C_i \cup C_j, \mathcal{E}_{ij})$求出$\mathcal{E}_{ij}$
  - While $m_c > m_{\text{new}}$ do
    - 确定$E(C_u \cup C_\upsilon, \mathcal{E}_{u\upsilon}) = \min_{i,j=1,\cdots,m_c,i\neq j} E(C_i \cup C_j, \mathcal{E}_{ij})$，并将 C_u 和 C_υ合并为 C_r=$C_u \cup C_\upsilon$
    - 根据前面的合并，重新计算 $E(C_i \cup C_r, \mathcal{E}_{ir})$
    - $m_c = m_c - 1$
  - End {While}（注意，在这个 While 循环中，子空间的维数保持不变）
- $m_c = m_{\text{new}}$
- $l_c = l_{\text{new}}$
- 设 S_c 为前面 While 循环形成的 m_{new} 个聚类的均值
- End {While}

类似于 PROCLUS，ORCLUS 也适用于超球体聚类，因为是使用聚类的均值作为其代表的。另外，所需的计算时间复杂度是 $O(m_0^3 + m_0 N l_0 + m_0^2 l_0^3)$。也就是说，它与 N 呈线性增长关系，与 l_0 呈立方增长关系。注意，虽然增大 m_0 会使得计算时间增加，但提高了集聚的质量。此外，所有聚类的子空间的维数必须相同。文献[Agga 00]中讨论了选择合适 l 值的标准及该算法的推广。最后，可以使用随机采样技术来减少计算时间。文献[Frie 02, Woo 02]和[Yang 02]中讨论了其他基于子空间点的集聚算法。

注释

- 在 GBSCA 中，聚类表示为致密单元的并集（“粗糙的”描述）；而在 PBSCA 中，聚类表示为数据点（准确的描述）。此外，在 GBSCA 中，每个点通过其投影对不同子空间的多个聚类都有贡献；而在 PBSCA 中，每个点只对一个聚类有贡献。
- 在 GBSCA 中，只有在合适的子空间确定后，才能识别聚类；相反，在 PBSCA 中，聚类及其所在的子空间是以迭代的方式同时确定的。
- 原则上，GBSCA 能够识别任意形状的聚类，而 PBSCA 列适用于识别超球体聚类。
- 大部分 GBSCA 和 PBSCA 所需的计算时间与点数 N 呈线性增长关系（对于 PROCLUS，实验已验证了这一增长关系[Agga 99]）。
- GBSCA 所需的计算时间与特征空间的维数 l 呈指数增长关系，而 PBSCA 所需的计算时间与 l 呈多项式增长关系。
- GBSCA 不限制特征空间的维数，而 PBSCA 对其是有限制的。
- GBSCA 得到的聚类存在重叠现象，但大部分 PBSCA 得到的聚类是不相关的。
- GBSCA 和 PBSCA 都对用户定义的参数敏感。

15.11 其他集聚算法

文献[Al-S 95]中提出了禁忌搜索算法。初始状态是一个任意选择的聚类。算法过程如下。基于算法的当前状态，创建一个候选聚类集合 A。根据一些准则函数，从 A 中选择一个“最好”的元素作为下一个状态。使用某个准则阻止算法返回最近访问过的状态。按照规定的次数重复该过程。文献[Al-S 95]中的初步结果表明，该算法可与硬集聚算法和模拟退火算法媲美。文献[Sung 00]中提出了基于禁忌搜索的启发式集聚算法。

文献[Tou 74]中提出了一种将聚类与概率密度函数的峰值直接关联起来的方法，它通过 Parzen 窗来估计概率密度函数。另外一种相关的算法是爬山法[Dave 97]，其原理是为每个向量 $\boldsymbol{x}$ 分配能量。在 $\boldsymbol{x}$ 处产生的势能有一个峰值，并且远离 $\boldsymbol{x}$ 后迅速衰减。向量空间内某点的总势能是 X 中的所有向量产生的势能之和。在每个数据点处计算该函数的值，形成由 N 个结果值组成的数组 $\boldsymbol{v}$。识别对应于最高峰值的最大值，将对应的向量视为第一个聚类的代表。然后，删除 $\boldsymbol{v}$ 的最大值，并适当地列新剩下的元素。不断重复这个过程，直到满足特定的终止准则。

文献[Frig 97]中讨论了组合使用模糊集聚算法与合并算法（见第 13 章）的算法。该算法通过使下面的代价函数最小来生成聚类：

$$J(\boldsymbol{\theta}, U) = \sum_{i=1}^{N}\sum_{j=1}^{m} u_{ij}^2 d(\boldsymbol{x}_i, C_j) - a\sum_{j=1}^{m}\left[\sum_{i=1}^{N} u_{ij}^2\right] \tag{15.85}$$

式中，m 是变化的。显然，当 $m = N$ 时，上式中的第一项最小；当 $m = 1$ 时，第二项最大。注意，产生的层次聚类不必具有嵌套性质。

除了上述算法，人们还提出了原理不同的其他集聚算法。例如，文献[Matt 91]中提出了一种不使用向量之间的距离的算法。文献[Kodr 88]中提出了一种基于概念距离的集聚技术。文献[Oyan 01, Chen 05]中讨论了基于引力论的集聚算法。文献[Fish 87, Bisw 98]中讨论了构建分类树的集聚算法，它适用于离散值特征向量。文献[Ben 99]中讨论了基于图论的算法，它使用的是概率论。

文献[Pedr 97]中介绍了组合了监督和无监督方法的其他技术。后者可用于那些只有部分数据带有训练标注的应用。

文献[Robe 00]中讨论了不同的集聚算法。聚类问题以信息论术语表示，并用熵的最小化来估计数据集 X 的集聚结构。这等同于得到最大确定性的集聚结构。文献[Goks 02]提出了基于信息论准则的另一种算法——寻谷算法，并建立了 Renyi 熵估计器。

另一个使用小波变换（见 6.13 节）的集聚算法是 WaveCluster 算法[Shei 98]。首先，算法对特征空间应用一个 l 维网格，方法是将每个维度分为 r 个区间，并确定网格内每个单元 M_i 中包含的数据点。接着，用每个单元包含的点数代表单元，生成一个 l 维信号。然后，对网格的单元 M_i 应用 l 维小波变换（多维小波变换实际上是 6.14 节中讨论的二维小波变换的推广），并以不同的分辨尺度在变换后的空间中生成一组新单元 T_j。再后，在每个分辨尺度，在变换后的空间中将聚类识别为 T_j 个单元的连通分量。接着，根据 M_i 和 T_j 之间的对应性，算法将 M_i 中的每个点赋给适当的聚类。WaveCluster 算法的优点如下：能有效地处理离群点，对代表的顺序不敏感，能够识别任意形状的聚类，不需要输入精确的聚类数。这种算法的计算复杂度是 $O(N + r^l)$，非常适合处理低维数的大数据集。

近年来，人们对顺序数据聚类的兴趣与日俱增。DNA 序列和 Web 数据挖掘是此类算法的两个典型例子。对这类数据进行聚类的技术已在第 8 章和第 9 章中讨论，所用的度量是常用的编辑距离和 HMM。这些应用的主要问题是需要匹配很长的序列，因此无法使用大多数经典的算法。为了克服这些困难，人们提出了许多启发式算法，比较知名的算法有 BLAST[Alts 97]和 FASTA[Pear 88]。文献[Durb 98, Gusf 97, Beng 99, Mill 01, Liew 05]中回顾了这些算法及它们的应用。

约束聚类

在很多情况下，集聚过程要取得成功，就需要使用标注后的数据。标注数据的子集也可准确地估计集聚结果。因此，类似于第 10 章中描述的半监督学习，人们提出了一些同时使用标注数据和非标注数据的集聚算法。

大多数此类算法依赖于用户根据聚类约束提供的输入。最简单的约束施加在一对模式上，要么强迫两个模式位于相同的聚类中（必链约束）中，要么强迫它们位于不同的聚类中（勿链约束）。人们最初使用约束来修改已有的算法，如 k 均值算法、层次算法[Wags 01, Davi 05]。近年来，很多算法开始使用用户强加的约束来学习符合用户期望的距离度量[Basu 04, Xing 02, Kuli 05, Halk 08]。

文献[Bene 00, Bane 02]中针对每个聚类中的数据点数受限的情况，提出了 k 均值算法的两种改进算法。在文献[Stree 00]中讨论了建立平衡聚类的一种算法。文献[Tung 01]中考虑了在特征空间中聚类二维数据时的遇到的障碍；这时，两点之间的距离被义为两点之间的最短路径。

15.12　组合集聚

本书的第二部分讨论了为给定数据集 $X = \{\boldsymbol{x}_1, \boldsymbol{x}_2, \cdots, \boldsymbol{x}_N\}$, $\boldsymbol{x}_i \in \mathcal{R}^l$, $i = 1, 2, \cdots, N$ 生成单个聚类（或层次聚类）的算法。本节中的情况则有所不同。最终的聚类是根据 X 的一组 n 个不同的聚类得到的，目的有二：(a) 为数据集 X 生成合适的集聚集合$\mathcal{E}$，称为集聚总体；(b) 组合$\mathcal{E}$中的聚类，生成最终的聚类，称为一致性集聚。考虑这类技术的主要动机是，与单个聚类相比，希望基于$\mathcal{E}$ 得到的一致性集聚能够更好对数据建模。

前面讨论了方法都不如下面的方法[Topc 05]。下面给出一些必要的定义，然后单独地考虑前面所述的目标，并介绍每种情形下的代表性方法。

设$\mathcal{E} = \{\mathcal{R}_1, \mathcal{R}_2, \cdots, \mathcal{R}_n\}$是数据集 X 的聚类集合，其中$\mathcal{R}_i = \{C_i^1, C_i^2, \cdots, C_i^{m_i}\}$，$m_i$是$\mathcal{R}_i$中的聚类数。$C_i^j$ 的上标 j 表示$\mathcal{R}_i$中对应聚类的标注。$\mathcal{R}_i$也可由一个 N 维行向量 $\boldsymbol{y}_i$（称为标注向量）来表示，标注向量的第 k 个元素 $y_i(k)$是包含第 k 个数据点的聚类标注。例如，如果$\mathcal{R}_i = \{C_i^1, C_i^2, C_i^3\} = \{\{\boldsymbol{x}_1, \boldsymbol{x}_2, \boldsymbol{x}_6, \boldsymbol{x}_{10}\}, \{\boldsymbol{x}_3, \boldsymbol{x}_4, \boldsymbol{x}_7\}, \{\boldsymbol{x}_5, \boldsymbol{x}_8, \boldsymbol{x}_9\}\}$，那么 $\boldsymbol{y}_i = [1, 1, 2, 2, 3, 1, 2, 3, 3, 1]$。显然，$\mathcal{R}_i$和 $\boldsymbol{y}_i$是同一个聚类的等效表示。

A. 生成集聚总体

生成$\mathcal{E}$ 中的每个集聚$\mathcal{R}_i$的步骤如下：(a) 选择一个子空间来投影 X 中的数据点；(b) 对该子空间应用集聚算法。注意，一般来说$\mathcal{R}_i$对聚类数不做限制，除非另有说明，否则该假设一直适用。

类似于 4.21 节中介绍的组合分类器（见 4.21 节），我们希望$\mathcal{E}$ 中包含尽可能“独立的”聚类。为此，我们应当遵循如下的一般说明。

- 所有数据，所有特征。这时，使用所有 l 个特征和所有 N 个数据点。采用不同的集聚算法，或者采用具有不同参数的同一种集聚算法（如用不同初始条件或不同距离度量的 k 均值算法），会得到 n 个不同的集聚$\mathcal{R}_i$，$i = 1, 2, \cdots, n$（见文献[Fred 05]）。这种生成集聚$\mathcal{R}_i$的方法也称鲁棒集中式集聚[Stre 02]。

- 所有数据，部分特征。这时，使用 X 中的所有数据点。由 X 形成了 n 个数据集 $X_i, i=1,\cdots,n$，每个数据集中的数据点要么通过选择一个特征子集来表示，要么通过映射到一个随机选择的低维空间来表示，详见文献[Fern 03, Topc 05]（见 15.10.1 节）。显然，每个 X_i 的基数都是 N。接着，对 X_i 应用具有相同参数的同一个算法（也称基算法，见文献[Fern 04]），或应用不同的集聚算法（见文献[Stre 02]），生成集聚 $\mathcal{R}_i$。生成集聚 $\mathcal{R}_i$ 的这种方法称为特征分布集聚[Stre 02]。
- 部分数据，全部特征。这时，对 X 应用自举或采样技术，生成数据集 X_i，$i=1,2,\cdots,n$，通常使用同一种集聚算法来生成 $\mathcal{E}$ 的 n 个聚类。X 中未赋给 X_i 的数据点，将赋给 $\mathcal{R}_i$ 中离它们最近的聚类。当 X 是高维数据集时，可能首先要将它的点映射到低维空间（使用 PCA）中，形成一个低维数据集 X'。然后，对维数已降低的数据集 X' 应用该方法，生成 X_i（见文献[Fern 04]）。

B．组合集聚

生成集聚总体 $\mathcal{E}=\{\mathcal{R}_1,\mathcal{R}_2,\cdots,\mathcal{R}_n\}$ 后，下一步是组合 $\mathcal{R}_i$，生成一致性集聚 $\mathcal{F}=\{F_1,\cdots,F_m\}$。

在提出的各种组合技术中，有些组合技术使用了协关联矩阵 $\mathcal{C}$。协关联矩阵是一个 $N\times N$ 维矩阵，它的元素 (i,j) 的值 $c(i,j)$ 为 n_{ij}/n，其中 n_{ij} 是 X 中已赋给 $\mathcal{E}$ 的 n 个聚类中的同一个聚类的第 i 个和第 j 个数据点的次数，且有 $c(i,j)\in[0,1]$。$c(i,j)$ 的值过大时，意味着 X 的第 i 个和第 j 个点可能相似。

下面给出一些典型的组合集聚算法的简单描述。

- **基于协关联矩阵的算法**。协关联矩阵 $\mathcal{C}$ 是计算得到的，用作相似度矩阵，适合于单链算法。从得到的树状图中，选择具有更大寿命（见 13.6 节）的聚类作为最终聚类[Fred 05]。也可对 $\mathcal{C}$ 使用其他层次集聚算法，如全链和平均链算法（例如[Topc 05]）。
  一般来说，这些方法需要大量的聚类来评估 $\mathcal{C}$ 的元素的可靠性。
- **图基算法**。下面讨论 3 种不同表示。
  — 基于实例的图表示（IBGF）。构建一个全连通图 $G(V,E)$，其中 V 的每个顶点对应于一个数据点，每条边 e_{ij} 都由 $c(i,j)$［即协关联矩阵的元素 (i,j)］加权。然后，按如下原则将图分割为 m 个不相交的顶点子集 $V_1,\cdots,V_m$：(i) 来自不同子集的连接顶点的边的权重之和最小；(ii) V_i 的大小大致相同［注意，这不是必需的］。为此，要使用不同的优化准则，如归一化切割准则[Shi 00]和比值切割准则[Hage 98]（见 15.2.4 节中关于频谱聚类的讨论）。
  — 基于聚类的图表示（CBGF）。设

$$\mathcal{E}'=\{C_1^1,\cdots,C_1^{m_1},C_2^1,\cdots,C_2^{m_2},\cdots,C_n^1,\cdots,C_n^{m_n}\}$$

  是 $\mathcal{E}$ 的 n 个集聚中包含的所有聚类的集合，设 $t=\sum_{i=1}^{n}m_i$ 是它的基数。在这种情况下，构建图 $G=(V,E)$，其中 V 的每个顶点对应于 $\mathcal{E}'$ 中的一个聚类。连接（与聚类 $C_i, C_j\in\mathcal{E}'$ 相关联的）顶点的边的权重 w_{ij}，定义为 Jaccard 度量，即 $C_i\cup C_j$ 中的数据点数与 $C_i\cap C_j$ 中的数据点数之比 $w_{ij}=\frac{|C_i\cap C_j|}{|C_i\cup C_j|}$。于是，得到图的 m 个分割 $\mathcal{P}=\{P_1,\cdots,P_m\}$，约束是上段中的(i)和(ii)（注意每个 P_i 对应于一个聚类集合）。最终，按如下方式得到集聚 $\mathcal{F}=$

$\{F_1,\cdots,F_m\}$：对每个数据点 $\boldsymbol{x}\in X$，我们记录它在 P_i, $i=1,\cdots,m$ 包含的聚类中出现的次数，如果 $\boldsymbol{x}$ 在 P_i 中出现的次数更多，就将其赋给 F_i[Fern 04]。

— 混合二分图表示（HBGF）。使用在 CBGF 中定义的 $\mathcal{E}'$ 和 t，构建图 $G=(V,E)$，但这时所有的数据点和 $\mathcal{E}'$ 中的聚类都由顶点来表示。于是，V 中共包含 $N+t$ 个顶点。如果两个顶点之一对应于数据点或者两个顶点对应于聚类，那么图中顶点 v_i 与 v_j 之间的权重 w_{ij} 为 0。否则，如果 v_j 对应于一个聚类，而 v_i 对应于该聚类中的一个数据点，那么 $w_{ij}=w_{ji}=1$；在其他情形下，$w_{ij}=0$。然后对上一个图应用一种图集聚算法（如频谱聚类），得到 X 中的一致性集聚。

例如，设 $\mathcal{E}=\{\mathcal{R}_1,\mathcal{R}_2\}$，其中 $\mathcal{R}_1=\{C_1^1,C_1^2\}=\{\{\boldsymbol{x}_1,\cdots,\boldsymbol{x}_6\},\{\boldsymbol{x}_7,\boldsymbol{x}_8,\boldsymbol{x}_9\}\}$，$\mathcal{R}_2=\{C_2^1,C_2^2\}=\{\{\boldsymbol{x}_1,\cdots,\boldsymbol{x}_5\},\{\boldsymbol{x}_6,\cdots,\boldsymbol{x}_9\}\}$。这时，对应的图如图 15.28 所示。直线二分了该图，表明最终的集聚是 $\{\{\boldsymbol{x}_1,\cdots,\boldsymbol{x}_5\},\{\boldsymbol{x}_6,\cdots,\boldsymbol{x}_9\}\}$。

一般来说，IBGF 的计算复杂度要高于 CBGF 和 HBGF，原因是 IBGF 中生成的是全连通图，且图分割问题的计算复杂度是 $O(N^2)$。另一方面，在 CBGF 中，图分割问题的计算复杂度是 $O(t^2)$（通常情况下 $t\ll N$），而在 HBGF 中图分割问题的计算复杂度是 $O(nN)$。

实验结果[Fern 04]表明，与 IBGF 和 CBGF 相比，HBGF 的性能相当或更好。HBGF 还能够持续改进集聚总体 $\mathcal{E}$ 的成员的平均性能（根据数据集度量，这时已知真实的聚类）。此外，随着 n 的增加，所有方法都表现出了更好的性能。

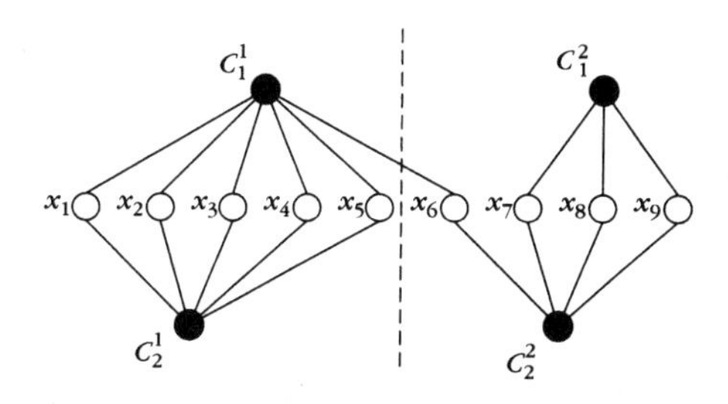

图 15.28　采用 HBGF 为总体集聚构建的图，每个集聚中都包含两个聚类。图中只显示了与非零权重相关联的边。虚线切割图，并定义总体集聚（详见正文中的说明）

文献[Ayad 03]中讨论了另一个图基算法。构造图 $G=(V,E)$，其中 V 的每个顶点对应于 X 中的一个数据点，使用协关联矩阵定义给定顶点的最近邻顶点。然后，(a) 连接 v_i 和 v_j 的边的权值，取决于它们共同的最近邻顶点数 n_{ij}，n_{ij} 大于某个阈值时，边的权值为 1；否则，边的权值为 0；(b) 每个顶点根据它与共享其他顶点的最近邻顶点的数量加权。构建 G 后，采用图分割算法，在顶点权重的某些约束下，确定 X 中的最终集聚。

- 代价函数优化算法。在这种方法中，一致性集聚 $\mathcal{F}=\{F_1,\cdots,F_m\}$ 是采用代价函数优化算法得到的。下面介绍 3 种这样的方法。

— 效用函数优化。根据该方法，$\mathcal{F}$（也称中值集聚）的定义如下：根据效用函数准则，最好地“汇总” $\mathcal{E}$ 的聚类的集聚[Fish 87, Topc 05]。效用函数准则度量候选中值集聚 $\mathcal{F}$ 相对于其他集聚 $\mathcal{R}_i$ 的质量，它定义为

$$U(\mathcal{F},\mathcal{R}_i)=\sum_{r=1}^{m}P(F_r)\sum_{j=1}^{m_i}P(C_i^j|F_r)^2-\sum_{j=1}^{m_i}P(C_i^j)^2 \tag{15.86}$$

式中，$P(F_r)=|F_r|/N, P(C_i^j)=|C_i^j|/N, P(C_i^j \mid F_r)=|C_i^j \cap F_r|/|F_r|$，$|A|$是集合 A 的基数。$U(\mathcal{F}, \mathcal{R}_i)$度量集聚$\mathcal{F}$与$\mathcal{R}_i$的一致性。业已证明，$\mathcal{F}$与$\mathcal{R}_i$相同［这时概率 $P(C_i^j \mid F_r)$ 要么为 0，要么为 1］时，$U(\mathcal{F}, R_i)$取最大值；当$\mathcal{F}$与$\mathcal{R}_i$彼此偏离时，$U(\mathcal{F},\mathcal{R}_i)$的值减小。

$\mathcal{F}$ 对$\mathcal{E}$ 的总效用定义为

$$U(\mathcal{F},\mathcal{E})=\sum_{i=1}^{n}U(\mathcal{F},\mathcal{R}_i) \tag{15.87}$$

$\mathcal{E}$ 的集聚的最好汇总（中值集聚）是式(15.87)中代价最大化的结果。文献[Mirk 01]证明，最大化总体效用等同于最小化数据点（假设在$\mathcal{F}$ 中的聚类数是固定的）的平方误差集聚准则［与 k 均值算法关联的式(14.85)］。然而，现在的每个数据点都由一个向量代表，而向量的坐标是$\mathcal{E}$ 的 n 个集聚中的聚类标注[Mirk 01, Topc 05]。因此，对数据集应用 k 均值算法，就可得 $U(\mathcal{F}, \mathcal{E})$的最大化问题的一个解。

— 归一化互信息（NMI）准则。这个准则的灵感来自信息论，其中两个分布之间共享的统计信息由互信息度量来评价。在集聚环境下，NMI 是一个度量，它类似于两个分布之间的互信息，且定义如下：

$$\text{NMI}(\mathcal{R}_1,\mathcal{R}_2)=\frac{2}{N}\sum_{q=1}^{m_1}\sum_{r=1}^{m_2}n_q^r\log_{m_1m_2}\left(\frac{n_q^rN}{n_qn_r}\right) \tag{15.88}$$

式中，m_1, m_2分别是$\mathcal{R}_1$和$\mathcal{R}_2$中的聚类数，$n_q^r=|C_1^q \cap C_2^r|, n_q=|C_1^q|, n_r=|C_2^r|$，$|A|$是集合 A 的基数。定义$\mathcal{F}$ 与$\mathcal{E}$ 之间的平均归一化互信息准则（ANMI）为

$$\text{ANMI}(\mathcal{F},\mathcal{E})=\frac{1}{n}\sum_{i=1}^{n}\text{NMI}(\mathcal{F},\mathcal{R}_i) \tag{15.89}$$

当上面的准则取最大值时，就得到总体集聚$\mathcal{F}$[Stre 02]。注意，应用到已知数据点标注的数据集时，NMI 可以评估集聚算法的性能（见文献[Fred 05]）。

— 混合模型表示。文献[Topc 05]中讨论了这样一个表示。在这种表示中，每个数据点 $x_i \in X$ 由一个新的 n 维向量 $\boldsymbol{x}_i'$ 代表，这个 n 维向量的第 j 个元素等于第 j 个集聚中 $\boldsymbol{x}_i$ 的聚类标记。设 $X'=\{\boldsymbol{x}_1',\cdots,\boldsymbol{x}_N'\}$。回顾可知 $\boldsymbol{y}_i$ 是$\mathcal{R}_i$的标注向量，$\boldsymbol{x}_i, \boldsymbol{y}_i$ 和 $\boldsymbol{x}_i'$ 之间的关系为

$$\begin{array}{ccccccc}
 & & & \boldsymbol{y}_1 & \cdots & \boldsymbol{y}_n & \\
\hline
\boldsymbol{x}_1 & \rightarrow & [& y_1(1) & \cdots & y_n(1) &] \equiv \boldsymbol{x}_1' \\
\boldsymbol{x}_2 & \rightarrow & [& y_1(2) & \cdots & y_n(2) &] \equiv \boldsymbol{x}_2' \\
\vdots & \rightarrow & & & \vdots & & \\
\boldsymbol{x}_N & \rightarrow & [& y_1(N) & \cdots & y_n(N) &] \equiv \boldsymbol{x}_N'
\end{array}$$

现在的目标是在最终集聚$\mathcal{F}=\{F_1,\cdots, F_m\}$中确定数据的（未知）聚类标注。为此，我们定义概率函数的一个有限混合模型：

$$P(x';\boldsymbol{\Theta})=\sum_{q=1}^{m}P_qP(x'|F_q;\theta_q) \tag{15.90}$$

式中，m 是一致性集聚$\mathcal{F}$ 中的聚类数，P_q 是$\mathcal{F}$中的第 q 个聚类的先验概率，$P(\boldsymbol{x}' \mid F_q;\boldsymbol{\theta}_q)$ 是描述聚类 F_q 的概率函数，它由向量$\boldsymbol{\theta}_q$参数化。最后，$\boldsymbol{\Theta}=\{P_1,\cdots,P_m,\boldsymbol{\theta}_1,\cdots,\boldsymbol{\theta}_m\}$ 是该模型中的所有参数的集合。

假设 $\boldsymbol{x}'$ 的元素是统计独立的，则有

$$P(\boldsymbol{x}'|F_q;\theta_q) = \Pi_{j=1}^{n} P^j(x_j'|F_q;\theta_q^j) \tag{15.91}$$

因为 $\boldsymbol{x}_j'$ 的值是标称值（整数），所以用一个多重正态分布来模拟各个概率是合理的，也就是说，

$$P^j(x_j'|F_q;\ {}_q^j) = \Pi_{r=1}^{m_j} \theta_{jq}(r)^{\delta(x_j',r)} \tag{15.92}$$

式中，当 $a = b$ 时，$\delta(a, b) = 1$；否则 $(a, b) = 0$。根据 $\boldsymbol{x}'$ 的定义，$\theta_{jq}(r)$对$\mathcal{E}$的第 j 个集聚$\mathcal{R}_j$ 的第 r 个聚类的点 $\boldsymbol{x}$ 的概率建模，条件是 $\boldsymbol{x}$ 属于$\mathcal{F}$ 的聚类 F_q。

接着，采用 EM 算法推导$\boldsymbol{\Theta}$ 的参数的估计值（见文献[Topc 05]）。实验结果[Topc 05]表明，EM 算法快速收敛；当 n 较小时，其性能要优于图基算法。当 n 增大时，EM 算法的性能下降，原因是必须估计的参数增多。文献[Lang 05]中讨论了另一种 EM 算法。

文献[Topc 04]中讨论了一个有趣的集聚组合问题。这时，用来生成$\mathcal{E}$的集合 $X_i, i = 1,\cdots, n$ 是通过对 X 采样顺序地生成的，其中各个数据点的采样概率是不同的。具体来说，对每个 X_i: (a) 生成集聚$\mathcal{R}_i$; (b) X 中的数据点的采样概率是根据一个规则重新估计的；(c) 下一个集合 X_{i+1} 根据更新的概率对 X 采样。这个算法的本质是，将高采样概率赋给 X 中聚类重叠区域内的点。采用这种方式，后几个阶段形成的 X_i 的核心是那些重叠的区域。实验结果[Topc 04]表明，该算法稍微改善了其他算法的结果，此时 X_i 的采样是彼此独立的。文献[Law 04, Qian 00, Fred 05]中讨论了其他的方法，这些方法也考虑了不同目标函数的组合。

注释

- 比较两个集聚时，我们面临的问题是确定两个集聚之间的最优对应性。例如，带有向量 $\boldsymbol{y}_1= [1, 1, 1, 1, 2, 2, 2]$和 $\boldsymbol{y}_2 = [2, 2, 2, 2, 1, 1, 1]$的集聚，精确地定义了数据集中的同一个集聚，但这个集聚中的同一个聚类由不同的标注表示。采用 Hungarian 方法时通常会遇到这个问题（见文献[Papa 82]）。
- 组合不同集聚的问题类似于分布式集聚[Kots 04]。在分布式集聚中，待被聚类的目标和/或它们的特征位于不同的场地：(a) 每个场地都能从所有目标存取某个具体的特征子集（特征分布式集聚）；(b) 每个场地都会存储一些目标的所有已知特征（目标分布式集聚）；(c) 每个场地都存储一些目标的某些特征（特征/目标分布式集聚）。解决该问题的方法是，首先在不同的场地单独进行数据聚类，然后将集聚结果移到某个场地，生成最终的集聚。

习题

15.1　考虑集合 $X = \{\boldsymbol{x}_i, i = 1,\cdots, 7\}$，其中 $\boldsymbol{x}_1 = [1, 1]^{\mathrm{T}}, \boldsymbol{x}_2 = [1, 2]^{\mathrm{T}}, \boldsymbol{x}_3 =[2, 1]^{\mathrm{T}}, \boldsymbol{x}_4 = [3, 1]^{\mathrm{T}}, \boldsymbol{x}_5 = [6, 1]^{\mathrm{T}}, \boldsymbol{x}_6 = [7, 1]^{\mathrm{T}}, \boldsymbol{x}_7 = [6, 2]^{\mathrm{T}}$。

a．确定 q 值（见 15.2.1 节），使得 MST 集聚算法识别两个聚类。

b．应用基于影响区域的算法，这些区域由式(15.2)至式(15.5)定义。

c．运行基于有向树的算法，确定识别两个聚类的θ 值。

15.2　考虑$\eta = 0.2$ 的基本竞争学习算法。设 $X = \{\boldsymbol{x}_i, i = 1,\cdots, 4\}$，其中 $x_1 = -3, x_2 = -2, x_3 = 2, x_4 = 3$；设 $m = 2$，$w_1 = -1$，$w_2 = 1$。假设 X 中的向量按顺序 $x_1, x_2, x_3, x_4, x_1, x_2, x_3, x_4,\cdots$出现在算法

中。我们称考虑 X 中的特征向量所需的时间为一次更新循环。

a．证明使用欧氏距离的平方时，w_1（w_2）总是赢得前（后）两个特征向量。

b．经过有限数量的更新循环后，w_1 和 w_2 能否分别收敛到–2.5 和 2.5?

15.3 $\eta_w=\eta_l$ 时，泄漏学习算法有什么性质?

15.4 von der Malsburg 学习规则。假设数据集 X 由中包含 N 个二值特征向量，对于每个向量的 m 个已知代表 $\boldsymbol{w}_j$，有 $\sum_{k-1}^{l} w_{jk}=1$，其中 w_{jk} 是 $\boldsymbol{w}_j$ 的第 k 个坐标。这个规则陈述如下：

- 提供一个输入向量 $\boldsymbol{x}\in X$。
- 确定竞争 $\boldsymbol{x}$ 的获胜者 $\boldsymbol{w}_j$。
- 更新代表

$$w_{jk}^{\text{new}}=\begin{cases} w_{jk}+\eta\left(\frac{x_k}{n_x}-w_{jk}\right), & \boldsymbol{w}_j\text{ 在 }\boldsymbol{x}\text{ 上获胜}\\ w_{jk}, & \boldsymbol{w}_j\text{ 在 }\boldsymbol{x}\text{ 上失败}\end{cases} \tag{15.93}$$

式中，x_k 是 $\boldsymbol{x}$ 的第 k 个坐标。在后一个方程中，$n_x=\sum_{k-1}^{l} x_k$，也就是说，它等于 $\boldsymbol{x}$ 中包含的 1 的数量，且学习率 η 的值域是[0, 1]。更新规则可用一句话来陈述：“如果某个代表获胜，那么它的每个坐标都以比例 η 变化，随后平均分布在对应于 $x_k=1$ 的坐标 w_{ji} 中。剩下的代表则保持不变。”

a．验证该陈述等同于式(15.93)给出的更新规则。

b．证明 $\sum_{k-1}^{l} w_{jk}^{\text{new}}=1, j=1,\cdots,m$。

15.5 证明式(15.43)。

15.6 考虑均值分别为 $\boldsymbol{\mu}_1=[-1,-1]^{\mathrm{T}}$，$\boldsymbol{\mu}_2=[6,3]^{\mathrm{T}}$，$\boldsymbol{\mu}_3=[-0.7,7]^{\mathrm{T}}$ 的 3 个二维高斯概率密度函数，它们的协方差矩阵分别是 $\Sigma_1=\Sigma_2=\Sigma_3=2\boldsymbol{I}$，其中 $\boldsymbol{I}$ 为 2×2 的单位矩阵。从每个分布中抽取 200 个点，组成含有 600 个点的数据集 X。

a．运行二值形态学集聚算法（BMCA），其中 T 是例 15.5 中给出的 3×3 正方形结构元。对每种情况使用不同的 r 值，并使用最好的一个值进入第三个阶段。

b．运行第 14 章中的通用硬聚类（GHAS）算法，对于上述过程得到的紧优聚类数，使用两个向量之间的欧氏距离的平方作为相异度函数。比较两个算法的结果。

15.7 对例 15.8 中的数据集 X 运行 Isodata 算法，假设聚类数为 2。比较例 15.8 和 Isodata 算法的结果，定性说明两者的不同。

15.8 验证式(15.36)和式(15.37)。

15.9 当 15.6 节定义的 $g(\boldsymbol{x};\boldsymbol{\theta})$ 是 $\boldsymbol{\theta}$ 的二次函数时，推导参数向量 $\boldsymbol{\theta}$ 的坐标的更新方程。

提示：此时有 $g(\boldsymbol{x},\boldsymbol{\theta})=w_0+\sum_{i=1}^{l} w_i x_i+\sum_{s=1}^{l}\sum_{r=1}^{l} w_{sr}x_s x_r$。

15.10 考虑两个二维高斯概率密度函数，它们的均值分别为 $\boldsymbol{\mu}_1=[0,0]^{\mathrm{T}}$ 和 $\boldsymbol{\mu}_2=[3,3]^{\mathrm{T}}$，协方差矩阵分别为 $\Sigma_1=\boldsymbol{I}$ 和 $\Sigma_2=1.5\boldsymbol{I}$，其中 $\boldsymbol{I}$ 是 2 × 2 的单位矩阵。创建一个数据集 X，它的前 100 个向量来源于第一个高斯分布，后 100 个向量来源于第二个高斯分布。

a．对 X 运行边界检测算法（BDA），假设决策边界是一个超平面，设 f 为双曲正切函数。

b．对前次运行的结果 X^+ 和 X^- 运行边界检测算法（BDA），说明得到的结果。

15.11 a．当 $d(\boldsymbol{x},\boldsymbol{y})$ 由式(15.39)给出时，由式(15.38)定义的 $V(\boldsymbol{x})$ 形状如何?

b．为了使得 $V(\boldsymbol{x})$ 的形状是超立方体，应如何定义 $d(\boldsymbol{x},\boldsymbol{y})$?

c．$V(\boldsymbol{x})$ 的形状是否影响寻谷集聚算法的性能？举例说明。

15.12 考虑集合 $X=\{x_i, i=1,\cdots,10\}$，其中 $x_1=[0,1]^T, x_2=[0,2]^T, x_3=[0,3]^T, x_4=[0,4]^T, x_5=[1,1]^T, x_6=[1,2]^T, x_7=[1,3]^T, x_8=[2,1]^T, x_9=[2,2]^T, x_{10}=[2,3]^T$。最初，前 6 个向量属于聚类 C_1，后 4 个向量属于聚类 C_2。对 X 应用寻谷算法，并对结果进行解释。

15.13 如果 $T_{\max}=5$，$T_{\min}=0.5$，为了在概率上确定带有全局最小 J 值的集聚，估计模拟退火算法所需的扫描次数。提示：使用式(15.44)。

15.14 改进确定性退火算法，使得代表数不事先固定，而随 β 的增加而增多。

15.15 考虑函数

$$J=\sum_{i=1}^{N} d(\boldsymbol{x}_i, C\boldsymbol{x}_i) \tag{15.94}$$

式中，$C\boldsymbol{x}_i$ 是 $\boldsymbol{x}_i$ 所属的聚类，$d(\boldsymbol{x}_i, C\boldsymbol{x}_i)$ 是点与不使用代表的集合之间的距离（见第11章）。给出使用该函数的遗传算法的编码方案。讨论所提出编码的优缺点。

MATLAB 编程和练习

上机编程

15.1 竞争学习。编写一个名为 leaky_learn 的 MATLAB 函数，实现泄漏学习算法。函数的输入如下：(a) 一个 $l\times N$ 的矩阵 $\boldsymbol{X}$，它的每列都是一个数据向量；(b) 一个 $l\times m$ 的矩阵 $\boldsymbol{\omega}$，它的列都是 m 个代表的初始估计值；(c) 获胜者单元的学习率 gw；(d) 剩余单元的学习率 gl；(e) 最大迭代次数；(f) 参数 e，用于算法的终止条件($\|\boldsymbol{w}(t)-\boldsymbol{w}(t-1)\|<e$) 中。函数的输出如下：(a) 向量 $\boldsymbol{w}$，它的各列是代表的最终估计值；(b) 一个 N 维行向量 bel，它的第 i 个元素是第 i 个向量所属的聚类。欧氏距离用来度量两个向量之间的距离，且它们总是以相同的顺序出现在算法中，直到算法收敛。

解：

```
function[w,bel] = leaky_learn(X,w,gw,gl,maxiter,e)
  [l,N] = size(X);
  [l,m] = size(w);
  diff = e + 1;
  iter = 0;
  while(diff > e) & (iter <= maxiter)
    iter = iter + 1;
    wold = w;
    for i = 1:N
      %计算距离
      dist = sum((X(:,i) * ones(1,m) - w) .^ 2);
      [mval,mind] = min(dist);
      %更新代表
      w = w + gl * (X(:,i) * ones(1,m) - w);
      w(:,mind) = w(:,mind) + (gw - gl) * (X(:,i) - w(:,mind));
    end
    diff = sum(sum(abs(w - wold)))
  end
  %将向量赋给聚类
  bel = zeros(1,N);
  for i=1:N
    dist = sum((X(:,i) * ones(1,m) - w) .^ 2);
     [mval,mind] = min(dist);
     bel(i) = mind;
  end
```

15.2 自组织映射。编写一个名为 som_experi 的函数，实现自组织映射。函数的输入如下：(a) 一

个 $l \times N$ 的矩阵 $\boldsymbol{X}$，它的每列都是一个向量；(b) 每个向量所属的聚类标注（正整数），仅用于画出结果的图形；(c) 算法运行的迭代次数 iter；(d) 二维网格的边长（只考虑方形网格）。函数的输出如下：(a) 矩阵 $\boldsymbol{w}$，它的列是代有的最终估计值；(b) SOM 收敛后的网格图，其中同一个聚类的代表用相同的颜色表示。

解：下面的函数至多可以画出 4 个不同的聚类。

```
function w = som_experi(X,y,iter,side)
  [l,N] = side(X);
  p = [side side];
  q = side ^ 2; %代表的数量
  minmax = [];
  for i=1:l
    minmax = [minmax;min(X(i,:))max(X(i,:))];
  end
  % 定义和训练 SOM
  net = newsom(minmax,p,'gridtop','mandist');
  net.trainParam.epochs = iter;
  net.trainParam.show = 50;
  ney = train(net,X);
  % 检查代表是否能表示聚类的数据点
  w = net.iw1';
  repr = zeros(1,q);
  map = zeros(side,side);
  for i=1:N
    [s1,s2] = min(sum((X(:,i) * ones(1,q) - w).^ 2));
    repr(s2) = y(i);
  end
  % 画图
  for i=1:q
    i1 = fix(i/side) + (mod(i,side) > 0);
    i2 = mod(i,side) + side * (mod(i,side) == 0);
    map(i1,i2) = repr(i);
  end
  % 画图，直到画出 4 个聚类
  if(max(y) <= 4)
    figure(1),hold on
    palet = ['k.';'ro';'ko';'go';'bo'];
    for i=1:side
      for j=1:side
        figure(1),plot(j,i,palet(map(i,j) + 1,:))
      end
    end
  end
```

上机实验

15.1 **a**．生成 3 个有 $q = 100$ 个正态分布的二维向量的数据集，均值分别是$[1, 1]^T$, $[5, 5]^T$, $[9, 1]^T$，协方差矩阵都是 2×2 的单位矩阵 $\boldsymbol{I}$。构建矩阵 $\boldsymbol{X}$，将这些数据集作为它的列。

b．使用 rand_vec 函数（见第 14 章中的“上机编程”），随机初始化 $m = 3$ 个代表，然后应用泄漏学习算法，参数为 gw = 0.1，gl = 0.001，maxiter = 200 和 $e = 0.001$。

c．使用 gl = 0 重做 b 问（基本竞争学习算法），使用与 b 问中相同的值初始化代表。

d．讨论结果。

15.2 **a**．使用$[-100, -100]^T$, $[3.5, 4.5]^T$, $[2.5, 3]^T$作为代表的初始估计值，重做 1b 和 1c，讨论结果。

b．考虑 1 和 2a 的结果评价，你是否能组合泄漏学习算法和基本竞争学习算法，以便充分利用这两种算法的优点？

15.3 **a**．考虑 3 个三维高斯分布，它们的均值分别是$[0.3, 0.3, 0.3]^T$, $[0.7, 0.7, 0.7]^T$, $[0.3, 0.7, 0.3]^T$,

协方差矩阵都是 0.01$\boldsymbol{I}$（$\boldsymbol{I}$ 是三维单位矩阵）。使用上述高斯分布分别生成 100 个向量，构建包含所有上述向量（共 300 个）的数据集 X。

b. 使用 10×10 的正方形二维网格对上述数据应用自组织映射(SOM)。算法迭代次数是 300。

c. 分别使用大小为 6 × 6 和 15 × 15 的正方形网格重做 b 问。

d. 讨论结果。

参考文献

[Achl 01] Achlioptas D. "Database-friendly random projections," *Symposium on Principles of Database Systems (PODS)*, pp. 274-281, 2001.

[Agga 99] Aggarwal C.C., Wolf J.L., Yu P.S., Procopiuc C., Park J.S. "Fast algorithms for projected clustering," *Proceedings of the 1999 ACM SIGMOD International Conference on Management of Data*, pp. 61-72, 1999.

[Agga 00] Aggarwal C.C., Yu P.S. "Finding generalized projected clusters in high dimensional spaces," *Proceedings of the 2000 ACM SIGMOD International Conference on Management and Data*, pp. 70-81, 2000.

[Agra 98] Agrawal R., Gehrke J., Gunopoulos D., Raghavan P. "Automatic subspace clustering of high dimensional data for data mining applications," *Proceedings of the 1998 ACM SIGMOD International Conference on Management of Data*, pp. 94-105, 1998.

[Ahal 90] Ahalt S.C., Krishnamurthy A.K., Chen P., Melton D.E. "Competitive learning algorithms for vector quantization," *Neural Networks*, Vol. 3, pp. 277-290, 1990.

[Al-S 95] Al-Sultan K.S. "A tabu search to the clustering problem," *Pattern Recognition*, Vol. 28(9), pp. 1443-1451, 1995.

[Al-S 93] Al-Sultan K.S., Selim S.Z. "A global algorithm for the fuzzy clustering problem," *Pattern Recognition*, Vol. 26(9), pp. 1357-1361, 1993.

[Alts 97] Altschul S.F., Madden T.L., Schaffer A.A., Zhang J., Zhang Z., Miller W., Lipman D.J. "Gapped-BLAST and PSI-BLAST: A new generation of protein database search programs," *Nucleic Acids Research*, Vol. 25, pp. 3389-3402, 1997.

[Andr 94] Andrey P., Tarroux P. "Unsupervised image segmentation using a distributed genetic algorithm," *Pattern Recognition*, Vol. 27(5), pp. 659-673, 1994.

[Anke 99] Ankerst M., Breunig M., Kriegel H.-P., Sander J. "OPTICS: Ordering points to identify clustering structure," *Proceedings of the ACM SIGMOD Conference*, pp. 49-60, Philadelphia, PA, 1999.

[Atiy 90] Atiya A.F. "An unsupervised learning technique for artificial neural networks," *Neural Networks*, Vol. 3, pp. 707-711, 1990.

[Ayad 03] Ayad H., Kamel M. "Finding natural clusters using multi-clusterer combiner based one shared nearest neighbors," *Multiple Classifier Systems: 4th International Workshop*, 2003.

[Bane 02] Banerjee A., Ghosh J. "On scaling up balanced clustering algorithms," *Proceedings of the 2nd SIAM International Conference on Data Mining*, pp. 333-349, Arlington, VA, 2002.

[Banz 90] Banzhaf W., Haken H. "Learning in a competitive network," *Neural Networks*, Vol. 3, pp. 423-435, 1990.

[Basu 04] Basu S., Bilenko M., Mooney R.J. "A probabilistic framework for semi-supervised clustering," *International Conference on Knowledge Discovery and Data Mining*, pp. 59-68, 2004.

[Belk 03] Belkin M., Niyogi P. "Laplacian eigenmaps for dimensionality reduction and data representation," *Neural Computation*, Vol. 15(6), pp. 1373-1396, 2003.

[Ben 99] Ben-Dor A., Shamir R., Yakhimi Z. "Clustering gene expression patterns," *Journal of Computational Biology*, Vol. 6, pp. 281-297, 1999.

[Ben 01] Ben-Hur A., Horn D., Siegelmann H.T., Vapnik V. "Support vector clustering," *Journal of Machine Learning Research*, Vol. 2, pp. 125-137, 2001.

[Bene 00] Bennett K.P., Bradley P.S., Demiriz A. "Constraint *k*-means clustering," *Technical Report MSR-TR-2000-65*, Microsoft Research, Redmond, CA, 2000.

[Beng 99] Bengio Y. "Markovian models for sequential data," *Neural Computation Survey*, Vol. 2, pp. 129-162, 1999.

[Beni 94] Beni G., Liu X. "A least biased fuzzy clustering method," *IEEE Transactions on Pattern Analysis and Machine Intelligence*, Vol. 16, pp. 954-960, September 1994.

[Benv 87] Benveniste A., Metivier M., Priouret P. *Adaptive Algorithms and Stochastic Approximation*, Springer-Verlag, 1987.

[Berk 02] Berkhin P. "Survey of clustering data mining techniques," Technical report, Accrue Software, San Jose, CA, 2002.

[Bhan 91] Bhanu B., Lee S., Ming J. "Self-optimizing image segmentation system using a genetic algorithm," *Proceedings, Fourth International Conference on Genetic Algorithms*, pp. 362-369, 1991.

[Bisw 98] Biswas G., Weinberg J.B., Fisher D.H. "ITERATE: A conceptual clustering algorithm for data mining," *IEEE Transactions on Systems, Man and Cybernetics, Part C*, Vol. 28(2), pp. 100-111, 1998.

[Blum 97] Blum A., Langley P. "Selection of relevant features and examples in machine learning," *Artificial Intelligence*, Vol. 97, pp. 245-271, 1997.

[Bohm 00] Bohm C., Braunmuller B., Breunig M., Kriegel H.P. "High performance clustering based on the similarity join," *Proceedings of the 9th International Conference on Information and Knowledge Management, CIKN*, pp. 298-313, Washington, DC, 2000.

[Brow 92] Brown D.E., Huntley C.L. "A practical application of simulated annealing to clustering," *Pattern Recognition*, Vol. 25(4), pp. 401-412, 1992.

[Burr 91] Burrascano P. "Learning vector quantization for the probabilistic neural network," *IEEE Transactions on Neural Networks*, Vol. 2(4), pp. 458-461, 1991.

[Butl 96] Butler D., Jiang J. "Distortion equalized fuzzy competitive learning for image data vector quantization," *Proceedings of ICAPPS'96*, pp. 3390-3393, 1996.

[Cama 05] Camastra F. "A novel kernel method for clustering," *IEEE Transactions on Pattern Analysis and Machine Intelligence*, Vol. 27(5), pp. 801-805, 2005.

[Chan 02] Chang J.-W., Jin D.-S. "A new cell-based clustering method for large high-dimensional data in data mining applications," *Proceedings of 2002 ACM Symposium on Applied Computing*, pp. 503-507, 2002.

[Chan 94] Chan P., Schlag M., Zien J. "Spectral *k*-way ratio cut partitioning," *IEEE Transactions on Computer Aided Design of Integrated Circuits and Systems*, Vol. 13, pp.1088-1096, 1994.

[Chen 94] Chen L., Chang S. "An adaptive conscientious competitive learning algorithm and its applications," *Pattern Recognition*, Vol. 27(12), pp. 1787-1813, 1994.

[Chen 99] Cheng C.-H., Fu A.W., Zhang Y. "Entropy-based subspace clustering for mining numerical data," *Proceedings of the Fifth ACM SIGKDD International Conference on Knowledge Discovery and Data Mining*, pp. 84-93, 1999.

[Chen 03] Chen X. "An improved branch and bound algorithm for feature selection," *Pattern Recognition Letters*, Vol. 24, pp. 1925-1933, 2003.

[Chen 05] Chen C.-Y., Hwang S.-C., Oyang Y.-J., "A statistics-based approach to control the quality of subclusters in incremental gravitational clustering", *Pattern Recognition*, Vol. 38, pp. 2256-2269, 2005.

[Chia 03] Chiang J., Hao P. "A new kernel-based fuzzy clustering approach: Support vector clustering with cell growing," *IEEE Transactions on Fuzzy Systems*, Vol. 11(4), pp. 518-527, 2003.

[Chou 97] Chou C.S., Siu W. "Distortion sensitive competitive learning for vector quantizer design," *IEEE Proc.*, pp. 3405-3408, 1997.

[Chow 97] Chowdhury N., Murthy C.A. "Minimal spanning tree based clustering technique: Relationship with Bayes classifier," *Pattern Recognition*, Vol. 30(11), pp. 1919-1929, 1997.

[Chun 97] Chung F.R.K. *Spectral Graph theory*, American Mathematical Society, 1997.

[Davi 05] Davidson I., Ravi I.I. "Agglomerative hierarchical clustering with constraints: theoretical and empirical results," *9th European Conference on Principles and Practice of Knowledge Discovery in Databases (PKDD)*, pp. 59-70, 2005.

[Dasg 99] Dasgupta S., Gupta A. "An elementary proof of the Johnson-Lindenstrauss lemma," Technical Report TR-99-006, International Computer Science Institute, Berkeley, California, 1999.

[Dasg 99a] Dasgupta S. "Learning mixtures of Gaussians," *IEEE Symposium on Foundations of Computer Science (FOCS)*, 1999.

[Dasg 00] Dasgupta S. "Experiments with random projections," *Proceedings of the 16th Conference of Uncertainty in Artificial Intelligence (UAI)*, 2000.

[Dave 97] Dave R.N., Krishnapuram R. "Robust clustering methods: A unified view," *IEEE Transactions on Fuzzy Systems*, Vol. 5(2), pp. 270-293, May 1997.

[Deer 90] Deerwester S., Dumais S.T., Landauer T.K., Furnas G.W., Harshman R.A. "Indexing by latent semantic analysis," *Jouranl of American Society of Information Sciences*, Vol. 41, pp. 391-407, 1990.

[Dela 80] Delattre M., Hansen P. "Bicriterion cluster analysis," *IEEE Transactions on Pattern Analysis and Machine Intelligence*, Vol. 2(4), pp. 277-291, July 1980.

[Devo 95] Devorer J.L. *Probability and Statistics for Engineering and the Sciences*, (4th ed.), Duxbury Press, 1995.

[Diam 07] Diamantaras K. *Artificial Neural Networks*, Klidarithmos, 2007, (in Greek).

[Dill 07] Dillon I., Guan Y., Kullis B. "Weighted graph cuts without eigenvectors: A multilevel approach," *IEEE Transactions on Pattern Analysis and Machine Intelligence*, Vol. 29(11), pp. 1945-1957, 2007.

[Ding 99] Ding C.H.Q. "A similarity-based probability model for latent semantic indexing," *Proceedings of the 22th ACM SIGIR Conference*, pp. 59-65, 1999.

[Ding 02] Ding C.H.Q., He X., Zha H., Simon H.D. "Adaptive dimension reduction for clustering high dimensional data," *Proceedings of the 2nd IEEE International Conference on Data Mining*, pp. 147-154, 2002.

[Durb 98] Durbin R., Eddy S., Krogh A., Mitchison G. *Biological Sequence Analysis: Probabilistic Models of Proteins and Nucleic Acids*, Cambridge University Press, UK, 1998.

[Este 96] Ester M., Kriegel H.-P., Sander J., Xu X. "A density-based algorithm for discovering clusters in large spatial databases with noise," *Proceedings of the 2nd International Conference on Knowledge Discovery and Data Mining*, pp. 226-231, Portland, OR, 1996.

[Ever 01] Everitt B., Landau S., Leese M. *Cluster Analysis*, Arnold, 2001.

[Fern 04] Fern X.Z., Brodley C.E. "Solving ensemble problems by bipartite graph partitioning," *Proceedings of the 21th International Conference on Machine Learning*, Banff, Canada, 2004.

[Fern 03] Fern X.Z., Brodley C.E. "Random projection for high dimensional data clustering: A cluster ensemble approach," *Proceedings of the 20th International Conference on Machine Learning*, 2003.

[Fisc 05] Fischer I., Poland J. "Amplifying the block matrix structure for spectral clustering," *Technical Report No. IDSIA-03-05*, Instituto Dalle Molle di Studi sull' Intelligenza Artificialle (IDSIA), 2005.

[Fish 87] Fisher D. "Knowledge acquisition via incremental conceptual clustering," *Machine Learning*, Vol. 2, pp. 139-172, 1987.

[Fred 05] Fred A., Jain A.K., "Combining multiple clustering using evidence accumulation," *IEEE Transactions on Pattern Analysis and Machine Intelligence*, Vol. 27(6), pp. 835-850, 2005.

[Frie 02] Friedman J.H., Meulman "Clustering objects on subsets of attributes," *http://citeseer.nj.nec.com/friedman02clustering.html*, 2002.

[Frig 97] Frigui H., Krishnapuram R. "Clustering by competitive agglomeration," *Pattern Recognition*, Vol. 30(7), pp. 1109-1119, 1997.

[Fu 93] Fu L., Yang M., Braylan R., Benson N. "Real-time adaptive clustering of flow cytometric data," *Pattern Recognition*, Vol. 26(2), pp. 365-373, 1993.

[Fuku 90] Fukunaga K. *Introduction to Statistical Pattern Recognition*, 2nd ed., Academic Press, 1990.

[Gabr 69] Gabriel K.R., Sokal R.R. "A new statistical approach to geographic variation analysis," *Syst. Zool.* Vol. 18, pp. 259-278, 1969.

[Gan 04] Gan G., Wu J. "Subspace clustering for high dimensional categorical data," *ACM SIGKDD Explorations Newsletter*, Vol. 6(2), pp. 87-94, 2004.

[Gema 84] Geman S., Geman D. "Stochastic relaxation, Gibbs distribution and Bayesian restoration of images," *IEEE Transactions on Pattern Analysis and Machine Intelligence*, Vol. 6, pp. 721-741, 1984.

[Gers 79] Gersho A. "Asumptotically optimal block quantization," *IEEE Transactions on Information Theory*, Vol. 25(4), pp. 373-380, 1979.

[Gers 92] Gersho A., Gray R.M. *Vector Quantization and Signal Compression*, Kluwer Academic, 1992.

[Giro 02] Girolami M. "Mercer kernel-based clustering in feature space," *IEEE Transactions on Neural Networks*, Vol. 13(2), pp. 780-784, 2002.

[Goil 99] Goil S., Nagesh H., Choudhary A. "Mafia: Efficient and scalable subspace clustering for very large data sets," Technical Report CPDC-TR-9906-010, Northwestern University, June 1999.

[Goks 02] Goksay E., Principe J.C. "Information theoretic clustering," *IEEE Transactions on Pattern Analysis and Machine Intelligence*, Vol. 24(2), pp. 158-171, 2002.

[Golu 89] Golub G.H., Van Loan C.F. *Matrix Computations*, John Hopkins Press, 1989.

[Gonz 93] Gonzalez R.C., Woods R.E. *Digital Image Processing*, Addison Wesley, 1993.

[Gray 84] Gray R.M. "Vector quantization," *IEEE ASSP Magazine*, pp. 4-29, April 1984.

[Gros 76a] Grossberg S. "Adaptive pattern classification and universal recoding: I. Parallel development and coding of neural feature detectors," *Biological Cybernetics*, Vol. 23, pp. 121-134, 1976.

[Gros 76b] Grossberg S. "Adaptive pattern classification and universal recoding: II. Feedback, expectation, olfaction, illusions," *Biological Cybernetics*, Vol. 23, pp. 187-202, 1976.

[Gros 87] Grossberg S. "Competitive learning: From interactive activation to adaptive resonance," *Cognitive Science*, Vol. 11, pp. 23-63, 1987.

[Gusf 97] Gusfield D. *Algorithms on Strings, Trees and Sequences: Computer Science and Computational Biology*, Cambridge University Press, UK, 1997.

[Halk 08] Halkidi M., Gunopulos D., Vazirgiannis M., Kumar N., Domeniconi C. "A clustering framework based on subjective and objective validity criteria," *ACM Transactions on Knowledge Discovery from Data*, Vol. 1(4), 2008.

[Hage 98] Hagen L., Kahng A. "New spectral methods for ratio cut partitioning and clustering," *IEEE Transactions on Computer-Aided-Design of Integrated Circuits and Systems*, Vol. 11, pp. 1074-1085, 1998.

[Hage 92] Hagen L.W., Kahng A.B. "New spectral methods for ratio cut partitioning and clustering," *IEEE Transactions on Computer Aided Design of Integrated Circuits and Systems*, Vol. 11(9), pp. 1074-1085, 1992.

[Hech 88] Hecht-Nielsen R. "Applications of counter-propagation networks," *Neural Networks*, Vol. 1(2), pp. 131-141, 1988.

[Hend 93] Hendrickson B., Leland R. "Multidimensional spectral load balancing," *Proceedings 4th SIAM Conference on Parallel Processing*, pp. 953-961, 1993.

[Hinn 98] Hinneburg A., Keim D. "An efficient approach to clustering large multimedia databases with noise," *Proceedings of the 4th ACM SIGKDD*, pp. 58-65, New York, NY, 1998.

[Hinn 99] Hinneburg A., Keim D.A. "Optimal grid-clustering: Towards breaking the curse of dimensionality in high-dimensional clustering," *Proceedings of the 25th Conference on Very Large*

Databases, Edinburgh, Scotland, 1999.

[Hoch 64] Hochberg J.E. *Perception*, Prentice-Hall, 1964.

[Hofm 97] Hofmann T., Buchmann J.M. "Pairwise data clustering by deterministic annealing," *IEEE Transactions on Pattern Analysis and Machine Intelligence*, Vol. 19(1), pp. 1-14, 1997.

[Inok 04] Inokuchi R., Miyamoto S. "LVQ clustering and SOM using a kernel function," *Proceedings of the IEEE International Conference on Fuzzy Systems*, Vol. 3, pp. 1497-1500, 2004.

[Jarv 78] Jarvis R.A. "Shared nearest neighbor maximal spanning trees for cluster analysis," *Proceedings, 4th Joint Conference on Pattern Recognition*, Kyoto, Japan, pp. 308-313, 1978.

[Jayn 82] Jaynes E.T. "On the rationale of maximum-entropy methods," *Proc. IEEE*, Vol. 70(9), pp. 939-952, September 1982.

[Jens 04] Jenssen R., Eltoft T., Principe J.C. "Information theoretic spectral clustering," *Proceedings of the International Joint Conference on Neural Networks*, pp. 111-116, 2004.

[Kann 00] Kannan R., Vempala S., Vetta A. "On clusterings- good, bad and spectral," *41st Annual Symposium on Foundations of Computer Science, FOCS*, pp. 367-377, Redondo Beach, California, USA, 2000.

[Kara 96] Karayiannis N.B., Pai P. "Fuzzy algorithms for learning vector quantization," *IEEE Transactions on Neural Networks*, Vol. 7(5), pp. 1196-1211, 1996.

[Kask 98] Kaski S., Kangas J., Kohonen T. "Bibliography of SOM papers: 1981-1997," *Neural Computing Reviews*, Vol. 1, pp. 102-350, 1998.

[Kirk 83] Kirkpatrick S., Gelatt C.D. Jr., Vecchi M.P. "Optimization by simulated annealing," *Science*, Vol. 220, pp. 671-680, 1983.

[Klei 89] Klein R.W., Dubes R.C. "Experiments in projection and clustering by simulated annealing," *Pattern Recognition*, Vol. 22(2), pp. 213-220, 1989.

[Kodr 88] Kodratoff Y., Tecuci G. "Learning based on conceptual distance," *IEEE Transactions on Pattern Analysis and Machine Intelligence*, Vol. 10(6), pp. 897-909, 1988.

[Koha 97] Kohavi R., John G. "Wrappers for feature subset selection," *Artificial Intelligence*, Vol. 97(1-2), pp. 273-324, 1997.

[Koho 89] Kohonen T. *Self-Organization and Associative Memory*, 2nd ed., Springer-Verlag, 1989.

[Koho 95] Kohonen T. *Self-Organizing Maps*, Springer-Verlag, 1995.

[Koon 75] Koontz W.L.G., Narendra P.M., Fukunaga K. "A branch and bound clustering algorithm," *IEEE Transactions on Computers*, Vol. 24(9), pp. 908-914, September 1975.

[Koon 76] Koontz W.L.G., Narendra P.M., Fukunaga K. "A graph-theoretic approach to nonparametric cluster analysis," *IEEE Transactions on Computers*, Vol. 25(9), pp. 936-944, September 1976.

[Kosk 91] Kosko B. "Stochastic competitive learning," *IEEE Transactions on Neural Networks*, Vol. 2(5), pp. 522-529, 1991.

[Kosk 92] Kosko B. *Neural Networks for Signal Processing*, Prentice Hall, 1992.

[Kotr 92] Kotropoulos C., Auge E., Pitas I. "Two-layer learning vector quantizer for color image quantization," *Signal Processing VI*, pp. 1177-1180, 1992.

[Kots 04] Kotsiantis S.B., Pintelas P.E. "Recent advances in clustering: a brief survey," *WSEAS Transactions on Information Science and Applications*, Vol. 1(1), pp. 73-81, 2004.

[Kout 95] Koutroumbas K. "Hamming neural networks, architecture design and applications," Ph.D. dissertation, Department of Informatics, University of Athens, 1995 (in Greek).

[Kuli 05] Kulis B., Basu S., Dhilon I.S., Mooney R.J., "Semi-supervised graph clustering: a kernel approach," *International Conference on Machine Learning*, pp. 457-464, 2005.

[Laar 87] van Laarhoven P.J.M., Aarts E.H.L. *Simulated Annealing: Theory and Applications*, Reidel, Hingham, MA, 1987.

[Lang 05] Lange T., Buhmann J.M. "Combining partitions by probabilistic label aggregation," *Proceedings of the 11th ACM SIGKDD International Conference on Knowledge discovery in data mining*, pp. 147-155, 2005.

[Law 04] Law M., Topchy A., Jain A.K., "Multiobjective data clustering," *Proceedings of the IEEE Computer Society Conference on Computer Vision and Pattern Recognition*, Vol. 2, pp. 424-430, 2004.

[Liew 05] Liew A.W.C., Yan H., Yang M. "Pattern recognition techniques for the emerging field of bioinformatics: A review," *Pattern Recognition*, Vol. 38, pp. 2055-2073, 2005.

[Likh 97] Likhovidov V. "Variational approach to unsupervised learning algorithms of neural networks," *Neural Networks*, Vol. 10(2), pp. 273-289, 1997.

[Lind 80] Linde Y., Buzo A., Gray R.M. "An algorithm for vector quantizer design," *IEEE Transactions on Communications*, Vol. 28(1), pp. 84-95, 1980.

[Liu 98] Liu H., Motoda H. *Feature Selection for Knowledge Discovery and Data Mining*, Kluwer Academic Publishers, 1998.

[Liu 00] Liu B., Xia Y., Yu P.S. "Clustering through decision tree construction," *Proceedings of the ninth International Conference on Information and Knowledge Management*, pp. 20-29, 2000.

[Luen 84] Luenberger D.G. *Linear and Nonlinear Programming*, Addison Wesley, 1984.

[Macd 00] Macdonald D., Fyfe C. "The kernel self- organizing map," *Proceedings of the fourth International Conference on Knowledge-based Intelligent Engineering Systems and Allied Technologies*, Vol. 1, pp. 317-320, 2000.

[Mals 73] von der Maslburg. "Self-organization sensitive cells in the striate cortex," *Kybernetic*, Vol. 14, pp. 85-100, 1973.

[Mara 80] Maragos P., Schafer R.W. "Morphological systems for multidimensional signal processing," *Proc. IEEE*, Vol. 78(4), pp. 690-710, April 1980.

[Mart 93] Martinetz T.M., Berkovich S.G., Schulten K.J. "Neural-gas network for vector quantization and its application to time-series prediction," *IEEE Transactions on Neural Networks*, Vol. 4(4), pp. 558-569, July 1993.

[Masu 93] Masuda T. "Model of competitive learning based upon a generalized energy function," *Neural Networks*, Vol. 6, pp. 1095-1103, 1993.

[Matt 91] Matthews G., Hearne J. "Clustering without a metric," *IEEE Transactions on Pattern Analysis and Machine Intelligence*, Vol. 13(2), pp. 175-184, 1991.

[Maul 00] Maulik U., Bandyopadhyay S. "Genetic algorithm-based clustering technique," *Pattern Recognition*, Vol. 33, pp. 1455-1465, 2000.

[Meil 00] Meilă M., Shi J. "A random walk view of spectral segmentation," *Proceedings Neural Information Processing Conference*, pp. 873-879, 2000.

[Metr 53] Metropolis N., Rosenbluth A.W., Rosenbluth M.N., Teller A.H., Teller E. "Equations of state calculations by fast computing machines," *Journal of Chemical Physics*, Vol. 21, pp. 1087-1092, 1953.

[Mich 94] Michalevitz Z. *Genetic Algorithms + Data Structures = Evolutionary Programming*, 2nd ed., Springer-Verlag, 1994.

[Mill 01] Miller W. "Comparison of genomic DNA sequences: Solved and unsolved problems," *Bioinformatics*, Vol. 17, pp. 391-397, 2001.

[Mirk 01] Mirkin B. "Reinterpreting the category utility function," *Machine Learning*, Vol. 45(2), pp. 219-228, 2001.

[Mora 00] Morales E., Shih F.Y. "Wavelet coefficients clustering using morphological operations and pruned quadtrees," *Pattern Recognition*, Vol. 33, pp. 1611-1620, 2000.

[Ng 01] Ng A.Y., Jordan M., Weiss Y. "On spectral clustering analysis and an algorithm," *Proceedings 14th Conference on Advances in Neural Information Processing Systems*, 2001.

[Noso 08] Nosovskiy G.V., Liu D., Sourina O. "Automatic clustering and boundary detection algorithm based on adaptive influence function," *Pattern Recognition*, Vol. 41, pp. 2757-2776, 2008.

[Nyec 92] Nyeck A., Mokhtari H., Tosser-Roussey A. "An improved fast adaptive search algorithm for vector quantization by progressive codebook arrangement," *Pattern Recognition*, Vol. 25(8), pp. 799-802, 1992.

[Oyan 01] Oyang Y.-J., Chen C.-Y., Yang T.-W. "A study on the hierarchical data clustering algorithm based on gravity theory," *Lecture Notes in Artificial Intelligence: Principles of Data Mining and Knowledge Discovery*, Vol. 2168, pp. 350-361, Springer, 2001.

[Ozbo 95] Osbourn G.C., Martinez R.F. "Empirically defined regions of influence for cluster analysis," *Pattern Recognition*, Vol. 28(11), pp. 1793-1806, 1995.

[Papa 82] Papadimitriou C.H., Steiglitz K. *Combinatorial Optimization: algorithms and complexity*, Prentice Hall, 1982.

[Pars 04] Parsons L., Haque E., Liu H. "Subspace clustering for high dimensional data: A review," *ACM SIGKDD Explorations Newsletter*, Vol. 6(1), pp. 90-105, 2004.

[Pear 88] Pearson W. "Improved tools for biological sequence comparison," *Proceedings National Academy of Sciences*, Vol. 85, pp. 2444-2448, 1988.

[Pedr 97] Pedrycz W., Waletzky J. "Neural-network front ends in unsupervised learning," *IEEE Transactions on Neural Networks*, Vol. 8(2), pp. 390-401, March 1997.

[Pena 01] Pena J.M., Lozano J.A., Larranaga P., Inza I. "Dimensionality reduction in unsupervised learning of conditional gaussian networks," *IEEE Transactions on Pattern Analysis and Machine Intelligence*, Vol. 23(6), pp. 590-603, 2001.

[Post 93] Postaire J.G., Zhang R.D., Lecocq-Botte C. "Cluster analysis by binary morphology," *IEEE Transactions on Pattern Analysis and Machine Intelligence*, Vol. 15(2), pp. 170-180, 1993.

[Proc 02] Procopiuc C.M., Jones M., Agarwal P.K., Murali T.M. "A Monte-Carlo algorithm for fast projective clustering," *Proceedings of the 2002 ACM SIGMOD International Conference on Management of Data*, pp. 418-427, 2002.

[Qian 00] Qian Y., Suen C. "Clustering combination method," *15th International Conference on Pattern Recognition (ICPR00)*, Vol. 2, pp. 732-735, 2000.

[Qiu 07] Qiu H., Hancock E.R. "Clustering and embedding using commute times," *IEEE Transactions on Pattern Analysis and Machine Intelligence*, Vol. 29(11), pp. 1873-1890, 2007.

[Robe 00] Roberts S.J., Everson R., Rezek I. "Maximum certainty data partitioning," *Pattern Recognition*, pp. 833-839, 2000.

[Rose 91] Rose K. "Deterministic annealing, clustering and optimization," Ph.D. dissertation, California Institute of Technology, 1991.

[Rose 93] Rose K., Gurewitz E., Fox G.C. "Constrained clustering as an optimization method," *IEEE Transactions on Pattern Analysis and Machine Intelligence*, Vol. 15(8), pp. 785-794, 1993.

[Rume 86] Rumelhart D.E., Zipser D. "Feature discovery by competitive learning," *Cognitive Science*, Vol. 9, pp. 75-112, 1986.

[Rume 86] Rumelhart D.E., McLelland J.L. *Parallel Distributed Processing*, Cambridge, MA: MIT Press, 1986.

[Sand 98] Sander J., Ester M., Kriegel H.-P., Xu X. "Density based clustering in spatial databases: The algorithm GDBSCAN and its applications," *Data Mining and Knowledge Discovery*, Vol. 2(2), pp. 169-194, 1998.

[Sche 97] Scheunders P. "A genetic c-means clustering algorithm applied to color image quantization," *Pattern Recognition*, Vol. 30(6), pp. 859-866, 1997.

[Scho 98] Schölkopf B., Smola A., Müller K.R. "Nonlinear component analysis as a kernel eigenvalue problem," *Neural Computation*, Vol. 10(5), pp. 1299-1319, 1998.

[Scot 90] Scott G., Longuet-Higgins H. "Feature grouping by relocalization of eigenvectors of the proximity matrix," *Proceedings British Machine Vision Conference*, pp. 103-108, 1990.

[Shei 98] Sheikholeslami G., Chatterjee S., Zhang A. "WaveCluster: A multi-resolution clustering approach for very large spatial databases," *Proceedings of the 24th Conference on Very Large Databases*, New York, 1998.

[Shi 00] Shi J., Malik J. "Normalized cuts and image segmentation," *IEEE Transactions on Pattern Analysis and Machine Intelligence*, Vol. 22(8), pp.888-905, 2000.

[Stre 02] Strehl A., Ghosh J. "Cluster ensembles - a knowledge reuse framework for combining multiple partitions," *Journal of Machine Learning Research*, Vol. 3, pp. 583-617, 2002.

[Stre 00] Strehl A., Ghosh J. "A scalable approach to balanced, high-dimensional clustering of market baskets," *Proceedings of the 17th International conference on High Performance Computing*, pp. 525-536, Springer LNCS, Bangalore, India, 2000.

[Sung 00] Sung C.S., Jin H.W., "A tabu-search-based heuristic for clustering," *Pattern Recognition*, Vol. 33, pp. 849-858, 2000.

[Szu 86] Szu H. "Fast simulated annealing," in *Neural Networks for Computing* (Denker J.S., ed.), American Institute of Physics, 1986.

[Tax 99] Tax D.M.J., Duin R.P.W. "Support vector domain description," *Pattern Recognition Letters*, Vol. 20, pp. 1191-1199, 1999.

[Topc 05] Topchy A., Jain A.K., Punch W. "Clustering ensembles: Models of consensus and weak partitions," *IEEE Transactions on Pattern Analysis and Machine Intelligence*, Vol. 27(12), pp. 1866-1881, 2005.

[Topc 04] Topchy A., Minaei B., Jain A.K., Punch W. "Adaptive clustering ensembles," *Proceedings of the International Conference on Pattern Recognition (ICPR)*, U.K., August 23-26, 2004.

[Tou 74] Tou J.T., Gonzales R.C. *Pattern Recognition Principles*, Addison-Wesley, 1974.

[Tous 80] Toussaint G.T. "The relative neighborhood graph of a finite planar set," *Pattern Recognition*, Vol. 12, pp. 261-268, 1980.

[Touz 88] Touzani A., Postaire J.G. "Mode detection by relaxation," *IEEE Transactions on Pattern Analysis and Machine Intelligence*, Vol. 10(6), pp. 970-977, 1988.

[Tsen 00] Tseng L.Y., Yang S.B., "A genetic clustering algorithm for data with non-spherical-shape clusters," *Pattern Recognition*, Vol. 33, pp. 1251-1259, 2000.

[Tsyp 73] Tsypkin Y.Z. *Foundations of the Theory of Learning Systems*, Academic Press, 1973.

[Tung 01] Tung A.K.H., Ng R.T., Lakshmanan L.V.S., Han J. "Constraint-based clustering in large databases," *Proceedings of the 8th International Conference on Database Theory*, London, 2001.

[Uchi 94] Uchiyama T., Arbib M.A. "An algorithm for competitive learning in clustering problems," *Pattern Recognition*, Vol. 27(10), pp. 1415-1421, 1994.

[Ueda 94] Ueda N., Nakano R. "A new competitive learning approach based on an equidistortion principle for designing optimal vector quantizers," *Neural Networks*, Vol. 7(8), pp. 1211-1227, 1994.

[Urqu 82] Urquhart R. "Graph theoretical clustering based on limited neighborhood sets," *Pattern Recognition*, Vol. 15(3), pp. 173-187, 1982.

[Verm 03] Verma D., Meilă M. "A comparison of spectral clustering algorithms," *Technical Report, UW-CSE-03-05-01*, University of Washington, Seattle, CSE Department, 2003.

[Vish 00] Vishwanathan S.V.N., Murty M.N., "Kohonen's SOM with cashe," *Pattern Recognition*, Vol. 33, pp. 1927-1929, 2000.

[vonL 07] von Luxburg U. "A Tutorial on Spectral Clustering," *Statistics and Computing*, Vol. 17(4), 2007.

[Wags 01] Wagstaff K., Cardie C., Rogers S., Schrodl S. "Constraint k-means clustering with background knowledge," *International Conference on Machine Learning*, pp. 577-584, 2001.

[Weis 99] Weiss Y. "Segmentation using eigenvectors: A unifying view," *Proceedings 7th IEEE International Conference on Computer Vision*, pp. 975-982, 1999.

[Wang 07] Wang D., Shi L., Yeung D.S., Tsang E.C.C., Heng P.A. "Ellipsoidal support vector clustering for functional MRI analysis," *Pattern Recognition*, Vol. 40(10), pp. 2685-2695, 2007.

[Woo 02] Woo K.-G., Lee J.-H. "FINDIT: A fast and intelligent subspace clustering algorithm using dimension voting," Ph.D. Thesis, Korea Advanced Institute of Science and Technology, Taejon, Korea, 2002.

[Wu 93] Wu Z., Leahy R. "An optimal graph theoretic approach to data clustering: Theory and its applications to image segmentation," *IEEE Transactions on Pattern Analysis and Machine Intelligence*, Vol. 15(11), pp. 1101-1113, 1993.

[Xian 08] Xiang T., Gong S. "Spectral clustering with eigenvalue selection," *Pattern Recognition*,

Vol. 41(3), pp. 1012-1029, 2008.

[Xie 93] Xie Q., Laszlo A., Ward R.K. "Vector quantization technique for nonparametric classifier design," *IEEE Transactions on Pattern Analysis and Machine Intelligence*, Vol. 15(12), pp. 1326-1330, 1993.

[Xing 02] Xing E.P., Ng A.Y., Jordan M.I., Russell S.J. "Distance metric learning with application to clustering with side-information," *International Conference on Neural Information Processing Systems*, pp. 505-512, 2002.

[Xu 98] Xu X., Ester M., Kriegel H.P., Sander J. "A distribution-based clustering algorithm for mining in large spatial databases," *Proceedings of the 14th ICDE*, pp. 324-331, Orlando, FL, 1998.

[Xu 05] Xu R., Wunsch D. II "Survey of clustering algorithms," *IEEE Transactions on Neural Networks*, Vol. 16(3), pp. 645-677, 2005.

[Yama 80] Yamada Y., Tazaki S., Gray R.M. "Asymptotic performance of block quantizers with difference distortion measures," *IEEE Transactions on Information Theory*, Vol. 26(1), pp. 6-14, 1980.

[Yang 02] Yang J., Wang W., Wang H., Yu P. "δ-clusters: Capturing subspace correlation in a large data set," *Proceedings of the 18th International Conference on Data Engineering*, pp. 517-528, 2002.

[Yu 93] Yu B., Yuan B. "A more efficient branch and bound algorithm for feature selection," *Pattern Recognition*, Vol. 26, pp. 883-889, 1993.

[Yu 03] Yu L., Liu H. "Feature selection for high-dimensional data: A fast correlation-based filter solution," *Proceedings of the 20th International Conference on Machine Learning*, pp. 856-863, 2003.

[Zahn 71] Zahn C.T. "Graph-theoretical methods for detecting and describing gestalt clusters," *IEEE Transactions on Computers*, Vol. 20(1), pp. 68-86, January 1971.

[Zass-05] Zass R., Shashua A. "A unifying approach to hard and probabilistic clustering," *Proceedings of the 10th IEEE International Conference on Computer Vision, ICCV*, pp. 294-301, 2005.

[Zhu 94] Zhu C., Li L., He Z., Wang J. "A new competitive learning learning algorithm for vector quantization," *Proceedings of ICASSP'94*, pp. 557-560, 1994.

第 16 章　聚类有效性

16.1　引言

前几章中介绍的大多数集聚算法的共同特点是，它们会为数据集 X 强加一个集聚结构，即使 X 可能不具有这样的结构。当 X 中不具有这样的结构时，对 X 应用集聚算法后，得到的结果无法识别 X 的结构。换句话说，聚类分析不是万能的。也就是说，在应用集聚算法之前，我们就要知道 X 中的向量能否形成聚类。无须显式地识别就能验证 X 是否具有集聚结构的问题称为集聚趋势，详见本章末尾的讨论。

下面假设 X 具有集聚结构且我们要识别它。这时我们又遇到了另一个问题。回顾可知，所有的集聚算法都需要知道某些特定参数的值，而其中的一些参数会对聚类的形状（如致密的超椭圆体聚类）施加约束。前几章中说过，这些参数的不正确估计和聚类形状的不合适限制，都会导致无法识别 X 中的集聚结构。因此，我们需要对集聚算法的结果进行进一步评价。

本章讨论对集聚算法的结果进行定量评价的方法。这项任务通常称为聚类有效性。然而，要强调的是，这些算法得到的结果只是专家用来对聚类结果进行评价的工具。

设 $\mathcal{C}$ 是对 X 应用集聚算法后得到的集聚结构，应用层次算法时它可能是层次聚类，应用前几章中的其他算法时它可能是单个聚类。评价聚类有效性的方法有三种。第一，采用独立于结构的方法评价 $\mathcal{C}$，也就是对 X 施加一个先验值，反映我们对 X 的集聚结构的直觉。用于这类评估的准则称为外部准则。另外，外部准则也可用于度量已知数据与预定义结构的对应度，而不必对 X 应用任何集聚算法。第二，采用包含 X 中的向量的量来评价 $\mathcal{C}$，如邻近度矩阵。用于这类评估的准则称为内部准则。第三，将 $\mathcal{C}$ 与其他集聚结构进行比较，这里的其他集聚结构要么是应用不同参数的相同集聚算法得到的，要么是使用其他集聚算法得到的。这类准则称为相对准则。

基于外部或内部准则的聚类验证方法主要依赖于第 5 章中介绍的统计假设检验。下节介绍本章中使用的一些定义。

16.2　假设检验回顾

设 H_0 和 H_1 分别是零假设和备选假设，

$$H_1 : \boldsymbol{\theta} \neq \boldsymbol{\theta}_0$$

$$H_0 : \boldsymbol{\theta} = \boldsymbol{\theta}_0$$

同时，设 $\bar{D}_\rho$ 是对应于检验统计量 q 的显著水平 ρ 的临界区间，Θ_1 为 $\boldsymbol{\theta}$ 在假设 H_1 下的所有可能取值。该检验的能量函数定义为

$$W(\boldsymbol{\theta}) = P(q \in \bar{D}_\rho | \boldsymbol{\theta} \in \Theta_1) \tag{16.1}$$

对于特定的 $\boldsymbol{\theta} \in \Theta_1$，$W(\boldsymbol{\theta})$ 称为备选 $\boldsymbol{\theta}$ 下的检验能量。总之，$W(\boldsymbol{\theta})$ 是参数向量值为 $\boldsymbol{\theta}$ 时 q 处于临界区间内的概率，即拒绝 H_0 时做出正确决策的概率。能量函数可用于比较两个不同的统计检验。

首选备选假设下能量大的检验。

与统计检验关联的错误有两类。

- 假设 H_0 是正确的。如果 $q(\boldsymbol{x})\in\bar{D}_\rho$，那么即使 H_0 是正确的，也会被拒绝，这称为 I 类错误。这类错误的概率是 ρ。当 H_0 正确时，接受 H_0 的概率为 $1-\rho$。
- 假设 H_0 是错误的。如果 $q(\boldsymbol{x})\notin\bar{D}_\rho$，那么即使 H_0 是错误的，也会被接受。这称为 II 类错误。这类错误的概率是 $1-W(\boldsymbol{\theta})$，它与 $\boldsymbol{\theta}$ 的具体值有关。

在实际工作中，最终是接受还是拒绝 H_0，只是部分地依赖于上面的原因，还有其他的因素起作用，如错误决策的代价。因此，必须对“接受”和“拒绝”H_0 进行适当的解释。

在假设 H_0 下，对实际工作中使用的大多数统计量来说，统计量 q 的概率密度函数有一个唯一的最大值，且区域 $\bar{D}_\rho$ 要么是一条半直线，要么是两条半直线的并集。这里也应用这些假设。图 16.1 中显示了 $\bar{D}_\rho$ 的三种情况。在第一种情况下，$\bar{D}_\rho$ 是两条半直线的并集。这样的检验称为双尾统计检验；其他两种检验称为单尾统计检验，因为 $\bar{D}_\rho$ 由单条半直线组成。图 16.1(a)是双尾统计检验的一个例子[①]，图 16.1(b)和图 16.1(c)分别是右尾和左尾检验的例子。

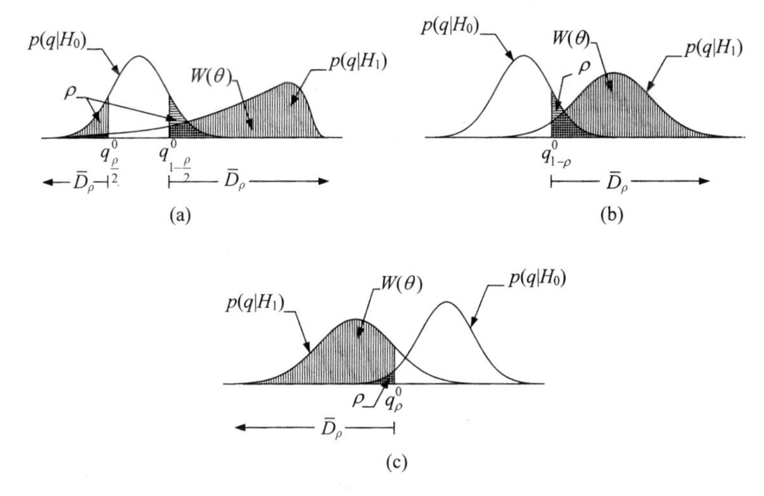

图 16.1　各种检验的临界区域：(a) 双尾检验；(b) 右尾检验；(c) 左尾检验。q_a^0 是假设 H_0 下 q 的 a 个百分点[②]

在许多实际情况中，给定假设下统计量 q 的概率密度函数的确切形式很难得到。下面介绍两种估计概率密度函数的仿真方法。

- 蒙特卡罗技术[Shre 64, Sobo 84]使用计算机生成的足够的数据对过程进行模拟。对 r 个数据集中的每个数据集 X_i，我们计算出 q 的值，记为 q_i，然后构建这些值对应的直方图。未知的概率密度函数可由该直方图近似。假设现在 q 对应于右尾统计检验，且使用对应于 r 个据集的 q 的 r 个值构建了一幅直方图。对于给定的数据集，若 q 是统计量的对应值，则根据如下条件拒绝（接受）零假设：

$$\text{若 } q \text{ 大于（小于）} q_i \text{ 值的}(1-\rho)r\text{，则拒绝（接受）} H_0 \tag{16.2}$$

① 存在双尾统计检验的更通用的版本（见文献[Papo 91]）。

② q 的 a 个百分点是满足 $a=P(q\leqslant q_a)$ 最小数 q_a。

对于左尾统计检验，根据如下条件拒绝（接受）零假设：

$$\text{若 } q \text{ 小于（大于）} q_i \text{ 值的} \rho r\text{，则拒绝（接受）} H_0 \tag{16.3}$$

对于双尾检验，有

$$\text{若 } q \text{ 大于 } q_i \text{ 值的} (\rho/2)r\text{，且小于 } q_i \text{ 值的} (1-\rho/2)r\text{，则接受 } H_0 \tag{16.4}$$

- 自举技术是处理有限数据的一种备选方法，其原理是用一个未知参数来参数化未知的概率密度函数。为了处理有限的数据，提高未知概率密度函数参数估计值的精度，通过对 X 进行置换采样（见第 10 章），创建多个“伪”数据集 $X_1,\cdots,X_r$。
  一般来说，如果 r 在 100 和 200 之间，那么可以得到较好的估计值。关于自举技术的详细讨论及其应用，请参阅文献[Diac 83, Efro 79, Jain 87a, Jain 87b]。

16.3 聚类有效性中的假设检验

在这种框架中，表达零假设H_0的方式稍有不同，因为我们的主要目的不是检验一个参数与某个具体值的关系，而是检验 X 中的数据是否具有“随机的”结构。于是，在这种情况下，零假设 H_0应是关于 X 的结构的随机性的表述。因此，现在我们的目的有二。

- 首先，必须在随机假设下生成一个参考数据总体，即模拟随机结构的数据总体。
- 其次，应该定义一个合适的统计量，它的值指示数据集的结构，并将由数据集X得到的结果与由参考（随机）总体得到的结果进行比较。

在零（随机）假设条件下，有三种生成参考总体的不同方法，每种方法适用于不同的情形。

- **随机位置假设**。该假设适用于比值数据。它要求 l 维空间内某个区域内的 N 个向量的所有排列等可能地发生。这样的区域可以是 H_l超立方体或 l 维超球体。产生这类排列的方法之一是，根据均匀分布，在 l 维空间的某个区域内随机地插入每个点。随机位置假设可以与外部准则或内部准则结合使用。
  - 内部准则。在这种情况下，定义统计量 q 的目的是，度量集聚算法生成的集聚结构与对应数据集的邻近度矩阵的匹配度。设 X_i是根据随机位置假设生成的 N 个向量集合，$\boldsymbol{P}_i$是对应的邻近度矩阵。接着，对每个 X_i和数据集 X 应用相同的集聚算法，并设$\mathcal{C}_i$和$\mathcal{C}$分别是得到的集聚结构。对每种情况，计算统计量 q 的值。若由 X 得到的 q 值位于参考总体的统计概率密度函数的临界区间 $\bar{D}_\rho$ 内，即 q 值很小或很大，则拒绝随机假设 H_0。
  - 外部准则。定义统计量 q 的目的是，度量施加到 X 的预定义结构$\mathcal{P}$和对 X 应用某个集聚算法后得到的聚类的匹配度。接着，检验对应于由数据集 X 得到的聚类$\mathcal{C}$的 q 值，与对应于由随机位置假设下生成的参考总体得到的聚类的 q_i 值。若 q 值很大或很小，则拒绝随机假设。
- **随机图假设**。只知道内部信息（如关于向量自身或者向量之间的关系的信息）时，通常采用这种假设。使用向量之间的有序邻近度时，这是合适的。在进行深入介绍之前，下面先定义有序或排序：一个 $N\times N$ 对称矩阵 $\boldsymbol{A}$，其对角线元素为零（假设使用了相异度），且上对角线元素是区间$[1,N(N-1)/2]$内的整数。$\boldsymbol{A}$的元素 $A(i,j)$只提供向量 $\boldsymbol{x}_i$和 $\boldsymbol{x}_j$之间的相异度的量化信息。例如，若 $\boldsymbol{A}(2,3)=3$，$\boldsymbol{A}(2,5)=5$，那么我们只知道 $\boldsymbol{x}_3$ 与 $\boldsymbol{x}_5$ 相比与 $\boldsymbol{x}_2$ 更相似。也就是说，这时比较相异度是无意义的（回顾第 11 章中关于有序型数据的说明）。

设 $\boldsymbol{A}_i$ 是不含关系的一个 $N\times N$ 顺序邻近度矩阵；也就是说，它的所有上对角线元素彼此不同。在随机图假设下，参考总体由多个 $\boldsymbol{A}_i$ 组成，每个 $\boldsymbol{A}_i$ 都是在其上对角线位置随机插入区间[1, $N(N-1)/2$]内的整数生成的。设 $\boldsymbol{P}$ 是与给定数据集 X 关联的有序邻近度矩阵，$\mathcal{C}$ 是对 $\boldsymbol{P}$ 应用某个特定算法后生成的集聚结构。最后，设 $\mathcal{C}_i$ 是对 $\boldsymbol{A}_i$ 应用相同算法后生成的集聚结构。下面，我们继续前面的介绍，并定义一个统计量 q，度量顺序（邻近度）矩阵和对应集聚结构之间的一致性。若对应于 $\boldsymbol{P}$ 和 $\mathcal{C}$ 的 q 值较大或较小，则拒绝这个随机假设。

必须强调的是，随机图假设并不适合于比值尺度数据。例如，在使用欧氏距离且 $l\leqslant N-2$ 的情况下，考虑实直线上的点 $x_1=0, x_2=1, x_3=3$。显然，x_1 和 x_3 之间的距离不小于 x_2 和 x_3 之间的距离。也就是说，对这些比值尺度的数据来说，矩阵

$$\boldsymbol{A}=\begin{bmatrix}0 & 2 & 1\\ 2 & 0 & 3\\ 1 & 3 & 0\end{bmatrix}$$

不是一个有效的邻近度矩阵。

- **随机标注假设**。下面考虑将 X 分为 m 组的所有分割 $\mathcal{P}'$。每种分割都使用从 X 到 $\{1,\cdots,m\}$ 的映射 g 来定义。随机标注假设所有映射是等可能的。定义统计量 q，度量数据集 X 中固有的信息（如邻近度矩阵 $\boldsymbol{P}$）与某个特定分割的匹配度。然后，使用统计量 q 来检验 $\boldsymbol{P}$ 和一个外部强加的分割 $\mathcal{P}$ 之间的匹配度，其中 q_i 对应于随机标注假设下生成的随机分割。若 q 值很大或很小，则拒绝 H_0。

下面给出适合于外部准则和内部准则的一些统计指标。

16.3.1　外部准则

外部准则在如下两种情况下使用：(a) 比较某个集聚算法生成的一个集聚结构 $\mathcal{C}$ 与从 $\mathcal{C}$ 中单独抽取的 X 的一个分割 $\mathcal{P}$；(b) 度量预先确定的分割 $\mathcal{P}$ 和 X 的邻近度矩阵 $\boldsymbol{P}$ 的一致性。

比较 $\mathcal{P}$ 与聚类 $\mathcal{C}$

在这种情况下，$\mathcal{C}$ 要么是某个具体的层次聚类，要么是某个具体的聚类。具体的聚类要么通过切割由层次算法在某个级别生成的树状图得到（见第 13 章），要么由前几章中讨论的其他算法得到。然而在实际工作中，我们不知道预先定义的层次分割。因此，验证集聚层次的问题没有实际意义。

下面我们考虑聚类 $\mathcal{C}$ 的验证任务，其中 $\mathcal{C}$ 是由某个集聚算法根据于 X 的一个独立分割 $\mathcal{P}$ 得到的。设 $\mathcal{C}=\{C_1,\cdots,C_m\}$，$\mathcal{P}=\{P_1,\cdots,P_s\}$，注意 $\mathcal{C}$ 中的聚类数与 $\mathcal{P}$ 中的组数是不同的。我们的目的是为假设检验定义合适的统计指标。

设 n_{ij} 是同时属于 C_i 和 P_j 的向量个数。设 $n_i^C=\sum_{j=1}^{s}n_{ij}$，即 n_i^C 是属于 C_i 的向量个数。类似地，定义属于 P_j 的向量个数为 $n_j^P=\sum_{i=1}^{m}n_{ij}$。

考虑一对向量 $(\boldsymbol{x}_v, \boldsymbol{x}_u)$，我们称这对向量：(a) 是 SS 的，如果这两个向量既属于 $\mathcal{C}$ 中的同一个聚类，又属于 $\mathcal{P}$ 中的同一组；(b) 是 DD 的，如果这两个向量既属于 $\mathcal{C}$ 中的不同聚类，又属于 $\mathcal{P}$ 中的不同组；(c) 是 SD 的，如果这两个向量既属于 $\mathcal{C}$ 中的同一个聚类，又属于 $\mathcal{P}$ 中的不同组；(d) 是 DS 的，如果这两个向量既属于 $\mathcal{C}$ 中的不同聚类，又属于 $\mathcal{P}$ 中的同一组。设 a, b, c, d 分别是 X 中的向量对 SS、SD、DS 和 DD 的个数，则有 $a+b+c+d=M$，其中 M 是 X 中的向量总对数，即 $M=N(N-1)/2$。

例 16.1 设 $X=\{\boldsymbol{x}_i, i=1,\cdots,6\}$，$\mathcal{C}=\{\{\boldsymbol{x}_1,\boldsymbol{x}_2,\boldsymbol{x}_3\},\{\boldsymbol{x}_4,\boldsymbol{x}_5\},\{\boldsymbol{x}_6\}\}$，$\mathcal{P}=\{\{\boldsymbol{x}_1,\boldsymbol{x}_2,\boldsymbol{x}_3\},\{\boldsymbol{x}_4,\boldsymbol{x}_5,\boldsymbol{x}_6\}\}$。下表给出了 X 中所有向量对的类型。

	$\boldsymbol{x}_1$	$\boldsymbol{x}_2$	$\boldsymbol{x}_3$	$\boldsymbol{x}_4$	$\boldsymbol{x}_5$	$\boldsymbol{x}_6$
$\boldsymbol{x}_1$		SS	SS	DD	DD	DD
$\boldsymbol{x}_2$			SS	DD	DD	DD
$\boldsymbol{x}_3$				DD	DD	DD
$\boldsymbol{x}_4$					SS	DS
$\boldsymbol{x}_5$						DS
$\boldsymbol{x}_6$						

由上表可得 $a=4, b=0, c=2, d=9$。

设 $m_1=a+b$ 是属于$\mathcal{C}$中的同一个聚类的向量对的个数，$m_2=a+c$ 是属于$\mathcal{P}$中的同一组的向量对的个数。使用上述定义，可以定义统计指标（统计量）来度量$\mathcal{C}$与$\mathcal{P}$的匹配度。这样的统计指标定义如下：

- Rand 统计量

$$R=(a+d)/M \tag{16.5}$$

- Jaccard 系数

$$J=a/(a+b+c) \tag{16.6}$$

- Fowlkes 和 Mallows 指标

$$\mathrm{FM}=a/\sqrt{m_1m_2}=\sqrt{\frac{a}{a+b}\frac{a}{a+c}} \tag{16.7}$$

式中，$a+d$ 项是 SS 向量对的个数与 DD 向量对的个数之和，因此 Rand 统计量是 SS 或 DD 向量对与向量对总数的比值。Jaccard 系数的原理类似于 Rand 统计量，但它不包含 d。这两个统计量的值介于 0 和 1 之间。然而，取最大值的前提是 $m=s$，但情况通常并非总是如此。

对于上面定义的指标，显然它们的值越大，$\mathcal{C}$ 和$\mathcal{P}$ 的一致性就越高，也就是说，所有的对应统计检验都是右尾的。

另一个与外部准则结合使用的统计量是 Hubert 的 Γ 统计量（见文献[Hube 76, Mant 67, Bart 62]），它度量两个独立的 $N\times N$ 矩阵 $\boldsymbol{X}$ 和 $\boldsymbol{Y}$ 的相关性。对于对称矩阵，这个统计量可以写为

- Hubert 的 Γ 统计量

$$\Gamma=(1/M)\sum_{i=1}^{N-1}\sum_{j=i+1}^{N}X(i,j)Y(i,j) \tag{16.8}$$

式中，$X(i,j)$和 $Y(i,j)$分别是矩阵 $\boldsymbol{X}$ 和 $\boldsymbol{Y}$ 的元素$(i,\ j)$。Γ 值越大，$\boldsymbol{X}$ 和 $\boldsymbol{Y}$ 就越一致。我们还会用到Γ 统计量的归一化形式 $\hat{\Gamma}$ 。

- 归一化 Γ 统计量

$$\hat{\Gamma}=\frac{(1/M)\sum_{i=1}^{N-1}\sum_{j=i+1}^{N}(X(i,j)-\mu_X)(Y(i,j)-\mu_Y)}{\sigma_X\sigma_Y} \tag{16.9}$$

式中，μ_X, μ_Y 和 σ_X^2,σ_Y^2 分别是均值和方差，也就是说，$\mu_X=(1/M)\sum_{i=1}^{N-1}\sum_{j=i+1}^{N}X(i,j)$，$\sigma_X^2=(1/M)\sum_{i=1}^{N-1}\sum_{j=i+1}^{N}X(i,j)^2-\mu_X^2$（类似地，可以定义$\mu_Y$ 和 σ_Y^2 ）。$\hat{\Gamma}$ 在-1 到 1 间取值。

若 $\boldsymbol{x}_i, \boldsymbol{x}_j$ 属于$\mathcal{C}$中的同一个聚类，则设 $X(i, j) = 1$，否则设 $X(i, j) = 0$。若 $\boldsymbol{x}_i, \boldsymbol{x}_j$ 属于$\mathcal{P}$中的同一组，则设 $Y(i,j) = 1$，否则设 $Y(i,j) = 0$。可以证明（见习题 16.2），这时 $\hat{\Gamma}$ 统计量等于

$$\hat{\Gamma} = (Ma - m_1 m_2)/\sqrt{m_1 m_2 (M - m_1)(M - m_2)} \tag{16.10}$$

$\Gamma(\hat{\Gamma})$ 的非常大的绝对值意味着$\mathcal{C}$和$\mathcal{P}$彼此是一致的。

在实际工作中，计算零假设下的这些指标的概率密度函数非常困难，因此我们使用蒙特卡罗技术来估计这些参数。下面讨论基于随机位置假设的这样一个过程。假设数据是比值尺度的。

- For $i = 1$ to r
  - 在 X 的感兴趣区域中生成一个由 N 个向量组成的数据集 X_i，且这些向量是均匀分布的
  - 根据$\mathcal{P}$施加的结构，将 X_i 中的每个向量 $\boldsymbol{y}_j^i \in X_i$ 分配给 $\boldsymbol{x}_j \in X$ 属于的组
  - 对 X_i 应用相同的集聚算法得到$\mathcal{C}$，设得到的聚类是$\mathcal{C}_i$
  - 对于$\mathcal{P}$和$\mathcal{C}_i$，计算对应统计指标 q 的值 $q(\mathcal{C}_i)$
- End {For}
- 生成 $q(\mathcal{C}_i)$的直方图

下例说明了如何在实际工作中使用这种方法。

例 16.2　(a) 考虑由 H_3 超立方体中的 100 个向量组成的数据集 X。生成的数据分为 4 组，每组包含 25 个向量，且每组都是由一个正态分布生成的。X 的第一组的 25 个向量是由第一个分布生成的，第二组、第三组、第四组的25个向量分别由第二个、第三个、第四个分布生成。所有分布的协方差矩阵都等于 $0.2\boldsymbol{I}$，其中 $\boldsymbol{I}$ 为 3×3 的单位矩阵。4 个分布的均值向量分别为$[0.2, 0.2, 0.2]^{\mathrm{T}}$, $[0.5, 0.2, 0.8]^{\mathrm{T}}$, $[0.5, 0.8, 0.2]^{\mathrm{T}}$ 和$[0.8, 0.8, 0.8]^{\mathrm{T}}$。如果由分布生成的向量位于单位超立方体外部，那么忽略该向量，并用另一个位于 H_3 内部的向量代替。不难发现，X 中的点形成了 4 个可分性好的致密聚类。

假设外部信息是："X 中的向量属于 4 个不同的组 P_1, P_2, P_3, P_4，其中 P_1 包含 X 中的前 25 个向量，P_2, P_3, P_4 分别包含 X 中的第二组、第三组、第四组的 25 个向量"。

在 $m = 4$ 时运行 Isodata 算法，并设$\mathcal{C}$是得到的聚类。计算$\mathcal{C}$和$\mathcal{P}$的 R、J、FM 和 $\hat{\Gamma}$ 统计量。它们分别是 0.91, 0.68, 0.81, 0.75。接着，使用前面描述的过程估计这些统计量的分布。具体地说，生成 100 个数据集 X_i, $i = 1,\cdots, 100$，其中的每个数据集都包含在 H_3 中随机选择的 100 个向量，且这些向量服从均匀分布。根据$\mathcal{P}$的定义，我们将前 25 个向量分配给 P_1，将第二组、第三组、第四组的 25 个向量分别分配给 P_2, P_3, P_4。对每个 X_i，运行 Isodata 算法（$m = 4$），生成聚类$\mathcal{C}_i$, $i = 1,\cdots, 100$。然后为每个$\mathcal{C}_i$和$\mathcal{P}$, $i = 1,\cdots, 100$ 计算 4 个统计量 R_i、J_i、FM_i和 $\hat{\Gamma}_i$，并设显著水平为$\rho = 0.05$。然后，利用给定的统计量，根据 16.2 节中给出的条件，接受或拒绝零假设（如随机假设）。这时，R 大于所有的 R_i。类似地，J、FM 和 $\hat{\Gamma}$ 分别大于所有的 J_i、FM_i和 $\hat{\Gamma}_i$。因此，所有的统计量在显著水平$\rho = 0.05$ 拒绝零假设。

(b) 现在设 X'是由 X 构建的数据集，但正态分布的协方差矩阵为 $0.6\boldsymbol{I}$。这时，X 中的向量形成弱聚类，即聚类广布于它们的均值向量周围。在这种情况下，4 个统计是的值是 $R = 0.64$, $J = 0.15$, $\mathrm{FM} = 0.27$, $\hat{\Gamma} = 0.03$。R 大于 R_i 中的 99 个。类似地，J、FM 和 $\hat{\Gamma}$ 分别大于 J_i 中的 94 个，FM_i 中的 94 个和 $\hat{\Gamma}_i$ 中的 98 个。于是，根据 Rand 和 $\hat{\Gamma}$ 统计量，当显著水平为$\rho = 0.05$ 时，拒绝零假设。然而，其他两个统计量的情况与此不同。

这种情形表明，不考虑明显切割的情形时，不同的统计量会得到不同的结果（见文献[Mill 80, Mill 83, Mill 85]中的比较研究）。

(c) 选择协方差矩阵为 $0.8\boldsymbol{I}$ 来构建 X''。在这种情况下，X''中的向量很分散，以致 X''无法显示任何集聚结构。这种情况下的 4 个统计量的值是 $R = 0.63$, $J = 0.14$, $\mathrm{FM} = 0.25$ 和 $\hat{\Gamma} = -0.01$。具体地说，R 大于 100 个 R_i 中的 62 个。类似地，J、FM 和 $\hat{\Gamma}$ 分别大于 R_i 中的 48 个、J_i 中的 48 个和 $\hat{\Gamma}_i$ 中的 55 个。于是，根据所有统计量，在显著水平$\rho = 0.05$ 不拒绝零假设。

注释

- 每个统计量 q 都存在一个校正的统计量 q'，它是 q 的归一化形式，定义为

$$q' = \frac{q - E(q)}{\max(q) - E(q)} \tag{16.11}$$

在零假设条件下，$\max(q)$是 q 的最大值；$E(q)$是 q 的均值，它的值在 0 和 1 之间。当$\mathcal{C}$与$\mathcal{P}$完全匹配时，得到最大值；随机选取$\mathcal{C}$与$\mathcal{P}$时，得到最小值。此时的新问题是 $E(q)$和 $\max(q)$的计算。文献[Hube 85]中提到，对于 Rand 统计量，假设 Rand 统计量的最大值是 1。文献[Fowl 83]中讨论了 Fowlkes-Mallows 指标的相同问题。

评估$\mathcal{P}$与邻近度矩阵 $\boldsymbol{P}$ 之间的一致性

在本节中，我们将证明Γ统计可用于度量 X 的邻近度矩阵 $\boldsymbol{P}$ 与事先施加到 X 的分割$\mathcal{P}$ 的匹配度。回顾可知$\mathcal{P}$是从 X 到$\{1,\cdots,m\}$的映射 g。考虑一个矩阵 $\boldsymbol{Y}$，其元素(i, j)的值 $Y(i, j)$定义为

$$Y(i,j) = \begin{cases} 1, & g(\boldsymbol{x}_i) \neq g(\boldsymbol{x}_j) \\ 0, & \text{其他} \end{cases} \tag{16.12}$$

式中，$i, j=1,\cdots, N$。显然，$\boldsymbol{Y}$ 是对称矩阵。然后，对邻近度矩阵 $\boldsymbol{P}$ 和 $\boldsymbol{Y}$ 应用统计量Γ（或 $\hat{\Gamma}$ ）。它的是 $\boldsymbol{Y}$ 与 $\boldsymbol{P}$ 的匹配度。

为了估计随机标注假设下的Γ（或 $\hat{\Gamma}$ ）的概率密度函数，我们生成 r 个映射 g_i, $i=1,\cdots, r$ [①]。对于每个映射，我们形成对应的矩阵 $\boldsymbol{Y}_i$，并对 $\boldsymbol{P}$ 和 $\boldsymbol{Y}_i$, $i=1,\cdots, r$ 应用统计量Γ（或 $\hat{\Gamma}$ ）。然后，我们照例接受或拒绝随机标注假设。

例 16.3 考虑包含 64 个二维向量的数据集 X，它的前 16 个向量来自均值是$[0.2, 0.2]^{\mathrm{T}}$的正态分布，剩下的三组 16 个向量来自均值分别是$[0.2, 0.8]^{\mathrm{T}}$, $[0.8, 0.2]^{\mathrm{T}}$和$[0.8, 0.8]^{\mathrm{T}}$的正态分布。所有分布的协方差矩阵都是 $0.15\boldsymbol{I}$。设 $\boldsymbol{P}$ 是使用欧氏距离的平方的 X 的邻近度矩阵，设显著水平$\rho = 0.05$。

(a) 设$\mathcal{P} = \{P_1, P_2, P_3, P_4\}$。假设第二组的 16 个向量已分配给 P_1，第二组的 16 个向量已分配给 P_2，第三组的 16 个向量已分配给 P_3，第四组的 16 个向量已分配给 P_4。根据这些信息，我们按照前述方法形成 $\boldsymbol{Y}$，然后计算 $\boldsymbol{P}$ 和 $\boldsymbol{Y}$ 的 $\hat{\Gamma}$ 值，得到的结果是 0.77。接着，生成随机的分割$\mathcal{P}_i, i=1,\cdots,100$，形成对应的矩阵 $\boldsymbol{Y}_i$，并计算 $\boldsymbol{P}$ 与每个 $\boldsymbol{Y}_i$之间的 $\hat{\Gamma}_i$ 值。结果表明，$\mathcal{P}$大于所这些值。因此，在显著水平ρ下拒绝零假设。

(b) 现在假设外部信息$\mathcal{P}$随机地将 X 的 16 个向量分配给每个 $\boldsymbol{P}_i$。显然，外部信息与 X 中的结构不一致。如果我们照例使用前面的过程，那么得到 $\hat{\Gamma} = -0.01$，它小于 $\hat{\Gamma}_i$ 的 70 个值，因此接受这个随机假设。

---

① 一般来说，$r = 100$。

16.3.2　内部准则

这里的目的是，使用数据的固有信息来验证集聚算法生成的集聚结构是否匹配数据。下面，除非特别声明，我们都认为数据由它们的邻近度矩阵代表。考虑两种情况：(a) 集聚结构是层次聚类；(b) 集聚结构是单个聚类。

层次聚类的有效性

回顾可知，层次集聚算法生成的树状图可由各自的同型矩阵 $\boldsymbol{P}_c$ 代表。我们定义一个统计指数，它度量层次集聚算法生成的同型矩阵 $\boldsymbol{P}_c$ 与 X 的邻近度矩阵 $\boldsymbol{P}$ 的一致性。因为两个矩阵都是对称的，且它们的对角线元素都是 0[①]，所以我们只需考虑 $\boldsymbol{P}_c$ 和 $\boldsymbol{P}$ 的 $M \equiv N(N-1)/2$ 个对角线元素。设 d_{ij} 和 c_{ij} 分别是 $\boldsymbol{P}$ 和 $\boldsymbol{P}_c$ 的元素 (i, j)。

第一个指标称为同型相关系数（CPCC），使用区间尺度或比值尺度的矩阵时，它度量 $\boldsymbol{P}_c$ 和 $\boldsymbol{P}$ 之间的相关性。同型相关系数定义为

$$\text{CPCC}=\frac{(1/M)\sum_{i=1}^{N-1}\sum_{j=i+1}^{N} d_{ij}c_{ij}-\mu_P\mu_C}{\sqrt{\left((1/M)\sum_{i=1}^{N-1}\sum_{j=i+1}^{N} d_{ij}^2-\mu_P^2\right)\left((1/M)\sum_{i=1}^{N-1}\sum_{j=i+1}^{N} c_{ij}^2-\mu_C^2\right)}} \tag{16.13}$$

式中，对应的均值由式(16.9)定义。可以看出，CPCC 的值在–1 和 1 之间（见习题 16.4）。CPCC 指标越接近 1，同型矩阵与邻近度矩阵的一致性就越好。许多学者研究过 CPCC 统计量（见文献[Rolp 68, Rolp 70, Farr 69]），与它相关的主要难点是，它依赖于问题的许多参数，如 X 的大小、所用的集聚算法和所用的邻近度等。因此，在假设 H_0 下精确地计算它的概率密度函数是很困难的，在假设 H_0 下必须使用蒙特卡罗技术来估计分布。根据随机位置假设，我们生成 r 个集合 X_i，根据均匀分布，每个集合中的向量都是随机分布的，并对每个 X_i 应用相同的层次算法生成 $\boldsymbol{P}_c$。然后，我们计算 X_i 的邻近度矩阵 $\boldsymbol{P}_i$ 与得到的同型矩阵 $\boldsymbol{P}_{ci}$ 的 CPCC，并构建对应的直方图。

有趣的是，文献[Rolp 70]称，使用未加权对群平均（UPGMA）算法（见第 13 章）时，就小心处理较大的 CPCC 的值（接近 0.9），因为即使是较大的 CPCC 值也不能保证同型矩阵和邻近度矩阵的一致度较好。

下面讨论另一个统计指标 γ，它适用于 $\boldsymbol{P}_c$ 和 $\boldsymbol{P}$ 都是有普通比值矩阵的情形。设 $\boldsymbol{v}_p$ 和 $\boldsymbol{v}_c$ 是两个 $N(N-1)/2$ 维向量，它们的元素分别是按行排序的 $\boldsymbol{P}$ 和 $\boldsymbol{P}_c$ 的上对角元素。设 (v_{p_i}, v_{p_j}) 和 (v_{c_i}, v_{c_j}) 分别是 $\boldsymbol{v}_p$ 和 $\boldsymbol{v}_c$ 中的两对元素。下面按照顺序给出一些定义。

- 如果

  $$((v_{p_i} < v_{c_i}) \,\&\, (v_{p_j} < v_{c_j})) \text{ 或 } ((v_{p_i} > v_{c_i}) \,\&\, (v_{p_j} > v_{c_j}))$$

  那么称元素对 $\{(v_{p_i}, v_{p_j}), (v_{c_i}, v_{c_j})\}$ 是协调的。
- 如果

  $$((v_{p_i} < v_{c_i}) \,\&\, (v_{p_j} > v_{c_j})) \text{ 或 } ((v_{p_i} > v_{c_i}) \,\&\, (v_{p_j} < v_{c_j}))$$

  那么称元素对 $\{(v_{p_i}, v_{p_j}), (v_{c_i}, v_{c_j})\}$ 是不协调的。

---

① 这表明我们使用了一个相异度度量。

最后，如果 $v_{p_i} = v_{c_i}$ 或 $v_{p_j} = v_{c_j}$，那么元素对既不是协调的，又不是不协调的。设 S_+和 S_-分别为协调的元素对和不协调的元素对的数量。于是，γ定义为

$$\gamma = \frac{S_+ - S_-}{S_+ + S_-} \tag{16.14}$$

γ统计量在−1 和 1 之间取值。

例 16.4 设 $\boldsymbol{v}_p = [3, 2, 1, 5, 2, 6]^{\mathrm{T}}$，$\boldsymbol{v}_c = [2, 3, 5, 1, 6, 4]^{\mathrm{T}}$。所有可能的 16 个元素对如下表所示。

指数	v_p	v_c		指数	v_p	v_c	
(1, 2)	(3, 2)	(2, 3)	不协调	(2, 6)	(2, 6)	(3, 4)	不协调
(1, 3)	(3, 1)	(2, 5)	不协调	(3, 4)	(1, 5)	(5, 1)	不协调
(1, 4)	(3, 5)	(2, 1)	协调	(3, 5)	(1, 2)	(5, 6)	协调
(1, 5)	(3, 2)	(2, 6)	不协调	(3, 6)	(1, 6)	(5, 4)	不协调
(1, 6)	(3, 6)	(2, 4)	协调	(4, 5)	(5, 2)	(1, 6)	不协调
(2, 3)	(2, 1)	(3, 5)	协调	(4, 6)	(5, 6)	(1, 4)	协调
(2, 4)	(2, 5)	(3, 1)	不协调	(5, 6)	(2, 6)	(6, 4)	不协调
(2, 5)	(2, 2)	(3, 6)	协调				

因此，$S_+=6$，$S_-=9$，$\gamma = -1/5 = -0.2$。

γ统计量取决于问题的所有因素，因此随机假设 H_0 下的概率密度函数的估计值很难求得。于是，我们要再次使用蒙特卡罗技术来估计假设 H_0 下的概率密度函数。这时，我们使用的是随机图假设。具体地说，我们生成了 r 个随机顺序的邻近度矩阵 $\boldsymbol{P}_i$（不含关系）。然后，我们对每个 $\boldsymbol{P}_i$ 运行算法生成它的 γ 值和对应的同型矩阵 $\boldsymbol{P}_{c_i}$，并形成 γ 值的直方图。

注释

- 文献[Hube 74]中推测，使用单链和全链算法时，统计量 $N\gamma - a\ln N$ 服从（近似的）标准正态分布。使用单（全）链算法时，常数 a 等于 1.1（1.8）。采用这个推测时，会降低蒙特卡罗技术的计算开销。
- 也可使用γ统计量来比较两个不同集聚算法生成的两个不同层次聚类（见文献[Bake 74, Hube 74]和习题 16.5）。

适合于有序尺度的 $\boldsymbol{P}$ 和 $\boldsymbol{P}_c$ 的另一个度量是 Kudall 的τ统计量[Cunn 72]，它定义为

$$\tau = \frac{S_+ - S_-}{N(N-1)/2} \tag{16.15}$$

与 γ统计量不同的是，这里的分母已扩展到所有的元素对，而 γ统计量情况下的元素对既不是协调的，又不是不协调的。

各个聚类的有效性

这里的目的是研究由 m 个聚类组成的集聚 $\mathcal{C}$ 是否与数据集 X 中的固有信息匹配。下面，我们使用统计量Γ（或$\hat{\Gamma}$）来实现这一目标。我们再次使用邻近度矩阵 $\boldsymbol{P}$ 来表示数据中的固有结构信息。矩阵 $\boldsymbol{Y}$ 的元素(i, j)定义为

$$Y(i,j) = \begin{cases} 1, & \boldsymbol{x}_i \text{和} \boldsymbol{x}_j \text{属于不同的聚类} \\ 0, & \text{其他} \end{cases} \tag{16.16}$$

式中，$i, j = 1,\cdots, N$。显然，$\boldsymbol{Y}$是对称的，对 $\boldsymbol{P}$ 和 $\boldsymbol{Y}$ 应用统计量Γ（或$\hat{\Gamma}$）。它的值是 $\boldsymbol{P}$ 和 $\boldsymbol{Y}$ 之间的

对应程度。

这里采用了随机位置假设。对每个得到的随机数据集 X_i，计算了邻近度矩阵 $\boldsymbol{P}_i$。接着，对得到的每个 $\boldsymbol{P}_i$ 应用集聚算法，生成$\mathcal{C}$。设$\mathcal{C}_i$, $i=1,\cdots,r$ 是由 m 个聚类形成的集聚。我们计算 $\boldsymbol{Y}_i$ 和Γ_i。最后，我们根据 16.2 节给出的条件，在给定的显著水平ρ下决定是接受还是拒绝零假设。

例 16.5 考虑由超立方体 H_2 中的 100 个向量组成的数据集 X。这些向量分为 4 组，每组有 25 个向量。每组向量都由正态分布生成，对应的协方差矩阵都是 0.1$\boldsymbol{I}$，均值向量分别是$[0.2, 0.2]^{\mathrm{T}}$, $[0.8, 0.2]^{\mathrm{T}}$, $[0.2, 0.8]^{\mathrm{T}}$, $[0.8, 0.8]^{\mathrm{T}}$。应用 Isodata 算法，并设$\mathcal{C}$为得到的集聚。计算对应的矩阵 $\boldsymbol{Y}$ 和 $\boldsymbol{P}$ 后，我们得到$\hat{\Gamma}=0.5704$。然后生成 100 个数据集 X_i，其中 X_i 中的在 H_2 中是随机分布的，并且服从均匀分布。对每个数据集 X_i 应用 Isodata 算法，并设$\mathcal{C}_i$, $i=1,\cdots,100$ 是得到的集聚。对每个数据集 X_i，计算与得到的集聚相关联的 $\boldsymbol{Y}_i$ 和 $\boldsymbol{P}_i$ 后，发现有 99 个对应的$\hat{\Gamma}_i$值小于$\hat{\Gamma}$。因此，在显著水平$\rho=0.05$下拒绝零假设。

当协方差矩阵为 0.2$\boldsymbol{I}$ 时，重做这个实验，发现$\hat{\Gamma}$大于 100 个$\hat{\Gamma}_i$值中的 86 个。因此，在显著水平$\rho=0.05$下接受零假设。

16.4 相对准则

到目前为止，聚类有效性的执行都是基于统计检验的。这类技术的主要缺点是，它们的计算开销较大，因为需要使用蒙特卡罗技术。本节讨论一种不涉及统计检验的方法。为此，我们考虑一组集聚，目的是根据预定义的准则选择最好的集聚。设$\mathcal{A}$是与某个集聚算法相关联的参数集。例如，对于第 14 章中的算法，$\mathcal{A}$中包含了聚类数 m 及与每个聚类相关联的参数向量的初始估计值。这时，问题可陈述如下："在某个集聚算法生成的多个集聚中，对$\mathcal{A}$中参数的不同值，选择与数据集 X 最匹配的那个集聚。"

考虑下面几种情况。

- $\mathcal{A}$中的参数不包含聚类数 m（例如，基于图论的算法、形态学集聚算法和边界检测算法）。对这类算法，要基于如下假设来选择"最好的"参数值：如果 X 有一个集聚结构，那么该结构是为$\mathcal{A}$中的"宽"范围参数值捕获的（见文献[Post 93]）。基于这个假设的处理过程如下。对大范围的参数值运行算法，选择 m 保持为常数的最宽范围（一般 $m \ll N$）。然后，选择$\mathcal{A}$中对应于这个范围的中间的合适参数值。注意，该过程隐式地识别了 X 中的聚类数。

例 16.6 (a) 考虑由 3 组二维向量构成的数据集 X，每组向量都有 100 个，且它们由均值分别是$[0, 0]^{\mathrm{T}}$, $[8, 4]^{\mathrm{T}}$, $[8, 0]^{\mathrm{T}}$、协方差矩阵都是 1.5$\boldsymbol{I}$ 的正态分布得到。如图 16.2(a)所示，三组向量形成了 3 个可分性好的致密聚类。运行二值形态学集聚算法（BMCA），使用大小为 3×3 的结构元［见图 15.10(a)］，分辨率参数 r 从 1 到 77 之间变化，并画出聚类数与 r 的关系曲线［见图 16.2(b)］。观察发现，r 取 37 到 67 之间的任意值时，聚类数是一个等于 3 的常数。考虑到这个范围的值是最大值，我们选择 $r=52$，数据形成了 3 个聚类。

(b) 我们照例生成另一个数据集，但其协方差矩阵为 2.5$\boldsymbol{I}$。这个数据集如图 16.3(a)所示。在这种情况下，可以看出三组数据非常分散，彼此无法区分。再次运行 BMCA 算法，使用大小为 3×3 的结构元，r 的取值范围是从 1 到 77，并画出聚类数与 r 的关系曲线［见图 16.3(b)］。在这种情况下，r 取 7 到 46 之间的任意值时，聚类数不变，对应的 m 值是 1。

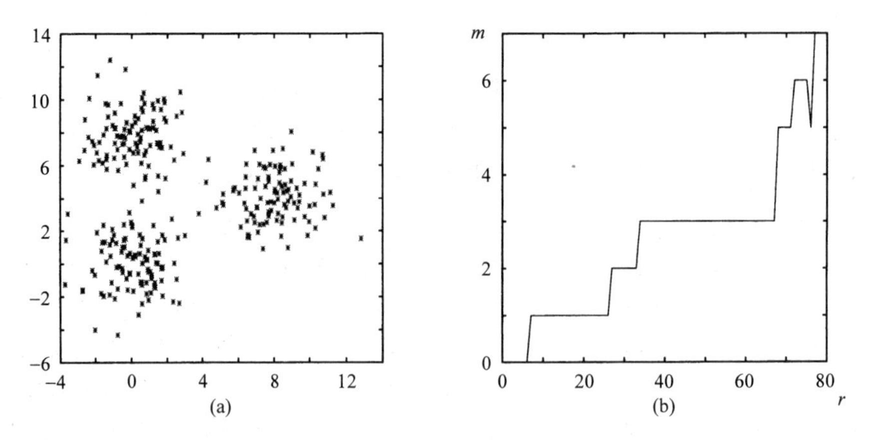

图 16.2 (a) 3 个可分性好的聚类；(b) 聚类数 m 与分辨率参数 r 的关系曲线，使用二值形态学集聚算法（BMCA）

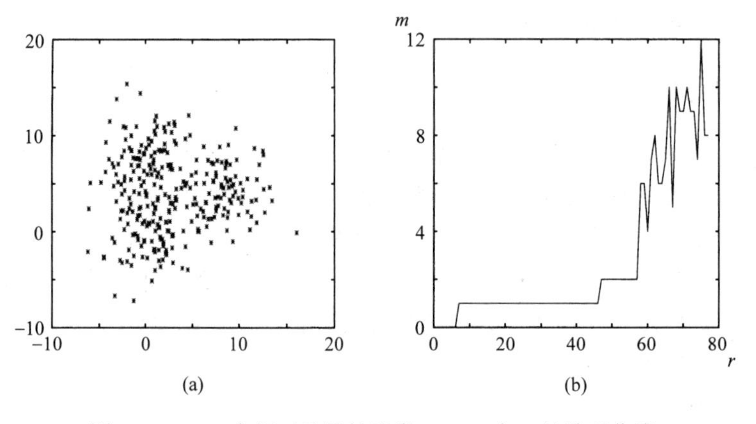

图 16.3 (a) 3 个相互重叠的聚类；(b) m 与 r 的关系曲线

- m 是$\mathcal{A}$中的参数（如第 14 章讨论的模糊算法和硬集聚算法）。这时，要采用不同的过程。首先选择一个合适的性能指标 q，通过下面的过程，根据 q 识别最好的集聚。对在最小值 $m_{\min}$ 和最大值 $m_{\max}$ 之间的所有 m 值运行集聚算法（$m_{\min}$ 和 $m_{\max}$ 是先验值）。对$\mathcal{A}$中的其他参数使用几组不同的值①，对每个 m 值运行算法 r 次。然后，画出为每个 m 得到的最好的 q 值与 m 的关系曲线，根据 q 的大值或小值指示较好的集聚，找到曲线上的最大值或最小值。当 q 与 m 无关时，这个过程的效果较好。然而，如我们将看到的那样，几个常用的指标 q 随着 m 的增大呈增加（减小）趋势。因此，最大（最小）值与 m 的关系不再对应于良好的集聚。对于具有这种性质的指数，我们在区间$[m_{\min}, m_{\max}]$内搜索 q 值附近出现显著变化的 m 值，图中的显著变化表现为重要的“拐点”。拐点对应于数据集 X 中的聚类数。另一方面，不出现这样的拐点时，说明 X 中没有集聚结构。

  这种理论中与许多指数相关联的另一个问题是，这些指数的性质取决于许多其他的因素，如 X 中的向量数及它们的维数，详见下例中的说明。

例 16.7 (a) 本例考虑包含不同向量数和维数的 16 个数据集。具体地说，我们考虑 4 个向量数分别

① 例如，如果使用的是 k 均值算法，那么可以用不同地初始条件来运行它。

是 50, 100, 150, 200 的二维数据集；4 个向量数分别是 50, 100, 150, 200 的四维数据集，4 个向量数分别是 50, 100, 150, 200 的六维向量集；4 个向量数分别是 50, 100, 150, 200 的八维数据集。数据集中的向量都位于超立方体 H_i, $i = 2, 4, 6, 8$ 中。所有的数据集中都包含 4 个可分性好的致密聚类。所有聚类来自均值分别是 $\overbrace{[0.2,\cdots,0.2]}^{i}{}^{\mathrm{T}}$, $[\overbrace{0.2,\cdots,0.2}^{i/2},\ \overbrace{0.8,\cdots,0.8}^{i/2}]^{\mathrm{T}}$, $[\overbrace{0.8,\cdots,0.8}^{i/2},\ \overbrace{0.2,\cdots,0.2}^{i/2}]^{\mathrm{T}}$, $\overbrace{[0.8,\cdots,0.8]}^{i}{}^{\mathrm{T}}$ 的正态分布，其中 i 为维数，协方差矩阵为 $0.2\boldsymbol{I}_i$，其中 $\boldsymbol{I}_i$ 是 $i\times i$ 单位矩阵。对每个数据集合运行 Isodata 算法，其中 $m = 1,\cdots,10$，计算代价函数 J 的对应值。在这种情况下，对每个 m 只运行算法一次。图 16.4 中显示了在 50, 100, 150, 200 个向量和不同维数的情况下，J 与聚类数的关系曲线。

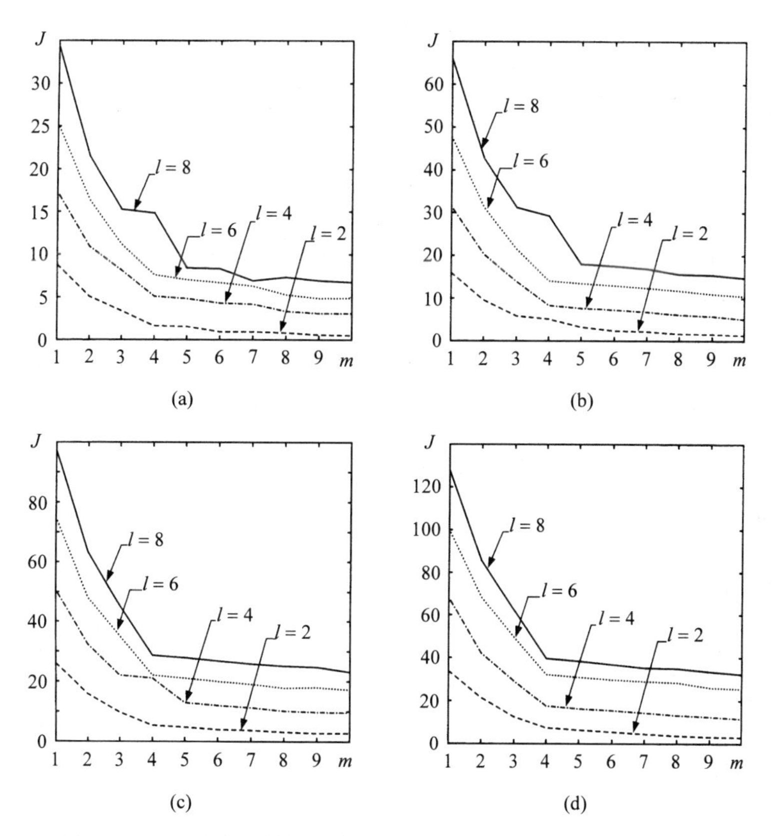

图 16.4　对于聚类的数据，代价函数 J 与 m 的关系曲线：(a) $N = 50$；(b) $N = 100$；(c) $N = 150$；(d) $N = 200$

容易看出，维数越高，$m = 4$ 处的拐点越明显。此外，随着数据集的增大，$m = 4$ 处的拐点变得更明显，即使维数很低也是如此。文献[Dube 87a]中讨论了拐点的自动识别准则。

(b) 再次构建 16 个数据集，但是，根据均匀分布，每个数据集中的向量是随机分布在超立方体 H_i 中的。如果执行前面的相同过程，那么可以看出图 16.5 中没有明显的拐点。因此，图中缺少明显的拐点意味着数据集中不存在集聚结构。

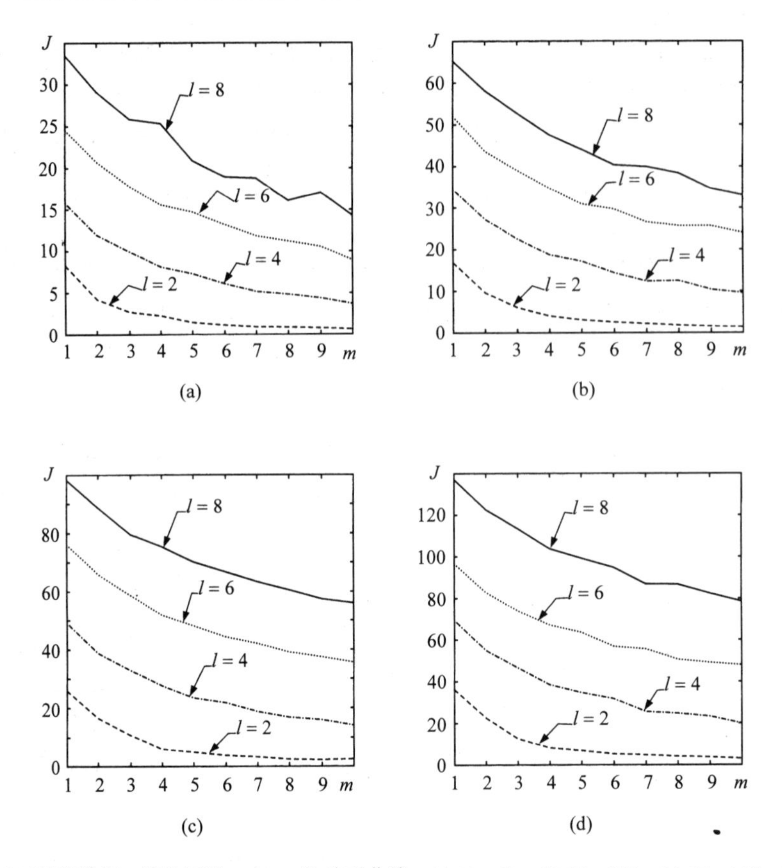

图 16.5 对于随机数据，代价函数 J 与 m 的关系曲线：(a) $N=50$；(b) $N=100$；(c) $N=150$；(d) $N=200$

16.4.1 硬集聚

本节讨论适用于硬集聚的指标。下面，除非另有声明，否则只考虑致密的聚类。

- 改进的 Hubert Γ统计量。如果向量 $\boldsymbol{x}_i$ 属于聚类 C_k，那么我们设 $c_i=k$。设 $\boldsymbol{Q}$ 是 $N\times N$ 矩阵，它的元素(i,j)的值 $Q(i,j)$等于 $\boldsymbol{x}_i$ 和 $\boldsymbol{x}_j$ 所属聚类代表之间的距离 $d(\boldsymbol{w}_{c_i},\boldsymbol{w}_{c_j})$。改进的 Hubert Γ统计量的定义见式(16.8)，并将它应用到数据集 X 的邻近度矩阵 $\boldsymbol{P}$ 和矩阵 $\boldsymbol{Q}$（当然，对 $\boldsymbol{P}$ 和 $\boldsymbol{Q}$ 要使用相同的距离度量）。类似地，我们可以定义归一化 Hubert Γ统计量。显然，$d(\boldsymbol{w}_{c_i},\boldsymbol{w}_{c_j})$ 靠近 $d(\boldsymbol{x}_i,\boldsymbol{x}_j)$时，$i,\ j=1,\cdots,N$，即在 X 中遇到致密的聚类时，$\boldsymbol{P}$ 和 $\boldsymbol{Q}$ 一致性很好，且Γ和 $\hat{\Gamma}$ 的值很高。相反，较高的Γ（$\hat{\Gamma}$）值表明存在致密的聚类。反之，改进的Γ和 $\hat{\Gamma}$ 指标较低。因此，在 $\hat{\Gamma}$ 与 m 的关系曲线中，我们试图找到对应于 $\hat{\Gamma}$ 显著增大的一个重要拐点。拐点处的 m 值就对应于 X 中的聚类数。

  $m=1$ 和 $m=N$ 时，指标无定义。此外，对于随机数据，当 m 增大到趋于 N 时（见习题 16.6），这个指标随之增大到具有集聚结构的数据集的平坦值[Jain 88]。

- Dunn 和类 Dunn 指标。设两个聚类 C_i 和 C_j 之间的相异度函数为（见第 11 章）

$$d(C_i,C_j)=\min_{\boldsymbol{x}\in C_i,\boldsymbol{y}\in C_j} d(\boldsymbol{x},\boldsymbol{y}) \tag{16.17}$$

  定义聚类 C 的直径定义为

$$\operatorname{diam}(C)=\max_{\boldsymbol{x},\boldsymbol{y}\in C} d(\boldsymbol{x},\boldsymbol{y}) \tag{16.18}$$

也就是说，聚类 C 的直径就是两个相距最远的向量之间的距离。我们可将 diam(C)视为聚类 C 的分散度。对于特定的 m，Dunn 指标定义为

$$D_m = \min_{i=1,\cdots,m}\left\{\min_{j=i+1,\cdots,m}\left(\frac{d(C_i,C_j)}{\max_{k=1,\cdots,m}\operatorname{diam}(C_k)}\right)\right\} \tag{16.19}$$

显然，如果 X 中包含可分性好的致密聚类，那么 Dunn 指标会很大，因为聚类间的距离“大”且聚类的直径“小”。相反，Dunn 指标大意味着存在可分性好的致密聚类。指标 D_m 的变化趋势与 m 无关，因此在 D_m 与 m 的关系曲线中，可用最大值指示 X 中的聚类数。

文献[Dunn 74]中证明，若某个聚类的 $D_m>1$，则它包含可分性好的致密聚类。

Dunn 指标的缺点之一是计算它的开销很大（见习题 16.7）。此外，Dunn 指标对 X 中的噪声向量敏感，因为这些向量可能会增大式(16.19)中的分母的值。

文献[Pal 97]中提出了 3 个类 Dunn 指标，它受噪声向量的影响较小。此外，初步仿真结果表明，它们可用于识别 X 中的壳状聚类。这三个指标分别基于最小生成树（MST）、相对邻域图（RNG）和 Gabriel 图（GG）的概念，详见第 15 章中的讨论。

考虑一个聚类 C_i 和完全图 G_i，G_i 的顶点对应于 C_i 中的向量。图 G_i 的一条边 e 的权重 w_e，等于这条边的两个端点 $\boldsymbol{x}$ 与 $\boldsymbol{y}$ 之间的距离，即 $w_e=d(\boldsymbol{x},\boldsymbol{y})$。设 E_i^{MST} 是 G_i 的 MST 的边集，e_i^{MST} 是 E_i^{MST} 中具有最大权重的边。于是，C_i 的直径 $\text{diam}_i^{\text{MST}}$ 定义为 e_i^{MST} 的权重（见图 16.6）。

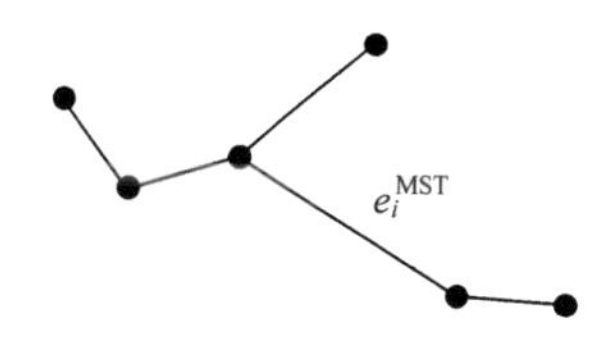

图 16.6　一个最小生成树

两个聚类间的相异度定义为它们的均值向量间的距离，即 $d(C_i,C_j)=d(\boldsymbol{m}_i,\boldsymbol{m}_j)$。于是，根据 MST 的概念，类 Dunn 指标定义为

$$D_m^{\text{MST}} = \min_{i=1,\cdots,m}\left\{\min_{j=i+1,\cdots,m}\left(\frac{d(C_i,C_j)}{\max_{k=1,\cdots,m} diam_k^{\text{MST}}}\right)\right\} \tag{16.20}$$

D_m^{MST} 与 m 的关系曲线中的最大值对应于 X 中的聚类数。定义 GG 和 RNG 图的类 Dunn 指标时，可以采用类似的说明（见习题 16.8）。

- Davies-Bouldin（DB）和类 DB 指标。设 s_i 是聚类 C_i 的分散度（即它围绕均值向量的分散度），$d(C_i, C_j)\equiv d_{ij}$ 是两个聚类之间的相异度。因此，C_i 和 C_j 之间的相似度指标 R_{ij} 的定义应满足如下条件[Davi 79]：

  (C1) $R_{ij}\geqslant 0$。

  (C2) $R_{ij}=R_{ji}$。

  (C3) 若 $s_i=0$，$s_j=0$，则 $R_{ij}=0$。

  (C4) 若 $s_j>s_k$，$d_{ij}=d_{ik}$，则 $R_{ij}>R_{ik}$。

  (C5) 若 $s_j=s_k$，$d_{ij}<d_{ik}$，则 $R_{ij}>R_{ik}$。

这些条件说明 R_{ij} 是非负的和对称的。若两个聚类 C_i 和 C_j 坍塌于一个点，则 $R_{ij}=0$。与其他两个聚类 C_j 和 C_k 距离相同的聚类 C_i，更加类似于具有最大分散度［条件(C4)］的聚类。对于相同的分散度和不同的相异度，聚类 C_i 更加类似于两个更接近的聚类［条件(C5)］。

满足这些条件的一个简单的 R_{ij} 是[Davi 79]

$$R_{ij} = \frac{s_i + s_j}{d_{ij}} \tag{16.21}$$

假设 d_{ij} 是对称的。此外，我们将 R_i 定义为

$$R_i = \max_{j=1,\cdots,m,j\neq i} R_{ij}, \quad i = 1,\cdots,m \tag{16.22}$$

于是，DB 指标定义为

$$\mathrm{DB}_m = \frac{1}{m}\sum_{i=1}^{m} R_i \tag{16.23}$$

也就是说，DB_m 是聚类 C_i, $i = 1,\cdots, m$ 与其最相似的聚类之间的平均相似度。由于我们希望聚类之间的相似度最小，因此我们搜索使得 DB 最小的聚类。另一方面，小 DB 值意味着存在可分性好的致密聚类。由于 DB_m 指标的变化趋势与 m 无关[Davi 79]，因此在 DB_m 与 m 的关系曲线上，我们查找 DB_m 的最小值。

文献[Davi 79]中将两个聚类之间的相异度 $d(C_i, C_j)$定义为

$$d_{ij} = \|\boldsymbol{w}_i - \boldsymbol{w}_j\|_q = \left(\sum_{k=1}^{l} |w_{ik} - w_{jk}|^q\right)^{1/q} \tag{16.24}$$

并将聚类 C_i 的分散度定义为

$$s_i = \left(\frac{1}{n_i}\sum_{\boldsymbol{x}\in C_i} \|\boldsymbol{x} - \boldsymbol{w}_i\|^r\right)^{1/r} \tag{16.25}$$

式中，n_i 是 C_i 中的向量数（请将该定义与前面定义的聚类直径进行比较）。

文献[Pal 97]中基于 MST、RNG 和 GG 的概念，提出 DB 指标的 3 个变体。我们主要讨论基于 MST 的变体。采用类似于定义类 Dunn 指标的方式，设 s_i^{MST} 是 $\mathrm{diam}_i^{\mathrm{MST}}$，设 d_{ij} 是 C_i 和 C_j 的均值向量之间的距离。于是，我们定义

$$R_{ij}^{\mathrm{MST}} = \frac{s_i^{\mathrm{MST}} + s_j^{\mathrm{MST}}}{d_{ij}} \tag{16.26}$$

容易证明，$\boldsymbol{R}_{ij}^{\mathrm{MST}}$ 满足条件(C1) ~ (C5)（见习题 16.10）。定义 $\boldsymbol{R}_i^{\mathrm{MST}} = \max_{j=1,\cdots,m,j\neq i} \boldsymbol{R}_{ij}^{\mathrm{MST}}$，于是 MST DB 指标定义为

$$\mathrm{DB}_m^{\mathrm{MST}} = \frac{1}{m}\sum_{i=1}^{m} R_i^{\mathrm{MST}} \tag{16.27}$$

在 $\mathrm{DB}_m^{\mathrm{MST}}$ 与 m 的关系曲线上，最小值对应于 X 中的聚类数。

采用类似的步骤，我们可以定义 $\mathrm{DB}_m^{\mathrm{RNG}}$ 和 $\mathrm{DB}_m^{\mathrm{GG}}$。

- 轮廓指标[Kauf 90]。设 C_{c_i} 是 $\boldsymbol{x}_i \in X$，$i = 1,\cdots,N$ 所属的聚类。对每个 $\boldsymbol{x}_i$，设 a_i 是 $\boldsymbol{x}_i$ 与 C_{ci} 中剩余元素的平均距离，也就是说，

$$a_i = d_{\mathrm{avg}}^{\mathrm{ps}}(\boldsymbol{x}_i, C_{c_i} - \{\boldsymbol{x}_i\})$$

式中，$d_{\mathrm{avg}}^{\mathrm{ps}}(\cdot,\cdot)$ 是一个点到一个集合的平均距离（见 11.2.1 节）。设 b_i 是 x_i 与除 C_{c_i} 外的最近聚类之间的平均距离，也就是说，

$$b_i = \min_{k=1,\cdots,m,k\neq c_i} d_{\mathrm{avg}}^{\mathrm{ps}}(\boldsymbol{x}_i, C_k)$$

于是，$\boldsymbol{x}_i$ 的轮廓宽度定义为

$$s_i = \frac{b_i - a_i}{\max(b_i, a_i)} \tag{16.28}$$

不难看出 $-1 \leqslant s_i \leqslant 1$。$s_i$ 的值接近 1 意味着 $\boldsymbol{x}_i$ 到其所属的聚类 C_{c_i} 的距离，远小于 $\boldsymbol{x}_i$ 与除除 C_{c_i} 外的最近聚类的距离，这说明 $\boldsymbol{x}_i$ 已被很好地聚集。另一方面，s_i 的值接近−1 意味着 $\boldsymbol{x}_i$ 与 C_{c_i} 的距离，远大于 $\boldsymbol{x}_i$ 到除 C_{c_i} 外的最近聚类的距离，这说明 $\boldsymbol{x}_i$ 未被很好地聚集。s_i 的值接近 0 意味着 $\boldsymbol{x}_i$ 位于两个聚类的之间的边界附近。

根据 s_i 的定义，聚类的轮廓 $C_j, j = 1,\cdots,m$ 定义为

$$S_j = \frac{1}{n_j} \sum_{i:\, x_i \in C_j} s_i \tag{16.29}$$

式中，n_j 是聚类 C_j 的基数，全局轮廓指标定义为

$$\mathcal{S}_m = \frac{1}{m} \sum_{j=1}^{m} S_j \tag{16.30}$$

显然，$\mathcal{S}_m \in [-1, 1]$。此外，$\mathcal{S}_m$ 的值越大，对应的聚类就越好。因此，在 $\mathcal{S}_m$ 与 m 的关系曲线中，最大值就对应于 X 中的聚类数。

- 间隙统计量[Tibs 01]。设 D_q 是聚类 C_q 中所有模式对之间的距离之和，即

$$D_q = \sum_{x_i \in C_q} \sum_{x_j \in C_q} d(x_i, x_j)$$

设

$$W_m = \sum_{q=1}^{m} \frac{1}{2n_q} D_q \tag{16.31}$$

显然，小 W_m 值对应于一群致密的聚类。

这里的想法是，将 $\log W_m$ 与 m 的关系曲线，与由（包含 X 的数据点的）超矩形内均匀分布的数据得到的对应曲线进行比较[Hast 01]（关于该讨论的细节请参阅文献[Tibs 01]）。为此，像前面那样，为每个 m 生成 n 个数据集 X_m^r，$r = 1,\cdots,n$，并且计算对应 $X_m^r s$ 在 $\log(W_m^r)$ 上的平均期望 $E_n(\log(W_m^r))$。$\log(W_m)$ 落在参考曲线 $E_n(\log(W_m^r))$ 最下方时的 m 值，对应于 X 中的聚类数。这种方法定义如下的间隙统计量表述：

$$\text{Gap}_n(m) = E_n(\log(W_m^r)) - \log(W_m) \tag{16.32}$$

于是，X 中的聚类数的估计值，对应于最大化 $\text{Gap}_n(m)$ 的值（在某个误差范围内）。

实现间隙统计量的计算步骤如下。

— 对区间 $[m_{\min}, m_{\max}]$ 内的每个 m 值，执行

　○ 聚类数据集 X 并计算 $\log(W_m)$

　○生成 n 个参考数据集，并由式(16.32)计算间隙统计量

　○ 定义 $s_m = sd_m \sqrt{1+1/n}$，其中 sd_m 是 $\log(W_m^r)s$ 在均值附近的标准偏差

— 选择满足 $\text{Gap}_n(m) \geqslant \text{Gap}_n(m+1) - s_{m+1}$ 的最小 m 值

Gap 统计可以结合使用两点之间的任意距离度量。此外，它在数据集 X 只形成单个聚类情况下性能良好。实验结果[Tibs 01]表明，间隙统计量要优于其他一些指标。然而，如果数据集中于 $\mathcal{R}^l$ 的一个子空间，那么按照上述方法来生成 X_m^r 会降低间隙统计量的性能。

- 基于信息论的准则。另一种估计聚类数 m 的不同方法，依赖于最好地匹配已知数据的模型，而不必了解它们的真正分布（见文献[Lu 00]）。

定义下面的准则函数：

$$C(\boldsymbol{\theta}, K) = -2L(\boldsymbol{\theta}) + \phi(K) \tag{16.33}$$

式中，$\boldsymbol{\theta}$是模型的参数向量，$L(\boldsymbol{\theta})$是对数似然函数［见式(2.58)］，K是模型的阶数（即$\boldsymbol{\theta}$的维数），ϕ是 K 的增函数。通常选择满足$\phi(K)=2K$（Akaike 信息准则，AIC[Akai 85]）、$\phi(K)=\frac{2KN}{N-K-1}$（一致的 AIC[Hurv 89]）、$\phi(K)=K\ln N$（最小描述长度准则[Riss 78, Riss 89]）和贝叶斯信息准则（BIC）[Schw 76, Fral 98]的ϕ值。注意，K是聚类数 m 的严格增函数，因为 m 的值越大，$\boldsymbol{\theta}$的维数就越高。例如，考虑下面的情况：$p(\boldsymbol{x};\boldsymbol{\theta})$是 m 个 l 维高斯分布的加权和，其中的每个分布对应于一个聚类。$\boldsymbol{\theta}$是下列参数的和：ml 个与这些分布的均值相关联的参数，$m\frac{l(l+1)}{2}$个与这些分布的协方差矩阵相关联的参数，以及 $m-1$ 个加权参数。于是，$K=(l+\frac{l(l+1)}{2}+1)m-1$。换句话说，$K$是 m 的线性增函数。

我们的目的是使得$\mathcal{C}$相对于$\boldsymbol{\theta}$和 K 最小。我们按如下步骤进行处理。首先，固定一组候选的模型，包括结构类似但阶数不同的模型。对每个模型，设 $m\in[m_{\min}, m_{\max}]$。对于每个$m_i\in[m_{\min}, m_{\max}]$，关于$\boldsymbol{\theta}$ 优化$\mathcal{C}(\boldsymbol{\theta}, m_i)$，即确定最大似然估计值$\boldsymbol{\theta}_i$。然后，在所有的$(\boldsymbol{\theta}_i, m_i)$对中，选择使得$\mathcal{C}$最小的一对，如$(\boldsymbol{\theta}_j, m_j)$。于是，估计的聚类数为$m_j$。在具有不同结构的模型中，希望选择最好的一个模型时，我们首先要识别所有的子集，每个子集都包含许多阶数不同的类似模型。然后，我们按照上面的描述确定每个子集中的最好模型。最后，在这些模型中，选择使得$\mathcal{C}$最小的模型。

人们还提出了适合硬集聚的其他指标。例如，文献[Mill 80]和[Mill 85]中使用这些指标检验了特定的数据集。此外，文献[Kirl 00]中提出了两个新指标，并讨论了它们与 12.3 节中估计聚类数的方法的关系。其他指标可在文献[Shar 96, Halk 00]中找到。文献[Halk 01]中提出了一种考虑聚类密度的指标。文献[Halk 02a，Halk 02b]中评价了一些指标。文献[Bout 04]中讨论了许多适合图分割的有效性指标。

16.4.2 模糊集聚

本节介绍适用于模糊集聚的指标。在这种情况下，我们要寻找的是不是非常模糊的集聚，即重叠很少的那些聚类。换句话说，在我们寻找的集聚中，X中的大多数向量对一个聚类有着很高的隶属度。回顾可知，模糊集聚是由 $N\times m$ 矩阵 $\boldsymbol{U}=[u_{ij}]$定义，其中 u_{ij} 是第 j 个聚类中向量 $\boldsymbol{x}_i$ 的隶属度。此外，设 $W=\{\boldsymbol{w}_j, j=1,\cdots,m\}$是聚类代表的集合。

这里也采用硬集聚遵循的策略。也就是说，我们定义一个合适的指标 q（不要与模糊器混淆），并在 q 与 m 的关系曲线中寻找最大值或最小值。如果区间$[m_{\min}, m_{\max}]$内 q 与 m 相关，那么寻找 q 增大或减小的明显拐点。

使用点作为聚类代表的指标

A．只涉及 U 的指标

这样的一个指标是分割系数[Bezd 74]，它定义为

$$\mathrm{PC} = \frac{1}{N}\sum_{i=1}^{N}\sum_{j=1}^{m}u_{ij}^2 \tag{16.34}$$

式中，u_{ij} 是所用的模糊集聚算法收敛后得到的值。

PC 的值域是[1/m, 1]，这个指标在 $m>1$ 时计算，因为当 $m=1$ 时，该指标为 1。PC 的值越接近 1，聚类就越硬，或者 X 中的不同聚类共享的向量越少。当所有的 u_{ij} 值都相等时，即 $u_{ij}=1/m$，$j=1,\cdots,m$，$i=1,\cdots,N$，就会得到最小的 PC 值。因此，PC 的值越接近 1/m，聚类就越模糊。值接近 1/m 意味着 X 中要么没有集聚结构，要么采用的集聚算法无法识别 X 中的拥有的集聚结构[Pal 95]。

另一个这样的指标是分割熵系数[Bezd 75]，它定义为

$$\mathrm{PE}=-\frac{1}{N}\sum_{i=1}^{N}\sum_{j=1}^{m}(u_{ij}\log_a u_{ij}) \tag{16.35}$$

式中，a 是对数的底数。这个指标也在 $m>1$ 时计算，其最小值为 0，最大值为 $\log_a m$。PE 的值越接近 0，聚类就越硬。另一方面，PE 的值越接近 $\log_a m$，聚类就越模糊。类似于前面的情况，接近 $\log_a m$ 的值意味着 X 中要么没有集聚结构，要么所用的集聚算法无法识别 X 中的集聚结构[Pal 95]。

这两个指标度量的都是聚类之间的重叠度，未使用任何关于数据向量的位置和空间中的聚类代表的额外信息。

PC 和 PE 指标的缺点是，它们都随 m 的增大而增大或减小。因此，在它们与 m 的关系曲线中，可以找到增大（对 PC 参数）或减小（对 PE 参数）的明显拐点。此外，它们都对模糊度 q 敏感。可以看出（见习题 16.13），当 $q\to1^+$ 时①，PC 和 PE 对所有 m 值来说是相等的，即它们不区分不同的 m 值；另一方面，当 $q\to\infty$ 时，PC 和 PE 指标在 $m=2$（见习题 16.13）处有一个明显的拐点。下例描述了 PC 和 PE 的特性。

例 16.8　设 X 是有 3 组二维向量的数据集，每组都有 100 个向量。三组向量由均值分别为$[1, 1]^{\mathrm{T}}$, $[4, 4]^{\mathrm{T}}$, $[7, 1]^{\mathrm{T}}$的正态分布得到[见图16.7(a)]。所有的协方差矩阵都是一个 2×2 的单位矩阵。在 $q=1.5, 2, 3, 5$ 和 $m=1,\cdots,10$ 时，运行模糊 c 均值算法，图 16.7(b)中显示了 PC 指标的特性。观察发现，当 $q=1.5$ 和 $q=2$ 时，图中 $m=3$ 处有一个明显的拐点，它对应的值就是正确的聚类数。当 $q=3$ 和 $q=5$ 时，结果类似，这意味着除 $q\geqslant3$ 外，指标的特性没有明显的变化。此外，再未出现峰值，因此无法得到聚类数。还要注意到 m 增大时曲线的下降趋势。图 16.7(c)中显示了 PE 指标的特性。当 $q=1.5$，$q=2$ 时，图中的 $m=3$ 处有一个明显的拐点。与前一种情况相同，当 $q\geqslant3$ 时，指标的特性没有明显的变化，且没有最小值。最后，当 m 增大时，PE 表现出了增加的趋势。

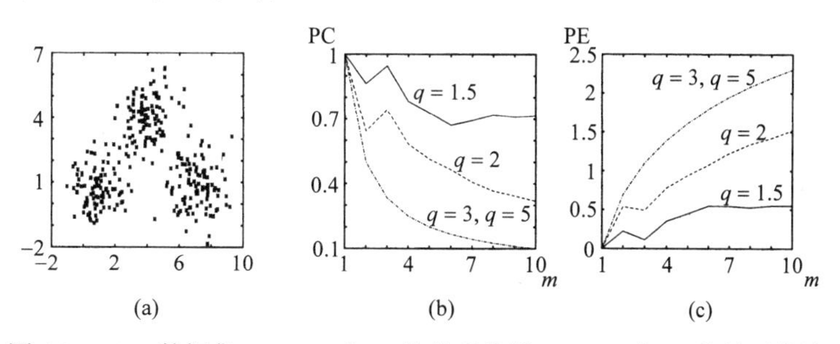

图 16.7　(a) 数据集；(b) PC 与 m 的关系曲线；(c) PE 与 m 的关系曲线

文献中还提出了一些其他的此类指标（如文献[Wind 81]）。下面介绍涉及 X、U 和 W 的指标。

① 这个记法意味着 q 从右边趋于 1。

B．涉及 W、U 和 X 的指标

我们将聚类方差定义为 $\sigma_j^q = \sum_{i=1}^{N} u_{ij}^q \| \boldsymbol{x}_i - \boldsymbol{w}_j \|^2$（与 DB 指标中的分散度比较），将总方差定义为 $\sigma_q = \sum_{j=1}^{m} \sigma_j^q$。参数 σ_q 可视为某个聚类的致密性度量。还设 $d_{\min} = \min_{i, j=1,\cdots,m, i \neq j} \|\boldsymbol{w}_i - \boldsymbol{w}_j\|^2$ 是 X 中的可分性度量，其中 $\boldsymbol{w}_j$ 是第 j 个聚类的代表，$j = 1,\cdots, m$。于是，Xie-Beni 指标（称为致密与分离有效性函数）定义为

$$\text{XB} = \frac{\sigma_2/N}{d_{\min}} \tag{16.36}$$

我们常用这个指标来检验使用欧氏距离时，模糊 c 均值算法产生的聚类的有效性。注意，尽管模糊 c 均值中的模糊器 q 是大于 1 的任意值，但在 XB 指标中，与 σ_q 相关的 q 值被限制为 2。

显然，对于可分性好的致密聚类，我们希望 XB 的值较小。另一方面，较小的 XB 值意味着存在可分性好的致密。文献[Xie 91]中指出，当 m 非常接近 N 时，指数 XB 单调递减。应对这种问题的方法之一是，求出具有单调性的起点 $m_{\max}$，并在区间$[2, m_{\max}]$内搜索 XB 的最小值。

设

$$J_q = \sum_{i=1}^{N}\sum_{j=1}^{m} u_{ij}^q \|\boldsymbol{x}_i - \boldsymbol{w}_j\|^2 \tag{16.37}$$

（回顾可知，使用欧氏距离的平方时，这是由模糊 c 均值集聚算法最小化的代价函数）。于是，可用 J_2 将 XB 写为

$$\text{XB} = \frac{J_2}{N d_{\min}} \tag{16.38}$$

因此，最小化 XB 意味着最小化 J_2。

去掉 XB 的定义中的约束 $q = 2$，可将推广的 XB 指标定义为

$$\text{XB}_q = \frac{\sigma_q}{N d_{\min}} \tag{16.39}$$

可以证明（见习题 16.14），当 $q \to \infty$ 时，XB 趋于无穷大，XB_q 变得无法确定。

组合了 X、W 和 U 的另一个指标是 Fukuyama-Sugeno 指标[Pal 95]，它定义为

$$\text{FS}_q = \sum_{i=1}^{N}\sum_{j=1}^{m} u_{ij}^q \left(\|\boldsymbol{x}_i - \boldsymbol{w}_j\|_A^2 - \|\boldsymbol{w}_j - \boldsymbol{w}\|_A^2 \right) \tag{16.40}$$

式中，$\boldsymbol{w}$ 为 X 的均值向量，$\boldsymbol{A}$ 是一个 $l \times l$ 维的正定对称矩阵，回顾可知 $\|\cdot\|_A$ 是矩阵 $\boldsymbol{A}$ 的范数。当 $\boldsymbol{A} = \boldsymbol{I}$ 时，上面的距离变成欧氏距离的平方。

在括号内的前两项中，第一项度量聚类的致密性，第二项度量聚类代表 $\boldsymbol{w}_i$ 到总均值向量 $\boldsymbol{w}$ 的距离。显然，对于可分性好的致密聚类来说，FS_q 的值应较小。较小的 FS_q 值意味着存在可分性好的致密聚类。关于 FS_q 性能的限制，可以证明（见习题 16.15）：(a) 当 $q \to 1^+$ 时，FS_q 的性能类似于 $\text{tr}(S_w)$，即散布矩阵的迹（见第 5 章）；(b) 当 $q \to \infty$ 时，FS_q 趋于 0。

文献[Gath 89]基于超体积和密度的概念，提出了另外三个指标。下面，我们将第 j 个聚类的模糊协方差矩阵定义为

$$\Sigma_j = \frac{\sum_{i=1}^{N} u_{ij}^q (\boldsymbol{x}_i - \boldsymbol{w}_j)(\boldsymbol{x}_i - \boldsymbol{w}_j)^{\mathrm{T}}}{\sum_{i=1}^{N} u_{ij}^q} \tag{16.41}$$

将第 j 个聚类的模糊超体积定义为

$$V_j = |\Sigma_j|^{1/2} \tag{16.42}$$

式中，$|\Sigma_j|$是Σ_j的行列式。这个指标度量的是第 j 个聚类的致密性。V_j 的值越小，第 j 个聚类就越致密。

总模糊超体积定义为

$$\mathrm{FH} = \sum_{j=1}^{m} V_j \tag{16.43}$$

较小的 FH 值意味着存在致密的聚类。

设 $X_j = \{\boldsymbol{x} \in X: (\boldsymbol{x} - \boldsymbol{w}_j)^{\mathrm{T}} \Sigma_j^{-1} (\boldsymbol{x} - \boldsymbol{w}_j) < 1\}$，即 X_j 包含 X 中的位于 $\boldsymbol{w}_j$ 周围的一个预定义（小）区域内的所有向量。同时，设 $S_j = \sum_{\boldsymbol{x}_i \in X_j} u_{ij}$ 是第 j 个聚类的中心成员的和。量 S_j/V_j 被称为第 j 个聚类的模糊密度。于是，平均分割密度定义为

$$\mathrm{PA} = \frac{1}{m} \sum_{j=1}^{m} \frac{S_j}{V_j} \tag{16.44}$$

另一个度量是分割密度指标，它定义为

$$\mathrm{PD} = \frac{S}{\mathrm{FH}} \tag{16.45}$$

式中，$S = \sum_{j=1}^{m} S_j$。

“致密的”聚类会使得 PA 和 PD 的值大，而较大的 PA 和 PD 值意味着存在致密的聚类。

除 PE 和 PC 外，所有的指标都可在硬集聚中使用，这时要定义

$$u_{ij} = \begin{cases} 1, & d(\boldsymbol{x}_i, C_j) = \min_{k=1,\cdots,m} d(\boldsymbol{x}_i, C_k) \\ 0, & \text{其他} \end{cases} \quad i = 1, \cdots, N \tag{16.46}$$

文献[Boug 04, Sent 07]中讨论了有关模糊集聚有效性的其他指标。

壳状聚类的指标

下面重点介绍壳状聚类的情形（见第 14 章）。前面讨论的指标 PE 和 PC 也可在这种情况下使用，因为它们不涉及 X 的几何性质①。然而，前面讨论的其他参数要在这种情况下使用，则需要进行相应的更改。这里的每个聚类代表是壳状的，记为β_j。参数向量$\boldsymbol{\theta}_j$ 包含识别β_j 所需的全部参数。对于向量 $\boldsymbol{x}_i$，我们将它与β_j之间的距离定义为

$$\boldsymbol{\tau}_{ij} = \boldsymbol{x}_i - \boldsymbol{x}_j^i \tag{16.47}$$

式中，$\boldsymbol{x}_j^i$ 是β_j上离 $\boldsymbol{x}_i$最近的点。不难证明（见习题 16.16），对中心为 $\boldsymbol{c}_j$、半径为 r_j 的状聚类$\boldsymbol{\theta}_j = (\boldsymbol{c}_j, r_j)$，我们有

$$\boldsymbol{\tau}_{ij} = (\boldsymbol{x}_i - \boldsymbol{c}_j) - r_j \frac{\boldsymbol{x}_i - \boldsymbol{c}_j}{\|\boldsymbol{x}_i - \boldsymbol{c}_j\|} \tag{16.48}$$

然而，对于普通的壳状聚类，计算$\boldsymbol{\tau}_{ij}$ 并不容易。这时，我们要采用 $\boldsymbol{x}_j^i$ 的近似值[Kris 95a]。

根据式(16.41)，我们将第 j 个聚类的模糊壳协方差矩阵定义为

① 这样的特性可能与聚类的形状和代表的位置等因素有关。

$$\Sigma_j^S = \frac{\sum_{i=1}^N u_{ij}^q \boldsymbol{\tau}_{ij} \boldsymbol{\tau}_{ij}^{\mathrm{T}}}{\sum_{i=1}^N u_{ij}^q} \tag{16.49}$$

于是，聚类的壳状超体积定义为

$$V_j^S = |\Sigma_j^s|^{1/2} \tag{16.50}$$

我们定义 $X_j^s=\{\boldsymbol{x}_i: \boldsymbol{\tau}_{ij}^{\mathrm{T}}(\sum_j^S)^{-1}\boldsymbol{\tau}_{ij} < 1\}$ 和 $S_j^s = \sum_{\boldsymbol{x}_i \in X_j^s} u_{ij}$。于是，就可以按照前面的方法来定义模糊壳密度、平均分割壳密度和壳分割密度。

最后，适合壳状聚类的另一个度量是总模糊平均壳厚度 T^S [Kris 95b]，它定义为

$$T^S = \sum_{j=1}^m T_j^S \tag{16.51}$$

式中，T_j^s 是第 j 个聚类的模糊平均壳厚度，它定义为

$$T_j^S = \frac{\sum_{i=1}^N u_{ij}^q \|\boldsymbol{\tau}_{ij}\|^2}{\sum_{i=1}^N u_{ij}^q} \tag{16.52}$$

显然，聚类越“厚”，T^S 的值就越小。此外，较小的 T^S 值意味着存在“厚”的聚类。然而，当聚类数增多时，T^S 值趋于单调下降。

对总模糊超体积、平均分割密度和分割密度指标的解释，在这里同样有效。

注意，PA^S、PD^S 和 T^S 可视为在它们的代表的周围，由 X 中的向量形成的聚类密度的度量。

文献[Dave 90, Kris 93]中提出了其他的指标。文献[Halk 02a, Halk 02b]详细介绍了一个目标结构有效性准则。适用于所有指标的说明是，它们对聚类中点的多少和密度敏感。

最后，使用式(16.46)，我们可以得到硬集聚情形下的壳密度、平均分割壳密度和壳分割密度。

注释

- 确定数据集 X 中的聚类数的另一种方法称为渐近集聚法[Kris 95b]。根据这种方法，我们首先对超定的聚类数 m 运行集聚算法，然后删除假聚类，合并兼容的聚类，并识别“好”聚类。设 k 是上面定义的假聚类和“好”聚类的数量。然后，我们临时删除上述聚类中包含的向量，并对有 $m-k$ 个聚类的约简数据集应用该算法。重复这个过程，直到不再有“好”聚类被删除，或数据集中不再剩下向量。上述方法的输出是上面确定的“好”聚类集合。这种方法的优点是，对预定义范围内的所有 m 值，不必运行集聚算法。此外，这种方法不受噪声的影响。然而，我们必须建立关于合并、删除运算的准则，以及识别“好”聚类的准则。
- 确定数据集 X 中的聚类数的另一种方法采用了信息准则（IC）原理，如 Akaike 和最小描述长度（MDL）准则，详见文献[Sclo 87, Lang 98]。

16.5 单个聚类的有效性

与单个聚类有效性相关的情况有两种。一种情况是，我们希望检验 X 的给定子集是否形成一个“好”聚类，这里的“好”是指聚类是致密的，且独立于 X 中的其他向量。另一种情况是，检验应用集聚算法后得到的聚类的有效性。为此，我们要使用外部准则和内部准则。

16.5.1　外部准则

本节介绍硬集聚和顺序邻近度矩阵[Bail 82, Jain 88]，目的是检验 X 的一个给定子集是否能形成可分性好的致密聚类。文献[Bail 82]中定义了两个指标，一个是关于致密性的，另一个是关于可分性的，它们都基于图论的概念。下面给出一些必要的定义。

考虑有 p（$< N(N-1)/2$）条边的邻接度图 $G(p)$，图的顶点对应于 X 中的 N 个向量，边对应于 X 的邻近度矩阵 $\boldsymbol{P}$ 的 p 个最小上对角线元素。换句话说，顶点对 $\boldsymbol{x}_i$ 和 $\boldsymbol{x}_j$ 由一条边连接，当且仅当相异度 $d(\boldsymbol{x}_i, \boldsymbol{x}_j)$在 X 的所有向量对的 p 个最小相异度值中是最小的（见第 13 章）。设 C 是 X 的一个预先确定的子集，其中含有 k 个向量。我们的目的是确定 C 是否是“好”聚类。对于 $G(p)$和给定的 $\boldsymbol{P}$,定义集合 $A_{\text{in}}(p)$, $A_{\text{out}}(p)$ 和 $A_{\text{bet}}(p)$ 如下：(a) $A_{\text{in}}(p)$ 是端点为 C 中的向量的边集；(b) $A_{\text{out}}(p)$ 是端点为 $X-C$ 中向量的边集；(c) $A_{\text{bet}}(p)$ 是连接 C 和 $X-C$ 中向量的边集。

对于给定的 $G(p)$，设 $q_C(p)$是连接 C 和 $X-C$ 中的顶点的边数，$r_C(p)$是连接 C 中的顶点的边数。显然，这些指标取决于 p。容易看出，较小的 $q_C(p)$意味着存在孤立的聚类，较大的 $r_C(p)$意味着存在致密的聚类。为了提取 C 的致密性和孤立性的结论，我们考虑这些指标相对于 p 性质。为此，我们画出这些指标与 p 的关系曲线。我们希望在较宽的 p 值范围内，孤立的聚类和致密的聚类分别对应于低 $q_C(p)$值和高 $r_C(p)$。这个范围的大小取决于具体的应用。

这些指标的缺点是，它们不提供关于随机群体的信息。为了克服这个缺点，文献[Bail 82]中在概率论范围内讨论了这些指标的扩展。

16.5.2　内部准则

这里的目的是，只使用 X 的邻近度矩阵 $\boldsymbol{P}$ 内的信息来验证集聚算法得到的单个聚类的有效性。

- **硬集聚情况**
  - — 顺序邻近度矩阵。文献[Ling 72]和[Ling 73]中给出了评价聚类的一种方法。这种方法非常适合于层次集聚算法生成的层次聚类。它依赖于聚类 C 的寿命 $L(C)$，即 $L(C) = d_a(C) - d_f(C)$，其中 $d_f(C)$是由 C 形成的层次级别，$d_a(C)$是聚类 C 被一个更大的聚类吸收的级别。使用的统计量是 Ling 指标，它定义为一个随机选择的聚类的寿命超过 $L(C)$的概率。最后，其他的此类方法包括最好情形法[Bail 82]和 CM 可达法[Bake 76]。
  - — 比值尺度邻近度矩阵。在这种情况下，我们可以采用硬超体积和硬密度来寻找致密的聚类、硬壳超体积和硬壳密度（见 16.4.2 节）。这里使用了一个根据经验设定的阈值ε，根据该指标的值是大于还是小于阈值ε来确定 C 是否是“好”聚类。
- **模糊集聚情况**

  首先介绍壳状聚类。在这种情况下，“好”聚类是壳状代表周围的“致密”聚类。这时，我们可以全盘 16.4 节中定义的壳超体积、壳密度指标和模糊平均壳厚度。基于这些指标，根据对应的指标值是大于还是小于预选阈值ε，来确定一个聚类是否是“好”聚类。

  所有这些指标都并不考虑壳状聚类位于向量空间的子空间中的事实[Kris 95b]。考虑了这一点的准则是表面密度准则。下面介绍二维情形。这个准则度量聚类中单位曲线长度上的点数。我们定义 X' 是 C 中的向量集，这些向量位于小于等于 $\tau_{\max}$ 到 C 的壳代表 β 的距离范围内，并设 $S = \sum_{j:\boldsymbol{x}_j \in X'} u_j$ 。于是，聚类 C 的表面密度δ定义为

$$\delta = \frac{S}{2\pi \boldsymbol{r}_{\text{eff}}} \tag{16.53}$$

其中的 r_{eff} 定义为

$$\boldsymbol{r}_{\text{eff}} = \sqrt{\text{tr}\{\Sigma\}} \tag{16.54}$$

式中，Σ由式(16.49)给出，tr(Σ)是Σ的迹。$2\pi \boldsymbol{r}_{\text{eff}}$ 可视为 C 的弧长的估计值（见习题 16.17）。δ 值越大，聚类就越致密。考虑图16.8 中的例子，其中的聚类是圆形的，且它们的代表圆是等半径的。此外，右侧与左侧相比，代表圆更密集。右侧聚类的 δ 值大于左边聚体的 δ 值。

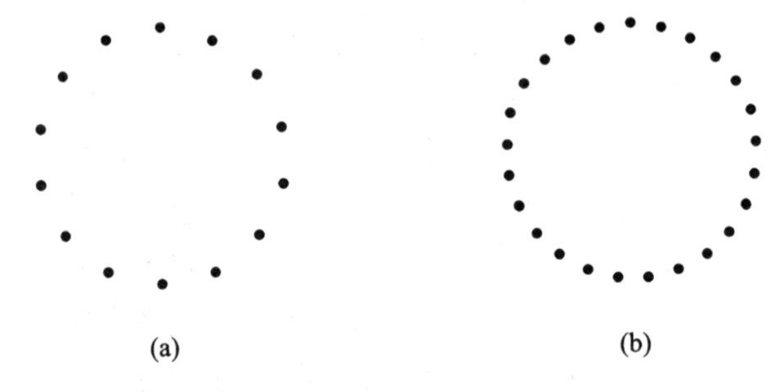

图 16.8　稀疏和致密的圆形聚类

对于致密的聚类，可以采用聚类的模糊超体积或模糊密度指标。

16.6　集聚趋势

本章前几节介绍的所有集聚算法，都有一个令人讨厌的共同特点，即它们要对数据集 X 施加一个集聚结构，即使 X 中的向量没有这样的结构。因此，为了防止错误地解释聚类，首先要检查数据集 X 中是否存在这样的集聚结构。存在这样的集聚结构时，可对 X 应用集聚算法，否则进行聚类分析会得到错误的结论。确定 X 中是否存在集聚结构的问题被称为集聚趋势，通常这类任务依赖于统计检验。

集聚趋势法已在很多领域得到应用[Digg 83, Ripl 81]，但这类方法中的多数只适用于 $l = 2$ 的情形。下面我们讨论 $l \geq 2$ 的更一般的情况，并重点讨论适合检测致密聚类的方法。

与聚类假设和正规假设相反，这种方法检验的是随机（零）假设（H_0）。下面给出精确的术语。

- 根据 X 的采样窗口①内的平均匀布，X 中的向量是随机分布的（H_0）。
- X 的向量在采样窗口中是规律间隔的，即它们彼此不是非常靠近。
- X 中的向量形成聚类。

如果接受随机性或正则假设，那么可以使用其他的聚类分析方法来解释数据集 X。

对集聚趋势中使用的许多统计检验有重要影响的要点有二。第一个要点是数的据维数 l，它对性能的影响不明显，但通过似真可以了解这种相关性[Pana 83]。

另一个要点是采样窗口。除了人为的实验，在实际工作中我们是不知道采样窗口的，因此会导致图 16.9 中的问题。虚线圆中的向量是均匀分布的。因此，我们希望随机检验能够识别这种情况。然而，如果（对相同的数据）使用虚点线包围的区域作为采样窗口，那么向量就不是均匀分

① 在文献[Smit 84］中，数学上定义样本窗为数据集 X 的向量所隐含的分布的致密凸支集。

布的，且随机性检验可能不接受 H_0。此外，由于窗口的范围有限，采样窗边缘附近的数据统计性质是不同于中心位置的数据统计性质的。例如，向量 $\boldsymbol{x}\in X$ 位于中心位置时与位于采样窗口的边缘位置时相比，它的距离分布与 X 中剩余向量的距离分布是不同的。应对这个问题方法之一是，使用采样周期扩展的采样窗口，方法之二是考虑采样窗口内的一个小区域（称为采样帧）。这种方法通过考虑采样帧外部和内部的点来估计统计性质，进而克服边界效应。

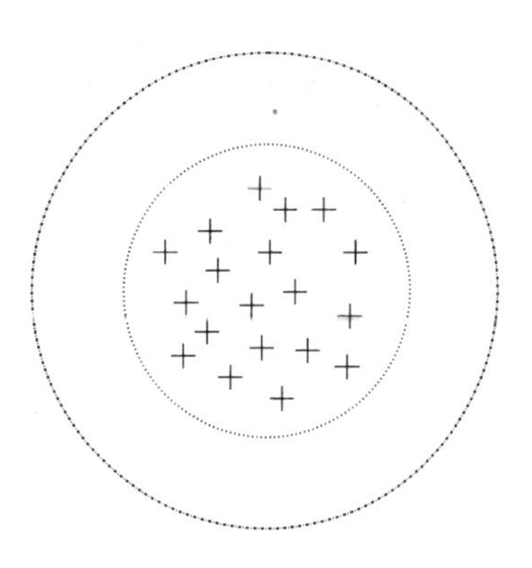

图 16.9　见正文中的说明

例 16.9　考虑包含 100 个向量的数据集 X，这些向量在超立方体 H_2 中是均匀分布的［见图 16.10(a)］。图 16.10(b)中显示了点 $\boldsymbol{x}=[0.5045, 0.4764]^{\mathrm{T}}$ 和 $X-\{\boldsymbol{x}\}$ 的所有点之间的距离分布。此外，图 16.10(c)中显示了点 $\boldsymbol{y}=[0.0159, 0.8089]^{\mathrm{T}}$ 和 $X-\{\boldsymbol{y}\}$ 的所有点之间的距离分布。注意 $\boldsymbol{x}$ 的位置接近 H_2 的中心，$\boldsymbol{y}$ 接近于它的边界。

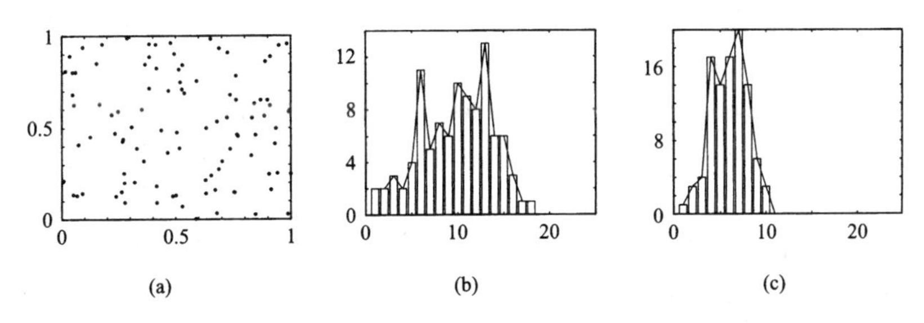

图 16.10　(a) 数据集 X；(b) 点$[0.5045, 0.4764]^{\mathrm{T}}$ 和 X 中的其余点之间的距离分布；(c) 点$[0.0159, 0.8089]^{\mathrm{T}}$ 和 X 中的其余点之间的距离分布

估计采样窗口的方法之一是使用 X 中的向量的凸壳。然而，使用采样窗口推导的检验的分布依赖于待处理的数据。这种方法的第二个缺点是，计算 X 的凸壳开销很大。文献[Zeng 85, Dube 87b]中提出了一种性能不错的方法，它将采样窗口定义为一个超球体，超球体的中心是 X 的均值点，同时超球体包含一半的向量。丢弃一半的向量对结果的影响不大，因为当前的任务只是检验 X 中的向量是否具有集聚结构。如果具有集聚结构，那么对 X 中的所有数据应用集聚算法，就可识别这些聚类。注意它与前面讨论的采样帧技术的相似性。

下面定义适合于集聚趋势检测的各个检验统计量 q。回顾可知，我们必须确定的一个关键量是 $p(q|H_0)$。此外，为了度量 q 相对于正则和集聚趋势假设的能力，我们还需要在这些假设下的概率密度函数。下面给出生成聚类的和规则间隔的数据集的方法，在正则和集聚趋势假设下，使用蒙特卡罗仿真估计 q 的概率密度函数时，需要用到这些方法。根据均匀分布，在采样窗口中插入向量，可以生成随机间隔的数据集。

- 生成聚类的数据。生成（致密）聚类数据的知名过程是 Neyman-Scott 过程[Neym 72]。这个过程假设采样窗口是已知的。它在采样窗口内的随机位置生成随机数量的致密聚类，且每个聚类都由随机数量的点组成。每个聚类中的点数服从泊松分布（见附录 A）。这种技术的输入是如下参数：集合中的总点数 N、泊松过程的强度 λ，以及控制每个聚类绕其中心分布的扩展参数 σ。根据这个过程，我们根据均匀分布，向采样窗口内随机地插入一个点 $\boldsymbol{y}_i$。这个点是第 i 个聚类的中心，并且我们用泊松分布确定它的向量个数 n_i。然后，根据

均值为 $\boldsymbol{y}_i$、协方差矩阵为$\sigma^2 \boldsymbol{I}\boldsymbol{y}_i$的正态分布，生成 $\boldsymbol{y}_i$周围的 n_i个点。如果一个点位于采样窗口之外，那么忽略这个点并生成另一个点。不断重复这个过程，直到向采样窗口插入了 N 个点［见图 16.11(a)和(b)］。在有些情况下，$\boldsymbol{y}_i$也是集合中的向量。

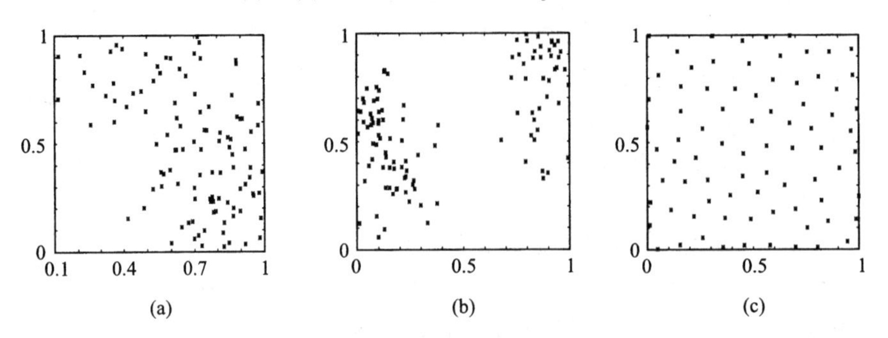

图 16.11 (a) ~ (b) 由 Neyman-Scott 过程生成的聚类数据集；(c) 由 SSI 模型生成的规律间隔的数据

- 生成规律间隔的数据。生成规律间隔数据点的最简单的方法，可能是在 X 的凸壳内定义一个网格，并将向量放在顶点上。另一种方法称为简单序贯抑制（Simple Sequential Inhibition, SSI）[Jain 88, Zeng 85]，其过程如下：每次向采样窗口中插入一个点 $\boldsymbol{y}_i$点。对于每个点 $\boldsymbol{y}_i$点，定义一个以 $\boldsymbol{y}_i$为中心、半径为 r 的超球体；下一个点可放在采样窗口中的任意位置，且生成的超球体与前面定义的超球体不相交。当采样窗口中的点数达到预定义的点数时，或者经过数千次检验后不能再向采样窗口中插入点时，停止该过程［见图 16.11(c)］。这个模型有一个变体，它允许这些超立方体在一定限度上相交。度量采样窗口的实现程度的指标是填充密度，它定义为

$$\rho = \frac{L}{V} V_r \tag{16.55}$$

式中，L/V 是单位体积的平均点数，V_r是半径为 r 的超球体的体积。V_r 可以写为

$$V_r = A r^l \tag{16.56}$$

式中，A 是半径为 1 的 l 维超球体的体积，它定义为

$$A = \frac{\pi^{l/2}}{\Gamma(l/2 + 1)} \tag{16.57}$$

其中$\Gamma(\cdot)$是伽马函数（见附录 A）。

16.6.1 空间随机性检验

文献中提出了几个空间随机性检验，它们都假设采样窗口是已知的。扫描检验[Naus 82, Cono 79]、样方分析[Grei 64, Piel 69, Mead 74]、二阶矩结构[Ripl 77]和点间距离[Ripl 78, Silv 78, Stra 75]都可以检验广泛使用的集聚趋势（$l=2$）。下面讨论 $l \geqslant 2$ 时确定集聚趋势的三种方法，这些方法都需要知道采样窗口。

基于结构图的检验

本节讨论基于最小生成树的（MST）的随机性检验[Smit 84]。首先，我们确定 X 中的向量所在的凸区域，然后生成在近似凸区域上均匀分布的 M 个向量（通常 $M=N$），构成集合 X'。接着，我们求 $X \cup X'$ 的最小生成树，并求出连接 X 中的向量与 X' 中的向量的边数 q，作为统计指标。如果 X 中包含聚类，那么我们希望 q 的值较小；反之，较小的 q 值意味着存在聚类。另一方面，较

大的 q 值意味着 X 中的向量是规则排列的。

设 e 是共享一个节点的 MST 的边的对数。文献[Frie 79]在零（随机性）假设和条件 e 下，推导了 q 的均值和 q 的方差的如下表达式：

$$E(q|H_0) = \frac{2MN}{M+N} \tag{16.58}$$

和

$$\begin{aligned}\mathrm{var}(q|e, H_0) = \frac{2MN}{L(L-1)}\Big[\frac{2MN-L}{L} + \\ \frac{e-L+2}{(L-2)(L-3)}[L(L-1)-4MN+2]\Big]\end{aligned} \tag{16.59}$$

式中，$L = M + N$。此外，可以证明[Frie 79]，若 $M, N \to \infty$ 且 M/N 远离 0 和∞，则统计量

$$q' = \frac{q - E(q|H_0)}{\sqrt{\mathrm{var}(q|e, H_0)}} \tag{16.60}$$

的概率密度函数可由标准正态分布来近似。于是，当 q'小于标准正态分布的ρ个百分点时，就在显著水平ρ处拒绝 H_0。这个检验相对于集聚趋势要强一些，相对于正则性则要弱一些[Jain 88]。

基于最近邻距离的检验

两个此类检验是 Hopkins 检验[Hopk 54]和 Cox-Lewis 检验[Cox 76, Pana 83]，它们都依赖于 X 中的向量之间的距离和随机散布于采样窗口中的向量数。

Hopkins 检验

根据均匀分布，设 $X'=\{\boldsymbol{y}_i, i=1,\cdots, M\}$, $M \ll N$①是在采样窗口中随机分布的一组向量。设 $X_1 \subset X$ 是从 X 中随机选择的 M 个向量集，设 d_j 是从 $\boldsymbol{y}_j \in X'$到 X_1 中的最近向量（记为 $\boldsymbol{x}_j$）的距离，设δ_j是 $\boldsymbol{x}_j$ 到 $X_1 - \{\boldsymbol{x}_j\}$中的最近向量的距离。于是，我们可将涉及 d_j 和δ_j的 l 次幂的 Hopkins 统计量定义为[Jain 88]

$$h = \frac{\sum_{j=1}^{M} d_j^l}{\sum_{j=1}^{M} d_j^l + \sum_{j=1}^{M} \delta_j^l} \tag{16.61}$$

这个统计量比较 X_1 中各点的最近邻分布与 X' 中的各点的最近邻分布。当 X 中包含聚类时，我们估计 X_1 中的最近邻点之间的距离较小，因此应使得 h 的值较大。此外，较大的 h 值意味着 X 中存在集聚结构。当 X 中的点在采样窗口中规则分布时，估计 $\sum_{j=1}^{M} d_j^l$ 要小于 $\sum_{j=1}^{M} \delta_j^l$，因此得到较小的 h 值。此外，较小的 h 值意味着存在规则间隔的点。最后，1/2 左右的值表明 X 中的向量随机地分布在采样窗口中。可以证明[Jain 88]，如果生成的向量是按照泊松随机过程分布的（随机性假设），且所有的最近邻距离是统计独立的，那么（在假设 H_0 下）h 服从参数(M, M)的β 分布（见附录 A）。

仿真结果[Zeng 85]表明，对于超立方体采样窗口和周期性边界，$l=2,\cdots,5$，这个检验表现出了较强的抗规则性，但其抗集聚趋势的能力较弱。

Cox-Lewis 检验

与前一个检验相比，这个检验要复杂一些。文献[Cox 76]中首先针对二维情形提出了这个检验，然后将其推广到了 $l \geqslant 2$ 维的情形[Pana 83]。这个检验与上一个检验基本相同，只是不需要定义

① 一般来说，$M = 0.1N$ 。

X_1。对每个 $\boldsymbol{y}_j \in X'$，我们确定 X 中离它最近的向量（记为 $\boldsymbol{x}_j$），然后确量 $X-\{\boldsymbol{x}_j\}$ 中离 $\boldsymbol{x}_j$ 最近的向量（记为 $\boldsymbol{x}_i$）。设 d_j 是 $\boldsymbol{y}_j$ 和 $\boldsymbol{x}_j$ 之间的距离，δ_j 是 $\boldsymbol{x}_j$ 和 $\boldsymbol{x}_i$ 之间的距离。考虑使得 $2d_j/\delta_j$ 大于等于 1 的所有 $\boldsymbol{y}_j$。设 M' 是这类 $\boldsymbol{y}_j$ 的个数。对所有的此类 $\boldsymbol{y}_j$ 定义 $2d_j/\delta_j$ 的近似函数 R_j（见文献[Pana 83]）。最后，我们定义统计量

$$R = \frac{1}{M'}\sum_{j=1}^{M'} R_j \tag{16.62}$$

可以证明[Pana 83]在假设 H_0 下，R 有一个均值为 1/2、方差为 $12M'$ 的近似正态分布。较小的 R 值意味着 X 中存在集聚结构，较大的 R 值意味着 X 中存在规则的结构。最后，R 的均值周围的值表明，X 的向量在采样窗口内是随机分布的。仿真结果[Zeng 85]表明，与 Hopkins 检验相比，Cox-Lewis 检验在抗聚类备选方面的能力较差，但在抗正则假设方面的能力较强。

文献[Besa 73]中介绍了称为 T 方采样的另外两个检验，但文献[Zeng 85]中的仿真结果表明，与 Hopkins 和 Cox-Lewis 检验相比，这两个检验的性能较差。

稀疏分解技术

这种技术首先顺序地删除数据集 X 中的向量，直到没有向量剩下为止[Hoff 87]。在进行深入介绍之前，下面给出一些定义。X 的顺序分解 D 是指按照原有的顺序将 X 分割为集合 $L_1,\cdots,L_k$。L_i 也称分解层。

记 MST(X)是对应于 X 的 MST。设 $S(X)$ 是根据如下过程由 X 得到的集合：最初，设 $S(X)=\varnothing$；然后，将 MST(X)的最长边 e 的端点 $\boldsymbol{x}$ 移至 $S(X)$，标注这个点及到 $\boldsymbol{x}$ 的距离小于等于 b 的所有点，其中 b 是边 e 的长度。接着，确定接近 $S(X)$ 的未标注点 $\boldsymbol{y}\in X$ 并将其移至 $S(X)$，标注到 $\boldsymbol{y}$ 的距离不大于 b 的所有未标注的向量。对 X 中未标注的所有向量应用同样的过程，直到标注了所有的向量。

定义 $R(X)\equiv X-S(X)$。设 $X=R^0(X)$，我们定义

$$L_i = S(R^{i-1}(X)), \qquad i=1,\cdots,k \tag{16.63}$$

式中，k 是满足 $R^k(X)=\varnothing$ 的最小整数，指数 i 是分解层。直观地说，这个过程顺序地剥离 X，直到所有删除了其中的所有向量。

应用分解过程后，我们得到如下信息：(a) 分解层数 k；(b) 分解层 L_i；(c) 分解层 L_i 的基数 $l_i, i=1,\cdots,k$；(d) 推导分解层时所用的最长 MST 边序列。当 X 中的向量被聚类且这些向量是规则间隔的或随机地分布在采样窗口中时，分解过程会给出不同的结果。基于这一观察，我们可以使用与这个过程相关联的信息来定义一些统计指标。例如，我们希望随机数据的分解层数 k 小于聚类数据的分解层数，规则间隔数据的分解层数小于随机数据的分解层数（见习题 16.20）。下例说明了这种情况。

例 16.10 (a) 考虑数据集 X_1，它由单位正方形内的 60 个二维点组成。前 15 个点由均值为$[0.2, 0.2]^{\mathrm{T}}$、协方差矩阵为 $0.15\boldsymbol{I}$ 的正态分布得到。第二组、第三组、第四组的 15 个点由均值分别为$[0.2, 0.8]^{\mathrm{T}}$, $[0.8, 0.2]^{\mathrm{T}}$, $[0.8, 0.8]^{\mathrm{T}}$、协方差矩阵都为 $0.15\boldsymbol{I}$ 的正态分布得到。对 X_1 应用稀疏分解技术后得到了 15 个分解层。

(b) 考虑含有 60 个二维点的另一个数据集 X_2，这些点随机地分布在单位正方形内。这时，对 X_2 应用稀疏分解技术得到了 10 个分解层。

(c) 最后，生成含有 60 个二维点的数据集 X_3，这些点规则地分布在单位正方形内，并使用简

单序贯抑制（SSI）过程。这时，对 X_3 应用稀疏分解技术得到了 7 个分解层。

图 16.12、图 16.13 和图 16.14 中显示了聚类、随机、规则间隔数据的前 4 个分解层。显然，聚类数据点删除率较慢，而规则数据点的点删除率较快。

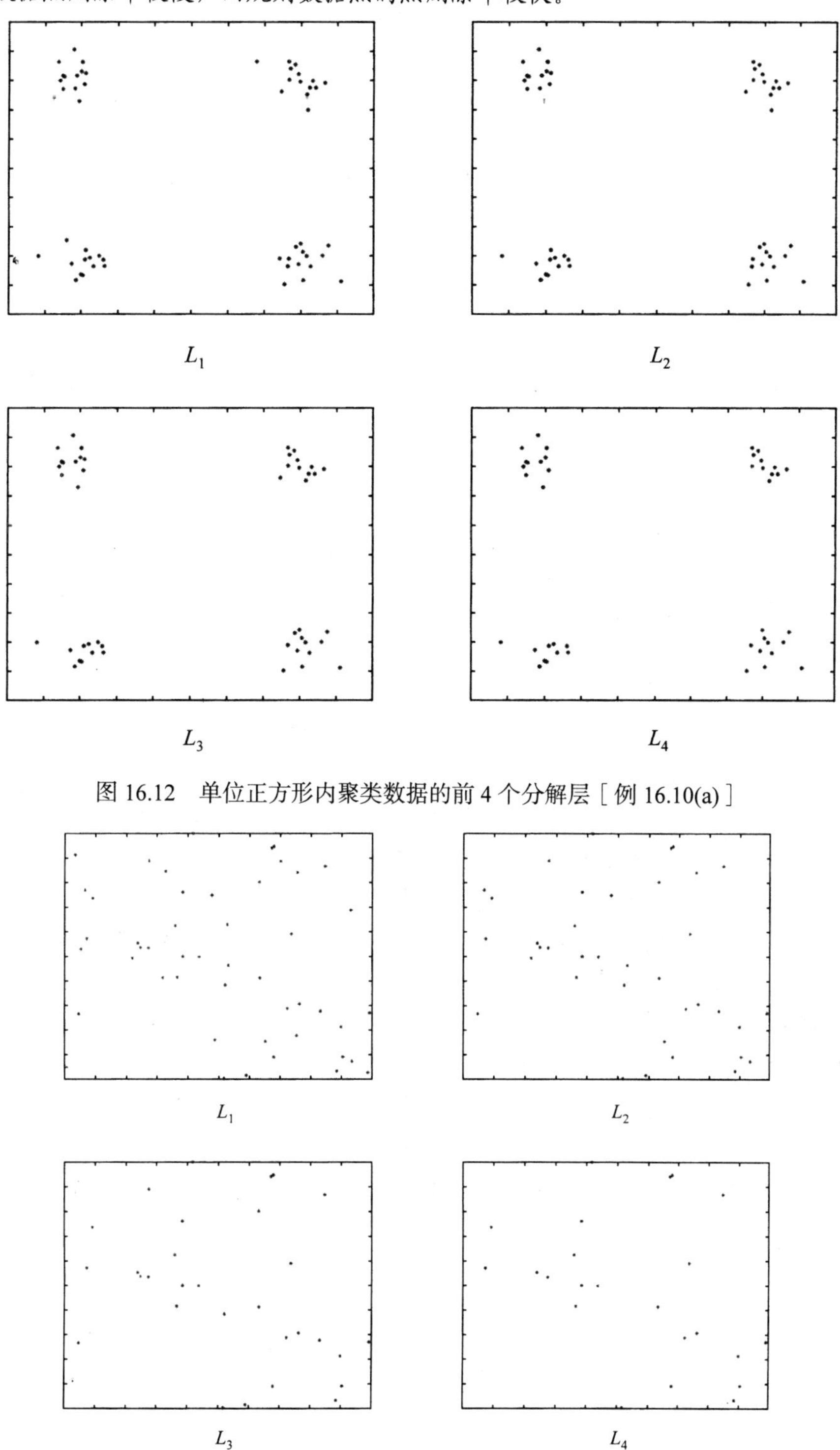

图 16.12　单位正方形内聚类数据的前 4 个分解层［例 16.10(a)］

图 16.13　单位正方形内随机分布数据的前 4 个分解层［例 16.10(b)］

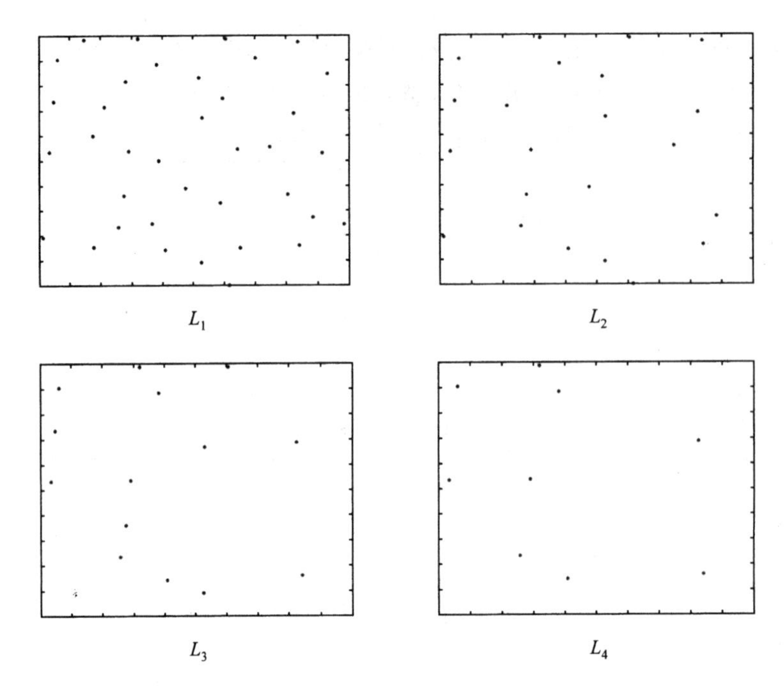

图 16.14 单位正方形内规则间隔数据的前 4 个分解层［例 16.10(c)］

文献[Hoff 87]中讨论了基于上述信息的一些检验。具有较好性能的这样一个统计量是 P 统计量，它定义为

$$P = \prod_{i=1}^{k} \frac{l_i}{n_i - l_i} \tag{16.64}$$

式中，n_i是 $R^{i-1}(X)$中的点数。换句话说，因子 P 是在每个分解阶段中已删除的点与剩下的点的比值。

初步的仿真结果表明，P 具有较高的抗聚类备选能力。在假设 H_0、H_1 和 H_2 下，我们需要使用蒙特卡罗技术来估计 P 的概率密度函数，因为推导理论结果非常困难[Hoff 87]。

最后，人们提出了使用有序邻近度矩阵时的集聚趋势检验[Fill 71, Dube 79]，大部分此类检验都基于图论的概念。设 $G_N(v)$是有 N 个顶点的阈值图，且每个顶点对应于 X 中的一个向量（见第 13 章）。然后，采用图的性质［如节点度和连通 $G_N(v)$所需的边数］研究 X 的集聚趋势。具体地说，假设连通图 $G_N(v)$所需的边数是 n。显然，n 直接依赖于 v。也就是说，增大 v，也会增大 n。对于给定的邻近度矩阵，设 v^*是连通 $G_N(v^*)$后 v 的最小值。设 V 是模拟 v 的随机变量。此外，设 $P(V \leq v|N)$是图有 N 个节点且连接 v 条随机插入的边的概率（见文献[Ling 76]中的表格）。于是，对于某个 v^*，我们可以求出 $P(V \leq v^*|N)$。较大的 $P(V \leq v^*|N)$值意味着邻近度矩阵不是随机选择的，因为聚类数据时，聚类内的边在聚类之间的边之前出现，进而延迟了连通图的形成。

习题

16.1 设 X 是一个向量集。若 X 中集聚 $\mathcal{C}$ 内的聚类数是 m，并且 X 的一个分割 $\mathcal{P}$ 中的组数是 $q, q \neq m$，证明 Rand、Jaccard、Fowlkes 和 Mallows 统计量的最大值都小于 1。

16.2 证明式(16.10)。

16.3 **a**．重做例 16.2，其中的二维向量由均值分别是$[0.2, 0.2]^T$, $[0.2, 0.8]^T$, $[0.8, 0.2]^T$, $[0.8, 0.8]^T$、

协方差矩阵都是 $0.2^2\boldsymbol{I}$ 的正态分布得到。

b．当所有的协方差矩阵都是 $0.5^2\boldsymbol{I}$ 时，重做上问。

16.4 证明 16.3.2 节中的 CPCC 的值域是[−1, 1]。

16.5 考虑包含 6 个向量的数据集 X，它的（顺序）邻近度矩阵是

$$\boldsymbol{P} = \begin{bmatrix} 0 & 1 & 5 & 7 & 8 & 9 \\ 1 & 0 & 3 & 6 & 10 & 11 \\ 5 & 3 & 0 & 12 & 13 & 14 \\ 7 & 6 & 12 & 0 & 6 & 4 \\ 8 & 10 & 13 & 6 & 0 & 2 \\ 9 & 11 & 14 & 4 & 2 & 0 \end{bmatrix}$$

对 X 运行单链和全链算法，使用统计量γ比较得到的树状图，并解释结果。

16.6 设 $X=\{\boldsymbol{x}_i, i=1,\cdots,12\}$，$\boldsymbol{x}_1=[-4, 0]^{\mathrm{T}}, \boldsymbol{x}_2=[-3, 1]^{\mathrm{T}}, \boldsymbol{x}_3=[-3,-1]^{\mathrm{T}}, \boldsymbol{x}_4=[-2, 0]^{\mathrm{T}}, \boldsymbol{x}_5=[2, 0]^{\mathrm{T}}, \boldsymbol{x}_6=[3, 1]^{\mathrm{T}}, \boldsymbol{x}_7=[4, 0]^{\mathrm{T}}, \boldsymbol{x}_8=[3, -1]^{\mathrm{T}}, \boldsymbol{x}_9=[-1, 7]^{\mathrm{T}}, \boldsymbol{x}_{10}=[0, 8]^{\mathrm{T}}, \boldsymbol{x}_{11}=[1, 7]^{\mathrm{T}}, \boldsymbol{x}_{12}=[0, 6]^{\mathrm{T}}$。

a．设 $m=2$。考虑向量 $\boldsymbol{w}_1=[0, 0]^{\mathrm{T}}$ 和 $\boldsymbol{w}_2=[0, 7]^{\mathrm{T}}$，第一个向量表示点 $\boldsymbol{x}_1$ 到 $\boldsymbol{x}_8$，第二个向量表示 X 中剩余的点。计算Γ和$\hat{\Gamma}$ 的值（见 16.4.1 节）。

b．设 $m=3$，考虑向量 $\boldsymbol{w}_1=[-3, 0]^{\mathrm{T}}, \boldsymbol{w}_2=[3, 0]^{\mathrm{T}}, \boldsymbol{w}_3=[0, 7]^{\mathrm{T}}$，其中第一个向量表示点 $\boldsymbol{x}_1$ 到 $\boldsymbol{x}_4$，第二个向量表示点 $\boldsymbol{x}_5$ 到 $\boldsymbol{x}_8$，第三个向量表示 X 中剩下的点。计算Γ和$\hat{\Gamma}$ 的值（见 16.4.1 节）。

c．设 $m=4$。$\boldsymbol{w}_1$ 和 $\boldsymbol{w}_2$ 同前，$\boldsymbol{w}_3=[-0.5, 7.5]^{\mathrm{T}}, \boldsymbol{w}_4=[0.5, 6.5]^{\mathrm{T}}$。第一个向量表示 $\boldsymbol{x}_9$ 和 $\boldsymbol{x}_{10}$，第二个向量表示点 $\boldsymbol{x}_{11}$ 和 $\boldsymbol{x}_{12}$，计算Γ和$\hat{\Gamma}$ 的值。

d．比较上面三种情况下得到的Γ和$\hat{\Gamma}$ 值后，你能得到什么结论？

16.7 估计计算 Dunn 指标 D_m 所需的运算次数。计算 $D_m, m=1,\cdots,N$ 所需的运算次数是多少？

16.8 显式地定义与 GG 和 RNG 类 Dunn 指标相关联的 $\mathrm{diam}_i^{\mathrm{GG}}$ 和 $\mathrm{diam}_i^{\mathrm{RNG}}$。使用这些定义，显式地推导 GG 和 RNG 类 Dunn 指标。

16.9 证明 $D_m^{\mathrm{GG}} \leqslant D_m^{\mathrm{RNG}} \leqslant D_m^{\mathrm{MST}}$。提示：对于聚类 C_i，有 $E_i^{\mathrm{MST}} \subseteq E_i^{\mathrm{RNG}} \subseteq E_i^{\mathrm{GG}}$。

16.10 a．证明式(16.26)中的 R_{ij}^{MST} 满足条件(C1) ~ (C5)。

b．考虑 R_{ij}^{MST} 的定义，定义 R_{ij}^{RNG} 和 R_{ij}^{GG}，证明它们也满足条件(C1) ~ (C5)。

16.11 证明 $\mathrm{DB}_m^{\mathrm{GG}} \geqslant \mathrm{DB}_m^{\mathrm{RNG}} \geqslant \mathrm{DB}_m^{\mathrm{MST}}$。提示：对于聚类 C_i，有 $E_i^{\mathrm{MST}} \subseteq E_i^{\mathrm{RNG}} \subseteq E_i^{\mathrm{GG}}$。

16.12 说明针对噪声向量的 MST DB 比原始 DB 鲁棒的原因。

16.13 a．证明：当 $q \to 1^+$时，PC 和 PE 分别趋于 1 和 0。

b．证明：当 $q \to \infty$时，PC 和 PE 分别趋于 $1/m$ 和 $\log_a m$。

c．证明：在后一种情形下，PC 和 PE 图中最明显的拐点出现在 $m=2$ 的位置。

16.14 证明：当 $q \to \infty$时，XB 指标趋于∞，XB_q 的值不确定。提示：采用如下事实：(a) $\lim_{q\to\infty}\boldsymbol{w}_i=\boldsymbol{w}$，$i=1,\cdots,m$，其中 $\boldsymbol{w}$ 是 X 中的所有向量的均值；(b) 当 $q \to \infty$时，$u_{ij}=1/m$。

16.15 a．证明 $\lim_{q\to 1^+}\mathrm{FS}_q = 2N\mathrm{tr}(S_w) - N\mathrm{tr}(S_m)$，$S_w$ 和 S_m 是第 5 章中定义的内部和混合散布矩阵。

b．证明 $\lim_{q\to\infty}\mathrm{FS}_q = 0$。提示：使用上题中的提示。

16.16 证明点 $\boldsymbol{x}_i$ 到以 $\boldsymbol{c}_j$ 为中心、以 r_j 为半径的球体的距离由式(16.48)给出。

16.17 考虑聚类 C，它由半径为 r、对折角ϕ的圆弧上的点组成（当然，这是理论上的情况，因为 C 中的向量数是无限的）。圆弧的协方差矩阵为

$$\Sigma = \frac{1}{L_\phi}\int_{-\phi/2}^{\phi/2} \boldsymbol{x}\boldsymbol{x}^{\mathrm{T}} \mathrm{d}l - \boldsymbol{m}\boldsymbol{m}^{\mathrm{T}} \tag{16.65}$$

式中，$\boldsymbol{x} = [r\cos\theta, r\sin\theta]^{\mathrm{T}}$ 是圆弧上的一个点，$\mathrm{d}l = r\mathrm{d}\theta$，$L_\phi$是圆弧的长度。

a．证明

$$\delta = \frac{\phi}{2\pi\sqrt{1 - \frac{4\sin^2(\phi/2)}{\phi^2}}} \tag{16.66}$$

当$\phi = 2\pi$时，δ 的值是多少?

b．当聚类的长度是长为 L 的线段时，重做上问。

16.18 考虑边长为 a 的正方形。对正方形应用由水平线和垂直线组成的网格，两条相邻平行线之间的距离为 r。在正方形内放置$(a/2r)^2$个向量（设 $a/2r$ 是整数），每个向量都位于网格的交点上，且以该点为中心、以 r 为半径的圆不与其他的点相交。

a．计算该正方形的填充密度。用 $r/2$ 代替 r，重做这一问。

b．假设不允许圆出现在正方形外部，你能确定得到高填充密度的点的排列方式吗?

16.19 有时候，我们说 Hopkins 检验包括数据集 X 的“一阶”信息，Cox-Lewis 检验包含数据集 X 的“二阶”信息。你能证明这个命题吗?

16.20 重做例 16.10，说明：

a．聚类数据的分解层数大于随机数据的分解层数的原因。

b．随机数据的分解层数大于规则数据的分解层数的原因。

参考文献

[Akai 85] Akaike H., "Prediction and Entropy," in *A Celebration of Statistics* (Atkinson A.C., Fienberg S.E., eds.), Sprieger-Verlag, New York, pp. 1-24, 1985.

[Back 81] Backer E., Jain A.K. "A clustering performance measure based on fuzzy set decomposition," *IEEE Transactions on Pattern Analysis and Machine Intelligence*, Vol. 3(1), pp. 66-75, 1981.

[Bail 82] Bailey T.A., Dubes R.C. "Cluster validity profiles," *Pattern Recognition*, Vol. 15, pp. 61-83, 1982.

[Bake 74] Baker F.B. "Stability of two hierarchical grouping techniques—Case 1. Sensitivity to data errors," *Journal of the American Statistical Association*, Vol. 69, 440-445, 1974.

[Bake 76] Baker F.B., Hubert L.J. "A graph-theoretic approach to goodness of fitting complete-link hierarchical clustering," *Journal of the American Statistical Association*, Vol. 71, pp. 870-878, 1976.

[Bart 62] Barton D.E., David F.N. "Randomization basis for multivariate tests in the bivariate case—randomness of points in the plane," *Bulletin of the International Statistical Institute*, Vol. 39, pp. 455-467, 1962.

[Beni 94] Beni G., Liu X. "A least biased fuzzy clustering method," *IEEE Transactions on Pattern Analysis and Machine Intelligence*, Vol. 16(9), pp. 954-960, 1994.

[Besa 73] Besag J.E., Gleaves J.T. "On the detection of spatial pattern in plant communities," *Bulletin of International Statistics Institute*, Vol. 45, p. 153, 1973.

[Bezd 74] Bezdek J.C. "Cluster validity with fuzzy sets," *Journal of Cybernetics*, Vol. 3(3), pp. 58-72, 1974.

[Bezd 75] Bezdek J.C. "Mathematical models for systematics and taxonomy," in *Proc. 8th Int. Conf. in Numerical Taxonomy* (Estarook G., ed.), Freeman, San Francisco pp. 143-166, 1975.

[Boug 04] Bouguessa M., Wang S-R. "A new efficient validity index for fuzzy clustering," *Proceedings of the 3rd International Conference on Machine Learning and Cybernetics*, pp. 1914–1919, 2004.

[Bout 04] Boutin F., Hascoët M. "Cluster validity indices for graph partitioning," *Proceedings of the 8th Conference on Information Visualization*, pp. 376–381, 2004.

[Cono 79] Conover W.J., Benent T.R., Iman R.L. "On a method for detecting clusters of possible uranium deposits," *Technometrics*, Vol. 21, pp. 277–282, 1979.

[Cox 76] Cox T.F., Lewis T. "A conditioned distance ratio method for analyzing spatial patterns," *Biometrika*, Vol. 63, p. 483, 1976.

[Cunn 72] Cunningham K.M., Ogilvie J.C. "Evaluation of hierarchical grouping techniques: A preliminary study," *Computer Journal*, Vol. 15, pp. 209–213, 1972.

[Dave 90] Dave R.N., Patel K.J. "Progressive fuzzy clustering algorithms for characteristic shape recognition," *Proc. North American Fuzzy Inf. Process. Soc. Workshop*, Toronto, pp. 121–124, 1990.

[Davi 79] Davies D.L., Bouldin D.W. "A cluster separation measure," *IEEE Transactions on Pattern Analysis and Machine Intelligence*, Vol. 1(2), pp. 224–227, 1979.

[Diac 83] Diaconis P., Efron B. "Computer-intensive methods in statistics," *Scientific American*, May, pp. 116–130, 1983.

[Digg 83] Diggle P.J. *Statistical Analysis of Spatial Point Patterns*, Academic Press, 1983.

[Dube 79] Dubes R.C., Jain A.K. "Validity studies in clustering methodologies," *Pattern Recognition*, Vol. 11, pp. 235–254, 1979.

[Dube 87a] Dubes R.C. "How many clusters are best? An experiment," *Pattern Recognition*, Vol. 20(6), pp. 645–663, 1987.

[Dube 87b] Dubes R.C., Zeng G. "A test for spatial homogeneity in cluster analysis," *Journal of Classification*, Vol. 4, pp. 33–56, 1987.

[Dunn 74] Dunn J.C. "Well separated clusters and optimal fuzzy partitions," *Journal of Cybernetics*, Vol. 4, pp. 95–104, 1974.

[Dunn 76] Dunn J.C. "Indices of partition fuzziness and the detection of clusters in large data sets," *in Fuzzy Automata and Decision Processes* (Gupta M.M., ed.), Elsevier, 1976.

[Efro 79] Efron B. "Bootstrap methods: Another look at jackknife," *Applied Statistics*, Vol. 7, pp. 1–26, 1979.

[Farr 69] Farris J.S. "On the cophenetic correlation coefficient," *Systematic Zoology*, Vol. 18, pp. 279–285, 1969.

[Fill 71] Fillenbaum S., Rapoport A. *Structures in the Subjective Lexicon*, Academic Press, 1971.

[Fowl 83] Fowlkes E.B., Mallows C.L. "A method for comparing two hierarchical clusterings," *Journal of the American Statistical Association*, Vol. 78, pp. 553–569, 1983.

[Fral 98] Fraley C., Raftery A.E., "How many clusters? Which clustering method? Answers via model-based cluster analysis," *The Computer Journal*, Vol. 41, No. 8, pp. 578–588, 1998.

[Frie 79] Friedman J.H., Rafsky L.C. "Multivariate generalization of the Wald-Wolfowitz and Smirnov two-sample tests," *Annual Statistics*, Vol. 7, pp. 697–717, 1979.

[Gath 89] Gath I., Geva A.B. "Unsupervised optimal fuzzy clustering," *IEEE Transactions on Pattern Analysis and Machine Intelligence*, Vol. 11(7), pp. 773–781, 1989.

[Grei 64] Greig-Smith P. *Quantitative Plant Ecology*, 2nd ed., Butterworth, 1964.

[Gord 99] Gordon A. *Classification, 2nd edition*, Chapman and Hall/CRC press, London, 1999.

[Halk 00] Halkidi M., Vazirgiannis M., Batistakis Y. "Quality scheme assessment in the clustering process," *Proceedings of the 4th European Conference on Principles of Data Mining and Knowledge Discovery*, pp. 265–276, 2000.

[Halk 01] Halkidi M., Vazirgiannis M. "Clustering validity assessment: finding the optimal partitioning of a data set," *Proceedings of the International Conference of Data Mining 2001*, pp. 187–194, 2001.

[Halk 02a] Halkidi M., Batistakis Y., Vazirgiannis M. "Cluster validity methods: part 1," *SIGMOD Record*, Vol. 31(2), pp. 40–45, 2002.

[Halk 02b] Halkidi M., Batistakis Y., Vazirgiannis M. "Cluster validity methods: part 2," *SIGMOD Record*, Vol. 31(3), pp. 19-27, 2002.

[Hart 75] Hartigan J.A. *Clustering Algorithms*, John Wiley & Sons, 1975.

[Hast 01] Hastie T., Tibshirani R., Friedman J. *The Elements of Statistical Learning*, Springer, 2001.

[Hoff 87] Hoffman R.L., Jain A.K. "Sparse decompositions for exploratory pattern analysis," *IEEE Transactions on Pattern Analysis and Machine Intelligence*, Vol. 9(4), pp. 551-560, 1987.

[Hopk 54] Hopkins B. "A new method for determining the type of distribution of plant-individuals," *Annals of Botany*, Vol. 18, pp. 213-226, 1954.

[Hube 74] Hubert L.J. "Approximate evaluation techniques for the single-link and complete-link hierarchical clustering procedures," *Journal of the American Statistical Association*, Vol. 69, pp. 698-704, 1974.

[Hube 76] Hubert L.J., Schultz J. "Quadratic assignment as a general data-analysis strategy," *British Journal of Mathemetical and Statistical Psychology*, Vol. 29, pp. 190-241, 1976.

[Hube 85] Hubert L.J., Arabie P. "Comparing partitions," *Journal of Classification*, Vol. 2, pp. 193-218, 1985.

[Hurv 89] Hurvich C.M., Tsai C-L, "Regression and time series model selection in small samples," *Biometrika* Vol. 76, pp. 297-307, 1989.

[Ivch 1991] Ivchenko G., Medvedev Y., Chistyakov A. *Problems in Mathematical Statistics*, Mir Publishers, Moscow, 1991.

[Jain 87a] Jain A.K., Dubes R., Chen C.C. "Bootstrapping techniques for error estimation," *IEEE Transactions on Pattern Analysis and Machine Intelligence*, Vol. 9, pp. 628-633, 1987.

[Jain 87b] Jain A.K., Moreau J.V. "Bootstrap technique in cluster analysis," *Pattern Recognition*, Vol. 20(5), pp. 547-568, 1987.

[Jain 88] Jain A.K., Dubes R.C. *Algorithms for Clustering Data*, Prentice Hall, 1988.

[Kauf 90] Kaufman L., Rousseeuw P. *Finding Groups in Data: an Introduction to Cluster Analysis*, Wiley New York, 1990.

[Kirl 00] Kirlin R.L., Dizaji R.M., "Cluster order using clustering performance index rate, CPIR," NORSIG 2000, Kolmarden, Sweden, June 2000.

[Kris 93] Krishnapuram R., Frigui H., Nasraoui O. "Quadratic shell clustering algorithms and the detection of second-degree curves," *Pattern Recognition Letters*, Vol. 14(7), pp. 545-552, July 1993.

[Kris 95a] Krishnapuram R., Frigui H., Nasraoui O. "Fuzzy and possibilistic shell clustering algorithms and their application to boundary detection and surface approximation—Part I," *IEEE Transactions on Fuzzy Systems*, Vol. 3(1), pp. 29-43, 1995.

[Kris 95b] Krishnapuram R., Frigui H., Nasraoui O. "Fuzzy and possibilistic shell clustering algorithms and their application to boundary detection and surface approximation—Part II," *IEEE Transactions on Fuzzy Systems*, Vol. 3(1), pp. 44-60, 1995.

[Lang 98] Langan D.A., Modestino J.W., Zhang J. "Cluster validation for unsupervised stochastic model-based image segmentation," *IEEE Transactions on Image Processing*, Vol. 7(2), pp. 180-195, 1998.

[Ling 72] Ling R.F. "On the theory and construction of *k*-clusters," *Computer Journal*, Vol. 15, pp. 326-332, 1972.

[Ling 73] Ling R.F. "Probability theory of cluster analysis," *Journal of the American Statistical Association*, Vol. 68, pp. 159-164, 1973.

[Ling 76] Ling R.F., Killough G.S. "Probability tables for cluster analysis based on a theory of random graphs," *Journal of the American Statistical Association*, Vol. 71, pp. 293-300, 1976.

[Lu 00] Lu X. "Comparisons among information-based criteria, a novel modification thereof, and the Monte Carlo Markov chain method," MSc Thesis, University of Victoria, British Columbia, Canada, July 2000.

[Mant 67] Mantel N. "The detection of disease clustering and a generalized regression approach," *Cancer Research*, Vol. 27, pp. 209-220, 1967.

[Mead 74] Mead R. "A test for spatial pattern at several scales using data from a grid of contiguous quadrats," *Biometrics*, Vol. 30, pp. 295-308, 1974.

[Mill 80] Milligan G.W. "An examination of the effect of six types of error perturbation on fifteen clustering algorithms," *Psychometrica*, Vol. 45, pp. 325-342, 1980.

[Mill 83] Milligan G.W., Soon S.C., Sokol L.M. "The effect of cluster size, dimensionality, and the number of clusters on recovery of true cluster structure," *IEEE Transactions on Pattern Analysis and Machine Intelligence*, Vol. 5, pp. 40-47, 1983.

[Mill 85] Milligan G.W., Cooper M.C. "An examination of procedures for determining the number of clusters in a data set," *Psychometrika*, Vol. 50, pp. 159-179, 1985.

[Naus 82] Naus J.J. "Approximations for distributions of scan statistics," *Journal of the American Statistical Association*, Vol. 77, pp. 177-183, 1982.

[Neym 72] Neyman J., Scott E.L. "Processes of clustering and applications," in *Stochastic Point Processes: Statistical Analysis, Theory and Applications* (Lewis P.A.W., ed.), John Wiley & Sons, 1972.

[Pal 95] Pal N.R., Bezdek J.C. "On cluster validity for the fuzzy c-means model," *IEEE Transactions on Fuzzy Systems*, Vol. 3(3), pp. 370-379, 1995.

[Pal 97] Pal N.R., Biswas J. "Cluster validation using graph theoretic concepts," *Pattern Recognition*, Vol. 30(6), pp. 847-857, 1997.

[Pana 83] Panayirci E., Dubes R.C. "A test for multidimensional clustering tendency," *Pattern Recognition*, Vol. 16(4), pp. 433-444, 1983.

[Papo 91] Papoulis A. *Probability, Random Variables and Stochastic Processes*, 3rd ed., McGraw-Hill, 1991.

[Piel 69] Pielou E.C. *An Introduction to Mathematical Ecology*, John Wiley & Sons, 1969.

[Post 93] Postaire J.G., Zhang R.D., Lecocq-Botte C. "Cluster analysis by binary morphology," *IEEE Transactions on Pattern Analysis and Machine Intelligence*, Vol. 15(2), pp. 170-180, 1993.

[Ripl 77] Ripley B.D. "Modelling spatial patterns," *Journal of the Royal Statistical Society*, Vol. B39, pp. 172-212, 1977.

[Ripl 78] Ripley B.D., Silverman B.W. "Quick tests for spatial interaction," *Biometrika*, Vol. 65, pp. 641-642, 1978.

[Ripl 81] Ripley B.D. *Spatial Statistics*, John Wiley & Sons, 1981.

[Riss 78] Rissanen J. "Modeling by shortest data description," *Automatica* 14, pp. 465-471, 1978.

[Riss 89] Rissanen J. "Stochastic complexity in statistical enquiry," *Series in computer science*, 15, World Scientific, Singapore, 1989.

[Rolp 68] Rolph F.J., Fisher D.R. "Tests for hierarchical structure in random data sets," *Systematic Zoology*, Vol. 17, pp. 407-412, 1968.

[Rolp 70] Rolph F.J. "Adaptive hierarchical clustering schemes," *Systematic Zoology*, Vol. 19, pp. 58-82, 1970.

[Schw 76] Schwarz G. "Estimating the dimension of a model," *Annals of Statistics* Vol. 6, pp. 461-464, 1976.

[Sclo 87] Sclove S.L. "Application of model-selection criteria to some problems in multivariate analysis," *Psychometrika*, Vol. 52, pp. 333-343, 1987.

[Sent 07] Sentelle C., Hong S.L., Georgiopoulos M., Anagnostopoulos G.C. "A fuzzy gap statistic for fuzzy c-means," *Proceedings of the 11th IASTED International Conference on Artificial Intelligence and Soft Computing*, pp. 68-73, 2007.

[Shar 96] Sharma S. *Applied Multivariate Techniques*, John Wiley & Sons Inc., 1996.

[Shre 64] Shreider Y.A. *Method of Statistical Testing: Monte Carlo Method*, Elsevier North-Holland, 1964.

[Silv 78] Silverman B., Brown T. "Short distances, flat triangles and Poisson limits," *Journal of Applied Probability*, Vol. 15, pp. 815-825, 1978.

[Smit 84] Smith S.P., Jain A.K. "Testing for uniformity in multidimensional data," *IEEE Transactions on Pattern Analysis and Machine Intelligence*, Vol. 6, pp. 73-81, 1984.

[Snea 77] Sneath P.H.A. "A significance test for clusters in UPGMA phenograms obtained from squared Euclidean distance," *Classification Soc. Bulletin*, Vol. 4, pp. 2-14, 1977.

[Sobo 84] Sobol I.M. *The Monte Carlo Method*, Mir Publishers, Moscow, 1984.

[Stra 75] Strauss D.J. "Model for clustering," *Biometrika*, Vol. 62, pp. 467-475, 1975.

[Tibs 01] Tibshirani R., Walther G., Hastie T. "Estimating the number of clusters in a data set via the gap statistic," *Journal of Royal Statistics Society B*, Vol. 63, pp. 411-423, 2001.

[Wind 81] Windham A.P. "Cluster validity for fuzzy clustering algorithms," *Fuzzy Sets and Systems*, Vol. 5, pp. 177-185, 1981.

[Wind 82] Windham M.P. "Cluster validity for the fuzzy c-means clustering algorithm," *IEEE Transactions on Pattern Analysis and Machine Intelligence*, Vol. 4(4), pp. 357-363, July 1982.

[Xie 91] Xie X.L., Beni G. "A validity measure for fuzzy clustering," *IEEE Transactions on Pattern Analysis and Machine Intelligence*, Vol. 13(8), pp. 841-846, 1991.

[Yarm 87] Yarman-Vural F., Ataman E. "Noise, histogram and cluster validity for Gaussian mixtured data," *Pattern Recognition*, Vol. 20(4), pp. 385-401, 1987.

[Zeng 85] Zeng G., Dubes R.C. "A comparison of tests for randomness," *Pattern Recognition*, Vol. 18(2), pp. 191-198, 1985.

附录 A　概率论与数理统计的相关知识

A.1　全概率公式和贝叶斯准则

设$\mathcal{A}_i$, $i = 1, 2, \cdots, M$ 是满足 $\sum_{i=1}^{M} P(\mathcal{A}_i) = 1$ 的 M 个事件，则任意事件$\mathcal{B}$的概率为

$$P(\mathcal{B}) = \sum_{i=1}^{M} P(\mathcal{B}|\mathcal{A}_i)P(\mathcal{A}_i) \tag{A.1}$$

式中，$P(\mathcal{B} \mid \mathcal{A})$是假设$\mathcal{A}$下$\mathcal{B}$的条件概率，它定义为

$$P(\mathcal{B}|\mathcal{A}) = \frac{P(\mathcal{B}, \mathcal{A})}{P(\mathcal{A})} \tag{A.2}$$

$P(\mathcal{B}, \mathcal{A})$是两个事件$\mathcal{B}$和$\mathcal{A}$的联合概率。式(A.1)就是著名的全概率公式。由式(A.2)中的定义，得到贝叶斯准则为

$$P(\mathcal{B}|\mathcal{A})P(\mathcal{A}) = P(\mathcal{A}|\mathcal{B})P(\mathcal{B}) \tag{A.3}$$

扩展到由概率密度函数（pdf）描述的随机变量或向量，我们有

$$p(\boldsymbol{x}|\mathcal{A})P(\mathcal{A}) = P(\mathcal{A}|\boldsymbol{x})p(\boldsymbol{x}) \tag{A.4}$$

$$p(\boldsymbol{x}|\boldsymbol{y})p(\boldsymbol{y}) = p(\boldsymbol{y}|\boldsymbol{x})p(\boldsymbol{x}) \tag{A.5}$$

$$p(\boldsymbol{x}) = \sum_{i=1}^{M} p(\boldsymbol{x}|\mathcal{A}_i)P(\mathcal{A}_i) \tag{A.6}$$

A.2　均值和方差

设 $p(x)$是描述随机变量 x 的概率密度函数（pdf），它的均值和方差分别定义为

$$E[x] = \int_{-\infty}^{+\infty} xp(x)\,\mathrm{d}x \ , \qquad \sigma_x^2 = \int_{-\infty}^{+\infty} (x - E[x])^2 p(x)\,\mathrm{d}x \tag{A.7}$$

A.3　统计独立性

称随机变量 x 和 y 是统计独立的，当且仅当

$$p(x,y) = p_x(x)p_y(y) \tag{A.8}$$

可以证明此时有 $E[x\,y] = E[x]E[y]$。它可推广到多元情形。

A.4　边缘化

设 x_i, $i = 1, 2, \cdots, l$ 是联合概率密度函数为 $p(x_1, x_2, \cdots, x_l)$的随机变量集合。可以证明，在所有可能的值上，关于某些变量对联合 pdf 的积分结果，是剩余变量的联合 pdf。例如，

$$\int_{-\infty}^{+\infty}\int_{-\infty}^{+\infty}\cdots\int_{-\infty}^{+\infty}p(x_1,\cdots,x_l)\mathrm{d}x_{k+1}\mathrm{d}x_{k+2}\cdots\mathrm{d}x_l = p(x_1,x_2,\cdots,x_k)$$

这一计算称为边缘化。对于离散随机变量，边缘化涉及概率与求和，即

$$\sum_{x_{k+1}}\sum_{x_{k+2}}\cdots\sum_{x_l}P(x_1,\cdots,x_l) = P(x_1,\cdots,x_k)$$

式中，求和是对各个变量的所有可能值进行的。

A.5 特征函数

设 $p(x)$是随机变量 x 的概率密度函数。相关联的特征函数定义为积分

$$\Phi(\Omega) = \int_{-\infty}^{+\infty}p(x)\exp(\mathrm{j}\Omega x)\mathrm{d}x \equiv E[\exp(\mathrm{j}\Omega x)] \tag{A.9}$$

如果用 s 代替 $\mathrm{j}\Omega$，那么得到的积分是

$$\Phi(s) = \int_{-\infty}^{+\infty}p(x)\exp(sx)\mathrm{d}x \equiv E[\exp(sx)] \tag{A.10}$$

这就是著名的矩生成函数。函数

$$\Psi(\Omega) = \ln\Phi(\Omega) \tag{A.11}$$

被称为 x 的二阶特征函数。l 个随机变量的联合特征函数定义为

$$\Phi(\Omega_1,\Omega_2,\cdots,\Omega_l) = \int_{-\infty}^{+\infty}p(x_1,x_2,\cdots,x_l)\exp\left(j\sum_{i=1}^{l}\Omega_i x_i\right)\mathrm{d}\boldsymbol{x} \tag{A.12}$$

对上式取对数可得 l 个随机变量的二阶联合特征函数。

A.6 矩和累积量

取式(A.10)中$\Phi(s)$的导数，得

$$\frac{\mathrm{d}^n\Phi(s)}{\mathrm{d}s^n} \equiv \Phi^{(n)}(s) = E[x^n\exp(sx)] \tag{A.13}$$

因此，当 $s=0$ 时有

$$\Phi^{(n)}(0) = E[x^n] \equiv m_n \tag{A.14}$$

式中，m_n是 x 的 n 阶矩。若所有阶的矩都是有限的，则在原点附近存在$\Phi(s)$的泰勒级数展开，它由下式给出：

$$\Phi(s) = \sum_{n=0}^{+\infty}\frac{m_n}{n!}s^n \tag{A.15}$$

类似地，二阶生成函数的泰勒级数展开是

$$\Psi(s) = \sum_{n=1}^{+\infty}\frac{\kappa_n}{n!}s^n \tag{A.16}$$

式中，

$$\kappa_n \equiv \frac{\mathrm{d}^n\Psi(0)}{\mathrm{d}s^n} \tag{A.17}$$

称为随机变量 x 的累积量。不难证明$\kappa_0 = 0$。对于均值为零的随机变量，有

$$\kappa_1(x) = E[x] = 0 \tag{A.18}$$

$$\kappa_2(x) = E[x^2] = \sigma^2 \tag{A.19}$$

$$\kappa_3(x) = E[x^3] \tag{A.20}$$

$$\kappa_4(x) = E[x^4] - 3\sigma^4 \tag{A.21}$$

也就是说，前三阶累积量与相应的矩相等。四阶累积量称为峰度。对于高斯过程，所有二阶以上的累积量都为零。峰度通常用来度量随机变量的非高斯分布。对于由尖形和长尾形（单峰）概率密度函数描述的随机变量（称为尖峰态或超高斯分布），κ_4 为正值；对于由平坦概率密度函数描述的随机变量（称为低峰态或次高斯分布），κ_4 为负值。高斯变量有零峰度，反之不一定正确，即可能存在零峰度的非高斯随机变量，但我们很少考虑这种情况。

对于多元概率密度函数的联合特征函数的展开式，类似的观点也成立。对于零均值随机变量 $x_i, i = 1, 2, \cdots, l$，前四阶累积量为

$$\kappa_1(x_i) = E[x_i] = 0 \tag{A.22}$$

$$\kappa_2(x_i, x_j) = E[x_i x_j] \tag{A.23}$$

$$\kappa_3(x_i, x_j, x_k) = E[x_i x_j x_k] \tag{A.24}$$

$$\kappa_4(x_i, x_j, x_k, x_r) = E[x_i x_j x_k x_r] - E[x_i x_j]E[x_k x_r] \tag{A.25}$$

$$- E[x_i x_k]E[x_j x_r] - E[x_i x_r]E[x_j x_k] \tag{A.26}$$

因此，前三阶累积量等于对应的矩。当所有变量一致时，称为自累积量，否则称为交叉累积量，即

$$\kappa_4(x_i, x_i, x_i, x_i) = \kappa_4(x_i)$$

也就是说，x_i 的自累积量等于它的峰度。不难看出，零均值随机变量是相互独立的，它们的交叉累积值是零。对于所有阶的交叉累积量，这同样成立。

A.7 概率密度函数的 Edgeworth 展开式

考虑式(A.11)的展开式(A.16)，取式(A.9)中$\Phi(\Omega)$的傅里叶逆变换，可以得到随机变量 x 的均值为零、方差为 1 的展开式 $p(x)$，

$$p(x) = g(x)\left(1 + \frac{1}{3!}\kappa_3(x)H_3(x) + \frac{1}{4!}\kappa_4(x)H_4(x) + \frac{10}{6!}\kappa_3^2(x)H_6(x) + \frac{1}{5!}\kappa_5(x)H_5(x) + \frac{35}{7!}\kappa_3(x)\kappa_4(x)H_7(x) + \cdots\right) \tag{A.27}$$

式中，$g(x)$是均值为零、方差为 1 的正态 pdf，$H_K(x)$是阶为 k 的 Hermite 多项式。展开式经过了重新排列，以便使得级数中的连续系数均匀地递减。需要截断序列时，这很重要。Hermite 多项式定义为

$$H_k(x) = (-1)^k \exp(x^2/2)\frac{\mathrm{d}^k}{\mathrm{d}x^k}\exp(-x^2/2) \tag{A.28}$$

它们在实轴上形成了一个完整的正交基集合，即

$$\int_{-\infty}^{+\infty} \exp(-x^2/2)H_n(x)H_m(x)\,\mathrm{d}x = \begin{cases} n!\sqrt{2\pi}, & n = m \\ 0, & n \neq m \end{cases} \tag{A.29}$$

式(A.27)中的展开式 $p(x)$ 称为 Edgeworth 展开式，它实际上是围绕正态 pdf 的一个 pdf 的展开式[Papo 91]。

A.8 Kullback-Leibler 距离

Kullback-Leibler（KL）距离是两个概率密度函数 $p(\boldsymbol{x})$ 和 $\hat{p}(\boldsymbol{x})$ 之间的距离的度量，它定义为

$$L = -\int p(\boldsymbol{x}) \ln \frac{\hat{p}(\boldsymbol{x})}{p(\boldsymbol{x})} \mathrm{d}\boldsymbol{x} \tag{A.30}$$

有时称 KL 距离为交叉熵或相对熵。可以证明，KL 距离总是非负的，但从数学角度看，它不是真实的距离度量，因为它不是对称的。有时，也称其为 KL 散度。

KL 距离与 l 个标量随机变量 x_i, $i = 1, 2,\cdots, l$ 之间的互信息度量 I 密切相关。事实上，让我们计算联合概率密度函数 $p(\boldsymbol{x})$ 与由对应的边缘概率密度的积得到的 pdf 之间的 KL 距离，即

$$\begin{aligned} L &= -\int p(\boldsymbol{x}) \ln \frac{\prod_{i=1}^{l} p_i(x_i)}{p(\boldsymbol{x})} \mathrm{d}\boldsymbol{x} \\ &= \int p(\boldsymbol{x}) \ln p(\boldsymbol{x}) \mathrm{d}\boldsymbol{x} - \sum_{i=1}^{l} \int p(\boldsymbol{x}) \ln p_i(x_i) \mathrm{d}\boldsymbol{x} \\ &= -H(\boldsymbol{x}) - \sum_{i=1}^{l} \int p(\boldsymbol{x}) \ln p_i(x_i) \mathrm{d}\boldsymbol{x} \end{aligned} \tag{A.31}$$

计算方程右侧的积分，可以看出 KL 距离等于互信息 I。互信息 I 定义为

$$I(x_1, x_2, \cdots, x_l) = -H(\boldsymbol{x}) + \sum_{i=1}^{l} H(x_i) \tag{A.32}$$

式中，$H(x_i)$ 是 x_i 的关联熵，它定义为[Papo 91]

$$H(x_i) = -\int p_i(x_i) \ln p_i(x_i) \mathrm{d}x_i \tag{A.33}$$

不难看出，若变量 x_i, $i = 1, 2,\cdots, l$ 是统计独立的，则它们的互信息 I 等于零。事实上，这时有 $\prod_{i=1}^{l} p_i(x_i) = p(\boldsymbol{x})$，因此 $L = I(x_1, x_2,\cdots, x_l) = 0$。

A.9 多元高斯或正态概率密度函数

多元高斯或正态概率密度函数是单元正态分布概率密度函数的泛化形式：

$$p(\boldsymbol{x}) = \frac{1}{(2\pi)^{l/2}|\Sigma|^{1/2}} \exp\left(-\frac{1}{2}(\boldsymbol{x} - \boldsymbol{\mu})^{\mathrm{T}} \Sigma^{-1} (\boldsymbol{x} - \boldsymbol{\mu})\right) \tag{A.34}$$

式中，$\boldsymbol{\mu}$ 是均值向量，即 $E[[x_1, x_2, \cdots, x_l]^{\mathrm{T}}] = [\mu_1, \mu_2, \cdots, \mu_l]^{\mathrm{T}}$，$\Sigma$ 是协方差矩阵，

$$\Sigma = E[(\boldsymbol{x} - \boldsymbol{\mu})(\boldsymbol{x} - \boldsymbol{\mu})^{\mathrm{T}}] \tag{A.35}$$

且 $\boldsymbol{x}$ 服从正态分布 $\mathcal{N}(\boldsymbol{\mu}, \Sigma)$。对于一维（$l = 1$）情形，协方差矩阵变为方差 σ^2，高斯密度函数为

$$p(x) = \frac{1}{\sqrt{2\pi}\sigma} \exp\left(-\frac{(x - \mu)^2}{2\sigma^2}\right)$$

图 A.1 中显示了均值相同、方差不同的两个高斯分布。对于一般的 l 维情形，协方差矩阵为

$$\Sigma = \begin{bmatrix} \sigma_1^2 & \sigma_{12} & \cdots & \sigma_{1l} \\ \sigma_{21} & \sigma_2^2 & \cdots & \sigma_{2l} \\ \vdots & \vdots & \ddots & \vdots \\ \sigma_{l1} & \sigma_{l2} & \cdots & \sigma_l^2 \end{bmatrix} \tag{A.36}$$

式中，$\sigma_i^2 = E[(x_i - \mu_i)^2], \sigma_{ij} = \sigma_{ji} = E[(x_i - \mu_i)(x_j - \mu_j)]$。因此，矩阵的主对角线由随机向量元素的方差组成，非对角线元素由随机向量元素间的协方差组成。注意，如果随机变量 x_i 是统计独立的，那么乘积的均值等于均值的乘积，即 $E[(x_i - \mu_i)(x_j - \mu_j)] = E[(x_i - \mu_i)]E[(x_j - \mu_j)] = 0$，且协方差矩阵是对角矩阵。然而，一般来说，对角协方差矩阵并不意味着变量是统计独立的。对于多元高斯密度函数，其逆过程也成立。事实上，若协方差矩阵是对角矩阵，则直接有

$$p(\boldsymbol{x}) = \prod_{i=1}^{l} p_i(x_i) \tag{A.37}$$

式中，

$$p_i(x_i) = \frac{1}{\sqrt{2\pi}\sigma_i} \exp\left(-\frac{(x_i - \mu_i)^2}{2\sigma_i^2}\right)$$

它是描述第 i 个变量的一元高斯分布（为什么?）。因此，联合概率密度就是各个（边缘）概率密码的乘积，这就是统计独立性的定义。

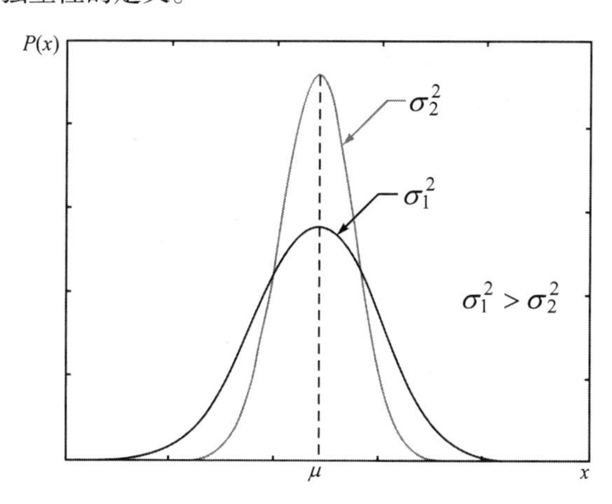

图 A.1　均值相同、方差不同的两个高斯分布

A.10　随机变量的变换

设 $X = \{x_1, x_2, \cdots, x_l\}$ 是一组随机变量，它是联合分布的，联合概率密度函数是 $p_X(x_1, x_2, \cdots, x_l)$。下列变换形成一组新的随机变量：

$$y_1 = g_1(x_1),\ y_2 = g_2(x_2), \cdots,\ y_l = g_l(x_l) \tag{A.38}$$

可以证明[Papo 91]，描述集合 Y 的联合 pdf 是

$$p_Y(y_1, y_2, \cdots, y_l) = \frac{p_X(x_1, x_2, \cdots, x_l)}{|J(x_1, x_2, \cdots, x_l)|} \tag{A.39}$$

式中，$|\cdot|$ 是矩阵的行列式，$\boldsymbol{J}(x_1, x_2, \cdots, x_l)$ 是该变换的雅可比矩阵，

$$J(x_1,x_2,\cdots,x_l)=\begin{bmatrix}\frac{\partial y_1}{\partial x_1} & \frac{\partial y_1}{\partial x_2} & \cdots & \frac{\partial y_1}{\partial x_l}\\ \frac{\partial y_2}{\partial x_1} & \frac{\partial y_2}{\partial x_2} & \cdots & \frac{\partial y_2}{\partial x_l}\\ \vdots & \vdots & \ddots & \vdots\\ \frac{\partial y_l}{\partial x_1} & \frac{\partial y_l}{\partial x_2} & \cdots & \frac{\partial y_l}{\partial x_l}\end{bmatrix}$$

假设式(A.38)中的方程组关于 $x_1, x_2,\cdots, x_l$ 有一个唯一解。

广泛使用的变换是线性变换，此时，式(A.38)中的集合简洁地写为

$$\boldsymbol{y}=A\boldsymbol{x} \tag{A.40}$$

式中，$\boldsymbol{y}=[y_1, y_2,\cdots, y_l]^{\mathrm{T}}$，$\boldsymbol{x}=[x_1, x_2,\cdots, x_l]^{\mathrm{T}}$，且矩阵 $\boldsymbol{A}$ 是可逆的。该方程组有唯一解 $\boldsymbol{x}=\boldsymbol{A}^{-1}\boldsymbol{y}$，且容易证明雅可比矩阵是

$$\boldsymbol{J}(x_1,x_2,\cdots,x_l)=\boldsymbol{A} \tag{A.41}$$

在 MATLAB 中，可以用归一化高斯生成器$\mathcal{N}(\mathbf{0}, I)$生成均值为$\boldsymbol{\mu}$、协方差矩阵为Σ 的联合高斯变量，

$$p(\boldsymbol{x})=\frac{1}{(2\pi)^{l/2}}\exp\left(-\frac{1}{2}\boldsymbol{x}^{\mathrm{T}}\boldsymbol{x}\right) \tag{A.42}$$

设Σ是多元高斯分布的协方差矩阵，它描述待生成的变量。由于Σ是对称矩阵，即$\Sigma=\Sigma^{\mathrm{T}}$，因此可以对角化为（见附录 B）

$$\Sigma=\boldsymbol{P}\Lambda\boldsymbol{P}^{\mathrm{T}}$$

式中，Λ是一个对角矩阵，其元素是Σ的特征值；$\boldsymbol{P}$ 是一个单位矩阵（$\boldsymbol{P}^{-1}=\boldsymbol{P}^{\mathrm{T}}$），它的列对应于Σ的特征向量。现在，我们定义线性变换

$$\boldsymbol{y}=\boldsymbol{P}\Lambda^{1/2}\boldsymbol{x} \tag{A.43}$$

式中，$\Lambda^{1/2}$是Λ的平方根。设该变换是可逆的（即Σ是可逆的），由式(A.39)、式(A.41)～式(A.43)得

$$p(\boldsymbol{y})=\frac{1}{(2\pi)^{l/2}|\Sigma|^{1/2}}\exp\left(-\frac{1}{2}\boldsymbol{y}^{\mathrm{T}}\boldsymbol{P}\Lambda^{-1/2}\Lambda^{-1/2}\boldsymbol{P}^{\mathrm{T}}\boldsymbol{y}\right) \tag{A.44}$$

$$=\frac{1}{(2\pi)^{l/2}|\Sigma|^{1/2}}\exp\left(-\frac{1}{2}\boldsymbol{y}^{\mathrm{T}}\Sigma^{-1}\boldsymbol{y}\right) \tag{A.45}$$

式中使用了雅可比矩阵的行列式$\left|P\Lambda^{1/2}\right|=\left|P\Lambda^{1/2}\Lambda^{1/2}P^{\mathrm{T}}\right|^{1/2}=|\Sigma|^{1/2}$。因此，要生成一组由多元高斯分布$\mathcal{N}(\mathbf{0}, \Sigma)$描述的随机变量，只需先用正态高斯分布$\mathcal{N}(\mathbf{0}, I)$生成向量 $\boldsymbol{x}$，后用公式 $\boldsymbol{y}=P\Lambda^{1/2}\boldsymbol{x}$ 变换 $\boldsymbol{x}$，最后平移$\boldsymbol{\mu}$，即 $\hat{\boldsymbol{y}}=\boldsymbol{y}+\boldsymbol{\mu}$，就足以生成由高斯分布$\mathcal{N}(\boldsymbol{\mu}, \Sigma)$描述的多元高斯分布。

A.11 Cramer-Rao 下界

设 $p(\boldsymbol{x}; \boldsymbol{\theta})$是以 r 维向量$\boldsymbol{\theta}$为参数的一个随机向量的 pdf。若 X 是 N 个观测值 $\boldsymbol{x}_i$, $i=1, 2,\cdots, N$ 集合，则对数似然函数是观测值的联合 pdf 的对数，即 $\ln p\ (X;\ \boldsymbol{\theta})=L(\boldsymbol{\theta})$。定义 Fisher 矩阵，使其元素$(i, j)$为

$$J_{ij}=-E\left[\frac{\partial^2 L(\boldsymbol{\theta})}{\partial\theta_i\partial\theta_j}\right],\quad i,j=1,2,\cdots,r \tag{A.46}$$

可以证明，根据观测值集合 X，参数$\boldsymbol{\theta}$的任意无偏估计 $\hat{\boldsymbol{\theta}}$ 的第 i 个元素满足

$$E[(\hat{\theta}_i-\theta_i)^2]\geqslant J_{ii}^{-1} \tag{A.47}$$

换句话说，它的方差以逆 Fisher 矩阵的元素(i, i)为下界，这就是知名的 Cramer-Rao 界。取等号时，对应的估计量称为有效估计量。

A.12　中心极限定理

设 $x_1, x_2, \cdots, x_N$ 是 N 个独立的随机变量，均值和方差分别是 μ_i, σ_i^2。我们形成新随机变量

$$z = \sum_{i=1}^{N} x_i \tag{A.48}$$

z 的均值和方差分别是 $\mu = \sum_{i=1}^{N} \mu_i$ 和 $\sigma^2 = \sum_{i=1}^{N} \sigma_i^2$。中心极限定理说，当 $N \to \infty$时，在某些通用的条件，变量

$$q = \frac{z - \mu}{\sigma} \tag{A.49}$$

的概率密度函数逼近$\mathcal{N}(0, 1)$，而不考虑总和的概率密度函数[Papo 91]。在实际应用中，对于足够大的 N 值，我们可以认为 z 近似服从均值为μ、方差为σ^2的高斯分布。

A.13　卡方分布

设 $x_i, i = 1, 2, \cdots, N$ 是服从高斯分布$\mathcal{N}(0, 1)$的随机变量 x 的样本。变量的平方和

$$\chi^2 = x_1^2 + x_2^2 + \cdots + x_N^2 \equiv y \tag{A.50}$$

是自由度为 N 的一个卡方分布变量。其概率密度函数为[Papo 91]

$$p_y(y) = \frac{1}{2^{N/2}\Gamma(N/2)} y^{N/2-1} \exp(-y/2) u(y) \tag{A.51}$$

式中，

$$\Gamma(b + 1) = \int_0^{\infty} y^b \exp(-y) \, \mathrm{d}y, \ b > -1 \tag{A.52}$$

式中，$u(y)$是阶跃函数（$y > 0$ 时为 1，$y < 0$ 时为 0）。回顾各自的定义可知 $E[y] = N$，$\sigma_y^2 = 2N$。

卡方分布具有可加性。设 χ_1^2 和 χ_2^2 分别是服从自由度为 N_1 和 N_2 的卡方分布的独立随机变量，则随机变量

$$\chi^2 = \chi_1^2 + \chi_2^2 \tag{A.53}$$

是服从自由度为 $N_1 + N_2$ 的一个卡方分布变量。根据这些性质，若 x 服从高斯分布，样本 x_i 是独立的，则可证明式(5.13)中的方差估计可由自由度为 $N-1$ 的卡方分布描述。这一证明简单且有趣[Fras 58]。定义下列变换：

$$y_1 = \sqrt{N}\bar{x} = \frac{x_1 + \cdots + x_n}{\sqrt{N}}$$

$$y_2 = \frac{1}{\sqrt{2}}(x_2 - x_1)$$

$$\vdots$$

$$y_n = \frac{1}{\sqrt{n(n-1)}}[(n-1)x_n - (x_1 + \cdots + x_{n-1})], \quad n = 2, 3, \cdots, N$$

容易证明这一变换是正交变换（见习题 5.5），因此随机变量 y_i 也服从高斯分布，且是统计独立的，

方差与 x 的方差 σ^2 相同（见习题 5.6）。由这个变换可得

$$\sum_{i=1}^{N} y_i^2 = \sum_{i=1}^{N} x_i^2 \tag{A.54}$$

当然

$$y_1^2 = N\bar{x}^2 \tag{A.55}$$

两式相减得

$$\sum_{i=2}^{N} y_i^2 = \sum_{i=1}^{N} (x_i - \bar{x})^2 \equiv (N-1)\hat{\sigma}^2 \tag{A.56}$$

此外，$E[y_i] = 0, i = 2, \cdots, N$。因此变量

$$z = \frac{N-1}{\sigma^2}\hat{\sigma}^2 = \sum_{i=2}^{N} \frac{y_i^2}{\sigma^2} \tag{A.57}$$

是一个自由度为 $N-1$ 的卡方分布变量。

A.14 *t* 分布

设 x 和 z 是两个独立的随机变量，x 服从 $\mathcal{N}(0, 1)$，z 服从自由度为 N 的卡方分布。可以证明变量[Papo 91]

$$q = \frac{x}{\sqrt{z/N}} \tag{A.58}$$

是所谓的 t 分布变量，其概率密度函数为

$$p_q(q) = \frac{\gamma_1}{\sqrt{(1 + q^2/N)^{N+1}}}, \quad \gamma_1 = \frac{\Gamma((N+1)/2)}{\sqrt{\pi N}\Gamma(N/2)}$$

式中，$\Gamma(\cdot)$ 已在式(A.44)中定义。因此，由式(5.14)和式(A.57)中检验统计量可得

$$q = \frac{\bar{x} - \mu}{\hat{\sigma}/\sqrt{N}} = \frac{\frac{\bar{x}-\mu}{\sigma/\sqrt{N}}}{\sqrt{z/N-1}} \tag{A.59}$$

由 z 是自由度为 $N-1$ 的一个卡方分布变量，所以 q 是自由度为 $N-1$ 的一个 t 分布变量。同理，可以证明式(5.18)中的检验统计量是自由度为 $2N-2$ 的一个 t 分布变量。

A.15 贝塔分布

若一个随机变量的概率密度函数是

$$p(x) = \begin{cases} \frac{x^{a-1}(1-x)^{b-1}}{B(a,b)}, & 0 < x < 1 \\ 0, & \text{其他} \end{cases} \tag{A.60}$$

式中，

$$B(a,b) = \int_0^1 u^{a-1}(1-u)^{b-1}\,\mathrm{d}u \tag{A.61}$$

则它服从参数为 a 和 b（$a, b > 0$）的贝塔分布，分布的均值和方差分别是 $a/(a+b)$ 和 $ab/((a+b)^2(a+b+1))$。

A.16 泊松分布

参数为 a 的泊松分布的随机变量 X 取值 $k = 0, 1, 2,\cdots$ 的概率是

$$P(X = k) = \mathrm{e}^{-a}\frac{a^k}{k!} \tag{A.62}$$

泊松过程在欧氏空间中以随机变量 X 的方式散布各个向量，其中 X 是体积 V 内的向量数，服从参数为λV 的泊松分布，即

$$P(X = k) = \mathrm{e}^{-\lambda V}\frac{(\lambda V)^k}{k!}, \quad k = 0, 1, 2, \cdots \tag{A.63}$$

参数λ称为该过程的密度，等于单位体积内期望的向量数。

A.17 伽马函数

伽马函数定义为

$$\Gamma(\alpha) = \int_0^\infty x^{\alpha-1}\mathrm{e}^{-x}\mathrm{d}x$$

若α是一个整数，则通过分部积分得

$$\Gamma(n) = (n-1)\Gamma(n-1) = (n-1)!$$

参考文献

[Digg 83] Diggle P.J. *Statistical Analysis of Spatial Point Processes*, Academic Press, 1983.

[Fras 58] Fraser D.A.S. *Statistics: An Introduction*, John Wiley, 1958.

[Papo 91] Papoulis A. *Probability Random Variables and Stochastic Processes*, 3rd ed. McGraw Hill, 1991.

[Spie 75] Spiegel M.R. *Schaum's Outline of Theory and Problems of Probability and Statistics*, McGraw Hill, 1975.

附录 B　线性代数基础

B.1　正定矩阵和对称矩阵

- 一个 $l\times l$ 实矩阵 $\boldsymbol{A}$，如果对于任意非零向量 $\boldsymbol{x}$ 满足条件

$$\boldsymbol{x}^{\mathrm{T}}\boldsymbol{A}\boldsymbol{x}>0 \tag{B.1}$$

  那么称 $\boldsymbol{A}$ 是正定的。如果允许上式等于零，那么称 $\boldsymbol{A}$ 是非负的或半正定的。

- 容易证明，这样的矩阵的所有特征值都是正的。事实上，设λ_i是一个特征值，$\boldsymbol{v}_i$是对应的单位范数特征向量（$\boldsymbol{v}_i^{\mathrm{T}}\boldsymbol{v}_i=1$），则按照各自的定义有

$$\boldsymbol{A}\boldsymbol{v}_i=\lambda_i\boldsymbol{v}_i \tag{B.2}$$

$$0<\boldsymbol{v}_i^{\mathrm{T}}\boldsymbol{A}\boldsymbol{v}_i=\lambda_i \tag{B.3}$$

  因为一个矩阵的行列式等于其特征值的积，所以正定矩阵的行列式也是正的。

- 设$\boldsymbol{A}$是一个 $l\times l$ 对称矩阵，$\boldsymbol{A}^{\mathrm{T}}=\boldsymbol{A}$。于是，对应于不同特征值的特征向量是正交的。事实上，设$\lambda_i\neq\lambda_j$是两个特征值，则由定义可得

$$\boldsymbol{A}\boldsymbol{v}_i=\lambda_i\boldsymbol{v}_i \tag{B.4}$$

$$\boldsymbol{A}\boldsymbol{v}_j=\lambda_j\boldsymbol{v}_j \tag{B.5}$$

  式(B.4)左乘 $\boldsymbol{v}_j^{\mathrm{T}}$，式(B.5)转置并右乘 $\boldsymbol{v}_i$，得

$$\boldsymbol{v}_j^{\mathrm{T}}\boldsymbol{A}\boldsymbol{v}_i-\boldsymbol{v}_j^{\mathrm{T}}\boldsymbol{A}\boldsymbol{v}_i=0=(\lambda_i-\lambda_j)\boldsymbol{v}_j^{\mathrm{T}}\boldsymbol{v}_i \tag{B.6}$$

  因此，$\boldsymbol{v}_j^{\mathrm{T}}\boldsymbol{v}_i=0$。此外，可以证明，如果特征值相同，那么仍然能够找到一组正交的特征向量。对于 Hermitian 矩阵，这同样成立，此时我们可以处理更一般的复数值矩阵。

- 基于此，可以证明对称矩阵 $\boldsymbol{A}$ 可由相似度变换

$$\boldsymbol{\Phi}^{\mathrm{T}}\boldsymbol{A}\boldsymbol{\Phi}=\Lambda \tag{B.7}$$

  对角化，其中矩阵$\boldsymbol{\Phi}$ 中的各列是 $\boldsymbol{A}$ 的单位特征向量($\boldsymbol{v}_i^{\mathrm{T}}\boldsymbol{v}_i=1$)，即

$$\boldsymbol{\Phi}=[\boldsymbol{v}_1,\boldsymbol{v}_2,\cdots,\boldsymbol{v}_l] \tag{B.8}$$

  Λ是对角矩阵，其元素是 $\boldsymbol{A}$ 的特征值。由特征向量的正交归一性可知$\boldsymbol{\Phi}^{\mathrm{T}}\boldsymbol{\Phi}=\boldsymbol{I}$，即$\boldsymbol{\Phi}$是一个酉矩阵，$\boldsymbol{\Phi}^{\mathrm{T}}=\boldsymbol{\Phi}^{-1}$。证明类似于 Hermitian 复矩阵。

B.2　相关矩阵对角化

设 $\boldsymbol{x}$ 是 l 维空间中的一个随机向量，其相关矩阵定义为 $\boldsymbol{R}=E[\boldsymbol{x}\boldsymbol{x}^{\mathrm{T}}]$。可以看出，矩阵 $\boldsymbol{R}$ 是半正定的。我们假设它是正定的，因此是可逆的。此外，它是对称的，因此总可对角化为

$$\boldsymbol{\Phi}^{\mathrm{T}}\boldsymbol{R}\boldsymbol{\Phi}=\Lambda \tag{B.9}$$

式中，$\boldsymbol{\Phi}$是由正交特征向量组成的矩阵，Λ是对角矩阵（其对角线上具有对应的特征值）。因此，我们总是可以将 $\boldsymbol{x}$ 变换为另一个元素不相关的随机向量。事实上，

$$\boldsymbol{x}_1 \equiv \boldsymbol{\Phi}^{\mathrm{T}} \boldsymbol{x} \tag{B.10}$$

新的相关矩阵是 $\boldsymbol{R}_1 = \boldsymbol{\Phi}^{\mathrm{T}}\boldsymbol{R}\boldsymbol{\Phi} = \Lambda$。此外，若$\Lambda^{1/2}$是一个对角矩阵，对角线元素是 $\boldsymbol{R}$ 的特征值的平方根（$\Lambda^{1/2}\Lambda^{1/2} = \Lambda$），则可证明变换后的随机向量

$$\boldsymbol{x}_1 \equiv \Lambda^{-1/2}\boldsymbol{\Phi}^{\mathrm{T}} \boldsymbol{x} \tag{B.11}$$

具有与单位方差不相关的元素。$\Lambda^{-1/2}$ 表示$\Lambda^{1/2}$ 的逆。容易看出，若一个随机向量的相关矩阵是单位矩阵 $\boldsymbol{I}$，则在任何酉变换 $\boldsymbol{A}^{\mathrm{T}}\boldsymbol{x}$ 下这是不变的，即 $\boldsymbol{A}^{\mathrm{T}}\boldsymbol{A} = I$。也就是说，变换后的变量与单位方差也是不相关的。由这个结论得到的一个引理如下。

引理　设 $\boldsymbol{x}, \boldsymbol{y}$ 是相关矩阵分别为 $\boldsymbol{R}_x, \boldsymbol{R}_y$ 的两个随机向量，那么存在同时对角化这两个矩阵的一个线性变换。

证明：设$\boldsymbol{\Phi}$是对角化 $\boldsymbol{R}_x$ 的特征向量矩阵。变换

$$\boldsymbol{x}_1 \equiv \Lambda^{-1/2}\boldsymbol{\Phi}^{\mathrm{T}} \boldsymbol{x} \tag{B.12}$$

$$\boldsymbol{y}_1 \equiv \Lambda^{-1/2}\boldsymbol{\Phi}^{\mathrm{T}} \boldsymbol{y} \tag{B.13}$$

分别生成相关矩阵为 $\boldsymbol{R}_x^1 = \boldsymbol{I}$、$\boldsymbol{R}_y^1$ 的两个随机向量。现在，设$\boldsymbol{\Psi}$是对角化 $\boldsymbol{R}_y^1$ 的特征向量矩阵，则由酉变换（$\boldsymbol{\Psi}^{\mathrm{T}}\boldsymbol{\Psi} = \boldsymbol{I}$）生成的随机向量

$$\boldsymbol{x}_2 \equiv \boldsymbol{\Psi}^{\mathrm{T}} \boldsymbol{x}_1 \tag{B.14}$$

$$\boldsymbol{y}_2 \equiv \boldsymbol{\Psi}^{\mathrm{T}} \boldsymbol{y}_1 \tag{B.15}$$

的相关矩阵分别是 $\boldsymbol{R}_x^2 = \boldsymbol{I}, \boldsymbol{R}_y^2 = \boldsymbol{D}$，其中 $\boldsymbol{D}$ 是以 $\boldsymbol{R}_y^1$ 的特征值为元素的对角矩阵。因此，原始向量的线性变换通过矩阵

$$\boldsymbol{A}^{\mathrm{T}} = \boldsymbol{\Psi}^{\mathrm{T}}\Lambda^{-1/2}\boldsymbol{\Phi}^{\mathrm{T}} \tag{B.16}$$

同时对角化两个相关矩阵（一个是单位矩阵）。显然，所有这些对协方差矩阵也成立。

附录 C　代价函数优化

本附录回顾本书中出现的一些优化方法。设$\boldsymbol{\theta}$是一个未知的参数向量，$\boldsymbol{J}(\boldsymbol{\theta})$是待被最小化的对应代价函数。假设函数 $\boldsymbol{J}(\boldsymbol{\theta})$是可微的。

C.1　梯度下降算法

这种算法从最小点的初始估计值$\boldsymbol{\theta}(0)$开始，后续的算法迭代形式为

$$\boldsymbol{\theta}(\text{new}) = \boldsymbol{\theta}(\text{old}) + \Delta\boldsymbol{\theta} \tag{C.1}$$

$$\Delta\boldsymbol{\theta} = -\mu\frac{\partial J(\boldsymbol{\theta})}{\partial\boldsymbol{\theta}}\bigg|_{\boldsymbol{\theta}=\boldsymbol{\theta}(\text{old})} \tag{C.2}$$

式中$\mu > 0$。若找的是最大值，则称该方法为梯度上升法，但要忽略式(C.2)中的负号。

图 C.1 给出了该方法的几何解释。沿 $J(\boldsymbol{\theta})$下降的方向选择新的估计值$\boldsymbol{\theta}(\text{new})$，参数$\mu$对算法的收敛性起重要作用。$\mu$ 的值太小时，修正值$\Delta\boldsymbol{\theta}$很小，收敛到最优点的速度非常慢；$\mu$ 的值太大时，算法可能在最优点附近振荡而不收敛。然而，如果该参数的选择合适，那么算法会收敛到 $\boldsymbol{J}(\boldsymbol{\theta})$的一个稳定点，这个稳定点可能是局部极小点 ($\boldsymbol{\theta}_1^0$)，也可能是全局极小点($\boldsymbol{\theta}^0$)或鞍点 ($\boldsymbol{\theta}_2^0$)。换句话说，算法收敛到梯度为零的点（见图C.2）。算法收敛到哪个稳定点，依赖于初始点与稳定点的位置。此外，收敛速度依赖于代价函数 $\boldsymbol{J}(\boldsymbol{\theta})$的形式。图 C.3 中显示了二维空间内两种情形下 c 取不同值时的常数 $\boldsymbol{J}(\boldsymbol{\theta}) = c$ 曲线，$\boldsymbol{\theta} = [\theta_1, \theta_2]^{\mathrm{T}}$。最优点$\boldsymbol{\theta}^0$ 位于曲线的中心。回顾可知梯度 $\frac{\partial J(\boldsymbol{\theta})}{\partial\boldsymbol{\theta}}$ 总是垂直于常量 J 曲线的切平面。事实上，若 $\boldsymbol{J}(\boldsymbol{\theta}) = c$，则

$$\mathrm{d}c = 0 = \frac{\partial J(\boldsymbol{\theta})^{\mathrm{T}}}{\partial\boldsymbol{\theta}}\mathrm{d}\boldsymbol{\theta} \Longrightarrow \frac{J(\boldsymbol{\theta})}{\partial\boldsymbol{\theta}} \perp \mathrm{d}\boldsymbol{\theta} \tag{C.3}$$

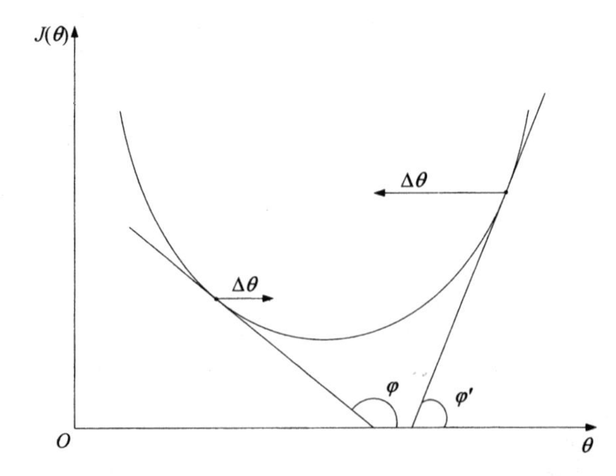

图 C.1　在梯度下降算法中，参数的修正发生在代价函数值减小的方向

此外，在曲线 $J(\boldsymbol{\theta}) = c$ 上的每个点$\boldsymbol{\theta}$，梯度 $\frac{\partial J(\boldsymbol{\theta})}{\partial\boldsymbol{\theta}}$ 指向 $J(\boldsymbol{\theta})$ 增加最多的方向。写出下面的公式就可

清楚地看到这一点：

$$\mathrm{d}J = \frac{\partial J(\boldsymbol{\theta})^{\mathrm{T}}}{\partial \boldsymbol{\theta}} \mathrm{d}\boldsymbol{\theta} = |\frac{\partial J(\boldsymbol{\theta})}{\partial \boldsymbol{\theta}}||\mathrm{d}\boldsymbol{\theta}| \cos\phi$$

式中，$\phi = 0$（即两个向量平行）时，$\cos\phi$取最大值。因此，$\frac{\partial J(\theta)}{\partial \theta}$ 指向 $J(\theta)$ 增加最多的方向。因此，在图 C.3(a)所示的例子中，梯度（即修正项）总是指向最优点。在这种情况下，原则上单步即可实现收敛。然而，在图 C.3(b)所示的例子中不是这样的，这时，$\Delta\boldsymbol{\theta}$ 只在极少数位置指向中心。因此，这种情形下的收敛非常慢，且 $\Delta\boldsymbol{\theta}$ 在到达最优点前会沿 Z 字形路径来回振荡。

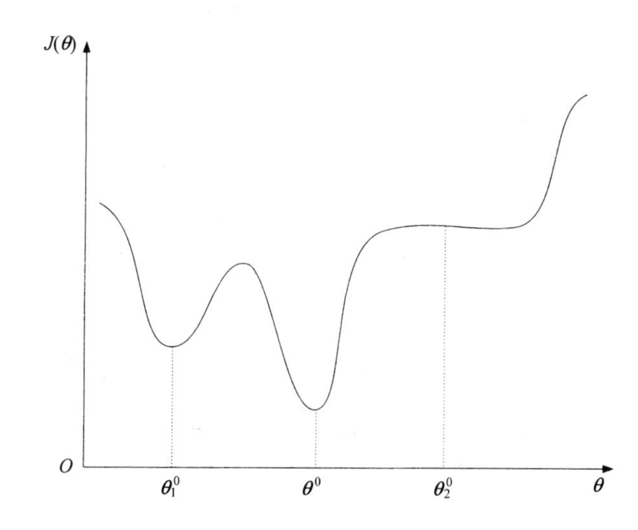

图 C.2　$\boldsymbol{J}(\theta)$的局部极小点、全局极小值和鞍点

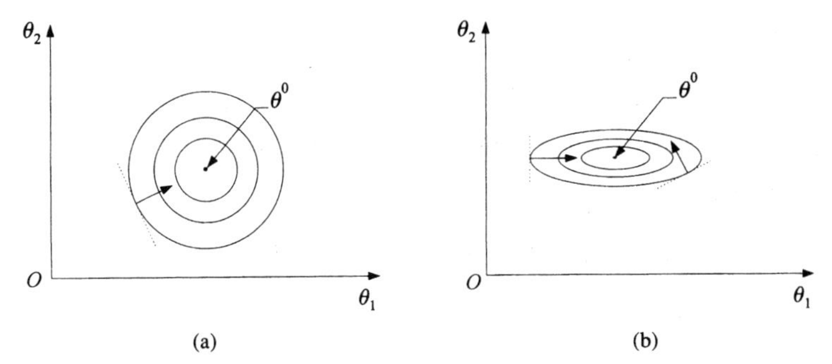

图 C.3　常量代价值的曲线。在图(a)中，负梯度总是指向最优点；在图(b)中，负梯度只在有些位置指向最优点，并且收敛缓慢。修正项采用锯齿路径

- **二次曲面**：设 $\boldsymbol{J}(\theta)$是二次曲面，即

$$J(\boldsymbol{\theta}) = b - \boldsymbol{p}^{\mathrm{T}}\boldsymbol{\theta} + \frac{1}{2}\boldsymbol{\theta}^{\mathrm{T}} R\boldsymbol{\theta} \tag{C.4}$$

为了使得式(C.4)有一个唯一的最小值（为什么?），式中假设 R 是正定的。于是，

$$\frac{\partial J(\boldsymbol{\theta})}{\partial \boldsymbol{\theta}} = R\boldsymbol{\theta} - \boldsymbol{p} \tag{C.5}$$

因此，最优值为

$$R\boldsymbol{\theta}^0 = \boldsymbol{p} \tag{C.6}$$

式(C.1)中的第 t 步迭代变为

$$\boldsymbol{\theta}(t) = \boldsymbol{\theta}(t-1) - \mu\left(R\boldsymbol{\theta}(t-1) - \boldsymbol{p}\right) \tag{C.7}$$

方程两边减去$\boldsymbol{\theta}^0$并考虑式(C.6)，式(C.7)变为

$$\tilde{\boldsymbol{\theta}}(t) = \tilde{\boldsymbol{\theta}}(t-1) - \mu R\tilde{\boldsymbol{\theta}}(t-1) = (I - \mu R)\tilde{\boldsymbol{\theta}}(t-1) \tag{C.8}$$

式中，$\tilde{\theta}(t) \equiv \theta(t) - \theta^0$。现在设 $\boldsymbol{R}$ 是对称矩阵，于是由附录 B 可知它可被对角化，即

$$\boldsymbol{R} = \boldsymbol{\Phi}^{\mathrm{T}}\Lambda\boldsymbol{\Phi} \tag{C.9}$$

式中，$\boldsymbol{\Phi}$是一个正交矩阵，它的各列是 $\boldsymbol{R}$ 的正交特征向量；Λ是其对角线上具有对应特征值的对角矩阵。将式(C.9)代入式(C.8)得

$$\hat{\boldsymbol{\theta}}(t) = (\boldsymbol{I} - \mu\Lambda)\hat{\boldsymbol{\theta}}(t-1) \tag{C.10}$$

式中，$\tilde{\theta}(t) \equiv \boldsymbol{\Phi}\tilde{\theta}(t)$。矩阵 $\boldsymbol{I} - \mu\Lambda$是对角阵，式(C.10)等于

$$\hat{\boldsymbol{\theta}}_i(t) = (1 - \mu\lambda_i)\hat{\boldsymbol{\theta}}_i(t-1) \tag{C.11}$$

式中，$\tilde{\theta} \equiv [\theta_1, \theta_2, \cdots, \tilde{\theta}_l]^{\mathrm{T}}$。考虑连续迭代后的式(C.11)，得

$$\hat{\theta}_i(t) = (1 - \mu\lambda_i)^t\hat{\theta}_i(0) \tag{C.12}$$

它收敛到

$$\lim_{t\to\infty}\hat{\theta}_i(t) = 0, \Longrightarrow \lim_{t\to\infty}\theta_i(t) = \theta_i^0, \quad i = 1, 2, \cdots, l \tag{C.13}$$

假设$|1-\mu\lambda_i| < 1, i = 1, 2, \cdots, l$。因此，我们有

$$\boldsymbol{\theta} \longrightarrow \boldsymbol{\theta}^0, \ \mu < \frac{2}{\lambda_{\max}} \tag{C.14}$$

式中，$\lambda_{\max}$ 是 $\boldsymbol{R}$ 的最大特征值（因为 $\boldsymbol{R}$ 是正定的）。因此，梯度下降算法的收敛速度受控于比值$\lambda_{\min}/\lambda_{\max}$，如式(C.12)和式(C.14)所示。

- **非二次代价函数**：当 $\boldsymbol{J(\theta)}$不是二次曲面时，可以使用泰勒公式，并假设在稳定点$\boldsymbol{\theta}^0$附近的某些步内，$\boldsymbol{J(\theta)}$可近似地写为

$$J(\boldsymbol{\theta}) = J(\boldsymbol{\theta}^0) + (\boldsymbol{\theta} - \boldsymbol{\theta}^0)^{\mathrm{T}}\boldsymbol{g} + \frac{1}{2}(\boldsymbol{\theta} - \boldsymbol{\theta}^0)^{\mathrm{T}}\boldsymbol{H}(\boldsymbol{\theta} - \boldsymbol{\theta}^0) \tag{C.15}$$

式中，$\boldsymbol{g}$ 是$\boldsymbol{\theta}^0$点的梯度，$\boldsymbol{H}$ 是对应的 Hessian 矩阵，即

$$\boldsymbol{g} = \left.\frac{\partial J(\boldsymbol{\theta})}{\partial\boldsymbol{\theta}}\right|_{\boldsymbol{\theta}=\boldsymbol{\theta}^0}, \quad \mathbf{H}(i,j) = \left.\frac{\partial^2 J(\boldsymbol{\theta})}{\partial\theta_i\partial\theta_j}\right|_{\boldsymbol{\theta}=\boldsymbol{\theta}^0} \tag{C.16}$$

因此，在$\boldsymbol{\theta}^0$附近，$\boldsymbol{J(\theta)}$可由二次曲面近似给出，且算法的收敛性受控于 Hessian 矩阵的特征值。

C.2 牛顿算法

收敛速度依赖于特征值扩展的问题，可以使用牛顿迭代方法来求解，此时式(C.2)中的修正值定义为

$$\Delta\boldsymbol{\theta} = -\boldsymbol{H}^{-1}(\mathrm{old})\left.\frac{\partial J(\boldsymbol{\theta})}{\partial\boldsymbol{\theta}}\right|_{\boldsymbol{\theta}=\boldsymbol{\theta}(\mathrm{old})} \tag{C.17}$$

式中，$\boldsymbol{H}$(old)是在点$\boldsymbol{\theta}$(old)计算的 Hessian 矩阵。牛顿算法的收敛速度要快于梯度下降算法，且与

特征值扩展无关。观察式(C.15)中的近似就可知道它会快速收敛。取梯度得

$$\frac{\partial J(\boldsymbol{\theta})}{\partial(\boldsymbol{\theta})}=\frac{\partial J(\boldsymbol{\theta})}{\partial(\boldsymbol{\theta})}\bigg|_{\boldsymbol{\theta}=\boldsymbol{\theta}^0}+\boldsymbol{H}(\boldsymbol{\theta}-\boldsymbol{\theta}^0) \tag{C.18}$$

因此，梯度是$\boldsymbol{\theta}$的线性函数，矩阵 $\boldsymbol{H}$ 是常量。由于已经假设$\boldsymbol{\theta}^0$是一个稳定点，因此方程右侧的第一项为零。现在设$\boldsymbol{\theta}=\boldsymbol{\theta}(\text{old})$，根据牛顿迭代有

$$\boldsymbol{\theta}(\text{new})=\boldsymbol{\theta}(\text{old})-\boldsymbol{H}^{-1}(\boldsymbol{H}(\boldsymbol{\theta}(\text{old})-\boldsymbol{\theta}^0))=\boldsymbol{\theta}^0 \tag{C.19}$$

因此，一次迭代就找到了最小值。当然，在实际工作中不是这样的，因为近似值并不完全有效。然而，对于二次代价这是成立的。

根据更加形式化的证明（如文献[Luen 84]），可以看出牛顿算法的收敛性是二次的（即一步的误差与上一步的误差的平方成正比），而梯度下降算法的收敛性是线性的。这是以增大计算开销来加快收敛速度的，因为牛顿算法要求计算 Hessian 矩阵及其逆矩阵，以及矩阵 $\boldsymbol{H}$ 的数值求逆运算。

C.3 共轭梯度法

讨论梯度下降法后，我们知道初始估计值是按 Z 字形到达最优点的。采用收敛速度加快的方法可以克服这个缺点。根据如下规则，计算修正项：

$$\Delta\boldsymbol{\theta}(t)=\boldsymbol{g}(t)-\beta(t)\Delta\boldsymbol{\theta}(t-1) \tag{C.20}$$

式中，

$$\boldsymbol{g}(t)=\frac{\partial J(\boldsymbol{\theta})}{\partial\boldsymbol{\theta}}\Big|_{\boldsymbol{\theta}=\boldsymbol{\theta}(t)} \tag{C.21}$$

和

$$\beta(t)=\frac{\boldsymbol{g}^{\mathrm{T}}(t)\boldsymbol{g}(t)}{\boldsymbol{g}^{\mathrm{T}}(t-1)\boldsymbol{g}(t-1)} \tag{C.22}$$

或

$$\beta(t)=\frac{\boldsymbol{g}^{\mathrm{T}}(t)\big(\boldsymbol{g}(t)-\boldsymbol{g}(t-1)\big)}{\boldsymbol{g}^{\mathrm{T}}(t-1)\boldsymbol{g}(t-1)} \tag{C.23}$$

前者称为 Fletcher-Reeves 公式，后者称为 Polak-Ribiere 公式。对于这个主题的详细讨论，请读者参阅文献[Luen 84]。最后要指出的是，有些文献中提出了这些方法的变体。

C.4 约束问题优化

C.4.1 相等约束

首先考虑线性相等约束，然后将其推广到非线性情况。虽然这两类问题的原理相同，但介绍线性约束更容易了解问题的本质。于是，问题就描述为

$$\text{最小 } J(\boldsymbol{\theta})$$
$$\text{满足 } \boldsymbol{A\theta}=\boldsymbol{b}$$

式中，$\boldsymbol{A}$ 是一个 $m\times l$ 矩阵，$\boldsymbol{b},\boldsymbol{\theta}$ 分别是 $m\times 1$ 和 $l\times 1$ 维向量。假设代价函数 $J(\boldsymbol{\theta})$是二次连续可微的，且一般情况下是非线性函数。假设 $\boldsymbol{A}$ 的行向量是线性无关的，因此 $\boldsymbol{A}$ 的行向量是满秩的。这个假

设被称为正则假设。

设θ_*是 $J(\theta)$在集合$\{\theta : A\theta = b\}$上的局部极小值。不难证明[Nash 96]，$J(\theta)$在该点的梯度为

$$\frac{\partial}{\partial \boldsymbol{\theta}}(J(\boldsymbol{\theta}))|_{\boldsymbol{\theta}=\boldsymbol{\theta}_*} = \boldsymbol{A}^{\mathrm{T}}\boldsymbol{\lambda} \tag{C.24}$$

式中，$\lambda \equiv [\lambda_1, \cdots, \lambda_m]^{\mathrm{T}}$。考虑

$$\frac{\partial}{\partial \boldsymbol{\theta}}(\boldsymbol{A\theta}) = \boldsymbol{A}^{\mathrm{T}} \tag{C.25}$$

式(C.24)表明，在约束的最小值处，代价函数的梯度是这此约束的梯度的线性组合。下面给出涉及单个线性约束的简单例子，例如

$$\boldsymbol{a}^{\mathrm{T}}\boldsymbol{\theta} = b$$

式(C.24)变为

$$\frac{\partial}{\partial \boldsymbol{\theta}}(J(\boldsymbol{\theta}_*)) = \lambda \boldsymbol{a}$$

式中参数λ是一个标量。图 C.4 中显示了二维空间（$l = 2$）中 $J(\theta) = c$ 的等值线。约束最小值是直线与等值线首次相交的点（c 从小到大移动）。该点是直线与等值线相切的点，因此代价函数的梯度在该点指向 $\boldsymbol{a}$ 的方向（见第 3 章）。

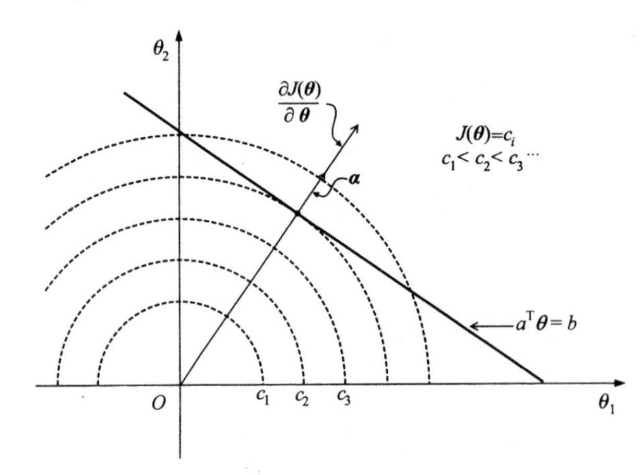

图 C.4　在最小值处，代价函数的梯度方向是约束函数的梯度方向

下面定义函数

$$\mathcal{L}(\boldsymbol{\theta}, \boldsymbol{\lambda}) = J(\boldsymbol{\theta}) - \boldsymbol{\lambda}^{\mathrm{T}}(\boldsymbol{A\theta} - \boldsymbol{b}) \tag{C.26}$$

$$= J(\boldsymbol{\theta}) - \sum_{i=1}^{m} \lambda_i(\boldsymbol{a}_i^{\mathrm{T}}\boldsymbol{\theta} - b_i) \tag{C.27}$$

式中 $\boldsymbol{a}_i^{\mathrm{T}}, i = 1, 2, \cdots, m$ 是 $\boldsymbol{A}$ 的各行。$\mathcal{L}(\theta, \lambda)$称为拉格朗日函数，系数$\lambda_i$，$i = 1, 2, \cdots, m$ 称为拉格朗日乘子。极小值点必须满足的最优性条件(C.24)和约束条件，现在可简洁地表示为

$$\nabla\mathcal{L}(\boldsymbol{\theta}, \boldsymbol{\lambda}) = 0 \tag{C.28}$$

式中，∇是关于θ和λ的梯度运算。事实上，梯度等于零时，分别求拉格朗日函数关于θ和λ的导数，得

$$\frac{\partial}{\partial \boldsymbol{\theta}}J(\boldsymbol{\theta}) = \boldsymbol{A}^{\mathrm{T}}\boldsymbol{\lambda}$$

$$\boldsymbol{A\theta} = \boldsymbol{b}$$

上式是有 $m+l$ 个未知参数的 $m+l$ 个方程，即$(\theta_1,\cdots,\theta_l,\lambda_1,\cdots,\lambda_m)$，它的解是极小值点$\boldsymbol{\theta}_*$和对应的拉格朗日乘子。类似的讨论适用于非线性相等约束。考虑问题

$$\text{最小化} J(\boldsymbol{\theta})$$

$$\text{约束 } f_i(\boldsymbol{\theta})=0,\quad i=1,2,\cdots,m$$

极小值点再次是对应于拉格朗日函数

$$\mathcal{L}(\boldsymbol{\theta},\boldsymbol{\lambda})=J(\boldsymbol{\theta})-\sum_{i=1}^{m}\lambda_i f_i(\boldsymbol{\theta})$$

的稳定点，且由 $m+l$ 个方程求出解为

$$\nabla\mathcal{L}(\boldsymbol{\theta},\boldsymbol{\lambda})=0$$

非线性约束的正则条件要求约束的梯度$\frac{\partial}{\partial\theta}(f_i(\boldsymbol{\theta}))$线性无关的。

C.4.2 不等约束

一般的问题描述如下：

$$\text{最小化} J(\boldsymbol{\theta})$$

$$\text{约束 } f_i(\boldsymbol{\theta})\geqslant 0,\quad i=1,2,\cdots,m \tag{C.29}$$

每个约束在$\mathcal{R}^l$中定义了一个区域。约束的最小值$\boldsymbol{\theta}_*$一定位于所有区域的相交区域——可行区域，可行区域中的点称为可行点。约束的类型决定了可行区域的类型，区域是凸的还是凹的。下面回顾一些定义。

凸函数。函数$f(\boldsymbol{\theta})$

$$f: S\subseteq\mathcal{R}^l\rightarrow\mathcal{R}$$

称为 S 中的凸函数，如果对每个 $\boldsymbol{b}\boldsymbol{\theta}$ 、$\boldsymbol{\theta}'\in S$ 和每个$\lambda\in[0,1]$，有

$$f(\lambda\boldsymbol{\theta}+(1-\lambda)\boldsymbol{\theta}')\leqslant\lambda f(\boldsymbol{\theta})+(1-\lambda)f(\boldsymbol{\theta}')$$

如果严格不等式成立，那么我们说该函数是严格凸函数。

凹函数。函数$f(\boldsymbol{\theta})$称为凹函数，如果对每个$\boldsymbol{\theta},\boldsymbol{\theta}'\in S$ 和$\lambda\in[0,1]$，有

$$f(\lambda\boldsymbol{\theta}+(1-\lambda)\boldsymbol{\theta}')\geqslant\lambda f(\boldsymbol{\theta})+(1-\lambda)f(\boldsymbol{\theta}')$$

对于严格不等式，该函数称为严格凹函数。图 C.5 中显示了三个函数，一个是凸函数，一个是凹函数，一个既不是凸函数也不是凹函数。

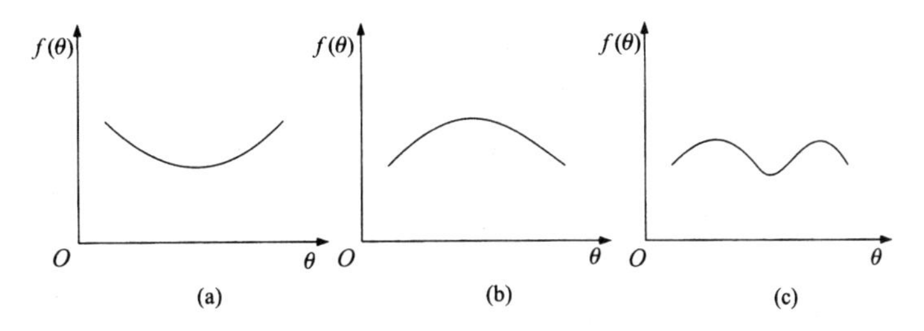

图 C.5 (a) 凸函数；(b) 凹函数；(c) 既不凸又不凹的函数

凸集。如果每对点$\boldsymbol{\theta}$和$\boldsymbol{\theta}'\in S$之间的连线都属于集合 S，则称集合 $S\subseteq\mathcal{R}^l$为凸集。换句话说，所有点$\lambda\boldsymbol{\theta}+(1-\lambda)\boldsymbol{\theta}'$, $\lambda\in[0,1]$都属于该集合。图 C.6 显示了两个集合，一个是凸集，一个是凹集。

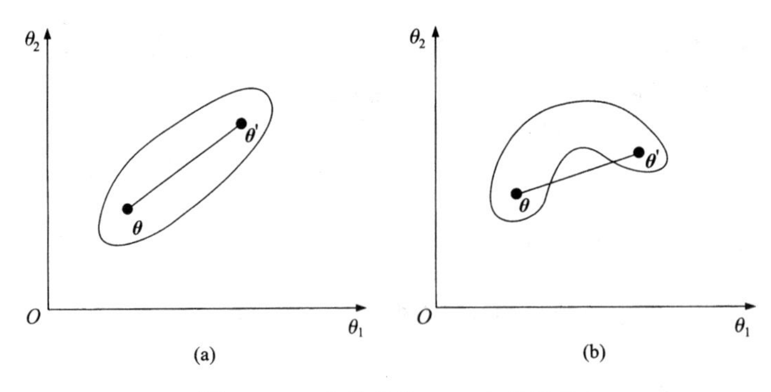

图 C.6 (a)点的凸集；(b)点的凹集

注释

- 如果函数$f(\boldsymbol{\theta})$是凸函数，那么$-f(\boldsymbol{\theta})$是凹函数，反之亦然。此外，如果$f_i(\boldsymbol{\theta}), i=1,2,\cdots,m$是凸函数，那么$\sum_{i=1}^{m}\lambda_i f_i(\boldsymbol{\theta}), \lambda_i \geqslant 0$也是凸函数。同理，若$f_i(\boldsymbol{\theta})$是凹函数，则和也是凹函数。
- 如果函数 $f(\boldsymbol{\theta})$是凸函数，那么可以证明局部极小值点就是全局极小值点，这可由图 C.5 中的曲线验证。此外，如果函数是严格凸函数，那么极小值点是唯一的。对于凹函数，上述观点同样成立，但出现的是最大值点。
- 根据各自的定义可知，如果$f(\boldsymbol{\theta})$是凸函数，那么集合

$$X = \{\boldsymbol{\theta} | f(\boldsymbol{\theta}) \leqslant b,\ b \in \mathcal{R}\}$$

是凸集。此外，如果$f(\boldsymbol{\theta})$是凹函数，那么集合

$$X = \{\boldsymbol{\theta} | f(\boldsymbol{\theta}) \geqslant b,\ b \in \mathcal{R}\}$$

出中是凸集。

- 凸集的交集也是凸集。

由上面的注释可以得出结论：如果式(C.29)中的每个约束函数都是凸函数，那么可行区域是凸区域。当约束函数是线性函数时，该结论同样成立，因为线性函数既可视为凸函数，又可视为凹函数。关于这些问题的详细内容，感兴趣的读者可以参阅文献[Baza 79]。

Karush-Kuhn-Thcker (KKT)条件

这是式(C.29)中给出的问题的局部极小值点$\boldsymbol{\theta}_*$需要满足的必要条件。如果$\boldsymbol{\theta}_*$是满足正则条件的点，那么存在一个拉格朗日乘子向量$\boldsymbol{\lambda}$使得下式成立：

$$\begin{aligned}
&(1)\quad \frac{\partial}{\partial \boldsymbol{\theta}}\mathcal{L}(\boldsymbol{\theta}_*, \boldsymbol{\lambda}) = 0 \\
&(2)\quad \lambda_i \geqslant 0, \quad i = 1, 2, \cdots, m \\
&(3)\quad \lambda_i f_i(\boldsymbol{\theta}_*) = 0, \quad i = 1, 2, \cdots, m
\end{aligned} \tag{C.30}$$

实际上，关于拉格朗日函数的 Hessian 矩阵，还存在我们不感兴趣的第四个条件。上述方程组也是充分条件的一部分；然而，此时存在一些微妙的地方，有兴趣的读者可以查阅更专业的文献，如文献[Baza 79, Flet 87, Bert 95, Nash 96]。

式(C.30)中的条件(3)称为*互补松弛条件*。它们说，乘积中至少有一项为零。这时，在每个方程中，只有两项中的一项是零，也就是说，要么λ_i为零，要么$f_i(\boldsymbol{\theta}_*)$为零，我们称其为*严格互补*。

注释

- 第一个条件是最基本的，它说极小值点一定是相对于$\boldsymbol{\theta}$的一个拉格朗日稳定点。

- 如果对应的拉格朗日乘子为零，那么称约束 $f_i(\boldsymbol{\theta}_*)$为无效约束，因为该约束不影响问题。约束极小值点$\boldsymbol{\theta}_*$要么位于可行区域内部，要么位于可行区域的边界上。极小值点位于可行区域内部时，问题等价于无约束问题。事实上，如果极小值点正好位于可行区域内部，那么当我们远离极小值点时，围绕该点的一个区域中的代价函数的值将增大（或保持不变）。因此，这个点将是代价函数 $J(\boldsymbol{\theta})$的一个稳定点。这时，约束是冗余的，不影响该问题。总之，约束是无效的，且等价于将拉格朗日乘子设为零。当代价函数的（非约束）极小值点位于可行区域外部时，约束优化任务会很重要。这时，约束极小值点位于可行区域的边界上。换句话说，这时有一个或多个约束满足 $f_i(\boldsymbol{\theta}_*) = 0$。这些约束是有效约束，其他使得对应的拉格朗日乘子为零的约束是无效约束。

图 C.7 说明了具有如下约束的简单例子：

$$f_1(\boldsymbol{\theta}) = \theta_1 + 2\theta_2 - 2 \geqslant 0$$

$$f_2(\boldsymbol{\theta}) = \theta_1 - \theta_2 + 2 \geqslant 0$$

$$f_3(\boldsymbol{\theta}) = -\theta_1 + 2 \geqslant 0$$

代价函数的（非约束）极小值点位于可行区域的外部。虚线是等值线 $J(\boldsymbol{\theta}) = c$，$c_1<c_2<c_3$。约束极小值点是等值线与可行区域首次相交的点（$c$ 取最小值），该点可能属于多个约束，例如它是边界的一个角点。

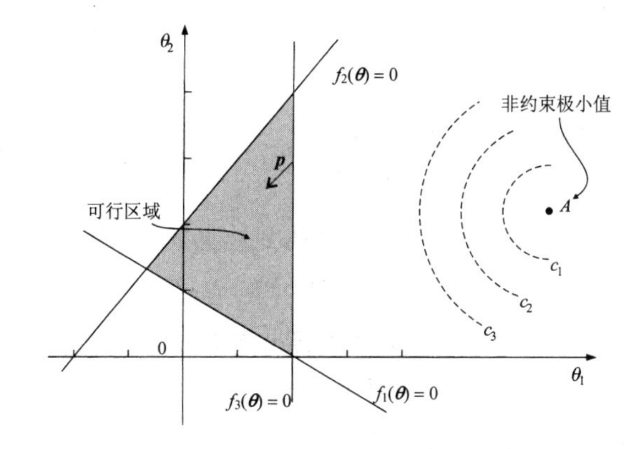

图 C.7　非平凡情形的一个例子，其中非约束极小值点位于可行区域的外部

- 有效约束的拉格朗日乘子是非负的。为了了解原因，我们考虑简化的线性约束 $A\boldsymbol{\theta} \geqslant \boldsymbol{b}$，其中 A 只包含有效约束。如果$\boldsymbol{\theta}_*$是有效约束的极小值点，那么其他的可行点可以写为

$$\hat{\boldsymbol{\theta}} = \boldsymbol{\theta}_* + \boldsymbol{p}$$

$$A\boldsymbol{p} \geqslant 0$$

因为这保证了 $A\hat{\boldsymbol{\theta}} \geqslant \boldsymbol{b}$。如果 $\boldsymbol{p}$ 的方向指向可行区域（见图 C.7），那么 $A\boldsymbol{p} \neq 0$。也就是说，有些元素严格为正。因为$\boldsymbol{\theta}_*$是极小值点，由式(C.30)中的条件(1)得

$$\frac{\partial}{\partial \boldsymbol{\theta}} J(\boldsymbol{\theta}_*) = A^{\mathrm{T}} \boldsymbol{\lambda}$$

代价函数沿 $\boldsymbol{p}$ 的方向的变化正比于

$$\boldsymbol{p}^{\mathrm{T}} \frac{\partial}{\partial \boldsymbol{\theta}}(J(\boldsymbol{\theta})) = \boldsymbol{p}^{\mathrm{T}} A^{\mathrm{T}} \boldsymbol{\lambda}$$

因为$\boldsymbol{\theta}_*$是极小值点，所以它一定是在$\boldsymbol{\theta}_*$处上升的方向。因此，λ必定是非负的，以便保证

对任何指向可行区域的 $\boldsymbol{p}$ 有 $\boldsymbol{p}^{\mathrm{T}}\boldsymbol{A}^{\mathrm{T}}\lambda \geqslant 0$。相应拉格朗日乘子是零的有效约束称为退化约束。

- 可以证明，如果代价函数是凸函数，可行区域也是凸区域，那么局部极小值也是全局最小值。稍加思考（并研究图 C.7）就会知道原因。

讨论完所有这些性质后，就会出现一个重要的问题：如何计算约束（局部）极小值？遗憾的是，这并不简单。一种简单的方法是假设某些约束是有效的，而另一些约束是无效的，并检验有效约束的拉格朗日乘子是否是负数。如果不是负数，那么选择另一组约束，重复该过程，直到得到非负的乘子。然而，在实际工作中，这可能需要大量的计算。相反，人们提出了另外一些可供选择的方法。下面回顾博弈论的一些基础知识，并使用它们来重新表述 KKK 条件。这些新设置常用于实际工作中的许多情形下。

最小-最大对偶

考虑两名游戏玩家 X 和 Y。玩家 X 选择策略 x，同时玩家 Y 选择策略 y。因此，X 将量 $\mathcal{F}(x, y)$ 支付给 Y，量 $\mathcal{F}(x, y)$ 的值也可能是负的，如 X 获胜时。下面让我们跟随他们的思路，在最终选择策略前，假设两名玩家都是专业选手。

X：若 Y 知道我选择 x，由于他/她是一名聪明的玩家，则他/她将选择 y 来使其利益最大，即

$$\mathcal{F}^*(x) = \max_y \mathcal{F}(x,y)$$

因此，为了使我在最坏情况下支付给 Y 的量最小，我必须选择 x 来最小化 $\mathcal{F}^*(x)$，即

$$\min_x \mathcal{F}^*(x)$$

这个问题称为最小-最大问题，因为它寻找值

$$\min_x \max_y \mathcal{F}(x,y)$$

Y：X 是一个好玩家，若他/她知道我将选择 y，则他/她将选择 x 来使其的支付额最小，即

$$\mathcal{F}_*(y) = \min_x \mathcal{F}(x,y)$$

因此，为了使我在最坏情况下的收益最大，我必须选择 y 来最大化 $\mathcal{F}_*(y)$，即

$$\max_y \mathcal{F}_*(y)$$

这个问题称为最大-最小问题，因为它寻找值

$$\max_y \min_x \mathcal{F}(x,y)$$

这两个问题是彼此对偶的。第一个称为原始问题，其目标是最小化 $\mathcal{F}_*(x)$；第二个称为对偶问题，其目标是最大化 $\mathcal{F}_*(y)$。

对于任何 x 和 y，下式成立：

$$\mathcal{F}_*(y) \equiv \min_x \mathcal{F}(x,y) \leqslant \mathcal{F}(x,y) \leqslant \max_y \mathcal{F}(x,y) \equiv \mathcal{F}^*(x) \tag{C.31}$$

由此不难得到

$$\max_y \min_x \mathcal{F}(x,y) \leqslant \min_x \max_y \mathcal{F}(x,y) \tag{C.32}$$

鞍点条件

设 $\mathcal{F}(\boldsymbol{x}, \boldsymbol{y})$ 是两个向量变量 $\boldsymbol{x} \in X \subseteq \mathcal{R}^l$ 和 $\boldsymbol{y} \in Y \subseteq \mathcal{R}^l$ 的函数。对于每个 $\boldsymbol{x} \in X, \boldsymbol{y} \in Y$，如果点对 $(\boldsymbol{x}_*, \boldsymbol{y}_*), \boldsymbol{x}_* \in X, \boldsymbol{y}_* \in Y$ 满足条件

$$\mathcal{F}(\boldsymbol{x}_*, \boldsymbol{y}) \leqslant \mathcal{F}(\boldsymbol{x}_*, \boldsymbol{y}_*) \leqslant \mathcal{F}(\boldsymbol{x}, \boldsymbol{y}_*) \tag{C.33}$$

那么我们说它满足鞍点条件。不难证明[Nash 96]，点对$(\boldsymbol{x}_*, \boldsymbol{y}_*)$满足鞍点条件，当且仅当

$$\max_{\boldsymbol{y}} \min_{\boldsymbol{x}} \mathcal{F}(\boldsymbol{x}, \boldsymbol{y}) = \min_{\boldsymbol{x}} \max_{\boldsymbol{y}} \mathcal{F}(\boldsymbol{x}, \boldsymbol{y}) = \mathcal{F}(\boldsymbol{x}_*, \boldsymbol{y}_*) \tag{C.34}$$

拉格朗日对偶

下面使用上述结论，将原始代价函数最小化问题表述为对应拉格朗日函数的最小-最大任务。在某些条件下，这种表述可以节省计算约束最小值的计算量。我们感兴趣的优化任务是

$$\begin{aligned}&\text{最小化 } J(\boldsymbol{\theta})\\&\text{约束 } f_i(\boldsymbol{\theta}) \geqslant 0, \quad i = 1, 2, \cdots, m\end{aligned}$$

拉格朗日函数是

$$\mathcal{L}(\boldsymbol{\theta}, \boldsymbol{\lambda}) = J(\boldsymbol{\theta}) - \sum_{i=1}^{m} \lambda_i f_i(\boldsymbol{\theta}) \tag{C.35}$$

设

$$\mathcal{L}^*(\boldsymbol{\theta}) = \max_{\boldsymbol{\lambda}} \mathcal{L}(\boldsymbol{\theta}, \boldsymbol{\lambda}) \tag{C.36}$$

然而，因为$\boldsymbol{\lambda} \geqslant 0$和$f_i(\boldsymbol{\theta}) \geqslant 0$，如果式(C.35)中的和为零（要么$\lambda_i = 0$，要么$f_i(\boldsymbol{\theta}) = 0$，要么两者都为零），且

$$\mathcal{L}^*(\boldsymbol{\theta}) = J(\boldsymbol{\theta}) \tag{C.37}$$

那么出现拉格朗日最大值。因此，原始的问题就等价于

$$\min_{\boldsymbol{\theta}} J(\boldsymbol{\theta}) = \min_{\boldsymbol{\theta}} \max_{\boldsymbol{\lambda} \geqslant \mathbf{0}} \mathcal{L}(\boldsymbol{\theta}, \boldsymbol{\lambda}) \tag{C.38}$$

我们知道，上面的对偶问题是

$$\max_{\boldsymbol{\lambda} \geqslant \mathbf{0}} \min_{\boldsymbol{\theta}} \mathcal{L}(\boldsymbol{\theta}, \boldsymbol{\lambda}) \tag{C.39}$$

凸规划

大多数实际问题都满足如下两个条件：

$$(1)\quad J(\boldsymbol{\theta})\text{为凸} \tag{C.40}$$

$$(2)\quad f_i(\boldsymbol{\theta})\text{为凹} \tag{C.41}$$

业已证明，这类问题具有非常有用且数学上易于处理的性质。

定理 设$\boldsymbol{\theta}_*$是这样一个问题的极小值点，并假设$\boldsymbol{\theta}_*$满足正则条件。设$\boldsymbol{\lambda}_*$是对应的拉格朗日乘子向量，那么$(\boldsymbol{\theta}_*, \boldsymbol{\lambda}_*)$是拉格朗日函数的一个鞍点，它等价于

$$\mathcal{L}(\boldsymbol{\theta}_*, \boldsymbol{\lambda}_*) = \max_{\boldsymbol{\lambda} \geqslant \mathbf{0}} \min_{\boldsymbol{\theta}} \mathcal{L}(\boldsymbol{\theta}, \boldsymbol{\lambda}) = \min_{\boldsymbol{\theta}} \max_{\boldsymbol{\lambda} \geqslant \mathbf{0}} \mathcal{L}(\boldsymbol{\theta}, \boldsymbol{\lambda}) \tag{C.42}$$

证明：因为$f_i(\boldsymbol{\theta})$是凹函数，$-f_i(\boldsymbol{\theta})$是凸函数，因此拉格朗日函数

$$\mathcal{L}(\boldsymbol{\theta}, \boldsymbol{\lambda}) = J(\boldsymbol{\theta}) - \sum_{i=1}^{m} \lambda_i f_i(\boldsymbol{\theta})$$

在$\lambda_i \geqslant 0$时也是凸函数。注意，对于形为$f_i(\boldsymbol{\theta}) \geqslant 0$的凹函数约束，可行区域是凸的（见上面的注释），函数$J(\boldsymbol{\theta})$也是凸函数。因此，如注意中说明的那样，每个局部极小值也是全局最小值，因此对任何$\boldsymbol{\theta}$都有

$$\mathcal{L}(\boldsymbol{\theta}_*, \boldsymbol{\lambda}_*) \leqslant \mathcal{L}(\boldsymbol{\theta}, \boldsymbol{\lambda}_*) \tag{C.43}$$

此外，互补松弛条件表明

$$\mathcal{L}(\boldsymbol{\theta}_*, \boldsymbol{\lambda}_*) = J(\boldsymbol{\theta}_*) \tag{C.44}$$

且对任意$\lambda \geqslant 0$，有

$$\mathcal{L}(\boldsymbol{\theta}_*, \boldsymbol{\lambda}) \equiv J(\boldsymbol{\theta}_*) - \sum_{i=1}^{m} \lambda_i f_i(\boldsymbol{\theta}_*) \leqslant J(\boldsymbol{\theta}_*) = \mathcal{L}(\boldsymbol{\theta}_*, \boldsymbol{\lambda}_*) \tag{C.45}$$

联立式(C.43)和式(C.45)得

$$\mathcal{L}(\boldsymbol{\theta}_*, \boldsymbol{\lambda}) \leqslant \mathcal{L}(\boldsymbol{\theta}_*, \boldsymbol{\lambda}_*) \leqslant \mathcal{L}(\boldsymbol{\theta}, \boldsymbol{\lambda}_*) \tag{C.46}$$

换句话说，解(θ_*, λ_*)是一个鞍点。

这是一个非常重要的定理，它说凸函数规划问题的约束最小值也可由拉格朗日函数的最大值得到，这就使我们得到了如下最优化任务的公式。

Wolfe 对偶表示

凸规划问题等价于

$$\max_{\boldsymbol{\lambda} \geqslant \mathbf{0}} \mathcal{L}(\boldsymbol{\theta}, \boldsymbol{\lambda}) \tag{C.47}$$

$$\text{约束} \frac{\partial}{\partial \boldsymbol{\theta}} \mathcal{L}(\boldsymbol{\theta}, \boldsymbol{\lambda}) = 0 \tag{C.48}$$

后一个方程保证 $\boldsymbol{\theta}$是拉格朗日函数的最小值。

例 C.1 考虑二次问题

$$\text{最小化} \frac{1}{2}\boldsymbol{\theta}^{\mathrm{T}}\boldsymbol{\theta}$$

$$\text{约束} \boldsymbol{A\theta} \geqslant \boldsymbol{b}$$

这是一个凸规划问题，因此 Wolfe 对偶表示是有效的:

$$\text{最大化} \frac{1}{2}\boldsymbol{\theta}^{\mathrm{T}}\boldsymbol{\theta} - \boldsymbol{\lambda}^{\mathrm{T}}(\boldsymbol{A\theta} - \boldsymbol{b})$$

$$\text{约束} \ \boldsymbol{\theta} - \boldsymbol{A}^{\mathrm{T}}\boldsymbol{\lambda} = 0$$

对于这个例子，相等约束有一个解析解（情形并非总是如此）。为了求解$\boldsymbol{\theta}$，可以最大化函数来消去它，得到只包含拉格朗日乘子的对偶问题，

$$\max_{\boldsymbol{\lambda}} \left\{ -\frac{1}{2}\boldsymbol{\lambda}^{\mathrm{T}}\boldsymbol{A}\boldsymbol{A}^{\mathrm{T}}\boldsymbol{\lambda} + \boldsymbol{\lambda}^{\mathrm{T}}\boldsymbol{b} \right\}$$

$$\text{约束}\lambda \geqslant 0$$

这也是一个二次问题，但现在简化了约束。

参考文献

[Baza 79] Bazaraa M.S., Shetty C.M. *Nonlinear Programming: Theory and Algorithms*, John Wiley, 1979.

[Bert 95] Bertsekas, D.P., Belmont, M.A. *Nonlinear Programming*, Athenas Scientific, 1995.

[Flet 87] Fletcher, R. *Practical Methods of Optimization*, 2nd ed., John Wiley, 1987.

[Luen 84] Luenberger D.G. *Linear and Nonlinear Programming*, Addison Wesley, 1984.

[Nash 96] Nash S.G., Sofer A. *Linear and Nonlinear Programming*, McGraw-Hill, 1996.

附录D　线性系统理论的基本定义

D.1　线性时不变系统

一个离散线性时不变（LTI）系统由其冲激响应序列 $h(n)$唯一地表征。当输入由冲激序列

$$\delta(n)=\begin{cases}1,\ n=0\\0,\ n\neq 1\end{cases} \tag{D.1}$$

激励时，$h(n)$就是系统的输出。

当系统的输入由序列 $x(n)$激励时，其输出序列是 $x(n)$与 $h(n)$的卷积，即

$$y(n)=\sum_{k=-\infty}^{+\infty}h(k)x(n-k)=\sum_{k=-\infty}^{+\infty}x(k)h(n-k)\equiv h(n)*x(n) \tag{D.2}$$

对于连续时间系统，卷积变成积分，即

$$\begin{aligned}y(t)&=\int_{-\infty}^{+\infty}h(\tau)x(t-\tau)\mathrm{d}\tau\\&=\int_{-\infty}^{+\infty}x(\tau)h(t-\tau)\mathrm{d}\tau\equiv x(t)*y(t)\end{aligned} \tag{D.3}$$

式中，$h(t)$是系统的冲激响应，即系统的输入由狄拉克函数

$$\delta(t)=0,\ t\neq 0\ \ 和\ \int_{-\infty}^{+\infty}\delta(t)\mathrm{d}t=1 \tag{D.4}$$

激励时，$h(t)$是系统的输出。线性时不变系统可以是

- **因果的**：当 $n<0$ 时，它们的冲激响应是零；否则，称它们是非因果的。观察发现，现实生活中只能实现因果系统，因为对于非因果系统，时刻 n 的输出需要知道未来的样本 $x(n+1)$, $x(n+2)\cdots$，而这在实际工作中是不可能的。
- **有限冲激响应（FIR）的**：对应的冲激响应是有限的，如果不是有限的，那么称系统为无限冲激响应系统。对于因果 FIR 系统，输入–输出关系变为

$$y(n)=\sum_{k=0}^{L-1}h(k)x(n-k) \tag{D.5}$$

式中，L 是冲激响应的长度。当系统是非因果 FIR 系统时，延迟系统的输出可使系统变成因果系统。例如，考虑具有冲激响应 $0,\cdots,0,h(-2),h(-1),h(0),h(1),h(2),0,\cdots$的系统，有

$$\begin{aligned}y(n-2)=&h(-2)x(n)+h(-1)x(n-1)+h(0)x(n-2)+\\&h(1)x(n-3)+h(2)x(n-4)\end{aligned} \tag{D.6}$$

即时刻 n 的输出对应于延迟的时刻 $n-2$。延迟等价于非零冲激系数的最大负指数。

D.2　传递函数

我们称冲激响应的 z 变换

$$H(z)=\sum_{n=-\infty}^{+\infty}h(n)z^{-n} \tag{D.7}$$

为系统的传递函数。自变量 z 是一个复变量。级数收敛时，式(D.7)中的定义才有意义。对我们感

兴趣的大多数序列来说，对复平面上的某些区域这是正确的。容易证明，对于因果 FIR 系统，收敛区域是

$$|z| > |R|,\ 对某些\ |R| < 1 \tag{D.8}$$

即它是复平面上以原点为圆心的一个圆的外部区域，且它包含单位圆（$|z| = 1$）。设 $X(z)$和 $Y(z)$是一个线性时不变系统的输入和输出序列的 z 变换，那么可以证明式(D.2)等价于

$$Y(z) = H(z)X(z) \tag{D.9}$$

如果单位圆在各自的 z 变换的收敛域中（如因果 FIR 系统），那么对于 $z = \exp(-\mathrm{j}\,\omega)$可得到等价的傅里叶变换，以及

$$Y(\omega) = H(\omega)X(\omega) \tag{D.10}$$

如果一个线性时不变系统的冲激响应延迟了 r 个样本，那么延迟系统的变换是 $z^{-r}H(z)$。

D.3 串联和并联

考虑响应分别为 $h_1(n)$和 $h_2(n)$的两个 LTI 系统。图 D.1(a)中显示了两个系统的串联，图 D.1(b)中显示了两个系统的并联。

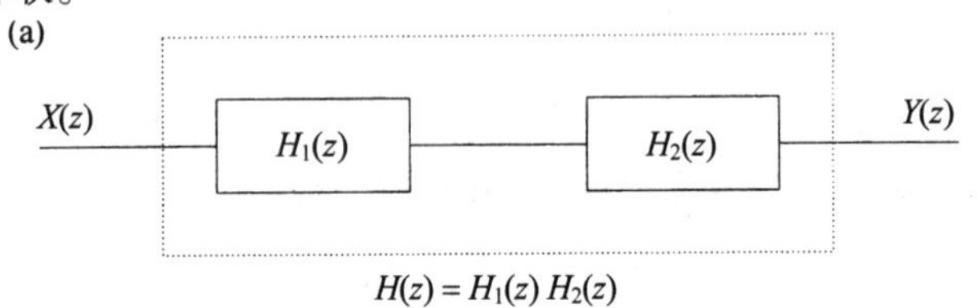

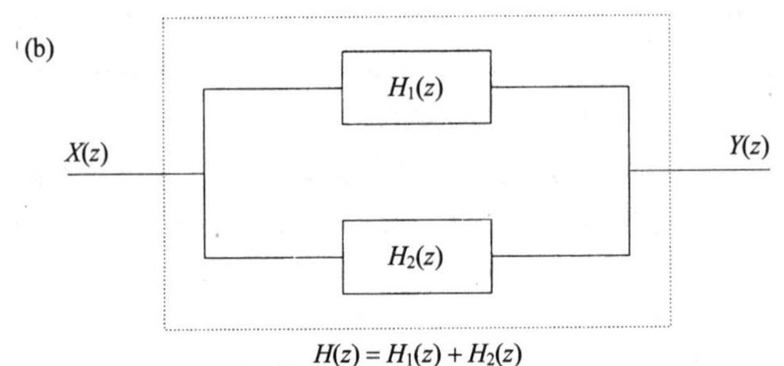

图 D.1 LTI 系统的串联和并联

对所有的冲激响应，可以证明

$$串联\ \ h(n) = h_1(n) * h_2(n) \tag{D.11}$$

$$并联\ \ h(n) = h_1(n) + h_2(n) \tag{D.12}$$

D.4 二维推广

二维线性时不变系统也由其二维冲激响应序列 $H(m, n)$表征，在图像中这个序列称为点扩展函数。使用 $H(m, n)$过滤输入图像数组 $X(m, n)$后，得到的图像数组由如下的二维卷积给出：

$$\begin{aligned} Y(m,n) &= \sum_k \sum_l H(m-k, n-l)X(k,l) \equiv H(m,n) ** X(m,n) \\ &= \sum_k \sum_l H(k,l)X(m-k, n-l) \end{aligned} \tag{D.13}$$

词 汇 表

k-medoids algorithm　*k* 中心点算法
k Nearest neighbor density estimation　*k* 最近邻密度估计

A
Absolute moments　绝对矩
Activation function　激活函数
Active learning　主动学习
Adaptive fuzzy C-shell algorithm　自适应模糊 C 壳算法
Adaptive resonance theory　自适应谐振理论
Agglomerative algorithms　合并算法
Agglomerative hierarchical algorithms　合并层次算法
Algebraic distance　代数距离
Alternating Cluster Estimation　交替聚类估计
Analysis filters　分析滤波器
Angular second moment　角二阶矩
Arithmetic average rule　算术平均准则
Autocorrelation matrix　自相关矩阵
Autoregressive-moving average　自回归移动平均
Average proximity function　平均邻近度函数
Average risk　平均风险

B
Backpropagation algorithm　反向传播算法
Basic sequential algorithmic scheme　基本顺序算法
Basis images　基图像
Basis sequences　基序列
Basis vectors　基向量
Batch mode　批模式
Bayes classification rule　贝叶斯分类准则
Bayes decision theory　贝叶斯决策理论
Bayesian networks　贝叶斯网络
Between-class scatter matrix　类间散布矩阵
Bias-variance dilemma　偏差–方差难题
Bioinformatics　生物信息学
Biorthogonal expansion　双正交展开
Boundary detection algorithms　边界检测算法
Branch and bound clustering　分支定界集聚（聚类）算法
Brownian motion　布朗运动

C
Cascade correlation　级联相关
Center of mass　质心
Central limit theorem　中心极限定理
Central moments　中心矩
Ceptral coefficients　倒谱系数
Chain codes　链码
Chaining effect　链式效应
Channel equalization　信道均衡
Character recognition　字符识别
Characteristic functions　特征函数
Chi-square distribution　卡方分布
Class imbalance problem　类别不平衡问题
Class separability measures　类别可分性度量
Classification error probability　分类错误概率
Classification task　分类任务
Classification tree　分类树
Classifiers　分类器
Clustering criterion　集聚（聚类）准则
Clustering tendency　集聚（聚类）趋势
Code vector　码向量
Competitive learning algorithms　竞争学习算法
Complementary slackness　互补松弛性
Complete link algorithm　全链算法
Confidence intervals　置信区间
Confusion matrix　混淆矩阵
Conjugate gradient algorithm　共轭梯度算法
Constraint clustering　约束集聚（聚类）
Content-based Image Retrieval　基于内容的图像检索
Context-dependent classification　上下文相关分类
Contingency table　列联表
Continuous speech recognition　连续语音识别
Contrast　对比度
Convex function　凸函数
Convex programming　凸规划
Convex set　凸集
Co-occurrence matrices　共生矩阵
Correlation matrix　相关矩阵
Cosine similarity measure　余弦相似度
Cost function　代价函数
Covariance matrix　协方差矩阵
Crisp clustering algorithm　脆集聚（聚类）算法
Critical bandwidth　临界带宽
Cross-correlation coefficient　互相关系数
Cross-entropy　交叉熵
Cumulants　累积量
Curse of dimensionality　维数灾难

D
Decision surfaces　决策面
Decision trees　决策树
Decomposition layers　分解层

Degrees of freedom　自由度
Dendrogram　树状图
Density-based algorithms　基于密度的算法
Deterministic annealing　确定性退火
Directed acyclic graph　有向无环图
Discrete cosine transform　离散余弦变换
Discrete Fourier transform　离散傅里叶变换
Discrete sine transform　离散正弦变换
Discrete time wavelet coefficients　离散时间小波系数
Discrete time wavelet transform　离散时间小波变换
Discrete wavelet frame　离散小波帧
Dissimilarity matrix　相异度矩阵
Distortion function　失真函数
Distributed clustering　分布式集聚（聚类）
Divisive hierarchical algorithms　分裂层次算法
Dynamic Bayesian networks　动态贝叶斯网络
Dynamic programming　动态规划
Dynamic Similarity Measures　动态相似度

E
Eccentricity　偏心率
Edge connectivity　边连通度
Edge cut set　边割集
Edit distance　编辑距离
End point constraints　端点约束
Entropy　熵
Euclidean dimension　欧氏维数
Euclidean distance　欧氏距离
External energy　外部能量

F
Feature generation methods　特征生成算法
Feature selection　特征选择
Filter approach　滤波方法
Finite impulse response　有限冲激响应
Finite state automation　有限状态自动机
First-order statistics features　一阶统计特征
Floating search methods　浮点搜索技术
Fourier descriptors　傅里叶描述子
Fourier features　傅里叶特征
Fourier transform　傅里叶变换
Fractal dimension　分形维数
Fractional Brownian motion　分形布朗运动
Fundamental frequency　基频/基本频率
Fuzzy clustering algorithms　模糊集聚（聚类）算法
Fuzzy decision trees　模糊决策树
Fuzzy k-means algorithm　模糊 k 均值算法
Fuzzy proximity measures　模糊邻近度

G
Gauss-Newton technique　高斯–牛顿技术
Generalized agglomerative scheme　通用合并算法
Generalized divisive scheme　通用分裂算法
Generalized fuzzy algorithmic scheme　通用模糊算法
Generalized hard algorithmic scheme　通用硬聚类算法
Generalized linear classifiers　通用线性分类器
Geometric features　几何特征
Geometric moments　几何矩
Gibbs random fields　吉布斯随机场
Global constraints　全局约束
Global convergence theorem　全局收敛定理
Grade of membership　隶属度
Gradient descent algorithm　梯度下降算法
Graph theory　图论

H
Hamming distance　汉明距离
Hard clustering　硬集聚（聚类）
Hard/crisp clustering algorithms　硬/脆集聚（聚类）算法
Hidden layer　隐藏层
Hidden Markov model　隐马尔可夫模型
Hierarchical clustering algorithms　层次集聚（聚类）算法
Hierarchical search　层次搜索
Hilbert space　希尔伯特空间
Histogram approximation　直方图近似
Hypercube　超立方体
Hyperellipses　超椭圆
Hyperplanes　超平面
Hyperquadrics　超二次曲面
Hypersphere　超球面
Hyperspherical representatives　超球面代表

I
Incomplete data set　不完整数据集
Independent component analysis　独立成分分析
Inequality constraints　不等约束
Influence function　影响函数
Information theory based criteria　基于准则的信息论
Inner product　内积
Input layer　输入层
Internal criteria　内部准则
Internal energy　内部能量
Interpolation functions　插值函数
Intersymbol interference　符号间干扰
Interval scaled　区间标度
Intrinsic dimension　本征维数
Isolated word recognition　孤立词识别
Iterative function optimization schemes　迭代函数优化算法

K
k-means algorithm　k 均值算法
Kalman filtering approach　卡尔曼滤波法
Kernel clustering methods　核集聚（聚类）算法
Kernel perceptron algorithm　核感知器算法
Kernels　核
Kurtosis　峰度

L
Lagrange multipliers　拉格朗日乘子

Lagrangian duality 拉格朗日对偶
Laplacian matrix 拉普拉斯矩阵
Learning machines 机器学习
Leave-One-Out method 留一法
Likelihood function 似然函数
Likelihood ratio 似然比
Likelihood ratio test 似然比检验
Linear classifiers 线性分类器
Linear dichotomies 线性二分法
Linear discrimination 线性判别
Linear time invariant systems 线性时不变系统
Local constraints 局部约束
Local feature extractor 局部特征提取器
Log-likelihood function 对数似然函数

M
Machine vision 机器视觉
Many-to-one mapping 多对一映射
Marginalization 边缘化
Markov chain models 马尔可夫链模型
Markov edit distance 马尔可夫编辑距离
Markov model 马尔可夫模型
Markov random fields 马尔可夫随机场
Max proximity function 最大邻近度函数
Maximally complete subgraph 最大完全子图
Maximally connected subgraph 最大连通子图
Maximum entropy estimation 最大熵估计
Maximum likelihood 最大似然
Mean center 均值中心
Mean proximity function 均值邻近度函数
Mean square error estimation 均方误差估计
Mean square error regression 均方误差回归
Membership functions 隶属函数
Merging procedure 合并过程
Minimum cut bisector 最小切割平分线
Minimum cut set 最小切割集
Minimum distance classifiers 最小距离分类器
Minimum spanning tree 最小生成树
Minimum variance algorithm 最小方差算法
Min-max duality 最小–最大对偶
Mixture decomposition 混合分解
Mixture models 混合模型
Mixture scatter matrix 混合散布矩阵
Mode-seeking algorithms 模式搜索算法
Moment generating function 矩生成函数
Monotonicity 单调性
Moore machine model 摩尔机模型
Morphological operations 形态运算
Motion compensation 运动补偿
Motion estimation 运动估计
Multiresolution analysis 多分辨率分析
Multispectral remote sensing 多光谱遥感
Mutual information 互信息

N
Naive-Bayes classifier 朴素贝叶斯分类器
Natural clusters 自然聚类
Natural gradient 自然梯度
Nearest neighbor condition 最近邻条件
Nearest neighbor distance tests 最近邻距离测试
Neural networks 神经网络
Neurocomputers 神经元计算机
Neurons 神经元
Newton's algorithm 牛顿算法
Node connectivity 点连通度
Nonlinear classifiers 非线性分类器
Nonparametric estimation 非参数估计
Normalized central moments 归一化中心矩
Normalized radial distance 标准径向距离
Null hypothesis 零假设

O
Octave-band filter banks 倍频滤波器组
One-tailed statistical test 单尾统计检验
Opening 开运算
Optical character recognition 光学字符识别
Ordinal proximity matrices 顺序邻近度矩阵
Orthogonal projection 正交投影
Outliers 离群点
Output layer 输出层
Overtraining 过度训练

P
Parallel connection 并联
Parametric models 参数模型
Partition algorithmic schemes 分割算法
Penalty terms 惩罚项
Perfect reconstruction 完美重构
Perpendicular distance 垂直距离
Pocket algorithm 袋式算法
Point representatives 点代表
Point spread function 点扩展函数
Poisson distribution 泊松分布
Polyhedra 多面体
Polynomial classifiers 多项式分类器
Polythetic algorithms 多态算法
Positive definite/symmetric matrices 正定矩阵/对称矩阵
Possibilistic clustering algorithms 概率集聚（聚类）算法
Prediction 预测
Probability density functions 概率密度函数
Projection pursuit 投影追踪
Proximity dendrogram 邻近度树状图
Pruning techniques 剪枝技术
Psychoacoustics 心理声学

Q
Quadrat analysis 样方分析
Quadric classifier 二次曲线分类器

Quadratic discriminant analysis　二次判别分析
Quadric surface　二次曲面
Quasistationary signals　准平稳信号

R
Radial basis function　径向基函数
Radial distance　径向距离
Random fields　随机场
Random graph hypothesis　随机图假设
Random position hypothesis　随机位置假设
Random projections method　随机投影方法
Random variables　随机变量
Random walk　随机游走
Receptive field　感受野
Regularity assumption　正则假设
Relative closeness　相对接近度
Relative criteria　相对准则
Relative edge consistency　相对边一致性
Resubstitution method　重替代法
Reward and punishment schemes　奖励和惩罚方案
Ridge regression　岭回归
Right-tailed statistical test　右尾统计检验
Robust statistics　鲁棒统计量
Rotation forest　轮伐期
Roundness ratio　圆周率

S
Saliency　突触
Sample complexity　样本复杂度
Sample correlation matrix　样本相关矩阵
Sample mean　样本均值
Scalar feature selection　标量特征选择
Scatter matrices　散布矩阵
Second characteristic function　二阶特征函数
Second-order statistics features　二阶统计特征
Self-affine　自仿射
Self-similarity　自相似度
Self-training　自学习
Semi-supervised learning　半监督学习
Sequential decomposition　顺序分解
Sequential search　顺序搜索
Shannon's information theory　香农信息论
Shell-shaped clusters　壳状聚类
Short-time DFT　短时离散傅里叶变换
Simulating annealing　模拟退火
Sine transform　正弦变换
Single link algorithm　单链算法
Singular value decomposition　奇异值分解
Skewness　偏斜度
Small sample size problem　小样本问题
Spanning tree　生成树
Sparse decomposition technique　稀疏分解技术
Spatial dependence matrix　空间相关矩阵
Speaker-dependent recognition　特定人识别
Spectral clustering　频谱集聚（聚类）
Speech recognition　语音识别
Step function　阶跃函数
Stochastic relaxation methods　随机松弛算法
Structural risk minimization　结构风险最小化
Subgraphs　子图
Subspace classification　子空间分类
Subspace clustering algorithms　子空间集聚（聚类）算法
Support vector machines　支持向量机
Synthesis filters　合成滤波器

T
Template matching　模板匹配
Templates　模板
Texture characterization　纹理特征
Texture classification　纹理分类
Thermal perceptron algorithm　热感知器算法
Three-layer perceptrons　三层感知器
Threshold dendrogram　阈值树状图
Time domain features　时域特征
Total probability　全概率
Transfer function　传递函数
Triangular inequality　三角不等式
Truth tables　真值表

U
Uncertainty principle　不确定性原理
Undirected graphs　无向图
Unsupervised learning　无监督学习
Unsupervised pattern recognition　无监督模式识别
Unweighted graphs　无权图

V
Validation of clustering results　集聚（聚类）结果验证
Valley-seeking algorithms　谷点搜索算法
Variance　方差
Vector quantization　向量量化
Vector quantizer　向量量化器
Video coding　视频编码

W
Wavelet packets　小波包
Weighted graphs　加权图
Within-class scatter matrix　类内散布矩阵

X
XOR problem　异或问题

Z
Zero-crossing rate　过零率